本书由国家重点基础研究发展计划（973 计划）项目（课题）“受损湿地生态修复和围填海的生态补偿机制”（2013CB430406）、国家自然科学基金重点项目“黄河三角洲湿地水文连通格局变化的生态效应及调控机理”（51639001）资助。

受损滨海湿地生态修复机理与调控

崔保山　白军红　谢　湉　王　青　于淑玲 等　著

科 学 出 版 社

北　京

内 容 简 介

本书在系统解析我国滨海湿地受损状况及其生态修复历程的基础上，从生源要素转化过程、水盐胁迫下的生物响应及适应性、水文过程及生境适宜性、营养级联效应、蟹类-植物-微地形互作机制等方面，揭示了受损滨海湿地的生态响应机理，建立了滨海湿地的微地形修复模式、水文连通和生物连通修复模式，以及修复性生态补偿模式，为指导滨海湿地生态修复实践提供了科学支持。

本书可供环境科学与工程、水利工程、生态学、地理学等学科领域科研工作者参考，并为生态环境保护等相关部门的管理者提供决策支持。

审图号：GS（2021）8706 号

图书在版编目(CIP)数据

受损滨海湿地生态修复机理与调控 / 崔保山等著 . —北京：科学出版社，2022. 3

ISBN 978-7-03-071449-7

Ⅰ. ①受…　Ⅱ. ①崔…　Ⅲ. ①海滨-沼泽化地-生态恢复-研究-中国
Ⅳ. ①P941. 78

中国版本图书馆 CIP 数据核字（2022）第 023720 号

责任编辑：石　珺　李　静 / 责任校对：任苗苗
责任印制：肖　兴 / 封面设计：楠竹文化

科学出版社 出版
北京东黄城根北街 16 号
邮政编码：100717
http://www.sciencep.com

北京九天鸿程印刷有限责任公司印刷
科学出版社发行　各地新华书店经销
*
2022 年 3 月第　一　版　开本：787×1092　1/16
2022 年 3 月第一次印刷　印张：52
字数：1 230 000

定价：568.00 元

（如有印装质量问题，我社负责调换）

前言

PREFACE

滨海湿地作为海陆之间的过渡地带，发挥着独特的物质循环、能量流动和信息传递功能，是重要的生命保障系统，对维持生物多样性和海陆动态平衡具有重要作用。我国的滨海湿地是东亚—澳大利亚候鸟迁飞路线上的关键栖息地，也是多种重要经济鱼类、贝类、甲壳类、迁徙水鸟的栖息地，是国土安全的重要生态屏障，也是社会经济发展的热点区域。大规模的围填海活动和全球自然变化是导致滨海湿地面积萎缩、功能退化、生物多样性减少等问题的关键因素。国家林业和草原局、中国科学院等部门和机构的监测显示，在过去的半个世纪里，我国已经损失了53%的温带滨海湿地，73%的红树林和80%的珊瑚礁，很多地方的海草床已经或即将灭绝。因此，加强滨海湿地的保护与生态修复，对生物多样性的保护与维持，落实国家"湿地生态恢复和保护工程"战略，促进经济的可持续发展，具有重要的战略意义和实践意义。

我国自1992年加入《湿地公约》以来，对遭受严重威胁的包括滨海湿地在内的各类重要湿地实施了抢救性保护，国家林业和草原局会同12个部委制定并发布了《中国湿地保护行动计划》及《全国湿地保护工程规划（2002—2030年）》。为进一步加强湿地保护，统筹人与自然和谐发展，2004年6月国务院办公厅发出了《关于加强湿地保护管理的通知》，指出，要采取综合措施加强湿地保护，制定湿地保护法规。2005年，国务院批准了《全国湿地保护工程实施规划》。2011年，国务院又出台了《全国湿地保护工程实施规划（2011—2015年）》，有力促进了全国湿地的有效保护及湿地功能效益的改善提高。

2015年，中共中央、国务院印发《关于加快推进生态文明建设的意见》（中发〔2015〕12号），该意见提出：到2020年，湿地面积不低于8亿亩，科学划定森林、草原、湿地、海洋等领域生态红线，扩大森林、湖泊、湿地面积，保护和修复自然生态系统，以及协调滨海湿地保护与滨海湿地围垦和填海的关系，将滨海湿地保护置于优先位置。实施严格的围填海总量控制制度、自然岸线控制制度，建立陆海统筹、区域联动的海洋生态环境保护修复机制。2016年，国务院办公厅印发了《湿地保护修复制度方案》，提出新增湿地面积300万亩，湿地保护率提高到50%以上以及全面提升湿地保护与修复水平的目标，这标志着我国湿地保护从"抢救性保护"转向"全面保护"。2017年，国家海洋局印发《海岸线保护与利用管理办法》，明确规定到2020年，全国自然岸线保有率不低于

35%，提出了海岸线整治修复的硬要求。2018 年 7 月，国务院印发《国务院关于加强滨海湿地保护严格管控围填海的通知》，对加强滨海湿地保护和严管严控围填海提出了明确要求，强化生态保护修复，最大程度保护海洋生态环境。

党的十九大报告指出，像对待生命一样对待生态环境，统筹山水林田湖草系统治理，实行最严格的生态环境保护制度。面对新时代的新部署和新要求，从 2013 年开始，作为 973 计划项目首席科学家的崔保山教授及其团队，承担了国家重点基础研究发展计划（973 计划，项目号 2013CB430400“围填海活动对大江大河三角洲滨海湿地影响机理与生态修复”）。近年来，在受损滨海湿地生态修复机理与调控的研究与实践中，以辨识过程-揭示影响与相应机理-构建修复与调控模式为主线，从整个滨海尺度阐明了近 30～60 年来我国滨海区社会经济及大规模围填海活动历史变化趋势，系统剖析了我国滨海湿地生态修复和生态补偿的发展历程及存在的问题，辨识了不同围填海类型的经济拐点，揭示了经济发展对围填海活动的驱动作用；全面解析了滨海湿地生态过程与结构的时空变化，并发展了围填海活动强度指数，揭示了围填海活动对滨海湿地作用的线性或非线性关系；从土壤生源要素转化过程、生物响应、水文过程及生境适应性、营养级联效应、典型生物过程等方面阐明围填海作用下滨海湿地生态系统结构、功能与过程的变化，科学判识围填海对滨海湿地的影响机理；提出微地形调整、水文连通和生物连通修复模式，从生物多样性受损、碳储功能损失、生境缺失等方面建立物质量和价值量的生态补偿机制，为我国的滨海湿地修复实践提供理论和实践指导。研究成果被中共中央办公厅、国家林业和草原局湿地管理司、自然资源部生态修复司采纳，有效地推动了我国围填海活动的有效管理，以及滨海湿地科学保护与修复。

本书撰写分工如下：

第 1 章　贺强、刘泽正、于淑玲、崔保山；

第 2 章　白军红、卢琼琼、赵庆庆、叶晓飞；

第 3 章　谢湉、贺强、李姗泽、崔保山；

第 4 章　崔保山、邹雨璇、张宇、王军静、白军红；

第 5 章　刘强、牟夏；

第 6 章　闫家国、崔保山；

第 7 章　李姗泽、崔保山；

第 8 章　王青、崔保山；

第 9 章　崔保山、骆梦、施伟、刘康、谢湉、邵冬冬；

第 10 章　于淑玲、林丹琪、李晓文、崔保山。

崔保山提出了专著研究的总体思路和框架设计，崔保山、白军红、谢湉、王青、于淑玲、贺强、闫家国、李姗泽、刘强、蔡燕子等最后统稿与定稿。

感谢国家重点基础研究发展计划（973 计划）项目（课题）“受损湿地生态修复和围填海的生态补偿机制”（2013CB430406）、国家自然科学基金重点项目“黄河三角洲湿地水文连通格局变化的生态效应及调控机理”（51639001）对本书研究和出版的资助。

由于研究时间和认识水平有限，内容涉及面广，不妥之处在所难免，敬请读者批评指正。

作 者

2022 年 1 月

目录

CONTENTS

第 3 章 滨海湿地水盐胁迫及生物响应

第 4 章 滨海湿地土壤微生物的适应性

第 5 章 滨海湿地地下水水文过程及生境适宜性

第 6 章 滨海湿地营养级联效应作用机理

第 7 章
滨海湿地典型生物过程对微地形的作用机制

第 8 章
滨海湿地的微地形修复模式

第 9 章 滨海湿地水文连通与生物连通修复模式

第 10 章 滨海湿地修复性生态补偿机制与模式

附录

不同围填海类型的补偿率

第 1 章

中国滨海湿地受损情况及其生态修复历程

▼

随着社会经济发展，人类活动，尤其是大规模围填海活动，对滨海湿地的挤占日趋严重，造成了滨海湿地大面积的退化与消失。滨海湿地生态功能的下降导致一系列的生态灾害，严重制约了人类的生存与发展。近些年来，我国已实施了一系列的生态修复工程与生态补偿（ecological off setting），但修复成效参差不齐。深入系统地剖析中国滨海湿地受损情况，清晰地认识滨海湿地生态修复与补偿历程及存在的问题，是我国滨海湿地生态修复与保护的首要任务。

本章从整个滨海尺度，阐明了近30～60年来我国滨海区社会经济及大规模围填海活动历史变化趋势，辨识了不同围填海类型的经济拐点，揭示了经济发展对围填海活动的驱动作用；全面解析了滨海湿地生态过程与结构的时空变化，并发展了围填海活动强度指数，揭示了围填海活动对滨海湿地作用的线性或非线性关系；进而系统剖析了我国滨海湿地生态修复和生态补偿的发展历程及存在的问题，提出了相应的对策和建议，为滨海湿地的可持续发展提供支撑。

1.1 中国滨海区社会经济发展与围填海活动

围填海与社会经济发展的关系对促进海洋经济健康发展具有重要的现实意义。中华人民共和国成立以来，尤其是改革开放以来，我国沿海地区经济发展迅猛，围填海活动加剧，导致滨海湿地生态退化，严重阻碍了经济的可持续发展。本节通过大数据分析，阐明了我国滨海地区人口与经济的发展趋势，揭示了围填海活动的演进特征，建立了围填海活动与滨海地区社会经济发展的关系，辨识了不同围填海类型的经济拐点，揭示了经济发展对围填海活动的驱动作用。

1.1.1 中国滨海地区社会经济发展

为分析我国滨海各省（区、市）经济社会的发展情况，并为围填海活动情况提供社会经济背景数据，依据我国自 1981 年至今的《中国统计年鉴》①，收集了我国滨海各省（区、市）20 世纪 50 年代至今的人口、GDP 总量等社会经济数据，并以此分析了我国滨海人口、经济等的历史变化趋势。在过去 60 年间，我国滨海区 GDP 和人口均呈现出增长态势。GDP 的增长在改革开放前后显著不同，改革开放后 GDP 的增长呈爆发态势。20 世纪 50 年代至 1980 年，我国沿海区 GDP 基数低且处于低速发展阶段，年均增长 22 亿美元 [图 1.1]。改革开放刺激了沿海 GDP 的发展。1978 年以前，我国沿海 GDP 总量占据全国的 50%左右，1978～2010 年增长到了 60%。20 世纪 50 年代至 1978 年，沿海人均 GDP 增长不足 3 倍，而 1978～2010 年沿海人均 GDP 增长率超过了 18 倍。并且在 2010 年，大约 15%的 GDP 来源于海洋及与海洋相关的产业，6%来源于直接消费海洋生物和生态服务的产业，如渔业、运输业、滨海旅游及油气产业等。

与 GDP 增长态势不同的是，我国滨海区人口总量虽然也在过去 60 年间逐渐增长，但人口增长的速率在改革开放前和改革开放后无明显差异。从 1954 年 2.6 亿人到 1978 年的 4 亿人，再到 2010 年的 5.9 亿人，年均增长 600 万人。我国滨海区人口占全国总人口的比例为 40%～43%，没有大幅度的变化 [图 1.1（c）]。这说明，我国滨海区经济增长（而非人口数量的增加）可能是驱动滨海区变化的主要社会因素之一。

通过分析近 60 年来海洋捕捞、污染排放、海水养殖、盐田、围垦、海洋运输等 15 个与社会经济发展相关因子的相关数据发现，所有因子在 60 年间，特别是改革开放之后，呈增长趋势，有些甚至呈数量级的增长（图 1.2）。富营养化、二氧化碳排放、海水养殖以及海洋货运等因子的增长率与 GDP 的增长率呈现相似的增长轨迹。专属经济区（EEZ）渔业捕捞、远洋捕捞、盐田、上海围垦、江苏围垦和海洋客运量等因子呈现较低的增长率 [图 1.2（a）]。

---

① 由于台湾省数据缺失，本书研究范围不包括台湾省。

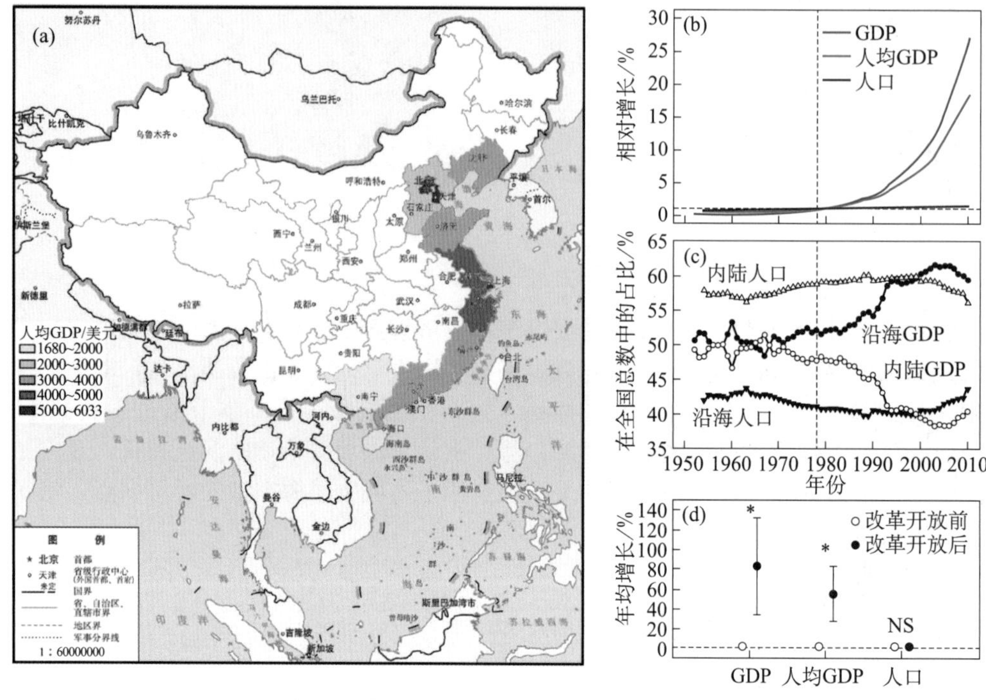

图 1.1 中国滨海地区人口与经济发展趋势

(a) 本节涉及的中国沿海省份及其2010年人均GDP(2000年不变价美元);(b) 过去60年中的相对增长;(c) 沿海GDP和人口占全国总数的比例变化(同时表示了内陆GDP和人口的情况);(d) 改革开放前后年均增长(±95% CIs)情况。图中垂直和水平虚线分别表示经济改革和以1978年为本底的相对影响的开始时间。如果在95%置信区间内没有重叠,表示改革开放前后有显著差异;NS表示暂无数据

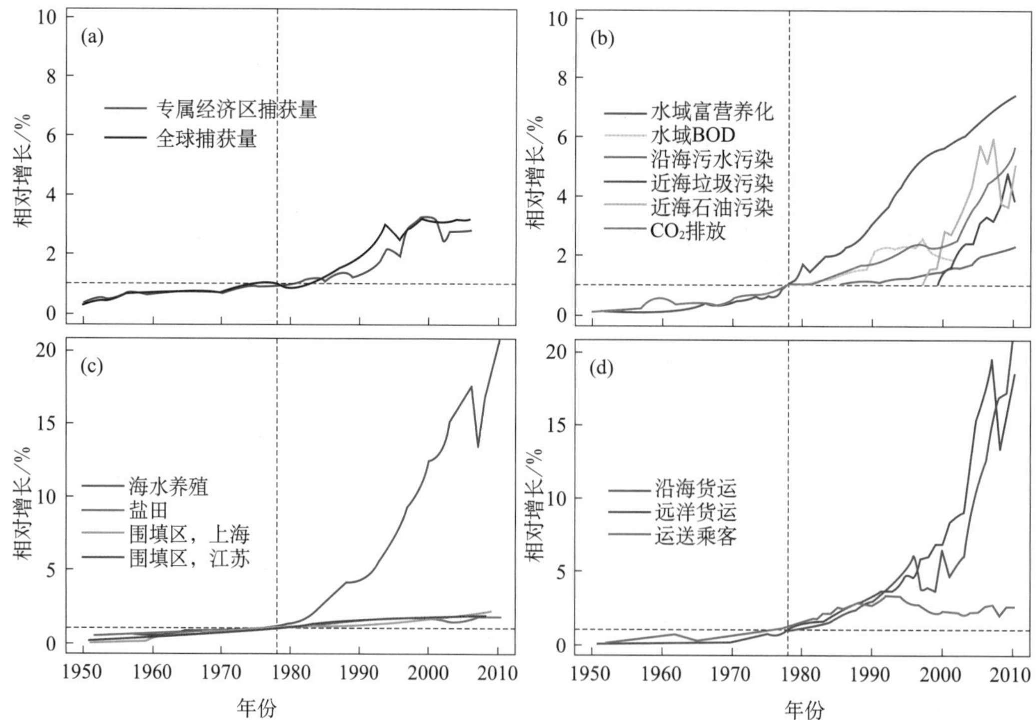

图 1.2 人类活动对滨海湿地的影响趋势(以相对于1950年的倍数表示)

(a) 中国和全球在专属经济区内的渔业捕捞量;(b) 排污量;(c) 栖息地转换;(d) 海洋交通

通过对改革开放前后的数据进行对比发现，除了盐田建设、围垦与客运量的总增长率在改革开放前后没有呈现显著地增长，富营养化、二氧化碳排放、专属经济区捕捞、远洋捕捞、海水养殖、海洋货运量等六个与社会经济发展相关因子的总增长率在改革开放前后呈现显著地增长，人均增长率呈现相似的结果（图 1.3）。因此，改革开放后我国沿海区的社会经济呈现出显著地增长态势，对沿海生态的破坏也显著增长。

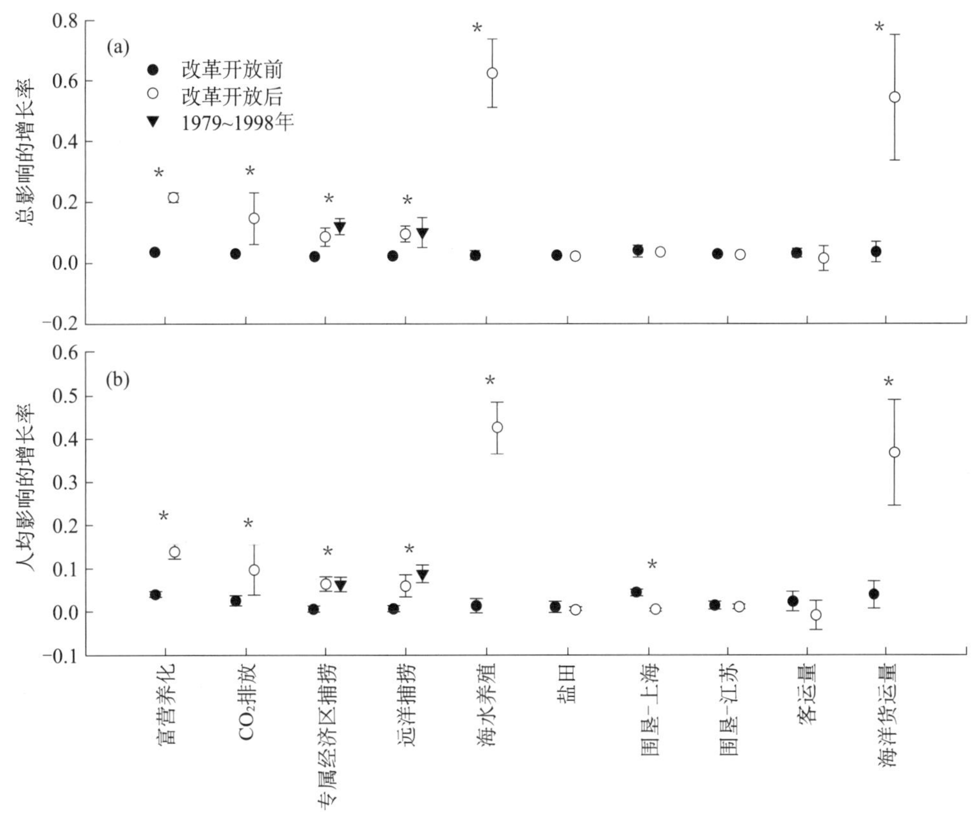

图 1.3　改革开放前后人类影响因素的年均增长率情况

(a) 总影响的增长率，(b) 人均影响的增长率．数据是以 1978 年为基准的相对值，以均值和 95%置信区间表示．如果数据在 95%置信区间没有重叠，则表示改革开放前后有显著差异（*）．在捕捞的估算中排除了 1999 年以来的数据，因为自此渔业捕捞被赋为固定值

改革开放后近 30 年来中国沿海 11 个省（区、市）的海水养殖产量、港口货运量、海盐产量的增长情况如图 1.4 所示。我国 11 个沿海省（区、市），1979～1990 年海水养殖产量和货运量平稳增长，到 1995 年前后，各省（区、市）的海水养殖产量和货运量均迅速增加，海盐产量在 30 年间波动较大，并在 2000 年之后各省（区、市）都有逐渐下降的趋势。由于经济收益相对较高，海水养殖塘面积在 1990 年前后开始大幅增加，并且由于对海水养殖技术投入的增加，单位面积海水养殖塘的单产同样增加迅速。因此，在 1990 年以后沿海各省（区、市）的海水养殖产量都有较大幅度的增加。海盐产量受气候条件限制年际变化较大。2000 年以后，盐田面积增加缓慢，且浙江、福建等省份的部分盐田被海水养殖塘所取代，盐田面积出现了负增长。

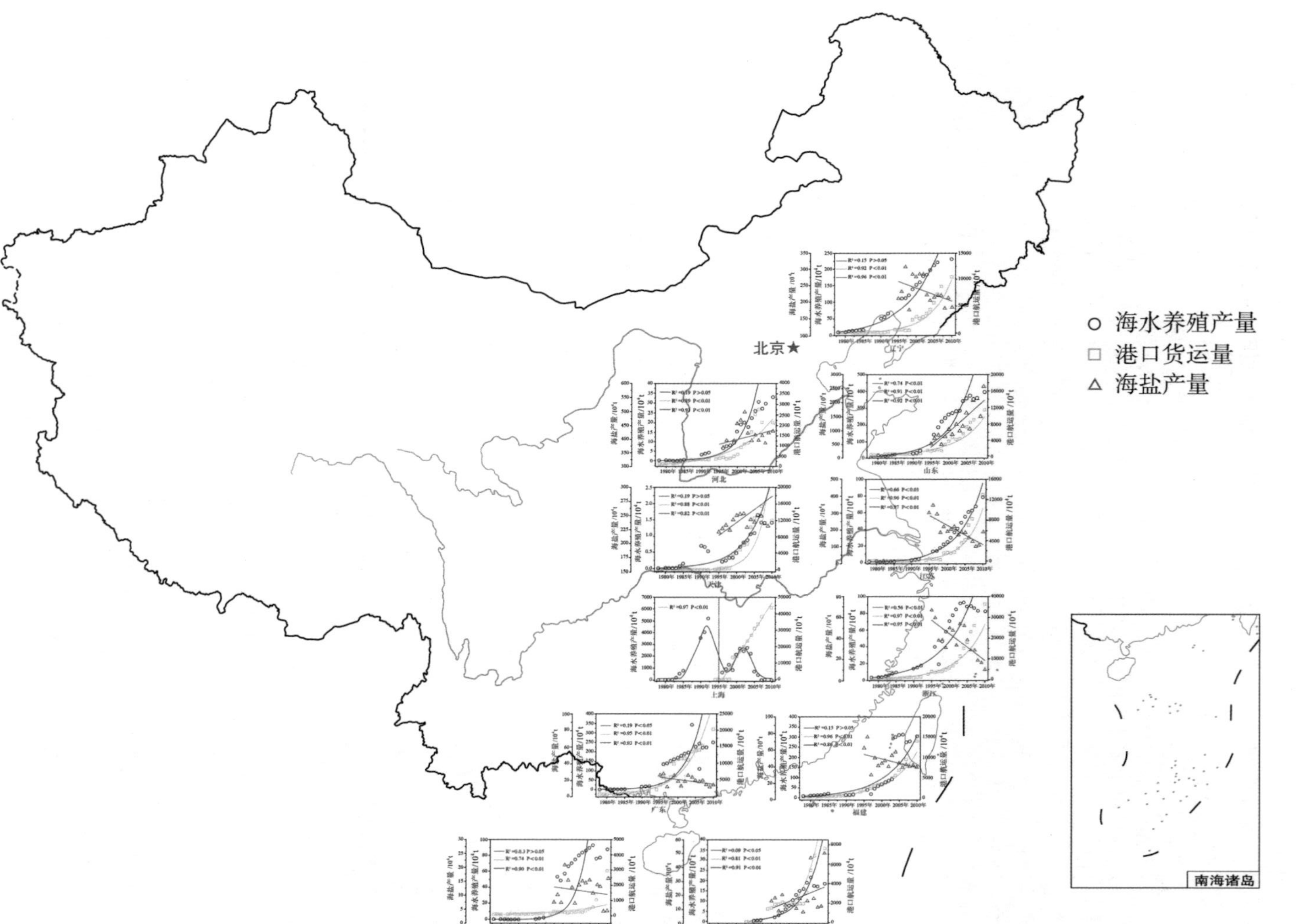

图1.4 围填海开发后各沿海省市的港口货运量、海盐产量和海水养殖产量的变化情况

1.1.2 中国围填海活动演进特征

1. 中国围填海活动时空演进特征

随着社会经济的发展，陆地资源与发展空间愈发紧张，人们的目光开始移向海洋，以近海水域的直接侵占和滨海滩涂开垦为主的围填海活动受到了广泛关注。为辨识我国滨海地区围填海活动的历史变化趋势，以 1979 年、1990 年、1995 年、2000 年、2005 年和 2010 年六期的 TM 影像作为数据源（图 1.5）。通过遥感影像辨识解译，提取中国海岸线人工设施图像，划分为盐田、农田、养殖塘、已围待建水域、已围滩涂、港口和工业城镇建筑物等 7 类围填海类型。

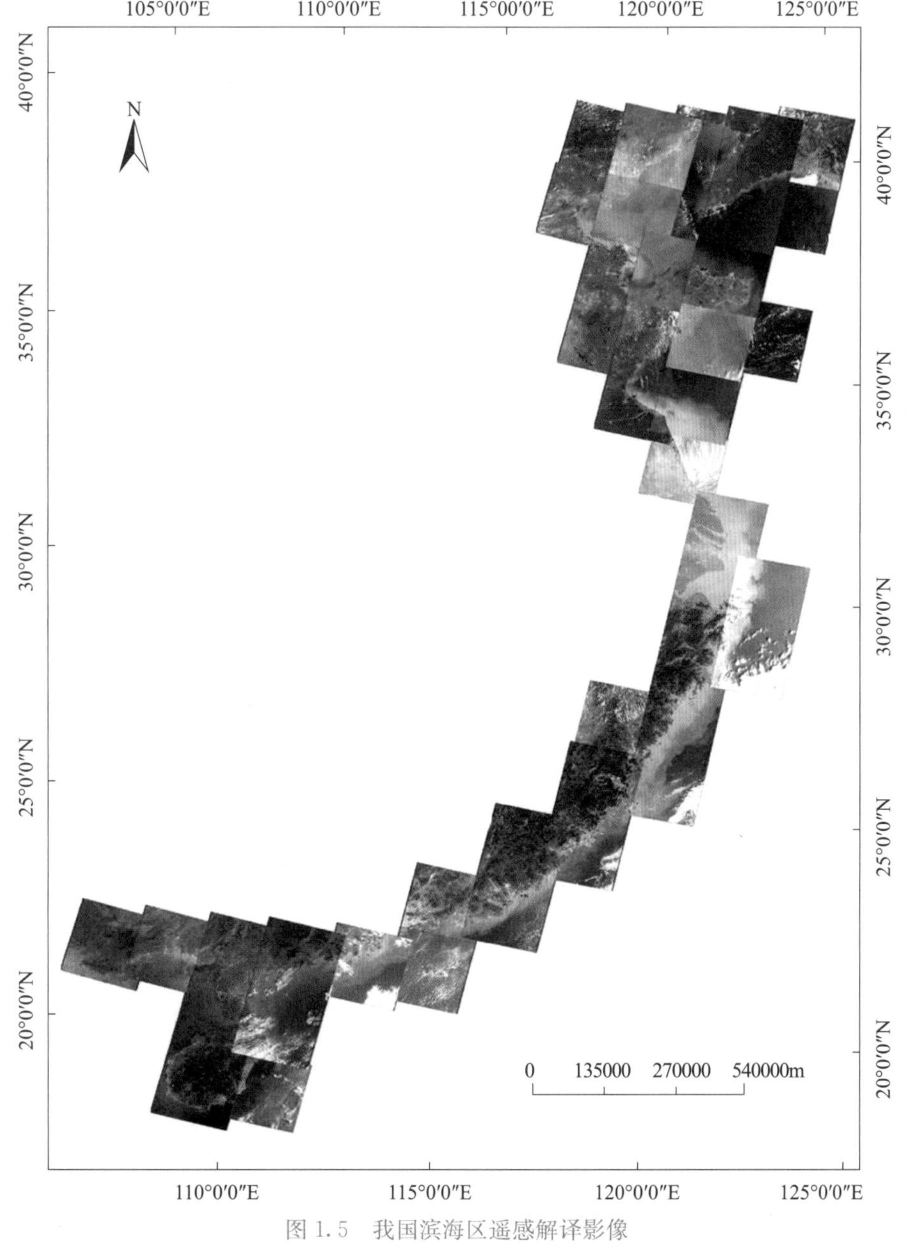

图 1.5 我国滨海区遥感解译影像

从近30年的围填海占用滨海湿地数据来看，我国围填海开发主要呈现出面积大、增速快、范围广和类型多的特点。

1）面积大、增速快

1979～2010年的近30年间，我国新增围填海面积达6132.12km²，其中养殖塘的新增面积最大，占总面积的60.46%。从时间来看，围填海发展最快的是2000～2005年，港口和工业城镇建筑物在2000年以后开始大量增加；围填海活动发展最慢的是1995～2000年，大部分类型的围填海活动面积相对1979～1990年、1990～1995年都有明显的下降趋势（表1.1）。

从围填海新增面积变化情况看，我国围填海建设持续快速增长，并且增长速度逐年递增（高义等，2013；张云等，2015）。自2000年以来，由于滨海养殖业开发、港口城镇的建设，我国围填海的速度几乎增加了3倍，到2014年围填海增速已经超过了300km²/a。

表1.1　1979～2010年中国围填海面积统计表　（单位：km²）

年份	养殖塘	盐田	农田	已围待建水域	工业城镇建筑物	港口	已围滩涂	合计
1979～1990	960.90	15.10	145.61	74.86	182.71	7.00	0.00	1386.18
1990～1995	659.30	21.79	176.14	16.10	59.51	18.79	9.09	960.72
1995～2000	276.84	0.07	71.27	22.62	21.36	16.03	16.29	424.48
2000～2005	1009.03	78.27	140.63	175.94	132.68	139.59	15.56	1691.70
2005～2010	801.22	6.18	54.43	329.94	209.84	237.30	30.13	1669.04
合计	3707.29	121.41	588.08	619.46	606.1	418.71	71.07	6132.12

从围填海面积变化速率看，在1979～1990年，我国围填海平均每年每1000km海岸线上的围填海面积为682m²，但是自2005～2010年平均每年每1000km海岸线上增加至5716m²（表1.2）。对比三个区域，黄海、东海海域的围填海活动强度要高于南海海域。同时，大部分的围填海面积用于海水养殖（包含了已围水域）、工业建筑和港口建设。

表1.2　1979～2010年各海区按类型划分的围填海面积变化速率

		港口	盐田	海水养殖和已围水域	工业建筑	总面积
黄海海域	1979～1990年	2	1	617	16	636
	1990～1995年	385	48	2209	70	2711
	1995～2000年	47	0	1449	57	1554
	2000～2005年	1562	171	2710	228	4670
	2005～2010年	2540	13	7802	2619	12975
东海海域	1979～1990年	2	44	1253	45	1345
	1990～1995年	10	0	3077	30	3116
	1995～2000年	4	0	740	4	748
	2000～2005年	193	0	5563	3662	9418
	2005～2010年	39	0	3546	342	3926

续表

		港口	盐田	海水养殖和已围水域	工业建筑	总面积
南海海域	1979～1990 年	1	0	27	37	66
	1990～1995 年	5	0	128	40	173
	1995～2000 年	18	0	38	7	63
	2000～2005 年	8	0	140	29	177
	2005～2010 年	43	0	130	73	247

注：变化速率计算是指单位时间内单位海岸线上（1000km）的围填海面积（m^2）变化。

围填海较活跃的四大三角洲地区中，由于珠江三角洲（李婧等，2011）与长江三角洲（翟万林等，2010）在围填海发展的早期已经得到大量开发，自 2000 年后围填海的增速放缓；辽河三角洲围填海扩张速度稳定，年增长速度 15km^2 左右（马万栋等，2014）；黄河三角洲自 2000 年则处于快速发展阶段，2005～2014 年，围填海的最高增长速度能够达到 160km^2/a。随着经济发展和人地需求增加，我国围填海面积还将进一步扩大。

2）范围广、类型多

我国围填海开展范围广泛，全国沿海 11 个省（区、市）都进行了大面积的围填海活动，并且在 1980～2014 年，沿海各省（区、市）围填海新增面积都呈增加趋势。我国围填海活动开展的早期和中期（1980～1990 年，1990～2000 年）江苏、广东围填海增加面积最大，2000～2014 年，山东、浙江、辽宁等省份的围填海规模均有大幅度扩张。

围填海开发类型多样，包括盐田开发、围海养殖、农田开垦、城镇港口建设等多种类型。其中，围海养殖是最主要的形式，20 世纪 80 年代以来围海养殖持续增长，到 2014 年已占全部海岸线的 30%以上，占全部人工岸线的 60%左右。其次是农田开垦，特别是在围填海早期（1980～1990 年）（Wang et al.，2014），农田是围填海的主要类型；1990 年以后，农田开垦岸线逐渐减少，而建设围垦和码头围垦呈增加趋势。经济与社会因素驱使沿海地区围填海工程的快速发展，且由于经济结构的调整，导致不同时期围填海类型和面积也发生着变化，集中体现在 2000 年以后，建设、港口和码头围垦所占比例显著增加，至 2014 年，港口码头以及工业岸线占全部岸线的比例超过了 15%。农田开垦逐渐向具有更高经济收益的围海养殖方式转变。

从各省（区、市）的新增围填海类型可以看出，沿海 11 个省份中辽宁、河北、山东、江苏、浙江的围填海活动均主要以海水养殖塘为主。不同时段，各省（区、市）主要的围填海类型不同。在 2000 年以后，辽宁省的工业城镇建设和港口的新增面积逐渐上升；河北省的港口建设迅速增加，成为围填海的主要类型，而海水养殖塘面积的新增速率较以前明显减缓；浙江省增加了大面积的已围规划用海；福建省海水养殖塘面积各时段增加速率较稳定，已围规划用海和港口用海的面积逐渐增大。江苏省的农田开垦在 2000 年之前占据了较大比例，而 2000 年之后几乎没有新增的农田开垦，山东省的农田开垦在近些年也出现增加的趋势。广东省、广西壮族自治区、海南省、上海市则主要以港口、城镇建设等为主。天津市在 2005～2010 年，新增加的围填海面积较大，主要以港口和已围规划用海为主（图 1.6）。

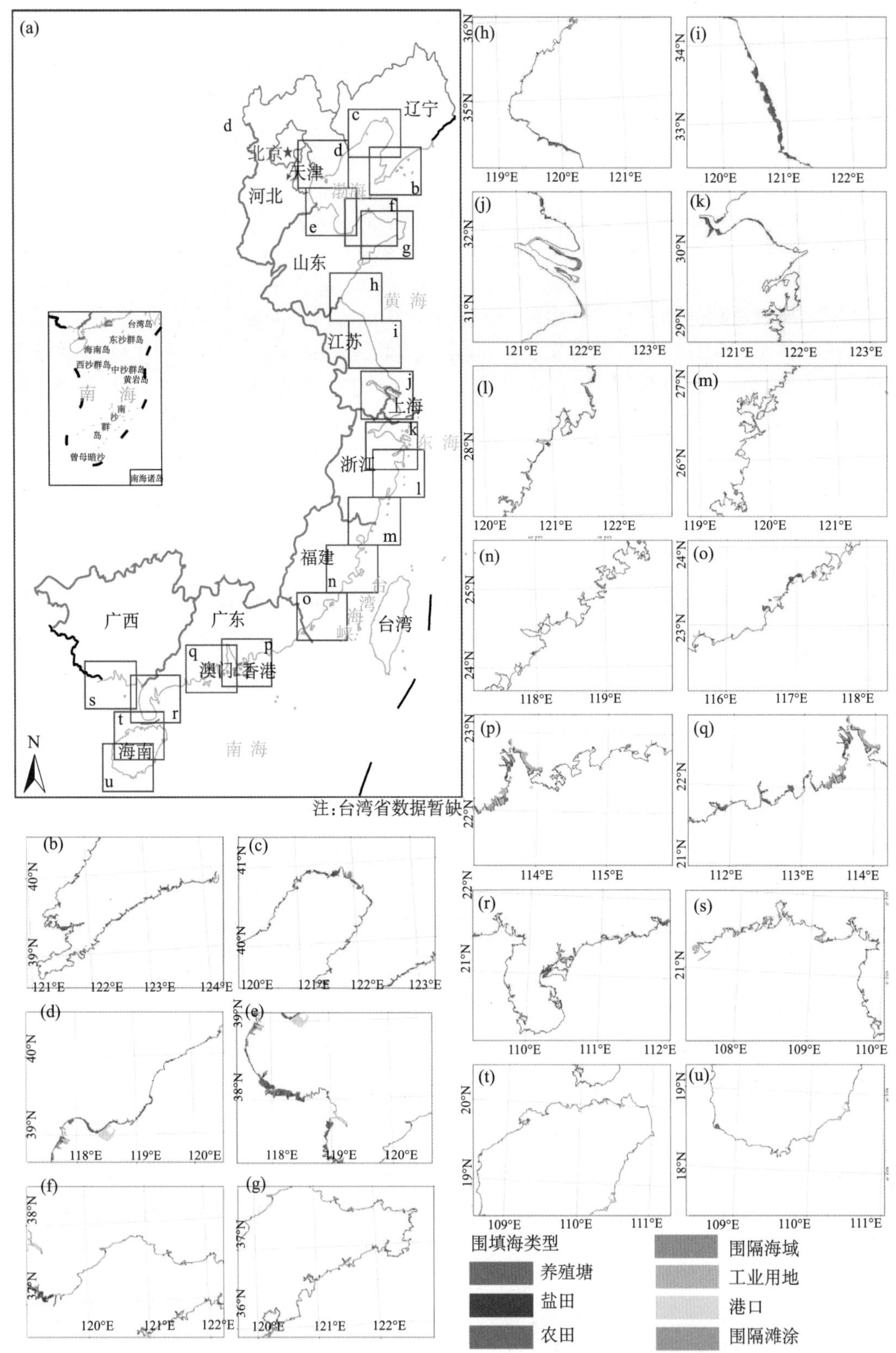

图 1.6　沿海 11 个省份各年段各类围填海新增面积情况

2. 围填海强度定量化评估

1）围填海强度指数

围填海活动类型多样，使用属性各异，为定量围填海活动强度，基于不同类型围填海活动（包括海水养殖、港口、盐田、发电站及石化工厂等工业建筑等），基于各个时期的围填面积（图 1.6），并引入各围填海类型的使用属性特征值，发展了综合围填海强度指数如下：

$$RI=\sqrt{\sqrt{\sum_{i=1}^{n}\frac{R_{\mathrm{a}}i}{R_{\mathrm{a}}i_{\mathrm{m}}}}+\sqrt{\sum_{i=1}^{n}\frac{R_{\mathrm{t}}i}{R_{\mathrm{t}}i_{\mathrm{m}}}}} \tag{1.1}$$

式中，n 为围填海活动类型种类；R_{a} 为围填海各类型的面积；R_{t} 为围填海各类型的使用属性特征值；$R_{\mathrm{a}}i_{\mathrm{m}}$ 和 $R_{\mathrm{t}}i_{\mathrm{m}}$ 分别为其平均值。

围填海对滨海湿地的影响，不仅仅是占用滨海湿地面积的问题，还与其所使用的特性有关，并且即使具有同等面积大小的区域，也不一定具有同样的使用属性特征。因此围填海对生态系统的影响也呈现多样化特征。$R_{\mathrm{a}}i$ 和 $R_{\mathrm{t}}i$ 代表着单位海岸线长度上（1000km）的围填海类型 i 在不同海区、不同时间段（自 1979～2010 年，分成 4 个时间段）的具体数值。$R_{\mathrm{a}}i_{\mathrm{m}}$ 和 $R_{\mathrm{t}}i_{\mathrm{m}}$ 代表围填海类型 i（包含了已围水域待建的海水养殖、盐田、港口和其他工业建筑物）在各个海区所有时间段的总体平均值。本节使用的数据包括卫星遥感影像解译的围填海类型的空间分布和面积数据，以及来源于国家统计局网站的沿海各个省（区、市）海水养殖产量、海盐产量、港口货运量、发电量及原油产量数据。其中，原油产量和核电站发电量都属于其他建筑项的属性，故计算时将所有区域所有时间段的原油产量和发电量进行平均值标准化处理（主要是利用所有数值的平均值作为基底值，每个数值对基底平均值进行比值计算来实现数值的标准化），进而加和标准化后的数值作为其他构筑物的属性数据值。强度指数的构建主要采用了加法的方式，主要是因为现有的研究并没有充分的信息表明各种围填海类型之间的交互作用关系，而且这些交互作用的累加效应也不清楚（Allan et al.，2013）。平方根转化的应用主要是为了产生更均匀的数据分布类型，降低离群值的影响（Allan et al.，2014）。

2）围填海强度变化

利用所发展的围填海活动强度指数分析我国近 30 年四大三角洲所在的黄海海域、东海海域以及南海海域（图 1.7）相邻省份的累积混合围填海活动强度变化（图 1.8）。各个地区围填海活动强度随时间波动明显，经济发达的地区围填海活动强度较高。总体来说，南海海域随时间的变化呈现增加的趋势，黄海海域和东海海域自 1979～2005 年呈现波动增长的趋势，而在 2005 年和 2010 年呈现下降的趋势。各个区域的围填海强度呈现显著性差异（单因素方差分析，$P<0.05$），黄海海域和东海海域围填海强度要明显高于南海海域。

1.1.3 中国滨海地区经济社会发展与围填海活动的关系

为论证围填海活动与经济发展的关系，利用环境库兹涅茨（environmental kuznets curve，EKC），结合围填海活动的历史发展情况和社会经济发展的变化趋势，从时间、空间等多个角度，利用总量分析和人均量、同时涵盖和不涵盖政策、人口等因素，分析了我国滨海地区的盐田、海水养殖、航运等与经济发展的关系（图 1.9）。

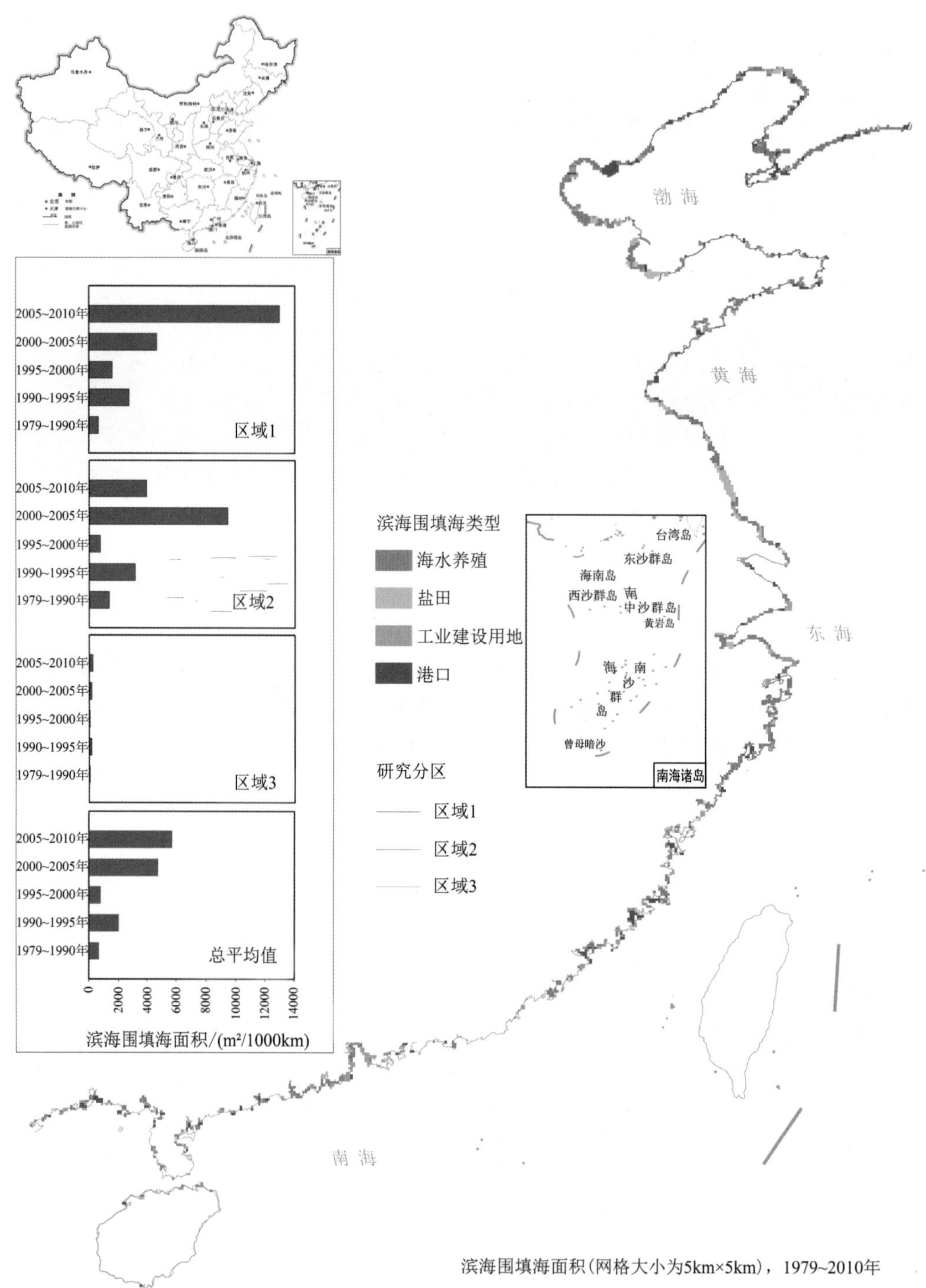

图 1.7　海域分区及围填海类型空间分布

台湾省数据暂缺，下同

时间序列分析发现，在全国尺度上富营养化、二氧化碳排放、专属经济区捕捞、远洋捕捞、海水养殖、盐田等 6 种人类影响因素与 GDP 之间呈现倒“U”形关系（图 1.9、表 1.3），并通过环境库兹涅茨曲线 EKC 预测出了各自的转折点。

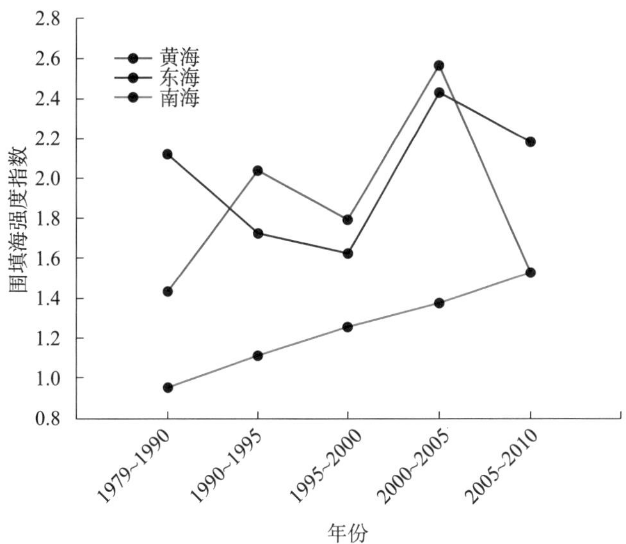

图 1.8 不同时间段各个海区围填海强度变化特征

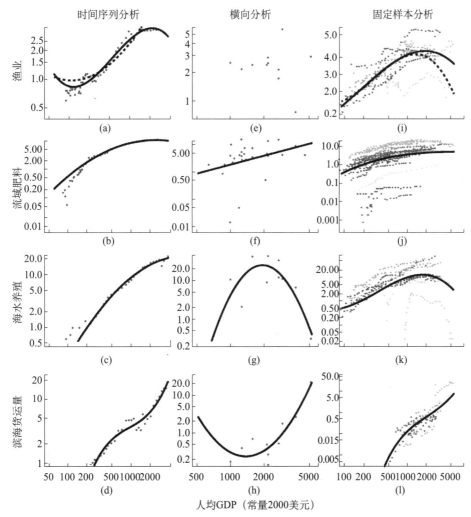

图 1.9 经济发展与四种围填海活动（渔业、流域肥料、海水养殖和滨海货运量）的关系

表 1.3　我国滨海区不同类型人类活动与人均 GDP 的关系模式及拐点

影响因子	时间序列						横向分析		面板分析	
	总的影响		人均影响		With ADVAR					
	形状	拐点/美元	形状	拐点/美元	形状	拐点/美元	形状	拐点/美元	形状	拐点/美元
肥料过度	∩	2251	∩	1931	∩	662	↑		↑	
CO_2	∩	11202	↑		↑		↑		∩	8528
滨海排污							↑		∩	27865
专属经济区捕捞	∩	2391	∩	2337	∩	3197				
专属经济区捕捞（—1998 年）	↑		↑		∪	329				
全球捕捞	∩	1983	∩	1818	∩	1974			∩	2341
全球捕捞（—1998 年）	↑		↑		↑				∩	1633
海水养殖	∩	6869	∩	5516	∩	5791	∩	1959	∩	2113
盐田	∩	2122	∩	1166	—		—		∩	968
客运量	N	841，4892	↓		↑		↑		↑	
滨海货运量	↑		↑		↑		∪	1376	↑	
远洋货运量	—		—		↑	4389	↑		↑	

注：表中显示了两者关系的形式和拐点（TP，以 2000 年不变价美元为基准）。∩表示倒“U”形关系；↑表示线性增长关系；N 表示“N”形关系；↓表示线性下降关系；∪表示“U”形关系；—表示没有关系。在上述关系中排除了小拐点（低于 200 美元）。未达到拐点的数值加粗表示。

从盐田发展来看，我国总盐田面积与 GDP 之间存在显著的倒“U”形关系。盐田面积随着 GDP 的增长而逐渐增加，但可能会在人均 GDP 达到 1000～2000 美元时发生转折。各省份的转折点不同，对于人均 GDP 低于 1000 美元的省份，盐田面积随着 GDP 的增加而增加；对于人均 GDP 高于 1000 美元的省份，盐田面积随着 GDP 的增加而减少。

我国的滨海货运量和远洋货运量，均随着 GDP 的增加而显著增加，这一增长趋势可能为线性或非线性。

我国总围海养殖面积与 GDP 之间存在显著的倒“U”形关系。围海养殖面积随着 GDP 的增长而逐渐增加，转折点出现于目前还未达到的人均 GDP5000～7000 美元。各省的转折点不同，对于人均 GDP 低于 2000 美元的省份，围海养殖面积随着 GDP 的增加而增加；对于人均 GDP 高于 2000 美元的省份，围海养殖面积随着 GDP 的增加而减少。

1.2 中国滨海湿地生态过程和结构的受损情况

围填海与滨海湿地的变化有着复杂的联系，除直接占用外，对周边湿地也有显著的影响。为更清晰地认识我国围填海活动对滨海湿地生境的影响，本节通过搜集文献资料并筛选整理，从滨海湿地格局、资源和湿地功能等角度辨识了围填海活动对滨海湿地的影响，进而量化了围填海活动强度指数与大型底栖生物多样性变化之间的关系，揭示了围填海活动对滨海湿地作用的线性或非线性关系。

1.2.1 改变滨海湿地格局，造成滨海湿地生境丧失

围填海占据了大量的滨海自然湿地，极大地减少了海岸线中自然海岸线的比例，改变滨海的湿地格局。近 30 年来，我国滨海自然岸线的比例由 1980 年的 76%下降到 2014 年的 44%；人工海岸线由 1980 年的 24%上升为 2014 年的 56%以上。其中，围填海对四大三角洲的威胁尤为严重。自 2000 年，珠江三角洲滩涂湿地、盐沼湿地和红树林湿地呈明显的下降趋势（李团结等，2011），至 2015 年，珠江三角洲的围填海面积已超过珠江三角洲滨海湿地总面积的 75%，自然滨海湿地大量丧失（薛振山等，2012）。自 20 世纪 70 年代以来，黄河三角洲各类型滨海湿地面积变化较大，2000 年以后变化尤为明显，滩涂与盐沼湿地大面积丧失（栗云召等，2011；张成扬和赵智杰，2015），随着湿地恢复工程的开展，淡水芦苇沼泽有所增加，成为黄河三角洲滨海主要湿地类型之一（刘艳芬等，2010；刘庆生等，2010）。同期，长江三角洲滩涂湿地和淡水沼泽湿地则下降明显（徐娜，2010；宗玮，2012）。至 2015 年，辽河三角洲仍然保留的滩涂湿地仅为已围填面积的 1/3 左右（陈爽等，2011；汲玉河和周广胜，2010）（图 1.10）。

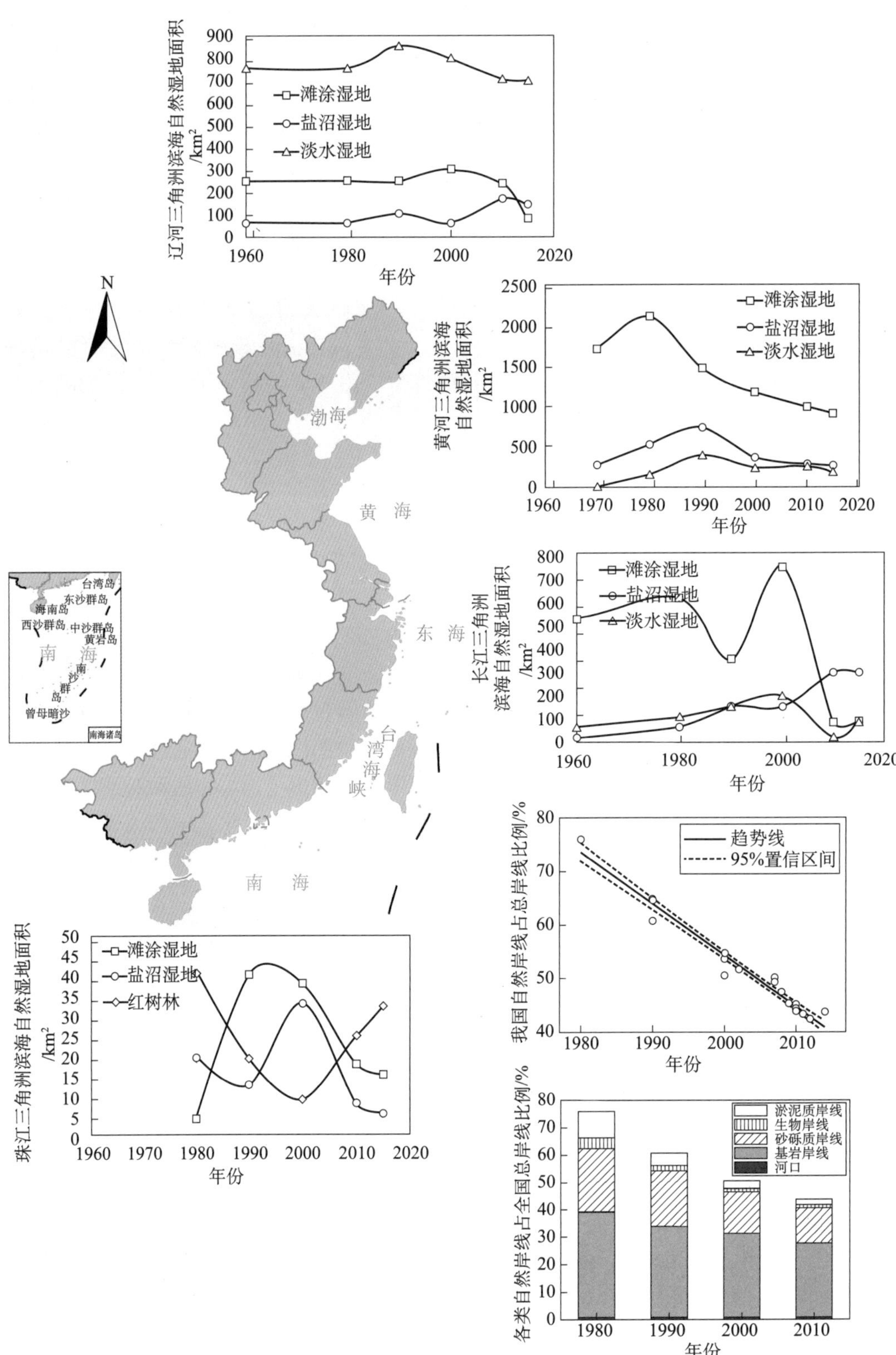

图 1.10　我国自然岸线长度的变化情况以及四大三角洲自然湿地面积变化

1984～2014 年，黄河三角洲盐地碱蓬盐沼面积萎缩了约 78%，盐沼斑块破碎化趋势明显，2014 年盐地碱蓬的斑块数目已破碎为 1984 年的 10 倍；斑块面积逐渐减小，斑块密度也在减小，围填海区的斑块密度极低，并且盐地碱蓬群落的分布结构也受到了干扰，其分布模式趋于聚集状态。究其原因，主要在于黄河三角洲养殖塘、围堤、固岸等工程阻断了潮汐作用，进而干扰盐地碱蓬种子的扩散流动，以及围填海活动通过影响生境条件而使得盐地碱蓬群落生态边界的属性与结构发生改变。根据盐地碱蓬种子的形态学特征，潮汐是其传播扩散的主要动力（只在风的作用下传播时，盐地碱蓬不会出现远距离的传播）。在自然的滨海湿地区域，盐地碱蓬种子借助潮汐的作用流动扩散，使得各斑块之间通过“种子流”方式得以连通，保证了大面积盐地碱蓬群落斑块的形成条件。但随着围填海的开发，潮汐被完全阻隔，大部分盐地碱蓬的种子都停留在母体成株之下，缺失了“种子流”的连通作用，盐地碱蓬群落的分布结构转为聚集模式，大面积的盐地碱蓬斑块逐步破碎为细小的斑块。同时，潮汐等水文作用被围填海阻隔，使得湿地生境条件（如土壤理化指标等）由海向陆的渐变梯度遭到破坏。双重作用下，盐地碱蓬群落的生态边界逐渐出现长度缩短、宽度变薄、结构复杂性减弱等不利趋势，盐地碱蓬群落进入了过度开放状态，对外界干扰的抵抗能力进一步降低。

1.2.2 破坏滨海湿地资源，导致生物多样性降低

滨海湿地是水生生物栖息、繁衍的重要场所（Barbier et al.，2011)。大规模的围填海工程改变其水文特征，影响鱼类的洄游规律，破坏了鱼群的栖息环境和产卵场（He et al.，2014)，导致鱼类关键生境遭到破坏，渔业资源锐减。我国近海渔业资源的急剧下降主要发生在近 30 年间。海洋鱼类的营养级和平均最大体长在 1950～1978 年并无显著变化，但在 1978 年以后显著降低（图 1.11)。

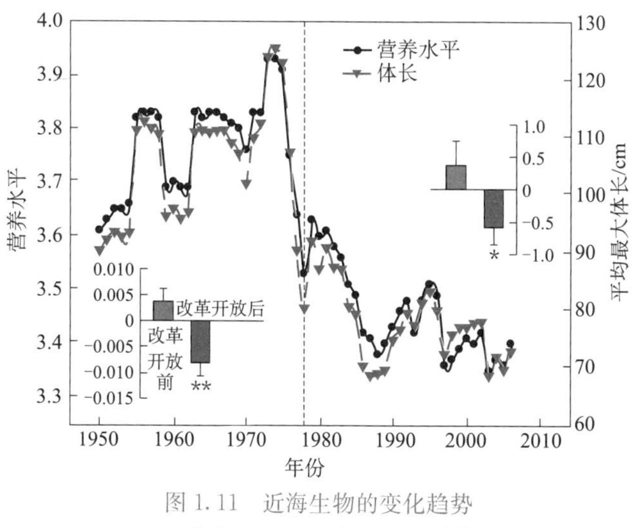

图 1.11 近海生物的变化趋势

* $P<0.05$；**. $P<0.01$。下同

底栖动物是滨海湿地的关键生物类群之一，且对人类活动影响反应敏感。但底栖动物能否应用于指示不同类型围填海湿地的受损状况？底栖动物又能否指示不同类型的围

填海与污染、生物入侵等对滨海湿地的相对影响大小？通过对文献资料的 meta 分析发现，底栖动物多样性对不同滨海湿地类型围填海、污染、生物入侵等指示明显（图 1.12）。一般而言，建筑、围海等对底栖动物多样性的负面影响最为显著，而开放性海水养殖、生物入侵等对底栖动物的负面影响较小。

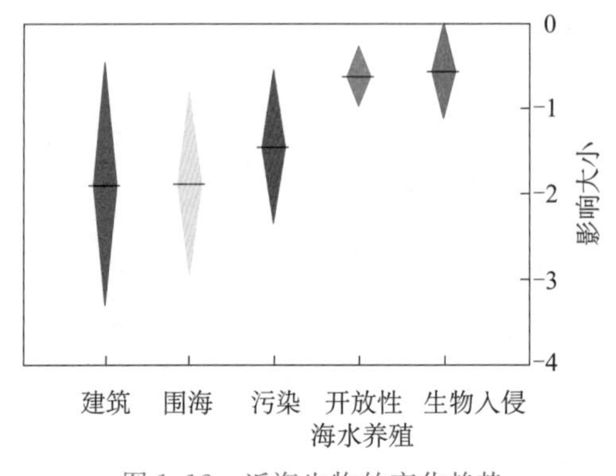

图 1.12 近海生物的变化趋势

为了进一步分析围填海对底栖生物的影响，我们采用 1.1.2 节中的围填海强度指数定量我国三大海区不同时间的围填海强度，并用 Hedges′d 的效应值（effect size）表征大型底栖无脊椎动物的生物多样性和生物量年际间的绝对变化量，进而量化底栖动物生物多样性与围填海强度之间的响应关系，深入剖析围填海强度对滨海湿地的作用。

在黄海、东海和南海三个区域，大型底栖动物的生物多样性和生物量均有不同程度的变化，且各类群的变化量存在显著差异（图 1.13）。从图 1.13 可以看出，大多数大型底栖动物生物多样性及生物量响应量呈现负值，表明随着时间的推移，各海区内大型底栖动物生物多样性和生物量呈现显著的下降趋势。其中，物种多样性方面，变化最明显的有总生物多样性、总物种丰富度、甲壳类和棘皮类物种丰富度；生物量方面，主要有总物种生物量、软体动物和棘皮动物的生物量。此外，总生物多样性、总物种丰富度、多毛类物种丰富度，以及软体类丰富度、总生物量的变化量的效应量在各个区域间的变化呈现明显的空间差异性。

结合各地区不同时段的围填海活动强度指数与大型底栖动物的变化量，采用模型拟合得到大型底栖动物主要生物类群的生物多样性、生物量变化与围填海活动强度的关系模型。总体而言，围填海活动对滨海湿地大型底栖动物生物多样性和生物量具有显著的负面效应，且各分类群之间的变化关系不同（图 1.14 和图 1.15）。

随着围填海强度的增加，总生物多样性，总物种丰富度，多毛类、棘皮类物种丰富度呈线性下降的趋势［图 1.14（a）～（c）、（f）］，而软体类和甲壳类呈非线性增加［图 1.14（d）～（e）］。从所有与物种多样性有关的响应变量的结果可以看出，除了棘皮类物种丰富度外，低强度的围填海，或者在一定围填海强度范围内，能够促进生物多样性的增加（效应量位于 0 线以上），如当围填海强度为 1.8～2.2 时，围填海活动能够促进软体动物的物种丰富度［图 1.14（d）］。

随着围填海强度的增加，大型底栖动物总生物量、多毛类和棘皮类的生物量呈现显著的线性下降关系［图 1.15（a）、（b）、（e）］，然而围填海强度促进了软体类和甲壳类生物量的非线性增加［图 1.15（c）、（d）］，且当围填海强度为 1.0～2.6 的时候，甲壳

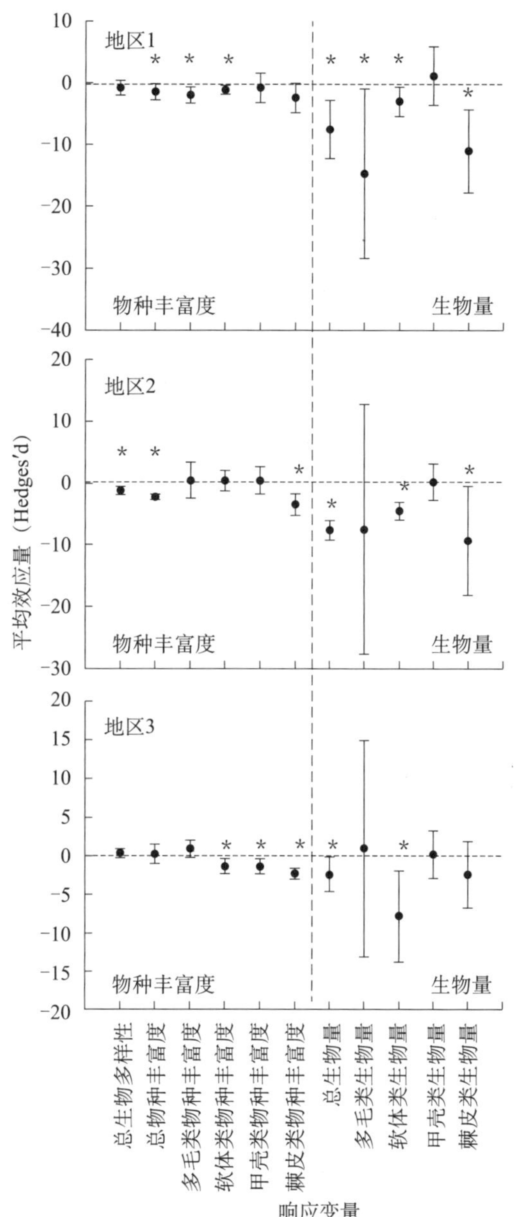

图 1.13　跨 5 个时间段的各海区大型底栖动物不同生物响应变量的总体平均效应量变化

图中各个响应变量效应量大小以跨 5 个时间段的总体平均值和 95%置信区间表示；总体数据点数量，$n=15$；"0" 线代表没有显著性变化，只有当响应变量的 95%置信区间位于 0 线以上或者以下表明具有显著性差异，如果 95%置信区间包括零线值则表明没有显著性差异；"*" 代表具有显著性变化的效应量值

类呈现增加的趋势［图 1.15（d）］。

大型底栖动物生物多样性和生物量与围填海强度指数之间的线性和非线性拟合曲线结果证明了围填海活动对大型底栖动物生物群落结构组成及其空间分布格局产生重要影响，进而影响生态系统结构、功能与过程的稳定性（Bolam et al.，2006，2010，2011；Ryu et al.，2011；Midwood and Chow，2012；Wilson and Bayley，2012）。围填海活动对大型底栖动物的影响，因响应变量以及分类群的不同而不同。就表现形式而言，研究

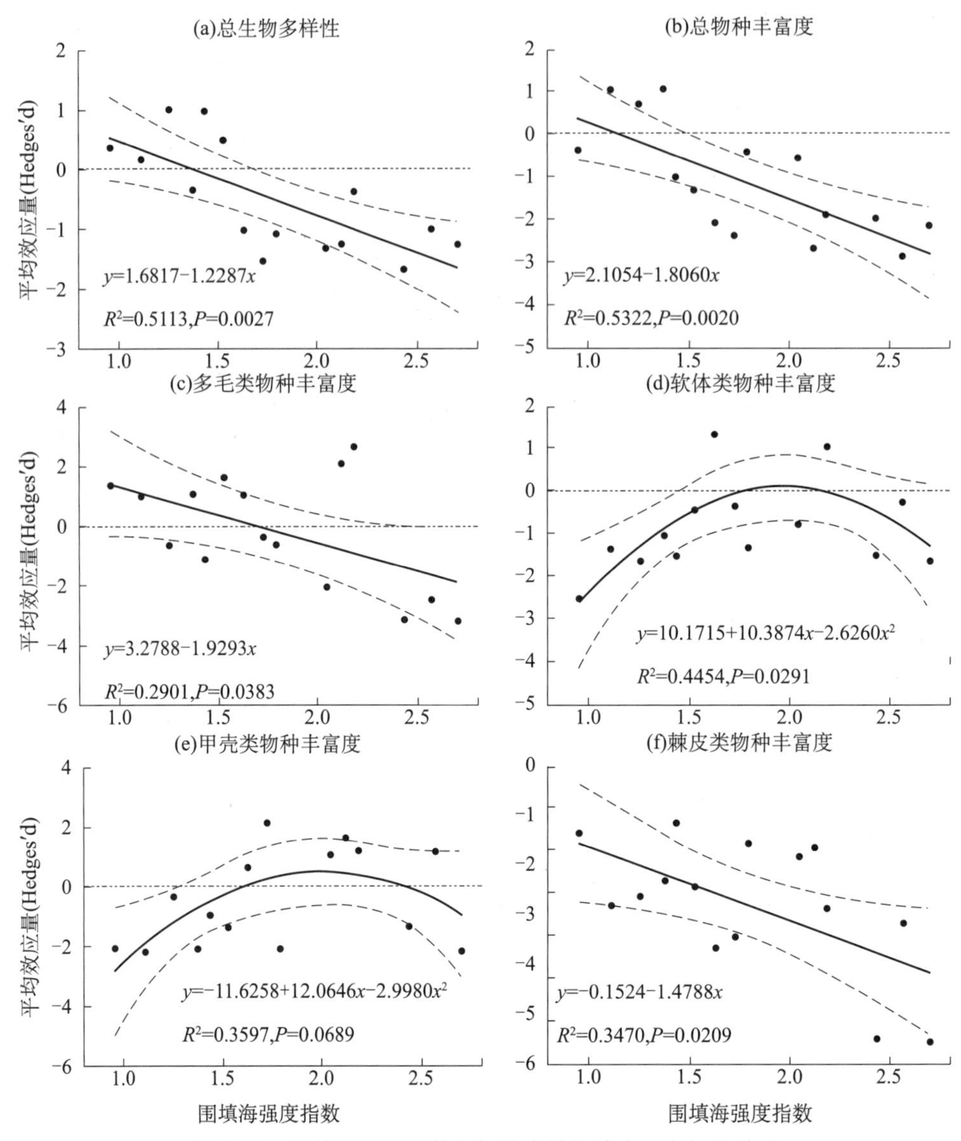

图 1.14　围填海强度指数与物种多样性效应量之间的关系

结果中呈现的线性关系与众所周知的中度干扰假说提出的干扰-响应关系所呈现的峰值或者单峰式关系相矛盾。这是因为，在小尺度范围内，峰值状的生物多样性-干扰关系，在自然干扰中更为普遍，因而区别于人为干扰活动（Mackey and Currie，2001；Miller et al.，2011）。值得注意地是，在人类活动干扰的情况下，物种丰富度和干扰强度之间的关系存在单调递增关系和单调递减关系（Mackey and Currie，2000，2001）

鉴于黄海、东海和南海的围填海强度、大型底栖动物生物多样性和生物量变化量的时空差异性，以及围填海强度和生物变量效应量之间线性与非线性作用关系，暗示滨海湿地的管理者在各个区域采取的管理手段以及方法应该有所区别。围填海强度和生物变化量之间的关系为非线性的结果表明低强度和一定阈值围填海强度能够促进生物多样性和生物量的增加。南海海区具有较低的围填海强度，适当的合理的开发在某种程度上是可以接受的。然而，围填海强度和生物变化量之间的关系为线性，表明较高强度的围填海强度能够进一步导致大型底栖动物生物群落结构的格局变化，威胁生物多样性的稳定

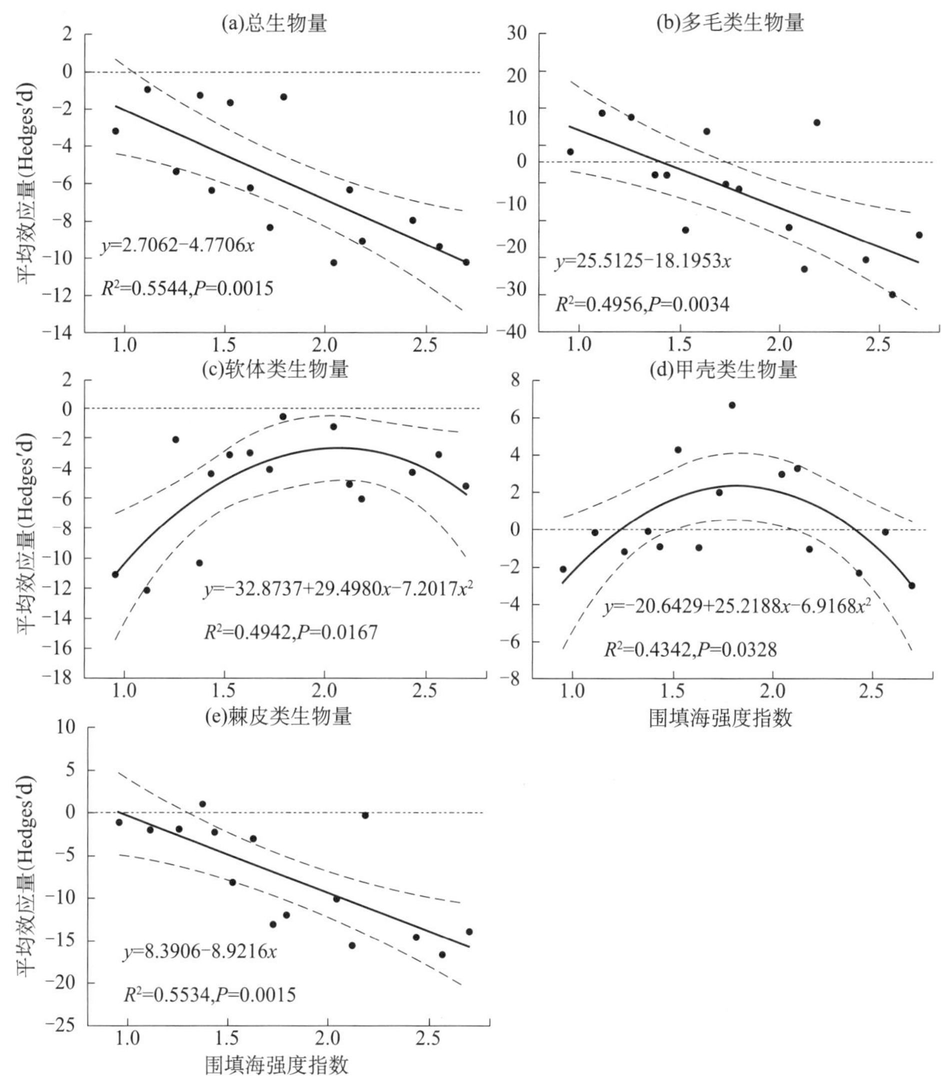

图 1.15　围填海强度指数和大型底栖动物生物量之间的关系

性。总体而言，围填海强度在黄海和东海区域要相对高于南海区域。这可能是因为南海海岸线长，相对围填海强度较低，但并不代表着在南海区域应该大肆加大围填海强度，还是应该充分考虑其海区的承载力问题。相比较而言，在黄海和东海海区，应该严加控制围填海活动的进一步发生，并采取适当的生态保护和修复措施。

1.2.3　削弱滨海湿地功能，加剧近海水体污染

我国近海物理环境在过去 60 年间发生了明显变化。除渤海表层水温无显著变化外，我国近海水体的表层水温和溶解氮含量均发生了显著增加。相反，表层海水中的溶解氧和 SiO_3- Si 等显著下降。PO_4- P 和海水盐度的变化一般不明显，但渤海海水盐度显著升高。我国近海赤潮发生次数由改革开放前的每年几次增加至现在的每年几十次甚至上百次（图 1.16）。

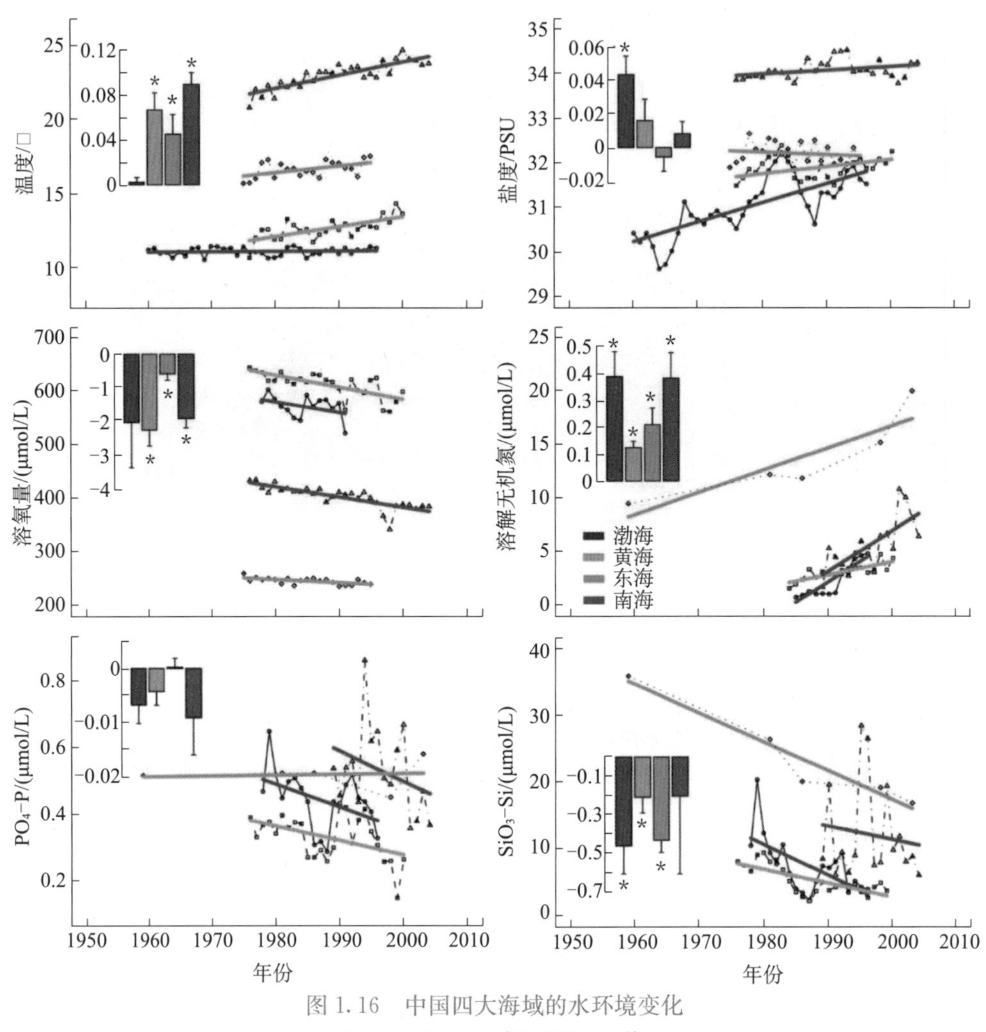

图 1.16　中国四大海域的水环境变化

“*”表示具有显著性变化的量值

我国滨海湿地，特别是近海水域，受损的另一主要表现是富营养化。富营养化造成藻类暴发、水体氧含量下降、鱼类死亡等，威胁滨海水域和潮间带湿地。但目前导致我国近海水域藻类暴发的关键限制性养分元素及其时空变异性仍需进一步研究。通过整合分析我国近海水域近 30 年间开展的藻类养分添加实验，研究了我国近海水域藻类暴发的关键指示养分元素及其空间变异性（图 1.17）。

一般而言，N、P、Si 等营养元素的添加会显著增加我国近海水域浮游植物的生长，但不同营养元素在我国不同海域具有不同的指示作用。N、P、Si 等均是黄海近海水域浮游植物增长的指示元素。P、Si 是东海近海水域浮游植物增长的指示元素。相反，N 是南海近海水域浮游植物增长的指示元素。此外，在近海水域中，N、P、Si 等营养元素均是浮游植物增长的指示元素，而在远海中，仅 N 是浮游植物增长的指示元素。由图 1.18 还可知，我国不同海域富营养化的关键指示营养元素不同。

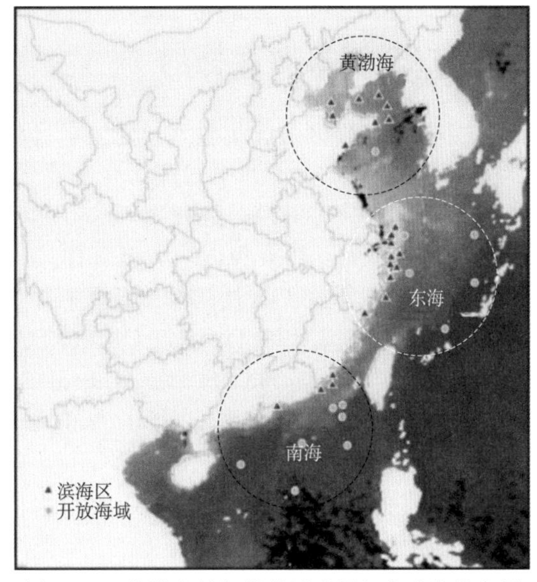

图 1.17　藻类生长与营养元素添加实验的分布图

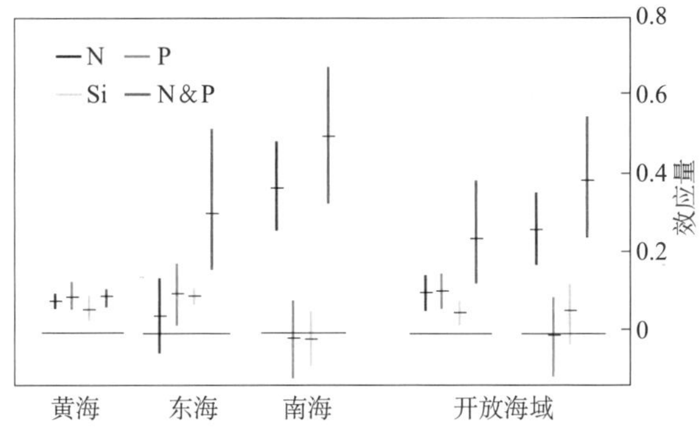

图 1.18　我国不同海区藻类生长的主要限制元素分析

1.3 中国滨海湿地生态修复发展历程

滨海湿地的丧失和退化已经引起世界各国的广泛关注，生态修复已成为扭转这一趋势的全球策略。为了全面深刻地认识我国滨海湿地生态修复进程及其未来发展方向，本节深入剖析了我国近 60 年来滨海湿地生态修复工程的时空分布、修复技术、修复规模等特征，通过国内和国际经验识别我国现行滨海湿地生态修复模式中存在的问题，提出未来滨海湿地生态修复模式转变框架，为滨海湿地生态修复转向科学、合理、高效修复提供理论指导。

1.3.1 中国滨海湿地生态修复时空格局

通过文献资料、政府工作报告与新闻的收集整理，建立了目前最为全面、系统的中国滨海盐沼湿地生态修复的数据库，共收集到中国滨海生态系统的生态修复工程共有1015个，其中盐沼湿地（118）、沙滩（83）、红树林（366）、海草床（9）、珊瑚礁（13）、近海水域（400）、其他（26）。资料来源：①文献著作，包括中国知网（CNKI，http：//www. cnki. net，关键词为“滨海 OR 盐沼 OR 潮滩 OR 河口 OR 沙滩 OR 海湾 OR 红树林 OR 海草 OR 珊瑚礁 OR 近海”AND“恢复 OR 修复 OR 重建”）中可搜索到的相关期刊、学位论文、年鉴、专利、标准、成果；Web of Science（http：//apps. webofknowledge. com，关键词为“coastal，bay，tidal，salt marsh，delta，estuary，beach，mangrove，coral reef，sea grass，invasion，fishery，and restoration，recovery，rehabilitate，creation”）中相关期刊文献，以及国家图书馆中与之相关的书籍；②政府工作报告与新闻，主要来源于与滨海湿地有关的网站。

从中华人民共和国成立以来，我国滨海湿地生态修复可分为三个阶段（图 1.19）：①萌芽阶段（20 世纪 50～80 年代），改革开放之前，除个别地方进行小规模的红树林移植修复，没有其他类型的修复措施；②起步阶段（20 世纪 80 年代至 2000 年），这一阶段，开展了一些小型修复工程，主要涉及红树林修复和滨海水域的渔业修复；③发展阶段，进入 21 世纪，各种滨海生态系统类型包括盐沼、红树林、海草、珊瑚礁，以及近海水域等的修复工程数量逐渐增多，总数量呈直线形增长。这段时期，我国先后编制并实施了《中国湿地保护行动计划》《全国湿地保护工程规划》（2002—2030 年）、《全国湿地保护工程实施规划》（2005—2010 年）、《全国湿地保护工程实施规划》（2011—2015 年），同时，国家加大了对滨海湿地生态修复的投入，如中央财政湿地保护补助资

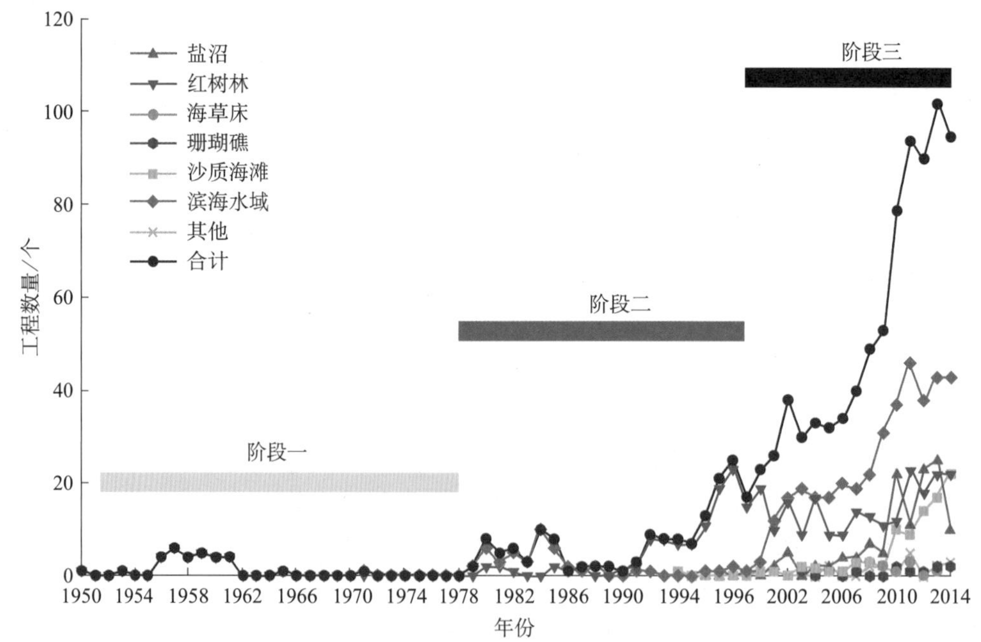

图 1.19 中国滨海湿地生态修复工程的历史趋势

金以及中央分成海域使用金支出项目等。从 2010 年开始，我国开展了中央分成海域使用金支出项目，用于海域海岸带整治修复项目、海岛整治修复项目、海洋环境保护与生态修复，以及海洋执法能力建设等。2010～2013 年，通过中央海域使用金返还 16.7 亿元，共支持海域海岸带整治修复项目 74 个，涵盖沙滩修复、退养还海、海域清淤疏浚、修复海堤、海岸景观美化与修复、构筑物拆除改造、生态修复等七大类。

我国沿海的 11 个省（区、市）和四大海域均开展了不同程度、不同类型的生态修复工程（图 1.20）。总体而言，滨海盐沼、滩涂、红树林和近海水域的生态修复工程分布较广，但海草与珊瑚礁的生态修复仅集中在个别地方。海草生态系统在全国各省的分布区域都面临着严重的退化（郑凤英等，2013），但有关海草床的生态修复工作只集中在山东半岛和广西。相似地，我国南部海域的珊瑚礁遭受到严重的退化（傅秀梅等，2009），但其修复也仅是在广东的徐闻、大亚湾，以及海南的三亚和西沙群岛小规模地开展。

1.3.2 中国各类型滨海湿地生态修复基本特征

1. 滨海盐沼的生态修复

在我国，盐沼曾达 5.7 万 hm^2，广泛分布于杭州湾以北的北方沿海地区，自南向北依次包括长江三角洲、黄海海岸和渤海海岸（Yang and Chen，1995），但由于围垦、生物入侵、全球变化等因素影响（He et al.，2014），目前保存较为完整的盐沼湿地仅存在长江口、黄河口、辽河口、江苏盐城等地区的自然保护区内。中国滨海盐沼退化的两个主要原因是围填海活动和生物入侵。据早期统计，1950～2000 年，我国至少有 70.8 万 hm^2 的盐沼通过围填海活动方式退化或消失（Yang and Chen，1995）。自 19 世纪 80 年代入侵植物互花米草引入到中国沿海之后，至今已经有 34451hm^2 的自然盐沼被取代（Zuo et al.，2012）。随着人们越来越意识到滨海盐沼在消浪、促进滩面淤积、抵抗侵蚀、净化污染物、碳储存、提供栖息地等方面的重要生态服务功能，盐沼的生态修复逐渐得到重视。到目前为止，我国通过生物、非生物以及两者结合方法实施了 125 个生态修复工程［图 1.20（b)］，共修复了约 3.8 万 hm^2 的滨海盐沼湿地，其面积相当于我国 19 世纪 50 年代滨海盐沼湿地总面积的 5%。

生物修复方法主要包括目标种植物的再植和入侵物种的控制（表 1.4）。植物再植是指通过种子撒播或者植株移植的方法修复当地的建群种，以及建立一种自我维持的植物种群，为无脊椎动物、水鸟、微生物及其他动植物提供优良的生存环境。一方面，我国滨海盐沼生态修复中再植的植物物种主要包括盐地碱蓬、芦苇、柽柳、海三棱藨草和茳芏（Hu et al.，2015；Jia et al.，2015；李利，2010；宁秋云等，2014）。另一方面，我国通过对入侵种互花米草的去除控制来恢复当地的生态系统结构与组成。控制互花米草的主要方法包括刈割、遮阴、火烧、碎根、围堰、淡水淹没、除草剂，以及利用当地植物芦苇进行生物替代等（Wang et al.，2008a）。互花米草的控制工程主要集中在江苏盐城、上海长江口、浙江和福建。但是目前为止对生物入侵控制的大型工程还是比较少见的。

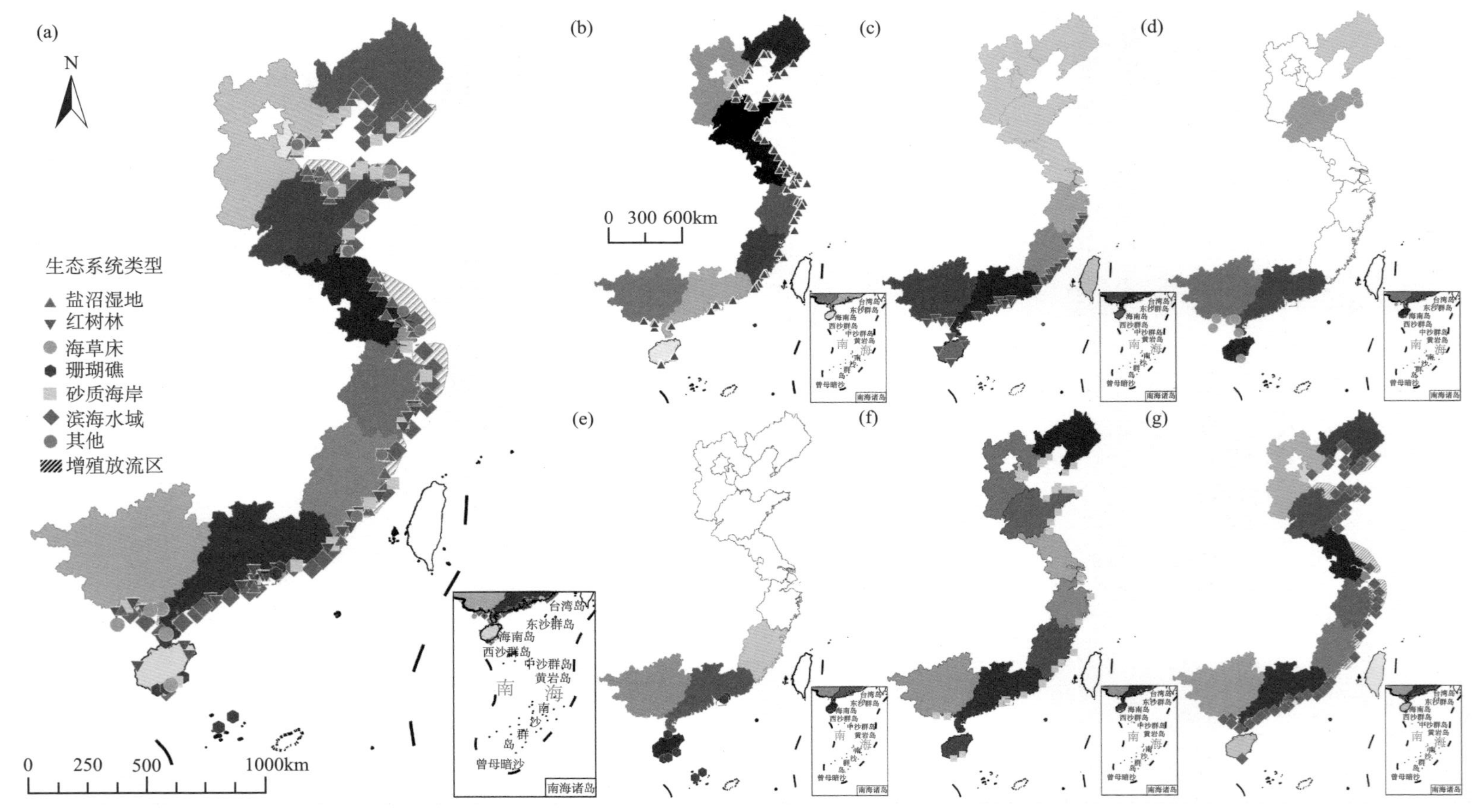

图 1.20 我国滨海湿地生态修复的空间分布

(a)～(f) 中各个省份的颜色深度变化表示各种滨海湿地类型面积的大小，面积越大，颜色越深；(a) 各省份滨海湿地的面积；(b) 潮滩的面积；(c) 红树林的面积；(d) 海草床的面积；(e) 珊瑚礁的面积；(f) 砂质海岸的面积；(g) 1950～2013 年各省份近海渔业捕捞的年平均产量

表 1.4 中国各类型滨海湿地生态修复技术总结

修复技术		栖息地类型					
		盐沼	红树林	海草床	珊瑚礁	砂质海岸	近海水域
生物技术	植物再植	59	364	10			46
	入侵种去除	14	28				
	增殖放流						161
	珊瑚幼虫补充				4		
	珊瑚移植				9		
	害虫控制	1					
非生物技术	人工鱼礁				5		215
	淡水引入	23					
	拆除堤坝	4					15
	潮沟疏浚	7					
	人工育滩					88	
	养殖池去除	10	7	1		6	31
	残损物清除	5	9			12	16
	疏浚底泥	10	4				30
	地形重塑	2					
综合技术	鸟类栖息地提升	13					
	海洋牧场						46

非生物修复方法主要体现在水文和地形的修复（表1.4）。水文状况的修复主要包括淡水引入和恢复潮流两种方式。一方面淡水引入是指通过采取必要的工程措施，利用筑堤蓄水，引淡压盐，降低土壤含盐量（Cui et al.，2009），这种方法在辽河口、黄河口、江苏盐城等地均大规模实施，但新生成的淡水湿地并不能发挥滨海盐沼独特的生态功能，现在人们也开始意识到这种修复方法的局限性（Howes et al.，2010；Li et al.，2016）。另一方面，恢复潮流的生态修复措施在美国和欧洲等地已广泛得到应用，主要通过拆除清理滨海养殖池、拆除堤坝、疏通潮沟等方法恢复潮汐作用，使盐沼发挥其特有的生态功能（Wolters et al.，2005；Zedler，2000a，2000b）。我国利用这种修复方法的工程寥寥无几，只在辽河口湿地得到应用（辽宁海洋与渔业网，2013）。对于淡水引入和恢复潮流这两种生态修复方法应通过科学合理的方法进行评估，为其他区域的盐沼生态修复工程提供借鉴和经验。另外通过重建地形的方法来达到生态修复的目标只在长江口的生态修复工程中得到应用（王开运和张利权，2013）。对于将生物和非生物方法进行结合的只在辽河口的盐地碱蓬湿地修复和长江口水鸟栖息地修复中得到应用（阮关心，2012；王开运和张利权，2013）。

2. 红树林的生态修复

红树林在防止侵蚀、发展近海渔业、调节气候、净化环境、维持生物多样性、发展生态旅游等方面具有重要意义。我国红树林的总面积在历史上曾达到5万 hm^2（林鹏，1997），并且物种丰富，我国共有24种红树林物种，占到全球总红树林物种数的1/3（Li and Lee，1997）。由于围垦造田、围垦养殖、污水排放及生物入侵，现在我国红树林面积少于 2.3 万 hm^2（王文卿和王瑁，2007）。近年来在全球范围内，人们逐渐意识到红树林湿地的重要性。我国也在红树林再植和入侵物种控制方面进行了大量的修复工作。红树林生态修复已成为我国滨海湿地生态修复最常见的方式之一。

我国人工营造红树林历史悠久，早在 1882 年就有华侨从南洋带回红树林种苗在福建漳州地区种植。20 世纪 50～70 年代，我国南部各省的农民和政府在宜林地进行了小规模的种植工作（王文卿和王瑁，2007）。70～80 年代，由于种种原因红树林修复工作一度停滞。80～90 年代，我国的红树林种植工作得到复苏和发展，中国的部分高校、研究所、自然保护区在红树林宜林滩涂选择、育苗、引种、造林、幼林抚育、海岸红树林生态工程等方面开展了大量的试验研究，为中国红树林生境改造、次生林恢复，以及滩涂红树林重建积累了丰富的经验。90 年代开始，我国开展全国沿海防护林体系建设工程，其中对红树林的保护与恢复是海防林工程建设的重中之重，因此我国的红树林修复工作进入全面实施阶段（国家林业局，2011a）。第一期工程（1989～2000 年）阶段，我国的红树林修复工程数量呈稳定增长，平均每年红树林修复面积为 59.8hm^2（国家林业局，2011b）。2000 年制定了《全国沿海防护林体系建设二期工程规划（2001—2010 年)》，计划 10 年新造红树林 6 万 hm^2。2004 年年底发生印度洋海啸后，国家林业局据此加紧修编了《全国沿海防护林体系建设工程规划（2006—2015 年)》。截止到 2011 年，红树林面积增加到 29300hm^2，比工程实施前增加了 7300hm^2。与此同时，越来越多的 NGO 志愿者和民众也积极地参与了红树林的修复工程中。

红树林生态修复的主要措施包括移植幼苗和控制生物入侵。在红树林移植恢复方面，我国红树林造林的实践经验丰富，进入 21 世纪，一系列国家和地方造林技术标准规范出台（如《红树林建设技术规程》《红树林造林技术规程》)，红树林的面积也逐渐呈增长趋势，但红树林的成活率和保存率低是制约红树林恢复重建的主要因素，其幼苗成活率仅为 57%（Chen et al.，2009）。此外，由于红树林造林树种单一、林带宽度过窄及引入外来物种，导致红树林湿地生物多样性丧失和生物入侵（Ren et al.，2009）。

互花米草在我国沿海滩涂不断扩散并造成危害，红树林生态系统亦遭受严重威胁（Wan et al.，2009）。利用红树林植物生物替代进行互花米草的控制是红树林生态系统的另一种修复措施。先利用刈割等物理措施清除互花米草，然后人工种植速生的红树林，主要包括无瓣海桑、秋茄等物种，在短期内生长超过互花米草的高度并较快郁闭，可以抑制互花米草的生长（Feng et al.，2014；Zhou et al.，2015）。这种生态修复措施在浙江、福建、广东均已开展。无瓣海桑是于 1985 年从孟加拉国引入我国的外来种，其引入与进一步扩展是否会造成新的生态入侵问题已引起生态学家的重视，需要进一步研究（Ren et al.，2009；Zhou et al.，2015）。

3. 海草床的生态修复

我国现有海草 22 种，隶属于 10 属 4 科，约占全球海草种类的 30%。我国现有海草床的总面积约为 8765.1hm^2，其中海南、广东和广西分别占 64%、11%和 10%（郑凤英等，2013）。我国海草研究起步较晚，故目前无法准确估测我国海草床退化的面积和速率，但是大量实例表明我国海草床已经严重退化，如海南陵水县新村港南岸、广东湛江市流沙湾、广西北海市合浦英罗湾附近的海草床均已或将要绝迹（Huang et al.，2006；Yang and Yang，2009；郑凤英等，2013）。海草床的退化主要归因于围填海活动、破坏性捕捞、海产养殖等人为干扰。虽然海草床在稳定底质、改善水质、缓解海浪侵蚀、为动物提供栖息地等方面发挥重要的生态功能（Waycott et al.，2009），但是我国对其还没有充分的认识，对海草床生态修复的研究和实践正处于起步阶段。

我国海草床的修复方法主要分为移植法和生境恢复法，其中移植法包括草块移植法、根状茎移植法、枚订移植法、框架移植法等。移植法是我国海草床最常用的生态修复方法。我国海草移植工作可追溯到 1989 年在山东养殖池中大叶藻移植，不仅促进对虾的生长，还为海参等经济动物提供优良的生存条件。虽然这个工作不属于海草床的生态修复，但是为后来的海草床修复提供了经验（任国忠等，1991）。我国正式的海草床修复工作开始于 2007 年 6 月，将长势良好的成体大叶藻约 10 万丛，移植入山东威海附近海域，成功建立大叶藻海草床 51 亩①（科技惠民计划，2011）。此后我国利用移植方法分别在山东、广东、广西、海南进行了 9 个修复工程。生境恢复法是通过保护、改善或者模拟生境，借助海草的自然繁衍，来达到逐步恢复的目的，是一个时间周期较漫长的过程，我国仅于 2011 年在广西壮族自治区合浦儒艮国家级自然保护区拆除螺桩 10 多万根，清理整治螺场 $12hm^2$，从而达到海草床生境修复的目的（广西壮族自治区环境保护厅，2011）。我国海草床总修复面积不足 $30hm^2$，主要集中在大叶草、喜盐草、矮大叶草、二药草、贝克喜盐草、川蔓草 6 种海草（邱广龙等，2014），研究地点主要集中在山东、广东、广西、海南，其中山东和广西实施的工程较多。

总体而言，我国在海草床生态修复方面虽然也开展了一些研究与实践，但恢复成活率普遍较低，恢复成效相对较差且费用高，而面积超过 $1hm^2$ 的海草恢复工程仅有 5 个，这严重限制了海草的自我维持反馈的正相互作用（Katwijk et al.，2015）。

4. 珊瑚礁的生态修复

我国的珊瑚礁主要集中分布在南中国海的南沙群岛、西沙群岛、东沙群岛，以及台湾、海南周边，少量不成礁的珊瑚分布在福建、香港、广东、广西的沿岸。我国造礁石珊瑚种类多达 174 种，占到世界造礁石珊瑚的 1/3（邹仁林，2001）。由于各种原因，中国的珊瑚礁破坏相当严重，几乎 80%的珊瑚礁已经消失（Qiu，2012；He et al.，2014）。我国对珊瑚礁生态系统的重视比较晚，管理部门对珊瑚的保护和恢复处于初步阶段。

我国最早的珊瑚礁修复研究始于 1993～1994 年在海南三亚海域对造礁石珊瑚进行的移植性试验（陈刚等，1995；于登攀等，1996）。进入 21 世纪，我国对珊瑚礁恢复的研究与实践开始增多。2003 年，在广东省大亚湾开展了我国首例大规模珊瑚礁移植工程，共移植 3500 个珊瑚礁体（佚名，2003）。我国珊瑚礁修复技术主要包括珊瑚人工有性繁育、野外移植与放流、人工礁技术和人工礁生态重建。到目前为止，我国珊瑚礁的总修复面积约为 $130hm^2$，仅相当于 2002 年珊瑚礁总面积的 0.02%，主要分布在广东省大亚湾、徐闻，以及海南省三亚、西沙群岛等海域。

5. 砂质海岸的生态修复

我国几乎 1/3 的海岸线为砂质海岸线，并且 70%左右的砂质海岸线存在严重的海岸侵蚀现象（夏东兴等，1993）。沙滩修复是当前防护海岸与海滩侵蚀最自然和简单有

① 1 亩≈$666.7m^2$。

效的保护手段。养沙护滩是指当海滩自然供沙相对不足时，对海滩进行人工补沙，增加海滩的宽度来抵御海滩侵蚀退化。我国从 20 世纪 70 年代开展了小规模的养沙护滩工程，90 年代开始养滩工程正式实施，近几年得到迅速发展。截止到 2014 年我国在沿海各个省份共实施了 80 多个养沙护滩修复工程。但与发达国家相比，我国的养沙护滩工程存在规模小、抛沙量少、投资小等特点，并且养沙意识普遍薄弱，投资途径仅来自于政府。

6. 近海渔业的生态修复

近年来，由于污染物的大量排放、富营养化、过度渔业捕捞等使得我国近海水域环境恶化、生物多样性下降、渔业资源严重衰退（He et al.，2014）。中国专属经济区中大约 56%的渔业资源已经减少，并且减少比例还在不断上升。许多经济鱼类种群数量大幅度减少，鱼类个体重量下降，各类水生野生动物栖息环境遭到破坏，濒危程度不断加重。近海渔业与海洋环境密切相关，海洋环境的恶化会对渔业造成严重的损害，渔业受到损害又会加剧海洋环境恶化的程度。我国近海水域的生态修复主要以近海渔业的生态修复为主，修复方法包括渔业资源的增殖放流和人工鱼礁的建设。

增殖放流是指用人工方法向渔业资源出现衰退的天然水域释放鱼、虾、蟹、贝等各类渔业水生生物的幼体（或成体或卵等）来恢复或增加渔业资源种群数量和资源量，改善和优化水域渔业资源群落结构，进而达到增殖渔业资源、改善水域环境、保持生态平衡的目的。这种方法被认为是恢复渔业资源最直接有效的措施，因此目前该项技术在世界各国大量开展。我国从 20 世纪 80 年代开始进行规模化近海水域的增殖放流工作，首先在黄渤海开展了中国对虾的增殖放流（Wang et al.，2006）。2006 年国务院批准实施了《中国水生生物资源养护行动纲要》，提出要实施渔业资源保护与增殖、生物多样性保护与濒危物种保护和水域生态保护与修复等多项重点行动。自此我国近海渔业资源的增殖放流迅速发展，11 个沿海省（区、市）分别开展了对虾、海蜇、扇贝、大黄鱼等海水鱼、虾、贝的增殖放流。2010 年农业部编制了《全国水生生物增殖放流总体规划(2011—2015 年)》，规范并细化了各海域增殖放流任务，提出了渤海、黄海、东海和南海具体的适宜增殖放流种类，并对 45 种经济物种的适宜放流海域进行了规划。据《中国渔业生态环境状况公报》统计，2001～2013 年全国近海海域共人工增殖放流各种鱼类、对虾类、贝类等渔业资源大约 1000 亿尾（只、粒）。

人工鱼礁建设是近海渔业生态修复的另一重要措施。人工鱼礁是人为在近海海底经过选点而放置的一个或多个自然或人工构造物，旨在改善海域生态环境，为鱼类等水生生物提供聚集、繁殖、生长、索饵和避敌的良好栖息地，达到保护和增殖渔业资源的目的。我国人工鱼礁建设始于 20 世纪 70 年代末。1979 年，我国在广西壮族自治区北部湾首次进行人工鱼礁建设的试验（杨吝，2007）。1981 年广东和山东也先后开始人工鱼礁试验，取得了初步效果。1984 年人工鱼礁被列入国家经委开发项目，扩大推广试验。但 1987 年之后，由于资金投入不足等多种原因，人工鱼礁建设一度停滞。据统计，1979～1987 年，我国共建立了 23 个人工鱼礁试验点，投放人工鱼礁 27995 个，体积为 8.9 万空立方米，但由于投放的人工鱼礁规模小，形成的人工鱼礁渔场对沿岸渔业的影响甚微。2000 年广东省海洋与渔业局采用废旧水泥和阳江 2 个礁区进行试点投放，随后沿海其他各省也相继进行人工鱼礁的建设，重新开启了我国近海人工鱼礁的建设。据不完全统计，1985～2010 年，全国建设人工鱼礁 3151.66 万空立方米，所占海域面积达 463.72km²（杨文波等，2011）。

1.3.3 中国滨海湿地生态修复中存在的问题

目前，中国滨海湿地生态修复已经进入快速发展阶段，越来越多的不同种类的生态系统修复工程开始在沿海各个省份实施。尽管投入了大量的资金和人力，但是生态修复是否有效遏制住了滨海湿地退化的趋势尚不清楚。盐沼面积、珊瑚礁的覆盖率，以及近海渔业资源仍然在不断衰退。尽管滨海盐沼区进行的互花米草控制工程在施工地点的空间尺度上是有效的，但是互花米草入侵的面积还在持续增加。此外，尽管红树林面积自 20 世纪以来有所增加，但是大量红树林修复的成功率和保存率仍然很低。尽管我们没有针对每一个具体的工程进行监测评价其成功与否，但是我们通过数据挖掘发现以下存在的问题制约着我国滨海湿地生态修复的成效。

1. 规划缺乏系统性指导

我国仅在红树林和以近海渔业为主的近海水域实施了国家层面的具体工程规划，这与我国多种滨海湿地类型的退化程度、生态价值、自然分布存在严重的不匹配。首先，我国在各种滨海湿地生态修复的努力程度与其退化程度呈现严重的不匹配。现有的修复工程偏重于红树林和近海渔业生态系统，但海草床和珊瑚礁的退化程度更为严重，修复程度却极低（图 1.20）。并且，珊瑚礁生态系统发挥最高的生态服务价值（全球平均值约为 352249 美元/年）（Costanza et al.，2014），但修复程度却是最低的，珊瑚礁的修复面积还不足总面积的 1%。此外，人们尚未科学地开展滨海湿地修复工作，如我国通过引入淡水的方式将退化的滨海盐沼转化为淡水湿地，其原因是人们对滨海盐沼的功能与价值认知不够，仅把盐沼当作“荒地”看待（图 1.21）。因此加强人们对各种滨海湿地生态服务价值的认识，将有利于提高生态修复的成效。其次，某些类型滨海湿地修复的空间分布与其自然分布、退化分布存在严重的不匹配。例如，海草在广东和海南退化更为严重，而海草的生态修复工程却主要集中在山东半岛和广西地区。

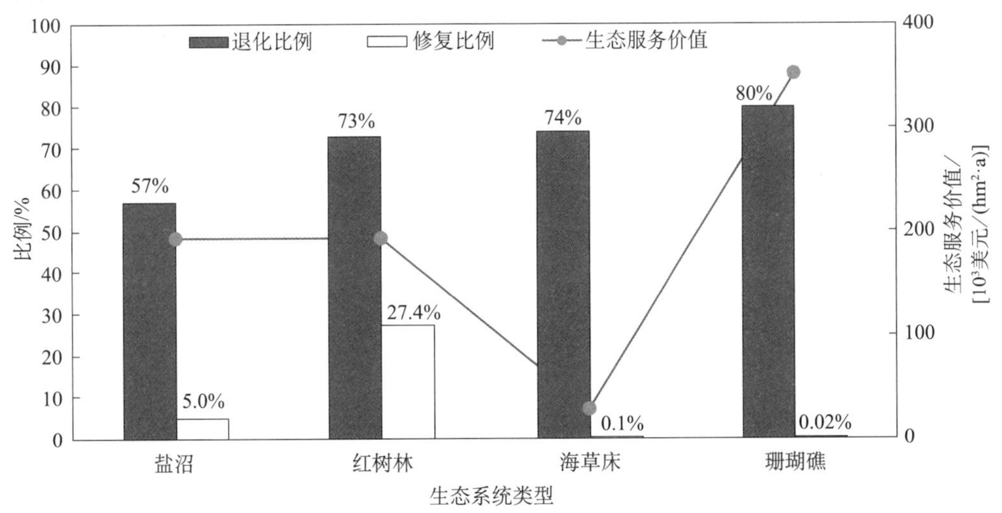

图 1.21 我国滨海湿地退化、生态修复比例及其生态系统价值

2. 技术缺乏基础生态系统理论支撑

我国现有的生态修复方法较为单一，多是引进物种、去除入侵种、通过淡水引入调节非生物环境、养沙护滩、退养还湿，以及疏通潮沟等单一修复措施，极少数的工程将生物和非生物方法进行系统的融合使用。此外，多数修复工程并没有考虑水文连通对捕食者营养级间的关系强度、盐度对各种植物物种间竞争促进作用的影响等，违背了滨海湿地生态系统的群落自然构建和生态系统运行的基本规律。例如，物种之间的关系会随着环境胁迫梯度（胁迫类型包括缺氧、高盐及其他的干扰胁迫等）的增加从竞争作用转变成为促进作用（He et al.，2013）。我国现有的植物再植格局更偏向于通过离散的种植来最小化植物间的竞争，但从没有考虑过集群种植带来的植物间的促进作用（Halpern et al.，2007）。另一个主要的生态修复技术问题是我国利用了外来种。众所周知，米草属植物尤其是互花米草引入我国沿海后，肆意扩张进而侵占本土植物的栖息地，原本是为了抵抗侵蚀保护海岸线进行的滩涂修复而引进的互花米草现在已成为进行盐沼修复要去除的入侵种。因此，利用外来物种进行生态修复很可能给滨海湿地带来新的威胁。

3. 缺乏长期监测与适应性管理

我国绝大多数滨海湿地生态修复工程在实施之前都没有进行修复试验，工程实施之后也没有进行长期的监测和评价工作。在 1015 个修复工程中，只有 112 个（仅占 12%）来自于文献和书籍，表明我国修复实践严重缺乏科学的研究和实践。此外，我国大多数修复工程只持续几年（许多国家级别的科研项目，如国家高技术研究发展计划、国家科技支撑计划、国家海洋局海洋公益性行业科研专项等都是 3 年），并且项目结束后对建立的修复示范区没有见到后期管理和评价的报道。然而，退化滨海湿地的生态修复一般都需要数年甚至数十年才能得到恢复，如美国旧金山湾湿地恢复项目等。

4. 投资和主体缺乏非政府组织和当地民众参与

在我们统计的 1015 个修复工程中，政府投资的项目数量是 993 个，占到 98.2%；而私人或私企投资的工程数量是 14 个（约占 1.4%），非政府组织（NGO）投资的数量仅为 2 个（约占 0.2%），其他（混合投资）的工程数量只有 2 个（约占 0.2%）（图 1.22）。主要原因是我国的规划实施多为从上到下政府主导的模式。滨海湿地生态修复是一件长期的战略任务，当地政府和居民的参与是影响修复成败的重要因素（Stone et al.，2008；Le et al.，2014）。尽管加大政府对滨海湿地生态修复的投资是必要的，但是缺乏当地居民、企业和非政府组织的参与将减缓修复的进程，甚至导致生态修复的失败。

1.3.4 中国滨海湿地生态修复对策建议

针对我国滨海湿地生态修复方面所存在的问题，现行的修复模式有必要进行转变，走向规范化阶段。具体对策建议如图 1.23 所示。

1. 制订跨尺度多目标的保护与修复一体化规划

从系统性角度，跨时空尺度多湿地类型多目标地进行生态保护与修复规划，将我国多类型的滨海湿地（盐沼、红树林、海草床、珊瑚礁、砂质海岸、浅海水域等）作为一个整体进行多源的数据整合。规划应考虑滨海湿地的退化程度、生态服务价值、自然分

1200
900
600
300
0
工程数量/个
其他
0.2%
NGO
0.2%
私人或私企
1.4%
政府
98.2%
政府
私人或私企
NGO
其他

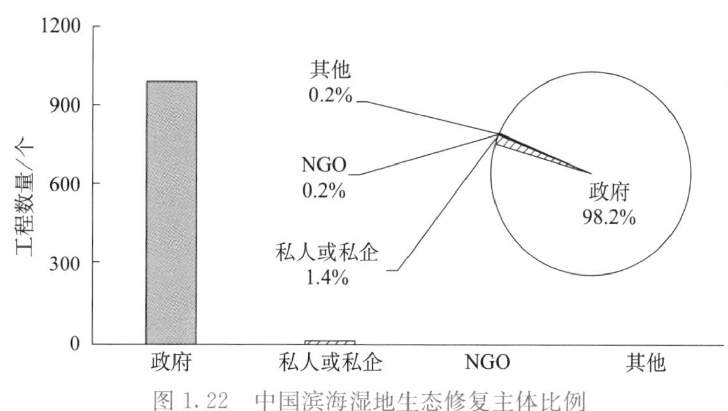

图 1.22 中国滨海湿地生态修复主体比例

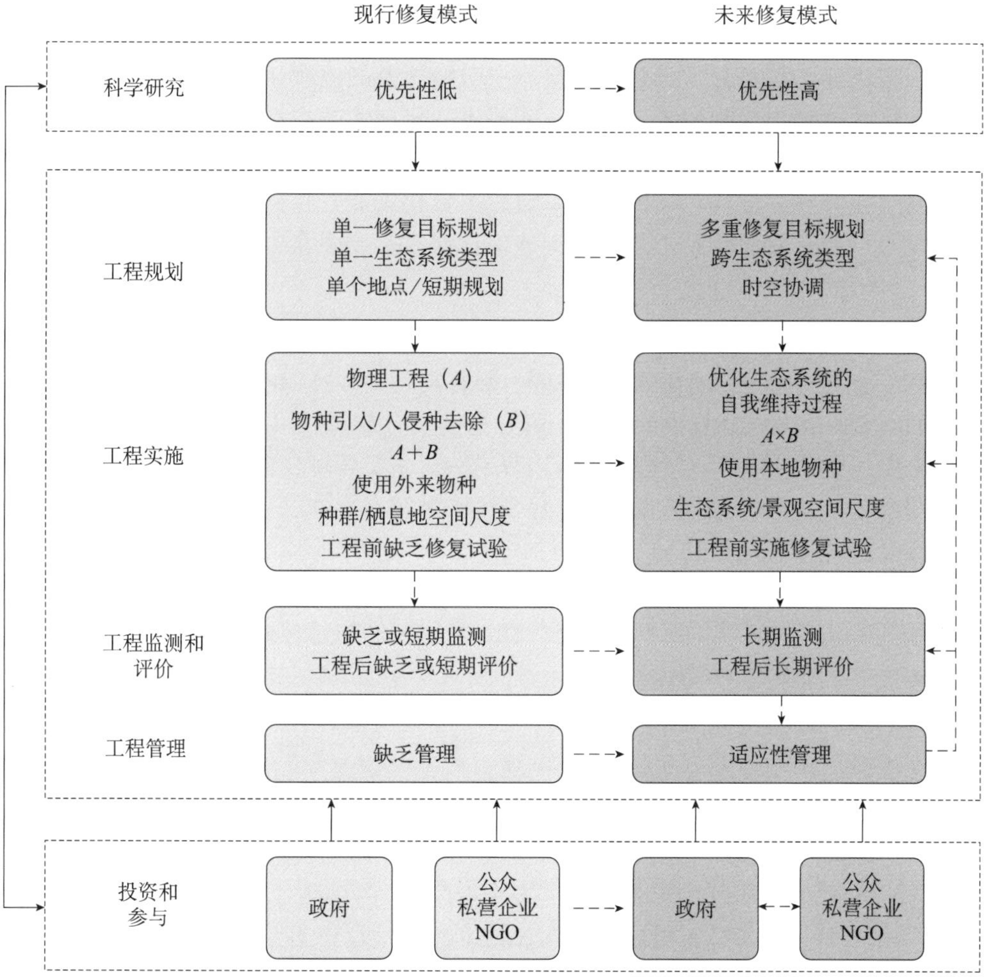

现行修复模式
未来修复模式
科学研究
优先性低
优先性高
工程规划
单一修复目标规划
单一生态系统类型
单个地点/短期规划
多重修复目标规划
跨生态系统类型
时空协调
工程实施
物理工程（A）
物种引入/入侵种去除（B）
A+B
使用外来物种
种群/栖息地空间尺度
工程前缺乏修复试验
优化生态系统的
自我维持过程
A×B
使用本地物种
生态系统/景观空间尺度
工程前实施修复试验
工程监测和
评价
缺乏或短期监测
工程后缺乏或短期评价
长期监测
工程后长期评价
工程管理
缺乏管理
适应性管理
投资和
参与
政府
公众
私营企业
NGO
政府
公众
私营企业
NGO

图 1.23 中国滨海湿地生态修复模式转变框架

布等因素，与国家公园、湿地自然保护区、湿地公园、水产种质资源保护区、海洋特别保护区等保护措施相协调，识别在国家、区域、地方空间尺度上的保护与修复优先区。加强滨海湿地所涉及的包括林业、海洋、渔业、国土、环保等部门，以及所涉及的沿海

11个省（区、市）统筹协调，并且在时间尺度上进行协调。从生物多样性保护、生态价值提升、生态红线维护、科学基础及人类需求等多重目标中进行权衡，对滨海湿地进行保护与修复一体化规划。

2. 启动生态系统自我维持过程与产业化技术一体化研究

以往滨海湿地生态系统的研究与生态修复侧重于生态系统的结构与功能，而忽视了生态系统内部的自我维持过程，运用生态系统过程机理进行生态修复和调控往往起到事半功倍的效果。因此，未来的滨海湿地生态修复技术不仅要考虑物理工程改变的水盐、水沙、水热、地形等外部因素，更要考虑生态系统内部的自我维持机制，如胁迫、竞争、促进及营养级联等内部生态过程。从空间尺度上，一方面从物种促进、竞争、植食、环境胁迫、营养物质输入、微地形塑造、植被定植、植物生命周期繁殖策略等滨海湿地生态系统的关键过程对湿地斑块内部进行修复，另一方面从水文连通、生物连通、营养级联强度、基因流等角度对湿地斑块之间进行网络修复。此外，加强外来入侵物种入侵机理、扩张过程、入侵后果、应对措施及开发利用途径研究，建立防御外来生物入侵的监测与控制体系。因此，需要进一步加大滨海湿地生态修复机理研究的投入，全面加强滨海湿地生态系统结构、功能、过程等的基础研究，发挥多学科优势集合研发生态修复关键技术与模式，并通过产业化集成，构建滨海湿地多过程一体化生态修复与产业化发展体系，为滨海湿地保护修复提供强有力的科技支撑。

3. 完善生态修复适应性管理模式

在生态修复工程实施前、中、后期对主要环境生态变量进行监测评估。在修复工程前应对修复地点的选择、退化因素的诊断、目标物种的筛选以及修复方法的选择等进行小规模的实验研究，在小规模的实验证明修复措施有效之后再进行大规模的修复工程。另外，修复工程实施中、后期应该进行工程措施对主要环境变量响应的监测，并且定时分析监测数据，以此来调整修复措施，保证生态系统向着修复目标和健康方向发展。湿地生态修复监测周期不小于10年。以过去可控的结果为基础，采用适应性管理，制定出适应新环境的最佳策略，从而避免缺乏远见的修复实践。并以此分析总结出滨海湿地保护与修复中具有针对性、典型性、可行性、可示范性的管理经验，进一步总结和提炼滨海湿地保护和修复的管理模式。

4. 建立多渠道投融资机制

我国湿地保护与修复的投融资多依靠政府，渠道单一，政府投资项目比例占到98.2%，其他资金来源渠道仅占到不足2%。应借鉴国际先进的湿地保护与修复理念和模式，开展以政府投资为主导，社会融资、个人投入等多渠道多样性的湿地保护修复投融资机制。开展滨海湿地“缓解银行”“零净损失”“占一补二”“先补后占”“谁破坏、谁修复”和PPP模式等政策措施，科学评估滨海湿地生态系统服务价值，并以此为标准对湿地保护予以资金补偿，建立湿地生态效益补偿制度，为滨海湿地保护与修复建立稳定的投入机制。

5. 加强公众参与及国际合作交流

建议广泛组织滨海湿地保护修复的宣传教育活动，利用互联网、移动媒体等手段，构建众多利益相关方及公众参与的交流合作平台，提高公众对滨海湿地重要性的认识，鼓励当地居民、非政府组织、私人企业以及其他利益者参与到滨海湿地的生态保护与修复中。通过政策和教育的方式，使得多方利益主体在滨海湿地生态修复中达到一致意见，将有助于我国的滨海湿地保护修复成为多方共赢的保护策略。同时，进一步加强国际交流与合作，积极引入国际湿地保护与修复经验。在新的模式框架下，从修复规划、修复技术、修复管理、修复融资、公众参与等角度加快推动我国滨海湿地生态修复工作走向规范化阶段，提高生态修复工作的成效，以求社会、经济与生态区域的协调发展。

1.4 中国滨海湿地生态补偿发展历程

全面建立滨海湿地生态补偿机制是推进滨海湿地生态修复实践的重要保障。建立滨海湿地生态补偿机制与模式是一项艰巨而复杂的系统工程，涉及各个方面的关系，事关不同主体利益。本节系统分析了近 40 年来我国滨海湿地生态补偿的发展历程，深入剖析了目前存在的问题，并提出了需重点突破的关键点，以及针对管理的对策建议。

1.4.1 中国滨海湿地生态补偿历程与现状

生态补偿是一种处理由发展造成的滨海湿地生境损失的普遍策略（Maron et al.，2012；Yu et al.，2017），主要以相同的收益补偿经济活动对滨海湿地生物多样性和生态系统服务造成的不可避免的损失（Kate et al.，2004；Moilanen et al.，2009），可以同时满足生物多样性保护和经济发展的潜在需求（Bull et al.，2013）。滨海湿地生态补偿是推动滨海湿地资源和环境可持续利用的制度保障，以及规范滨海生态资源环境保护利益相关者的市场和政策措施。近几十年来，我国在滨海湿地生态补偿技术和方法的研究方面取得了很大的进步，政府也实施了一系列保护和管理湿地的政策和措施，但仍有一些问题需要解决（Cao and Wong，2007），如滨海湿地生态补偿的概念及工程实施等。

通过整合文献资料，以及大量的有关滨海湿地生态补偿的政府工作报告和新闻报道，获取 2017 年 12 月 31 日以前所有有关滨海湿地生态补偿的可利用文献。文献资料主要来源包括：①文献著作，包括中国知网（CNKI，http：//www. cnki. net，关键词为“滨海 OR 盐沼 OR 潮滩 OR 河口 OR 沙滩 OR 海湾 OR 红树林 OR 海草 OR 珊瑚礁 OR 海洋” AND “生态补偿” AND “中国”），Web of Science（coastal OR marine，coral OR coral reef，mangrove OR tidal marsh，saltmarsh OR salt marsh，shellfish OR oyster）和 Google Scholar（ecological offsetting OR ecological compensation OR biodiversity offset OR carbon offset OR habitat offset OR environmental offset AND China）中可搜索到的相关期刊、学位论文和年鉴；②政府工作报告与新闻，主要来源于与滨海湿地有关的网站。通过对上述资料的整合与分析，分析中国滨海湿地生态补偿的历史发展进程及现状，识别理论和实践工程中主要存在的问题和挑战，主要包括政府、社会、技术和公众认识，提出构建系统和科学性的滨海湿地生态补偿机制的政策建议。

1. 中国滨海湿地生态补偿概况

我国滨海湿地生态补偿的实践开展较早，但理论研究滞后于实践应用，在 2005 年才开始研究。理论研究与实践工程的发展不同步（图 1.24），导致生态补偿理论方法无法满足实践发展的需求。中国滨海湿地生态补偿机制理论研究主要集中在法律补偿机制和生态损害补偿机制，包括生态补偿的定义、关键利益相关者的识别、补偿标准和补偿方法等。补偿对象主要包括两类：一类为滨海湿地资源开发和利用过程中的受害者，为了生态效益或社会效益而放弃自身发展机会者；另一类为滨海湿地资源和滨海湿地生态环境。

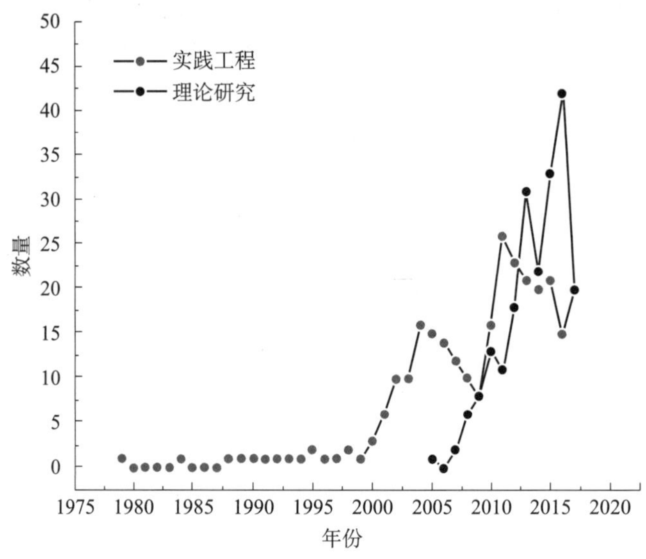

图 1.24　中国滨海湿地生态补偿理论与实践研究的历史发展趋势

从中华人民共和国成立到现在，我国滨海湿地生态补偿实践可分为三个阶段。第一阶段：起步（1989 年以前）。在 1989 年之前，我国法制建设还比较落后，没有实质上的滨海湿地及海洋立法，除了在广东和广西进行了小规模的增殖放流和投放人工鱼礁渔业生态补偿外，没有其他类型的补偿实践。第二阶段：探索（1989～2002 年）。1989 年以后，随着国家《渔业法》《海域使用管理法》等法律的出台，以及 1992 年加入湿地公约，我国滨海湿地生态补偿也进入了探索阶段，《渔业法》第 28 条规定："……应当对其管理的渔业水域统一规划，采取措施，增殖渔业资源。"到 2002 年，开展了主要包括增殖放流、投放人工鱼礁和伏季休渔渔业补偿，对减船转产的渔业从业者补偿、创建保护区以及其他生态修复工程。第三阶段：逐步构建（2002 年至今）。从 2002 年之后，随着我国法律建设不断健全，与滨海湿地生态补偿有关的法规规章既涉及渔业管理，也有自然保护区管理，还有海洋经济方面和其他海洋管理内容。国家环保总局《关于进一步加强自然保护区建设和管理工作的通知》（环发〔2002〕163 号）要求"要严格控制在自然保护区内的各项基础设施建设"；"对涉及自然保护区的环境影响评价要从严把关，并责成开发建设单位落实环境恢复治理和补偿措施"。《关于进一步加强海洋环境监测评价工作的意见》（国海环字〔2009〕163 号）要求"对海洋工程特别是围填海项目实施动态监测，评估海洋生态环境变化，确定生态受损程度，为生态修复及补偿工作奠定基础”。滨海湿地生态补偿数量开始增多，补偿类型多样化，主要包括增殖放流和投放人工鱼礁渔业补偿，对减船转产的渔业从业者补偿、创建保护区、生态效益补偿、生态损害赔偿、退养还滩、修复盐地碱蓬盐沼湿地、修复红树林湿地，以及其他生态修复工程等。2010 年之后，随着海洋强国战略的提出，国家对海洋生态补偿也越来越重视，各地方政府相继出台有关海洋生态损害和损失的补偿办法和条例，补偿数量达到史上最多。

我国沿海的 11 个省（区、市）均开展了不同类型的生态补偿实践工程（图 1.25）。浙江、辽宁、江苏和山东进行多次生态补偿实践工程，河北、海南、天津和上海较少。其中，广西和广东分别于 1979 年和 1984 年开始生态补偿实践工程，尽管规模较小，但为后续的生态补偿工作的开展奠定了基础。

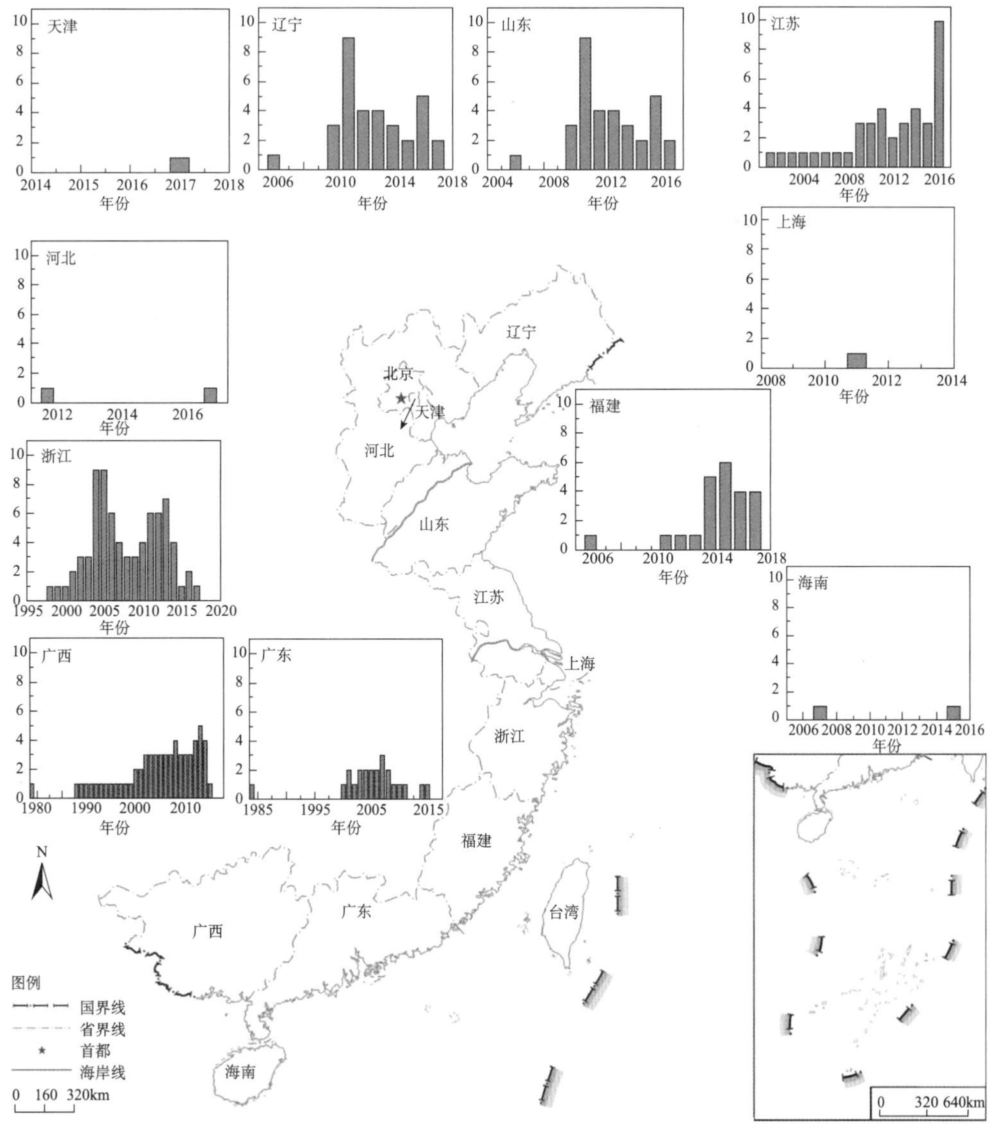

图 1.25 中国滨海湿地生态补偿实践的时空分布

2. 中国滨海湿地“同类补偿”和“异类补偿”现状

根据受影响的生物多样性属性与补偿的相似或不同，生态补偿工程通常被分为“同类补偿”和“异类补偿”两类（Bull et al.，2016）。同类补偿主要指补偿的收益与损失相似（如补偿等价的生境或相同的目标物种），异类补偿主要为补偿的收益与损失不相似的补偿措施。中国滨海湿地的同类补偿主要包括增殖放流以增加自然供给，人工鱼礁建设以增强鱼类生境，引入本地植被种以修复退化盐沼的植被群落（如红树林和盐地碱蓬修复），以及其他修复措施；中国滨海湿地的异位补偿主要包括经济补偿和为渔业从业者提供其他就业机会补偿等。

关于滨海湿地生态补偿的理论研究主要集中在异类补偿［图 1.26（a）］，同类补偿相对较少，仅山东和河北表现为同类补偿多于异类补偿［图 1.26（b）］。增殖放流和投放人工鱼礁是实施最多的补偿方式，其主要原因为增殖放流技术和人工鱼礁相对简单易行，具有周期短、技术成熟等优势，主要集中在浙江、广西、广东、山东、江苏和福建地区。此外，资金补偿在我国生态补偿实践中占有较高比例，主要包括生态效益补偿和

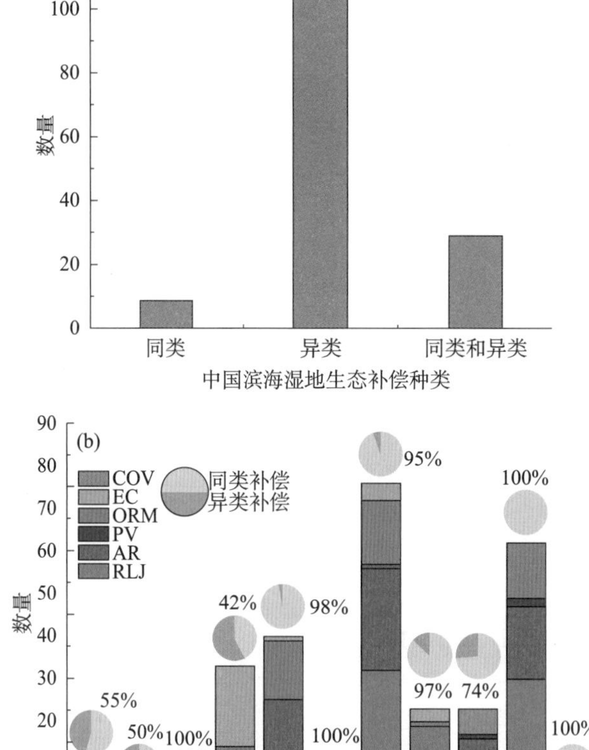

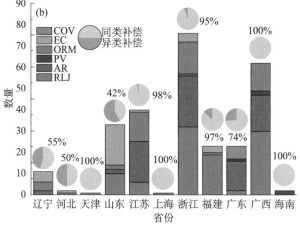

图 1.26　滨海湿地生态补偿种类及分布

（a）滨海湿地生态补偿理论研究中同类补偿、异类补偿和同类与异类补偿结合的数量；（b）不同省（区、市）滨海湿地生态补偿实践工程中同类补偿和异类补偿的数量以及各占的比例。其中，RLJ 为增殖放流，AR 为建设人工鱼礁，PV 为植被修复，ORM 为其他修复措施，EC 为经济补偿，COV 为渔民转业，下同

生态损害赔偿，是我国滨海湿地生态补偿的主要方式，也是进行其他补偿实践活动展开的基础。总体看来，我国对滨海湿地的生态补偿还主要集中在对海洋渔业的生态补偿，对其他类型的滨海湿地修复补偿实践开展较少。

3. 中国滨海湿地生态补偿投入资金现状

中国滨海湿地生态补偿可能的资金来源主要有：中央或地方政府提供的财政支持、从滨海湿地生态系统获取物质生产资料的企业、作为滨海湿地生态环境占用者和自然资源享用者的公民（通过社会筹集的方式获取），以及国外发达国家或环保组织的资金捐赠或技术援助。

统计的 144 个生态补偿实践中，主要的资金来源包括政府的财政支持，企业，政府和企业共同投入，以及来自国际和公民的非盈利组织。其中，来源于政府投入的项目数量为 92 个，占 63.89%；来源于企业投入的项目数量为 34 个，占 23.61%；政府和企业共同投入的项目数量为 15 个，占 10.42%；非盈利组织投入的数量较少，数量为 3 个，占 2.08%（图 1.27）。每年投入资金约 4.6 亿元。随着时间的推移，各种生态补偿项目的资金不断增加，大部分资金用于人工鱼礁和生态修复（图 1.28）。可见，我国滨海湿地生态补偿主要以从上到下政府主导的纵向补偿为主，补偿主体主要为国家，并未将受益的企业和市民纳入滨海湿地生态补偿金支付主体中。从补偿关系看，生态补偿分为横向补偿和纵向补偿，前者强调谁受益谁补偿，后者强调中央政府的职责，在现实操作层面，前者更难。滨海湿地被占用，往往存在多个受益主体，补偿基金由谁来出，分别出多少尚缺乏科学的评判方法。

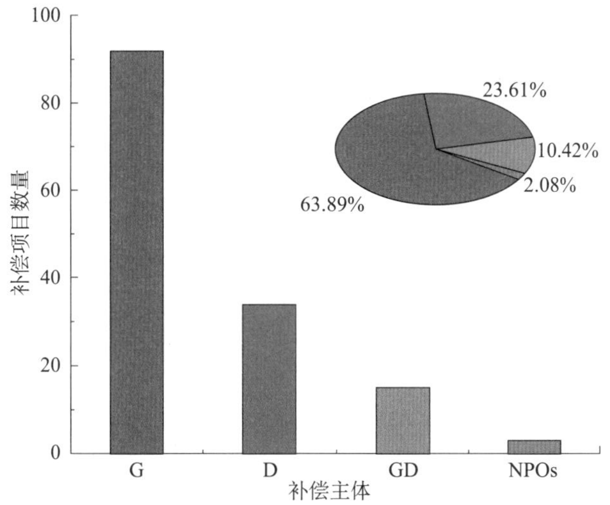

图 1.27 不同补偿主体资助的生态补偿项目数量

G 为政府投入；D 为企业投入；GD 为政府和企业共同投入；NPOs 为本地和国际的非盈利组织投入

1.4.2 中国滨海湿地生态补偿中存在的问题

近几十年来，中国政府逐步认识到生态补偿在滨海湿地资源可持续发展中发挥的重要作用。中国滨海湿地生态补偿尚处于发展阶段，主要集中于以下三个方面：生境补

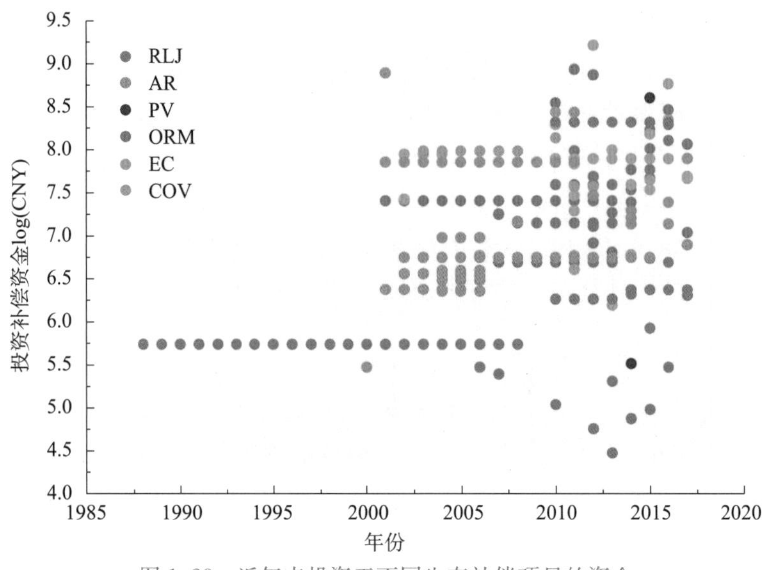

图 1.28　近年来投资于不同生态补偿项目的资金

偿，即通过建设人工鱼礁和增殖放流等增殖渔业资源，补偿海洋资源，修复海洋生态环境；生态效益补偿，即对为保护滨海湿地环境和资源而放弃发展机会行为的补偿，如给予转产转业计划的渔民补贴；生态损害赔偿，对滨海湿地建设工程、滨海湿地污染破坏行为等活动引起滨海湿地生态环境恶化的行为索取的赔偿，如海域使用费的征收、渤海湾溢油损害赔偿（翟北北，2015）。通过对沿海省（区、市）生态补偿实践进行数据分析，中国滨海湿地生态补偿取得了较为显著的成果，但对滨海湿地的有效补偿仍面临挑战。本节将从政府、社会、技术和公众认识角度分析我国滨海湿地生态补偿存在的主要问题。

1. 中国滨海湿地生态补偿面临的政府问题

政府是中国滨海湿地生态补偿的主要实施主体（图 1.27），主要途径包括制定规章、政策和指导实施生态补偿的制度。但通常涉及不同的功能部门，如生态环境部、农业农村部及海洋渔业部等，导致补偿操作中的冲突问题。例如，不同部门对补偿区域的补偿标准的评估可能不一致，导致损失的生态功能得不到准确的评估；由政府管理的补偿基金也有可能被用于资助现有的滨海湿地保护或恢复项目导致成本转移。

由于研究经费有限，对滨海湿地的监测工作也鲜有关注。特别是缺乏国家监测系统，不利于政府和其他组织对滨海湿地的快速变化做出反应，导致补偿滞后，赔偿金额无法得到准确计算，无法判断补偿是否能够达到目标自然资源的无净损失，也不能确定持续改进的必要性（Maron et al.，2016）。监控应该在补偿项目的整个生命周期中进行，而不仅仅是在建立阶段，缺乏对项目和政策的实证评价是生态补偿成功的关键挑战（Bull et al.，2013）。这种情况的出现是由于缺乏监测和评价政策机制，是对管理机构的一种挑战。

滨海湿地生态补偿的法律和管理制度也不完善。虽然我国现行的法律法规对防止大规模滨海湿地开垦和污染起着重要作用，但对滨海湿地的生态补偿却没有明确的规定。目前我国还没有专门对生态补偿进行规定的单行法，所有有关滨海湿地生态补偿的法律制度常见于《宪法》《环境保护法》《海洋环境保护法》《森林法》《土地管理法》《野生动物保护法》《渔业法》《海域使用管理法》《海岛保护法》《自然保护区条例》《国务院关于环境保护若干问题的决定》《广东省人民代表大会常务委员会关于建设人工鱼礁保护海洋资源环境的决议》《海南省珊瑚礁保护规定》《山东省海洋生态损害赔偿费和损失补偿费管理暂行办法》等各个层级的法律法规之中。建立滨海湿地生态补偿制度是一项复杂而艰巨的系统工程，事关不同利益主体，涉及各个方面的关系，各地各部门的政策规范中叙述较为笼统和分散。同时，补偿主客体的论述不够明确，补偿方式比较单一，补偿资金渠道较少，且如何实现省际之间的补偿尚在探索之中，滨海湿地生态补偿机制相对于经济发展的需求滞后明显。另外，适用于滨海湿地的产权机制仍不清晰，滨海湿地属于中央政府所有，但主要的征用主体是地方政府。目前针对渔民的养殖用海权保障力度还不够，利用海域从事传统生产活动者的权益在有关法律法规中被忽视。

滨海湿地生态补偿法律制度和管理系统的不完善主要源于国家层面湿地生态补偿法律的缺失。我国生态补偿的概念起步较晚，在国家层面上滨海湿地生态补偿法律规范基础的缺失，极大地限制了沿海地区滨海湿地生态补偿的实践和制度建设（Sun et al.，2015）。滨海湿地生态补偿的实践工程仍处于中央政府的单向行政控制之下，缺乏地方机构的参与，缺乏生态管理理念。因此，滨海湿地生态补偿制度的建设滞后于制度的迫切需求。

2. 中国滨海湿地生态补偿面临的社会问题

中国滨海湿地生态补偿的各利益相关者资金不足、缺乏合作是社会面临的主要挑战。通过对 2017 年以前 142 项生态补偿工程分析表明，中国大约每年投入 4.6 亿元（图 1.26），1979～2014 年，沿海省（区、市）每年约有 318.94km^2 的滨海湿地因土地开垦而消失（Meng et al.，2017），这就意味着每平方千米的补偿费平均为 144 万元。据报道，2010 年世界滨海生境每公顷平均投入为 1600000 美元（10.9 亿元/km^2），而同期中国仅投资 452 万元/km^2。可见，我国对滨海湿地生态补偿的投入资金显著低于世界平均水平（Bayraktarov et al.，2016）。因此，中国需要增加对湿地保护、修复或重建的资金投入。

中国滨海湿地生态补偿资金完全由政府提供，虽然中国政府已经在一些滨海湿地开展了生态补偿试点项目，但补偿标准还有待提高，需要建立一系列的补偿模式，全社会都要参与其中。滨海湿地被占用，通常有多个受益者应该投入补偿资金，但没有科学的方法来确定每个受益人应该贡献多少。此外，在滨海湿地保护方面，国际合作较少，尚需要引进先进的管理理念和技术，以确保有效的滨海湿地保护或修复。

3. 中国滨海湿地生态补偿面临的技术问题

滨海湿地生态补偿的技术难题在科技文献中得到了广泛的关注，但其中的一些问题尚未得到解决。生态补偿的理论研究还不充分，理论研究明显滞后于实践应用（图 1.24）。近几十年来，对滨海湿地生态补偿的研究逐渐增多，但仍存在一些问题。要解决的主要问题是滨海湿地生态补偿的定义，其与生态修复尚有些混淆，一些政策制定者甚至把所有的修复项目都看作是对滨海湿地的生态补偿。其区别主要涉及缓解层级的有关概念，但关于缓解层级的研究是有限的，在中国现有的规章制度中也没有给出明确的说明。

现行生态补偿更多侧重于异类补偿研究（图 1.26），即生态效益补偿（基于生态系统服务价值量的补偿），缺少有关同类补偿的理论研究。但由于大部分生态环境产品和服务不存在市场，不能完全通过市场的途径对受损价值进行计算。另外，生态服务价值的补偿核算没有考虑生态功能修复所需的时间滞后性、修复失败风险等因素，造成补偿标准不准确，且容易出现“只要通过经济补偿就可以污染环境、破坏生态、掠夺资源”的行为和思想误区，很难实现持续的生态公平。因此，环境、生态和资源问题也会更加严重。

中国对滨海湿地的物质量补偿手段主要包括滨海湿地修复工程、人工增殖放流和投放人工鱼礁等，但对生物多样性的损失无法得到确切的补偿，因为没有两个区域的生物多样性是完全相同的（Maron et al.，2016）。确保生物多样性的重要组成部分不会丢失是生态补偿的一个重大挑战。另外，我国滨海湿地同类补偿实践缺乏科学研究和指导方法，有关需要投放多少以及修复多少的研究较少，补偿率可用于解决生物多样性相对于受影响的数量和质量需要修复多少的问题，以避免净损失。补偿率需要考虑损失和收益的生态等价性（Quétier and Lavorel，2011）、时间滞后性（Bull et al.，2013）和失败风险（Moilanen et al.，2009；Gibbons et al.，2016）。然而，补偿率依赖的政治和法律背景，在中国还没有建立。因此应加强对滨海湿地同类补偿方法的研究以保证在滨海湿地区域内受损前与补偿后，资源或服务的等价和无净损失。

最后一个问题是缺乏对监测项目设计的指导，并将影响补偿项目的成功率。大多数研究采取了定性评估而不是定量评估的形式，现有技术已不能满足滨海湿地修复和补偿的需求（Liu et al.，2016）。要系统地构建滨海湿地生态补偿的理论和方法，没有技术理论的支持和指导，实践的发展和完善是不可能实现的。

4. 中国滨海湿地生态补偿公众认识存在的问题

公众认识中存在的问题主要是关于滨海湿地自然资源的权利和责任。中国滨海 11 个省（区、市）的生态补偿状态不同（图 1.23）。这是因为我国部分地区滨海湿地保护的公众认识仍然不高。其主要表现为有很多人仍然没有认识到滨海湿地的重要性，并把它们视为不毛之地。许多地方管理者对滨海湿地的生态功能知之甚少，这通常会导致对滨海湿地生态补偿的忽视。有必要确保公众了解滨海湿地提供的生态系统服务价值，知晓补偿自然资源损失与人类使用或不使用自然的价值有关（Justus et al.，2009；Sullivan and Hannis，2015）。虽然关于作为人类自然资源的滨海湿地价值的讨论在文献中较多（Barbier et al.，2011），但对滨海湿地提供的生态服务的理解仍然不足，对补偿这些服务价值的影响评估也很有限。

1.4.3 中国滨海湿地生态补偿对策建议

我国越来越意识到滨海湿地生态补偿的重要性，我国滨海湿地的发展前景十分广阔，本书对建立滨海湿地生态补偿机制具有重要意义。考虑到本书涉及的问题，未来我国滨海湿地生态补偿的对策应考虑以下五点建议。

1）加强滨海湿地物质量补偿机制的研究，实行多层次补偿模式

分析开发工程对生态结构和功能造成的损失，建立基于物质量的受损滨海湿地生态补偿机制，科学指导滨海湿地同类补偿实践。维持生态系统动态平衡的重要手段是动物和植物群落的修复（Benayas et al.，2009），修复目标通常为生态系统结构、恢复力以及功能上的恢复（Suding，2011）。尽管完全修复受损生态系统结构、过程和功能是很困难的，但是近几年国际上已经出台了较多有关补偿生境损失的政策。例如，美国的湿地补偿（Hough and Robertson，2009；Levrel et al.，2017）、加拿大的生境补偿（Quigley and Harper，2006；Favaro and Olszynski，2017）、澳大利亚的绿色补偿和生物银行系统（Chalmers，2015）、欧洲的鸟类和生境指示（McGillivray，2012）和南非的生物多样性补偿等（Maron et al.，2018），利用额外的生态修复或重建生境作为一种补偿机制，确保生物多样性与生态系统服务物质量的无净损失。

开展对不同类型滨海湿地生态补偿机制的研究，针对不同物质量受损类型，提出补偿模式。构建物质量补偿与价值量补偿相结合的模式，对于无法修复的受围填海或围填海活动等影响的滨海湿地，寻求围填海的周边选择区域进行修复替代，使得补偿量与围填海引起的生态损失量相当，即使用了异位的滨海湿地生境修复或重建对围填海等人类活动占据或破坏的滨海湿地生境进行替代。当物质量补偿不足时，则对剩余损失实行价值量补偿。开展多层次补偿模式，保障滨海湿地生态效益的无净损失。

2）完善补偿率核算方法，开展生态补偿评估试点

在物质量补偿方面，关键在于核算补偿率，我们将补偿面积与受损面积或补偿丰度与损失丰度的比定义为补偿率，根据无净损失原则，由单位面积或单个物种损失量与补偿量的比值计算补偿率，科学指导修复、重建或投放多少的问题。应当将一些不确定性因素考虑到补偿率的计算中，包括参考系的不确定性、补偿时间的滞后性和补偿失败的概率等。为了矫正补偿率核算方法的准确性，率先在典型滨海湿地开展补偿评估试点工作，加强动态监测。细化到点的获取围填海等人类活动破坏滨海湿地的位置、面积和开始时间等；开展物质量补偿试点，在规划开发利用之前，对其进行本底调查，对开发活动开始后每年的滨海湿地物质量损失情况进行动态监测，科学评估开发活动对滨海湿地物质量造成的损失；选取修复补偿试点，在本底调查的基础上实施滨海湿地修复，动态监测补偿试点物质量的变化情况，以科学计算物质量补偿量，进而科学指导对我国滨海湿地物质量补偿的实施。

3）加强市场化交易模式，建立多元化补偿运行方式

我国滨海湿地面临着严重的退化问题，近年来，我国开展了不少工程和政策来修复和保护滨海湿地，但都是以政府为主导的纵向补偿模式，我国应加强市场化交易模式，加强横向补偿机制，建立多元化补偿运行方式，科学、合理地识别并明确划分受益地区、受益主体，是有效开展横向生态补偿工作的基础和前提。另外，市场化的补偿方式仍处于初级阶段，我国可以借鉴美国湿地银行的补偿机制，加强市场补偿模式的开展，拓宽社会资本进入领域，鼓励和引导符合条件的各类国有企业、民营企业、外商投资企业，以及其他投资经营主体参与生态补偿工作，形成以政府投资为主导，社会融资和个人投入的多元化投入机制。完善滨海湿地的产权制度是能更好地开展市场补偿模式的前提和基础，只有产权明确，才能准确确定生态补偿项目的主体和客体。具有滨海湿地使用权的单位应当集中，否则将不利于滨海湿地生态补偿项目的实施，而滨海湿地的产权可以通过转让而达到统一。为了充分利用市场机制，中国可以建立一个滨海湿地产权交

易平台，允许渔民在市场上直接交易他们的土地、海滩和海域，并以正常价格转让。这将有利于解决政府在其中的“二次分配”现象（即政府从渔民手中没收土地，再将其重新投入市场）。实现滨海湿地生态补偿的市场化，以弥补我国现有的以政府为主导的生态补偿模式中存在的不足，建立市场化的运作方式和多元化的筹资渠道。

4）完善滨海湿地生态补偿的立法和管理工作，保障政策有效性

严格的立法、科学的规章制度和有效的管理机制，是确保滨海湿地生态补偿顺利进行的重要保障。滨海湿地生态补偿应纳入立法规划，使其在整个环境中得以实施。我们建议建立滨海湿地生态补偿的专门立法。将滨海湿地生态补偿纳入立法计划，使其在生态环境的整个领域做到有法可依。目前我国已建立了比较完善的资源与环境法律体系，其中具有指导作用的《环境保护法》，按照保护对象不同颁布了《水土保持法》《草原法》《土地管理法》《渔业法》《森林法》《海洋法》《湿地保护修复制度方案》等多部法律制度；因此，应参照这些法律，立足于整个滨海湿地生态系统，兼顾生态系统功能的恢复和经济效益的增加两个方面，在《生态补偿条例》的基础上制定“湿地无净损失”补偿制度，包含补偿范围、主体、内容、对象、方式、标准、实施措施和实施步骤，以及如何监督管理等方面，督促指导沿海 11 个省（区、市）结合实际制定完善湿地保护与补偿地方性法规，保障滨海湿地生态补偿的规范性和有效性。

5）增加滨海湿地生态补偿投入资金，加强滨海湿地科普教育

滨海湿地生态补偿的目的是保护和改善生态环境，提出建立“政府引导、市场促进、社会参与”的创新型融资机制。为了缓解资金短缺的问题，政府应该鼓励私营企业、机构和组织进行投资，特别是来自大多数省级或地方的投资。该专项资金可用于滨海地区的环境保护，发行政府债券，促进经济合作和优惠信贷，形成多元化的融资模式。中国也应该增加其在滨海湿地生态补偿研究中的资金投入，包括资助基础研究来确定造成生态损失的项目，探索先进的修复和补偿技术，并发展修复补偿和避免损失补偿模式，有效地解决滨海湿地保护和利用之间的矛盾，确保中国滨海湿地的可持续发展。增加对保护滨海湿地资源的投资，建立沿海湿地生物资源、环境和水文监测小组（Wang et al.，2008b），为有效保护及可持续利用滨海湿地资源及滨海湿地生态补偿提供科学和技术依据。这也将为湿地生态补偿提供基础数据，使湿地生态补偿的概念更具有科学性。

提高公众对滨海湿地生态功能的认识和对滨海湿地生态补偿重要性的认识，有利于提升滨海湿地修复和生态补偿的成功率，可以通过媒体或鼓励专门从事滨海湿地研究的专家参与公共教育活动等多种方式实现。为有效提高公众知识水平，滨海湿地教育经费也应大幅增加，加强滨海湿地管理，加强对滨海湿地管理人员的培训，建立滨海湿地管理技术咨询机制。

参考文献

陈刚，熊仕林，谢菊娘，等．1995. 三亚水域造礁石珊瑚移植试验研究．热带海洋学报，(3)：51－57.

陈爽，马安青，李正炎．2011. 观格局变化特征与驱动机制分析．中国海洋大学学报，41 (3)：81－87.

傅秀梅，邵长伦，王长云，等 . 2009. 中国珊瑚礁资源状况及其药用研究调查Ⅱ. 资源衰退状况、保护与管理 . 中国海洋大学学报（自然科学版），39（4）：685 - 690.

高义，王辉，苏奋振，等 . 2013. 中国大陆海岸线近 30a 的时空变化分析 . 海洋学报，35（6）：31 - 42.

广西壮族自治区环境保护厅 . 2011. Reconstruction seagrass habitat-restoration and protection of seagrass ecosystem. http：//www. gxepb. gov. cn/zrst/qyst/201103/t20110323 _ 2817. html.

国家林业局 . 2011a. 构筑海岸线上坚如磐石的“绿色长城” . http：//www. forestry. gov. cn/portal/main/s/195/content - 512749. html. 2011 - 11 - 29.

国家林业局 . 2011b. 中国红树林资源总面积 8. 2 万多公顷 . http：//www. forestpest. org/senfang/news/lyxw/2011 - 06 - 28/article _ 3738. shtml. 2011 - 06 - 28.

汲玉河，周广胜 . 2010. 1988—2006 年辽河三角洲植被结构的变化 . 植物生态学报，34（4）：359 -367.

科技惠民计划 . 2011. 大叶藻资源修复技术研究 . http：//www. kjhm. org. cn/app/Cresult. aspx? id＝452. 2011 - 12 - 30.

李婧，王爱军，李团结 . 2011. 近 20 年来珠江三角洲滨海湿地景观的变化特征 . 海洋科学进展，29（2）：170 - 178.

李利 . 2010. 昌邑柽柳林湿地植被修复项目顺利通过专家评审 . 齐鲁渔业，（11）：59.

李团结，马玉，王迪，等 . 2011. 珠江口滨海湿地退化现状、原因及保护对策 . 热带海洋学报，30（4）：77 - 84.

栗云召，于君宝，韩广轩，等 . 2011. 黄河三角洲自然湿地动态演变及其驱动因子 . 生态学杂志，30（7）：1535 - 1541.

辽宁海洋与渔业网 . 2013. 盘锦市多措并举加强海洋生态环境建设 . http：//www. lnhyw. gov. cn/hyhb/stbh/201311/t20131106 _ 1209022. html. 2013 - 11 - 06.

林鹏 . 1997. 中国红树林生态系统 . 北京：科学出版社 .

刘庆生，刘高焕，黄翀，等 . 2010. 黄河三角洲自然保护区动态变化遥感监测研究 . 中国农学通报，26（16）：376 - 381.

刘艳芬，张杰，马毅，等 . 2010. 1995—1999 年黄河三角洲东部自然保护区湿地景观格局变化 . 应用生态学报，21（11）：2904 - 2911.

马万栋，吴传庆，殷守敬，等 . 2014. 辽宁省岸线及围填海变化分析 . 环境与可持续发展，6：54 - 57.

宁秋云，李英花，莫珍妮，等 . 2014. 滨海盐沼生态修复工程效果评价——以广西竹山为例 . 泉州师范学院学报，（6）：25 - 29.

邱广龙，范航青，李雷鲜，等 . 2014. 潮间带海草床的生态恢复 . 北京：中国林业出版社 .

任国忠，张起信，王继成，等 . 1991. 移植大叶藻提高池养对虾产量的研究 . 海洋科学，15（1）：52 -57.

阮关心 . 2012. 崇明东滩互花米草生态控制与鸟类栖息地优化工程生态效益探讨 . 安徽农业科学，40（23）：11799 - 11801.

王开运，张利权 . 2013. 长江口生态系统修复技术和决策管理 . 北京：科学出版社 .

王文卿，王瑁 . 2007. 中国红树林 . 北京：科学出版社 .

夏东兴，王文海，武桂秋，等 . 1993. 中国海岸侵蚀述要 . 地理学报，（5）：468 - 476.

徐娜 . 2010. 长江三角洲 2000—2010 年土地利用空间格局研究 . 西安：西安科技大学 .

薛振山，苏奋振，杨晓梅，等 . 2012. 珠江口海岸带地貌特征对土地利用动态变化影响 . 热带地理，32（4）：409 - 415.

杨吝 . 2007. 我国人工鱼礁的发展和建议 . 江西水产科技，（3）：1 - 5.

杨文波，张彬，李继龙，等 . 2011. 我国人工鱼礁建设状况研究 . 中国水产学会渔业资源与环境分会 2011 年学术交流会会议论文 .

佚名．2003. 国内首例珊瑚礁移植工程．南方水产科学，(7)：4.

于登攀，邹仁林，黄晖．1996. 三亚鹿回头岸礁造礁石珊瑚移植的初步研究．http://cpfd.cnki.com.cn/Article/CPFDTOTAL-ZKYS199611001039.htm. 1996-12-30. 见：全国生物多样性保护与持续利用研讨会会议论文．

翟北北．2015. 渤海渔业资源可持续利用研究．青岛：中国海洋大学．

翟万林，龙江平，乔吉果，等．2010. 长江口滨海湿地景观格局变化及其驱动力分析．海洋学研究，28 (3)：17-22.

张成扬，赵智杰．2015. 近10年黄河三角洲土地利用/覆盖时空变化特征与驱动因素定量分析．北京大学学报（自然科学版），51 (1)：151-158.

张云，张建丽，景昕蒂，等．2015. 2001年以来我国大陆海岸线变迁及分形维数研究．海洋环境科学，34 (3)：406-710.

郑凤英，邱广龙，范航清，等．2013. 中国海草的多样性、分布及保护．生物多样性，21 (5)：517-526.

宗玮．2012. 上海海岸带土地利用/覆盖格幻变化及驱动机制研究．上海：华东师范大学．

邹仁林．2001. 中国动物志：腔肠动物门，珊瑚虫纲，石珊瑚目，造礁石珊瑚．北京：科学出版社．

Allan E, Bossdorf O, Dormann C F, et al. 2014. Interannual variation in land-use intensity enhances grassland multidiversity. Proceedings of the National Academy of Sciences, 111 (1): 308-313.

Allan J D, McIntyre P B, Smith S D P, et al. 2013. Joint analysis of stressors and ecosystem services to enhance restoration effectiveness. Proceedings of the National Academy of Sciences, 110 (1): 372-377.

Barbier E B, Hacker S D, Kennedy C, et al. 2011. The value of estuarine and coastal ecosystem services. Ecological Monographs, 81 (2): 169-193.

Bayraktarov E, Saunders M I, Abdulah S, et al. 2016. The cost and feasibility of marine coastal restoration. Ecological Applications, 26 (4): 1055-1074.

Benayas J M R, Newton A C, Diaz A, et al. 2009. Enhancement of biodiversity and ecosystem services by ecological restoration: A meta-analysis. Science, 325 (5944): 1121-1124.

Bolam S G, Barrio F C R S, Eggleton J D. 2010. Macrofaunal production along the UK continental shelf. Journal of Sea Research, 64 (3): 166-179.

Bolam S G, Barry J, Bolam T, et al. 2011. Impacts of maintenance dredged material disposal on macrobenthic structure and secondary productivity. Marine Pollution Bulletin, 62 (10): 2230-2245.

Bolam S G, Rees H L, Somerfield P, et al. 2006. Ecological consequences of dredged material disposal in the marine environment: A holistic assessment of activities around the England and Wales coastline. Marine Pollution Bulletin, 52 (4): 415-426.

Bull J W, Gordon A, Watson J E, et al. 2016. Seeking convergence on the key concepts in 'no net loss' policy. Journal of Applied Ecology, 53: 1686-1693.

Bull J W, Suttle K B, Gordon A, et al. 2013. Biodiversity offsets in theory and practice. Oryx, 47: 369-380.

Cao W Z, Wong M H. 2007. Current status of coastal zone issues and management in China: A review. Environment International, 33: 985-992.

Chalmers D. 2015. Biobanking and privacy laws in Australia. The Journal of Law, Medicine & Ethics, 43 (4): 703-713.

Chen L Z, Wang W Q, Zhang Y H, et al. 2009. Recent progresses in mangrove conservation, restoration and research in China. Journal of Plant Ecology, 2 (2): 45-54.

Costanza R, Groot R, Sutton P, et al. 2014. Changes in the global value of ecosystem services. Global Environmental Change, 26 (1): 152-158.

Cui B S, Yang Q C, Yang Z F, et al. 2009. Evaluating the ecological performance of wetland restoration in the Yellow River Delta, China. Ecological Engineering, 35 (7): 1090 - 1103.

Favaro B, Olszynski M. 2017. Authorized net losses of fish habitat demonstrate need for improved habitat protection in Canada. Canadian Journal of Fisheries and Aquatic Sciences, 74 (3): 285 - 291.

Feng J, Guo J, Huang Q, et al. 2014. Changes in the community structure and diet of benthic macrofauna in invasive *Spartina alterniflora* wetlands following restoration with native mangroves. Wetlands, 34 (4): 673 - 683.

Gibbons P, Evans M C, Maron M, et al. 2016. A loss-gain calculator for biodiversity offsets and the circumstances in which no net loss is feasible. Conservation Letters, 9: 252 - 259.

Halpern B S, Silliman B R, Olden J D, et al. 2007. Incorporating positive interactions in aquatic restoration and conservation. Frontiers in Ecology and the Environment, 5 (3): 153 - 160.

He Q, Bertness M D, Altieri A H. 2013. Global shifts towards positive species interactions with increasing environmental stress. Ecology Letters, 16 (5): 695 - 706.

He Q, Bertness M D, Bruno J F, et al. 2014. Economic development and coastal ecosystem change in China. Scientific Reports, 4: 5995.

Hough P, Robertson M. 2009. Mitigation under section 404 of the clean water Act: Where it comes from, what it means. Wetlands Ecology and Management, 17 (1): 15 - 33.

Howes N C. 2010. Hurricane-induced failure of low salinity wetlands. Proceedings of the National Academy of Sciences of the United States of America, 107 (32): 14014 - 14019.

Hu Z J, Ge Z M, Ma Q, et al. 2015. Revegetation of a native species in a newly formed tidal marsh under varying hydrological conditions and planting densities in the Yangtze Estuary. Ecological Engineering, 83: 354 - 363.

Huang X P, Huang L M, Li Y H, et al. 2006. Main seagrass beds and threats to their habitats in the coastal sea of South China. Chinese Science Bulletin, 51 (2): 136 - 142.

Jia M, Wang Z, Liu D, et al. 2005. Monitoring loss and recovery of salt marshes in the Liao River Delta, China. Journal of Coastal Research, 31 (2): 371 - 377.

Justus J, Colyvan M, Regan H, et al. 2009. Intrinsic versus instrumental value. Trends in Ecology and Evolution, 24: 187 - 191.

Kate K, Bishop J, Bayon R. 2004. Biodiversity offsets: Views, experience, and the business case. IUCN—The World Conservation Union.

Katwijk M M, Thorhaug A, Marbà N, et al. 2015. Global analysis of seagrass restoration: The importance of large-scale planting. Journal of Applied Ecology, 53 (2): 567 - 578.

Le H D, Smith C, Herbohn J. 2014. What drives the success of reforestation projects in tropical developing countries? The case of the Philippines. Global Environmental Change, 24 (1): 334 - 348.

Levrel H, Scemama P, Vaissière A C. 2017. Should we be wary of mitigation banking? Evidence regarding the risks associated with this wetland offset arrangement in Florida. Ecological Economics, 135: 136 -149.

Li M S, Lee S Y. 1997. Mangroves of China: A brief review. Forest Ecology and Management, 96 (3): 241 - 259.

Li S Z, Cui B S, Xie T, et al. 2016. Diversity pattern of macrobenthos associated with different stages of wetland restoration in the Yellow River. Wetlands, 36 (1): 57 - 67.

Liu Z, Cui B, He Q. 2016. Shifting paradigms in coastal restoration: Six decades' lessons from China. Science of the Total Environment, 566: 205 - 214.

Mackey R L, Currie D J. 2000. A reexamination of the expected effects of disturbance on diversity. Oikos, 88 (3): 483 - 493.

Mackey R L, Currie D J. 2001. The diversity-disturbance relationship: Is it generally strong and peaked? Ecology, 82 (12): 3479 - 3492.

Maron M, Brownlie S, Bull J W, et al. 2018. The many meanings of no net loss in environmental policy. Nature Sustainability, 1 (1): 19.

Maron M, Hobbs R J, Moilanen A, et al. 2012. Faustian bargains? Restoration realities in the context of biodiversity offset policies. Biological Conservation, 155: 141 - 148.

Maron M, Ives C D, Kujala H, et al. 2016. Taming a wicked problem: Resolving controversies in ecological compensationtionting. BioScience, 66 (6): 489 - 498.

McGillivray D. 2012. Compensating biodiversity loss: The EU Commission's approach to compensation under Article 6 of the Habitats Directive. Journal of Environmental Law, 24 (3): 417 - 450.

Meng W, Hu B, He M, et al. 2017. Temporal-spatial variations and driving factors analysis of coastal reclamation in China. Estuarine, Coastal and Shelf Science, 191: 39 - 49.

Midwood J D, Chow F P. 2012. Changes in aquatic vegetation and fish communities following 5 years of sustained low water levels in coastal marshes of eastern Georgian Bay, Lake Huron. Global Change Biology, 18 (1): 93 - 105.

Miller A D, Roxburgh S H, Shea K. 2011. How frequency and intensity shape diversity-disturbance relationships. Proceedings of the National Academy of Sciences, 108 (14): 5643 - 5648.

Moilanen A, Van Teeffelen A J, Ben H Y, et al. 2009. How much compensation is enough? A framework for incorporating uncertainty and time discounting when calculating offset ratios for impacted habitat. Restoration Ecology, 17: 470 - 478.

Qiu J. 2012. Chinese survey reveals widespread coastal pollution. Nature. DOI: 10. 10. 1038/nature. 2012. 11743.

Quétier F, Lavorel S. 2011. Assessing ecological equivalence in ecological compensation schemes: Key issues and solutions. Biological Conservation, 144: 2991 - 2999.

Quigley J T, Harper D J. 2006. Compliance with Canada's Fisheries Act: A field audit of habitat compensation projects. Environmental Management, 37 (3): 336 - 350.

Ren H, Lu H, Shen W, et al. 2009. *Sonneratia apetala* Buch. Ham in the mangrove ecosystems of China: An invasive species or restoration species? Ecological Engineering, 35 (8): 1243 - 1248.

Ryu J, Khim J S, Choi J W, et al. 2011. Environmentally associated spatial changes of a macrozoobenthic community in the Saemangeum tidal flat, Korea. Journal of Sea Research, 65 (4): 390 - 400.

Stone K, Bhat M, Bhatta R, et al. 2008. Factors influencing community participation in mangroves restoration: A contingent valuation analysis. Ocean & Coastal Management, 51 (6): 476 - 484.

Suding K N. 2011. Toward an era of restoration in ecology: successes, failures, and opportunities ahead. Annual Review of Ecology, Evolution and Systematics, 42: 465 - 487.

Sullivan S, Hannis M. 2015. Nets and frames, losses and gains: Value struggles in engagements with ecological compensationting policy in England. Ecosystem Services, 15: 162 - 173.

Sun Z, Sun W, Tong C, et al. 2015. China's coastal wetlands: Conservation history, implementation efforts, existing issues and strategies for future improvement. Environment International, 79: 25 - 41.

Wan S W, Pei Q, Liu J, et al. 2009. The positive and negative effects of exotic *Spartina alterniflora* in China. Ecological Engineering, 35 (4): 444 - 452.

Wang G，Qin P，Wan S，et al. 2008a. Ecological control and integral utilization of *Spartina alterniflora*. Ecological Engineering，32（3）：249－255.

Wang Q，Zhuang Z，Deng J，et al. 2006. Stock enhancement and translocation of the shrimp *Penaeus chinensis* in China. Fisheries Research，80（1）：67－79.

Wang W，Liu H，Li Y，et al. 2014. Development and management of land reclamation in China. Ocean Coastal Manage，102：415－425.

Wang Y，Yao Y，Ju M. 2008b. Wise use of wetlands：Current state of protection and utilization of Chinese wetlands and recommendations for improvement. Environmental Management，41（6）：793－808.

Waycott M，Duarte C M，Carruthers T J，et al. 2009. Accelerating loss of seagrasses across the globe threatens coastal ecosystems. Proceedings of the National Academy of Sciences of the United States of America，106（30）：12377－12381.

Wilson M J，Bayley S E. 2012. Use of single versus multiple biotic communities as indicators of biological integrity in northern prairie wetlands. Ecological Indicators，20：187－195.

Wolters M，Garbutt A，Bakker J P. 2005. Salt-marsh restoration：Evaluating the success of de-embankments in north-west Europe. Biological Conservation，123（2）：249－268.

Yan J，Cui B，Zheng J，et al. 2015. Quantification of intensive hybrid coastal reclamation for revealing its impacts on macrozoobenthos. Environmental Research Letters，10（1）：e014004.

Yang D T，Yang C Y. 2009. Detection of seagrass distribution changes from 1991 to 2006 in Xincun Bay，Hainan，with satellite remote sensing. Sensors，9（2）：830－844.

Yang S，Chen J. 1995. Coastal salt marshes and mangrove swamps in China. Chinese Journal of Oceanology and Limnology，13（4）：318－324.

Yu S，Cui B，Gibbons P，et al. 2017. Towards a ecological compensationting approach for coastal land reclamation：Coastal management implications. Biological Conservation，214：35－45.

Zedler J B. 2000a. Progress in wetland restoration ecology. Trends in Ecology & Evolution，15（10）：402.

Zedler J B. 2000b. Handbook for Restoring Tidal Wetlands. Boca Raton：CRC Press.

Zhou T，Liu S C，Feng Z L，et al. 2015. Use of exotic plants to control *Spartina alterniflora* invasion and promote mangrove restoration. Scientific Reports，5（1）：12980.

Zuo P，Zhao S，Liu C，et al. 2012. Distribution of *Spartina* spp. along China's coast. Ecological Engineering，40：160－166.

第 2 章

不同水盐条件下滨海湿地土壤生源要素转化过程

湿地具有物质的源、汇和转换器的功能，其中营养元素循环是现代湿地生态学研究的热点。碳、磷和硫是湿地生物地球化学循环过程中的重要元素。由于滨海湿地独特的氧化还原条件，是碳源-汇转换、磷有效性和硫赋存形态迁移转化非常剧烈的场所。研究滨海湿地土壤碳、磷和硫等生源要素的转化过程对维持滨海湿地可持续发展，以及维护湿地生态健康具有重大的现实意义，可为科学管理滨海湿地提供依据和理论参考。

本章主要通过对不同水盐条件下滨海湿地土壤有机碳含量和储量、土壤呼吸的变化、磷和硫的赋存形态及其转化过程的研究，揭示水盐条件变化对滨海湿地土壤碳含量和储量的响应规律，明确不同水盐调控措施对土壤有机碳的影响特征，同时阐明磷和硫赋存形态对水盐变化的响应规律，探讨不同淹水类型滨海湿地土壤对磷和硫的吸附与解析过程，辨识不同水盐条件下有机磷和有机硫矿化的季节变化特征。

2.1 滨海湿地土壤有机碳含量和储量及土壤呼吸对水盐变化的响应

2.1.1 水盐调控措施对滨海湿地土壤有机碳储量的影响

湿地的水文条件显著影响着湿地的结构和功能（Zedler，2000），因此水文条件的恢复或重建（如大坝移除和潮汐恢复等）通常被认为是最根本的恢复措施（Zhao et al.，2016；Luke et al.，2017）。水文条件的恢复可以提升滨海湿地储碳能力，提高滨海湿地的蓝碳价值（Simpson，2016；Macreadie et al.，2017）。大坝移除可以将潮汐重新引入退化的盐沼，促进植被的恢复，有利于退化盐沼的结构和功能向自然盐沼转变（Raposa et al.，2017）。淡水输入是受排水工程或海水入侵影响的退化湿地重建的有效措施（Wang et al.，2011）。因此，水盐调控措施可以显著地影响土壤碳储功能，并为滨海湿地修复提供保障。

1. 不同水盐条件下滨海湿地土壤的理化性质

不同水盐调控措施会改变湿地土壤理化性质，并能进一步影响湿地土壤有机碳的含量和储量。基于此，在黄河三角洲地区选择了四种类型的湿地：潮汐恢复盐沼湿地、退化盐沼湿地、淡水恢复芦苇湿地和退化芦苇湿地。作为研究区，以期对比研究不同水盐调控措施对滨海湿地土壤有机碳含量和储量的影响。自 2002 年以来，从黄河引入淡水输入退化湿地，形成了淡水恢复区芦苇湿地（Bai et al.，2015）。同时，选择未输入淡水的退化芦苇湿地作为对照样地。淡水恢复样地的芦苇长势较好，而退化芦苇湿地的芦苇长势较差。在保护区内，为石油开采而筑的土坝阻断了潮汐，导致了盐地碱蓬湿地的退化。2014 年，海水入侵冲毁的土坝使得部分退化湿地的潮汐得以恢复，形成了潮汐恢复盐沼湿地，未恢复的盐沼湿地则被选为对照湿地。

不同水盐调控措施下 0～50cm 湿地土壤理化性质的平均值±标准差如表 2.1 所示。总体来看，潮汐恢复盐沼土壤的电导率、Na^{+}、K^{+}、Mg^{2+}、Ca^{2+}、Cl^{-} 和砂粒含量显著低于退化盐沼土壤（$P<0.05$），而潮汐恢复盐沼土壤具有更高的 pH、粉粒含量、含水率和总氮（$P<0.05$）。虽然潮汐恢复盐沼和退化盐沼土壤的 SO_4^{2-}、钠吸附比、容重、黏粒和碳氮比值之间无显著性差异（$P>0.05$），但 SO_4^{2-}、钠吸附比和容重在退化盐沼湿地中含量更高一些，而黏粒含量和 C/N 比则在潮汐恢复盐沼中具有更高值。相比于退化芦苇湿地，淡水恢复芦苇湿地土壤的电导率、Na^{+}、K^{+}、Ca^{2+}、Cl^{-}、SO_4^{2-}、钠吸附比、砂粒含量和容重较低（$P<0.05$），但具有较高的 Ca^{2+}、含水率、黏粒、粉粒和总氮含量（$P<0.05$）。淡水恢复芦苇湿地和退化芦苇湿地土壤的 K^{+}、Mg^{2+}、pH 和碳氮比之间无显著性差异（$P>0.05$）。从表 2.1 的分析结果可以看出，与两种退化湿地相比，潮汐恢复和淡水恢复均显著降低了土壤盐度和阴阳离子（淡水恢复芦苇湿地和退化芦苇湿地的 Ca^{2+} 除外），并改变了其他土壤理化性质。

表 2.1 四种样地土壤理化性质

项目	潮汐恢复盐沼湿地	退化盐沼湿地	淡水恢复芦苇湿地	退化芦苇湿地
电导率/(mS/cm)	3.04±0.64[a]	8.81±2.34[b]	0.72±0.39[a]	2.44±3.03[b]
Na^+/(g/kg)	1.65±0.46[a]	2.77±0.72[b]	0.50±0.27[a]	1.05±0.59[b]
K^+/(mg/kg)	56.86±22.52[a]	163.01±51.2[b]	17.54±4.10[a]	23.08±7.26[b]
Mg^{2+}/(mg/kg)	84.53±28.57[a]	564.96±211.79[b]	26.94±12.07[a]	23.15±12.94[a]
Ca^{2+}/(mg/kg)	106.87±23.16[a]	196.06±38.22[b]	110.46±19.49[a]	79.49±15.64[b]
Cl^-/(g/kg)	2.34±0.63[a]	5.47±1.03[b]	0.57±0.41[a]	1.26±0.86[b]
SO_4^{2-}/(g/kg)	0.51±0.10[a]	0.57±0.26[a]	0.19±0.06[a]	0.28±0.14[b]
钠吸附比/$(m/mol)^{0.5}$	14.07±2.55[a]	14.66±3.06[a]	7.39±3.62[a]	11.45±3.20[b]
pH	8.28±0.24[a]	8.04±0.28[b]	8.25±0.57[a]	8.53±0.52[a]
含水率/%	0.24±0.02[a]	0.21±0.02[b]	0.24±0.02[a]	0.22±0.02[b]
黏粒/%	0.06±0.14[a]	0.02±0.09[a]	0.33±0.38[a]	0.07±0.18[b]
粉粒/%	22.86±11.30[a]	10.80±8.81[b]	28.01±8.27[a]	18.30±10.54[b]
砂粒/%	77.08±11.39[a]	89.19±8.85[b]	71.70±8.51[a]	81.66±10.60[b]
容重/(g/cm^3)	1.58±0.07[a]	1.60±0.06[a]	1.48±0.06[a]	1.59±0.05[b]
总氮/(g/kg)	0.22±0.06[a]	0.14±0.05[b]	0.21±0.06[a]	0.16±0.04[b]
碳氮比	28.61±4.53[a]	26.47±4.40[a]	28.98±5.63[a]	27.41±6.48[a]

注：数字后的不同小写字母表征退化湿地和恢复湿地之间存在显著性差异（$P<0.05$）。

2. 不同水盐条件下滨海湿地土壤碳与理化性质的相关性

运用冗余分析（redundancy analysis，RDA）探究了湿地土壤理化性质对土壤碳的影响。从图 2.1 可以看出，土壤理化性质对土壤碳的累积解释量达到了 82.5%，其中轴一解释了 69.5%，轴二解释了 13 %。冗余分析表明，土壤黏粒、粉粒、含水率和总氮含量对土壤有机碳、总碳、易氧化有机碳和溶解性有机碳具有促进作用，而土壤电导率、阴阳离子、砂粒、容重、碳氮比、钠吸附比和 pH 则对土壤碳表现出抑制作用，这与相关分析（表 2.2）的结果一致。Morrissey 等（2014）研究也发现土壤有机碳与土壤盐度呈显著负相关关系，表明盐分对土壤储碳功能具有抑制作用。土壤阳离子会影响有机质的溶解性和土壤结构（Wong et al.，2010），Na^+ 可以导致土壤团聚体的分散，导致土壤有机质更容易分解（Bronick and Lal，2005）。相似地，Mg^{2+} 可以导致土壤黏粒的分散，降低团聚体的稳定性（Zhang and Norton，2002）。此外，Ca^{2+}、Mg^{2+} 和 K^+ 与土壤中共存的碳酸盐、碳酸氢盐和硫酸盐可共同引起土壤化学性质和结构的变化（Tavakkoli et al.，2015）。钠吸附比是表征土壤碱度的指标（Rietz and Haynes，2003），土壤碱度通过抑制有机质的输入影响土壤储碳功能（Setia et al.，2010），土壤盐度和碱度的交互作用会进一步导致土壤的退化（Mavim et al.，2012）。此外，运用逐步回归分析法进一步分析了土壤碳和理化性质之间的关系（表 2.3）。结果表明总氮、碳氮比、砂粒含量和容重是显著影响总碳的主要因素，而有机碳则受到总氮、碳氮比、K^+、SO_4^{2-} 和砂粒含量的显著影响。尽管在相关分析中，有机碳与 SO_4^{2-} 之间的相关关系没有达到显著性水平，逐步回归分析结果表明 SO_4^{2-} 是影响有机碳的重要因素。高盐分会抑制土壤微生物过程，降低有机碳的矿化速率（Rath and Rousk，2015）。但在受盐分影响的土壤中，逐渐升高的土壤渗透率和离子毒性对植物生长的抑制会导致碳输入的减少（Wong et al.，2009）。易氧化有机碳含量的变化则与总氮、pH、SO_4^{2-}、Ca^{2+}和电导率显著相关，而溶解性有机碳含量的变化与总氮、黏粒含量、碳氮比、Cl^-和pH的变化显著相关。Cl^-的毒性作用会降低土壤呼吸速率（Setia et al.，2010），同时可对植物造成损害，影响有机质的输入（Setia and Marschner，2013）。相比之下，作为电子受体的SO_4^{2-}可以被微生物代谢利用（Rath et al.，2016）。在厌氧条件下，SO_4^{2-}还原成为主要的有机碳矿化方式并抑制甲烷产生（Weston et al.，2006）。

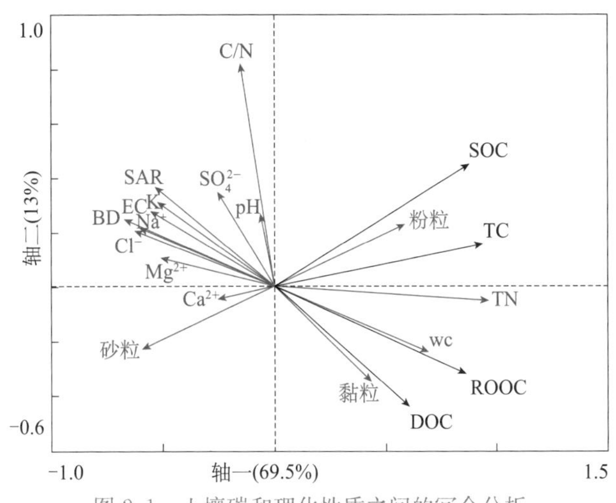

图2.1　土壤碳和理化性质之间的冗余分析

TC. 总碳；SOC. 土壤有机碳；ROOC. 易氧化有机碳；DOC. 溶解性有机碳；EC. 电导率；SAR. 钠吸附比；TN. 总氮；C/N. 碳氮比；wc. 含水率；BD. 容重；下同

潮汐恢复湿地土壤的pH高于退化湿地土壤的pH，但淡水恢复芦苇湿地土壤的pH低于退化芦苇湿地土壤的pH。所研究的四种湿地土壤pH均高于7，表明土壤呈碱性（表2.1）。已有研究发现，碱性土壤环境不利于土壤有机碳的储存，有机碳水平通常比较低（Tavakkoli et al.，2015）。虽然一些研究表明，pH可以通过影响微生物的群落组成来调控土壤有机质的周转速率（Kemmitt et al.，2006；Lauber et al.，2009），但相关分析结果表明土壤pH仅与易氧化有机碳之间具有显著性相关关系（$P<0.05$），与总碳、有机碳和溶解性有机碳之间无显著相关关系（表2.2）。逐步回归分析结果表明，pH是显著影响土壤溶解性有机碳含量的因素（表2.3）。这可能是因为在有机质的分解过程中，pH仅对土壤有机碳的部分组分有影响（Kemmitt et al.，2006），而且pH对不同的土壤参数具有不同的影响作用（Rousk et al.，2009）。

淡水或海水带来的沉积物改变了恢复湿地土壤的质地（Bai et al.，2015）。两种水盐调控措施实施后，相比于退化湿地，潮汐恢复湿地和淡水恢复芦苇湿地土壤的黏粒和粉粒含量增加，而砂粒含量下降（表2.1）。土壤质地对营养元素的持留和碳储量具有重要影响（Silver et al.，2000），质地较细的土壤一般具有更高的碳密度（Jobbágy and Jackson，2000；Bird et al.，2000）。虽然不同土壤的有机质碳库可能与土壤质地具有不同的关系，但土壤黏粒/粉粒土壤有利于土壤稳定性碳库的形成，可以促进土壤储碳量的增加（Bronick and Lal，2005；Plante et al.，2006）。土壤碳与黏粒和粉粒含量之间表现出显著正相关关系，但随砂粒含量增加而下降（$P<0.01$；表2.1）。

表 2.2　土壤碳和理化性质的相关分析

$N=120$	总碳	有机碳	ROOC	DOC	电导率	Na^+	K^+	Mg^{2+}	Ca^{2+}	Cl^-	SO_4^{2-}	pH	钠吸附比	总氮	C/N	含水率	容重	黏粒	粉粒	砂粒
总碳	1	0.88**	0.75**	0.48**	−0.52**	−0.55**	−0.48**	−0.50**	−0.30**	−0.58**	−0.22*	0.07	−0.41**	0.93**	−0.09	0.61**	−0.57**	0.34**	0.64**	−0.64**
有机碳		1	0.64**	0.34**	−0.36**	−0.45**	−0.31**	−0.39**	−0.22*	−0.46**	−0.04	0.03	−0.34**	0.81**	0.29**	0.51**	−0.49**	0.27**	0.61**	−0.61**
ROOC			1	0.70**	−0.50**	−0.53**	−0.48**	−0.39**	−0.14	−0.53**	−0.32**	−0.21*	−0.57**	0.87**	−0.40**	0.65**	−0.68**	0.41**	0.37**	−0.38**
DOC				1	−0.52**	−0.53**	−0.51**	−0.42**	−0.17	−0.55**	−0.30**	−0.12	−0.52**	0.59**	−0.41**	0.54**	−0.52**	0.50**	0.32**	−0.33**
电导率					1	0.79**	0.94**	0.90**	0.64**	0.91**	0.62**	−0.27**	0.46**	−0.56**	0.39**	−0.68**	0.41**	−0.31**	−0.38**	0.38**
Na^+						1	0.67**	0.75**	0.62**	0.96**	0.58**	−0.35**	0.72**	−0.62**	0.31**	−0.69**	0.53**	−0.35**	−0.44**	0.44**
K^+							1	0.88**	0.56**	0.82**	0.56**	−0.17	0.34**	−0.52**	0.39**	−0.66**	0.34**	−0.26**	−0.32**	0.32**
Mg^{2+}								1	0.68**	0.89**	0.65**	−0.30**	0.34**	−0.51**	0.26**	−0.65**	0.38**	−0.23*	−0.38**	0.38**
Ca^{2+}									1	0.67**	0.73**	−0.42**	0.22*	−0.28**	0.14	−0.35**	0.14	−0.11	−0.32**	0.32**
Cl^-										1	0.61**	−0.34**	0.62**	−0.63**	0.32**	−0.72**	0.49**	−0.33**	−0.46**	0.46**
SO_4^{2-}											1	−0.22*	0.31**	−0.28**	0.40**	−0.45**	0.30**	−0.25**	−0.19*	0.19*
pH												1	0.14	0.06	−0.05	0.14	−0.002	−0.26**	0.13	−0.12
钠吸附比													1	−0.49**	0.25**	−0.53**	0.50**	−0.47**	−0.30**	0.30**
总氮														1	−0.31**	0.70**	−0.67**	0.32**	0.52**	−0.52**
C/N															1	−0.33**	0.29**	−0.12	0.12	−0.11
含水率																1	−0.75**	0.36**	0.36**	−0.36**
容重																	1	−0.42**	−0.36**	0.37**
黏粒																		1	0.62**	−0.63**
粉粒																			1	−1.00**
砂粒																				1

*. $P<0.5$；**$P<0.01$。

土壤容重是表征土壤结构的重要指标，反映了土壤的紧实度和透气性（Botula et al.，2015），也是影响土壤有机碳储量的重要因素之一。Bai 等（2013）的研究指出，土壤容重与土壤有机碳显著相关，并随有机碳的损失而增加。土壤盐分与容重之间的显著正相关关系将进一步促进退化盐沼和退化芦苇湿地土壤碳储量的下降（表 2.2）。土壤含水率能够改变氧气在土壤层中的分布，影响有机碳的矿化途径（Setia et al.，2011）。同时，土壤含水率的变化可以导致土壤盐分的变化。恢复湿地土壤较高的含水率减弱了土壤盐分对土壤储碳能力的影响，在一定程度上解释了恢复湿地土壤碳储量高于退化湿地土壤碳储量的原因。

土壤中氮的可利用性控制着土壤微生物活性和植物生长，最终影响输入土壤的有机碳的质量和数量（Neff et al.，2002）。因此，土壤碳和总氮之间呈显著正相关关系（图 2.1、表 2.2 和表 2.3）。此外，土壤总氮影响着碳氮比，进而影响土壤有机碳的分解。作为一个重要的土壤指标，碳氮比可以表征土壤有机质的分解程度和质量，以及有机碳的转化（Bronick and Lal，2005；Batjes，2014）。Banerjee 等（2016）研究发现，当碳氮比高于 20 时，土壤有机质的矿化速率受到限制。所研究的四类湿地土壤碳氮比均为 20～40，与土壤总碳和有机碳呈现出显著正相关关系，与易氧化有机碳和溶解性有机碳呈显著负相关关系（表 2.2、表 2.3）。这进一步表明高的土壤碳氮比有利于土壤有机碳的储存，在一定程度上解释了恢复湿地土壤碳储量高于退化湿地的原因。

表 2.3　土壤碳和理化性质之间的逐步回归分析

土壤碳	输入变量和 *P* 值	回归方程	复相关系数	*F* 和 *P* 值
总碳	(1) TN，$P<0.001$ (2) C/N，$P<0.001$ (3) Sand，$P<0.001$ (4) BD，$P<0.05$	TC = 24.383TN + 0.051C/N − 0.02Sand +1.545BD	0.961	341.418，$P<0.001$
有机碳	(1) TN，$P<0.001$ (2) CN，$P<0.001$ (3) K^+，$P<0.001$ (4) SO_4^{2-}，$P<0.01$ (5) Sand，$P<0.01$	SOC = 19.503TN + 0.139C/N − 0.001K^+ +0.000SO_4^{2-} −0.004Sand	0.993	1626.223，$P<0.001$
易氧化有机碳	(1) TN，$P<0.01$ (2) pH，$P<0.001$ (3) SO_4^{2-}，$P<0.001$ (4) Ca^{2+}，$P<0.001$ (5) EC，$P<0.01$	ROOC = 776.533TN − 30.075pH − 0.065SO_4^{2-} +0.365Ca^{2+} −3.408EC	0.940	163.929，$P<0.001$
溶解性有机碳	(1) TN，$P<0.01$ (2) Clay，$P<0.01$ (3) CN，$P<0.01$ (4) Cl^-，$P<0.01$ (5) pH，$P<0.05$	DOC = 38.757TN + 9.064Clay − 0.399C/N −1.493Cl^- −3.536Ph	0.751	28.688，$P<0.001$

注：Sand. 砂粒；Clay. 黏粒。

3. 潮汐恢复对滨海湿地土壤碳含量和储量的影响

潮汐恢复盐沼土壤的总碳、有机碳和易氧化有机碳含量显著高于退化盐沼土壤（图

2.2)。尽管潮汐恢复盐沼和退化盐沼土壤的溶解性有机碳含量之间无显著性差异（$P>0.05$），潮汐恢复盐沼土壤溶解性有机碳的平均值高于退化盐沼土壤。由表 2.1 可知，因为高盐分可以通过聚集或分散土壤颗粒来改变土壤有机质的溶剂性，所以恢复湿地较高的有机碳储量与土壤盐度和阴阳离子的降低有关系（Wong et al.，2010）。此外，土壤盐度变化造成植物长势不同，影响了有机质的输入和土壤最终的储碳量（Belleveau et al.，2015）。退化湿地较高的盐离子数量和离子强度也同时造成了土壤有机碳的损失（表 2.1、图 2.2）。

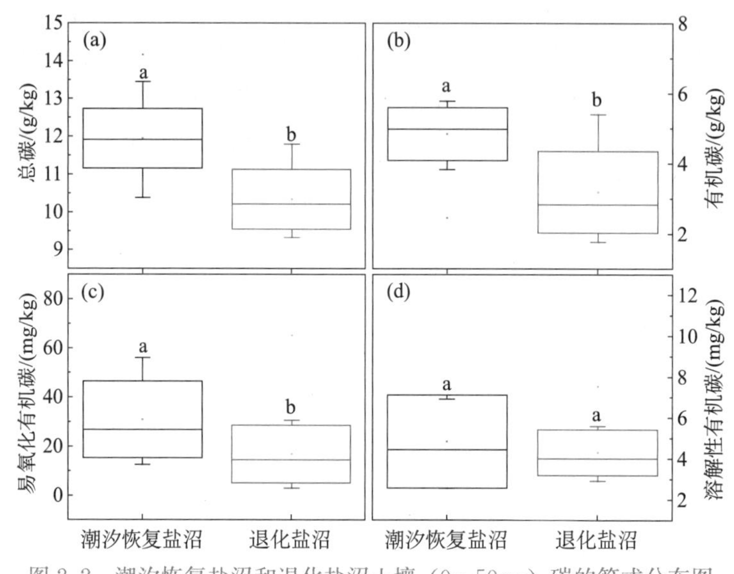

图 2.2　潮汐恢复盐沼和退化盐沼土壤（0～50cm）碳的箱式分布图

潮汐恢复盐沼和退化盐沼土壤总碳、有机碳、易氧化有机碳和溶解性有机碳含量的剖面分布如图 2.3 所示。沿 0～50cm 土壤剖面，除 0～10cm 土壤外，潮汐恢复盐沼土壤的总碳含量显著高于退化盐沼土壤的总碳（$P<0.05$）。在 0～10cm 土壤中，潮汐恢复盐沼土壤的总碳含量显著低于退化盐沼（$P<0.05$）。在潮汐恢复盐沼，20～30cm 土壤总碳含量显著高于其他土壤层的总碳。随土壤剖面深度的增加，潮汐恢复盐沼土壤的总碳含量呈现先上升后下降的趋势。退化盐沼土壤的总碳含量随土壤深度的增加而下降，0～10cm 土壤具有最高的总碳含量，其他土壤层的总碳含量之间无显著性差异［$P>0.05$；图 2.3（a）］。与总碳相似，潮汐恢复盐沼土壤的有机碳含量随土壤深度增加呈现先上升后略微下降的趋势，0～10cm 土壤的有机碳含量最低［图 2.3（b）］。相反，沿 0～50cm 土壤剖面，退化盐沼土壤的有机碳含量呈现下降趋势，其中 0～10cm 土壤的有机碳含量最高［图 2.3（b）］。除 0～10cm 土壤外，潮汐恢复盐沼土壤的有机碳含量显著高于退化盐沼土壤（$P<0.05$）。除表层土壤外，潮汐恢复盐沼土壤总碳和有机碳含量高于退化盐沼土壤，这可能是由于淋溶作用（Jobbágy and Jackson，2000）和潮汐携带的沉积物沉积过程（Keller et al.，2012）造成的。此外，潮汐恢复对盐沼表层土壤的冲刷作用也会造成 0～10cm 土壤有机碳的损失（Bai et al.，2013）。潮汐恢复盐沼和退化盐沼土壤易氧化有机碳含量在各层土壤之间均无显著性差异［$P>0.05$；图 2.3（c）］。潮汐恢复盐沼 10～20cm 和 30～50cm 的土壤的易氧化有机碳含量显著高于退化盐沼。潮汐恢复盐沼和退化盐沼土壤的溶解性有机碳含量随土壤深度增加而下降，最高值出现在 0～10cm 土壤［图 2.3（d）］。潮汐恢复盐沼和退化盐沼土壤的溶解性有机碳含量之间无显著性差异（$P>0.05$）。

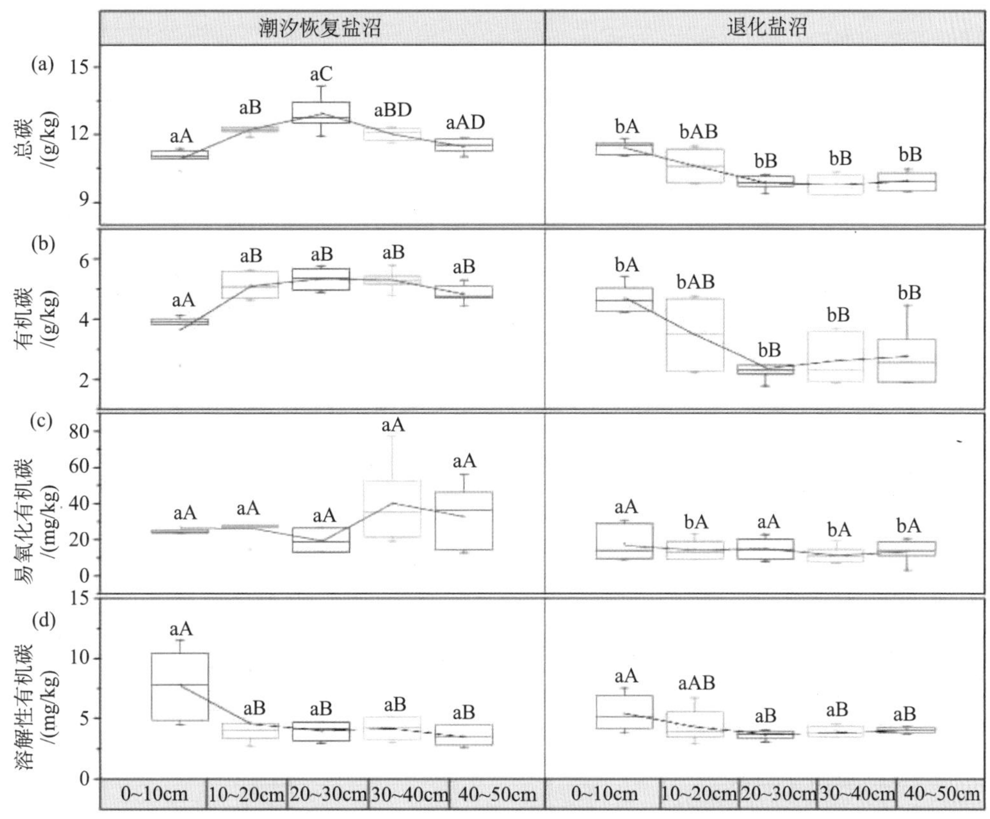

图 2.3 潮汐恢复盐沼和退化盐沼土壤总碳、有机碳、易氧化有机碳和溶解性有机碳的剖面分布

潮汐恢复盐沼和退化盐沼土壤的碳密度及其占比变化如图 2.4 所示。在 0～50cm 深度土壤，潮汐恢复盐沼的总碳密度（8.97kgC/m^2）、有机碳密度（3.63kgC/m^2）和易氧化有机碳密度（22.99gC/m^2）分别显著高于退化盐沼土壤的总碳密度（7.91kgC/m^2）、有机碳密度（2.44kgC/m^2）和易氧化有机碳密度（13.23gC/m^2）。虽然潮汐恢复盐沼和退化盐沼土壤溶解性有机碳密度之间无显著性差异（$P>0.05$；图 2.4），潮汐恢复盐沼土壤的溶解性有机碳密度（3.62 gC/m^2）高于退化盐沼土壤（3.31 gC/m^2）。潮汐恢复后，土壤总碳密度、有机碳密度、易氧化有机碳密度和溶解性有机碳密度分别提高了 13.40％、48.97％、73.77％和 9.37％。如图 2.4（e）所示，潮汐恢复盐沼和退化盐沼土壤的有机碳密度/总碳密度均低于 0.5，表明土壤总碳中无机碳占比高于有机碳。沿 0～50cm土壤剖面，仅在 20～40cm 土层中，潮汐恢复盐沼土壤的有机碳密度/总碳密度比值显著高于退化盐沼土壤（$P<0.05$），在0～10cm 和 40～50cm 土壤中无显著性差异（$P>0.05$）。潮汐恢复盐沼土壤的易氧化有机碳密度/有机碳密度变化范围为 4.39‰～9.17‰，显著低于退化盐沼土壤的易氧化有机碳密度/有机碳密度比值的变化范围（24.15‰～34.9‰）。除 0～10cm 土壤外，潮汐恢复盐沼土壤的溶解性有机碳密度/有

机碳密度比值均显著低于退化盐沼土壤。对于 0～10cm 土壤而言，潮汐恢复盐沼土壤的溶解性有机碳密度/有机碳密度比值显著高于退化盐沼土。沿 0～50cm 土壤剖面，潮汐恢复盐沼各层土壤的溶解性有机碳密度/有机碳密度比值的变化范围为 0.73‰～2.25‰，而退化盐沼各层土壤的溶解性有机碳密度/有机碳密度比值的变化范围为 1.17‰～1.66‰。

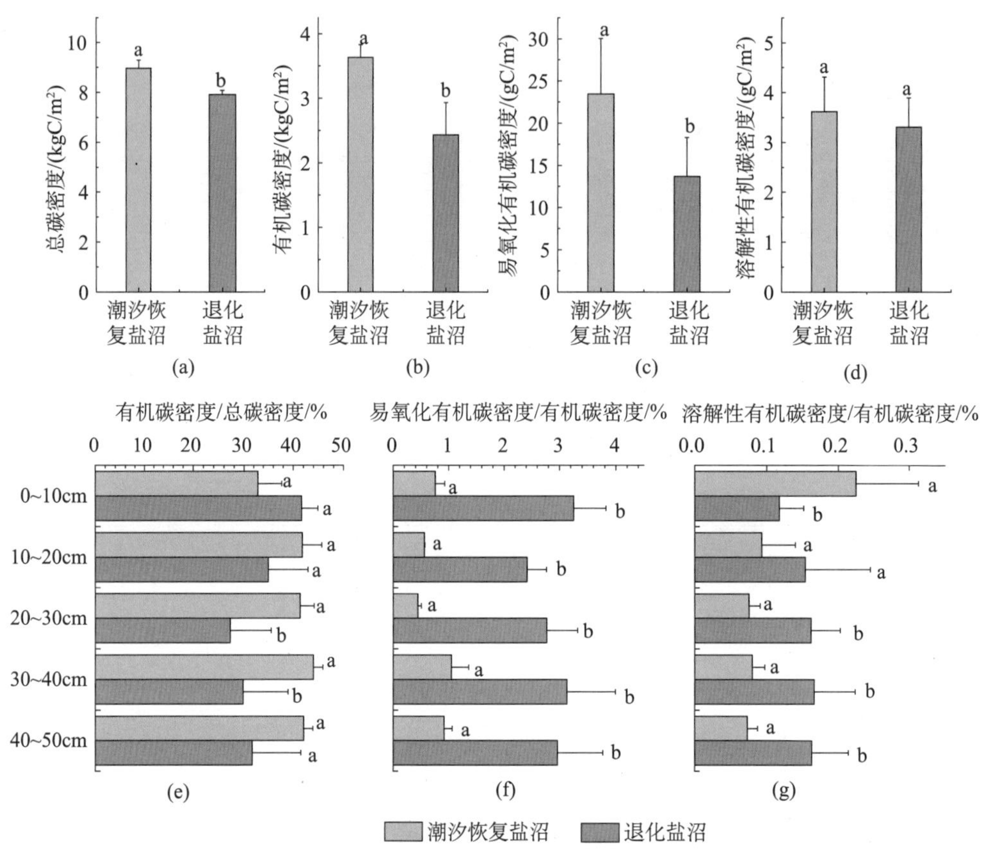

图 2.4 潮汐恢复盐沼和退化盐沼土壤的碳密度及其占比变化

土壤碳的累积是由水文修复、泥沙淤积和植被重建共同驱动的（Ballantine and Schneider，2009；Chen et al.，2017）。水文条件恢复以后，湿地土壤形成了淹水或水分饱和的厌氧环境，抑制了微生物的分解作用（Keller et al.，2012）。Reddy 和 DeLaune（2008）研究发现在水分饱和的厌氧湿地土壤中，较低的分解速率是导致湿地土壤碳储量高的原因。此外，潮汐恢复可以导致有机质的快速累积、植被定植、盐沼植被拦截沉积物，以及地下生物量生产和累积（Boyd and Sommerfield，2016）。潮汐恢复后，潮汐恢复盐沼的土壤环境适合盐地碱蓬定植生长，因此潮汐恢复盐沼的有机质输入高于退化盐沼。在 0～50cm 深度土壤内，相比于退化盐沼，潮汐恢复盐沼土壤较高的储碳量表明植被在恢复土壤储碳功能中发挥着重要作用。Chen 等（2017）研究发现，经过两年的植被恢复，恢复样地土壤的有机碳储量是未恢复样地的 1.14～1.52 倍，与本节得出的结论一致。

4. 淡水输入对滨海湿地土壤碳含量和储量的影响

图 2.5 展示了淡水恢复芦苇湿地和退化芦苇湿地（0～50cm）土壤总碳、有机碳、易氧化有机碳和溶解性有机碳的箱式分布图。由图 2.5 可知，对于 0～50cm 的土壤而言，淡水恢复芦苇湿地土壤的总碳、有机碳、易氧化有机碳和溶解性有机碳含量显著高于退化芦苇湿地土壤的总碳、有机碳、易氧化有机碳和溶解性有机碳，淡水恢复显著提高了土壤碳的含量。

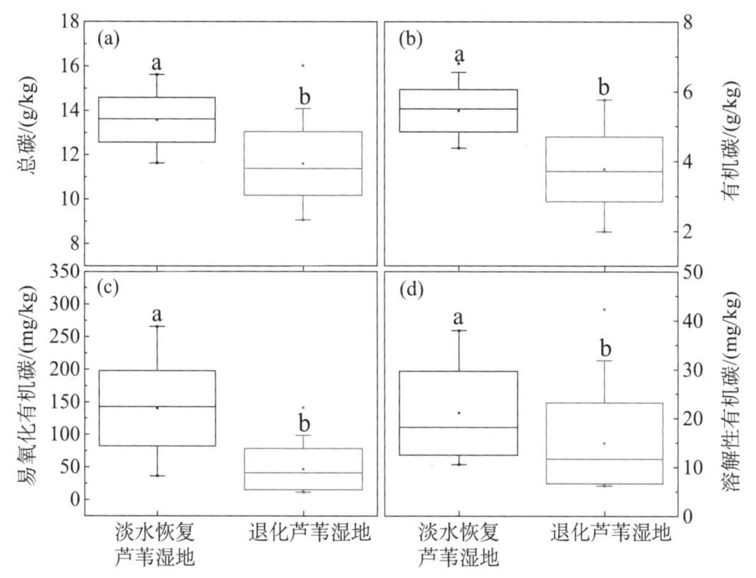

图 2.5 淡水恢复芦苇湿地和退化芦苇湿地土壤（0～50cm）碳的箱式分布图

淡水恢复芦苇湿地和退化芦苇湿地土壤总碳、有机碳、易氧化有机碳和溶解性有机碳含量的剖面分布如图 2.6 所示。淡水恢复芦苇湿地和退化芦苇湿地土壤剖面中的各层土壤总碳和有机碳含量总体差异不大。除 10～20cm 土层外，淡水恢复芦苇湿地和退化芦苇湿地土壤的溶解性有机碳含量也无显著性差异（$P>0.05$）。淡水恢复芦苇湿地土壤的易氧化有机碳和有机碳含量显著高于退化芦苇湿地土壤（$P<0.05$）；淡水恢复芦苇湿地（0～30cm）土壤总碳含量显著高于退化芦苇湿地。

淡水恢复芦苇湿地和退化芦苇湿地土壤碳密度及其占比变化如图 2.7 所示。对于 0～50cm的土壤深度，淡水恢复芦苇湿地土壤的总碳密度（9.39kgC/m^2）、有机碳密度（4.09kgC/m^2）、易氧化有机碳密度（105.78gC/m^2）和溶解性有机碳密度（15.56gC/m^2）均显著高于退化芦苇湿地土壤的总碳密度（8.71kgC/m^2）、有机碳密度（2.62kgC/m^2）、易氧化有机碳密度（32.48gC/m^2）和溶解性有机碳密度（10.43gC/m^2）。总体来说，淡水输入导致土壤总碳密度、有机碳密度、易氧化有机碳密度和溶解性有机碳密度分别提高了 7.81%、56.11%、225.68%和 49.19%。土壤有机碳密度/总碳密度均低于 0.5，表明退化芦苇湿地土壤的总碳中无机碳占比高于有机碳。随土壤剖面深度的增加，淡水恢复芦苇湿地土壤的有机碳密度/总碳密度和易氧化有机碳密度/有机碳密度的比值均分别高于退化芦苇湿地土壤。淡水恢复芦苇湿地土壤的易氧化有机碳密度/有机碳密度的比值变化范围为 24.15‰～32.49‰，退化芦苇湿地土壤的易氧化有机碳密度/有机碳密度

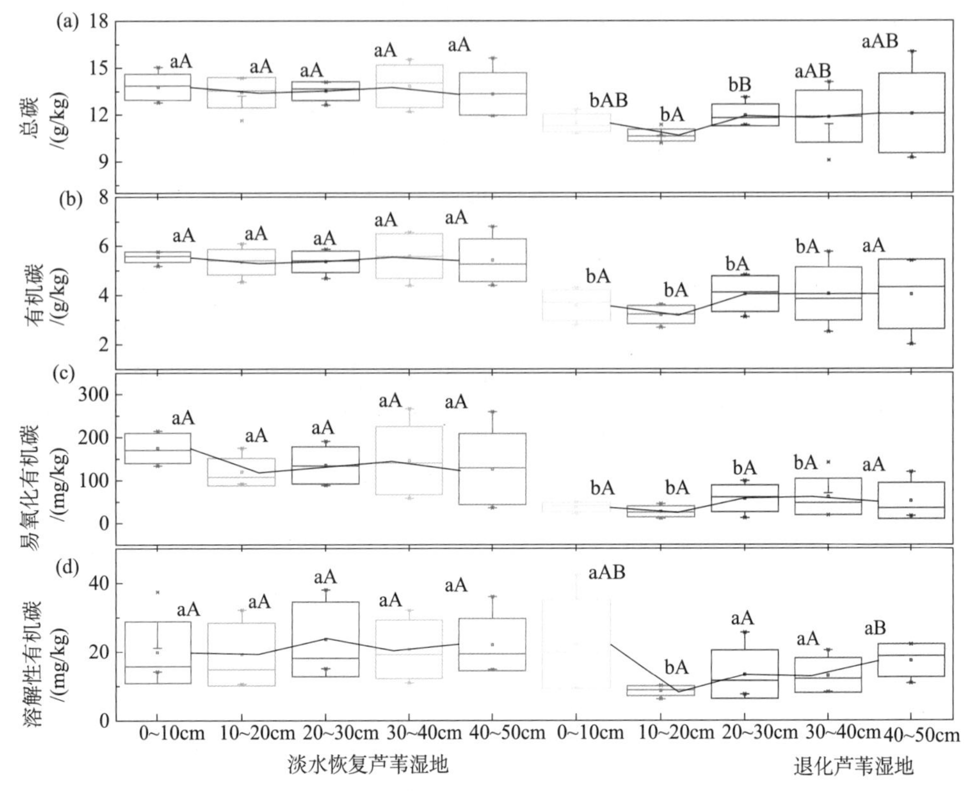

图 2.6 淡水恢复芦苇湿地和退化芦苇湿地土壤总碳、有机碳、易氧化有机碳和溶解性有机碳含量的剖面分布

比值的变化区间为 10.38‰～18.07‰。淡水恢复芦苇湿地表层土壤（0～10cm）的溶解性有机碳密度/有机碳密度比值显著高于退化芦苇湿地土壤的溶解性有机碳密度/有机碳密度比值，但在 20～50cm 土层中，淡水恢复芦苇湿地的土壤溶解性有机碳密度/有机碳密度比值显著低于退化芦苇湿地土壤的溶解性有机碳密度/有机碳密度比值。尽管淡水恢复芦苇湿地和退化芦苇湿地的土壤溶解性有机碳密度/有机碳密度比值在 10～20cm 土层间无显著性差异（$P<0.05$），但淡水恢复芦苇湿地土壤的溶解性有机碳密度/有机碳密度比值低于退化芦苇湿地土壤的溶解性有机碳密度/有机碳密度比值。淡水恢复芦苇湿地和退化芦苇湿地土壤的溶解性有机碳密度/有机碳密度的比值变化范围分别为 3.58‰～4.43‰和 2.71‰～6.44‰。

淡水输入后，淡水恢复芦苇湿地形成了与退化芦苇湿地完全不同的淹水厌氧环境。由于淡水输入带来新的沉积物沉积，厌氧条件下的有机碳分解受到限制，有机碳可以在较深的土壤中埋藏并储存下来（Keller et al.，2012）。此外，淡水输入提高了植物生产力（Ma et al.，2017），因此淡水恢复芦苇湿地土壤具有更高的植物碳输入和有机碳含量。植被可以通过生长和根系分布调控有机碳在土壤中的分布。Keller 等（2015）指出土壤有机碳与植物地下生物量具有显著相关关系。芦苇根系主要分布在 0～50cm 土层内，而淡水恢复芦苇湿地的芦苇地上和地下生物量均高于退化芦苇湿地。这在一定程度上解释了淡水恢复芦苇湿地土壤有机碳含量高于退化芦苇湿地的原因（Tang et al.，2006）。

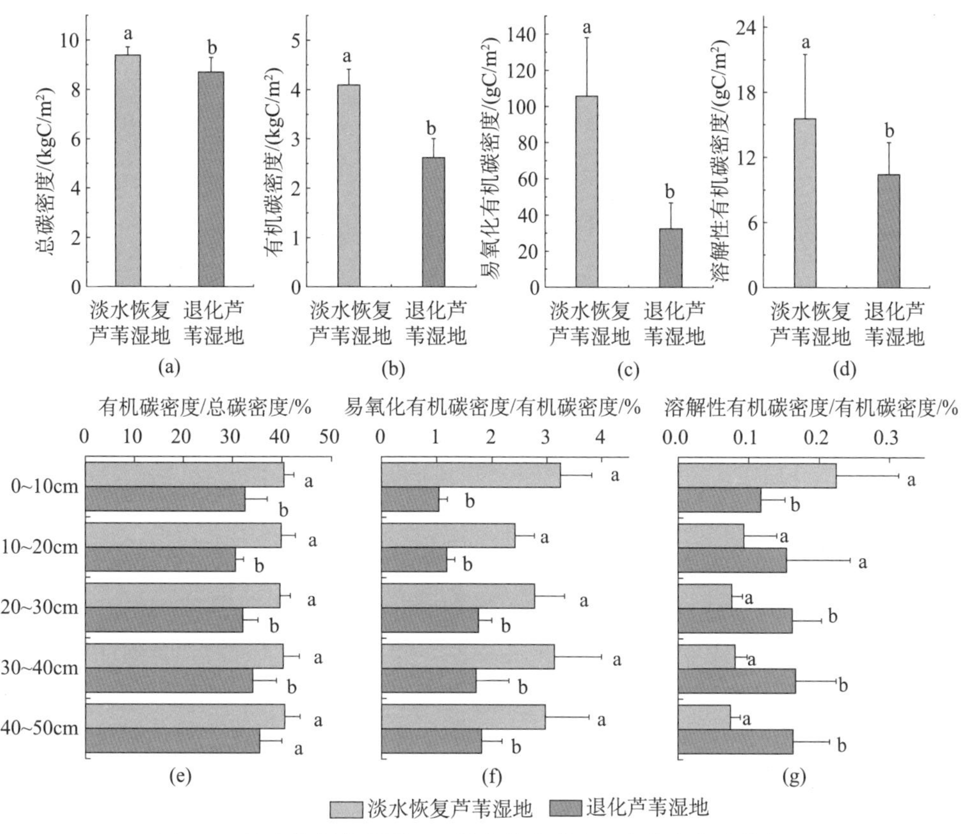

图 2.7 淡水恢复芦苇湿地和退化芦苇湿地土壤碳密度及其占比

土壤总碳是土壤无机碳和有机碳的总和。四种湿地土壤中较低的有机碳密度/总碳密度比值表明该区湿地土壤总碳中无机碳具有较高占比。土壤无机碳主要由碳酸盐矿物形成，在碱性条件下可以保持稳定状态（Qiu et al.，2007）。因此在四种类型湿地中，土壤有机碳的变化决定了总碳的变化。易氧化有机碳和溶解性有机碳均为活性有机碳，通常随着土壤有机碳含量的增加而上升（Mandal et al.，2011；McDonald et al.，2017）。四类湿地土壤较低的易氧化有机碳密度/有机碳密度和溶解性有机碳密度/有机碳密度表明土壤有机碳中稳定性有机碳的占比高于活性有机碳。此外，易氧化有机碳密度/有机碳密度比值可以反映土壤有机碳的质量和有机碳的可利用性（Mandal et al.，2011）。活性有机碳通常优先被微生物利用，控制着土壤碳储量的短期转化（Post and Kwon，2000；Zhang et al.，2006）。恢复湿地土壤易氧化有机碳密度/有机碳密度和溶解性有机碳密度/有机碳密度的比值（淡水恢复芦苇湿地和退化芦苇湿地除外）低于未恢复湿地土壤表明恢复湿地土壤环境更有利于土壤有机碳的累积。尽管淡水恢复芦苇湿地土壤易氧化有机碳密度/有机碳密度比值高于退化芦苇湿地，但淡水恢复芦苇湿地土壤有机碳显著高于退化芦苇湿地，其稳定性有机碳的含量仍然高于退化芦苇湿地。

2.1.2 滨海湿地土壤呼吸对水盐变化的响应

滨海湿地作为陆地生态系统重要的组成部分之一，占到了土壤碳储量的 11%，是

CO_2重要的潜在排放源。滨海湿地的碳汇功能会受到多种环境因子的影响，其中盐度和水文状况是控制滨海湿地土壤呼吸的重要因素。本节试图分析不同水位波动，以及不同植被覆盖下的滨海湿地土壤呼吸速率的变化，进一步揭示环境因子对滨海湿地土壤呼吸的驱动作用。

1. 不同水盐条件下滨海湿地土壤呼吸速率的季节动态变化特征

在黄河三角洲选择三种类型的滨海湿地，其中淡水湿地位于黄河北岸，主要受黄河淡水的影响，每年 7 月均受到上游小浪底调水调沙的影响，地下水位波动范围为－168～－112cm，定义为低水位样区；半咸水湿地则位于黄河南岸附近，同时受黄河淡水和潮汐盐水的影响，地下水位波动范围为－120～－82cm，定义为中水位样区；盐沼湿地则位于受潮汐影响的近海区域，水位变化范围为－3～0cm，定义为高水位样区。同时选择每个样区中的三种植被覆盖类型：裸地、盐地碱蓬和芦苇。

由图 2.8 可以看出，2012 年高中低三个水位下裸地土壤呼吸速率变化分别在 0.10～0.56 μmol/(m^2 • s)、0.10～0.74 μmol/(m^2 • s) 和 0.30～1.00 μmol/(m^2 • s)，其中高水位条件下裸地土壤呼吸速率在 8 月最高、10 月最低，中水位条件下 6 月最高、7 月最低，低水位条件下为 8 月最高、10 月最低。2013 年高中低三个水位条件下裸地土壤呼吸的变化分别在 0.16～0.31 μmol/(m^2 • s)、0.27～0.66 μmol/(m^2 • s) 和 0.43～0.92 μmol/(m^2 • s)，其中高水位条件下裸地土壤呼吸最高值在 8 月，最低值在 6 月；中水位条件下最高值在 8 月，最低值在 7 月；低水位条件下最高值在 8 月，最低值在 5 月。2012 年盐地碱蓬样地在高中低三个水位条件下土壤呼吸速率变化范围分别在 0.30～0.73 μmol/(m^2 • s)、0.30～2.38 μmol/(m^2 • s) 和 0.67～2.25 μmol/(m^2 • s)，其中高水位条件下，5 月土壤呼吸速率最低，8 月达到最高值；中水位条件下 7 月土壤呼吸速率最低，8 月达到最高值，低水位土壤呼吸速率的最高值和最低值分别出现在 8 月和 10 月。2013 年盐地碱蓬样地在高中低三个水位条件下土壤呼吸速率变化范围分别在 0.45～0.87 μmol/(m^2 • s)、0.68～1.78 μmol/(m^2 • s) 和0.69～1.80 μmol/(m^2 • s)，其中高水位和中水位条件下土壤呼吸速率的最低和最高值分别出现在 5 月和 8 月；在低水位条件下最低值也出现在 5 月，但最高值则出现在 6 月。2012 年芦苇样地在高中低三个水位下土壤呼吸速率变化范围分别为 0.18～1.87 μmol/(m^2 • s)、1.64～3.70 μmol/(m^2 • s) 和 1.46～5.38 μmol/(m^2 • s)，其中高水位条件下土壤呼吸的最高值和最低值分别出现在 8 月和 10 月；而在中水位和低水位条件下，最高值和最低值分别出现在 6 月和 10 月。2013 年在高中低三个水位下芦苇样地土壤呼吸速率变化范围分别为 0.46～1.30 μmol/(m^2 • s)、0.97～1.95 μmol/(m^2 • s) 和 1.30～3.29 μmol/(m^2 • s)，其中高水位条件下，5 月出现土壤呼吸最低值，7 月达到最高值；中水位条件下最高值出现在 6 月，最低值出现在 7 月；在低水位条件下，最低值和最高值分别出现在 7 月和 8 月。

大多数学者将土壤呼吸的季节变化归结为气候驱动，认为不同季节的土壤呼吸差异与温度、水分的变化有关，或者是二者共同作用的结果（Jassal et al.，2008）。有学者认为，植物的生长节律导致根系微生物活性和区系之间的差异，同时植被的叶面积指数、根系吸收养分和水分的速率，甚至群落的组成等也会导致土壤呼吸速率的季节差异。对比相同植被覆盖在高中低三个水位条件下的土壤呼吸速率可以发现，在植物生长较为旺盛的夏季，芦苇、盐地碱蓬样地的土壤呼吸速率均呈现低水位样地＞中水位样

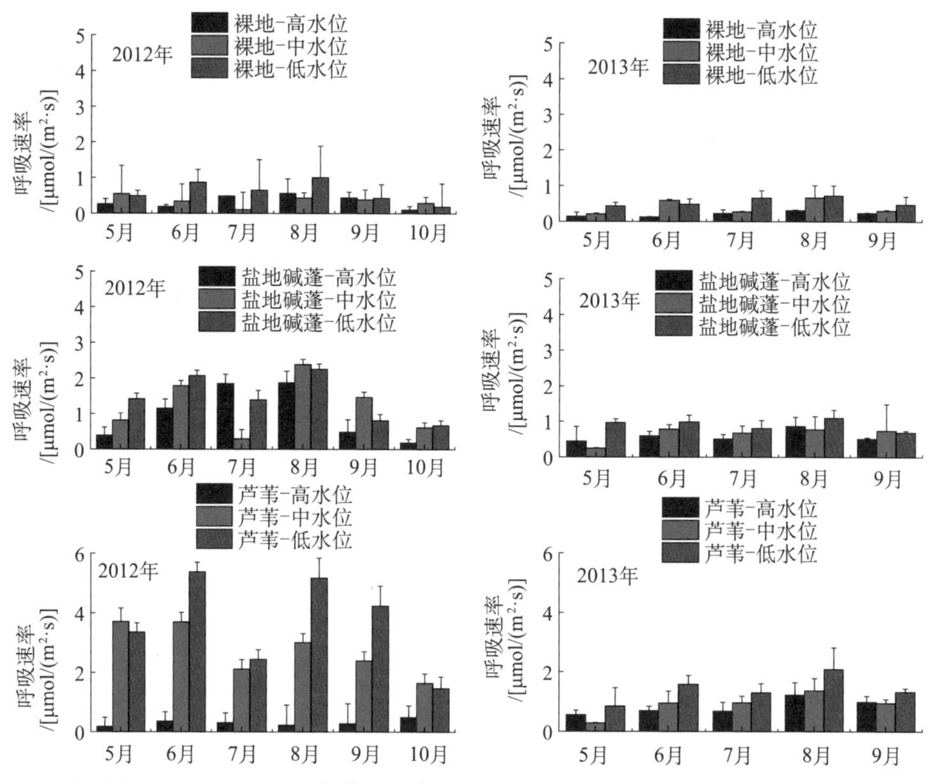

图 2.8　2012～2013 年黄河口滨海湿地生长季内土壤呼吸速率季节动态

地＞高水位样地。而裸地在低水位与中水位条件下的土壤呼吸速率差异不大，但均大于高水位样地。水位的波动可导致土壤含水量的变化，土壤过湿或过干都会影响土壤 CO_2 的释放。欧强（2015）认为，土壤的积水时间越长，积水深度越高，则会降低土壤温度和微生物活性，致使 CO_2 释放能力减弱。滨海湿地地下水位下降，导致土壤盐分动态发生变化，土壤厌氧环境减弱，植被发生次生演替，从而导致了植被生产力的下降。由此可见，水位因子是影响土壤呼吸的重要因子，土壤 CO_2 通量会随着水位降低而增加（万忠梅，2013；胡保安等，2016），高水位条件土壤呼吸速率显著低于低水位和中水位（图 2.8）。欧强（2015）对崇明东滩湿地土壤呼吸的研究中发现中水位条件下湿地土壤总 CO_2 通量显著大于低水位（$P<0.05$），但本研究发现，8 月低水位下的芦苇样地的土壤呼吸速率显著大于中水位（$P<0.05$），不同湿地的土壤呼吸对水位变化的响应过程也不尽相同。

2012 年 7 月，土壤呼吸速率明显低于其他月份，这可能主要与该时期的调水调沙有关（吴立新等，2015），大量的淡水输入和泥沙输入提高了黄河口盐沼湿地水位和土壤的水分条件（Wang et al.，2016）。芦苇属于多年生草本植物，根系发达，生长快速，对环境因子变化适应性较强；盐地碱蓬属于一年生草本植物，生长季内具有非常明显的物候学变化特征，且出芽较晚，一般 5 月才开始出芽，7 月达到生长最高峰，8 月成熟；而裸地由于没有植被覆盖，对环境的依赖性较大，因此三种不同植被覆盖类型下土壤呼吸的大小次序为芦苇＞盐地碱蓬＞裸地。

水位变化会影响湿地土壤的温度、湿度等土壤理化性质的变化和植物的生长特征，直接或间接影响土壤呼吸。当土壤过湿的情况下，土壤气孔被雨水充满，降低了土壤通气性，减少CO_2的逸出量，导致土壤呼吸减弱（Raich and Potter，1995），同时，土壤中氧气的扩散受到限制，刺激微生物的活动，并对微生物生物量产生影响（陈全胜等，2003）。本节中，裸地和芦苇样地土壤呼吸速率与水位变化呈显著负相关关系（$P<0.01$），而盐地碱蓬样地中二者的相关性不显著（$P>0.05$）。仲启铖等（2013）发现，崇明东滩围垦区滩涂湿地在水位调控下土壤呼吸速率表现为中水位>低水位>高水位。许多学者认为，湿地土壤呼吸速率随着水位或者积水深度的降低逐渐增大（Jiang et al.，2010），且不同植被覆盖下的土壤呼吸对水位有不同的响应。其原因在于水的比热容大于空气，高水位条件下较高的表层土壤含水量使其表层土壤温度显著小于其余两个水位梯度；同时，水位的变化还会引起盐度的变化。相关分析也表明，裸地、盐地碱蓬、芦苇三种样地土壤呼吸均与盐度呈负相关关系。国外学者发现天然潮汐盐沼有机质分解速率往往与盐度水平呈显著的负相关（Quintino et al.，2009）。

2. 不同水盐条件下滨海湿地土壤呼吸的影响因素

1）温度对滨海湿地土壤呼吸速率的影响

土壤呼吸的季节变化特征明显，这可能与温度、湿度、水文变化等因素密切相关。通过将对研究样地的土壤呼吸日均值与日均温进行指数方程（$R_s=ae^{bT}$）拟合，来探寻温度与土壤呼吸的变化关系。由表2.4可知，9种样地的土壤呼吸速率与温度之间均符合指数方程，$P<0.01$。其中2012年裸地-低水位、芦苇-中水位和芦苇-高水位样地的R^2较低，分别为0.18、0.19和0.38，其他样地均达到0.80或以上。2013年裸地-高水位和盐地碱蓬-低水位样地的R^2较低，分别为0.79和0.56，其他样地均达到0.80或以上。2012年裸地和盐地碱蓬样地的土壤呼吸速率与温度的相关性较高，解释率在42%～98%；而2013年三种样地差别不大。

表2.4　不同水盐条件下土壤呼吸速率与温度的关系

样地	2012年		2013年	
	*方程	R^2	*方程	R^2
裸地-低水位	$y=0.0756e^{0.0735x}$	0.94	$y=0.0914e^{0.0572x}$	0.86
裸地-中水位	$y=0.2883e^{0.0124x}$	0.18	$y=0.0606e^{0.0600x}$	0.80
裸地-高水位	$y=0.0144e^{0.1351x}$	0.97	$y=0.0626e^{0.0459x}$	0.79
盐地碱蓬-低水位	$y=0.0708e^{0.0831x}$	0.80	$y=0.2699e^{0.0428x}$	0.56
盐地碱蓬-中水位	$y=0.0351e^{0.1626x}$	0.92	$y=0.0438e^{0.1012x}$	0.89
盐地碱蓬-高水位	$y=0.0014e^{0.2836x}$	0.87	$y=0.00041e^{0.1254x}$	0.93
芦苇-低水位	$y=0.7031e^{0.0769x}$	0.80	$y=0.3689e^{0.0539x}$	0.82
芦苇-中水位	$y=1.3420e^{0.0372x}$	0.19	$y=0.1525e^{0.0713x}$	0.81
芦苇-高水位	$y=0.0561e^{0.0806x}$	0.38	$y=0.0890e^{0.0825x}$	0.97

*. 剔除异常值后的拟合方程。

注：y. 日均土壤呼吸速率；x. 土壤温度。

黄河口滨海湿地裸地、盐地碱蓬、芦苇三类样地土壤呼吸日动态变化的峰值出现11：00～14：00左右，谷值出现在夜间或凌晨温度较低时，表明土壤呼吸日尺度上主要受温度的驱动因素。在季节变化上，裸地、盐地碱蓬、芦苇三类样地整体表现为夏季较高，春秋季较低的趋势，多数学者将土壤呼吸的季节变化一般归因于温度的季节变化，通过模拟温度与土壤呼吸的指数方程，也很好地证明了这一点（$P<0.01$）（Chen et al.，

2010)。9 类样地土壤呼吸速率有较为明显的季节特征，春季（5 月）温度较低，植物开始进入萌发和生长季，根系呼吸作用加强，土壤呼吸速率随时间推移不断增强，夏季（6～8 月）温度较高，也是植物生长的旺盛季，根系和微生物活性较强，水热等环境因子条件较好，导致土壤呼吸速率也较高。但进入 9 月后，植物开始进入成熟期，随着气温的降低和降水的减少，土壤呼吸速率迅速降低，这是因为该时期植物生殖生长代替营养生长，根系呼吸作用减少，土壤微生物活性降低；土壤呼吸速率在 10 月降至最低值 [0.10～1.46 μmol/(m^2 · s)]。上述现象与国内其他很多湿地研究结果相一致，如杭州湾湿地土壤呼吸速率出现在 7 月（杨文英，2011），呈现单峰式曲线；三江平原草甸湿地生长季土壤呼吸速率最大值出现在 8 月中旬（杨继松等，2008）。

土壤呼吸温度敏感性具有一定的时空变异性，植被类型、土壤性质、土壤微生物、植被覆盖类型等因素均会对土壤呼吸温度敏感性的变异产生影响，即便在同一生态系统中，同一物种所处的地理位置不同，土壤呼吸温度敏感性的响应也会不同。胡保安等（2016）在对天鹅湖高寒湿地的研究中发现，水位与土壤呼吸敏感性呈显著的负相关。而黄河口滨海湿地土壤呼吸在高地下水位条件下的敏感性显著大于中低水位的敏感性（Cui et al.，2021）。

2）水盐条件与滨海湿地土壤呼吸速率的关系

表 2.5 显示了研究期内黄河口不同植被带下的土壤呼吸与水位和盐度的相关分析。由表可知水位变化与盐度呈显著正相关（$P<0.01$），与裸地和芦苇样地土壤呼吸呈显著负相关关系（$P<0.01$）；盐度与裸地和芦苇样地土壤呼吸的相关性均达到极显著负相关水平（$P<0.01$），盐地碱蓬样地土壤呼吸与盐度也呈显著负相关关系。裸地和芦苇样地土壤呼吸与水位均呈负相关关系（$P>0.01$），随着水位样地的上升土壤呼吸则出现下降趋势；对于盐度而言，三种植被带群落下土壤呼吸均与土壤电导率呈负相关关系。

表 2.5　2012 年和 2013 年黄河口典型样地土壤呼吸与水位和盐度的相关性分析

	水位	电导率	裸地土壤呼吸速率	盐地碱蓬湿地土壤呼吸速率	芦苇湿地土壤呼吸速率
水位	1				
电导率	0.587**	1			
裸地土壤呼吸速率	−0.499**	−0.485**	1		
盐地碱蓬湿地土壤呼吸速率	−0.248	−0.414*	0.631**	1	
芦苇湿地土壤呼吸速率	−0.652**	−0.484**	0.560**	0.587**	1

*. $P<0.05$；**. $P<0.01$。

2.2 不同水盐条件下滨海湿地土壤磷赋存形态及其转化过程

作为植物生长发育的必需营养元素之一，磷在滨海湿地环境中的赋存状态和转化过程受湿地水盐变化的影响。其中，湿地土壤对磷的吸附可导致湿地水体中磷含量的下降，进而降低了土壤磷的生物有效性（陈安磊等，2007）；湿地土壤对磷的解吸过程影响着磷的形态转化和植物对磷的有效吸收，是湿地土壤磷吸附的逆反过程（郑莲琴与和树庄，2012）。研究磷赋存形态及其转化过程在不同水盐条件湿地土壤中的特点及规律，不仅可以加深对湿地功能的认识，还可以进一步明确湿地土壤磷的生物地球化学循环机理，为丰富和完善湿地生物地球化学理论和方法体系提供科学依据。本节主要选取受半咸水（季节性淹水湿地）影响、海水潮汐（潮汐淹水湿地）影响以及黄河淡水（淡水恢复湿地）影响的三个典型滨海河口芦苇湿地土壤作为研究对象。

2.2.1 不同水盐条件下滨海湿地土壤磷赋存形态时空分布特征

湿地土壤磷迁移转化（无机磷的释放和有机磷的矿化）的最终表现形式为各形态磷的时空分布特征（张晶，2012）。湿地土壤各形态磷的时空分布特征能够间接显示土壤各形态磷迁移及相互之间的转化规律，对深入了解湿地土壤磷形态及转化过程具有重要意义。由于受生物地球化学过程的影响及人为活动的干扰，湿地土壤无机磷形态包括可交换态磷、铁铝结合态磷、闭蓄态磷和钙结合态磷（Jalali and Ranjbar，2010；Onianwa et al.，2013），有机磷形态包括活性有机磷、中活性有机磷和非活性有机磷等（高海鹰等，2008；Adhami et al.，2013）。

1. 不同水盐条件下滨海湿地土壤总磷含量剖面分布的季节变化特征

为了揭示三类湿地土壤总磷含量的剖面分布特征，重点分析了三类湿地土壤磷含量在典型时期4月（春季，植物生长初期）、8月（夏季，生长旺盛期）和10月（秋季，凋落期）的剖面分布规律（图2.9）。除潮汐淹水湿地和淡水恢复湿地土壤总磷含量在8月呈现出由表层向下逐渐增加的变化趋势外，3种淹水类型湿地土壤剖面中总磷含量表现出随着土壤深度的增加呈现波动递减的整体变化趋势。这与孙万龙等（2010）的研究结果一致，其总磷含量的剖面分布规律可能与土壤上层植物根系分布较密，对磷的富集作用较强有关。植物生长初期，土壤剖面中全磷的平均含量大小表现为潮汐淹水湿地（661.34mg/kg）>季节性淹水湿地（653.77mg/kg）> 淡水恢复湿地（633.11mg/kg）。植物生长旺盛期，土壤剖面全磷的平均含量大小依次为淡水恢复湿地（678.70mg/kg）>潮汐淹水湿地（660.25mg/kg）>季节性淹水湿地（627.66mg/kg）。植物生长凋落期，土壤剖面全磷平均含量大小依次为潮汐淹水湿地（683.18mg/kg）>季节性淹水湿地（667.73mg/kg）>淡水恢复湿地（643.42mg/kg）。

在植物凋落期内潮汐淹水和季节性淹水湿地剖面土壤总磷含量高于植物生长期（4月和8月），主要与植物的吸收减少和凋落物的归还有关。而淡水恢复湿地在植物生长旺盛期（8月）的土壤剖面总磷含量显著高于植物生长初期（4月）和凋落期（10月），这可能主要与“调水调沙”期间黄河淡水输入有关。此外，在植物凋落期潮汐淹水湿地和季节性淹水湿地上部土层（0～30cm）土壤总磷含量均显著高于植物生长旺盛期，表明植物凋落分解归还能够显著影响土壤剖面上部土层营养元素含量的变化。这是由于植物凋落物质量和数量能够影响土壤微生物的数量和活性，进而影响营养元素归还土壤的速率（朱炜歆，2012）。

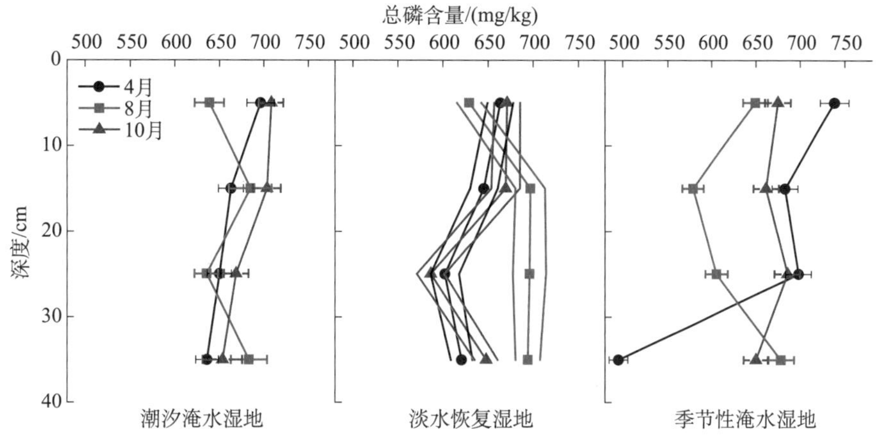

图 2.9 黄河三角洲 3 种淹水类型湿地土壤总磷含量剖面分布的季节变化

季节性淹水湿地土壤总磷含量变化幅度相对于潮汐淹水湿地和淡水恢复湿地较大，这主要是由于潮汐湿地土壤长期受潮汐淹水影响，而淡水湿地土壤长期受人工淡水输入和淹水影响，导致土壤剖面各土层间总磷的含量趋于一致。但季节性淹水湿地土壤除了“调水调沙”工程实施期间受黄河上游来水影响外，其余时段其土壤均处于干旱状态，干湿交替作用促进了土壤磷的向下迁移，导致下部土层发生磷的累积，这在调水调沙后的 8 月表现较为明显。

三种淹水类型湿地土壤总磷储量剖面分布的季节变化特征如图 2.10 所示。潮汐淹水湿地土壤磷储量在三个季节的剖面分布都随土壤深度增加呈波动变化；淡水恢复湿地土壤磷储量的剖面分布呈先增加后下降的变化趋势；季节性淹水湿地土壤磷储量的剖面分布在植物生长初期呈下降的变化趋势，而在植物生长旺盛期和凋落期则呈逐渐增长的变化趋势。

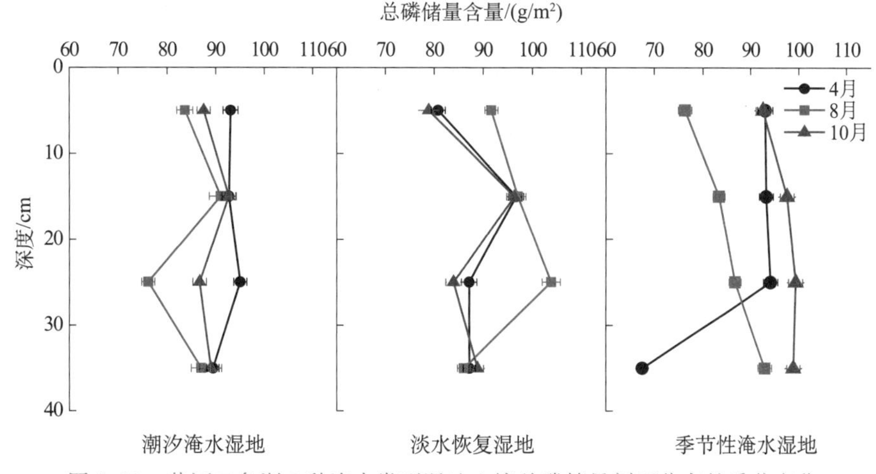

图 2.10 黄河三角洲 3 种淹水类型湿地土壤总磷储量剖面分布的季节变化

为了对比分析不同类型湿地土壤磷储量的变化，计算了土壤剖面各土层土壤磷的总储量（图 2.11）。在 0～40cm 土层深度上，潮汐淹水湿地土壤磷储量最高值出现在 4 月，最低值出现在 8 月（$P<0.05$）；淡水恢复湿地土壤磷储量的最高值出现在 8 月，其

他两个月份明显较低（$P<0.05$）；季节性淹水湿地土壤磷储量最高值出现在10月，最低值也出现在8月（$P<0.05$）。通过比较同一时期不同类型湿地的土壤磷储量发现：在植物生长初期，潮汐淹水湿地40cm深的土壤磷储量显著高于季节性淹水和淡水恢复湿地（$P<0.05$）；在植物生长旺盛期，淡水恢复湿地40cm深的土壤磷储量显著高于潮汐淹水和季节性淹水湿地（$P<0.05$）；在植物凋落期，季节性淹水湿地40cm深的土壤磷储量显著高于潮汐和淡水恢复湿地（$P<0.05$）。

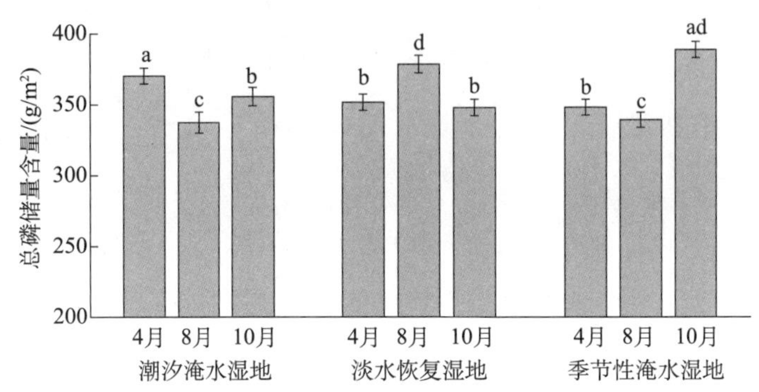

图2.11　3种淹水类型湿地土壤剖面磷储量的季节变化

2. 不同水盐条件下滨海湿地土壤有机磷含量剖面分布的季节变化特征

1）滨海湿地土壤总有机磷含量剖面分布的季节变化特征

在植物生长初期（4月）、旺盛期（8月）和凋落期（10月），3种淹水类型湿地土壤有机磷含量的剖面分布特征如图2.12所示。除季节性淹水湿地土壤有机磷在植物生长旺盛期随土壤深度的增加呈增长的趋势外，湿地土壤剖面中有机磷含量基本上随土壤深度的增加呈递减变化趋势。植物吸收累积和归还导致深层土壤磷向地表的迁移；而季节性淹水湿地在调水调沙后（8月）土壤有机磷向下迁移则可能与可溶性有机磷的淋滤有关（Jobbágy and Jackson，2001；Xiao et al.，2012）。潮汐淹水湿地、淡水恢复湿地和季节性淹水湿地土壤有机磷含量的最大值基本上均出现在表层土壤（0～10cm）。Achat等（2013）也报道了表层土壤有机磷含量高于下层土壤有机磷含量。植物生长初

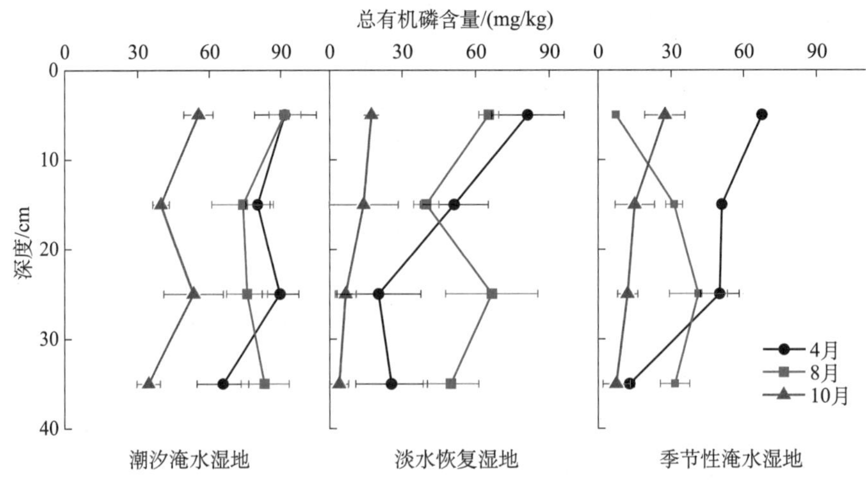

图2.12　黄河三角洲3种淹水类型湿地土壤总有机磷含量剖面分布的季节变化

期，湿地土壤剖面有机磷平均含量大小依次为潮汐淹水湿地（81.83mg/kg）＞季节性淹水湿地（45.44mg/kg）≈淡水恢复湿地（44.59mg/kg）。植物生长旺盛期，湿地土壤剖面有机磷平均含量大小依次为潮汐淹水湿地（81.18mg/kg）＞淡水恢复湿地（55.43mg/kg）＞季节性淹水湿地（27.91mg/kg）。植物凋落期，湿地土壤剖面有机磷平均含量大小依次为潮汐淹水湿地（45.98mg/kg）＞季节性淹水湿地（15.66mg/kg）＞淡水恢复湿地（10.67mg/kg）。在整个研究期内，潮汐淹水湿地土壤剖面有机磷平均含量显著高于淡水恢复湿地和季节性淹水湿地（$P<0.05$）。在植物生长期初期和旺盛期，三类湿地土壤剖面中各层土壤有机磷含量基本上都高于植物凋落期，这可能与芦苇根系的分布有关。

2）滨海湿地土壤各形态有机磷含量剖面分布的季节变化特征

在植物生长初期（4 月）、旺盛期（8 月）和凋落期（10 月），活性有机磷、中活性有机磷和非活性有机磷等各形态有机磷含量在黄河三角洲 3 种淹水类型湿地土壤剖面中的分布规律如图 2.13 所示。

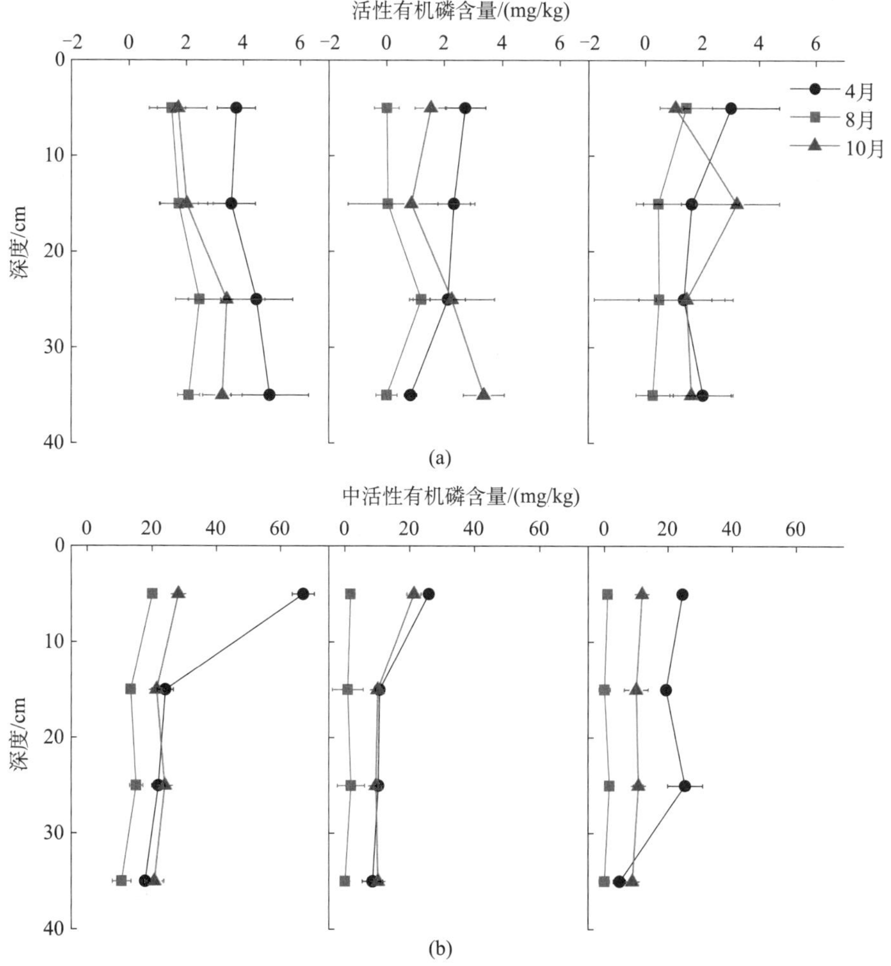

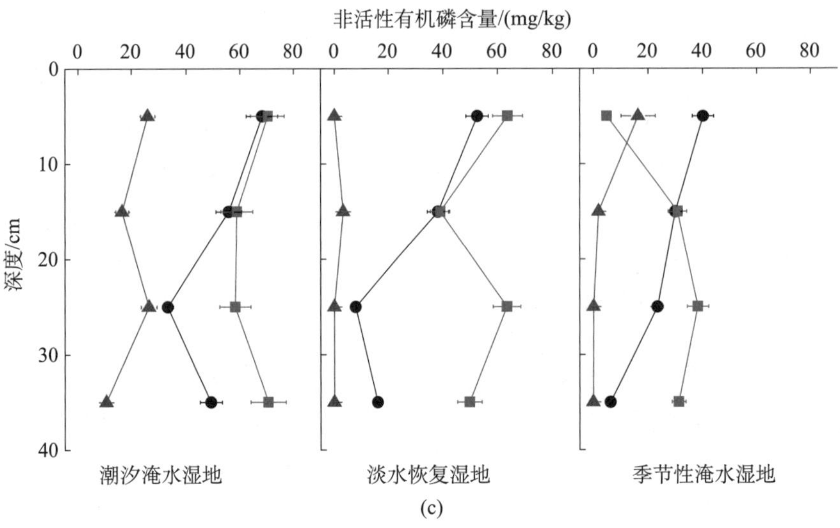

(c)

图 2.13 黄河三角洲 3 种淹水类型湿地土壤各形态有机磷含量剖面分布的季节变化

在植物生长初期（4 月），潮汐淹水湿地土壤剖面活性有机磷、中活性有机磷和非活性有机磷平均值分别为 4.18mg/kg、32.71mg/kg 和 51.66mg/kg；淡水恢复湿地土壤剖面活性有机磷、中活性有机磷和非活性有机磷平均值分别为 2.01mg/kg、13.89mg/kg 和 28.69mg/kg；季节性淹水湿地土壤剖面活性有机磷、中活性有机磷和非活性有机磷平均值分别为 2.00mg/kg、18.46mg/kg 和 24.97mg/kg。

在植物生长旺盛期（8 月），潮汐淹水湿地土壤剖面活性有机磷和中活性有机磷因植物吸收导致其含量下降，平均值分别为 1.93mg/kg 和 14.72mg/kg，而非活性有机磷含量增加，平均值为 64.53mg/kg。同样，淡水恢复湿地土壤剖面活性有机磷和中活性有机磷含量也较 4 月下降，平均值分别为 0.31mg/kg 和 1.08mg/kg，而非活性有机磷含量增加，平均值达 54.04mg/kg。季节性淹水湿地土壤剖面活性有机磷和中活性有机磷的平均值降至 0.66mg/kg 和 0.60mg/kg，而非活性有机磷含量稍有增加，平均值为 26.41mg/kg。

在植物生长凋落期（10 月），潮汐淹水湿地土壤剖面活性有机磷和中活性有机磷含量因植物吸收降低而回升，平均值分别达到 2.60mg/kg 和 23.54mg/kg，而非活性有机磷含量则减少，平均值降至 19.83mg/kg。淡水恢复湿地土壤剖面活性有机磷和中活性有机磷含量也有所增长，平均值分别为 2.02mg/kg 和 12.88mg/kg，而非活性有机磷含量则明显下降，平均值仅仅为 0.79mg/kg。季节性淹水湿地土壤剖面活性有机磷和中活性有机磷含量也明显增长，平均值分别达 1.84mg/kg 和 10.32mg/kg，而非活性有机磷含量的平均值降至 4.61mg/kg。

综上可见，不同植物生长期潮汐淹水湿地土壤剖面活性有机磷、中活性有机磷和非活性有机磷的平均磷含量均显著高于淡水恢复湿地和季节性淹水湿地，表明潮汐淹水利于土壤有机磷的累积。而且，在不同植物生长期，潮汐淹水湿地土壤活性有机磷、中活性有机磷和非活性有机磷的剖面分布特征基本一致，这主要与潮汐淹水湿地长年受潮汐淹水作用有关。三种不同淹水条件湿地土壤中活性有机磷和中活性有机磷含量的剖面分布随季节变化规律为：植物生长旺盛期（8 月）＜植物生长凋落期（10 月）＜植物生长初期（4月）［图2.13（a）、（b）］；而三类湿地土壤非活性有机磷含量的剖面分布则随季节的变化呈现先增后降的变化规律，即植物生长旺盛期（8月）＞植物生长初期（4月）＞植物生长凋落期（10月）［图2.13（c）］。这主要是由“调水调沙”工程及人工淡水恢复工程的实施导致的，表明淹水作用有利于土壤有机磷形态向更稳定的形态转化，而淹水后再干旱过程则加速促进了土壤稳定态有机磷向活性态有机磷的转化。Moustafa等（2011）研究表明持续保持土壤的饱和水分状态能更好地保留储存磷，而间歇性淹水条件则能有效实现土壤磷向上覆水体的释放。

此外，在植物生长初期和旺盛期湿地土壤剖面有机磷的主要赋存形态为非活性有机磷，其次是中活性有机磷，而在植物生长凋落期湿地土壤剖面有机磷的主要存在形态则为中活性有机磷。可见植物生长凋落期湿地土壤剖面有机磷含量的减少主要来源于非活性有机磷的矿化分解。而造成这种现象的主要原因一方面可能是“调水调沙”工程的结束造成季节性淹水湿地土壤再次裸露，此环境条件的变化有利于土壤非活性有机磷的矿化分解；另一方面可能与湿地凋落物分解和归还有关（Jaccob and Jackson，2001）。

3. 不同水盐条件下滨海湿地土壤总无机磷及其赋存形态剖面分布的季节变化特征

1）滨海湿地土壤总无机磷含量剖面分布的季节变化特征

3种淹水类型湿地土壤总无机磷含量的剖面分布特征与总磷含量一致（图2.14）。在植物生长初期和凋落期，潮汐淹水湿地和淡水恢复湿地土壤剖面无机磷含量随着土壤深度的增加呈现先减后增的变化趋势，而在植物生长旺盛期则呈逐渐增加的变化趋势，这可能与该时期调水调沙作用导致的淋滤作用有关（Gao et al.，2010）。但是在植物生长期初期和凋落期，季节性淹水湿地土壤剖面无机磷含量随土壤深度增加呈下降的变化趋势，而在植物生长旺盛期则呈先减少后增加的变化趋势，这可能与调水调沙作用引起的河水泛滥带来的含磷颗粒物的沉积作用有关。植物生长初期，潮汐淹水、淡水恢复和季节性淹水湿地0～40cm土壤剖面无机磷的平均含量分别为579.51mg/kg、588.52mg/kg和608.63mg/kg；植物生长旺盛期，潮汐淹水、淡水恢复和季节性淹水湿地土壤剖面无机磷平均含量分别为579.07mg/kg、623.26mg/kg和599.74mg/kg；植物生长凋落期，潮汐淹水、淡水恢复和季节性淹水湿地土壤剖面无机磷平均含量分别为637.21mg/kg、632.76mg/kg和652.07mg/kg。可见，不同淹水类型湿地土壤剖面无机磷含量呈现10月高于4月和8月的变化趋势，且潮汐淹水和季节性淹水湿地土壤10月无机磷含量增长显著，而长期淡水恢复湿地土壤10月的无机磷含量仅略有增长，这与淡水恢复区人工收割湿地芦苇植物有关。

此外，季节性淹水湿地土壤剖面中无机磷含量变化幅度相对潮汐淹水湿地和淡水恢复湿地较大，可见淹水条件差异对湿地土壤无机磷含量的剖面分布具有重要影响。潮汐淹水湿地和淡水恢复湿地加速了湿地土壤剖面中土层间磷的迁移，而季节性淹水湿地土壤除了调水调沙作用期间，其余时段均处于干旱状态，磷含量在湿地土层间的迁移性较弱。

2）滨海湿地土壤各形态无机磷含量剖面分布的季节变化特征

在植物生长初期（4月）、旺盛期（8月）和凋落期（10月）的潮汐淹水湿地、淡水恢复湿地和季节性淹水湿地土壤可交换态磷、铁铝结合态磷、闭蓄态磷和钙结合态磷

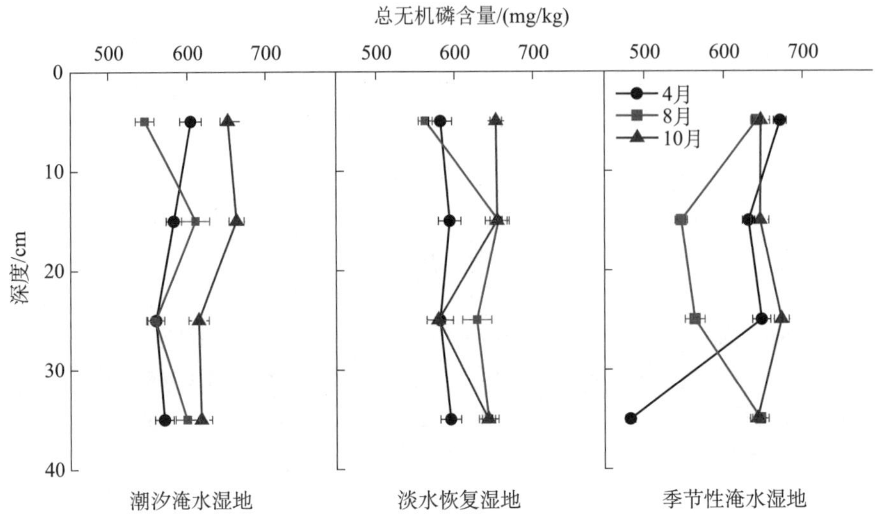

图 2.14　黄河三角洲 3 种淹水类型湿地土壤总无机磷含量剖面分布的季节变化

含量等的剖面分布规律见图 2.15 和图 2.16。

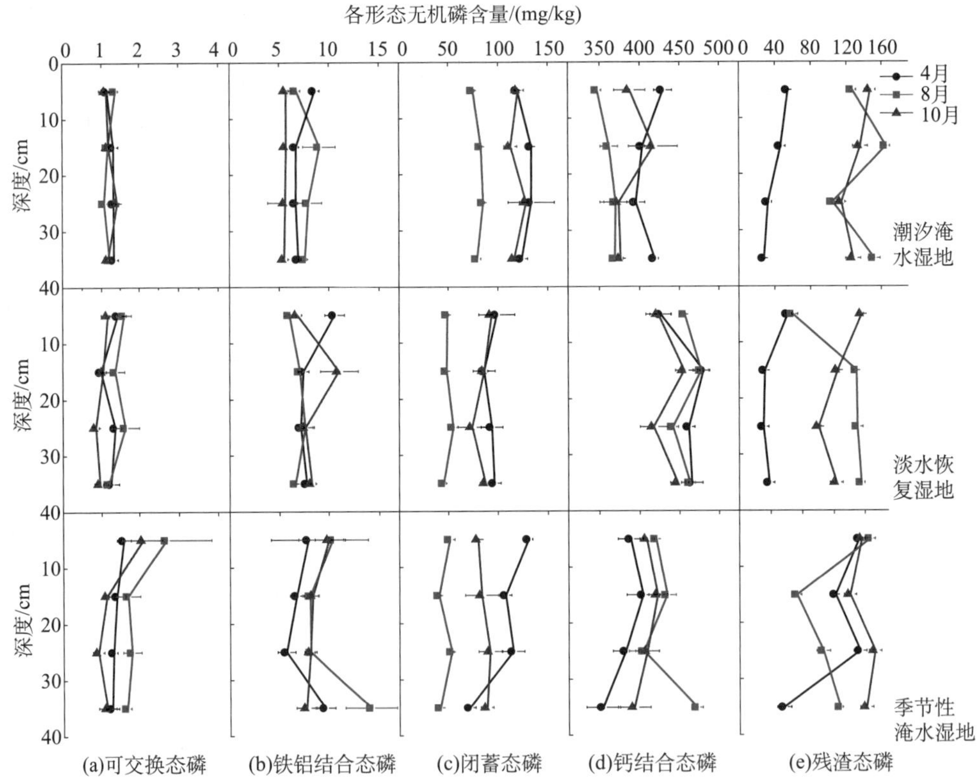

图 2.15　黄河三角洲 3 种淹水类型湿地土壤各形态无机磷含量剖面分布的季节变化

植物生长初期，潮汐淹水湿地土壤剖面可交换态磷、铁铝结合态磷、闭蓄态磷和钙结合态磷含量平均值分别为 1.21mg/kg、6.95mg/kg、125.27mg/kg、408.64mg/kg，占无机磷含量的比例分别为 0.21%、1.20%、21.65%和 70.52%。淡水恢复湿地土壤剖

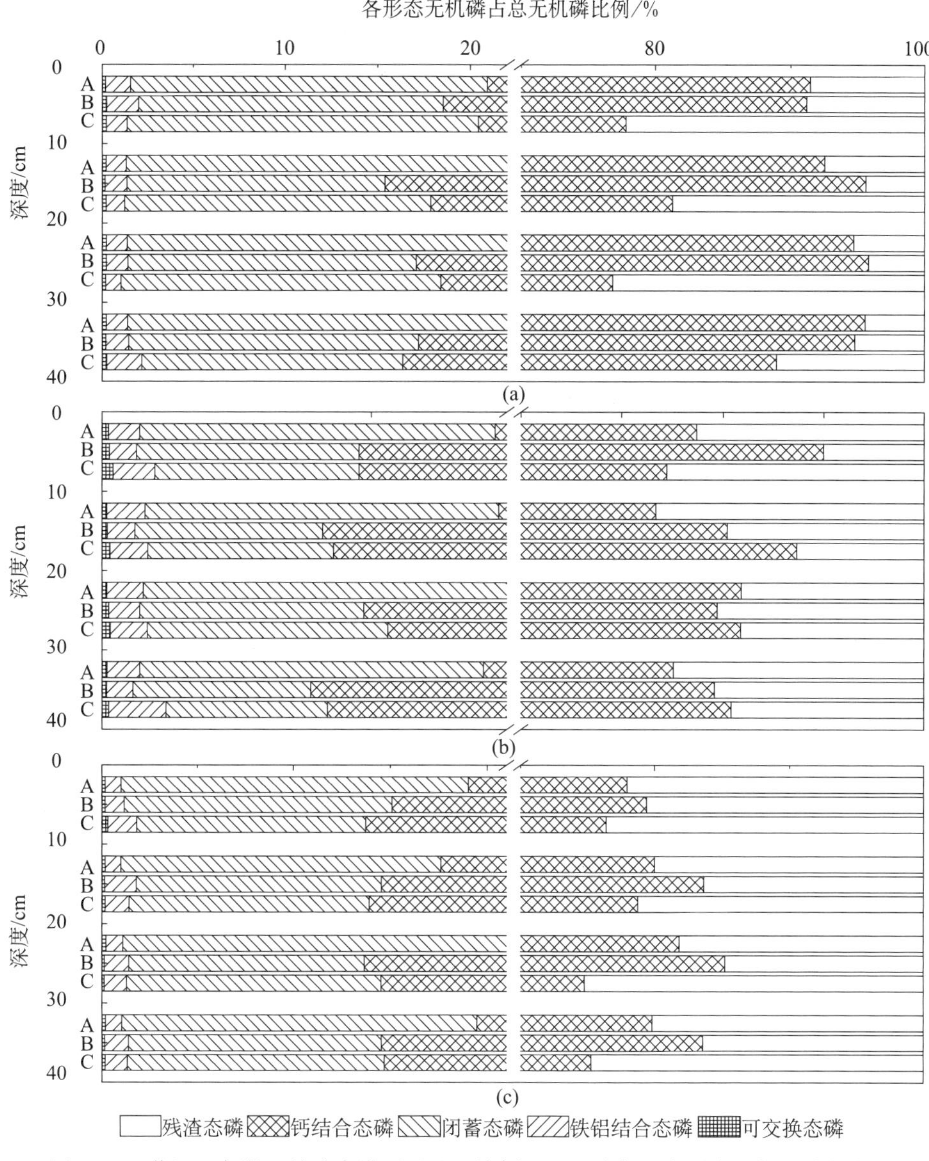

图 2.16 黄河三角洲 3 种淹水类型湿地土壤剖面无机磷各形态所占比例的季节变化

A. 潮汐淹水湿地；B. 淡水恢复湿地；C. 季节性淹水湿地；(a) 4 月；(b) 8 月；(c) 10 月

面可交换态磷、铁铝结合态磷、闭蓄态磷和钙结合态磷含量平均值分别为 1.19mg/kg、7.96mg/kg、91.15mg/kg 和 455.16mg/kg，占无机磷含量的比例分别为 0.20%、1.35%、15.49%和 77.32%；季节性淹水湿地土壤剖面可交换态磷、铁铝结合态磷、闭蓄态磷和钙结合态磷含量平均值分别为 1.33mg/kg、7.19mg/kg、103.53mg/kg、378.58mg/kg，占无机磷含量的比例分别为 0.22%、1.28%、16.82%和 62.95%。

植物生长旺盛期，潮汐淹水湿地土壤剖面可交换态磷、闭蓄态磷和钙结合态磷含量下降，0～40cm 土层平均值分别为 1.13mg/kg、77.63mg/kg、358.72mg/kg，占无机磷含量的比例分别为 0.20%、13.42%和 62.04%。而铁铝结合态磷含量略有增长，0～40cm 土层平均值为 7.54mg/kg，占无机磷含量的 1.30%。淡水恢复湿地土壤剖面铁铝结合态磷和闭蓄态磷含量也有所下降，0～40cm 土层平均值分别为 6.53mg/kg 和 46.84mg/kg，占无机磷含量的比例分别为 1.05%和 7.55%。季节性淹水湿地土壤剖面可交换态磷、铁铝结合态磷和钙结合态磷含量有所增长，0～40cm 土层平均值分别为 1.90mg/kg、9.90mg/kg 和 429.14mg/kg，分别占无机磷含量的 0.32%、1.63%和 71.81%；而闭蓄态磷含量则明显下降，0～40cm 土层平均值下降至 43.81mg/kg，占土壤无机磷含量的 7.34%。

植物生长凋落期，潮汐淹水湿地土壤剖面可交换态磷、闭蓄态磷和钙结合态磷含量呈现一定的增长，平均值分别为 1.16mg/kg、116.91mg/kg 和 385.47mg/kg，分别占无机磷含量的 0.18%、18.38%和 60.48%；而铁铝结合态磷含量则有所下降，0～40cm 土层平均值为 5.35mg/kg，占土壤无机磷含量的比例为 0.84%。淡水恢复湿地土壤剖面可交换态磷和钙结合态磷含量下降，0～40cm 土层平均值分别为 0.93mg/kg、432.75mg/kg，分别占无机磷含量的 0.14%和 68.48%；铁铝结合态磷和闭蓄态磷含量有所增长，整个土壤剖面含量分别为 8.15mg/kg 和 82.49mg/kg，占无机磷含量的 1.29%和 13.01%。季节性淹水湿地土壤剖面可交换态磷、铁铝结合态磷和钙结合态磷含量，平均值分别为 1.26mg/kg、8.25mg/kg 和 404.63mg/kg，分别占无机磷含量的 0.19%、1.27%和 62.07%；而闭蓄态磷则有所增长，0～40cm 土层平均值为 83.18mg/kg，占无机磷含量的 12.75%。

综上可见，潮汐淹水湿地土壤剖面可交换态磷、铁铝结合态磷、闭蓄态磷和钙结合态磷在 3 个季节的剖面分布规律基本一致（可交换态磷和闭蓄态磷的剖面分布规律为先增后减趋势；铁铝结合态磷和钙结合态磷的剖面分布规律为先减后增趋势）。而且，土壤剖面可交换态磷、闭蓄态磷和钙结合态磷含量在不同采样期呈植物生长初期>植物生长凋落期>植物生长旺盛期。这表明黄河三角洲湿地土壤植物的迅速生长能快速吸收湿地土壤中的磷，导致湿地土壤各形态磷含量均出现不同程度的降低。

淡水恢复湿地不同季节的土壤剖面各形态无机磷含量基本上呈下降的变化趋势，但是植物生长初期湿地土壤剖面铁铝结合态磷和闭蓄态磷含量均高于植物生长旺盛期，而可交换态磷和钙结合态磷含量则低于植物生长旺盛期。由此可见，植物生长大量吸收的土壤磷没有在凋落期返回土壤，这可能是由于湿地植物收割在一定程度上造成了湿地土壤磷净含量的降低。

同时，在植物生长初期季节性淹水湿地上层土壤（0～30cm）闭蓄态磷含量明显高于植物生长凋落期的含量，可见季节性淹水作用严重改变了上层土壤的氧化还原条件，导致湿地土壤闭蓄态磷的释放。潮汐淹水湿地土壤由于长期受潮汐淹水的影响，土壤一直处于还原状态，导致闭蓄态磷转化为铁铝结合态磷并逐渐向上迁移，从而使得潮汐淹水湿地表层土壤（0～10cm）铁铝结合态磷含量明显偏高。相关研究发现，不同淹水条件下湿地下层土壤经过长期埋藏过程导致闭蓄态磷表面的 Fe_2O_3 胶膜被破坏，内部的磷素也因此得到释放进入土壤磷循环中（Benarchid et al.，2005）。

各形态无机磷含量随季节的变化基本呈现递减的趋势，这符合植物生长对土壤磷素的吸收转化规律。但是，可交换态磷含量在湿地土壤剖面中随着土壤深度的增加无明显变化趋势，这主要是因为可交换态磷在土壤中含量低、活性强、稳定性差，受环境影响大。Bi 等（2012）通过研究也表明可交换态磷是最易向上覆水体释放并被植物吸收利用的磷。三类湿地土壤剖面钙结合态磷含量分布规律基本一致，且不同土层钙结合态磷含量相对比较均匀。此外，黄河三角洲湿地土壤表层和土壤剖面中残渣态磷含量分别占无机磷含量的 10.04%～31.49%和 5.6%～23.7%，一般被认为是超稳定态无机磷（杨杰，2010），其主要组成成分还有待进一步探索。

4. 不同水盐条件下滨海湿地土壤各形态磷组分占比的剖面分布特征

综合黄河三角洲 3 种淹水类型湿地土壤有机磷和无机磷组分在植物生长初期（4 月）、旺盛期（8 月）和凋落期（10 月）剖面分布特征及相应含量所占总磷含量的比例得到湿地土壤剖面各形态磷组分的总体构成柱状图（图 2.17、图 2.18）。在植物生长初期和植物生长凋落期不同淹水条件湿地土壤各形态磷构成随土壤深度的增加总体呈现下降趋势，而在植物生长旺盛期湿地土壤各形态磷构成随土壤深度变化趋势不明显。可能的原因是“调水调沙”工程实施带来的大量淡水输入导致土壤剖面营养元素的迁移而实现均一化。张亚丽等（2009）通过研究也证明淹水是湿地营养元素剖面迁移的载体，同时淹水也加速了湿地土壤营养元素的流失。

植物生长初期，潮汐淹水湿地土壤剖面可交换态磷、铁铝结合态磷、闭蓄态磷、钙结合态磷和残渣态磷占总磷的比例分别为 0.15%、1.19%、16.83%、61.22%和 7.43%，活性有机磷、中活性有机磷和非活性有机磷占比分别为 0.54%、9.63%和 9.79%；淡水恢复湿地土壤剖面可交换态磷、铁铝结合态磷、闭蓄态磷、钙结合态磷和残渣态磷占总磷的比例分别为 0.19%、1.25%、14.42%、72.04%和 5.18%，活性有机磷、中活性有机磷和非活性有机磷的占比分别为 0.32%、2.17%和 4.43%；季节性淹水湿地剖面土壤可交换态磷、铁铝结合态磷、闭蓄态磷、钙结合态磷和残渣态磷占总磷的比例分别为 0.21%、1.16%、15.66%、58.93%和 17.44%，活性有机磷、中活性有机磷和非活性有机磷占比分别为 0.31%、2.68%和 3.61%。

植物生长旺盛期，潮汐淹水湿地土壤剖面可交换态磷、铁铝结合态磷、闭蓄态磷、钙结合态磷和残渣态磷占总磷的比例分别为 0.17%、1.14%、11.77%、54.38%和 20.21%，活性有机磷、中活性有机磷和非活性有机磷占比分别为 0.29%、2.25%和 9.78%；淡水恢复湿地土壤剖面可交换态磷、铁铝结合态磷、闭蓄态磷、钙结合态磷和残渣态磷占总磷的比例分别为 0.20%、0.96%、6.91%、67.34%和 16.36%，活性有机磷、中活性有机磷和非活性有机磷占比分别为 0.04%、0.16%和 8.02%；季节性淹水湿地土壤剖面可交换态磷、铁铝结合态磷、闭蓄态磷、钙结合态磷和残渣态磷，占总磷的比例分别为 0.30%、1.56%、7.00%、68.50%和 18.13%，活性有机磷、中活性有机磷和非活性有机磷占比分别为 0.10%、0.10%和 4.27%。

植物生长凋落期，潮汐淹水湿地土壤剖面可交换态磷、铁铝结合态磷、闭蓄态磷、钙结合态磷和残渣态磷占总磷的比例分别为 0.17%、0.78%、17.14%、56.43%和 18.76%，活性有机磷、中活性有机磷和非活性有机磷分别占 0.39%、3.44%和 2.89%；淡水恢复湿地土壤剖面可交换态磷、铁铝结合态磷、闭蓄态磷、钙结合态磷和残渣态磷占总磷的比例分别为 0.14%、1.27%、12.80%、67.38%和 16.78%，活性有机磷、中活性有机磷和非活性有机磷占比分别为 0.32%、1.99%和 0.12%；季节性淹水湿地土壤剖面可交换态磷、铁铝结合态磷、闭蓄态磷、钙结合态磷和残渣态磷占总磷的比例分别为 0.19%、1.24%、12.46%、60.61%和 23.17%，活性有机磷、中活性有

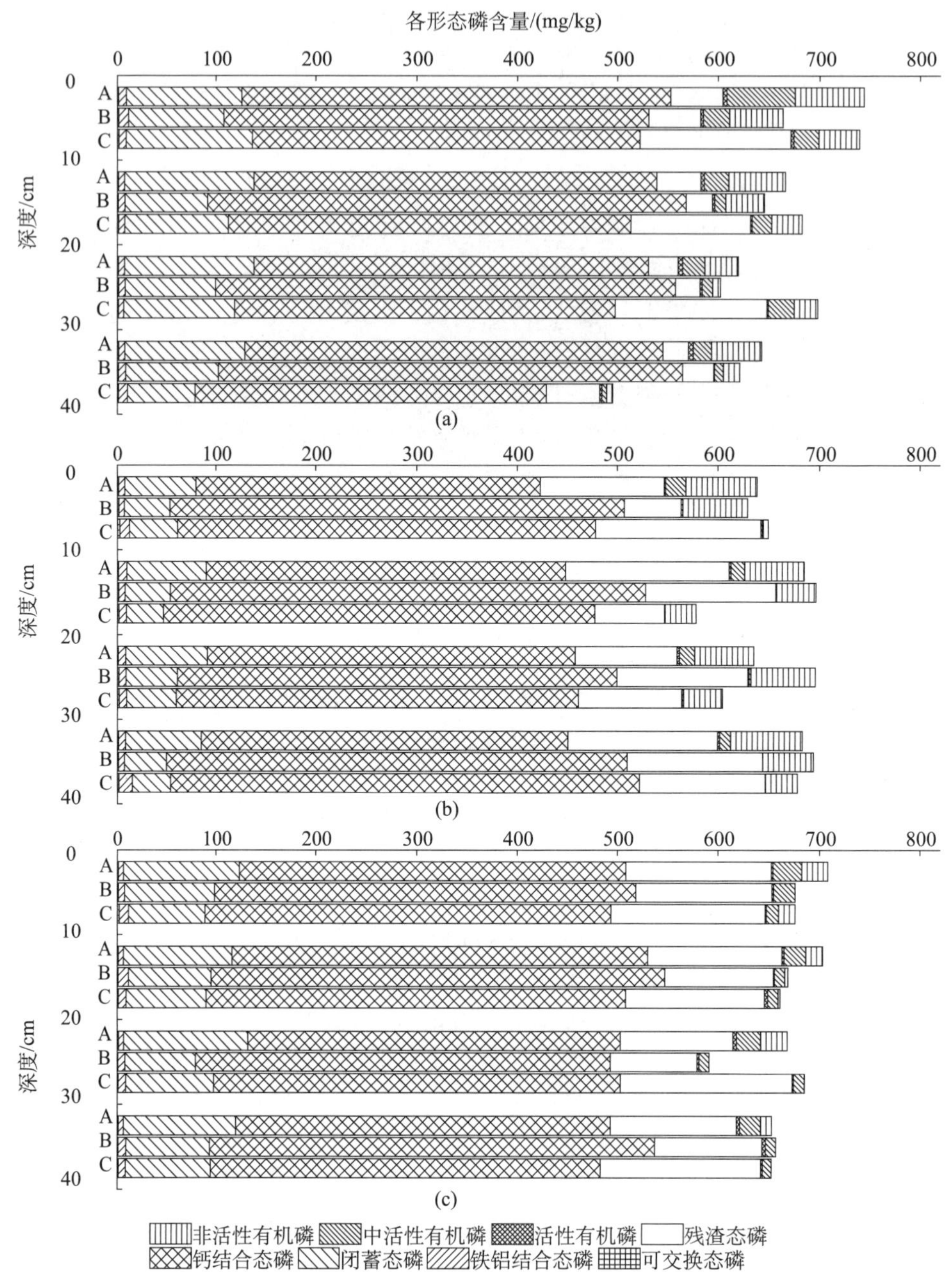

图 2.17　黄河三角洲 3 种淹水类型湿地土壤剖面各形态磷组分的季节变化

A. 潮汐淹水湿地；B. 淡水恢复湿地；C. 季节性淹水湿地；(a) 4 月；(b) 8 月；(c) 10 月

机磷和非活性有机磷占比分别为 0.28%、1.54%和 0.69%。

综上可见，植物生长旺盛期（8 月）潮汐淹水湿地、淡水恢复湿地和季节性淹水湿地土壤剖面闭蓄态磷活性有机磷和中活性有机磷含量显著低于植物生长初期（4 月）和植物凋落期（10 月），表明黄河三角洲湿地土壤植物的迅速生长能快速吸收湿地土壤中具有生物有效性的磷，导致湿地土壤各生物有效磷含量均出现不同程度的降低。而同样具有生物有效性的可交换态磷和铁铝结合态磷由于较强的活性（Bi et al.，2012），且受

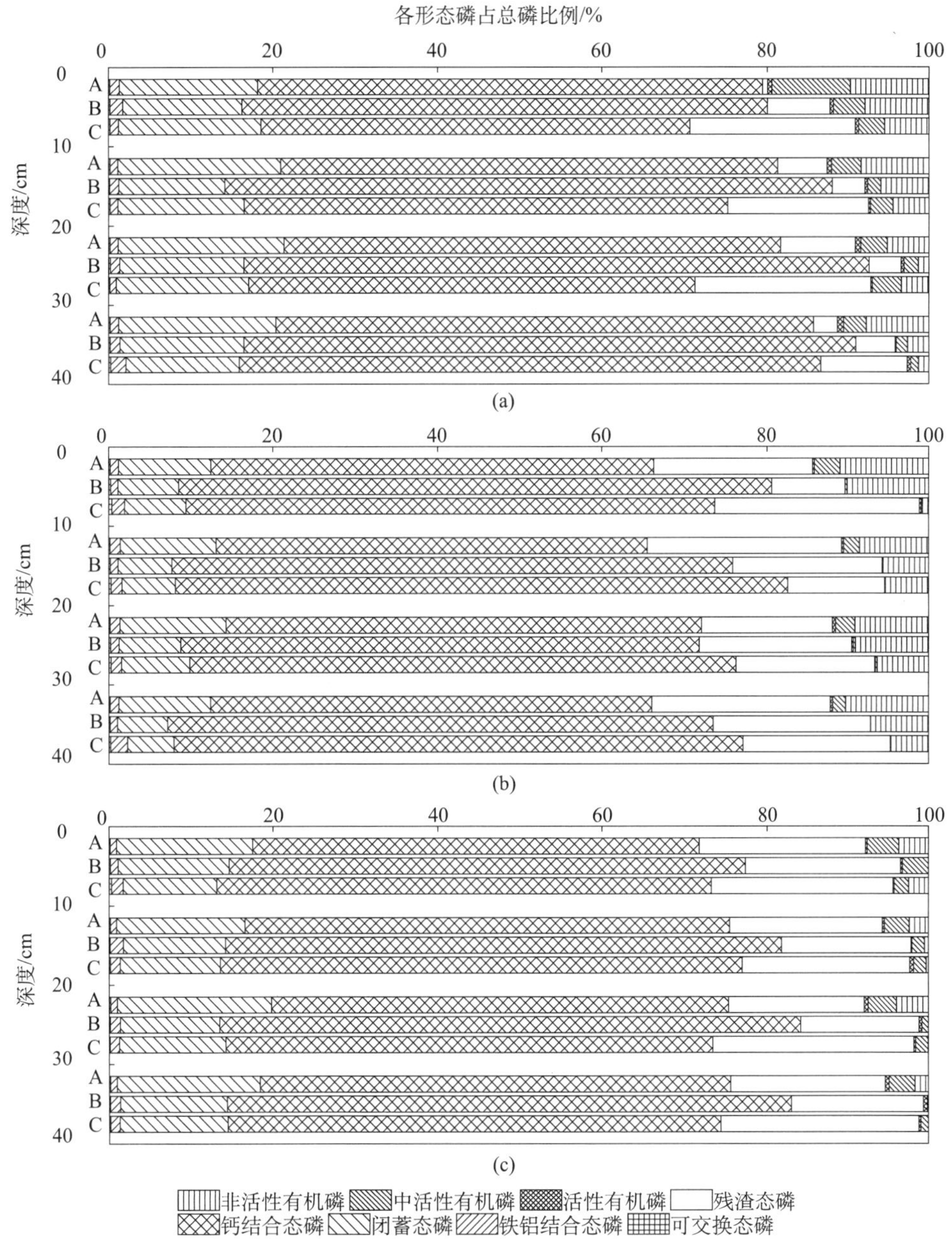

图 2.18 黄河三角洲 3 种淹水类型湿地土壤剖面各形态磷组分所占总磷比例的季节变化

A. 潮汐淹水湿地；B. 淡水恢复湿地；C. 季节性淹水湿地；(a) 4 月；(b) 8 月；(c) 10 月

湿地淹水造成的氧化还原条件的影响较强，导致其含量变化更为复杂。

5. 不同水盐条件下滨海湿地土壤环境变量对土壤磷形态分布的影响

采用冗余分析方法探讨了不同形态磷与环境因子之间的关联性（图 2.19）。不同湿地类型可依据“调水调沙”时间明显划分为调水调沙前期（4～6 月）和调水调沙后期（7～10 月），表明了调水调沙对三类湿地表层土壤各种磷形态的影响。

潮汐淹水湿地土壤各形态磷与环境变量的冗余分析［图 2.19 (a)］得到的 4 个排序

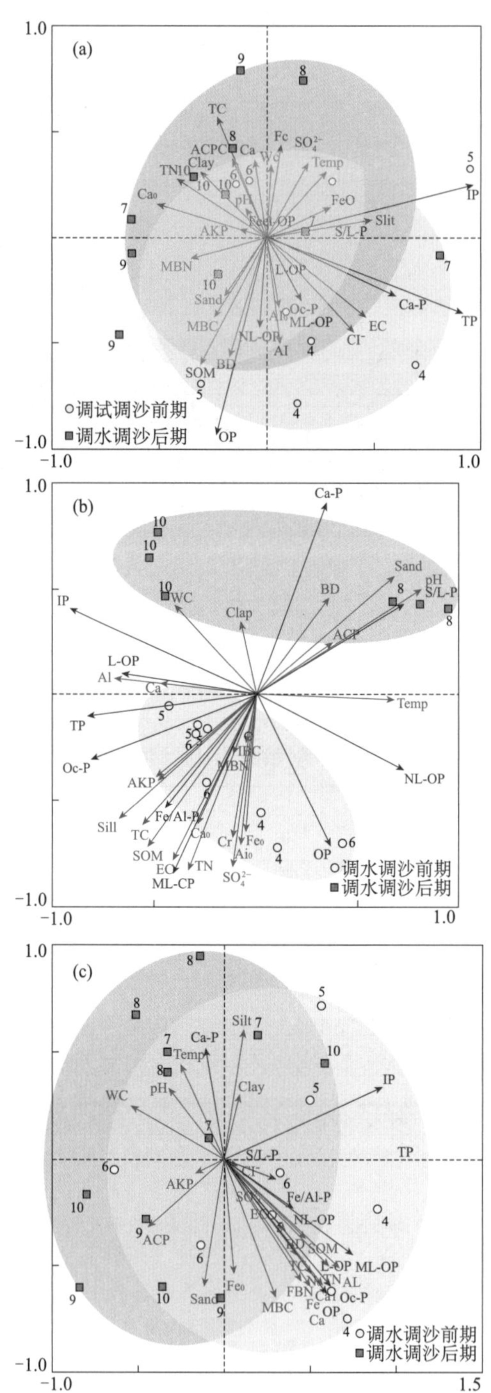

图 2.19　黄河三角洲 3 种淹水类型湿地表层土壤各形态磷与环境变量冗余分析结果

SOM. 土壤有机质；TP. 总磷；OP. 有机磷；IP. 有机磷；S/L-P. 可交换态磷；Fe/Al-P. 铁铝结合态磷；P. 闭蓄态磷；Ca-P. 钙结合磷；L-OP. 活性有机磷；ML-OP. 中活性有机碳；NL-OP. 非活性有机碳；ACP. 酸性磷酸酶；AKP. 碱性磷酸酶；MBC. 微生物量碳；MBN. 微生物量氮；Temp. 温度

轴特征值分别为 0.587、0.197、0.118 和 0.066，其中前 2 个轴综合解释了 78.5%的特征值，环境变量对土壤各形态磷含量变化的解释量累计达到了 96.8%。第一个 RDA 轴主要与土壤盐度（EC 和 Cl^-）和粉粒百分比呈正相关，与土壤养分（SOM 和 TN）、黏粒百分比、MBN 和 Ca_0呈负相关。第二个 RDA 轴主要与土壤 TC 和 Fe 呈正相关，与土壤 BD、Cl^-、SOM 和 Al 呈负相关。土壤 TP 和 IP 赋存形态存在于象限一和四中，而 OP 赋存形态存在于象限三和象限四中，环境变量在冗余分析排序图中被限定为轴的线性组合，因此其与某磷形态含量的相关性大小取决于其与该磷形态变量的夹角大小，环境变量与轴的相关系数大小表明了其在某轴上的重要性（Leps and Smilauer，2003）。土壤总磷与含水率、酸性磷酸酶、总碳和 Ca 等负相关［图 2.19（a）、表 2.6］，与电导率呈显著正相关关系；有机磷与土壤容重、Al、有机质（SOM）、微生物量碳和微生物量氮等显著正相关［图 2.19（a）、表 2.6］；无机磷与土壤粉粒和 Fe 具有显著正相关关系，而与酸性磷酸酶、碱性磷酸酶、微生物量碳和微生物量氮等因素则呈较弱的负相关关系［图 2.19（a）、表 2.6］。

淡水恢复湿地土壤各形态磷与环境变量的冗余分析［图 2.19（b）］得到的 4 个排序轴特征值分别为 0.456、0.397、0.127、0.015，其中第 1、2 个冗余分析轴综合解释了 85.3%的特征值，环境变量对土壤各形态磷含量变化的解释量累计达到了 99.5%。第一个 RDA 轴主要与土壤 pH、砂粒和温度呈正相关，与土壤 SOM、TC、黏粒百分比和 Al 呈负相关。第二个 RDA 轴主要与土壤盐度（EC、Cl^- 和 SO_4^{2-}）、养分（SOM 和 TN）、TC 和矿物元素（Ca_0、Al_0和 Fe_0）呈负相关。土壤 TP 和 IP 赋存形态存在于象限二和象限三，Ca-P 和 S/L-P 存在于象限一，而 OP 赋存形态存在于象限四（OP 和 NL-OP）、象限二（L-OP）和象限三（ML-OP），由各形态磷与土壤理化性质的相关性可见，淡水恢复湿地表层土壤总磷与土壤理化性质 Fe、Al、Ca 和粉粒等含量显著正相关，与土壤 pH、温度、粉粒、容重等含量显著负相关［图 2.19（b）、表 2.6］；有机磷与土壤电导率、Cl^-、总碳、总氮、有机质、温度含量显著正相关，与土壤含水率和黏粒显著负相关［图 2.19（b）、表 2.6］；无机磷与含水率、黏粒、Fe、Al、Ca 等呈显著正相关关系，与温度呈负相关关系［图 2.19（b）、表 2.6］。调水调沙前期淡水恢复湿地土壤总磷、有机磷含量不断增加，主要是因为春季土壤温度的回升加快了湿地土壤微生物对冬季残留的植物残体的分解，实现湿地土壤磷素含量的增加（白军红等，2007）。调水调沙之后，湿地土壤由于淡水恢复作用导致土壤水盐条件发生很大的改变，盐度明显降低，含水量明显增大。再者，长时间淡水恢复状态使得湿地土壤通气性差，氧化性降低，土壤呈现还原状态，土壤微生物量降低，酸性磷酸酶和碱性磷酸酶活性也因此被抑制（Kang and Freeman，1999；万忠梅和宋长春，2009）。

季节性淹水湿地土壤各形态磷与环境变量的冗余分析［图 2.19（c）］排序图中 4 个排序轴特征值分别为 0.718、0.129、0.081 和 0.041，其中第 1、2 个冗余分析轴综合解释了 84.7%的土壤各形态磷含量特征值，环境变量对土壤各形态磷含量变化的解释量累计达到了 97.0%。第一个 RDA 轴主要与土壤 TN 和矿物元素呈正相关，与土壤 WC 呈负相关。第二个 RDA 轴主要与土壤黏粒百分比呈正相关，与土壤 TN、微生物生物量（MBC 和 MBN）和矿物元素呈负相关。土壤磷赋存形态主要存在于象限四中。季节性淹水湿地表层土壤总磷与土壤理化性质 Al、总氮、有机质等正相关，与含水率、温度则呈现负相关关系［图 2.19（c）、表 2.6］；有机磷与总氮、总碳、Al、Ca、Fe、微生物

表 2.6　黄河三角洲 3 种淹水条件湿地土壤各形态磷与环境变量的相关分析

		含水率	容重	有机质	pH	电导率	Cl^-	SO_4^{2-}	总碳	总氮	黏粒	粉粒	砂粒
潮汐淹水湿地	总磷	−0.105	0.05	−0.055	−0.176	0.568**	0.521*	0.029	−0.419	−0.509*	−0.409	0.41	−0.062
	有机磷	−0.333	0.581**	0.640**	−0.097	0.228	0.29	−0.432	−0.493*	−0.195	−0.241	−0.188	0.317
	无机磷	0.107	−0.305	−0.434*	−0.098	0.367	0.287	0.286	−0.076	−0.335	−0.218	0.477*	−0.245
	可交换态磷	−0.209	0.205	−0.195	−0.313	0.361	0.305	−0.109	−0.021	−0.309	−0.462*	0.097	0.247
	铁铝结合态磷	0.052	0.086	−0.042	0.349	0.112	0.162	−0.205	0.071	−0.001	−0.4	0.168	0.114
	闭蓄态磷	−0.055	0.123	0.19	−0.126	0.176	0.129	−0.113	−0.125	−0.071	−0.096	−0.023	0.107
	钙结合磷	−0.111	−0.03	−0.173	0.262	0.325	0.402	0.043	−0.337	−0.196	−0.281	0.474*	−0.248
	活性有机磷	−0.046	−0.06	0.058	−0.033	0.01	0.122	−0.092	−0.128	0.108	−0.081	−0.309	0.345
	中活性有机磷	−0.499*	0.478*	0.078	−0.275	0.657**	0.685**	−0.245	−0.278	−0.156	−0.817**	0.131	0.438*
	非活性有机磷	−0.155	0.294	0.354	−0.288	0.313	0.416	0.151	−0.23	−0.102	−0.06	−0.121	0.127
淡水恢复湿地	总磷	0.186	−0.391	0.233	−0.627*	0.516*	0.266	0.172	−0.529	−0.482	−0.259	0.475	−0.43
	有机磷	−0.618*	−0.228	0.325	0.048	0.505	0.552*	0.528*	0.495	0.627*	−0.556*	0.036	0.05
	无机磷	0.548*	−0.159	−0.025	−0.537*	0.079	−0.154	−0.212	−0.777**	−0.873**	0.166	0.365	−0.376
	可交换态磷	−0.096	0.596*	−0.692**	0.797**	−0.720**	−0.542*	−0.543*	0.105	0.044	0.33	−0.774**	0.697**
	铁铝结合态磷	−0.109	−0.572*	0.374	−0.475	0.711**	0.628*	0.466	−0.042	0.149	−0.29	0.562*	−0.533*
	闭蓄态磷	0.072	−0.29	0.556*	−0.858**	0.506	0.194	0.273	−0.426	−0.482	0.28	0.857**	−0.882**
	钙结合磷	0.242	0.469	−0.899**	0.774**	−0.821**	−0.580*	−0.749**	−0.523	−0.620*	0.257	−0.733**	0.745**
	活性有机磷	0.354	−0.094	0.329	−0.670**	0.119	−0.156	−0.095	−0.34	−0.447	0.259	0.512	−0.552*
	中活性有机磷	−0.195	−0.644**	0.728**	−0.680**	0.890**	0.722**	0.720**	0.33	0.529	−0.379	0.763**	−0.739**
	非活性有机磷	−0.604*	0.098	−0.152	0.538*	0.034	0.221	0.127	0.407	0.569	−0.407	−0.42	0.499
季节性淹水湿地	总磷	−0.554**	0.354	0.462*	−0.329	0.237	0.114	0.162	0.406	0.583**	0.057	0.128	−0.128
	有机磷	−0.619**	0.507*	0.489*	−0.436*	0.417	0.234	0.289	0.504*	0.638**	−0.302	−0.225	0.252
	无机磷	−0.363	0.173	0.318	−0.179	0.075	0.017	0.048	0.24	0.389	0.233	0.28	−0.294
	可交换态磷	0.051	0.386	0.286	0.499*	−0.145	−0.235	−0.167	0.002	0.147	0.103	−0.325	0.293
	铁铝结合态磷	−0.505*	0.118	0.231	−0.271	−0.115	−0.213	0.287	0.386	0.569**	0.017	−0.035	0.031
	闭蓄态磷	−0.520*	0.533*	0.482*	−0.402	0.042	−0.104	−0.047	0.707**	0.820**	−0.048	−0.301	0.29
	钙结合磷	−0.118	0.066	−0.296	0.154	−0.153	−0.002	−0.246	−0.099	−0.136	0.026	0.416	−0.395
	活性有机磷	−0.422	0.533*	0.363	−0.095	0.114	−0.036	−0.014	0.524*	0.542*	−0.077	−0.233	0.229
	中活性有机磷	−0.529*	0.529*	0.597**	−0.355	0.061	−0.144	0.088	0.532*	0.820**	0.057	−0.168	0.151
	非活性有机磷	−0.354	0.079,	0.464*	−0.296	0.443*	0.361	0.299	0.097	0.465*	−0.133	−0.11	0.121

续表

		酸性磷酸酶	碱性磷酸酶	微生物量碳	微生物量氮	Al	Ca	Fe	温度	Al_0	Ca_0	Fe_0
潮汐淹水湿地	总磷	−0.278	−0.117	−0.088	−0.271	0.661**	−0.155	−0.075	0.131	0.159	−0.571**	0.247
	有机磷	−0.32	−0.032	0.388	0.17	0.34	−0.294	−0.42	−0.364	0.25	−0.09	−0.177
	无机磷	−0.054	−0.085	−0.312	−0.343	0.382	0.04	0.186	0.335	−0.009	−0.452*	0.325
	可交换态磷	−0.019	−0.112	−0.258	−0.196	0.386	−0.231	−0.115	0.036	−0.144	−0.422	0.244
	铁铝结合态磷	0.493*	−0.038	−0.008	−0.082	0.174	−0.083	−0.059	−0.036	−0.13	−0.127	0.226
	闭蓄态磷	−0.055	0.17	0.114	0.06	0.301	0.065	0.069	−0.029	0.061	−0.01	−0.155
	钙结合磷	−0.342	−0.43	−0.224	−0.419	0.364	−0.364	−0.331	0.233	0.049	−0.254	0.069
	活性有机磷	0.066	0.416	0.687**	0.586**	0.452*	0.151	0.252	−0.422	0.878**	−0.124	0.551**
	中活性有机磷	−0.128	−0.096	0.105	0.023	0.589**	−0.470*	−0.490*	−0.287	0.207	−0.439*	0.299
	非活性有机磷	−0.137	0.114	0.412	0.144	0.297	−0.413	−0.256	−0.247	0.487*	0.081	−0.031
淡水恢复湿地	总磷	0.693**	0.316	−0.139	0.344	0.577*	0.251	0.511	−0.557*	−0.195	0.415	−0.027
	有机磷	0.431	0.007	−0.076	0.257	−0.319	−0.454	0.092	0.254	0.691*	−0.135	0.631*
	无机磷	0.28	0.247	−0.062	0.097	0.677**	0.508	0.355	−0.627*	−0.575	0.463	−0.378
	可交换态磷	−0.640*	−0.570*	0.06	−0.204	−0.472	−0.403	−0.584*	0.239	0.365	−0.42	0.382
	铁铝结合态磷	0.841**	0.456	−0.112	0.321	0.159	−0.05	0.554*	−0.346	0.396	0.017	0.554
	闭蓄态磷	0.592*	0.540*	0.344	0.266	0.668**	0.573*	0.660**	−0.593*	0.067	0.145	0.026
	钙结合磷	−0.665**	−0.49	−0.149	−0.189	−0.441	−0.251	−0.618*	0.398	−0.343	−0.27	−0.071
	活性有机磷	−0.062	0.033	0.431	0.162	0.716**	0.700**	0.319	−0.297	−0.622*	0.484	−0.745**
	中活性有机磷	0.780**	0.522*	0.031	0.271	0.265	0.174	0.695**	−0.277	0.37	0.174	0.348
	非活性有机磷	0.024	−0.32	−0.098	0.204	−0.622*	−0.661**	−0.315	0.535*	0.756**	−0.531	0.785**
季节性淹水湿地	总磷	−0.454*	−0.168	0.269	0.411	0.656**	0.500*	0.498*	−0.26	0.467*	0.554**	0.029
	有机磷	−0.188	−0.03	0.470*	0.513*	0.672**	0.586**	0.551**	−0.433*	0.488*	0.625**	0.219
	无机磷	−0.468*	−0.195	0.086	0.241	0.462*	0.313	0.329	−0.095	0.324	0.36	−0.08
	可交换态磷	−0.029	−0.520*	0.446*	0.134	0.32	0.19	0.219	−0.550**	0.278	0.188	0.106
	铁铝结合态磷	−0.142	−0.227	0.327	0.27	0.208	0.339	0.32	−0.176	0.257	0.421	0.128
	闭蓄态磷	−0.214	−0.077	0.681**	0.776**	0.799**	0.844**	0.850**	−0.318	0.792**	0.847**	0.361
	钙结合磷	−0.483*	0.022	−0.349	−0.247	−0.32	−0.423	−0.437*	0.418	−0.324	−0.343	−0.518*
	活性有机磷	−0.36	−0.266	0.557**	0.383	0.581**	0.550**	0.508*	−0.35	0.487*	0.520*	0.007
	中活性有机磷	−0.268	−0.282	0.680**	0.687**	0.867**	0.820**	0.840**	−0.560**	0.847**	0.837**	0.465*
	非活性有机磷	0.236	0.144	0.273	0.377	0.283	0.207	0.256	−0.165	0.15	0.164	0.126

*. $P<0.05$；**. $P<0.01$。

量氮、微生物量碳等正相关，与 pH、含水率等负相关［图 2.19（c）、表 2.6］；无机磷与黏粒、粉粒正相关，与酸性磷酸酶、碱性磷酸酶、砂粒负相关［图 2.19（c）、表 2.6］。同时，其他形态磷含量也分别受不同程度的环境条件限制（表 2.6）。在调水调沙作用之前由于气温转暖，凋落物的分解归还加快，土壤中各形态磷含量特别是总的无机磷，总磷和有机磷含量相对较高。而“调水调沙”工程实施后明显改变了季节性淹水湿地的土壤理化性质，土壤总碳、总氮、Al、Fe、Ca、电导率等均出现明显降低现象，而土壤含水率、粉粒等则明显增加。土壤各形态磷含量也因此产生一定的差异，植物生长对活性磷的需求导致除钙结合态磷外土壤各形态磷含量持续降低。其原因在于淹水造成的还原条件导致土壤铁铝结合态磷、闭蓄态磷被还原释放（Zheng et al.，2009），而土壤钙结合态磷含量则明显增加。

以上相关分析结果表明黄河三角洲湿地表层土壤水盐条件变化引起的土壤相关理化性质的变化（如微生物活性、有机质含量、盐度等）是影响湿地土壤磷形态含量及分布的主要因素，其次土壤可交换态重金属、酶活等也在一定程度上对湿地土壤磷形态含量及分布产生影响。

2.2.2 不同水盐条件下滨海湿地土壤对磷的吸附解吸特征

湿地土壤能够通过吸附作用大量富集溶解态磷，实现对磷的有效截留作用，从而达到净化上覆水体的目的。但是湿地土壤对磷的吸附能力有限，而且受多种环境条件的影响。而土壤向上覆水体磷的释放速率、数量表征着土壤对磷的缓冲能力和磷释放风险（周驰等，2012）。因此，明确湿地土壤对磷的吸附解吸行为以及环境影响机制，确定不同水盐条件下湿地土壤对磷的最大吸附量、释放率等相关吸附解吸参数对磷的释放风险具有重要的指导作用。

1. 不同水盐条件下滨海湿地土壤磷的吸附动力学

黄河三角洲不同淹水类型湿地土壤对磷的吸附动力学曲线见图 2.20。结果显示，黄河三角洲 3 种淹水类型湿地土壤对上覆水体中磷的吸附具有相似的吸附规律，即在吸附作用开始初期，土壤对磷的吸附量随时间的延长迅速增长，但是随着吸附作用时间的进一步延长，土壤对上覆水体中磷的吸附能力逐渐降低并逐渐达到土水两界面之间磷含量的动态平衡状态。主要原因是土壤表面的配位体交换位点的逐渐饱和。在吸附作用开始后土壤表面配位体交换位点附近大量的无机磷酸根离子迅速进行配位交换，实现土壤对磷的吸附，而随着土壤表面配位体交换位点的逐渐饱和，土壤对磷的吸附也逐渐降低。Bhatti（1998）和赵海洋等（2006）也通过实验证明土壤颗粒对磷的吸附作用主要以配位体交换吸附为主。不同吸附时间段单位时间内土壤对磷的吸附量的大小，即平均吸附速率如表 2.7 所示。结果表明黄河三角洲 3 种淹水类型湿地土壤对上覆水体中磷的吸附呈现先快后慢的吸附规律。总体上，黄河三角洲湿地土壤对磷的吸附作用可分为快吸附、慢吸附和平衡吸附三个阶段，其中快吸附阶段主要发生在 0～3h 之内，3h 之后土壤对磷的吸附则进入慢吸附阶段，24h 之后土壤对磷的吸附基本达到平衡状态。这与石晓勇等（1999）对黄河口磷酸盐的吸附解吸研究的结果是一致的，其他相关研究也得到相似结论（Zamparas et al.，2013；Wang et al.，2012；马钦，2010），只是在快吸附阶段的时长上存在差异。

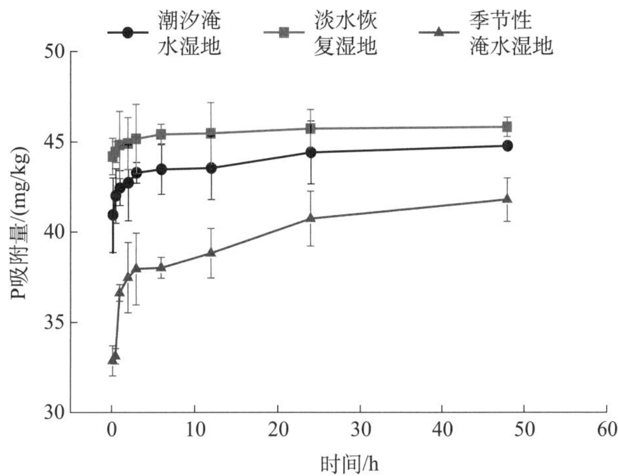

图 2.20 黄河三角洲 3 种淹水类型湿地土壤对 PO_4^{3-}-P 的吸附动力学曲线

表 2.7 不同取样时段黄河三角洲 3 种淹水类型湿地土壤磷素平均吸附速率

取样时段/h	平均吸附速率/[mg/(kg·h)]		
	潮汐淹水湿地	淡水恢复湿地	季节性淹水湿地
0~0.5	84.00	88.89	66.24
0.5~1	0.87	0.78	7.04
1~2	0.30	0.08	0.84
2~3	0.55	0.25	0.48
3~6	0.06	0.08	0.02
6~12	0.01	0.01	0.13
12~24	0.07	0.02	0.16
24~48	0.02	0.00	0.04

由图 2.20 可见，黄河三角洲不同淹水类型湿地土壤对磷的吸附量之间均存在一定差异。总体而言，在整个吸附作用过程中淡水恢复湿地土壤对磷的吸附量>潮汐淹水湿地土壤>季节性淹水湿地土壤，这可能与土壤粒径有关。Mallikarjun 和 Mise（2012）通过研究不同类型土壤对磷吸附特征的影响，结果发现土壤黏粒和粉粒含量的高低是决定土壤对磷吸附能力强弱的重要指标之一。土壤黏粒和粉粒含量越高，土壤颗粒的比表面积就越大，对土壤磷素的吸附量也越大。杨宏伟等（2010）对黄河颗粒物对磷酸盐的吸附特征的研究也证明高土壤黏粒和粉粒利于磷的吸附。本节结果显示，黄河三角洲淡水恢复湿地、潮汐淹水湿地和季节性淹水湿地土壤黏粒含量分别为 4.79%、6.60%和 1.86%，而粉粒的含量分别为 59.11%、49.53%和 32.26%（表 2.8），淡水恢复湿地土壤黏粒和粉粒含量>潮汐淹水湿地土壤>季节性淹水湿地土壤，与 3 种不同淹水条件湿地土壤对磷的吸附量差异一致。同时也证明在滨海湿地土壤进行人工淡水恢复工程能够在一定程度上增强湿地土壤对磷的吸附能力。

表 2.8 黄河三角洲 3 种淹水类型湿地用于磷吸附解吸实验土样的理化性质

位点	pH	电导率/(mS/cm)	黏粒/%	粉粒/%	砂粒/%	Al/(g/kg)	Ca/(g/kg)	Fe/(g/kg)	Al_0/(mg/kg)	Fe_0/(mg/kg)	Ca_0/(10^3mg/kg)
潮汐淹水湿地	8.78±0.08	2.89±0.48	6.60±0.05	49.53±2.65	43.87±2.65	72.19±3.00	60.48±2.93	34.86±1.60	464.08±25.40	1141.38±17.92	23.78±2.23
淡水恢复湿地	8.25±0.09	1.75±0.29	4.79±1.19	59.11±2.24	36.09±3.43	67.55±1.51	52.91±2.30	34.88±1.40	564.58±49.80	2294.10±46.15	18.49±2.42
季节性淹水湿地	8.90±0.05	0.50±0.01	1.86±0.66	32.26±1.73	65.88±2.39	75.71±1.37	66.12±2.78	38.94±1.21	498.47±21.80	1212.51±35.50	31.03±1.49

此外，表 2.7 显示，在吸附作用开始后 0.5h 内，淡水恢复湿地土壤对磷的平均吸附速率最大，达到 88.89mg/(kg・h)，潮汐淹水湿地土壤对磷的平均吸附速率为 84.00mg/(kg・h)，而季节性淹水湿地土壤对磷的平均吸附速率为 66.24mg/(kg・h)，淡水恢复湿地土壤对磷的吸附作用明显强于潮汐淹水湿地土壤和季节性淹水湿地土壤对磷的吸附作用，但是吸附作用开始 0.5h 后淡水恢复湿地土壤和潮汐淹水湿地土壤对磷的吸附作用差异不明显。在吸附作用开始后 0.5～1.0h 内，季节性淹水湿地土壤对磷的平均吸附速率为 7.04mg/(kg・h)，明显大于淡水恢复湿地土壤和潮汐淹水湿地土壤对磷的平均吸附速率［平均吸附速率分别为 0.78mg/(kg・h)、0.87mg/(kg・h)］，可见季节性淹水湿地土壤对磷的吸附作用相对淡水恢复湿地土壤和潮汐淹水湿地土壤要迟缓。

利用吸附动力学模型对实验得到的数据进行拟合是研究吸附机理重要的手段之一（高丽等，2013）。目前，对溶液吸附动力学过程的描述模型也有大量研究，包括一级动力学模型、二级动力学模型、Simple Elovich 模型、Power Function 模型、Langmuir 模型等（李娜等，2012；Shirvani et al.，2010；Wang et al.，2007）。本节通过对实验数据进行模拟得到各种模型的模拟结果，具体模拟参数见表 2.9。拟合优度（R^2）越大表明其对应的模型能更精确地描述土壤对磷的吸附动力学过程。由表 2.9 可见，Simple Elovich 模型（$Q=a+b\times\ln t$）和 Power Function 模型（$C=a\times t^b$）相对其他模型更适合于黄河三角洲湿地土壤对磷的吸附动力学数据进行模拟，当上覆水体中磷的初始浓度为 3.0mg/L 时，黄河三角洲湿地土壤对磷的吸附动力学过程较为复杂。Wang 等（2009）和 Fekri 等（2011）对不同初始浓度和不同类型土壤磷吸附动力学的研究也证明 Simple Elovich 模型是此浓度下描述吸附动力学的最佳模型。

表 2.9 黄河三角洲 3 种淹水类型湿地土壤磷素吸附动力学模型参数

吸附动力学模型	参数	潮汐淹水湿地	淡水恢复湿地	季节性淹水湿地
一级动力学 $C_t=a\times e^{-bt}$	a	0.2510	0.1086	0.6987
	b	0.036	0.1634	0.0279
	R^2	0.7365	0.8334	0.7097
二级动力学 $C_t=\dfrac{a}{1+b\times t}$	a	0.2727	0.1242	0.7410
	b	0.0815	0.3743	0.0552
	R^2	0.8266	0.9446	0.7815

续表

吸附动力学模型	参数	潮汐淹水湿地	淡水恢复湿地	季节性淹水湿地
Simple Elovich 模型 $Q=a+b\times lnt$	a	42.3183	44.7556	35.6305
	b	0.6369	0.3003	1.5787
	R^2	0.9747	0.9799	0.9355
Power Function 模型 $C_t=a\times t^b$	a	42.3112	44.7541	35.5838
	b	0.0148	0.0067	0.0420
	R^2	0.9730	0.9790	0.9312
Langmuir 方程模型 $Q=\frac{a\times t}{1+b\times t}$	a	3378.8946	8392.5474	927.0680
	b	77.3634	184.9350	23.7179
	R^2	0.7129	0.6679	0.6670

2. 不同水盐条件下滨海湿地土壤磷的等温吸附曲线

黄河三角洲不同淹水类型湿地土壤对磷的等温吸附曲线如图2.21所示，由图可知不同淹水类型湿地土壤对磷的等温吸附曲线形状和变化规律基本一致，即在上覆水体中磷浓度较低时，土壤对磷的吸附量随着上覆水体中磷浓度的增大而显著增加；当上覆水中磷的浓度达到一定浓度后，土壤对磷的吸附量随着上覆水体中磷浓度的增大而增加的趋势不明显。但是不同淹水类型湿地土壤对磷的吸附能力不同，吸附能力大小依次为淡水恢复湿地土壤>潮汐淹水湿地土壤>季节性淹水湿地土壤。在同一磷平衡浓度条件下，淡水恢复湿地土壤对磷的吸附量最大，上覆水体初始磷浓度范围内淡水恢复湿地土壤对磷的最大吸附量可达到255.99mg/kg，而在上覆水体初始磷浓度范围内潮汐淹水湿地土壤和季节性淹水湿地土壤对磷的最大吸附量分别可达到213.19mg/kg和209.03mg/kg。可见淡水恢复工程的实施有效增强了黄河三角洲湿地土壤对磷的吸附能力，对控制湿地水体富营养化具有重要意义。

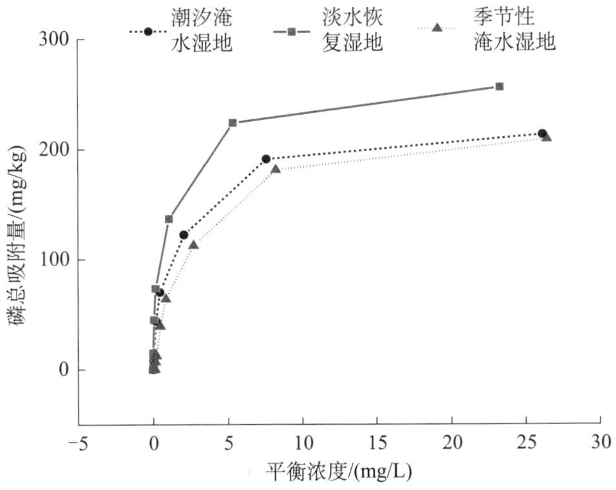

图2.21 黄河三角洲3种淹水类型湿地土壤对磷的等温吸附曲线

Langmuir 模型和 Freundlich 模型是目前两种最主要的描述土壤颗粒物对磷吸附行为的数学模型（徐进等，2009；Janardhanan and Daroub，2010；Horta et al.，2013），此外 Temkin 模型也是描述营养物质吸附解吸动力学的典型模型（Azeez and Van Averbeke，2011），但是在湿地土壤对磷吸附的研究方面，目前对 Temkin 模型的应用不常见。可能的原因是 Temkin 模型是建立在化学吸附基础上的理论模型，因此只适用于描述呼吸吸附和低浓度吸附过程。

Langmuir 模型作为一个经验模型，目前在国内外研究中被应用较多（徐明德等，2006），表 2.10 是采用 Langmuir 模型描述不同淹水条件湿地土壤对磷的吸附等温过程的相关参数。图 2.22 是采用 Langmuir 模型描述实验结果的非线性拟合图。由表 2.10 可见，潮汐淹水湿地、淡水恢复湿地和季节性淹水湿地土壤对磷的等温吸附过程均能较好的用 Langmuir 模型进行描述，R^2 分别达到了 0.9879、0.9863 和 0.9919。而且通过 Langmuir 模型还可以得到土壤对上覆水体中磷酸盐的最大吸附量（Q_{max}），该值反映了土壤吸附上覆水体磷的容量因子，是土壤磷库容的标志之一（田建茹等，2006）。通过 Langmuir 模型得到黄河三角洲潮汐淹水湿地、淡水恢复湿地和季节性淹水湿地土壤对磷的最大吸附量分别为 217.98mg/kg、255.93mg/kg 和 235.16mg/kg，即淡水恢复湿地土壤>季节性淹水湿地土壤>潮汐淹水湿地土壤。Yan 等（2013）通过研究有机改良剂对磷吸附解吸的影响发现，可交换态铝、铁（Al_0，Fe_0）是造成土壤对上覆水体中磷酸盐的最大吸附量的关键影响因素。这主要是因为土壤中可交换态铝、铁等能与磷素通过复杂的表面络合反应而被吸附在铝硅酸盐黏土表面（Heyar et al.，1976；Wang et al.，2007）。淡水恢复湿地土壤 Al_0、Fe_0 含量显著高于潮汐淹水湿地和季节性淹水湿地，这也是造成淡水恢复湿地土壤磷酸盐最大吸附量显著大于潮汐淹水湿地和季节性淹水湿地的重要影响因素。

表 2.10　Langmuir 模型拟合参数

样地	Langmuir 模型						
	R^2	K_L/(mg/L)	Q_{max}/(mg/kg)	K_P/(L/kg)	K_1/(L/mg)	EPC_0/(mg/L)	NAP/(mg/kg)
潮汐淹水湿地	0.9879	1.1738	217.9803	132.2989	0.8519	0.0344	4.5531
淡水恢复湿地	0.9863	0.7142	255.9312	155.0838	1.4002	0.0187	2.9005
季节性淹水湿地	0.9919	2.8225	235.1589	48.6867	0.3543	0.1428	6.9521

注：K_L. 吸附系数；Q_{max}. 磷酸盐最大吸附量；K_P. 土壤固液分配系数；K_1. 磷吸附结合能常数；EPC_0. 土壤临界磷吸附平衡浓度；NAP. 土壤本底吸附可交换态磷。

土壤本底吸附可交换态磷（NAP）与等温吸附研究中被土壤颗粒新吸附的磷相比，在结合力上和固液分配性质上可能存在着差异，从而影响固液相之间磷的分布平衡，造成磷在固液相之间不断的迁移转化（王颖等，2008）。有研究发现（Jalali and Peikam，2013），当上覆水体磷含量低于一定值时，土壤颗粒对磷会出现负吸附现象，这与土壤本底吸附可交换态磷也有一定的关系。根据 Langmuir 模型推导得到的潮汐淹水湿地、淡水恢复湿地和季节性淹水湿地土壤的本底吸附可交换态磷值分别为 4.5531mg/kg、2.9005mg/kg 和 6.9521mg/kg，三类湿地土壤本底吸附可交换态磷值的大小顺序为淡水恢复湿地土壤<潮汐淹水湿地土壤<季节性淹水湿地土壤。这可能与样地所处水环境

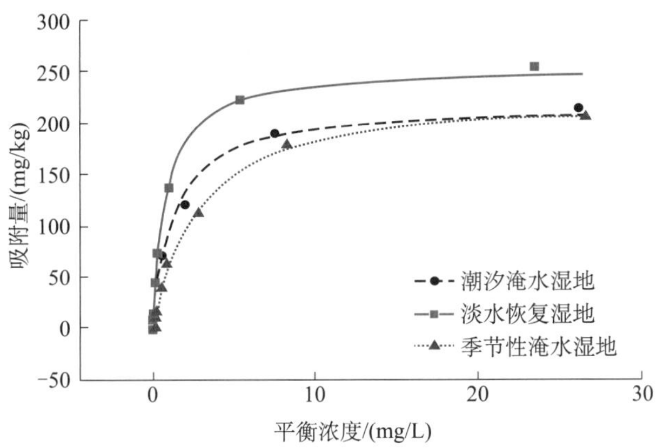

图 2.22　经 Langmuir 模型拟合的等温吸附曲线

有一定的相关性，季节性淹水湿地土壤受淹水影响程度最低，土壤环境相对稳定，因此土壤本底吸附可交换态磷值较高，淡水恢复湿地土壤则受到人工补给淡水的影响，淡水有效地稀释了土壤磷含量，因此土壤本底吸附可交换态磷值较低。

土壤临界磷吸附平衡浓度（EPC_0）即吸附动态平衡是上覆水体中磷的浓度，此时土壤颗粒物既不对上覆水体中的磷进行吸附，也不会向上覆水体释放磷。根据 Langmuir 模型推导得到的潮汐淹水湿地、淡水恢复湿地和季节性淹水湿地土壤的临界磷吸附平衡浓度分别为 0.0344mg/L、0.0187mg/L 和 0.1428mg/L，三类湿地土壤临界磷吸附平衡浓度值的大小顺序为淡水恢复湿地土壤＜潮汐淹水湿地土壤＜季节性淹水湿地土壤。淡水恢复湿地土壤的土壤本底吸附可交换态磷值和土壤临界磷吸附平衡浓度明显偏低，说明其释放磷的风险较小（王圣瑞等，2006），可见滨海湿地土壤进行人工淡水恢复工程不仅能增加湿地土壤对磷的吸附能力，还降低了其未来磷释放风险。

黄河三角洲淡水恢复湿地土壤固液分配系数（K_P）和磷吸附结合能常数（K_1）＞潮汐淹水湿地土壤＞季节性淹水湿地土壤，表明滨海湿地土壤进行人工淡水恢复工程还能同时增大湿地土壤对磷的吸附能力和吸附效率（王圣瑞等，2006）。Jalali 和 Peikam（2013）通过对河床沉积物吸附解吸过程的研究也发现，在石灰土中大量吸附位点被 Fe、Al 、Ca 等占据从而造成土壤磷吸附效率的降低。Wang 等（2005）通过研究证明总磷、有机磷、Al、Fe、Ca 等含量较低的中度富营养化湖泊沉积物土壤固液分配系数值较高，而总氮、总磷、Fe、Al、Ca 等含量较高的重度富营养化湖泊沉积物土壤固液分配系数值则相对较低。

Freundlich 模型作为一个经验模型，其应用要早于 Langmuir 模型，但是该模型不能对磷酸盐最大吸附量进行预测，而且只能适用于吸附物质浓度较低的情况。表 2.11 是采用 Freundlich 模型描述不同淹水条件湿地土壤对磷的等温吸附过程的相关参数。图 2.23 是采用 Freundlich 模型描述实验结果的非线性拟合图。由表 2.11 可见，潮汐淹水湿地、淡水恢复湿地和季节性淹水湿地土壤对磷的等温吸附过程也能较好地用 Freundlich 模型进行描述，R^2 分别达到了 0.9272、0.9186 和 0.9093。对比 Freundlich 模型和 Langmuir 模型对研究区不同淹水类型湿地土壤对磷吸附的拟合效果发现 Langmuir 模型的拟合效果要优于 Freundlich 模型。这表明黄河三角洲湿地土壤对磷的等温吸附更符合

Langmuir 型单分子层吸附行为，用 Langmuir 模型来描述黄河三角洲湿地土壤对磷的吸附特征更为合理。Zeng 等（2012）通过对比 Freundlich 模型和 Langmuir 模型对磷等温吸附的拟合效果也得到此结论。

根据 Freundlich 模型推导得到的潮汐淹水湿地、淡水恢复湿地和季节性淹水湿地土壤的本底吸附可交换态磷值分别为 22.71mg/kg、23.27mg/kg 和 20.24mg/kg，三类湿地土壤的本底吸附可交换态磷值大小依次为淡水恢复湿地土壤>潮汐淹水湿地土壤>季节性淹水湿地土壤。通过 Freundlich 模型拟合得到的不同淹水条件湿地土壤本底吸附可交换态磷值及其变化规律与通过 Langmuir 模型拟合得到的不同淹水条件湿地土壤本底吸附可交换态磷值及其变化规律差异较大，可能的原因是 Freundlich 模型建立的出发点认为土壤对营养物质的吸附量随溶液浓度的增加而无限增大的（Chaudhry et al., 2003），没有考虑沉积物的饱和吸附这一实际情况，因此对该模型的应用尚需进一步改善。

表 2.11　Freundlich 模型拟合等温吸附参数

样地	Freundlich 模型				
	R^2	K_P/(L/kg)	K_F/(mg/L)	EPC_0/(mg/L)	NAP/(mg/kg)
潮汐淹水湿地	0.9272	940.1311	79.4114	0.0242	22.7131
淡水恢复湿地	0.9186	2918.4028	105.9395	0.0080	23.2707
季节性淹水湿地	0.9093	246.2400	58.2359	0.0822	20.2370

注：K_P. 土壤固液分配系数；K_F. 吸附系数；EPC_0. 土壤临界磷吸附平衡浓度；NAP. 土壤本底吸附可交换态磷。

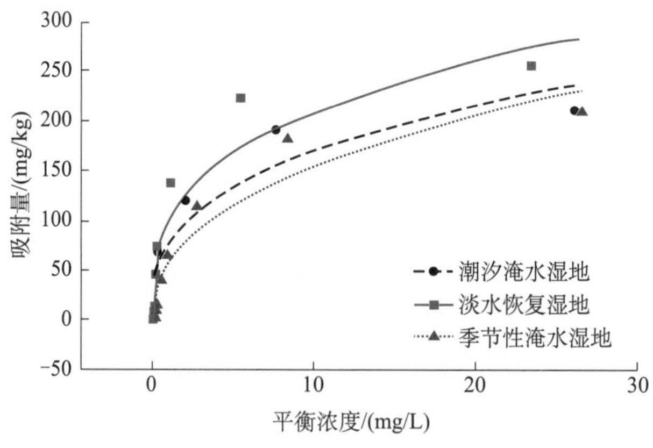

图 2.23　Freundlich 模型拟合的等温吸附曲线

同样，Temkin 模型对潮汐淹水湿地、淡水恢复湿地和季节性淹水湿地土壤对磷的等温吸附过程的拟合也取得较好的拟合效果，R^2 分别达到了 0.9843、0.9752 和 0.9704。拟合优度低于 Langmuir 模型，但是明显高于 Freundlich 模型。表 2.12 是采用 Temkin 模型描述不同淹水类型湿地土壤对磷的等温吸附过程的相关参数。图 2.24 是采用 Temkin 模型描述实验结果的非线性拟合图。相对 Langmuir 模型和Freundlich 模型，Temkin 模型是一个典型的理论模型，其建立的基础是化学吸附，一般只适用于呼吸吸附过程和低浓度吸附解吸过程（朱华玲等，2005）。因此在给定的水体磷浓度下，土壤对磷的固定作用主要以化学吸附为主。

表 2.12　Temkin 模型拟合参数

样地	Temkin		
	R^2	A	B
潮汐淹水湿地	0.9843	32.1487	108.3171
淡水恢复湿地	0.9752	35.8911	142.8140
季节性淹水湿地	0.9704	40.0215	77.0215

注：*A*. 分配系数，常数；*B*. 常数。

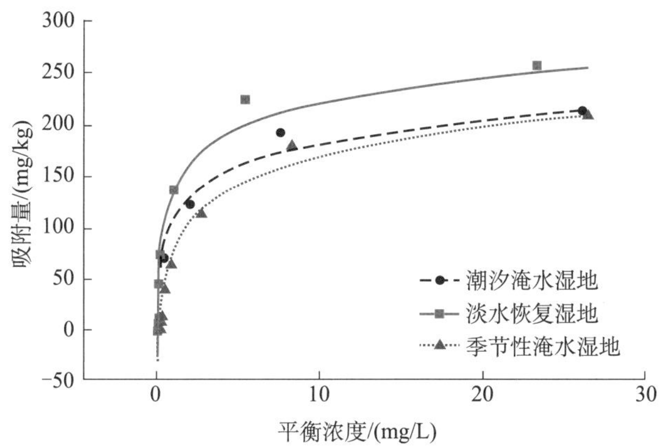

图 2.24　经 Temkin 模型拟合的等温吸附曲线

依据黄河三角洲 3 种淹水类型湿地土壤对磷的等温吸附过程的模型拟合结果可见，湿地土壤对磷的吸附行为极具复杂性，并受多种因素的综合影响，因此对拟合模型的选择也要尽量结合实际情况。研究中获得的相关吸附参数包括磷酸盐最大吸附量、土壤临界磷吸附平衡浓度、土壤本底吸附可交换态磷等虽然对湿地土壤吸附磷提供了重要信息，但是模拟实验和模型拟合得到的结果由于模拟条件的有效控制和模型拟合的理想化，导致实验得到的数据也相对理想化，因此模型拟合得到的只是估计值，如拟合计算得到的黄河三角洲湿地土壤最大吸附量可能大于黄河三角洲湿地土壤对磷的最大吸附量的实际值。因此，对土壤吸附磷过程描述还需要进一步结合湿地土壤实际磷含量进行综合分析。

3. 环境变量对不同水盐条件下滨海湿地土壤磷吸附解吸的影响

1）盐度对磷吸附解吸的影响

盐分是影响滨海河口湿地土壤磷吸附行为的重要影响因素。Claudette 等（2008）通过研究发现在低盐度条件下，盐度的增加有利于磷的吸附；但是当盐度超过某一阈值后，盐度的增加反而会抑制磷的吸附。黄河三角洲湿地土壤由于水潮汐和黄河淡水的综合影响显著，从而造成湿地土壤盐度变化较大，不同淹水类型湿地土壤盐分含量差异明显。本节采集的潮汐淹水湿地、淡水恢复湿地和季节性淹水湿地表层土壤盐分含量分别为 1.3568g/kg、0.8282g/kg 和 0.2178g/kg，即潮汐淹水湿地土壤盐分含量＞淡水恢复湿地＞季节性淹水湿地。

通过室内试验研究了盐分对黄河三角洲不同淹水类型湿地土壤磷吸附的影响，由图

2.25 可知，通过二项式方程模拟盐度对 3 种不同淹水条件湿地土壤磷吸附规律的影响均达到较好的拟合效果，R^2 分别达到 0.9472（潮汐淹水湿地）、0.9693（淡水恢复湿地）和 0.9182（季节性淹水湿地）（表 2.13）。但是在供试盐分浓度范围内，3 种淹水类型湿地土壤磷吸附的变化规律有所差异。潮汐淹水湿地和淡水恢复湿地土壤在供试盐分浓度范围内对磷的吸附随着供试盐分浓度的增加而呈现递减的趋势，且递减趋势不明显；而季节性淹水湿地土壤在供试盐分浓度范围内对磷的吸附随着供试盐分浓度的增加呈现递增的趋势，并在供试盐分达到一定浓度后土壤对磷的吸附趋于稳定。这可能是由于 3 种淹水类型湿地土壤背景盐分含量差异造成的。

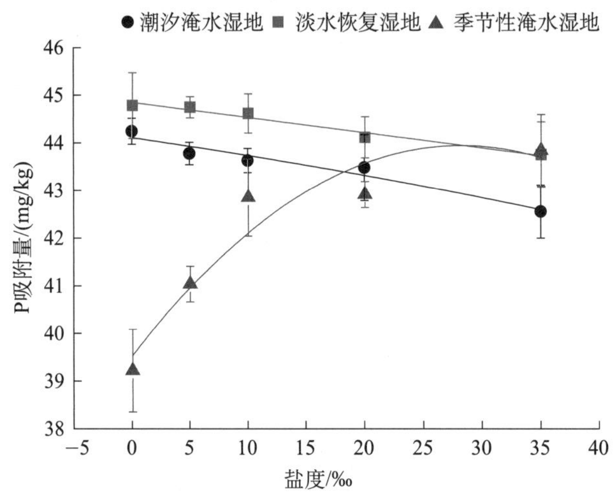

图 2.25 黄河三角洲 3 种淹水类型湿地土壤对 PO_4^{3-} - P 的吸附量随盐度的变化

表 2.13 黄河三角洲 3 种淹水类型湿地土壤对 PO_4^{3-} - P 的吸附量随盐度变化的拟合模型

样地	二项式吸附曲线公式	拟合优度
潮汐淹水湿地	$y=-0.0002x^2-0.0348x+44.11$	$R^2=0.9472$
淡水恢复湿地	$y=-1\times10^{-0.5}x^2-0.0314x+44.848$	$R^2=0.9693$
季节性淹水湿地	$y=-0.0055x^2+0.3126x+39.536$	$R^2=0.9182$

注：x. 添加上覆水盐度值（‰）；y. 单位质量土壤对 PO_4^{3-} - P 的吸附量（mg/kg）。

2）pH 对磷吸附解吸的影响

相关研究证明上覆水体 pH 主要是通过改变土壤中磷的存在形态、离子交换过程，以及与其他离子竞争土壤颗粒表面的活性吸附位点等来影响磷在土水界面之间吸附解吸特性（Zhou et al.，2005；Claudette et al.，2008；Gustafsson et al.，2012）。Gustafsson 等（2012）通过研究证明不同粒度土壤磷吸附解吸特性受 pH 的影响存在着差异，在高黏粒（黏粒含量>20%）条件下土壤对磷的吸附量随 pH 的增加呈现倒“U”形变化特征，而在低黏粒（黏粒含量<10%）条件下土壤对磷的吸附量随 pH 的增加则呈现降低现象。

上覆水体 pH 对不同淹水类型湿地土壤吸附磷的影响结果见图 2.26。pH 对黄河三角洲不同淹水类型湿地土壤吸附磷的特性的影响特征具有相似性，即在 pH 2～12 范围内，不同淹水类型湿地土壤吸附 PO_4^{3-} - P 的量随着设置水体 pH 的增加呈现先增加后减少的变化趋势，且当 pH 为 5.0～7.0 时湿地土壤对磷的吸附量达到最大值。这与杨秀珍等（2013）对红枫湖表层沉积物磷吸附的研究结果以及 Gustafsson 等（2012）对瑞典农业土壤磷吸附解吸的研究结果一致。这主要是因为在 pH 为5.0～7.0 时，上覆水体中磷的存在形式主要为 HPO_4^{2-}、$H_2PO_4^-$，这两种形式最易被土壤颗粒吸附。在偏酸性条件下，土壤对磷的吸附因土壤中铁铝矿物的溶解而减弱，导致土壤对磷的吸附量降低；在偏碱性条件下，上覆水体中 OH^- 与 PO_4^{3-} 发生竞争吸附现象而造成土壤对磷的吸附量的下降（Liu et al.，2007）。

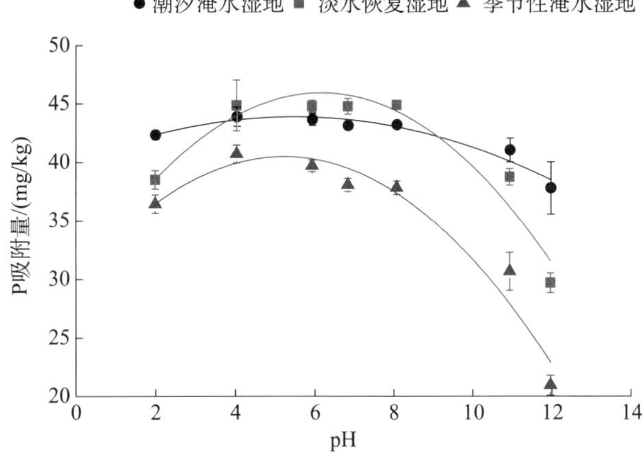

图 2.26 黄河三角洲 3 种淹水类型湿地土壤对 PO_4^{3-}-P 的吸附量随 pH 的变化

通过二项式方程对 pH 对 3 种淹水类型湿地土壤磷吸附规律的影响模拟均达到较好的拟合效果（二项式吸附曲线公式见表 2.14），R^2 分别达到 0.933（潮汐淹水湿地）、0.9333（淡水恢复湿地）和 0.9488（季节性淹水湿地）。根据二项式极值求算原理可计算得到：当上覆水体的 pH＝5.48 时，单位质量潮汐淹水湿地土壤对PO_4^{3-}-P 的吸附量达到最大值 43.88mg/kg；当上覆水体的 pH＝6.17 时，单位质量淡水恢复湿地土壤对 PO_4^{3-}-P 的吸附量达到最大值 45.93mg/kg；当上覆水体的pH＝5.24 时，单位质量季节性淹水湿地土壤对 PO_4^{3-}-P 的吸附量达到最大值 40.51mg/kg。淡水恢复湿地土壤磷吸附最适 pH＞潮汐淹水湿地土壤＞季节性淹水湿地土壤，这可能与土壤本底 pH 有关。潮汐淹水湿地土壤、淡水恢复湿地土壤和季节性淹水湿地土壤本底 pH 分别为 8.50、8.01 和 8.86，与土壤磷吸附最适 pH 呈负相关关系，可见土壤本底 pH 对上覆水体 pH 具有一定的缓冲调节作用。

表 2.14 黄河三角洲 3 种淹水类型湿地土壤对 PO_4^{3-}-P 的吸附量随 pH 变化的拟合模型

样地	二项式吸附曲线公式	拟合优度
潮汐淹水湿地	$y=-0.1273x^2+1.394x+40.065$	$R^2=0.933$
淡水恢复湿地	$y=-0.4252x^2+5.2499x+29.728$	$R^2=0.9333$
季节性淹水湿地	$y=-0.386x^2+4.0438x+29.919$	$R^2=0.9488$

注：x. 添加上覆水体 pH；y. 单位质量土壤对 PO_4^{3-}-P 的吸附量（mg/kg）。

在供试 pH 范围内，3 种淹水类型湿地土壤磷吸附的变化规律在程度上存在着一定差异，不同 pH 条件下黄河三角洲湿地季节性淹水湿地土壤对磷吸附量均明显低于潮汐淹水湿地土壤和淡水恢复湿地土壤（图 2.26），这可能与不同淹水类型湿地土壤背景理化性质差异有关。Ouyang 等（2012）对黄河上游沉积物磷吸附的特性的研究也发现黏粒和粉粒含量的高低对沉积物吸附磷的能力具有重要影响。黏粒和粉粒含量越高，土壤或沉积物颗粒的比表面积越大，相对可提供的磷吸附活性吸附位点也较多。因此，土壤粒径大小和比表面积大小成为影响湿地土壤磷吸附能力的重要影响因素。本节中季节性淹水湿地黏粒含量为 1.86%，粉粒含量为 32.26%，显著低于潮汐淹水湿地土壤（黏粒和粉粒含量分别为 5.97%和 51.15%）和淡水恢复湿地土壤（黏粒和粉粒含量分别为 4.59%和 65.71%），从而限制了季节性淹水湿地土壤颗粒对磷的吸附。

此外，与长期淡水恢复湿地土壤和季节性淹水湿地土壤相比，潮汐淹水湿地土壤对磷的吸附特征受不同 pH 影响差异不明显，表明潮汐淹水湿地土壤对上覆水体 pH 具有较强的缓冲调节作用。

3）温度对磷吸附解吸的影响

温度变化对黄河三角洲不同淹水类型湿地土壤磷吸附特性的影响结果见图 2.27。温度对黄河三角洲不同淹水类型湿地土壤吸附磷的特性的影响特征具有相似性，即在实验设置环境温度 5～45℃范围内，不同淹水类型湿地土壤吸附 PO_4^{3-} - P 的量随着设置环境温度的升高呈现先增加后减少的变化趋势。此结果与以往研究（石晓勇等，1999；Elmahi et al.，2001；苏莹莹，2012）结果不一致，Huang 等（2011a）通过对湿地富营养化湖泊沉积物磷吸附特性的研究发现温度的增加有利于沉积物对磷的吸附。付海曼和贾黎明（2009）通过对磷吸附解吸特性研究进展的总结中也认为土壤对磷的吸附量随着温度的升高呈线性增加趋势。

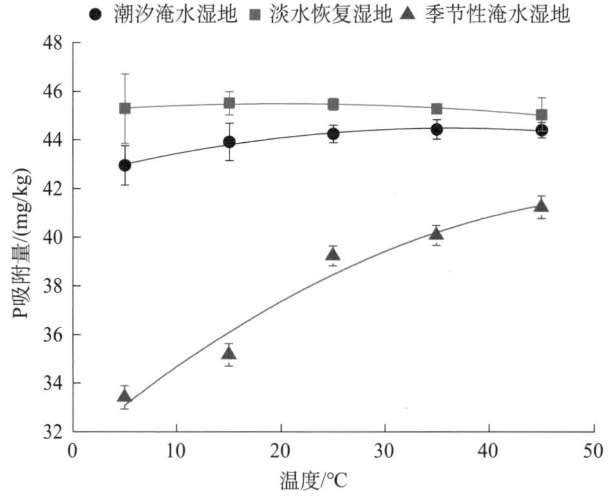

图 2.27　黄河三角洲 3 种淹水类型湿地土壤对 PO_4^{3-} - P 的吸附量随温度的变化

在实验设置环境温度 5～45℃范围内，3 种淹水类型湿地土壤磷吸附的变化规律在程度上存在着一定差异，不同环境温度条件下黄河三角洲湿地季节性淹水湿地土壤对磷吸附量随环境的温度的升高不断增加，而淡水恢复湿地土壤和潮汐淹水湿地土壤对磷的吸附行为受不同环境温度影响差异不明显，且对磷的吸附量均明显高于季节性淹水湿地土壤（图 2.28）。不同淹水类型湿地土壤粒径差异是造成此差异的主要原因，此外，不同淹水类型湿地土壤背景磷含量也可能是造成此差异的原因。潮汐淹水和淡水恢复湿地土壤背景磷含量（分别为 692.15mg/kg 和 663.88mg/kg）比季节性淹水湿地土壤背景磷含量（730.56mg/kg）要低，因此有利于其对上覆水体中PO_4^{3-}－P的吸附。而季节性淹水湿地土壤由于本底磷含量（730.56mg/kg）较高，可提供土壤颗粒表面可吸附位点较少，在一定程度上抑制了土壤对上覆水体中 PO_4^{3-}－P 的吸附。

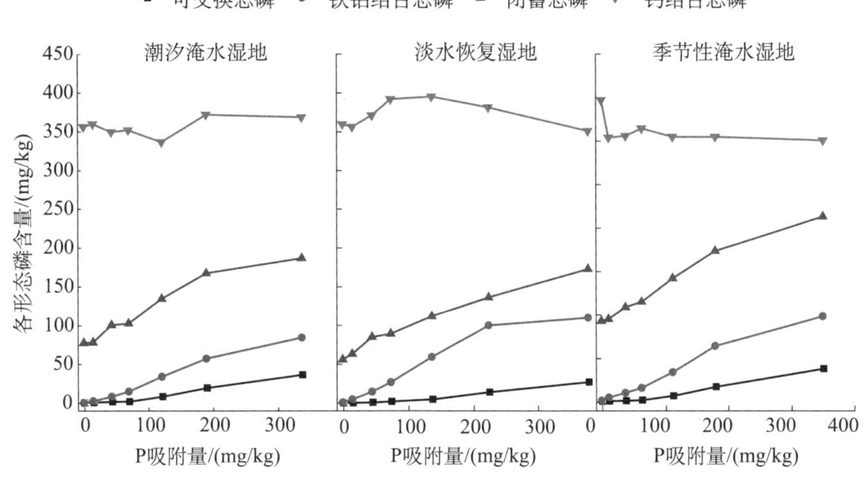

图 2.28　黄河三角洲 3 种淹水类型湿地土壤磷吸附后各形态磷含量

通过二项式方程对不同环境温度对 3 种淹水类型湿地土壤磷吸附规律的描述均达到较好的拟合效果（二项式吸附曲线公式见表 2.15），R^2 分别达到 0.985（潮汐淹水湿地）、0.964（淡水恢复湿地）和 0.9654（季节性淹水湿地）。根据二项式极值求算原理可计算得到：当环境温度为 36.77℃时，单位质量潮汐淹水湿地土壤对 PO_4^{3-} －P 的吸附量达到最大值 44.51mg/kg；当环境温度为 19.44℃时，单位质量淡水恢复湿地土壤对 PO_4^{3-} －P 的吸附量达到最大值 45.48mg/kg；当环境温度为 58.55℃时，单位质量季节性淹水湿地土壤对 PO_4^{3-} －P 的吸附量达到最大值 41.98mg/kg。淡水恢复湿地土壤磷吸附最适环境温度＜潮汐淹水湿地土壤＜季节性淹水湿地土壤。以往研究认为湿地土壤对上覆水体中磷的吸附过程是一个吸热过程（杜建军等，1993；薛杨和邱素芬，2011），因此，温度的增加能不断促进土壤对磷的吸附。但是本研究发现当土壤温度超过某一阈值后，温度的继续增加反而会导致土壤磷吸附量的降低，可能的原因是温度的增加也是促进磷释放的主要原因（Elmahi et al.，2001），当温度超过某一阈值后可能会导致土壤对磷的释放量大于土壤对磷的吸附量，从而造成土壤对磷的吸附量下降。

表 2.15　黄河三角洲 3 种淹水类型湿地土壤对 PO_4^{3-}－P 的吸附量随温度变化的拟合模型

样地	二项式吸附曲线公式	拟合优度
潮汐淹水湿地	$y=-0.0015x^2+0.1103x+42.486$	$R^2=0.985$
淡水恢复湿地	$y=-0.0008x^2+0.0311x+45.178$	$R^2=0.964$
季节性淹水湿地	$y=-0.0031x^2+0.363x+31.354$	$R^2=0.9654$

注：x. 添加上覆水体温度；y. 单位质量土壤对 PO_4^{3-}－P 的吸附量（mg/kg）。

4. 不同水盐条件下滨海湿地土壤吸附磷后的赋存形态

黄河三角洲不同淹水类型湿地土壤样品完成磷吸附过程后得到一系列不同磷吸附量

的吸附土样，吸附磷在吸附土样中的存在形态分级分析结果见图 2.28。总体而言，随着土壤对磷吸附量的增加，黄河三角洲 3 种淹水类型湿地土壤中可交换态磷、铁铝结合态磷和闭蓄态磷含量均表现出显著增加趋势。

在磷吸附量为 0～337.41mg/kg 范围内，潮汐淹水湿地土壤可交换态磷、铁铝结合态磷、闭蓄态磷和钙结合态磷含量的变化范围分别为 0.42～36.26mg/kg、0.62～84.68mg/kg、77.72～187.15mg/kg 以及 349.89～372.33mg/kg，变化量分别为 35.84mg/kg、84.06mg/kg、109.43mg/kg 和 22.44mg/kg；在磷吸附量为 0～378.89mg/kg 范围内，淡水恢复湿地土壤可交换态磷、铁铝结合态磷、闭蓄态磷和钙结合态磷含量的变化范围分别为 0.32～27.11mg/kg、1.00～110.06mg/kg、56.37～173.05mg/kg 以及 351.24～395.33mg/kg，变化量分别为 26.79mg/kg、109.06mg/kg、116.68mg/kg 和 44.09mg/kg；在磷吸附量为 0～351.44mg/kg 范围内，季节性淹水湿地土壤可交换态磷、铁铝结合态磷、闭蓄态磷和钙结合态磷含量的变化范围分别为0.89～38.22mg/kg、2.13～98.67mg/kg、93.31～213.42mg/kg 和 301.25～347.44mg/kg，变化量分别为 37.33mg/kg、96.54mg/kg、120.11mg/kg 和 46.19mg/kg。与未吸附背景土样相比，磷吸附后土样中可交换态磷、铁铝结合态磷以及闭蓄态磷含量发生显著变化，钙结合态磷含量变化差异不明显，可见闭蓄态磷是黄河三角洲湿地土壤磷吸附的主要存在形态，其次是铁铝结合态磷，而磷吸附后的存在形态不包括钙结合态磷。Zhou 等（2005）通过对沉积物磷吸附特性的研究证明土壤中 Fe、Al 等氧化物在磷吸附过程中起着至关重要的作用。Wang 等（2009）通过对长江三峡水库沉积物磷的吸附特性研究也发现有机质和金属氢氧化物是影响沉积物磷吸附的主要影响因素，沉积物中 Fe、Al、Ca 含量的增加能有效提高对磷的吸附量。

由于土壤可交换态磷、铁铝结合态磷和闭蓄态磷含量随着磷吸附量的增加呈现显著变化，而钙结合态磷含量随着土壤磷吸附量的增加变化差异不明显，因此认为黄河三角洲湿地土壤磷吸附过程不影响土壤钙结合态磷含量的变化，表明在黄河三角洲湿地土壤中钙结合态磷不是吸附态磷的归宿。这可能是由于在磷吸附初级阶段，磷快速吸附到矿物质表面，并以非稳定形态（可交换态磷、铁铝结合态磷和闭蓄态磷）存在，随后缓慢转化为稳定的形态，因此转化为钙结合态磷可能需要很长时间。而在本模拟研究时间段内，不足以完成吸附态磷向钙结合态磷的转化，故对黄河三角洲湿地土壤吸附磷的分析可忽略对钙结合态磷的考虑。

由图 2.29 可见，随着上覆水体中初始 PO_4^{3-} - P 浓度的增加，季节性淹水湿地土壤可交换态磷、铁铝结合态磷和闭蓄态磷含量之和始终高于淡水恢复湿地和潮汐淹水湿地，但是季节性淹水湿地土壤可交换态磷、铁铝结合态磷和闭蓄态磷含量相对背景土壤的变化量明显低于淡水恢复湿地和潮汐淹水湿地。季节性淹水湿地磷吸附土壤中可交换态磷、铁铝结合态磷和闭蓄态磷含量偏高是由于其背景含量偏高导致的，而该湿地土壤对上覆水体中 PO_4^{3-} - P 的吸附能力相对淡水恢复湿地和潮汐淹水湿地较低。同时，随着上覆水体中初始 PO_4^{3-} - P 浓度的增加，淡水恢复湿地土壤可交换态磷、铁铝结合态磷和闭蓄态磷含量之和始终低于潮汐淹水湿地和季节性淹水湿地，但是淡水恢复湿地土壤可交换态磷、铁铝结合态磷和闭蓄态磷含量相对背景土壤的变化量明显高于潮汐淹水湿地和季节性淹水湿地（图 2.30）。淡水恢复湿地土壤虽然可交换态磷、铁铝结合态磷和闭蓄态磷的背景含量偏低，但是其能有效吸附上覆水体中 PO_4^{3-} - P，降低上覆水体 PO_4^{3-} - P 浓度，进而减少水体富营养化风险。

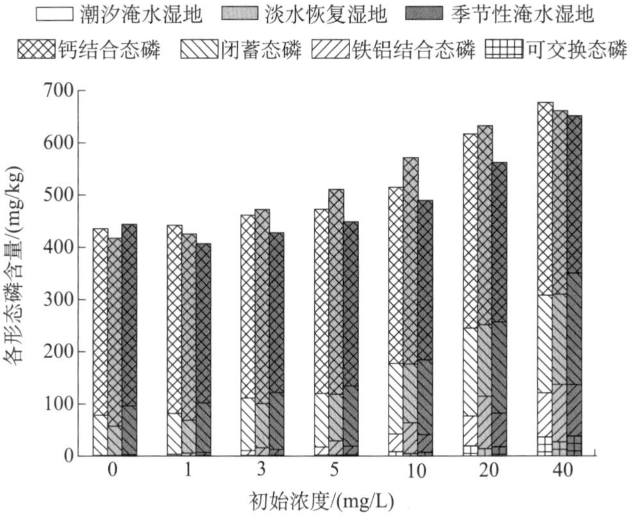

图 2.29　黄河三角洲 3 种淹水类型湿地土壤磷吸附后各形态磷累积含量

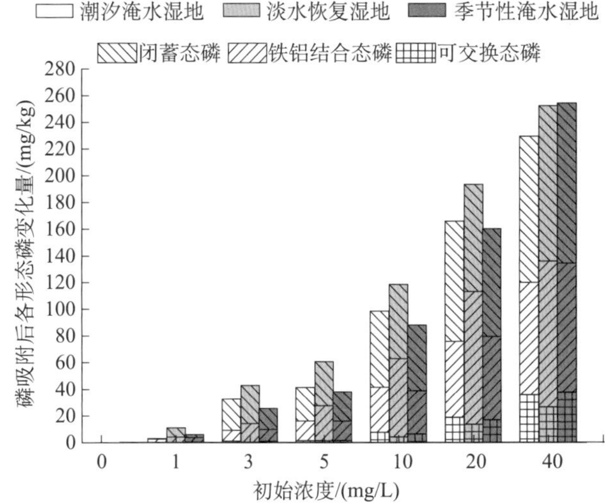

图 2.30　黄河三角洲 3 种淹水类型湿地土壤磷吸附后各形态磷变化量

此外，对比不同淹水类型湿地土壤吸附磷存在形态发现淡水恢复湿地土壤吸附磷中可交换态磷含量占总吸附磷含量的 5.42%，明显低于潮汐淹水湿地（可交换态磷含量占总吸附磷含量的 8.48%）和季节性淹水湿地（可交换态磷含量占总吸附磷含量的 8.30%）；而淡水恢复湿地土壤吸附磷中铁铝结合态磷含量占总吸附磷含量的 35.64%，明显高于潮汐淹水湿地（铁铝结合态磷含量占总吸附磷含量的 25.69%）和季节性淹水湿地（铁铝结合态磷含量占总吸附磷含量的 28.89%），可见淡水恢复湿地土壤对磷吸附状态相对潮汐淹水湿地和季节性淹水湿地更为稳定，能相对增加土壤对磷的固定能力。这说明人工淡水恢复工程在一定程度上增大了湿地土壤对磷的固持能力，有效减轻水体富营养化风险。但是淡水恢复湿地土壤对磷的固持能力也存在一个阈值，一旦磷含量超过其阈值将会造成更为严重的富营养化状况。因此，对淡水恢复湿地土壤的恢复过程及营养元素的生物地球化学过程依然需要予以高度重视。

表 2.16 显示了黄河三角洲 3 种淹水类型湿地吸附土样中各形态磷相对其背景磷含量的变化量占吸附磷的比例。由表 2.16 可知，潮汐淹水湿地、淡水恢复湿地和季节性淹水湿地吸附土样中可交换态磷相对其背景土壤可交换态磷含量的变化量占吸附磷的比例随着土壤磷吸附量的增加而增加，其线性拟合优度分别达到 0.8424、0.9276 和 0.8599，相关性显著。总体上，磷吸附过程明显增加了活性可交换态无机磷在土壤中的存在比例，这与黄利东（2011）对湖泊沉积物磷吸附特征的研究结果一致。

表 2.16　各形态磷相对其背景磷的变化量占吸附磷的比例

样地	磷吸附量/(mg/kg)	可交换态磷/%	铁铝结合态磷/%	闭蓄态磷/%	钙结合态磷/%
潮汐淹水湿地	14.53	2.23	16.15	2.77	25.55
	43.25	2.97	18.65	53.95	−15.43
	69.79	2.17	20.95	36.44	−6.07
	121.88	6.50	27.62	46.82	−15.96
	190.64	9.99	29.87	47.21	8.27
	337.41	10.62	24.91	32.43	3.71
淡水恢复湿地	14.79	0.46	27.83	47.35	−22.28
	44.78	1.15	30.93	64.10	25.70
	73.52	2.24	35.48	45.07	43.89
	136.77	3.23	42.82	40.63	25.99
	224.06	6.19	44.36	35.81	9.69
	378.89	7.07	28.78	30.79	−2.25
季节性淹水湿地	11.41	2.33	29.70	19.24	−376.51
	38.10	2.01	23.30	41.26	−108.31
	63.14	2.16	22.94	34.82	−51.72
	111.55	5.58	29.12	44.10	−37.91
	179.96	9.32	34.75	44.84	−23.48
	351.44	10.62	27.47	34.18	−13.14

潮汐淹水湿地、淡水恢复湿地和季节性淹水湿地吸附土样中铁铝结合态磷相对其背景土壤铁铝结合态磷含量的变化量占吸附磷的比例随着土壤磷吸附量的增加呈现先增后减的趋势，即使其土壤中铁铝结合态磷含量仍随着土壤磷吸附量的增加而增加。可见在一定磷吸附量范围内，土壤对磷的吸附过程能够提高铁铝结合态磷在土壤中的存在比例，但是超过一定范围后，土壤对磷的继续吸附反而降低了铁铝结合态磷在土壤中的存在比例。可能的原因是随着土壤无机磷含量的不断富集造成土壤对磷的固定化作用显著增强，从而不断将吸附的磷转化为有机磷形式储存在土壤中。此外，3 种不同淹水类型湿地吸附土样中闭蓄态磷相对其背景土壤闭蓄态磷含量的变化量占吸附磷的比例随着土壤磷吸附量的增加变化差异也不明显。

与土壤背景磷含量相比，3 种淹水类型湿地吸附土样中可交换态磷、铁铝结合态磷和闭蓄态磷的变化量相对其背景土壤发现，闭蓄态磷＞铁铝结合态磷＞可交换态磷。Lin 等（2009）通过对大辽河流域沉积物磷吸附特征的研究证明吸附态磷主要绑定在 Fe/Al 等氢氧化物矿石上，因此铁铝结合态磷是吸附态磷的主要存在方式。此结果与本节结果相悖，这可能与实验样地选择及实验设置培养时间差异有关。

图 2.31 显示了黄河三角洲 3 种淹水类型湿地土壤吸附磷后各形态磷占土壤全磷的百分比与土壤磷吸附量的相关关系。总体而言，黄河三角洲 3 种淹水类型湿地土壤吸附磷后各形态磷占土壤全磷的比例随着土壤磷吸附量的变化规律一致，且随着土壤磷吸附量的增大吸附土样中可交换态磷、铁铝结合态磷和闭蓄态磷含量占土壤全磷的比例增大，而钙结合态磷含量占土壤全磷的比例则随着土壤磷吸附量的增大而降低。通过线性方程对不同淹水类型湿地土壤磷吸附后各形态磷占土壤全磷的比例的描述发现研究区湿地土壤吸附磷后可交换态磷、铁铝结合态磷和闭蓄态磷含量占土壤全磷的比例与土壤磷吸附量呈正相关关系，而钙结合态磷含量占土壤全磷的比例与土壤磷吸附量呈负相关关系（表 2.17）。虽然 3 种淹水类型湿地土壤吸附磷后各形态磷占土壤全磷的比例随土壤磷吸附量的变化规律一致，但是各湿地之间的形态磷占土壤全磷的比例与土壤磷吸附量之间的关系也存在一定的差异，这可能也与各湿地土壤的黏粒度、盐度、温度、pH、含水率等理化性质不同有关。

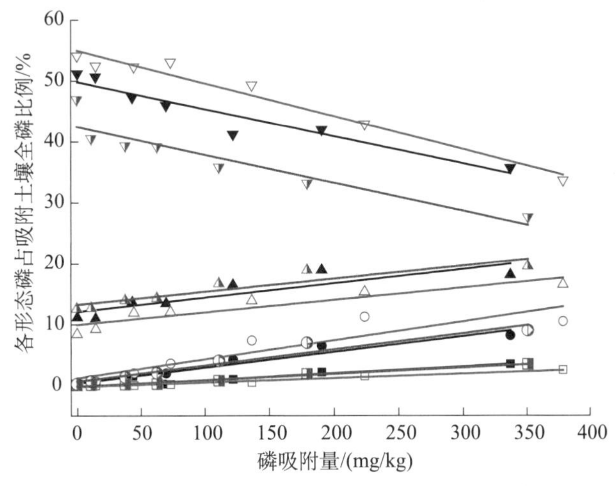

图 2.31　3 种淹水类型湿地土壤吸附磷后各形态磷占土壤全磷的（ST-P）比例

表 2.17　吸附土样各形态磷占全磷（ST-P）比例随土壤磷吸附量的变化数学模型

样地	磷形态	二项式吸附曲线公式	拟合优度
潮汐淹水湿地	可交换态磷	$y=0.0109x-0.1645$	$R^2=0.973$
	铁铝结合态磷	$y=0.0257x-0.3623$	$R^2=0.9498$
	闭蓄态磷	$y=0.0233x+12.089$	$R^2=0.7591$
	钙结合磷	$y=-0.0446x-0.1305$	$R^2=0.9119$
淡水恢复湿地	可交换态磷	$y=0.0071x-0.01305$	$R^2=0.9752$
	铁铝结合态磷	$y=0.0309x+1.2835$	$R^2=0.8296$
	闭蓄态磷	$y=0.0202x+10.042$	$R^2=0.8476$
	钙结合磷	$y=-0.054x+55.078$	$R^2=0.9647$

续表

样地	磷形态	二项式吸附曲线公式	拟合优度
季节性淹水湿地	可交换态磷	$y=0.0102x-0.096$	$R^2=0.978$
	铁铝结合态磷	$y=0.0263x+0.6819$	$R^2=0.9416$
	闭蓄态磷	$y=0.0214x+13.267$	$R^2=0.8568$
	钙结合磷	$y=-0.0461x+42.533$	$R^2=0.8704$

注：x. 磷的吸附量；y. 各形态磷占总吸附磷含量的比例。

5. 不同水盐条件下滨海湿地土壤吸附态磷的再释放

土壤对磷的解吸能力是控制湿地土壤磷淋失的重要决定因素（Makris et al.，2004；陈亚东等，2010）。使用不同浓度 KH_2PO_4 溶液先对不同淹水类型湿地土壤进行吸附，待土壤与上覆水溶液浓度达到平衡后，再测定磷的释放情况。实验结果表明，当初始上覆水体中供试 PO_4^{3-}－P 浓度较低时，土壤对磷的吸附量也较低（图 2.32），而吸附量较低的土壤对磷的释放量也相对较低（图 2.33）。随着初始上覆水体中供试 PO_4^{3-}－P 浓度的增加，湿地土壤对磷的吸附量也相应增大，而随着土壤对磷的吸附量的增加其对磷的释放量也相应增大。

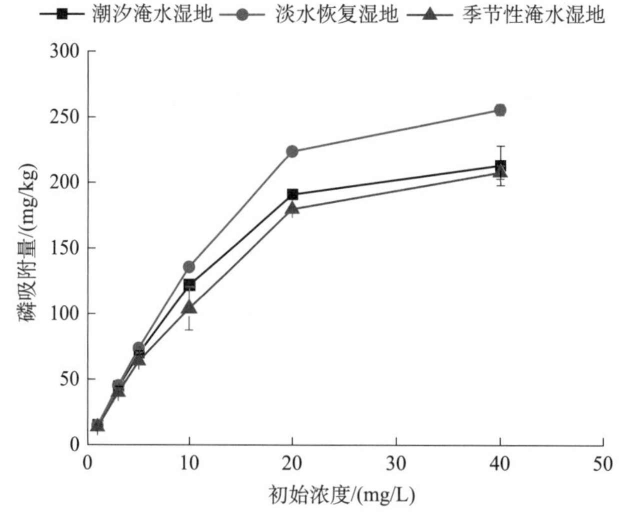

图 2.32　黄河三角洲 3 种淹水类型湿地土壤磷吸附量

由图 2.32 和图 2.33 可知，黄河三角洲不同淹水类型湿地土壤磷吸附和磷释放特性具有相似性，即在上覆水体供试 PO_4^{3-}－P 浓度 1～40mg/L 范围内，不同淹水类型湿地土壤对 PO_4^{3-}－P 的吸附量随着上覆水体供试 PO_4^{3-}－P 浓度的增加呈对数增长趋势；而在实验设置磷吸附量 7.56～255.99mg/kg 范围内，不同淹水类型湿地土壤对 PO_4^{3-}－P 的释放量随着设置磷吸附量的增加呈现先缓慢增加后急剧增加的指数增长变化趋势。此研究结果与耿建梅等（2009），Jalali 和 Peikam（2013）的研究结果一致，表明了吸附态磷解吸过程的滞后性。通过指数方程对 3 类湿地土壤磷释放规律的描述均达到较好的拟合效果（磷释放指数公式见表 2.18），R^2 分别达到 0.9936（潮汐淹水湿地）、0.9793（淡水恢复湿地）和 0.9967（季节性淹水湿地）（表 2.18）。

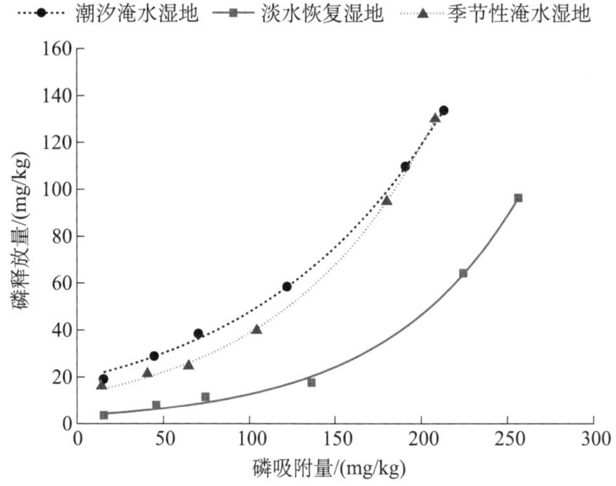

图 2.33　黄河三角洲 3 种淹水类型湿地土壤中吸附态磷的再释放

表 2.18　黄河三角洲 3 种淹水类型湿地土壤的磷素再释放量随磷吸附量变化的拟合模型

样地	数学模型	拟合优度
潮汐淹水湿地	$y=18.193\,e^{0.0095x}$	$R^2=0.9936$
淡水恢复湿地	$y=3.4337\,e^{0.0128x}$	$R^2=0.9793$
季节性淹水湿地	$y=12.454\,e^{0.0109x}$	$R^2=0.9967$

注：x. 土壤 PO_4^{3-} - P 的吸附量；y. 单位质量土壤对 PO_4^{3-} - P 的再释放量（mg/kg）。

虽然黄河三角洲不同淹水类型湿地土壤的磷释放特性具有相似性，但是 3 种淹水类型湿地土壤的磷释放规律存在着一定差异，即在等量磷吸附量条件下，淡水恢复湿地土壤对磷的释放量明显低于季节性淹水湿地土壤和潮汐淹水湿地土壤，而季节性淹水湿地土壤对磷的释放量略低于潮汐淹水湿地土壤。对比不同淹水类型湿地对磷的吸附规律可知，在上覆水磷含量相同时，淡水恢复湿地对磷的吸附量明显高于季节性淹水湿地土壤和潮汐淹水湿地土壤，而季节性淹水湿地土壤对磷的吸附量略低于潮汐淹水湿地土壤。上述结果表明淡水恢复湿地土壤对磷的吸附能力明显高于季节性淹水湿地土壤和潮汐淹水湿地土壤，而其对磷的释放风险明显低于季节性淹水湿地土壤和潮汐淹水湿地土壤。所以，在滨海湿地进行人工淡水恢复工程能够有效提高土壤对磷的吸附能力，进而降低土壤对磷的释放风险。

土壤对磷的解吸率（d_r）是指土壤释放磷量与解吸前土壤对磷的吸附量的比值，其可作为表征土壤对磷吸附强度的指标。图 2.34 显示了土壤对磷的解吸率随着解吸前土壤对磷的吸附量的变化特征。由图 2.34 可见，黄河三角洲 3 种淹水类型湿地土壤磷解吸率具有相同的变化趋势，即潮汐淹水湿地、淡水恢复湿地和季节性淹水湿地土壤分别在实验设置磷吸附量为 15.28～122.04mg/kg、7.56～135.98mg/kg 以及 13.96～104.08mg/kg 范围内对 PO_4^{3-} - P 的解吸率随着磷吸附量的增加呈现急剧下降趋势，而在 122.04～213.19mg/kg、135.98～255.99mg/kg 以及 104.08～207.93mg/kg 范围内对 PO_4^{3-} - P 的解吸率随着磷吸附量的进一步增加呈现缓慢增加的趋势。其原因可能是在低磷浓度条件下土壤对磷的吸附固定主要以物理吸附为主，而该吸附形式是磷释放的主要贡献者（Mcdowell and Condron，2001；王少先等，2012）。随着上覆水体中磷浓度的不断升高，不断增加的磷素逐渐与土壤中 Fe、Al、Ca 等矿物发生反应，形成土壤对磷的化学吸附（Glaesner et al.，2011）。此时，土壤表面化学吸磷饱和度较低，高能位点多，与磷的结合能力强，主要与磷化学反应生成稳定的双核络合物，解吸困难，从而导致土壤磷解吸率的降低（贾兴永，2011；Lin et al.，2009）。而随着土壤对磷的吸附量的进一步增加，土壤表面吸磷饱和度较高，剩余的磷素则主要以可交换态形式吸附于双核络合物，形成单齿络合物，易于解吸，从而造成土壤磷解吸率的增加（王艳玲，2004；Sun et al.，2012）。

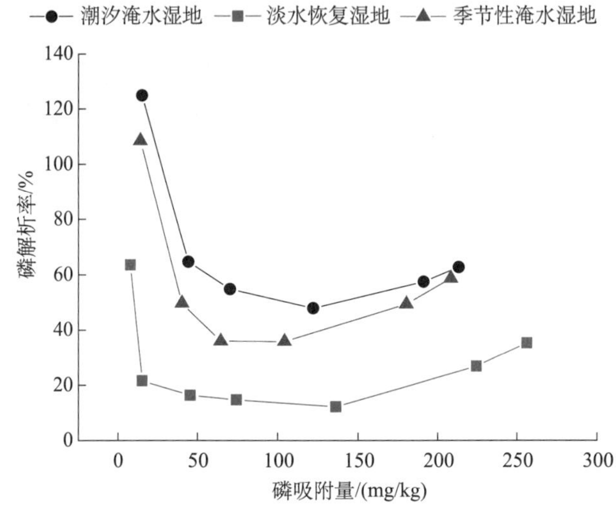

图 2.34　黄河三角洲 3 种淹水类型湿地土壤吸附态磷的再释放率

虽然黄河三角洲不同淹水类型湿地土壤对磷解吸率的变化规律具有相似性，但是 3 种淹水类型湿地土壤对磷解吸的变化规律存在着一定程度的差异，即在等量磷吸附量条件下，淡水恢复湿地土壤对磷的解吸率明显低于季节性淹水湿地土壤和潮汐淹水湿地土壤，而季节性淹水湿地土壤对磷的释放量略低于潮汐淹水湿地土壤。上述结果表明磷吸附能力越弱的土壤对磷的解吸能力越强，造成磷流失的潜力也越大。因此，在滨海湿地进行人工淡水恢复工程能够有效提高土壤对磷的缓冲能力，降低土壤磷流失的风险。

2.2.3　不同水盐条件下滨海湿地土壤有机磷的矿化过程

有机磷矿化作为土壤磷释放的主要途径之一，为植物生长提供了潜在磷源。一些有机磷矿化培养实验研究结果也指出有机磷矿化是表征土壤生物可利用磷的重要指标之一（Achat，2009；Lopez et al.，2004）。一般认为净磷矿化主要包括 3 种过程：基础磷矿化、淹水影响矿化和再矿化过程。基础磷矿化主要指尚未被反应分解的土壤有机质的矿化，表征了土壤将有机磷矿化为无机磷的潜力（Oehl et al.，2001）；淹水影响矿化主要指干湿交替和冻融作用对磷矿化的影响（Schönbrunner et al.，2012）；再矿化过程则主要指在基础矿化之后微生物对微生物合成有机磷的再矿化（Oehl et al.，2004）。

以上 3 种有机磷矿化过程均涉及微生物活动，可见土壤微生物活动和土壤酶活性是土壤有机磷矿化的决定因素（Zaia et al.，2012）。同时环境条件如氧化还原条件、温度、盐度、pH 等也是影响土壤磷矿化的重要影响因素（Yu and Wang，2009；李楠等，2011）。目前对土壤有机磷矿化研究的方法也取得很大的进步，包括野外同位素跟踪培养法（Oehl et al.，2001）、野外原状土就地连续培养法（Noe，2011）、野外土壤埋袋法（赵少华等，2005）以及室内土柱培养法（Fellman and D'Amore，2007）等。

虽然黄河三角洲湿地土壤有机磷含量相对无机磷含量较低，但是有机磷通过矿化作用对湿地土壤生物可利用磷含量的补给作用仍发挥着重要作用。因此本节主要通过对野外原状土就地培养法（In situ 技术）和室内控制条件土柱培养法结合应用，综合分析黄河三角洲不同淹水类型湿地土壤有机磷矿化机制及环境条件对有机磷矿化的影响作用。

1. 滨海湿地土壤净磷矿化的时空变化

2012 年潮汐淹水湿地和季节性淹水湿地土壤净磷矿化率的季节变化规律见图 2.35。4～5月两类淹水湿地土壤磷的净矿化率均为正值［潮汐淹水湿地 R_{NPM}＝0.37mg/（kg・d）；季节性淹水湿地 R_{NPM}＝0.38mg/（kg・d）］，表示土壤无机磷正处于累积状态，且不同淹水类型对滨海湿地土壤磷矿化率的影响差异不明显。之后两类淹水湿地土壤净磷矿化率迅速转为负值［潮汐淹水湿地 R_{NPM}＝－1.49mg/(kg・d)；季节性淹水湿地 R_{NPM}＝－6.30mg/(kg・d)］，矿化产生的过量无机磷在微生物的作用下发生固定，土壤有机磷开始处于累积状态。而且，在此时期季节性淹水湿地土壤净磷矿化率显著低于潮汐淹水湿地，这与潮汐淹水对湿地土壤磷的动态平衡的调节作用有关（季节性淹水湿地土壤在该时期处于干旱状态）。

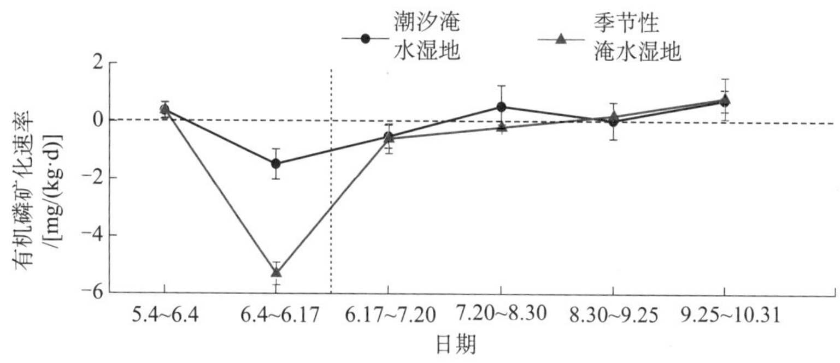

图 2.35　2012 年黄河三角洲 3 种淹水湿地土壤磷矿化速率

调水调沙开始后，两类淹水湿地土壤净矿化率仍为负值，但是土壤对无机磷的固定强度明显呈减弱趋势，表明了湿地系统对各形态磷含量动态平衡的调控作用。之后，两类淹水湿地土壤净磷矿化率上升至 0，并保持动态稳定状态，潮汐淹水湿地 R_{NPM}变化范围为－0.52～0.52mg/(kg・d)；季节性淹水湿地 R_{NPM}变化范围为－0.60～0.21mg/(kg・d)，无机磷在土壤中的固定与释放过程也处于动态平衡状态，且不同淹水湿地土壤磷矿化率与固定率差异不明显。9～10 月 2 类淹水湿地土壤的磷矿化率上升至最大值，潮汐淹水湿地 R_{NPM}＝0.74mg/(kg・d)；季节性淹水湿地 R_{NPM}＝0.82mg/(kg・d)。这是由于 9～10 月为植物生长凋落期，土壤中植物残体的增加促进土壤微生物对有机质的分解矿化。

2. 土壤环境变量对不同水盐条件下滨海湿地土壤有机磷矿化的影响

在潮汐淹水湿地和季节性淹水湿地野外原位培养实验得到的数据，进一步采用冗余分析方法探讨不同环境变量与磷矿化指标的相关关系。相对于主成分分析，冗余分析在排序图中的坐标是环境因子的线性组合，即排序轴是参与排序的环境变量的线性组合（多元多重回归），解释变量对于响应变量的影响被集中在了几个合成的排序轴上，因此能够更直观地反映湿地土壤磷矿化的环境影响机制（Lewin and Szoszkiewicz，2012；张娟，2012；董旭辉等，2007）。图 2.36 显示，不同淹水类型湿地表层土壤磷矿化速率及矿质磷含量具有明显的季节差异，潮汐淹水湿地和季节性淹水湿地土壤磷矿化可划分为 3 个时段：植物生长初期、植物生长中期和旺盛期以及植物凋落期。

潮汐淹水湿地土壤磷矿化的冗余分析结果表明，4 个排序轴特征值分别为 0.385、0.241、0.194、0.083，其中前 3 个轴综合解释了 81.9%的累积方差，环境变量对土壤净磷矿化速率及矿质磷的解释量累计达到了 90.2%。对季节性淹水湿地土壤磷矿化的冗余分析结果表明，4 个排序轴特征值分别为 0.466、0.289、0.122、0.066，其中前 3 个轴综合解释了 87.6%的累积方差，环境变量对土壤净磷矿化速率及矿质磷的解释量累计达到了 94.2%。

环境变量在冗余分析中被限定为排序轴的线性组合，即环境变量与排序轴的相关性大小取决于其与排序轴的夹角大小，箭头连线的长度代表了该因素的影响大小。如图 2.36（a）所示，潮汐淹水湿地中，与横坐标正方向夹角较小且箭头较长的有土壤温度、粉粒和电导率，表示此方向表征了土壤的高盐分、高温度和高粉砂；与横坐标负方向夹角较小且箭头较长的指标有微生物量氮、微生物量碳、碱性磷酸酶和砂粒，表明此方向表征了土壤的高微生物活性、高碱性磷酸酶和高砂粒含量；与纵坐标正方向夹角较小且箭头较长的指标有土壤有机质和 pH，表明此方向是高 pH 和高有机质的表征，与纵坐标负方向夹角较小且箭头较长的指标有 Al、Al_0 和 Fe_0，表明该方向表征了高 Al 和高活性 Al 和 Fe。从图 2.36（b）可见，季节性淹水湿地中与横坐标正方向夹角较小且箭头较长的有温度和粉粒，表示此方向表征了土壤高粉砂和高温度；与横坐标负方向夹角较小且箭头较长的有微生物量氮和微生物量碳，表明此方向表征了土壤高微生物量碳氮；与纵坐标负方向夹角较小且箭头较长的有土壤总氮、Al、Fe、Ca 和有机质，表示此方向表征了高有机质和高 Al、Fe 和 Ca。潮汐淹水湿地采样点的分布状况表明随着植物生长季节的推进，湿地土壤环境主要由高 Al 和 Fe 向高盐度、高温度、高粉粒、高有机质和 pH 方向变化，而后再向高微生物活性和高砂粒、低温度和低盐分方向变化。植物生长初期土壤磷矿化主要受电导率和 Al 的影响，生长旺盛期主要受温度、粉粒和有机质的影响，而植物凋落期则主要受砂粒、微生物量氮、微生物量碳等因素的影响。季节性淹水湿地采样点的分布状况表明随着植物生长季节的推进，湿地土壤环境主要由高微生物量，高有机质，高 Al、Fe、Ca 方向向高温度、高含水量和酸性磷酸酶方向变化。植物生长初期土壤磷矿化主要受 Al、Fe、Ca、微生物量氮和有机质的影响，植物生长中期和旺盛期主要受温度、酸性磷酸酶、含水率、砂粒、粉粒等因素的影响，而植物凋落期则主要受酸性磷酸酶和含水率等因素的影响。

此外，由图 2.36（a）和图 2.36（b）可知，土壤 SO_4^{2-} 与 Cl^- 和电导率箭头方向相同且夹角较小，表明电导率的高低很大程度上是由于 SO_4^{2-} 与 Cl^- 含量共同决定的。杨

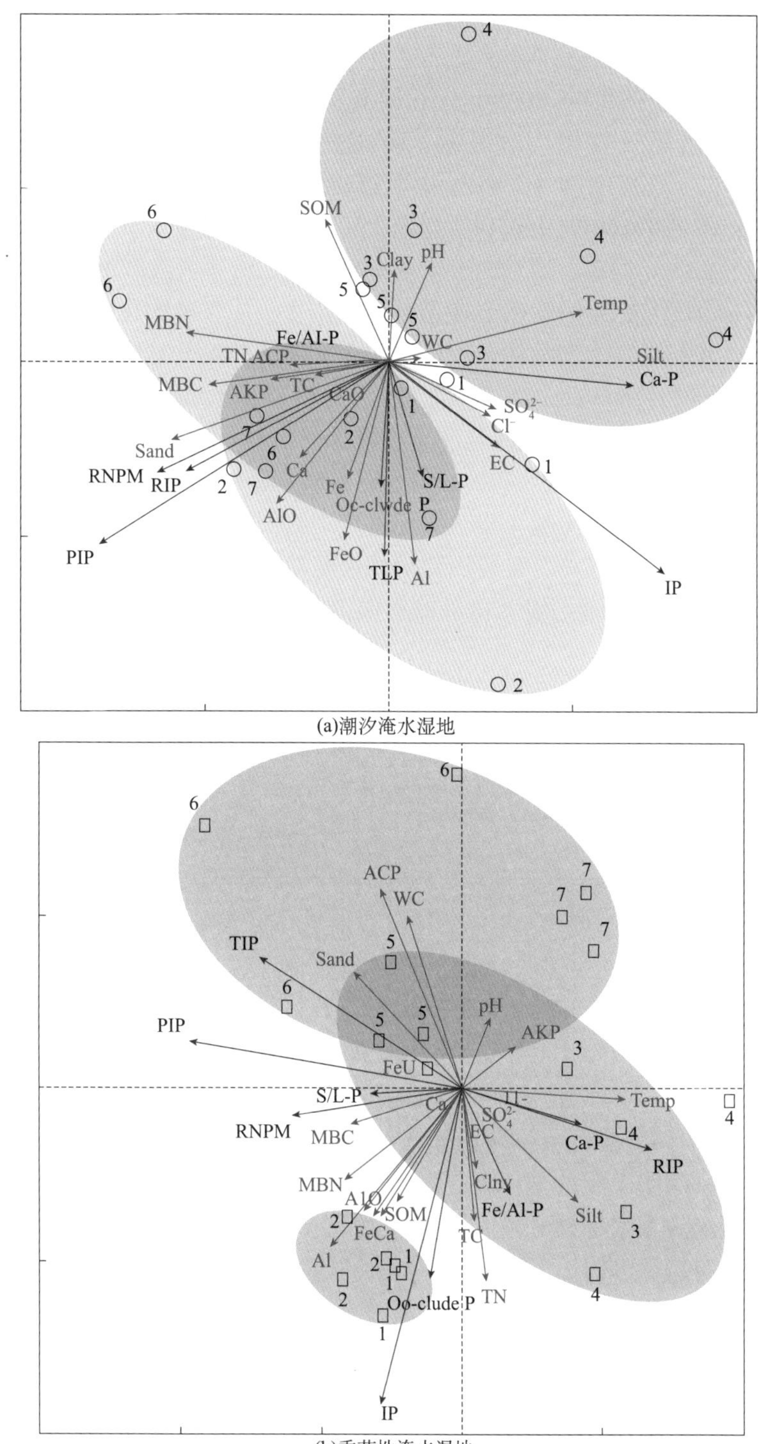

(a)潮汐淹水湿地

(b)季节性淹水湿地

图 2.36 黄河三角洲 3 种淹水类型湿地土壤净磷矿化速率及矿质磷与环境变量冗余分析结果

林林等（2006）研究也发现 Cl^- 是影响土壤浸提液电导率的最主要因素之一，SO_4^{2-} 也在一定程度上对土壤浸提液电导率产生影响。

在冗余分析排序图中两属性射线之间的夹角代表两属性之间的相关性。如图 2.36（a）所示，潮汐淹水湿地土壤净磷矿化速率（R_{NPM}）与植物吸收无机磷（P_{IP}）、雨水淋洗无机磷（R_{IP}）射线间的夹角很小且方向相同，表明三者之间呈正相关关系（表 2.19），即雨水和植物吸收作用对湿地土壤磷矿化具有重要影响。潮汐淋洗无机磷（T_{IP}）与土壤净磷矿化速率射线方向也相同，但是其夹角相对较大，说明潮汐作用对湿地土壤磷矿化速率的影响相对雨水和植物吸收作用较弱。而在季节性淹水湿地土壤净磷矿化速率与植物吸收无机磷、调水调沙工程来水淋洗无机磷射线间的夹角很小且方向相同［图 2.36（b）］，且表 2.19 也显示季节性淹水湿地土壤净磷矿化速率与植物吸收无机磷、淋洗无机磷正相关，表明植物吸收作用和调水调沙工程对湿地土壤磷矿化具有重要影响。Huang 等（2011b）通过对我国南方 3 种典型森林土壤的研究发现植物的快速生长增加了对土壤磷素的需求，从而促进土壤微生物活性的提高，加速土壤有机磷的矿化。Wassen 和 Olde Venterink（2006）通过对氮磷在沼泽和洪泛平原土壤中的迁移的研究也发现水分状况是影响湿地土壤氮磷元素流失的关键因素。庹刚等（2009）通过模拟暴雨条件下农田磷素迁移特征也证明地表径流是造成土壤磷素迁移的主要动力，且迁移的磷素以无机磷为主，而土壤无机磷的不断流失又会进一步促进湿地土壤有机磷的矿化。

表 2.19　黄河三角洲 2 种淹水类型湿地土壤的净磷矿化速率及矿质磷与环境变量相关分析

		R_{NPM}	P_{IP}	R_{IP}	T_{IP}	WC	EC	Cl^-	SO_4^{2-}	总碳	总氮	黏粒	粉粒
潮汐淹水湿地	R_{NPM}	1	0.336	0.244	−0.404	0.309	−0.457	−0.566	−0.277	0.180	0.525	0.465	−0.510
		砂粒	pH	ACP	AKP	MBC	MBN	Al	Ca	Fe	Al_0	Ca_0	Fe_0
	R_{NPM}	0.107	−0.231	−0.049	0.051	0.350	−0.037	0.195	0.771	0.732	0.610	0.374	0.408
	R_{NPM}	P_{IP}	R_{IP}	T_{IP}	WC	EC	Cl^-	SO_4^{2-}	总碳	总氮	黏粒	粉粒	
季节性淹水湿地	R_{NPM}	1	0.370	0.037	0.955	0.612	−0.584	−0.581	0.204	−0.960**	−0.538	0.256	−0.309
		砂粒	pH	ACP	AKP	MBC	MBN	Al	Ca	Fe	Al_0	Ca_0	Fe_0
	R_{NPM}	0.266	−0.363	0.364	−0.021	0.498	0.035	0.545	−0.091	−0.028	−0.024	−0.268	0.162

注：R_{NPM}. 土壤净磷矿化速率；P_{IP}. 植物吸收无机磷；R_{IP}. 雨水淋洗无机磷；T_{IP}. 潮汐淋洗无机磷；
* *. $P<0.01$。

在冗余分析排序图中物种与环境变量之间的相关性大小主要取决于其对应射线之间的夹角的大小。潮汐淹水湿地和季节性淹水湿地土壤的净磷矿化速率与土壤微生物量氮、微生物量碳等指标的箭头方向一致，且夹角较小，而且潮汐淹水湿地土壤净磷矿化速率还与总氮、总碳、酸性磷酸酶、碱性磷酸酶等指标的箭头方向一致，且夹角较小［图 2.36（a）］，表明土壤净磷矿化速率明显受到土壤微生物活性和土壤碳氮储量的影响。Noe 等（2013）通过对冲积平原湿地土壤氮磷矿化受水文过程的影响的研究中也发现微生物量及酶活性是决定湿地土壤有机磷矿化的最主要因素之一。Binkley 和 Hart（1989）则通过研究证明土壤有机磷矿化率的高低同时取决于土壤有机质和碳氮等营养元素含量的高低，以及土壤微生物活性的高低。其次潮汐淹水湿地土壤净磷矿化速率与土壤沙粒、Fe、Al、Ca、Fe_0、Al_0、Ca_0 含量也呈正相关关系（表 2.19），表明土壤净矿化速率与土壤质地情况也存在一定关系。土壤粒度是影响离子态磷素迁移与滞留过程的关键因子，从而影响其被湿地微生物转化的程度。李敏（2001）研究证明在石灰性土壤中含量最高的无机磷形态-钙结合态磷主要来源于磷灰石，而磷灰石主要富集于粉砂粒径沉积物中。刘双（2011）通过对北京野鸭湖湿地土壤磷的研究也发现黏粒和粉粒对磷的吸附能力大于砂粒，而土壤对磷的吸附能力对土壤有机磷的存在也起到重要作用。而土壤矿物中 Fe、Al、Ca 可与磷素结合形成金属结合态磷（Zhou et al.，2013；Satti et al.，2007），特别是钙结合态磷已成为黄河三角洲湿地土壤无机磷的主要存在形态（Xu et al.，2012），因此土壤矿物中 Fe、Al、Ca 可通过结合磷素的途径制约微生物对磷的生物转化利用。

此外，电导率、Cl^-、SO_4^{2-} 等含量表征土壤盐度的高低，而其与潮汐淹水湿地和季节性淹水湿地土壤净磷矿化速率（R_{NPM}）也呈现较弱的负相关关系，说明湿地土壤盐分水平也在一定程度上影响着土壤磷素的矿化。Jin 等（2013）在研究了 Cl^-、SO_4^{2-} 等对长江河口水库沉积物磷释放的影响时发现沉积物中 Cl^-、SO_4^{2-} 等含量的增加能显著提高沉积物中磷的释放量。这和本研究结果不一致，可能与黄河三角洲湿地土壤为强盐渍化土壤有关。土壤理化性质如 pH 也与潮汐淹水湿地和季节性淹水湿地土壤净磷矿化速率（R_{NPM}）呈现负相关关系，即研究区湿地土壤有机磷矿化速率随土壤 pH 的升高而降低，此研究结果与李楠等（2011）的研究结果不一致，可能的原因是研究区土壤 pH 偏高，在偏碱性土壤中有机磷的矿化反而被抑制。相关研究也指出当土壤 pH 高于 8.5 时，土壤钠离子增加，钙、镁离子被取代形成碳酸盐沉淀。因此，钙、镁的有效性在 pH 6.0～8.0 时最好（黄昌勇，2000）。赵少华等（2004）也证明土壤有机磷矿化速率随土壤 pH 上升而增加，但是当 pH 高于 7.0 时，有机磷矿化速率又开始下降。

2.3 不同水盐条件下滨海湿地土壤硫赋存形态及其转化过程

近年来，随着社会经济的快速发展，工业开发（油气和盐业等）、农业围垦、陆源污染、大型水利工程的建设，以及渔业资源的过度利用等现象频繁发生，使得大量的生源物质和污染物进入黄河三角洲滨海湿地，同时在全球气候变化背景下，海平面上升将导致现代黄河三角洲水盐条件和水生态格局发生显著变化，这些因素的叠加效应进一步加剧了物质之间相互作用的复杂程度，使得硫的氧化还原作用增强（曹爱丽，2010）。有研究表明湿地植被恢复、贝类养殖和围垦等人类活动，会显著影响湿地沉积物中硫的生物化学循环（胡姝，2012），同时随着经济发展大量含硫污染物进入水体和土壤，显著改变了湿地系统中硫的赋存形态，从而对湿地生态系统造成影响（Anne et al.，2002）。基于上述问题和现象，本节重点分析了硫在不同水盐条件下的赋存形态和时空分布格局，以及硫循环关键过程对水盐条件的响应规律，这不仅是深入研究湿地硫循环、理解湿地和硫之间相互作用的需要，而且对于湿地保护、合理利用、湿地恢复及区域可持续发展也有着重要的理论与现实意义。

2.3.1 不同水盐条件下滨海湿地土壤硫赋存形态的剖面分布特征

作为生物体所需的重要元素之一，硫在湿地土壤中的迁移转化会影响其生物有效性和储量，因此受到了广泛的关注。在不同的植被群落、土壤类型及水盐信息的共同影响下，硫在土壤中存在着多种形态（Itanna，2005；Kulhánek et al.，2016；Förster et al.，2012），其中无机硫和有机硫是硫在土壤中的主要存在形态，也是目前湿地土壤硫循环研究的两个主要方面（Prietzel et al.，2009；Curtin et al.，2007；Kour et al.，2014）。湿地土壤中硫的时空分布特征与湿地环境的形成和植被演替过程密切相关，同时也能够反映湿地土壤结构状态和养分的可利用程度（于君宝等，2014）。为了研究湿地土壤硫形态对不同水盐和植被条件的响应状况，本研究在黄河北岸设置三条由陆向海的样带，每条样带上设置六个采样点，依次为光滩（HN1）、假尾拂子茅湿地（HN2）、狭叶香蒲-芦苇湿地（HN3）、芦苇湿地（HN4）、柽柳-盐地碱蓬湿地（HN5）以及盐地碱蓬湿地（HN6）。

1. 不同水盐条件下滨海湿地土壤总硫含量剖面分布特征

1）滨海湿地土壤剖面总硫含量的时空变化特征

不同水盐梯度下土壤总硫含量的剖面分布特征基本相似（图 2.37），表层土壤总硫含量较高，与离黄河较近的前三个样地相比，后三个样地在 10～20cm 土层土壤总硫含量下降比较剧烈，从空间分布上来看（图 2.38），由河滩向海方向土壤总硫含量逐渐增加，在柽柳-盐地碱蓬湿地 40～50cm 土层有较低斑块出现，从季节变化来看，土壤总硫含量在 4 月和 10 月含量较高，而 8 月含量较低。有研究表明，不同水盐梯度下土壤总硫含量的垂直分布特征可能受高铁、高盐的影响较大（于君宝等，2014）。自然土壤中硫含量的高低主要由硫的输入量与输出量来决定，自然湿地中硫的输入途径主要包括土壤母质、动植物残体和大气干湿沉降，输出途径主要有淋溶、土壤侵蚀、径流和气体损失（黄界颖等，2003）。有研究表明冲淤积沉积物和海水是黄河三角洲滨海湿地土壤硫的主要来源，所以海水中硫的输入和盐度从河滩向海方向逐渐增加是引起土壤总硫含量随着植物演替方向逐渐升高的主要因素（于君宝等，2014）。另外，植被类型对湿地土壤硫含量也有重要的影响，不同类型植被对硫的吸收利用能力不同，因此导致不同水盐梯度下湿地土壤硫含量存在差异。已有研究表明盐地碱蓬在其生长过程中植物体细胞为了缓解高盐分胁迫下的脱水过程，会在自身的蛋白质分子中形成大量的二硫键，从而具有较强的硫积累能力（Sun et al.，2013）。

2）滨海湿地土壤剖面硫储量的时空变化特征

不同水盐梯度下湿地土壤剖面（0～60cm）硫储量的季节变化特征为 8 月较低，而 10 月含量较高（除了假尾拂子茅和狭叶蒲草-芦苇湿地在 1 月出现较高值），河滩裸地土壤剖面硫储量随季节的变化特征呈“N”形，其余五个样地硫储量随季节的变化特征大致呈“V”形（图 2.39）。不同水盐梯度下湿地土壤剖面硫储量季节的平均值依次是：河滩裸地为 62.89g/m^2，假尾拂子茅湿地为 94.11g/m^2，狭叶蒲草-芦苇湿地为 103g/m^2，芦苇湿地为 126.88g/m^2，柽柳-盐地碱蓬湿地为 168.21g/m^2，盐地碱蓬湿地为 250.79g/m^2，盐地碱蓬湿地土壤硫储量最高，其次为芦苇和柽柳-盐地碱蓬湿地。从各

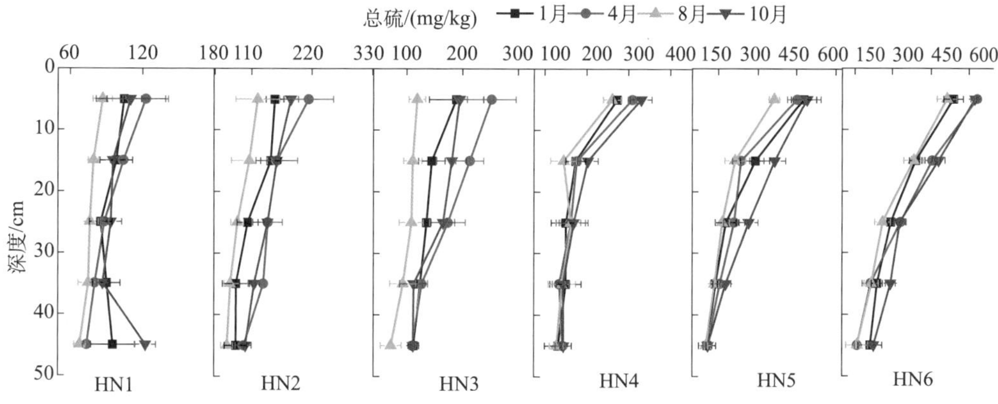

图 2.37 水盐梯度下滨海湿地土壤总硫含量剖面分布的季节变化

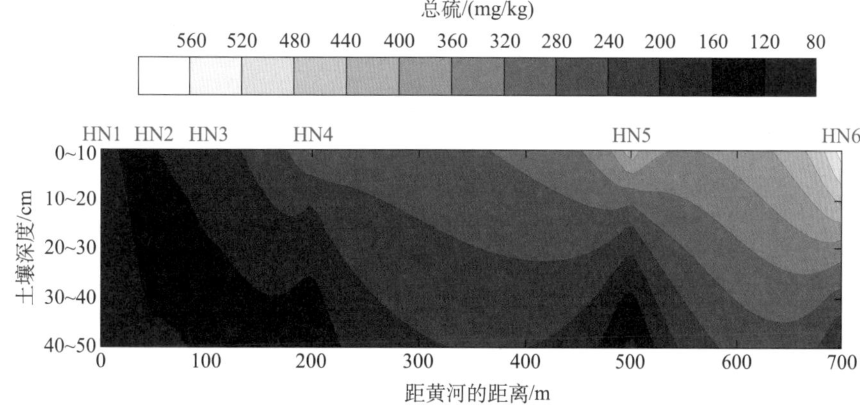

图 2.38 水盐梯度下滨海湿地土壤总硫含量的空间分布

个土层上来看（图 2.40），除了狭叶蒲草-芦苇湿地土壤硫储量在亚表层（10～20cm）所占比例最高之外，其余样地在 0～10cm 土层所占比例最高，分别依次是：河滩裸地为 22.56%，假尾拂子茅湿地为 22.87%，芦苇湿地为 30.37%，柽柳-盐地碱蓬湿地为 37.96%，盐地碱蓬湿地为 28.84%。六个样地土壤硫储量均在 40～50cm 土层所占的比例最低，其余各土层分布较为均匀。由此可知，虽然不同水盐梯度下湿地土壤硫储量季节变化较为明显，但各个土层之间硫储量的比例变化不大，说明土壤剖面硫储量分布格局比较稳定。

3）黄河三角洲滨海湿地土壤总硫含量和硫储量与土壤理化因子的关系

土壤总硫和总硫储量主要与电导率、有机质、总碳和总氮、pH 和土壤质地密切相关（图 2.41、表 2.20）。湿地土壤盐度是影响湿地土壤硫分布的主要因素，同时也是影响湿地植物分布格局和生长的关键因素，进一步影响到湿地土壤总硫和有效硫的含量（曾从盛等，2010）。Sun 等（2013）在对黄河三角洲潮间带碱蓬湿地硫循环的研究中发现盐度是影响湿地土壤硫分布格局的重要因素。Yanina 等（2014）研究中也得出同样的结论，陆君等（2012）在对珠江口湿地滩涂土壤的研究中发现随着淋洗脱盐过程的进行，土壤全硫含量呈递减的趋势，于君宝等（2014）研究发现滨海地区硫元素含量和盐度之间具有极显著的正相关关系（$P<0.01$）。土壤有机质是土壤重要的组成部分，主

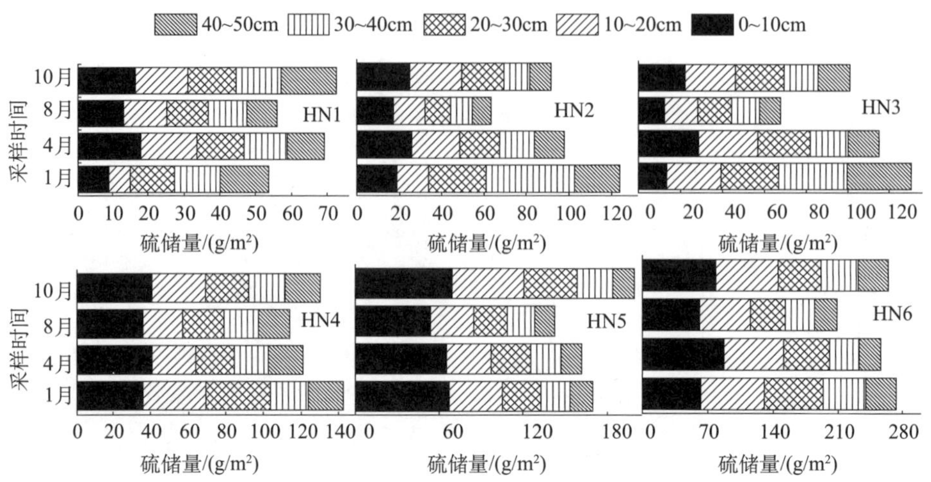

图 2.39 水盐梯度下滨海湿地土壤总硫储量剖面分布的季节变化

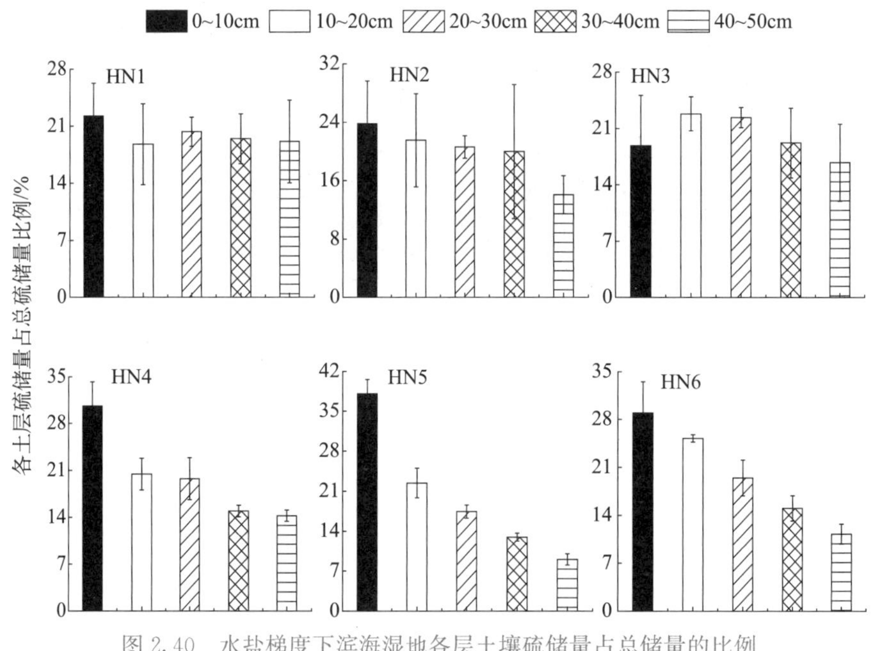

图 2.40 水盐梯度下滨海湿地各层土壤硫储量占总储量的比例

要来源于微生物体及动植物残体，对湿地土壤硫分布起着重要的作用。诸多研究表明湿地土壤总硫与有机质呈显著线性相关关系，其原因在于土壤有机质是土壤有机硫的主要来源，而有机硫是土壤硫的主体，且与土壤总硫呈显著正相关（Li et al.，2014）。国内学者在三江平原湿地、向海湿地和红树林湿地的研究中也发现有机质是影响湿地土壤和沉积物中硫分布的重要因子，结果均表明全硫含量和有机质含量呈极显著正相关（$P<0.01$），其原因在于土壤有机质中氮和硫官能团含量较高（林慧娜等，2009；李新华等，2009；王国平，2003）。刘潇潇等（2016）在对中国温带草地土壤硫的分布特征及其与环境因子的关系研究中指出，土壤总硫的含量与土壤 C、N 的分布格局关系密切，呈显著的正相关关系（$P<0.05$），这与 Kopittke 等（2016）和 Yang 等（2016）研究结果

一致，研究还发现与土壤C相比，土壤N与土壤S的关系更密切。Legay等（2014）在对草原植物对土壤N和S的吸收利用中发现，植物体内N和S的新陈代谢联系密切，增加硫素含量会提高植物对氮素的利用效率。

土壤酸碱性是影响湿地土壤硫含量的又一关键因素，Johnston等（2014）对酸性淡水湿地的研究中发现pH是影响总硫含量的主要因素之一，郝庆菊等（2003a）在对三江平原典型湿地土壤的研究中发现总硫的质量分数与土壤pH呈极显著负相关，林慧娜等（2009）在对红树林湿地的研究中也发现土壤总硫含量与pH呈负线性相关关系，曾从盛等（2010）在对闽江河口湿地研究中指出pH是影响湿地土壤总硫分布最显著的因子，河口湿地硫的主要赋存形态硫酸盐受pH的影响很大。湿地土壤质地也是影响湿地土壤硫分布格局的主要因素，有研究表明不同土壤质地中硫的含量存在差异，具体表现为黏性土>粉砂土>砂性土（张艳等，2016）。由于具有较大比表面积和电荷密度，所以土壤黏粒对土壤有机物的吸附能力较强，且能与腐殖质形成复合体，防止有机物的分解，因而有机物容易在黏粒中累积，黏粒含量越高，有机硫含量也越高，因此总硫含量也就越高。由于硫循环在很大程度上与土壤有机质的动态变化相关联，因此对有机质含量有影响的因素，也会同时影响到土壤硫的储量。已有研究表明，pH降低可促进湿地土壤中金属硫化物的氧化，导致土壤中硫被还原，从而降低土壤硫的储量（Lu et al.，2015）。何涛等（2016）在对闽江河口不同淹水环境下湿地土壤总硫含量的研究中发现，同种植被类型湿地土壤退潮后存在地表积水的样带总硫含量低于退潮后无地表积水的样带，其原因在于地表积水改变了浅层土壤的颗粒组成和有机质含量。以往研究也发现含水率过高会导致湿地土壤处于还原环境中，而硫在还原环境中主要以硫酸盐的异化还原为主，并产生大量的挥发性硫化物，从而导致湿地土壤中的硫含量降低（Sun et al.，2013；Burton et al.，2011）。

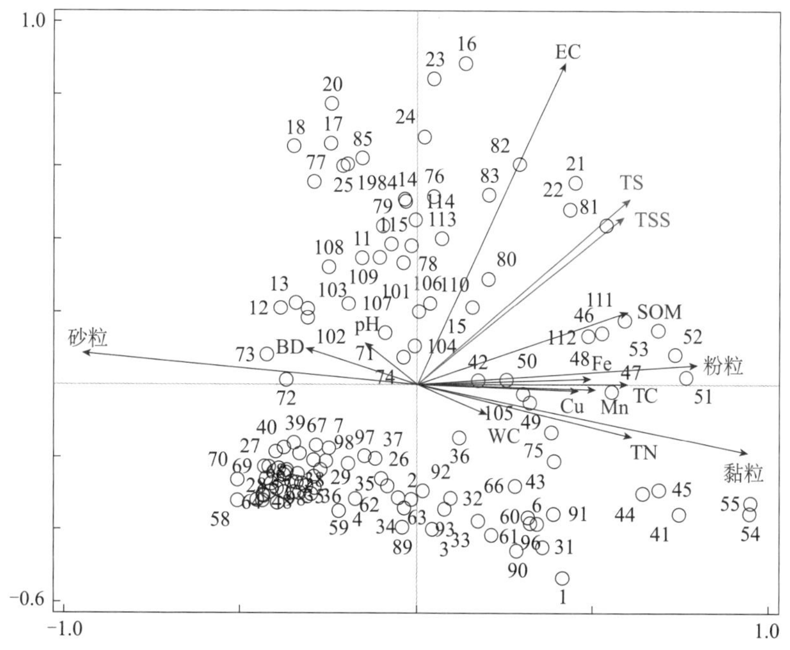

图2.41　水盐梯度下滨海湿地土壤总硫含量及储量与土壤理化性质的主成分分析

TS. 总硫；TSS. 硫储量

表 2.20　水盐梯度下滨海湿地土壤总硫含量及储量与土壤理化性质的相关性分析

	硫储量	总氮	总碳	有机质	含水率	容重	pH	电导率
总硫	0.967**	0.368**	0.438**	0.475**	0.149	−0.127	−0.043	0.659**
	总硫	总氮	总碳	有机质	含水率	容重	pH	电导率
硫储量	0.967**	0.292**	0.365**	0.395**	0.09	0.001	−0.058	0.603**
	黏粒	粉粒	砂粒	Fe	Mn	Cu	Zn	
总硫	0.336**	0.472**	−0.533**	0.529**	0.502**	0.533**	0.513**	
	黏粒	粉粒	砂粒	Fe	Mn	Cu	Zn	
硫储量	0.369**	0.446**	−0.522**	0.501**	0.472**	0.497**	0.482**	

**. $P<0.01$。

2. 不同水盐条件下滨海湿地土壤总有机硫及各形态有机硫含量剖面分布特征

1）滨海湿地土壤总有机硫含量随土壤深度的时空变化特征

从剖面分布规律来看，不同水盐梯度下湿地表层土壤有机硫含量较高，这是由于有机硫的来源主要是植物枯落物的分解（李新华等，2009），并且在 4 月、8 月和10 月的剖面分布规律较为一致（图 2.42），随土壤深度的增加呈逐渐降低的趋势，而 1 月湿地土壤有机硫含量在剖面的分布波动较大，尤其是假尾拂子茅、狭叶香蒲—芦苇湿地，在 20～30cm 和 30～40cm 土层都有不同程度的增加，其原因可能是冬季中下层土壤温度相对较高，有利于微生物对根部死亡残体的分解，从而为土壤提供了有机硫的来源。对于季节变化而言，不同水盐梯度下湿地土壤有机硫含量最低值均出现在 8 月，其原因在于夏季温度高，有利于微生物对有机硫的矿化作用，导致土壤有机硫含量降低（Tanikawa et al.，2014）。从空间格局上来看，湿地土壤有机硫的含量随着距黄河距离的增大而呈逐渐增大的趋势，在距黄河 500m 处 40～50cm 土层出现较低斑块（图 2.43）。由于不同样地所处的水文、植物种类、土壤结构及理化性质的差异较大，导致其他三个季节土壤有机硫含量在剖面的变化规律一致性较弱。土壤硫绝大部分以有机硫的形式存在，其原因在于不同于无机硫酸盐，有机硫难溶于水，不易遭受淋溶损失（Solomon et al.，2003）。

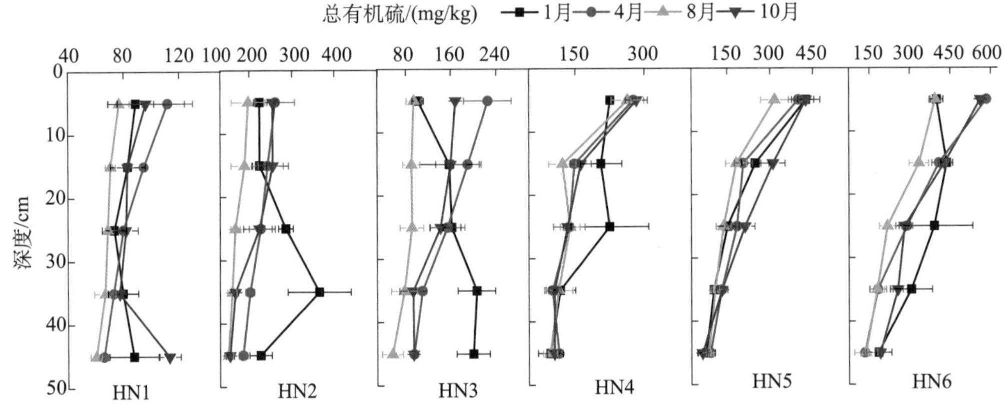

图 2.42　水盐梯度下滨海湿地土壤总有机硫含量剖面分布的季节动态

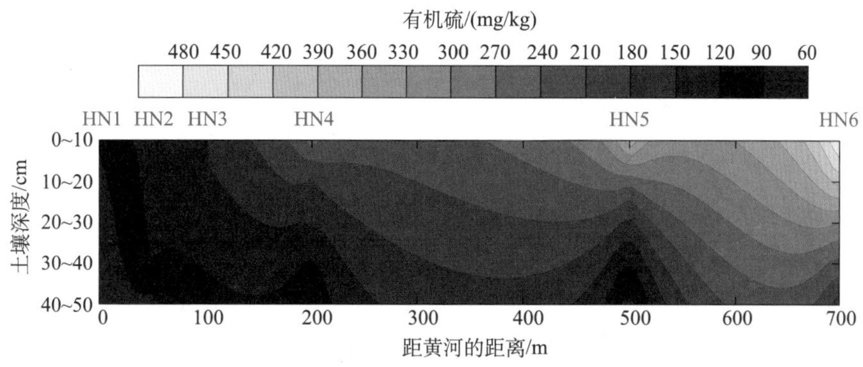

图 2.43 水盐梯度下滨海湿地土壤总有机硫含量的空间分布

2）滨海湿地土壤剖面有机硫赋存形态的时空变化特征距黄河的距离

图 2.44 和图 2.45 分别显示了不同水盐梯度下湿地土壤碳键硫和酯键硫含量的空间格局和剖面分布规律。从图中可以看出，土壤酯键硫随土层深度的增加呈平稳下降或 S 形曲线下降。但也有研究发现，在泥炭地土壤当中，与浅层土壤相比，深层土壤酯键硫含量比浅层土壤更高，其原因主要是由于有机物质的厌氧分解与好养分解相比，厌氧分解能产生更多的有机酸和腐殖质。就季节变化而言，酯键硫含量在春季和夏季较高，有研究得出类似的结论，即土壤酯键硫含量随温度的降低而下降，随着土壤湿度的增加而增加，其原因在于随着温度的升高，土壤微生物活性升高，对有机物质的分解速率增

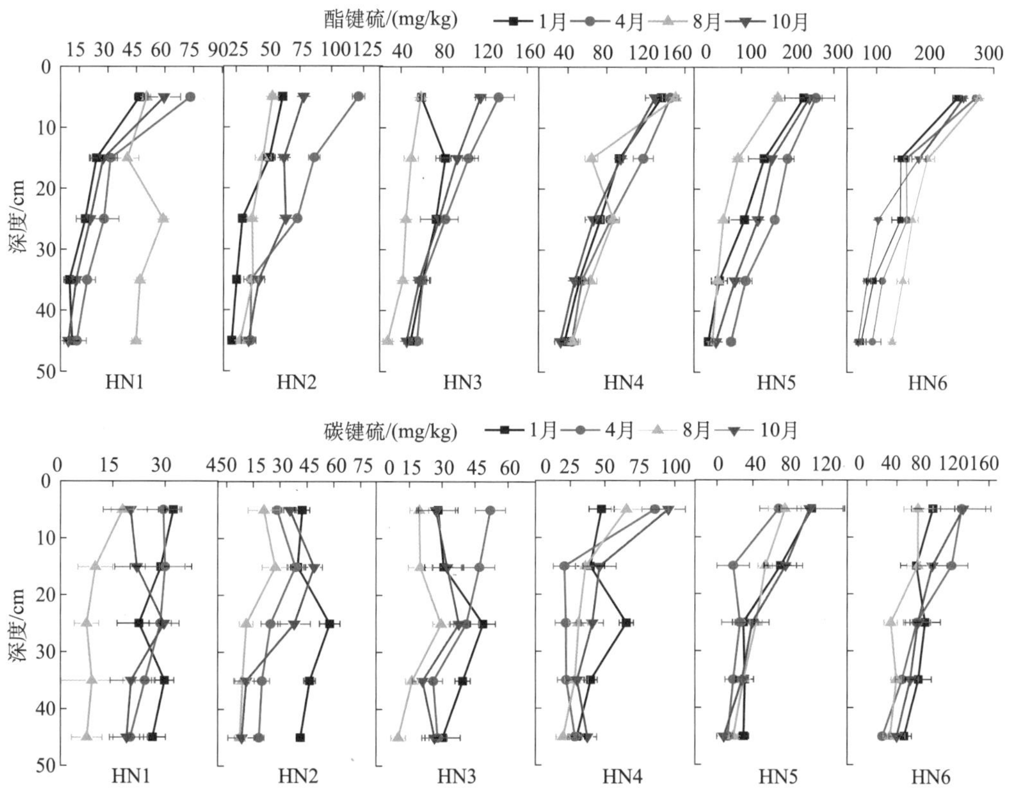

图 2.44 水盐梯度下滨海湿地土壤酯键硫和碳键硫含量剖面分布的季节动态

大，从而会产生较多的有机酸和腐殖质作为其最终产物，而酯键硫被认为与土壤富里酸和腐殖质紧密联系在一起，在泥炭地，与富里酸结合的80%的硫和与腐殖酸结合的35%的硫的形态主要就是酯键硫。

研究表明90%的含硫化合物存在于植物和微生物体内，主要由包括硫的氨基酸组成，如半胱氨酸（—C—S—H)、胱氨酸（—C—S—S—C—）和甲硫氨酸(—C—S—C),被认为是土壤碳键硫的主要来源。从剖面分布规律来看，盐地碱蓬和柽柳湿地土壤碳键硫含量随土壤深度的增加基本上呈降低的趋势，其他四个植被群落土壤碳键硫含量在20～30cm土层出现了不同程度的增加。已有研究发现在泥炭地土壤当中，土壤碳键硫在深层土壤含量更高；这主要与微生物对碳的矿化作用有关，因为在泥炭地的厌氧环境当中，土壤碳基质的可利用性更高。与酯键硫含量的季节变化相反，土壤碳键硫含量在秋季和冬季含量较高，其原因主要在于秋冬季微生物活动减弱，植物生长进入缓慢期，从而造成了较低的矿化速率和植物吸收。从空间格局上看，两种形态有机硫含量均随距黄河距离的增加而增加，在距黄河500m处的40～50cm土层有较低含量斑块出现。

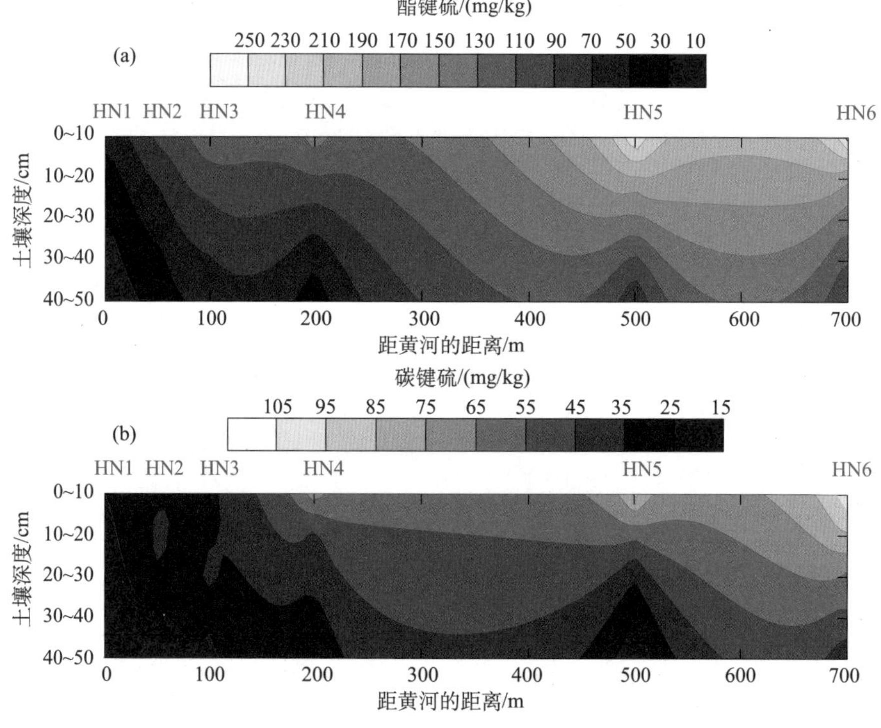

图2.45 水盐梯度下滨海湿地土壤酯键硫（a）和碳键硫（b）含量的空间分布

3. 不同水盐条件下滨海湿地土壤总无机硫及各形态无机硫含量剖面分布特征

1）滨海湿地土壤剖面总无机硫含量的时空变化特征

湿地土壤无机硫的来源较多，它不仅来源于土壤有机硫的矿化，同时还受到大气沉降、径流输入和植物残体分解归还等多重因素的影响。由图2.46可知，不同水盐梯度下湿地土壤总无机硫含量随距黄河距离的增加，呈逐渐增大的趋势，表层土壤总无机硫含量较高且季节波动明显，对于 10～50cm 土层来讲，河滩裸地、假尾拂子茅湿地、芦苇湿地和柽柳-盐地碱蓬湿地土壤总无机硫含量的季节变化较为明显，由于盐地碱蓬湿地位于潮间带，容易受到低潮的影响，海水中无机硫的输入导致碱蓬湿地总无机硫含量无明显季节变化。从总无机硫的剖面分布格局来看（图 2.47），前三个样地和盐地碱蓬湿地的剖面变化大致相同，均呈先逐渐减小的变化趋势，而芦苇湿地和柽柳-盐地碱蓬湿地的剖面分布波动较大，并且由于降水淋溶作用导致总无机硫含量在 40～50cm 土层有所积累。

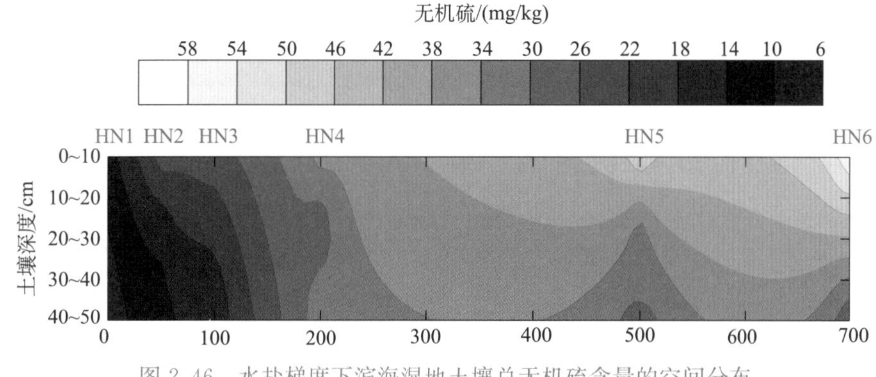

图 2.46　水盐梯度下滨海湿地土壤总无机硫含量的空间分布

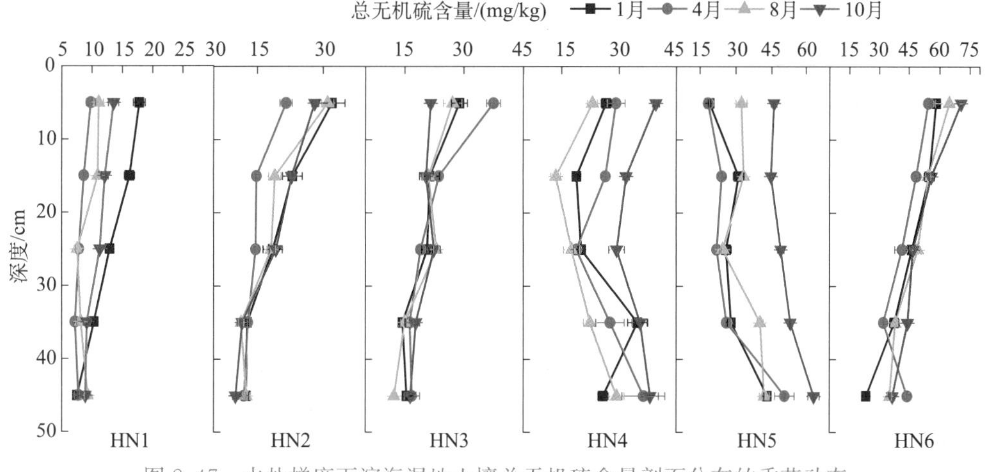

图 2.47　水盐梯度下滨海湿地土壤总无机硫含量剖面分布的季节动态

2）滨海湿地土壤剖面无机硫赋存形态的时空变化特征

不同水盐梯度下湿地土壤水溶性硫、吸附性硫、盐酸可溶性硫和挥发性硫含量的剖面分布规律和空间分布格局见图 2.48 和图 2.49。从空间格局来看，土壤水溶性硫、吸附性硫和挥发性硫含量随着距黄河距离的增加呈现逐渐增大的趋势，吸附性硫在距离黄河 200m 处的 20～30cm 土层出现较低含量斑块，盐酸可溶性硫含量随距黄河距离的增加呈现先增后降的变化趋势，在芦苇群落含量较大，在距黄河 500m 处40～50cm 土层有低含量斑块出现。土壤各个无机硫形态的含量分别为土壤水溶性硫＞盐酸可溶性硫＞吸附性硫＞挥发性硫，这主要是由于在湿地土壤中，排水不良且有机质含量丰富，有利于硫酸盐的积累，所以土壤水溶性硫含量可以达到较高的水平（郝庆菊等，2003b）。

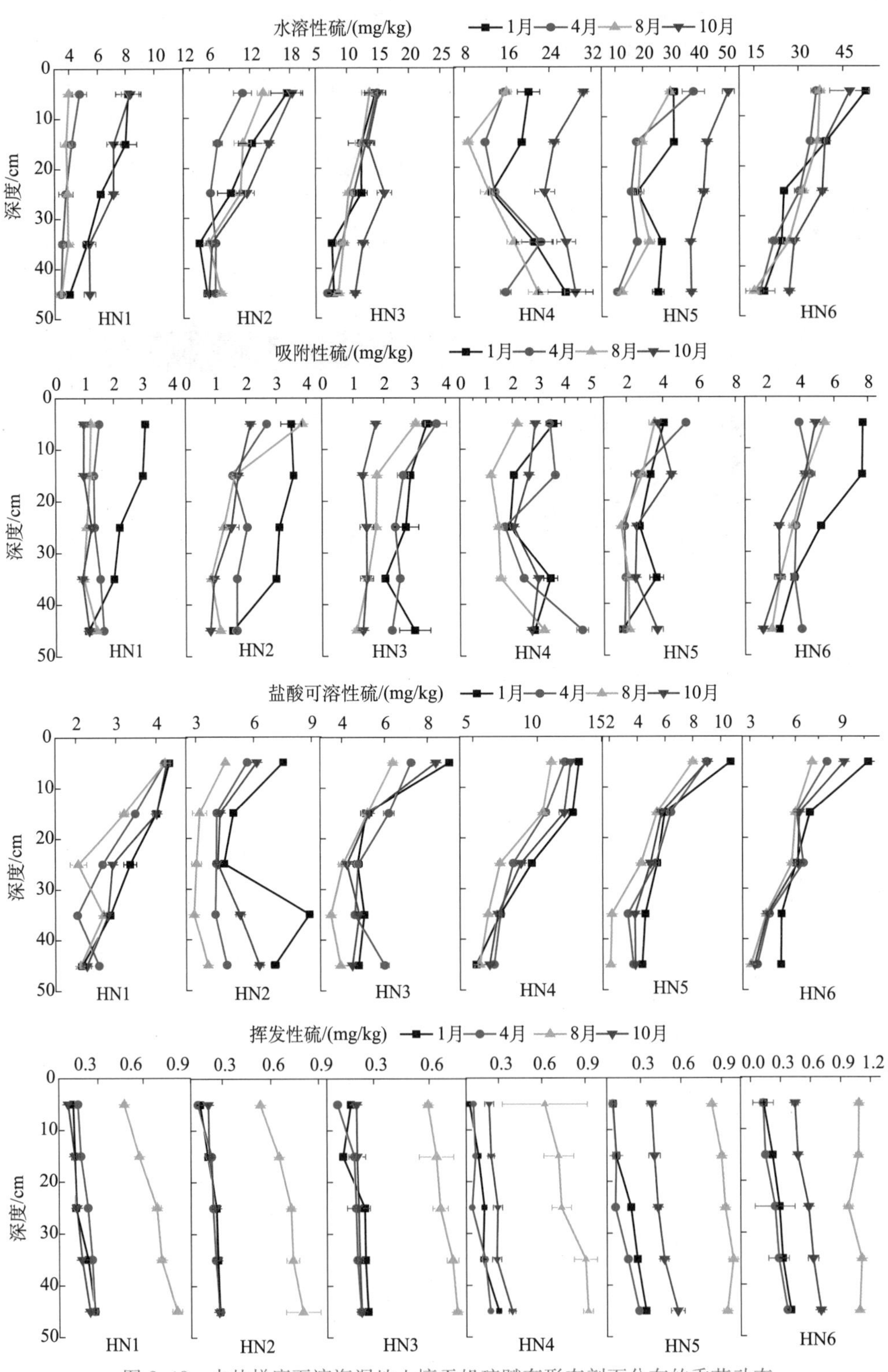

图 2.48　水盐梯度下滨海湿地土壤无机硫赋存形态剖面分布的季节动态

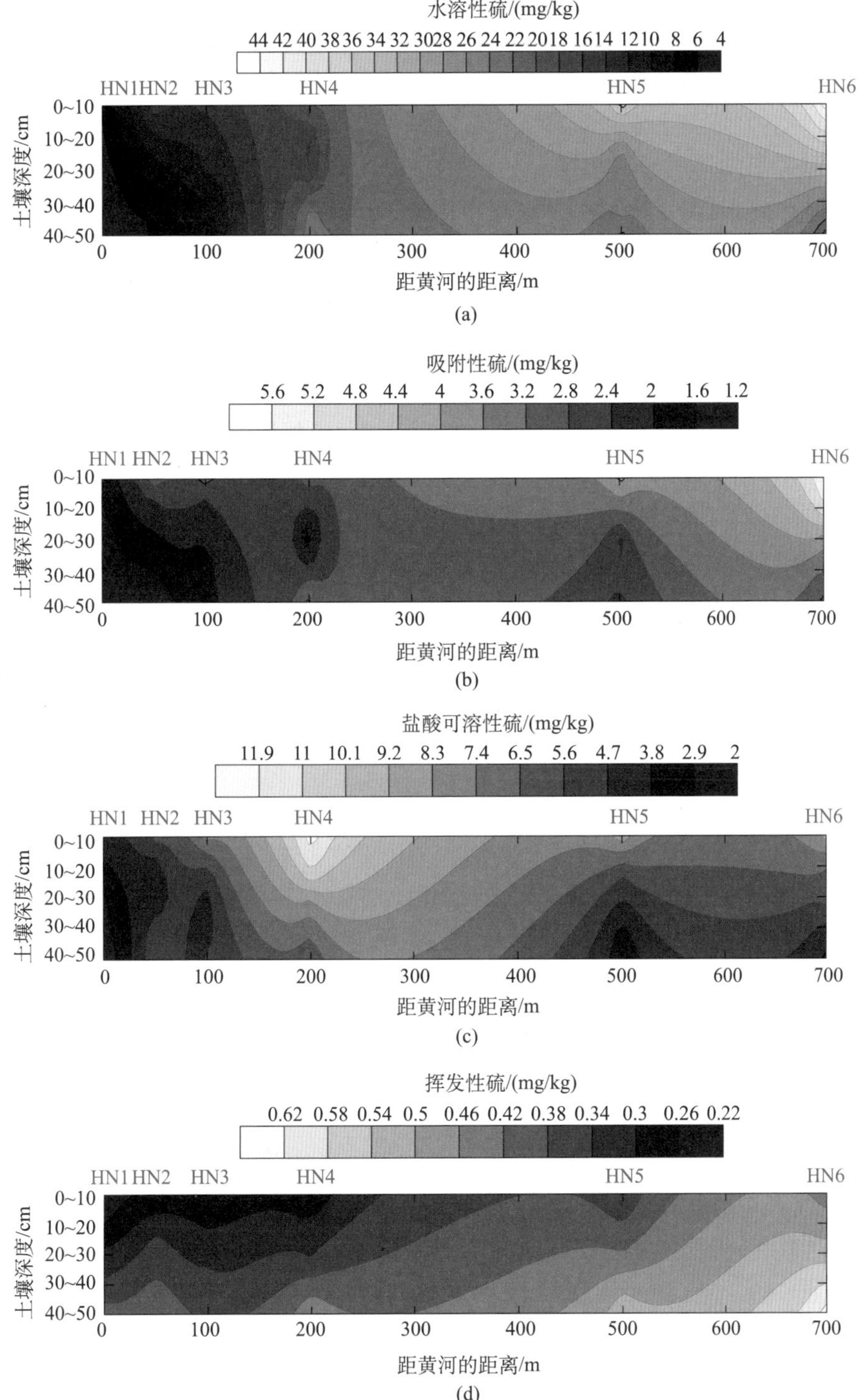

图 2.49 水盐梯度下滨海湿地土壤无机硫赋存形态的空间分布

从剖面分布规律来看，不同水盐梯度下湿地表层（0～10cm）土壤水溶性硫含量最高，除了芦苇湿地 40～50cm 土层在 1 月和 8 月水溶性硫含量有所增加外，其余样地土壤水溶性硫含量基本上随着土壤深度的增加呈现逐渐降低的变化趋势；秋季含量高，而夏季含量最低。吸附性硫含量的剖面分布在河滩裸地、假尾拂子茅湿地和狭叶香蒲—芦苇湿地较为稳定，无较大波动，在芦苇和盐地碱蓬湿地则波动较大，在夏季含量较低。盐酸可溶性硫含量随着土壤深度的增加也呈现逐渐降低的变化趋势，但在假尾拂子茅湿地30～40cm 土层处含量有所增加，其原因可能是由于土壤中 SO_4^{2-} 在向下迁移的过程中，随着水分的降低会形成 $CaSO_4$ 沉淀而发生沉积，导致 SO_4^{2-} 某个剖面发生累积（迟凤琴等，2011）。从季节变化来看，秋季含量最低。挥发性硫含量剖面分布格局最为显著，下层含量明显高于上层，由于受到降雨的影响，样地会产生季节性积水，造成土壤环境以还原性环境为主，因此挥发性硫在夏季的含量显著高于其他月份。

4. 不同水盐条件下滨海湿地土壤环境变量对土壤硫形态分布的影响

本节分别采用冗余分析和相关性分析来探讨湿地土壤硫赋存形态和土壤理化性质的关系（图 2.50、表 2.21）。土壤有机质与所有硫形态都呈显著正相关表明土壤有机质是硫的主要载体；同时有机质含量的高低也影响土壤有效态硫酸盐，这是因为有机质含量高的土壤，阳离子交换量的含量也相对较高，从而能够促进土壤对有效态硫酸盐的吸附，减少淋溶对其造成的损失。然而，也有研究发现盐酸可溶性硫含量与土壤有机质呈负相关关系。因为有机质在土壤中分解能产生一些有机酸和有机络合物，$CaSO_4$ 和 $CaCO_3$ 等共沉淀物在有机酸的作用下会发生溶解，从而导致土壤盐酸可溶性硫含量降低；而有机络合物对 Ca^{2+} 离子的络合作用会进一步加剧有机酸的溶解作用（徐正凯等，2001）。土壤电导率与所有硫形态也呈显著正相关关系。陆君等（2012）在对滩涂围垦脱盐过程中硫形态的变化研究中发现，土壤水溶性硫、盐酸可溶性硫和挥发性硫含量随着淋洗脱盐过程的进行不断降低，但吸附性硫含量在淋洗脱盐的过程中基本保持不变。土壤各形态硫与粉粒和黏粒呈正相关关系，与砂粒呈显著负相关关系。土壤水溶性硫、

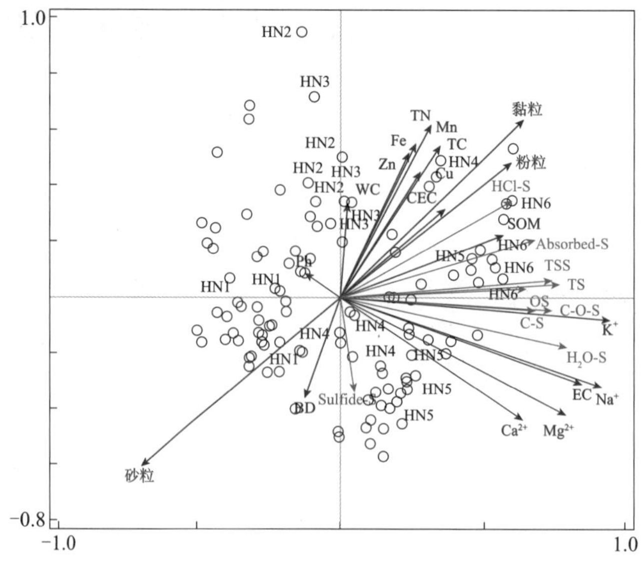

图 2.50　水盐梯度下黄河三角洲滨海湿地土壤各形态硫与环境变量的 PCA 分析

OS. 有机硫；H_2O-S. 水溶性硫；Absorbed－S. 吸附性硫；HCl－S. 盐酸可溶性硫；Sulfide－S. 挥发性硫；C－S. 碳键硫；C－O－S. 酯键硫；CEC. 阳离子交换量

吸附性硫和酯键硫含量与 pH 呈负相关，其他形态硫则与 pH 呈正相关。但也有研究指出土壤 pH 与硫形态均呈负相关关系，特别是与土壤吸附性硫含量负相关（Paul and Mukhopadhyay，2014）。已有研究表明土壤吸附性硫含量受很多地球化学因素的影响，主要包括矿物组成、总碳含量、粒径、pH 和其他盐基离子（Gustafsson et al.，2015；Takahashi and Higashi，2013）。土壤水溶性硫、吸附性硫和盐酸可溶性硫含量与 Fe、Mn 和 Cu 呈显著正相关关系，这主要与硫酸盐的氧化还原有关。有研究指出，S^{2-} 与 Fe^{2+}、Mn^{2+} 会形成硫化铁和硫化锰沉淀，生成的 FeS 和 MnS 在硫氧化菌的作用下被最终氧化为硫酸盐，从而使得土壤中有效态硫酸盐含量增加（刘永贺，2016）。除了 Mg^{2+} 和 Ca^{2+} 与挥发性硫含量呈负相关外，其他硫形态均与盐基离子呈显著正相关。

表 2.21　水盐梯度下滨海湿地土壤各形态硫与环境变量的相关分析

	总氮	总碳	阳离子交换量	有机质	容重	pH	电导率	黏粒	粉粒
总硫	0.368**	0.438**	0.397**	0.475**	−0.1260	−0.043	0.659**	0.336**	0.472**
硫储量	0.292**	0.365**	0.415**	0.395**	0.001	−0.057	0.603**	0.369**	0.446**
水溶性硫	0.243**	0.359**	0.396**	0.448**	−0.111	−0.042	0.671**	0.219*	0.446**
吸附性硫	0.483**	0.574**	0.532**	0.445**	−0.236*	−0.178	0.633**	0.267**	0.509**
盐酸可溶性硫	0.663**	0.755**	0.734**	0.625**	−0.279**	0.153	0.483**	0.185*	0.670**
挥发性硫	0.631**	0.735**	0.422**	0.538**	−0.346**	0.156**	0.143*	0.122	0.537**
有机硫	0.320**	0.388**	0.561**	0.456**	−0.101	0.136	0.589**	0.122	0.479**
酯键硫	0.278**	0.304**	0.400**	0.427**	−0.107	−0.089	0.626**	0.314**	0.405**
碳键硫	0.288**	0.393**	0.505**	0.396**	−0.062	0.119	0.682**	0.057	0.492**
	砂粒	Fe	Mn	Cu	K^+	Na^+	Mg^{2+}	Ca^{2+}	
总硫	−0.533**	0.529**	0.502**	0.533**	0.776**	0.778**	0.542**	0.442**	
硫储量	−0.522**	0.501**	0.472**	0.497**	0.786**	0.756**	0.499**	0.387**	
水溶性硫	−0.467**	0.296**	0.259**	0.313**	0.715**	0.807**	0.737**	0.678**	
吸附性硫	−0.539**	0.548**	0.553**	0.496**	0.739**	0.719**	0.427**	0.324**	
盐酸可溶性硫	−0.648**	0.597**	0.585**	0.554**	0.639**	0.565**	0.341**	0.222*	
挥发性硫	−0.510**	0.977**	0.970**	0.959**	0.299**	0.191*	−0.075	−0.089	
有机硫	−0.460**	0.484**	0.458**	0.446**	0.717**	0.692**	0.533**	0.408**	
酯键硫	−0.466**	0.304**	0.276**	0.309**	0.778**	0.740**	0.510**	0.390**	
碳键硫	−0.447**	0.386**	0.362**	0.342**	0.745**	0.755**	0.575**	0.432**	

*. $P<0.05$；**. $P<0.01$。

2.3.2　不同水盐条件下滨海湿地土壤 SO_4^{2-} 的吸附解吸特征

SO_4^{2-} 的吸附解吸是湿地土壤硫循环过程的关键环节，其固液相的平衡对有毒元素的运移和阳离子的淋失起着至关重要的作用，因此本节主要选择三种滨海湿地类型：季节性淹水湿地（受半咸水的影响）、潮汐淹水湿地（受海水潮汐的影响）和淡水恢复湿地（受黄河淡水的影响）三个典型滨海芦苇湿地作为研究对象，研究湿地土壤 SO_4^{2-} 的吸附解吸特征，进一步完善黄河三角洲滨海湿地土壤硫循环过程，为黄河三角洲湿地的恢复与合理利用提供理论数据。

1. 滨海湿地土壤 SO_4^{2-} 的吸附动力学

三类淹水类型湿地土壤对 SO_4^{2-} 吸附的过程基本类似（图 2.51），在吸附作用初期，随着吸附时间的延长，吸附量迅速增加，随着吸附作用时间的延长，吸附量增加缓慢并达到吸附平衡。吸附过程由初始期的快速吸附、中后期的慢吸附及后期的平衡吸附三部分组成。快速吸附历时 2～3h，土壤胶体表面的吸附位点大部分快速的被 SO_4^{2-} 占据，之后土壤对 SO_4^{2-} 的吸附则进入缓慢吸附状态，24h 后土壤 SO_4^{2-} 的吸附基本上达到平衡状态。

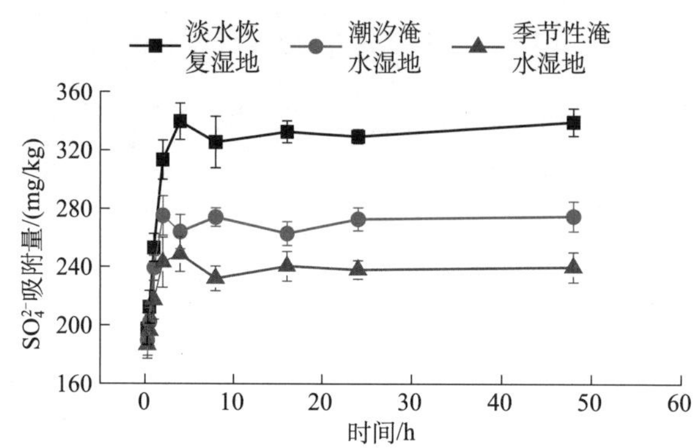

图 2.51　黄河三角洲 3 种淹水类型湿地土壤对 SO_4^{2-} 的吸附动力学曲线

吸附速率是指单位时间内土壤对 SO_4^{2-} 所吸附的量，它反映吸附过程进行的快慢。如表 2.22 所示，在吸附作用开始后 0.5h 内，三类湿地土壤对 SO_4^{2-} 的平均吸附速率出现较大差异，大小依次为淡水恢复湿地>潮汐淹水湿地>季节性淹水湿地，对应的速率分别为 88.36mg/(kg·h)、84.12mg/(kg·h) 和 80.27mg/(kg·h)，在吸附作用开始后的 0.5～1h 内，三类湿地土壤对 SO_4^{2-} 的平均吸附速率差异更为显著，淡水恢复湿地土壤对 SO_4^{2-} 的吸附速率依旧是最高的。总体而言，季节性淹水湿地土壤对 SO_4^{2-} 的平均吸附速率在吸附过程的各个阶段都低于其他两类淹水湿地，可见季节性淹水湿地土壤对 SO_4^{2-} 的吸附作用相对淡水恢复湿地土壤和潮汐淹水湿地土壤要迟缓。

表 2.22　黄河三角洲 3 种淹水类型湿地土壤 SO_4^{2-} 平均吸附速率随时间的变化

取样时段/h	平均吸附速率/[mg/(kg·h)]		
	淡水恢复湿地	潮汐淹水湿地	季节性淹水湿地
0～0.5	88.36	84.12	80.27
0.5～1	81.58	74	72
1～2	10.17	14.99	10.88
2～4	13.15	5.4	2.5
4～8	−3.5	2.5	−4.18
8～16	0.89	−1.39	1.06
16～24	−0.4	1.25	−0.25
24～48	0.4	0.08	0.08

通过不同的动力学方程对实验数据进行拟合，得了不同动力学方程对应的模拟参数，如表 2.23 所示。拟合优度（R^2）越大，表明该动力学方程更适用于描述不同淹水条件下滨海湿地土壤对 SO_4^{2-} 的吸附动力学过程。由表 2.23 可知，Simple Elovich 模型（$Q=a+b\times\ln t$）和 Langmuir 模型（$Q=\frac{a\times t}{1+b\times t}$）相对其他模型更适合于描述三类湿地土壤对 SO_4^{2-} 的吸附动力学过程。

表 2.23 黄河三角洲 3 种淹水类型湿地土壤 SO_4^{2-} 吸附动力学模型参数

吸附动力学模型	参数	潮汐淹水湿地	淡水恢复湿地	季节性淹水湿地
一级动力学 $C_t=a\times e^{-bt}$	a	219.5150	225.7761	227.7210
	b	0.0004	0.0004	0.0002
	R^2	0.2838	0.2415	0.1492
二级动力学 $C_t=\frac{a}{1+b\times t}$	a	219.5603	225.8310	227.7486
	b	0.0004	0.0004	0.0002
	R^2	0.2871	0.2452	0.1521
Simple Elovich 模型 $Q=a+b\times\ln t$	a	297.9476	233.9165	216.9379
	b	13.2533	14.4221	8.9166
	R^2	0.7206	0.7012	0.5443
Power Function 模型 $C_t=a\times t^b$	a	220.2074	226.61231	228.30886
	b	−0.00609	−0.00645	−0.00394
	R^2	0.6844	0.6630	0.4819
Langmuir 模型 $Q=\frac{a\times t}{1+b\times t}$	a	4236.2038	2283.7099	2978.6607
	b	12.6423	8.2809	12.2386
	R^2	0.9088	0.9592	0.8611

2. 滨海湿地土壤 SO_4^{2-} 的等温吸附曲线

由图 2.52 可以看出，三类湿地土样对 SO_4^{2-} 的吸附量随平衡浓度的升高而增加，其中在低浓度时，等温吸附斜率较大；在高浓度时，等温吸附斜率降低，等温吸附曲线趋于平缓。目前已有多种数学模型可对离子的吸附过程进行拟合分析，其中应用较广泛的是 Temkin、Freundlich 和 Langmuir 吸附等温方程，本节通过这三种等温吸附方程，对土壤 SO_4^{2-} 的吸附特征进行探讨。采用 Temkin 方程拟合时，以 lg$C$（平衡溶液 SO_4^{2-} 浓度对数值）为横坐标，以 X（土壤对 SO_4^{2-} 的吸附量）为纵坐标，拟合曲线和方程参数见图 2.53 和表 2.24。采用 Freundlich 方程拟合时，以 lg$C$（平衡溶液 SO_4^{2-} 浓度对数值）为横坐标，lg$X$（土壤对 SO_4^{2-} 的吸附量的对数值）为纵坐标，拟合曲线和方程参数见图 2.54 和表 2.25。采用 Langmuir 方程拟合时，以 C（平衡溶液 SO_4^{2-} 浓度）为横坐标，以 C/X（平衡溶液 SO_4^{2-} 浓度/土壤对 SO_4^{2-} 的吸附量）为纵坐标拟合实验数据，拟合曲线和方程参数见图 2.55 和表 2.26。

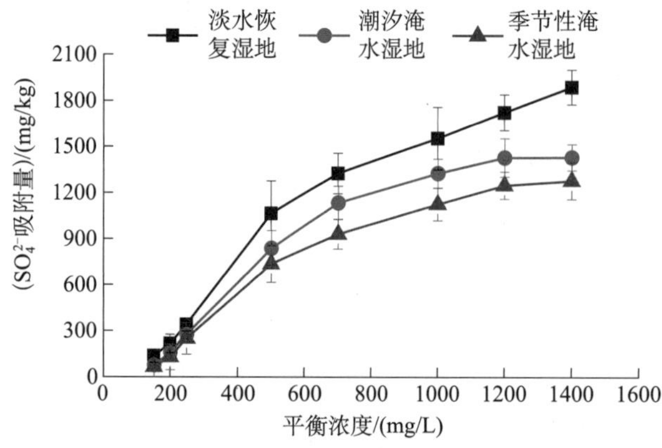

图 2.52 黄河三角洲 3 种淹水类型湿地土壤对 SO_4^{2-} 的等温吸附曲线

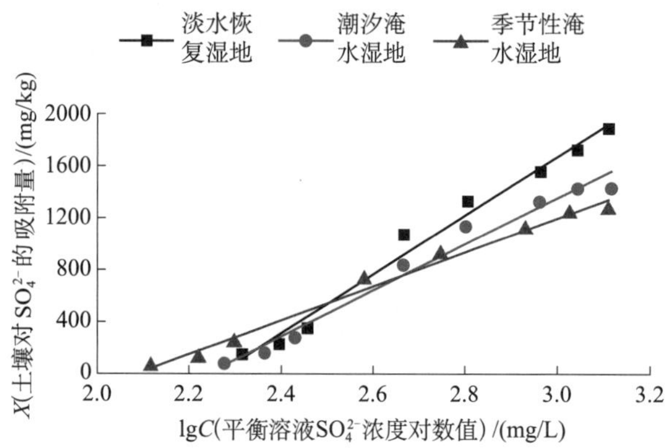

图 2.53 Temkin 模型拟合的湿地土壤 SO_4^{2-} 等温吸附方程

表 2.24 Temkin 模型拟合的等温吸附曲线的方程参数

样地	Temkin 方程（$X=a+k\lg C$）		
	R^2	a	k
淡水恢复湿地	0.9828	−5163.5234	2280.8234
潮汐淹水湿地	0.9755	−3975.5288	1776.5395
季节性淹水湿地	0.9872	−3555.2477	1570.5379

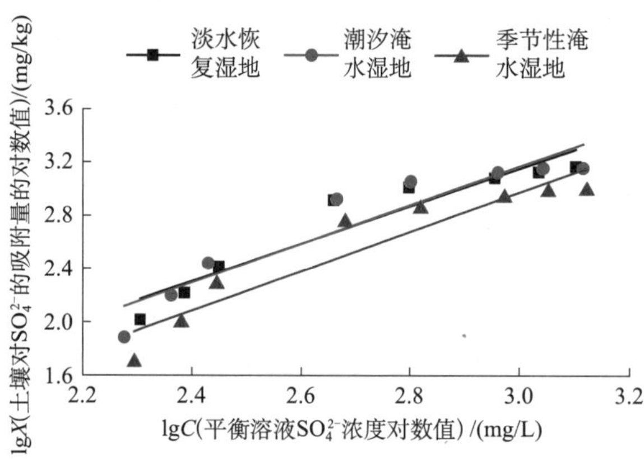

图 2.54 Freundlich 模型拟合的等温吸附曲线

表 2.25 Freundlich 模型拟合的等温吸附曲线参数的方程参数

样地	Freundlich 方程（$\lg X=\lg K+\frac{1}{a}\lg C$）		
	R^2	$\lg K$	$1/a$
淡水恢复湿地	0.8926	−0.9371	1.3968
潮汐淹水湿地	0.8708	−1.1806	1.4491
季节性淹水湿地	0.8741	−1.3661	1.4848

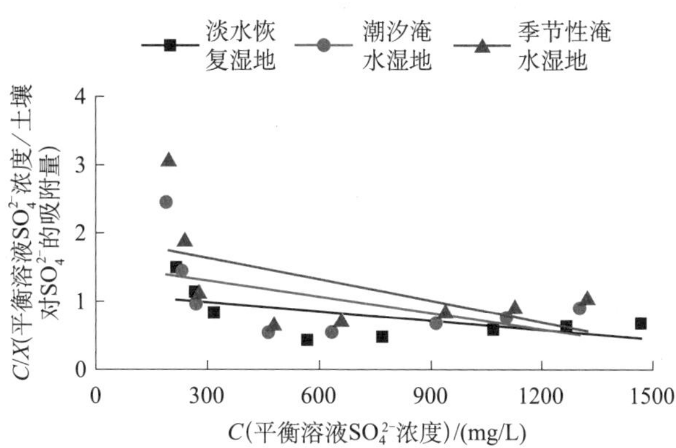

图 2.55 Langmuir 模型拟合的等温吸附曲线

表 2.26 Langmuir 模型拟合的等温吸附曲线的方程参数

样地	Langmuir 方程（$C/X=C/Xm+1/KXm$）		
	R^2	K	Xm/（mg/kg）
淡水恢复湿地	0.2500	0.0004	2212.87
潮汐淹水湿地	0.1549	0.0005	1262.31
季节性淹水湿地	0.1885	0.0005	961.54

通过三个模型的拟合数据可以得出 Temkin 方程和 Freundlich 方程的拟合度明显高于 Langmuir 方程。三个方程都有各自不同的假设条件，Temkin 模型的假设条件为在不均匀表面介质中，吸附热随吸附量呈线性减少；Freundlich 模型的假设条件为在均匀表面介质中，吸附热随吸附量呈对数形式减少；而 Langmuir 模型的假设条件为吸附剂是表面均匀的，且为单层吸附，吸附热随吸附量不发生变化，这显然是一种理想状态下的吸附，已有研究表明 Langmuir 模型不能较好地运用于土壤-溶液体系中高价态阴离子的吸附（陈铭，1994）。三种方程对 SO_4^{2-} 等温吸附数据的拟合表明：湿地土壤对 SO_4^{2-} 的吸附机制较为复杂，并不是均匀介质表面的单层吸附。此外，由 Langmuir 模型分别得到三类湿地土壤对 SO_4^{2-} 的最大吸附量依次为 2212.87mg/kg（淡水恢复湿地）、1262.31mg/kg（潮汐淹水湿地）和 961.54mg/kg（季节性淹水湿地）；但由于 Langmuir 模型对三类湿地土壤 SO_4^{2-} 的吸附过程拟合 R^2 较小，因此得到的最大吸附量仅供参考。从表 2.27 列出的三类湿地土壤理化性质来看，湿地土壤对 SO_4^{2-} 的吸附主要与土壤有机质、粉粒和黏粒含量以及游离氧化铁含量呈正相关关系。诸多研究也表明土壤对 SO_4^{2-} 的吸附能力与土壤有机质，特别是与土壤黏粒和黏土矿物种类密切相关（Alves and Lavorenti，2004；Serrano et al.，2008）。

表 2.27　黄河三角洲 3 种淹水类型湿地土壤理化性质

样地	pH	电导率/(mS/cm)	黏粒/%	粉粒/%	砂粒/%	有机质/(g/kg)	全硫/(mg/kg)	阳离子交换量 cmol（+）/kg	Fe_2O_3/(g/kg)
潮汐淹水湿地	8.03	2.31	6.42	48.32	45.26	18.35	726.13	214.25	18.37
淡水恢复湿地	8.12	1.62	5.25	63.24	31.51	24.37	510.24	136.25	24.15
季节性淹水湿地	8.24	0.47	1.69	34.16	64.15	13.28	369.31	111.23	12.35

3. 环境变量对滨海湿地土壤 SO_4^{2-} 吸附的影响

1）盐度对 SO_4^{2-} 吸附的影响

三种淹水类型湿地土壤对 SO_4^{2-} 的吸附均随着介质溶液盐度的升高而呈指数递减趋势（图 2.56），即盐度对 SO_4^{2-} 的吸附有抑制作用。这可能是由于当盐度逐渐增加时，溶液中的 Cl^- 与 SO_4^{2-} 竞争土壤胶体表面的交换“活性点位”，从而降低了土壤对 SO_4^{2-} 的吸附能力。通过指数递减模型对不同盐分条件下 3 种不同淹水条件湿地土壤 SO_4^{2-} 吸附规律的描述均达到较好的拟合效果（图 2.57、表 2.28），R^2 分别达到 0.9722（潮汐淹水湿地）、0.9955（淡水恢复湿地）和 0.9714（季节性淹水湿地）。

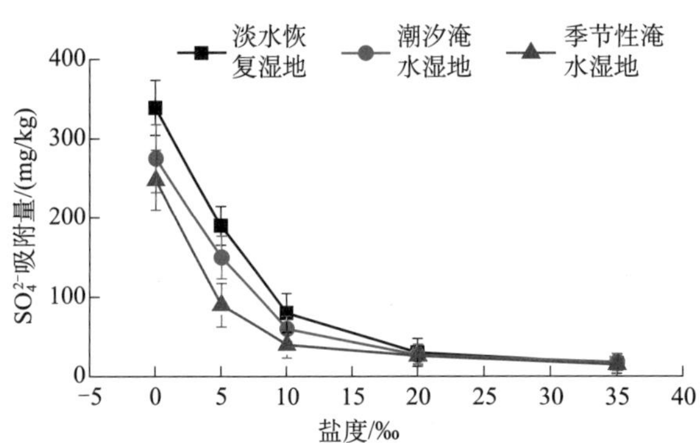

图 2.56　黄河三角洲 3 种淹水类型湿地土壤对 SO_4^{2-} 的吸附量随盐度的变化

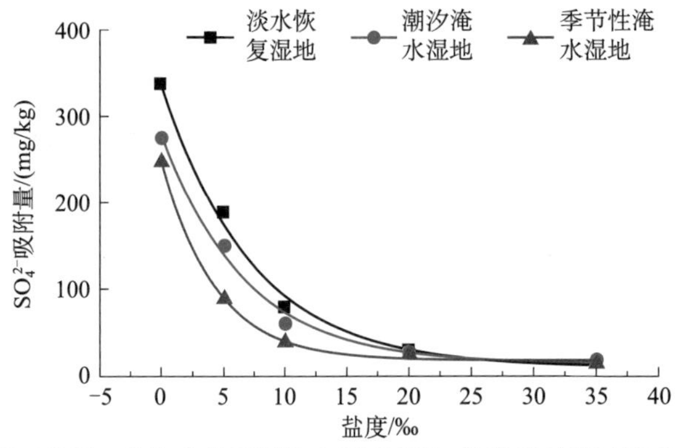

图 2.57　黄河三角洲 3 种淹水类型湿地土壤对 SO_4^{2-} 的吸附量随盐度变化的拟合曲线

表 2.28　黄河三角洲 3 种淹水类型湿地土壤对 SO_4^{2-} 的吸附量随盐度变化的拟合模型

样地	数学模型	拟合优度 $n=6$
淡水恢复湿地	$y=15.3835+326.4382e^{-x/6.7476}$	$R^2=0.9955$
潮汐淹水湿地	$y=17.5087+276.734e^{-x/6.2881}$	$R^2=0.9722$
季节性淹水湿地	$y=17.2882+225.3818e^{-x/4.6569}$	$R^2=0.9714$

注：x. 上覆水盐度；y. 单位质量土壤对 SO_4^{2-} 的吸附量。

2）pH 对 SO_4^{2-} 吸附的影响

土壤 pH 对土壤中元素的淋溶迁移、富集和释放起到关键的决定性作用。从图 2.58 可以看出，随着溶液 pH 的逐渐升高，三种淹水类型湿地土壤对 SO_4^{2-} 的吸附量呈显著下降趋势。这是因为不同的土壤 pH 会造成土壤表面电荷的数量和性质发生改变，这种改变所带来的影响与被吸附离子的本身特性也有一定的关系。

土壤对 SO_4^{2-} 的专性吸附主要包括与水合氧化物的结合和交换吸附，交换吸附又分两种情况：由 SO_4^{2-} 置换水合基和由 SO_4^{2-} 置换羟基，非专性吸附主要包括分子吸附和静电吸引（仇荣亮，2001）。三种淹水类型湿地土壤对 SO_4^{2-} 吸附量随介质 pH 的增加呈逐渐下降的趋势，在 pH>8 以后 SO_4^{2-} 的吸附量几乎为零。由图 2.58 可以看出，在溶液的 pH 较低时，以置换水合基的方式进行：$M-OH_2^{+}+SO_4^{2-}\longrightarrow M-SO_4^{2-}+H_2O$；随着溶液 pH 的升高，主要以置换羟基的方式进行：$M-O^{-+}H^{+}+SO_4^{2-}\rightleftharpoons M-SO_4^{-+}OH^{-}$，此时会造成大量的 OH^- 释放到溶液当中，导致溶液 pH 迅速升高。从该实验结果来看，随着体系 pH 进一步升高，吸附态 SO_4^{2-} 可全部水解。已有研究表明随着溶液 pH 的升高，SO_4^{2-} 的吸附量逐渐下降；当 pH 接近 8.0 时，土壤和矿物表面不存在 SO_4^{2-} 的正吸附，此时解吸占优势，反应方程为 $M-SO_4^{2-}+OH^{-}\longrightarrow M-O^{-}+SO_4^{2-}+H_2O$（陈铭，1994）。通过拟合方程得出，玻尔兹曼方程（Boltzmann）适用于描述不同 pH 条件下三类湿地土壤对 SO_4^{2-} 的吸附特征（图 2.59、表 2.29），其中潮汐淹水湿地拟合方程的 R^2 为 0.9634，淡水恢复湿地拟合方程的 R^2 为 0.9784，季节性淹水湿地拟合方程的 R^2 为 0.9846。

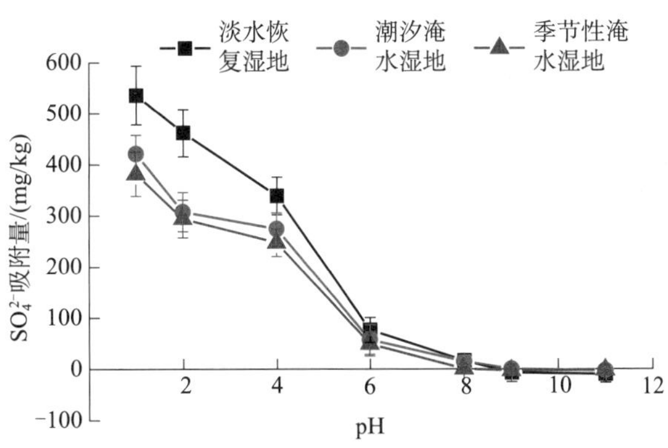

图 2.58　黄河三角洲 3 种淹水类型湿地土壤对 SO_4^{2-} 的吸附量随 pH 的变化

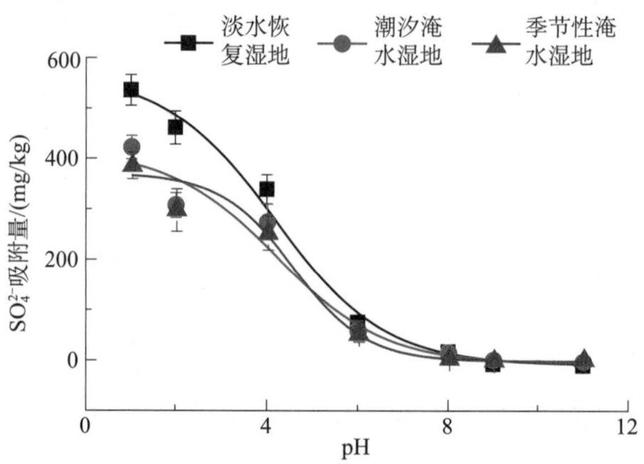

图 2.59 黄河三角洲 3 种淹水类型湿地土壤对 SO_4^{2-} 的吸附量随 pH 变化的拟合曲线

表 2.29 黄河三角洲 3 种淹水类型湿地土壤对 SO_4^{2-} 的吸附量随 pH 变化的拟合模型

样地	数学模型	拟合优度 $n=6$
淡水恢复湿地	$y=-9.1+(566.3+9.1)/[1+\exp((x-4.2)/1.2)]$	$R^2=0.9784$
潮汐淹水湿地	$y=-6.3+(416.2+6.3)/[1+\exp((x-4.2)/1.2)]$	$R^2=0.9634$
季节性淹水湿地	$y=-4.0+(368.7+4.0)/[1+\exp((x-4.6)/0.8)]$	$R^2=0.9846$

4. 吸附 SO_4^{2-} 的解吸

表 2.30 显示了不同淹水类型湿地土壤 SO_4^{2-} 的解吸特征。本节以去离子水和 NaCl 为解吸剂，从表 2.30 可以看出，对于同一类湿地土壤，当吸附的 SO_4^{2-} 含量相近时，两种解吸剂的解吸量和解吸率均为 H_2O>NaCl。有研究表明受质量守恒定律的影响，当解吸液的离子强度较大时，可以使得较多的吸附态 SO_4^{2-} 被置换后转入解吸液中（吴杰民，1992)，由此可以推测出三类湿地土壤对 SO_4^{2-} 的吸附主要以配位体的交换吸附为主，不易被非专性吸附的阴离子所替代或置换。当吸附的 SO_4^{2-} 含量相近时，解吸液为去离子水时，潮汐淹水湿地土壤 SO_4^{2-} 的解吸率较高；解吸液为 NaCl 时，季节性淹水湿地土壤 SO_4^{2-} 的解吸率较高，而淡水恢复湿地土壤 SO_4^{2-} 的解吸率在两种情况下均最低；同时 H_2O 和 NaCl 的解吸率均随 SO_4^{2-} 吸附量的增加而增加。

表 2.30 黄河三角洲 3 种淹水类型土壤 SO_4^{2-} 的解吸特征

解吸剂	淡水恢复湿地			潮汐淹水湿地			季节性淹水湿地		
	吸附量/(mg/kg)	解析量/(mg/kg)	解析率/%	吸附量/(mg/kg)	解吸量/(mg/kg)	解析率/%	吸附量/(mg/kg)	解析量/(mg/kg)	解析率/%
H_2O	326.74	87.32	26.72	302.14	93.15	30.83	342.16	97.26	28.43
	684.25	233.67	34.15	732.18	283.18	38.68	824.19	285.37	34.62
NaCl	341.28	73.28	21.47	396.16	78.03	19.69	360.13	85.37	23.71
	769.03	186.36	24.23	825.17	210.37	25.49	931.26	270.32	29.03

2.3.3 不同水盐条件下滨海湿地土壤有机硫的矿化过程

土壤中 90%以上的硫是以有机硫的形态存在，能够被植物吸收的硫形态主要是无机硫酸盐，因此土壤中的有机硫需要经过生化过程矿化为无机硫酸盐才能被植物吸收利用，所以探究土壤有机硫在不同水盐条件下的矿化速率和特征，是研究湿地土壤硫循环过程的关键环节。以往研究对于土壤有机硫矿化过程的研究主要集中在农业和牧业土壤上，而对自然生态系统如湿地土壤的研究较少，并且主要是通过实验室的开放培养系统法和封闭培养系统法对土壤有机硫矿化进行研究，缺乏野外自然条件下的动态监测过程，因此本节选取三种类型滨海湿地，分别是潮汐淹水湿地、季节性淹水湿地和淡水恢复湿地，植被均为芦苇，主要采用原位土柱（In-situ）培养法定性定量地监测自然条件下滨海湿地土壤有机硫的矿化速率，且得出主要的环境影响因素。

1. 不同水盐条件下滨海湿地土壤理化性质的年际变化

1）滨海湿地土壤含水率、容重、电导率和 pH 的年际变化

淡水恢复湿地和季节性淹水湿地土壤含水率无年际变化（图 2.60），而潮汐性淹水湿地年际变化显著（$P<0.05$）；2014 年潮汐性淹水湿地土壤含水率显著增加，不同淹水湿地土壤含水率大小依次为潮汐淹水湿地＞季节性淹水湿地＞淡水恢复湿地，这与三类湿地的淹水状况相吻合。与 2012 年相比，土壤容重在 2014 年均有所下降，季节性淹水湿地下降幅度较大，出现显著差异（$P<0.05$），表明三类湿地土壤的孔隙度有所增加。土壤孔隙度的增加，有利于土壤盐分随水分的迁移而被带走，导致三类湿地土壤电导率在 2014 年均显著下降，不同淹水湿地土壤电导率大小依次为潮汐淹水湿地＞季节性淹水湿地＞短暂性淹水湿地，三类湿地土壤 pH 较为稳定，年际变化和样地之间均无显著性差异。

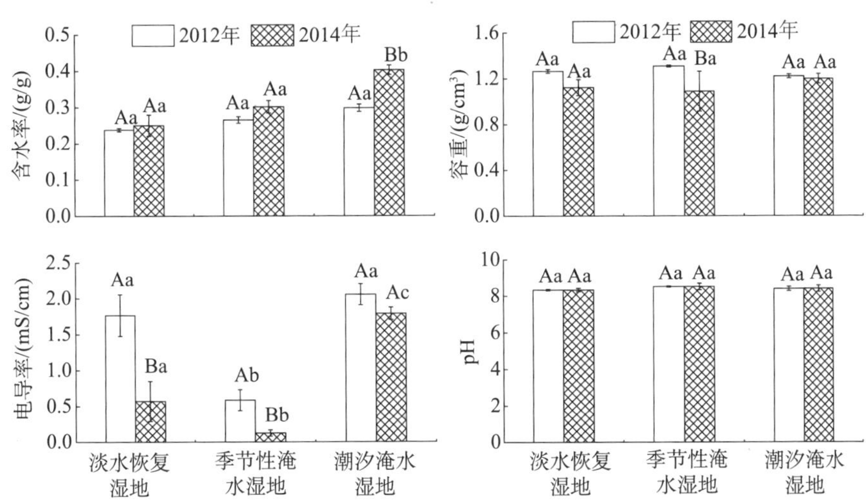

图 2.60　黄河三角洲 3 种淹水类型湿地土壤含水率、容重、电导率和 pH 的年际变化

不同大写字母表示同一样地不同年份之间该属性具有显著性差异，不同小写字母表示不同样地同一年份之间该属性具有显著性差异，$P<0.05$，下同

2）滨海湿地土壤有机质、总碳、总氮和总硫的年际变化

三类湿地土壤有机质含量较 2012 年均有大幅增加（$P<0.05$）（图 2.61），与总硫的变化一致，其原因在于土壤有机质是土壤有机硫的主要来源，而土壤有机硫是土壤总硫的主体部分。潮汐淹水湿地土壤总硫含量最高，也进一步证实了潮汐带来的海水中所

含的硫酸盐是该湿地土壤总硫含量远高于季节性淹水湿地和短暂性淹水湿地的主要原因。与2012年相比，土壤总氮含量均呈下降趋势，潮汐淹水湿地两年总氮含量有显著性差异（$P<0.05$），淡水恢复湿地土壤总氮含量最高，并且与潮汐淹水湿地和季节性淹水湿地之间有显著性差异。土壤总碳含量在潮汐淹水湿地有所下降，而其他两类湿地土壤总碳含量有所增加，淡水恢复湿地年际变化有显著性差异（$P<0.05$）。

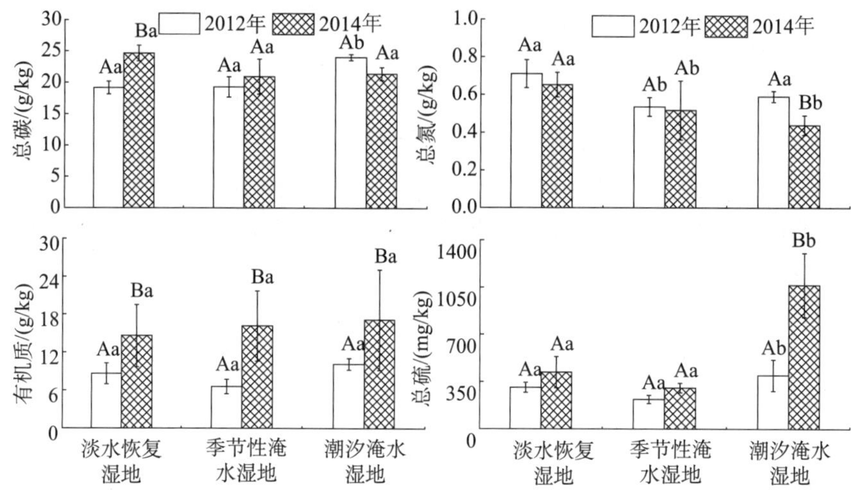

图2.61　黄河三角洲3种淹水类型湿地土壤总碳、总氮、有机质和总硫的年际变化

不同大写字母表示同一样地不同年份之间该属性具有显著性差异，不同小写字母表示不同样地同一年份之间该属性具有显著性差异，$P<0.05$，下同

3）湿地土壤粒径组成的年际变化

不同淹水湿地土壤粒径分布的年际变化如图2.62所示，与2012年相比，三类湿地土壤黏粒含量均有所减小，除淡水恢复湿地外，其他两类湿地的变化差异都达到显著性水平（$P<0.05$），三类湿地土壤黏粒含量的大小依次为潮汐淹水湿地>季节性淹水湿地>淡水恢复湿地。土壤粉粒含量在潮汐淹水湿地和季节性淹水湿地有所增加，而淡水恢复湿地粉粒含量则有所降低，并且潮汐淹水湿地和淡水恢复湿地的变化差异都达到显著性水平（$P<0.05$）。与土壤粉粒含量的变化相反，土壤砂粒含量在潮汐淹水湿地和季节性淹水湿地有所降低，而淡水恢复湿地粉粒含量则有所增加。总而言之，潮汐淹水湿地和季节性淹水湿地土壤粉粒部分增加，淡水恢复湿地土壤砂粒部分增加。

2. 不同水盐条件下滨海湿地土壤有机硫矿化速率的年际变化

2012年和2014年不同水盐条件湿地土壤净硫矿化速率季节变化规律如图2.63所示。湿地土壤净硫矿化速率季节动态在两年的监测周期内基本一致，季节性淹水湿地土壤净硫矿化速率显著高于潮汐淹水湿地和淡水恢复湿地。调水调沙之前，三类湿地土壤净硫矿化速率较低，且基本处于负值状态，表明矿化产生的无机硫酸盐在微生物的作用下发生固定作用。调水调沙作用开始后，三类湿地土壤净硫矿化速率增加至正值，说明无机硫酸盐通过矿化过程被释放到土壤中，两年检测周期内，潮汐淹水湿地和淡水恢复湿地均在8～9月净硫矿化速率达到最大值，季节性淹水湿地稍有变化，但在9～10月三类湿地土壤净硫矿化速率都出现显著下降的趋势。总体上，2012年潮汐淹水湿地、

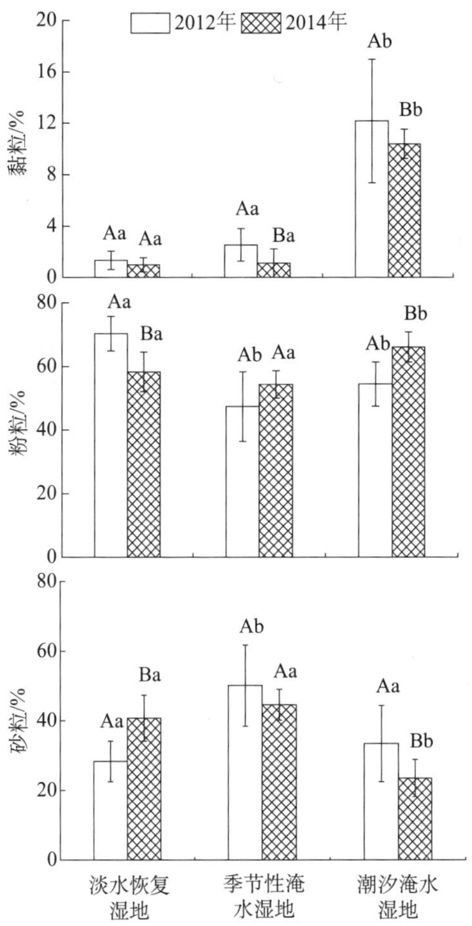

图 2.62 黄河三角洲 3 种淹水类型湿地土壤粒径组成的年际变化

不同大写字母表示同一样地不同年份之间该属性具有显著性差异，不同小写字母表示不同样地同一年份之间该属性具有显著性差异，$P<0.05$

季节性淹水湿地和淡水恢复湿地土壤净硫矿化速率的变化范围为分别为−0.58～0.74mg/(kg・d)、0.01～1.91mg/(kg・d) 和−0.67～0.17mg/ (kg・d)；2014 年三类湿地土壤净硫矿化速率的变化范围依次为−0.55～0.87mg/(kg・d)、−0.69～2.41mg/(kg・d) 和−0.35～1.39mg/(kg・d)。与 2012 年相比，2014 年三类湿地土壤净硫矿化速率的最大值都有增加。

3. 不同水盐条件下滨海湿地土壤微生物及酶活性的年际变化

1）不同水盐条件下滨海湿地土壤微生物量碳氮的季节变化

图 2.64 和图 2.65 分别显示了 2012 年和 2014 年不同淹水类型湿地土壤微生物量碳和微生物量氮的季节动态，从两年的检测数据来看，三类湿地土壤微生物量碳含量的季节变化规律基本一致，大致呈现先下降后升高的变化趋势。4～6 月土壤微生物量碳含量不断下降，6～8 月土壤微生物量碳含量保持稳定或有少许波动，8～9 月土壤微生物量碳含量迅速增加，在 10 月又有所下降，三类湿地土壤微生物量碳最低值均出现在 7～8月，从整体采样期间来看，三类湿地土壤微生物量碳含量为潮汐淹水湿地>季节性

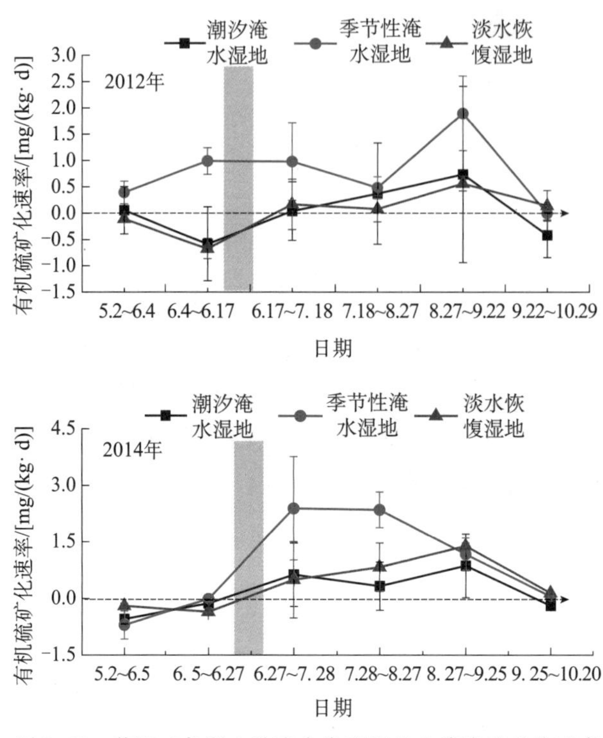

图 2.63　黄河三角洲 3 种淹水类型湿地土壤净硫矿化速率

淹水湿地>淡水恢复湿地。三类湿地土壤微生物量氮含量的季节动态和微生物量碳较为类似，最低值均出现在 6～8 月，9 月明显增加，而 10 月又有所下降，这也验证了湿地土壤微生物量氮与微生物量碳含量呈显著正相关这一结论。有研究表明，在植物生长初期，随着气温的回升，微生物活动增强，需要将大量的营养元素转化为自身的营养物质，从而造成微生物量碳和微生物量氮含量较高（Michelsen et al.，2004）。随着植物生长进入旺盛期，土壤微生物和植物对养分利用的竞争关系加剧，导致微生物量碳和微生物量氮含量急剧下降，6～8 月由于同时受到调水调沙的影响而形成的淹水环境对微生物的抑制作用，以及湿地旱季微生物积累的胞内溶质在淹水条件下会被溶解（Fierer and Schimel，2003），最终造成微生物量碳和微生物量氮含量在此期间较为稳定或出现较小的波动。8～9 月随着植物凋落物的增多，加上适宜的温度和湿度，为微生物生长提供了良好的代谢环境，有助于其繁殖，因此微生物量碳和微生物量氮含量迅速增加。到 10 月植物进入生长末期，气温下降，微生物代谢活动减弱，土壤微生物量碳氮含量又开始下降。

2）不同水盐条件下滨海湿地土壤脱氢酶和芳基硫酸酯酶活性的季节变化

诱导底物脱氢酶的脱氢反应是微生物进行有机物降解的第一步，可以为微生物的生长繁殖提供碳源和能源，在电子传递体系中，脱氢酶是催化有机质脱氢作用的第一个酶，在有机质的分解过程中起着至关重要的作用（黄代中等，2009）。脱氢酶是一种普遍存在于活性细胞中的氧化还原酶（文嘉等，2017），国内外大量研究结果表明，脱氢酶活性（DHA）可以反映潜在的非特异性细胞内酶的活性微生物的总生物量，与微生物活动密切相关（Oliveira and Pampulha，2006；Xia et al.，2006；贾蓉，2012），可以用来表征土壤微生物活性，因此任何影响土壤微生物活性或数量变化的环境因素，都

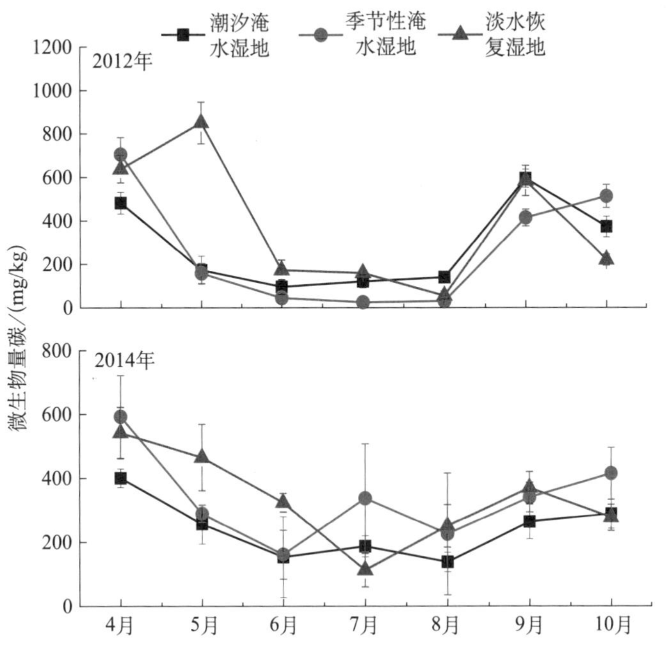

图 2.64　黄河三角洲 3 种淹水类型湿地土壤微生物量碳的季节变化

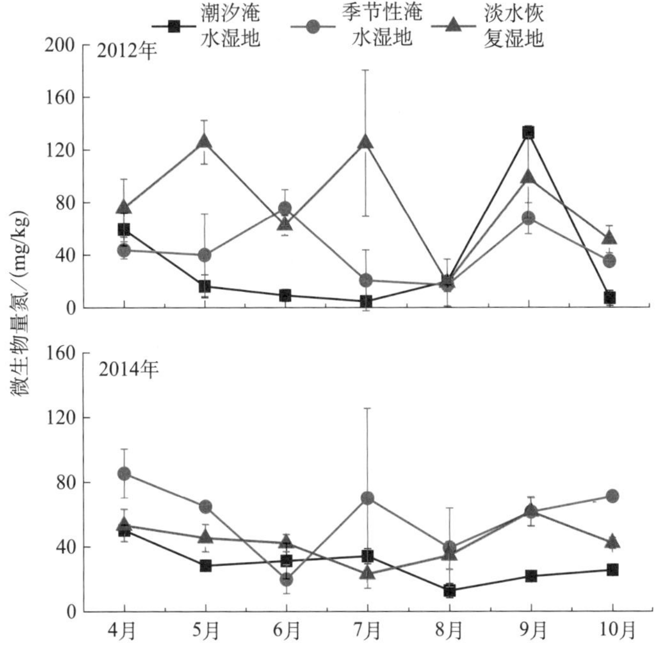

图 2.65　黄河三角洲 3 种淹水类型湿地土壤微生物量氮的季节变化

将会导致土壤脱氢酶活性的变化，因此研究其在湿地土壤中的活性变化对有机物质的矿化作用显得极为重要。土壤酶的季节动态变化是温度、水分、基质的可利用性和其他环境因素综合作用的结果。图 2.66 显示了黄河三角洲 3 种淹水类型湿地土壤脱氢酶活性的季节动态，两年监测周期内脱氢酶活性的季节动态变化基本一致，均在 8 月活性达到最高值，4～6 月土壤脱氢酶活性上升较为缓慢和平稳，6～8 月上升幅度较大，这主要与调水调沙作用导致土壤含水率增加有关。有研究表明土壤含水率是影响脱氢酶活性的主导因素，脱氢酶酶促反应的最大速率随土壤含水率的增加而增加（Zhang et al.，2009）。还有学者指出脱氢酶活性在淹水条件下明显高于非淹水状态（Weaver et al.，2012；Gu et al.，2009），干旱情况下水的可利用性降低，造成细胞内水势降低，从而抑制微生物的活动。三类湿地土壤脱氢酶活性均在 9 月以后开始出现下降。Wolińska 和 Stępniewska（2012）指出土壤脱氢酶活性的最适温度为 30℃。Yuan 和 Yue（2012）在对中国黄土高原松树种植土壤微生物和酶活性的研究中得出，秋季土壤脱氢酶活性最高，而冬季脱氢酶活性最低，与本节的研究结果一致。

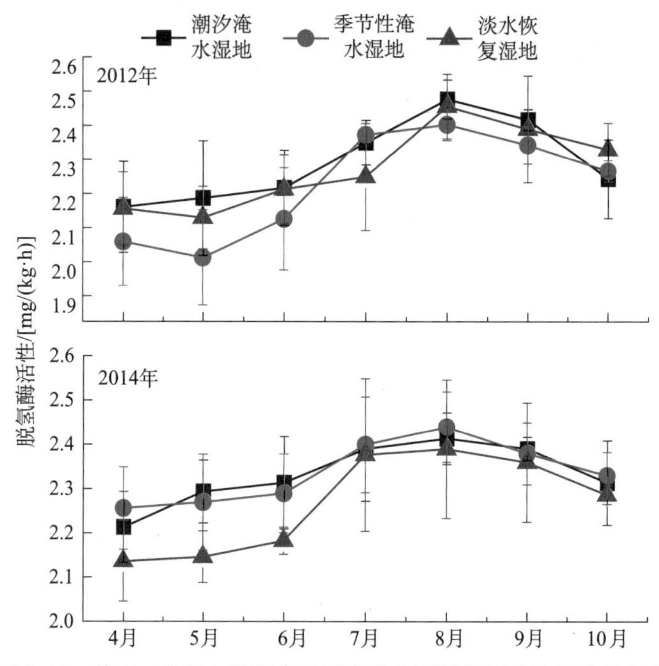

图 2.66　黄河三角洲 3 种淹水类型湿地土壤脱氢酶活性的季节变化

芳基硫酸酯酶可以表征土壤有机硫的矿化潜力，因此研究其在湿地土壤中的活性变化可以用来反映有机硫矿化速率的变化。如图 2.67 所示，芳基硫酸酯酶活性在两年检测周期内的季节动态变化大致相同；春季随着温度升高，芳基硫酸酯酶活性逐渐增大，6～7 月由于调水调沙作用三类湿地土壤处于淹水状态，导致芳基硫酸酯酶活性显著下降。这主要是由于过高的土壤含水率会减少土壤孔隙中氧的浓度，从而抑制了土壤微生物的活性，造成微生物对酶的分泌减少（杜瑞英等，2013）。7～9 月土壤芳基硫酸酯酶活性又出现不同程度的增加；10 月以后随着温度的下降，芳基硫酸酯酶活性又逐渐开始降低。有研究表明芳基硫酸酯酶的最适宜温度是 30℃，低于或高于 30℃，酶活性均降低（王亚丹，2013）。

4. 不同水盐条件下滨海湿地土壤有机硫矿化速率与环境因素的关系

对野外原位实验得到的净硫矿化速率和环境因子做主成分分析（图 2.68），Canoco-主成分分析结果表明，2012 年淡水恢复湿地 4 个排序轴特征值分别为 0.5809、0.1246、

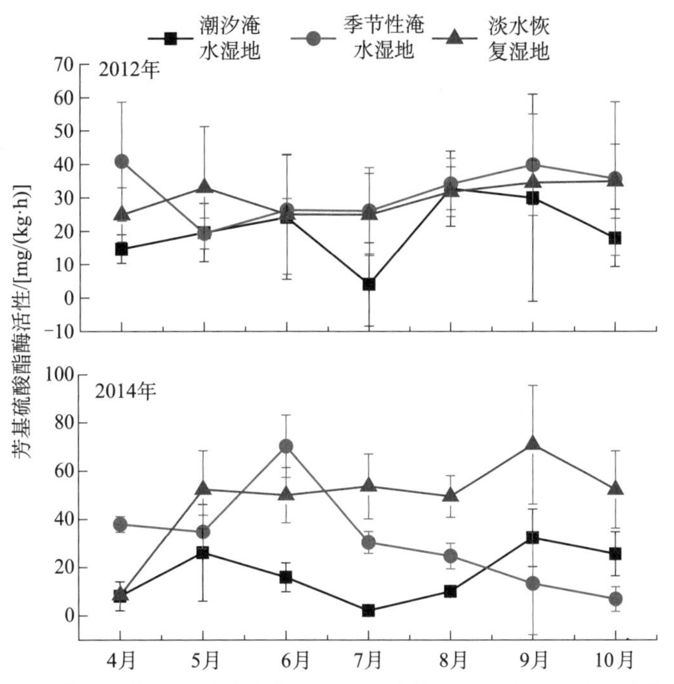

图 2.67 黄河三角洲 3 种淹水类型湿地土壤芳基硫酸酯酶活性的季节变化

0.1223、0.0692，环境因子对土壤净硫矿化速率的解释量累计达到了 89.7%，2014 年 4 个排序轴特征值分别为 0.3215、0.2388、0.1597、0.1095，环境因子对土壤净硫矿化速率的解释量累计达到了 82.95%；2012 年季节性淹水湿地 4 个排序轴特征值分别为 0.5921、0.2061、0.0875、0.0522，环境因子对土壤净硫矿化速率的解释量累计达到了 93.80%，2014 年 4 个排序轴特征值分别为 0.8374、0.1233、0.0228、0.0091，环境因子对土壤净硫矿化速率的解释量累计达到了 99.26%；2012 年潮汐性淹水湿地 4 个排序轴特征值分别为 0.8447、0.1275、0.0181、0.0052，环境因子对土壤净硫矿化速率的解释量累计达到了 99.55%，2014 年 4 个排序轴特征值分别为 0.7368、0.1580、

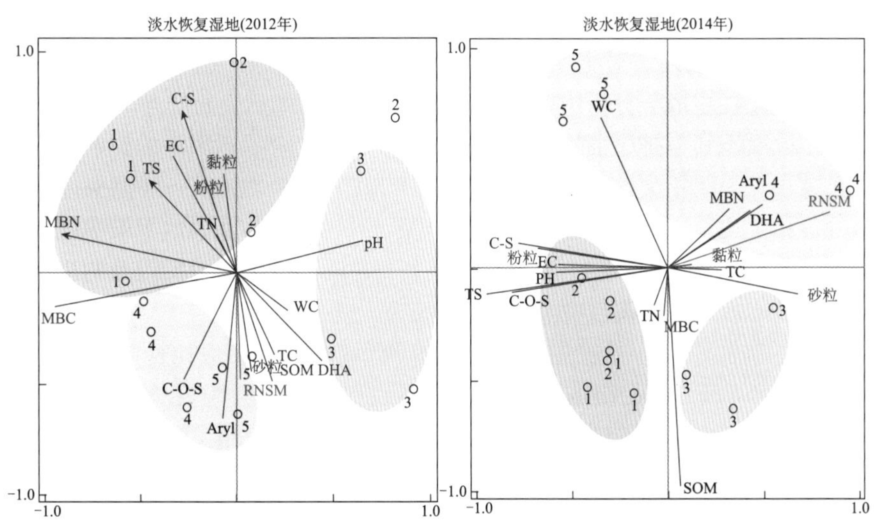

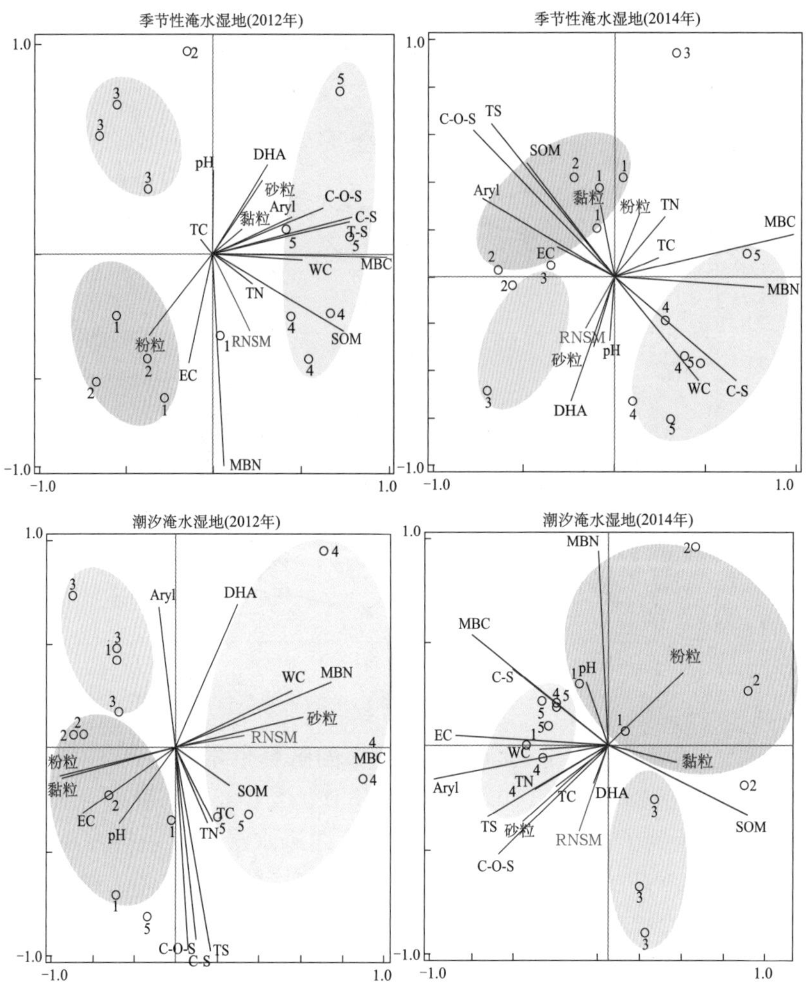

图 2.68　不同年份黄河三角洲不同淹水类型湿地土壤净硫矿化速率与环境因子的主成分分析

DHA. 脱氢酶活性；Aryl. 芳基硫酸酯酶；RNSM. 净硫矿化速率；1 和 2 表示调水调沙之前的土壤样本；3 代表调水调沙期间的土壤样本；4 和 5 代表调水调沙之后的土壤样本；相同数字代表同一采样时期

0.0501、0.0323，环境因子对土壤净硫矿化速率的解释量累计达到了 97.71%。

土壤环境因子在主成分分析中被限定为排序轴的线性组合，即土壤环境因子与排序轴的相关性大小取决于其与排序轴的夹角大小，箭头的长度表示该因素的影响大小。两箭头之间的夹角越小，表明相关性越强；夹角等于 90°表示无相关关系，两箭头方向相反，表明有显著的负相关关系。从数据分析的结果来看，不同淹水类型湿地土壤净硫矿化速率具有明显的季节差异，均可分为三个阶段：植物生长初期、生长旺盛期以及凋落期，也同时对应于调水调沙之前、调水调沙中及调水调沙之后。

对比两年的检测结果，通过主成分分析和 SPSS 相关分析对比检测结果。淡水恢复湿地土壤电导率、pH、粒径组成、总硫、酯键硫、碳键硫、脱氢酶活性和芳基硫酸酯酶活性对净硫矿化速率的影响最为显著，季节性淹水湿地土壤 pH、粒径组成、含水率和脱氢酶活性对净硫矿化速率的影响最为显著。其中，脱氢酶活性和芳基硫酸酯酶活性对三类湿地土壤净硫矿化速率均呈正相关关系（表 2.31）。

表 2.31　2012 年和 2014 年黄河三角洲 3 种淹水类型土壤理化性质与净硫矿化速率的相关性分析

短暂性淹水湿地	(2012 年) pH	电导率	有机质	总氮	总碳	含水率	黏粒	粉粒	砂粒	总硫	酯键硫	碳键硫	微生物量碳	微生物量氮	脱氢酶活性	芳基硫酸酯酶
	−0.165	−0.528*	0.291	0.079	0.062	0.203	−0.361	−0.362	0.363	−0.323	0.141	−0.32	0.062	0.048	0.224	0.379
	(2014 年) pH	电导率	有机质	总氮	总碳	含水率	黏粒	粉粒	砂粒	总硫	酯键硫	碳键硫	微生物量碳	微生物量氮	脱氢酶活性	芳基硫酸酯酶
	−0.515*	−0.324	−0.223	0.037	0.308	−0.146	−0.094	−0.517*	0.515*	−0.915**	−0.809**	−0.536*	−0.264	0.28	0.700**	0.432
季节性淹水湿地	(2012 年) pH	电导率	有机质	总氮	总碳	含水率	黏粒	粉粒	砂粒	总硫	酯键硫	碳键硫	微生物量碳	微生物量氮	脱氢酶活性	芳基硫酸酯酶
	−0.252	0.145	−0.086	−0.068	0.243	−0.051	−0.012	−0.009	−0.01	−0.178	−0.332	−0.34	0.203	0.408	0.231	0.32
	(2014 年) pH	电导率	有机质	总氮	总碳	含水率	黏粒	粉粒	砂粒	总硫	酯键硫	碳键硫	微生物量碳	微生物量氮	脱氢酶活性	芳基硫酸酯酶
	0.723**	0.196	0.269	0.22	−0.105	0.532*	0.333	0.583*	−0.617*	0.170	−0.04	0.35	−0.202	−0.221	0.760**	−0.273
潮汐淹水湿地	(2012 年) pH	电导率	有机质	总氮	总碳	含水率	黏粒	粉粒	砂粒	总硫	酯键硫	碳键硫	微生物量碳	微生物量氮	脱氢酶活性	芳基硫酸酯酶
	−0.438	−0.04	0.812**	0.322	−0.08	0.586*	−0.085	−0.277	0.236	−0.001	0.104	−0.07	0.326	0.287	0.249	0.268
	(2014 年) pH	电导率	有机质	总氮	总碳	含水率	黏粒	粉粒	砂粒	总硫	酯键硫	碳键硫	微生物量碳	微生物量氮	脱氢酶活性	芳基硫酸酯酶
	−0.337	−0.01	−0.13	0.182	0.307	0.01	−0.058	−0.472	0.457	0.413	0.122	0.219	−0.18	−0.416	0.520*	0.165

*. $P<0.05$；**. $P<0.01$。

Riffaldi 等（2006）研究发现土壤有机硫的矿化量与芳基硫酸酯酶活性和脱氢酶活性有密切关系。本研究中土壤电导率与淡水恢复湿地和潮汐淹水湿地土壤净硫矿化速率呈负相关，与季节性淹水湿地呈正相关，其原因可能是由于季节性淹水湿地本身的盐分含量较低，适度的增加盐度可以提高土壤硫的矿化速率，这有待室内模拟实验的进一步验证。土壤 pH 基本上与三类湿地土壤净硫矿化速率呈负相关关系。这与 Tanikawa 等（2014）研究结果不太一致，该研究发现碳键硫的转化受 pH 的影响，降低土壤 pH 会抑制碳键硫的降解，酯键硫的矿化与土壤 pH 无明显相关性。含水率基本上与三类湿地土壤净硫矿化速率呈正相关。Jalali 等（2014）研究也表明土壤含水率、阳离子交换量和 TS 含量与有机硫的矿化速率密切相关。Li 等（2001）研究发现淹水条件下土壤有机硫的矿化量显著高于有氧条件下有机硫的矿化量。调水调沙期间所研究的三类湿地土壤净硫矿化速率均有所增加，即土壤的干燥再湿润过程能够提高硫的矿化量，其原因主要是由于干湿交替过程加速了土壤有机化合物的分解或者微生物细胞的溶解（褚磊等，2014；Freney et al.，1975）。淡水恢复湿地和潮汐淹水湿地土壤净硫矿化速率与砂粒呈正相关，与黏粒和粉粒均呈负相关。季节性淹水湿地土壤净硫矿化速率与砂粒呈负相关，与黏粒和粉粒的相关性两年的检测结果不太一致。这表明土壤净硫矿化速率与土壤质地情况有关，粒径的大小会影响微生物对硫素利用的程度，但有关粒径对土壤净硫矿化速率的影响目前还有待进一步研究。三类湿地土壤净硫矿化速率与营养元素含量之间的关系也不一致，以往研究也表明土壤所处的环境因素和气候条件会导致同一要素对有机硫的矿化速率产生不同的影响（Gharmakher et al.，2009）。

参考文献

白军红，邓伟，王庆改，等．2007. 内陆盐沼湿地土壤碳氮磷剖面分布的季节动态特征．湖泊科学，5：599-603.

曹爱丽．2010. 长江口滨海沉积物中无机硫的形态特征及其环境意义．上海：复旦大学．

陈安磊，王凯荣，谢小立，等．2007. 不同施肥模式下稻田土壤微生物生物量磷对土壤有机碳和磷素变化的响应．应用生态学报，12：2733-2738.

陈铭．1994. 可变电荷土壤中主要阴离子的吸附．土壤通报，25（1）：46-49.

陈全胜，李凌浩，韩兴国，等．2003. 水分对土壤呼吸的影响及机理．生态学报，23：972-978.

陈亚东，梁成华，王延松，等．2010. 氧化还原条件对湿地土壤磷吸附与解吸特性的影响．生态学杂志，4：724-729.

迟凤琴，汪景宽，张玉龙，等．2011. 东北 3 个典型黑土区土壤无机硫的形态分布．中国生态农业学报，19（3）：511-515.

褚磊，于君宝，管博．2014. 土壤有机硫矿化研究进展．土壤通报，45（1）：240-245.

董旭辉，羊向东，刘恩峰，等．2007. 冗余分析（RDA）在简化湖泊沉积指标体系中的应用——以太白湖为例．地理研究，3：477-484.

杜建军，张一平，白锦鳞，等．1993. 陕西几种土壤磷吸附特征及温度效应的研究．土壤通报，6：241-243.

杜瑞英，唐明灯，艾绍英，等．2013. 含水量对 Cd 污染菜地土壤中微生物多样性的影响．安全与环境学报，13（2）：1-4.

付海曼，贾黎明．2009. 土壤对氮、磷吸附/解吸附特性研究进展．中国农学通报，21：198－203.
高海鹰，刘韬，丁士明，等．2008. 滇池沉积物有机磷形态分级特征．生态环境，6：2137－2140.
高丽，侯金枝，宋鹏鹏．2013. 天鹅湖沉积物对磷的吸附动力学及等温吸附特征．土壤，1：67－72.
耿建梅，谢彩红，康忠波．2009. 海南胶园土壤磷的吸附和解吸特性．热带作物学报，1：11－15.
郝庆菊，王起超，王其存，等．2003. 三江平原典型湿地及其开垦后土壤中总硫变化的初步研究. 应用生态学报，12（14）：2191－2194.
何涛，孙志高，李家兵，等．2016. 闽江河口不同淹水环境下典型湿地植物——土壤系统全硫含量空间分布特征．水土保持学报，30（5）：246－254.
胡保安，贾宏涛，朱新萍，等．2016. 水位对巴音布鲁克天鹅湖高寒湿地土壤呼吸的影响．干旱区资源与环境，30：175－179.
胡姝．2012. 江苏滨海潮滩沉积物中还原无机硫和重金属的形态特征．上海：复旦大学．
黄昌勇．2000. 土壤学．北京：中国农业出版社．
黄代中，肖文娟，刘云兵，等．2009. 浅水湖泊沉积物脱氢酶活性的测定及其生态学意义．湖泊科学，21（3）：345－350.
黄界颖，马友华，张继榛．2003. 农田生态系统中硫平衡的研究——地下水中硫的作用．土壤通报，34（3）：234－237.
黄利东．2011. 湖泊沉积物对磷吸附的影响因素研究．杭州：浙江大学．
贾蓉．2012. 不同碳源模式下水稻土中脱氢酶活性与微生物铁还原的关系．咸阳：西北农林科技大学．
贾兴永．2011. 土壤性质对外源磷化学有效性及吸附解吸的影响研究．北京：中国农业科学院．
李敏．2001. 泥沙对长江口磷迁移转化作用的研究．上海：同济大学．
李娜，韩立思，吴正超，等．2012. 长期定位施肥对棕壤钾素吸附解吸动力学特征的影响．中国农业科学，21：4396－4402.
李楠，单保庆，张洪，等．2011. 沉积物中有机磷在 pH 和温度影响下的矿化机制．环境科学，4：1008－1014.
李新华，刘景双，孙晓军，等．2009. 三江平原小叶章湿地土壤硫的组成与垂直分布．生态与农村环境学报，25（2）：34－38.
林慧娜，傅娇艳，吴浩，等．2009. 中国主要红树林湿地沉积物中硫的分布特征及影响因素．海洋科学，33（12）：79－82.
刘双．2011. 北京野鸭湖湿地土壤磷的分布特征及其吸附特性研究．北京：北京林业大学．
刘潇潇，王钧，曾辉．2016. 中国温带草地土壤硫的分布特征及其与环境因子的关系．生态学报，36（24）：1－9.
刘永贺．2016. 模拟氮沉降对温带半干旱草原土壤磷硫组分的影响．沈阳：沈阳大学．
陆君，李取生，杜烨锋，等．2012. 滩涂围垦淋洗脱盐过程对土壤中几种不同形态硫的影响．华南师范大学学报（自然科学版），44（2）：95－98.
马钦．2010. 黄河中下游沉积物中磷形态分布及其对磷的吸附特征研究．呼和浩特：内蒙古师范大学．
欧强．2015. 水位和增温对崇明东滩滨海围垦湿地土壤呼吸的影响．上海：华东师范大学．
仇荣亮，吴箐，尧文元．2001. 南方土壤硫酸根吸附解吸影响因子研究．中山大学学报（自然科学版），40（4）：88－92.
石晓勇，Mail O D C，史致丽，等．1999. 黄河口磷酸盐缓冲机制的探讨——I. 黄河口悬浮物对磷酸盐的吸附-解吸研究．海洋与湖沼，2：192－198.
苏莹莹．2012. 环太湖林带磷素时空变异及土壤吸附作用研究．南京：南京林业大学．
孙万龙，孙志高，牟晓杰，等．2010. 黄河口滨岸潮滩不同类型湿地土壤磷、硫的分布特征．水土保持通报，4：104 - 109.
田建茹，周培疆，胡超珍，等 . 2006. 汉江下游武汉段河漫滩沉积物吸附磷的特征 . 武汉大学学报（理学版），6：717 - 722.
庹刚，李恒鹏，金洋，等 . 2009. 模拟暴雨条件下农田磷素迁移特征 . 湖泊科学，1：45 - 52.
万忠梅 . 2013. 水位对小叶章湿地 CO_2、CH_4 排放及土壤微生物活性的影响 . 生态环境学报，（3）：465 -468.
万忠梅，宋长春 . 2009. 土壤酶活性对生态环境的响应研究进展 . 土壤通报，（4）：951 - 956.
王少先，刘光荣，罗奇祥，等 . 2012. 稻田土壤磷素累积及其流失潜能研究进展 . 江西农业学报，（12）：98 - 103.
王圣瑞，金相灿，庞燕 . 2006. 湖泊沉积物对磷的吸附特征及其吸附热力学参数 . 地理研究，（1）：19 -26.
王亚丹 . 2013. 污水处理和收纳水体中硫酸雌酮水平及芳基硫酸酯酶活性的基础研究 . 重庆：重庆大学.
王艳玲 . 2004. 吉林玉米带黑土磷素形态及吸附-解吸特性研究 . 长春：吉林农业大学 .
王颖，沈珍瑶，呼丽娟，等 . 2008. 三峡水库主要支流沉积物的磷吸附/释放特性 . 环境科学学报，（8）：1654 - 1661.
文嘉，曾光明，安赫，等 . 2017. 改性沸石改良底泥对土壤中微生物生物量碳及酶活性的影响 . 农业环境科学学报，36（2）：302 - 307.
吴杰民 . 1992. 土壤对 SO_4^{2-} 的吸附—解吸特征 . 环境化学，11（5）：39 - 46.
吴立新，赵敏，李建文，等 . 2015. 2002—2014 年黄河口调水调沙特征分析 . 山东林业科技，45：23 - 25.
谢英荷，洪坚平，韩旭，等 . 2010. 不同磷水平石灰性土壤 Hedley 磷形态生物有效性的研究 . 水土保持学报，24（6）：141 - 144.
徐进，徐力刚，张奇 . 2009. 磷素在湖滨湿地基质-上覆水界面中的迁移过程 . 湖泊科学，（5）：675 - 681.
徐明德，韦鹤平，李敏，等 . 2006. 长江口泥沙与沉积物对磷酸盐的吸附和解吸研究 . 太原理工大学学报，（1）：48 - 50.
徐正凯，胡正义，章钢娅，等 . 2001. 石灰性土壤中硫形态组分及其影响因素 . 植物营养与肥料学报，7（4）：416 - 423.
薛杨，邱素芬 . 2011. 温度对沉积物中磷吸附的影响研究 . 微计算机信息，（11）：77 - 78.
杨宏伟，郭博书，郃朝鲁门，等 . 2010. 黄河入河沙漠颗粒物对磷酸盐的吸附特征 . 环境科学，（8）：1890 - 1896.
杨继松，刘景双，孙丽娜 . 2008. 三江平原草甸湿地土壤呼吸和枯落物分解的 CO_2 释放 . 生态学报，28：805 - 810.
杨杰 . 2010. 通辽市污灌区土壤磷素的空间分布特征及迁移转化规律的研究 . 北京：北京交通大学.
杨文英 . 2011. 杭州湾湿地四种湿地环境土壤呼吸特征以及土壤活性有机碳研究 . 重庆：西南大学.
杨秀珍，秦樊鑫，吴迪，等 . 2013. pH 对红枫湖表层沉积物吸附与释放磷的影响 . 贵州农业科学，（3）：146 - 149.
于君宝，褚磊，宁凯，等 . 2014. 黄河三角洲滨海湿地土壤硫含量分布特征 . 湿地科学，12（5）：559 -565.
曾从盛，王维奇，翟继红 . 2010. 闽江河口不同淹水频率下湿地土壤全硫和有效硫分布特征 . 水土保持学报，24（6）：246 - 250.
张晶 . 2012. 北京野鸭湖湿地土壤中磷的形态分布和转化行为研究 . 北京：北京林业大学 .
张娟 . 2012. 污灌区土壤、大气和水中石油烃的分布特征、来源及迁移机制的研究 . 济南：山东大学 .

张亚丽，李怀恩，张兴昌，等 . 2009. 近地表土壤水分条件对黄土坡面溶质径流迁移的影响 . 自然资源学报，24（4）：743－751.

张艳，谢文霞，杜云鸿，等 . 2016. 湿地土壤硫分布及其影响机制研究进展 . 土壤通报，47（3）：763－768.

赵海洋，王国平，刘景双，等 . 2006. 三江平原湿地土壤磷的吸附与解吸研究 . 生态环境，（5）：930－935.

赵少华，宇万太，张璐，等 . 2004. 土壤有机磷研究进展 . 应用生态学报，（11）：2189－2194.

赵少华，宇万太，张璐，等 . 2005. 东北黑土有机磷的矿化过程研究 . 应用生态学报，（10）：1858－1861.

郑莲琴，和树庄 . 2012. 滇池流域不同土地利用方式土壤磷解吸研究 . 中国生态农业学报，（7）：855－860.

仲启铖，关阅章，刘倩，等 . 2013. 水位调控对崇明东滩围垦区滩涂湿地土壤呼吸的影响 . 应用生态学报，24（8）：2141－2150.

周驰，李阳，曹秀云，等 . 2012. 风干和淹水过程对巢湖流域土壤和沉积物磷吸附行为的影响 . 长江流域资源与环境，（S2）：10－17.

朱华玲，魏朝富，高明 . 2005. 攀西地区新垦土壤对磷的固定和释放作用研究 . 中国农学通报，（1）：178－180.

朱炜歆 . 2012. 青藏高原东缘草地类型、放牧干扰对土壤微生物的影响 . 兰州：兰州大学 .

Achat D L. 2009. Biodisponibilité du phosphore dans les sols landais pour les peuplements forestiers de pinmaritime. Thesis，Université Bordeaux 1.

Achat D L，Bakkerm R，Zeller B，et al. 2010. Long-term organic phosphorus mineralization in Spodosols under forests and its relation to carbon and nitrogen mineralization. Soil Biology & Biochemistry，42（9）：1479－1490.

Adhami E，Owliaie H R，Molavi R，et al. 2013. Effects of soil properties on phosphorus fractions in subtropical soils of Iran. Journal of Soil Science and Plant Nutrition，13（1）：11－21.

Alvesm E，Lavorenti A. 2004. Sulfate adsorption and its relationships with properties of representative soils of the São Paulo State，Brazil. Geoderma，118（1）：89－99.

Anne L B，Orem W H，Harvey J W，et al. 2002. Traceing sources of sulfur in the Florida Evorglades. Journal of Environmental Quality，31：287－299.

Azeez J O，Inyang U U，Olubuse O C. 2013. Determination of appropriate soil test extractant for available phosphorus in southwestern nigerian soils. Communications in Soil Science and Plant Analysis，44（10）：1540－1556.

Bai J H，Xiao R，Zhang K J，et al. 2013. Soil organic carbon as affected by land use in young and old reclaimed regions of a coastal estuary wetland，China. Soil Use and Management，29（1）：57－64.

Bai J H，Zhao Q Q，Lu Q Q，et al. 2015. Effects of freshwater input on trace element pollution in saltmarsh soils of a typical coastal estuary，China. Journal of Hydrology，520：186－192.

Ballantine K，Schneider R. 2009. Fifty-five years of soil development in restored freshwater depressional wetlands. Ecological Applications，19（6）：1467－1480.

Banerjee S，Bora S，Thrall P H，et al. 2016. Soil C and N as causal factors of spatial variation in extracellular enzyme activity across grassland-woodland ecotones. Applied Soil Ecology，105：1－8.

Batjes N H. 2014. Total carbon and nitrogen in the soils of the world. European Journal of Soil Science，65（1）：10－21.

Belleveau L J，Takekawa J Y，Woo I，et al. 2015. Vegetation community response to tidal marsh restoration of a large river estuary. Northwest Science，89（2）：136－147.

Benarchid M Y，Diouri A，Boukhari A，et al. 2005. Hydration of iron-phosphorus doped dicalcium silicate phase. Materials Chemistry and Physics，94（2－3）：190－194.

Bhatti J S，Comerford N B，Johnston C T. 1998. Influence of oxalate and soil organicmatter on sorption and desorption of phosphate onto a spodic horizon. Soil Science Society of America Journal，62（4）：1089－1095.

Bi D S，Guo X P，Cai Z H，et al. 2012. Characteristics of various forms of phosphorus and their relationships in the sediments of Haizi Lake，China. Water Science and Technology，66（12）：2688－2694.

Binkley D，Hart S C. 1989. The components of Nitrogen availability assessments in forest soils. Advances in Soil Science，57－112.

Birdm I，Veenendaal E M，Moyo C，et al. 2000. Effect of fire and soil texture on soil carbon in a sub-humid savanna（Matopos，Zimbabwe）. Geoderma，94（1）：71－90.

Botula Y D，Nemes A，Van Ranst E，et al. 2015. Hierarchical pedotransfer functions to predict bulk density of highly weathered soils in Central Africa. Soil Science Society of America Journal，79（2）：476－486.

Boyd B M，Sommerfield C K. 2016. Marsh accretion and sediment accumulation in amanaged tidal wetland complex of Delaware Bay. Ecological Engineering，92：37－46.

Bronick C J，Lal R. 2005. Soil structure andmanagement：A review. Geoderma，124（1－2）：3－22.

Burton E D，Bush R T，Johnston S G，et al. 2011. Sulfur biogeochemical cycling and novel Fe-Smineralization pathways in a tidally reflooded wetland. Geochimica et Cosmochimica Acta，75（12）：3434－3451.

Chaudhry E H，Ranjha Am，Gillm A，et al. 2003. Phosphorus requirement of maize in relation to soil characteristics. International Journal of Agriculture and Biology，5（4）：625－629.

Chen S，Yao H，Zou J，et al. 2010. modeling interannual variability of global soil respiration from climate and soil properties. Agricultural & Forestmeteorology，150：590－605.

Chen W，Ge Z M，Fei B L，et al. 2017. Soil carbon and nitrogen storage in recently restored andmature native Scripusmarshes in the Yangtze Estuary，China：Implications for restoration. Ecological Engineering，104：150－157.

Claudette S，Philippe V C，Pierre R. 2008. Surface complexation effects on phosphate adsorption to ferric iron oxyhydroxides along pH and salinity gradients in estuaries and coastal aquifers. Geochimica et Cosmochimica Acta，72（14）：3431－3445.

Cui H，Bai J，Du S，et al. 2021. Interactive effects of groundwater level and salinity on soil respiration in coastal wetlands of a Chinese Delta. Environmental Pollution.

Curtin D，Bearem H，McCallum F M. 2007. Sulphur in soil and light fraction organicmatter as influenced by long-term application of superphosphate. Soil Biology and Biochemistry，39（10）：2547－2554.

Elmahi Y E，Ibrahim I S，Mohamed A A，et al. 2001. Influence of interaction between the rates of phosphorus application and temperature on phosphorus sorption-desorption. Annals of Arid Zone，40（1）：35－42.

Fekri M，Gorgin N，Sadegh L. 2011. Phosphorus desorption kinetics in two calcareous soils amended with P fertilizer and organic matter. Environmental Earth Sciences，64（3）：721－729.

Fellman J B，D'Amore D V. 2007. Nitrogen and phosphorus mineralization in three wetland types in Southeast Alaska，USA. Wetlands，27（1）：44－53.

Fierer N，Schimel J P. 2003. A proposed mechanism for the pulse in carbon dioxide production commonly observed following the rapid rewetting of a dry soil. Soil Science Society of America Journal，67（3）：798－805.

Förster S, Welp G, Scherer H W. 2012. Sulfur specification in bulk soil as influenced by long-term application of mineral and organic fertilizers. Plant, Soil and Environment, 58: 316 - 321.

Freney J, Melville G, Williams C. 1975. Soil organicmatter fraction as sources of plant-available Sulphur. Soil Biology and Biochemistry, 7 (3): 217 - 221.

Gao H F, Bai J H, Wang Q G, et al. 2010. Profile distribution of soil nutrients in unrestored and restored wetlands of the Yellow River Delta, China. Procedia Environmental Sciences, 2: 1652 -1661.

Gharmakher H N, Machet J M, Beaudoin N, et al. 2009. Estimation of sulfur mineralization and relationships with nitrogen and carbon in soils. Biology and Fertility of Soils, 45: 297 - 304.

Glaesner N, Kjaergaard C, Rubaek G H, et al. 2011. Interactions between soil texture and placement of dairy slurry application: II. Leaching of phosphorus forms. Journal of Environmental Quality, 40 (2): 344 - 351.

Gu Y, Wag P, Kong C. 2009. Urease, invertase, dehydrogenase and polyphenoloxidase activities in paddy soils influenced by allelophatic rice variety. European Journal of Soil Biology, 45 (5): 436 - 441.

Gustafsson J P, Akram M, Tiberg C. 2015. Predicting sulphate adsorption/desorption in forest soils: Evaluation of an extended Freundlich equation. Chemosphere, 119: 83 - 89.

Gustafsson J P, Mwamila L B, Kergoat K. 2012. The pH dependence of phosphate sorption and desorption in Swedish agricultural soils. Geoderma, 189: 304 - 311.

Helyar K R, Munns D N, Burau R G. 1976. Adsorption of phosphate by gibbsite: Effects of neutral chloride salts of calcium, magnesium, sodium, and potassium. Journal of Soil Science, 27 (3): 307 - 314.

Horta C, Monteiro F, Madeira M, et al. 2013. Phosphorus sorption and desorption properties of soils developed on basic rocks under a subhumid mediterranean climate. Soil Use and Management, 291: 15 - 23.

Huang L D, Fu L L, Jin C W, et al. 2011a. Effect of temperature on phosphorus sorption to sediments from shallow eutrophic lakes. Ecological Engineering, 37 (10): 1515 - 1522.

Huang W, Liu J, Zhou G, et al. 2011b. Effects of precipitation on soil acid phosphatase activity in three successional forests in southern China. Biogeosciences, 8 (7): 1901 - 1910.

Itanna F. 2005. Sulfur Distribution in five ethiopian rift valley soils under humid and semiarid climate. Journal of Arid Environments, 62 (4): 597 - 612.

Jalali M, Mahdavi S, Ranjbar F. 2014. Nitrogen, phosphours and sulfur mineralization as affected by soil depth in rangeland ecosystems. Environment Earth Sciences, 72 (6): 1775 - 1788.

Jalali M, Peikam E N. 2013. Phosphorus sorption-desorption behaviour of river bed sediments in the Abshineh river, Hamedan, Iran, related to their composition. Environmental Monitoring and Assessment, 185 (1): 537 - 552.

Jalali M, Ranjbar F. 2010. Aging effects on phosphorus transformation rate and fractionation in some calcareous soils. Geoderma, 155 (1 - 2): 101 - 106.

Janardhanan L, Daroub S H. 2010. Phosphorus sorption in organic soils in south Florida. Soil Science Society of America Journal, 74 (5): 1597 - 1606.

Jassal R S, Black T A, Novakm D, et al. 2008. Effect of soil water stress on soil respiration and its temperature sensitivity in an 18-year-old temperate Douglas-fir stand. Global Change Biology, 14: 1305 - 1318.

Jiang C, Hao Q, Song C, et al. 2010. Effects of marsh reclamation on soil respiration in the Sanjiang Plain. Acta Ecologica Sinica, 30: 4539 - 4548.

Jin X D, He Y L, Zhang B, et al. 2013. Impact of sulfate and chloride on sediment phosphorus release in the Yangtze Estuary Reservoir, China. Water Science and Technology, 67 (8): 1748 - 1756.

Jobb A，Gy E G，Jackson R B. 2001. The distribution of soil nutrients with depth：Global patterns and the imprint of plants. Biogeochemistry，53 (1)：51－77.

Jobbágy E G，Jackson R B. 2000. The vertical distribution of soil organic carbon and its relation to climate and vegetation. Ecological Application，10 (2)：423－436.

Johnston S G，Burton E D，Aaso T，et al. 2014. Sulfur，iron and carbon cycling following hydrological restoration of acidic freshwater wetlands. Chemical Geology，317：9－26.

Kang H J，Freeman C. 1999. Phosphatase and arylsulphatase activities in wetland soils：Annual variation and controlling factors. Soil Biology and Biochemistry，31 (3)：449－454.

Keller J，Anthony T，Clark D，et al. 2015. Soil organic carbon and nitrogen storage in two Southern California salt marshes：The role of pre-restoration vegetation. Bulletin，Southern California Academy of Sciences，114 (1)：22－32.

Keller J K，Takagi K K，Brownm E，et al. 2012. Soil organic carbon storage in restored saltmarshes in Huntington Beach，California. Bulletin，Southern California Academy of Sciences，111 (2)：153－161.

Kemmitt S J，Wright D，Goulding K W T，et al. 2006. pH regulation of carbon and nitrogen dynamics in two agricultural soils. Soil Biology and Biochemistry，38 (5)：898－911.

Kopittke P M，Dalal R C，Menzies N W. 2016. Sulfur dynamics in sub-tropic soils of Australia as influenced by long-term cultivation. Plant Soil，402：211－219.

Kour S，Arora S，Jalali V K，et al. 2014. Soil sulfur forms in relation to physical and chemical properties of midhill soils of North India. Communication in Soil Science and Plant Analysis，41 (3)：277－289.

Kronvang B，Hoffmann C C，Droge R. 2009. Sediment deposition and net phosphorus retention in a hydraulically restored lowland river floodplain in Denmark：Combining field and laboratory experiments. Marine and Freshwater Research，60 (7)：638－646.

Kulhanek M，Balík J，Erny J，et al. 2016. Evaluating of soil sulfur forms changes under different fertilizing systems during long-term field experiments. Plant Soil and Environment，62 (9)：408－415.

Lauber C L，Hamady M，Knight R，et al. 2009. Pyrosequencing-based assessment of soil pH as a predictor of soil bacterial community structure at the continental scale. Applied and Environmental Microbiology，75 (15)：5111－5120.

Legay N，Personeni E，Slezack D S，et al. 2014. Grassland species show similar strategies for Sulphur and nitrogen acquisition. Plant and Soil，375 (1/2)：113－126.

Leps J，Smilauer P. 2003. Multivariate Analysis of Ecological Data Using CANOCO. New York：Cambridge University Press.

Lewin I，Szoszkiewicz K. 2012. Drivers of macrophyte development in rivers in an agricultural area：Indicative species reactions. Central European Journal of Biology，7 (4)：731－740.

Li J D，Sun Z J，Sun F，et al. 2014. Spatial distribution characteristics of organic matter and total sulfur of different marsh soils in the Yellow River Estuary. Environmetal Engineering，864：30－34.

Lin C Y，Wang Z G，Hem C，et al. 2009. Phosphorus sorption and fraction characteristics in the upper，middle and low reach sediments of the Daliao river systems，China. Journal of Hazardous Materials，170 (1)：278－285.

Liu Y，Chen Y G，Zhou Q. 2007. Effect of initial pH control on enhanced biological phosphorus removal from waste water containing acetic and propionic acids. Chemosphere，66 (1)：123－129.

Lopez G J C，Toro M，Lopez H D. 2004. Seasonality of organic phosphorus mineralization in the rhizosphere of the native savanna grass，*Trachypogon plumosus*. Soil Biology and Biochemistry，36 (10)：1675－1684.

Lu Q Q, Bai J H, Fang H J, et al. 2015. Spatial and seasonal distributions of soil sulfur in two marsh wetlands with different flooding frequencies of the Yellow River Delta, China. Ecological Engineering, 10 (11): 1 - 9.

Luke H, Martensm A, Moon E M, et al. 2017. Ecological restoration of a severely degraded coastal acid sulfate soil: A case study of the East Trinity wetland, Queensland. Ecological Management and Restoration, 18 (2): 103 - 114.

Ma Z, Zhang M, Xiao R, et al. 2017. Changes in soil microbial biomass and community composition in coastal wetlands affected by restoration projects in a Chinese delta. Geoderma, 289: 124 - 134.

Macreadie P I, Nielsen D A, Kelleway J J, et al. 2017. Can wemanage coastal ecosystems to sequestermore blue carbon? Frontiers in Ecology and the Environment, 15 (4): 206 - 213.

Makris K C, El-Shall H, Harris W G, et al. 2004. Intraparticle phosphorus diffusion in a drinking water treatment residual at room temperature. Journal of Colloid and Interface Science, 277 (2): 417 - 423.

Mallikarjun S D, Mise D S R. 2012. A study of Phosphate Adsorption characteristics on different soils. Journal of Engineering, 2 (7): 13 - 23.

Mandal U K, Yadav S K, Sharma K L, et al. 2011. Estimating permanganate-oxidizable active carbon as quick indicator for assessing soil quality under different land-use system of rainfed Alfisols. Indian Journal of Agricultural Sciences, 81: 927 - 931.

Mavim S, Marschner P, Chittleborough D J, et al. 2012. Salinity and sodicity affect soil respiration and dissolved organic matter dynamics differentially in soils varying in texture. Soil Biology and Biochemistry, 45: 8 - 13.

McDonald G K, Tavakkoli E, Cozzolino D, et al. 2017. A survey of total and dissolved organic carbon in alkaline soils of sourthern Australia. Soil Research, 55: 617 - 629.

Mcdowell R, Condron L. 2001. Influence of soil constituents on soil phosphorus sorption and desorption. Communications in Soil Science and Plant Analysis, 32 (15 - 16): 2531 - 2547.

Michelsen A, Andersson M, Jensen M, et al. 2004. Carbon stocks, soil respiration and microbial biomass in fire-prone tropical grassland, woodland and forest ecosystems. Soil Biology and Biochemistry, 36 (11): 1707 - 1717.

Morrissey E M, Gillespie J, Morina J C, et al. 2014. Salinity affects microbial activity and soil organic matter content in tidal wetlands. Global Change Biology, 20 (4): 1351 - 1362.

Moustafam Z, White J R, Coghlan C C, et al. 2011. Influence of hydropattern and vegetation type on phosphorus dynamics in flow-through wetland treatment systems. Ecological Engineering, 37 (9): 1369 - 1378.

Neff J C, Townsend A R, Gleixner G, et al. 2002. Variable effects of nitrogen additions on the stability and turnover of soil carbon. Nature, 419 (6910): 915 - 917.

Noe G B. 2011. Measurement of net nitrogen and phosphorus mineralization in wetland soils using amodification of the resin-core technique. Soil Science Society of America Journal, 75 (2): 760 - 770.

Noe G B, Hupp C R, Rybicki N B. 2013. Hydrogeomorphology influences soil nitrogen and phosphorus mineralization in floodplain wetlands. Ecosystems, 16 (1): 75 - 94.

Oehl F, Frossard E, Fliessbach A, et al. 2004. Basal organic phosphorus mineralization in soils under different farming systems. Soil Biology and Biochemistry, 36 (4): 667 - 675.

Oehl F, Oberson A, Sinaj S, et al. 2001. Organic phosphorus mineralization studies using isotopic dilution techniques. Soil Science Society of America Journal, 65 (3): 780 - 787.

Oliveira A, Pampulham E. 2006. Effects of long-term heavy metal contamination on soil microbial characteristics. Journal of Bioscience and Bioengineering, 102 (3): 157 - 161.

Onianwa P C, Oputu O U, Oladiran O E, et al. 2013. Distribution and speciation of phosphorus in sediments of rivers in Ibadan, south-western Nigeria. Chemical Speciation and Bioavailability, 25 (1): 24 - 33.

Ouyang W, Wei X F, Hao F H, et al. 2012. Sediment phosphorus adsorption and fractionation difference of irrigation and drainage canals in upper reach of yellow river basin. Fresenius Environmental Bulletin, 21 (3): 627 - 633.

Paul S C, Mukhopadhyay P. 2014. Forms of sulphur and evaluation to the sulphur test methods for moongbean in some terai soils of eastern India. Internatinal of Journal of Agriculture, Environment and Biotechnology, 7 (1): 137 - 144.

Plante A F, Conant R T, Stewart C E, et al. 2006. Impact of soil texture on the distribution of soil organic matter in physical and chemical fractions. Soil Science Society of America Journal, 70 (1): 287 - 296.

Post W M, Kwon K C. 2000. Soil carbon sequestration and land-use change: Processes and potential. Global Change Biology, 6 (3): 317 - 327.

Prietzel J, Thieme J, Tyufekchieva N, et al. 2009. Sulfur speciation in well-aerated and wetland soils in a forested catchment assessed by sulfur K-edge X-ray absorption near-edge spectroscopy (XANES). Journal of Plant Nutrition and Soil Science, 172 (3): 393 - 403.

Qiu C W, Zhao W, Liu K Y. 2007. Alkali Diagenesis and its application in Jiyang Depression. Petroleum Geology and Recovery Efficiency, 14 (2): 10 - 15.

Quintino V, Sangiorgio F, Ricardo F, et al. 2009. In situ experimental study of reed leaf decomposition along a full salinity gradient. Estuarine Coastal & Shelf Science, 85: 497 - 506.

Raich J W, Potter C S. 1995. Global patterns of carbon dioxide emissions from soils. Global Biogeochemical Cycles, 9: 23 - 36.

Raposa K B, Lerberg S, Cornu C, et al. 2017. Evaluating tidal wetland restoration performance using national estuarine research reserve system reference sites and the Restoration Performance Index (RPI). Estuaries and Coasts, 1 - 6.

Rath K M, Maheshwari A, Bengtson P, et al. 2016. Comparative toxicities of salts on microbial processes in soil. Applied and Environmental Microbiology, 82 (7): 2012 - 2020.

Rath K M, Rousk J. 2015. Salt effects on the soilmicrobial decomposer community and their role in organic carbon cycling: A review. Soil Biology and Biochemistry, 81: 108 - 123.

Reddy K R, DeLaune R D. 2008. Biogeochemistry of Wetlands: Science and Applications. Boca Raton: CRC Press.

Rietz D N, Haynes R J. 2003. Effects of irrigation-induced salinity and sodicity on soil microbial activity. Soil Biology and Biochemistry, 35 (6): 845 - 854.

Rietzel J, Thieme J, Tyufekchieva N, et al. 2009. Sulfur speciation in well-aerated and wetland soils in a forested catchment assessed by sulfur K-edge X-ray absorption near-edge spectroscopy (XANES). Journal of Plant Nutrition and Soil Science, 172 (3): 393 - 403.

Riffaldi R, Saviozzi A, Cardelli R, et al. 2006. Sulphur mineralization kinetics as influenced by soil properties. Biology and Fertility of Soils, 43 (2): 209 - 214.

Rousk J, Brookes P C, Bååth E. 2009. Contrasting soil pH effects on fungal and bacterial growth suggest functional redundancy in carbon mineralization. Applied and Environmental Microbiology, 75 (6): 1589 - 1596.

Satti P, Mazzarinom J, Roselli L, et al. 2007. Factors affecting soil P dynamics in temperate volcanic soils of southern Argentina. Geoderma, 139 (1-2): 229-240.

Schonbrunner I M, Preiner S, Hein T. 2012. Impact of drying and re-flooding of sediment on phosphorus dynamics of river-floodplain systems. Science of The Total Environment, 432: 329-337.

Serrano R E, Arias J S, Fernández P G. 2008. Soil properties that affect sulphate adsorption by palexerults in western and central Spain. Communications in Soil Science and Plant Analysis, 30 (9-10): 1521-1530.

Setia R, Marschner P. 2013. Carbon mineralization in saline soils as affected by residue composition and water potential. Biology and Fertility of Soils, 49 (1): 71-77.

Setia R, Marschner P, Baldock J, et al. 2010. Is CO_2 evolution in saline soils affected by an osmotic effect and calcium carbonate? Biology and Fertility of Soils, 46 (8): 781-792.

Setia R, Smith P, Marschner P, et al. 2011. Introducing a decomposition rate modifier in the Rothamsted carbon model to predict soil organic carbon stocks in saline soils. Environmental Science and Technology, 45 (15): 6396-6403.

Shirvani M, Khalili B, Mohaghegh P, et al. 2010. Land-use conversion effects on phosphate sorption characteristics in soils of forest and rangeland sites from Zagros area, western Iran. Arid Land Research and Management, 24 (3): 223-237.

Silver W L, Neff J, McGroddy M, et al. 2000. Effects of soil texture on belowground carbon and nutrient storage in a lowland amazonian forest ecosystem. Ecosystems, 3 (2): 193-209.

Smith S V. 2002. Carbon-nitrogen-phosphorus fluxes in the coastal zone: The global approach. LOICZ Newsletter, 49: 7-11.

Solomon D, Lehmann J, Martinez C E. 2003. Sulfur K-edge XANES spectroscopy as a tool for understanding sulfur dynamics in soil organic matter. Soil Science Society of America Joumal, 67 (6): 1721-1731.

Sun J N, Xu G, Shao H B, et al. 2012. Potential retention and release capacity of phosphorus in the newly formed wetland soils from the Yellow River Delta, China. Clean-Soil Air Water, 40 (10SI): 1131-1136.

Sun Z G, Mou X J, Song H L, et al. 2013. Sulfur biological cycle of the different Suaeda salsa-marshes in the intertidal zone of the Yellow River estuary, China. Ecological Engineering, 53: 153-164.

Takahashi J, Higashi T. 2013. Long-term changes in sulfate concentrations and soil acidification of forested umbrisols and andosols of Japan. Soil Science, 178 (2): 69-78.

Tang N, Cui B S, Zhao X S. 2006. The restoration of reed (*Phragmites australi*) wetland in the Yellow River Delta. Acta Ecological Sinica, 26: 2616-2624.

Tanikawa T, Noguchi K, Nakanishi K, et al. 2014. Sequential transformation rates of soil organic sulfur fractions in two-step mineralization process. Biology and Fertil Soils, 50 (2): 225-237.

Tavakkoli E, Rengasamy P, Smith E, et al. 2015. The effect of cation-anion interactions on soil pH and solubility of organic carbon. European Journal of Soil Science, 66 (6): 1054-1062.

Wang H, Wang R Q, Yu Y, et al. 2011. Soil organic carbon of degraded wetlands treated with freshwater in the Yellow River Delta, China. Journal of Environmental Management, 92 (10): 2628-2633.

Wang J J, Bai J H, Zhao Q Q, et al. 2016. Five-year changes in soil organic carbon and total nitrogen in coastal wetlands affected by flow-sediment regulation in a Chinese delta. Scientific Reports, 6: 21137.

Wang S, Jin X, Pang Y, et al. 2005. Phosphorus fractions and phosphate sorption characteristics in relation to the sediment compositions of shallow lakes in the middle and lower reaches of Yangtze

River region, China. Journal of Colloid and Interface Science, 289 (2): 339-346.

Wang S R, Jin X C, Zhao H C, et al. 2007. Effect of organic matter on the sorption of dissolved organic and inorganic phosphorus in lake sediments. Colloids and Surfaces A-Physicochemical and Engineering Aspects, 297 (1-3): 154-162.

Wang X Y, Zhang L P, Zhang H S, et al. 2012. Kinetics of phosphorous sorption by sediment in a subtropical reservoir. Asian Journal of Chemistry, 24 (1): 121-125.

Wang Y, Shen Z Y, Niu J F, et al. 2009. Adsorption of phosphorus on sediments from the Three-Gorges Reservoir (China) and the relation with sediment compositions. Journal of Hazardous Materials, 162 (1): 92-98.

Wassen M J, Olde Venterink H. 2006. Comparison of nitrogen and phosphorus fluxes in some European fens and floodplains. Applied Vegetation Science, 9 (2): 213-222.

Weaver M, Zablotowicz R, Krutz L, et al. 2012. Microbial and vegetative changes associated with development of a constructed wetland. Ecological Indicators, 13 (1): 37-45.

Weston N B, Dixon R E, Joye S B. 2006. Ramifications of increased salinity in tidal freshwater sediments: Geochemistry and microbial pathways of organic matter mineralization. Journal of Geophysical Research: Biogeosciences, 111.

Wolińska A, Stępniewska Z. 2012. Dehydrogenase activity in the soil environment. INTECH Open Access Publisher.

Wong V N, Greene R, Dalal R C, et al. 2010. Soil carbon dynamics in saline and sodic soils: A review. Soil Use and Management, 26 (1): 2-11.

Wong V N L, Dalal R C, Greene R S B. 2009. Carbon dynamics of sodic and saline soils following gypsum and organic material additions: A laboratory incubation. Applied Soil Ecology, 41 (1): 29-40.

Xia M S, Hu C H, Zhang H M. 2006. Effects of tourmaline addition on the dehydrogenase activity of *Rhodopseudomonas palustris*. Process Biochemistry, 41 (1): 221-225.

Xiao R, Bai J H, Gao H F, et al. 2012. Spatial distribution of phosphorus inmarsh soils of a typical land/inland water ecotone along a hydrological gradient. Catena, 98: 96-103.

Xu G, Shao H B, Sun J N, et al. 2012. Phosphorus fractions and profile distribution in newly formed wetland soils along a salinity gradient in the Yellow River Delta in China. Journal of Plant Nutrition and Soil Science, 175 (5): 721-728.

Yan X, Wang D, Zhang H, et al. 2013. Organic amendments affect phosphorus sorption characteristics in a paddy soil. Agriculture, Ecosystems and Environment, 175 (1): 47-53.

Yang C F, Lu G N, Chenm Q, et al. 2016. Spatial and temporal distributions of sulfur species in paddy soils affected by acidmine drainage in Dabaoshan sulfidemining area, South China. Geoderma, 281: 21-29.

Yanina L I, Pablo J, Carmen H M, et al. 2014. Trace metal concentrations in *Spartina densiflora* and associated soil from a Patagonian salt marsh. Marine Pollution Bulletin, 89 (1): 444-450.

Yu Y, Wang X Y. 2009. Mineralization of organic phosphorus in sediment of urban lake in Beijing. Progress in Environmental Science and Technology, Vol Ii, Pts A And B, 1461-1464.

Yuan B, Yue D. 2012. Soil microbial and enzymatic activities across a chronosequence of Chinese pine plantation development on the loess plateau of China. Pedosphere, 22 (1): 1-12.

Zaia F C, Gama R A C, Gama R E F, et al. 2012. Carbon, nitrogen, organic phosphorus, microbial biomass and N mineralization in soils under cacao agroforestry systems in Bahia, Brazil. Agroforestry Systems, 86 (2): 197-212.

Zamparas M，Deligiannakis Y，Zacharias I. 2013. Phosphate adsorption from natural waters and evaluation of sediment capping using modified clays. Desalination and Water Treatment，51（13-15）：2895-2902.

Zedler J B. 2000. Progress in wetland restoration ecology. Trends in Ecology and Evolution，15（10）：402-407.

Zeng X，Wu P，Su S，et al. 2012. Phosphate has a differential influence on arsenate adsorption by soils with different properties. Plant，Soil and Environment，58（9）：405-411.

Zhang L L，Wu Z J，Chen L J，et al. 2009. Kinetics of catalase and dehydrogenase in main soils of Northeast China under different soil moisture conditions. Agricultural Journal，4（2）：113-120.

Zhang J B，Song C C，Yang W Y. 2006. Land use effects on the distribution of labile organic carbon fractions through soil profiles. Soil Science Society of America Journal，70：660-667.

Zhang X C，Norton L D. 2002. Effect of exc hange Mq on saturated hydraulic conductivity，disaggregation and clay dispersion of disturbed soils. Journal of Hydrology，260（1）：194-205.

Zhao Q Q，Bai J H，Huang L B，et al. 2016. A review of methodologies and success indicators for coastal wetland restoration. Ecological Indicators，60：442-452.

Zhou A M，Tang H X，Wang D S. 2005. Phosphorus adsorption on natural sediments：Modeling and effects of pH and sediment composition. Water Research，39（7）：1245-1254.

Zhou J，Wu Y H，Jörg P，et al. 2013. Changes of soil phosphorus speciation along a 120-year soil chronosequence in the Hailuogou Glacier retreat area，China. Geoderma，195：251-259.

Zheng L Q，Huang F L，Narsai R，et al. 2009. Physiological and transcriptome analysis of iron and phosphorus interaction in rice seedlings. Plant Physiology，151（1）：262-274.

第 3 章

滨海湿地水盐胁迫及生物响应

滨海湿地生态系统包括生物组分、非生物组分以及它们之间的相互关系。滨海湿地作为敏感而脆弱的生态系统，人为或自然的胁迫（stress）都会影响到滨海湿地生态系统的初级生产力、生物多样性、种群结构、群落分布、次级生产力、生物及化学物质循环等方面。来自人类的胁迫——围填海活动通过占用或挤压滨海湿地，阻断水文连通，必然对滨海湿地动植物生境造成影响；人类为了补偿部分栖息地的损失，往往采取湿地恢复和创建工程，但是能够保证这类工程取得成功的关键因子并没有得到充分的认识和理解，甚至会对滨海湿地带来新的胁迫。来自自然的胁迫——生态系统内部的动植物种间竞争及生物适应性尚不明确，如种间相互作用、植食胁迫、植物入侵胁迫、气候胁迫（如干旱）等均会对滨海湿地产生影响。因此对盐沼生态系统初级生产者的植物所承受胁迫的诊断，以及对之后盐沼植物适应性与持续性的科学研究，成为亟待要解决的科学问题。

本章通过对滨海湿地人为胁迫和自然胁迫的深入研究，围绕滨海湿地关键物种，对其与非生物因子的耐受性，与邻居物种（包括植物和动物）的竞争、植食、促进机制，及生物间关系对非生物因子改变的响应等一系列系统内在调节机制进行了揭示，为滨海湿地恢复提供了理论基础。

3.1 盐沼植物定植过程对潮流阻断的适应机制

滨海湿地中，种子扩散模式主要由潮汐作用决定，在潮汐沿高程梯度运动中形成了种子流（seeds flow）。种子流在小尺度上可能是随机而混乱的，但是在区域尺度也是沿高程梯度流动，这就造成了不同高程盐沼湿地之间种子的迁移与传递，不同高程盐沼湿地即使在种群分布上是连续的，但是在种子扩散模式中却具有不同的“源”“汇”关系。沿高程梯度的种子流是盐沼湿地中种子扩散模式的核心结构，不同高程盐沼区域种子流的输出与输入的平衡关系则是整个种子扩散模式稳定的基础。围填海可以直接影响到盐沼湿地的潮汐，进而造成盐沼湿地中种子扩散模式的变化，这也是围填海活动对盐沼植物种群定植造成的主要胁迫之一。但无论是对盐沼湿地中种子扩散的模式，还是种子扩散模式对围填海影响的反馈机制，目前都缺少实证研究来详细阐述。滨海防御工程是一种大规模的人为扰动，通常对滨海盐沼湿地具有长期和潜在的影响。滨海防御工程的生态影响主要在于隔离滨海盐沼湿地中潮汐作用，其结果造成土壤要素如土壤盐度和土壤含水率等发生了重要改变。但是，很少有研究明确地揭示盐沼湿地中盐生植物定植对滨海防御工程引起土壤条件改变的响应关系。本节研究了胁迫下土壤种子库与地上植被的对应关系，有助于识别滨海防御工程的生态影响，为生态修复提供有力的理论支持。

3.1.1 不同拦潮结构中种子库分布的空间格局

黄河三角洲主要涉及以下三种滨海防御结构。

(1) 完全封闭结构：传统的连续式防御设施，盐沼湿地向海一侧被围隔，潮汐作用被高度限制；

(2) 敞口结构：潮汐自由进入盐沼湿地，潮汐路径上没有消浪设施，潮沟系统是自然和完整的，盐沼湿地本身对潮汐的容纳是抵御风浪的主要方式；

(3) 半开口结构：盐沼湿地向海一侧设置消浪设施，主要是碎石消浪堤，只有大潮时潮汐可以进入盐沼湿地，低于大潮线的海浪将被阻隔。

有关盐沼区域和滨海防御设施的空间信息通过遥感解译获取。遥感影像购买自 SPOT 2 号和 3 号卫星。空间信息的解译和采样网格的建立在软件 ArcGIS 10.3（Esri China Information Technology Co. Ltd，Hong Kong，China，http：//www.esri.com）中完成（图 3.1）。

通过分析盐地碱蓬种子库和幼苗的空间分布来揭示不同防御结构中盐地碱蓬种子进入种子库这一过程的差异。三个区域中种子库的空间分布有所不同，在敞口和半开口结构中，种子库呈现出聚群分布模式。

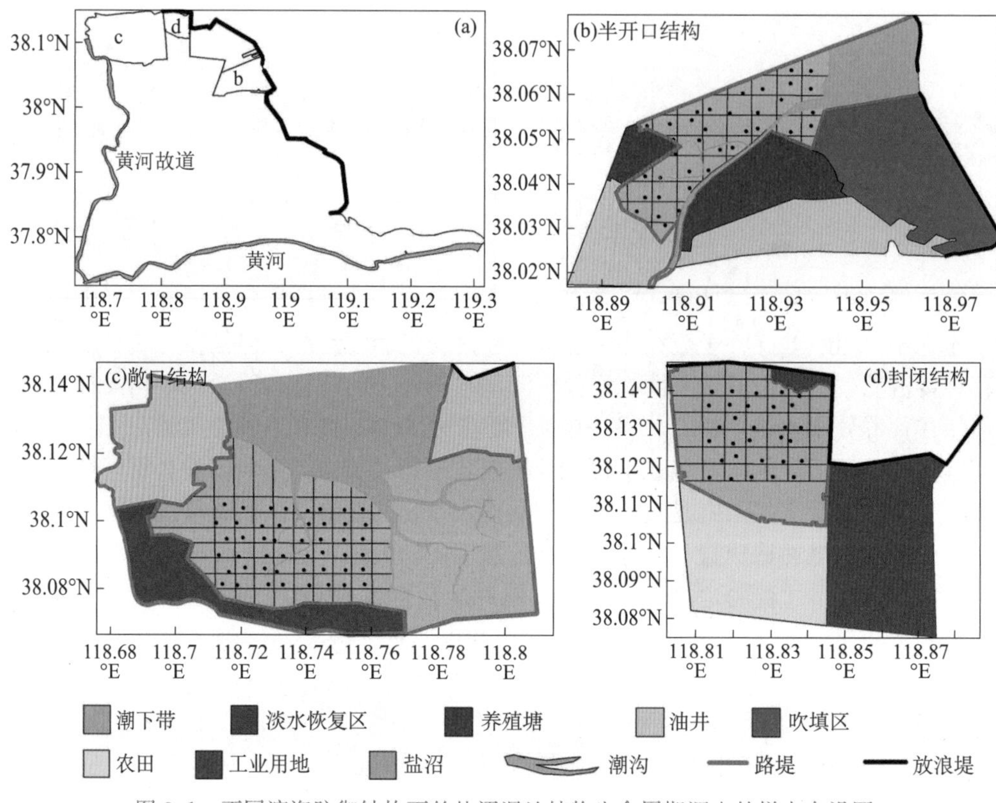

图 3.1 不同滨海防御结构下的盐沼湿地植物生命周期调查的样点布设图

敞口结构中，种子主要分布在潮沟的周边，在潮沟的末端扇区域种子库密度最高，可以达到 1247 粒/m^2，在远离潮沟以及靠近潮下带的区域格外低。在半开口结构中，几乎所有的种子都集中在盐沼湿地靠陆地方向最末端的一小块区域中，最高种子密度超过 2500 粒/m^2。在敞口和半开口结构中，种子的密度与距离潮沟的距离显著相关（Rspearman＝−0.580，P=0.000)，并且种子库的分布根据高程梯度呈现带状分布（Rspearman＝−0.234，P=0.032)。而在封闭结构中，种子库呈现随机和斑块状的分布（图 3.2）。

在敞口结构中，种子库在三个土层中的分布是类似的，而在封闭结构和窄口结构中种子库在三层土壤中的分布有很高的空间异质性（图 3.3）。三层土壤中盐地碱蓬种子的高值区域不重叠。而在封闭结构中幼苗的分布呈现出随机的块状分布，并且分布格局与表层种子库的分布高度相关（图 3.4）。

三个区域的土壤条件存在差异，如表 3.1 所示。封闭结构中土壤显著低盐度（$F_{N=114}=81.655$，$P<0.001$）、低水分（$F_{N=114}=125.820$，$P<0.001$）及低沉积（$F_{N=114}=10.136$，$P<0.001$）。土壤盐度、土壤含水率、容重、孔隙率和沉积率在敞口结构和半开口结构中相近。敞口结构中土壤总氮较低（$F_{N=114}=7.416$，$P=0.001$）。其他土样要素，土壤 pH、有机质和总碳在三个区域中没有显著差异。

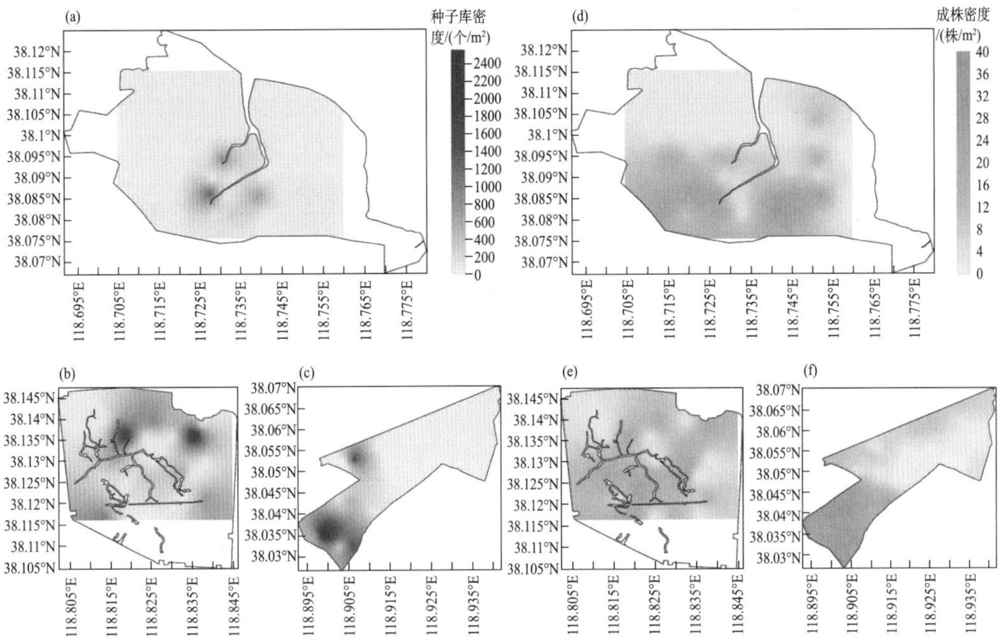

图 3.2 盐地碱蓬种子库总密度（0～15 cm 土壤深度的总和）和幼苗的空间分布情况

（a）敞口区域种子库分布结构；（b）封闭区域种子库分布结构；（c）半开口区域种子库分布结构；（d）敞口区域幼苗分布结构；（e）封闭区域幼苗分布结构；（f）半开口区域幼苗分布结构

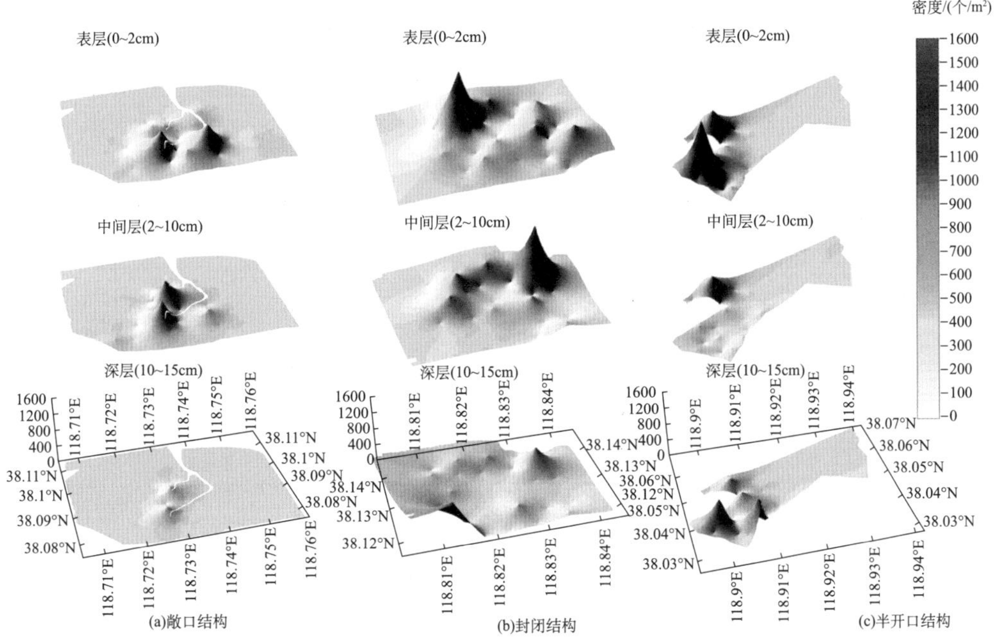

图 3.3 三种滨海防御结构中盐地碱蓬种子在三层土壤的空间分布

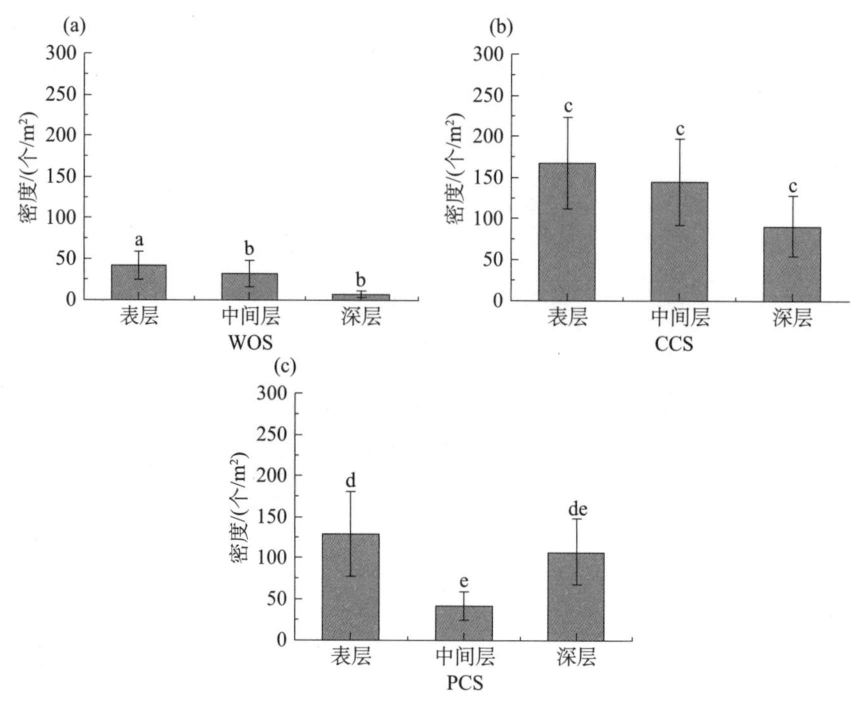

图 3.4 三种滨海防御结构中盐地碱蓬种子在三层土壤中的密度情况

数据按照均值±标准误差表示，柱状图上相同的小写字母表示基于 Friedman 多重检验差异不显著

表 3.1 三个区域的土壤条件

土壤要素	敞口结构	封闭结构	半开口结构
土壤盐度/ppt	14.77±0.70 a	1.85±0.22 b	17.42±1.24 a
土壤含水率/%	28.67±0.80 a	9.79±0.64 b	29.86±1.22 a
沉积率/(cm/a)	0.31±0.04 a	0.05±0.01 b	0.51±0.09 a
土壤 pH	8.57±0.04 a	8.51±0.04 a	8.60±0.03 a
容重/(g/cm^3)	1.36±0.01 a	1.46±0.01 b	1.33±0.57 a
孔隙率/%	47.49±0.71 a	46.99±1.04 b	49.11±0.70 a
有机质/(mg/kg)	6.93±0.66 a	7.24±0.78 a	7.22±0.71 a
总氮/(g/kg)	0.59±0.03 a	0.85±0.08 b	0.82±0.07 b
总碳/%	1.96±0.06 a	2.04±0.07 a	2.00±0.06 a

注：ppt 为千分之一；数据按照均值±标准误差的形式表示，数字后相同字母代表没有显著差异（$P>0.05$）。

通过实验室实验来揭示盐地碱蓬种子萌发在土壤盐度、含水率以及沉积物厚度胁迫下的耐受阈值，并且确定封闭结构中低萌发率的原因（图 3.5）。根据实验发现，土壤盐度、沉积物厚度和含水率对盐地碱蓬的幼苗萌发具有显著影响（盐度：$F_{N=54}=106.381$，$P=0.000$；沉积物厚度：$F_{N=66}=30.576$，$P=0.000$；含水率：$F_{N=192}=118.401$，$P=0.000$）。

盐地碱蓬种子的出芽率在盐度为 10ppt 时达到最高（55%）。在低盐度（0 和 5ppt）条件下，出芽率降低不显著。但当盐度高于 10ppt 后，出芽率显著降低，并且当盐度超过 30ppt 时种子的萌发被完全抑制［图 3.6（a）］。沉积物厚度超过 2.0cm 种子萌发率快

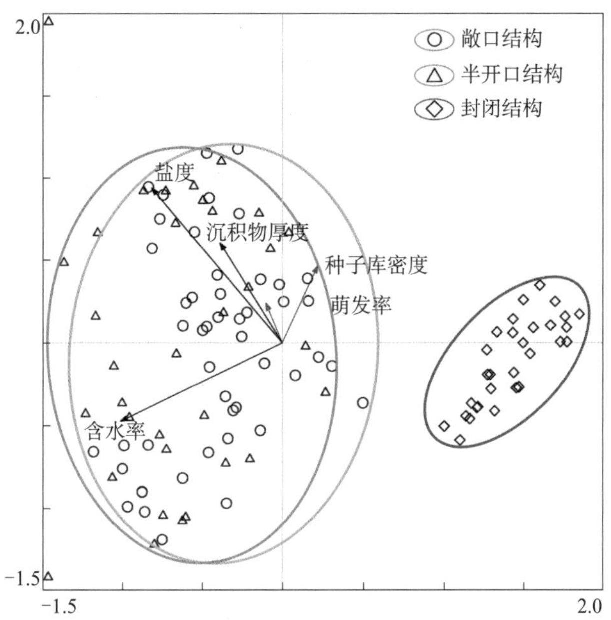

图 3.5 关于不同滨海防御结构中采样点位置、三种土样要素、种子库密度及萌发率之间关系的 PCA 分析

速降低，当埋深厚度达到 3.5cm 时将不会有幼苗出现。而种子裸露在地表时，种子萌发率只有 10%左右 [图 3.6 (b)]。当土壤含水率在 10%～60%时，种子出芽率与含水率正相关。但是当含水率超过 60%后，种子的出芽率遭到抑制。而水分的胁迫作用随着水中盐度的升高而显著加强 [图 3.6 (c)]。

盐地碱蓬种子萌发的适宜条件（种子萌发率大于 5%）可以判定为盐度范围为 0～30ppt，沉积物厚度范围为 0.5～2.5cm，土壤含水率范围为 25%～50% [图 3.6 (d)]。在敞口和半开口结构中，大部分区域的土壤条件都适合盐地碱蓬种子的萌发，因此盐地碱蓬种子在这两个区域具有较高的出芽率。盐度、含水率与沉积物厚度在完全封闭区域要显著低于其他两个区域，并且已经超出了种子萌发的适宜范围，使得种子萌发受到抑制。

盐地碱蓬的种子为椭球形，直径为 1.0mm 左右，外层有光滑的种皮（Song et al.，2008），重量为 3.48 ± 0.08 g/1000 粒，新鲜种子浮于水面。盐地碱蓬种子的形态学特征（Li et al.，2005；Song et al.，2008）决定潮汐是其传播的重要驱动力，并且盐地碱蓬种子依靠风力无法进行长距离的扩散。因此在敞口结构中，盐地碱蓬种子集中在潮沟中，并且有一大部分种子聚集在潮沟的末端。在封闭结构中因为潮汐作用被阻断，盐地碱蓬种子分布并且保留在其母株的附近，因而封闭结构中种子库、幼苗和成株的分布模式有很高的关联性。

封闭结构中，盐地碱蓬种子被潮汐阻断作用所保留，但其代价是很低的种子萌发率。植物种子只有在土壤环境条件适宜时才会萌发，我们测定了 9 种土壤条件要素，其中土壤盐度、含水率和沉积率在封闭结构中都要远低于敞口和半开口结构。土壤盐度、含水率和沉积率的差异可以归结为潮汐的阻断，因为这三种土壤条件都与潮汐作用直接

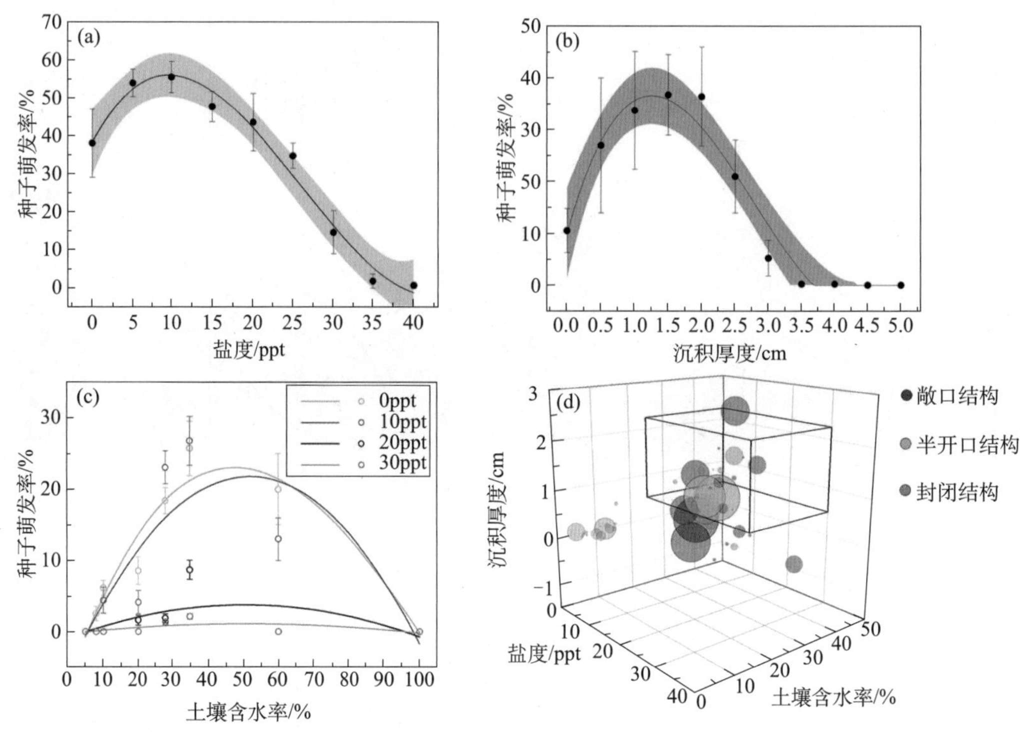

图 3.6 盐地碱蓬在环境胁迫下的萌发曲线与适宜阈值

(a) 土壤盐度；(b) 沉积物厚度；(c) 土壤含水率；(d) 盐地碱蓬种子萌发的适宜阈值。图 (d) 中圆的大小表示萌发率，黑色框为基于分图 (a) ～ (c) 的最适宜萌发阈值 (种子萌发率大于5%)，盐度范围：5～15 ppt，埋深厚度范围：0.5～2.0cm，土壤含水率：30%～60%

相关（Wang et al.，2012b；Krishnamoorthy et al.，2014）。

室内实验的结果进一步确定了盐地碱蓬种子萌发受到土壤盐度、含水率和沉积率的限制。盐沼湿地中，土壤水分（Munns，2002）和盐度（Munns and Tester，2008；Nichols et al.，2009）被认为是最为常见的环境胁迫因素。盐度通过干扰种子的渗透特征以及引发离子毒性来拟制种子发芽（Munns，2002）。不同植物物种对盐度的抗性各不相同，盐地碱蓬作为多肉真盐生植物，其在种子萌发和幼苗存活阶段具有很高的盐度抗性（Kefu et al.，2003；Song et al.，2009），盐地碱蓬种子可以在极端盐度条件下仍然保持一定的萌发率。种子的埋深条件同样是一个影响种子萌发的重要环境要素（Ren et al.，2002；Zheng et al.，2005；Sun et al.，2010）。已有研究（Sun et al.，2014）发现盐地碱蓬最适宜的埋深是 1.5～2.0cm，这与我们的研究结果一致。目前被广泛接受的解释是种子过大的埋深会造成氧分和光的不足，造成种子萌发和幼苗出芽的困难。而裸露在地表的种子萌发后幼根难以穿透土壤表层并且会被阳光直射所伤害（Sun et al.，2014）。

3.1.2 盐沼植物种子扩散过程对潮流阻断的反馈机制

种子扩散是植物种群定植的重要生态过程，种子的扩散模式关系到植物的种群结构以及分布格局（Nathan and Muller，2000）。在滨海盐沼湿地中，水流动力是种子扩散的主要途径，但是水流动力由潮汐、地形、风浪等复杂的相互作用共同决定，这给盐沼湿地中种子扩散的研究带来了很大的难度（Yang et al.，2012）。以潮汐作为扩散载体的种子传播过程可能受到随机事件的强烈影响，极端的水动力事件会对种子扩散模式造成比正常潮汐波动更大的影响（Rand，2000），如风暴潮等随机水动力事件可以改变种子的沉降及传播距离，因此滨海盐沼湿地中种子的扩散很大程度上取决于各种环境随机事件（Huiskes et al.，1995）。但是这些局部的随机过程在种群定植与分布等确定性结果中发挥着多大的作用，目前仍存在很大争议（Crawford et al.，2015）。

种子扩散的模式，除了传播载体之外，种子来源、种子产生的分布和密度在形成种子扩散模式中也起着重要作用（Zimmer et al.，2009）。目前针对种子扩散模式的研究非常有限，并且这些研究主要关注种子扩散的极限距离（Wolters et al.，2008；Xiao et al.，2016），在盐沼湿地中，几乎没有研究对种子在潮汐作用下的扩散范围、扩散方式及分布格局等扩散模式做出清楚的阐释。关于滨海盐沼湿地中种子扩散模式研究出现的困境，一方面是由于潮汐水动力流场难以模拟造成的（Wolters et al.，2005）；而更重要的是缺少实证研究使得解释种子扩散模式严重缺乏基础数据与信息，这主要受限于种子扩散实测方法。目前对于种子扩散的实测主要依靠随机抽查采样和种子陷阱累积调查两种方式。其中种子陷阱是比较可靠的方式，可以观测到扩散中种子流的累计值，但是对于区域种子扩散的调查，往往需要数量庞大的种子陷阱，并且大多时候，研究区域并不适合安置种子陷阱；另外目前对于种子陷阱的制作没有统一标准与成品也限制了其大量的使用。对于种子流的随机抽查采样是目前很多研究使用的方法，虽然节省人力物力，但是由于种子扩散过程受到环境随机事件影响严重，并不是正态及均匀的，因此随机抽查采样的结果包含很大的不确定性。

在滨海盐沼湿地中潮汐的运动也决定了种子的运动，这也是水媒介扩散种子的特征之一，存在种子流（Huiskes et al.，1995）。滨海盐沼湿地中潮汐沿高程梯度运动，种子流在小尺度上受到微地形、风力等影响，其移动方向随机而混乱，但是在区域尺度都也是沿高程梯度流动，这就造成了不同高程盐沼湿地之间种子的迁移与传递。因此，不同高程盐沼湿地即使在种群分布上连续的，但是在种子扩散模式中却处于不同的地位。根据集合种群的理论，植物种群动态取决于种子扩散（流入和流出）、幼苗萌发和成株死亡，如果区域中存在多个种群斑块时，斑块之间的种子交换使得这些斑块构成了集合种群（Gilarranz and Bascompte，2012；Castorani et al.，2015）。但是在盐沼湿地中，种子流很多时候是不平衡的，即斑块之间的种子交换具有明显的倾向性，这就变成了源汇种群（source-sink metapopulations）（Jolly et al.，2014），源区指种子净输出的斑块，汇区指种子净输入的斑块（图 3.7）。盐沼湿地中，种子流的源汇关系决定了面对外界干扰时的重要性，源区具有更高的保护价值。沿高程梯度的种子流是盐沼湿地中种子扩散模式的核心结构，而不同高程盐沼区域在种子流的源汇关系则是整个种子扩散模式稳定的基础。

围填海活动，无论是对高位盐沼的围垦，还是滨海防御设施直接阻断盐沼湿地的海陆连通，都会对盐沼湿地中潮汐的作用造成影响，因此也会造成盐沼湿地中种子扩散模式的变化，这也是围填海活动对盐沼植物种群定植造成干扰的主要途径之一。但是种子

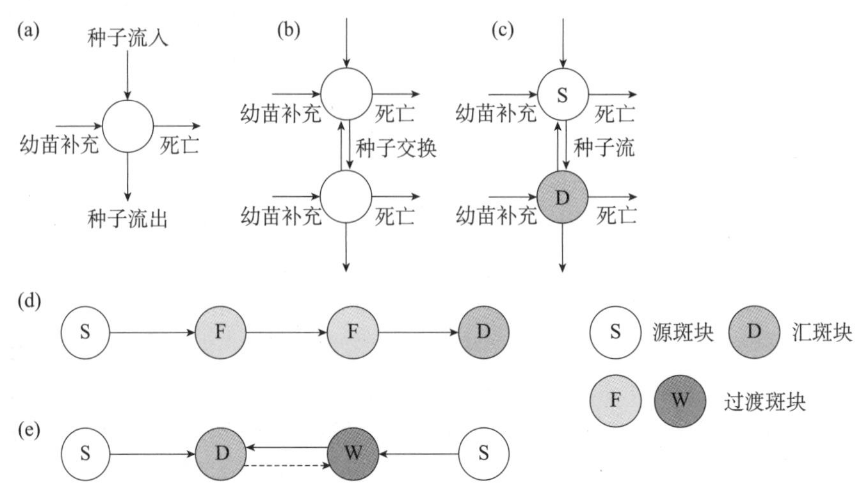

图 3.7 盐沼湿地中种子流"源""汇"模式示意图

扩散模式对围填海影响的反馈机制，始终缺少实证研究来详细阐述。

黄河入海口北部的盐地碱蓬盐沼湿地是目前黄河三角洲中面积最大、结构最完整的盐地碱蓬分布区（图 3.8）。因此，该区域盐地碱蓬种群的稳定与维持关系到整个黄河三角洲的植被结构与分布格局。近年来，黄河三角洲滨海区域的开发活动，如港口、养殖塘、盐田等围填海日益加剧，黄河三角洲保护区之外的盐沼湿地消失殆尽，而黄河三角洲保护区以内的盐地碱蓬种群也不同程度受到影响。黄河入海口北部的盐地碱蓬种群已经从连续成片分布开始出现破碎化现象。为了进一步探讨盐地碱蓬种群破碎化的机理

图 3.8 2014 年黄河三角洲盐地碱蓬斑块分布格局

以及应对措施，我们分别于 2014 年和 2015 年在黄河入海口北部的盐地碱蓬盐沼湿地中选择实验区，对盐地碱蓬的种子扩散过程以及种子流通量进行了调查研究，构建起滨海湿地中盐地碱蓬种子扩散模式的数量学框架，并在此基础上分析围填海对种子扩散模式的扰动，识别不同高程区域受到影响的强弱。

在黄河入海口北部的盐地碱蓬盐沼湿地中选择三个实验区域，实验区域 1 的盐沼湿地具有从潮下带、潮间带到潮上带的完整高程梯度，潮沟水系完整，受到人为活动影响较小；实验区域 2 盐沼湿地中高程梯度不完整，中位盐沼以上的区域全部被堤坝围隔占用；实验区域 3 盐沼湿地中高程梯度完整，但是高位盐沼区域受到堤坝、油井建设的干扰，盐地碱蓬严重退化。

根据黄河入海口北部盐沼湿地的高程数据（使用 4600LS，Trimble GPS 调查）划分出三个实验区域中的低位盐沼、中位盐沼和高位盐沼的具体位置［图 3.9（a）］。根据高程梯度（垂直等高线）方向在三个研究区中各设置一条宽 50m 研究样带，样方设置如图 3.9（b）所示。在三个研究样带中，盐地碱蓬是唯一的地上植物。

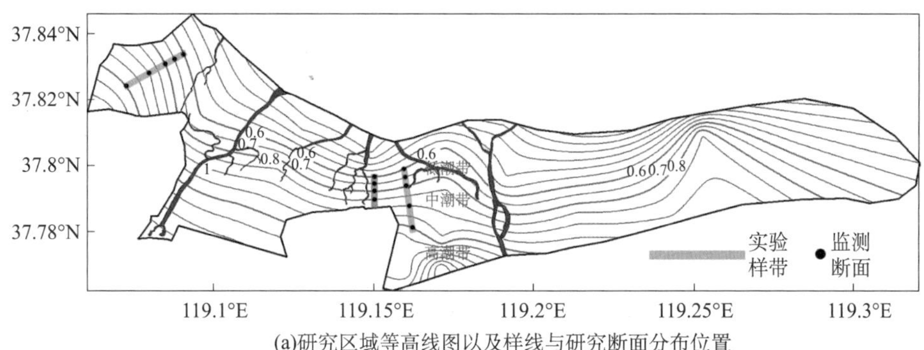

(a)研究区域等高线图以及样线与研究断面分布位置

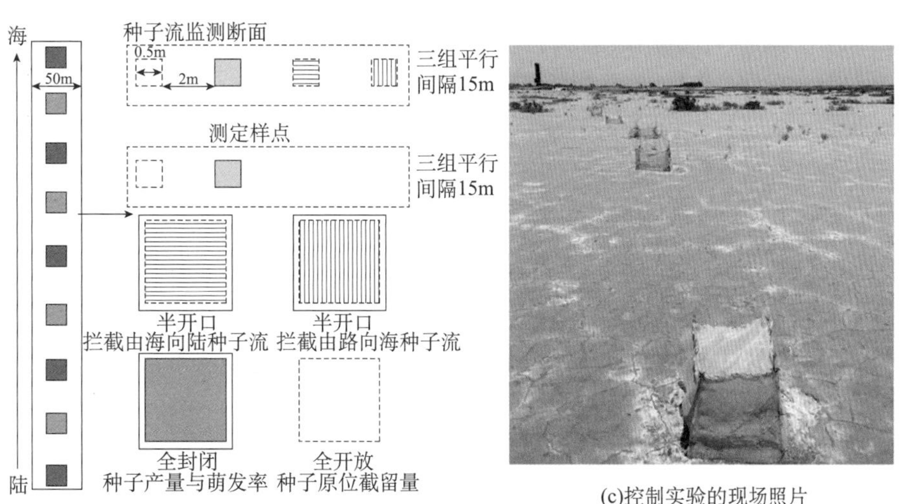

(b)研究断面上调查样方的设计概况与布设

(c)控制实验的现场照片

图 3.9 研究区域样点布设位置、样方设计概况以及现场实验的照片

三个研究区域中的种子流界面通量由陆向海均是随着高程的增加显著减少（区域 1：$F=100.854$，$P<0.001$；区域 2：$F=40.564$，$P<0.001$；区域 3：$F=33.437$，

$P<0.001$），同样由海向陆的种子流界面通量随着高程的增加显著增加（区域 1：$F=4.479$，$P=0.004$；区域 2：$F=25.677$，$P<0.001$；区域 3：$F=14.043$，$P<0.001$）。根据界面种子流通量计算出界面之间区域的种子输入和输出关系，结果发现在三个研究区的大多区域均是种子流出大于种子流入，只有区域 1 中位盐沼下部和高位盐沼，区域 2 中位盐沼上部和区域 3 的高位盐沼则是种子流入大于种子流出（图 3.10）。因为实验没有涉及高位盐沼与潮上带的种子流界面通量，因此仅考虑低位盐沼和中位盐沼具有上下界面通量的区域，发现区域 1 中位盐沼下部和区域 2 的中位盐沼上部是种子流的“汇区”，而其他区域均是种子流的“源区”（图 3.11）。

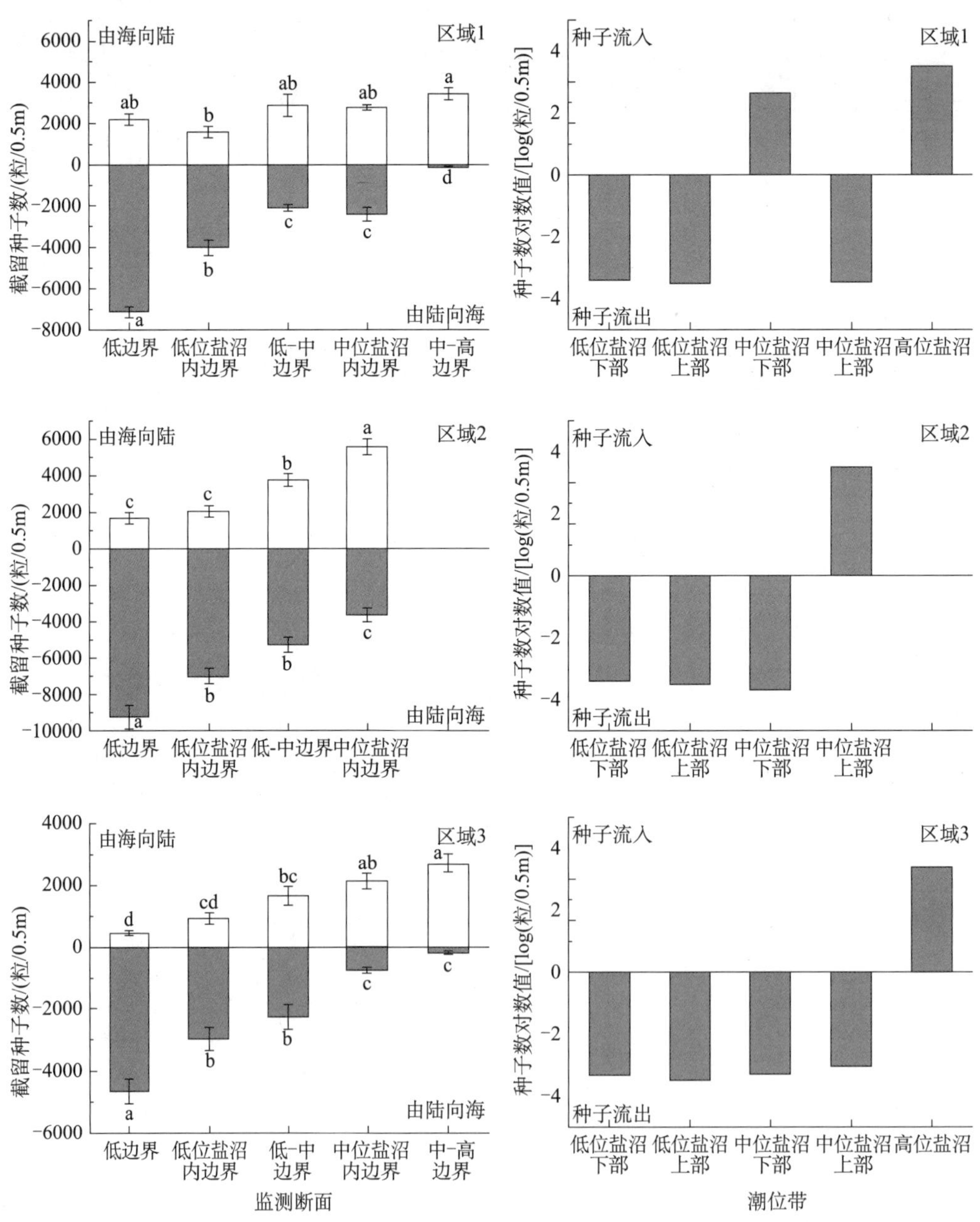

图 3.10　不同实验区种子流在不同高程观测断面上的通量及不同盐沼区域种子流出与流入的差异

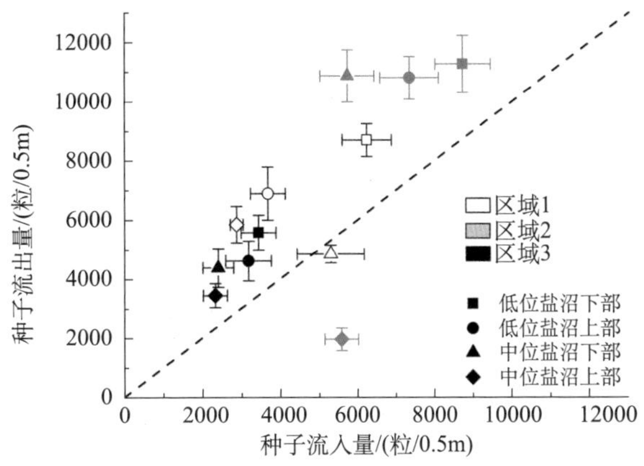

图 3.11　不同实验区中不同高程盐沼区域的种子扩散模式

盐地碱蓬是藜科聚盐类植物，是我国北方滨海盐沼湿地的主要先锋植物（Zhao，1991）。由于盐地碱蓬分布区域的生境条件严苛，并且作为一年生植物，盐地碱蓬必须每年有足够数量的幼苗在已占据的分布区域内成功定植，才能维持种群的数量、规模和分布在年际间的稳定（Song et al.，2016；Sun et al.，2017）。盐地碱蓬种子在盐沼湿地中的扩散模式对于盐地碱蓬种群的维持至关重要。盐沼湿地中，潮汐是种子扩散的主要动力，盐地碱蓬种子随着潮汐运动，必然会形成扩散中的种子流，并且扩散结束之后种子的分布格局也直接取决于潮汐的作用。根据上述结果可以看出，在单位面积上，原位截留的种子数一般不会超过单位面积种子产量的10%，因此每年都会有大量的盐地碱蓬种子在潮汐的作用下流动。盐沼湿地中不同高程的区域中，潮汐频率、潮高、剪切力等水动力特征的不同，直接导致了种子流的差异。滨海湿地中潮汐作用是造成种子扩散异质性的主要原因。在本实验区域中，由于大坝围隔，挤压了盐沼湿地，占据了高位盐沼区域，或者造成高位区域中盐地碱蓬种群的破坏，研究结果也正是通过潮汐推动的种子流的分析来解释盐沼挤压对种子扩散格局的影响。

在未受到围填海活动影响的自然区域中（实验区域1），潮汐的波动是将盐地碱蓬分布区域中部的种子向海陆两个方向运输，因此在低位盐沼上部存在明显的种子输出区域，无论是由海向陆的种子流，还是由陆向海的种子流都是以输出通量占主要，输出量约3200粒/m。由陆向海的种子流通过低位盐沼向下的界面，流入潮下带，而只有30%左右的种子可以随潮汐重新进入低位盐沼区，因此低位盐沼向下的界面上每米约有10000粒盐地碱蓬的种子进入潮下带而损失。同样，在中位盐沼向上的界面上，也有大量的种子进入高位盐沼区域，只有很少的种子可以返回中低位盐沼区，界面上从中低位盐沼输入高位盐沼的每米净种子数超过6600粒。另外，由陆向海的种子流由中位盐沼的上部流入中位盐沼的下部，因此，在区域1的中位盐沼的下部实则是一个种子的汇区。

在现行黄河流路北岸的盐沼湿地中，滩涂围垦造成两种结果，即直接占用高位盐沼区域，或是破坏高位盐沼中的盐地碱蓬斑块。在实验区域2中，高位盐沼被大坝围隔。在缺失高位盐沼的区域，盐地碱蓬种子扩散的模式发生了改变。低位盐沼向下的界面上每米约有15000粒的净损失量，盐地碱蓬的种子进入潮下带而损失。与自然区域类似，低位盐沼的上部依然是主要的种子源区，净输出量超过 3400 粒/m。但是区域 2 中作为盐沼末端的中位盐沼上部代替了自然区域中高位盐沼的作用，成为种子的汇区，有超过 5500 粒/m 流入该区域，其中只有 35 %左右的种子随由陆向海的种子流回到中位盐沼下部，因此中位盐沼的下部变成了源区，种子的输出量超过了输入量。在区域 3 中，高位盐沼虽然被破坏，但是潮汐依然可以流入，因而区域 3 的中位盐沼上部是种子流的过渡区。但是区域 3 位于高位盐沼和中位盐沼上部的盐地碱蓬种群退化殆尽，因此并没有足够的种子由陆向海流回中位盐沼的下部。区域 3 的中位盐沼的下部同样变成了源区（图 3.12）。

图 3.12　不同实验区中不同高程盐沼区域的种子流（单位：粒）

盐沼湿地中盐地碱蓬种子扩散的模式在围填海的影响下出现了变化，除了被直接占用或破坏的高位盐沼区域，中位盐沼的下部的种子扩散模式受到的影响最为严重。在围填海对高位盐沼占据或破坏之后，中位盐沼下部将由种子的汇区变为源区。在自然盐沼中，有大量的种子由低位盐沼的上部和中位盐沼的上部流入中位盐沼的下部，这对于其中盐地碱蓬种群的维持非常重要，而在围填海影响下，由低位盐沼的上部流入该区域的种子量基本稳定，但是有更多的种子将会通过向上的界面进入中位盐沼的上部和高位盐沼，中位盐沼下部的种子输出大于种子输入。根据目前的调查结果，由于盐地碱蓬单位面积种子产生量大，而且在正常年份中萌发率可以达到 15%，因此不需要外源种子也可以保证中位盐沼下部 40～60 株/m^2 的种群密度。因此目前种子原位萌发率的条件下，区域 2 和区域 3 的中位盐沼的下部只是“伪汇”生境，即可以依靠内部的新生率来维持种群稳定。但是对高位盐沼围垦的活动，依然对中位盐沼造成了严重的威胁隐患，在极端气候条件下，种子萌发率降低，而中位盐沼的下部由于种子扩散模式的改变，失去了足够的种子数量，将无法维持种群的稳定，因此出现了盐地碱蓬分布的空窗（图 3.13）。

另外，涉及的围填海类型主要是高位盐沼的围垦，因此对低位盐沼种子扩散模式的影响较小，而且并没有对整个盐沼湿地的潮汐模式造成干扰，所以主要影响区域集中在中位盐沼。对于滨海防御设施这类可以直接改变潮汐模式的围填海类型，将会对盐沼湿地中植物种子扩散模式造成更严重的威胁，这将会在以后的研究中进一步论证。

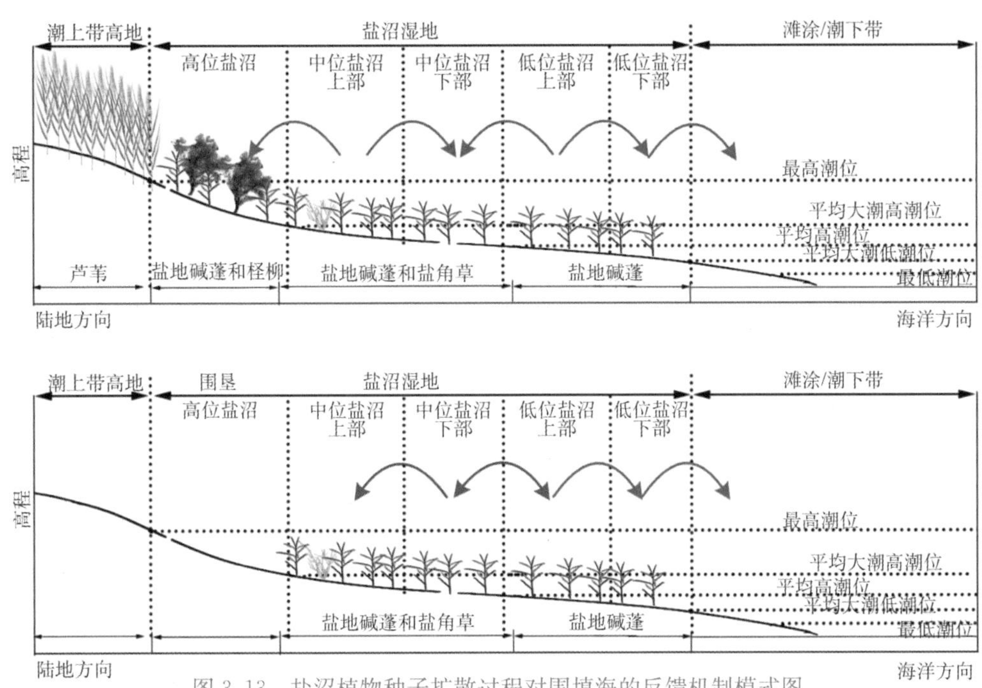

图 3.13 盐沼植物种子扩散过程对围填海的反馈机制模式图

3.1.3 潮流阻断干扰下盐沼植物种子萌发过程的响应

土壤种子库为孤立或者高度破碎化栖息地中的植物群落再生提供了最后的自然恢复资源与可能性（Adams et al.，2005）。为了满足与日俱增的用地需求，滨海盐沼湿地面临巨大的开发压力（Barbier et al.，2008）。随着滨海地区人口的剧烈增长以及城市的快速扩张，越来越多的滨海盐沼湿地被占用开发，为社会经济发展提供空间资源（Firth et al.，2014）。

与植物成株相比，种子库对于外界干扰具有更强的耐性，可以在维持植物群落的物种多样性以及稳定续存中发挥重要作用（Bossuyt and Honnay，2008）。种子库保证植物群落续存的潜力大小依赖于活性种子库的密度、规模、物种组成以及与地上植被的对应程度（Adams et al.，2005）。滨海盐沼湿地是最为脆弱和易受干扰的生态系统之一，承受着来自自然和人为活动两方面的压力，自然干扰如海水入侵、潮汐侵蚀，以及人类活动如滨海防御工程造成的破碎化（Scarton et al.，2000）。在植物群落的维持和滨海盐沼的保育中，种子库的作用无法被忽视，因为种子库即使在严酷的环境条件下，也是植物物种再生的有效方式（Bossuyt et al.，2006）。然而，有关滨海防御活动对种子库影响作用机理的信息是缺乏的，这直接关乎滨海盐沼植物群落的物种密度、组成及植物的稳定续存（Shang et al.，2013）。

种子输入与输出之间的动态特征是种子库稳定和活性的关键因素（Maranon，1998）。种子库中种子输入和输出的过程主要包括种子产生、种子扩散（Yang et al.，2012）、动物取食、种子休眠、死亡以及种子萌发（Baskin et al.，2000）。许多先前的研究已经考虑到种子输入输出动态的研究是植物定植的一个重要方向，并且可以表征自然或人为活动的干扰程度（Baskin et al.，2000；Holzel and Otte，2004）。作为种子库动态的重要过程，种子萌发非常依赖于环境条件，并且对环境特征的改变非常敏感（dos Santos et al.，2013）。防潮堤等滨海防御设施阻碍潮汐，其结果是造成被围隔盐沼湿地中土壤要素如盐度和含水率的变化（Valko et al.，2014）。土壤要素的改变造成土壤种子库中种子密度和物种丰富度的变化是滨海防御工程对盐沼植被影响机理的最重要环节之一。

1. 地上植被密度与土壤种子库密度

为了调查滨海防御工程对滨海湿地土壤要素和种子库的扰动作用，在黄河三角洲的自然盐沼湿地和被防潮堤围隔的盐沼湿地上开展了一系列的现场实验（图 3.14）。为了保护油田设施和养殖塘在黄河三角洲自 1960～2010 年修筑了超过 50km 的防潮堤，用以抵御侵蚀与风暴潮。到目前为止黄河三角洲 2/3 的海岸线已经被防潮堤覆盖（Murray et al.，2014；Wang et al.，2014）。通过检测围隔区域与自然湿地中种子库与地上植被的密度和物种组成，并且检验地上植被与种子库物种组成的相似性，来辨识滨海防御工程对种子库的影响程度。同时，通过人工气候室控制实验来揭示种子库对土壤要素变化的响应机理，且探明主要植物物种的最优萌发生态位。

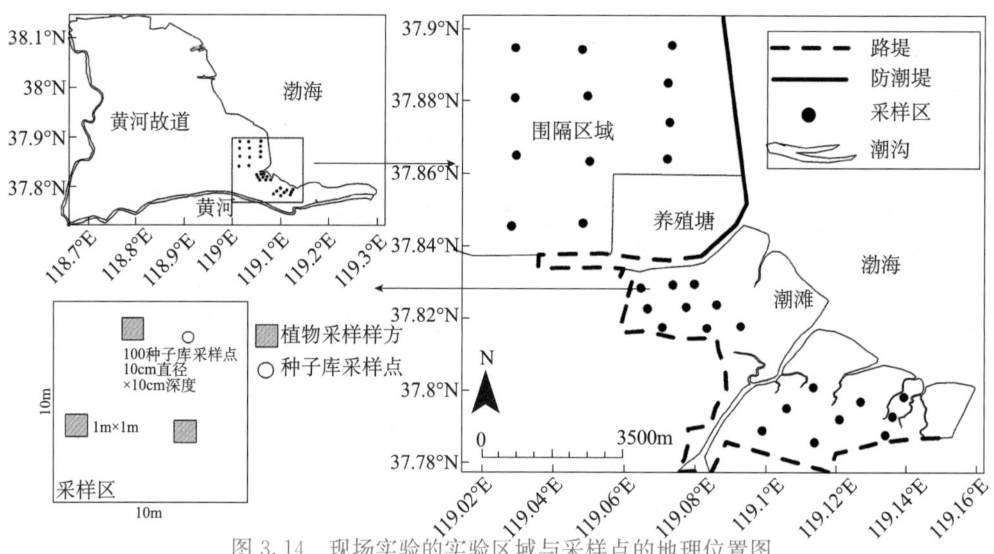

图 3.14　现场实验的实验区域与采样点的地理位置图

围隔区域中地上植被的总密度为 37.03 ± 8.51 株/m^2，要显著高于自然湿地中的植被密度（$P<0.01$）[图 3.15（a）]。围隔区域中主要物种的密度为盐地碱蓬 16.67 ± 8.35 株/m^2，碱蓬 2.89 ± 2.63 株/m^2，猪毛蒿 1.11 ± 0.73 株/m^2，芦苇 8.86 ± 2.67

株/m²和狗尾草 2.56 ± 1.82 株/m²。自然湿地中地上植物密度为 9.85±1.34 株/m²，主要物种有盐地碱蓬 9.63 ± 1.35 株/m²，盐角草 0.15 ± 0.09 株/m²和补血草 0.07 ± 0.05 株/m²。

种子库总密度在围隔湿地中达到 1204.92±250.67 粒/m²。自然湿地中的种子库密度要更低，为 473.50±104.48 粒/m²。盐地碱蓬在围隔湿地种子库中密度为 664.08±197.68 粒/m²，在自然湿地中密度为 327.11±110.34 粒/m²。另外，围隔区域中其他主要物种的种子库密度为碱蓬 31.75±19.82 粒/m²，猪毛蒿 85.33±65.24 粒/m²，芦苇 53.25±6.16 粒/m²，鹅绒藤 58.00±15.72 粒/m²，狗尾草 221.00±101.29 粒/m²，罗布麻 48.33±9.67 粒/m²。自然湿地中互花米草、芦苇、鹅绒藤和罗布麻的种子库密度分别为 30.94±11.94 粒/m²、26.00±5.96 粒/m²、17.50±4.95 粒/m²和 21.50±4.15 粒/m²。

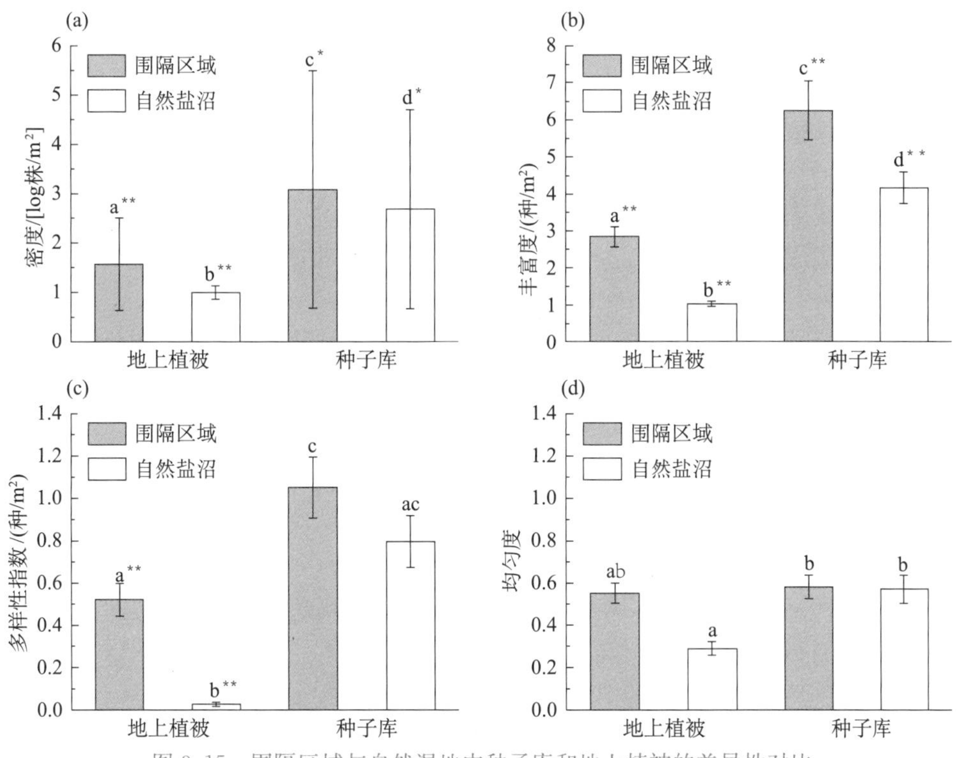

图 3.15　围隔区域与自然湿地中种子库和地上植被的差异性对比

*表示 $P<0.05$；**表示 $P<0.01$

在围隔区域和自然湿地中，种子库的密度均是随着深度的增加而减少（检验量：围隔区域 $T=2.350$，$P<0.05$；自然湿地 $T=3.714$，$P<0.01$）。围隔区域中种子库密度从表层的 887±210 粒/m²减少到 2～10cm 深度的 325±114 粒/m²。自然湿地中种子库密度从表层的 405±89 粒/m²减少到深层的 68±20 粒/m²。大多数物种的临时种子库密度要高于深层永久种子库，除了围隔区域的盐地碱蓬和自然湿地的盐地碱蓬和盐角草，在表层与深层中没有显著差异。

盐地碱蓬在自然湿地和围隔区域都是种子库最主要的优势物种，盐地碱蓬在围隔区域占总种子库的 58.57%±8.37%，占自然湿地种子库的 58.51%±8.18%。狗尾草是围隔区域丰度次之的物种，占总种子库的 11.32%±5.31%；自然湿地中，芦苇是丰度排第二的物种，占总种子库的 11.25%±4.26%。

目前一个普遍的认识是拥有高种子密度的种子库可以为退化植被提供更高的恢复潜力（O'Donnell et al.，2016）。之前已经有研究报道过滨海盐沼湿地的环境条件严苛，其永久种子库的种子密度相对较低（Jarry et al.，1995；Li et al.，2012）。永久种子库的密度较低，并且小于表层临时种子库。种子库低密度的现象可能是由于两个原因造成的，首先，滨海盐沼湿地的优势物种是盐生植物种，如盐地碱蓬。虽然盐生植物对于滨海湿地中的高盐环境有较高的适应性，但是盐生植物在高盐环境中产生的种子较少（Li et al.，2012）。另外，大量的种子会在潮水的作用下产生二次分布，并有可能被潮汐携带从区域内移除（Shang et al.，2013）。围隔区域的堤坝孤立了整个湿地区域，成功地避免了盐地碱蓬的种子流入海洋，因而围隔区域的种子库密度要高于自然区域。

土壤种子库的物种多样性在围隔湿地和自然区域没有显著差异（表 3.2）。其中风媒介传播的物种起到很大的作用，因为大多数风媒物种在两个区域都有出现，这增加了两个区域的物种多样性的相似程度。盐地碱蓬作为优势物种占据了自然湿地和围隔湿地中的大部分，这也是两个区域在物种组成上具有相似性的另一个原因。围隔湿地和自然湿地地上植被的物种组成之间存在很大的差异。在自然湿地中发现地上植被只有三种植物，这显著低于围隔湿地的地上植被。这表明自然湿地中很大一部分种子库是不可用的，无法发育到成株植物，尤其是风媒介植物，它们仅发现于土壤种子库中。与此相反，在围隔湿地上土壤种子库中的物种数低于地上植被。一些植物，如条叶车前、雀麦、水葱、野艾蒿、地肤和茜草只在地上植物中被发现。因而土壤种子库与地上植被的物种组成对应关系在围隔湿地和自然湿地中表现出完全不同形式。

2. 地上植物与土壤种子库的物种组成

地上植被的物种丰富度在围隔区域中要高于自然湿地。在围隔区域的地上植被中发现了 24 种物种，而自然湿地中只有三种，分别是补血草、盐地碱蓬和盐角草。在围隔湿地的种子库中发现了 14 种植物种，而在自然湿地的种子库中发现了 11 种。有六种物种，碱蓬、野大豆、猪毛蒿、草木犀、毛马唐和狗尾草仅出现在围隔区域的种子库中。盐角草、互花米草和白茅只在自然湿地的种子库有所发现。围隔区域的表层种子库与深层种子库的物种组成相似，只有香蒲种子在表层种子库中被发现。然而在自然湿地中，表层种子库的物种数量要高于深层种子库，补血草、白茅、苣荬菜和荻的种子仅在表层种子库中可以见到（表 3.2）。

围隔区域的地上植被相比于自然湿地拥有更高的物种丰富度和物种多样性，但是两个研究区域的物种均匀度指数没有显著差异（$P>0.05$）。土壤种子库的物种丰富度在围隔区域中为 6.25±0.79 种/m^2，在自然湿地中是 4.17±0.43 种/m^2［图 3.15（b）］。两个区域种子库的物种多样性的差异并不显著（$P>0.05$），围隔区和自然湿地种子库多样性指数分别为 2.83±0.27 种/m^2 和 1.02 ± 0.07 种/m^2［图 3.15（c）］。同样，两个区域种子库的物种均匀度指数之间的差异也不显著（$P>0.05$），其分别为 0.58±0.05 和 0.57 ± 0.07［图 3.15（d）］。

围隔区域与自然湿地的地上植被的物种组成之间存在显著的差异。自然湿地的大部分区域主要分布为盐地碱蓬，因此地上植被的物种组成相对单一［图 3.16（a）中圈］。

表 3.2　围隔区域与自然湿地中永久种子库和临时种子库的物种组成

物种拉丁文名	缩写	物种	围隔区域				自然湿地			
			临时种子库	永久种子库	T 检验量	sig	临时种子库	永久种子库	T 检验量	sig
Limonium sinense	*L. sin*	补血草	23.8±5.5	1.3±0.7	4.015	0.004	15	0		
Suaeda glauca	*S. gla*	碱蓬	93.3±46.5	1.9±1.7	1.963	0.097	0	0		
Suaeda salsa	*S. sal*	盐地碱蓬	373.8±119.3	290.2±115.7	0.503	0.620	309±93.7	98±32.5	1.636	0.114
Glycine soja	*G. soj*	野大豆	16	7			0	0		
Artemisia scoparia	*A. sco*	猪毛蒿	344	16			0	0		
Melilotus officinalis	*M. off*	草木犀	87	51			0	0		
Digitaria chrysoblephara	*D. chr*	毛马唐	33	1			0	0		
Salicornia europaea	*S. eur*	盐角草	0	0			17±6.5	2.2±1.1	2.235	0.107
Spartina alterniflora	*S. alt*	互花米草	0	0			73.3±19	6±1	3.531	0.012
Imperata cylindrica	*I. cyl*	白茅	0	0			2	0		
Phragmites australis	*P. aus*	芦苇	48.5±5.9	4.8±0.6	7.427	0.000	38.9±4.5	4.1±1.1	7.513	0.000
Sonchus arvensis	*S. arv*	苣荬菜	16.3±2.9	1.6±0.6	5.001	0.003	9	0		
Cynanchum chinense	*C. chi*	鹅绒藤	62.6±14.7	7.1±2.0	3.739	0.004	27.1±5.0	4.5±1.0	4.399	0.001
Setaria viridis	*S. vir*	狗尾草	641.8±124.4	21±5.8	4.983	0.015	0	0		
Typha laxmannii	*T. lax*	香蒲	3	0			6.3±1.5	0.9±0.4	2.895	0.020
Apocynum venetum	*A. ven*	罗布麻	54±8.2	5.6±1.1	5.845	0.000	27.3±3.1	2.5±0.6	7.922	0.000
Triarrhena sacchariflora	*T. ri*	蒲公英	11.3±3.0	2.2±0.7	2.971	0.025	11	0		

注：物种的种子库密度按照平均密度与标准误差的形式表示。永久种子库与临时种子库之间的差异使用 T 检验来检测 [Student's t test (α=0.05)]。

而围隔区域的物种组成表现出空间异质性，并且可以划分为三个群组。第一组与自然湿地相同，主要优势物种是盐地碱蓬和碱蓬［图 3.16（a）中圈Ⅱ］。另外两组都是淡水物种，区别在于种子的传播方式。第二组为风媒传播物种，如罗布麻［图 3.16（a）中圈Ⅲ］；第三组为水媒介或者动物传播物种，如毛马唐［图 3.16（a）中圈Ⅳ］。

围隔区域的种子库，各个采样点位的物种组成之间的空间差异并不显著［图 3.16（b）］中圈Ⅰ］。根据 DCA 的分析结果，自然湿地中，种子库的物种组成受到采样点位的空间位置的影响，一些点位上种子库的物种主要是盐地碱蓬［图 3.16（b）中圈Ⅱ］，而另一些点位物组成包括盐地碱蓬和一些风媒介传播的物种［图 3.16（b）中圈Ⅲ］。

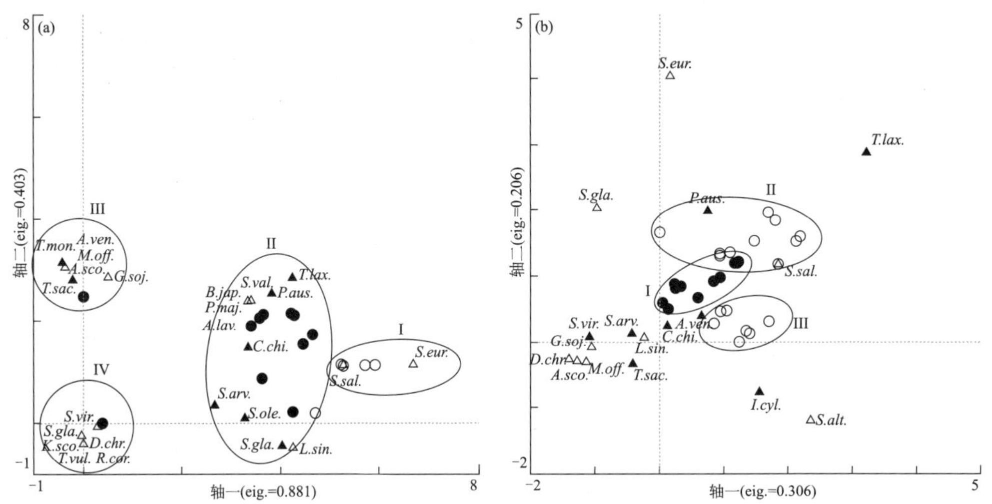

图 3.16 围隔区域和自然湿地中各采样点位地上植被（a）与种子库（b）的降趋对应分析（DCA）

图中物种名称为拉丁名缩写，具体见表 3.2

3. 土壤种子库与地上植被的物种相似性

地上植被的密度在自然湿地和围隔区域都要显著低于种子库的密度。围隔区域中，有 10 种植物是在种子库和地上植被中都出现［图 3.17（a）］，这 10 种植物包括了所有发现的风媒介传播物种。种子库和地上植被的物种丰富度差异显著，但是物种多样性和物种均匀度在地上和地下的差异不明显。

自然湿地的种子库中有 11 种物种，有三种植物，补血草、盐地碱蓬和盐角草是种子库和地上植被的共有物种［图 3.17（b）］。地上植被的物种丰富度、多样性指数和均匀度都要显著低于土壤种子库。六种依靠风媒介传播的物种出现在种子库中，但是在地上植被中没有发现。

为了进一步检验围隔区域和自然湿地中种子库与地上植被的相互关系，引入了相似性指数。围隔区域的相似性指数为 4.83 ± 1.08，显著高于（$P<0.01$）自然湿地的 0.90 ± 0.13。通过 CCA 分析来明确土壤要素对种子库和地上植被相似性的影响。围隔区域与自然湿地的土壤要素也存在差异（表 3.3）。自然湿地的土壤盐度（$F_{N=114}=20.305$，$P=0.000$）和土壤含水率（$F_{N=114}=36.906$，$P=0.000$）都要显著高于围隔区域。土壤有机质、土壤总氮、土壤总碳在两个区域没有显著差异。围隔区域的土壤种子库与地上植被相似性与土壤总氮、土壤硬度相关，而自然湿地的土壤种子库与地上植

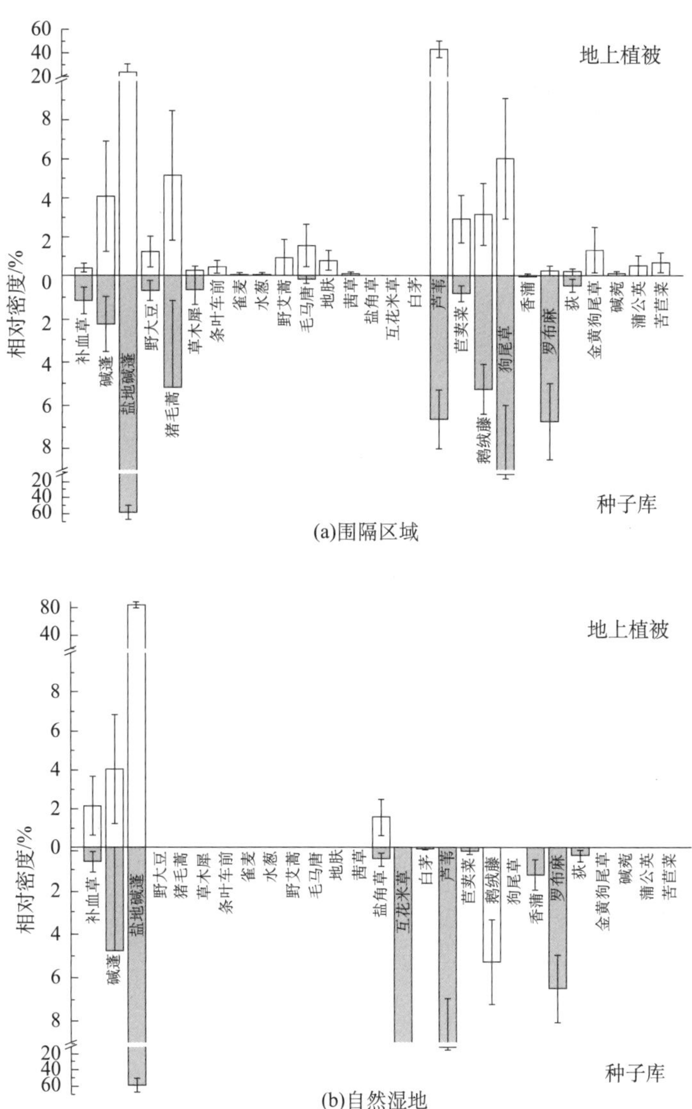

图 3.17 围隔区域（a）和自然湿地（b）中地上植被和土壤种子库中每种植物的密度

被相似性与土壤含水率、土壤盐度显著相关（图 3.18）。

土壤种子库与地上植被物种组成的相似性可以用以检测植物群落的持续性（Robertson and Hickman，2012）并且为基于种子库生态修复可能性提供重要信息（Hopfensperger，2007）。较高程度的相似性通常被认为种子库作为植物物种面对环境扰动时的避难所，并且为植物群落的恢复保存了充足的物种资源（Ma et al.，2013）。

土壤种子库与地上植物的相似性在围隔区域中较高，这表明在围隔湿地上土壤种子库为新生植被的建群发挥重要的作用（Hopfensperger，2007；Ma et al.，2010）。自然湿地中土壤种子库与地上植物的相似性要比围隔区域低很多，土壤种子库中要比地上植被包括更多的植物物种。大部分种子库中的物种没有在地上植被中出现是由于土壤条件造成的低萌发率。滨海防御工程造成的土壤要素变化是围隔湿地和自然湿地物种组成相似性出现差异的主要原因（Erfanzadeh et al.，2010）。

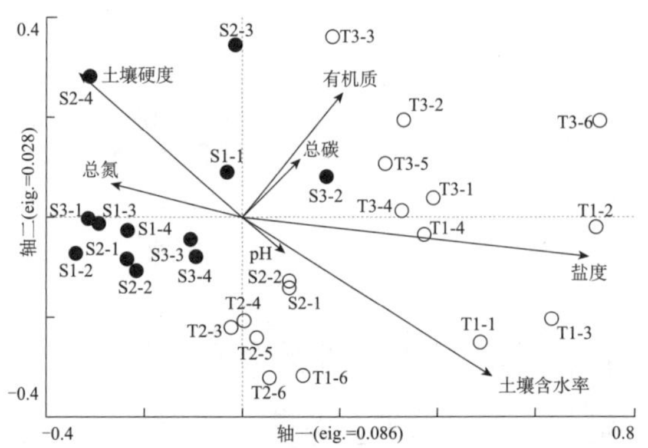

图 3.18　围隔区域和自然湿地中种子库与地上植被的相似性跟土壤因素之间关系的典范对应分析

图中字母代表采样点，T 代表自然盐沼，S 代表围隔区域

4. 土壤水盐条件对地上植被和种子库结构的影响作用

为了探讨围隔区域和自然湿地中种子库与地上植被相似性的不同，通过气候室控制实验来检验围隔区域和自然湿地中的土壤条件对种子萌发的影响。盐生植物种类，如盐地碱蓬、互花米草、盐角草等，在种子萌发和幼苗阶段拥有很高的耐盐性，可以在高盐环境下保持相对较高的萌发率。盐地碱蓬的耐盐能力在所有研究物种中是最高的，直到盐度超过 30ppt，盐地碱蓬的种子萌发才会被抑制。互花米草和盐角草可以在 10ppt 的盐度环境中保持 20%左右的萌发率，当盐度超过 20ppt 时萌发会被抑制。淡生植物，如罗布麻、狗尾草，当盐度超过 10ppt 时萌发会被严重抑制［图 3.19（a）、（b）］。

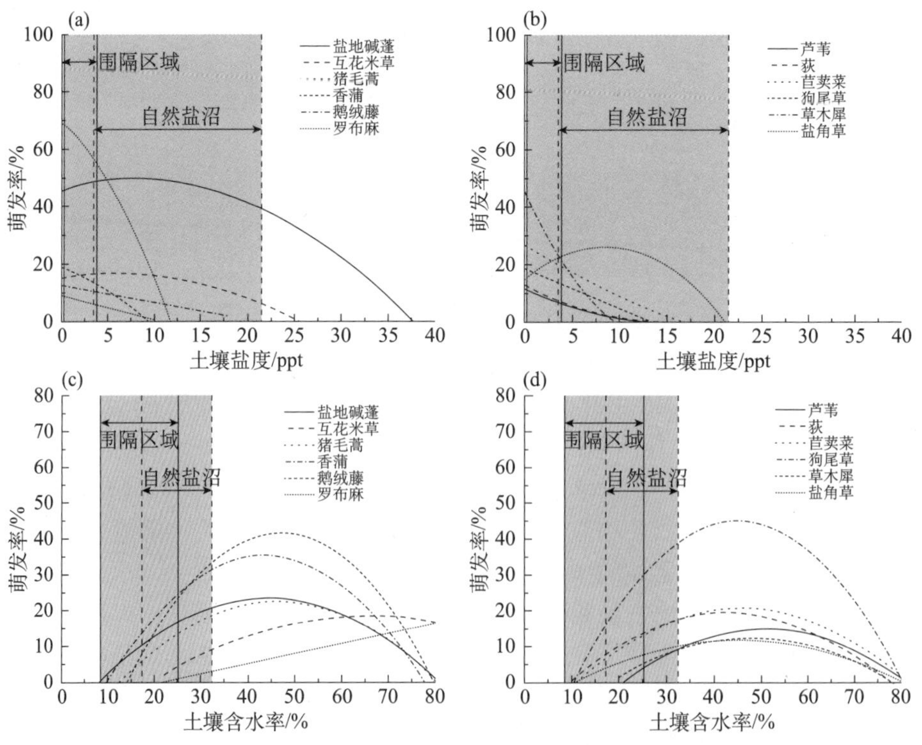

图 3.19　主要植物物种在土壤要素胁迫下的萌发曲线

绝大多数本次研究中植物种子的萌发，在土壤含水率在 10%～50%时与土壤含水率正相关。而当土壤含水率超过 50%后萌发率显著下降。但是水生植物，如芦苇和互花米草，它们的种子直到含水率超过 80%时，萌发才会受到抑制［图 3.19（c）、（d）］。

表 3.3　围隔区域与自然湿地中土壤要素的实测值

土壤因子	围隔区域	自然湿地
土壤含水率/%	19.30 ± 1.55 a	28.5 ± 1.31 b
pH	8.45 ± 0.07 a	8.64 ± 0.06 b
土壤盐度/ppt	2.14 ± 0.33 a	9.57 ± 0.97 b
土壤有机质/(g/kg)	0.74 ± 0.12 a	0.66 ± 0.10 a
土壤总氮/(g/kg)	0.77 ± 0.15 a	0.51 ± 0.04 a
土壤总碳/(g/kg)	1.95 ± 0.14 a	1.97 ± 0.08 a
土壤硬度	8.49 ± 0.72 a	3.92 ± 1.02 b

注：数据按照均值与标准误差的形式展现。在围隔区域内共有 12 个采样点，在自然湿地内用 18 个采样点。表格中数据后的小写字母代表差异的显著性（字母相同代表差异不显著）。

研究表明围隔湿地和自然湿地中总氮和总磷的含量差异并不明显。而土壤含水率和土壤盐度在区域潮汐条件被防御设施阻隔后随之变化。一般情况下，种子只有在适宜的土壤环境条件下才会萌发。在滨海湿地中土壤盐度是最为普遍的土壤环境胁迫因素之一（Nichols et al.，2009），盐度通过破坏种子的渗透压以及离子毒性来抑制种子萌发和幼苗成活（Munns and Tester，2008）。不同植物物种的耐盐性存在差异，围隔湿地的土壤盐度在 0～5ppt 波动，这个盐度对于土壤种子库中的大多数种子而言是可接受的范围。但是自然湿地中土壤盐度在 4～22ppt。土壤种子库中只有盐生植物的种子可以萌发并在盐沼中生存，而种子库中的大多数种子等萌发受到盐度抑制。因此，土壤高盐度是造成自然湿地中土壤种子库与地上植被不匹配的主要因素。

土壤含水率同样也对滨海湿地中种子萌发和幼苗存活有着重要的影响（Munns，2002；Yi et al.，2013）。在围隔区域内，土壤含水率为 10%～25%，要低于一些水生物种如芦苇等种子萌发对水分的要求限值。土壤含水率在自然湿地中处于 10%～35%，满足土壤种子库中大部分种子萌发的水分阈值，除了互花米草的种子需要更高的水分条件。土壤含水率在围隔湿地的大部分区域都是种子萌发的限制因素。围隔区域的其他区域拥有适宜的盐度和水分条件，则种子的萌发受到总氮和总磷的显著影响。因此，实验结果可以说明两个区域土壤种子库与地上植被之间对应关系的差异主要是由于堤坝围隔造成土壤盐度和含水率变化造成的。

滨海防御设施，如黄河三角洲的防潮堤，避免了盐沼直接暴露在潮水侵扰之下，但也造成了盐沼中土壤的水文交换被切断，引起土壤含水率的降低（Wang et al.，2012b；Krishnamoorthy et al.，2014）。缺少了海水的补充后，土壤中无机盐在围隔湿地中排水条件良好的区域通过淋洗和过滤逐渐降低。当土壤盐度降低后，土壤种子库中很多物种达到萌发阈值，进而土壤种子库的物种组成发生相应的变化。盐生物种盐地碱蓬和盐角草是盐沼湿地中的优势物种，而在湿地围隔之后，由于失去了有利的土壤条件，逐渐被其他淡水物种取代（Valko et al.，2014）。但是在围隔区域，土壤盐度的降低是缓慢的过程，土壤盐度会在长时间段中维持；土壤含水率的变化却是快速的过程。围隔湿地的部分区域中土壤含水率下降但是盐度仍然维持在围隔之前的程度，耐盐物种，如盐地碱蓬、盐角草因为不能适应干旱的土壤环境而不能萌发存活，而耐旱物种，如罗布麻、鹅绒藤却被高盐度所抑制，整个湿地生态系统在围隔之后存在退化的风险。

3.2 滨海盐沼植物种间作用与胁迫

促进作用在调控自然群落形成中的作用越来越受到认可（Brooker et al.，2008；Bruno et al.，2003）。施惠物种（benefactor species）改变限制受惠物种（beneficiary species）的非生物或者生物胁迫，而扩大受惠种的分布范围和基础生态位（Callaway，1995）。胁迫梯度假说（the stress-gradient hypothesis）是目前关于促进作用的最知名并被广泛检验的假说（Bertness and Callaway，1994）。在植物群落中，胁迫梯度假说认为竞争作用和促进作用的重要性或强度会沿着胁迫梯度发生相反的变化，促进作用随着胁迫的增加而增强，而竞争作用会随着胁迫的增加而降低（Brooker et al.，2008）。虽然已经有大量的经验性研究和模型研究证明了胁迫梯度假说（Maestre and Callaway，2009；Lortie and Callaway，2006；Bertness and Hacker，1994），但一些研究认为促进作用会在极端恶劣的环境中下降（Maestre et al.，2006；2005；Tielborger and Kadmon，2000）。虽然这些极端恶劣的环境可能在物种的生理耐受幅或者基础生态位之外，Holmgren 和 Scheffer（2010）最近提出，较强的促进作用应主要存在于环境条件温和的地区，因为在极端恶劣的环境条件下，促进作用对环境条件的改善无法满足生物生长的需求（Holmgren and Scheffer，2010）。在物理胁迫温和的生境中，促进作用会使植物受益的内在机制并不明确，而在植物群落研究中，目前又缺乏利用十分宽广的胁迫梯度验证胁迫梯度假说的野外经验性研究。但利用岩石性潮间带中极强的胁迫梯度开展的附生无脊椎动物和海草的很多研究都为胁迫梯度假说提供了佐证（Bruno and Bertness，2001）。在植物群落研究中，大部分检验胁迫梯度假说的研究都未在十分宽广的胁迫梯度上分析植物相互作用，而常采用一种"高、低对比"的方法（Brooker et al.，2008）。现有的少数沿着整个胁迫梯度研究植物相互作用的文献不是整合分析（Maestre et al.，2006，2005），就是关于干旱、半干旱生态系统的研究（Maestre and Cortina，2004；Kitzberger et al.，2000）。在干旱、半干旱生态系统中，主要非生物胁迫梯度是由水资源的短缺致使的，但有研究认为，胁迫梯度假说的适用性可能受胁迫梯度控制因子的类型影响（Maestre et al.，2009）。在资源性因子（水分、氮素等）或者非资源性因子（盐度、温度等）驱动的胁迫梯度下，植物相互作用与胁迫梯度的关系可能不同。然而，目前在植物群落中利用完整的非资源性胁迫梯度（non-resource stress gradient）检验胁迫梯度假说的野外实验性研究仍很少（Holzapfel and Mahall，1999；Callaway et al.，2002；Hacker and Bertness，1999）。为此，我们检验以下假设：在植物的生理耐受幅内，促进作用随着胁迫的增强而增强；但在植物的生理耐受幅之外，促进作用并不随着胁迫的增强而增强。

3.2.1 滨海盐沼植物种间作用与胁迫

1. 盐分胁迫下植物种间作用在柽柳带状分布中的角色

滨海生境通常具有急剧变化的胁迫梯度和相对简单的植物群落，因此常被用于研究生物因子和非生物因子对群落结构的影响（Pennings and Bertness，2001）。滨海植物群落的早期研究证实了植物竞争在控制盐沼植物分带中的作用（Pennings and Callaway，1992；Bertness and Ellison，1987）；这些研究也发现，在盐度或者潮汐影响较高的盐沼中，促进作用对维持植物的生长和植物多样性都有重要作用（Hacker and Bertness，1999；Bertness and Hacker，1994；Bertness and Yeh，1994）。最近的关于盐沼植物竞争和促进作用的研究集中在了纬度格局上（Pennings et al.，2003；Bertness and Ewanchuk，2002；Bertness and Pennings，2000）。研究说明，高、低纬度之间由自然选择导致的植物种内、种间在盐分胁迫耐受幅上的差异，会影响胁迫梯度假说对纬度梯度下促进作用的预测能力（Pennings et al.，2003）。

与已经被充分研究了的北美盐沼一样，我国的海岸带盐沼也存在植被沿急剧变化的胁迫梯度明显分带的现象（Wang et al.，2010；He et al.，2009；董厚德等，1995）。然而，控制这些植被格局形成的各种生态过程仍未被研究。最近的一些研究（He et al.，2011；Cui et al.，2011）发现中国盐沼中的分带格局同样由植物胁迫耐受力和竞争能力之间的权衡决定。

我们将分析促进作用和竞争作用在黄河口灌木柽柳带状分布中的控制作用。盐分是黄河口最主要的限制性因子之一。从黄河岸带的高地到盐沼高潮带（即受潮汐影响但不甚频繁的地区），盐分随着高程的降低而迅速增加。柽柳和另外一种肉质植物盐地碱蓬是高地和高潮带之间的陆缘地区的主要优势种，但柽柳在以盐地碱蓬为单优势种的高潮带却不存在，柽柳在高地中也被芦苇等优势种替代。我们的科学假设为：柽柳的带状分布受三个因子的控制：①由于较高的盐度胁迫，非生物因子限制柽柳在高潮滩的分布；②植物竞争限制了柽柳在植被茂密的高地的分布；③促进作用通过缓解陆缘地区的盐度胁迫使得柽柳能够在陆缘存活。为检验这些假设，先量化了柽柳在黄河口的典型带状分布格局，然后利用两个野外受控实验和一个盆栽实验检验这些假设。相关结果强调了促进作用在滨海湿地生态系统植被分带格局中的重要性，同时还对理解胁迫梯度与促进作用的关系有借鉴意义。

1）柽柳带状分布格局

黄河口柽柳的分带格局特别明显。柽柳在陆缘地区最为丰富，密度高达 50～200 棵/100m^2，但柽柳在高地和高潮带均非常稀少（图 3.20）。从陆缘到高潮带，柽柳逐渐下降至 10～30 棵/100m^2，并最终在高潮带完全消失。从陆缘到高地，柽柳丰富度的下降则十分突兀。高地中的柽柳密度平均低于 10 棵/100m^2。

柽柳带状分布的上限是由以芦苇为优势种的高地中的植物竞争决定的。同高度克隆生长而且植株更高的芦苇相比，柽柳的竞争能力较弱，这就导致柽柳被排除在盐度低、环境条件温和、以芦苇为优势种的高地之外。虽然柽柳竞争能力较低，但它的耐盐能力

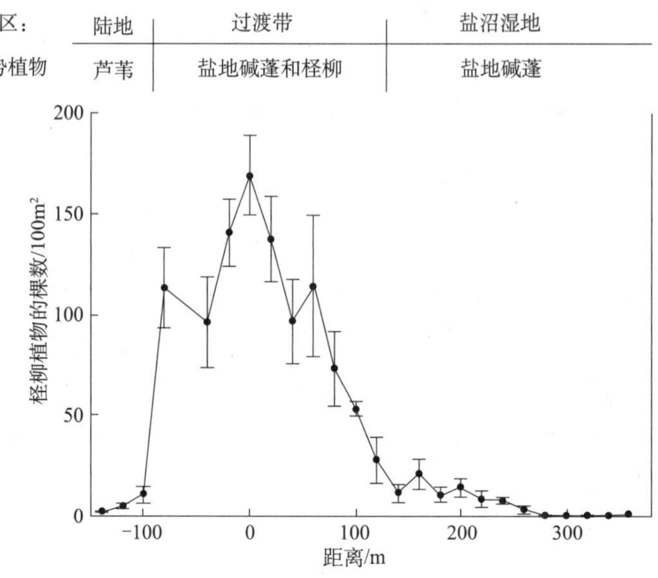

图 3.20　黄河口柽柳带状分布格局

比芦苇要更为宽泛。不管有无邻居种存在，芦苇均无法在陆缘地区生长（Cui et al.，2011），但在有邻居种存在的情况下柽柳可以在陆缘生长。此外，柽柳在黄河三角洲及中国的很多其他滨海地区的盐沼中均是优势种，而芦苇在这些高盐生境中则少有分布（郎惠卿等，1999）。柽柳通常也被认为是具有较高耐盐能力的物种（Merritt and Poff，2010；Glenn and Nagler，2005）。这均说明柽柳具有在其竞争能力和胁迫耐受力之间的权衡（Grime，1977）。

2）盐分梯度下植物种间作用对柽柳的效应

2009 年开始的野外移栽实验表明，两个植物生长季后，高地中邻居种去除样地中所有的柽柳幼苗存活了下来，但在实验控制样地中，仅有大约 60%的柽柳幼苗仍存活［图 3.21（a）］。高地中邻居种去除样地中柽柳的生物量也要显著高于未进行邻居种处理的实验控制样地［图 3.21（b）］。然而，在陆缘中，邻居种去除样地中的柽柳幼苗全部死亡；相反，未去除邻居种的样地中仍有很大一部分幼苗存活；不过存活幼苗的生物量却很小［图 3.21（a）、（b）］。高潮带中移栽的柽柳幼苗在邻居种去除样地和控制样地中均全部死亡。

2010 年开展的野外移栽实验表明，邻居种显著抑制了高地中柽柳幼苗的生物量，但在高潮带中，邻居种对柽柳的生物量无影响［图 3.21（c）、（d）］。在陆缘中，邻居种处理对柽柳幼苗的生物量和存活率均无统计上的显著性［图 3.21（d）］，但有邻居种存在的实验控制样地中柽柳的存活率倾向高于邻居种去除样地［图 3.21（c）］。

两个野外移栽实验均表明，陆缘地区的土壤盐度在邻居种去除后显著升高，但邻居种处理并不影响高地和高潮带的土壤盐度。邻居种去除基本不影响土壤含水率和 pH，但在高地中，邻居种去除显著降低了土壤含水率（图 3.22）。

虽然柽柳具有相对较广的胁迫耐受力，但是其并不能在高潮带极强的高盐条件下生存。两个移栽实验中，柽柳在高潮带的生长均不受邻居种的影响，这说明柽柳向下分布的边界是由非生物胁迫控制的。在黄河口，土壤盐度通常在盐沼的较高高程地区，即野

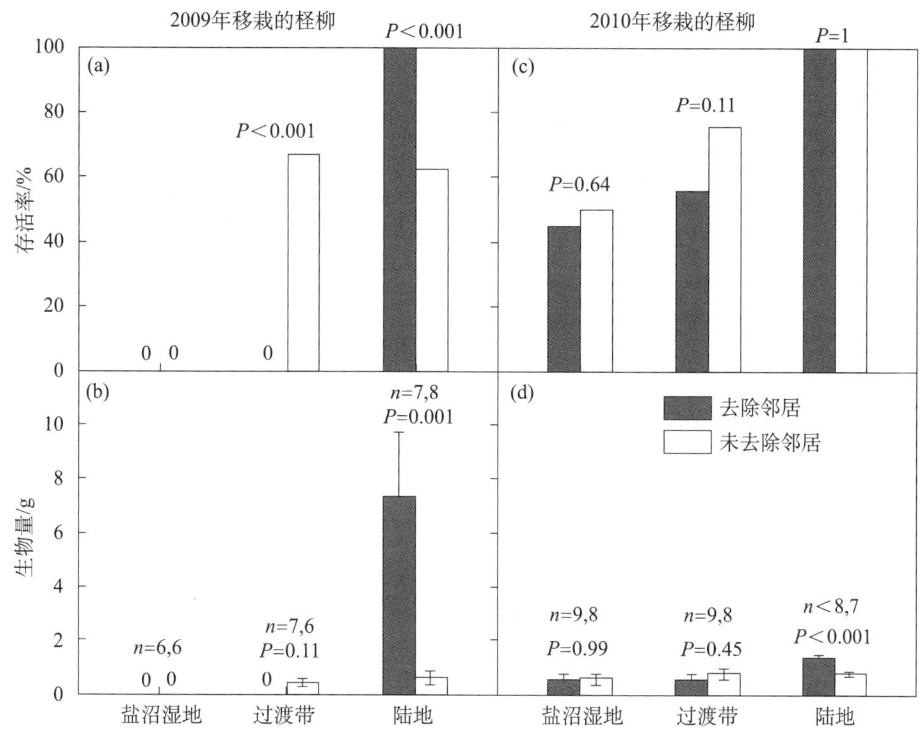

图 3.21　野外移栽柽柳的实验结果

2010 年 9 月移栽的柽柳（去除邻居和未去除邻居）的存活率（a）、（c）和生物量（b）、（d）。图（b）和（d）中数据为平均值±标准误差；实验处理的重复数量标于每个柱子上方

外实验开展的地区，达到峰值；这种极高的盐度限制了大部分植物种在高潮带的生长和分布（He et al.，2011；Cui et al.，2011）。我们并未专门在野外条件下检测在高潮带限制柽柳生长的非生物胁迫因子确切是哪种。盆栽实验说明盐度确实是其限制因子。盆栽实验中 80g/kg 的盐度处理下的柽柳全部死亡，而 80g/kg 的盐度在黄河口的高潮带十分常见，这说明高盐度会限制柽柳在高潮带的分布。高潮带的另一个主要非生物因子潮汐应该不是限制柽柳在高潮带分布的主要因素，因此高潮带并不经常受到潮汐的影响，且柽柳对淹水具有较强的耐受能力（Natale et al.，2010；Lesica and Miles，2004）。

3）盐度对柽柳生长的抑制效应

盆栽实验说明，柽柳在低盐度处理下生长良好，但其生长随着盐度的提高而逐渐受抑制（图 3.23）。虽然所有柽柳在 40g/kg 的盐度处理下仍均能存活，但在 60g/kg 的盐度处理中 8 棵中仅有 3 棵柽柳仍在实验的末期存活，在 80g/kg 的盐度处理中所有柽柳均死亡。

我们证实了黄河口柽柳的带状分布受植物种间作用和非生物胁迫的共同控制。邻居种竞争限制了柽柳在高地的分布，但邻居种在高潮滩对柽柳的生长却无影响，说明非生物胁迫是限制柽柳在高潮滩分布的关键因子。

在介于高地和高潮带之间的陆缘地区，2009 年移栽的柽柳在两个生长季后在有邻居种的样地中的生长要显著好于邻居种去除样地。但 2010 年移栽的柽柳在有邻居种的样地和邻居种去除样地中的生长并无显著区别，这可能是由于 2010 年移栽实验的周期

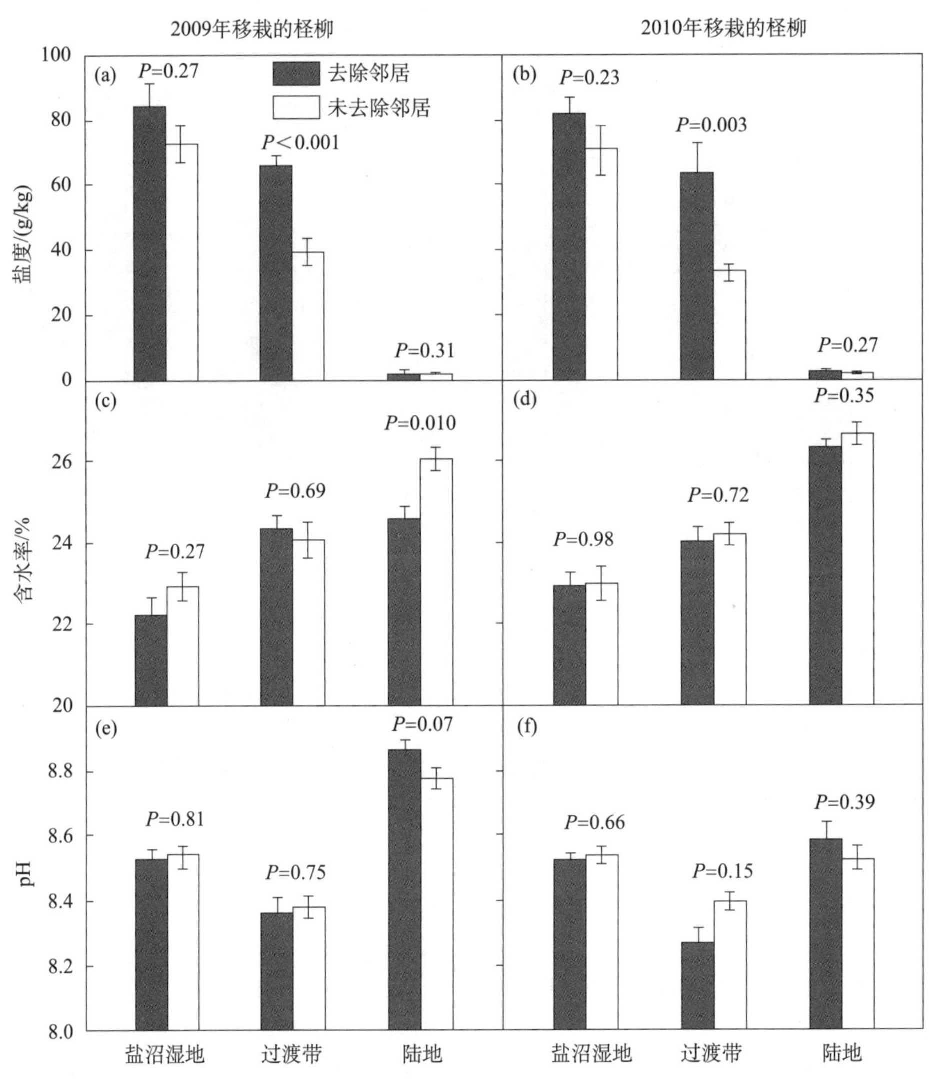

图 3.22　移栽柽柳的邻居种去除对土壤因子的影响

2009 年（a）、（c）、（e）和 2010 年（b）、（d）、（f）移栽的柽柳去除邻居对土壤盐度（a）、（b），含水率（c）、（d）及 pH（e）、（f）的影响。数据为平均值±标准误差

短导致的（仅有一个植物生长季）。即便如此，我们的研究结果说明了邻居种在陆缘地区对柽柳的生长起着促进作用。这种促进作用很可能是由盐地碱蓬冠层遮阴而降低土壤盐分导致的。盐地碱蓬在陆缘的生长十分旺盛，形成茂密的冠层，并强烈地通过遮阴降低陆缘地区的土壤盐度。植物的这种通过遮阴而产生的反馈作用是盐沼植物之间正相互作用的关键机制之一（Pennings et al.，2003；Hacker and Bertness，1999；Bertness and Yeh，1994）。植物遮阴可显著降低蒸散发和盐分在盐沼土壤表面的积累；这种作用在潮汐不甚频繁及太阳辐射和土壤增温会明显提高土壤孔隙水蒸散的中、高潮滩特别明显（Bertness and Pennings，2000）。除了物理胁迫和植物竞争外，促进作用也是控制盐沼中植物带状分布的重要因子之一。这与以往在美国新英格兰盐沼（Hacker and Bertness，1999，1995，1994）和卵石海滩（Koppel et al.，2006；Bruno，2000；Bruno

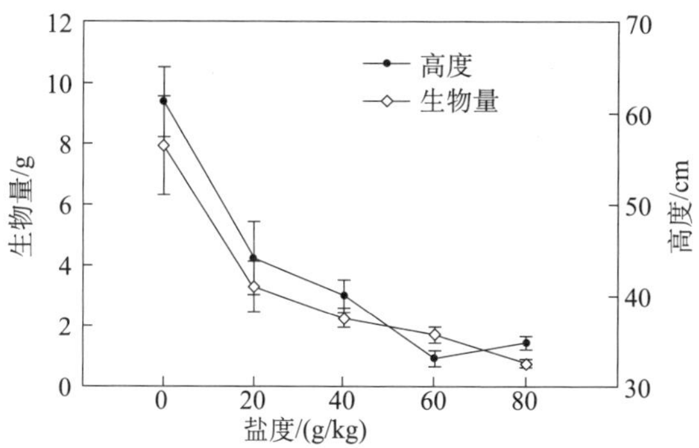

图 3.23　盆栽实验结果——不同盐度处理下柽柳的株高和生物量

数据为平均值±标准误差（n=8）

and Kennedy，2000）中开展的植物带状分布格局的研究的相关结论基本一致。

我们证实了邻居种对柽柳的影响随着带区的不同而不同，这对理解胁迫梯度假说具有借鉴意义。邻居种在盐分较低的高地对柽柳有负面的、竞争性的作用，在盐度适中的陆缘地区对柽柳具有正面的、促进性的作用，在盐度极高、柽柳在有邻居种和无邻居种情况下均死亡的高潮滩没有作用。研究结果表明，较强的促进作用出现在了中度盐分而非极高盐分的环境中。然而，上述开展的盆栽实验以及野外土壤盐度的测定说明，高潮滩的土壤盐分要高于柽柳耐盐幅度的上限。这就意味着高潮滩的物理条件在柽柳的基础生态位之外。与此同时，邻居种的存在在柽柳的耐盐幅度内缓解了陆缘地区的土壤盐分，在高潮滩对土壤盐分的缓解作用很小且不显著，并没有将土壤盐度降低到柽柳的耐盐幅度内。

我们的研究结果与早期研究一致（Hacker and Bertness，1999，1995，1994）。Bertness 和 Hacker（1994）在美国新英格兰盐沼开展的早期研究证明了邻居种对灌木 *Iva frutescens* 的促进作用也在中等高程地区最为重要。在高程更高、物理胁迫温和的地区，*I. fructesens* 完全被种间竞争抑制（Silliman and Bertness，2004），而在高程更低的地区 *I. fructesens* 在有、无邻居种的情况下均死亡。这种高程更低地区的淹水和盐度胁迫应在 *I. fructesens* 的耐受范围之外（Hacker and Bertness，1999，1995）。一些关于干旱、半干旱草地群落的研究认为促进作用在水分条件中等的地区最为重要（Maestre and Cortina，2004；Kitzberger et al.，2000；Tielborger and Kadmon，2000）。但这些研究中的水分极低环境是否也在所研究物种的耐受范围或基础生态位之外并不明晰。除了这些少数的维管植物群落研究外，岩石性潮间带中附生动物和海草之间的正相互作用也在高程非常高的潮间带变得不重要，但这些高程非常高的潮间带已经不在这些水生生物的耐受幅之内（Bruno and Bertness，2001）。岩石性潮间带生态系统通常具有很明显的温度和干燥（desiccation）胁迫梯度。在潮间带中，对胁迫敏感的附生无脊椎动物和海草的分布上限十分突兀，依赖于高密度的邻居种来缓解物理胁迫；这样它们才能在其生理耐受幅之外的胁迫生境中生存（Stachowicz，2001；Bertness et al.，1999；Bertness and Leonard，1997）。

“胁迫”是一个相对概念，具有种间特异性（species-specific）。在检验胁迫梯度假说时，胁迫梯度的顶端应该被定义为一物种能够忍受的最恶劣环境，或者定义为一物种在某个区域或者某种生境类型下的基础生态位的上限（Maestre et al.，2009；Bruno et al.，2003）。胁迫梯度假说是指邻居种的促进作用扩展物种的基础生态位，而允许它们在其胁迫耐受幅之外扩散和生存（Bruno et al.，2003；Bertness and Callaway，1994）。因此，促进作用在中等胁迫条件下最为常见的观点并无有力的机理性基础。

综上所述，研究结果证实了竞争、促进和非生物胁迫在控制黄河口柽柳带状分布中均起着十分重要的作用；促进作用的重要性在物种的胁迫耐受幅或基础生态位内随着胁迫的增强而增加。上述结果对理解促进作用和胁迫梯度的关系具有借鉴意义，说明了胁迫梯度假说的预测性是物种生理耐受幅或基础生态位内部是正确的。最近文献中关于缓解胁迫的促进作用应该在环境条件温和而非环境条件恶劣的地区更为常见的论点并无有力的机理性基础；这种情况通常出现在物种的胁迫耐受幅或基础生态位之外，也可能是由多种胁迫梯度对生物相互作用的共同影响导致的。改善当前对胁迫梯度下促进作用的认识将为滨海盐沼植被的科学管理和恢复提供有益指导。

2. 盐地碱蓬及盐角草的盐度耐受性

在种群水平上，低于 90g/kg 盐度的处理对盐地碱蓬和盐角草两种植物的存活有着显著影响（$P>0.05$；表 3.4、图 3.24）。然而，盐度升高对两种植物存活的影响有两个拐点，分别出现在 50g/kg 和 80g/kg：盐地碱蓬存活率在大于 60g/kg 时略微下降，而在盐度达到 90g/kg、100g/kg 时急剧下降，存活率分别为 30%、10%（图 3.24）。与之相反的是，盐角草存活率下降并不显著，即便盐度达到 100g/kg，也没有观测到其存活率随盐度增加出现的拐点（图 3.24）。

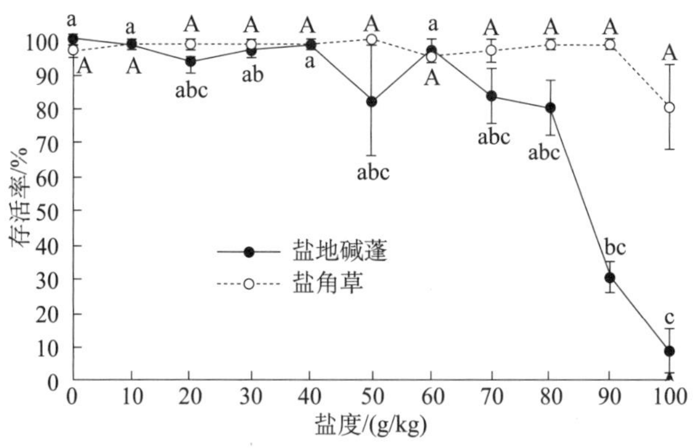

图 3.24　盐地碱蓬和盐角草在不同盐度处理水平下的存活率

表 3.4　不同盐度处理水平下盐地碱蓬和盐角草的单因素方差分析

响应变量	盐地碱蓬			盐角草		
	df	F（χ^2）	P	df	F（χ^2）	P
存活率	10	42.99	<0.0001	10	12.44	0.26
地上生物量	10，55	14.07	<0.0001	10，55	9.81	<0.0001
地下生物量	10	51.65	<0.0001	10，55	9.83	<0.0001
地上生物量	10，50	5.77	<0.0001	10，55	10.2	<0.0001
地下生物量	10，50	8.57	<0.0001	10，55	10.23	<0.0001

对盐角草和盐地碱蓬而言，地上生物量在低盐处理达到峰值（相比 0g/kg 盐度梯度，分别增加 130%、120%，表 3.5、图 3.25），尽管盐角草最适盐度（30g/kg）高于盐地碱蓬（20g/kg）。随着盐度的进一步增加，两种植物的地上生物量逐渐下降。然而，盐地碱蓬在 50g/kg、80g/kg 出现两个拐点。盐度上升至 20～50g/kg、80～100g/kg 时，盐地碱蓬地上生物量急剧下降，但是其在 50g/kg、80g/kg 水平时，生物量相近。盐地碱蓬地下生物量随着盐度的增加逐渐下降，没有出现最大值。盐角草地下生物量从 0g/kg 到 30g/kg 增加了 145%，然后随着盐度的进一步升高而逐渐降低。

在个体水平上，盐度对植物存活率的影响具有类似规律（图 3.26）。然而，50～100g/kg 的高盐度处理对存活植株的地上地下部分生物量影响较小，地上地下部分相比 0g/kg 增加了 50%～80%。对盐地碱蓬而言，地上生物量没有出现拐点，尽管地下生物量在 70g/kg 时出现拐点（表 3.5）：盐地碱蓬地下生物量先随盐度的上升而逐渐下降，达到该点后逐渐上升。

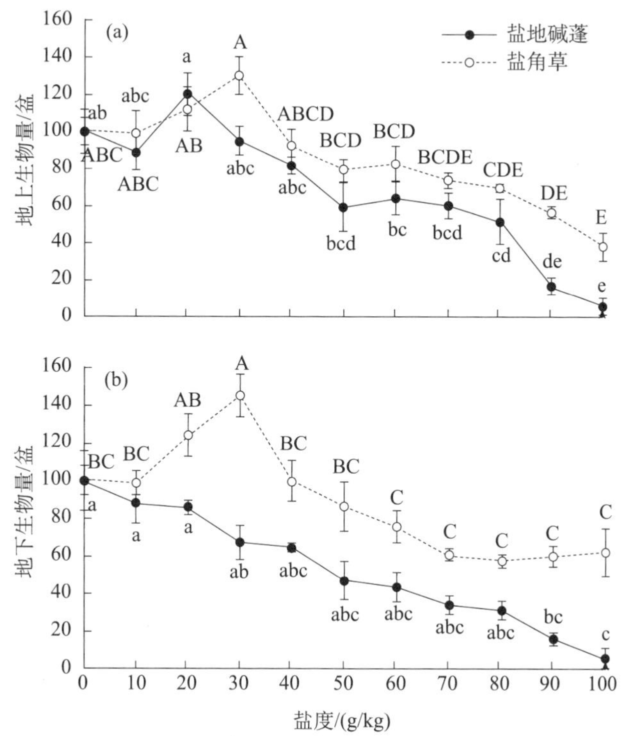

图 3.25 盐地碱蓬和盐角草在不同盐度处理水平下的地上（a）和地下（b）生物量

这些结果支持了我们的假设，即盐地碱蓬和盐角草在低盐度处理时生长最好（20～30g/kg），并能在高于以往大多数植物盐度耐受范围之外的盐度中存活。研究结果表明，盐角草比盐地碱蓬对盐胁迫有更强的耐受性：盐角草在超过 100g/kg 的盐度条件下仍能很好地存活，而盐地碱蓬的盐度阈值则为 80g/kg。当盐度高于此阈值时，盐地碱蓬的存活率与生长速度急剧下降。这对盐沼生态系统研究中了解植物的盐度耐受及其应用有着多种重要作用。

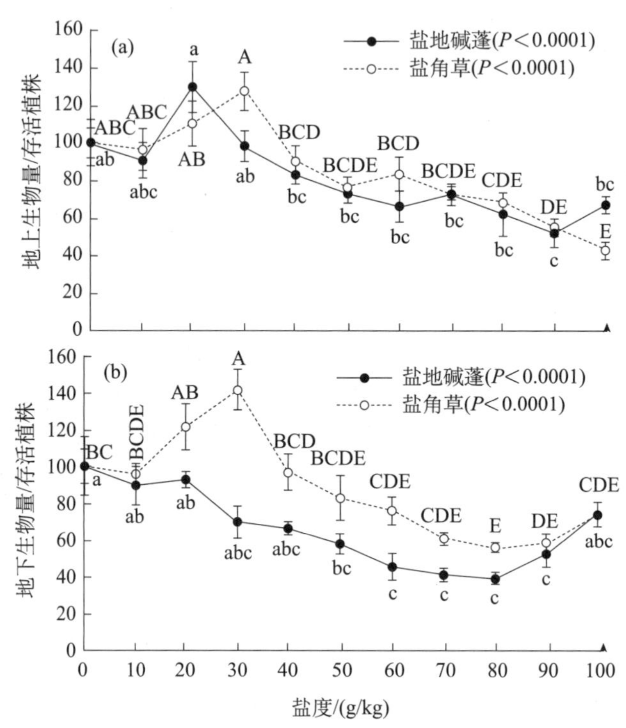

图 3.26 盐地碱蓬和盐角草在不同盐度处理水平下的地上（a）和地下（b）生物量

表 3.5 盐地碱蓬和盐角草的存活率和生长情况随盐度增长的拐点（盐度水平以 g/kg 表示）

响应变量	盐地碱蓬	盐角草
存活率	50、80	NA
地上生物量/样点	20、50、80	30
地下生物量/样点	NA	30
地上生物量/存活植株	NA	30
地下生物量/存活植株	70	30

注：NA 为无拐点。

上述结果证实了盐地碱蓬和盐角草均有着很宽的盐度耐受幅，表明两种植物可以在比以往报道更高的盐度中存活。以往的研究表明盐角草在盐度为 5～17.5g/kg（85～300mmol/L NaCl）下生长最适。并随着盐度的继续增加而下降。然而，盐角草的最适盐度高达 30g/kg。在 Crain 等（2004）的研究中，尽管没有发现最适盐度，但是盐角草的生物量在 0～70g/kg 盐度范围内与盐度一致。不同的物种适应性、当地气候、实验方法可能会造成报道中的最适盐度存在差异。对植物生理反应的研究通常采用 NaCl 和无菌沙进行盐度处理，并将植物置于温室（人工气候室）中生长，然而生态学研究，如我们与 Crain 等（2004）的研究则采用海盐和野外收集的土壤进行盐度处理，然后种植在玻璃房或室外花园。尽管我们与 Crain 等（2004）在盐度处理的操作和维持方面大致相似，但是同一盆中多植株种植有别于 Crain 等（2004）的单一种植，并且我们去除了个体水平在不同处理中的变异，代替了平均的植株表现。

与盐角草相比，盐地碱蓬的研究较少，但是以往关于盐地碱蓬报道了最适盐度

（3～12g/kg），然后随着盐度上升至 35g/kg，生物量下降 40％～50％，与我们的研究结果一致。然而，最适盐度在我们的研究中更高。如上所述，植物生理研究，通常采用 NaCl 与无菌沙进行盐度处理，在人工气候室中种植，然而生态学研究则通常采用海盐及野外采集的土壤种植，在玻璃房或室外花园培育。前者的优势在于完全的室内设置，而后者则在于更接近自然条件。总之，我们过去在类似的条件，但是有限的盐度范围处理时并没有发现盐地碱蓬在 20～60g/kg 盐度条件下的生长差异，尽管 90g/kg 盐度条件下其生长大致下降了 70％～90％，也大体支持了我们发现的广盐度耐受幅。

3. 研究多种植物响应的重要性

上述研究强调了研究多种植物包含存活与地下生物量的响应对理解植物盐度耐受性的重要性。以往很多关于盐度耐受的研究通常只通过地上生物量来检测植物的生长。然而，结果表明盐度对植物存活的影响与其对地下生物量的影响很不相同。盐地碱蓬与盐角草可在高盐度下存活并能维持较高的生物量。在高盐度情况下，群落水平的生物量的下降主要是由于植物的死亡率所致，而并不是由于个体植株的生物量下降。

此外，低盐对两个物种地上生物量均有刺激作用，但是低盐对地下生物量的促进仅盐角草适用，而非盐地碱蓬。低盐对地下部分生长的刺激在以往关于其他盐沼植物的研究中有所报道。事实上，盐度对植物地下部分生长影响的差异与对地上部分生长的差异一样。关于盐度对盐地碱蓬地下生物量没有刺激作用的结果与以往的研究一致，尽管另外一些研究中表明相对于地上部分，盐度对地下部分生长有较弱的刺激作用。相比盐地碱蓬，低盐对盐角草地下部分生长的刺激与以往的研究更为一致。植物根部对盐度的耐受性差异可能导致盐地碱蓬比盐角草具有更低的盐度耐受性。

我们关注了盐度对植物存活、地上、地下生长的影响，因为盐度胁迫对种子萌发已经得到了很好的研究，盐沼种子萌发需要较低的盐度。实际上，虽然我们发现盐地碱蓬、盐角草均最适在低盐条件下生长，但两种种子萌发率通常在淡水达到最大，而非低盐度情况下，并随着盐度的升高而逐渐下降。对盐角草而言，研究结果表明种子在 5％ NaCl 浓度（约 50g/kg）下不能萌发。而对盐地碱蓬而言，在 35g/kg 盐度条件下发芽率为 6.3％，在 0g/kg 盐度条件下则为 63.8％。然而，在其他研究中表明高盐度下则可获得较高的发芽率。与其他植物相比，盐地碱蓬、盐角草均拥有很强的盐度耐受性。以往的对比研究发现在新英格兰南部 9 种盐沼植物中，盐角草盐度耐受性最强。贺强（2013）比较了盐地碱蓬与碱蓬的胁迫耐受性，并发现盐地碱蓬具有更高的盐度忍耐性。盐沼植物，包括互花米草、*Batis maritime* 和 *Salicornia virginica* 均能在盐度高达～50g/kg条件下存活。结果表明盐地碱蓬与盐角草拥有比以往报道更高的盐度忍耐性。盐地碱蓬与盐角草的广盐度忍耐幅得益于其自身的聚盐（Na、Cl 离子）能力。

综上所述：①盐地碱蓬与盐角草，特别是盐角草比以往研究的其他物种拥有更广的盐度耐受幅；②植物存活率、地上地下生物量对盐度的响应具有很大的不同；③对盐度胁迫的阈值响应为非线性。结果强调了植物忍耐盐胁迫的巨大潜力，以及对理解植物的盐度耐受性和运用有着重要的意义。盐地碱蓬和盐角草可广泛用作盐渍地的植被恢复和修复的理想物种。研究结果表明采用这些物种进行植被恢复和修复的潜力可能远高于以往认识。结果也强调了在实践过程中需要考虑盐度耐受阈值并通过合适的地点选择，盐度的下调和其他途径来避免刺激而超过这些阈值，如此修复的成功率则可最大化。理解植物的盐度耐受阈值是实践应用和预测自然群落动态重要的一步，而自然群落动态也取决于影响植物状态的其他因子，如竞争、植食。

3.2.2 滨海盐沼植食作用机制

物种分布受多种因素调控，包括非生物胁迫和种间竞争（Agrawal et al.，2007）。这些因素的相对重要性取决于环境背景和物种特征（McGill et al.，2006；Pennings and Callaway，1992）。种间竞争一直被认为是植被分布主要的生物驱动因素（Goldberg and Barton，1992）。然而，人们越来越认识到，在有压力作用的情况下竞争作用会转化为促进作用，并且在有压力的生境（stressful habitats）中促进作用会扩大物种的分布（Callaway，2007；Bertness and Callaway，1994）。生态史中已有多人研究过湿地中的分带现象（Miller and Egler，1950；Ganong，1903），并为这个学科提出了许多基础理论（Sousa and Mitchell，1999）。目前生态学家们认为非生物胁迫如淹水、盐度和植物竞争导致了湿地中的植被分带（Engels and Jensen，2010；Pennings et al.，2005）。

1）盐角草和盐地碱蓬的带状分布现象

在黄河三角洲，盐角草主要分布在高程较低的潮间带洼坑内，偶有出现在盐地碱蓬群落中，盐地碱蓬分布广泛，从低位盐沼到盐沼的陆缘均有分布。在研究区，分别在2个洼坑的垂直方向上设置4条样带进行野外样方调查。调查结果显示在高程较低的洼坑内，盐角草平均盖度占到40%～60%，而在盐地碱蓬群落中盖度很低，主要分布在二者边界周围3m的范围内。盐地碱蓬则较多的分布在较高的地区，平均盖度占到50%～70%，仅有很少的盐地碱蓬分布在盐角草分布带中，主要出现在边界带2m的范围内。天津厚蟹在距盐角草分布区1～2m的边界带上最丰富。随着与边界带距离的增加，天津厚蟹的丰度呈下降趋势。当距离超过2m时，盐角草群落和盐地碱蓬群落中的天津厚蟹丰度不存在差异。盐地碱蓬区的盐度大于盐角草区的盐度。盐地碱蓬区的高程也明显高于盐角草区，这表明盐地碱蓬区比盐角草区的水盐胁迫小。

盐角草密度明显受到竞争和盐度（图3.27），以及淹水和盐度的相互作用的影响（$P<0.05$）。在低盐度的处理中，盐地碱蓬的存在并未影响盐角草的密度（事后检验分析post hoc analysis；30PSU[①]：$df=1$，60，$\chi^2=0.21$，$P=0.65$），但是在高盐度处理中，盐地碱蓬的存在导致盐角草的密度显著降低（60PSU：$df=1$，60，$\chi^2=7.21$，$P=0.007$；90PSU：$df=1$，60，$\chi^2=10.12$，$P=0.001$）。在无水淹处理组，盐角草的密度随着盐度的降低而降低（$df=2$，60，$\chi^2=15.17$，$P=0.0005$），而在淹水处理中，盐角草的密度却不随盐度的改变而变化（$df=2$，60，$\chi^2=1.55$，$P=0.46$）。盐角草的生物量随着盐度的增加和淹水而显著降低，但不受单独竞争或者竞争与盐度、竞争与淹水的交互作用。研究结果表明，在盐地碱蓬区域，盐度较高且土壤没有淹水的情形下，种间竞争和盐度限制了盐角草的存在。

盐地碱蓬的密度明显受到盐度和竞争、盐度和淹水这两种方式交互作用的影响。在低盐度处理中，盐角草的存在不会影响盐地碱蓬的密度（post hoc analysis；30PSU：

---

① PSU是海洋学中表示盐度的标准，为无单位量纲，一般以‰表示。

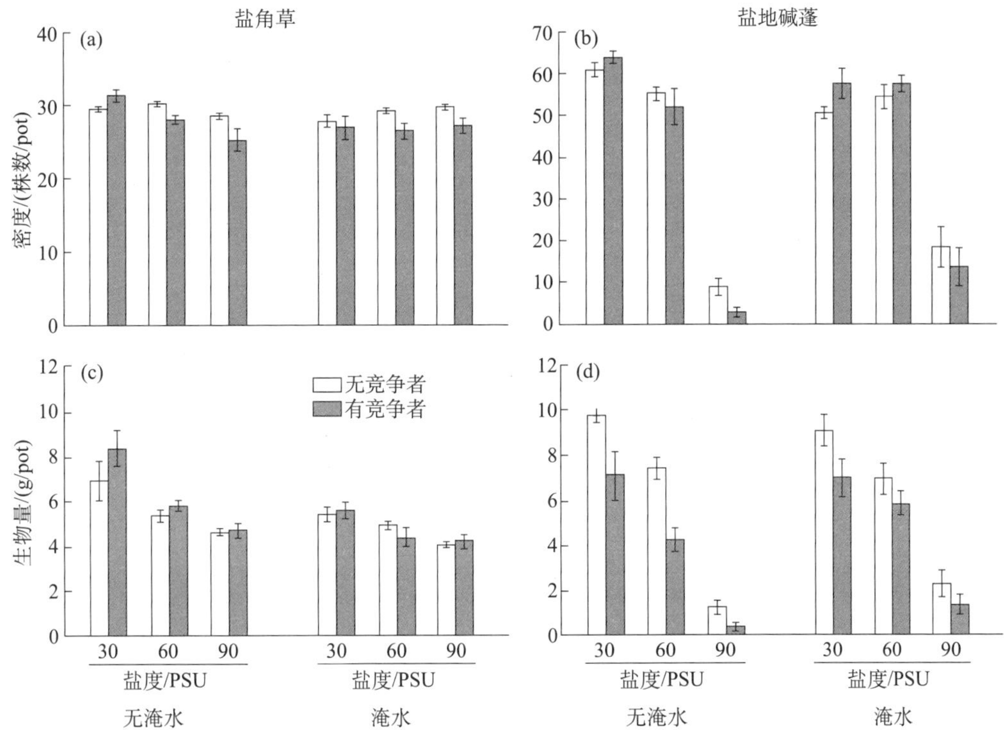

图 3.27 盐度、淹水、竞争作用的验证实验结果：盐角草和盐地碱蓬（a）、（b）密度和（c）、（d）生物量。实验在 2.5L 的盆里，设置三个水平的盐度（30PSU、60PSU、90PSU）、2 种水平淹水条件（有无淹水）、三个竞争条件（只有盐角草，只有盐地碱蓬，两者皆有）

df=1.60，χ^2=1.13，P=0.29；60PSU：df=1.60，χ^2=0.00，P=0.99），而在较高盐度处理组，盐角草的存在显著降低了盐地碱蓬的密度（90PSU：df=1，60，χ^2=8.76，P=0.003）。盐地碱蓬的生物量显著受到盐度、淹水和竞争相互作用的影响。在无淹水、高盐度处理组，盐角草的存在显著降低了盐地碱蓬的生物量（90PSU：df=1，60，χ^2=9.83，P=0.002），但是在淹水的情况下，盐角草的存在对盐地碱蓬的生物量的影响不显著（P>0.05）。研究结果表明，在盐角草区，低盐度且淹水情形下，竞争、盐度和水淹对盐地碱蓬的生长不具有抑制作用。

原位移除实验结果表明，盐地碱蓬对盐角草的竞争作用更明显，盐角草的密度和生物量降低了约 50%（密度 $F_{1,10}$ = 5.66，P = 0.0387；生物量：$\chi^2_{1,10}$ = 8.31，P = 0.0039；图 3.28）。与此相反，盐地碱蓬的密度和生物量均不受盐角草的影响（密度：$F_{1,10}$ =1.38，P= 0.27；生物量：$\chi^2_{1,10}$ =1.64，P=0.20；图 3.28）。

2）蟹类植食对盐角草和盐地碱蓬的影响

在距离边界带 2～3m 的盐角草和盐地碱蓬区，分别设置 0.5m×0.5m 的移植样方，将同等密度的盐角草和盐地碱蓬斑块移植到对方的区域，处理包括 2 个植物种群、2 个邻居种、2 种蟹类处理、2 个区域处理，共 16 种处理，每种 6 个平行，共 96 个样方。研究结果表明，在两个生态区，由于螃蟹的植食作用，盐角草的存活率显著降低，并且盐角草的存活率受邻居种去除和区域两种方式交互作用的影响（图 3.29）。然而蟹类植食对盐角草的存活率的影响在两个区域没有显著性差异。盐地碱蓬存活率显著受到蟹类

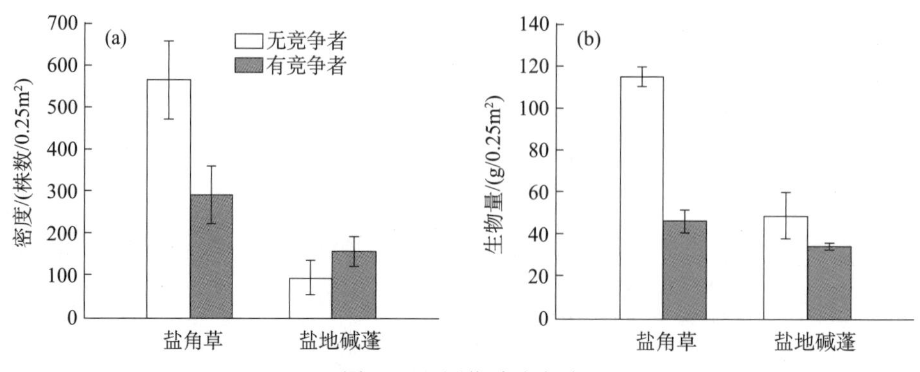

图 3.28 原位移除实验

数值为平均值±标准误差（n=6）

去除和区域的相互作用的影响（图 3.29）。在盐角草区，盐地碱蓬存活率因蟹类的捕食而显著下降（$\chi^2_{1,40}=12.01$，$P=0.0005$），但在其自身的区带中却不显著（$\chi^2_{1,40}=2.52$，$P=0.11$）。

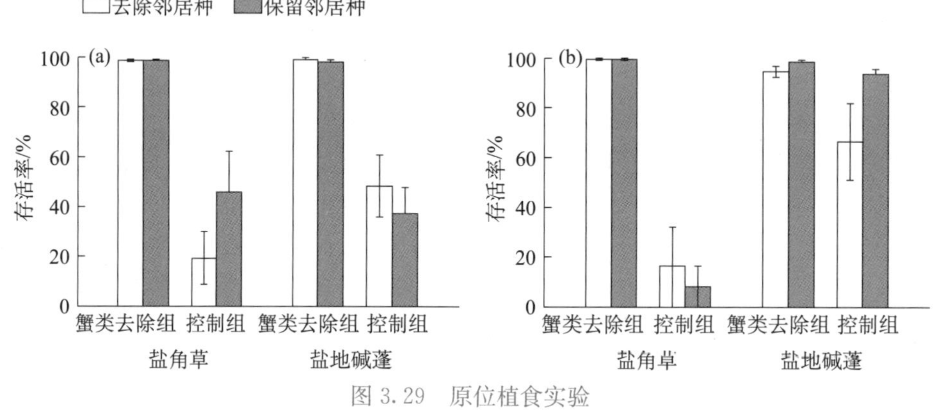

图 3.29 原位植食实验

数值为平均值±标准误差（n=6）

在实验室进行蟹类植食实验，用于验证天津厚蟹是否更倾向于捕食盐地碱蓬而不是盐角草。实验结果表明，蟹类食用盐地碱蓬的干重是盐角草的 3 倍（平均值±标准误差：0.51±0.06g vs. 0.17±0.03g；$t_9=-7.40$，$P<0.0001$）。从消耗的比例看，盐地碱蓬也明显高于盐角草（57.1%±6.2% vs. 35.8%±7.2%；$t_9=3.41$，$P=0.008$）。

通过移植原位盐地碱蓬和盐角草进行同质园实验，处理包括淹水和蟹类植食，研究结果表明，盐地碱蓬的存活率和生物量明显受到蟹类植食和淹水的交互作用影响（图 3.30）。淹水条件下，蟹类植食造成的负面效应比无淹水条件下的强烈。没有天津厚蟹的情况下，淹水条件并不能影响盐地碱蓬的存活率（post hoc analysis；df=1，20，$\chi^2=1.56$，$P=0.21$）和生物量（df=1，20，$\chi^2=1.45$，$P=0.23$）。

传统的关于盐沼植物的带状分布主要侧重于竞争与非生物胁迫等因素，然而我们揭示了植食作用同样是盐沼植物带状分布的一个重要驱动因素。天津厚蟹更偏好盐地碱蓬，且对其的影响更强烈，从而导致竞争力相对较弱的盐角草占据了蟹类下行效应非常剧烈的淹水低高程区域。该结果与岩石潮间带的研究结果一致，消费者的捕食导致了植

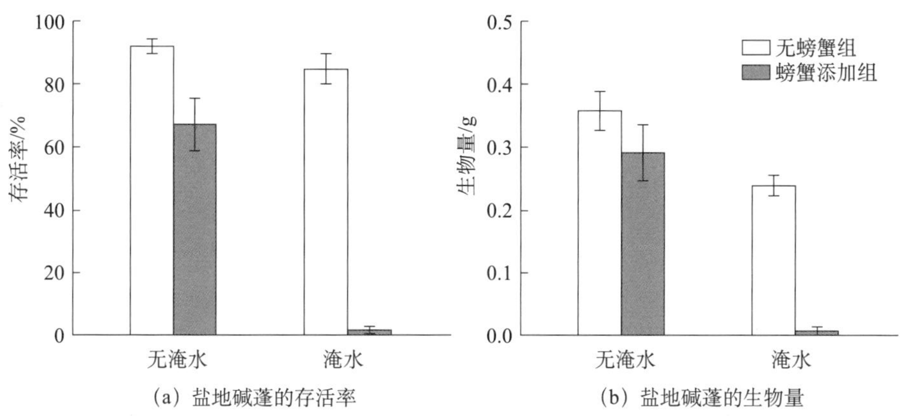

(a) 盐地碱蓬的存活率　　(b) 盐地碱蓬的生物量

图 3.30　淹水对螃蟹植食性影响的室内实验

物在环境梯度上呈现带状分布。

3) 竞争在植物带状分布中的作用

上述结论表明，竞争对盐角草和盐地碱蓬的带状分布有影响，主要是通过抑制盐角草在盐地碱蓬区域的成功定居，这与盐沼植被分区是一致的。在盆栽和原位实验中，盐地碱蓬的竞争力明显高于盐角草（在盆栽实验中，盐地碱蓬的竞争导致盐角草密度的降低，但没有影响到生物量），在原位实验中尤为明显。另外，研究结果显示，盐角草并不能取代高位盐沼中的盐地碱蓬。尽管在无淹水、高盐度的盆栽实验中，盐角草抑制了盐地碱蓬的生长，但在另外两种盐度处理和原位实验中并没有得到印证（可能是因为盆栽实验的盐度比原位的条件更严重）。然而，盐角草区带中盐地碱蓬的缺乏并不能解释成是由于盐角草的竞争导致的。第一，在模拟盐角草主导的低海拔区域淹水情形中，盐角草的存在对盐地碱蓬几乎没有影响。第二，在原位实验中并未发现盐角草对盐地碱蓬具有竞争胁迫。

与竞争作用相反，非生物胁迫对湿地植物带状分布的作用在我们的研究中并不明显。尽管已有研究表明淹水导致的厌氧环境对优势湿地植被具有抑制作用，但研究结果表明淹水区盐角草分布带中盐地碱蓬的缺失并不是来自淹水的胁迫作用。第一，淹水并不影响盐地碱蓬的生长。第二，相比淹水条件，盐地碱蓬更易受到盐度的影响，但矛盾的是盐地碱蓬区盐度胁迫比淹水更严重。盐度增加对盐地碱蓬生长的消极作用早有证明。在高盐度生境中，盐地碱蓬依然可以保持丰富的种群数量，这可能是由于盐地碱蓬具有较高的种子产量和活力。盐地碱蓬对淹水的较强耐受力已经在原位实验中得到证实，并且它也是中国北部潮间带盐沼向海边界上唯一的土著维管类植物建群种。同样的，尽管盐度能够显著的降低盐角草的生物量，但是盐地碱蓬区带中盐角草的缺乏不能归因于盐分胁迫。这是因为：第一，在淹水区，尤其是在低盐度情况下，即典型盐角草区带中，淹水条件对盐角草的影响如同高盐度对盐角草的影响；第二，盐度处理对于盐地碱蓬的负面作用比盐角草更大。

4) 消费者的作用：机制及普适性

我们发现天津厚蟹在较低水淹区域中对盐沼植物的分布起到了关键的作用。天津厚蟹约束了占有竞争优势的盐地碱蓬，而盐地碱蓬被迫转向高海拔地区，因此有较低竞争力的盐角草却占据了低海拔区域。天津厚蟹在盐角草区带中捕食盐地碱蓬要明显强于在盐地碱蓬区域，这可能由于在盐角草区带中天津厚蟹的密度非常高，尤其是在洼坑的边缘（而不是中心）。高位盐沼在本研究区中比较干旱，很少被水淹没。而潮沟的边缘，干旱的胁迫较低，是天津厚蟹典型的栖息地。虽然盐角草区域的天津厚蟹密度整体上并不比其他区域高，但两个研究发现能够解释为什么盐角草能够一直在凹地区域胜于盐地碱蓬。第一，当两个物种都存在时，天津厚蟹优先取食盐地碱蓬，这种取食的偏好性在其他盐沼蟹类中也得到过证实，并且是盐沼植物相互作用的调节剂。第二，盐角草区带中淹水条件促进了蟹类取食盐地碱蓬。其他的植食性盐沼蟹类同样在淹水情况下比在无淹水情况下更为活跃。假如在盐角草群落，天津厚蟹对盐地碱蓬的胁迫比盐地碱蓬区低，那么下行控制效应在盐角草区更明显。研究发现天津厚蟹同样取食盐角草（在原位和室内喂食实验中），但是这种作用不大可能影响其分区模式，因为天津厚蟹对盐角草的取食率在两种区带中没有差异。假设天津厚蟹在盐角草区带非常丰富，盐角草可能就是其主要食物（天津厚蟹更倾向于盐地碱蓬但是却不太容易取食到它），而且盐角草在其分布区若有其他邻居植物，其被捕食率将下降，很大可能是因为群落优势具有缓冲作用。

盐沼植物分布的影响机制表现在植物本身是压力驱动因子。虽然盐度是盐地碱蓬区主要的非生物胁迫因子，但是盐角草对于盐度具有较强的耐受力。而盐地碱蓬却对淹水条件具有较高的耐受力，虽然它是盐角草区主要的非生物胁迫因子。因此，非生物胁迫因子在它们的分区过程中的作用不明显。这可能是竞争能力和防御消费者之间权衡的结果，富有竞争力的盐地碱蓬占据了具有较低捕食压力的上游高地，并取代盐角草，而盐角草较少的受到捕食者的捕食，最终占据了具有捕食压力高的凹地区域。因此竞争和捕食是盐角草和盐地碱蓬带状分布的决定性因素。

5）植物-动物促进作用维持滨海生态边界的多重机制

物种间相互促进作用在群落动态分布中具有重要作用。这种作用既存在于植物-植物间，也存在于植物-动物间。以往的研究主要关注于物种间促进作用对非生物和生物胁迫的缓解，但是在潮间带，捕食对于物种间促进作用的影响研究很少，虽然捕食在该区域非常活跃。生态边界作为不同生态系统之间的过渡区，是研究物种间促进作用的理想区域。在盐沼的陆缘边界，以柽柳和天津厚蟹为对象，通过两年的原位实验来揭示柽柳与天津厚蟹之间的促进作用及其维持机制。

在两个监测地点，开放区域通常不存在螃蟹洞穴，但是在柽柳下面密集分布（图3.31）。在柽柳移除实验的开始阶段，柽柳和柽柳移除地点的洞穴密度没有显著差异（$P>0.0$）。柽柳的移除导致螃蟹洞穴逐渐减少，并且两年之后减少的数量超过了50%。柽柳的移除显著提高了太阳辐射、土壤温度以及空气温度和湿度，使得该区域的状况与开放区域相似，而与柽柳区域有显著差异（图3.32）。在9月，开放区域的土壤盐度显著高于柽柳区域，但是在5月差异并不显著。相反的，在9月，开放区域的土壤湿度显著低于柽柳区域，虽然在5月差异不显著（图3.33）。在实验开始时，柽柳区域和移除区域的土壤盐度和湿度并无差异。柽柳移除增加了土壤盐度并降低了土壤湿度，使得该区域的状况与开放区域相似，而与柽柳区域有显著差异。

用遮蔽场所模拟柽柳对螃蟹的遮阴和对捕食者的防御，结果表明遮阴显著增加了开

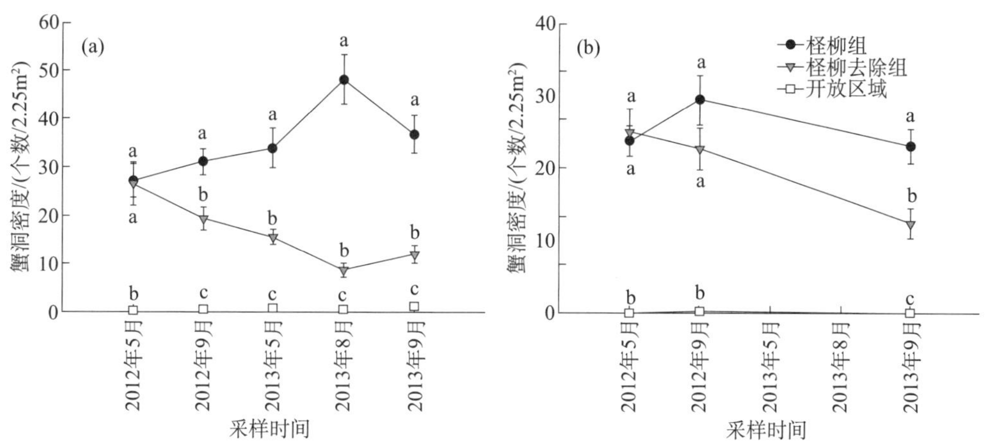

图 3.31 柽柳移除实验黄河口（a）和一千二（b）每个实验区域螃蟹洞穴的密度

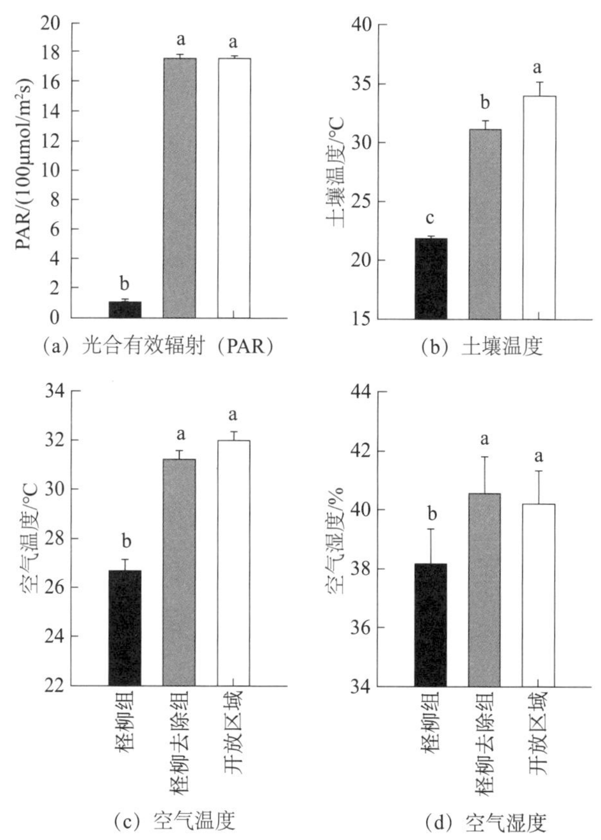

(a) 光合有效辐射（PAR） (b) 土壤温度

(c) 空气温度 (d) 空气湿度

图 3.32 柽柳移除实验区域（黄河口）的小气候因素

放区域的螃蟹洞穴（图 3.34；$F_{1,20}=90.8$，$P<0.0001$）。柽柳作为螃蟹食物来源的添加也显著提高了开放区域的螃蟹洞数量（$F_{1,20}=7.02$，$P=0.015$）。遮蔽场所遮蔽和食物添加对螃蟹洞穴没有显著的交互作用（$F_{1,20}=0.04$，$P=0.84$）。过程控制和控制处理组之间，螃蟹洞穴数量也没有显著差异（df=1，$X^2=0.29$，$P=0.59$）。用遮蔽场所遮蔽开放区域显著降低了太阳辐射、土壤和空气温度、空气湿度以及土壤盐度，并且提高了

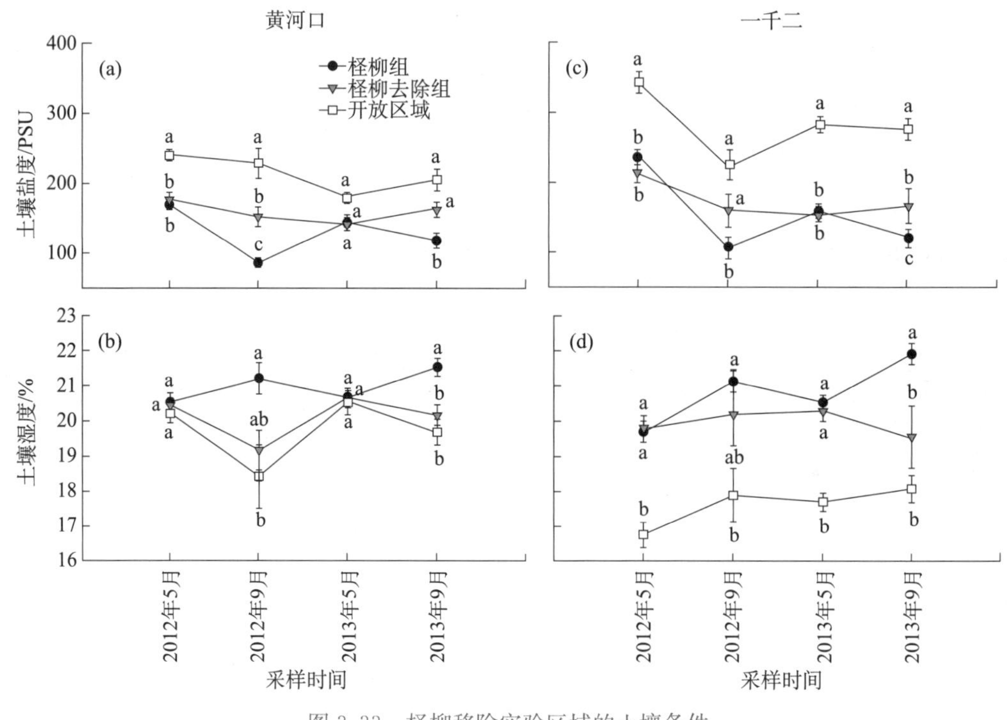

图 3.33 柽柳移除实验区域的土壤条件

(a) 和 (c) 土壤盐度；(b) 和 (d) 土壤湿度

土壤湿度，这些都使该区域的状况与柽柳区域相似，而与开放区域不同（$P<0.05$）。

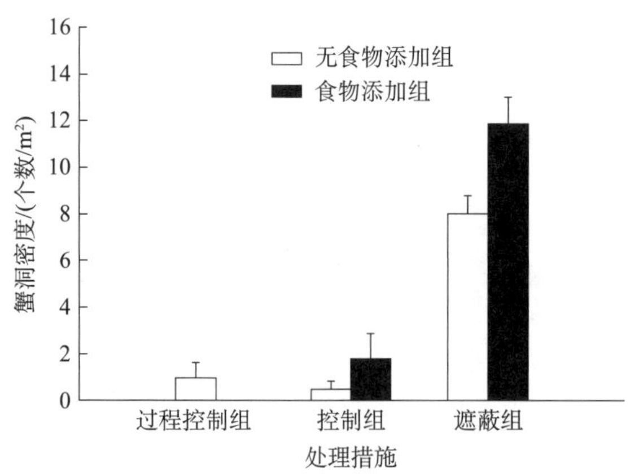

图 3.34 柽柳模拟实验区域螃蟹洞穴的密度

将天津厚蟹用绳子系上放于不同的处理区域，研究结果表明，柽柳区域螃蟹的存活率为 60%（图 3.35），显著高于开放区域（$P=0.0046$）和加笼区域（$P=0.0046$），但是与遮蔽区域没有显著差异（$P=0.67$）。所有在开放和加笼区域的螃蟹均死亡。所有在加笼区域（也包括柽柳区域和遮蔽场所区域）的死螃蟹都是完整的，说明死亡原因主要是非生物胁迫。相反，所有开放区域的死螃蟹丢失了部分身体并且压碎了外壳，从这些区域中出现的鸟类粪便和脚印可以看出是捕食造成了螃蟹的死亡。

在盐沼的陆缘边界天津厚蟹依赖柽柳，并且这种依赖关系不仅是因为柽柳是天津厚

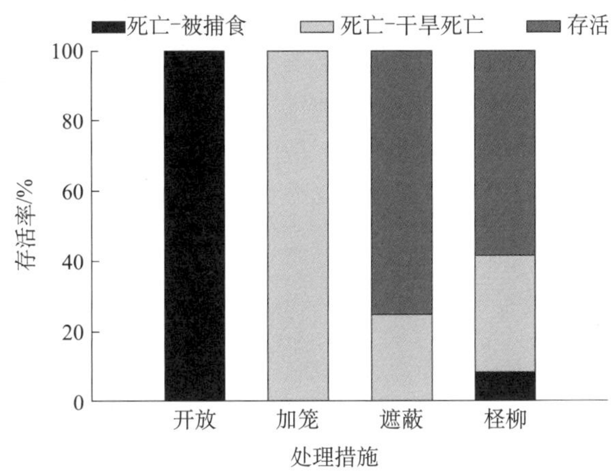

图 3.35　拘束实验区螃蟹死亡（因为干旱或者被捕食）和存活比例

蟹的食物来源，很大一部分原因也是因为非营养关系的促进作用。因此，在滨海生态过渡带，促进作用扩大了盐沼螃蟹向陆地的分布。调查工作为促进作用在自然群落中调节物种分布以及维持群落过渡带的关键作用提供了一个明确的示范。

在盐沼的陆地边界，热与干燥胁迫对于天津厚蟹而言是极端和致命的（没有荫蔽的受拘束的天津厚蟹全部死亡，并且在开放区域天津厚蟹洞穴非常稀少）。柽柳存在的地方，其树冠的阴影可以保持土壤水分，并且降低了土壤温度和干燥，创造了适宜天津厚蟹生存的小环境。已有研究表明热和干燥胁迫是限制海洋生物在潮间带上缘分布的主要非生物因素，而阴影能够缓解这些胁迫，并且能够推动它们相互促进的作用。两个物种在不同的营养级上不会对有限的资源进行竞争。尽管成熟的柽柳在盐沼的陆缘边界存留着，非生物胁迫如盐度严重限制了其生长和再生。这表明尽管在施惠物种自身严重受限的生境中，促进作用仍然可以发挥群落组织功能。

我们的研究为促进它们如何在垂直分布的限制下扩大物种的实际生态位提供了例证。柽柳的促进作用推动了天津厚蟹从低海拔湿地向较高陆地边境的扩展。没有柽柳，天津厚蟹的分布将会后退到淹水更加频繁的低海拔区。其他研究也证明了促进作用在藻类和无脊椎动物高潮间带的边界、盐沼植物低潮间带的限制、干旱生境中植被的干旱边界，以及红树林的近陆扩张中的作用。结合以往这些研究，支持了包括生态位理论中的促进作用导致物种实际生态位比他们的基本生态位要大的这一假说。

综上所述，除了缓解非生物胁迫，柽柳对被捕食者的防御也是柽柳—天津厚蟹相互促进作用的一个机制。在本研究区，以天津厚蟹为食的海鸟非常丰富，如燕鸥。海鸟偏好在无植被区域捕食，可能是因为没有植被更利于行动和捕食。柽柳在大量裸露的陆缘边界出现，减小了天津厚蟹被捕食的风险。鸟类捕食者，即使是在附近生活的，也不可能一直捕食，它们会四处游走。因为在物理胁迫环境中，捕食的压力更高（包括高潮间带），所以我们着重于动植物间的联合防御机制。

在滨海生态边界中，生物促进作用的重要性与其他类型的群落生态边界是一致的。群落生态边界，对于来源于其邻近生态系统的物种来说，是一个非生物条件极端的环境。这些物种能够在边界带生存，是因为相邻物种能够减缓它们的生存压力，增强它们的耐受性，而不在边界上的物种则受限于生存压力。联合防御可能是群落生态边界的物种相互促进的机制之一。众所周知，群落生态边界区是生物多样性热点区域。我们目前的研究以及之前的研究均表明生物促进作用很可能是促进群落生态边界生物多样性的重要生物因素之一。群落生态边界常常是物种对环境变化的敏感边界，也已经被广泛应用于气候变化监测。在物种分布边界或者说群落生态边界，生物促进作用和群落组织结构有待进一步研究，因为这对于理解环境变化对自然群落的影响至关重要。

3.2.3 滨海盐沼对胁迫的弹性

1）*植被的初期退化形势*

长期的实地调查支持了遥感分析结果，结果表明 2011 年干旱之后植被严重丧失［图 3.36（a）］；在干旱前的 2009 年、2010 年植被盖度为 60%～80%，在 2011 年干旱后植被盖度下降到小于 10%。植食动物去除实验表明，单独的干旱对盐沼植被的影响

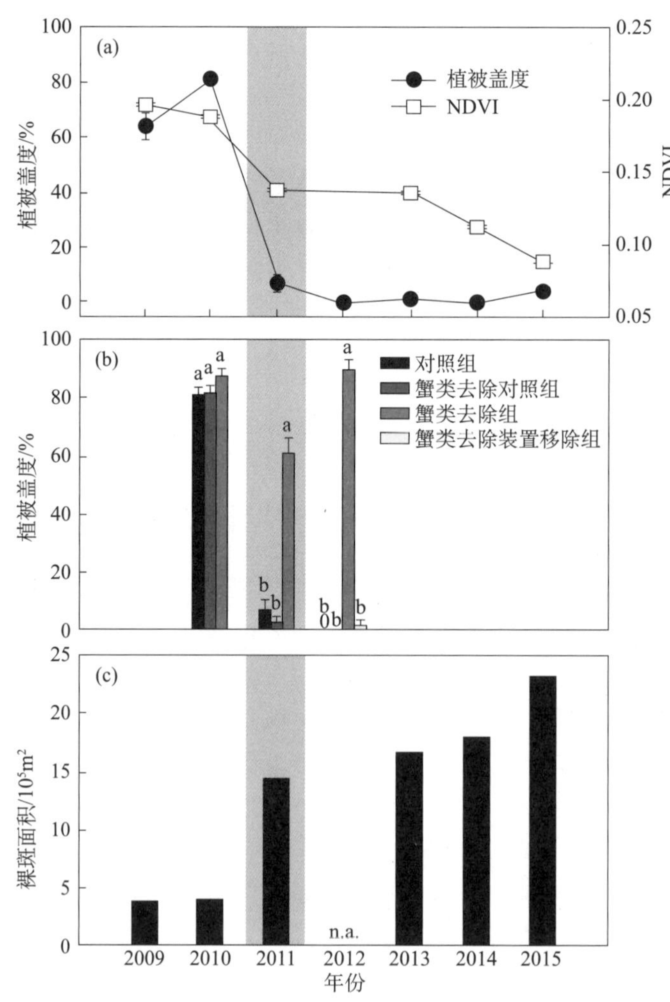

图 3.36 2011 年干旱前、中、后的盐沼湿地植被情况

阴影区表明 2011 年干旱；(a) 植被盖度及归一化植被指数（NDVI）；(b) 2011 年干旱前、中、后期不同蟹类去除处理中的植被盖度；(c) 每年的裸斑面积（n. a. 表示数据不可获取）

只是中等程度的，而生态系统的退化则由干旱气候和天敌的捕食共同导致。在干旱前的2010 年，对照组与螃蟹去除组间的植被盖度差异不显著［$P=0.31$；图 3.36（b）］。在干旱期间（2011 年），螃蟹去除组的植被盖度下降至 60%，而受螃蟹植食的对照样方植被几乎消失，平均盖度低至 10%以下［图 3.36（b）］。对比干旱与非干旱年，干旱与植食对植被的影响呈现出协同作用，干旱年内的植食作用影响强度呈非线性增加（表 3.6）。

表 3.6　不同年份、蟹类去除因素及它们对 2011 年干旱中蟹类去除实验中的植被盖度和生物量交互作用的单因素方差分析结果

响应变量	效应变量	自由度	密度	统计量	P
盖度	年	1	13.70	159.95	<0.0001
	蟹类去除	1	14.26	138.91	<0.0001
	蟹类去除×年	1	14.26	31.02	<0.0001
生物量	年	1	13.38	14.80	0.0019
	蟹类去除	1	13.23	12.63	0.0034
	蟹类去除×年	1	13.23	5.11	0.0412

2）植被退化后的扩张与恢复

干旱消退后，湿地退化/泥滩边界的植被在去除螃蟹的样方内生长良好，而在螃蟹可以自由接近植物的对照组和排除控制内则被完全清除［图 3.37（a）、（b）］。在 2013 年仅有的一个生长季，强烈的植食作用使得盐沼退化边界平均直线扩增了 49.6±18.2m

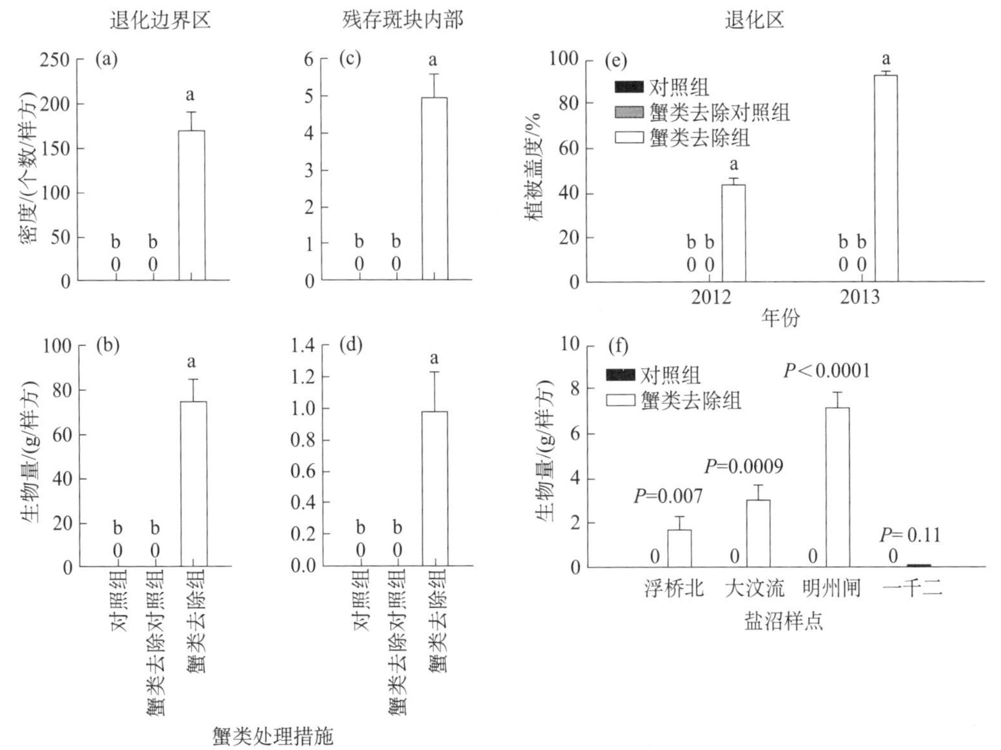

图 3.37　受植食者影响的干旱后退化盐沼的扩张和恢复控制实验

（a）～（d）为蟹类植食及盐沼在退化边界（a）、（b）、残余斑块（c）和（d）内的退化；（e）和（f）为蟹类植食和植被移植后不同年份及样点内的盐沼恢复

(SE)(t_7=10.45，P<0.0001)。在2015年也观测到了盐沼退化边界的强烈植食现象。除了退化区域边缘，螃蟹植食对退化区域内的残余斑块植物也有清除[图3.37(c)、(d)]。结合野外实验，GIS调查表明干旱结束后植食效应扩大了62.2%的植被退化面积(图3.38)，从2011年的1440900m^{2}扩增至2015年的2336400 m^2，其间没有再次出现干旱。

螃蟹去除实验表明，植食者抑制了该植物生态系统通过自然再生恢复的高潜力。干旱消退后的2012年，很少有植物在外部区域重建，但在螃蟹去除样方中，植物生长良好且盖度高达约90%，因此可在干旱结束后一年完全得到恢复。去除笼重新让螃蟹进入的实验表明，没有蟹类植食影响、仅受干旱胁迫而变弱的植被，在螃蟹重新引入后，植物几近完全清除。

植食者对干旱后生态系统再生恢复的影响在盐沼保护区的四个样点的移栽和螃蟹去除实验中得到了进一步的证明。在2011年干旱后的退化区域，移栽实验仅在螃蟹去除样方中获得成功[图3.37(e)、(f)]。该样方中对螃蟹进行了去除，2012年移栽的植株通过自然再生得到了良好的生长，可以自我维持[图3.37(e)]。螃蟹植食对退化盐沼恢复的抑制也同样发生在其他地区，致其十年来仍无任何恢复征兆。其中，即便已经去除了螃蟹，在承受严重侵蚀的地点进行的植株移栽全部死亡[图3.37(f)]。

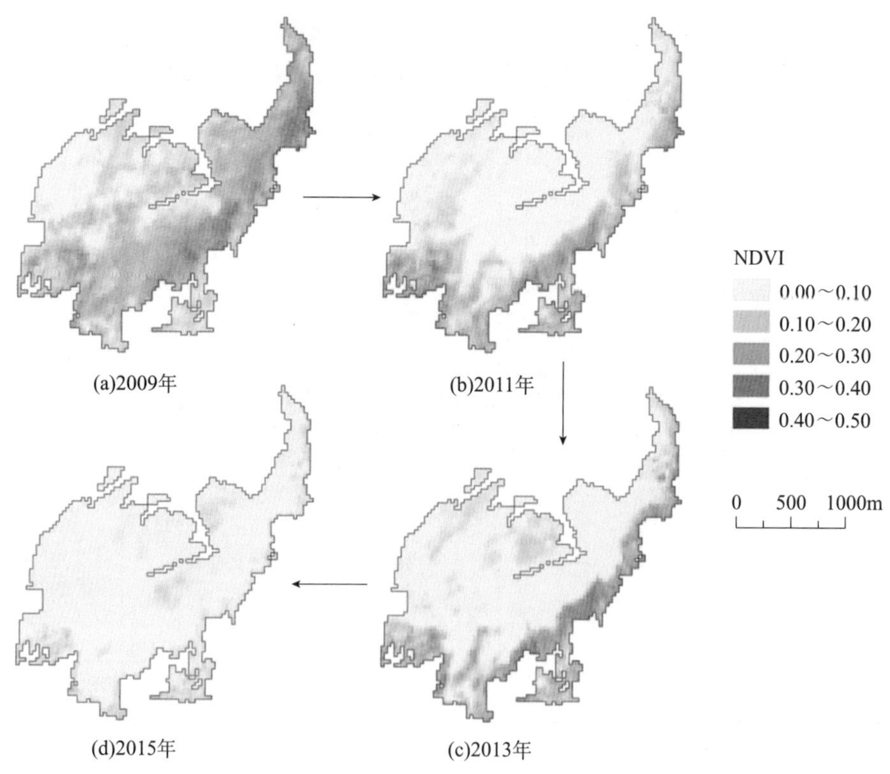

图3.38 2011年干旱前、中、后期的归一化植被指数

3) 植食-干旱协同效应对生态系统恢复的影响

在干旱前、中、后时期的实验清楚地表明，来自天敌的压力可以调节一个生态系统对严重干旱的恢复力。在受保护的盐沼中，植物可以很好地在极端气候中生存下来，但

前提是需要将植食者进行去除。对比没有进行植食者去除使得干旱耐受型植物大量被植食，致使植被损失严重。这种干旱-天敌的协同作用可以有多种机制。随着干旱的出现（图 3.39），植食动物-螃蟹的密度也呈现下降趋势，这表明植食者-干旱的协同效应是由植物生长状态决定的，而不是由于植食者密度的增加所致。干旱的协同效应的出现可能是因为在干旱过后，植物对植食的敏感性增加而导致的（这已经被广泛地证实），或者是植食者对植物多度降低后残余植株的各类作用的综合体现。2011 年植被盖度的突然降低不能归结为植食作用的累加，在干旱前的 2010 年，各处理植食作用间差异并不显著，以及植被盖度在干旱前的 2009 年和 2010 年也是很接近的。如果有相当大的植食作用的累积，那么 2010 年的植被盖度将适当低于 2009 年。然而，事实并非如此。其他环境因子之间的协同作用是很常见的。植食-干旱间的协同作用与环境压力模型预测随着控制的消费者压力的降低而降低，物理胁迫则相应地升高，但它支持了最近提出的消费者压力模型预测的消费者压力与物理胁迫间可以相互叠加或协同。我们首次为此提供了直接实验证据，即在现实干旱事件下，植食-干旱协同效应会促使自然生态系统的崩溃。

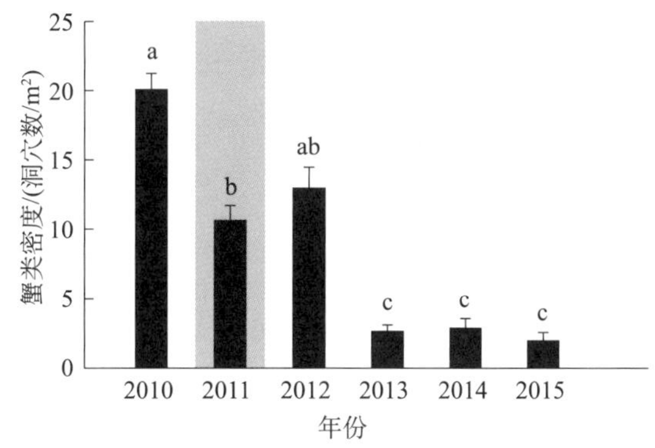

图 3.39　2011 年干旱前、中、后期的螃蟹密度变化

上述研究还提供了一个全新的实验证据，来自天敌的压力可能导致干旱后生态系统状态的持续性转变，产生干旱遗产效应。首先，在干旱消退之后，以植物-食草者沿着退化边界扩展了最初的退化面积。这种由植食者引发的植被退化过程通常通过沿着残余的植物群落边缘即消费者分布前沿的形成和变化所驱动，在阿根廷、美国南部、新西兰等地的退化湿地中也观测到这种现象。重要的是植食者通过在退化区域内抑制了植物的再生从而进一步限制了植被的恢复。在无植被的胁迫平地上，即使有植物新生个体的补充、存活，这种对生态系统恢复的下行控制也可以发生。事实上，中国政府在 2015 年的大规模移栽修复并不能使植被得以重建恢复，其中一个明显的驱动因素就是螃蟹的严重植食。虽然干旱后螃蟹多度普遍下降，但一些螃蟹仍可在没有湿地植物的区域存活，可能是因为螃蟹转换食物类型或通过藻类、动物补充食物来源，或者迁移至潮下或陆地生态系统。当天敌只对干旱耐盐植物致命而不杀死干旱后的新生植物时，那么生态系统可能在干旱结束后得以恢复。生态系统的恢复也可能受到其他因素的影响，如正向的植物-土壤反馈路径：初始植被丧失导致盐度和水分胁迫升高（进而植被遮阴的损失），进一步限制了植物的定植。

综上所述，研究结果表明，尽管干旱只会对盐沼植被造成尚不致命的物理胁迫，但干旱胁迫与食草动物带来的压力相结合后，足以引发强烈的湿地植被退化。因此，随着干旱胁迫梯度的增加，这种协同作用会使得植物群落崩溃的临界点降低。但是，植食者不仅会抑制盐沼植物面对干旱的抵抗力，还会通过在边界植食健康的植株进而扩展初始退化区域面积，并且在干旱消退四年后持续抑制植物恢复。这些研究结果表明，相比当前基于主要植物耐受性的模型预测，植物对干旱的耐受性更为脆弱，而当气候加强天敌对生境-构成物种的影响时，生态系统抵抗力则会受到抑制，如森林、海草及珊瑚礁生态系统。我们的研究支持了下述观点，营养条件的控制能够解释“生态系统不确定性”——实际的生态系统与由气候变量预测的潜力不相符。我们的研究凸显出自然天敌不应该再被认为是干旱主要胁迫的附属因素，反而恰恰是一个强有力的共同作用因素，它不仅会破坏生态系统，还会在干旱消退后抑制其恢复。

这些发现也对生态保护具有重要的意义。许多生态系统都受到了良好的保护，免受当地人类的干扰，如森林砍伐和栖息地的转变。然而，研究结果表明，在植食动物植食及干旱胁迫的作用下，曾经茂盛的盐沼湿地自然保护区正在转变为光滩。我们呼吁应充分地将天敌的影响整合进与干旱相关的生态系统崩溃的认识之中来，这不仅会有助于理解和预测生态系统对气候变化的响应，也可以有助于生态系统保护者确定和管理辨识出可能在严重干旱期出现的早期临界点。

3.3 盐沼植物定植对降雨模式的适应性机制

全球变化引起的降雨模式改变所带来的生态后果受到了越来越多的关注，这推动了关于降雨变化是如何影响植物定植的研究热点。在滨海盐沼湿地中，阐明降雨对植物定植过程的影响是成功预测降雨模式潜在变化生态后果的关键所在。但是不同的植物物种对于降雨的响应是否存在差异，以及盐沼湿地中降雨的作用是否受到潮汐淹没的影响，目前仍然缺少有效的信息来回答并解释其中的机理。因此在盐沼湿地中开展一系列的降雨操控实验以及实验室控制实验，来检验旱季之后的降雨是否会对盐沼中典型植物定植造成影响，以及不同降雨量和不同高程下降雨影响作用的差异。在盐沼湿地中，揭示降雨和潮汐的协同作用关系能够增进对降雨模式变化的深入理解，并且能够为滨海盐沼湿地的保护与修复工作给予启示，为其预测未来全球变化造成的降雨变化的生态后果提供重要信息。

全球气候变化可以扰乱区域的总降雨量以及降雨的年内分布（Goldstein and Suding，2014）。根据目前实验与模型研究对降雨模式的探讨，越来越多的实验结果表明降雨对植物种群的持续有强烈的影响作用（HilleRisLambers et al.，2001；Hulme，2005；Goldstein and Suding，2014；Yando et al.，2016）。极端的降雨事件如严重干旱（Jentsch et al.，2007；Smith，2011a）可以造成植物的快速退化（He et al.，2017）。对于一年生植物，情况则更加严重，因为一年生植物每年必须有足够数量的幼苗定植才能维持种群的续存（Noe and Zedler，2001）。萌发生态位被认为是植物生命周期中最为脆弱的阈值之一（Smith et al.，2000；Zimmermann et al.，2008）。年内降雨对环境条件梯度有着非常强烈的影响作用（Noe and Zedler，2001）并且会导致环境条件对萌发生态位适应性的变化。因此，降雨作用引起的环境要素阈值变化与物种生态位的关系是进一步认识全球降雨模式变化生态效应的重要内容。

现场观测了一种关键物种盐地碱蓬在 2013～2015 年的幼苗定植情况，发现干旱冬季过后的春季降雨是不同盐沼区域幼苗定植差异的主要原因。为了确认现场观测的结果，并进一步检验干旱季节后的不同降雨模式是否为不同潮位带的各种植物提供相同的幼苗定植机会，因此于 2015 年开展了一系列的降雨控制实验并结合了实验室实验。现场控制实验位于黄河三角洲自然保护区，该区域是一个理想的实验场所（He et al.，2017），首先是因为该区域包括了中国北方最为主要的自然滨海湿地（人类干扰较低），另一个原因是这片盐沼湿地中优势植物种类大多是一年盐生植物（He et al.，2012）。通过单因素测试法在实验室条件下控制降雨来模拟干旱或者雨水充沛的年份，通过这些实验探讨不同的植物物种在不同的土壤盐度和含水率胁迫下其幼苗定植对降雨变量的响应情况。

实验区域为黄河三角洲［图 3.40（a）］。历年降雨数据来自中国地面气象站垦利站（118°33′E，37°35′N）的气象数据，以及东营市水文局的历史资料，实验区所在的黄河三角洲区域 2000～2015 年平均降雨为 559.1 ± 40.4mm。黄河三角洲区域内降雨季节分配不均，年内差异较大，1～3 月属于旱季，春季降雨一般发生在 4～5 月［图 3.40（b）］。2000～2015 年最大的春季降雨（4～5 月的降雨量）为 130.3mm，而最小春季降雨量为 29.4mm。经过 2015 年冬季（1～3 月）的干旱后，4～5 月内总共有 6 次降雨，4 月降雨 24.1mm，5 月降雨 60mm。为了检验春季降雨对盐沼植物定植的作用，在 3 月末至 5 月开展实验。

研究区域为不规则半日潮，为了确定不同潮汐对降雨效果的影响作用，实验根据潮汐数据来确定潮位带，并在不同潮位带中选定样点。潮位数据基于东营港验潮站（118°58′E，38°06′N）的天文潮模型，数据来自国家海洋数据与信息中心（NMDIS）。可以确定最小平均潮位（lowest average tide，LAT）、平均小潮高潮位（mean high water neap，MHWN）、平均大潮高潮位（mean high water spring tide，MHWS）和最大平均潮位（highest average tide，HAT）分别为 −0.74m、−0.07m、0.34m 和 0.63m［图 3.40（c）］。根据这四个潮位将研究区域划分为潮下带、低潮带（低位盐沼）、中潮带（中位盐沼）、高潮带（高位盐沼）和潮上带。沿着由海向陆的高程梯度随机选择了十处研究样区，分布在中潮带到潮上带的区域中，避开了低潮带和潮下带区域，因为低潮带和潮下带中频繁的潮汐作用使得降雨控制实验难以进行。使用 GPS 设备（4600LS，Trimble GPS，Sunnyvale，California，USA）测定了 10 处样区相对于海平面（黄海基准面）的高程值。2 个样区位于中潮带（M1：0.10m，M2：0.22m），4 个样区位于高潮带（H3：0.40m，H4：0.46m，H5：0.52m，H6：0.58m），其他四个样区位于潮上带（S7：0.72m，S8：0.78m，S9：1.00m，S10：1.44m）［图 3.40（d）、（e）］。

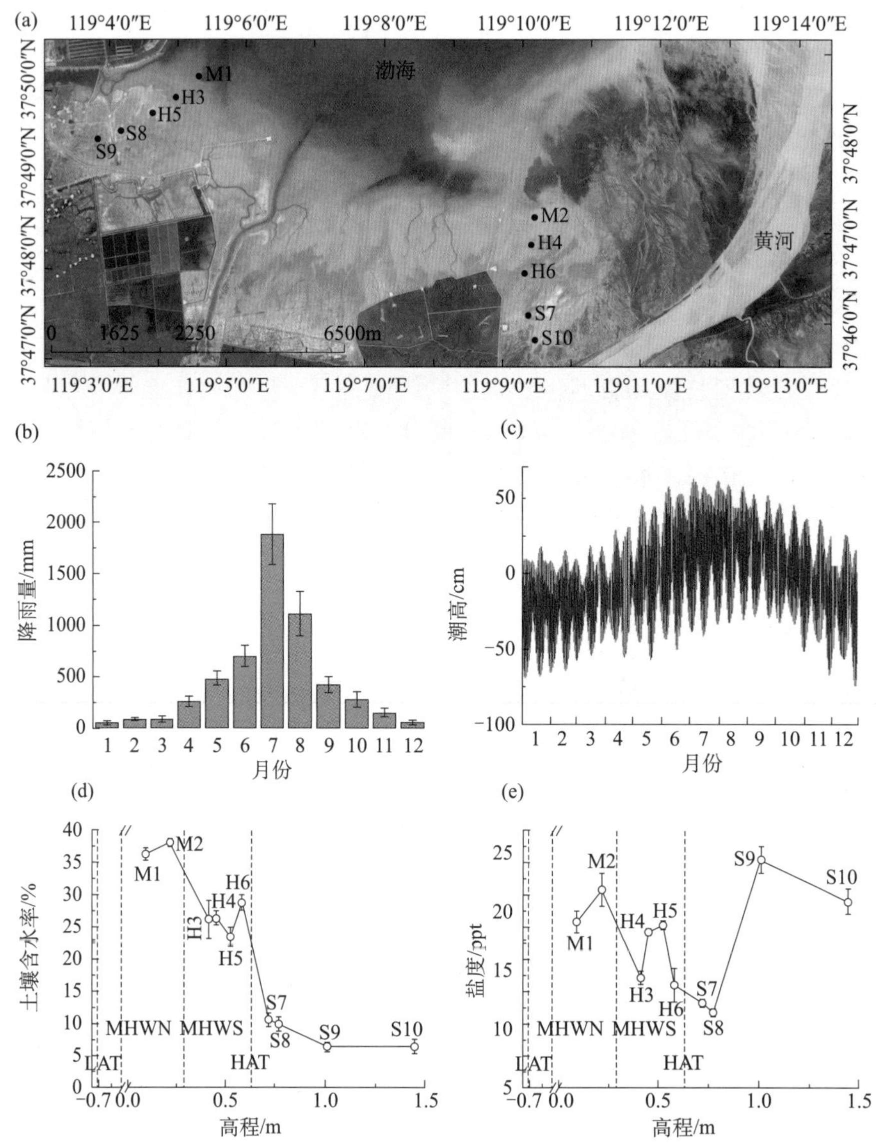

图 3.40　降雨影响实验的区域背景信息

(a) 研究区遥感影像及实验样区的布设位置；(b) 2000～2015 年的月平均降水量；(c) 2015 年东营港验潮站的天文潮数据；(d) 和 (e) 实验样区的高程，所处潮位信息以及平均土壤盐度和含水率情况

3.3.1　植物定植对于春季降雨和潮汐模式的响应

2014 年的春季降雨，包括 3～5 月这三个月的降雨量为 66.5mm，低于 2013 年和 2015 年的同期降雨量［图 3.41 (a)］。盐地碱蓬的幼苗萌发率与年份（$F_{80,9}=3.404$，$P=0.035$）和观测点的位置（$F_{24,2}=86.190$，$P<0.001$）显著相关。在观测点位 M1、M2、H3、H4 和 H6 上，盐地碱蓬三年的幼苗萌发率没有显著差异，而在 S8、S9 和 S10 点位上，始终没有观测到盐地碱蓬的幼苗。在点位 H5 和 S7，盐地碱蓬的 2014 年的幼苗萌发率要显著低于 2013 年［图 3.41 (b)］。

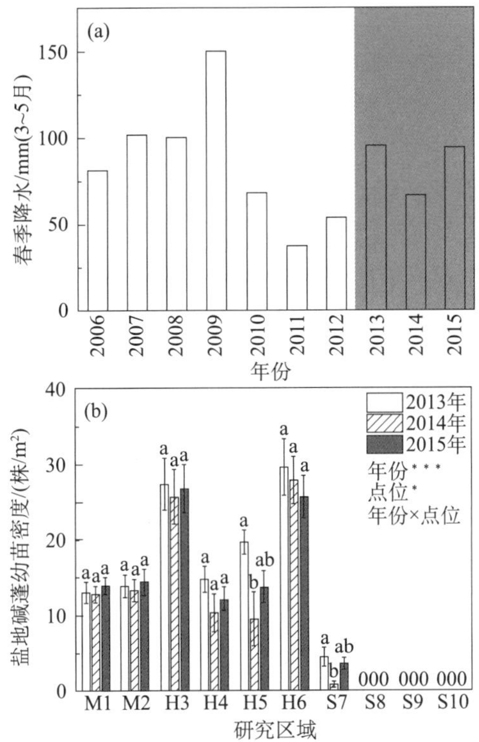

图 3.41　2006～2015 年春季降雨数据以及盐地碱蓬幼苗密度在 2013～2015 年的差异

柱状图上相同的小写字母代表差异基于 Tukey 检验不显著，数据按照均值±标准误的形式表示，* 表示 $P<0.05$；*** 表示 $P<0.001$

在降雨过后，土壤盐度降低（$F_{1,30}=72.672$，$P<0.001$）而土壤含水率增高（$F_{1,30}=10.769$，$P=0.002$）[图 3.42（a）、（b）]。土壤盐度（$F_{9,39}=67.265$，$P<0.001$）与土壤含水率（$F_{9,39}=411.361$，$P<0.001$）的波动于不同的点位存在差异。土壤盐度变化最大的点位 H4 和 H5，而含水率增加最显著的在 S9 和 S10 两处。并且土壤盐度（$F_{12,30}=147.135$，$P<0.001$）与土壤含水率（$F_{12,30}=419.202$，$P<0.001$）的波动与距离降雨结束的时间显著相关。土壤盐度波动的持续时间在 H5、H6、S7、S8、S9 和 S10 等处可以超过 70h，而在点位 M1、M2、H3 和 H4，降雨结束后 46～62h，土壤盐度恢复到降雨前的水平。土壤含水率在 M1、M2、H3、H4、H5、H6 和 S7 等实验点位上经过 46～70h 后下降到最初的状态，而在 S8、S9 和 S10 处由降雨引起的土壤含水率升高只能维持 38h 左右。

降雨可以在短时期内对土壤盐度和含水率有所扰动，这与其他同类研究的结果相似。干旱季后单次降雨可以使土壤盐度降低一半甚至 3/4，土壤含水率升高 40%～300%，变化的盐度和含水率可以维持 30～50h。盐沼湿地中，土壤盐度和含水率是控制植物幼苗定植的主要因素（Munns，2002；Munns and Tester，2008），在春季温度升高后，一旦土壤环境适宜，植物幼苗可以在几天之内萌发并定植。但是在盐沼湿地中，春季一开始大部分区域的土壤盐度累积并且水分不足，这是干燥少雨的冬季造成的。这时土壤盐度与含水率超过了种子的耐受阈值，限制了大多敏感物种的幼苗定植。

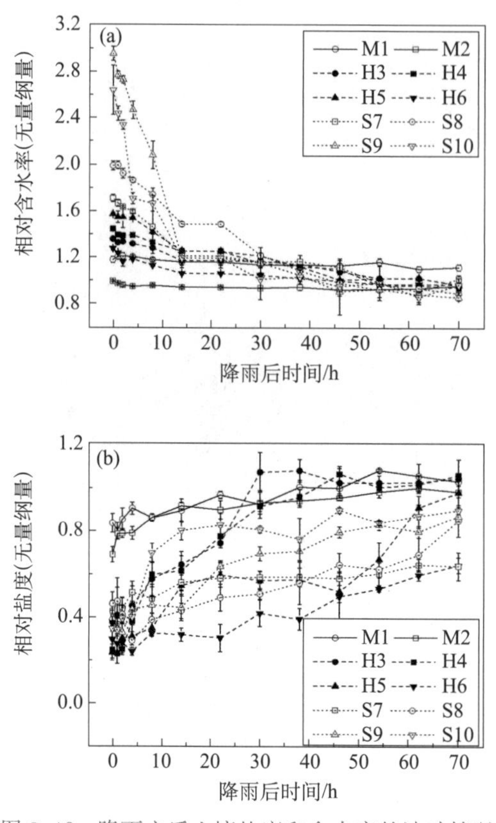

图 3.42 降雨之后土壤盐度和含水率的波动情况

春季的降雨确实在短期内改善了土壤水盐条件，为幼苗的定植提供了机会窗口（Balke et al.，2013）。通过降雨去除实验证实了降雨的作用，其结果与一些研究报道的降雨增强植物幼体补充的结论一致。另外，通过降雨操控实验，发现降雨促进幼苗定植的作用与降雨量密切相关。大降雨量造成土壤盐度和含水率更大范围的波动（Noe and Zedler，2001；Knapp et al.，2002）。另外，大降雨量可以使适宜幼苗定植的土壤条件维持更长的时间。即使对于耐旱或者耐盐的植物物种，其幼苗的定植效果同样高度依赖于降雨量（Jentsch et al.，2007）。实际上鹅绒藤和罗布麻这类对盐度敏感而耐旱性强的物种以及互花米草这样干旱耐受阈值很低的物种，只会在大雨量的实验处理中才会有幼苗的成功定植。

根据现场控制实验中春季降雨之后幼苗出芽情况的调查，在中位盐沼区域（即点位 M1 和 M2），盐地碱蓬和盐角草等幼苗萌发率在自然降雨条件与降雨移除的两个处理中没有差异（$P > 0.05$）。而其他四种植物（互花米草、鹅绒藤、罗布麻和芦苇）在自然降雨和降雨移除两个处理中都没有观测到幼苗出现。在高位盐沼中，降雨对于幼苗萌发的影响在点位 H3 与 M1 类似；然而，在点位 H5 上，盐地碱蓬和盐角草在降雨移除处理中的萌发率要显著低于自然降雨处理，并且互花米草、鹅绒藤、罗布麻和芦苇在两个对比处理中都没有幼苗萌发。在其他两个潮上带的实验点位 S8 和 S9，六种植物在自然降雨和降雨移除的两种处理中幼苗萌发均失败（图 3.43）。

在操控降雨量的现场控制实验的中位盐沼 M1 区域中，盐地碱蓬和盐角草的萌发率在各种雨量处理中没有显著差异（$P > 0.05$）。互花米草只有在两倍降雨的处理中才会有幼苗萌发。然而，M1 点位上鹅绒藤、罗布麻和芦苇在所有的雨量处理中都无法实现幼苗定植。在高位盐沼 H3 中，盐地碱蓬的幼苗在双倍降雨量处理中的萌发率与正常降雨量处理没有差异（$P > 0.05$），但显著高于减半降雨量处理（$P < 0.01$）。至于盐角草，幼苗萌发情况在双倍雨量与减半雨量的处理中与自然降雨没有差异。而互花米草、鹅绒藤、罗布麻和芦苇这四种植物只有在双倍降雨处理中才能成功定植幼苗。在 H5 上双倍雨量的处理中互花米草、鹅绒藤、罗布麻、芦苇的幼苗萌发表现都要高于自然降雨以及减半降雨量的处理。盐地碱蓬和盐角草在 H5 的双倍与自然降雨处理中幼苗萌发没有显著差异，但都显著高于降雨量减半处理。在潮上带研究点位 S8 中，盐地碱蓬、盐角草、鹅绒藤和罗布麻的幼苗萌发率在双倍降雨处理中显著高于自然降雨和降雨减半处理；互花米草和芦苇在所有的处理中都没有幼苗出现。而在 S9 中，只有在双倍降雨处理中，盐地碱蓬和鹅绒藤的幼苗可以成功定植；其他四种植物在所有的降雨量处理中都没有幼苗萌发（图 3.43）。

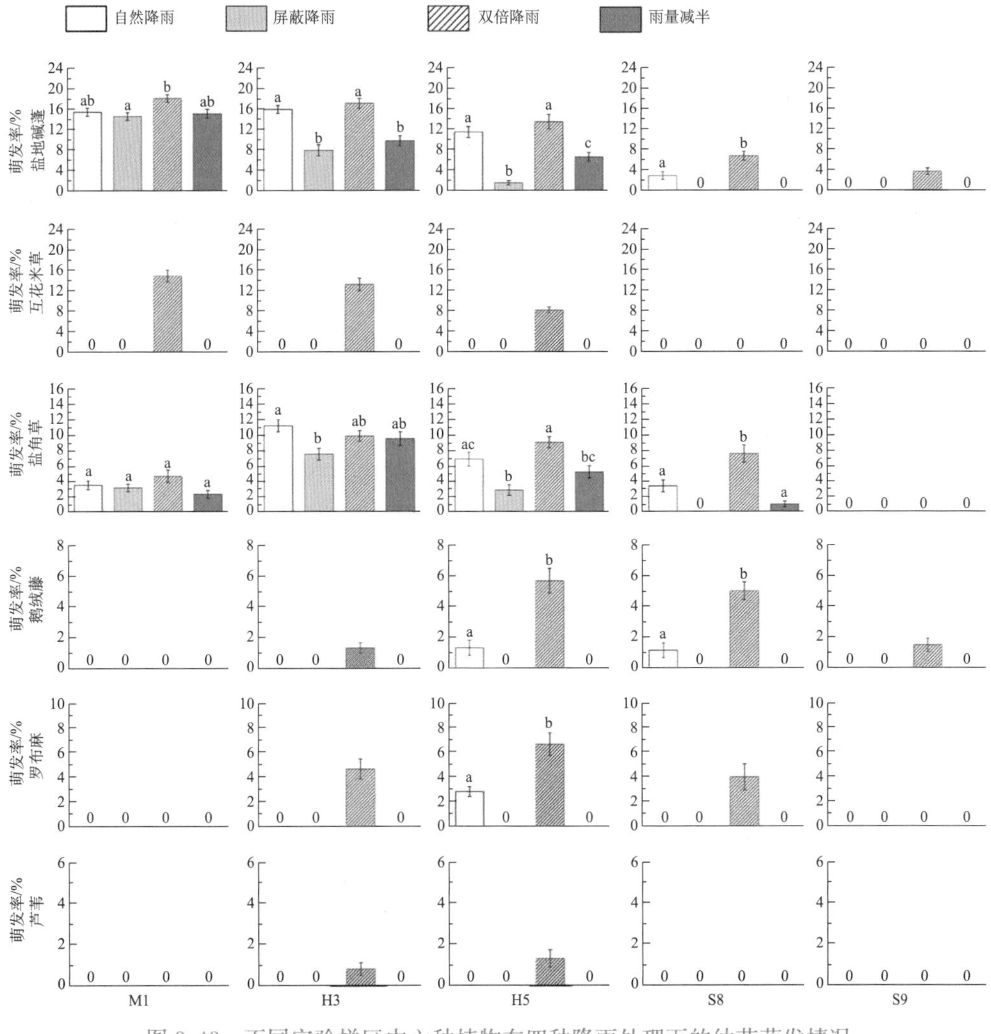

图 3.43　不同实验样区中六种植物在四种降雨处理下的幼苗萌发情况

土壤条件造成的非生物环境对于种子萌发与幼苗出芽的胁迫在不同的潮位带存在差异（Watson and Byrne，2009），因为滨海盐沼湿地的土壤盐度和含水率高度取决于潮汐淹侵的频率（Omer，2004），通常情况下土壤经常暴露在潮水中导致其具有高含水率与稳定的盐度。在研究区中，中位盐沼区域要比高位盐沼及潮上带区域具有更加湿润与低盐的土壤。现场实验和室内模拟实验共同说明中位盐沼的土壤盐度和含水率适宜于盐生植物，如盐地碱蓬的幼苗萌发，因而中位盐沼中的盐生植物能够在降雨去除处理下依然实现幼苗的定植。但是，高位盐沼和潮上带区域在春季的一开始土壤条件抑制植物幼苗的定植。春季降雨修正了这些点位上，尤其是高位盐沼和潮上带与幼苗定植产生抑制作用的非生物环境梯度。高位盐沼与潮上带由于潮汐频率较低，导致土壤的盐度累积与土壤干燥，降雨之后，土壤条件会出现显著的波动；然而，在中位盐沼，降雨造成的土壤盐度与含水率的变化相对轻微。另外，对于幼苗定植生态位的适应性依赖于土壤条件梯度（Zimmermann et al.，2008），具有极端高盐度和低水分的区域，即使在春季降雨之后也无法达到幼苗的生态位，这些区域通常出现在高位盐沼或者潮上带。因此，降雨对幼苗定植的影响与环境梯度之间是非线性的关系，受到潮位带高程的控制。

3.3.2 植物定植对土壤水盐条件的响应

室内实验中，六种植物的幼苗萌发与土壤盐度是负相关（$P < 0.001$）而与土壤含水率梯度是正相关（$P < 0.001$）（图 3.44）。模拟降雨对盐生植物（盐地碱蓬、互花米草和盐角草）以及半盐生植物芦苇的促进作用要比非盐生植物（鹅绒藤和罗布麻）具有更广泛的盐度适应性。

三种降雨处理对盐生或半盐生植物幼苗萌发的作用与土壤盐度（盐度 × 降雨处理的交互作用，盐地碱蓬：$F_{8,150} = 3.349$，$P = 0.001$，互花米草：$F_{8,150} = 8.568$，$P < 0.001$，盐角草：$F_{8,150} = 4.278$，$P = 0.001$，芦苇：$F_{8,150} = 15.095$，$P < 0.001$）和土壤含水率（土壤含水率 × 降雨处理的交互作用，盐地碱蓬：$F_{8,150} = 7.860$，$P < 0.001$，互花米草：$F_{8,150} = 44.568$，$P < 0.001$，盐角草：$F_{8,150} = 5.883$，$P < 0.001$，芦苇：$F_{8,150} = 29.358$，$P < 0.001$）有明显的交互作用。

当环境盐度高于 16ppt 时模拟降雨对非盐生植物（鹅绒藤和罗布麻）幼苗萌发的促进作用几乎失效。而在低盐度时空白对照与降雨模拟处理的差异具有显著差异（盐度 × 降雨处理的交互作用，鹅绒藤：$F_{8,150} = 18.091$，$P < 0.00$，罗布麻：$F_{8,150} = 59.423$，$P < 0.001$）。鹅绒藤和罗布麻对土壤水分适应性很强，因而降雨对其幼苗萌发的促进作用与水分梯度的关系不显著（土壤含水率 × 降雨处理的交互作用，鹅绒藤：$F_{8,150} = 1.433$，$P = 0.181$，罗布麻：$F_{8,150} = 1.893$，$P = 0.060$）。

上述研究发现盐沼湿地中在降雨后存在幼苗定植变化的区域，这意味着有些区域处于不稳定状态，即降雨量是否满足幼苗定植生态位决定了降雨量的大小会使该区域发展到两个完全相对的状态：幼苗定植或者没有植物的裸滩（Friess et al.，2012；Silinski et al.，2015）。鹅绒藤和罗布麻是耐旱种但是对于土壤盐度敏感。土壤高盐度的点位 M2、S9 和 S10 对于鹅绒藤，以及 M1、M2、H4、H5、S9 和 S10 对于罗布麻都属于顽固状态，盐度过高致使在降雨过后幼苗的定植也不会提高。实验点位 H3、H6、S7 和

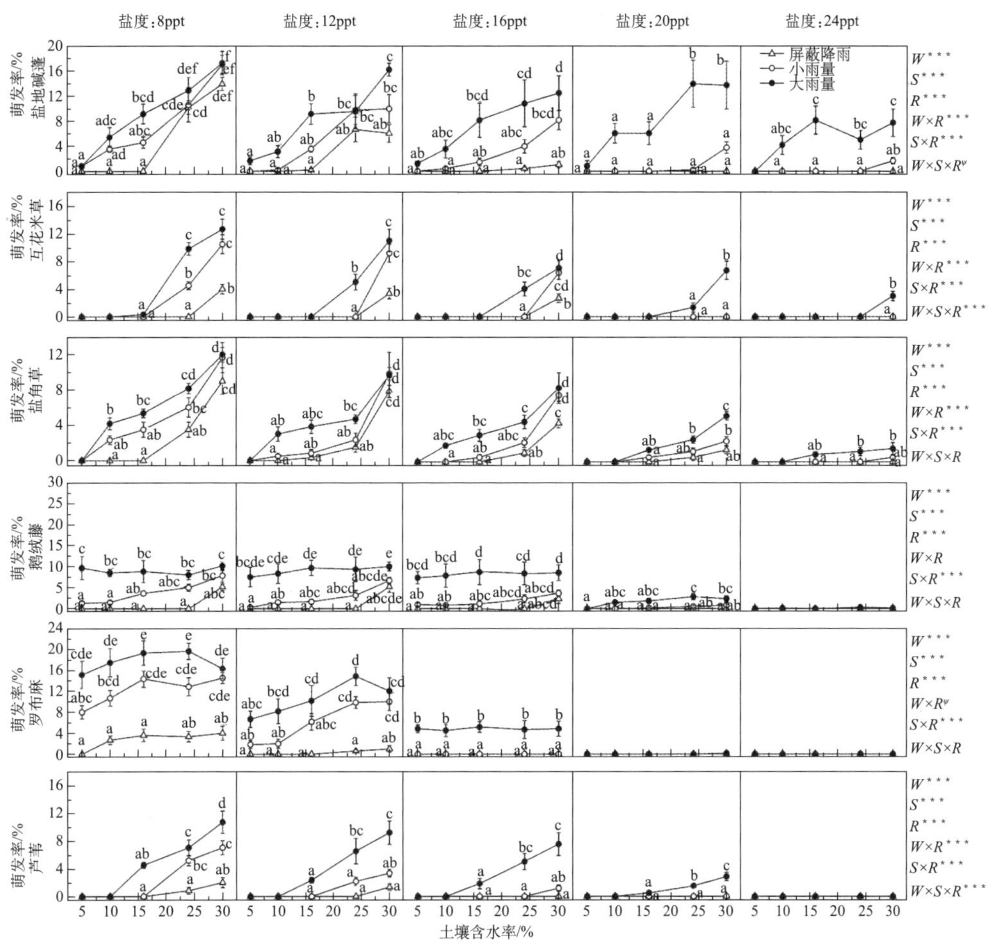

图 3.44　实验室模拟实验中六种植物在盐度和含水率梯度以及三种降雨量处理中幼苗萌发情况

柱状图上相同的小写字母代表差异基于 Tukey 检验不显著，数据按照均值±标准误的形式表示，***表示 $P<0.001$。图中字母的含义为：*W*. 土壤含水率；*S*. 土壤盐度；*R*. 降雨处理

S8（对于鹅绒藤额外有点位 H4 和 H5）处于不稳定状态，即鹅绒藤和罗布麻的幼苗只有在大雨量时才会成功定植。鹅绒藤和罗布麻的幼苗在春季降雨很少的干旱年份会在一些区域完全消失，这些区域包括顽固状态与不稳定状态的区域。在本研究区中鹅绒藤和罗布麻的种群续存极端依赖于春季的降雨（Smith et al.，2016）。

盐生植物盐地碱蓬、互花米草和盐角草具有很高的耐盐性（Pennings et al.，2005；He et al.，2015）。当春季温度升高后，这些物种在中位盐沼的点位 H1、H2 以及含水率充沛的高位盐沼 H6 中自由萌发定植。但根据室内实验的结果，即使在大降雨量的作用下，潮上带区域（S7、S8、S9 和 S10）的土壤盐度与含水率仍然超过了三种植物的幼苗定植生态位。互花米草的幼苗定植更加依赖于土壤含水率，高位盐沼的点位 H4 和 H5 在大降雨量的条件下土壤对于互花米草的生态位还是过于干燥。至于盐地碱蓬，其幼苗在降雨量大的条件下可以在 H4 和 H5 上成功定植，但是在降雨量变小后则不能定植。类似地，降雨量也决定了互花米草的幼苗在点位 H3 和 H6，以及盐角草幼苗在点位 H3 上是否可以定植成功。

3.3.3 极端降雨条件下植物的定植

三种降雨模拟处理包括空白处理、极端小降雨量和极端大雨量处理，三者之间的差异对于六种植物均是显著的（$P < 0.001$）。盐地碱蓬、互花米草和芦苇的幼苗定植在极端大雨量处理中只有在高盐度和水分的初始条件下才显著高于其他两种处理。对于盐角草，大降雨量与小降雨量处理对其幼苗萌发的促进作用没有区别。而大雨量处理对鹅绒藤和罗布麻幼苗定植的促进作用在所有的水分梯度和12～16ppt盐度的条件下都要强于小降雨量。通过响应曲面分析法构建生态位模型来探讨哪些区域在降雨的作用下预期会有幼苗定植的变动。基于响应曲面分析法的萌发率5%的等值线意味着极端降雨量情况下幼苗成功定植的最小阈值。对比区域原位土壤盐度和含水率与阈值线来预测幼苗的定植情况（图3.45）。点位M1和M2的土壤条件在极端大雨量与小雨量中都适宜六种植物的种子萌发。与此相反，春季降雨不能促进点位S9和S10上幼苗的定植，这是由于土壤超盐度以及过低的水分条件导致的，其他点位幼苗定植与否取决于物种和降雨量。

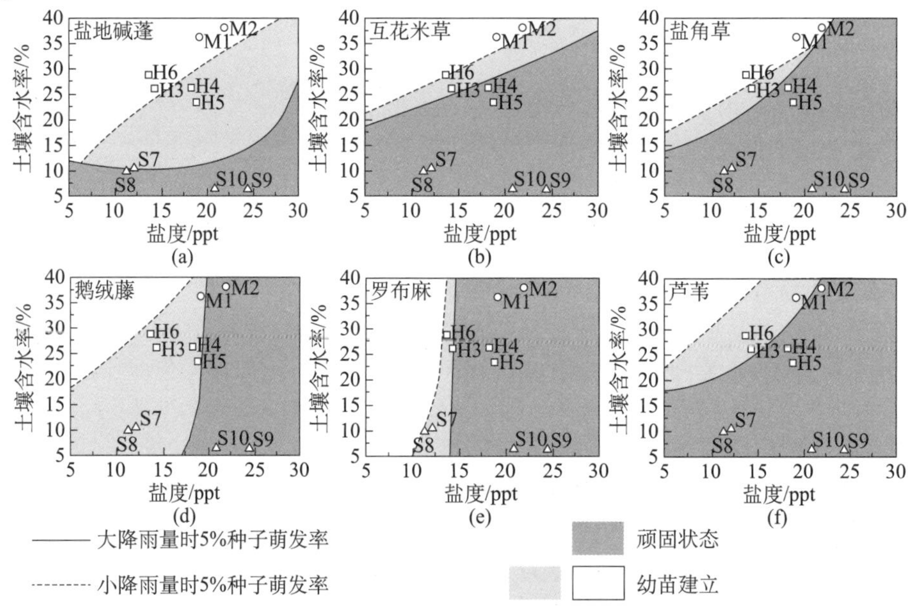

图3.45 降雨量和高程影响下植物幼苗定植的生态位模型

通过降雨操控实验使得研究可以检验植物对春季降雨量变化的响应，研究结果为更好地理解土壤条件的动态变化是如何影响植物幼苗萌发以及存活定植的机理提供了基础信息。植物-土壤-降雨之间的关系在土壤条件梯度，以及潮位带高程梯度上是非线性的。不稳定状态的潮滩区域处于临界状态，春季降雨微小的变化就会引发不同植物幼苗定植相当大的变化甚至是突变。降雨量较小的干旱年份中，盐地碱蓬在高位盐沼上（H4和H5）难以建立幼苗，而潮上带转变为光板地。但是如果不考虑种子扩散的限制，入侵植物互花米草在雨量较大的丰水年会有向高位盐沼扩展的可能性。从群落的层次来看，植物幼苗的物种组成很大程度上取决于区域的环境条件，土壤要素梯度的微小变化也会造成幼苗期物种组成的巨大差异（Goldstein and Suding，2014；Osland et al.，2016）。

降雨的变化可以干扰入侵植物幼苗定植阶段的动态情况（Oconnor，1995）。入侵植物互花米草被水分条件所限制，当降雨增加时可以充分利用其带来的资源效应（Davis et al.，2000；Hulme，2005）。通过模拟降雨后幼苗中本地物种与入侵物种的组成，结果表明大雨量会增加互花米草的潜在入侵。降雨模式的改变会造成本地物种组成的改变，并且会削弱土壤盐度和含水率对新物种的胁迫来为新物种提供入侵的机会（Soberon，2007）。

因为滨海湿地位于海陆交汇区，滨海湿地各方面对于气候变化都表现得非常脆弱（Yando et al.，2016）。潮汐作用通常都是滨海湿地最大的影响因素，潮汐造成的水盐梯度是该生态系统中最为重要的环境驱动因素（Noe and Zedler，2001）。但是降雨驱使不同潮位带的土壤盐度和含水率都发生了波动，这个作用无法忽视。上述结果推进了对降雨作用的认识，降雨与环境条件的相互作用在滨海湿地中受到潮汐的调控，决定了环境条件是否符合不同植物物种的生态位。

降雨模式的变动势必会造成生态系统中关键物种组成的改变（Callaway and Sabraw，1994）。如何将降雨模式改变的生态后果与目前的生态保护措施相结合，是目前生态学家和资源管理部门所面临的重要挑战（Levine et al.，2011；Osland et al.，2016）。因此降雨与环境条件的关联性研究，以及与生态位模型的配合有助于对气候变化生态后果的理解与预测（Smith，2011b；Osland et al.，2014）。上述研究可作为滨海湿地管理与修复的建议，对于气候变化引发的降雨模式的改变，应该根据上述启示来做出相应的准备与保护措施。

3.4 基于生境阈值的盐沼植物定植修复机理

为了减缓滨海湿地的退化，生态修复措施越来越得到重视，滨海湿地生态修复措施的作用效果则成为滨海湿地管理者以及生态学家最为关注的热点。然而并不是每一个恢复实践都能取得令人满意的结果，目前由于缺乏关键控制阈值的信息，限制着人们对于恢复措施成效的理解。本节通过现场恢复实践，结合室内控制实验来揭示确定退化湿地中关键物种幼苗再次定植的土壤环境条件的阈值。

已有大量研究表明，当关键环境因子的阈值被打破后，退化的光滩可以转变成为盐沼植被（Balke et al.，2011）。湿地生态恢复措施是指在退化的湿地如光滩上促进植物再次定植（Silinski et al.，2015），生态恢复措施应该首先考虑为种子的保留及其之后的萌发提供适宜的环境条件（Friess et al.，2012）。种子萌发的适宜环境条件就是成功的生态修复所要克服的第一道阈值（Erfanzadeh et al.，2010）。在退化的光滩中，种子的萌发和幼苗的初始存活都受到环境条件胁迫的严重抑制（Balke et al.，2014），一旦这些胁迫在生态恢复措施中被移除，幼苗的定植则会随之出现（Balke et al.，2013；Sarneel et al.，2014）。因此，恢复措施改善的环境条件是否能达到植物种子的萌发阈值，是决定恢复措施成败的关键。

退化滨海湿地中植被恢复措施的成效取决于活性种子的再次定植（Armitage et al.，2014）。土壤种子库为孤立的或者高度破碎化的湿地中的植物群落再生提供了最后的自然恢复的资源与可能性（Adams et al.，2005）。如果当地种子库中的种子或者外源播撒的种子在严酷的环境胁迫中失去了活性（Clark et al.，2007），那么恢复措施无论如何来调节环境条件也难以达到理想的恢复效果。退化湿地中原始的环境胁迫是否会引起植物种子的休眠或者死亡，是决定修复效果的第二道阈值（Amen et al.，1970；Necajeva and Ievinsh，2008）。对于阈值条件的理解意味着盐沼植物需要适当的修复措施来调节环境条件，使其符合所有植物种子的阈值要求。但是大多数研究主要关注于解释盐沼湿地的退化（Scheffer and Carpenter，2003），只有少量的研究是为了确定和预测滨海退化湿地植被恢复的阈值动态。

3.4.1 水盐调控措施促进植物定植的作用机制

1. 退化盐沼中种子库密度

在本研究区内，于 20 世纪 90 年代在部分滩涂上修建了堤坝等防潮设施，用以保护滩涂上的养殖塘和油井平台，并且在堤坝围隔区域植被开始退化。近年来，研究区内大部分的潮上带变成了裸滩，高潮带和中潮带也开始出现了裸斑。在裸滩区域布设了四个野外实验区（S1—S4），其中 S1 和 S2 位于高位盐沼，S3 和 S4 位于潮上带（图 3.46）。

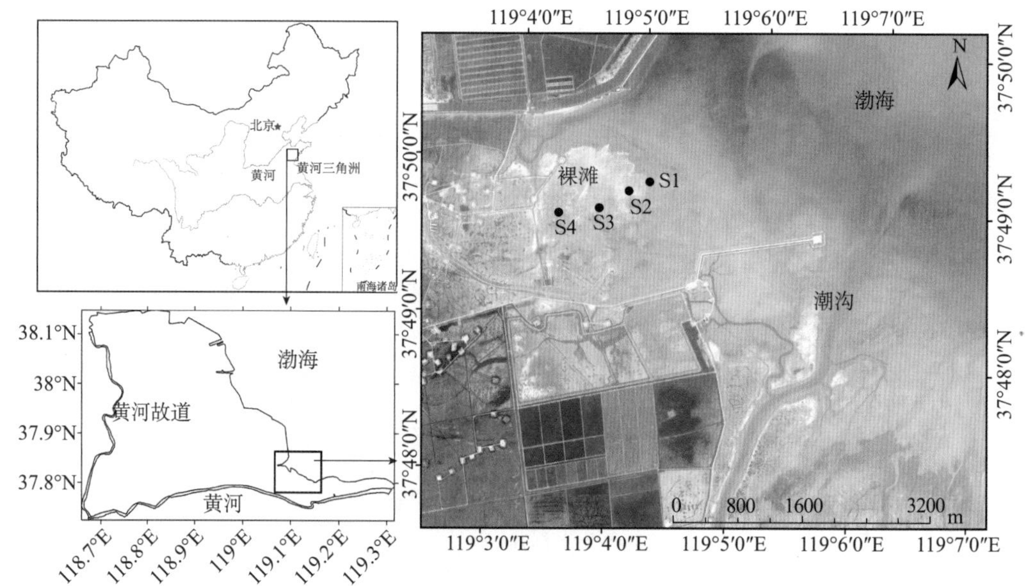

图 3.46　研究区域的地图与样点布设图

在位于裸滩上的研究区域 S1 点位，四种植物的种子库密度分别为盐地碱蓬 23.2 ± 2.6 粒/m^2，互花米草 8.0 ± 2.4 粒/m^2，芦苇 15.0 ± 5.7 粒/m^2，盐角草 0 粒/m^2。这四种植物的土壤种子库在裸滩上的其他点位均密度过低，难以发现。

土壤种子库作为退化滨海湿地的遗产可以为滨海湿地的植被重建提供很大的恢复潜力（O'Donnell et al.，2016）。但是在本研究区域中退化裸滩的土壤种子库的密度过小，为植被的恢复提供的贡献有限，因而外源种子的引入在光滩上是一种有效的替代恢复方法。植物种子只有在环境条件适宜的情况下才会萌发。在滨海湿地中，土壤盐度和土壤含水率是最为普遍的环境胁迫因素（Nichols et al.，2009）。土壤盐度可以干扰种子的渗透特征并且引起离子毒性，因此对种子的萌发和幼苗存活有抑制作用（Munns and Tester，2008）。不同物种对于盐度的耐受阈值是不同的。盐生植物盐地碱蓬、互花米草和盐角草对土壤盐度具有较高的抗性（Kefu et al.，2003；Song et al.，2008；Snedden et al.，2015；Song and Wang，2015），并且可以在极端盐度环境中仍然保持一定的萌发率。盐地碱蓬、互花米草和盐角草的种子萌发在盐度达到 20ppt 时都不会受到严重的抑制。芦苇是一种半盐生植物，其种子萌发在土壤盐度达到 12ppt 时会受到严重的抑制。土壤含水率在种子的萌发出芽阶段同样发挥着重要作用（Munns，2002）。水分胁迫对于互花米草和芦苇种子萌发的抑制效果要比盐地碱蓬和盐角草更加明显。盐地碱蓬和盐角草的种子可以承受土壤含水率降到 25%，而互花米草和芦苇在土壤含水率低于 30%后种子萌发受到完全抑制。上述研究区中退化裸滩上的土壤条件具有高盐度低含水率的特点，已经超出了种子萌发与幼苗出芽的适宜阈值，因此如果不采取恢复措施来改善裸滩中的土壤环境条件，引入的外源种子同样会受到严重抑制而难以萌发。

2. 恢复措施实施之后土壤水盐条件的变化

原始的土壤盐度和土壤含水率在各个实验点位均有不同。S1 点位的土壤含水率高于其他三个点位，达到 28.8 %。S2 点位的土壤盐度最低，为 11.4 ± 0.3ppt。淡水或者海水引入措施对土壤盐度和土壤含水率有强烈的扰动。当实行淡水引入措施后，所有点位的土壤盐度骤减。而引入海水之后，S1、S3 和 S4 的土壤盐度的降低并不显著，但是 S2 点位的土壤盐度反而升高。在淡水或者海水引入后，S2、S3 和 S4 的土壤含水率强烈增加，S1 的土壤含水率只是略有上升（图 3.47）。

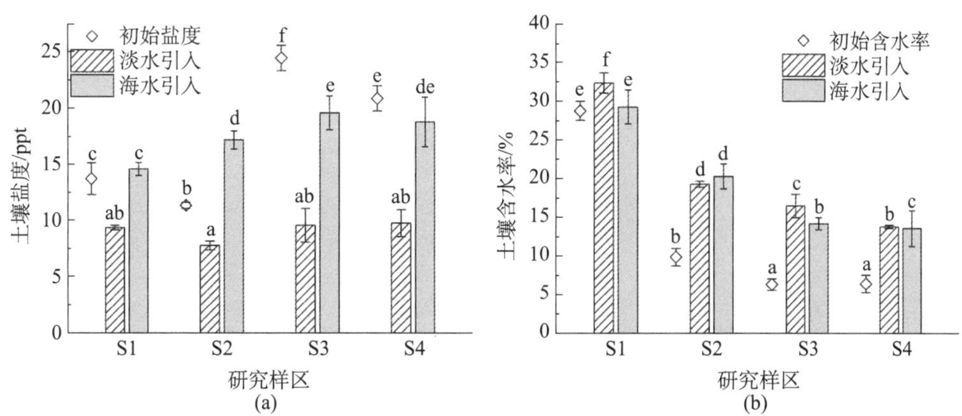

图 3.47 裸滩上初始的土壤盐度和含水率，以及当淡水或者海水引入措施实施后土壤盐度与含水率的变化情况

本次研究证实了滨海湿地恢复措施对于土壤盐度和含水率的调控只有到达适宜阈

值，否则不会成功地提高幼苗在退化滩涂上的定植效果（Wolters et al.，2008；Sarneel et al.，2014）。淡水引入修复措施实施之后，裸滩上土壤盐度降低30%～60%，土壤含水率升高两倍多。海水引入措施实施后，土壤盐度只降低10%左右，土壤含水率同样上升两倍多。土壤条件在淡水引入之后符合幼苗建立的阈值，裸滩开始转变，实现了植被恢复第一阶段的成功即幼苗的定植（Silinski et al.，2015）。淡水引入措施通过降低盐度和提升含水率的方式为种子的萌发和幼苗的存活提供了良好的适宜条件。在裸滩上的一些实验点位，海水引入措施同样可以促使三种盐生植物种类的幼苗建立。但是，通过海水引入措施的调节，降低后的土壤盐度仍然超过了芦苇种子的耐受阈值。淡水引入和海水引入恢复措施的效果通过现场实验加以确定，其结果可以得到先前对于淡水灌溉实践工程或者潮沟修复工程的研究和报道的佐证（Cui et al.，2009；Borsje et al.，2011；Day et al.，2012；Visser and Peterson，2015）。幼苗的初期定植很大程度上依赖于修复措施实施之后对土壤条件的调节程度（Handa and Jefferies，2000）。对于土壤盐度敏感的物种，如芦苇，或者对于土壤含水率胁迫的耐受阈值较低的物种，如互花米草，对修复措施的调节作用都有更高的要求。

3. 水盐调控措施对促进植物定植的效果

在现场实验中调查记录了幼苗出芽率，用来检验淡水或海水引入的修复实践在促进幼苗定植方面的效果（图3.48）。在空白处理中，互花米草和芦苇的种子在所有的实验

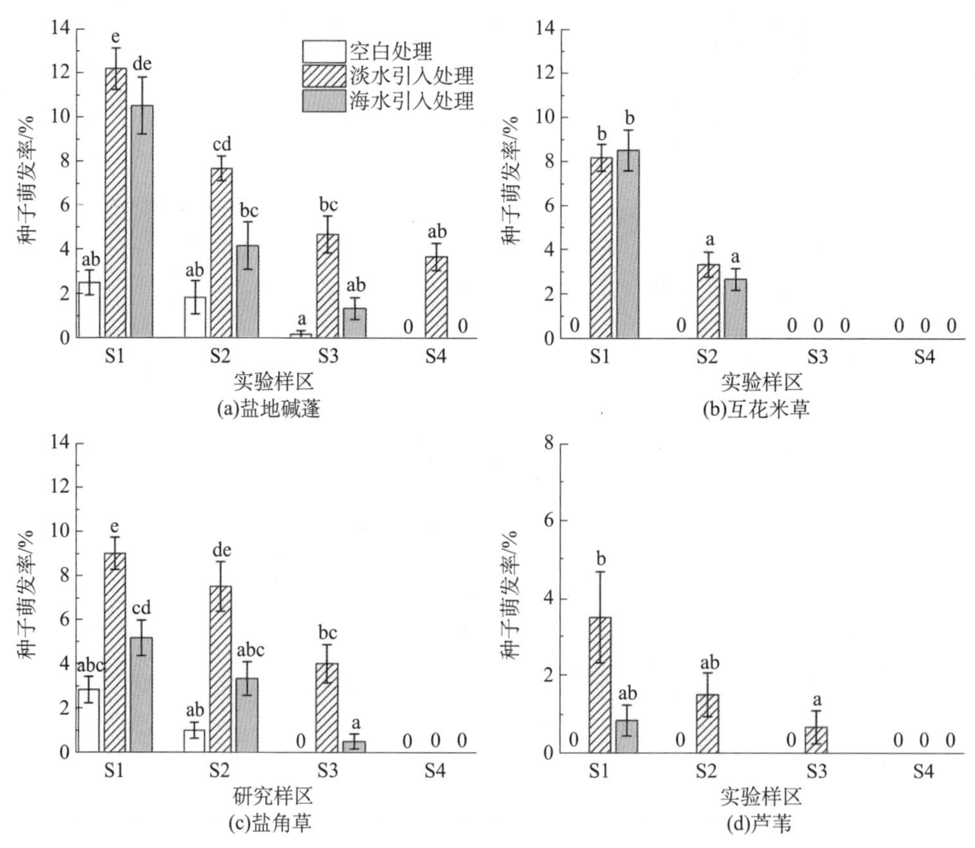

图3.48　现场实验中不同恢复措施的结果

点位都没有幼苗出现，盐地碱蓬和盐角草在 S1 和 S2 的萌发率为 2%～4%，但是在 S3 和 S4 点位上同样没有幼苗出现。在淡水补充处理实验中，盐地碱蓬在所有的实验点位上的出苗率均显著高于空白实验，互花米草在 S1 和 S2 的出苗率高于空白实验，而芦苇和盐角草在 S1、S2 和 S3 点位上的出苗率显著高于空白实验（$P < 0.01$）。盐地碱蓬在海水引入处理实验中表现的幼苗定植情况与淡水补充处理的结果在 S1、S2 和 S3 点位上差异并不显著（$P > 0.05$），但是在海水补充处理中，盐地碱蓬在 S4 点位没有幼苗出现。互花米草的出苗率在 S1 和 S2 点位上淡水引入和海水引入处理没有引起显著差异（$P > 0.05$），而在 S3 和 S4 点位上，无论是淡水引入处理还是海水引入处理都不能使得幼苗成功定植。盐角草的幼苗出苗率在海水引入处理中显著低于淡水引入处理（$P < 0.01$），但是 S1、S2 和 S3 点位上与空白对照的差异并不明显（$P > 0.05$），在 S4 上，淡水引入或者海水引入都不能成功促使盐角草的幼苗定植。芦苇在海水引入实验中只有在 S1 上才会有幼苗出现。

3.4.2 植物定植对水盐胁迫消除措施的响应

1. 植物定植的盐度阈值

不同物种对于盐度的抵抗力存在差异，盐地碱蓬、互花米草和盐角草在种子和幼苗阶段的耐盐性要高于芦苇（图 3.49）。当土壤盐度达到 8ppt 时盐地碱蓬、互花米草和盐

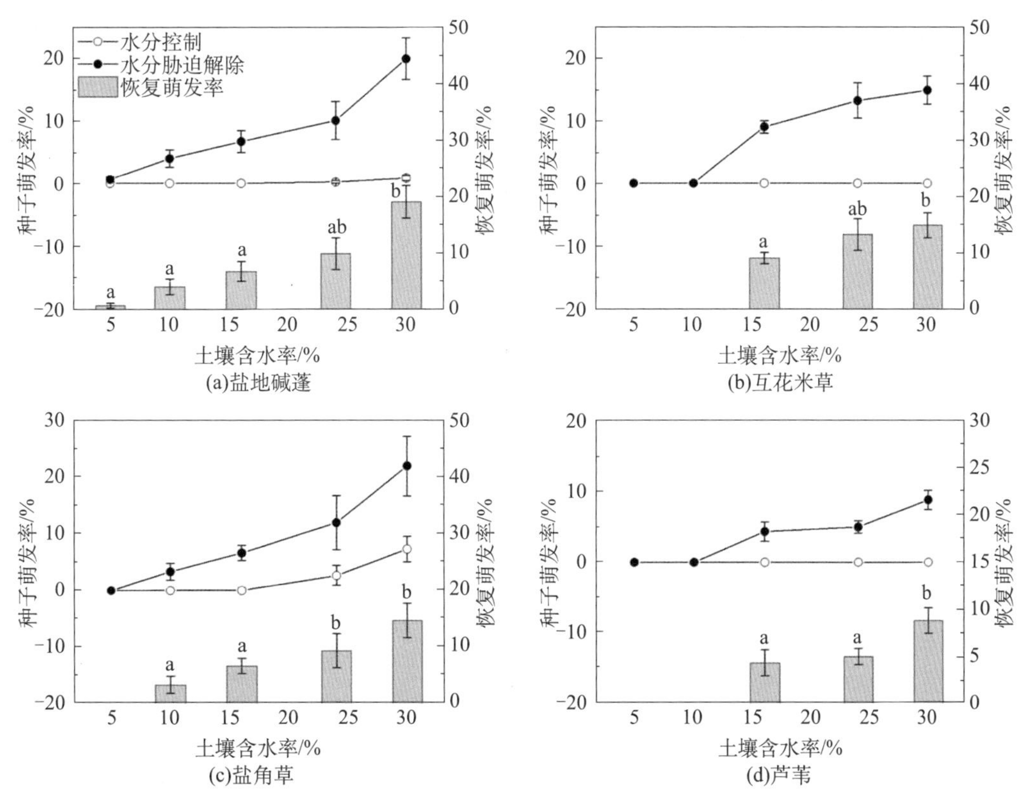

图 3.49 在盐度胁迫梯度下四种植物的幼苗出芽率

角草的出芽率最高，分别达到 26%、17 %和 25%。随着土壤盐度的增加，盐地碱蓬、互花米草和盐角草的出芽率随之显著降低，当土壤盐度达到 20ppt 时，三种植物的出芽被完全抑制，而芦苇在土壤盐度为 8ppt 时种子的出芽已经被完全抑制。

在土壤盐度移除实验中，通过记录新萌发的幼苗数来检验土壤盐度降低对植物幼苗建群的作用。当原始土壤盐度为 12ppt 时，盐度移除后盐地碱蓬的新出芽数最高（$P<0.01$）。至于互花米草和盐角草，在原始盐度 20ppt 时，消除盐度后可以发现最多的新芽。芦苇的新出芽率随着原始土壤盐度的增加而显著降低（$P<0.01$），并且到盐度过高时，即使移除盐度，也不会有新的幼苗出现（图 3.49）。

2. 植物定植的水分阈值

在土壤含水率的胁迫之下，互花米草和芦苇的幼苗萌发被完全抑制，在所有的含水率胁迫梯度下都没有幼苗出现。盐地碱蓬同样在水分胁迫下受到严重抑制，只有当含水率胁迫梯度较低时才有 0.62% ± 0.4%的萌发率。盐角草要比盐地碱蓬具有更高的耐旱性，出芽率在相同的水分胁迫下可以达到 6.66% ± 2.04%。当水分胁迫解除后，盐地碱蓬和盐角草的出芽率显著增高。而当土壤含水率从严重的胁迫状态即含水率 5%解除后，互花米草和芦苇的种子表现出很弱的恢复效果，与之相比，盐地碱蓬和盐角草则具有更好的恢复效果（图 3.50）。

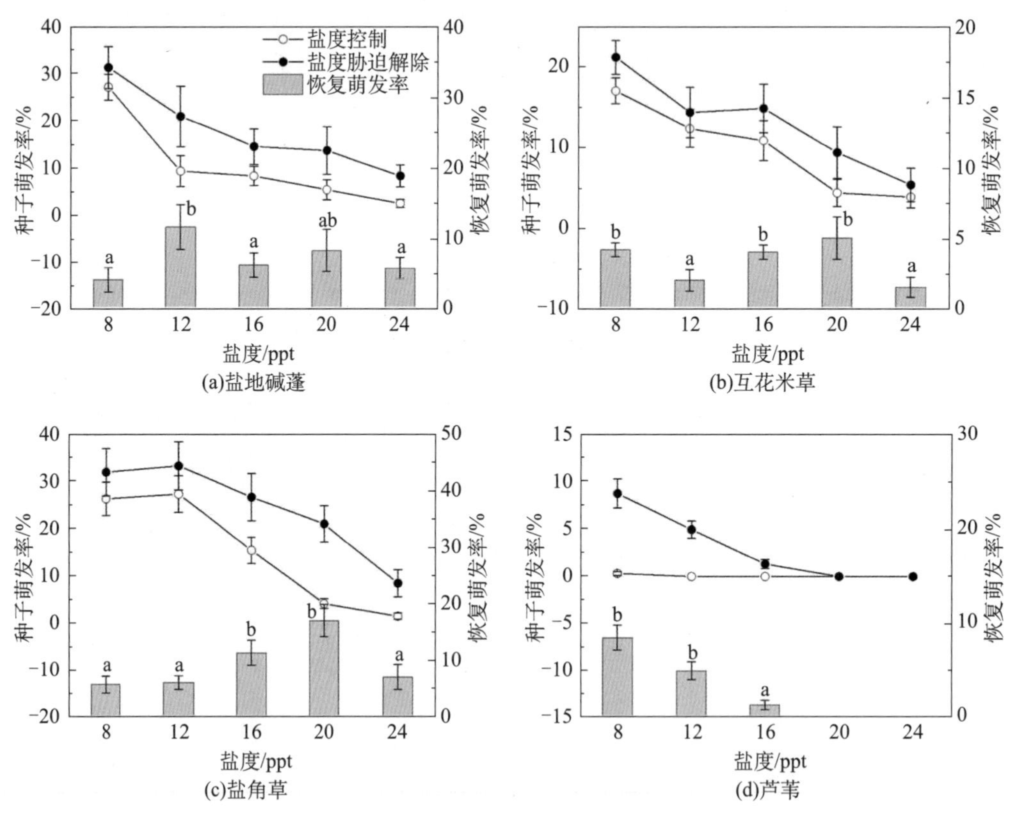

图 3.50 在土壤含水率胁迫梯度下四种植物的幼苗出芽率

幼苗的出芽位于不同的研究点位，即使通过同样的恢复措施也会表现出明显的差异。这种对于不同点位响应差异的作用机理在于退化裸滩上初始的环境胁迫状态

(Wolters et al.，2008)。在滨海湿地中，土壤初始条件对于幼苗定植的胁迫压力具有高程梯度上的空间异质性（Davy et al.，2011)。滨海湿地中土壤盐度和土壤含水率的初始条件依赖于潮汐的干扰频率，通常高程较低的点位暴露在潮汐中的频率较高，因而具有更高的土壤含水率和稳定的土壤盐度状态（van Katwijk and Wijgergangs，2004)，如S4研究点。退化的湿地中最初的土壤盐度和土壤含水率通常不利于盐生植物幼苗的定植。生态修复措施改善了初始的土壤条件，进而为受到抑制的植物种子提供了萌发机会(Schwarz et al.，2011)。在初始土壤条件较为缓和的点位上，恢复措施的实施使得环境胁迫显著降低。但是在土壤超盐性或者干旱的点位，土壤条件被改善到适宜于幼苗建立阈值是较为困难的。初始土壤环境胁迫的严苛程度是恢复效果空间异质性的主要原因。另外，植物种子的活性在极端高盐或者干旱的土壤条件下会降低，这也是引起不同点位上幼苗建立差异性的原因之一（Pouliot et al.，2012)。

通过气候室控制实验来进一步确定初始土壤盐度和含水率的作用。通过增加土壤含水率来消除低水分造成的环境胁迫之后，互花米草、盐角草和芦苇的种子在低胁迫状态下可以得到相当高的种子再萌发率，但是在高胁迫状态下则难以恢复。盐地碱蓬的种子在所有的水分胁迫梯度下都可以取得较高的恢复效果。当土壤盐度胁迫被消除后，盐地碱蓬、互花米草和盐角草在所有的盐度胁迫梯度下都有较高的恢复效果。盐度胁迫对于芦苇的抑制作用只有在初始盐度梯度小于16ppt时才可以在恢复措施下被解除。当初始盐度梯度为20ppt或24ppt时，对于芦苇而言，所使用的恢复措施是无效的，即使20ppt或24ppt的盐度已经被消除，也不会有幼苗出现。种子长期处于严重的土壤环境胁迫下会丧失其萌发活性。

3.4.3 植物成功定植的控制阈值

在退化的滨海湿地，如裸滩上要实现植物幼苗的再次定植，需要克服两重的阈值。第一个阈值条件由现场实验所揭示，即幼苗萌发和出芽对于土壤条件的耐受限值。幼苗最初定植的过程在退化湿地中受到严苛土壤条件的抑制，除非使用恢复措施来降低胁迫。恢复措施引起的胁迫降低程度必须要足够大，来确保调控后的新土壤条件适宜种子的萌发，但是如果恢复措施没有实现要求，就像海水引入措施并不能使土壤盐度满足芦苇种子的萌发要求，则恢复不成功。土壤环境胁迫是否成功解除，这直接决定了恢复措施的效果。然而，根据气候室的控制实验，恢复措施可以消除所有的初始环境胁迫并且改善土壤环境条件来满足种子的萌发限值，但其效用随着初始胁迫梯度的不同而不同。退化湿地的初始土壤环境胁迫强度是第二个需要克服的阈值条件。当初始的土壤盐度或者含水率造成植物种子的休眠或者死亡时，无论在之后如何降低土壤条件胁迫，恢复实践均无法促进幼苗的定植。我们识别了四种植物物种的关于土壤盐度和含水率的两种恢复阈值。恢复措施的效果依赖于植物-土壤的相互关系，其受到初始土壤条件的控制并且不同植物种之间存在差异，具有较低水盐抗性的植物物种，对于初始胁迫更加敏感，并且需要更为强力的恢复措施。为了得到针对恢复措施的环境阈值的直观理解，图3.51展示了土壤条件阈值在裸滩上植物重建中作用的概念模型。

对于恢复措施中阈值的理解意味着植物幼苗的再次定植实质上是需要在环境条件严

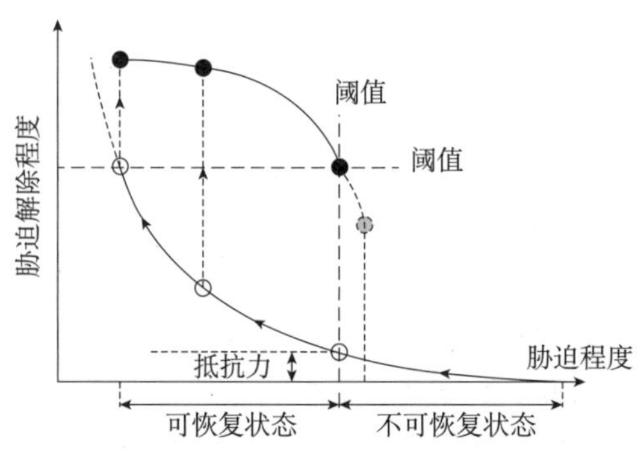

图 3.51 关于土壤条件阈值在裸滩上植物重建中作用的概念模型图

苛的退化滨海湿地上营造适宜的立地条件并要克服所有的阈值（Suding and Hobbs，2009）。未来的恢复措施应该更加强调退化生境中环境胁迫的消除，才能实现植被的恢复（Weinstein et al.，2014）。上述结果证实了在退化的裸滩上实现植被恢复的可行性，并通过对阈值的分析为预测恢复措施的预期效果提供有效信息（Hu et al.，2015）。对于土壤条件阈值和生命阶段脆弱性相结合考虑的管理方式可以为恢复措施的成功提供保证，并且为退化滨海湿地的修复活动给出一定的指导（Martin and Kirkman，2009）。

3.5 基于环境胁迫解除的湿地恢复实践

3.5.1 基于淡水输入的盐沼重建

滨海湿地具有诸多经济价值的生态服务功能（Liu et al.，2016；Mitsch and Gosselink，2007）。然而，人为胁迫如围海造地活动等带来的压力已导致全球性大范围的湿地丧失（Moreno et al.，2012）。因此，湿地恢复和创建工程成为人们通常采取的实践行为来缓解滨海湿地的丧失。湿地恢复方面已有相当广泛的应用及相对成熟的实践经验（Meli et al.，2014；Cui et al.，2009）。目前，湿地创建还不成熟且面临着诸多挑战。湿地创建已在理论层面上建立起来（Pontee，2014），但是很少付诸实践。因此，针对湿地创建工程的评估就少之甚少。严谨的湿地创建工程评估将有利于在该领域识别出经济且有效的实践方案。

许多湿地恢复和创建应用研究只针对土壤性质和植物进行评估，却忽略了大型底栖动物。然而，大型底栖动物是湿地食物网的关键组成部分，可以促进物质循环和能量流动（Kristensen et al.，2014），并且由于其对环境变化的敏感性，是非常关键的环境质量评估指标（Bessa et al.，2014；Nourisson et al.，2014）。特别是在滨海河口地区，大型底栖动物在不同的水文环境（Dou et al.，2016）、盐度条件（Hampel et al.，2009）、有机质含量及土壤含水量（Ryu et al.，2011）等因子变化下有显著的差异，并且以上因子条件在强大的湿地管理介入下非常容易改变。

滨海湿地开发常常导致湿地的破坏和退化，并且伴随着对野生动物的负面影响（Yan et al.，2015）。因此，中国黄河三角洲湿地自然保护区的管理者实施了一项淡化退化盐沼湿地的重建工程，旨在通过创建更多的淡水湿地为水鸟营造更多的栖息环境。这项工程对植物的影响非常显著（Wang et al.，2012；Cui et al.，2009），但是对大型底栖动物群落的影响尚不清楚。

该湿地重建工程位于中国黄河三角洲，119°09′E，37°46′N（图 3.52）。黄河三角洲拥有温带气候和不规则半日潮，是非常重要的水鸟迁徙的中转站（Li et al.，2011）。2006 年，一项覆盖面积达 686hm^2 的湿地管理工程正式启动，该项目的目标是将退化中的潮汐盐沼湿地创建为利于水鸟生存的芦苇栖息地（单凯，2007）。在该工程实施期间，管理者建造土坝来阻挡潮汐造成的海水入侵，并在植物生长季通过从黄河引入淡水来淡化盐沼湿地。我们将用淡水灌溉处理的区域称为淡化区域（desalinated areas，DAs）；将与淡化区域相邻的未进行灌溉淡水处理的区域称为未淡化区域（non-desalinated areas，NDAs）。在黄河三角洲，盐沼湿地的植物通常是以盐地碱蓬和盐角草等非禾本草本植物为主（He et al.，2010）。中位盐沼和低位盐沼则以大面积的裸地镶嵌着盐地碱蓬斑块为主。高位盐沼的主要优势物种为盐地碱蓬和柽柳。芦苇单一群落斑块则主要位于内陆与湿地的边界（He et al.，2010）。

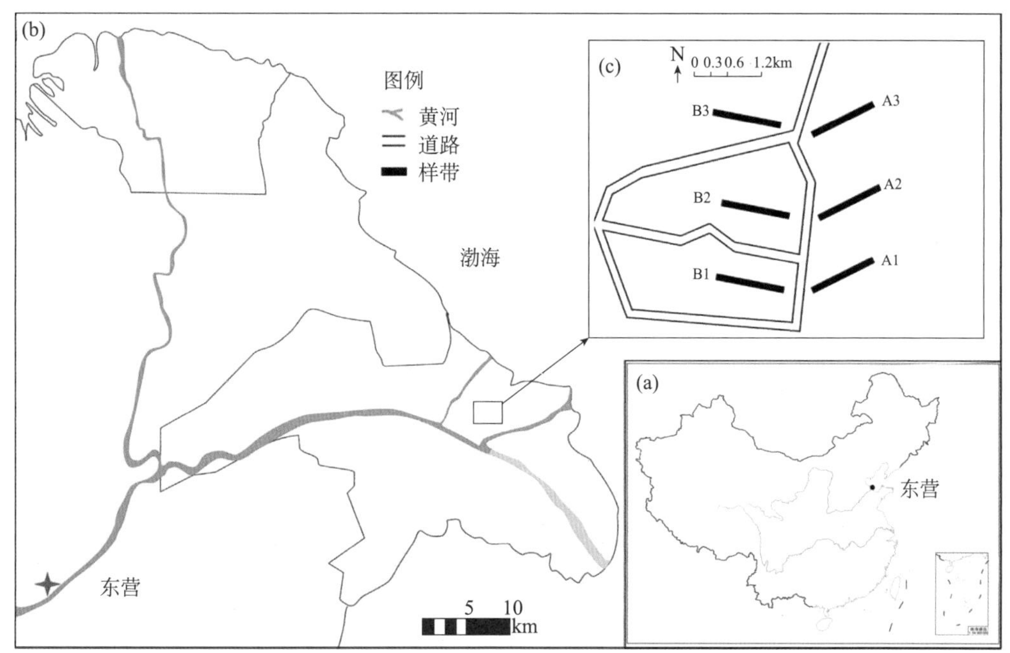

图 3.52　研究区及样线地理位置

（a）黄河三角洲湿地自然保护区在中国的地理位置；（b）研究区在黄河三角洲的地理位置；（c）样线在研究区的地理位置

2012 年 8 月 20 日至 9 月 2 日，在研究区内布设了四条长达 1.2km 的样线。分别分布在淡化区域的高位和中位盐沼（样线 B1 和 B2）及其相邻的非淡化区域的高位和中位盐沼中（样线 A1 和 A2）。为了更全面的比较淡化与非淡化区域，于 8 月 26～29 日添加了两条新的样线（样线 A3 和 B3），分别位于与第二控制区域（A2）和淡化区域（B2）

相邻的低位盐沼区域。在每条样线上间隔 200m 布设了 6 个采样点，总计 36 个采样点。9 月 9～25 日，分别在每个采样点对大型底栖动物群落进行了采集分析，10 月 1～6 日，结合以往实验研究经验，在每个采样点分别采集了 14 个与大型底栖动物相关的具有代表性的包括多种水文、土壤及植物的环境因子。

1. 淡水输入对盐沼水深和盐度的影响

两个低位盐沼区域的水深和孔隙水盐度没有显著性差别（图 3.53）。然而在高位和中位盐沼中，淡化区域的水深比非淡化区域水深更深，这是因为淡化区域灌入大量淡水，而非淡化区域为潮汐干扰下自然流干的沉积物。淡化区域高位盐沼和中位盐沼的孔隙水盐度分别为非淡化区域的 78% 和 54%。在淡化及非淡化区域，中位盐沼的孔隙水盐度均高于高位盐沼的盐度。

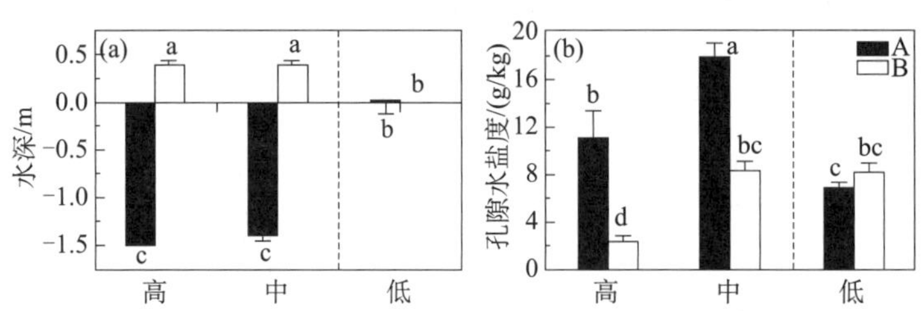

图 3.53　不同研究样线的（a）水深和（b）孔隙水盐度

虚线左边部分分别表示非淡化区域（样线 A1 用高位盐沼的黑色柱子表示，样线 A2 用中位盐沼的黑色柱子表示）和淡化区域（样线 B1 用高位盐沼的白色柱子表示，样线 B2 用中位盐沼的白色柱子表示）；虚线右侧则表示未进行人为干扰的低位盐沼区域，分别与 A2（样线 A3，黑色柱子）和 B2（样线 B3，白色柱子）相邻；数据用均值±标准误差表示（样本数为 6）；标有相同字母的柱子表示没有显著差异

2. 淡水输入对盐沼植物群落和土壤性质的影响

淡化区域从一开始进行淡水灌入就造成了盐地碱蓬和柽柳的死亡消失。进而，高位盐沼的淡化区域和非淡化区域植被总盖度近似相同［图 3.54（a）］。芦苇并没有在中位盐沼的淡化区域成活，造成了该区域没有植被。植物地下生物量也有相似的规律但并不显著。

低位盐沼中，淡水区域与非淡化区域间所有的土壤性质并没有显著性差异［图 3.54（d）～（l）］。而在高中位盐沼中，与非淡化区域相比，淡化区由于灌入淡水，一些土壤性质发生变化。淡化区域的土壤比非淡化区域的更湿润［图 3.54（e）］，孔隙率更高［图 3.54（g）］，容重更低［图 3.54（f）］，并且质地更软［图 3.54（k）］，有机质也显著降低，但主要表现在中位盐沼区域而非高位盐沼区［图 3.54（j）］；总氮、总碳和土壤 pH 在高位盐沼有上升趋势，而在中位盐沼呈现下降趋势，但是差异很小且不显著［图 3.54（d）、（h）、（i）］。土壤磷含量没有受到显著影响［图 3.54（l）］。

3. 淡水输入对盐沼大型底栖动物的影响

共采集了 26 种大型底栖动物物种，隶属于 3 个门，8 个纲，18 个科（表 3.7）。在非淡化区域的高位、中位和低位盐沼分别采集了 15 种、3 种和 6 种大型底栖动物物种。大型底栖动物物种丰富度在淡化区域有所减少，在高位和中位盐沼区域分别只采集到 2 种。非淡化区域的大型底栖动物以昆虫纲（长角泥甲科成虫 Elmidae，蝇科幼虫 Musci-

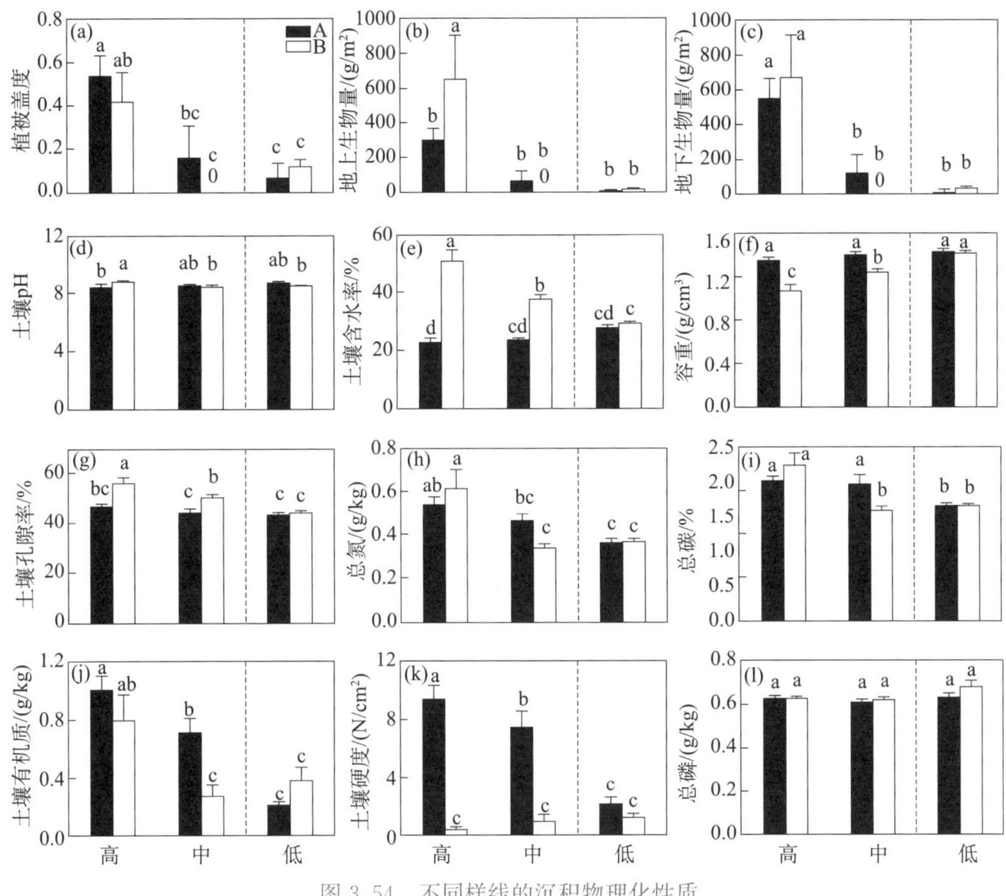

图 3.54 不同样线的沉积物理化性质

(a) 植被盖度；(b) 地上生物量；(c) 地下生物量；(d) 土壤 pH；(e) 土壤含水率；(f) 容重；(g) 土壤孔隙率；(h) 总氮；(i) 总碳；(j) 土壤有机质；(k) 土壤硬度；(l) 总磷；虚线左边部分分别表示非淡化区域（样线 A1 用高位盐沼的黑色柱子表示，样线 A2 用中位盐沼的黑色柱子表示）和淡化区域（样线 B1 用高位盐沼的白色柱子表示，样线 B2 用中位盐沼的白色柱子表示）；虚线右侧则表示未进行人为干扰的低位盐沼区域，分别与 A2（样线 A3，黑色柱子）和 B2（样线 B3，白色柱子）相邻。数据用均值±标准误差表示（样本数为 6）；标有相同字母的柱子表示没有显著差异

dae，虻科幼虫 Tabanidae）和甲壳纲（板跳钩虾 Plarorchestia，鼠妇 Porcellio）为主，而淡化区域则主要有四种昆虫（华北蝼蛄 *Cryptochironomus rostratus*，分齿恩菲摇蚊 *Einfeldia dissidens*，小云多足摇蚊 *Polypedilum nubeculosum*，龙虱科成虫 Diptera sp.）。淡化区域和非淡化区域没有任何相同大型底栖动物物种，即在淡化区域两梯度下分别发现的 2 种大型底栖动物物种在非淡化区域任意梯度下都未出现。

在高位盐沼梯度下，淡化区域的大型底栖动物物种丰富度、密度、多样性和均匀度都低于非淡化区域（表 3.7）。在中位盐沼梯度下，这些变量在淡化及非淡化区都同样很低（表 3.7）。总体上，低位盐沼的大型底栖动物生物量与非淡化区域高位盐沼区域的相似，但是所测得的大型底栖动物数量和多样性（物种丰富度、密度、多样性指数和均匀度指数）与非淡化区域中位盐沼区域相似。

表 3.7 研究区内大型底栖动物分类统计表

			非淡化高位盐沼（A1）	淡化高位盐沼（B1）	非淡化中位盐沼（A2）	淡化中位盐沼（B2）	非淡化低位盐沼（A3）	非淡化低位盐沼（B3）
环节动物门	寡毛纲	霍甫水丝蚓	1.7±1.7	0	0	0	0	0
	多毛纲	双齿围沙蚕	0	0	0	0	6.7±3.3	1.7±1.7
软体动物门	腹足纲	堇拟沼螺	0	0	0	0	5±5	0
	双壳纲	光滑河篮蛤	0	0	0	0	11.7±8.3	8.3±4.0
节肢动物门	蛛形纲	蜘蛛	3.3±2.1	0	0	0	0	0
		水螨	0	0	1.7±1.7	0	0	0
	弹尾纲	紫跳虫	1.7±1.7	0	3.3±3.3	0	0	0
	昆虫纲	长角泥甲科成虫	33.3±15.0	0	1.7±1.7	0	1.7±1.7	0
		龙虱科成虫	1.7±1.7	0	0	0	0	0
		羽摇蚊	1.7±1.7	0	0	0	0	0
		指突隐摇蚊	0	0	0	1.7±1.7	0	0
		分齿恩菲摇蚊	0	20±10	0	0	0	0
		小云多足摇蚊	0	0	0	1.7±1.7	0	0
		蝇科幼虫	98.3±63.6	0	0	0	0	0
		蚋科幼虫	0	0	0	0	0	5±5
		虻科幼虫	16.7±9.9	0	0	0	0	0
		双翅目幼虫	0	20±9.3	0	0	0	0
		四节蜉稚虫	0	0	0	0	0	1.7±1.7
		广翅目	5±5	0	0	0	0	0
		蟋蟀科一种	1.7±1.7	0	0	0	0	0
		华北蝼蛄	1.7±1.7	0	0	0	0	0
		毛翅目一种	1.7±1.7	0	0	0	0	0
	甲壳纲	板跳钩虾	65±26.9	0	0	0	0	0
		鼠妇一种	75±29.3	0	0	0	0	0
		伍氏厚蟹	3.3±2.1	0	0	0	10±4.5	5±2.2
		日本大眼蟹	0	0	0	0	6.7±4.9	6.7±4.9
物种丰富度 S			5.33±1.36 [a]	1.33±0.33[bc]	0.50±0.34 [bc]	0.33±0.21[c]	2.33±0.71[b]	1.83±0.40[b]
密度/(个/m²)			310±115.15[a]	60±20.66[b]	6.67±4.94 [b]	3.33±2.11[b]	43.33±14.53[b]	28.33±8.33[b]
生物量/(g/kg)			20.52±11.64[a]	0.55±0.22[b]	0.008±0.005[b]	0.003±0.002[b]	26.18±14.45[a]	27.44±10.48[a]
多样性指数 H'			1.66±0.36 [a]	0.56±0.21[bc]	0.46±0.27 [bc]	0[c]	0.77±0.38[b]	1.04±0.10[b]
均匀度指数 E			0.80±0.04 [a]	0.56±0.21[ab]	0.46±0.27 [bc]	0[c]	0.43±0.19 [abc]	0.93±0.03[a]

注：每一物种的密度（个/m²）及大型底栖动物变量（物种丰富度、密度、生物量、多样性指数和均匀度指数）都用平均值±标准误差表示（样本数为6）；在均值右上角标具有相同字母的，表示没有显著性差异（方差方法通过最小显著性差异法比较均值）。

4. 大型底栖动物和环境因子的关系

非淡化区域和淡化区域中大型底栖动物与环境因子的关系不同（表 3.8）。在非淡化区，一些植物指标（植被盖度、地上和地下生物量）与大型底栖动物多样性、均匀度

表 3.8　非淡化及淡化区域大型底栖动物特征与环境因子的 Spearman 秩相关关系

	非淡化区大型底栖动物					淡化区大型底栖动物				
	多样性指数 H'	均匀度指数 E	物种丰富度 S	密度	生物量	多样性指数 H'	均匀度指数 E	物种丰富度 S	密度	生物量
植被盖度	0.60**	0.38	0.55**	0.49*	0.23	0.85**	0.85**	0.72**	0.69*	0.67*
地上生物量	0.42*	0.16	0.34	0.26	0.2	0.84**	0.84**	0.72**	0.67*	0.66*
地下生物量	0.62**	0.43*	0.55**	0.48*	0.18	0.87**	0.87**	0.82**	0.66*	0.63*
水深	0.2	0.08	0.15	0.13	0.25	0.29	0.29	0.12	0.21	0.24
土壤含水率	0.02	0.34	0.03	0.05	0.21	0.31	0.31	0.53	0.64*	0.66*
土壤容重	0.38	0.18	0.36	0.3	0.09	0.04	0.04	0.32	0.41	0.44
土壤孔隙率	0.38	0.18	0.36	0.3	0.09	0.04	0.04	0.32	0.41	0.44
土壤 pH	0.29	0.26	0.18	0.17	0.07	0.51	0.51	0.33	0.47	0.48
土壤盐度	0.26	0.26	0.33	0.32	−0.60**	−0.63*	−0.63*	0.57	−0.72**	−0.72**
土壤硬度	0.09	0.19	0.05	0.01	0.23	0.28	0.28	0.14	0.29	0.32
土壤有机质	0.21	0.09	0.17	0.14	0.1	0.33	0.33	0.69*	0.72**	0.73**
土壤总氮	0.17	0.1	0.23	0.25	0.05	0.33	0.33	0.52	0.58*	0.60*
土壤总碳	0.06	0.4	0.06	0	0.2	0.47	0.47	0.67*	0.75**	0.76**
土壤总磷	0.08	0.06	0.29	0.34	0.28	0.26	0.01	0.21	0.41	0.41

*. $P<0.05$；**. $P<0.01$。

和密度呈显著正相关关系。唯一一个与大型底栖动物生物量相关的是孔隙水盐度，随着盐度的升高将对大型底栖动物生物量产生负面影响。

在淡化区域，植物与大型底栖动物呈显著相关关系，所有的植物指标与大型底栖动物指标均呈正相关关系。此外，一些非生物因子也与大型底栖动物相关。孔隙水盐度与大型底栖动物密度及生物量（$P<0.01$）、多样性和均匀度（$P<0.05$）呈负相关关系。有机质和总碳与大型底栖动物密度和生物量（$P<0.01$）呈显著正相关关系，并且也正相关于大型底栖动物物种丰富度（$P<0.05$）。土壤含水率和总氮分别正相关于大型底栖动物密度和生物量（$P<0.05$）。

非淡化区对盐沼湿地进行灌入淡水淡化极大地影响了大型底栖动物群落，降低了物种丰富度、密度和生物量，并且改变了群落的结构组成。这项工程带来的人为胁迫在高位盐沼区要比中位盐沼区明显，这是因为中位盐沼区大型底栖动物密度和多样性本来就比较匮乏。在每个处理内，大型底栖动物都表明与植物和非生物环境因子有关。研究结果表明，无论是自然条件下还是人为管理工程的影响下，滨海湿地盐度的变化都会对大型底栖动物产生潜在影响。

淡水大量灌入盐沼湿地大大减少了大型底栖动物的密度和多样性。非淡化盐沼湿地为耐盐类大型底栖动物物种提供了栖息环境，包括虻科幼虫、端足目和螃蟹（Jelassi et al.，2015；de Sousa，2014；Cui et al.，2011）。在滨海区域发现了很多虻科的成虫，包含多种海洋物种（如马蝇和鹿蝇）(de Sousa，2014)。在淡化区域，“盐沼湿地”物种完全消失，淡水物种取而代之。特别的，羽摇蚊、指突隐摇蚊、分齿恩菲摇蚊和小云多足摇蚊都是栖息于淡水环境的物种，通常出现在湖泊、池塘、沟渠及河流（Belle et al.，2015；Boulaaba，2015；Boulaaba et al.，2014；Rossaro et al.，2014）。在中国，指突隐摇蚊（*Cryptochironomus rostratus*）通常对干净或者轻微污染的河流具有指示作用（卢雁等，2011）。分齿恩菲摇蚊（*Einfeldia dissidens*）往往是中国湖泊大型底栖动物的重要组成部分（Zhang et al.，2011）。小云多足摇蚊（*Polypedilum nubeculosum*）是浅水淡水湖泊的优势物种，并对洁净的水环境具有指示作用（Zhang et al.，2012）。尽管管理的介入改变了淡化区域很多环境特征，但这些对大型底栖动物群落的改变主要还是由于改变了盐度和淡水的补给情况。湿地的大型底栖动物均有其喜好的特定的盐度阈值（Yan et al.，2015；Sousa et al.，2006；Torres et al.，2006），并且淡化区域与非淡化区域盐度的巨大差异性超过了大多数所研究的大型底栖动物物种的阈值。湿地的大型底栖动物同时与特定的淡水补给情况相关（Olin et al.，2015；Cardoso et al.，2008）。淡化区域持续浸在淡水中，创建了一个非常不同于非淡水区域（水位随着潮汐波动）的非生物环境。盐度和淡水补给情况的结合揭示了淡化区与非淡化区大型底栖动物物种的完全转变。事实上，在淡化区所发现的大型底栖动物物种在当地淡水湿地中非常常见（Jia，2003）。相反的，管理介入所造成的其他的非生物差异相对较小（图3.54）或者说是由于盐度和淡水补给情况造成的影响[如饱和土壤更湿润更柔软，图3.54（e)、(k)]，这些因素似乎并不是造成大型底栖动物差异性的主要原因。

淡水灌入的影响在高位盐沼区远比中位盐沼区更为强烈。在中位盐沼区，大型底栖动物的五个指标都没有显著差异，然而物种组成却完全改变，淡水大型底栖动物物种取代了海洋物种。在中位盐沼，淡水的灌入对大型底栖动物的多样性和生物量影响较弱，主要原因是大型底栖动物的多样性和生物量在该梯度下本来就很低，其次由于该梯度的植物盖度也很低且盐度较高。淡水灌入对大型底栖动物的影响与对植物的影响不同（Wang et al.，2012）。随着淡水灌入的增加，植物的生物量和多样性增多，但是大型底栖动物生物量和多样性降低。造成结果不同的原因可能只是由于大型底栖动物群落演替的模式较慢。如果是这样，淡化区的大型底栖动物多样性和生物量在今后将会增高；或者是由于淡化区的一些非生物阈值限制了大型底栖动物群落多样性的发展，因此关于确保淡化区食物网的全面建立值得深入研究。

在管理进行处理的两块研究区域中，大型底栖动物与植物的相关指标和非生物环境显著相关。这些关系与以往研究相一致，表明了不同处理对大型底栖动物群落的约束性。在非淡化区域，大型底栖动物与植物的各项指标正相关，这与以往的研究结果相一致（Whitcraft and Levin，2007）。植被群落为大型底栖动物提供了复杂的栖息环境，保护底栖动物免于环境压力及捕食者的危害（Whitcraft and Levin，2007）。例如，植物地上部分提供的遮阴功能影响到大型底栖动物的分布，这是因为遮阴改善了阳光直射导致的严酷高温和高蒸发量（Chen et al.，2007）。此外，植物的地上生物量和地下生物量直接或间接地为大型底栖动物提供了营养元素和食物来源（Chen et al.，2007；Kreeger and Newell，2002）。

淡化区的大型底栖动物负相关于孔隙水盐度。以往研究在半咸水生态系统中同样发现了大型底栖动物多样性与盐度的负相关关系，盐度的巨大改变会导致底栖动物死亡（Reizopoulou and Nicolaidou，2004；Lindegarth and Chapman，2001）。同时，大型底栖动物生物量与盐度的负相关关系也受到植物的影响，在盐度较高的中位盐沼植物覆盖稀少。在今后的研究中，可进行控制实验来分离这些相关因素，从而严格确定哪些是导致大型底栖动物群落变化的最重要的因素。

在淡化区域，大型底栖动物与植物和盐度同样显著相关，但同时也与一些土壤显著相关，包括土壤总碳、总氮、有机质和土壤含水率。其他相关研究发现大型底栖动物群落也与沉积物性质相关，包括有机质、总碳、总氮和含水率（Yan et al.，2015；Sivadas et al.，2013；Geist et al.，2012；Carvalho et al.，2011）；此外，这些变量似乎主要反映了植物的盖度。因此应该采用合适的实验方法（在该项目的范围之外）来确定哪些驱动因子决定了底栖动物群落在各个管理处理中的变化。

虽然这项创建淡水湿地的项目技术只在部分栖息地中较为有效，但是截至目前，该项技术所应用的任何地方均未呈现淡水大型底栖动物群落的多样性。这主要是因为该项工程为了创建淡水湿地，破坏了自然盐沼湿地，并且不能使其生态系统功能充分发挥作用，该项目的净影响造成了滨海盐沼湿地价值的退化，而不是提升。

该项管理工程在高位盐沼区最为有效。在该梯度下，淡水的灌入显著降低了孔隙水盐度（盐地碱蓬 *Suaeda salsa* 和柽柳 *Tamarix chinensis*），然而，芦苇（*Phragmites australis*）入侵高位盐沼并生长旺盛。由于芦苇的植株大于盐地碱蓬和柽柳，淡化区的高位盐沼具有最高的植被地上生物量，因此提高了植物生物量，并且有利于淡水湿地特征植物物种的生长。相反的，在中位盐沼区域，淡水的灌入并没有使盐度降低到适于典型淡水植物物种的生长，所以植被盖度和生物量均为零。由此结果得出，未来的管理工程应该通过选择较高梯度、较低初始盐度的区域进行淡化处理从而提高成功率。此外，在中位盐沼区域也可能取得成功，但是可能需要更频繁、更长久地补给淡水。在美国得克萨斯州有研究发现，提高滨海湿地的淡水补给的影响取决于淡水补给的时间和体积（Elexander and Dunton，2002），这表明单单补给淡水是不够的。为了取得成功，恢复/创建工程应该创造出适于理想目标群落生长的水文条件。在密西西比河，一项浩大的工程通过转移分散密西西比河下游的沉积物和淡水来恢复美国路易斯安那州的盐沼湿地，此项目仍在评估之中（Kemp et al.，2014；Allison and Meselhe，2010），但不同于该研究的是，它允许淡水自然排干而不是汇集在湿地表面。周期性的排干汇集于黄河三角洲围堰淡化区域的水可能会创建一个更为自然的水文循环过程，并且允许盐度从系统中冲刷出去。

无论是在高位还是中位盐沼区，该项管理工程都没有创造出多种多样的淡水大型底栖动物群落。在两个淡水处理区中，大型底栖动物群落都仅由两种物种组成，并且在中位盐沼区大型底栖动物呈现出非常低的密度和生物量。在该区的大型底栖动物群落要想提高密度和生物量，很有可能需要更长的时间，并且有可能随着中位梯度淡水植物的成活扩展而增多。然而，截至目前这项工程在这方面并不成功。今后的研究需要应用试验性的大型底栖动物放流，并且调整该项工程中造成大型底栖动物匮乏的生物和非生物因子。由于该工程实施区域上游紧邻大面积的淡水湿地，所以这似乎不可能说大型底栖动物自然扩散受限，不过这值得今后实验进行深入研究。

由于淡化工程为了创建淡水湿地不仅破坏了自然盐沼湿地，而且至今其生态系统功能也不完善，该工程的净影响是降低而不是提升了滨海湿地栖息环境的价值。综上所述，今后该类工程应该在辨识出更好的技术后再实施，从而取得更好的效果。此外，该项工程证实了严格评估湿地创建工程的重要性。在该实例中，简单的降低盐度，某些时候确实可以创造淡水植被群落，但是却达不到创建大型底栖动物群落的栖息环境的要求。综上，评价工程的成功需要的不仅仅是表明非生物条件已经改变，而是非生物条件改变后动植物群落均得到恢复。

综上所述，滨海湿地是非常重要的自然栖息地。人类为了补偿部分栖息地的损失，往往采取湿地恢复和创建工程，但是能够保证这类工程取得成功的关键因子并没有得到充分的认识和理解。我们检验了一个在黄河三角洲湿地自然保护区进行的管理项目，该项目预期通过对盐沼湿地灌入大量淡水来达到创建淡水湿地栖息环境的目标。研究结果显示，灌淡水的区域相对于未进行干扰的区域具有较深的水深，较低的土壤盐度和容重，较高的土壤孔隙率和土样硬度。在高位盐沼，淡水植物芦苇取代了盐沼植物盐地碱蓬和柽柳，但是在中位盐沼，灌淡水却导致了植物的死亡。此外，灌淡水降低了高位盐沼大型底栖动物的密度和多样性，且导致中位盐沼几乎没有大型底栖动物存活。在处理区域和控制区域没有重叠的大型底栖动物物种出现，且处理区域的大型底栖动物丰富度非常低。结果表明，该项湿地管理技术更容易在高位盐沼取得成功。今后的湿地管理工程如果想获得成功需要通过选址在高位盐沼区域进行，或者提高在中位盐沼区域降低盐度的技术。由于淡水湿地取代盐沼湿地的管理工程只在小部分区域得到实现，所以今后该类工程应该在发现更好的工程技术后再实施。

3.5.2 滨海淡水湿地修复实践

由于湿地恢复工程越来越普遍且项目投资昂贵，因此评估恢复工程是否成功非常重要。通常在湿地恢复项目的评估研究中大多采用监测土壤、植物、水文及野生动物。然而大型底栖动物及其与环境因子的相关关系经常被忽略。为了更好地理解湿地恢复工程的效果是否成功，开展调查了中国黄河三角洲不同阶段淡水湿地恢复工程中的大型底栖动物丰富度及多样性，并监测了与之相关的潜在决定大型底栖动物分布的环境因子。结果表明，在恢复时间较久的恢复区中，大型底栖动物物种丰富度和密度高于恢复时间较短的恢复区及未恢复区。然而，未恢复区的大型底栖动物生物量最高。恢复时间较久的恢复区的水深较深，盐度较低，土质较软且含水率高，并且土壤中含有较高的有机质、总氮和总碳，这些变量在应用典范对应分析（canonical correspondence analyses，CCA）进行分析大型底栖动物与环境因子的相关关系时得出了显著的结果。此外，地理位置及恢复时长解释了不同恢复区的非生物因子存在的固有差异性。因此，建议采取与时俱进的管理策略，有机结合长期野外监测及实验性项目研究，从而提高本地及其他湿地恢复工程的成功率。

河口湿地主要位于河流汇入海洋的地方（Mitsch and Gosselink，2007），并且整个系统从海拔梯度较高的地方到较低的地方通常由淡水湿地、半咸水湿地及咸水湿地构成（Batzer and Sharitz，2014）。河口湿地生态系统非常有价值且具有多功能性，包括生物多样性保护，防止海水入侵，碳库能源储存，以及为相互邻近的生态系统生物提供必不可少的栖息环境（Boon et al.，2015；Millenium Ecosystem Assessment，2005）。然而，河口湿地常常受到人为活动的干扰，尤其是滨海湿地经常由于围填海活动而大面积丧失（Ling et al.，2014；Wang et al.，2014；Bai et al.，2013；Sukumaran et al.，2013）。

滨海湿地的大面积丧失激发了国内外管理部门及专家学者开展湿地恢复及创建工程的热情（Martinez-Martinez et al.，2014；Rowe and Garcia，2014；Barbier，2013；Niu et al.，2011；Cui et al.，2009）。许多湿地恢复及创建工程已被实施，但是其价值却很难评估（Broome and Craft，2000；Broome，1990）。一些项目工程缺乏任何形式的监测来评估项目实施的效果，而另一些项目工程则采用非常有限的监测指标，主要集中在短期的植物监测上（Mitsch and Wilson，1996）。

理想情况下，项目评估的野外监测不仅要监测植物的各指标，同时应该考虑纳入大型底栖动物的各种指标（Dou et al.，2016）。大型底栖动物作为湿地生态系统中非常关键的组成部分，在提供生态系统服务功能上发挥了不容忽视的作用。大型底栖动物不仅可以促进物质化学循环、加速分解有机质并使之沉积，同时还是多种鸟类和鱼类的重要食物来源（Kristensen et al.，2014；Pinto et al.，2014；Schlacher et al.，2014；Herman et al.，1999）。此外，大型底栖动物还是一种对环境质量变化非常敏感的生物。大型底栖动物的群落结构组成会随着水深（Conlan et al.，2008）、沉积物特性（Picanço et al.，2014）、盐度（Gonzúlez-Ortegón et al.，2015）等多种因素的变化而不同。因此，为了更全面地评估湿地恢复项目的成功效果，应当进一步深入考虑其物种分类及生态系统功能（Benayas et al.，2009）。

其他一些问题是很多恢复工程的评估监测并没有持续很长时间来证明恢复效果是否长期稳定，而且也没有根据具体情况进行适时调整的管理策略来解决恢复效果的不足（Moreno et al.，2012；Broome and Craft，2000）。这直接导致无法了解许多湿地恢复工程是否起到了它应有的恢复作用（Mitsch and Wilson，1996）。

为了凸显在监测植物的基础之上，有机结合监测大型底栖动物对评估湿地恢复工程成功与否的功效，研究了位于中国黄河三角洲的一个大规模的湿地恢复工程。该研究区湿地自 1996 年由于黄河来水切断而退化（Cui et al.，2009）。两期湿地恢复工程，总面积达 935hm^2，通过从黄河补给淡水到该退化区来进行湿地恢复。然而截至目前，该湿地恢复区的研究仅集中在水、土壤及植物的变化（Cui et al.，2009；唐娜等，2006）。因此，在过去研究的基础上通过野外调查监测大型底栖动物、周边植物特征及其相关的环境因子来评估湿地恢复工程在不同恢复区的恢复效果；为了更好地理解研究区中大型底栖动物群落的结构特征，分析了大型底栖动物与环境因子的相关关系。上述结果将为管理策略的更新提供帮助，从而有助于提高该区及其他湿地恢复工程的恢复效果。

黄河三角洲位于中国山东省（118°33′～119°20′E；37°35′～38°12′N）黄河汇入渤海的地方（图 3.55）。该区域地处温带，具有半湿润大陆性季风气候，并伴随不规则半日潮。年平均气温、降水量和蒸发量分别为 12.1℃、551.6mm 和 1962mm，无霜日 196 天（Cui et al.，2011；He et al.，2009）。由于该三角洲在生物多样性保护方面发挥了很重要的作用，我国相关部门于 1992 年建立了黄河三角洲自然保护区来保护该区域的湿地生态系统。黄河周期性的河道变化导致了一些湿地的景观变化和退化（张高生和王仁卿，2008）。尤其是黄河三角洲的一些淡水湿地最初主要是以芦苇（*Phragmites australis*）为优势物种的湿地，当黄河在 1996 年由于人工改道后缺乏淡水补给而退化了（Cui et al.，2009）。2002 年 6 月，一期覆盖面积 2650hm^2 的湿地恢复工程（当地称为“五万亩”）在大汶流管理的核心区开展。2006 年，另一期覆盖面积 6700hm^2 的湿地恢复工程启动，恰好与第一期工程的恢复区相邻。这两期恢复工程位于黄河现行河道以南 4km 处，东距入海口 15km，中心地理坐标为（37°45′48″N，119°03′07″E）。其地貌特征为海拔小于 7m 的低平原，以坡度 0.1‰～0.2‰向海倾斜。

该区域的湿地恢复工程包括水管理措施，如引水沟渠、控制阀门、水泵及堤坝等。这些措施的目的是有效控制淡水容量，在雨季及黄河丰水期储存淡水，这样在干旱季节所存储的水量也足够用于湿地恢复，从而为多种水鸟提供大面积的芦苇湿地及开阔水域生境（Li et al.，2011）。湿地恢复区所需水量除了自然降水，几乎所有的淡水来源于黄河水的注入。第一期湿地恢复工程（R_{2002}）执行 10 年后，5 万亩湿地植被群落自然重建并形成了以芦苇（*Phragmites australis*）为优势物种的淡水湿地［图 3.55（d）］。第二期湿地恢复工程（R_{2006}）执行 6 年后，呈现裸露的斑块伴随着稀少的植被覆盖［图 3.55（e）］。为了更全面完整的比较分析湿地恢复区不同恢复阶段的差异性，未进行恢复的自然湿地（R_0）也被进行了调查监测。R_0 位于低位盐沼紧挨着第二期湿地恢复工程区域，受自然潮汐频繁扰动，主要以大面积滩涂及稀少的柽柳（*Tamarix chinensis*）为主［图 3.55（f）］。

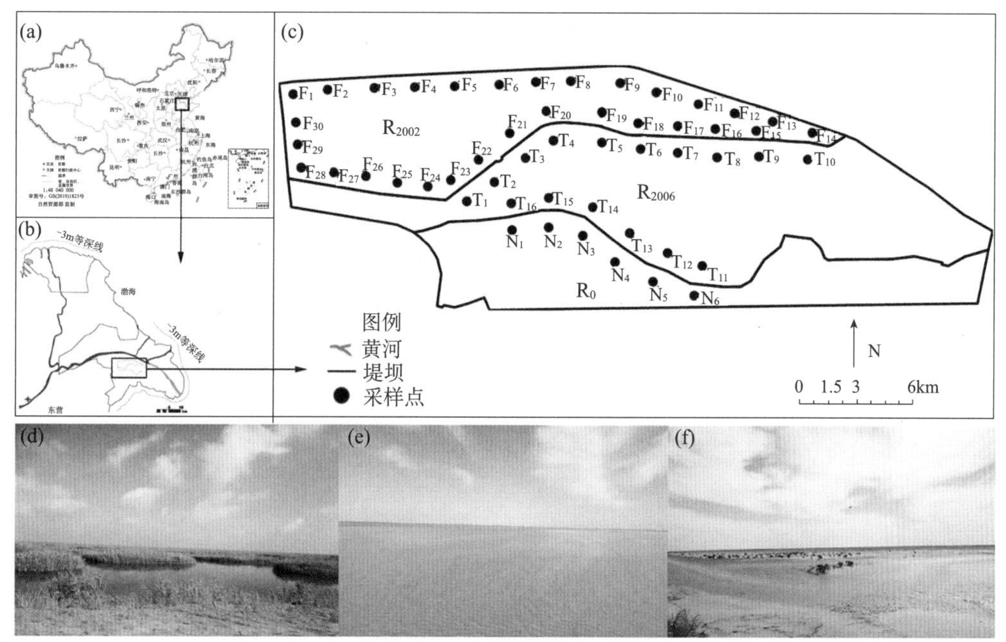

图 3.55　研究区及采样点位

(a) 黄河三角洲自然保护区在中国的地理位置；(b) 黄河三角洲研究区所在地；(c) 研究区及采样点位详细地图。R_{2002}代表 2002 年开展的第一期湿地恢复工程，即“5 万亩湿地”；在 R_{2002} 中共布设了 30 个（F_1～F_{30}）采样点位；R_{2006}代表 2006 年开展的第二期湿地恢复工程，即“10 万亩湿地”；在 R_{2006} 中共布设了 16 个（T_1～T_{16}）采样点位；R_0代表未恢复区，在 R_0中共布设了 6 个（N_1～N_6）采样点位；在每个研究的湿地中，采样点位间距 0.5～1.0km；图 (d) ～ (f) 分别表明了 R_{2002}、R_{2006}和 R_0的植被地貌特征；其中 R_{2002} 主要以芦苇群落和明水面覆盖；R_{2006} 主要以大面积的明水面和稀疏的植物及滩涂为主；R_0 主要以大面积的滩涂及稀少的柽柳覆盖

1. 大型底栖动物和植物对淡水输入的适应性

在所采集的样品中共捕获了 39 种不同的大型底栖动物物种（表 3.9），隶属于 2 门 7 纲 25 科。在 R_{2002}、R_{2006} 及 R_0 三个区域中分别发现了 32 种、7 种和 5 种不同的大型底栖动物。

R_{2002}的大型底栖动物物种丰富度（S）是 R_0的两倍，而 R_{2006}的大型底栖动物物种丰富度最低（图 3.56）。同时 R_{2002}的大型底栖动物密度是 R_{2006}和 R_0的三倍。然而，大型底栖动物生物量并没有遵循同样的趋势，R_0的大型底栖动物生物量最高，而 R_{2006}的生物量最低。R_{2002}和 R_0的大型底栖动物多样性（H'）和均匀度（E）都高于 R_{2006}。

在本实验研究区总共调查出了 21 种不同的植物，其中 R_{2002}主要以芦苇群落为优势植物，伴随生长的其他 20 种植物的密度都相对较低，分别为：小香蒲（*Typha minima*）、长苞香蒲（*Typha angustata*）、罗布麻（*Apocynum venetum*）、青蒿（*Artemisia carvifolia*）、猪毛蒿（*Artemisia scoparia*）、鹅绒藤（*Cynanchum chinense*）、播娘蒿（*Descurainia Sophia*）、稗（*Echinochloa crusgali*）、野大豆（*Glycine soja*）、白茅（*Imperata cylindrical*）、中华小苦荬（*Ixeridium chinense*）、补血草（*Limonium sinense*）、草木犀（*Melilotus officinalis*）、乳苣（*Mulgedium tataricum*）、穗状狐尾藻（*Myriophyllum spicatum*）、金色狗尾草（*Setaria glauca*）、狗尾草（*Setaria viridis*）、

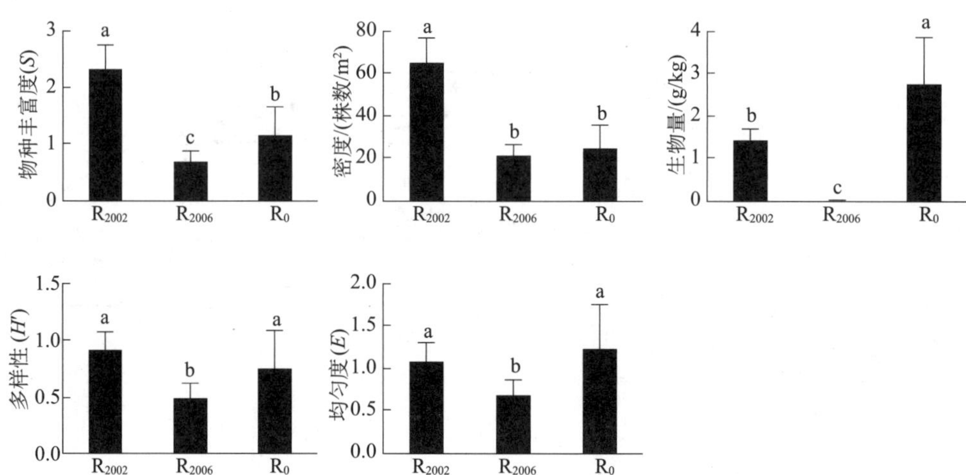

图 3.56　三个研究区的大型底栖动物物种丰富度（S）、密度、生物量、多样性（H′）和均匀度（E）

数据用平均值和标准误差（mean±SE）表示（其中 R_{2002}、R_{2006} 及 R_0 的样本数分别为 30 个、16 个及 6 个）；所有的因子方差分析结果均显著（在 $P<0.05$ 的时候）；柱子上的字母相同的表示没有显著差异性

苣荬菜（*Sonchus arvensis*）、苦苣菜（*Sonchus oleraceus*）以及荻（*Triarrhena sacchariflora*）。然而在 R_{2006} 和 R_0 的采样点位中并没有收集到任何植物，因为在采样点之间植物稀疏。因此结果中 R_{2002} 的植被盖度、地上生物量、地下生物量、物种丰富度、多样性及均匀度都高于 R_{2006} 和 R_0（图 3.57）。

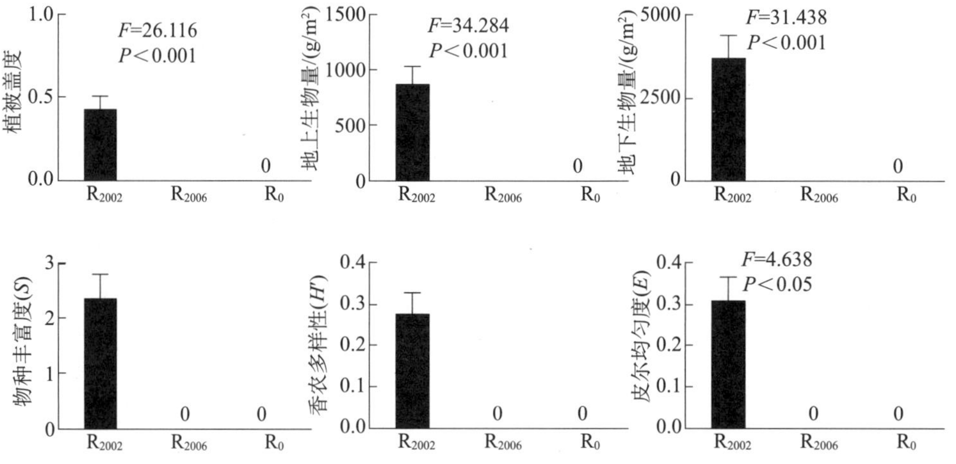

图 3.57　三个研究区的植被盖度、地上生物量、地下生物量、物种丰富度（S）、多样性（H′）和均匀度（E）

数据用平均值和标准误差（mean±SE）表示（其中 R_{2002}、R_{2006} 及 R_0 的样本数分别为 30 个、16 个及 6 个）；因子方差分析的结果在柱子上标出；植物物种数和多样性数据不满足进行因子方差分析的条件，因此这两个变量应用非参数 Kruskall-Wallis 检验来进行比较分析；结果表明植物物种数和多样性在三个研究区中同样存在显著差异（$P<0.05$）

表 3.9 样方中的大型底栖动物物种

门	纲	目	科	属	种	R_{2002}	R_{2006}	R_0
环节动物门	寡毛纲	颤蚓目	颤蚓科	管水蚓属	多毛管水蚓	0.33±0.33	0	0
				尾鳃蚓属	苏氏尾鳃蚓	0.33±0.33	0	0
				水丝蚓属	霍甫水丝蚓	0.33±0.33	0	0
	多毛纲	游行多毛目	沙蚕科	围沙蚕属	双齿围沙蚕	0	0	0.33±0.33
		小头虫目	小头虫科	中蚓虫	中蚓虫	0	1.25±0.85	0
		缨鳃虫目	缨鳃虫科	刺缨虫属	刺缨虫	0	0	1.67±1.67
软体动物门	腹足纲	中腹足目	拟沼螺科	拟沼螺属	琵琶拟沼螺	0	0	11.70±7.49
		基眼目	扁蜷螺科	旋螺属	凸旋螺	0.67±0.46	0	0
			椎实螺科	萝卜螺属	耳萝卜螺	0.33±0.33	0	0
					折叠萝卜螺	0.33±0.33	0	0
	双壳纲	帘蛤目	篮蛤科	河篮蛤属	光滑河篮蛤	0	0	5.00±3.42
	弹尾纲	弹尾目	紫跳虫科	紫跳虫属	紫跳虫	0.33±0.33	1.88±1.36	0
	昆虫纲	鞘翅目	瓢虫科		瓢虫成虫一种	0.33±0.33	0	0
			象甲科	斜纹象属	云斑斜纹象	0.67±0.46	0	0
			长角泥甲科		长角泥甲科幼虫一种	0.67±0.67	0	0
			水龟甲科		水龟甲科幼虫一种	0.33±0.33	0	0
			天牛科		天牛一种	0.33±0.33	0	0
			叶甲科		叶甲科幼虫一种	0.33±0.33	0	0
		双翅目	摇蚊科	摇蚊属	羽摇蚊	0.67±0.67	0	0
				长跗摇蚊属	长跗摇蚊	0.33±0.33	0	0
				隐摇蚊属	指突隐摇蚊	0.67±0.67	2.50±2.50	0
				二叉摇蚊属	叶二叉摇蚊	0	12.50±8.87	0
				恩菲摇蚊属	分齿恩菲摇蚊	1.00±0.56	0	0
				雕翅摇蚊属	德永雕翅摇蚊	0.33±0.33	0.63±0.63	0
				多足摇蚊属	小云多足摇蚊	0.33±0.33	1.88±1.88	0

续表

门	纲	目	科	属	种	R_{2002}	R_{2006}	R_0
					梯形多足摇蚊	0.67±0.67	0	0
软体动物门	昆虫纲	双翅目		裸须摇蚊属	红裸须摇蚊	19.33±8.87	0	0
			长足虻科		长足虻科幼虫一种	1.00±0.74	0	3.33±3.33
			蝇科		蝇科幼虫一种	3.33±1.00	0	0
			蚋科		蚋科幼虫一种	0	0.63±0.63	0
			虻科		虻科幼虫一种	1.00±0.74	0	0
			大蚊科	大蚊属	大蚊属幼虫一种	0.33±0.33	0	0
					双翅目幼虫一种	27.33±6.18	0	0
		鳞翅目	草螟科		草螟科幼虫一种	0.67±0.67	0	0
					鳞翅目幼虫一种	0.33±0.33	0	0
		直翅目	蝼蛄科	蝼蛄属	华北蝼蛄	0.33±0.33	0	0
		毛翅目			毛翅目一种	0.33±0.33	0	0
	甲壳纲	端足目	跳钩虾科	板跳钩虾属	板跳钩虾	1.00±1.00	0	0
		等足目	鼠妇科	鼠妇属	鼠妇一种	1.00±0.74	0	0

注：三个湿地研究区大型底栖动物每种物种的密度（个/m^2）由平均值及标准误差（mean±SE）表示，其中 R_{2002}、R_{2006}及 R_0的样本数分别为 30 个、16 个及 6 个。

2. 淡水输入对非生物因子的影响

R_{2002}、R_{2006}和R_0的非生物因子互不相同（表3.10）。R_{2002}的水深较深，盐度较低，土质较软且含水率高，另外土壤有机质、总氮和总碳也高于其他两个湿地。相应的，R_0比R_{2006}的水深较浅，土质较干且盐度较高。三个研究区的土壤pH、容重和孔隙率没有明显差异。

表3.10　采样点位的非生物因子变量

非生物因子	R_{2002}	R_{2006}	R_0
水深/m	0.33±0.06a	−0.33±0.08b	−0.74±0.30c
土壤盐度/ppt	0.37±0.07c	0.85±0.21b	1.7±0.69a
土壤硬度/(N/m^2)	0.91±0.17b	3.13±0.78a	3.03±1.24a
土壤pH	8.62±1.57a	9.07±2.27a	9.13±3.73a
含水率/%	50.80±9.28a	37.19±9.30b	28.04±11.45c
容重/(g/cm^3)	1.15±0.21a	1.26±0.31a	1.40±0.57a
孔隙率/%	55.95±10.22a	52.47±13.12a	47.47±19.46a
有机质/(g/kg)	1.7±0.30a	0.5±0.10b	0.4±0.20b
总氮/(g/kg)	1.02±0.19a	0.51±0.13b	0.51±0.21b
总碳/%	2.44±0.45a	1.95±0.49ab	1.93±0.79b

注：数据用平均值和标准误差（mean± SE）表示，其中R_{2002}、R_{2006}及R_0的样本数分别为30个、16个及6个。平均值后的字母相同表示不存在显著差异性（$P>0.05$）。

3. 大型底栖动物对非生物因子的适应性

典型对应分析的第一轴和第二轴分别解释了物种-环境关系变异的27.6%和17.7%（图3.58）。典型对应分析的第一轴正相关于土壤硬度（0.50，$P<0.01$）、容重（0.42，$P<0.01$）、pH（0.55，$P<0.01$）以及土壤盐度（0.89，$P<0.01$）；负相关于水深（−0.49，$P<0.01$）、含水率（−0.52，$P<0.01$）、孔隙率（−0.42，$P<0.01$）以及有机质（−0.31，$P<0.05$）。CCA的第二轴正相关于土壤硬度（0.28，$P<0.05$）、孔隙率（0.48，$P<0.01$）、有机质（0.46，$P<0.01$）、总氮（0.59，$P<0.01$）和总碳（0.49，$P<0.01$）；负相关于水深（−0.41，$P<0.01$）、容重（−0.48，$P<0.01$）以及pH（−0.42，$P<0.01$）。R_{2002}、R_{2006}和R_0的大型底栖动物分布在不同的环境梯度上。R_{2002}的样点主要分布在排列图第一轴的左侧，表明与较高的水深、含水率、有机质、总氮和总碳相关，同时与较低的盐度和土壤硬度相关。R_{2006}的样点主要分布在排列图第一轴的右侧，表明与较低的水深、含水率、有机质、总氮和总碳相关，同时与较高的盐度和土壤硬度相关。R_0的样点主要分布在排列图的右下侧，主要与较低的水深、含水率以及较高的盐度相关。多种大型底栖动物主要分布在排列图的中间和右部。

那么黄河三角洲实施的这项湿地恢复工程到底有没有减缓湿地丧失率并且恢复了湿地的生态结构呢？R_{2002}是三个湿地研究区中离海最远的，现在是一块低盐且覆盖较密植被群落的淡水湿地，主要优势种是芦苇，且为非常丰富的大型底栖动物多样性提供栖息地支持。相反的，R_{2006}离海较近，主要以明水面和零星的植物覆盖，并且仅有相对较少的大型底栖动物物种。尽管R_{2006}并没有为大量植物和大型底栖动物提供生境，但它却为迁徙水鸟提供了大面积的停歇环境（Li et al.，2011）。因此，R_{2006}恢复工程的成功与

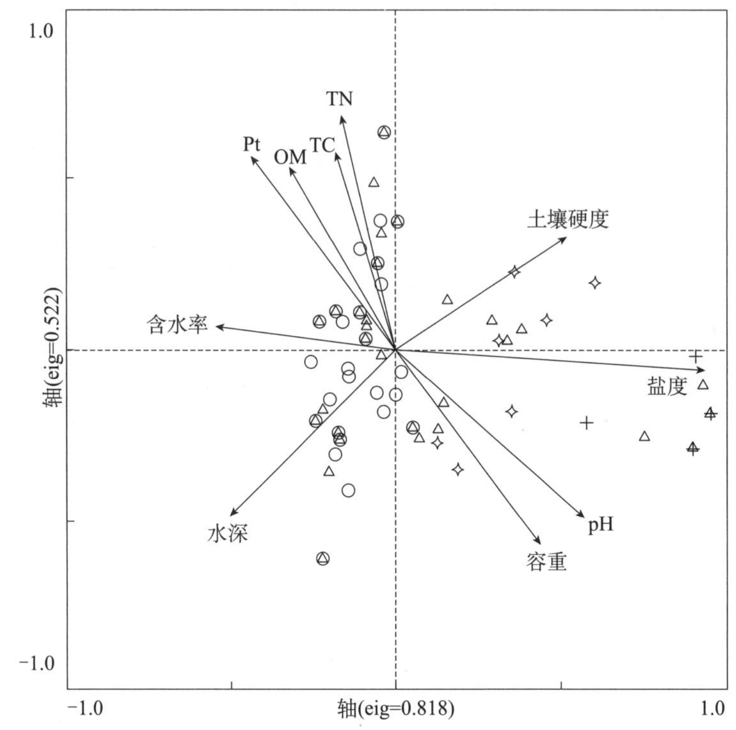

图 3.58 典型对应分析排序图表明了三个研究区湿地中大型底栖动物与环境非生物因子的关系

箭头代表环境因子，箭头延伸的长度代表环境变量与大型底栖动物物种分布的相关强度，即越长则相关性越强；Pt. 土壤孔隙率；OM. 土壤有机质；TC. 总碳；TN. 总氮；空心三角形代表大型底栖动物物种的分布；空心圆代表 R_{2002} 中样点的分布；空心四角星代表 R_{2006} 中样点的分布；十字形代表 R_0 中样点的分布

否取决于所考虑的监测变量。然而该湿地恢复工程除了以恢复淡水湿地，以及为水鸟提供栖息环境以外并没有定量的恢复目标（单凯，2007），并且该区域的生态系统也几乎没有可以比较的历史数据参考资料。因此，虽然不能基于一个小的试验标准来明确的评判湿地恢复工程是否成功，但却可以说明两个湿地恢复区及未恢复区的群落组成的差异。时间上和非生物因子共同决定了管理上的效果，且为今后工程开展的管理提供建议，应当在湿地恢复工程开展之前熟悉当地的非生物环境因子情况及确立明确的恢复目标。

大型底栖动物是鸟类非常重要的食物来源（Choi et al.，2014），因此，针对大型底栖动物群落方面开展不同管理策略的恢复，将影响到水鸟对适宜栖息地的选择。R_{2002} 中的大型底栖动物多样性最高且数量最多，主要由昆虫纲（Isecta）组成。然而 R_0 的大型底栖动物生物量最高，这是因为大型底栖动物群落主要由多毛纲（polychaetes）和双壳纲（molluscs）组成。R_{2006} 仅有非常少的大型底栖动物物种，大型底栖动物群落结构特点为低丰度、低密度以及非常少的生物量。三个最有可能影响到不同湿地恢复区大型底栖动物和植物群落结构组成差异性的因素为地理位置、恢复时长和物理环境。

（1）地理位置：三个研究区的湿地恰好位于从陆向海的梯度上，这就创造了天然存在的盐度梯度，无疑对大型底栖动物群落结构组成有很大的影响（Adnitt et al.，2007）。堤坝的构建以及淡水的补给严重影响了这天然存在的梯度，进而影响到了 R_{2002}

和 R_{2006} 的大型底栖动物多样性分布。然而，恢复区管理部门采取同样的恢复工程方法却并没有使 R_{2006} 的非生物因子环境达到与 R_{2002} 的一致。取而代之的是，几乎 R_{2006} 中所有的非生物因子都介于 R_{2002} 和 R_0 非生物因子值之间。在某些程度上来讲，这很有可能是由于 R_{2002} 和 R_{2006} 不同的长期管理历史造成的，但似乎也反映出了地理位置本身造成的固有的潜在非生物因子梯度。

（2）恢复时长：R_{2006} 不仅大型底栖动物物种稀少，并且植被盖度、丰度和生物量也很低下，造成该结果的原因可以部分归咎于 R_{2006} 相对于 R_{2002} 恢复时间较短。一个湿地生态系统要想达到新的管理调试下的动态平衡总是要花费一定时间的，但是所需时间长度并不容易确定（Keeley et al.，2014；Edwards and Proffitt，2003）。恢复时长由于不同的恢复目标而不同，也就是植物、大型底栖动物、水鸟以及其他野生动物所需的恢复时长都有所差异（Burger，2008；Simenstad et al.，2006；Craft et al.，1999；Mitsch and Wilson，1996）。然而长期监测却可以评估出来哪些变量在向着有利的方向发展并逐渐达到平衡状态。Cui 等（2009）在 2001（湿地恢复工程实施前一年，2002 年开始实施）～2007 年对 R_{2002} 的植被进行了长期监测，在 2012 年对该区的植被进行了监测调查。结果表明，植物物种数在恢复工程实施一年后提高了 50%，从 2001 年的 8 种植物物种提高到了 2003 年（继 2002 年湿地恢复工程实施后的一年）的 14 种植物物种。继而开始达到物种平稳期，在接下来的 4 年里物种数提高了 28%（2007 年植物物种数达到 18 种），然后在又一个 4 年里植物物种数仅提高了 17%（2012 年植物物种数达到 21 种）。因此可以看出 R_{2002} 的大部分植物恢复在 5 年之内完成，而 R_{2006} 却在进行了 6 年的恢复之后仍然没有植物生长。由此看来，恢复时长并不是造成 R_{2006} 大型底栖动物和植物群落较少的主要原因。

R_{2006} 与 R_{2002} 的差异之一是 R_{2006} 由于其所处的地理位置似乎在最初盐度就比较高。如果这种假设是成立的，那么 R_{2006} 就需要更长的时间来得到完全的恢复。这一假设可以通过今后的长期野外监测进行评估。否则，管理措施方面需要有所改进，如提高 R_{2006} 的淡水补给量，从而使其的环境条件与 R_{2002} 相似。另一种可能是由于 R_{2006} 中的物种引入受阻，这种情况下则需要人为引入适宜的物种（Batzer and Sharitz，2014）。这可以通过在 R_{2006} 进行不同植物物种的移栽、大型底栖动物的移殖或人工放流等试验来进行恢复工程方案的调整。

（3）物理环境：不同的大型底栖动物物种栖息在不同的环境条件下（Leibold and McPeek，2006）。如上所述，随着淡水补给到 R_{2002}（Cui et al.，2009），该区域的物理环境条件更适于淡水物种的生存（Zedler，1983），但似乎也是由于三个湿地研究区所处的地理位置不同造成的原本存在的差异，并且湿地恢复工程的启动时间长短也不同。忽略以上原因造成的不同非生物因子条件，穿越三个湿地研究区最为明显的非生物因子梯度是水深和盐度（Nishijima et al.，2013；Sharma et al.，2011），这两个因子同时是影响大型底栖动物群落分布最为重要的驱动因子。

通常水深与湿地地形紧密相关（Carter，1996），然而在该研究项目中水深同时也受堤坝建设和人为补给活动影响。从以往他人的研究可知水深对大型底栖动物群落分布的作用很强（Pratt et al.，2014；Carvalho et al.，2011；Ysebaert et al.，2003）。水深体现了三个湿地研究区自陆向海逐渐变浅，并且在典型对应分析结果中也体现了大型底栖动物样品分布与水深紧密相关。

土壤盐度受淡水流量不同而变化（Mitsch and Gosselink，2007）。盐度自陆向海穿越三个湿地研究区逐渐升高。当然，随着在 R_{2002} 和 R_{2006} 中灌入淡水无疑对其洗盐有所帮助。在典型对应分析中，土壤盐度与典型对应分析的第一轴紧密相关，同时也与大型底栖动物群落分布紧密相关。该湿地恢复工程为了达到较低的盐值，且在 R_{2002} 区域实现了目的，这很可能是因为该区域本身为淡水湿地并且大型底栖动物，如昆虫纲也都属于典型的淡水湿地物种。尽管 R_{2006} 的盐度值已经很低了，但可能还没有达到更低的标准，且水深也较浅，不适宜如芦苇或者其他出现在 R_{2002} 的植物物种生存，也不适宜与之伴随存在的昆虫物种生存。同时，R_{2006} 的盐度条件对于 R_0 的咸水生物来讲又太淡（Torres et al.，2006）。

三个湿地研究区的其他一些非生物因子变量的差异性及其与大型底栖动物群落组成的相关关系也在典型对应分析结果中体现。R_{2002} 的土壤硬度低于 R_{2006}，这很有可能是由于淹水条件造成的，但也有可能是某些大型底栖动物作用的结果（Sassa et al.，2013）。R_{2002} 的土壤含水率显著高于 R_{2006} 和 R_0，这可能是由于 R_{2002} 的淹水更深且积水时间更长造成的。有机质、总氮和总碳在 R_{2002} 中最高。这些变量通常都与初级生产力紧密相关（Ryals et al.，2015；Batjes，2014），这也似乎可以解释为什么高植物生物量的 R_{2002} 湿地研究区中有机质、总氮和总碳也较高（Stauffer and Brooks，1997）。尽管类似于上述案例并不能明确识别出哪些环境因子变量在决定大型底栖动物群落结构组成上更重要，但是基于我们的研究及过去的研究可以得出盐度和水深对于大型底栖动物群落结构组成来说最为重要（Batzer and Sharitz，2014；Waterkeyn et al.，2008；Verschuren et al.，2000）。

（4）对管理的启示：黄河三角洲的这项湿地恢复工程旨在减少湿地的损失并且恢复湿地最基本的结构和功能。然而，到目前为止，管理目标只是初步的聚焦在了恢复植被群落上。植被盖度是评判湿地恢复是否成功的标准之一，但不一定是最为有效的（López-Rosas，2013）。大型底栖动物同样是湿地食物网中的关键要素并且在湿地生态系统健康中起到很重要的指示作用（González-Ortegón et al.，2015），加之鸟类这种高级营养级别物种的出现更说明一个食物网的完整性。因此，理想情况下多物种，包括植物、大型底栖动物和水鸟都应该在评估湿地恢复工程是否成功中进行监测（Armitage et al.，2014；de Angelis et al.，1998；Dahm et al.，1995）。

该湿地恢复工程在一块湿地研究区中成功重建了植物群落和多种多样的大型底栖动物群落（R_{2002}），但是却没在另一块湿地中达到同样的效果（R_{2006}）。这就说明 R_{2006} 湿地研究区需要一种新的适宜的管理方案。如上所述，有三个最为可能的原因造成了 R_{2006} 湿地研究区与 R_{2002} 湿地研究区的差异性：不充足的恢复时间、缺少迁入物种并且盐度过高。我们认为“不充足的恢复时间”这一条假设似乎并不准确，但是在做出其他改变之前，可以通过在接下来的几年中进行监测来看看更多的时间是否有助于生物群落的恢复。同时，管理者可以通过在 R_{2006} 研究区中移栽植物和引入大型底栖动物群落等试验来检验一下“缺少迁入物种”这条假设是否正确。如果移栽后的群落很难存活下去，就说明最初的管理方案所规划的环境条件目标并不适用于 R_{2006} 湿地研究区，并且管理者应该考虑试验性的加大 R_{2006} 的淡水补给量，检验多年后是否有助于其淡化并达到合适的环境条件从而适宜淡水生态群落生存。同时，管理者也应该清楚一点，由于 R_{2006} 本身就比 R_{2002} 离海较近，R_{2006} 有可能很难将盐度降低到跟 R_{2002} 一样的水平。因此，也许想让 R_{2006} 达到 R_{2002} 同样的恢复效果是不现实的。

最后，要重视长期野外监测（Borja et al.，2010）的重要性，从而保证全面评估湿地恢复工程对生态系统带来的改变。在湿地恢复工程实施前只对植物数据进行了收集，限制了对大型底栖动物及鸟类方面管理影响的评估。此外，很多恢复工程的监测仅持续很短的几年，然而，没有长期历史监测几乎不可能确定该恢复系统是否稳定可持续（Moreno et al.，2012）。要想确定恢复工程是否成功可能要花上十几年甚至更久的时间进行追踪监测（Caldwell et al.，2011）。长期监测系统也应该经常进行回顾，时时完善，从而确保非常重要的变量都已经考虑并监测（Lindenmayer and Likens，2009）。长期监测以及建立生物与环境因子的关系可为解决湿地恢复工程的管理问题提供科学支撑。

综上所述，我们取样监测了黄河三角洲不同阶段的湿地恢复工程中的大型底栖动物丰富度及多样性，并调查了有可能决定大型底栖动物分布的环境因子。研究结果发现水深、土壤盐度、土壤硬度、土壤含水率、有机质、总氮和总碳都与大型底栖动物群落组成相关，但非常肯定的是水深和盐度是这之中最为重要的关键因子。调查结果显示，恢复时间较久的第一期恢复工程似乎要比恢复时间相对较短的第二期恢复工程更为成功。因此，我们建议采取与时俱进的管理策略，有机结合试验性项目研究作为引导，来提高第二期恢复工程的成功效果。同时也建议采取长期野外监测，包括恢复工程实施前的野外监测，来评估湿地恢复的长期成功性和持久性。为了保证我国乃至全世界范围内恢复工程的最大成功率，同时为了更好地实现恢复工程的恢复价值，工程设计之初就应该包含周全且恰当的环境监测方案及管理策略时时更新的计划安排。

参考文献

董厚德，全奎国，邵成，等 . 1995. 辽河河口湿地自然保护区植物群落生态的研究 . 应用生态学报，6（2）：190 - 195.

郎惠卿，赵魁义，陈克林 . 1999. 中国湿地植被 . 北京：科学出版社 .

卢雁，邢树威，王俊才，等 . 2011. 双台河口国家级自然保护区湿地底栖动物 BI 指数评价 . 现代农业科技，11：323 - 325.

单凯 . 2007. 自然保护区湿地生态恢复的原理、方法与实践 . 湿地科学与管理，3（4）：16 - 20.

唐娜，崔保山，赵欣胜 . 2006. 黄河三角洲芦苇湿地的恢复 . 生态学报，26（8）：2616 - 2624.

张高生，王仁卿 . 2008. 现代黄河三角洲生态环境的动态监测 . 中国环境科学，28（4）：380 - 384.

Adams V M，Marsh D M，Knox J S. 2005. Importance of the seed bank for population viability and population monitoring in a threatened wetland herb. Biological Conservation，124：425 - 436.

Adnitt C，Brew D，Cottle R，et al. 2007. Saltmarsh management manual. Bristol：Environment Agency，UK.

Agrawal A A，Ackerly D D，Adler F，et al. 2007. Filling key gaps in population and community ecology. Frontiers in Ecology and the Environment，5（3）：145 - 152.

Allison M A，Meselhe E A. 2010. The use of large water and sediment diversions in the lower Mississippi River（Louisiana）for coastal restoration. Journal of Hydrology，387：346－360.

Amen R D，Carter G E，Kelly R J. 1970. Nature of seed dormancy and germination in salt marsh grass Distichlis Spicata. New Phytologist，69：1005－1013.

Armitage A R，Ho C K，Madrid E N，et al. 2014. The influence of habitat construction technique on the ecological characteristics of a restored brackish marsh. Ecological Engineering，62：33－42.

Bai J，Xiao R，Zhang K，et al. 2013. Soil organic carbon as affected by land use in young and old reclaimed regions of a coastal estuary wetland，China. Soil Use and Management，29：57－64.

Balke T，Bouma T J，Herman P M J，et al. 2013. Cross-shore gradients of physical disturbance in mangroves：Implications for seedling establishment. Biogeosciences，10：5411－5419.

Balke T，Bouma T J，Horstman E M，et al. 2011. Windows of opportunity：Thresholds to mangrove seedling establishment on tidal flats. Marine Ecology Progress Series，440：1－9.

Balke T，Herman P M J，Bouma T J. 2014. Critical transitions in disturbance-driven ecosystems：Identifying Windows of Opportunity for recovery. Journal of Ecology，102：700－708.

Barbier E B. 2013. Valuing ecosystem services for coastal wetland protection and restoration：Progress and challenges. Resources，2：213－230.

Barbier E B，Koch E W，Silliman B R，et al. 2008. Coastal ecosystem-based management with nonlinear ecological functions and values. Science，319：321－323.

Baskin C C，Baskin J M，Chester E W. 2000. Effect of flooding on the annual dormancy cycle and on germination of seeds of the summer annual Schoenoplectus purshianus（Cyperaceae）. Aquatic Botany，67：109－116.

Batjes N H. 2014. Total carbon and nitrogen in the soils of the world. European Journal of Soil Science，65：10－21.

Batzer D P，Sharitz R R. 2014. Ecology of Freshwater and Estuarine Wetlands. California：Unive of California Press.

Belle S，Millet L，Gillet F，et al. 2015. Assemblages and paleo-diet variability of subfossil Chironomidae（Diptera）from a deep lake（Lake Grand Maclu，France）. Hydrobiologia，755：145－160.

Benayas J M R，Newton A C，Diaz A，et al. 2009. Enhancement of biodiversity and ecosystem services by ecological restoration：A meta-analysis. Science，325：1121－1124.

Bertness M D，Callaway R. 1994. Positive interactions in communities. Trends in Ecology and Evolution，9（5）：191－193.

Bertness M D，Ellison A M. 1987. Determinants of pattern in a New England salt marsh plant community. Ecological Monographs，57（2）：129－147.

Bertness M D，Ewanchuk P J，Silliman B R. 2002. Anthropogenic modification of New England salt marsh landscapes. Proceedings of the National Academy of Sciences of the United States of America，99（3）：1395－1398.

Bertness M D，Hacker S D. 1994. Physical stress and positive associations among marsh plants. American Naturalist，144（3）：363－372.

Bertness M D，Leonard G H，Levine J M，et al. 1999. Testing the relative contribution of positive and negative interactions in rocky intertidal communities. Ecology，80（8）：2711－2726.

Bertness M D，Leonard G H. 1997. The role of positive interactions in communities：Lessons from intertidal habitats. Ecology，78（7）：1976－1989.

Bertness M D，Pennings S C. 2000. Concepts and controversies in tidal marsh ecology. In：Weinstein M P，

Kreeger D A. New York: Kluwer Academic Publishers, 39 - 57.

Bertness M D, Yeh S M. 1994. Cooperative and competitive interactions in the recruitment of marsh elders. Ecology, 75 (8): 2416 - 2429.

Bessa F, Gonçalves S C, Franco J N, et al. 2014. Temporal changes in macrofauna as response indicator to potential human pressures on sandy beaches. Ecological Indicators, 41: 49 - 57.

Boon P I, Allen T, Carr G, et al. 2015. Coastal wetlands of Victoria, south-eastern Australia: Providing the inventory and condition information needed for their effective management and conservation. Aquatic Conservation: Marine and Freshwater Ecosystems, 25: 454 - 479.

Borja Á, Dauer D M, Elliott M, et al. 2010. Medium-and long-term recovery of estuarine and coastal ecosystems: Patterns, rates and restoration effectiveness. Estuaries and Coasts, 33 (6): 1249 - 1260.

Borsje B W, van Wesenbeeck B K, Dekker F, et al. 2011. How ecological engineering can serve in coastal protection. Ecological Engineering, 37: 113 - 122.

Bossuyt B, Butaye J, Honnay O. 2006. Seed bank composition of open and overgrown calcareous grassland soils - a case study from Southern Belgium. Journal of Environmental Management, 79: 364 - 371.

Bossuyt B, Honnay O. 2008. Can the seed bank be used for ecological restoration? An overview of seed bank characteristics in European communities. Journal of Vegetation Science, 19: 875 - 884.

Boulaaba S. 2015. The effect of dam construction on the chironomidae (diptera, nematocera) assemblages in Sejenane Wadi, Bizerte, Tunisia. Experiment, 30: 1977 - 1983.

Boulaaba S, Zrelli S, Płóciennik M, et al. 2014. Diversity and distribution of Chironomidae (Insecta: Diptera) of protected areas in North Tunisia. Knowledge and Management of Aquatic Ecosystems, 6.

Brooker R W, Maestre F T, Callaway R M, et al. 2008. Facilitation in plant communities: The past, the present, and the future. Journal of Ecology, 96 (1): 18 - 34.

Broome S W. 1990. Creation and restoration of tidal wetlands of the southeastern United States (Vol. 37). Washington, DC: Island Press.

Broome S W, Craft C B. 2000. Tidal salt marsh restoration, creation, and mitigation. Agronomy, 41: 939 - 960.

Bruno J F. 2000. Facilitation of cobble beach plant communities through habitat modification by Spartina alterniflora. Ecology, 81 (5): 1179 - 1192.

Bruno J F, Bertness M D. 2001. Marine community ecology. In: Bertness M D, Hay M E, Gaines S D. Sunderland: Sinauer, 201 - 218.

Bruno J F, Kennedy C W. 2000. Patch-size dependent habitat modification and facilitation on New England cobble beaches by Spartina alterniflora. Oecologia, 122 (1): 98 - 108.

Bruno J F, Stachowicz J J, Bertness M D. 2003. Inclusion of facilitation into ecological theory. Trends in Ecology and Evolution, 18 (3): 119 - 125.

Burger J. 2008. Environmental management: Integrating ecological evaluation, remediation, restoration, natural resource damage assessment and long-term stewardship on contaminated lands. Science of the Total Environment, 400: 6 - 19.

Caldwell P V, Vepraskas M J, Gregory J D, et al. 2011. Linking plant ecology and long-term hydrology to improve wetland restoration success. Transactions of the ASABE, 54: 2129 - 2137.

Callaway R M. 2007. Positive Interactions and Interdependence in Plant Communities. Netherlands: Springer, Dordrecht.

Callaway R M, Brooker R W, Choler P, et al. 2002. Positive interactions among alpine plants increase with stress. Nature, 417 (6891): 844 - 848.

Callaway R M，Jones S，Ferren W R，et al. 1990. Ecology of a mediterranean-climate estuarine wetland at Carpinteria，California-plant-distributions and soil-salinity in the upper marsh. Canadian Journal of Botany-Revue Canadienne De Botanique，68：1139－1146.

Callaway R M，Sabraw C S. 1994. Effects of variable precipitation on the structure and diversity of a California salt-marsh community. Journal of Vegetation Science，5：433－438.

Cardoso P G，Raffaelli D，Lillebø A I，et al. 2008. The impact of extreme flooding events and anthropogenic stressors on the macrobenthic communities' dynamics. Estuarine，Coastal and Shelf Science，76：553－565.

Carter V. 1996. Wetland hydrology，water quality，and associated functions. National Water Summary on Wetland Resources，35－48.

Carvalho S，Cunha M R，Pereira F，et al. 2011. The effect of depth and sediment type on the spatial distribution of shallow soft-bottom amphipods along the southern Portuguese coast. Helgoland Marine Research，66：489－501.

Castorani M C N，Reed D C，Alberto F，et al. 2015. Connectivity structures local population dynamics：A long-term empirical test in a large metapopulation system. Ecology，96（12）：3141－3152.

Chen G C，Ye Y，Lu C Y. 2007. Changes of macro-benthic faunal community with stand age of rehabilitated Kandelia candel mangrove in Jiulongjiang Estuary，China. Ecological Engineering，31：215－224.

Choi C Y，Battley P F，Potter M A，et al. 2014. Factors affecting the distribution patterns of benthic invertebrates at a major shorebird staging site in the Yellow Sea，China. Wetlands，34：1085－1096.

Clark C J，Poulsen J R，Levey D J，et al. 2007. Are plant populations seed limited? A critique and meta-analysis of seed addition experiments. American Naturalist，170：128－142.

Conlan K，Aitken A，Hendrycks E，et al. 2008. Distribution patterns of Canadian Beaufort shelf macrobenthos. Journal of Marine Systems，74：864－886.

Craft C，Reader J，Sacco J N，et al. 1999. Twenty-five years of ecosystem development of constructed Spartina alterniflora（Loisel）marshes. Ecological Applications，9：1405－1419.

Crain C M，Silliman B R，Bertness S L，et al. 2004. Physical and biotic drivers of plant distribution across estuarine salinity gradients. Ecology，85（9）：2539－2549.

Crawford M，Davies S，Griffith A. 2015. Predicting metapopulation responses of a tidal wetland annual to environmental stochasticity and water dispersal through an individual-based model. Ecological Modelling，316：217－229.

Cui B S，He Q，An Y. 2011. Community structure and abiotic determinants of salt marsh plant zonation vary across topographic gradients. Estuaries and Coasts，34：459－469.

Cui B S，Yang Q C，Yang Z F，et al. 2009. Evaluating the ecological performance of wetland restoration in the Yellow River Delta，China. Ecological Engineering，35：1090－1103.

Dahm C N，Cummins K W，Valett H M，et al. 1995. An ecosystem view of the restoration of the Kissimmee River. Restoration Ecology，3：225－238.

Davis M A，Grime J P，Thompson K. 2000. Fluctuating resources in plant communities：A general theory of invasibility. Journal of Ecology，88：528－534.

Davy A J，Brown M J H，Mossman H L，et al. 2011. Colonization of a newly developing salt marsh：Disentangling independent effects of elevation and redox potential on halophytes. Journal of Ecology，99：1350－1357.

Day J，Hunter R，Keim R F，et al. 2012. Ecological response of forested wetlands with and without Large-Scale Mississippi River input：Implications for management. Ecological Engineering，46：57－67.

de Angelis D L, Gross L J, Huston M A, et al. 1998. Landscape modeling for Everglades ecosystem restoration. Ecosystems, 1: 64 - 75.

de Sousa G I. 2014. Tabanidae (Diptera) of Amazönia XXI. Descriptions of Elephantotus gen. n. and E. tracuateuensis sp. n. (Diachlorini) from the Brazilian coast. ZooKeys, 23.

dos Santos D M, da Silva K A, de Albuquerque U P, et al. 2013. Can spatial variation and inter annual variation in precipitation explain the seed density and species richness of the germinable soil seed bank in a tropical dry forest in north-eastern Brazil? Flora-Morphology, Distribution, Functional Ecology of Plants, 208: 445 - 452.

Dou P, Cui B S, Xie T, et al. 2016. Macrobenthos diversity response to hydrological connectivity gradient. Wetlands, 36: 45 - 55.

Edwards K R, Proffitt C E. 2003. Comparison of wetland structural characteristics between created and natural salt marshes in southwest Louisiana, USA. Wetlands, 23: 344 - 356.

Elexander H D, Dunton K H. 2002. Freshwater inundation effects on emergent vegetation of a hypersaline salt marsh. Estuaries, 25: 1426 - 1435.

Engels J G, Jensen K. 2010. Role of biotic interactions and physical factors in determining the distribution of marsh species along an estuarine salinity gradient. Oikos, 119 (4): 679 - 685.

Erfanzadeh R, Hendrickx F, Maelfait J P, et al. 2010. The effect of successional stage and salinity on the vertical distribution of seeds in salt marsh soils. Flora, 205: 442 - 448.

Firth L B, Thompson R C, Bohn K, et al. 2014. Between a rock and a hard place: Environmental and engineering considerations when designing coastal defence structures. Coastal Engineering, 87: 122 - 135.

Freville H, Choquet R, Pradel R, et al. 2013. Inferring seed bank from hidden Markov models: New insights into metapopulation dynamics in plants. Journal of Ecology, 101: 1572 - 1580.

Friess D A, Krauss K W, Horstman E M, et al. 2012. Are all intertidal wetlands naturally created equal? Bottlenecks, thresholds and knowledge gaps to mangrove and saltmarsh ecosystems. Biological Reviews, 87: 346 - 366.

Ganong W F. 1903. The vegetation of the Bay of Fundy salt and diked marshes: An ecological study. Botanical Gazette, 36: 161 - 186.

Geist S J, Nordhaus I, Hinrichs S. 2012. Occurrence of species-rich crab fauna in a human-impacted mangrove forest questions the application of community analysis as an environmental assessment tool. Estuarine, Coastal and Shelf Science, 96: 69 - 80.

Gilarranz L J, Bascompte J. 2012. Spatial network structure and metapopulation persistence. Journal of Theoretical Biology, 297: 11 - 16.

Glenn E P, Nagler P L. 2005. Comparative ecophysiology of Tamarix ramosissima and native trees in western US riparian zones. Journal of Arid Environments, 61 (3): 419 - 446.

Goldberg D E, Barton A M. 1992. Patterns and consequences of interspecific competition in natural communities: A review of field experiments with plants. The American Naturalist, 139 (4): 771 - 801.

Goldstein L J, Suding K N. 2014. Intra-annual rainfall regime shifts competitive interactions between coastal sage scrub and invasive grasses. Ecology, 95: 425 - 435.

González-Ortegón E, Baldó F, Arias A, et al. 2015. Freshwater scarcity effects on the aquatic macrofauna of a European Mediterranean-climate estuary. Science of the Total Environment, 503: 213 - 221.

Grime J. 1977. Evidence for the existence of three primary strategies in plants and its relevance to ecological and evolutionary theory. American Naturalist, 111 (982): 1169 - 1194.

Hacker S D, Bertness M D. 1995. Morphological and physiological consequences of a positive plant interaction. Ecology, 76 (7): 2165 - 2175.

Hacker S D, Bertness M D. 1999. Experimental evidence for factors maintaining plant species diversity in a New England salt marsh. Ecology, 80 (6): 2064 - 2073.

Hampel H, Elliott M, Cattrijsse A. 2009. Macrofaunal communities in the habitats of intertidal marshes along the salinity gradient of the Schelde estuary. Estuarine, Coastal and Shelf Science, 84: 45 - 53.

Handa I T, Jefferies R L. 2000. Assisted revegetation trials in degraded salt-marshes. Journal of Applied Ecology, 37: 944 - 958.

He Q, Altieri A H, Cui B S. 2015. Herbivory drives zonation of stress-tolerant marsh plants. Ecology, 96: 1318 - 1328.

He Q, An Y, Cui B S. 2010. Coastal salt marshes and distribution and diversity of salt marsh plant communities. Ecology and Environmental Sciences, 19: 657 - 664.

He Q, Cui B, Cai Y, et al. 2009. What confines an annual plant to two separate zones along coastal topographic gradients. Hydrobiologia, 630: 327 - 340.

He Q, Cui B S, An Y. 2011. The importance of facilitation in the zonation of shrubs along a coastal salinity gradient. Journal of Vegetation Science, 22 (5): 828 - 836.

He Q, Cui B S, Bertness M D, et al. 2012. Testing the importance of plant strategies on facilitation using congeners in a coastal community. Ecology, 93: 2023 - 2029.

He Q, Silliman B R, Liu Z Z, et al. 2017. Natural enemies govern ecosystem resilience in the face of extreme droughts. Ecology Letters, 20: 194 - 201.

Herman P M J, Middelburg J J, van de Koppel J, et al. 1999. Ecology of estuarine macrobenthos. Advances in Ecological Research, 29: 195 - 240.

HilleRisLambers R, Rietkerk M, van den Bosch F, et al. 2001. Vegetation pattern formation in semi-arid grazing systems. Ecology, 82: 50 - 61.

Holmgren M, Scheffer M. 2010. Strong facilitation in mild environments: The stress gradient hypothesis revisited. Journal of Ecology, 98 (6): 1269 - 1275.

Holzapfel C, Mahall B E. 1999. Bidirectional facilitation and interference between shrubs and annuals in the Mojave Desert. Ecology, 80 (5): 1747 - 1761.

Holzel N, Otte A. 2004. Ecological significance of seed germination characteristics in flood-meadow species. Flora-Morphology, Distribution, Functional Ecology of Plants, 199: 12 - 24.

Hopfensperger K N. 2007. A review of similarity between seed bank and standing vegetation across ecosystems. Oikos, 116: 1438 - 1448.

Hu Z, van Belzen J, van der Wal D, et al. 2015. Windows of opportunity for salt marsh vegetation establishment on bare tidal flats: The importance of temporal and spatial variability in hydrodynamic forcing. Journal of Geophysical Research-Biogeosciences, 120: 1450 - 1469.

Huiskes A H L, Koutstaal B P, Herman P M J, et al. 1995. Seed dispersal of halophytes in tidal salt marshes. Journal of Ecology, 83: 559 - 567.

Hulme P E. 2005. Adapting to climate change: Is there scope for ecological management in the face of a global threat? Journal of Applied Ecology, 42: 784 - 794.

Jarry M, Khaladi M, Hossaertmckey M, et al. 1995. Modeling the population-dynamics of annual plants with seed bank and density-dependent effects. Acta Biotheoretica, 43: 53 - 65.

Jelassi R, Khemaissia H, Zimmer M, et al. 2015. Biodiversity of Talitridae family (Crustacea, Amphipoda) in some Tunisian coastal lagoons. Zoological Studies, 54: 1.

Jentsch A, Kreyling J, Beierkuhnlein C. 2007. A new generation of climate-change experiments: Events, not trends. Frontiers in Ecology and the Environment, 5: 365 - 374.

Jia J H. 2003. A list of freshwater zoobenthos in the Yellow River Delta. Transactions of Oceanology and Limnology, 2: 86.

Jolly M T, Thiebaut E, Guyard P, et al. 2014. Meso-scale hydrodynamic and reproductive asynchrony affects the source-sink metapopulation structure of the coastal polychaete Pectinaria koreni. Marine Biology, 161 (2): 367 - 382.

Keeley N B, Macleod C K, Hopkins G A, et al. 2014. Spatial and temporal dynamics in macrobenthos during recovery from salmon farm induced organic enrichment: When is recovery complete. Marine Pollution Bulletin, 80: 250 - 262.

Kefu Z, Hai F, San Z, et al. 2003. Study on the salt and drought tolerance of Suaeda salsa and Kalanchoe claigremontiana under iso-osmotic salt and water stress. Plant Science, 165: 837 - 844.

Kemp G P, Day J W, Freeman A M. 2014. Restoring the sustainability of the Mississippi River Delta. Ecological Engineering, 65: 131 - 146.

Kitzberger T, Steinaker D F, Veblen T T. 2000. Effects of climatic variability on facilitation of tree establishment in northern Patagonia. Ecology, 81 (7): 1914 - 1924.

Knapp A K, Fay P A, Blair J M, et al. 2002. Rainfall variability, carbon cycling, and plant species diversity in a mesic grassland. Science, 298: 2202 - 2205.

Koppel J, Altieri A H, Silliman B R, et al. 2006. Scale-dependent interactions and community structure on cobble beaches. Ecology Letters, 9 (1): 45 - 50.

Kreeger D A, Newell R I. 2002. Trophic Complexity Between Producers and Invertebrate Consumers in Salt Marshes. In Concepts and controversies in tidal marsh ecology (pp. 187 - 220) . Berlin: Springer Netherlands.

Krishnamoorthy R, Kim K, Kim C, et al. 2014. Changes of arbuscular mycorrhizal traits and community structure with respect to soil salinity in a coastal reclamation land. Soil Biology & Biochemistry, 72: 1 - 10.

Kristensen E, Delefosse M, Quintana C O, et al. 2014. Influence of benthic macrofauna community shifts on ecosystem functioning in shallow estuaries. Frontiers in Marine Science, 1: 41.

Leibold M A, McPeek M A. 2006. Coexistence of the niche and neutral perspectives in community ecology. Ecology, 87: 1399 - 1410.

Lesica P, Miles S. 2004. Ecological strategies for managing tamarisk on the CM Russell National Wildlife Refuge, Montana, USA. Biological Conservation, 119 (4): 535 - 543.

Levine J M, McEachern A K, Cowan C. 2011. Seasonal timing of first rain storms affects rare plant population dynamics. Ecology, 92: 2236 - 2247.

Li D, Chen S, Guan L, et al. 2011a. Patterns of waterbird community composition across a natural and restored wetland landscape mosaic, Yellow River Delta, China. Estuarine, Coastal and Shelf Science, 91: 325 - 332.

Li W, Liu X, Khan M, et al. 2005. The effect of plant growth regulators, nitric oxide, nitrate, nitrite and light on the germination of dimorphic seeds of Suaeda salsa under saline conditions. Journal of Plant Research, 118: 207 - 214.

Li W, Zhang C, Lu Q, et al. 2011b. The combined effect of salt stress and heat shock on proteome profiling in Suaeda salsa. Journal of Plant Physiology, 168: 1743 - 1752.

Li Y Y, Dong S K, Wen L, et al. 2012. Soil seed banks in degraded and revegetated grasslands in the alpine region of the Qinghai-Tibetan Plateau. Ecological Engineering, 49: 77 - 83.

Lindegarth M, Chapman M G. 2001. Testing hypotheses about management to enhance habitat for feeding birds in a freshwater wetland. Journal of Environmental Management, 62: 375 - 388.

Lindenmayer D B, Likens G E. 2009. Adaptive monitoring: A new paradigm for long-term research and monitoring. Trends in Ecology and Evolution, 24: 482 - 486.

Ling J, Wu M L, Chen Y F, et al. 2014. Identification of spatial and temporal patterns of coastal waters in Sanya Bay, South China sea by chemometrics. Journal of Environmental Informatics, 23: 37 - 43.

Liu Z Z, Cui B S, He Q. 2016. Shifting paradigms in coastal restoration: Six decades' lessons from China. Science of the Total Environment, 566: 205 - 214.

López-Rosas H, Moreno-Casasola P, López-Barrera F, et al. 2013. Interdune Wetland Restoration in Central Veracruz, Mexico: Plant Diversity Recovery Mediated by the Hydroperiod. In Restoration of Coastal Dunes. Berlin: Springer Heidelberg: 255 - 269.

Lortie C J, Callaway R M. 2006. Re-analysis of meta-analysis: Support for the stress-gradient hypothesis. Journal of Ecology, 94 (1): 7 - 16.

Ma M J, Zhou X H, Qi W, et al. 2013. Seasonal dynamics of the plant community and soil seed bank along a successional gradient in a subalpine meadow on the Tibetan Plateau. PloS One, 8: e80220.

Ma M J, Zhou X H, Wang G, et al. 2010. Seasonal dynamics in alpine meadow seed banks along an altitudinal gradient on the Tibetan Plateau. Plant and Soil, 336: 291 - 302.

Maestre F T, Callaway R M, Valladares F, et al. 2009. Refining the stress-gradient hypothesis for competition and facilitation in plant communities. Journal of Ecology, 97 (2): 199 - 205.

Maestre F T, Cortina J. 2004. Do positive interactions increase with abiotic stress? -A test from a semi-arid steppe. Proceedings of the Royal Society B-Biological Sciences, 271: S331 - S333.

Maestre F T, Valladares F, Reynolds J F. 2005. Is the change of plant-plant interactions with abiotic stress predictable? A meta-analysis of field results in arid environments. Journal of Ecology, 93 (4): 748 - 757.

Maestre F T, Valladares F, Reynolds J F. 2006. The stress-gradient hypothesis does not fit all relationships between plant-plant interactions and abiotic stress: Further insights from arid environments. Journal of Ecology, 94 (1): 17 - 22.

Maranon T. 1998. Soil seed bank and community dynamics in an annual-dominated Mediterranean salt-marsh. Journal of Vegetation Science, 9: 371 - 378.

Martin K L, Kirkman L K. 2009. Management of ecological thresholds to re-establish disturbance-maintained herbaceous wetlands of the south-eastern USA. Journal of Applied Ecology, 46: 906 - 914.

Martinez M E, Nejadhashemi A P, Woznicki S A, et al. 2014. Modeling the hydrological significance of wetland restoration scenarios. Journal of Environmental Management, 133: 121 - 134.

McGill B J, Enquist B J, Weiher E, et al. 2006. Rebuilding community ecology from functional traits. Trends in Ecology and Evolution, 21 (4): 178 - 185.

Meli P, Benayas J M R, Balvanera P, et al. 2014. Restoration enhances wetland biodiversity and ecosystem service supply, but results are context-dependent: A meta-analysis. PloS One, 9 (4): e93507.

Merritt D M, Poff N L. 2010. Shifting dominance of riparian Populus and Tamarix along gradients of flow alteration in western North American rivers. Ecological Applications, 20 (1): 135 - 152.

Millenium Ecosystem Assessment. 2005. Ecosystems and human well-being: Wetlands and water synthesis. World Resources Institute, Washington, DC.

Miller W R, Egler F E. 1950. Vegetation of the Wequetequock-Pawcatuck tidal-marshes, connecticut.

Ecological Monographs, 20 (2): 143 - 172.

Mitsch W J, Gosselink J G. 2007. Wetlands. New York: Wetlands John Wiley & Sons. Inc.

Mitsch W J, Wilson R F. 1996. Improving the success of wetland creation and restoration with know-how, time, and self-design. Ecological Applications, 6: 77 - 83.

Moreno M D, Power M E, Comín F A, et al. 2012. Structural and functional loss in restored wetland ecosystems. PLoS Biology, 10 (1): e1001247.

Munns R. 2002. Comparative physiology of salt and water stress. Plant Cell and Environment, 25: 239 - 250.

Munns R, Tester M. 2008. Mechanisms of salinity tolerance. Annual Review of Plant Biology, 59: 651 - 681.

Murray N J, Clemens R S, Phinn S R, et al. 2014. Tracking the rapid loss of tidal wetlands in the Yellow Sea. Frontiers in Ecology and the Environment, 12: 267 - 272.

Natale E, Zalba S M, Oggero A, et al. 2010. Establishment of Tamarix ramosissima under different conditions of salinity and water availability: Implications for its management as an invasive species. Journal of Arid Environments, 74 (11): 1399 - 1407.

Nathan R, Muller L H C. 2000. Spatial patterns of seed dispersal, their determinants and consequences for recruitment. Trends in Ecology and Evolution, 15 (7): 278 - 285.

Necajeva J, Ievinsh G. 2008. Seed germination of six coastal plant species of the Baltic region: Effect of salinity and dormancy-breaking treatments. Seed Science Research, 18: 173 - 177.

Nichols P G H, Malik A I, Stockdale M, et al. 2009. Salt tolerance and avoidance mechanisms at germination of annual pasture legumes: Importance for adaptation to saline environments. Plant and Soil, 315: 241 - 255.

Nishijima W, Nakano Y, Nakai S, et al. 2013. Impact of flood events on macrobenthic community structure on an intertidal flat developing in the Ohta River Estuary. Marine Pollution Bulletin, 74: 364 - 373.

Niu Z, Zhang H, Gong P. 2011. More protection for China's wetlands. Nature, 471: 305.

Noe G B, Zedler J B. 2001. Spatio-temporal variation of salt marsh seedling establishment in relation to the abiotic and biotic environment. Journal of Vegetation Science, 12: 61 - 74.

Nourisson D H, Bessa F, Scapini F, et al. 2014. Macrofaunal community abundance and diversity and talitrid orientation as potential indicators of ecological long-term effects of a sand-dune recovery intervention. Ecological Indicators, 36: 356 - 366.

Oconnor T G. 1995. Acacia Karroo invasion of grassland-environmental and biotic effects influencing seedling emergence and establishment. Oecologia, 103: 214 - 223.

O'Donnell J, Fryirs K A, Leishman M R. 2016. Seed banks as a source of vegetation regeneration to support the recovery of degraded rivers: A comparison of river reaches of varying condition. Science of The Total Environment, 542: 591 - 602.

Olin J A, Stevens P W, Rush S A, et al. 2015. Loss of seasonal variability in nekton community structure in a tidal river: Evidence for homogenization in a flow-altered system. Hydrobiologia, 744 (1): 271 - 286.

Omer L S. 2004. Small-scale resource heterogeneity among halophytic plant species in an upper salt marsh community. Aquatic Botany, 78: 337 - 348.

Osland M J, Enwright N, Stagg C L. 2014. Freshwater availability and coastal wetland foundation species: Ecological transitions along a rainfall gradient. Ecology, 95: 2789 - 2802.

Osland M J, Enwright N M, Day R H, et al. 2016. Beyond just sea-level rise: Considering macroclimatic drivers within coastal wetland vulnerability assessments to climate change. Global Change Biology, 22: 1 - 11.

Pennings S C, Bertness M D. 2001. Marine community ecology. In: Bertness M D, Gaines S D, Hay M

E. Sunderland：Sinauer Associates，289－316.

Pennings S C，Callaway R M. 1992. Salt marsh plant zonation：The relative importance of competition and physical factors. Ecology，73（2）：681－690.

Pennings S C，Grant M B，Bertness M D. 2005. Plant zonation in low-latitude salt marshes：Disentangling the roles of flooding，salinity and competition. Journal of Ecology，93：159－167.

Pennings S C，Selig E R，Houser L T，et al. 2003. Geographic variation in positive and negative interactions among salt marsh plants. Ecology，84（6）：1527－1538.

Picanço T C，Almeida C M R，Antunes C，et al. 2014. Influence of abiotic characteristics of sediments on the macrobenthic community structure of Minho estuary saltmarsh. Limnetica，33：73－88.

Pinto R，de Jonge V N，Marques J C. 2014. Linking biodiversity indicators，ecosystem functioning，provision of services and human well-being in estuarine systems：Application of a conceptual framework. Ecological Indicators，36：644－655.

Pontee N. 2014. Accounting for siltation in the design of intertidal creation schemes. Ocean and Coastal Management，88：8－12.

Pouliot R，Rochefort L，Karofeld E. 2012. Initiation of microtopography in re-vegetated cutover peatlands：evolution of plant species composition. Applied Vegetation Science，15：369－382.

Pratt D R，Lohrer A M，Pilditch C A，et al. 2014. Changes in ecosystem function across sedimentary gradients in estuaries. Ecosystems，17：182－194.

Rand T A. 2000. Seed dispersal，habitat suitability and the distribution of halophytes across a salt marsh tidal gradient. Journal of Ecology，88（4）：608－621.

Reizopoulou S，Nicolaidou A. 2004. Benthic diversity of coastal brackish-water lagoons in western Greece. Aquatic conservation：Marine and Freshwater Ecosystems，14：S93－S102.

Ren J，Tao L，Liu X M. 2002. Effect of sand burial depth on seed germination and seedling emergence of Calligonum L. species. Journal of Arid Environments，51：603－611.

Robertson S G，Hickman K R. 2012. Aboveground plant community and seed bank composition along an invasion gradient. Plant Ecology，213：1461－1475.

Rossaro B，Marziali L，Cortesi P. 2014. The effects of tricyclazole treatment on aquatic invertebrates in a rice paddy field. Clean-Soil，Air，Water，42：29－35.

Rowe J C，Garcia T S. 2014. Impacts of wetland restoration efforts on an amphibian assemblage in a multiinvader community. Wetlands，34：141－153.

Ryals R，Hartman M D，Parton W J，et al. 2015. Long-term climate change mitigation potential with organic matter management on grasslands. Ecological Applications，25：531－545.

Ryu J，Khim J S，Choi J W，et al. 2011. Environmentally associated spatial changes of a macrozoobenthic community in the Saemangeum tidal flat，Korea. Journal of Sea Research，65：390－400.

Sarneel J M，Janssen R H，Rip W J，et al. 2014. Windows of opportunity for germination of riparian species after restoring water level fluctuations：A field experiment with controlled seed banks. Journal of Applied Ecology，51：1006－1014.

Sassa S，Watabe Y，Yang S，et al. 2013. Ecological geotechnics：Role of waterfront geoenvironment as habitats in the activities of crabs，bivalves，and birds for biodiversity restoration. Soils and Foundations，53：246－258.

Scarton F，Day J W，Rismondo A，et al. 2000. Effects of an intertidal sediment fence on sediment elevation and vegetation distribution in a Venice（Italy）lagoon salt marsh. Ecological Engineering，16：223－233.

Scheffer M, Carpenter S R. 2003. Catastrophic regime shifts in ecosystems: Linking theory to observation. Trends in Ecology & Evolution, 18: 648 - 656.

Schlacher T A, Meager J J, Nielsen T. 2014. Habitat selection in birds feeding on ocean shores: Landscape effects are important in the choice of foraging sites by oystercatchers. Marine Ecology, 35: 67 - 76.

Schwarz C, Ysebaert T, Zhu Z C, et al. 2011. Abiotic factors governing the establishment and expansion of two salt marsh plants in the Yangtze Estuary, China. Wetlands, 31: 1011 - 1021.

Scyphers S B, Picou J S, Powers S P. 2015. Participatory conservation of coastal habitats: The importance of understanding homeowner decision making to mitigate cascading shoreline degradation. Conservation Letters, 8: 41 - 49.

Shang Z H, Deng B, Ding L M, et al. 2013. The effects of three years of fencing enclosure on soil seed banks and the relationship with above-ground vegetation of degraded alpine grasslands of the Tibetan plateau. Plant and Soil, 364: 229 - 244.

Sharma J, Baguley J, Bluhm B A, et al. 2011. Do meio-and macrobenthic nematodes differ in community composition and body weight trends with depth. PloS One, 6: e14491.

Silinski A, Heuner M, Schoelynck J, et al. 2015. Effects of wind waves versus ship waves on tidal marsh plants: A Flume study on different life stages of scirpus maritimus. PloS One, 10: e0118687.

Silliman B R, Bertness M D. 2004. Shoreline development drives invasion of Phragmites australis and the loss of plant diversity on New England salt marshes. Conservation Biology, 18 (5): 1424 - 1434.

Simenstad C, Reed D, Ford M. 2006. When is restoration not: Incorporating landscape-scale processes to restore self-sustaining ecosystems in coastal wetland restoration. Ecological Engineering, 26: 27 - 39.

Sivadas S K, Ingole B S, Fernandes C E G. 2013. Environmental gradient favours functionally diverse macrobenthic community in a placer rich tropical bay. The Scientific World Journal, 5: 750580.

Smith A L, Blanchard W, Blair D P, et al. 2016. The dynamic regeneration niche of a forest following a rare disturbance event. Diversity and Distributions, 22: 457 - 467.

Smith M D. 2011a. An ecological perspective on extreme climatic events: A synthetic definition and framework to guide future research. Journal of Ecology, 99: 656 - 663.

Smith M D. 2011b. The ecological role of climate extremes: Current understanding and future prospects. Journal of Ecology, 99: 651 - 655.

Smith S E, Riley E, Tiss J L, et al. 2000. Geographical variation in predictive seedling emergence in a perennial desert grass. Journal of Ecology, 88: 139 - 149.

Snedden G A, Cretini K, Patton B. 2015. Inundation and salinity impacts to above-and belowground productivity in Spartina patens and Spartina alterniflora in the Mississippi River deltaic plain: Implications for using river diversions as restoration tools. Ecological Engineering, 81: 133 - 139.

Soberon J. 2007. Grinnellian and Eltonian niches and geographic distributions of species. Ecology Letters, 10: 1115 - 1123.

Song J, Fan H, Zhao Y Y, et al. 2008. Effect of salinity on germination, seedling emergence, seedling growth and ion accumulation of a euhalophyte Suaeda salsa in an intertidal zone and on saline inland. Aquatic Botany, 88: 331 - 337.

Song J, Shi G W, Xing S, et al. 2009. Ecophysiological responses of the euhalophyte Suaeda salsa to the interactive effects of salinity and nitrate availability. Aquatic Botany, 91: 311 - 317.

Song J, Wang B S. 2015. Using euhalophytes to understand salt tolerance and to develop saline agriculture: Suaeda salsa as a promising model. Annals of Botany, 115: 541 - 553.

Song J, Zhou J C, Zhao W W, et al. 2016. Effects of salinity and nitrate on production and germination of dimorphic seeds applied both through the mother plant and exogenously during germination in Suaeda salsa. Plant Species Biology, 31 (1): 19－28.

Sousa R, Dias S, Antunes J C. 2006. Spatial subtidal macrobenthic distribution in relation to abiotic conditions in the Lima estuary, NW of Portugal. Hydrobiologia, 559 (1): 135－148.

Sousa W P, Mitchell B J. 1999. The effect of seed predators on plant distributions: Is there a general pattern in mangroves. Oikos, 55－66.

Stachowicz J J. 2001. Mutualism, facilitation, and the structure of ecological communities. Bioscience, 51 (3): 235－246.

Stauffer A L, Brooks R P. 1997. Plant and soil responses to salvaged marsh surface and organic matter amendments at a created wetland in central Pennsylvania. Wetlands, 17: 90－105.

Suding K N, Hobbs R J. 2009. Threshold models in restoration and conservation: A developing framework. Trends in Ecology & Evolution, 24: 271－279.

Sukumaran S, Vijapure T, Mulik J, et al. 2013. Macrobenthos in anthropogenically influenced zones of a coralline marine protected area in the Gulf of Kachchh, India. Journal of Sea Research, 76: 39－49.

Sun Z G, Mou X J, Lin G H, et al. 2010. Effects of sediment burial disturbance on seedling survival and growth of Suaeda salsa in the tidal wetland of the Yellow River estuary. Plant and Soil, 337: 457－468.

Sun Z G, Mou X J, Zhang D Y, et al. 2017. Impacts of burial by sediment on decomposition and heavy metal concentrations of Suaeda salsa in intertidal zone of the Yellow River estuary, China. Marine Pollution Bulletin, 116 (1): 103－112.

Sun Z G, Song H L, Sun J K, et al. 2014. Effects of continual burial by sediment on seedling emergence and morphology of Suaeda salsa in the coastal marsh of the Yellow River estuary, China. Journal of Environmental Management, 135: 27－35.

Tielborger K, Kadmon R. 2000. Temporal environmental variation tips the balance between facilitation and interference in desert plants. Ecology, 81 (6): 1544－1553.

Torres G, Anger K, Giménez L. 2006. Effects of reduced salinities on metamorphosis of a freshwater-tolerant sesarmid crab, Armases roberti: Is upstream migration in the megalopa stage constrained by increasing osmotic stress. Journal of Experimental Marine Biology and Ecology, 338 (1): 134－139.

Valko O, Tothmeresz B, Kelemen A, et al. 2014. Environmental factors driving seed bank diversity in alkali grasslands. Agriculture Ecosystems & Environment, 182: 80－87.

vanKatwijk M M, Wijgergangs L J M. 2004. Effects of locally varying exposure, sediment type and lowtide water cover on Zostera marina recruitment from seed. Aquatic Botany, 80: 1－12.

Verschuren D, Tibby J, Sabbe K, et al. 2000. Effects of depth, salinity, and substrate on the invertebrate community of a fluctuating tropical lake. Ecology, 81: 164－182.

Visser J M, Peterson J K. 2015. The effects of flooding duration and salinity on three common upper estuary plants. Wetlands, 35: 625－631.

Wang C H, Lu M, Yang B, et al. 2010. Effects of environmental gradients on the performances of four dominant plants in a Chinese saltmarsh: Implications for plant zonation. Ecological Research, 25 (2): 347－358.

Wang L Z, Huang Y F, Wang L, et al. 2014. Pollutant flushing characterizations of stormwater runoff and their correlation with land use in a rapidly urbanizing watershed. Journal of Environmental Informatics, 23: 44－54.

Wang X, Yu J, Zhou D, et al. 2012a. Vegetative ecological characteristics of restored reed (Phragmites australis) wetlands in the Yellow River Delta, China. Environmental Management, 49: 325－333.

Wang Y P, Gao S, Jia J J, et al. 2012b. Sediment transport over an accretional intertidal flat with influences of reclamation, Jiangsu coast, China. Marine Geology, 291: 147 - 161.

Waterkeyn A, Grillas P, Vanschoenwinkel B, et al. 2008. Invertebrate community patterns in Mediterranean temporary wetlands along hydroperiod and salinity gradients. Freshwater Biology, 53: 1808 - 1822.

Watson E B, Byrne R. 2009. Abundance and diversity of tidal marsh plants along the salinity gradient of the San Francisco Estuary: Implications for global change ecology. Plant Ecology, 205: 113 - 128.

Weinstein M P, Litvin S Y, Krebs J M. 2014. Restoration ecology: Ecological fidelity, restoration metrics, and a systems perspective. Ecological Engineering, 65: 71 - 87.

Whitcraft C R, Levin L A. 2007. Regulation of benthic algal and animal communities by salt marsh plants: Impact of shading. Ecology, 88: 904 - 917.

Wolters M, Garbutt A, Bakker J P. 2005. Plant colonization after managed realignment: The relative importance of diaspore dispersal. Journal of Applied Ecology, 42 (4): 770 - 777.

Wolters M, Garbutt A, Bekker R M, et al. 2008. Restoration of salt-marsh vegetation in relation to site suitability, species pool and dispersal traits. Journal of Applied Ecology, 45 (3): 904 - 912.

Xiao D R, Zhang C, Zhang L Q, et al. 2016. Seed dispersal capacity and post-dispersal fate of the invasive Spartina alterniflora in saltmarshes of the Yangtze Estuary. Estuarine Coastal and Shelf Science, 169: 158 - 163.

Yan J, Cui B, Zheng J, et al. 2015. Quantification of intensive hybrid coastal reclamation for revealing its impacts on macrozoobenthos. Environmental Research Letters, 10: 014004.

Yando E S, Osland M J, Willis J M, et al. 2016. Salt marsh-mangrove ecotones: Using structural gradients to investigate the effects of woody plant encroachment on plant-soil interactions and ecosystem carbon pools. Journal of Ecology, 104: 1020 - 1031.

Yang H X, Lu Q, Wu B, et al. 2012. Seed dispersal of East Asian coastal dune plants via seawater-short and long distance dispersal. Flora, 207 (10): 701 - 706.

Yi X F, Liu G Q, Steele M A, et al. 2013. Directed seed dispersal by a scatter-hoarding rodent: The effects of soil water content. Animal Behaviour, 86: 851 - 857.

Ysebaert T, Herman P M J, Meire P, et al. 2003. Large-scale spatial patterns in estuaries: Estuarine macrobenthic communities in the Schelde estuary, NW Europe. Estuarine, Coastal and Shelf Science, 57: 335 - 355.

Zedler J B. 1983. Freshwater impacts in normally hypersaline marshes. Estuaries, 6: 346 - 355.

Zhang E, Cao Y, Langdon P, et al. 2012. Alternate trajectories in historic trophic change from two lakes in the same catchment, Huayang Basin, middle reach of Yangtze River, China. Journal of Paleolimnology, 48: 367 - 381.

Zhang E, Langdon P, Tang H, et al. 2011. Ecological influences affecting the distribution of larval chironomid communities in the lakes on Yunnan Plateau, SW China. Fundamental and Applied Limnology/Archiv für Hydrobiologie, 179 (2): 103 - 113.

Zhao K F. 1991. Desalinization of saline soils by suaeda salsa. Plant and Soil, 135 (2): 303 - 305.

Zheng Y R, Xie Z X, Yu Y, et al. 2005. Effects of burial in sand and water supply regime on seedling emergence of six species. Annals of Botany, 95: 1237 - 1245.

Zimmer R K, Fingerut J T, Zimmer C A. 2009. Dispersal pathways, seed rains, and the dynamics of larval behavior. Ecology, 90 (7): 1933 - 1947.

Zimmermann J, Higgins S I, Grimm V, et al. 2008. Recruitment filters in a perennial grassland: The interactive roles of fire, competitors, moisture and seed availability. Journal of Ecology, 96: 1033 - 1044.

第 4 章

滨海湿地土壤微生物的适应性

滨海湿地是海洋和陆地生态系统的交错带，是具有涵养水源、防洪蓄水、减少侵蚀、维护生物多样性、提供生产力等服务功能的生态系统。我国滨海湿地资源丰富，但伴随沿海经济的发展，围填海活动已成为人类扩展空间的主要方式，改变了原有湿地生境类型。土壤微生物对生境的变化具有高敏感性，将从种群结构、群落进化及功能上做出响应，进而通过土壤的呼吸作用影响物质循环。研究滨海湿地土壤微生物的适应性，将对滨海湿地生物修复提供指示。

本章基于典型湿地土壤和根际微生物（细菌），通过分子生物实验技术手段对环境中的微生物 DNA 进行提取及高通量测序，结合室内室外模拟控制实验，从不同时空维度揭示了围垦和未围垦湿地中互花米草根际微生物分布特征，以及和营养盐之间的相互作用关系，土壤微生物从群落结构和功能对不同围填海类型的响应特征及淡水湿地土壤微生物对水盐变化和土壤呼吸之间的相互作用关系。

4.1 互花米草根际微生物分布特征

根际微生物作为生态系统中重要的生命要素，在参与植物养分供给的同时，直接影响着根际微生态系统的健康稳定和可持续性发展。互花米草人为引种进入我国，通过其自然扩散及强大的繁殖能力，互花米草植株面积呈逐年增加趋势，这给滨海湿地生态系统的群落组成结构及当地居民的生产生活带来了深远影响。因此，开展围填海活动对互花米草根际土壤微生物的影响研究工作迫切而必要。

4.1.1 根际微生物相对丰度分布特征

综合成土条件、大气候因素、潮汐水位等环境因子，黄河三角洲受堤坝影响的围填（海）区与无堤坝影响的围填区域所处的大环境是一致的，可以开展比较分析，黄河三角洲围填与未围填区域样带布设如图4.1所示。

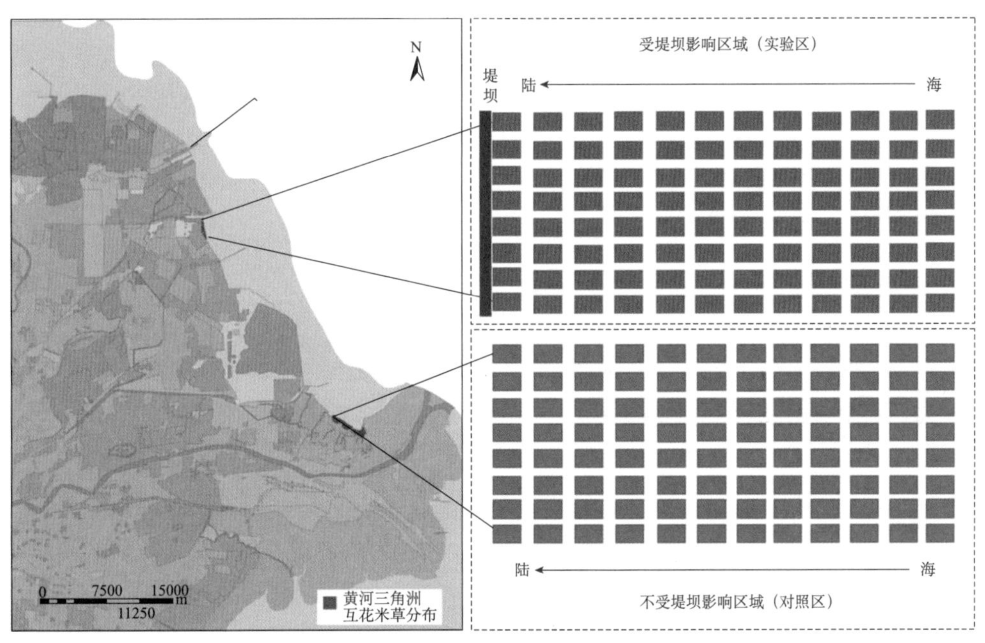

图4.1 黄河三角洲围填与未围填区域样带布设

黄河三角洲土壤根际样品分别采集于2013年9月和12月，2014年3月、6月、9月和12月，2015年3月和6月。根据防潮堤坝的有无，在黄河三角洲滨海湿地互花米草区域，进行堤坝围填区与无堤坝围填区域样品采样。沿由海向陆分别设定8条野外采样带，样带间距500m。每条样带设定12个50cm×50cm样方，每两个样方间距200m，每个样方设置 3 个采样点，一次样品采集可获得 288 个土壤样品。在 8 次大范围样品采集中，共获得根际土壤样品 4608 个。

植物样品采集是在每个 50cm×50cm 土壤样方内，将互花米草地上部分样品的齐地切割收集并放入纸袋，并同时记录互花米草的植株数量，植物株高以最高个体为准。地下生物量在一级切割样方内，再随机选择 30cm×30cm 的二级样方，在垂直方向上按照 0～5cm、5～15cm、15～25cm 分成 3 个层次，并及时挑出枯枝落叶和草根。植物样品带回实验室后，将植物地上部分和地下部分于 80℃烘干至恒重，测定地上生物量和地下生物量。

收取互花米草地上植物的同时，对互花米草地下根际土壤样品同样进行采集，根际土壤样品通过抖根法采集，用无菌袋装盛，放于携带的冰盒中，带回实验室处理。将土样混合均匀，一部分新鲜土壤样品用于土壤微生物指标的测定，另一部分土壤样品经过冷冻干燥后，分散、研磨、过筛再应用于土壤理化因子的测定。现场测定土壤的理化指标包括盐度和温度。根据黄河三角洲气相资料，以 3 月、6 月、9 月和 12 月来分别划分春、夏、秋、冬。

使用 FLASH 软件对原始数据进行重组，并使用 QIIME 软件依据条形码序列将该组装结果进行样品回归，并对每个样品的序列数进行数据统计。然后使用 UCLUST 软件根据序列相似性（阈值为 97%）进行聚类，得到 OTU 序列，并进行优化。

2014 年和 2015 年春季，黄河三角洲滨海湿地互花米草区域土壤根际微生物相对丰度值呈条带状分布（图 4.2）。围填区域在由海向陆的同一距离的不同采样点，相对丰度值相差不大，变化趋势基本一致，平行于海岸线。相对丰度值最大值均出现在由海向陆 1800m 处。2014 年 3 月围填区域细菌相对丰度最大值为 15400copies/g，2015 年 3 月

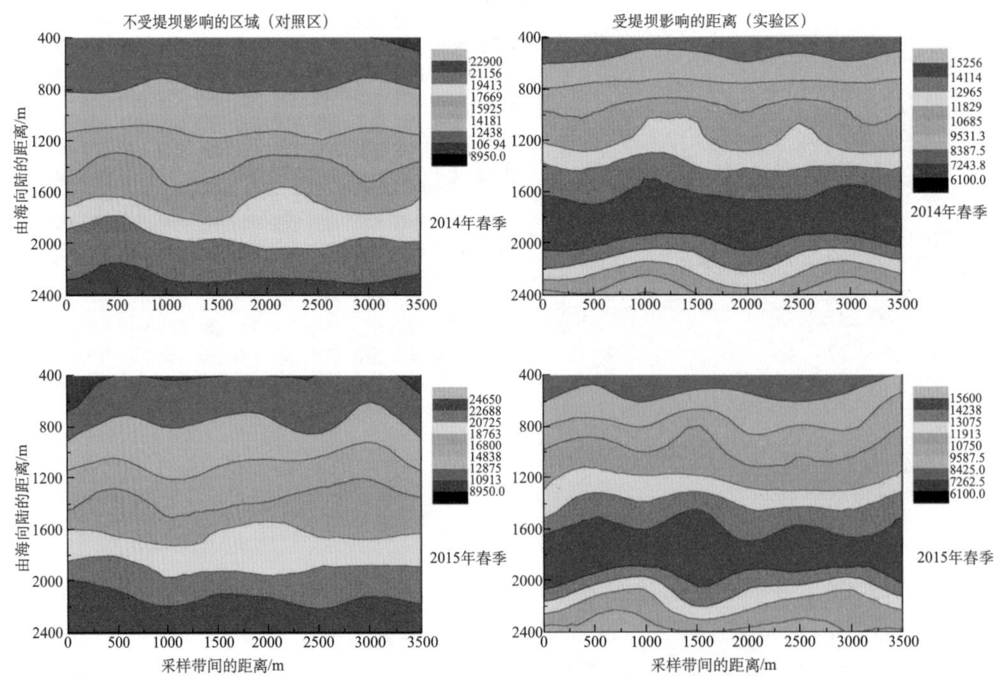

图 4.2　黄河三角洲春季互花米草根际微生物相对丰度值

围填区域相对丰度值最大为 15340，相对丰度值变化不明显。在互花米草未围填区域，2014 年和 2015 年春季共获得了 142983 个原始读数，且达到 97%序列一致性的原始读数达到了 24934 个。2014 年春季，微生物相对丰度值从 8960 增加到 22900，2015 年春季，微生物相对丰度值从 9012 增加到 23980，均沿由海向陆方向逐渐增高。

2014 年和 2015 年夏季，在黄河三角洲互花米草堤坝围填区域与无堤坝区域，采集互花米草根际土壤样品，进行土壤根际细菌相对丰度值测定，获得两个区域共计 1432631个原始读数。互花米草土壤根际微生物相对丰度值如图 4.3 所示。

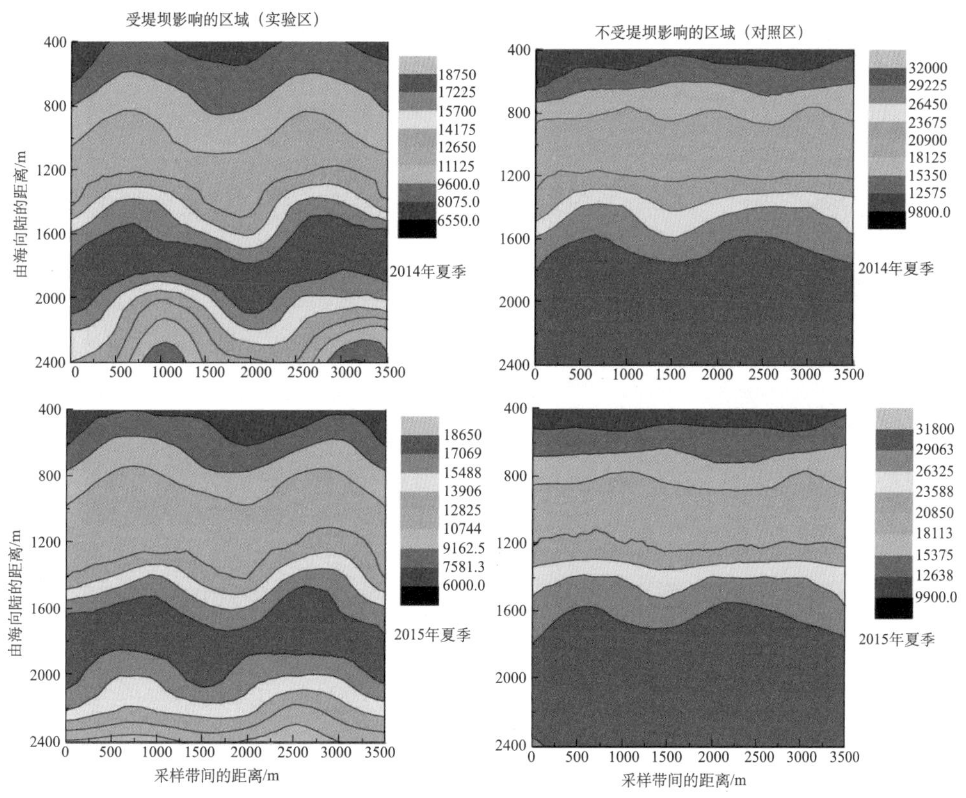

图 4.3　黄河三角洲夏季互花米草根际微生物相对丰度值

2014 年夏季，在互花米草堤坝围填区域，由海向陆 200m 处，土壤根际微生物相对丰度值为 6640～7140；由海向陆 800m 处，土壤根际微生物相对丰度值为 10880～13880；在由海向陆 1600m 处，土壤根际微生物丰度值为 16940～19500；在由海向陆 2400m 处，土壤根际微生物相对丰度值为 11350～13140，根际微生物相对丰度值总体呈现先升高后降低。在互花米草群落无堤坝围建干扰区域，由海向陆 200m 处，土壤根际微生物相对丰度值为 10740～11030，随着由海向陆盐度梯度升高，微生物相对丰度值也逐渐升高。在由海向陆 2400m 处，土壤根际微生物相对丰度值达到37400～37930。

2015 年夏季，在互花米草堤坝围填区域，由海向陆 800m 处，土壤根际微生物相对丰度值为 10560～11880；在由海向陆 1800m 处，土壤根际微生物相对丰度值为 18580～20640；在由海向陆 2400m 处，土壤根际微生物相对丰度值为 11505～13370，根际微生物丰度值呈现先升高后降低的趋势。在无堤坝围建的互花米草区域，随着由海向陆采样距离的增加，土壤根际微生物相对丰度值逐渐升高，从由海向陆 200m 处的 10010 增加到由海向陆 2400m 处的 36900。在黄河三角洲夏季两年间的取样监测中，可以通过细菌相对丰度值分布图看到总体变化趋势是一致的，堤坝区域微生物相对丰度值，均有向海迁移的趋势。

2013 年秋季，在黄河三角洲堤坝围填区域与无堤坝区域共获得 1286936 个原始读数，每个样品平均值为 16347±5737，同时，在这些读数中≥97%的序列一致性达到了 210830 个，如图 4.4 所示。在无堤坝区域由海向陆 2400m 处，OTU 数量达到了 33150。受堤坝围填影响，在堤坝围填区由海向陆 1800m 处，OTU 数量达到18020。选择读数 8000 去过滤和分析每一个 OTU，在围填与未围填区域由海向陆方向的同一个位置 OTU 数量具有显著性差异（$p=0.018<0.05$）。

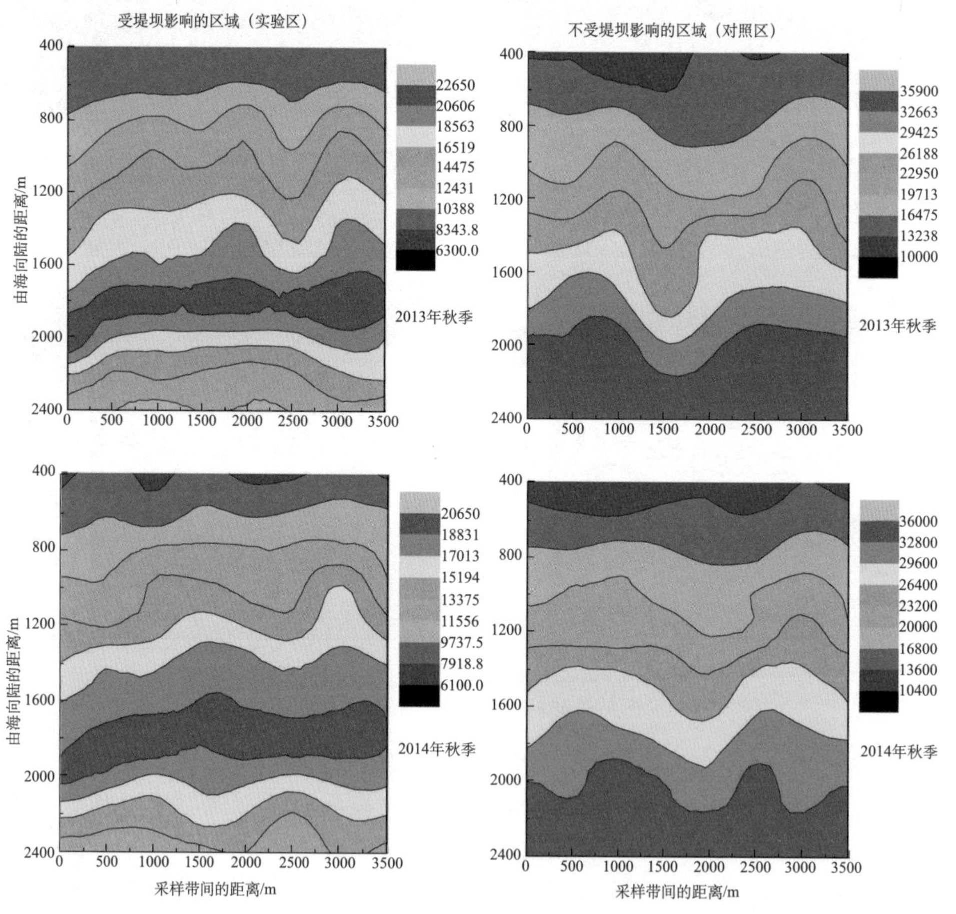

图 4.4 黄河三角洲秋季互花米草根际微生物相对丰度值

在 2014 年秋季，堤坝围填与无堤坝区域共获得 1329032 个原始数据，其中，每一个测试点的样品均值为 18028±3725。同样受到堤坝围填影响，堤坝围填区域 OTU 最大值出现在 1800m 处，数量为 19200，而在未受到堤坝围填影响的区域，OTU 最大值出现在 2000m 处，数量达到 34160。与无堤坝区域相比，堤坝围填区域的土壤根际细菌丰度值有向海方向的位移，这种位移同样出现在上一年秋季样品中。

不同年份，同一季节内，堤坝围填区域与无堤坝区域土壤根际微生物相对丰度值的变化趋势相似。

在 2013 年和 2014 年冬季，对互花米草群落围填与未围填区域样品进行高通量测序，结果如图 4.5 所示。在 2013 年冬季和 2014 年冬季，堤坝围填区域的互花米草根际微生物相对丰度值均呈现先升高后降低的趋势，最高点出现在由海向陆 1800m 处，最高点微生物相对丰度值分别为 11840 和 10390，微生物相对丰度值最低分别为 5480 和 5130。黄河三角洲互花米草无堤坝围填区域，微生物相对丰度值逐渐升高。2013 年冬，微生物相对丰度值从 5820 升到 19320；2014 年冬，微生物相对丰度值从 5840 升到 18900。通过显著性分析可知，在 0.05 水平上，两年间冬季微生物相对丰度值变化不明显，无显著性差异。

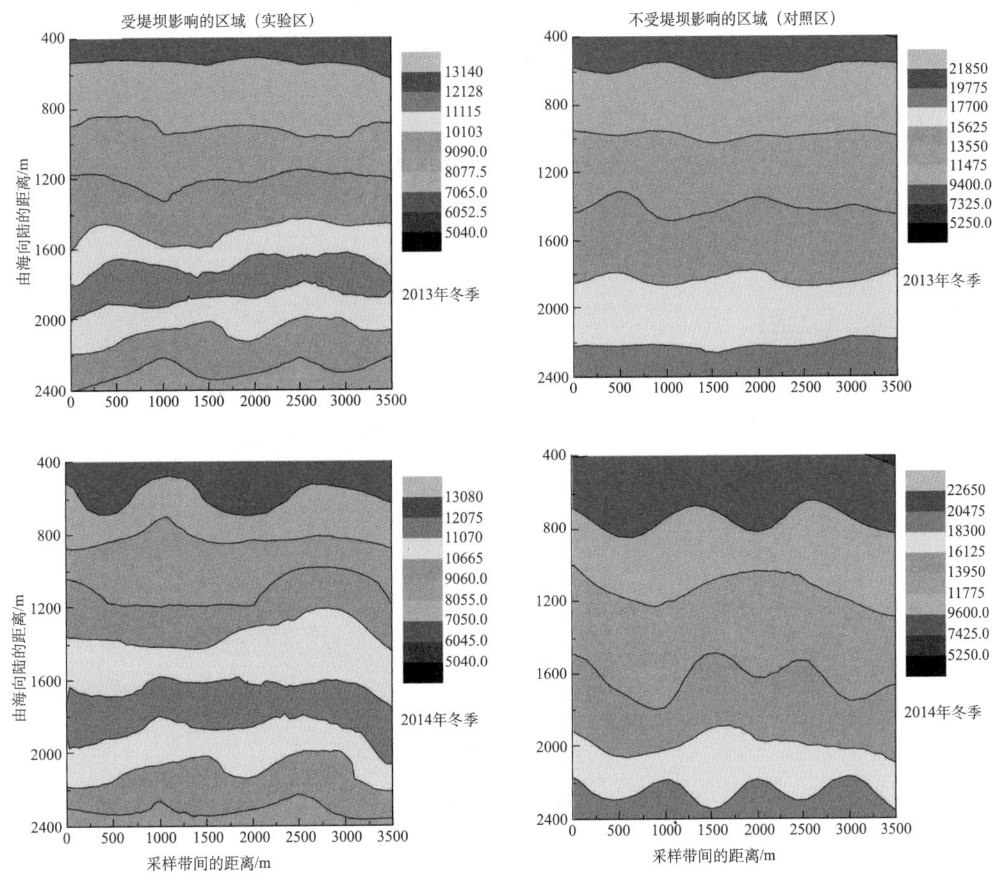

图 4.5　黄河三角洲冬季互花米草根际微生物相对丰度值

不同季节中，自然区域均表现出比围填区域高的微生物相对丰度值。同时，围填堤坝的建设可能影响了微生物相对丰度值原本逐渐升高的分布规律，造成微生物相对丰度值的先升后降。不同季节微生物相对丰度值也不同。受季节性影响，黄河三角洲无堤坝围填和堤坝围填区域互花米草根际微生物相对丰度值大小为：夏季＞秋季＞春季＞冬季。堤坝围填区域和未围填区域互花米草根际微生物相对丰度值受到季节性影响，表现出显著差异性。

长江三角洲崇明东滩的互花米草群落，通常是由单优势物种群落形成。基于上海市崇明东滩互花米草生态控制工程的总体要求，对崇明东滩北部的互花米草区域，进行有效的堤坝工程措施控制。崇明东滩北部的互花米草分布区域由此分成两个部分，一部分处于堤坝围填区域，另一部分处于无堤坝围建的区域，其堤坝区域互花米草分布范围是从近堤坝的互花米草群落一直向海延伸到距离堤坝 2400m 处的光滩，整个互花米草群落生长在滨海挤压区域中。基于实地调查的情况，对长江三角洲崇明东滩进行了四次样品的采集工作，崇明东滩的互花米草物候期处于 7～8 月，夏季温度较高，微生物过度活跃，不稳定；冬季温度较低，微生物活跃度也随之降低，对微生物的解释不具有代表性。

综合考虑后，分别在 2013 年 11 月、2014 年 5 月和 11 月、2015 年 5 月，分春季和秋季两个季节对互花米草根际微生物进行采样分析。每个区域设定 8 条样带，样带布设如图 4.6 所示，相邻样带间距 500m，在每条样带上由海向陆方向每间隔 200m 设定一个样方，每个样方设 3 个采样点。每条样带共计 12 个样方，36 个采样点，整个研究区共获得 2304 个根际土壤样品，样品迅速放入塑封袋中，带回实验室进行根际微生物等土壤理化指标测定。去除根际土壤的植株并用牛皮纸袋包装，带回实验室，放入 80℃ 烘箱至恒重，计算生物量。

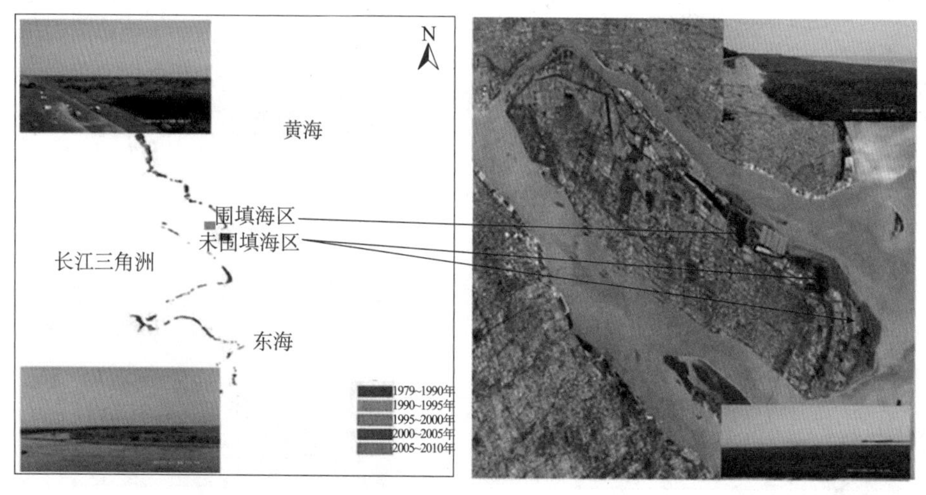

图 4.6　长江三角洲围填与未围填区域样带布设

在长江三角洲互花米草群落的围填区域和未围填区域，根际微生物春季相对丰度值如图 4.7 所示。2014 年春季，在未围填区域中，微生物相对丰度值沿着与海岸线垂直的方向，由海向陆逐渐增加。根际微生物相对丰度值由临近海域的 20340 增加到近陆区域的 33630。围填区域中，根际微生物相对丰度值沿由海向陆呈现先增加后降低的趋势，最大值出现在 1800m 处，微生物相对丰度值为 18340，最小值出现在靠海区域，其值为 9040。2015 年春季，在未围填区域中，互花米草根际微生物相对丰度值沿海向陆逐渐增加，最大值为 32140，最小值为 18910。在围填区域微生物相对丰度由陆向海增加，最大值为 18120。经显著性分析可知，围填与未围填区域微生物相对丰度值在 0.05 水平上具有显著性差异。

长江三角洲互花米草群落秋季根际微生物相对丰度值如图 4.8 所示。2013 年秋季，

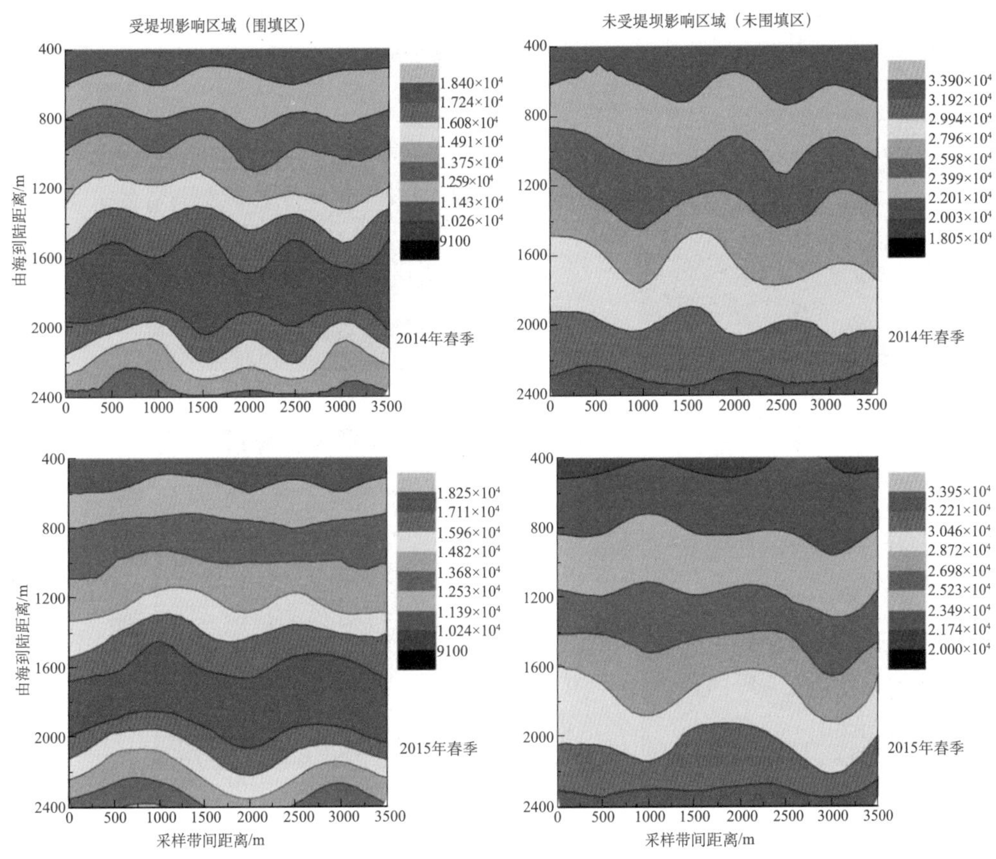

图 4.7　长江三角洲春季互花米草群落根际微生物相对丰度值

在未围填区域，微生物相对丰度值沿海向陆方向逐渐增加，微生物相对丰度最小值为 24150，最大值为 38390。在围填区域，微生物相对丰度值出现先增加后减小的趋势，并且两年间的变化趋势一致，均在 1800m 处出现最大值，最大值为 23310，最小值靠近近海区域，其值为 14240。

2014 年秋季，在未围填区域，微生物相对丰度值沿垂直海岸线方向逐渐增大，最小值为 27010，最大值为 41900。围填区域由于受到海平面上升和堤坝围填作用的双重影响，微生物相对丰度在 1800m 处发生聚集。微生物相对丰度最小值为 14130，最大值为 21760。围填区细菌相对丰度值显著高于未围填区域。

长江三角洲互花米草群落根际微生物相对丰度值在季节上无显著性差异。

在黄河三角洲互花米草群落堤坝围填区域与未围填区域，由海向陆 400m 内，互花米草茎浸于海水中，并且根系过短，少于 10cm，对其进行根际微生物的垂向分析意义不大。因此，我们在不同季节分别选择了由海向陆 600m、1200m、1800m 和 2400m 处进行植物株高和地上生物量测定，同时对所采集互花米草群落根际土壤微生物进行垂向深度分析。

黄河三角洲春季互花米草群落特征及其根际微生物相对丰度值垂向分布情况如图 4.9所示。

在无堤坝围填区域，随着采样距离由海向陆的增加，互花米草的株高和生物量逐渐

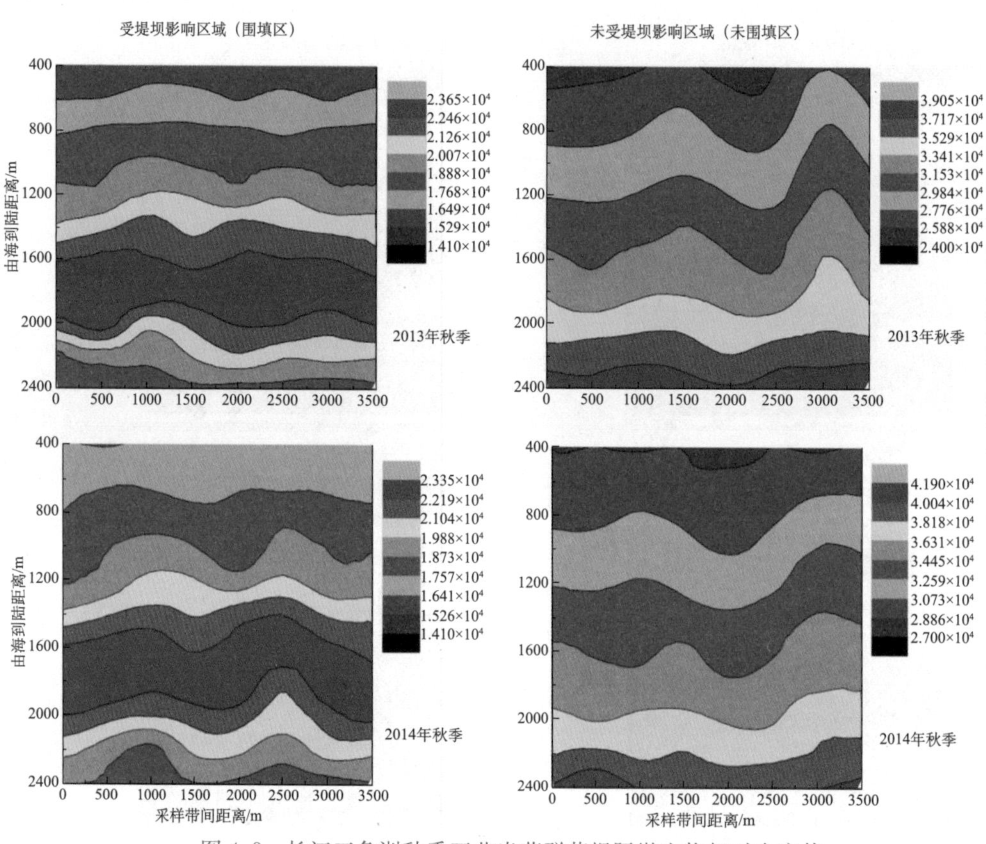

图 4.8　长江三角洲秋季互花米草群落根际微生物相对丰度值

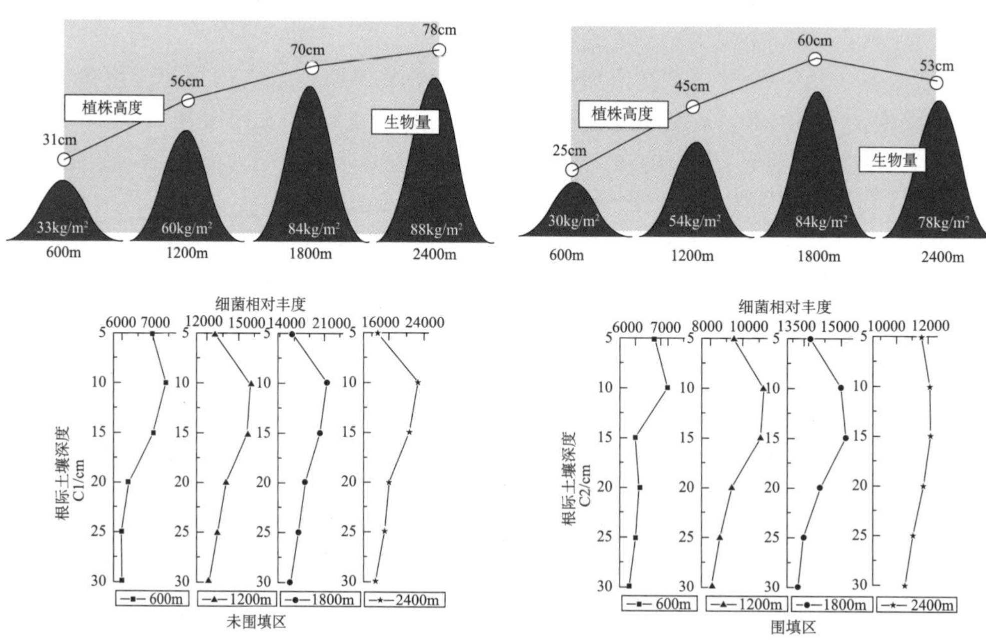

图 4.9　黄河三角洲春季互花米草群落根际微生物相对丰度值的垂向变化

增大。植物株高从由海向陆 600m 处的 31cm 增加到由海向陆 2400m 处的 78cm，植物的地上生物量从 600m 处的 33kg/m^{2}增加到 2400m 处的 88kg/m^2。根际细菌相对丰度值在不同的深度表现出显著性差异，植物根系深度影响了根际微生物的分布规律，随着取样深度增加，根际微生物相对丰度值呈现先增大后减小的趋势。微生物相对丰度值的最小值出现在由海向陆 600m 处的根际土壤深层（20～30cm），最大值出现在由海向陆 2400m 处的根际土壤 10～15cm 范围内。

在堤坝围填区域，互花米草株高和地上生物量最小值出现在由海向陆 600m 处，株高最小值为 25cm，生物量最小值为 30kg/m^2。株高和生物量最大值出现在由海向陆 1800m 处，植物株高最大值为 60cm，生物量最大值为 84kg/m^2。随着采样距离由海向陆的增加，植物株高和生物量均呈现先升高后降低的趋势。互花米草土壤根际微生物相对丰度值的最大值为 15240，出现在由海向陆 1800m 深度 10～15cm 处；最小值为 5160，出现在由海向陆 600m 深度 15～30cm 处。在堤坝围填区域，随着取样深度增加，土壤根际微生物相对丰度值呈现先增大后减小，这与植物株高和生物量的变化趋势一致。

黄河三角洲夏季互花米草群落特征及其根际微生物相对丰度值垂向分布情况如图 4.10所示。在无堤坝围填区域，沿由海向陆的方向，互花米草株高和地上生物量均逐渐增高。互花米草株高从 70cm 增加到 125cm，生物量由 80kg/m^{2}增加到 148kg/m^2。根际微生物相对丰度值随着取样深度的增加逐渐减少，最大值出现在距土壤表层 10cm 处，相对丰度值达到 32700。

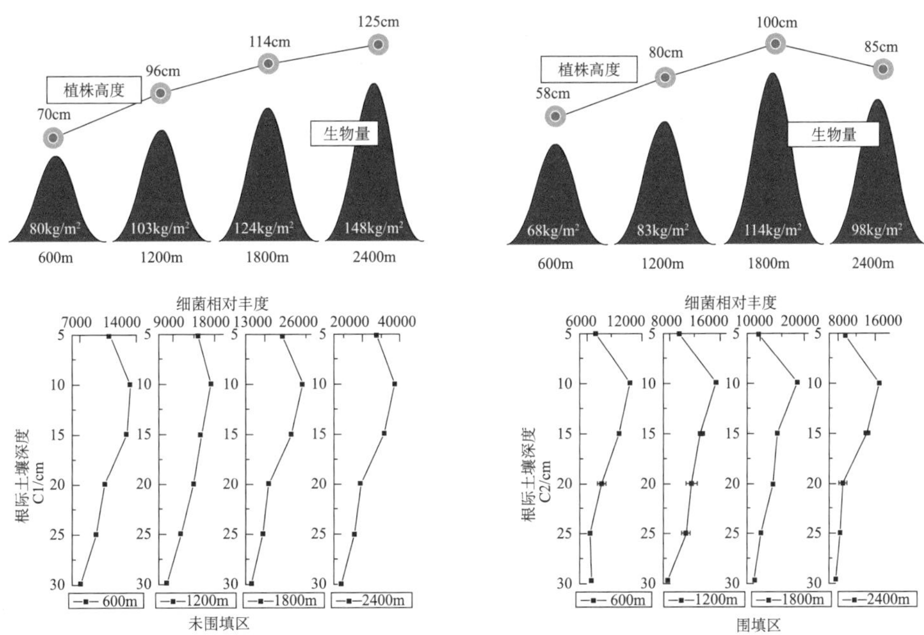

图 4.10 黄河三角洲夏季互花米草群落根际微生物相对丰度值的垂向变化

在堤坝围填区域，互花米草株高生物量呈现先升高后降低的趋势。植物株高和地上生物量最大值出现在由海向陆 1800m 处，株高最大值为 100cm，生物量最大值为 114kg/m^2，受到堤坝围填影响，在靠近堤坝处，植物株高和生物量都有所降低。夏季土壤根际微生物相对丰度值显著高于春季土壤根际微生物相对丰度值，土壤根际细菌丰度值最大值出现在距离地表 10cm 处，相对丰度值为 19700，随着取样深度的增加，相对丰度值逐渐降低。

黄河三角洲秋季互花米草群落根际微生物相对丰度值的垂向变化如图 4.11 所示。在无堤坝围建扰动区域，植物株高和生物量均随由海向陆距离增加而增加，植物株高变化范围在 100～145cm，生物量变化范围在 60～98kg/m^2，根际微生物相对丰度值随着采样深度的增加逐渐减小，最大值出现在土壤表层，为34100。植物枯枝落叶掉落到土壤表层，造成植物生物量大量减少，而植物残体的覆盖，给细菌微生物的生存繁殖提供了良好的温床。

与无堤坝围填区域相比，堤坝围填区域互花米草株高和地上生物量较低。植物株高最大值出现在 1800m 处，株高 110cm，生物量为 90kg/m^2，株高和生物量在临近点位变化不大。根际微生物相对丰度值呈现先升后降的趋势，在由海向陆 600m 处，表层土壤根际微生物相对丰度值低于其他点位，这可能由于采集区域中海水水位较高，盐度较大，降低了细菌的活度，导致微生物相对丰度值较低。总体看来，在距离表层 10cm 处，微生物相对丰度值最大，进而随着取样深度增加逐渐降低。

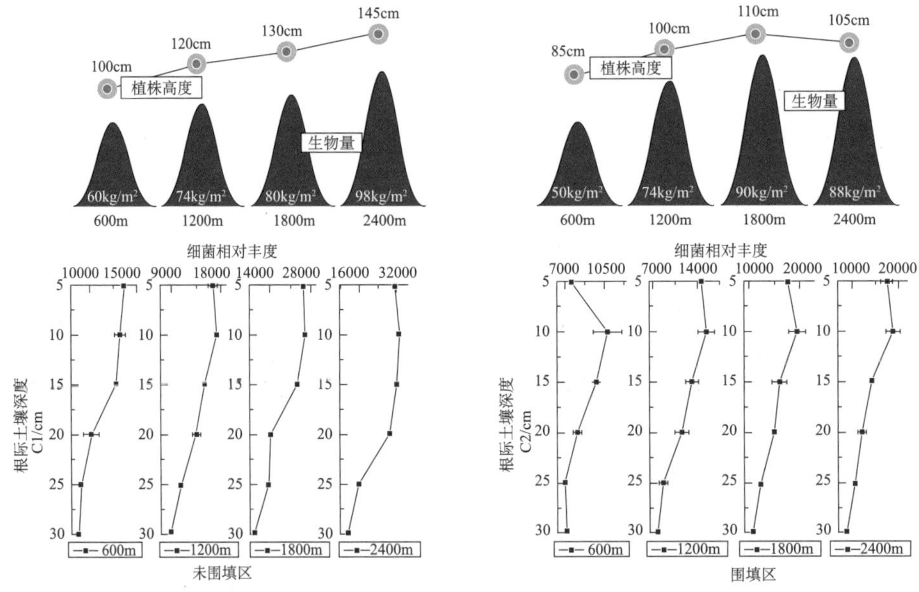

图 4.11 黄河三角洲秋季互花米草群落根际微生物相对丰度值的垂向变化

黄河三角洲冬季互花米草群落根际微生物相对丰度值的垂向变化如图 4.12 所示。在无堤坝围填区域，互花米草株高和地上生物量沿由海向陆方向逐渐升高，株高变化范围在 25～45cm，生物量变化范围在 20～42kg/m^2。微生物相对丰度值在无堤坝围填地区呈现先升后降的趋势，最大值出现在 15cm 处，为 19020。在堤坝围填区域，互花米草株高范围在 20～30cm，生物量变化范围在 20～34kg/m^2。微生物相对丰度最大值出现在距表层 15cm 处，随采样深度增加逐渐降低。

为了解滨海湿地互花米草群落根际微生物相对丰度值的分布规律，在黄河三角洲互花米草生长区域进行时空尺度调查分析。考虑到堤坝建设和季节性时空因素，在不同季节对堤坝围填与未围填区域进行互花米草株高、生物量及根际微生物相对丰度值的研究。从获得的结果可以看到，黄河三角洲互花米草群落在不同季节，同一研究区内，根际细菌相对丰度值差异较大，细菌相对丰度值大小顺序为：夏季>秋季>春季>冬季。同一季节，无堤坝围填区域根际微生物相对丰度值显著高于堤坝围填区域，并且堤坝围填区域可能由于受到堤坝的挤压，引起盐度的改变，造成根际微生物相对丰度值有向海位移的趋势。在所研究区域中，不同季节，根际微生物相对丰度最大值出现的土壤深度是不同的，继而随取样深度增加根际微生物相对丰度值逐渐降低。互花米草株高和生物量整体变化趋势一致，由沿海向陆的方向，互花米草株高和生物量逐渐增加。不同季节互花米草株高的大小顺序为：秋季>夏季>春季>冬季，互花米草地上生物量大小顺序为：夏季>秋季>春季>冬季。

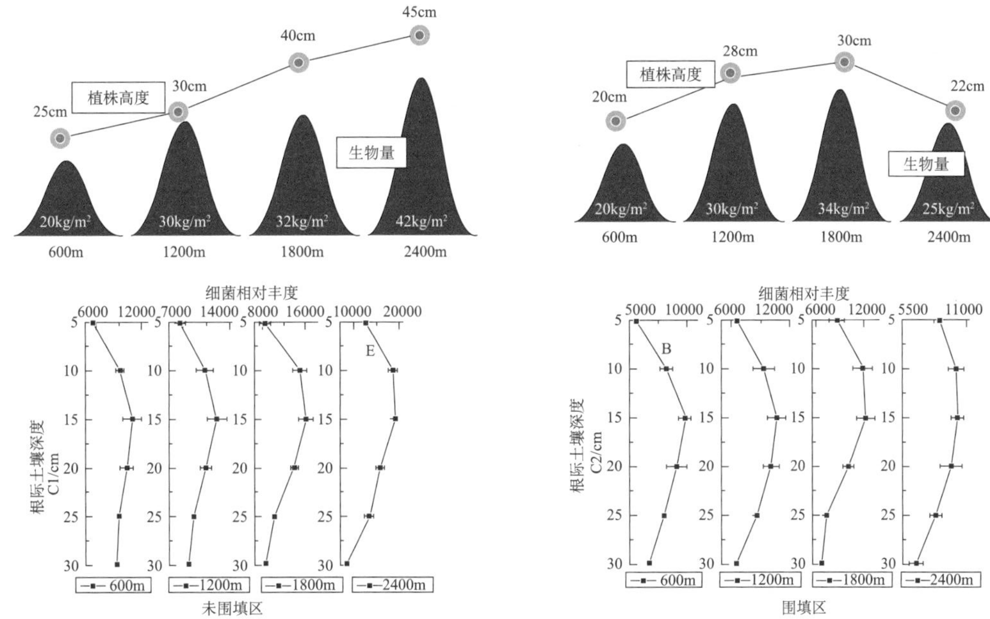

图 4.12　黄河三角洲冬季互花米草群落根际微生物相对丰度值的垂向变化

通过对长江三角洲崇明东滩互花米草群落两年间不同季节的调查研究，了解了互花米草植株状况。互花米草具有不定根和芽，茎节具有叶鞘，并且叶腋有腋芽，地下部分通常由须根和根状茎组成，须根形细且短，根状茎发达，可以繁殖产生新的分株，并紧紧抓根于地。

长江三角洲春季互花米草群落根际微生物相对丰度值的垂向变化如图 4.13 所示。围填区域中，互花米草群落株高由海向陆逐渐增高，在靠近堤坝区域，植物株高有所降低。植物的生物量与株高变化趋于一致，植物株高最小值 60cm，最大值出现在 1800m 处，其值为 140cm。生物量沿海向陆逐渐增加，在 1800m 处，生物量达最大值为 120kg/m^2，随后降低。在不同的土壤深度，相对丰度值大小不同，并随着距离地表层深度的增加呈现先升高后降低的趋势，最大值出现在 10～15cm 处。

在未围填区域，互花米草群落植物株高和生物量随着与海距离的增加逐渐增加，植物株高最小值为 58cm，最大值为 138cm。生物量最小值为 55kg/m^2，最大值为 133kg/m^2。随着距表层土壤深度的增加，根际微生物相对丰度值先升高后降低，最大值出现在距表层 10cm 处。

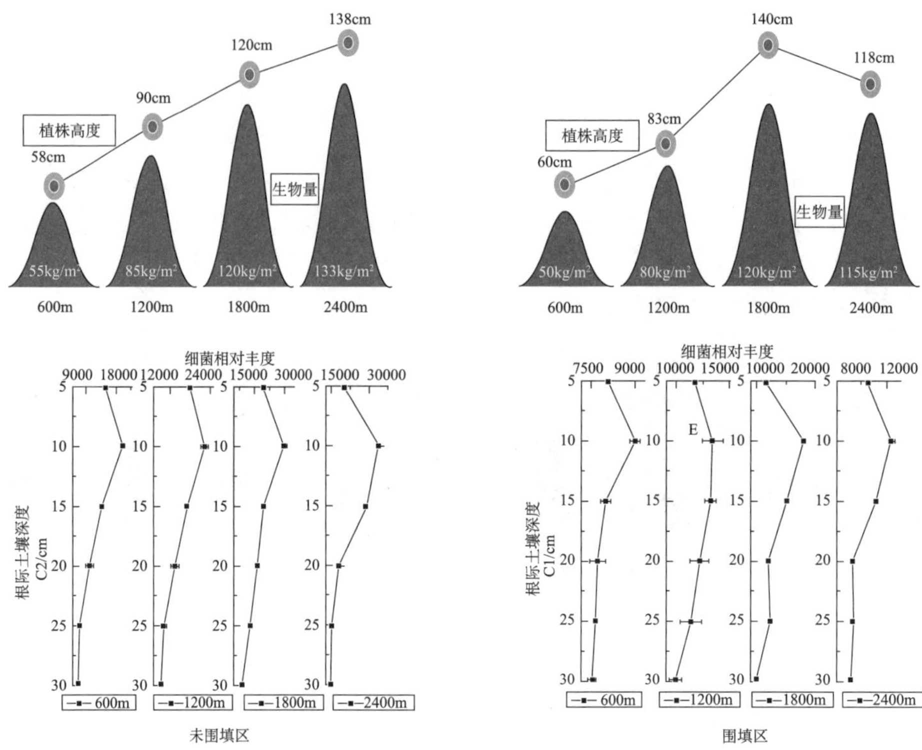

图 4.13　长江三角洲春季互花米草群落根际微生物相对丰度值的垂向变化

长江三角洲秋季互花米草群落根际微生物相对丰度值的垂向变化如图 4.14 所示。在围填区域，植物株高和生物量出现先升高后降低的趋势，最大值出现在 1800m 处，植物株高最大值为 168cm，生物量最大值为 160kg/m^2。在靠海区域，植物株高和生物量最低，植物株高 80cm，生物量为 70kg/m^2。互花米草根际微生物相对丰度值沿着距离土壤表层距离的增加，根际细菌丰度值呈先升高后降低，最大值出现在距离土壤表层 10cm 处。

在未围填区域，随沿海向陆距离增加植物株高和生物量逐渐增大，植株高度从 84cm 增加到 167cm，植物生物量从 75kg/m^2 增加到 170kg/m^2。根际微生物相对丰度值随采样深度先升高后降低，最大值出现在距离土壤表层 10～15cm 处。

4.1.2　根际微生物群落组成特征

随机抽取采集于 2014 年 3 月和 2015 年 3 月春季互花米草群落根际土壤微生物样品，从微生物门分类水平对采集样品进行微生物群落组成分析，获得微生物门分类水平下根际土壤微生物各门类的组成含量。从图 4.15 中可以看到，有 77 个门类细菌微生物是被检测在所研究的样品中，其中，变形菌门（Proteobacteria）、拟杆菌门（Bacteroidetes）和绿弯菌门（Chloroflexi）在所测定样品门分类中占比例较大。无堤坝围填区域，变形菌门占群落结构的 57%～75%；绿弯菌门占总类群的 6%～15%，拟杆菌门占 4%～11%。在堤坝围填区域，变形菌门占群落结构总类群的 48%～72%，绿弯菌门

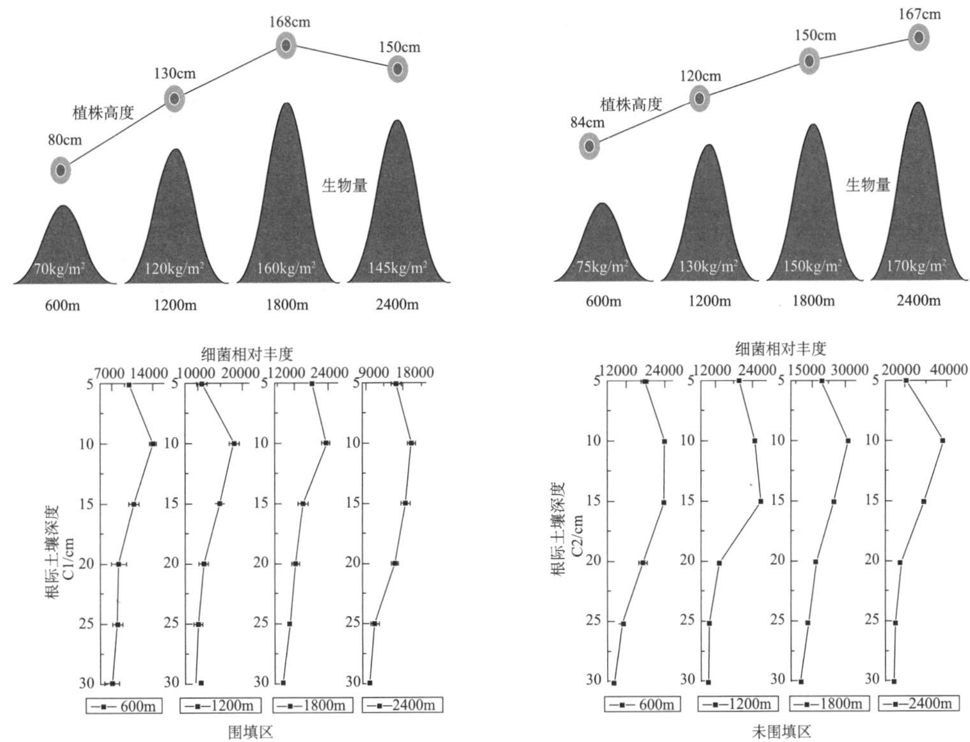

图 4.14　长江三角洲秋季互花米草群落根际微生物相对丰度值的垂向变化

占总类群的 9%～15%，拟杆菌门占到总类群的 4%～13%。与堤坝区域相比，无堤坝区域变形菌门所占比例较大。

抽取 2014 年 6 月和 2015 年 6 月夏季黄河三角洲夏季互花米草群落根际土壤样品，进行门分类水平组成分析，如图 4.16 所示。在所研究的样品中有 77 个门类细菌微生物是被检测的，其中，变形菌门、拟杆菌门和绿弯菌门在所研究样品门分类中占较大比例。在未围填区域，变形菌门占群落结构的 38%～53%，绿弯菌门占 4%～17%，拟杆菌门占 4%～7%。在堤坝围建区域，变形菌门占群落结构的 48%～64%。在近堤坝区域，变形菌门较近海区域有所降低。绿弯菌门占群落结构总量的 10%～18%，并在靠近堤坝一侧显著增加。拟杆菌门变化不大，含量占总群落结构的 3%～7%。在所有根际土壤类群中，变形菌门是优势类群。

随机抽取 2013 年 9 月和 2014 年 9 月秋季黄河三角洲秋季互花米草群落根际微生物样品，进行微生物门类水平分析，如图 4.17 所示。在所有检测样品中，共有 77 个门类细菌被检测到，其中，变形菌门、绿弯菌门和拟杆菌门是优势类群。在无堤坝围填区域中，变形菌门所占比例较大，占群落总类群的 50%～59%，在整个细菌群落中占首要位置。绿弯菌门占 11%～18%，拟杆菌门占 3%～9%。在堤坝围填区域，变形菌门占群落 35%～52%，绿弯菌门占群落 15%～29%，拟杆菌门占 3%～25%。在靠近堤坝位置的样品中，拟杆菌门较无堤坝围填区域样品位置显著升高。

随机抽取 2013 年 12 月和 2014 年 12 月冬季互花米草群落根际微生物样品进行微生物门类水平分析，如图 4.18 所示。在所有样品中，共获得 77 个门类的细菌微生物，其

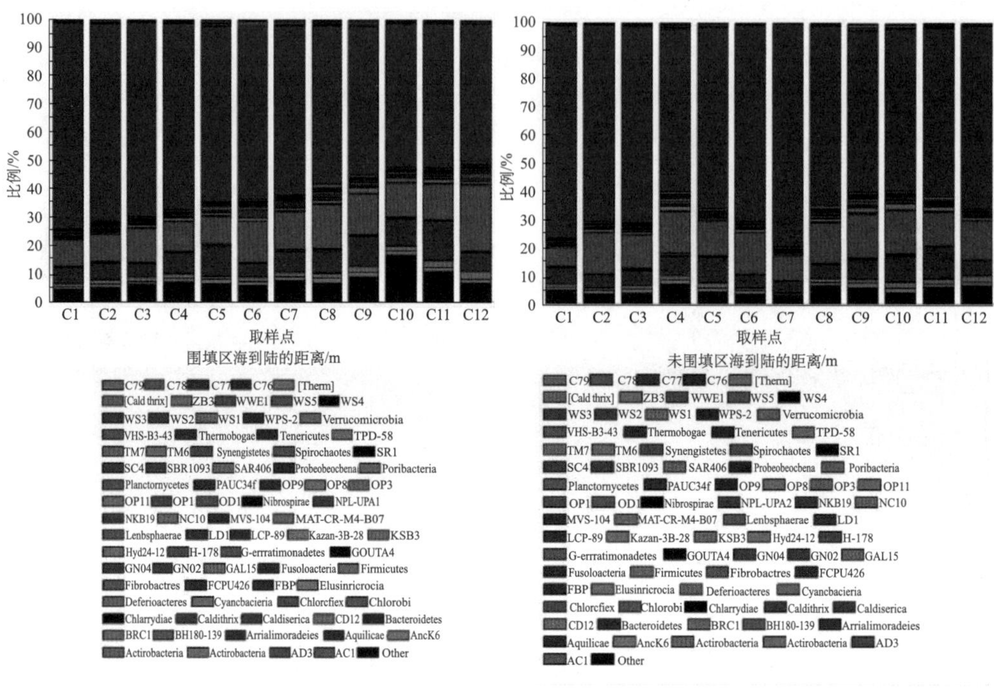

图 4.15　黄河三角洲春季互花米草群落根际微生物门水平分类

图例中均为图中右同颜色百分比相对丰度的菌群注释，下同

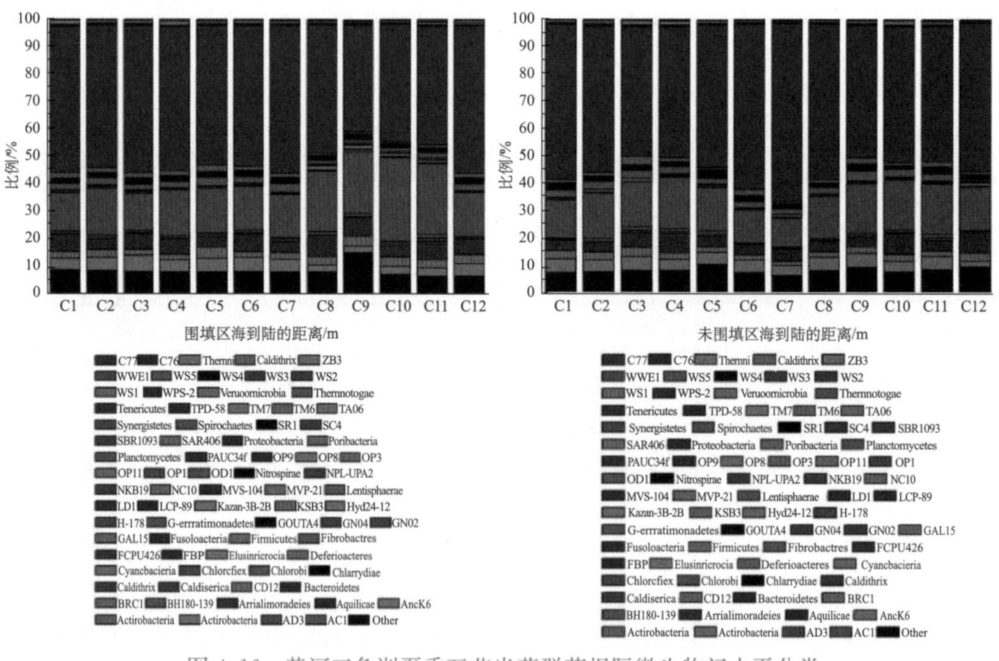

图 4.16　黄河三角洲夏季互花米草群落根际微生物门水平分类

中，变形菌门所占的比例最大，是优势细菌微生物类群。在无堤坝围填区域，变形菌门占群落 70%～75%，绿弯菌门占群落门类 4%～14%，拟杆菌门占群落总门类的 3%～7%。堤坝围填区域，变形菌门占群落 70%～78%，绿弯菌门占群落门类 4%～14%，

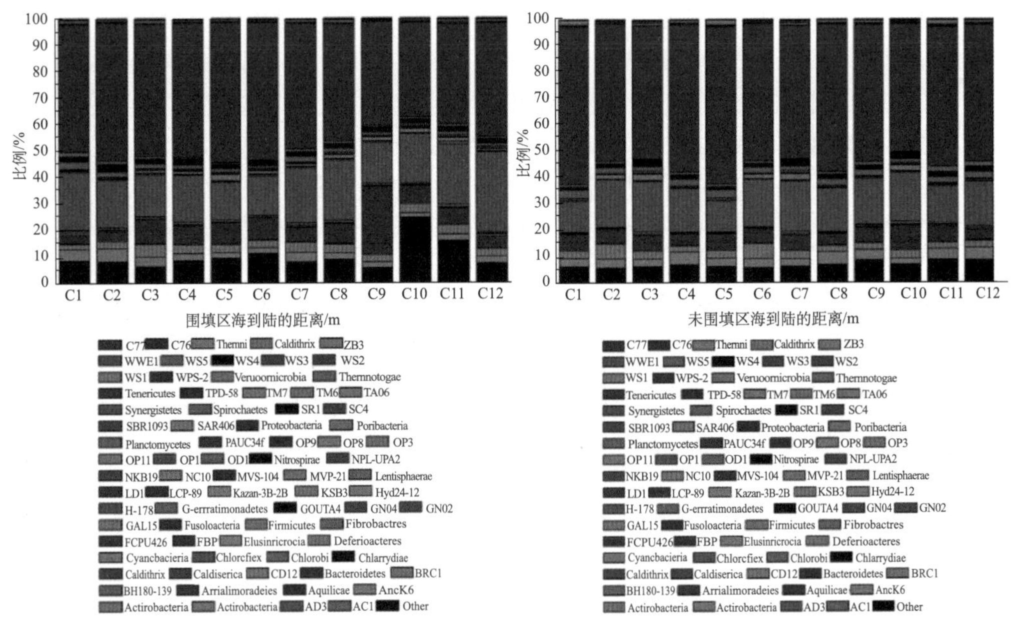

图 4.17　黄河三角洲秋季互花米草群落根际微生物门水平分类

拟杆菌门占群落总门类的 4%～7%。

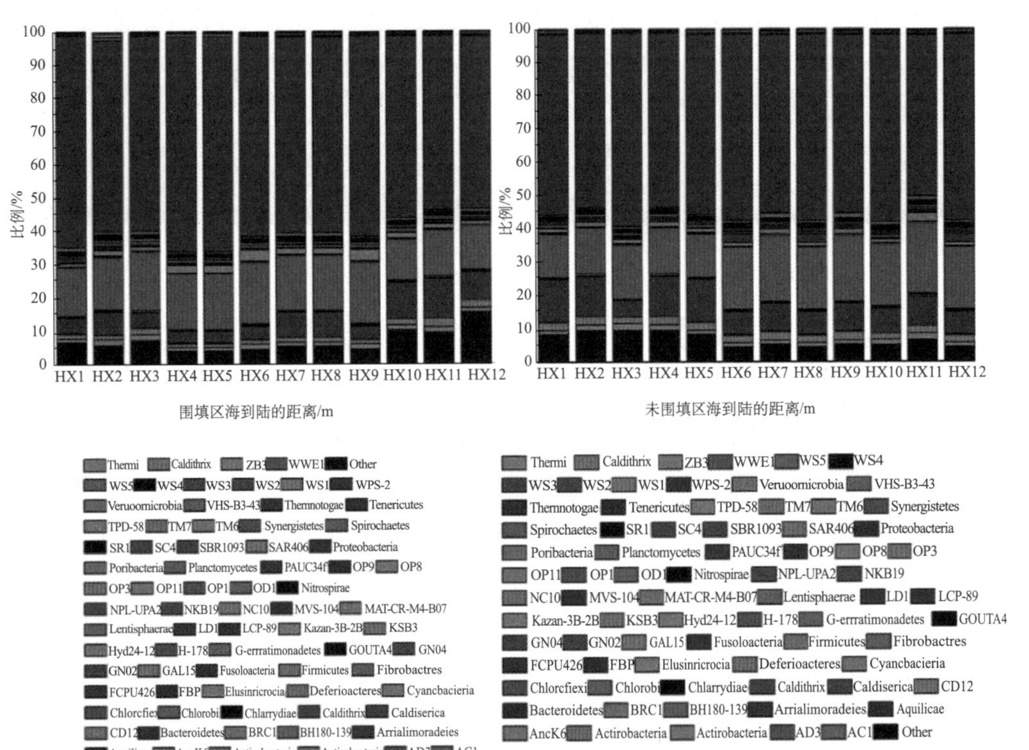

图 4.18　黄河三角洲冬季互花米草群落根际微生物门水平分类

按照门分类水平，对黄河三角洲互花米草群落进行季节性分析。在所研究区域中，共检测到 77 个细菌微生物门类，平均每个检测样点约有 4%的细菌微生物门类，未被识别和命名。在所有的被检测的细菌微生物门类中，变形菌门所占比例较大，可视为优势门类，绿弯菌门次之，其次是拟杆菌门。不同季节，各细菌微生物门类，所占比例不同。夏、秋季节，在无堤坝围填区域，变形菌门占到总门类的 1/2，其他各门类所占比例较为均匀。冬季，变形菌门占据主导地位，接近于总细菌门类的 3/4。堤坝围填区域，在春季、夏季和秋季检测样品中，靠近堤坝周围 800m 范围内，变形菌门所占的比例较靠海区域有所减少。同时，未被检测命名的细菌微生物门类显著升高，在夏季和秋季的样品检测中分别达到 10%和 15%。总的来讲，不同季节堤坝围填区域与无堤坝围填区域细菌微生物种类，门分类水平上无显著性差异，仅分配比例存在不同。

长江三角洲春季互花米草群落根际微生物门水平分类组成情况如图 4.19 所示。长江三角洲崇明东滩，春季有 76 个细菌微生物门类被检测到在所研究的由海向陆方向的样品中，其中，未命名的细菌微生物门分类占整个门分类水平的 4%～10%，其未被命名的细菌微生物被检测区域，较多的分布在近海或者近岸区域，堤坝和海平面上升可能对组成分类情况造成影响。

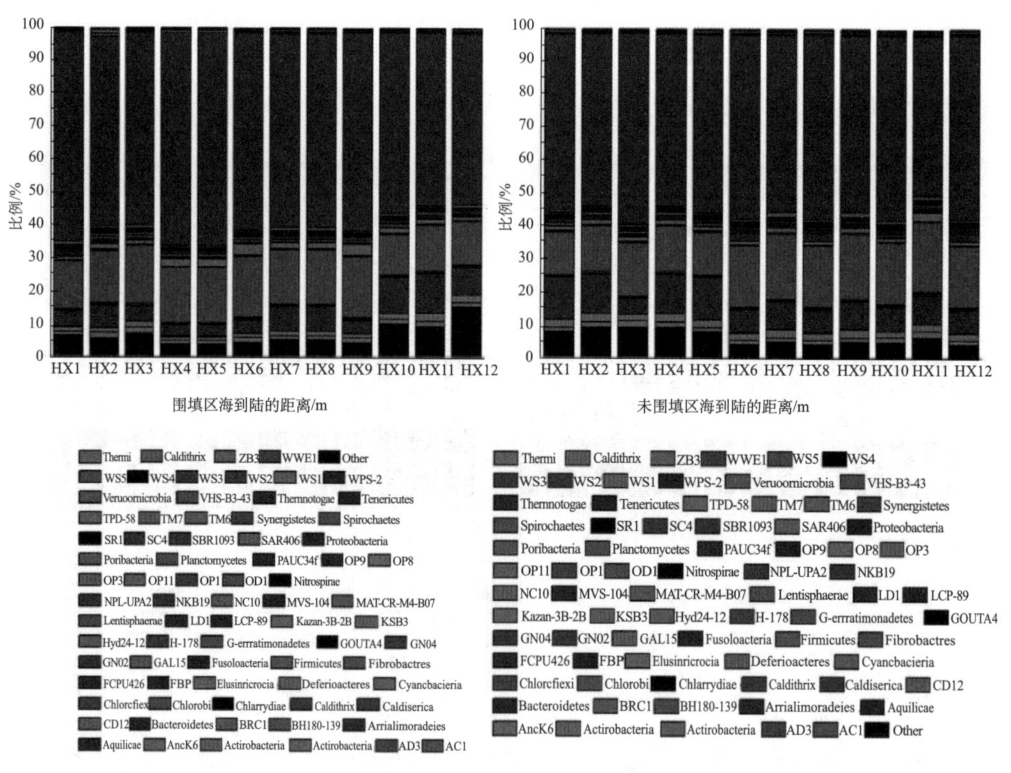

图 4.19　长江三角洲春季互花米草群落根际微生物门水平分类

根据门分类水平对根际细菌微生物组成情况进行分类，其中变形菌门、绿弯菌门和拟杆菌门在围填与未围填区域中，均为优势细菌微生物门类。在堤坝围填区域中，变形菌门在整个细菌门分类中所占比例最大，51%～64%，超过 1/2。绿弯菌门居于第二位，所占比例在 12%～17%，靠近堤坝区域，绿弯菌门逐渐减少。拟杆菌门含量在3%～11%，靠近堤坝区域，拟杆菌门有显著增加，未命名门类占总细菌门类的 2%～6%。

未围填区域即近自然状态下，主要包括了三种主要的优势门类，其中变形菌门所占微生物分类比例在 48%～57%，含量最高，其次为绿弯菌门所占群落组成的13%～21%，拟杆菌门次之，含量为 6%～12%。未分类的门类占到了 4%～9%，越靠近海域方向未命名菌类越多。

长江三角洲秋季互花米草群落根际微生物组成门分类情况如图 4.20 所示。整个研究区域中，共检测到 76 个种类的细菌微生物门类，其中变形菌门、绿弯菌门和拟杆菌门是优势门类。变形菌门在围填区域中占总组成门类的 55%～78%，最大组成比例超过了总门类的 3/4；绿弯菌门，在所研究区域中占到了 5%～21%，最大值出现在靠近堤坝区域；拟杆菌门所占比例为 4%～9%，在由沿海向陆的方向，拟杆菌门所占比例变化不大。

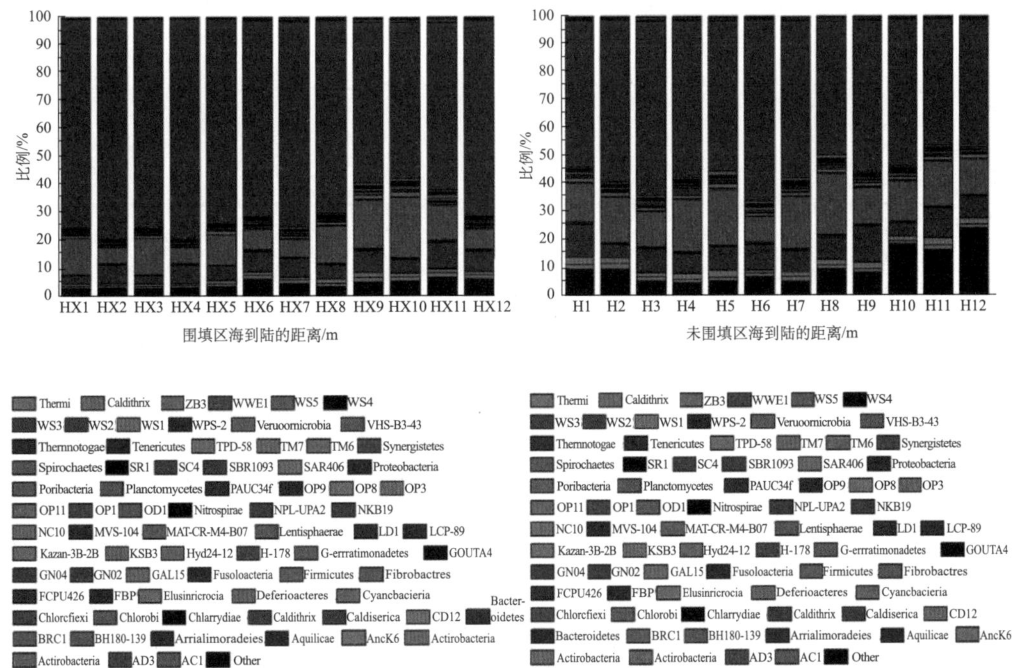

图 4.20 长江三角洲秋季互花米草群落根际微生物门水平分类

在未围填即自然状态湿地，互花米草根际微生物门分类组成中，变形菌门较堤坝围填区域有所降低，所占比例为 44%～62%；绿弯菌门所占比例为 12%～21%；拟杆菌门所占比例为 4%～12%。其中，未命名微生物门类占整个微生物门分类水平的 5%～20%，未命名分类微生物门类在近海和近陆区域所占比例较大，尤其是在近陆区域。

总体来讲，微生物门种类并未呈现季节性变化，围填区域中，变形菌门超过总微生物门类的 1/2，绿弯菌门次之，其次是拟杆菌门。未围填区域中，变形菌门占总微生物门类 1/2 左右，未围填区域中未命名微生物门类较围填区域高。

通过对根际土壤细菌门分类水平的研究可以知道，堤坝所影响的区域与相同距离无堤坝影响区域，微生物门分类所占比例有显著差异。为此，我们将不同季节、相同距离下样品求均值，选取近陆区域样品在纲水平上分析，共获得 273 个根际微生物纲水平分类，如图 4.21 所示。在未围填区域中，γ-变形菌纲（Gammaproteobacteria）和 ε-变形菌纲（Epsilonproteobacteria）是优势类群，同属于变形菌门。γ-变形菌纲在纲分类水平上所占比例最大，为 40%，其次为 ε-变形菌纲，所占比例为 18%。厌氧绳菌纲（Anaerolineae）属于绿弯菌门所占比例与 δ 变形菌纲（Deltaproteobacteria）一致，为 8%，α-变形菌纲（Alphaproteobacteria）占总纲分类水平的 6%，黄杆菌纲（Flavobacteria）属于拟杆菌门，所占比例为 3%，未命名门分类占总门分类水平的 6%。

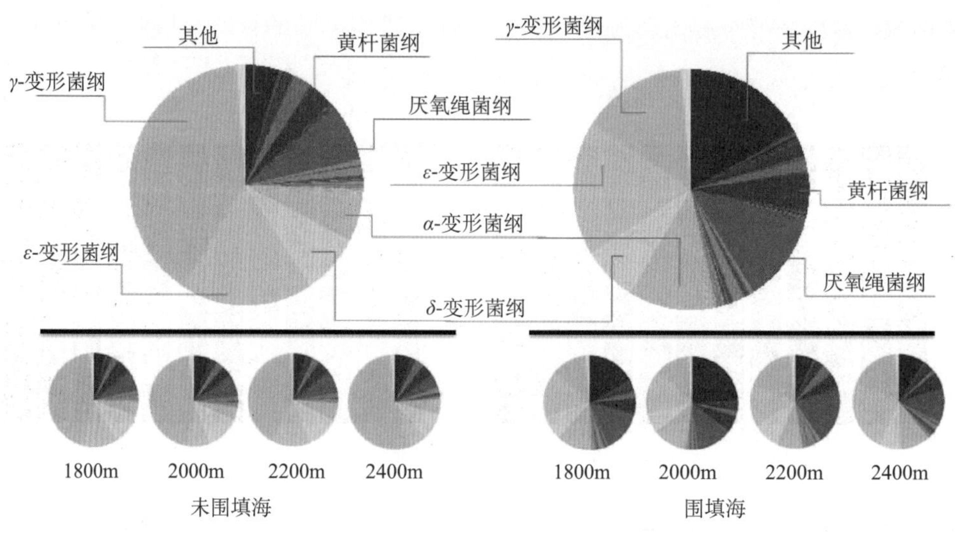

图 4.21　长江三角洲互花米草群落根际微生物纲水平分类

在围填区域中，各门类所占比例较为均匀，ε-变形菌纲和 γ-变形菌纲所占比例分别为 18%和 15%，厌氧绳菌纲和 α-变形菌纲（Alphaproteobacteria）分别占总纲分类的 12%和 10%，黄杆菌纲占总纲比例 5%，未命名门分类占总门分类水平的 14%。堤坝围填区域与无堤坝围填区域相比较，根际微生物群落组成在纲水平分类上具有显著性差异。

对围填与未围填区域根际细菌进行目分类水平分析，共获得 576 个细菌微生物目类，如图 4.22 所示。其中，弯曲菌目（Campylobacterales），在所有微生物分类组成中所占比例最大，占围填区根际微生物总目类的 19%，占未围填区根际微生物总目类的 18%。除弯曲菌目占据优势类群外，交替单胞菌目（Alteromonadales）和脱硫杆菌目（Desulfobacterales）所占比例较高，均占未围填区总目类的 7%，围填区交替单胞菌目和脱硫杆菌目分别占总目类的 5%和 4%。黄杆菌目，属于拟杆菌门，在围填与未围填区所占比例分别为 8%和 4%。红细菌目（Rhodobacterales），属于变形菌门，在围填与未围填区所占比例分别为 6%和 3%。GCA004 属于绿弯菌门，在围填与未围填区域差异不大，未命名门类，在围填区域较未围填区域高，分别占 14%和 6%。

对根际细菌群落组成结构，进行细菌微生物科水平分析，除了未命名的门分类，共获得 961 个细菌科水平的分类，如图 4.23 所示。在围填区和未围填区，螺杆菌科（Helicobacteraceae）占比例较大，在围填区域和未围填区域中螺杆菌科分别占到总科

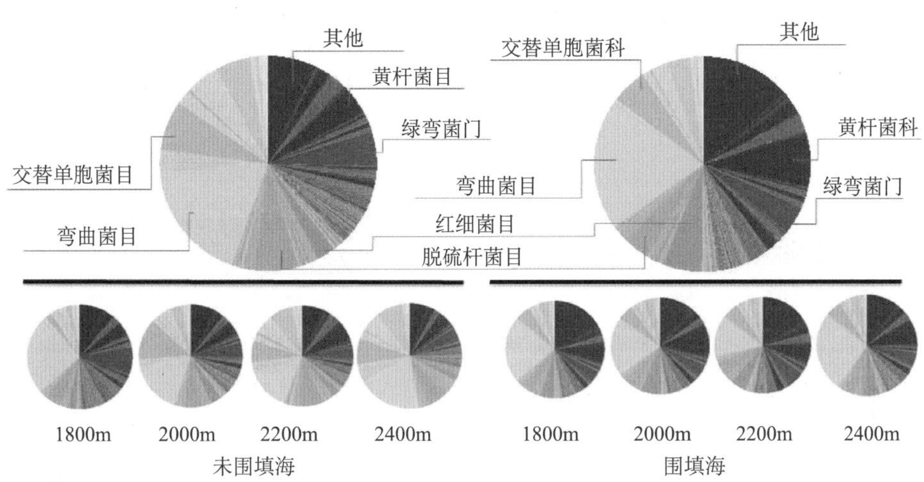

图 4.22　长江三角洲互花米草群落根际微生物目水平分类

分类的 15%和 16%。黄杆菌科（Flavobacteriaceae）在围填与未围填区所占比例为 3%和 7%，红杆菌科（Rhodobacteraceae）在围填与未围填区所占比例分别为 3%和 6%。弧菌科（Vibrionaceae）在围填与未围填区所占比例分别为 2%和 5%。交替单胞菌科（Alteromonadaceae）是一类好氧、棒状、嗜盐的革兰氏阴性菌，在围填与未围填区所占比例分别为 3%和 7%。

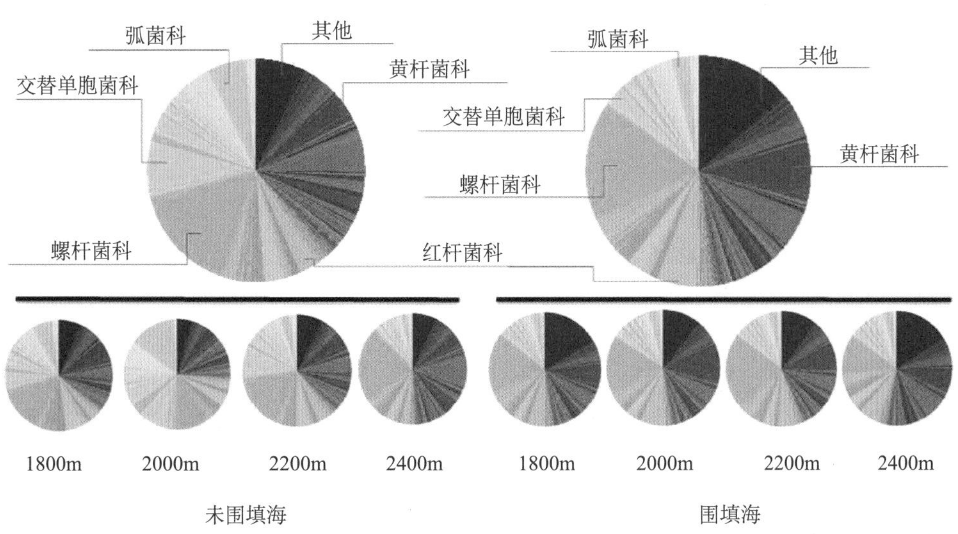

图 4.23　长江三角洲互花米草群落根际微生物科水平分类

4.1.3　互花米草根际微生物多样性

使用 FLASH 软件重组数据，得到优化的 OTU（operational taxonomic units）序列。总体来讲，光滩裸地处的细菌丰度平均值为 5420。围填与未围填区域共获得

1286936个原始读数，每个样品平均值为16347±5737，同时在这些读数中≥97%的序列一致性达到了210830个。在未围填区由海向陆900m处，OTU数量达到了33150，在围填区由海向陆1000m处，OTU数量达到18020。选择读数8000过滤和分析每一个OTU，在围填与未围填区域由海向陆方向的同一个位置OTU数量具有显著性差异（$P=0.018<0.05$ using t-test analysis）（图4.24）。

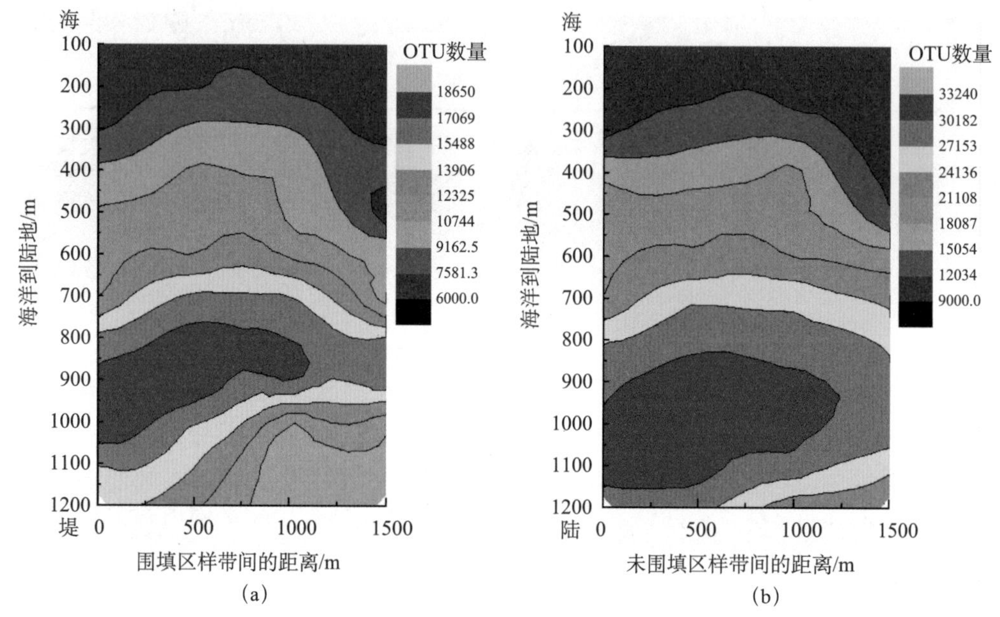

图4.24　OTU数量的梯度分布

为了评价是否样品测序提供足够的覆盖深度，可以精确描述根际微生物的组成情况，每组随机选择样品稀释曲线进行验证，如图4.25所示。X轴代表样品序列，Y轴代表不同指数稀释值。黑色实线代表围填区域内所有曲线的线性拟合，黑色虚线代表置信带（$n=12$）；灰色实线代表未围填区域内所有曲线的线性拟合，灰色虚线代表置信区间（$n=12$）。香农维纳曲线（$R^2=0.5396$，$P<0.05$）代表根际细菌微生物多样性指数，微生物多样性指数越高，所拥有的微生物种类越丰富。香农维纳曲线展示根际微生物多样性指数在未围填区域比围填区域高［图4.25（a）］。observed _ species曲线（$R^2=0.896$，$P<0.05$）和chao曲线（$R^2=0.835$，$P<0.05$）不仅可以评价样品的覆盖深度而且能代表微生物群落组成的丰富度。未围填区域的根际微生物丰富度高于围填区域。系统发育树pD _ Whole（$R^2=0.748$，$P<0.05$）代表了物种在群落中的遗传距离，它是基于系统进化树，通过添加枝长进行多样性测定［图4.25（d）］。这些平滑曲线暗示样品序列的取样深度足以表达围填与未围填区域根际微生物的群落特征。

总的来说，在所研究样品中有75个根际微生物门类被检测发现，如图4.26所示。X轴代表每两个采样点之间的距离，箱线图展示三个主要细菌门分类下各样点的微生物相对丰度值。Y轴代表变形菌门（Proteobacteria）、绿弯菌门（Chloroflexi）和拟杆菌门（Bacteroidetes）的变化范围。盒子上的数字表示每一个门分类下的属的数量。盒子上不同的数字指示在T检验下$P<0.05$，样品间的相关性。Proteobacteria、Chloroflexi和Bacteroidetes是被检测到的主要门类，但是在围填和未围填的区域，根际微生物组成

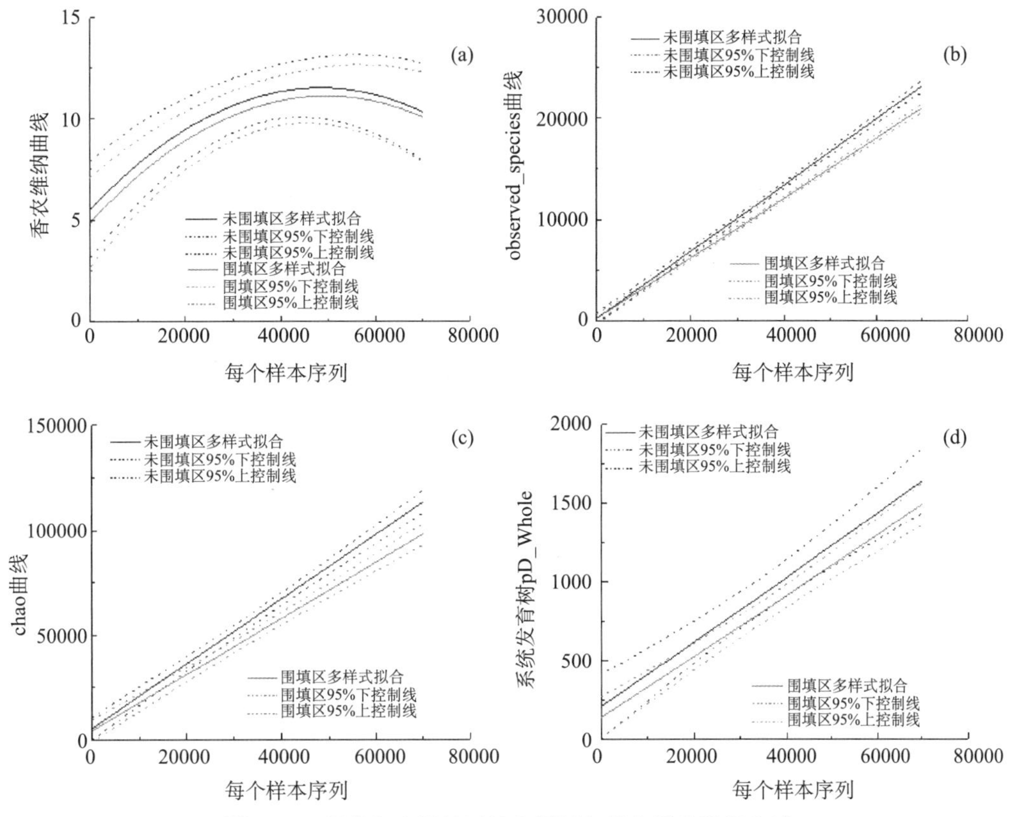

图 4.25 围填与未围填区植物根际细菌多样性稀释曲线

和比率变化存在差异。在围填区检测到根际微生物 69 个门类是少于未围填区根际微生物的 75 个门类。带有 111 个属的 Proteobacteria，被发现在所有样品中均有出现，并沿由海向陆方向递增与其他围填区域的其他门类比较。然而，Proteobacteria 在未围填区域却有相对均一的读数。Chloroflexi 包含 25 个属，主要集中在围填区域的中间部位。相对来讲分布均匀。而在未围填区域带含有 20 个属的 Chloroflexi。在围填区域及未围填区域分布含有 14 个属和 10 个属的 Bacteroidetes 分布变化规律相同。在未围填区域各点位的根际土壤样品中，变形菌门没有显著性差异（$P>0.05$ using Duncan's multiple range test analysis)，绿弯菌门在 R7、R8 和 R9 显著高于其他样品点位（$P=0.026<0.05$)，拟杆菌在 R1 和 R2 显著高于其他样品点，在 R3～R12 之间的拟杆菌没有显著性变化。在围填区域近海区域，变形菌门显著性下降，且在 R8～R12、R3～R7 和R1～R2 显著性不同，绿弯菌门在 R8～R12、R3～R7 和 R1～R2 区域存在显著性差异。另外，0.05 水平下拟杆菌门在 R1、R2 和 R3 点位与其他点位相比是显著不同。

基于随机矩阵理论，在围填与未围填区域进行分子生态网络构建。构建的两个分子生态网络可视化网络结构图如图 4.27 所示。可视化网络结构图显示了无堤坝影响与有堤坝影响下，互花米草根际土壤中不同微生物在整个网络中的作用以及与其他网络微生物之间的相互作用关系。每一个圆圈代表一个节点，若干个节点的连接构成一个网络模块。围填区域由 232 个模块组成，而未围填区域由 187 个模块组成。围填与未围填区域的分子网络的相关性阈值分别为 0.920 和 0.850，这个阈值超过大部分基于此种方法构

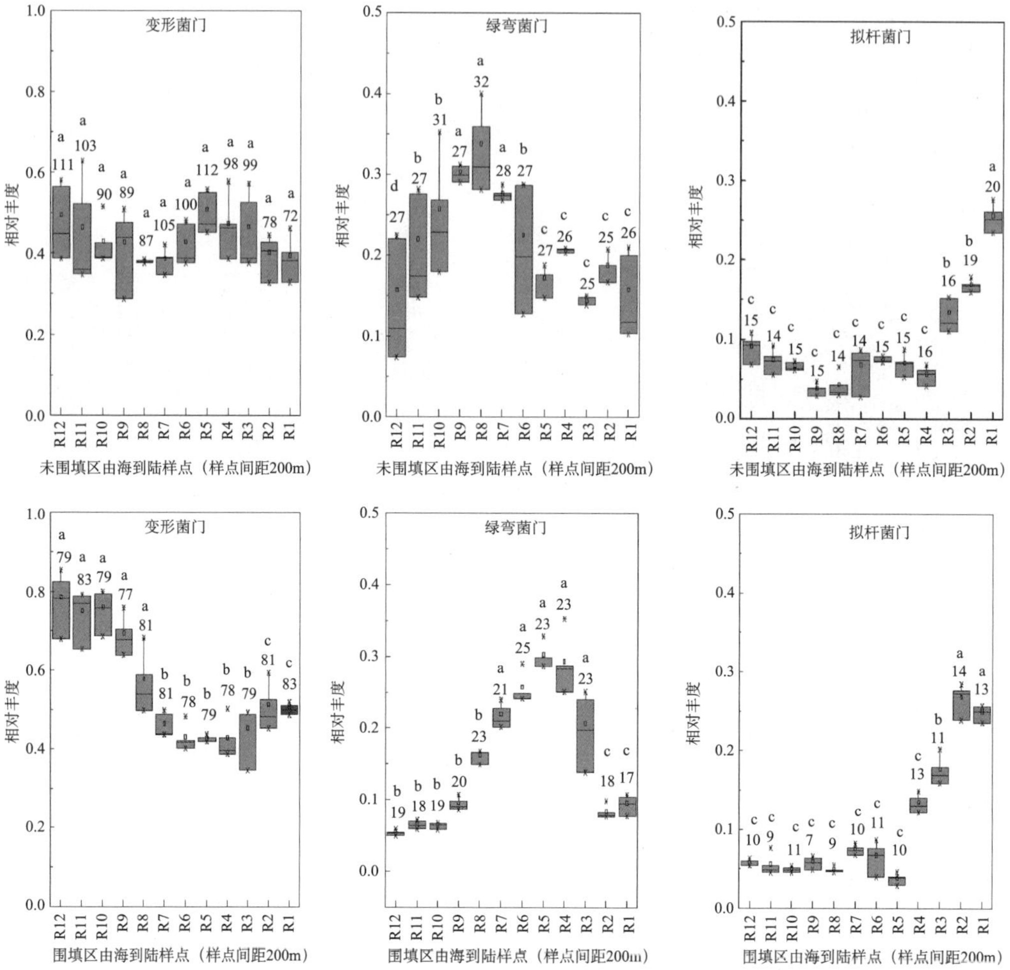

图 4.26　三大主要微生物门类分布

建的相关细菌分子网络阈值，因而这个数值可以用于更进一步关于细菌分子网络相互关系的研究。如表 4.1 所示，将围填区域与未围填区域进行对比，可以看到未围填区域节点数和连接数均高于围填区域，并且未围填区域连通度较高，说明围填堤坝建设影响了根际细菌之间的相互作用。对围填与未围填区域拓扑性质进行分析，堤坝建设影响导致聚集系数和平均路径长在 $P<0.01$ 水平上存在显著差异。

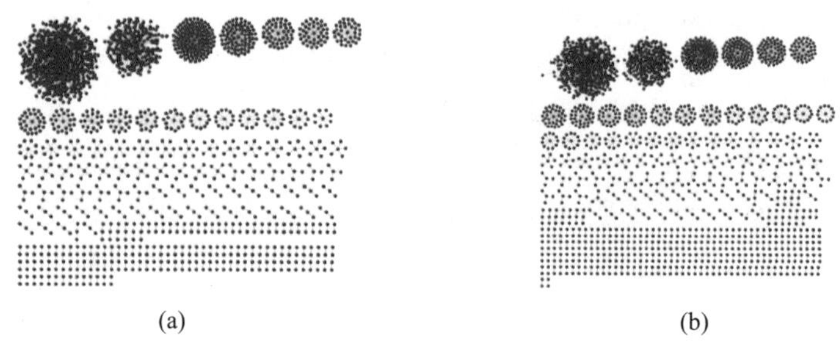

图 4.27　未围填（a）与围填（b）区域互花米草根际细菌可视化网络分布图

表 4.1　围填与未围填区域的根际细菌分子生态网络的拓扑性质

区域	阈值	节点数	连接数	R^2	平均连通度	平均路径长	平均聚集系数
围填	0.920	64	229	0.614	3.67	1.059	0.837
未围填	0.850	154	341	0.890	10.33	4.205	0.968

依据不同节点的网络拓扑结构特征来识别不同研究区域内的土壤关键微生物种类(图 4.28)。结合已有的研究结论，把 Zi=2.5 和 Pi=0.62 作为一个临界值来判断关键微生物种类。我们把土壤微生物网络拓扑图中 Zi≥2.5 或者 Pi≥0.62 的所有节点定义为关键种，分别在不同的大模块中起着联系各自模块内部微生物的重要作用。围填堤坝影响的植物片段化区域内，土壤微生物网络节点绝大多数处于外围节点，仅有 1 个节点处于模块枢纽内。光滩处、植物长势良好和水淹区域土壤也主要集中在外围节点处。与光滩处相比互花米草生长区域根际土壤微生物也主要分布在外围节点，但互花米草区域不同淹水状态下，土壤微生物分布略有不同，模块枢纽、连接器和网络枢纽内各有 2 个节点分布，植物长势良好区域内土壤在模块枢纽、连接器和网络枢纽内各有 1 个节点。综合以上结果表明互花米草的种植影响了微生物之间的群落结构组成，导致其网络结构更为复杂。

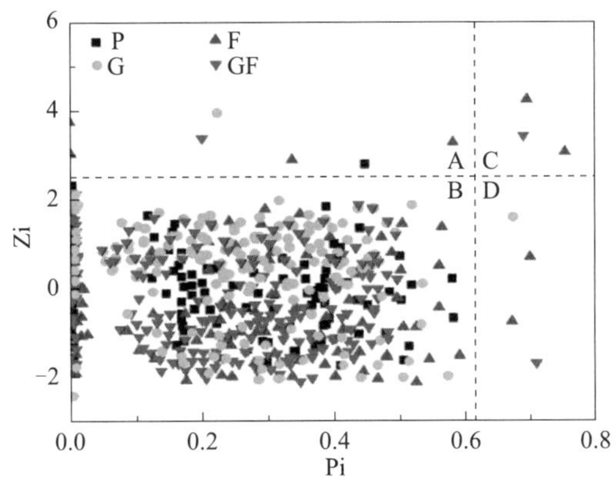

图 4.28　根际微生物网络的拓扑角色分析

Zi. 模块内连通度；Pi. 模块间连通度。A. 代表模块枢纽；B. 外围节点；C. 网络枢纽；D. 连接器；P. 光滩无植物生长土壤；F. 淹水土壤；G. 植物片段化土壤；GF. 植物长势良好区域土壤

围填与未围填区由海向陆方向土壤微生物相对丰度变化主要门类热图展示在图 4.29中。根据根际土壤中盐度的不同，将微生物门类的相对丰度进行聚类分析。热图是按照盐度梯度进行排列，表达了细菌门分类水平的归一化值。R1～R12 不同颜色方块设定值从 0～1，依据颜色深浅不同代表微生物门分类水平的相对值分布。纵列代表两个样品点间的距离为 200m。聚类分析的结果显示，在围填与未围填区域，两种特殊土壤根际微生物门类（Spirochaetes 和 Tenericutes）共同出现在 R1 区域，并占同一位点根际微生物总量的 24%，随着距海距离增加，这两种门类的分布相对减少。

将研究区域人为划分成四个区域，包括：光滩、植物淹水区、植物长势良好区以及植物受围堤影响的片段化区域。表 4.2 显示与无植物生长的光滩区域相比，有互花米草

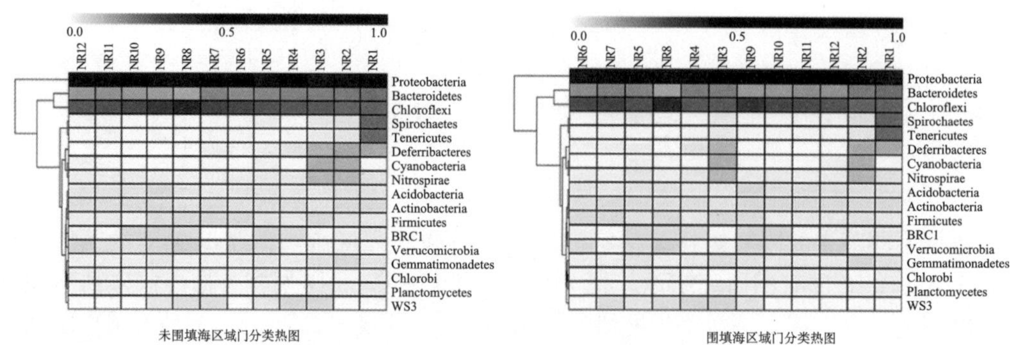

图 4.29 门分类水平热图

生长区域的网络连通度较低和平均路径长度较大，表明互花米草的存在可以更好地缓冲环境变化对网络的干扰。

表 4.2 不同区域根际土壤细菌分子生态网络的拓扑性质

区域	阈值	节点数	连接数	R^2	平均连通度	平均路径长	平均聚集系数
光滩（G）	0.890	164	341	0.890	6.97	2.059	0.124
植物淹水区（F）	0.950	159	279	0.614	5.12	5.205	0.168
植物长势良好区（GF）	0.920	147	352	0.732	5.03	5.434	0.208
植物片段化区（B）	0.927	163	361	0.829	5.15	5.628	0.157

在围填与未围填区共享属的分布规律如图 4.30 和表 4.3 所示，R1～R12 代表由海向陆两个采样点之间的距离。其中，R1～R3 代表距海最近的区域（F）；R10～R12 代表到堤坝最近的区域（B），R4～R9 代表植物长势良好区域（GF）。在围填区，仅有 25 个属是共享在细菌群落组成为 R10～R12 和 R7～R9 之间，未围填区 R10～R12 和 R7～R9 之间的共享属 41 个。在围填与未围填区域之间存在显著性差异。在围填区的共享属当中，绿弯菌门类显著的降低，在未围填区的绿弯菌门出现显著增高。Anaerolinea、Caldilinea 和 Longilinea 属于绿弯菌门，在围填区 R10～R12 任何样品均未被检测到。

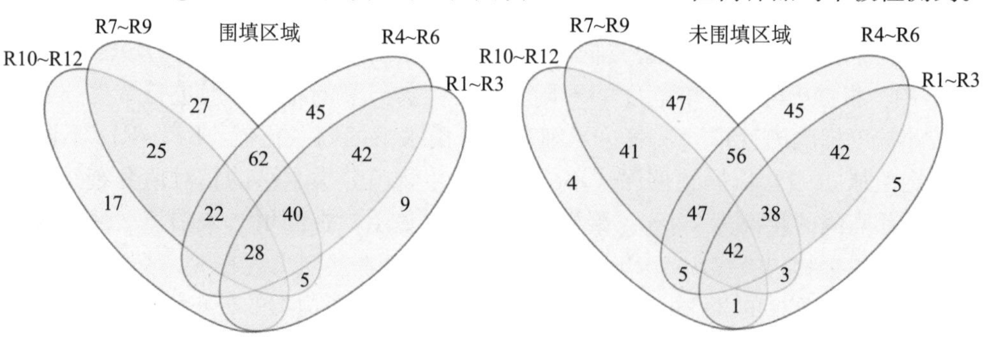

图 4.30 围填与未围填区共享属的维恩图

表 4.3　不同样品点之间的共享属比例

门	属	围填区				未围填区			
		R10～R12/%	R7～R9/%	R4～R6/%	R1～R3/%	R10～R12/%	R7～R9/%	R4～R6/%	R1～R3/%
变形菌门	冷单胞菌属	21.21	21.06	21.13	31.33	32.11	25.54	29.13	30.17
	弓形杆菌属	22.83	22.42	28.94	27.62	22.14	32.12	27.17	22.53
	硫氧化单胞菌	2.48	2.61	1.93	1.37	2.48	2.62	0.23	1.52
	沙雷氏菌属	2.83	3.22	2.72	1.38	0.53	1.46	3.22	0.61
	单胞菌属	1.32	2.15	1.32	0.84	1.44	3.05	0.62	0.56
	希瓦氏菌属	0.43	0.33	0.21	0.23	0.83	0.22	0.43	0.82
	脱硫球菌属	1.23	1.57	0.89	2.00	1.62	1.48	0.67	1.07
	十八杆菌属	3.17	2.16	0.45	0.61	1.27	3.02	0.14	0.21
	新鞘氨醇杆菌	3.87	3.54	2.62	1.54	1.37	2.04	2.21	1.38
	地杆菌属	2.11	3.87	2.13	0.54	2.05	0.25	0.53	0.24
绿弯菌门	厌氧绳菌属		16.31	13.54	12.10	10.35	10.35	11.64	13.35
	暖绳菌属			3.54	3.32	3.95	3.26	3.96	3.47
	脱卤单胞菌			3.17	3.09	3.35	3.93	3.34	3.42
	Thermogemmatisp			2.54	2.12	1.44	1.57	1.96	2.05
	长绳菌属				1.34	1.06	1.42	1.33	1.86
拟杆菌门	普氏菌属	5.76	5.09	4.43	0.97	1.35	0.43	1.64	1.19
	革兰菌属	0.89	0.22	1.17	1.45	1.04	0.67	2.41	2.07
	黄杆菌属	1.64	1.06	1.81	1.62	1.43	0.54	1.38	2.06
	需盐杆菌属	4.08	3.08	1.90	1.35	1.68	1.00	1.92	0.51
	黄杆菌属	2.34	1.52	1.20	0.95	1.92	0.45	2.10	1.66
总计		76.19	90.21	95.64	95.77	93.41	96.42	96.03	90.75

4.1.4 互花米草根际微生物与营养盐之间的关系

通过 spearman 相关系数分析法，对植物表现型与环境因子进行相关性分析可知互花米草生物量与总氮和有机质呈显著正相关（表 4.4）。

表 4.4 互花米草表现型与环境因子相关性

环境因子	互花米草		
	密度	生物量	株高
由海向陆距离	0.625*	0.682*	0.493
盐度	−0.817**	−0.617*	−0.513
有机质	0.724*	0.604*	0.255
总氮	0.680*	0.512	0.508
总磷	0.547	0.442	0.493

*. $P<0.05$; **. $P<0.01$。

将围填区与未围填区互花米草生物量和盐度进行相关性分析，得到互花米草生物量与盐度之间的关系见图 4.31。在 99%置信度（$P<0.01$）水平下，互花米草生物量与盐度两者的调整 R^2 值为 0.66677，相关分析得到 R 值为 0.8166，说明互花米草生物量与盐度呈显著负相关，两者拟合结果如下：

$$\text{Bio} = -33.106 + 135.521\text{Sa} - 30.812\,\text{Sa}^2\,(n = 120, R^2 = 0.76, P < 0.01) \quad (4.1)$$

式中，Bio 为互花米草生物量；Sa 为样点盐度值；n 为样本量；R^2 为相关系数；P 为检验的显著性水平。

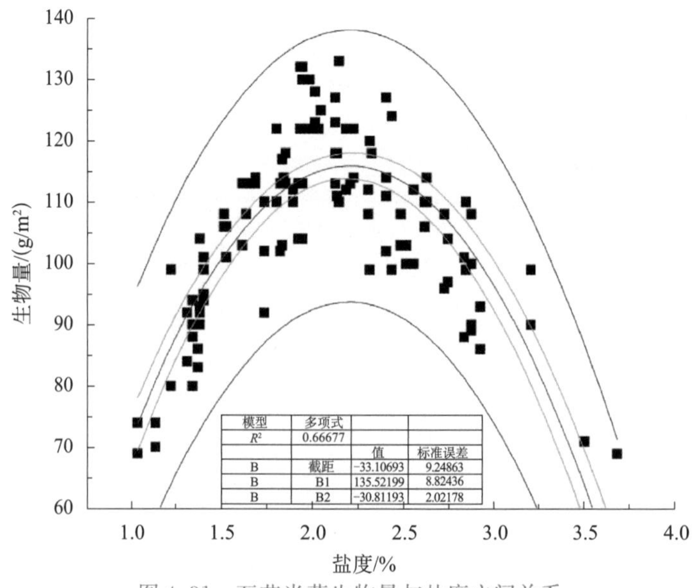

图 4.31 互花米草生物量与盐度之间关系

通过回归分析可知，互花米草生物量随着盐度的升高而升高，到一定的临界值其生物量逐渐降低，并且在盐度较高的区域，植物生物量显著降低。采样点随着由海向陆距离的增加，越靠近岸边陆地，互花米草生物量与有机质及总氮含量逐渐增加，盐度却逐渐降低。

将互花米草生物量与土壤总氮含量进行相关性分析，得到互花米草生物量与总氮的关系（图 4.32）。在置信度为 99%的置信水平下，互花米草生物量与土壤总氮存在显著相关性，相关系数为 0.6802，调整 R^2 值为 0.4626。互花米草生物量与土壤总氮含量的拟合曲线为

$$\text{Bio} = -39.825 + 545.474\text{Tn} - 461.858\ \text{Tn}^2 (n = 120, R^2 = 0.4626, P < 0.01) \tag{4.2}$$

式中，Bio 为互花米草生物量；Tn 为样点土壤总氮含量；n 为样本量；R^2 为相关系数；P 为检验的显著性水平。

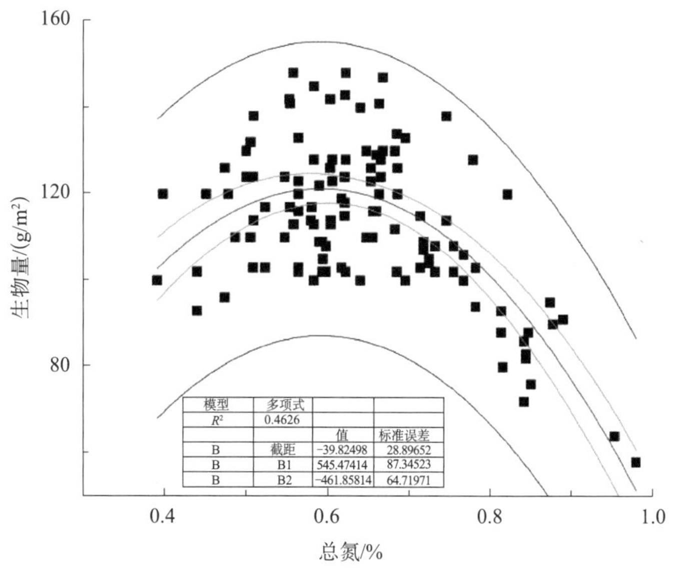

图 4.32　互花米草生物量与总氮含量关系

对研究区内互花米草根际微生物相对丰度值与互花米草的生物量进行线性回归分析，如图 4.33 所示。在 99%置信水平下，互花米草根际微生物相对丰度值与互花米草生物量存在显著正相关，相关系数 0.87，调整 R^2 值为 0.757。互花米草根基细菌相对丰度值与互花米草生物量的拟合曲线为

$$\text{Bio} = 0.662\text{Bac} + 29.10 (n = 120, R^2 = 0.757, P < 0.01) \tag{4.3}$$

式中，Bio 为互花米草生物量；Bac 为样点土壤氮磷比；n 为样本量；R^2 为相关系数；P 为检验的显著性水平。

在围填区域和未围填区域，互花米草根际土壤主要理化因子特征，如表 4.5 所示。从表中可以看到，沿着围填点位 R1～R12 递增，土壤总氮含量、总磷含量和有机质含量均出现先升高后降低的趋势，土壤总氮含量最大值为 0.740%±0.017%，土壤总磷含量最大值为 0.073%±0.012%，土壤有机质含量最大值为 5.88%±0.044%。土壤盐度值呈现先降低后升高的趋势，盐度值的变化范围在 1.50±0.067g/L 到 2.57±0.019g/L 之间。

在未围填区域中，土壤总氮、总磷和有机质百分含量随由海向陆距离的增加，含量

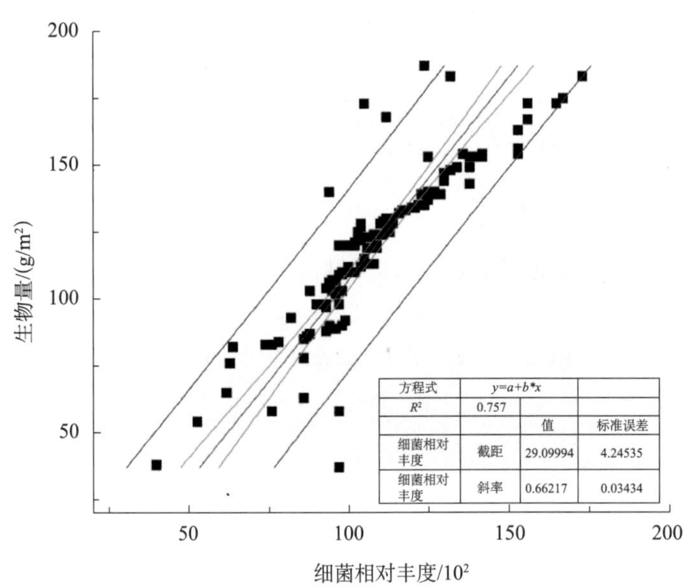

图 4.33　互花米草生物量与根际微生物相对丰度之间的关系

逐渐增高，土壤总氮含量最小值为 0.430%±0.011%，最大值为 0.774%±0.004%；土壤总磷含量最小值为 0.034%±0.003%，最大值为 0.046%±0.006%；土壤有机质含量最小值为 2.46%±0.036%，最大值为 6.30%±0.036%。土壤盐度值沿由海向陆逐渐降低，最大值为 2.63±0.009g/L，最小值为 1.55±0.007g/L。

围填与未围填区光滩处土壤营养盐含量总体均低于有互花米草生长的各点位的营养盐含量。光滩处土壤盐度略高于临近植物生长的研究区，其中围填处光滩盐度含量与未围填处光滩盐度含量差异不大。在未围填的根际区土壤中，总氮含量变化范围在 0.423%～0.774%，围填区域根际土壤中总氮含量在 0.401%～0.740%。尽管不同位点根际土壤中总氮浓度分布不均匀，但是在围填区与未围填区域总氮浓度没有显著性差异。未围填区根际土壤有机质含量（2.46%～6.30%）比围填区根际土壤有机质（2.20%～5.88%）含量高，并且在未围填区域，沿着由海向陆方向根际土壤有机质和总氮含量显著升高。在未围填区域根际土壤中总磷含量（0.034%～0.046%）低于围填区域根际土壤总磷含量（0.042%～0.073%），在未围填区域沿海向陆方向，根际土壤中盐度呈下降趋势，变化范围在 1.55～2.63g/L 之间，盐度变化显著并向岸聚集。Kruskal-Wallis 分析显示，围填与未围填区域土壤盐度存在显著性差异。

为了比较不同生长环境下互花米草根际微生物的变化，以及其受环境因子影响和互花米草根际微生物的共同存在下对互花米草生长的影响，根据互花米草生物量的高低将研究区划分成 3 个部分，并对研究区内所有土壤样品的细菌丰度值，包括光滩土进行主成分分析。如图 4.34 所示，图中不同颜色标识代表不同土壤取样类型，其中红色标识代表了裸地光滩处土壤，蓝色、绿色和紫色土壤分别代表了植物淹水区、植物长势良好区域以及植物片段化区域的土壤。从图上可以看到，横坐标 PC1 的贡献度为 49.30%，纵坐标 PC2 的贡献度为 31.43%。裸地光滩处土壤均聚集在图的左侧，与有互花米草生长的土壤相分离，这表明互花米草的存在对海岸带土壤的细菌群落结构产生影响。与此

表 4.5 围填与未围填区土壤理化因子特征值

围填点位	总氮/%	总磷/%	有机质/%	盐度/(g/L)	未围填点位	总氮/%	总磷/%	有机质/%	盐度/(g/L)
光滩	0.401±0.002	0.042±0.003	2.20±0.007	2.57±0.019	光滩	0.423±0.009	0.034±0.003	2.53±0.012	2.63±0.009
R1	0.425±0.009	0.052±0.014	2.23±0.026	2.45±0.012	NR1	0.430±0.011	0.035±0.002	2.46±0.036	2.55±0.016
R2	0.435±0.019	0.049±0.009	2.33±0.017	2.39±0.025	NR 2	0.436±0.018	0.040±0.007	2.92±0.021	2.42±0.027
R3	0.665±0.020	0.053±0.010	3.57±0.021	1.86±0.027	NR 3	0.457±0.022	0.042±0.019	3.40±0.027	2.36±0.031
R4	0.628±0.026	0.057±0.005	3.82±0.008	1.72±0.056	NR 4	0.477±0.002	0.039±0.016	3.99±0.015	2.26±0.028
R5	0.710±0.011	0.061±0.009	4.86±0.036	1.50±0.067	NR 5	0.535±0.008	0.043±0.005	4.36±0.032	2.10±0.020
R6	0.740±0.017	0.064±0.008	5.09±0.047	1.37±0.021	NR 6	0.567±0.029	0.045±0.006	4.57±0.014	2.04±0.016
R7	0.715±0.009	0.066±0.011	5.08±0.073	1.52±0.025	NR 7	0.615±0.018	0.038±0.002	4.72±0.007	2.00±0.008
R8	0.705±0.009	0.073±0.012	5.33±0.052	1.65±0.039	NR 8	0.695±0.027	0.041±0.004	4.91±0.016	1.91±0.015
R9	0.625±0.031	0.069±0.010	5.88±0.044	1.98±0.008	NR 9	0.715±0.025	0.044±0.008	5.43±0.026	1.87±0.013
R10	0.525±0.014	0.067±0.008	2.92±0.038	2.07±0.017	NR 10	0.728±0.006	0.042±0.014	5.77±0.054	1.72±0.016
R11	0.495±0.028	0.060±0.004	2.80±0.032	2.22±0.033	NR 11	0.756±0.012	0.044±0.017	5.91±0.037	1.67±0.021
R12	0.442±0.007	0.056±0.002	2.57±0.026	2.30±0.031	NR 12	0.774±0.004	0.046±0.006	6.30±0.036	1.55±0.007

注：平均值±标准差；$n=3$。

同时，互花米草生长区域内的土壤细菌群落也由于外界环境因子的差异存在异同，这里指的外界环境因子主要指水淹和堤坝造成的植物片段化。

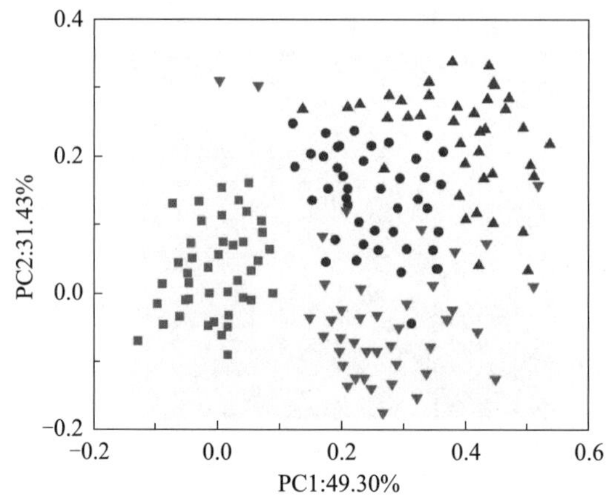

图 4.34　互花米草生物量与根际微生物相对丰度之间的关系

将互花米草群落分成围填区域（五号桩附近）和未围填区域（黄河口管理站附近），对根际土壤微生物细菌丰度值，以及土壤盐度、总氮、总磷和有机质含量进行分析，如图 4.35 和图 4.36 所示。从图中可以看到，在未围填区域根际土壤总氮、总磷和有机质的平均含量质量百分比分别为 0.36%、0.067%和 3.214%。而在围填区域，根际土壤总氮、总磷和有机质的平均含量百分比分别为 0.38%、0.044%和 2.873%。未围填区域中根际土壤盐度值由海向陆方向，盐度逐渐降低，最大值和最小值分别为 1.28g/L 和 0.83g/L。盐度值整体变化趋势不大，靠近堤坝影响区域，土壤盐度值的增幅降低。在

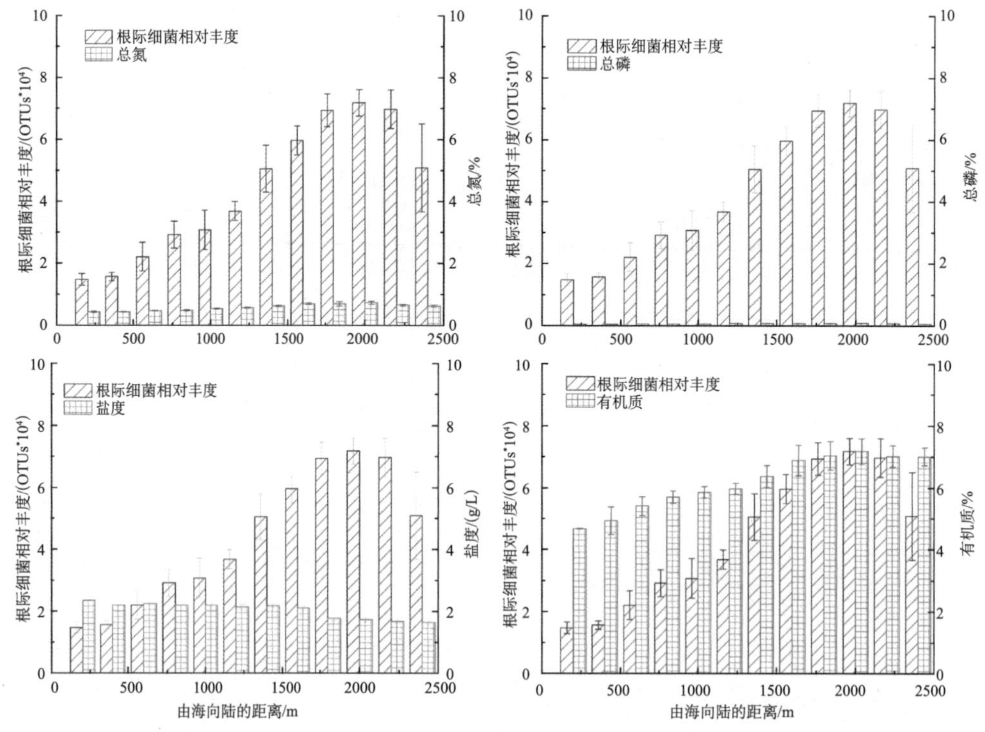

图 4.35　未围填区互花米草根际微生物相对丰度值与理化因子关系

围填区域中，盐度呈现先降低后升高的趋势。堤坝阻挡了海水向陆的流动，继而抬高了靠近堤坝附近的水位，导致盐度值在此处激增。同时，在未围填区域，土壤总氮和总磷含量由海向陆方向逐渐增加，受堤坝影响，土壤减少了氮素和磷素的富集，降低了土壤中氮元素和磷元素的聚集程度。堤坝建设减少了有机质的累积，沿由海向陆方向有机质含量减少。

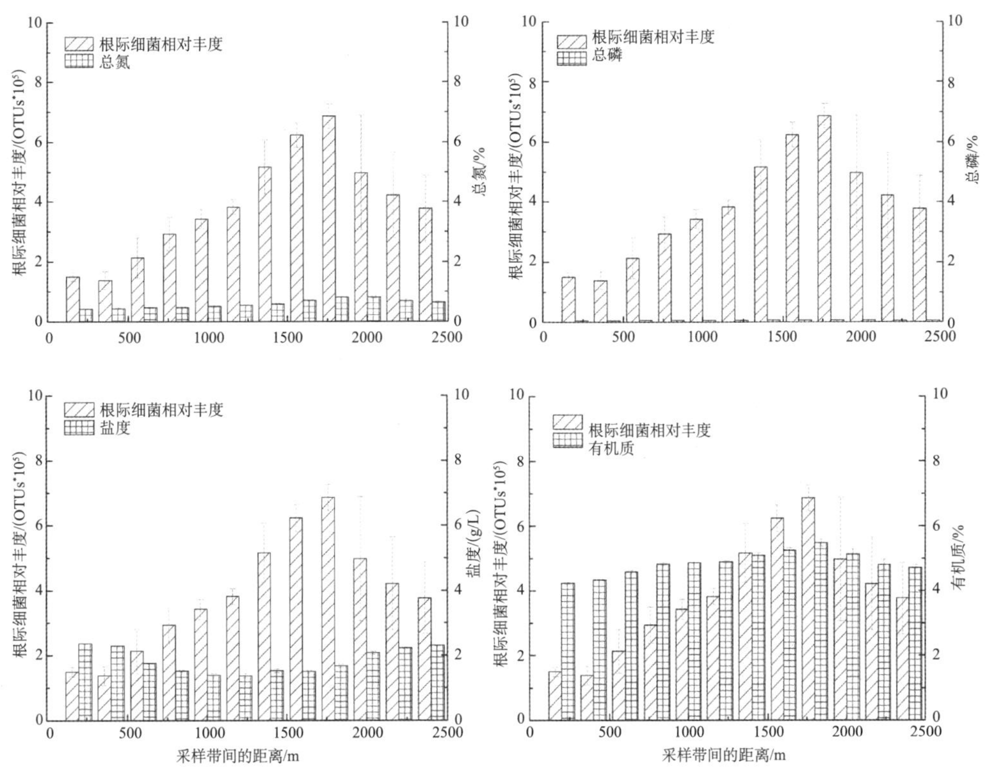

图 4.36　围填区互花米草根际微生物相对丰度值与理化因子关系

由 Kruskal-Wallis 检验可知，围填区与未围填区土壤盐度存在显著性差异外，其他围填与未填区土壤指标均表现出极显著性差异（表 4.6）。通过 Spearman 相关系数分析法，探究了土壤理化因子之间，以及土壤理化因子与微生物相对丰度之间的关系，如表 4.7 所示。土壤中总磷含量与有机质含量在 $\alpha=0.01$ 水平下无显著相关性，而土壤全氮和有机质在 $\alpha=0.01$ 水平上呈极显著正相关。土壤营养盐含量（TN＼TP＼OM）与盐度呈显著负相关（$P<0.05$）；土壤中根际微生物相对丰度值与土壤总氮和有机质（TN＼TP＼OM）呈显著正相关（$P<0.05$）；由海向陆距离与根际微生物相对丰度、盐度和有机质呈显著相关性，其中与盐度呈显著负相关（$P<0.05$），与根际微生物相对丰度和有机质呈显著正相关（$P<0.05$）。将由海向陆方向在内的所有土壤进行回归分析可知，决定系数 R^2 为 0.317（$P<0.05$），由于临海点位土壤盐度值偏高与其他测试点位有较大差异，所以剔除这些土壤后，进行回归分析，决定系数 R^2 为 0.346（$P<0.05$），表明土壤细菌丰度随着盐度的降低呈显著增加的趋势，土壤中根际微生物相对丰度值与盐度呈极显著负相关（$P<0.01$）。

表 4.6　土壤理化因子的 Kruskal-Wallis 检验

项目	盐度	有机质	总氮	总磷
未围填区	*	**	**	**
堤坝围填区	*	**	**	**

*. $P<0.05$；**. $P<0.01$。

表 4.7　根际细菌相对丰度和土壤理化因子斯皮尔曼等级相关

项目	微生物相对丰度	盐度	有机质	总氮	总磷	氮磷比	由海向陆距离
微生物相对丰度	1						
盐度	−0.721**	1					
有机质	0.683*	−0.724*	1				
总氮	0.682*	−0.613*	0.876**	1			
总磷	0.702**	NS	NS	NS	1		
由海向陆距离	0.641*	−0.602*	0.663*	NS	NS	1	1

*. $P<0.05$；**. $P<0.01$；

注：NS. 没有显著性。

为更进一步了解土壤物理化学组成对植物根际微生物群落结构的影响，对比围填与未围填区土壤根际微生物相对丰度。CCA 分析是基于微生物群落的数据，将根际土壤中的盐度、总氮、总磷和有机质作为 CCA 分析的变量，如图 4.37 所示。CCA 分析展示物理和化学性质与根际微生物群落组成的关系。图 4.37（a）展示第一和第二象限解释了总变异性的 67.69%，第二轴和盐度有显著负相关，与总氮和有机质有显著正相关。*Anaerolinea* 与盐度有显著正相关性，暗示着 *Anaerolinea* 能作为指示因子回应盐度环境的改变，可能更意味着更多的嗜盐细菌将存在于未围填区域比围填区域。PCA 主成分分析如图 4.37（b）所示，R1～R12 和 NR1～NR12 代表了样品点的位置，箭头指向根际土壤的物理化学性质。根际微生物群落结构受到根际土壤性质的影响，在每一个样品中微生物门类被用作为变量，而根际土壤点位被用来作为观测值。第一和第二象限解释了总变异率的 60.95%，结果显示互花米草根际微生物和环境因子存在不同程度的相关性。

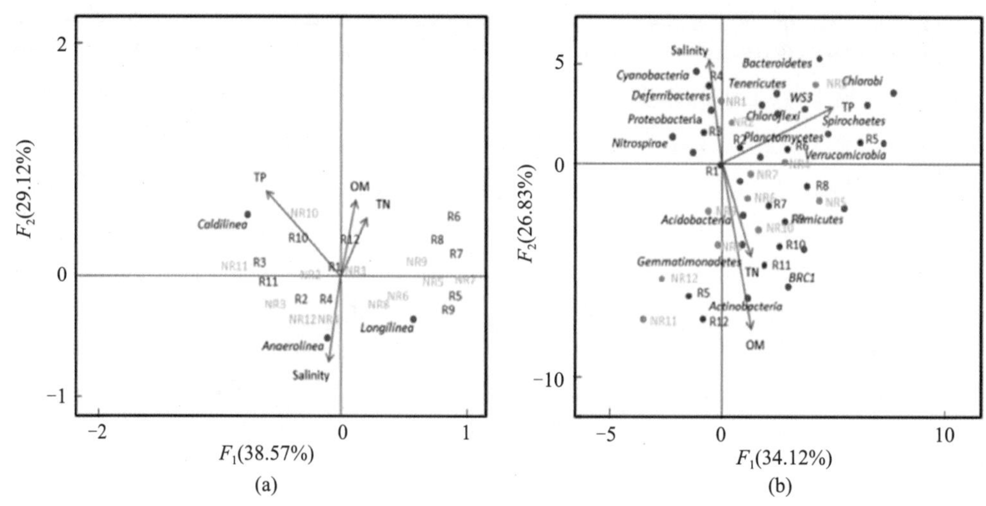

图 4.37　典范相关性分析和主成分分析

根据典范相关关系和主成分分析可知，土壤总氮、有机质和盐度均影响土壤根际微生物相对丰度的分布规律。从皮尔森相关分析可知，总氮和有机质有极显著正相关性，因而可以通过构建营养盐变量因子与根际微生物相对丰度之间的关系方程，表征根际微生物，如下：

$$Bac=279.955+5829.89Tn-346.770Sa+1302.84Om \quad (4.4)$$

式中，Bac 为根际微生物相对丰度值；Tn 为土壤氮含量；Sa 为土壤盐度；Om 为土壤有机质含量。

4.2 围填海活动对湿地土壤微生物多样性的影响

围填海活动是人类为了扩大生存和发展空间的重要方式。然而，围填海造地活动在产生巨大社会和经济效益的同时，也对滨海湿地生态环境产生了不可逆转的影响。一方面，围垦活动显著改变了滨海湿地上游入海河流的流向和流量，阻断了海水向内陆地区物质的正常输送，进而改变了围填海地区土壤的理化性质；另一方面，在围填海活动的影响下，潮汐作用发生改变，各营养物质的输入与输出、环境中水文条件、氧化还原电位、电子受体等都发生了变化，从而对土壤微生物的组成造成了巨大影响。

本节主要是针对围填海活动对滨海湿地土壤微生物多样性的影响。在宏观上，生境破碎化会直接影响地上植物，以及生物种群的大小、灭绝速率、扩散迁入、遗传及变异等；在微观上，各种人类活动导致的土地利用类型改变，实际上是对原有土壤水体中土著微生物产生的一种生境隔离，改变周围环境因子的往复调控。中国滨海湿地幅员辽阔，而围填海活动造成的土地集约利用类型具有代表性及普遍性，在这种人为生境隔离的情况下，土壤中的微生物将会如何应对环境的改变，做出怎样的响应，本节将进行深入探讨。

4.2.1 围填区和自然湿地土壤微生物群落特征

研究区域位于山东省东营市境内的黄河三角洲（37°39′～38°7′N，118°51′～119°15′E，图 4.38）。自然湿地分别选取 2008 年改道后的黄河河道湿地和原 1996 年黄河入海口，后于 2008 年已改道演化为潮滩湿地的老入海口为潮滩湿地研究区。围填海类型研究区域选取沿东营港到新入海口的不同围填类型区，分别选取盐田、港口、海参养殖塘、虾养殖塘和油田典型围垦湿地作为研究区。

于 2015 年 5～10 月采样。用土钻取 0～10cm 表层土壤，每个土地利用类型取2～4 个平行样地，每个样地取 3 个平行样品进行混合，将土壤样品于 4℃进行保存，4h 内带回实验室。样品分为四部分，一部分存于 4℃冰箱，用于测定土壤氨氮和硝氮；一部分存入−20℃冰箱，用于提取土壤 DNA，进行分子生物分析；还有一部分用烘箱 105℃烘干，用于含水率测定；最后一部分用烘箱 60℃烘干，用于元素分析和 pH，盐度测定。

土壤理化因子的测定参照国家标准，并结合土壤农化分析方法。pH、盐度测定：取烘箱 60℃烘干土，过 60 目筛后，置于 50mL 离心管中，水土比 5∶1 浸提，采用 pH

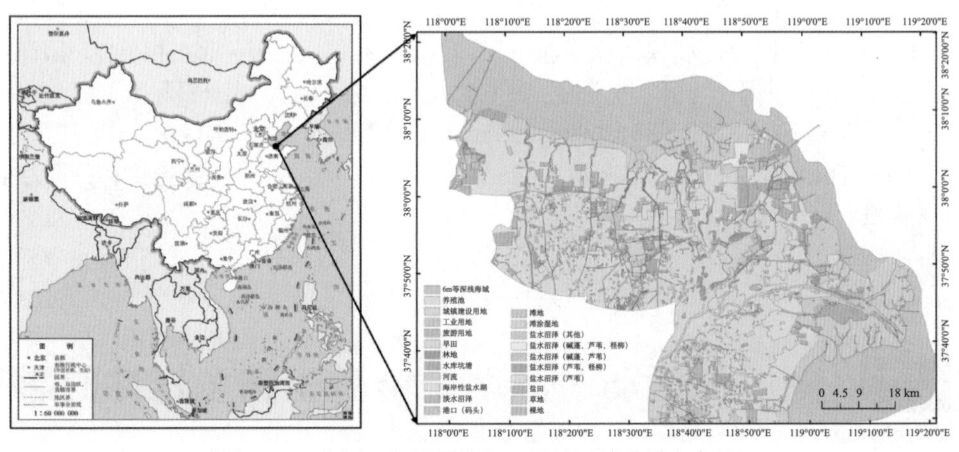

图 4.38　黄河三角洲围填与未围填区域采样点布设

计和盐度计进行测定。土壤 TC 和 TN 测定：取 60℃烘干土，过 100 目筛的土壤样品，采用德国元素分析仪（型号：Vario EI）测定。土壤总磷测定：取 60℃烘干土，过 100 目筛的土壤样品，用离子发射光谱仪进行测序。土壤有机碳（TOC）测定：取 60℃烘干土，过 100 目筛的土壤样品，滴加 2M HCl 直到无气泡产生，用 60℃烘干 48h 至重量不再变化后上元素分析仪测试。

采集的土样总 DNA 采用美国 OMEGA 公司的 MoBio PowerSoil DNA Isolation Kit（MP Biomedicals，Santa Ana，CA，USA）试剂盒，每个样品称取约 0.5g 鲜土，按照试剂盒提取步骤进行。用 Nanodrop 检测提取 DNA 的浓度和纯度。土壤样品采用引物 338F（5′-ACTCCTACGGGAGGCAGCA-3′）和 806R（5′-ACTACHVGGGTWTCTAAT -3′）对 16S rRNA 的 V3-V4 区进行扩增。PCR 扩增条件为：98℃预变性 2min，98℃变性 15s，55℃退火 30s，72℃延伸 30s，25 个循环，最后 72℃延伸 5min。PCR 扩增产物通过 2%琼脂糖凝胶电泳进行检测，并对目标片段进行切胶回收，回收采用 AXYGEN 公司的凝胶回收试剂盒。采用 Illuminia 公司的 Miseq 进行测序。

下机数据去除质量小于 20 的序列并用 FLASH 进行拼接，然后转为 QIIME2 格式进行后续分析，采用 Deblur（Amir et al.，2017）进行序列质控，去除错误序列，并生产引物差异序列（ASV）列表，所有的样品截取到相同片段长度 393bp。然后进行序列比对，用 FastTree 建立有根树和无根树。ASV 列表和 SILVA-132-99 数据库进行物种比对，输出 biom 格式用于 R 中后续分析。Alpha 多样性指数通过 R 包 phyloseq（McMurdie and Holmes，2013）和 vegan 得出，并进行 Tukey-Kramer 后检验进行组间差异分析。Beta 多样性中加权和不加权 UniFrac PCoA Cprincipal Co-ordinates analysis 通过 R 包 MuMIn（Nakagawa and Schielzeth，2012）计算得出，CAP 分析通过 vegan 包计算得出。微生物群落系统发育指数通过 R 包 Picante 计算得出 NRI 和 NTI 指数，null 模型选择 phylogenetic pool。微生物功能丰度通过 PICRUSt2 进行预测（Langille et al.，2013），得到 KO、EC 和 pathway 列表，并通过 WGCNA 共表达网络对 KO 列表进行分析，对 hub KO 用 ClusterProfile 进行代谢通路富集（Yu et al.，2012）。

围填海活动改变了原有滨海湿地土壤的理化环境，其中虾塘氨氮、硝氮含量高于其他土地利用类型，油田有机质和总碳量较高，盐田盐度高于其他土地利用类型，说明从土壤理化性质结果分析得出这三种围垦类型对原有自然湿地的扰动较大（表 4.8）。

表 4.8　黄河三角洲典型围垦湿地及自然湿地土壤理化性质

类型	pH	盐度/‰	硝氮 /(mg/ kg)	氨氮 /(mg/ kg)	TC /(g/ kg)	TN /(g/ kg)	SOC /(g/ kg)	TP /(mg/ kg)	AP /(mg/ kg)
FW	8.54 ± 0.43	0.18 ± 0.08	1.48 ± 0.60	2.17 ± 0.73	16.75 ± 1.08	0.38 ± 0.04	0.65 ± 0.11	560.17± 13.72	3.33± 0.81
CW	8.58 ± 0.21	1.29 ± 0.21	0.58 ± 0.19	5.53 ± 2.46	11.68 ± 1.58	0.29 ± 0.15	0.31 ± 0.06	470.46 ± 140.10	1.84 ± 0.25
P	8.61 ± 0.26	1.74 ± 0.84	0.83± 0.49	1.47 ± 0.91	11.93± 0.93	0.26 ± 0.05	0.63 ± 0.36	509.61 ± 62.58	2.68 ± 0.23
CP1	8.42 ± 0.04	1.81 ± 0.12	1.55 ± 0.08	2.30 ± 0.59	13.70 ± 1.41	0.33 ± 0.08	0.82 ± 0.05	540.14 ± 5.91	7.55 ± 0.41
CP2	8.43 ± 0.07	2.42 ± 0.37	4.79 ± 1.78	11.81 ±12.39	13.93 ± 1.47	0.34 ± 0.11	0.92 ± 0.11	563.58 ± 26.74	3.15 ± 1.29
OF	8.95 ± 0.08	1.51 ± 0.39	0.62 ± 0.24	2.83 ± 0.67	18.40 ± 1.41	0.40 ± 0.17	1.69 ± 0.48	530.56 ± 11.32	2.22 ± 0.20
SP	8.44 ± 0.06	6.16 ± 0.93	0.45 ± 0.28	4.47 ± 1.12	11.60 ± 0.70	0.24 ± 0.02	0.38 ± 0.06	554.60 ± 24.40	1.50 ± 0.13

注：FW. 淡水湿地；CW. 潮滩湿地；P. 港口；CP1. 海参养殖塘；CP2. 虾塘；OF. 油田；SP. 盐田。

为研究土地利用对土壤微生物群落结构的变化，对土壤16S rRNA V3-V4区进行扩增，经过质控处理，共得到503058条序列，28474个ASV，其中河道湿地样品为1173～18449；潮滩湿地为17890～23910；港口为18161～18516；海参养殖塘为16137～21558；虾塘为12828～16391；油田为19042～20988；盐田为14111～23905。所有样品隶属于58个门，178个科，1260个属。其中Gammaproteobacteria（35.16%）、Firmicutes（20.63%）、Bacteroidetes（11.11%）、Chloroflexi（8.12%）、Epsilonbacteraeota（8.46%）、Actinobacteria、Acidobacteria、Halanaerobiaeota、Gemmatimonadetes和Planctomycetes占比大于1%，为黄河三角洲不同湿地土壤的优势门。对优势门变形菌门划分到科，不同土地利用类型土壤细菌群落组成详见图4.39。

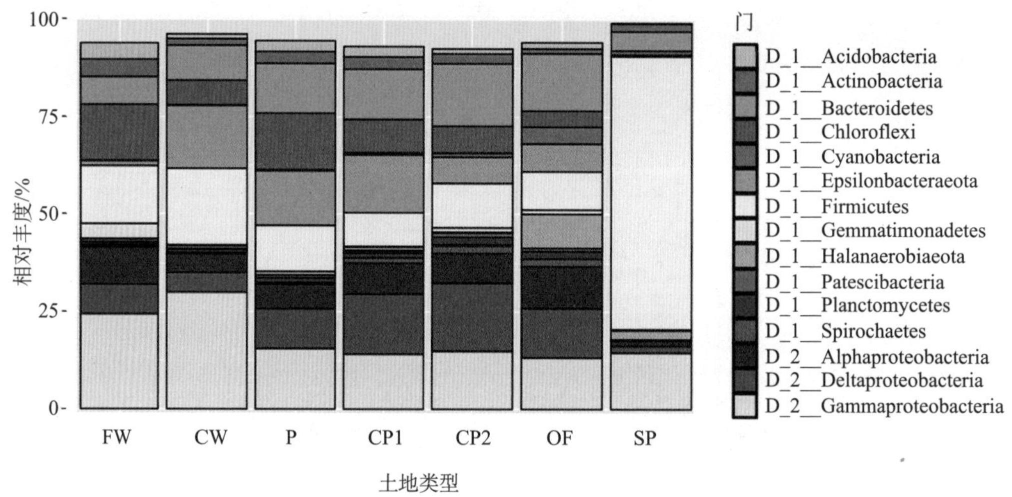

图4.39 黄河三角洲不同土地利用类型土壤微生物群落组成占比前15柱状图

FW. 淡水湿地；CW. 潮滩湿地；P. 港口；CP1. 海参养殖塘；CP2. 虾塘；OF. 油田；SP. 盐田

进一步对土壤微生物Alpha多样性（Observed ASV和Shannon指数）进行分析，结果如图4.40所示。养殖塘多样性较高，盐田多样性减少，说明不同的土地利用类型影响营养盐的输入方式改变了原有土壤微生物生境环境的营养摄入，使群落结构发生改变，多样性发生了显著变化。

为进一步观察土壤微生物群落结构在不同土地利用类型下的结构变化特点，利用加权和不加权UniFrac主成分分析（PCoA）对数据进行降维处理展示微生物群落结构，如图4.41所示。自然湿地样品和盐田样品在第一坐标轴>0一侧，港口海参样品在第二坐标轴<0一侧，且在不加权分析时分类较清晰。通过PerMANOVA相关性分析，加权WUF解释了61%的变量，无加权UUF解释了41%的变化量（$F_{4,17}=7.61$，$R^2=0.61$，$P<0.001$；$F_{4,17}=3.00$，$R^2=0.41$，$P<0.001$），土地利用类型解释了WUF中12.3%的变量和UUF中的11.8%变量。加权主成分分析对于丰度高的样品较敏感，而不加权主成分分析对于稀有物种较敏感，可以看出虾塘和油田两种围垦类型湿地土壤微生物和自然湿地土壤微生物差别较大，进一步证明土地利用对生物群落结构的影响。

为研究环境因子对土壤微生物群落差异的贡献，基于UniFrac距离的CAP分析，

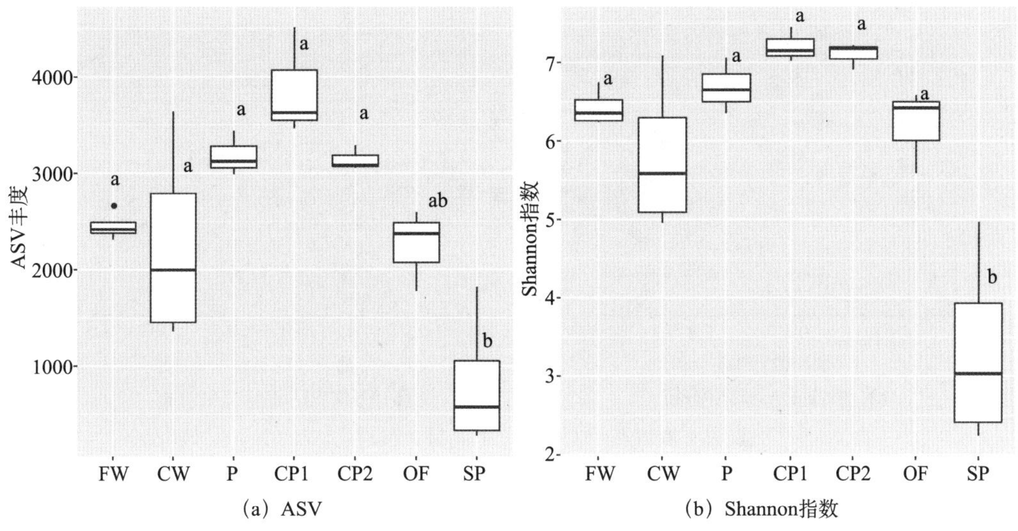

(a) ASV　　(b) Shannon指数

图 4.40　土壤微生物 Alpha 多样性

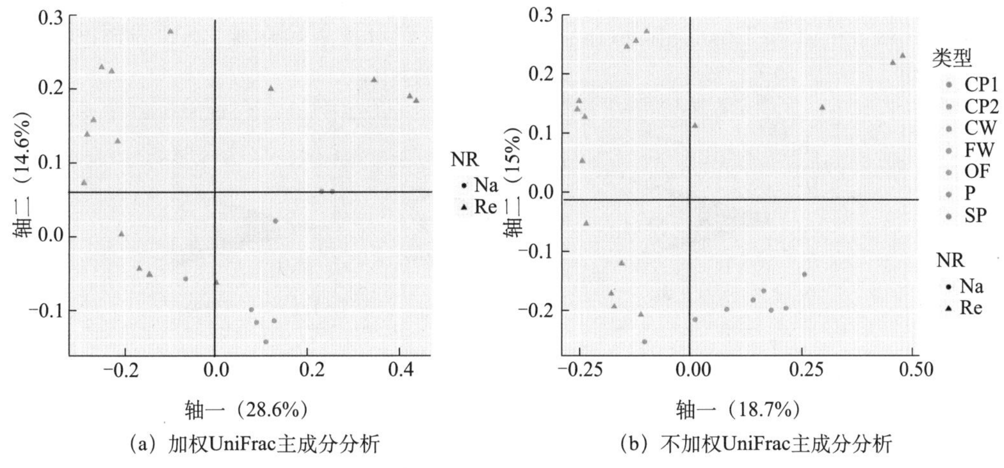

(a) 加权UniFrac主成分分析　　(b) 不加权UniFrac主成分分析

图 4.41　黄河三角洲土壤样品加权和不加权 UniFrac 主成分分析

圆圈代表自然湿地，三角代表围垦湿地，不同土地利用类型用颜色区分；NR. 湿地类型；Na. 未围坚湿地；Re. 围垦湿地

其中，盐度、SOC、有效磷和硝氮含量是主要的贡献因子（图 4.42）。

4.2.2　围填区和自然湿地土壤微生物差异菌分析

为进一步解析自然湿地土壤微生物对于不同围垦类型扰动做出的群落结构变化，应用 DESeq2 进行差异 ASV 分析，分别以河道湿地土壤和潮滩湿地土壤作为自然湿地控制组和不同围垦类型湿地进行富集和衰减分析，其中油田富集效果明显，和河道淡水湿地相比富集了 63 个 ASV，衰减 5 个 ASV，和潮滩湿地相比富集 210 个 ASV，衰减了 18 个 ASV。而虾塘和盐田衰减显著，和河道湿地相比，虾塘富集 19 个 ASV，衰减了

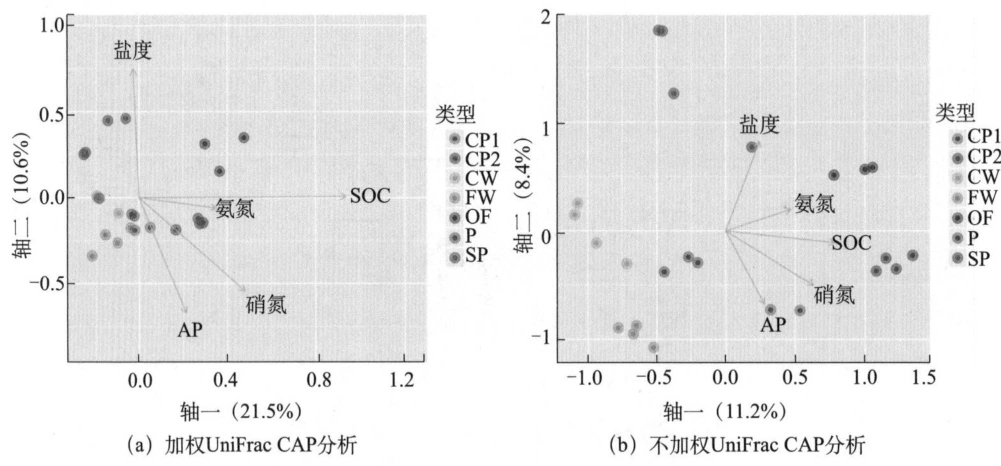

图 4.42 加权和不加权基于 UniFrac 距离与土壤理化因子的 CAP 分析

396 个 ASV，盐田无富集，衰减了 156 个 ASV，和潮滩湿地相比，虾塘富集 18 个 ASV，衰减了 462 个 ASV，盐田富集了 2 个 ASV，衰减了 186 个 ASV［图 4.43（a）、图 4.44（a）］。由柱状图［图 4.43（b）、图 4.44（b）］显著富集和衰减的 ASV 组成进行分析可知，富集和衰减作用都主要作用于 Proteobacteria、Bacteroidetes、Chloroflexi、Firmicutes 和 Epsilonbacteraeota 门中。我们对富集和衰减 ASV 分别进行韦恩

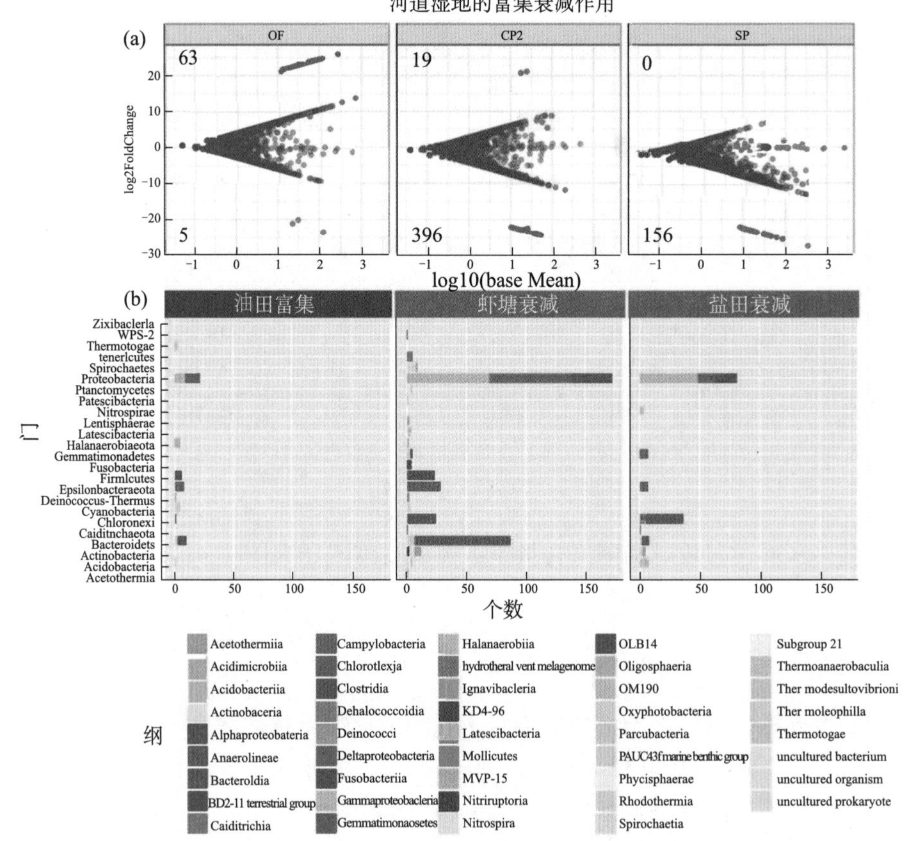

图 4.43 河道湿地和油田、虾塘、盐田富集衰减 ASV 火山图（a）；富集和衰减 ASV 群落组成柱状图（b）

图比对发现（图 4.45），和河道湿地相比 97%富集的 ASV 包含于和潮滩相比富集的 ASV 中，相同情况也出现在虾塘比对中，重叠率达 87%，而在盐田中，两种自然湿地比对衰减的 ASV 覆盖率极低（4 个 ASV）。黄河三角洲为典型的寡营养型湿地，油田土壤中碳含量较高，虾塘中氮营养盐和磷营养盐为主要的扰动因子，盐田晒盐的高盐环境会对原自然湿地形成较大扰动，但我们也可以看出土壤微生物对于不同营养物质输入做出的响应存在较大差异，说明了环境筛作用决定了群落组成的差异。营养盐对于微生物分类级别的影响也有不同，碳、氮营养主要作用于较细分支（属种级别），所以在油田和海参养殖塘样品中重叠度极高，而盐度主要影响较远的分支（目科级别），这符合之前对于微生物群落系统发育树对于环境因子响应进化特点的研究（Martiny et al.，2015）。

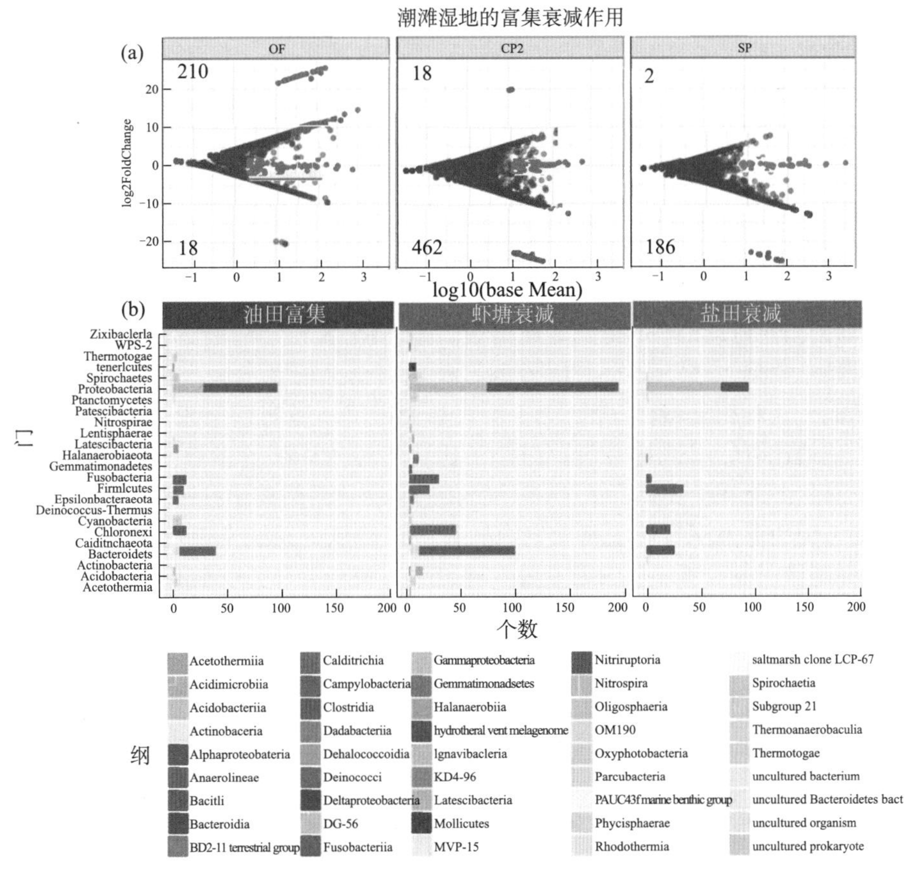

图 4.44 潮滩湿地和油田、虾塘、盐田富集衰减 ASV 火山图（a）；富集和衰减 ASV 群落组成柱状图（b）

4.2.3 围填区和自然湿地土壤微生物系统发育特征

在土壤中微生物也存在生态位理论，环境资源通过有效的分配为微生物群落提供合理的生态位，在资源受限时，生态位相同或者相近的种群会产生竞争排斥，导致生态位

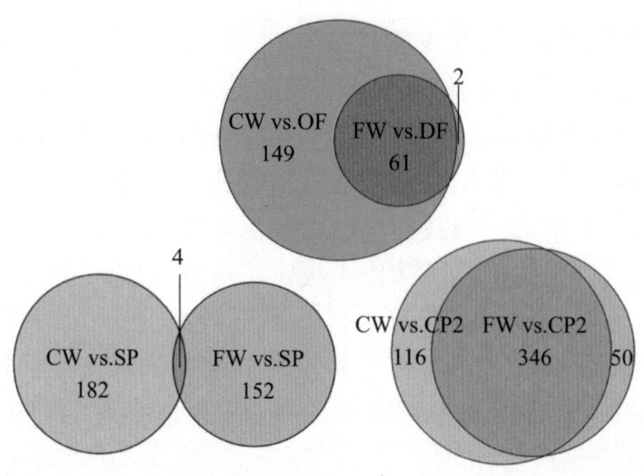

图 4.45　河道湿地和潮滩湿地富集和衰减 ASV 韦恩图

相近的物种数量下降甚至消亡。中性理论则是不受资源影响，生物群落物种随机扩散，生存机会同等，群落形成过程为随机过程（Webb，2000）。为进一步了解黄河三角洲土壤微生物的建群机制，我们应用群落系统发育树，基于零模型，计算微生物群落谱系指数，从生态位角度诠释土壤微生物对环境干扰的响应机制（Webb et al.，2002；Fierer et al.，2007）。Webb 于 2000 年提出了度量植物系统发育关系的指标：净种间亲缘关系指数（net relatedness index，NRI）和净最近种间谱系距离指数（nearest taxon index，NTI）。其中 NRI 是指系统发育树上任一物种节点之间的平均谱系距离，NTI 是指系统发育树上亲缘关系最近的种间亲缘关系指数。当 NRI/NTI ＞0 时，说明物种亲缘关系相近的物种趋于聚集，当 NRI/NTI＜0 时，说明群落亲缘关系较远的物种处于发散状态。所有不同土地利用类型样品的 NTI 指数都大于零，说明近亲缘关系的物种处于聚集状态，养殖塘比自然湿地更聚集，而盐田比自然湿地样品更发散。在得到的 NRI 指数中，只有自然湿地和盐田样品大于零，而在远亲缘关系距离中盐田样品比自然湿地的样品更聚集，说明湿地围垦使土壤微生物群落 NRI 降低，系统发育发散，环境筛作用减弱，随机分布趋势增强。但在盐田样品中，系统发育树末端分类较细的物种和其他土地利用类型湿地样品相比较分散（图 4.46）。在 4.2.2 节差异 ASV 分析中，和河道湿地、潮滩湿地相比［图 4.43（a），图 4.44（a）］，衰减的 ASV 重叠度很低，ASV 分类处于种水平，

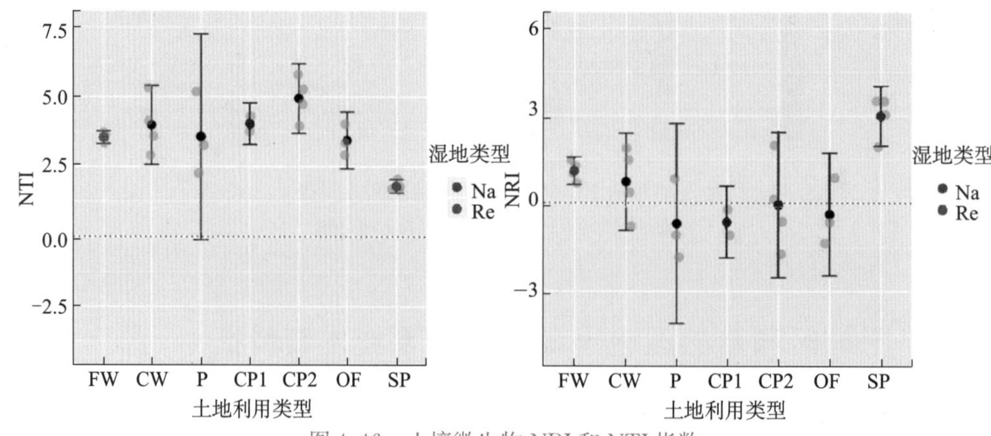

图 4.46　土壤微生物 NRI 和 NTI 指数

Na. 自然湿地；Re. 围填海类型

但柱状图显示［图 4.43（b）、图 4.44（b）］，在门和纲水平，组成相似，说明高盐度使环境筛作用增强，主要作用于系统分类较低的级别上，而在分类级别高的分支上处于较分散状态，在相同生态位上的竞争者减少，所以存留下的物种属于围垦湿地中的“幸存者”。因此，我们进一步对 NTI 和环境因子相关性进行分析（图 4.47），得到 NTI 指数与硝氮含量显著正相关，与盐度显著负相关，这与在盐度对沙漠土壤中微生物群落结构影响的研究中得到的结论一致（Zhang et al.，2019）。

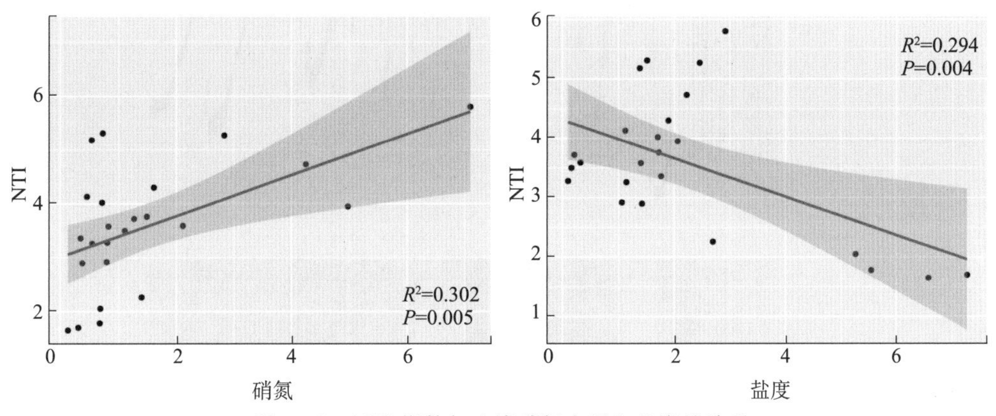

图 4.47　NTI 指数与土壤硝氮含量和盐度的关系

4.2.4　围填区和自然湿地土壤微生物功能预测

为获得不同土地利用类型土壤细菌的功能特性，本书采用 PICRUSt2 对菌群进行功能预测，并通过加权 NSTI 指数来评估样品序列与宏基因组数据库中测定基因的准确性，平均值为 0.24。预测结果包含有 KO 通路列表、EC 酶列表、代谢通路 pathway 列表，我们选择 KO（KO 通路中的点表示预测到的基因）列表中 7655 个 KO 基因进行 WGCNA 网络分析，选择 signed 网络，邻接矩阵阈值 $\beta=24$，每个模块中探针不小于 30，共得到 24 个网络模块，模块中包含 33～2911 KO（图 4.48）。为进一步了解模块与环境因子之间的调控关系，我们将 24 个模块和 14 个土壤理化因子进行 Pearson 相关性分析，其中 13 个模块有显著相关性（$|R|>0.6$，$P<0.05$）。盐度和模块 turquoise 显著正相关，和模块 green、tan、purple 显著负相关，氨氮和硝氮与模块 darkgreen、magenta 显著正相关，TN 和 greenyellow 模块正相关，SOC 和模块 red、midnightblue、lightcyan 呈显著正相关，AP 和 pink 模块显著正相关（图 4.49）。由网络模块和不同土地利用类型关系热图中（图 4.50）可知，河道湿地样品拥有最多的网络模块，且三个和盐度显著负相关，一个和 TN 显著正相关。潮滩样品中模块 blue 和 TP 显著负相关，海参养殖塘样品中包含有和 AP 显著相关的模块 pink，虾塘样品中包含有两个和氨氮硝氮显著正相关的模块，油田样品中含有所有与 SOC 显著相关的模块，最大的模块出现在盐田样品中，和盐度显著正相关。将和环境因子显著相关的 13 个模块进一步筛选关键 KO，计算模块内所有基因的连通性，筛选 $|kME|>0.8$ 的 KO，然后用 Cluster-Profile 进行代谢通路富集。由富集图 4.51 可知，和盐度负相关的关键 KO 富集在氧化磷酸化的过程中，说明盐度的增加会抑制土壤微生物的呼吸过程。而和盐度、硝氮、SOC 正相关的关键 KO 都富集到双组分信号传导系统（TCS）中，这是细菌体内最重要

的信号传导系统，调控着细菌大部分的生命活动，参与营养元素代谢及次级代谢产物的生物合成（Held et al.，2019）。SOC 模块的关键 KO 主要富集在光合作用代谢通路中。

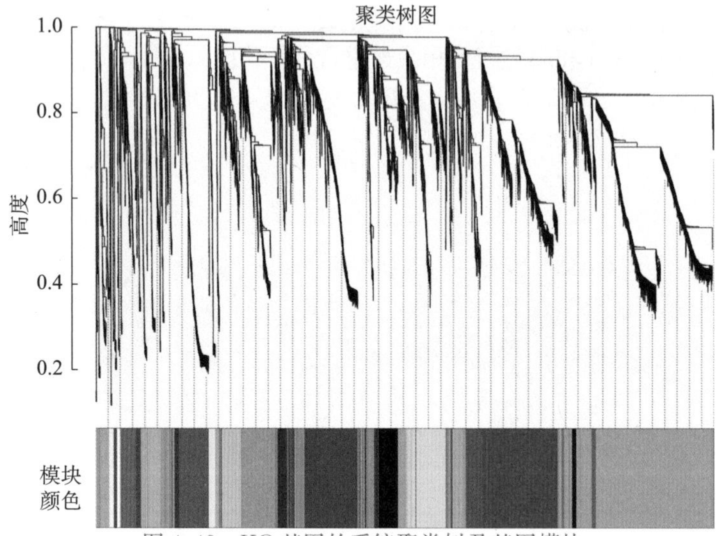

图 4.48　KO 基因的系统聚类树及基因模块

	pH	盐度	硝氮	氨氮	TC	TN	SOC	TP	AP
MElightgreen	−0.15 (0.5)	0.42 (0.04)	−0.02 (0.9)	0.023 (0.9)	−0.14 (0.5)	−0.14 (0.5)	0.0063 (1)	0.19 (0.4)	−0.2 (0.4)
MEdarkturquoise	−0.089 (0.7)	0.55 (0.005)	−0.16 (0.5)	−0.021 (0.9)	−0.21 (0.3)	−0.13 (0.6)	−0.2 (0.3)	0.12 (0.6)	−0.2 (0.3)
MEdarkred	−0.14 (0.5)	0.51 (0.01)	−0.2 (0.3)	0.024 (0.9)	−0.12 (0.6)	−0.15 (0.5)	−0.18 (0.4)	0.12 (0.6)	−0.22 (0.3)
MEturquoise	−0.24 (0.3)	0.8 (3e-06)	−0.36 (0.09)	−0.16 (0.4)	−0.32 (0.1)	−0.39 (0.06)	−0.52 (0.009)	0.1 (0.6)	−0.42 (0.04)
MEcyan	−0.13 (0.6)	0.44 (0.03)	−0.13 (0.6)	−0.18 (0.4)	0.17 (0.4)	0.17 (0.4)	−0.31 (0.1)	0.35 (0.1)	−0.086 (0.7)
MEblue	−0.083 (0.7)	−0.18 (0.4)	−0.03 (0.9)	−0.06 (0.8)	−0.19 (0.4)	−0.32 (0.1)	−0.39 (0.06)	−0.19 (0.4)	−0.3 (0.2)
MElightyellow	−0.0015 (1)	−0.4 (0.05)	−0.055 (0.8)	−0.04 (0.9)	−0.3 (0.2)	−0.27 (0.2)	−0.023 (0.29)	−0.38 (0.07)	0.19 (0.4)
MEsalmon	0. 26 (0.2)	−0.29 (0.2)	−0.18 (0.4)	−0.23 (0.3)	0.15 (0.5)	0.059 (0.8)	0.021 (0.9)	0.22 (0.3)	0.11 (0.6)
MEroyalblue	0.52 (0.009)	−0.29 (0.2)	−0.021 (0.9)	−0.15 (0.5)	0.26 (0.2)	0.054 (0.8)	−0.047 (0.8)	0.08 (0.7)	0.2 (0.4)
MEbrown	0.037 (0.9)	−0.47 (0.02)	−0.075 (0.7)	−0.23 (0.3)	0.49 (0.01)	0.3 (0.2)	−0.081 (0.7)	0.2 (0.3)	0.2 (0.4)
MEgreen	0.17 (0.4)	−0.76 (2e-05)	0.038 (0.9)	−0.13 (0.5)	0.32 (0.1)	0.15 (0.5)	−0.15 (0.5)	−0.12 (0.6)	0.11 (0.6)
MEgreenyellow	−0.072 (0.7)	−0.35 (0.1)	0.033 (0.9)	−0.17 (0.4)	0.36 (0.09)	0.65 (6e-04)	0.018 (0.9)	0.16 (0.5)	0.16 (0.4)
MEtan	0.5 (0.01)	−0.64 (8e-04)	0.19 (0.4)	−0.11 (0.6)	0.54 (0.007)	0.33 (0.1)	0.44 (0.03)	0.0054 (1)	0.38 (0.07)
MEyellow	0.16 (0.5)	−0.49 (0.01)	0.26 (0.2)	−0.068 (0.8)	0.58 (0.003)	0.56 (0.004)	0.15 (0.5)	0.19 (0.4)	0.37 (0.07)
MEpurple	0.18 (0.4)	−0.7 (1e-04)	0.083 (0.7)	−0.2 (0.4)	0.32 (0.1)	0.48 (0.02)	0.11 (0.6)	−0.064 (0.8)	0.44 (0.03)
MEblack	0.28 (0.2)	−0.14 (0.5)	0.1 (0.6)	0.049 (0.8)	0.28 (0.2)	0.28 (0.2)	0.41 (0.04)	0.047 (0.8)	−0.04 (0.9)
MEred	0.4 (0.05)	−0.13 (0.6)	0.012 (1)	0.024 (0.9)	0.031 (0.9)	0.0318 (0.9)	0.87 (4e-08)	0.066 (0.8)	−0.054 (08)
MEmidnightblue	0.44 (0.03)	−0.34 (0.1)	0.19 (0.4)	0.15 (0.5)	0.37 (0.08)	0.32 (0.1)	0.78 (7e-06)	0.008 (1)	0.045 (08)
MEligtcyan	0.44 (0.03)	−0.11 (0.6)	−0.07 (0.7)	−0.012 (1)	0.51 (0.01)	0.26 (0.2)	0.64 (8e-04)	0.097 (0.7)	−0.085 (07)
MEgrey60	−0.11 (0.6)	−0.17 (0.4)	0.43 (0.04)	0.27 (0.2)	0.27 (0.2)	0.088 (0.7)	0.15 (0.5)	0.18 (0.4)	0.035 (0.9)
MEdarkgreen	−0.2 (0.3)	0.11 (0.6)	0.79 (5e-06)	0.75 (2e-05)	−0.022 (0.9)	−0.091 (0.7)	0.15 (0.5)	0.26 (0.2)	−0.058 (0.8)
MEpink	−0.0016 (0.9)	−0.31 (0.1)	0.38 (0.07)	0.33 (0.1)	0.25 (0.2)	0.32 (0.1)	0.51 (0.01)	0.045 (0.8)	0.65 (6e-04)
MEmagenta	−0.29 (0.2)	−0.036 (0.9)	0.65 (7e-04)	0.71 (1e-04)	0.23 (0.3)	0.24 (0.3)	0.28 (0.2)	0.18 (0.4)	0.32 (0.1)
MEgrey	0.19 (0.4)	−0.017 (0.4)	−0.27 (0.2)	−0.4 (0.05)	0.5 (0.01)	0.22 (0.3)	−0.081 (0.7)	0.25 (0.2)	−0.15 (0.5)

1　0.5　0　−0.5　−1

图 4.49　特征值与模块显著相关性分析

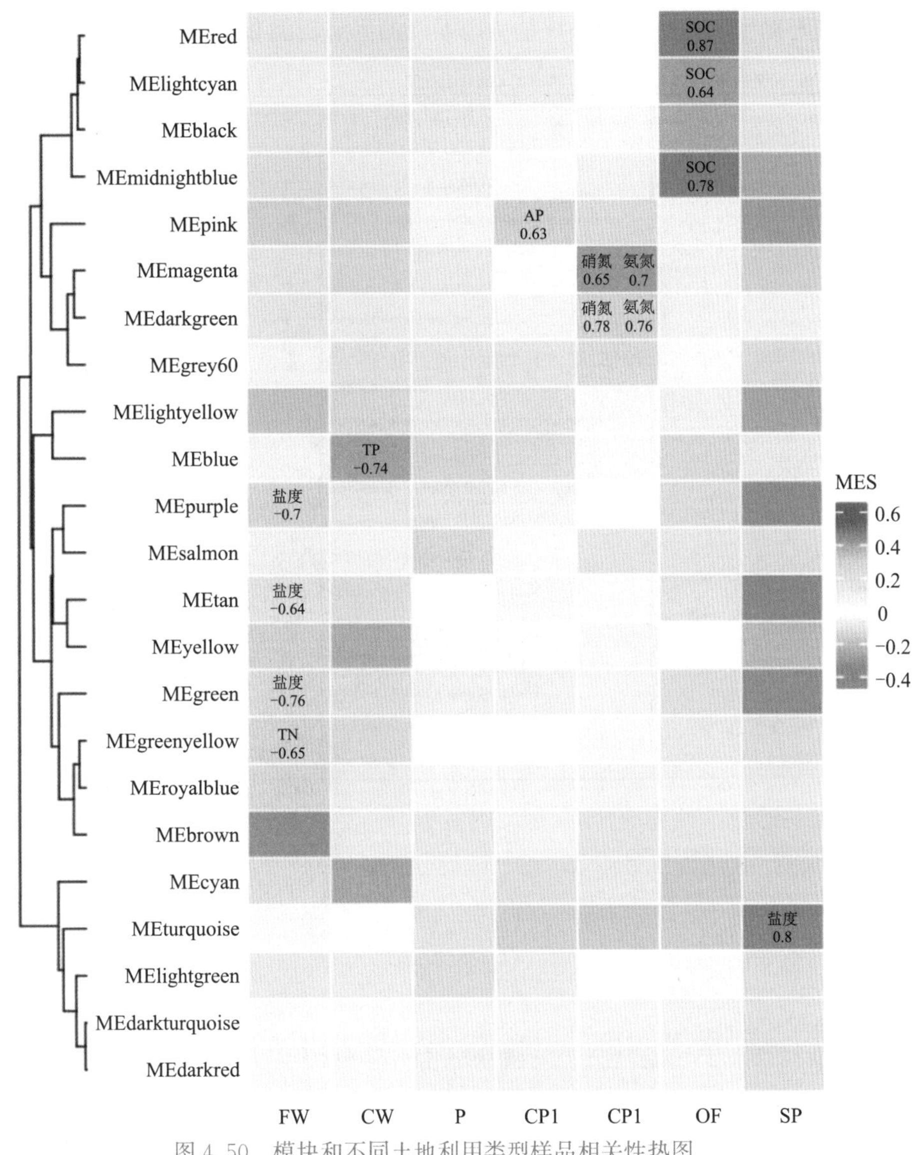

图 4.50 模块和不同土地利用类型样品相关性热图

在寡营养黄河三角洲滨海湿地中，对于土壤细菌群落结构和功能特性，土壤理化性质的影响最大，而不同的围填海活动是改变原有滨海湿地土壤理化性质的直接因素，对群落多样性和谱系进化距离都造成了不同的扰动，其中盐度对群落进化较深分支产生影响，而碳氮营养物质对群落较浅分支产生影响。对 16S rRNA V3-V4 区序列进行功能预测到的 KO 基因列表进行加权网络分析，生成 24 个具有显著连通性的网络模块，其中淡水河道湿地样品含有最多的网络模块，且部分模块与盐度呈负相关关系，导致黄河入海，受到海水影响及不同围垦活动营养物质输入后，打破原有模块存在模式，关键 KO 基因发生改变，与盐度、硝氮和 SOC 正相关的关键 KO 功能富集到双组分信号传导系统中。同时，和盐度模块正相关的关键 KO 功能富集到控制呼吸过程的氧化磷酸化过程中，和 SOC 显著正相关的关键 KO 富集到光合作用代谢过程中。微生物一直被称为地球上的“暗物质”，99%的物种和功能特性仍未知，因此，土壤微生物对人类活动干扰的演替响应有助于我们更全面的评估生态系统的生态功能和稳定性。

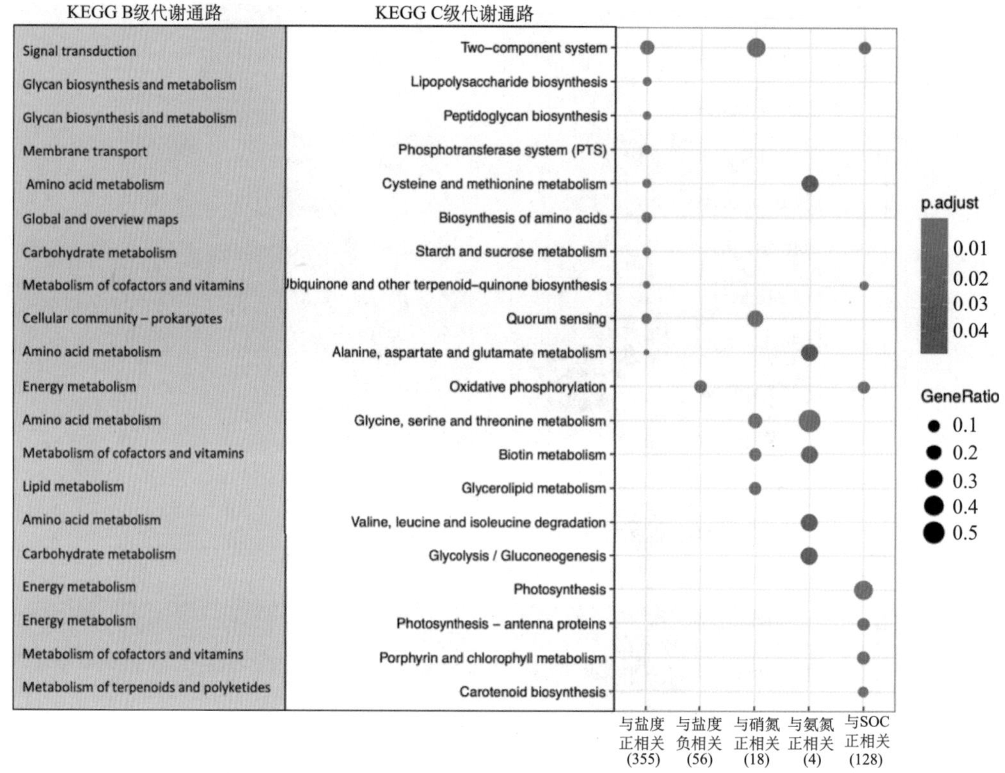

图 4.51 盐度、氨氮、硝氮和 SOC 相关关键 KO 代谢通路 KEGG 富集分析

4.3 淡水湿地土壤微生物适应性

土壤有机碳和土壤呼吸是影响土壤碳库和全球碳循环的重要因素，其影响因素多变而复杂。滨海湿地处于淡咸水交汇处，其水盐条件的变化特征很大程度上决定了滨海湿地的土壤物理化学性质，营养元素分布状况和土壤微生物群落组成结构，从而对湿地土壤呼吸和有机碳分解产生了重要的影响。因此研究湿地土壤微生物群落结构，探寻种群分布特征，将有助于分析土壤微生物与环境因子之间的关系，对阐述湿地土壤营养元素的变迁和转化机理，以及研究土壤呼吸的变化机制具有重要的科学依据。本节采用高通量测序技术 Illumina Mi Seq 对不同水盐土壤微生物多样性进行研究，揭示土壤呼吸对水盐变化的微生物学响应机理。

4.3.1 水盐变化下土壤中细菌群落的响应机制

样地选在黄河口滨海湿地三个典型区域——淡水湿地（F）、半咸水湿地（Br）和盐沼湿地（S）。淡水湿地位于黄河北岸附近，常年受到黄河淡水的影响；半咸水湿地位于黄河南岸与渤海交错地带，受到黄河淡水以及海水的交互影响；盐沼湿地位于渤海岸附近。

在上述三个样区各选择芦苇分布均匀的3块5m×5m代表样地，于2015年5月中下旬采集土壤样品。用直径为10cm的消毒后的无菌铲采集0～5cm和5～10cm两个土层，每个土壤层样品均由6～8个采样点的土壤混合，最后用四分法取适量于土壤袋中，并迅速放入4℃生物样品采集箱内，及时带回实验室。去除土壤中腐殖质以及植物动物体杂质后，部分保存于－80℃保存，另一部分保存于4℃并作为土壤微生物细菌群落结构的分析测试样品。其他土壤样品部分鲜土用于测试土壤微生物量碳和微生物量氮，以及土壤可溶性有机碳含量，另一部分则风干，研磨分别过100目筛和10目筛，用于测定其他土壤理化性质。

模拟实验结束后，用同样的方法在试验土柱的表层0～5cm和5～10cm两个土层进行多次采样并混合均匀，编号，装入生物样品采集箱内，并尽快带回实验室处理备用。样品编号设置：三个野外采样点的编号分别用F、Br和S表示，对于模拟试验样品采集后的编号，分别用A、B和C分别表示水位－30cm、－20cm和－10cm，用a、b和c分别代表盐度0ppt、12ppt和26ppt三个盐度水平，土壤深度用“_1”表示土层0～5cm的样品，用“_2”表示亚表层土层5～10cm的样品。

采用高通量测序法分析土壤微生物的多样性。选取不同水盐条件下的黄河口滨海湿地土壤进行土壤中细菌群落多样性的分析，利用PE300（Illumina Inc.，San Diego，CA，USA）平台进行Miseq测序，测序要求每个样品每个基因至少不少于20000条测序数据，并且可提供不少于2200000条测序数据。并采用OTU聚类分析、venn图、Heatmap图等方法分析土壤微生物多样性及聚类情况。

1. 土壤样品序列的数据统计结果分析

对黄河口自然滨海湿地三个典型湿地的表层0～5cm和亚表层5～0cm土层进行采集，应用高通量测序技术对土壤中细菌群落组成进行研究，18个样品共检测序列条带数为564883。F、Br和S三个典型样区序列均值在0～5cm分别为26624条、33072条和34450条，5～10cm分别为26777条、32707条和34148条。在表层和亚表层均表现为F<Br<S。黄河口滨海典型样地土壤中细菌具有丰富的群落组成，其群落多样性较高。

图4.52（a）～（c）分别代表F、Br和S区0～5cm土壤中细菌群落优化序列分布特征，图4.52（d）～（f）分别代表F、Br和S区5～10cm细菌优化序列分布特征。为了更好地研究不同水盐条件对土壤微生物多样性变化的机理，分别对黄河口三个典型湿地的土壤进行不同的水盐梯度处理后，分析微生物多样性，序列测定结果见图4.52。土壤中细菌群落优化序列表现为：F湿地土壤经过不同的水盐处理后，0～5cm土壤中细菌群落优化序列数最高值出现在－10cm水位和26ppt盐度作用下，为42865条，最低值－20cm和12ppt作用下为32646条［图4.52（a）］。5～10cm土壤中细菌群落优化

序列数最高值出现在－10cm 水位和 12ppt 盐度作用下为 44638 条，最低位于－10cm 水位和 26ppt 为 32940 条［图 4.52（d）］。Br 湿地土壤经过不同水盐处理后，表层土壤中细菌群落序列最高值出现在－30cm 水位和 26ppt 盐度，为 42652 条，最小序列数则位于－10cm 水位和 0ppt 盐度下，序列条数为 30294 条［图 4.52（b）］；亚表层土壤中－30cm 水位和 12ppt 盐度下序列数最高为 40741 条，－10cm 水位和 26ppt 盐度处理下序列数最少为 28854 条［图 4.52（e）］。S 湿地表层土壤中细菌群落序列最大值位于－10cm水位和 26ppt 盐度处理下，为 44303 条，最低序列为 32955 条，出现在－30cm 水位和 12ppt 盐度处理下［4.52（c）］；亚表层土壤中序列最高出现在－20cm 水位和 12ppt 盐度处理处下为 43086 条，最低序列为 30173 条位于－30cm 水位和 12ppt 盐度处理下（图 4.52）。

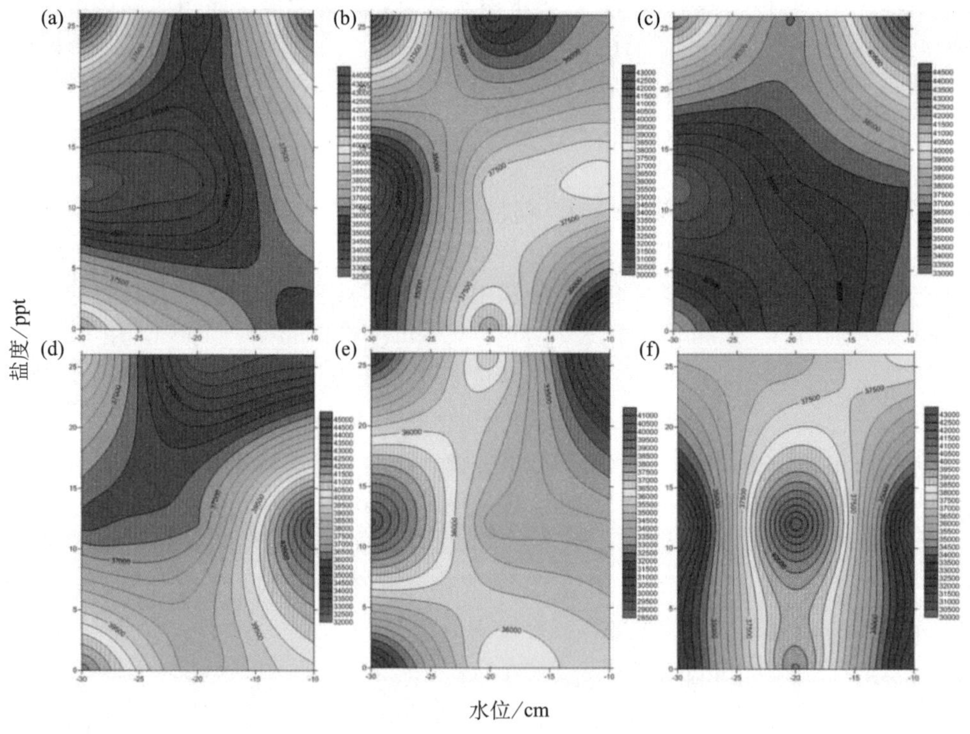

图 4.52　不同水盐条件下土壤中细菌群落优化序列分布特征

2. 水盐变化下黄河口滨海湿地土壤共有和特有细菌分布

在 0.97 的相似度条件下，得到每个样本的 OTU 数目。采用 Venn 图统计多个样本中共有和特有 OTU 数目。Venn 图处理样本分析时最多可以处理 5 个样本，所以样本数目均在 5 种以内。

由图 4.53 可以看出，黄河口典型样地土壤中细菌群落鉴定数目在 F、Br 和 S 三个样地中 0～5cm 土层鉴定到的细菌种类（OTUs 数目）大小顺序是 F＜S＜ Br，OTU 数目分别为 2792 个、3768 个和 4144 个；5～10cm 土层分别鉴定到的种类（OTUs 数目）大小顺序是 F＜Br＜S，OTU 数目分别达到 3525 个、3913 个和 3933 个，表明表层 0～5cm 和亚表层 5～10cm 土壤中半咸水湿地和盐沼湿地土壤 OTUs 数目比淡水湿地土壤更丰富。0～5cm 土层三个样地共有 OTU 数目分别为 940 个和 1086 个，说明亚表层土壤微生物群落稳定性相对较高，两两样地比较共性土壤微生物 OTU 数据最多为 Br 和 S 样地，在 0～5cm 和 5～10cm 土层中共有的 OTU 数目分别为 1461 个和 1147 个，说明半咸水样地和盐沼湿地的共性菌更多。

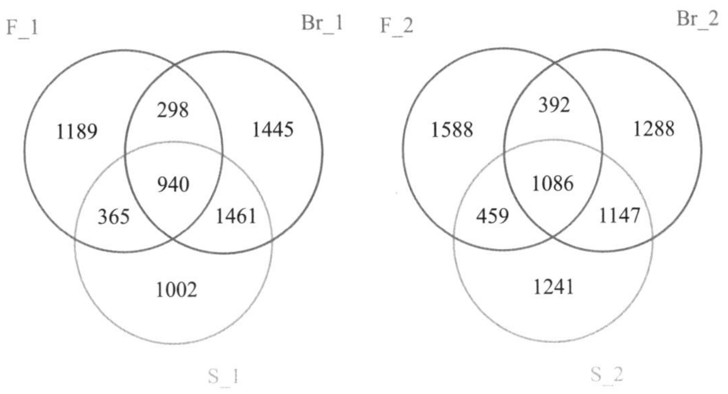

图 4.53 黄河口典型样地 F、Br 和 S 土壤中细菌群落 Venn 图分布特征（单位：个）

F、Br 和 S 代表试验土壤样品来源地；_1 表示 0～5cm 土壤微生物样品；_2 表示 5～10cm 土壤微生物样品，下同

图 4.54（a）、（d）可知，淡水湿地土壤微生物三个水位梯度处理后与原位土壤比较，在 0～5cm 和 5～10cm 土壤样品中共有的 OTU 数目分别是 1560 个和 1667 个，占所有原位土壤 OTU 总数的 55.87%和 67.24%，与原位土壤 OTU 数目比较（F_1 和 F_2），淡水湿地不同水位处理下各数量的大小顺序是：FA_1＞FC_1 ＞FB_1＞F_1，亚表层大小顺序为 FB_2＞FC_2＞FA_2＞F_2。综合分析结果表明在淡湿地进行水位梯度处理后土壤微生物细菌 OTU 数据比处理前的原位土壤相有显著增加，但是三个水位梯度处理之间土壤 OTU 数目没有显著性差异（$P<0.01$）。土壤样品中特有的 OTU 数目在 F_1、FA_1、FB_1 和 FC_1 分别为 320 条、300 条、308 条和 285 条，而在亚表层特有 OTU 数目分别为 178 条、222 条、612 条、288 条。

图 4.54（b）、（e）可知，半咸水湿地土壤微生物在水位处理后与原位土壤相比较，在 0～5cm 和 5～10cm 两个土壤样品中的共有 OTU 数目分别 1780 条和 1584 条，占所有原位土壤 OTU 总数 43.34%和 50.54%，共有菌所占比例均超过 43%，说明水位不同的处理下，微生物群落具有一定的稳定性。与原位土壤 OTU 数目比较（Br_1 和 Br_2），半咸水湿地不同水位处理下各数量的大小顺序是：Br_1＞BrC_1＞BrB_1＞BrA_1，亚表层大小顺序为 Br B_2＞BrA_2＞Br_2＞BrC_2。土壤样品的特有 OTU 数目在 Br_1、BrA_1、BrB_1 和 BrC_1 土壤中分别为 772 条、235 条、222 条和 390 条，而在亚表层特有 OTU 数目分别为 629 条、300 条、364 条、345 条，说明不同的处理具有各自的特点。

图 4.54（c）、（f）所示，盐沼湿地土壤微生物样本在水位处理后与原位土壤相比较，在 0～5cm 和 5～10cm 土壤样品中共有的 OTU 数目分别是 1906 条和 2135 条，分别占所有原位土壤 OTU 总数 50.58%和 61.92%，共有菌比较均超过 50%，说明盐沼湿地土壤在水位梯度处理下具有一定的稳定性。与原位土壤 OTU 数目比较（S_1 和 S_2），盐沼湿地不同水位处理下各数量的大小顺序是：SA_1＞ S_1＞ SC_1＞ SB_1，亚

表层大小顺序为 SA_2>SB_2> SC_2>S_2。土壤样品中特有 OTU 数目S_1、SA_1、SB_1 和 SC_1 分别为 480 条、305 条、253 条、320 条，亚表层特有 OTU 数目分别为 300 条、245 条、394 条和 255 条。

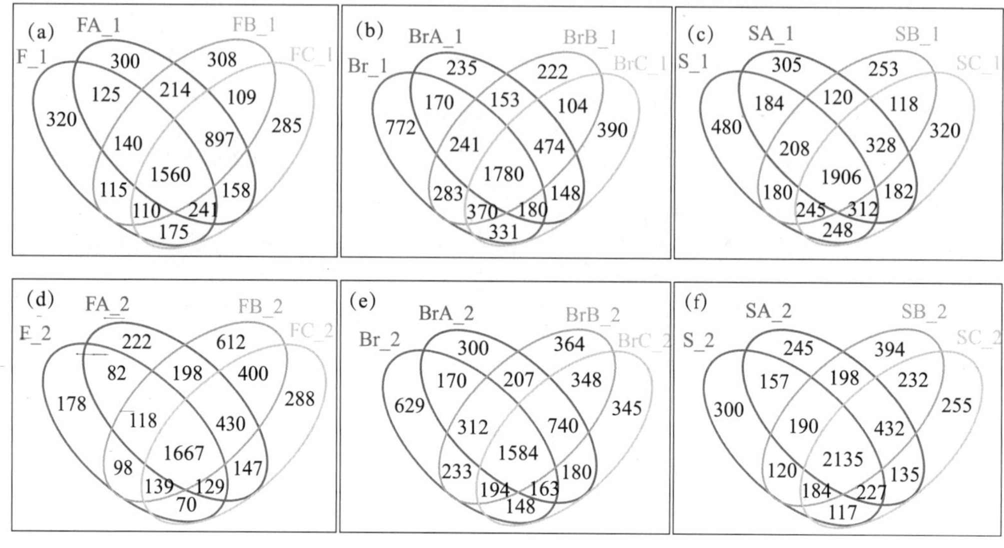

图 4.54　不同水位下 OUT 分布 Venn 图（单位：条）

图 4.55（a）、（d）可知，淡水湿地土壤微生物三个盐度梯度处理后与原位土壤比较，在 0～5cm 和 5～10cm 土壤样品中共有的 OTU 数目分别是 1527 条和 1667 条，占所有原位土壤 OTU 总数的 54.69%和 67.93%，共有菌所占比例高达 54%以上。土壤样品中特有的 OTU 数目在 F_1、Fa_1、Fb_1 和 Fc_1 分别为 326 条、210 条、340 条和 319 条，而在亚表层特有 OTU 数目分别为 178 条、332 条、277 条、328 条。

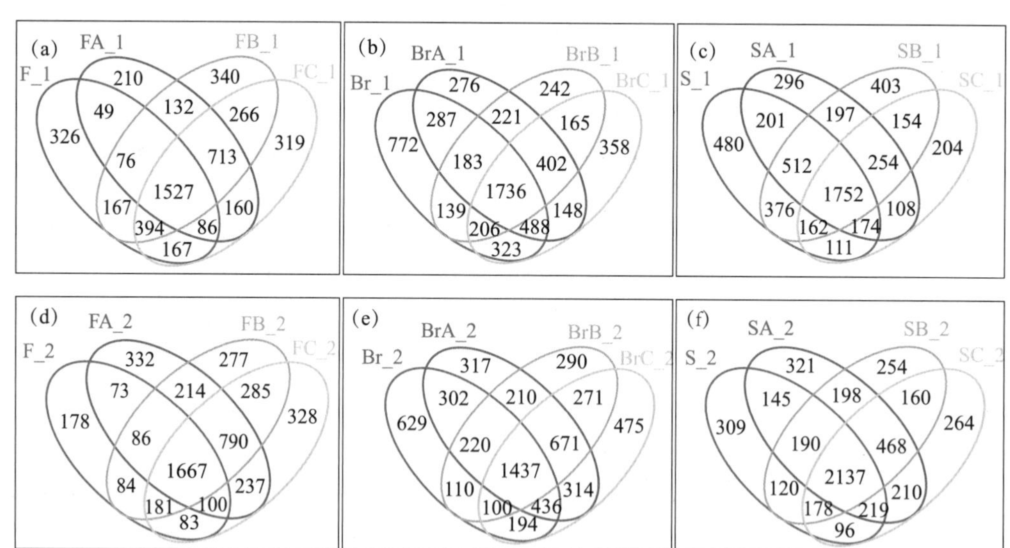

图 4.55　盐度变化下 OTU 分布 Venn 图（单位：条）

A、B 和 C 分别为盐度 0、12ppt 和 26ppt

图 4.55（b）、（e）可知，半咸水湿地土壤微生物在盐梯度处理后与原位土壤相比较，在 0～5cm 和 5～10cm 两个土壤样品中的共有 OTU 数目分别为 1736 条和 1437 条，分别占所有原位土壤 OTU 总数的 41.89％和 45.85％，共有菌所占比例均超过 41％，说明盐度不同的处理下，微生物群落具有一定的稳定性。土壤样品的特有 OTU 数目在 Br_1、Bra_1、Brb_1 和 Brc_1 土壤中分别为 772 条、276 条、242 条和 358 条，而在亚表层特有 OTU 数目分别为 629 条、317 条、290 条、475 条。图 4.52（c）、（f）所示，盐沼湿地土壤微生物在盐度梯度处理后与原位土壤相比较，在 0～5cm 和 5～10cm 土壤样品中共有的 OTU 数目分别是 1752 条和 2137 条，占所有原位土壤 OTU 总数 46.50％和 61.98％，共有菌比较均超过 46％，说明盐沼湿地土壤在盐度梯度处理下具有一定的稳定性。土壤样品中特有 OTU 数目 S _ 1、Sa _ 1、Sb _ 1 和 Sc _ 1 分别为 480 条、296 条、403 条、204 条，亚表层特有 OTU 数目分别为 309 条、321 条、254 条和 264 条。

3. 水盐变化下黄河口滨海湿地土壤中细菌群落多样性分析

β 多样性分析用于样品间差异分析，是度量时空尺度上物种组成的变化，是生物多样性的重要组成部分。PCoA 是一种研究数据相似性或差异性的可视化方法，通过一系列的特征值和特征向量进行排序后，选择主要排在前几位的特征值，PCoA 可以找到距离矩阵中最主要的坐标，结果是数据矩阵的一个旋转，它没有改变样品点之间的相互位置关系，只是改变了坐标系统。本研究利用 R 语言工具统计数据进行 PCoA 主坐标分析，分析各样点土壤微生物群落的差异。图 4.56 中每一个点代表了一个样品，同一组的样品用相同的颜色和形状表示，从而得到二维散点图。通过二维的散点图，可知两组之间的连接点距离越近则表示两个样品微生物群落差异相对越小。反之，距离越远说明微生物群落差异性越大，从而将采集样品各个个体之间的关系直观地展现出来。

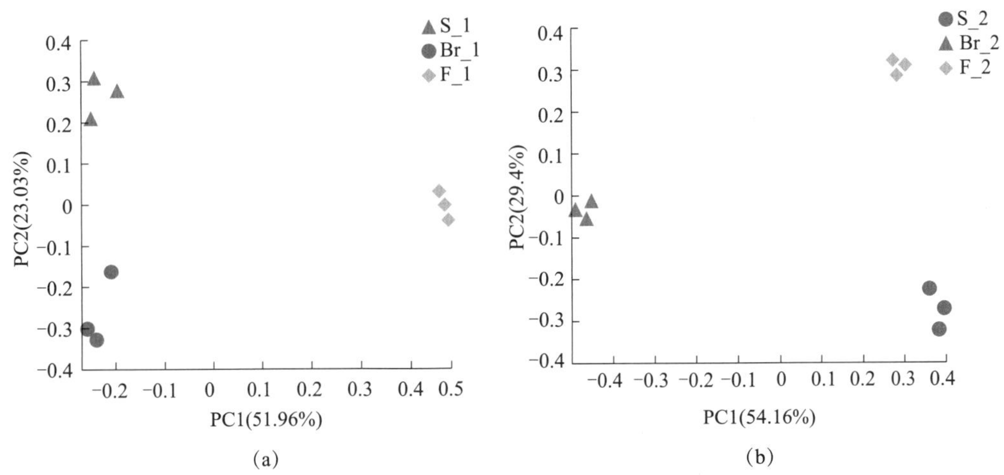

图 4.56　黄河口滨海湿地典型样地土壤中细菌群落多样性主坐标分析

针对黄河口典型滨海湿地三个典型芦苇植被样区（F、Br 和 S 区）的表层（F_1、Br_1 和 S_1）和亚表层（F_2、Br_2 和 S_2）土壤样品微生物群落进行了主成分分析，如图 4.56 所示，横坐标 PC1 贡献度在表层和亚表层分别为 51.96％和 54.16％，PC2 的贡献度为 23.03%和 29.4%。从图中可以看出，F、Br 和 S 样区在表层和亚表层中平行样品聚为一簇，但不同样区距离较远，存在显著差异性。说明实验所选择的三个样区土壤微生物群落结构具有组间差异，符合统计学意义。不同水盐条件的黄河口三个典型的芦苇湿地土壤微生物群落结构分布具有显著差异。

由上述三个典型样区的土壤样品模拟水位变化下不同样地土壤中细菌群落多样性的主成分分析。设置三个水位梯度（－10cm、－20cm 和－30cm），分析水位变化对表层和亚表层土壤微生物多样性的主成分差异性（图 4.57）。不同水位条件下 F 区土壤微生物群落结构在表层和表层中 PC1 的贡献度分别为 44.16%和 39.46%，PC2 的贡献度分别为 16.27%和 13.87%。F 区样品经过不同水位条件后具有一定的聚集度，－10cm 和－30cm 水位样点距离相对较近，区分度不明显。不同水位条件下 Br 区土壤微生物群落结构多样性分析显示在表层和亚表层土壤中 PC1 的贡献度分别为 35.48%和 40.77%，PC2 的贡献度则分别为 17.4%和 18.33%。Br 区土壤在不同水位条件下，样品距离相对离散，未呈现聚集簇拥。S 区样品微生物群落结构多样性分析表明表层和亚表层土壤在 PC1 的贡献度分别为 33.35%和 26.78%，而在 PC2 中的贡献度分别为 14.67%和 22.14%。S 区样品在不同水位下，其微生物群落差异不显著。PCoA 结果分析显示水位条件变化，对黄河口典型芦苇湿地土壤微生物产生了不同程度的影响，但是微生物群落结构在不同水位上的结构特征较为接近。

采集三个黄河口典型样地土壤样品，模拟盐分变化不同样地的土壤中细菌群落多样性的主坐标分析。设置三个盐分梯度（0ppt、12ppt 和 26ppt），分析盐分变化对表层和

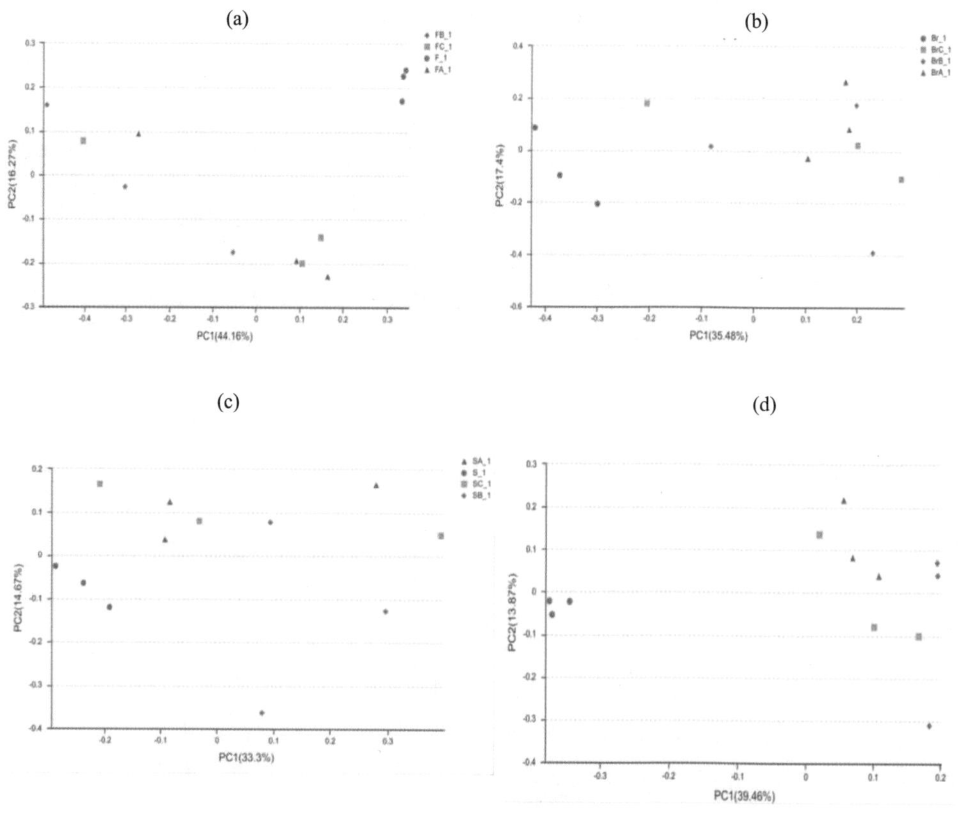

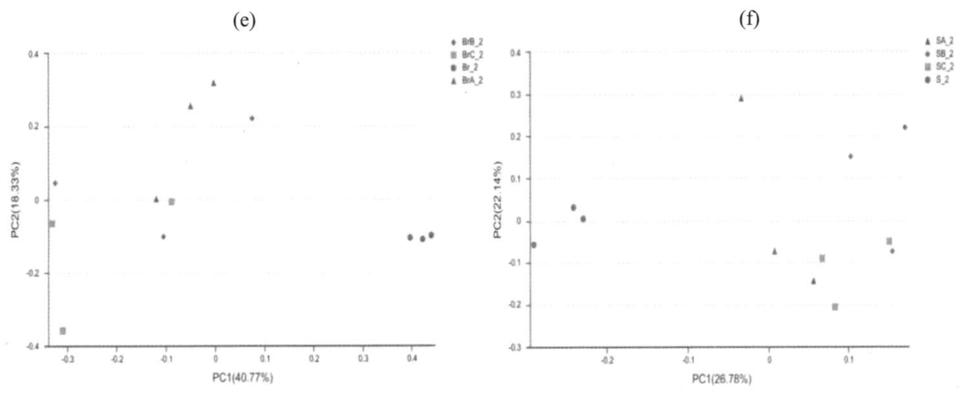

图 4.57 水位变化土壤微 Th 物群落土壤中细菌群落多样性主坐标分析

A、B、C 分别表示水位−10cm、−20cm 和−30cm

亚表层土壤微生物多样性差异（图 4.58）。不同盐分条件下，F 区土壤微生物多样性在表层和亚表层中 PC1 的贡献度分别为 44.16%和 32.47%，PC2 的贡献度分别为 16.27%和 25.63%；Br 区土壤样品微生物多样性在表层和亚表层 PC1 贡献度分别为 35.94%和 40.77%，PC2 的贡献度分别为 18.57%和 18.33%；S 区样品在不同的盐度处理后土壤微生物多样性在表层和亚表层 PC1 的贡献分别为 33.3%和 26.78%，PC2 的贡献度则分别为 14.67%和 22.14%。Br 区表层土壤在 Brb _ 1 三个样品点聚集较近，S 区中表层土壤 Sc _ 1d 的三个样品在图的右侧，与其他组具有一定的区分度。盐分条件变化对土壤微生物群落多样性存在差异。

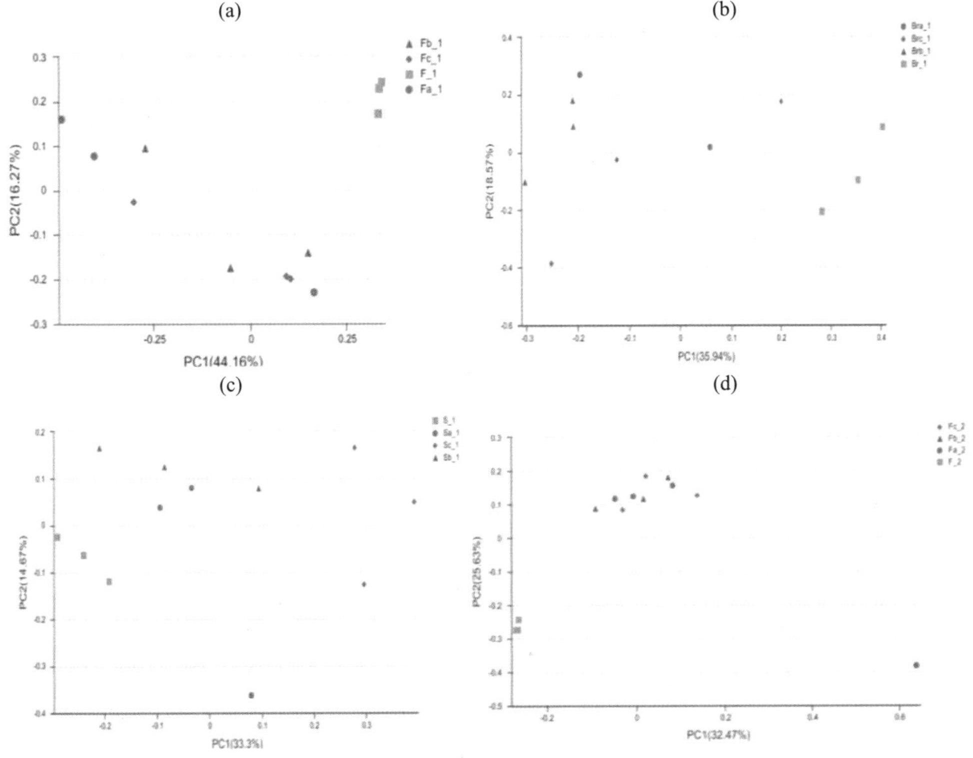

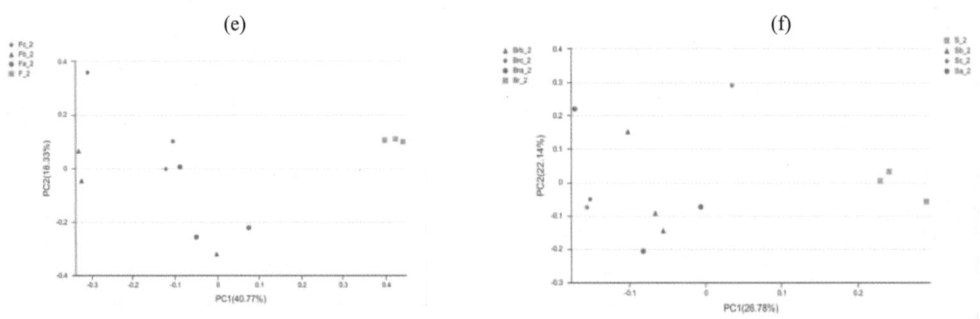

图 4.58 盐分变化土壤微生物群落土壤中细菌群落多样性主坐标分析

a、b、c 分别表示水位 0ppt、12ppt 和 26ppt

4.3.2 水盐变化下黄河口滨海湿地土壤中细菌群落结构特征

本试验从门分类水平和属分类水平分析三个典型样地，以及不同的模拟条件下土壤样品中微生物群落结构特征。如图 4.59（a）显示，在门水平上，黄河口滨海湿地原位土壤微生物群落结构特征分析显示主要细菌为 13 个门，三个样地表层和亚表层土壤的优势类群均为 Proteobacteria（变形菌门）、Chloroflexi（绿弯菌门）、Bacteroidetes（拟杆菌门）和 Acidobacteria（酸杆菌门），覆盖了 86%以上的物种数，其中盐沼湿地样本中 Proteobacteria 的相对丰度最高，在 0～5cm 和 5～10cm 土层分别为 47.18%和 46.11%，其次是半咸水湿地，在淡水湿地样本中最少。而 Chloroflexi 在淡水湿地样本中相对丰度最高，在表层和亚表层土壤中分别占 27.61%和 37.12%，其次是盐沼湿地，半咸水湿地样品含量最少。Bacteroidetes 在三个样地中的相对含量大小与 Chloroflexi 相反，顺序为 Br>S>F，Br 区土壤 Bacteroidetes 在表层相对含量最高为 19.05%，亚表层最高为 10.93%。

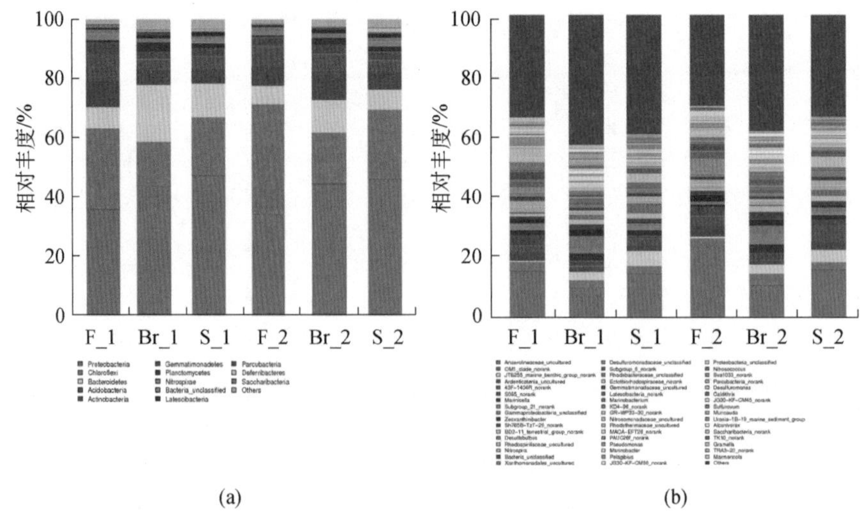

图 4.59 黄河口三个典型样地土壤微生物在门水平（a）和属水平（b）上的群落组成和相对丰度

如图 4.59（b）所示在属水平上，*Anaerolineaceae*_uncultured、S085_norank、OM1_clade_norank、*Nitrosomonadaceae*_uncultured、43F-1404R_norank、Subgroup_21_norank、*Desulfuromonadaceae*_unclassified、*Desulfobulbus*、*Gammaproteobacteria*_unclassified、*Ectothiorhodospiraceae*_norank 为黄河口典型滨海湿地土壤优势菌属，共 10 种，其相对丰度在 3%以上，有 17 个属的相对丰度大于 2%。其中 *Anaerolineaceae*_uncultured 为六组样品的共有优势菌属，F，Br 和 S 样品亚表层土壤和表层土壤中优势菌的相对丰度分比为 15.01%、9.43%、14.36%、23.63%、10.21%和 15.59%。

图 4.60 是黄河口典型样地的土壤微生物群落结构热图及其聚类分析。6 组样品的样本相似分析可知，同一采样点的表层和亚表层样品均能很好地聚在一起，说明每个采集样地具有较好相似性和区域的差异性。三个样地间的差异主要由区域特点造成的，而非采样的偶然性。

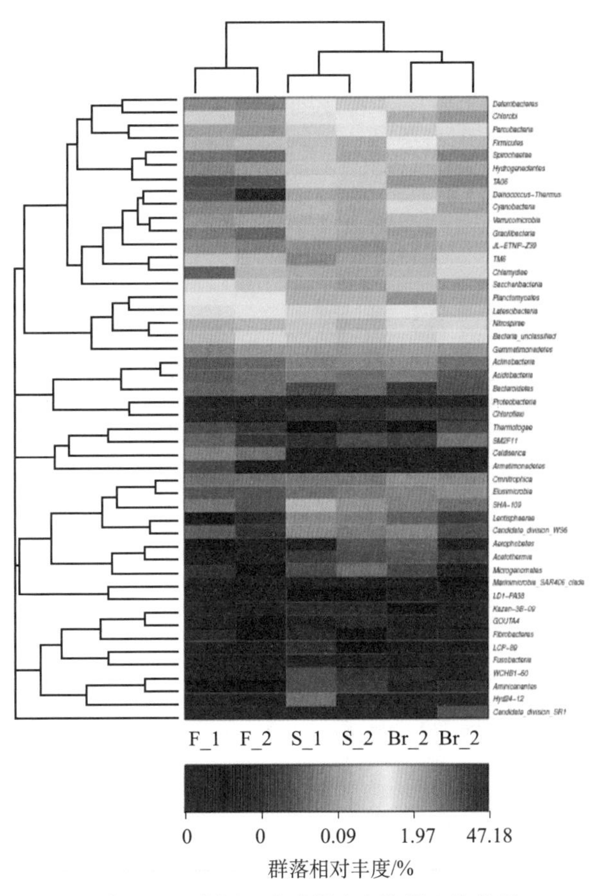

图 4.60 黄河口典型样地土壤微生物热图

4.3.3 模拟水位变化下土壤微生物群落结构特征

图 4.61 为三个典型样品模拟不同水位变化下土壤微生物群落结果变化。图 4.61（a）为 F 区土壤水位变化土壤微生物门水平上的变化特征，Proteobacteria 在 F 区的相

对丰度为 35.09%～40.99%，是所有样品的共有菌，且含量最大，稳定性高。优势菌门除了 Proteobacteria 之外，还有 Chloroflexi、Bacteroidetes、Actinobacteria、Acidobacteria。Chloroflexi 在水位处理后，FB_1 和 FC_1 的相对丰度与 FA_1 相比有显著下降，而在亚表层中仅 FB_2 有显著下降，其他水位处理的样品中 Chloroflexi 较稳定。Bacteroidetes 在−20cm 水位下有显著提高，所占比例由原位土壤丰度的 7.14%提高到 23.28%，这一现象在亚表层中未发生。图 4.61（d）F 区样品在属水平上，*Anaerolineaceae*_uncultured 是所有样品的共有优势属种，相对丰度均在 9%以上，其相对丰度值大小顺序在表层和亚表层均表现为 FA>FC>FB。图 4.61（b）为 Br 区土壤水位变化土壤微生物门水平的变化，与 F 区共有的优势菌为 Proteobacteria、Chloroflexi、Bacteroidetes、Actinobacteria，另外还有 Gemmatimonadetes、Planctomycetes 是 Br 特有的优势菌门，属水平上 *Anaerolineaceae*_uncultured 为所有样品共有的菌属。图 4.61（c）为 S 样区水位变化下土壤门水平菌，优势菌群有 Proteobacteria、Chloroflexi、Bacteroidetes、Acidobacteria、Actinobacteria，其相对丰度在 3%以上。属水平上图 4.61（f）*Anaerolineaceae*_uncultured 和 JTB255_marine_benthic_group_norank 是所有样品共有的优势菌属。

图 4.62 为不同水位条件土壤微生物热图，反映了样地之间的聚类情况，F 区土壤原位土壤与−30cm 水位土壤相似度校高，而−20cm 和−10cm 土壤样品聚类在一起，相似度较高。Br 区土壤中−20cm 和−10cm 聚类，相似度高。S 区表层三个水位处理下的样品聚类，相似度高。

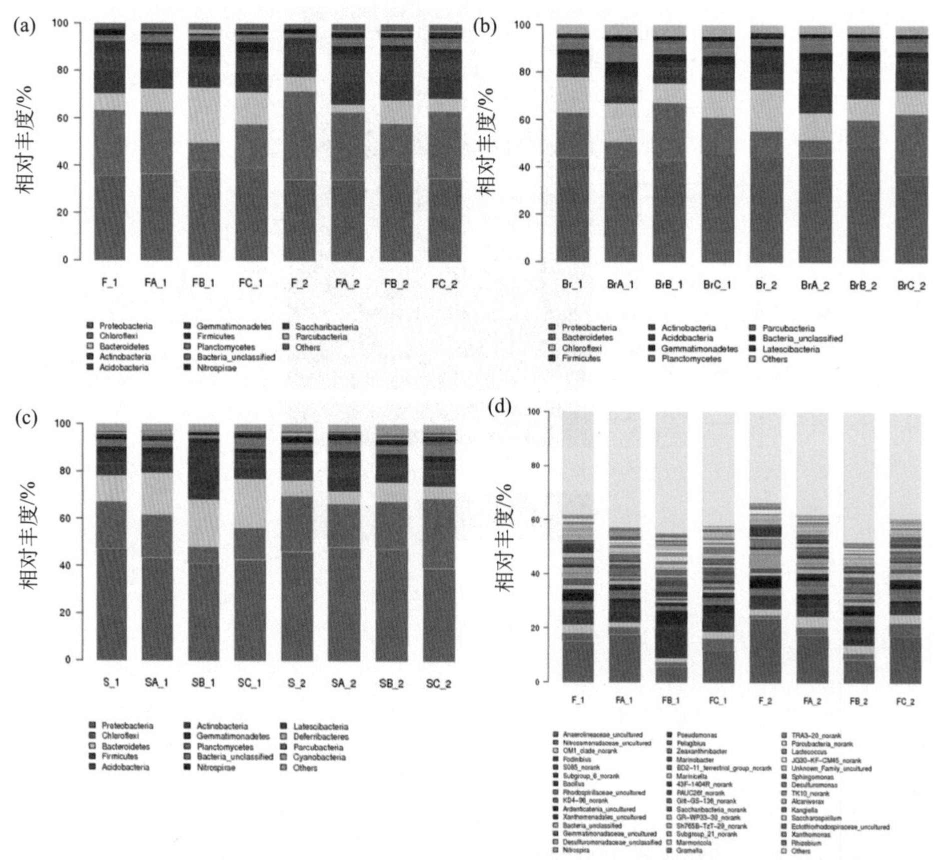

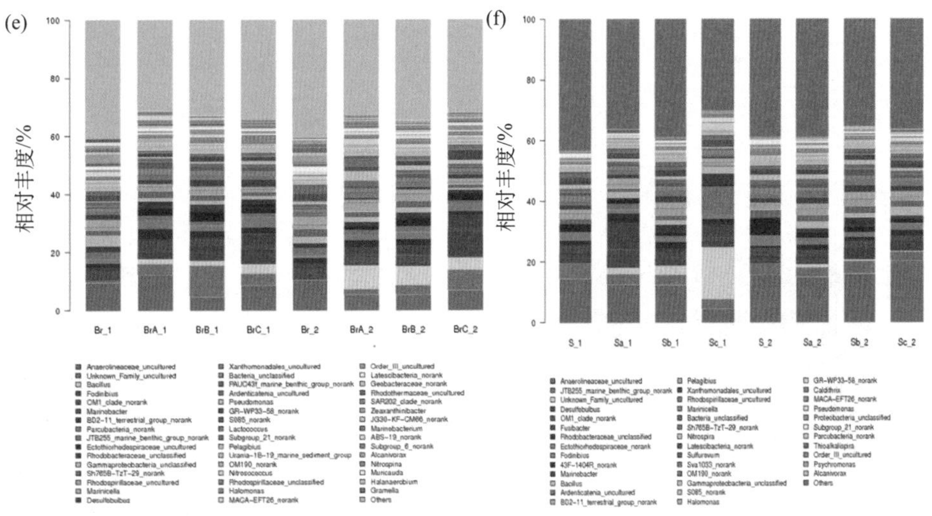

图 4.61　不同水位条件土壤门水平（a）～（c）和属水平上（d）～（f）样品微生物组成与相对丰度分布

图 4.63 为三个典型样地模拟不同盐度变化下土壤微生物群落结果变化。图 4.63（a）为 F 区土壤水位变化土壤微生物门水平上的变化特征，Proteobacteria 在 F 区的相对丰度范围为 33.31%～41.94%，是所有样品的共有菌，且含量最大，稳定性高。优势菌门除了 Proteobacteria 之外，还有 Chloroflexi、Bacteroidetes、Actinobacteria、Acidobacteria。属水平上图 4.63（d）*Anaerolineaceae* _ uncultured 是所有样品的共有优势属种，相对丰度均在 10%以上，其相对丰度值大小顺序在表层和亚表层均表现为 Fb>Fc>Fa。图 4.63（b）为 Br 区土壤盐度变化土壤微生物门水平的变化，与 F 区共

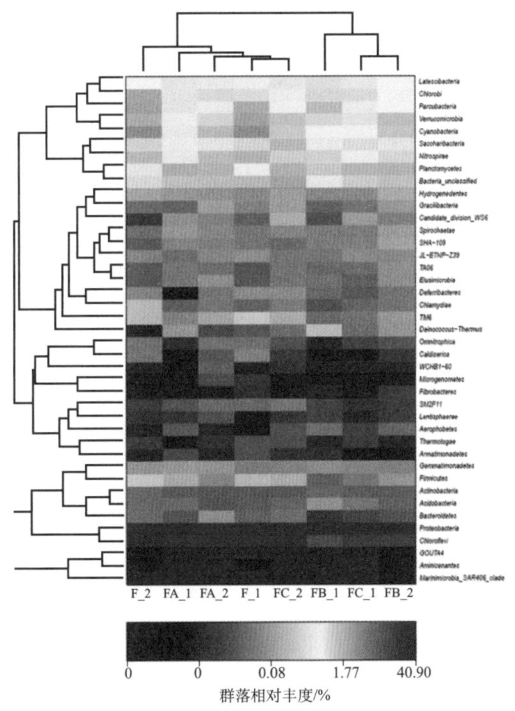

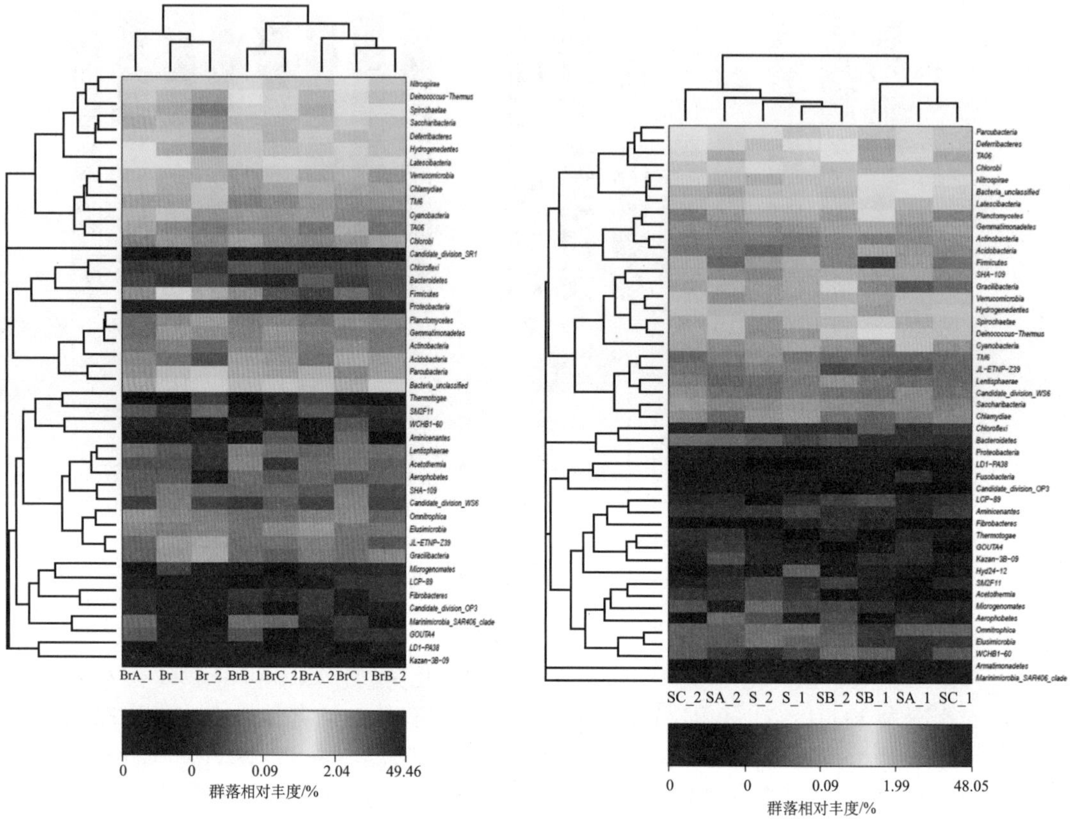

图 4.62 不同水位条件土壤微生物热图

有的优势菌为 Proteobacteria、Chloroflexi、Bacteroidetes、Actinobacteria，其丰度相对比均为 3%以上，属水平上图 4.63（e）Br 区共有菌属 *Anaerolineaceae*_uncultured 和 OM1_clade_norank。图 4.63（c）为 S 区土壤盐度变化土壤微生物门水平优势菌为 Proteobacteria、Chloroflexi、Bacteroidetes 和 Actinobacteria；图 4.63（f）属水平上优势菌为 *Anaerolineaceae*_uncultured 和 JTB255_marine _ benthic_group_norank。

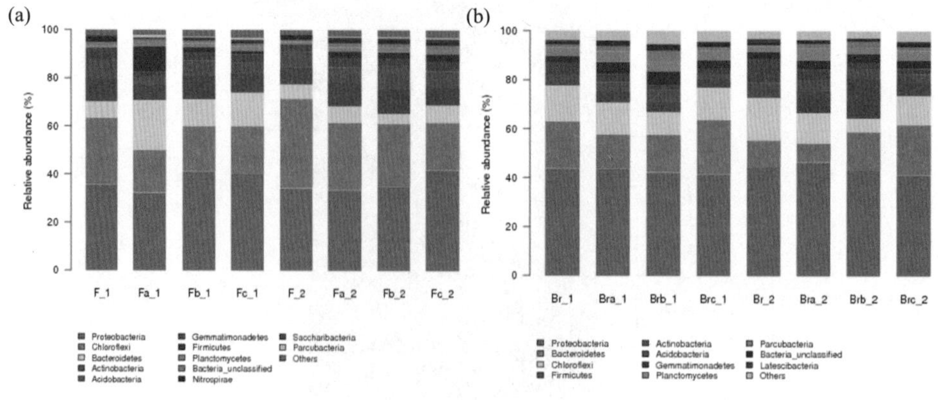

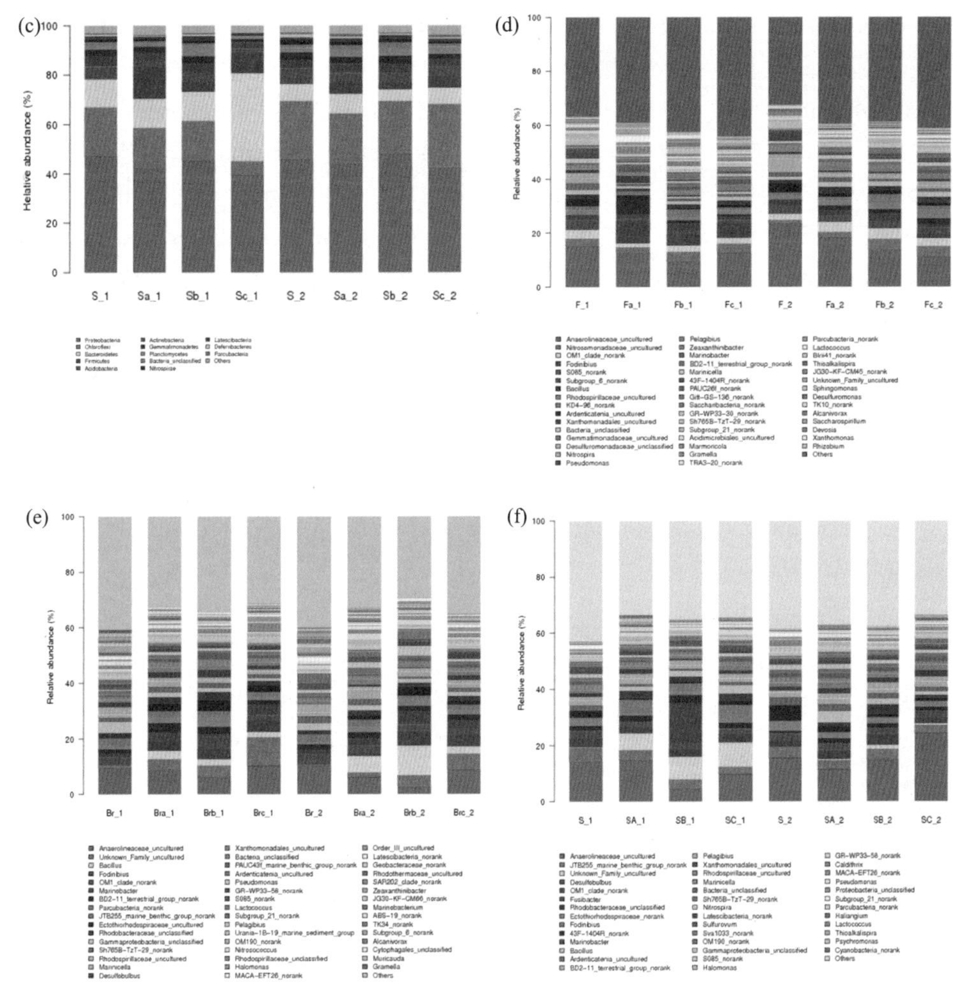

图 4.63 不同盐度条件黄河口滨海湿地门水平（a）～（c）和属水平上（d）～（f）样品微生物组成与相对丰度分布

4.3.4 黄河口滨海湿地土壤呼吸和土壤有机碳与环境因子和微生物群落结构相关性

黄河口滨海湿地典型土壤样地下，模拟不同水位和盐度条件对土壤呼吸和土壤有机碳等环境因子与土壤微生物群落组成结构的相关性分析。相关性分析中门水平物种相关性取相对丰富度高的 12 种门类，代表了至少 94%的菌门，在属水平上则选取相对丰度为 1%以上的优势菌属 20 种为限定值得到图 4.64～图 4.66。

水盐作用下 F 区土壤微生物在门水平上表现为 Cyanobacteria、Firmicutes、Proteobacteri、Planctomycetes 和 Bacteroidetes 与土壤呼吸呈负相关关系，Nitrospirae 和 Chloroflexi 与土壤呼吸呈正相关水平。可溶性有机碳与 Nitrospirae 和 Chloroflexi 呈负相关关系，与 Bacteroidetes 呈正相关关系。微生物生物量碳与 Cyanobacteria 门呈正相

关关系，水位和盐度变化均与 Proteobacteria 呈显著正相关关系，水位与 Saccharibacteria、Cyanobacteria、Firmicutes、Proteobacteria 和 Planctomycetes 呈正相关关系，与 Nitrospirae 呈负相关性。对比土壤呼吸和水位变化与细菌门类的关系发现，部分细菌与土壤呼吸和水位的相关性关系相反，如与土壤呼吸呈正相关的 Nitrospirae，则与水位高低呈负相关关系，而与土壤呼吸呈负相关的 Cyanobacteria、Firmicutes、Proteobacteria 和 Planctomycetes，则与水位呈正相关关系［图 4.64（a）］。水盐作用下 F 区土壤微生物在属水平上表现为土壤呼吸与 norank_o *Xanthomonadales*、*Bacillus*、norank_c_*Gemmatimonadetes*、*Pelagibius*、*Aliifodinibius*、*Marinobacter* 呈负相关性，与 unclassified_f_*Desulfuromonadaceae*、norank_c_S085、*Nitrospira* 和 norank_c *Ardenticatenia* 正相关，在属水平上，影响水位变化的菌属与影响土壤呼吸的菌属正相反，即与土壤呼吸呈正相关的菌属则表现为与水位变化呈负相关关系。*Pelagibius* 与土壤有机碳为负相关关系。norank_f *Rhodospirillaceae* 与土壤微生物生物量碳正相关。与可溶性有机碳呈负相关的菌有：unclassified_f *Desulfuromonadaceae*、norank_f *Anaerolineaceae*、*Nitrospira*、norank_c *Acidobacteria*、norank_c_*Ardenticatenia* 和 norank_f_*Rhodospirillaceae*［图 4.64（b）］。

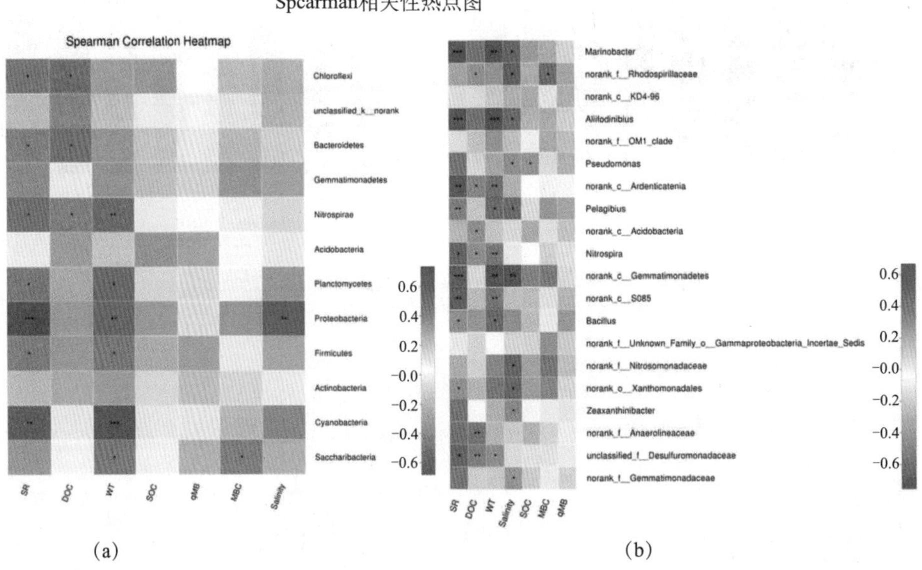

图 4.64　模拟水盐条件下 F 区土壤中细菌群落在门水平（a）和属水平（b）与环境因子的相关性

水盐作用下 Br 区土壤微生物在门水平上表现为仅 Firmicutes 与土壤呼吸呈负相关关系，Acidobacteria 和 SBR1093 与土壤呼吸呈正相关关系，Br 样区中与土壤呼吸相关的菌与水位的相关性相反，即 Firmicutes 与水位呈正相关 Acidobacteria 和 SBR1093 与水位呈正相关关系。Gemmatimonadetes 与盐度呈负相关关系。影响土壤活性碳的菌主要是 Parcubacteria，与土壤有机碳有负相关关系的菌有 Actinobacteria、Planctomycetes、Acidobacteria 和 Gemmatimonadetes，而 Bacteroidetes 与之呈显著正相关关系［图 4.65（a）］。水盐作用下 Br 区和 F 区土壤微生物在属水平上土壤呼吸相同的菌有 *Aliifodinibius* 和 *Bacillus*，特有的相关菌有：norank_f Unknown_Family、norank_f *Ecto-*

thiorhodospiraceae、unclassified_c_*Gammaproteobacteria* 、norank_f Unknown_Family_o_*Gammaproteobacteria*_Incertae_Sedis、norank_c *Acidobacteria*、norank_f JTB255_marine_benthic_group 和 *Lactococcus*。与土壤微生物生物量碳有影响的微生物主要有：*Lactococcus*、norank_f *Rhodospirillaceae* 和 *Bacillus*，其中 norank_f_*Rhodospirillaceae* 是 F 和 Br 区土壤共有的影响菌属。与有机碳相关的菌有：g_norank_f *Rhodospirillaceae*、norank_f_OM1_clade、*Pseudomonas*、norank_c *Ardenticatenia*、norank_f JTB255_*marine_benthic_group*、norank_c *Gemmatimonadetes*、unclassified_f *Rhodobacteraceae* 和 norank_o *Xanthomonadales* [图 4.65（b）]。

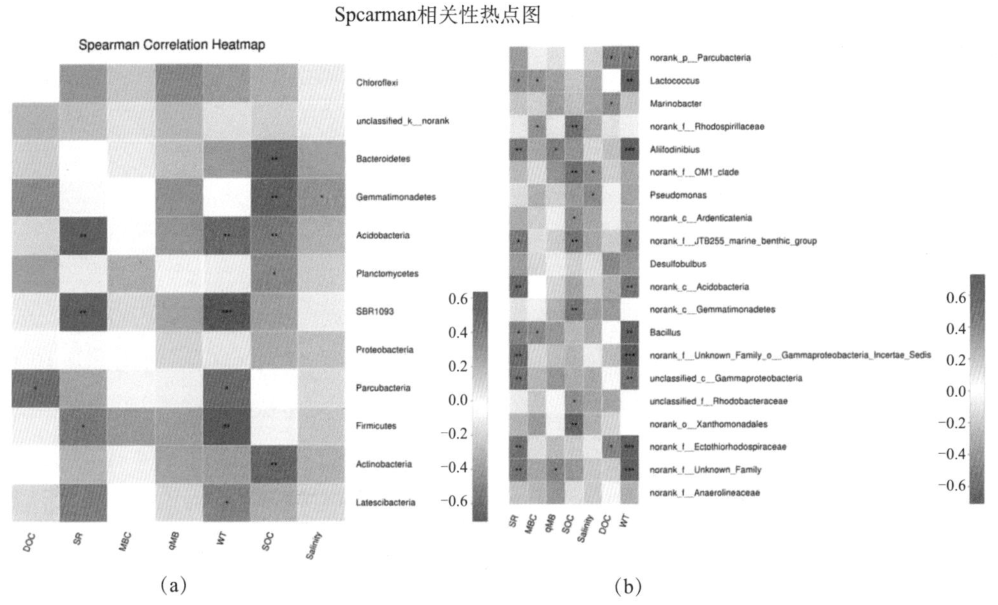

图 4.65　模拟水盐条件下 Br 区土壤中细菌群落在门水平（a）和属水平（b）与环境因子的相关性

水盐作用下 S 区土壤微生物在门水平上表现见图 4.66（a）。土壤呼吸、土壤有机碳以及盐度在门水平上均为表现出显著的相关菌类，可溶性有机碳含量与 Nitrospirae 呈负相关系，与 F 样区一致。微生物生物量碳和微生物熵表现出与 Planctomycetes 呈负相关关系。水位显著负相关菌为 Firmicutes。属水平上的相关性如图 4.66（b）。*Pelagibius* 与土壤呼吸呈显著正相关关系，与盐度呈负相关关系，可溶性碳与 norank_o 43F-1404R 和 norank_c *Ardenticatenia* 为负相关关系，与 norank_f Unknown_Family、norank_c_*Ardenticatenia* 和 *Aliifodinibius* 呈正相关性。土壤有机碳、微生生物量碳和微生物熵均与 norank_f Unknown_F amily_o *Gammaproteobacteria*_Incertae_Sedis 正相关，与 Marinobacter 呈负相关。

图 4.67～图 4.69 分别显示了整个培养期不同水盐条件下土壤中细菌群落在门水平和属水平下的细菌群落变化分布情况。F 样区经不同水盐处理后土壤中细菌群落共有 15 个门，其丰度排列见图 4.67，总体而言，在门水平上具有显著性差异的菌依次为绿弯菌门 Chloroflexi、厚壁菌门 Firmicutes、浮霉菌门 Planctomycetes、硝化螺旋菌门 Nitrospirae、蓝细菌 Cyanobacteria、Parcubacteria。属水平上具有显著性差异的菌依次为

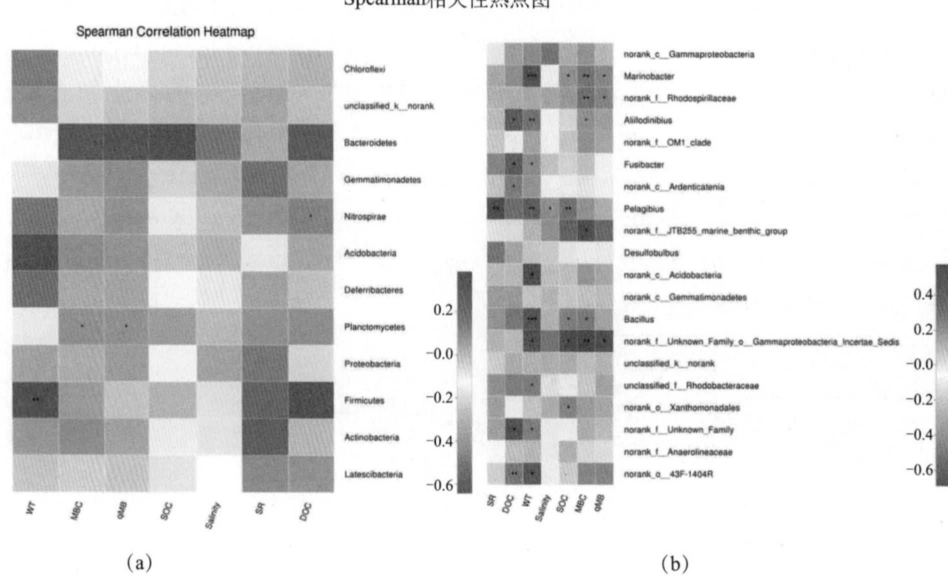

图 4.66 模拟水盐条件下 S 区土壤中细菌群落在门水平（a）和属水平（b）与环境因子的相关性

norank_f *Anaerolineaceae*、nor ank_c S085、杆菌 *Bacillus*、norank_c *Ardenticatenia*、norank_f *Gemmatimonadaceae*、u nclassified_f_*Desulfuromonadaceae* 和硝化螺旋菌属 *Nitrospira*。

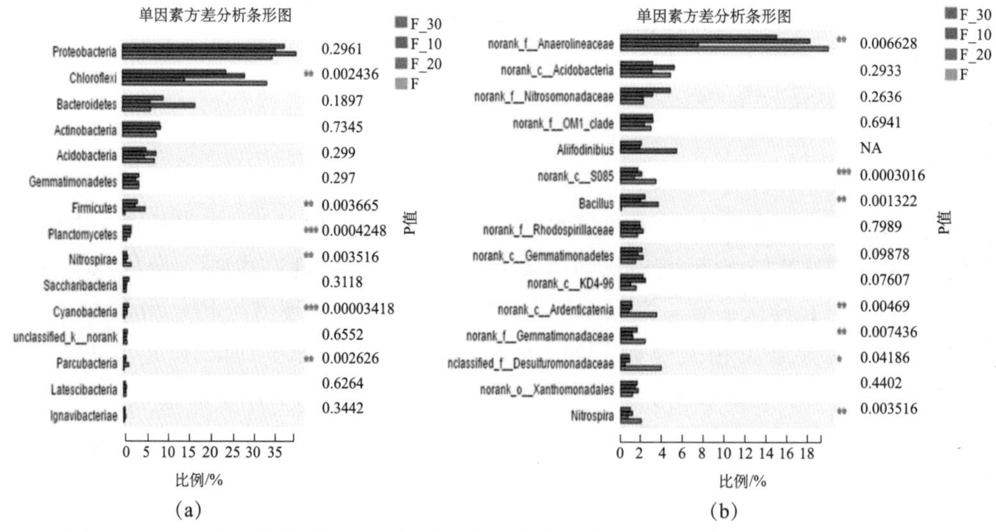

图 4.67 不同水盐条件下 F 区土壤中细菌群落在门水平（a）和属水平（b）上的变化

F 为原位土壤样品；F_10、F_20 和 F_30 分别表示水位－10cm、－20cm 和－30cm 条件下不同盐度梯度的土壤样品

由图 4.68 可知，Br 样区经不同水盐处理后土壤中细菌群落在门水平上具有显著性差异的菌依次为厚壁菌门 Firmicutes、酸杆菌门 Acidobacteria、浮霉菌门 Planctomycetes、Parcubacteria、SBR1093、硝化螺旋菌门 Nitrospirae。属水平上具有显著性差异的菌依次为 norank_f_ Unknown_Family、杆菌 *Bacillus*、norank_c *Acidobacteria*（酸杆

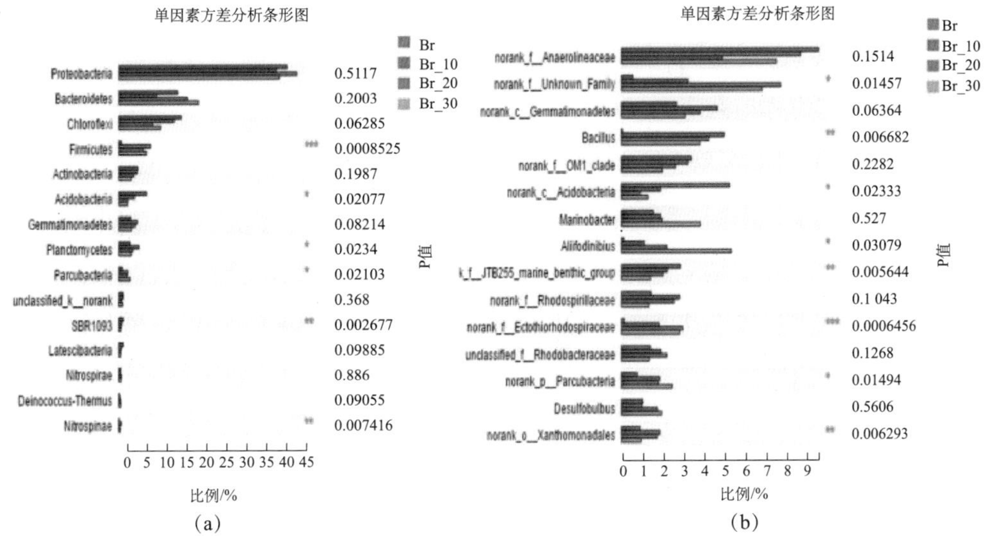

图 4.68　不同水盐条件下 Br 区土壤中细菌群落在门水平（a）和属水平（b）上的变化

Br 为原位土壤样品；Br _ 10，Br _ 20 和 Br _ 30 分别表示水位－10cm，－20cm 和－30cm 条件下，不同盐度梯度的土壤样品

菌）、*Aliifodinibius*、norank_f_JTB255_marine_benthic_group、norank_f *Ectothiorhodospiraceae*、norank_p *Parcubacteria*、norank_o *Xanthomonadales*（黄单胞菌）。

由图 4.69 可知，S 样区经不同水盐处理后土壤中细菌群落在门水平上具有显著性差异的菌依次为壁菌门 Firmicutes、酸杆菌门 Acidobacteria 和 SBR1093。属水平上具有显著性差异的菌依次为 norank_f JTB255_marine_benthic_group、norank_c、*Acidobacteria*（酸杆菌）、*Fusibacter*、norank_o 43F-1404R、norank_c *Gammaproteobacteria*、海杆菌 *Marinobacter*、杆菌 *Bacillus*、*Pelagibius*。

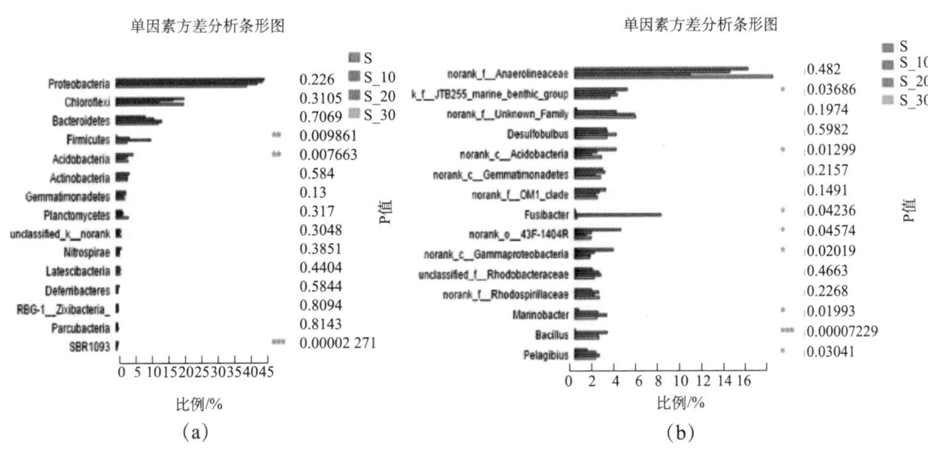

图 4.69　不同水盐条件下 S 区土壤中细菌群落在门水平（a）和属水平（b）上的变化

S 为原位土壤样品；S _ 10、S _ 20 和 S _ 30 分别表示水位－10cm、－20cm 和－30cm 条件下，不同盐度梯度的土壤样品

1. 黄河口滨海地原位土壤中真菌群落结构特征

图 4.70 显示了黄河口滨海湿地土壤中真菌群落结构分布特征。由图可知，在门水

平上，淡水湿地（F）、半咸水湿地（Br）和盐沼湿地（S）表层和亚表层土壤优势菌类均为 Ascomycota（子囊菌门）和 Basidiomycota（担子菌门），约占了 80%以上，其中 Ascomycota 在三类样地两个土层中均占比最高。

在属水平上，*Sordariales* _ norank 均为三种湿地类型表层和亚表层共有的优势菌属。另外，F_1 相对丰度大于 3%的菌属有 *Agaricomycetes* _ unclassified、*Hydropisphaera*、*Agaricales*_unclassified、*Sordariomycetes*_unclassified 等 5 种；Br_1相对丰度大于 3%的菌属有 *Eukaryota*_unclassified、*Microascales*_unclassified、*Niaceae*_unclassified 等 7 种；S_1 相对丰度大于 3%的菌属有 *Eukaryota*_unclassified、*Microascales*_unclassified、*Dothideomycetes*_unclassified 等 7 种；F_2 相对丰度大于 3%的菌属有 *Agaricomycetes*_unclassified、*Agaricales*_unclassified 等 3 种；Br_2 相对丰度大于 3%的菌属有 *Arachnida*_unclassified 等两种；S_2 相对丰度大于 3%的菌属有 *Eukaryota*_unclassified、*Microascales* _ unclassified、*Dothideomycetes* _ unclassified、*Niaceae* _ unclassified 等 6 种。

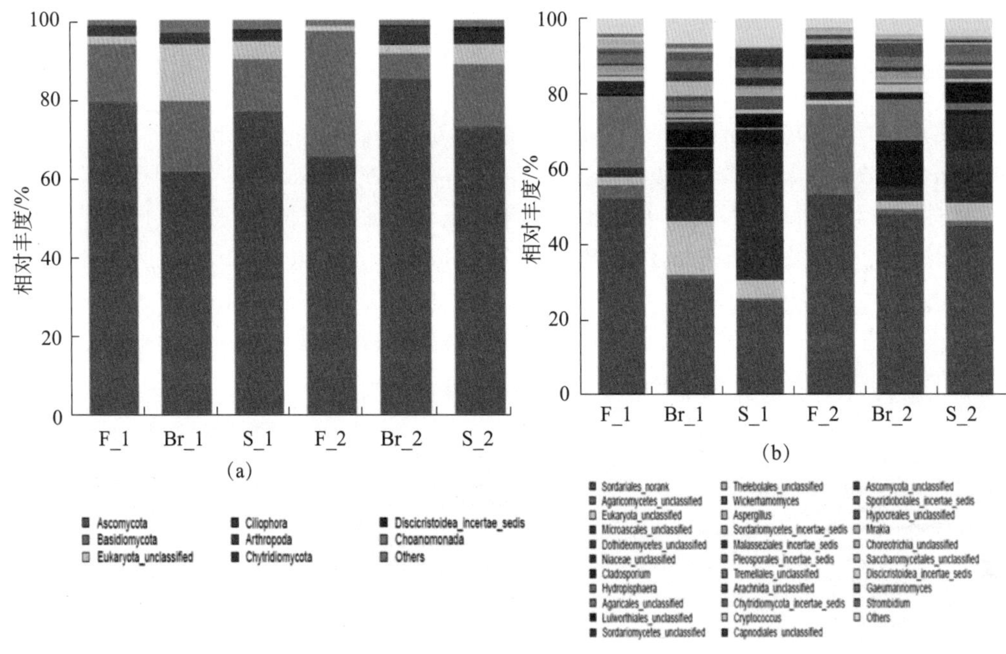

图 4.70　黄河口三个典型样地土壤中真菌微生物在门水平（a）和属水平（b）上的群落组成和相对丰度

2. 模拟水位变化下土壤中真菌群落结构特征

图 4.71 显示黄河口三种湿地类型土壤中真菌在水位条件下群落结构的变化情况。总体而言，在门水平上，受水位影响，淡水湿地和版咸水湿地原有优势种 *Ascomycota* 和 *Basidiomycota* 均有不同程度的下降，其中 *Basidiomycota* 受水位影响下降较多，而 *Ciliophora* 增加较多，一定程度上取代 *Basidiomycota* 成为优势种。而盐沼湿地（S）受水位波动优势种具有一定的变化，但随着水位的加深，原有优势种变化不大，另外，非优势 *Ciliophora* 和 *Eukaryota*_unclassified 分别有了显著增加和减少的变化。在属水平上，原优势种 *Sordariales*_norank 受水位影响有不同程度的下降，甚至在半咸水湿地

和盐沼湿地转化为非优势种。另外，*Choreotrichia*_unclassified 和 *Eukaryota*_unclassified 在淡水湿地受水位影响有显著的增加；在半咸水湿地，随着水位的加深，菌属占比变化较大，*Strombidium*、*Lulworthiales*_norank 增大，取代 *Sordariales*_norank 成为优势种；盐沼湿地中，*Sordariales*_norank 受水位影响同样产生了显著下降，*Lulworthiales*_unclassified 受水位影响显著增加，*Niaceae*_unclassified 在表层 SA_1 和深层处理有了显著增加，*Microascales*_unclassified 在 C 水位有显著增加。

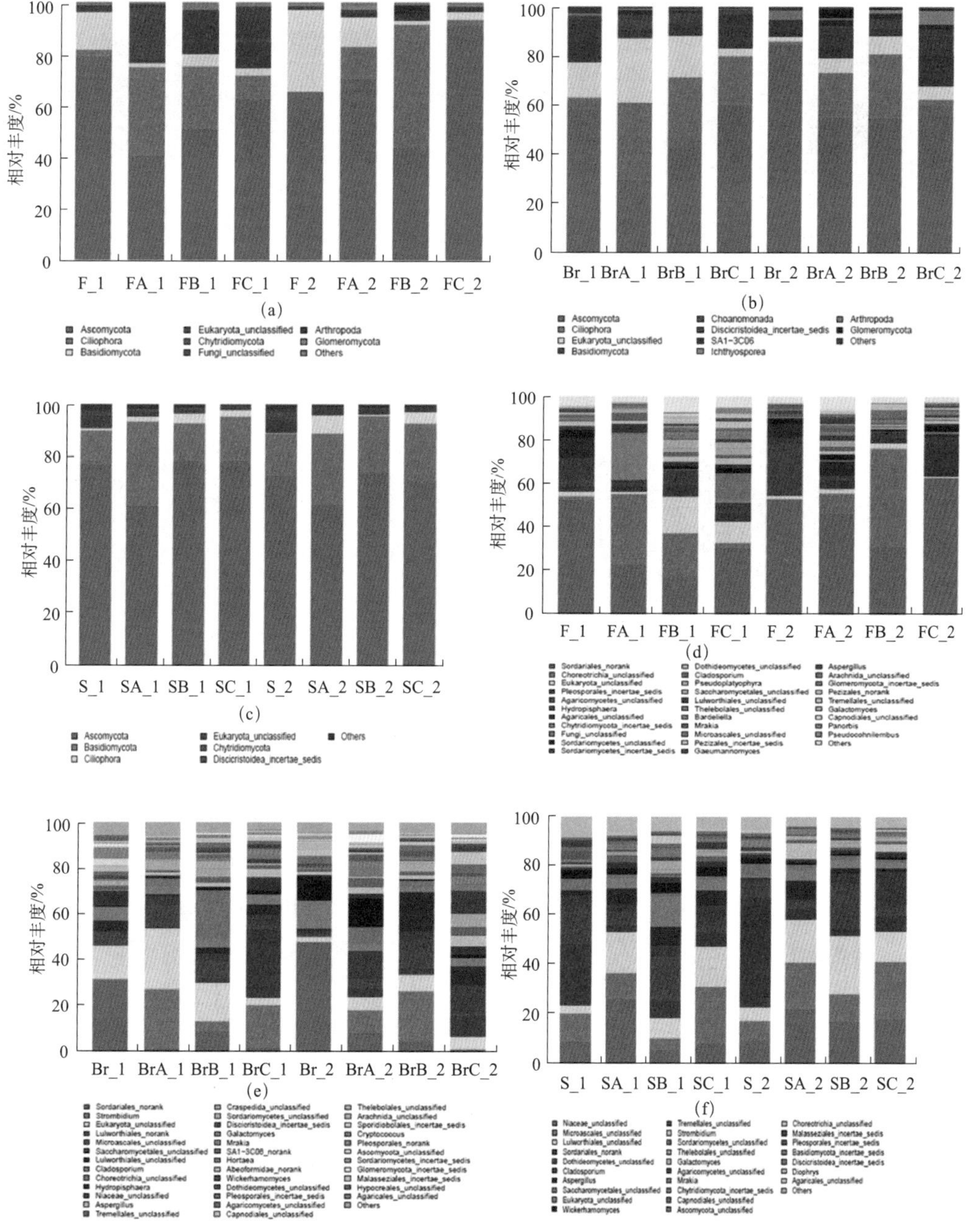

图 4.71　不同水位条件土壤中真菌在门水平（a）～（c）和属水平上（d）～（f）样品微生物组成与相对丰度分布

3. 模拟盐度变化下土壤微生物群落结构特征

图 4.72 显示黄河口三种湿地类型土壤中真菌在盐度条件下的群落结构的变化情况。在门水平上，淡水湿地 Ascomycota 在表层随盐度的增大产生了显著下降，同时 Basidiomycota 在表层和亚表层土壤中均随盐度的增大深而显著下降，Ciliophora 产生了显著增长。半咸水湿地原优势种 Ascomycota 在高盐度产生了较大幅度下降，而 Ciliophora 则显著增加。盐沼湿地 Ascomycota 随盐度的变化不显著，Basidiomycota 在低盐度下有增加的表现。

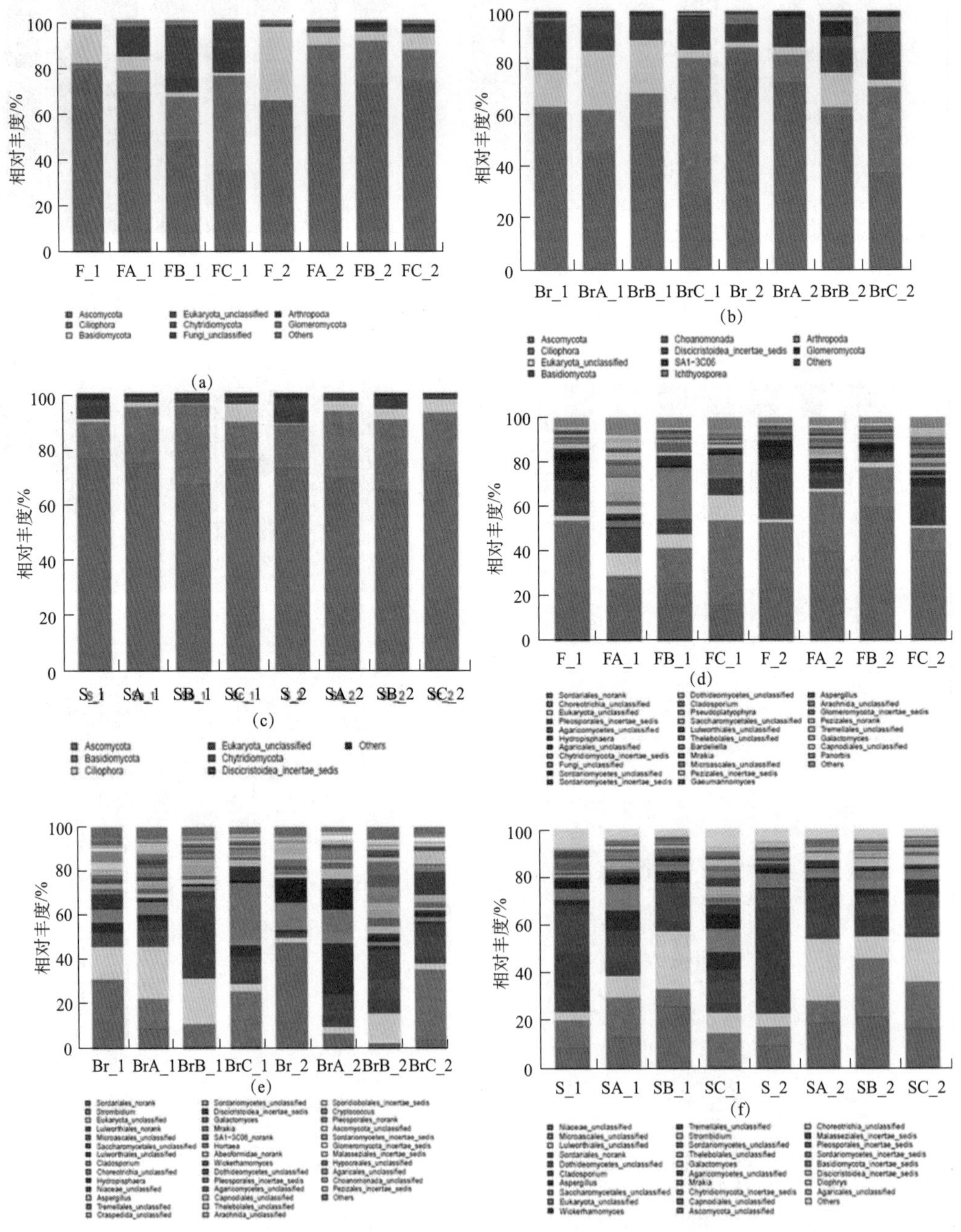

图 4.72 不同盐度条件土壤中真菌门水平（a）～（c）和属水平上（d）～（f）样品微生物组成与相对丰度分布

属水平上，原优势种 *Sordariales*_norank 受盐度影响产生了显著下降，特别是在半咸水湿地和盐沼湿地下转变为非优势种。淡水湿地中，*Choreotrichia*_unclassified 产生了显著的增加。半咸水湿地中，*Strombidium* 在表层土壤和较高盐度中增加显著。盐沼湿地中，*Niaceae*_unclassified 和 *Lulworthiales*_unclassified 受盐度的影响，产生了较大幅度的增加，*Microascales*_unclassified 在亚表层土壤中有显著增加。

参 考 文 献

Amir A, McDonald D, Navas M J A, et al. 2017. Deblur rapidly resolves single-nucleotide community sequence patterns. Msystems, 2: 759.

Fierer N, Bradford M A, Jackson R B. 2007. Toward an ecological classification of soil bacteria. Ecology, 88: 1354 - 1364.

Held N A, McIlvin M R, Moran D M, et al. 2019. Unique patterns and biogeochemical relevance of two-component sensing in marine bacteria. Msystems, 4: e00317 - 18.

Langille M G I, Zaneveld J, Caporaso J G, et al. 2013. Predictive functional profiling of microbial communities using 16S rRNA marker gene sequences. Nature Biotechnology, 31: 814 - 821.

Martiny J B H, Jones S E, Lennon J T, et al. 2015. Microbiomes in light of traits: A phylogenetic perspective. Science, 350: aac9323.

McMurdie P J, Holmes S. 2013. Phyloseq: An r package for reproducible interactive analysis and graphics of microbiome census data. PloS One, 8: e61217.

Nakagawa S, Schielzeth H. 2012. A general and simple method for obtaining R2from generalized linear mixed-effects models. Methods in Ecology Evolution, 4: 133 - 142.

Webb C O. 2000. Exploring the phylogenetic structure of ecological communities: An example for rain forest trees. The American Naturalist, 156: 145 - 155.

Webb C O, Ackerly D D, McPeek M A, et al. 2002. Phylogenies and community ecology. Annual Review of Ecology and Systematics, 33: 475 - 505.

Yu G, Wang L G, Han Y, et al. 2012. ClusterProfiler: an R package for comparing biological themes among gene clusters. OMICS: A Journal of Integrative Biology, 16: 284 - 287.

Zhang K, Shi Y, Cui X, et al. 2019. Salinity is a key determinant for soil microbial communities in a desert ecosystem. mSystems, 4: e00225 - 18.

第 5 章

滨海湿地地下水水文过程及生境适宜性

▼

地下水文过程作为滨海湿地水文过程的重要组成之一，对滨海湿地生境具有重要影响，它可直接或间接改变滨海湿地营养物质的获取性、土壤盐渍度、pH和沉积物特性等理化环境，影响物种组成及丰度、群落组成及演替等，进而影响湿地的类型、结构和功能。在高强度的人为活动影响下，滨海湿地地下水位、水质、区域地下水补排关系、地下水流时空格局等均受到不同程度的改变，破坏了滨海湿地的结构完整性，阻断了滨海湿地地下水文过程的连续性，使滨海湿地生态环境遭受威胁。

本章以我国典型的滨海湿地——黄河三角洲湿地作为研究区域，以滨海区典型的沟渠开挖和海岸线变迁现象为突破口，揭示变化环境下滨海湿地地下水的响应规律，并从地下水角度提出滨海湿地的生态修复方案，为滨海湿地的保护和生态修复提供参考。在不同的时空尺度上，从内部结构（沟渠开挖）和外部格局（自然和人类活动综合影响下的海岸线变迁）变化来研究黄河三角洲湿地典型活动对其地下水的影响，为黄河三角洲湿地的保护和生态修复提供依据。

5.1 黄河三角洲湿地地下水时空动态特征

滨海湿地地表水-地下水交互组成复杂的水文网络，维持滨海湿地水文情势和盐分的动态平衡。滨海湿地地表水-地下水交互受到众多因素的影响，如地形地貌、水文地质、气候变化和人类活动。滨海湿地的人类活动（如河流人工改道、修筑堤坝、围垦农田、水产养殖、围海晒盐、港口城镇建设等）改变水文连通格局，过度开采使地下储水量减少，对区域地表水-地下水的交互作用产生影响。

了解黄河三角洲地下水时空动态特征，对于研究沟渠开挖和海岸线变迁对滨海湿地地下水影响具有重要意义，也是地下水研究的基础。利用黄河三角洲的历史地下水位监测数据和黄河三角洲北部实测地下水位数据，采用 M-K 法、有序聚类法及 Yamamoto 法对地下水埋深进行趋势性及突变性分析，并进行地下水位的年内、空间变化特征分析，获得黄河三角洲地下水位的时空变化特征。

5.1.1 水文地质状况

黄河三角洲浅层地下水主要以咸水为主，浅层淡水资源分布较少，除广饶县境内（大码头、大营、西刘桥除外）有淡水资源外，其余区域几乎均为咸水，浅层地下水矿化度大，矿化度由南向北、由西向东逐渐递增。地下水时空分布不均匀且年际变化大，浅层地下水埋深浅，区域多年平均地下水资源量约为 4627.28 万 m^3。

1. 地质构造

研究区位于华北拗陷区济阳拗陷的东北部，是中新生代以来周边被深断裂围限的负向地质构造单元（秦伟颖等，2008），其一级构造单元是华北拗陷区，二级构造单元是辽冀台向斜，三级构造单元是埕宁隆起区、济阳拗陷区。自中新生代以来，该区域一直处于沉降状态，由于长期以来的海相和陆向沉积，其地层厚度大，浅层地层的理化特征、富水性对区域生态环境具有较大的影响。

2. 含水层系统

研究区地下水系统从上到下依次为：浅层潜水-微承压水系统、中深层承压水系统和深层承压水系统。潜水系统埋深 0～60m，主要有浅层淡水区、浅层微咸水区、浅层咸水区和浅层卤水区。黄河三角洲浅层淡水区主要分布在南宋、建林等河漫滩高地，以及盐窝镇老董村、陈庄镇的一带。该区地下水之间的水力联系关系密切，淡水区一般处于较高地势，但当淡水开采量过量时会导致咸水入侵。浅层淡水区的外围是微咸水区，其矿化度为 2～3g/L，属于 Na-Cl 型水；黄河三角洲境内分布最广的是咸水区，其矿化度最高能达到 50g /L；卤水区分布于滨海地带，由于高强度的蒸发作用，该区域卤水矿化度大于 50g /L。本章主要研究浅层地下水，研究区所在的地下水主要为浅层咸水区及浅层卤水区。

3. 地下水补给、径流及排泄

研究区浅层地下水以垂向补给为主，其补给主要来自降水入渗，其次为河道侧渗、田间回灌等地表水的补给。研究区地势低平、水力坡度小，水平方向的径流缓慢，浅层地下水主要呈现出缓慢的由陆向海的排泄趋势。黄河作为地上悬河，贯穿于整个黄河三角洲，且地势较高，对周边地下水具有侧向补给作用。

4. 地下水开发利用现状

由于高矿化度的影响，地下水开采主要集中在广饶县、利津县境内的浅层淡水区，而研究区绝大部分为咸水区或者卤水区，地下水开采极为有限，在滨海区域几乎不存在浅层地下水开发利用的情况。另外，研究区田间回灌也极为有限，由于淡水资源较为缺乏，滨海区的农田几乎不进行灌溉。

5.1.2 地下水位时间变化特征

通过收集黄河三角洲范围内的地下水观测数据，同时利用野外地下水位观测井对研究区地下水位进行实时观测，在此基础上对黄河三角洲滨海湿地地下水位的变化特征进行了分析。

1. 数据获取及分析

1）历史数据收集及处理

收集黄河三角洲范围内地下水长期观测井数据，在综合考虑空间位置、数据连续性和代表性的基础上，选取黄河两岸共 10 口地下水观测井的水位数据为数据源（表 5.1）进行地下水位的时空动态变化分析。原始数据为每月 1 日、6 日、11 日、16 日、21 日和 26 日的实测数据，将原始数据预处理成月均值和年均值来进行趋势及突变分析。

表 5.1 研究区观测井相关参数

编号	观测井位置	与黄河河道的相对方位（沿入海方向）	距黄河/km	井口高程/m	已有数据年份
YR1	利津县渤海农场	左	9	6.08	1993～2011
YR2	利津县虎滩乡西虎	左	15.5	9.75	1998～2011
YR3	利津县陈庄镇陈南	左	7.5	7.9	1998～2011
YR4	利津县盐窝镇北坝	左	3.5	8.95	1991～2011
YR5	利津县明集中学	左	8.5	8.81	1997～2011
YR6	利津县利津镇胥家	左	2.7	10.65	1997～2011
YR7	垦利县永安乡政府	右	14.5	6.54	1994～2011
YR8	垦利县胜坨镇东王	右	7.5	7.92	2000～2011
YR9	垦利县胜利乡林子	右	0.6	9.85	1994～2011
YR10	东营区史口镇后王	右	9.7	8.76	1991～2006

2）地下水位监测

在黄河三角洲北部农田及湿地区域布设 18 口地下水长期观测井，观测井深 8m；在观测井内安装 Odyssey 水位自动记录仪，进行地下水位的实时监测，监测频率为每小时 1 次，监测时间为 2014 年 5 月至 2015 年 5 月。18 口地下水观测井的位置见图 5.1。

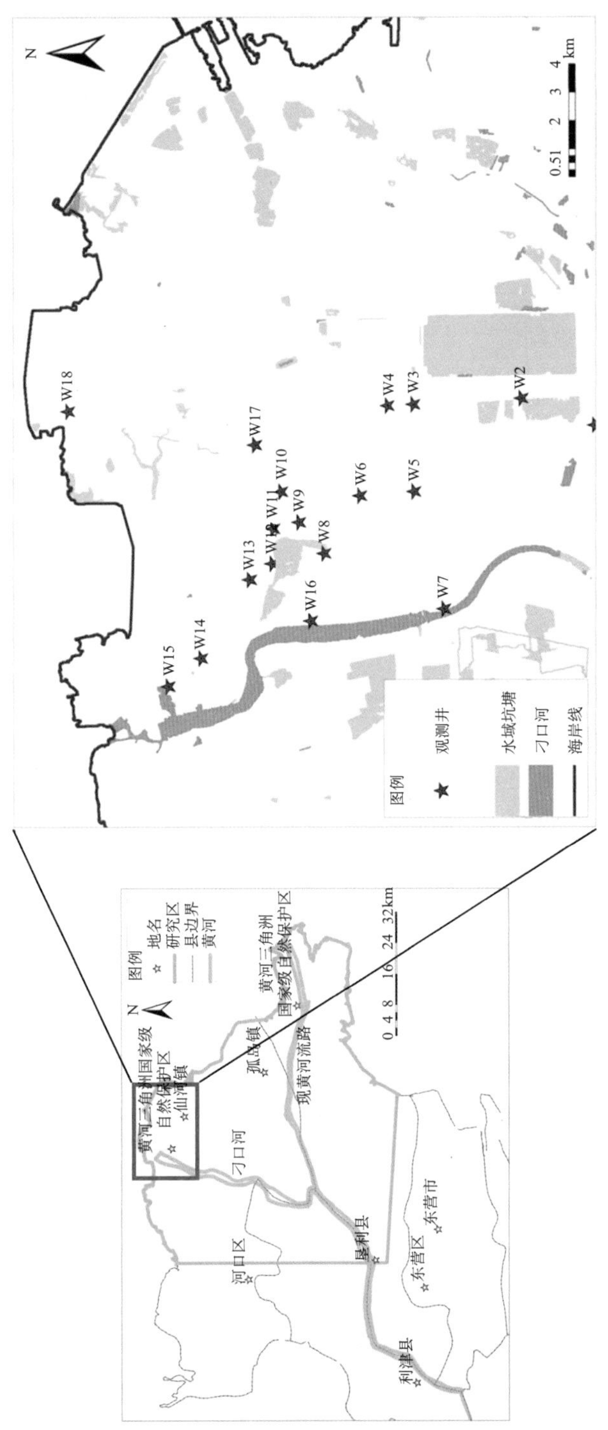

图 5.1 实测地下水位观测井位置图

3）数据分析

采用统计学中的均值、标准差、偏态系数和峰度系数等指标，来分析黄河三角洲地下水埋深的基本统计特征，利用 Mann-Kendall（M-K）趋势检验法分析地下水埋深的年际变化趋势，利用有序聚类法进行其突变点检验，同时用 Yamamoto 法对突变检验结果进行验证，具体方法如下：

A. M-K 趋势检验法

M-K 趋势检验法是世界气象组织推荐的非参数检验方法，已被广泛应用于时间序列变异性分析中（康淑媛等，2009）。具体算法如下：

首先定义检验统计量 S：

$$S=\sum_{i=2}^{n}\sum_{j=1}^{i-1}\operatorname{sign}(X_i-X_j) \tag{5.1}$$

式中，sign()为符号函数，当 X_i-X_j 小于、等于或大于零时，sign（X_i-X_j）分别为 -1、0 或 1。

然后，依据 S 值来判断趋势检验值 Z，当 S 分别大于、等于和小于零时，Z 分别为

$$\begin{cases} Z=(S-1)\sqrt{n(n-1)(2n+5)/18} & S>0 \\ Z=0 & S=0 \\ Z=(S+1)\sqrt{n(n-1)(2n+5)/18} & S<0 \end{cases} \tag{5.2}$$

式中，Z 为正值表示存在增加的趋势，为负值则表示存在减少的趋势。而当 Z 的绝对值≥1.28、1.64 和 2.32 时，表示其分别通过了置信度为 0.1、0.05 和 0.01 的显著性检验。

B. 有序聚类分析法和 Yamamoto 法

采用有序聚类分析法和 Yamamoto 法进行突变检验（Yamamoto et al.，1986；丁晶，1986；周园园等，2011）。通过有序聚类分析法获取数据序列的可能显著干扰，该干扰点可视为分割点，若分割点前后同类数据序列的离差平方和较小，而不同类之间的离差平方和较大，则该分割点便为最优分割点（周园园等，2011），原理如下：

$$V_\tau=\sum(x_i-x_\tau)^2 \tag{5.3}$$

$$V_{n-\tau}=\sum(x_i-x_{n-\tau})^2 \quad (1\leqslant\tau\leqslant n) \tag{5.4}$$

式中，x_τ 和 $x_{n-\tau}$ 为干扰点 τ 前后序列的均值。序列的离差平方和为$S_n(\tau)=V_\tau+V_{n-\tau}$，离差平方和为 $S^*{}_n(\tau)=\min|S_n(\tau)|$ 时，τ 为最优分割点，即为所求的突变点。

Yamamoto 法的主要原理是：人为的设定一个突变时间，并以突变时间为分界线，将序列分为前后两个子序列，计算其突变指数 S/N（即信噪比），若 $S/N>1$，表明序列以设置的突变时间为分界，其前后序列发生了明显突变；若 $S/N>2$，则表明序列发生强突变。

2. 实测地下水位时间动态特征

黄河三角洲北部区域各井点地下水位在时间上存在差异（图 5.2、图 5.3）。井 W3 地下水位从 2014 年 5 月至 2015 年 5 月总体呈现出下降的趋势，并在短时内存在波动，如在 2014 年 9～10 月、2015 年 4～5 月地下水位具有小波峰。井 W6 地下水位总体上升或者下降趋势不明显，但地下水位在 2014 年波动较大，而在 2015 年相对平稳。井 W9

地下水位在 2014 年 5～7 月波动较大，波动幅度接近 1m，最高时超过 1m，而在 7 月后维持在 0～0.4m 范围内波动。井 W18 地下水位在 2014 年 5～7 月存在上升的趋势，在 7～8 月存在下降的趋势，而在 8 月及次年 4 月均维持在 1.3m 左右。将逐日地下水位与日降水量绘制在同一图上，可知，逐日地下水位值会随着降水量的变化而呈现出波动，在日降水量较大且降水持续时间较长的时期，降水对地下水的补给较多，地下水位总体呈现出上升的趋势；而在无降水或者长时期无降水的时期，由于缺乏降水补给，且在强烈的蒸发作用下，地下水位便会下降或者维持相对平稳。

将黄河三角洲北部区域观测井实测地下水位动态曲线与气象、水文、径流资料进行综合分析，可知黄河三角洲北部浅层地下水动态成因类型可分为两种类型：降水入渗-蒸发型和降水入渗-径流型。

（1）降水入渗-蒸发型：该种类型主要分布在距离地表水体较远（如河流、坑塘、水库等）且土地利用类型为农田、大片荒地等的区域。其特点为：地下水埋深相对较深，径流缓慢；大气降水为主要补给源，蒸发为主要的排泄途径，地下水位随着降水的增加而升高，且稍存在滞后；而在没有降水的时段，在蒸发作用下地下水位会呈现出持续的下降趋势。观测井 W3 和 W6 均处于农田区内，没有其他地表水体的直接补给，也没有地下水开采等其他排泄方式，地下水位会随着降水和蒸发强度的变化而波动，其地下水动态类型便为降水入渗-蒸发型（图 5.2）。

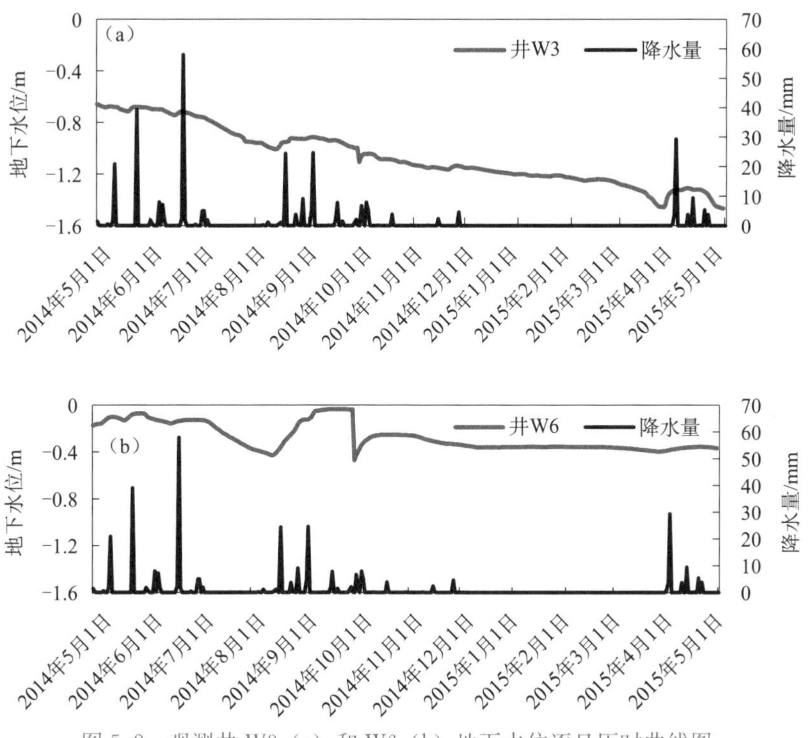

图 5.2 观测井 W3（a）和 W6（b）地下水位逐日历时曲线图

（2）降水入渗-径流型：该类型主要分布在地下水埋深较浅且距离地表水体较近的区域，地下水的补给主要来自于降水补给和地表水入渗补给。当井点处的地下水位高于周边地表水位及地下水位时，降水对其的补给作用极为显著；在未降水时，地下水位的下降也极为显著，地下水位会随着降水和蒸发强度的变化而波动。当井点处的地下水位与周边地表水位及地下水位持平时，在降水条件下其地下水位会增高；但在未降水时，其地下水位不会呈现出显著下降的趋势，而只能降低至与周边区域地表水或者地下水持平的位置，并保持不变，如图 5.3 观测中井 W9 和 W18 中 12 月至次年 4 月便是这种情况。

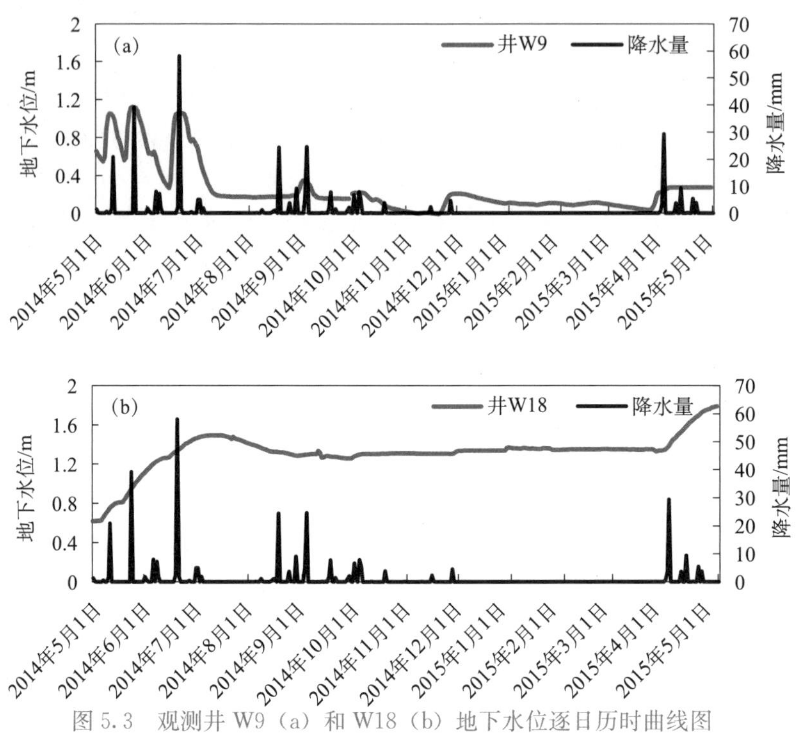

图 5.3 观测井 W9（a）和 W18（b）地下水位逐日历时曲线图

3. 历史地下水位时间变化特征

1）基本统计特征

黄河三角洲近 20 年各观测井地下水埋深的基本统计特征值见表 5.2。由表可知，黄河三角洲地下水埋深浅，多年平均值均低于 2.5m。YR1 和 YR4 地下水埋深最深，分别为 2.28m 和 2.08m；而 YR9 和 YR10 埋深最浅，分别为 0.96m 和 0.82m。各观测井点地下水埋深标准差均小于 1，地下水埋深总体离散程度小，其中 YR1 和 YR7 标准差较高，说明 YR1 和 YR7 地下水埋深波动较其他井点大。峰度系数和偏态系数反映各站点地下水埋深的中心聚集程度和分布的对称性，均为负值表示地下水埋深较分散且向左偏，均为正值表示地下水埋深较集中且向右偏。就本节中各井点地下水埋深而言（表 5.2），YR1、YR2、YR5 和 YR6 地下水埋深较分散且向左偏，井点 YR7、YR8 和 YR9 地下水埋深数据较集中且较向右偏。

对黄河左、右岸地下水埋深进行分析可知，黄河三角洲范围内地下水埋深在黄河左、右岸存在差异。黄河左岸（观测井位于利津县境内）地下水埋深大于黄河右岸（观测井位于垦利县境内），左岸地下水埋深多年均值比右岸高出 36.16%；左岸地下水埋深具有较分散且存在左偏的特征，而右岸具有较集中且向右偏的特征。

表 5.2 黄河三角洲地下水埋深基本统计特征值

编号	均值/m	标准差	峰度系数	偏态系数
YR1	2.28	0.93	−0.76	−0.46
YR2	1.20	0.42	−0.67	−0.24
YR3	1.88	0.46	−0.26	0.21
YR4	2.08	0.60	1.43	−0.42
YR5	1.71	0.53	−0.60	−0.23
YR6	1.48	0.39	−0.05	−0.10
YR7	1.56	0.85	0.93	0.57
YR8	1.18	0.55	0.83	0.55
YR9	0.96	0.33	1.85	0.44
YR10	0.82	0.45	−0.20	0.28
黄河左侧	1.77	0.55	−0.15	−0.21
黄河右侧	1.13	0.55	0.85	0.46

2）年内变化特征

对近 20 年黄河三角洲各井点地下水埋深数据进行预处理，计算出各井点地下水埋深的各月均值，分别将黄河左岸、右岸观测井点地下水埋深各月均值做折线图（图 5.4）。对比分析可知，黄河左岸和右岸地下水埋深年内变化趋势一致，地下水位低值均出现在 2 月和 6 月，而高值出现在 3 月和 8 月；均呈现出在 3 月、4 月地下水位上升，5 月、6 月地下水位下降，而在 7～9 月地下水位又上升的趋势，地下水埋深在季节上总体呈现出双峰变化的趋势。

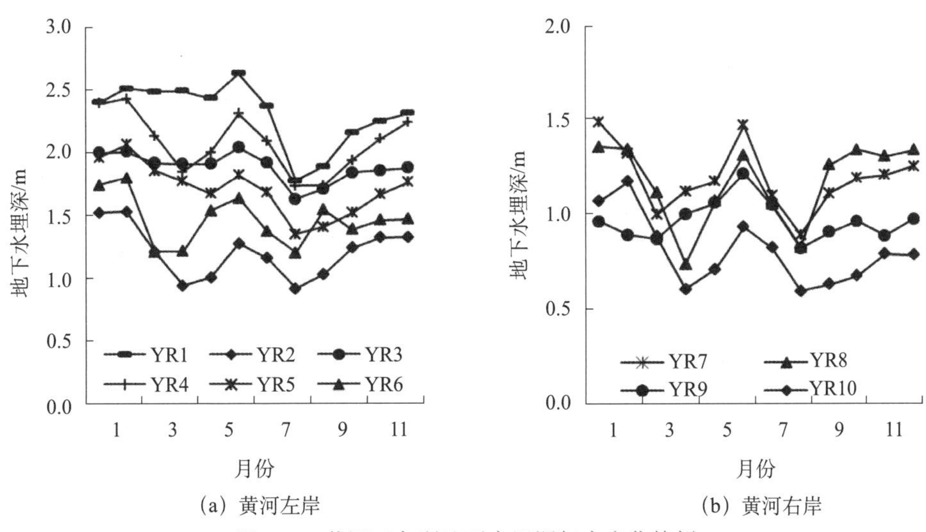

(a) 黄河左岸 (b) 黄河右岸

图 5.4 黄河三角洲地下水埋深年内变化特征

3）年际变化特征

A. 趋势检验

以 0.05 作为显著性水平，利用 M-K 检验法对近 20 年地下水埋深数据进行趋势性检验，来分析地下水埋深的年际变化趋势。由表 5.3 可知：井点 YR2、YR3、YR4 和

YR10 地下水埋深在年际上存在着显著的变浅趋势，井点 YR1、YR7、YR8 和 YR9 地下水埋深在年际上存在着显著的变深趋势，井点 YR5 和 YR6 地下水埋深的变化趋势不显著。从空间上来看，黄河右岸垦利县范围内的井点（井点 YR7、YR8 和 YR9）地下水埋深均呈现出显著变深的趋势，而黄河左岸利津县范围内的井点（井点 YR2、YR3 和 YR4）地下水埋深普遍存在着显著变浅的趋势。

表 5.3　黄河三角洲各观测井地下水埋深 M-K 检验法结果

编号	所在地	在黄河哪侧	距黄河/km	M-K 值	变化趋势
YR1	利津县	左	9	5.34*	变深
YR2	利津县	左	15.5	−3.52*	变浅
YR3	利津县	左	7.5	−7.66*	变浅
YR4	利津县	左	3.5	−8.24*	变浅
YR5	利津县	左	8.5	0.35	变化不显著
YR6	利津县	左	2.7	−1.19	变化不显著
YR7	垦利县	右	14.5	3.68*	变深
YR8	垦利县	右	7.5	6.09*	变深
YR9	垦利县	右	0.6	9.81*	变深
YR10	东营区	右	9.7	−7.00*	变浅

*. 在 0.01 置信度水平上显著。

B. 突变检验

在趋势性检验的基础上，利用有序聚类法、Yamamoto 法和 M-K 检验法，对地下水埋深具有显著上升或者下降趋势的井点进行突变检验，并将三种方法相互验证，得到地下水埋深的突变点（表 5.4）。由表可知，M-K 检验法对地下水埋深的突变点检验显示，井点 YR4、YR8 和 YR10 分别在 2003 年、2007 年和 2000 年存在突变。有序聚类法的检验结果显示，井点 YR1、YR2、YR3、YR4、YR8 和 YR10 分别在 2000 年、2003 年、2003 年、2003 年、2008 年、2000 年可能存在突变点。Yamamoto 法的突变检验结果显示，除井点 YR7 外，其他井点都存在突变点，且其突变点均与有序聚类法一致，而有序聚类法未检验出井点 YR9 在 2005 年也存在突变。将三种方法相互验证可知，仅有井点 YR4、YR8 和 YR10 地下水埋深分别在 2003 年、2008 年和 2000 年存在突变。

为进一步分析突变前后地下水埋深序列数据的变化趋势，利用 M-K 检验法对存在突变的井点 YR4、YR8 和 YR10 突变前后的地下水埋深序列分别进行趋势检验，结果见表 5.4。由表 5.4 和图 5.5 可知，在 0.01 显著性水平上，井点 YR4 在突变前地下水埋深具有不显著的下降趋势，突变后具有显著的上升趋势；突变前地下水埋深均值为 2.36m，突变后埋深均值为 1.66m，较突变前减少 26.32%。井点 YR8 在突变前后地下水埋深均不具有显著的上升或者下降趋势，突变后地下水埋深均值较突变前增加 0.68m，增加率为 71.58%。井点 YR10 突变前具有不显著的下降趋势，在突变后具有不显著的上升趋势，突变后地下水埋深较突变前减少 0.48m，减少率为 46.6%。总体来看，井点 YR4、YR8 和 YR10 地下水埋深在突变前后均维持在较稳定的水平上，不存在显著的上升或者下降趋势。

表 5.4 黄河三角洲地下水埋深突变检验结果

编号	突变点年份			突变前 M-K 趋势检验值	突变后 M-K 趋势检验值
	M-K 突变检验法	有序聚类法	Yamamoto 法		
YR1	—	2000	2000	—	—
YR2	—	2003	2003	—	—
YR3	—	2003	2003	—	—
YR4	2003	2003	2003	−1.03	2.19*
YR7	—	—	—	—	—
YR8	2007	2008	2008	0	0
YR9	—	—	2005	—	—
YR10	2000	2000	2000	−1.15	0.90

*. 在 0.01 置信度水平上显著。

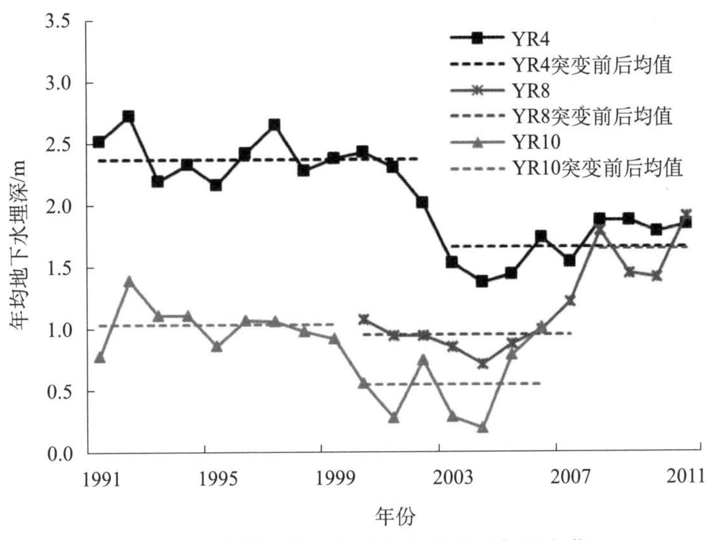

图 5.5 黄河三角洲浅层地下水埋深年际变化

整个黄河三角洲的地下水埋深较浅，其多年平均值均低于 2.5m，由于受到自然因素（气象、水文、地质条件）及人为因素的影响，不同观测井点地下水埋深具有差异，地下水位随着降水量、蒸发量的变化而波动。时间上，地下水埋深年内变化显著，地下水位低值出现在 2 月和 6 月，高值出现在 3 月和 8 月，总体呈现出双峰变化的趋势，且地下水的年内动态主要受到降水、蒸发及地表水体变化的影响。地下水埋深在年际上存在变化，不同观测井点的地下水埋深变化趋势不一致，总体上黄河右岸地下水埋深随时间推移呈现出变深的趋势，而黄河左岸地下水埋深存在变浅的趋势；观测井点 YR4、YR8 和 YR10 地下水埋深分别在 2003 年、2008 年和 2000 年存在突变，但在突变前后的地下水埋深维持在较为稳定的水平上，不存在显著上升或者下降趋势。

5.1.3 地下水位空间分布特征

将黄河三角洲历史地下水位监测数据进行均值处理，得到10口观测井的地下水位均值，并利用ArcGIS对地下水位值进行等级划分后绘制在地图上（图5.6），也将黄河三角洲北部区域的地下水位监测数据绘制在地图上（图5.7），得到地下水位空间分布图。

受复杂的自然和人为因素影响，10口观测井点处地下水位在空间存在差异性（图5.6），利津县渤海农场（YR1）和垦利县永安乡政府（YR7）所处位置更靠近下游，这两处的地下水位较低，历年地下水位均值处于3～4m；而往黄河上游走，随着地表高程增加，地下水位也相对升高，其地下水位一般处于6～10m，如距离黄河约0.6km的垦利县胜利乡林子，其地下水位最高，多年地下水位均值为8.89m。而由图5.7可知，对于更靠近渤海的刁口河东侧一千二管理站及其周边区域，其地下水位处于－1～2m，明显低于图5.6所在的区域，黄河三角洲地下水总体上呈现出向海辐射径流的趋势。从黄河三角洲北部区域看，其地下水位在不同位置具有差异，如图5.7所示的观测井W3和W4所在的农田区，其地下水位相对较低，地下水位低于平均海平面0m；而距海更近的一千二保护区，其地下水位处于1～2m，比观测井W3和W4所在的农田区稍高，地下水从一千二湿地区流向其南部的农田区，使该区域存在局部的海水入侵现象。总体来看，黄河三角洲地下水总体呈现出由陆辐射向海的径流趋势，但是由于水力坡度小，地下水径流缓慢；受到局部人类活动、地形地貌、地表水格局等的影响，地下水在空间上具有差异，会导致局部区域地下水反向径流，形成局部的海水入侵现象。

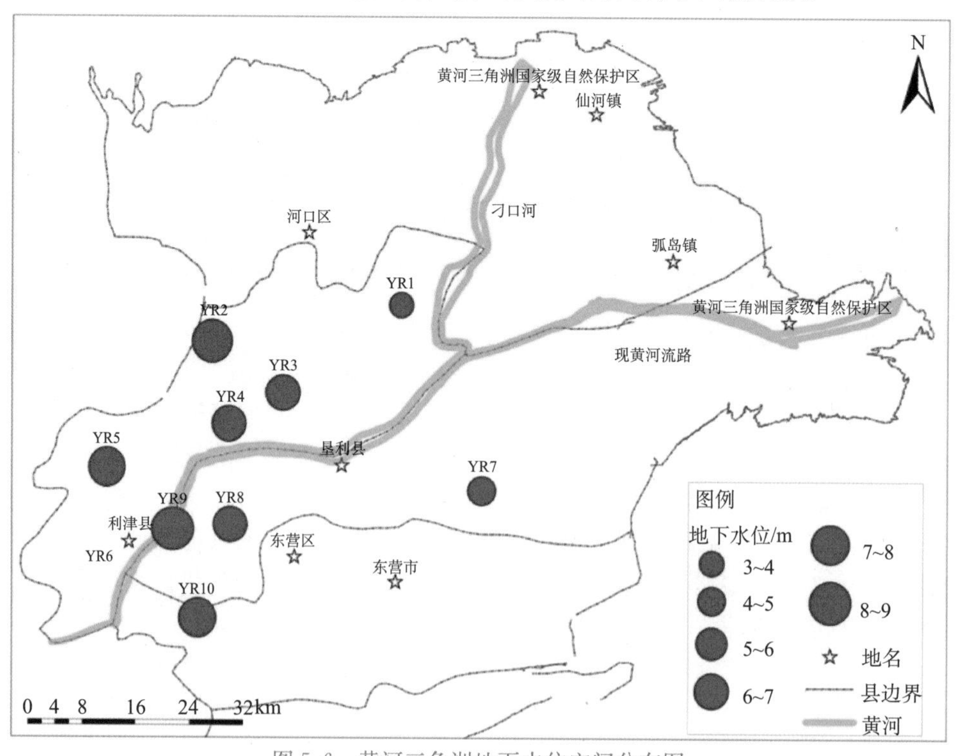

图5.6 黄河三角洲地下水位空间分布图

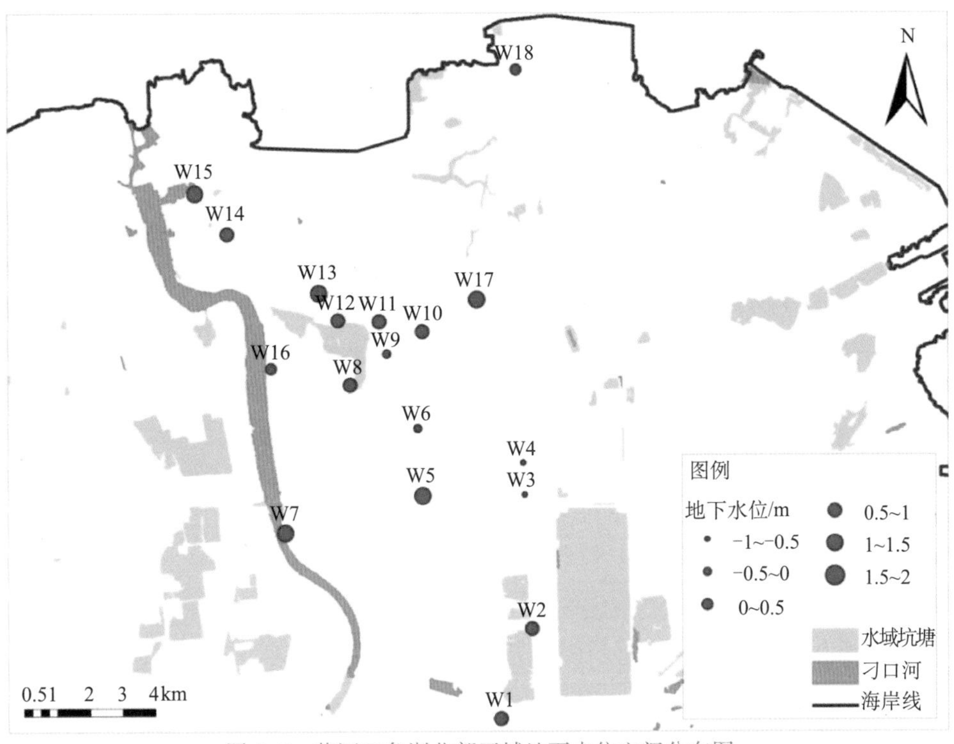

图 5.7 黄河三角洲北部区域地下水位空间分布图

5.2 沟渠开挖对黄河三角洲湿地地下水的影响

沟渠开挖是影响黄河三角洲湿地较为典型的围填海活动之一，直接影响并改变湿地内部结构，改变湿地地下水水位及盐分特征，加速湿地演变过程（Mirlas，2009；Rossi et al.，2014）。研究表明地下水埋深与滨海湿地地表积盐关系密切，通过沟渠开挖来排出湿地中的水盐，可缓解土壤的盐渍化现象，使其能适宜地表植被的生长（Fan et al.，2012）；纵横分布的沟渠既改变地表水系连通格局，也对滨海区地下水水流格局产生重要影响（Mirlas，2009；Simpson et al.，2011；Rossi et al.，2014）。但是，由于沟渠开挖对地下水的影响机理还不清楚，且黄河三角洲现存的沟渠开挖区域土壤盐渍化现象仍然严重，在水盐的胁迫下，甚至有的沟渠农田区域被搁置为荒地，土地利用效率低，因此本节对沟渠开挖活动下滨海湿地地下水的影响规律展开了研究。

5.2.1 沟渠开挖地下水流数值模拟

Gerakis 和 Kalburtji（1998）指出，沟渠是主要用以排水的人工挖掘水道，它能连通农田和收纳水体（湖泊、江河、湿地）。沟渠可以导致地下水位、水文过程及水文格局发生改变，能为地下水提供额外的流路，并对地下水位具有调控作用（Mirlas, 2009；Simpson et al.，2011）。当沟渠接近或者穿过地下水含水层时，地下水与沟渠水之间的交互作用较为强烈，会使浅层含水层中的地下水流入沟渠，随之导致浅层地下水位下降（Ogban and Babalola，2002；Simpson et al.，2011；Rossi et al.，2014）。在沟渠分布密集的农田区域，沟渠水位与地下水位间存在着显著的正相关关系，区域的地下水位会随着沟渠中水量的多少而发生改变（周俊等，2008），且通过沟渠可对地下水位进行人为调控，以此来对地下含水层进行修复，并为植物生长提供良好的环境（彭世章等，2007；Acharya and Mylavarapu，2015），如 Rossi 等（2014）在喀斯特含水层的模拟结果表明，开挖沟渠能将地下水排出，使含水层的地下水位降低，并提出通过开挖沟渠可以对含水层进行修复，使其有利于依赖地下水的地表植被的生长。Mirlas（2009）利用 MODFLOW 模型来模拟灌溉区域沟渠对地下水的影响，其结果显示沟渠排水系统每年可以排出约 200000m^3的地下水量，且对于具有盐渍化现象的区域来说，在区域内开挖深沟并设置减压井是修复该区域的有效办法。

1. 地下水模型及应用

在计算机技术的支持下，地下水数值模拟已广泛应用到地下水资源评价、预报和管理中，并成为地下水研究的重要手段之一（孙从军等，2013）。地下水运动数值模拟的计算方法有解析法和数值法，解析法在推导中涉及较多的假设条件，很难处理复杂的水文地质问题，应用较为局限；相对而言，数值法能求解许多解析法所不能处理的问题，应用更为广泛，主要的数值法有有限差分法、有限元法、特征有限元法、边界元及有限分析等（余钟波和 Schwartz，2008）。

目前，国内外有许多功能多样的地下水模拟软件，较为常见的地下水模拟软件有 Visual MODFLOW、GMS、FEFLOW 等（肖长来等，2010）。Visual MODFLOW 是加拿大 Waterloo 水文地质公司开发研制的、被公众一致认可的，且现今在国内外最为流行的三维地下水流及溶质运移的标准可视化专业软件系统，该集成软件将 MODFLOW、MODPATH 和 MT3D 同最直观强大的图形用户界面相结合，可实现井流、河流、蒸散发、补给、沟渠排水等对地下水影响的模拟。利用 Visual MODFLOW 建立地下水模型，首先应进行水文地质条件概化，建立起水文地质概念模型，在概念模型的基础上建立地下水系统的数学模型，并对模型进行求解和验证，最后基于研究需求进行分析、预测及预报等（宋国强，2008；刘显波和张异，2013）。

随着地下水研究的不断发展，目前地下水数值模拟应用广泛，已普遍应用于不同含水层的水量、水质及更复杂的地下水问题的研究中（孙从军等，2013）。相较于普通含水层而言，滨海湿地的地表、地下水文过程更为复杂，专门针对滨海湿地地下水模拟的研究相对较少。但是已有不少学者开展湿地地下水流、水质及地表水-地下水交互相关的地下水数值模拟。

部分学者运用地下水流数值模拟方法研究滨海湿地地下水流波动、水均衡特征、地下水时空动态变化，如 Bradley（2002）运用 MODFLOW 模型模拟河漫滩湿地地下水位波动及地下水径流量，研究结果阐明了湿地地下水位与低处河流之间的变化关系，以及河流与湿地地下水之间的补给和排泄水量，并指出了湿地在储水功能上的重要性。

Yuan 和 Lin（2009）运用整合的地表水和地下水模型，通过 5 种情景设定来模拟在潮汐影响下的潮间带地下水位的波动状况，通过模拟结果与实测结果的对比，可知该整合的数值模型适用于滨海湿地地表水-地下水交互作用的模拟。学者还对滨海湿地地表水-地下水交互作用及其对地表生态的响应模拟开展了较多的研究，如 Kazezyelmaz 和 Medina（2008）利用湿地模型 WETSAND 模拟地表水-地下水的交互作用对湿地水文的影响，研究结果表明，当湿地的坡度大且植被少时，地表水-地下水的交互作用对地表水水深的影响是显著的。Moffett 等（2012）整合利用二维地表水模型、三维地下水模型和植被用水模型来构建了一个复杂的盐沼生态水文模型，来模拟具有不同的沉积水力特性和蒸散发速率的生态水文区的压力水头和地下水动态，模拟结果显示不同的生态水文区的水力差在高潮过后变化很小，但是当盐沼湿地长期暴露在空气中时不同生态水文区的水力差则较显著。学者也进行了滨海湿地地下水溶质运移相关的模拟研究，如江峰（2015）为研究潜水含水层与海水之间物质和能量的交换规律，运用 Visual MODFLOW 软件来构建福建古雷半岛砂质海滩的三维地下水流和溶质运移模型，采用地下水潮汐效应观测数据对模型进行识别和验证，并运用该模型对潜水含水层地下水溶质运移进行预测，结果显示潜水含水层的潮汐效应较弱，但潮汐作用显著影响着潜水含水层的溶质运移。另外，为使地下水模型的功能更加完善，使地下水模型能够模拟出更复杂的自然情景、处理更复杂的地下水问题，学者还对模型进行了改进，如 Restrepo 等（1998）开发出针对湿地特殊情景的 MODFLOW 湿地模块，该湿地模块可以模拟地表水运动及其与地下水之间的交互作用，这为湿地地下水流数值模拟提供了更准确的模拟手段，被学者所广泛认可并应用。

针对黄河三角洲湿地的地下水流数值模拟，已有部分学者从地下水流、水质、水均衡及其与地表生态之间的关系上进行了研究，如范晓梅（2007）运用 Visual MODFLOW 模型对黄河三角洲湿地进行了地下水流模拟，并将模拟结果与地表植被分布及组成关联，区分出了地下水影响下的生态亚区，并提出了地下水管理的操作方案，为滨海湿地的生态修复提供参考。宋国强（2008）运用 Visual MODFLOW 模型来模拟黄河三角洲湿地的地下水流场分布、变化规律及水均衡特征，运用 MT3DMS 来模拟地下水水质（重点针对氯离子），并在现状模拟的基础上进行气象条件变化、黄河断流、黄河水位上升，以及风暴潮的情景模拟和预测。马玉蕾（2014）同样运用 Visual MODFLOW 模型开展了黄河三角洲浅层地下水位动态及其与植被关系的研究，模拟出了区域地下水的流场分布及其水均衡特征，并预测了降水量和蒸发量增加的情景下地下水变化及其对植被的影响。从以上黄河三角洲地下水流数值模拟的研究可知，Visual MODFLOW 模型可以应用于黄河三角洲湿地地下水流的模拟，但已有的研究仅考虑了黄河、回灌等对地下水的影响，并未考虑沟渠开挖、海岸线变迁等内部结构和外部格局变化对滨海湿地地下水的影响，这种变化环境下的滨海湿地地下水的研究还有待进一步开展。

2. 模拟区及数据获取

1）模拟区范围及概况

沟渠模拟区位于黄河三角洲北部农田及周边湿地区，总面积约 160km²（图 5.8）。由于受到人类活动的影响，湿地被广泛地围垦为养殖池、盐田和农田，区域范围内地表水域分布广泛，模拟区的北部为渤海，西部为刁口河，南部和东部均为盐田和养殖池组成的大片水域。刁口河是模拟区域内唯一的河流，该河流在1976年黄河改道清水沟流路后便出现断流，直到2010年刁口河流路才恢复过水。模拟区内土壤盐碱化现象极为严重，部分区域甚至被搁置为荒地。

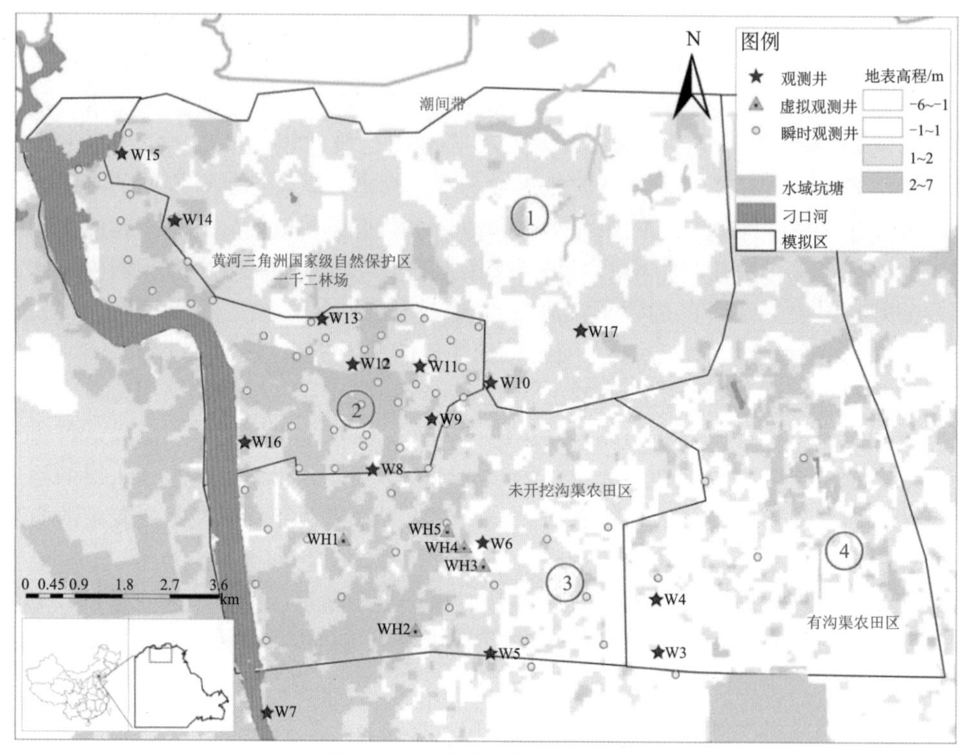

图5.8 沟渠开挖模拟区概况图

2）数据获取

A. 水位测量

以研究区北部的18口地下水观测井实测数据为模型的验证数据（图5.1）。在获取黄河三角洲长期地下水监测数据的基础上，在模拟区设置68口瞬时地下水观测井，对地下水观测点进行加密，以此来获取模拟初始时刻的地下水流场。观测井和瞬时观测井位置见图5.8。

对模拟区地表水体进行调研和实测，采用手持GPS记录下河流、水库、养殖塘及盐田的位置，测量地表水体长度、面积等；定期测量地表水体的水位。

B. 地形测量

采用卫星地形测量，对地下水观测井井口高程及地形进行测量，测量精度为毫米，来获取地表高程数据。

C. 沟渠形态测量

在现有沟渠开挖区域，对开挖的沟渠进行测量，测量内容包括沟渠长度、宽度、深度、渠底高程、沟渠水位、沟渠总数、沟渠密度等，来获取已有沟渠的形态结构特征数据。

D. 其他数据获取

在观测井W3、W6、W8、W11、W14、W15和W18内进行注水试验，来获取含水层的渗透系数等参数。在模拟区进行渗水试验，来获取模拟区包气带的水文地质参数。

另外，收集研究区内一千二气象站的日降水和蒸发数据，作为模型的源汇项输入。

3. 水文地质概念模型

1）含水层结构

以含水层底板埋深小于 60m 的浅层潜水-微承压水为研究对象（孙晓明等，2013），将模拟区潜水含水层概化为一层非均质、各向异性的潜水含水层。模拟区浅层地下水服从渗流的连续性方程和达西定律，将其概化为含水层各向异性的三维非稳定流。

2）研究区边界条件

模型区西边以刁口河为西边界，将其定义为河流边界。北部为渤海，以海岸线作为边界，海岸线附近现有土质的防潮堤，故忽略潮汐对地下水的影响，将北部边界定义为定水头边界。南部和东部存在大片的养殖塘及盐田组成的地表水域，将南部和东部边界定义为定水头边界。模型以潜水面为上边界，该边界接受大气降水、河道侧渗等的补给，且通过蒸腾蒸发排泄地下水，因此将其概化为水量交换边界。模拟区的下部为承压水的隔水顶板，渗透性差，因此将其底部边界概化为隔水边界。

3）研究区源汇项概化

模拟区浅层地下水主要接受大气降水补给，此外，还接受生态调水补给、河流侧渗补给及其他边界入流补给；地下水主要的排泄方式为蒸发蒸腾及边界出流排泄。由于模拟区的地表、地下水体均以咸水为主，田间回灌和人工开采量极小，在源汇项概化中应忽略田间回灌和人工开采对浅层地下水的影响。

4. 模型建立及求解

1）地下水流数学模型

A. 数学模型

细致分析研究区地质构造和水文地质条件，依据渗流连续性方程和达西定律，结合地下水系统实际水文地质条件，建立了水文地质概念模型对应的数学模型（邬立等，2009）。

研究区浅层地下水三维非稳定流数学模型公式见下：

$$
\begin{cases}
\mu_d \dfrac{\partial h}{\partial t} = \dfrac{\partial}{\partial x}(K_x \dfrac{\partial h}{\partial x}) + \dfrac{\partial}{\partial y}(K_y \dfrac{\partial h}{\partial y}) + \dfrac{\partial}{\partial z}(K_z \dfrac{\partial h}{\partial z}) + \varepsilon & (x,y,z) \in \Omega, t \geqslant 0 \\
h(x,y,z,t)\mid_{t=0} = h_0(x,y,z) & (x,y,z) \in \Omega \\
h(x,y,z,t) \mid S_1 = h_1(x,y,z) & (x,y,z) \in \Omega, t > 0 \\
\dfrac{\partial h}{\partial n} \mid S_2 = 0 & (x,y,z) \in \Omega, t > 0
\end{cases}
\tag{5.5}
$$

式中，Ω 为渗流区域；h 为含水层水位标高（m）；K_x、K_y、K_z 分别为 x、y、z 方向的渗透系数（m/ d）；μ_d 为潜水含水层给水度（m^{-1}）；ε 为源汇项（d^{-1}）；$h_0(x,y,z)$ 为含水层的初始水头（m）；$h_1(x,y,z)$ 为第一类边界水头值（m）；t 为时间（天）；S_1 和 S_2 分别为第一类边界和第二类边界。

B. 数学模型求解

上述地下水三维非稳定流数学模型很难采用解析解求出，需要利用数值法进行求解。本节应用基于有限差分法的地下水数值模拟软件 Visual MODFLOW，利用 WHS 解算器对地下水流进行求解。为了满足模型精度，将最大外层迭代次数设定为 50，将收敛的水头变化判别标准和收敛的残差判别标准均设定为 0.001，其他参数保持默认不变。

2）地下水流数值求解

A. 水文地质参数分区

水文地质参数是表征岩土储存、释水、输运水等特性的定量指标，是地下水模型中最重要的组成之一，它直接关系到模型模拟的准确性。在此模拟中，根据注水试验、渗水试验、水文地质钻探资料及相关文献，对模拟区进行水文地质参数分区，共分为 3 个区域。具体分区参见图 5.8 中的四个区域，其中，第一个水文地质参数分区是图中显示的①所在区域，第二个水文地质分区是图中显示②所在区域，第三个水文地质参数分区是图中显示的③和④所在的区域。

参照《黄河三角洲水工环地质综合勘察报告书》，获取了黄河三角洲浅层含水层水文地质参数经验值，疏干给水度、含水层渗透系数的经验值分别见表 5.5 和表 5.6。

表 5.5　黄三角洲疏干给水度经验值

区域	粉细砂	粉砂	粉土	粉质黏土
三角洲平原	0.069～0.083	0.06～0.074	0.04～0.06	0.03～0.044
山前平原	—	0.059	—	0.045

表 5.6　黄河三角洲含水层渗透系数经验值

岩性	中细砂	细砂	粉细砂	粉砂	粉土	粉质黏土
渗透系数 K	15～27	8～15	7～8	2.4～3	0.7～1.4	0.47～1.2

B. 模型边界处理

由上述水文地质概念模型可知，模型的北边界以海岸线为界，将其设定为定水头，平均海平面的水位值为 0m，并将其作为模型的定水头水位值。东边和南边是以人工水域为主形成的大片水域，因此以其平均水位值（2m）作为南边和东边的定水头水位值。西边以河流边界来概化刁口河，由于刁口河存在 34 年的断流，缺少实测水文站点，因此以距离河床约 30m 的地下水位观测值近似代替刁口河水位，并将其输入模型中。河床的渗透系数输入值为 0.0167m/d（范晓梅，2007）。

C. 源汇项计算与处理

浅层地下水的源汇项是指其补给项、排泄项。补给项主要为大气降水补给、生态调水补给和边界入流补给，排泄项主要为蒸发蒸腾和边界出流排泄。在包气带岩性、地形条件、地下水埋深、降水强度等因素的影响下，降水对地下水的补给，以及潜水的蒸散发在空间上存在差异。本模拟中主要考虑地形条件和地下水位埋深等因素，将模拟区降水入渗补给、潜水蒸散发分成 4 个区域，具体详见图 5.8 中的①、②、③和④区域。

入渗补给量的计算公式见下：

$$Q = 0.1\alpha P \tag{5.6}$$

式中，Q 为入渗补给强度，单位为 mm /d；α 为入渗补给系数；P 为日降水量或者生态调水量，单位为 mm。

参照《黄河三角洲水工环地质综合勘察报告书》，黄河三角洲浅层地下水包气带不同岩性的入渗补给系数的经验值见表 5.7。

表 5.7 黄河三角洲浅层地下水入渗补给系数经验值

地下水埋深/m	以砂为主	砂性土	砂性土黏性土互层	黏性土
<1	<0.22	<0.18	<0.14	<0.1
1～2	0.3～0.22	0.22～0.18	0.19～0.14	0.13～0.1
2～3	0.33～0.3	0.3～0.22	0.28～0.19	0.25～0.13
3～4	0.3～0.33	0.3～0.2	0.28～0.25	0.25～0.24
4～5	0.3～0.24	0.28～0.26	0.25～0.2	0.24～0.2
5～6	0.24～0.21	0.28～0.18	0.25～0.15	0.2～0.14
6～7	0.21～0.15	0.18～0.13	0.15～0.08	<0.12
>8	<0.15	<0.13	<0.07	

潜水蒸发量是指在土壤毛细作用影响下，水分向上运移后直接蒸发、植被蒸腾所消耗的水量，其计算见下式：

$$E_{潜} = CE \tag{5.7}$$

式中，$E_{潜}$ 为潜水蒸发强度，单位为 mm/d；C 为潜水蒸发系数；E 为日蒸发强度，单位为 mm。

根据黄河三角洲气象资料和地下水动态资料，参照《黄河三角洲水工环地质综合勘察报告书》，潜水蒸发系数范围的经验值如表 5.8 所示，潜水极限蒸发深度的经验值见表 5.9。

表 5.8 黄河三角洲潜水蒸发系数经验值

包气带岩性	地下水埋深/m					
	<1	1～2	2～3	3～4	4～5	>5
砂土为主	>0.3	0.3～0.25	0.25～0.12	0.12～0.035	<0.01	
砂性土	>0.35	0.36～0.16	0.16～0.1	0.1～0.03	0.03～0.01	<0.01
砂土黏土互层	>0.3	0.3～0.12	0.12～0.05	0.05～0.02	0.02～0.01	<0.01
黏性土	>0.28	0.25～0.1	0.1～0.04	0.04～0.02	0.02～0.01	<0.001

表 5.9 潜水极限蒸发深度的经验值表

岩性	细砂	黏土质粉砂	粉砂	粉质黏土
极限蒸发深度/m	2.42	3.19	3.56	4.1

D. 时空离散

模型模拟时间为 2014 年 5 月 6 日到 2015 年 5 月 6 日，采用 1 天为一个应力期，共有 367 个应力期。模型的识别期为 2014 年 5 月 6 日至 2014 年 10 月 2 日，模型的验证期为 2014 年 10 月 3 日至 2015 年 5 月 6 日，识别期和验证期的分别具有 150 个和 217 个应力期。

模拟区范围约为 160km^2，水平方向上将浅层含水层划分成 50 行和 80 列，垂直方向上将含水层概化为从地表向下 60m 的 1 层潜水含水层，每个网格大小为 200m×200m×60m。为了能更清晰地模拟观测井和沟渠处的浅层地下水流，在安装观测井的位置上将网格细化为 50m×50m×60m，在沟渠开挖的区域将网格细化为 20m×20m×60m。

5. 模型识别和验证

1）识别和验证方法

采用手动调参法对模型进行参数率定，利用观测井 W3、W6、W14、W16 和 W17

的实测值来对模型进行识别和验证。选取标准化残差（RMSE）和 Nash-Sutcliffe 系数（NSE）来对模型的模拟效果进行评估（Nash and Sutcliffe，1970；Kisekka et al.，2014）。RMSE 取值范围为 0～∞，RMSE 值越小，模拟效果越好。NSE 的取值范围是 −∞～1，NSE 越接近于 1，模拟效果越好。一般认为，当 NSE≥0.65，模型模拟结果是可以接受的，当 NSE≥0.8，模型模拟结果较好。

2）模型识别和验证

通过对模型不断调试和参数率定，模型的实测值和模拟值之间大致保持一致，误差达到模型精度要求。观测井 W3、W6、W14、W16 和 W17 的实测值与模拟值之间的对比图详见图 5.9，模型模拟的精度检验见表 5.10。从 NSE 看，用于模型验证的所有观测井 NSE 值都大于 0.6，其中观测井 W3、W6、W16 处的 NSE 值均大于 0.8，而观测井 W14 和 W17 处的模拟结果也是可以接受的。从 RMSE 看，RMSE 值处于 0.02～0.1m，其中观测井 W14 处 RMSE 值最大，观测井 W16 处的 RMSE 值最小。观测井 W3、W6、W16 处的模拟效果较好，模型的概化较准确，能较好地反应模拟区浅层地下水的真实状况；观测井 W14 和 W17 处的模拟效果相对较差，但仍能满足模型精度要求。观测井 W14 和 W17 处模拟的误差可能源自于水文地质条件的异质性、模型的不确定性，以及实测值的抽样误差等。总体来看，Visual MODFLOW 模拟的地下水位值与实测值差异较小，模型的精度能达到要求，本模型适用于黄河三角洲浅层地下水流模拟，并可用于沟渠地下水流模拟。模型验证和识别后，各分区参数见表 5.11 和表 5.12。

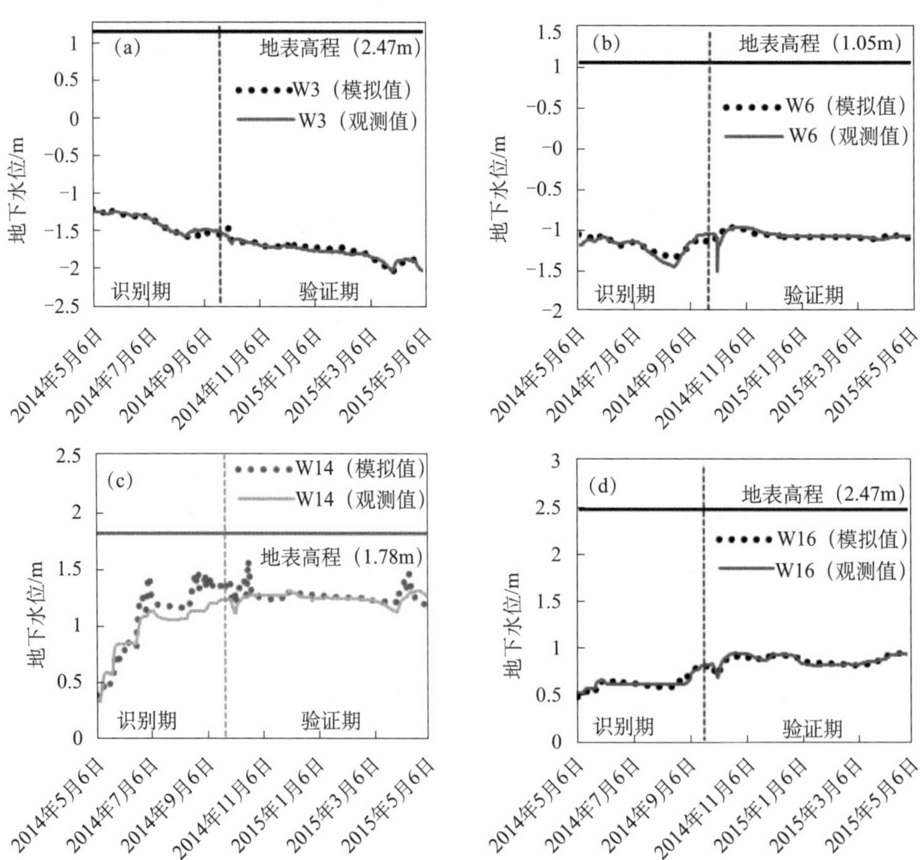

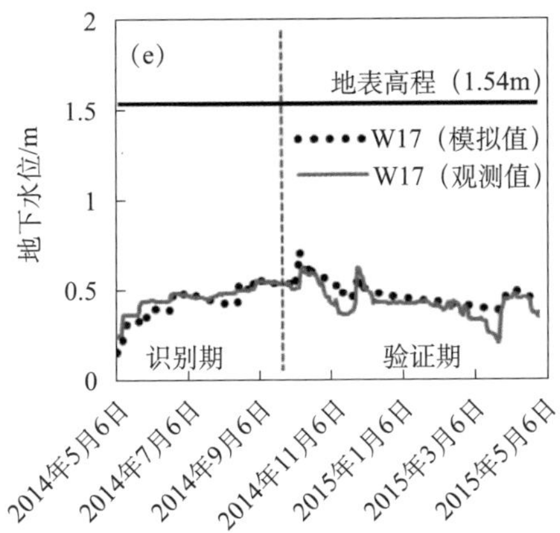

图 5.9　沟渠开挖模型模拟值与观测值对比图

表 5.10　沟渠开挖模型模拟的精度检验

评估因子	W3	W6	W14	W16	W17
RMSE/m	0.04	0.05	0.10	0.02	0.05
NSE	0.97	0.81	0.72	0.97	0.68

表 5.11　模型的渗透系数及给水度值

模型分区	水平方向渗透系数/(m / d)	垂直方向渗透系数/(m / d)	给水度/m^{-1}
①	0.02	0.002	0.16
②	0.02	0.002	0.074
③	0.68	0.068	0.067
④	—	—	—

表 5.12　模型的入渗补给系数和潜水蒸发系数

分区	①	②	③	④
入渗补给系数	0.47	0.23	0.11	0.09
潜水蒸发系数	0.025	0.05	0.32	0.25

6. 沟渠开挖方案情景设定

1）沟渠形态因子情景设定

在地下水现状模型的基础上进行沟渠情景的设置，来模拟滨海区沟渠开挖对地下水的影响。设置沟渠时需要考虑到沟渠的形态结构，包括沟渠走向、沟渠深度、沟渠宽度、沟渠间间隔等沟渠形态因子。依据野外实验对沟渠形态（包括沟渠深度、沟渠间隔、沟渠宽度等）、研究区地表水系格局以及土地利用类型，选取沟渠走向、沟渠间间隔、沟渠深度作为沟渠开挖模拟的关键沟渠形态因子。沟渠形态因子情景根据研究区实际情况设定，其中，依据研究区海域、陆地水域等地表水系格局，设定沟渠走向的情景为南北走向、东西走向和南北—东西交叉走向（下文简称交叉走向）；依据现有地下水位和沟渠结构的稳定性，设定沟渠深度分别为 3m 和 5m 两种情景；考虑到研究区土地利用效率和水土流失状况，设定沟渠间间隔分别为 500m 和 1000m 两种情景（表 5.13）。

表 5.13 沟渠形态因子情景及其组成的不同沟渠开挖方案

沟渠方案	沟渠走向情景			沟渠深度情景/m		沟渠间隔情景/m	
	东西走向	南北走向	交叉走向	3	5	500	1000
对照	没有沟渠的现状情景						
1	东西走向			5		1000	
2	东西走向			5		500	
3	东西走向			3		500	
4	南北走向			5		1000	
5	南北走向			5		500	
6	南北走向			3		500	
7	交叉走向			5		1000	
8	交叉走向			3		1000	
9	交叉走向			5		500	
10	交叉走向			3		500	

2）沟渠开挖方案设定

根据沟渠形态因子情景设定，设置 10 种沟渠开挖方案来模拟沟渠开挖对滨海湿地地下水的影响，具体的沟渠开挖方案详见表 5.13。在本节中，所有沟渠的宽度均设置为 20m，与其他区域现有沟渠的宽度一致。将没有沟渠的现状情景设为对照组，通过将对照组与不同沟渠开挖方案进行对比，可知开挖沟渠对滨海湿地浅层地下水的影响。在开挖沟渠方案中，通过对比开挖沟渠区域与未开挖沟渠区域地下水的变化状况，可知沟渠开挖对浅层地下水的影响范围；通过对比特定的沟渠开挖方案，可知不同沟渠形态因子对黄河三角洲湿地地下水的影响，具体的沟渠开挖方案对比方式详见表 5.14。

就沟渠开挖的模型处理来说，在已建立的现状模型上，在模拟区未开挖沟渠的区域（即图 5.8 的中③所在的区域）分别设定上述 10 种沟渠开挖方案，并对每种方案进行模拟，以此来开展沟渠对滨海湿地地下水的影响及其沟渠开挖方案的优化。不同方案开挖沟渠的条数，根据湿地区的面积确定（表 5.15）。

表 5.14 分析沟渠形态因子对浅层地下水影响的沟渠开挖方案对比方式表

沟渠形态因子		沟渠方案
沟渠走向	南北走向 VS 东西走向	1 VS 4
		2 VS 5
		3 VS 6
	单侧走向 VS 交叉走向	1 和 4 VS 7
		2 和 5 VS 9
		3 和 6 VS 10
沟渠间间隔/m	1000m VS 500m	1 VS 2
		4 VS 5
沟渠深度/m	3m VS 5m	2 VS 3
		5 VS 6

表 5.15 各个沟渠开挖方案的沟渠条数

沟渠开挖方案	沟渠条数	沟渠开挖方案	沟渠条数
1	3	6	11
2	5	7	9
3	5	8	9
4	6	9	16
5	11	10	16

5.2.2 沟渠开挖对地下水的影响

在滨海湿地区，部分学者开展滨海盐碱地的台田脱盐效果的研究，间接揭示开挖沟渠对滨海湿地地下水的影响。另外，不同的沟渠形态结构特征对滨海湿地地下水具有不同的影响，研究表明，沟渠的排水通量受到沟渠水位间距的影响，并反过来作用于农田或湿地，进而使其地表水位、淹水面积和频率等发生改变（Adrian，2000；Turker and Acreman，2000；郗敏等，2005）。本节从沟渠开挖对地下水位的影响及地下水位对沟渠距离的响应两个方面揭示了沟渠开挖对地下水的影响。

1. 沟渠开挖对地下水位的影响

在观测井 W6、WH1 和 WH2 处，分别将 10 种沟渠开挖方案的地下水位模拟值与对照组进行对比（图 5.10）：①相比于未开挖沟渠的情景，所有沟渠开挖方案的地下水位值均低于未开挖沟渠的对照组，说明沟渠开挖能有效地降低滨海湿地的地下水位；②不同沟渠开挖方案在同一地下水观测井点的地下水排水效果不同，而同一沟渠开挖方案在不同的地下水观测井点的地下水排水效果也不同。

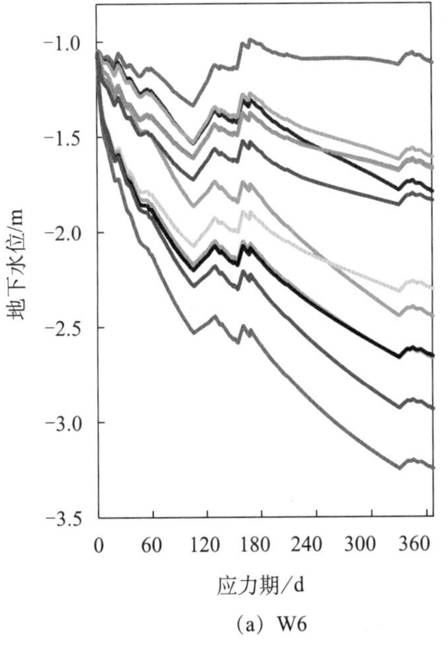

(a) W6

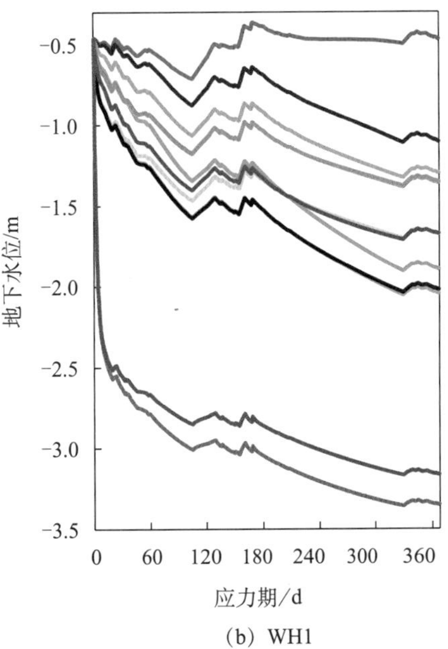

(b) WH1

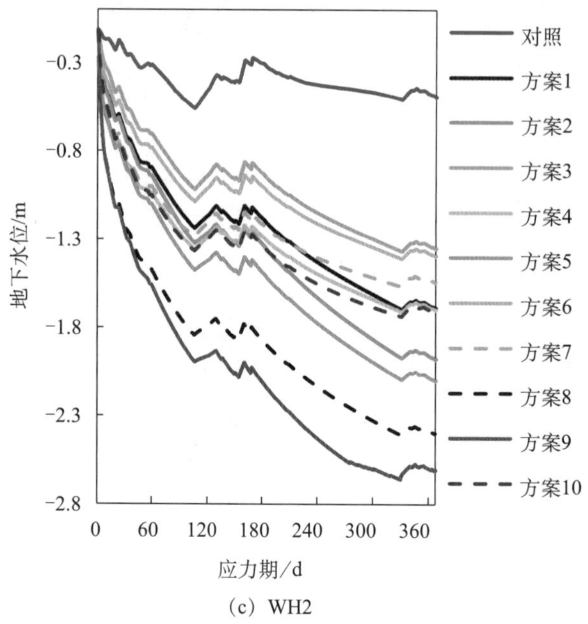

(c) WH2

图 5.10　不同沟渠开挖方案下的地下水位模拟值对比图

在模拟结束时，计算 10 种沟渠开挖方案与对照组间的相对地下水位值（相对地下水位值表示对照组地下水位与沟渠开挖方案地下水位之间的差值）。可知，观测井 W6 处的相对地下水位为 0.5～2.13m，沟渠开挖方案 3 的相对地下水位值最低，沟渠开挖方案 9 相对地下水位值最高；观测井 WH1 处的相对地下水位为 0.64～2.88m，沟渠开挖方案 1 的相对地下水位值最低，沟渠开挖方案 9 相对地下水位值最高；观测井 WH2 处的相对地下水位为 0.86～2.11m，沟渠开挖方案 3 的相对地下水位值最低，沟渠开挖方案 9 相对地下水位值最高。沟渠开挖方案 9 的排水效果优于其他沟渠开挖方案，其相对地下水位值在观测井 W6、WH1 和 WH2 处分别为 2.13m、2.88m 和 2.11m；对于沟渠开挖方案 1 和 3，其相对地下水位均小于 1m，地下水排水效果较差。

2. 地下水位对沟渠距离的响应

为了分析沟渠对未开挖沟渠区域地下水位的影响，选取未开挖沟渠区域的地下水观测井 W3 和 W16 的模拟水位值进行分析。由图 5.11 可知：无论哪种沟渠开挖方案，沟渠开挖对未开挖沟渠区域的地下水位降低均较少，对未开挖沟渠区域的地下水位影响较小。对于 W3 来讲，各种沟渠开挖方案只能使 W3 处的地下水位降低 0.003～0.061m，只占开挖沟渠区域（以 W6 处的模拟地下水位值做对比）地下水位降低的 0.6%～2.86%；而对于 W16 来讲，各种沟渠开挖方案只能使 W16 处的地下水位降低 0.024～0.083m，只占开挖沟渠区域（用 W6 处的模拟地下水位值做对比）地下水位降低的 3.89%～4.83%。

为了分析随着距离的改变，沟渠对地下水的影响是否会随之改变，在沟渠开挖区域，对 3 个地下水虚拟观测井（WH3、WH4 和 WH5）的模拟数据进行分析（其中 WH3 、WH4 和 WH5 与沟渠的距离分别为 0m、250m 和 500m；对于沟渠间间隔为 500m 的沟渠开挖方案 1、4、7 和 8，WH5 已经处于另一个沟渠中，此种沟渠开挖方案则只考虑距离沟渠 0m 和 250m 的情况）。由图 5.12 可知：沟渠间间隔为 1000m 时，距沟渠分别为 0m、250m 和 500m 时开挖沟渠分别使地下水位降低 0.59～2.63m、0.49～1.25m 和 0.48～1.03m。沟渠间间隔为 500m 时，距沟渠分别为 0m、250m 时开挖沟渠分别使地下水位降低 0.52～2.70m 和 0.59～2.09m。相对地下水位随着距沟渠距离的增加而降低，距沟渠 0m 时相对地下水位值最大，而距沟渠 500m 时相对地下水位值最小。可以看出，距离沟渠越远，沟渠对地下水位的降低效果越小。

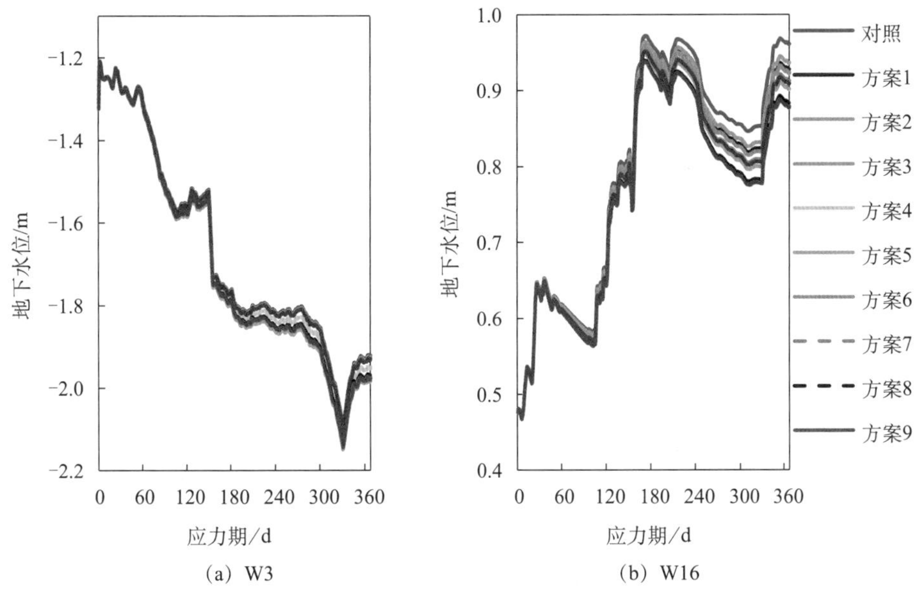

图 5.11 未开挖沟渠区域的 10 种沟渠开挖方案的地下水位对比图

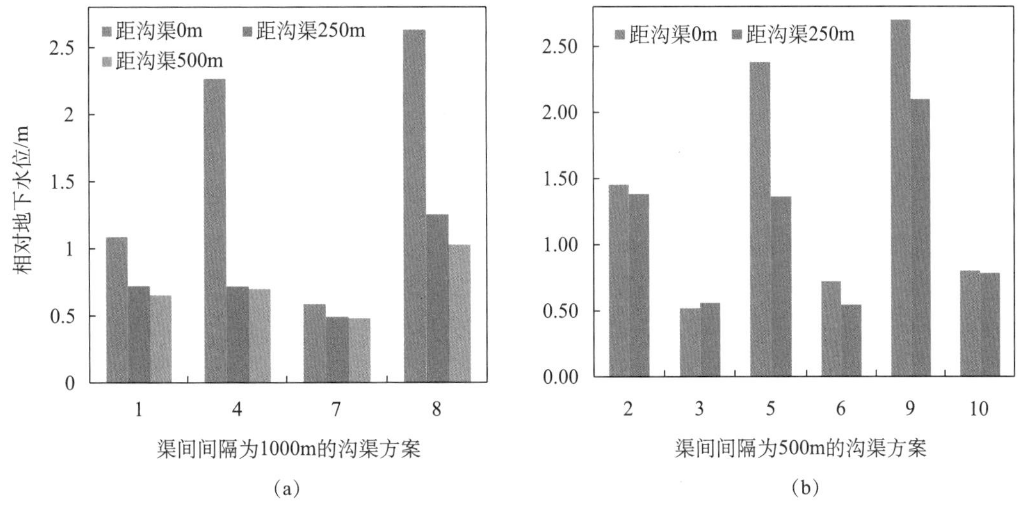

图 5.12 距沟渠不同距离时不同沟渠开挖方案对地下水排水效果的影响

3. 沟渠开挖对地下水的影响

开挖沟渠能有效地降低滨海湿地地下水位，不同沟渠开挖方案在同一地点的地下水排水效果不同，而同一沟渠开挖方案在不同地点的地下水排水效果也不同。距离沟渠越远，沟渠对地下水位的降低效果越差。开挖沟渠对未开挖沟渠区域的地下水位影响较小，仅能使地下水位稍有降低。

上述研究结果与 Mirlas（2009）和 Rossi（2014）等的研究结果基本一致（Mirlas，2009；Rossi et al.，2014），Rossi 在泥炭地含水层的模拟结果表明沟渠能极大地降低地下水位，且开挖沟渠对地下水位具有积极的影响。而 Mirlas 在研究沟渠对地下水的影响时，指出其沟渠排水系统每年可以排出约 200000m^3 的地下水量，且在排出地下水之后区域盐碱化现象会得以缓解。就黄河三角洲湿地来看，其地下水埋深浅，整个沟渠模拟区地下水埋深均不超过 3m，不管设定的沟渠深度为 3m 还是 5m，沟渠均达到浅层含水层，一旦开挖沟渠，沟渠与浅层地下水之间便存在水力联系，浅层含水层中的地下水便会排向沟渠，导致浅层地下水位降低。因此，对比于没有开挖沟渠的对照组，研究设定的 10 种沟渠方案均可使黄河三角洲湿地地下水位降低。

沟渠排水及浅层地下水流向与水文地质条件和沟渠形态结构的设定有关。由于水文地质条件的差异，在不同的地点，同一种沟渠开挖方案对地下水的排水效果不同；而对于同一地点，沟渠开挖方案不同也会使浅层地下水的排水效果不同。另外，浅层含水层排出的地下水量和沟渠渠底-含水层顶板之间的垂直距离、浅层含水层之间的水力梯度关系密切（Simpson et al.，2011；Sarmah and Barua，2015）。小尺度上看，在开挖沟渠区域，距离沟渠越远，浅层地下水的排水效果越差。区域尺度上看，对于开挖沟渠区域和未开挖沟渠区域，由于相对较远的距离及其较低的水力联系，从未开挖沟渠区域流向开挖沟渠区域的地下水量小，沟渠开挖对未开挖沟渠区域的影响有限。因此沟渠开挖对未开挖沟渠区域的浅层地下水位降低效果小，区域浅层地下水流场变化不大。然而，这仅针对黄河三角洲湿地，若在一个水力梯度更大，或者含水层渗透性更强的区域，开挖沟渠可能会导致整个浅层地下水流场发生变化。

5.2.3 沟渠形态因子对地下水排水效果的影响

本节分别从沟渠走向、沟渠间隔、沟渠深度，以及沟渠是否交叉几个方法来揭示沟渠形态因子对地下水排水效果的影响，为提供合适的沟渠开挖方案提供指导。

1. 沟渠走向

由表 5.14 可知，沟渠开挖方案 1、2 和 3 是东西走向，而沟渠开挖方案 4、5 和 6 是南北走向。利用观测井 W6、WH1 和 WH2 处的水位模拟值，通过对比沟渠开挖方案 1 和 4［图 5.13（a）］、方案 2 和 5［图 5.13（b）］、方案 3 和 6［图 5.13（c）］可知：三个观测井处沟渠开挖方案 4、5 和 6 对地下水位的降低效果均分别高于沟渠开挖方案 1、2 和 3，表明沟渠走向为南北向时，其地下水的排水效果要优于东西向。

2. 沟渠间隔

由表 5.14 可知，沟渠开挖方案 1 和 4 的沟渠间隔为 1000m，而沟渠开挖方案 2 和 5 的沟渠深度为 500m。利用观测井 W6、WH1 和 WH2 处的水位模拟值，通过对比方案 1 和 2［图 5.14（a）］、方案 4 和 5［图 5.14（b）］可知：三个观测井处沟渠开挖方案 2 和 5 对地下水位的降低效果均分别高于沟渠开挖方案 1 和 4，表明沟渠间隔为 500m 时，其排水效果要优于 1000m。

(a)　　(b)

(c)

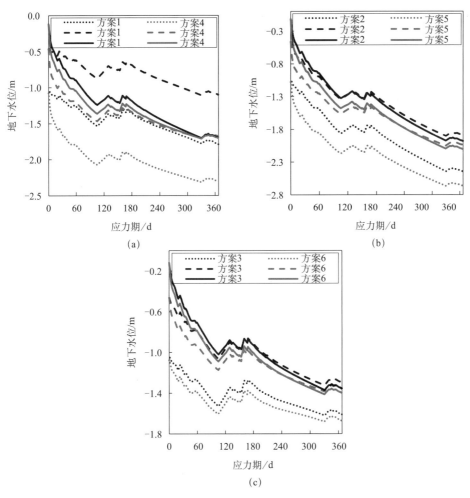

图 5.13　沟渠走向对地下水排水效果的影响

点虚线．井 W6；短线虚线．WH1；实线．WH2

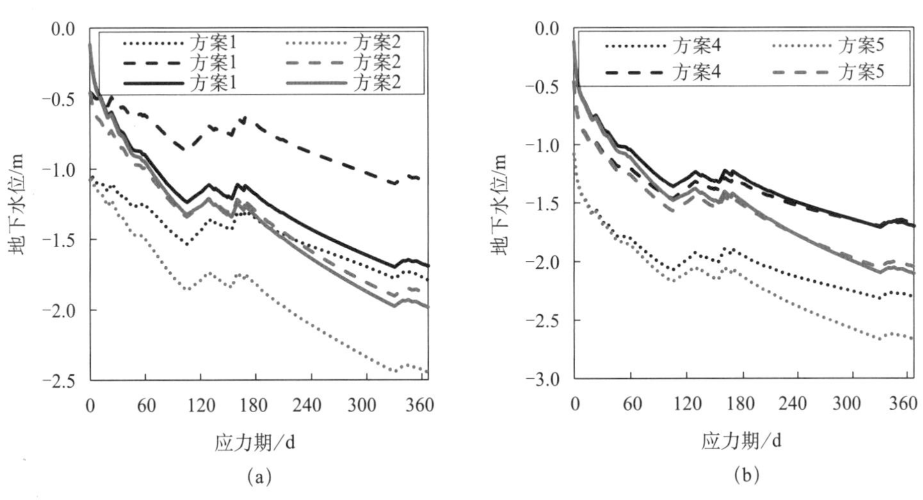

(a)　　(b)

图 5.14　沟渠间隔对地下水排水效果的影响

点虚线．井 W6；短线虚线．WH1；实线．WH2

3. 沟渠深度

由表5.14可知，沟渠开挖方案2和5的沟渠深度为5m，而沟渠开挖方案3和6的沟渠深度为3m。利用观测井W6、WH1和WH2处的水位模拟值，通过对比方案2和3[图5.15 (a)]，方案5和6[图5.15 (b)]可知：三个观测井处沟渠开挖方案2和5对地下水位的降低效果均分别高于沟渠开挖方案3和6，表明沟渠深度为5m时，其排水效果要优于3m。

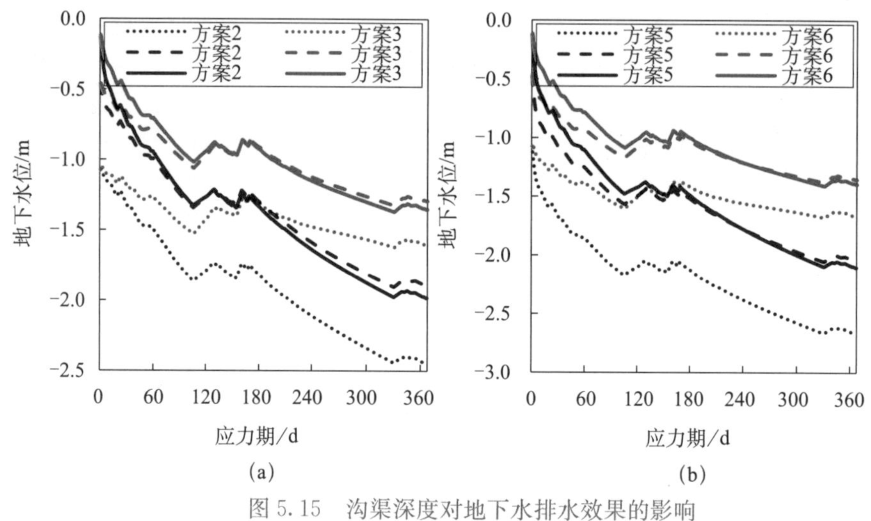

图5.15 沟渠深度对地下水排水效果的影响

点虚线．井W6；短线虚线．WH1；实线．井WH2

4. 沟渠是否交叉

由表5.14可知，沟渠开挖方案1和4、方案2和5、方案3和6的沟渠开挖均单向开挖，沟渠不交叉，而沟渠开挖方案7、9、10的沟渠开挖均为交叉开挖。利用观测井W6、WH1和WH2处的水位模拟值，通过对比沟渠开挖方案1、4和7（图5.16）可知，沟渠开挖方案4的地下水排水效果优于方案1和7，说明沟渠开挖走向为南北向的排水效果要优于东西走向和交叉走向。通过对比沟渠开挖方案2、5和9（图5.17）可知，沟渠开挖方案9的地下水排水效果要优于方案2和5，表明沟渠交叉开挖的排水效果要优于不交叉开挖。通过对比沟渠开挖方案3、6和10（图5.18）可知，沟渠开挖方案10的地下水排水效果要优于方案3和6，表明沟渠交叉开挖的排水效果要优于不交叉开挖。进一步分析可知，沟渠开挖方案1、4和7的沟渠间间隔为1000m，而沟渠开挖方案2、5和9，以及方案3、6和10的沟渠间间隔均为500m，由此可以总结出，当沟渠间间隔为500m时，沟渠交叉开挖的排水效果要优于不交叉开挖，而当沟渠间隔为1000m时，则不存在这种现象。

5. 沟渠形态因子对地下水排水效果的影响

沟渠形态因子也是影响黄河三角洲湿地地下水排水效果的因素之一。沟渠为南北走向时，其地下水的排水效果要优于东西走向；沟渠深度为5m时，其地下水的排水效果要优于3m；沟渠间隔为500m时，其地下水排水效果要优于1000m；且当沟渠间隔为500m时，沟渠交叉开挖的排水效果要优于不交叉开挖，而当沟渠间隔为1000m时，则不

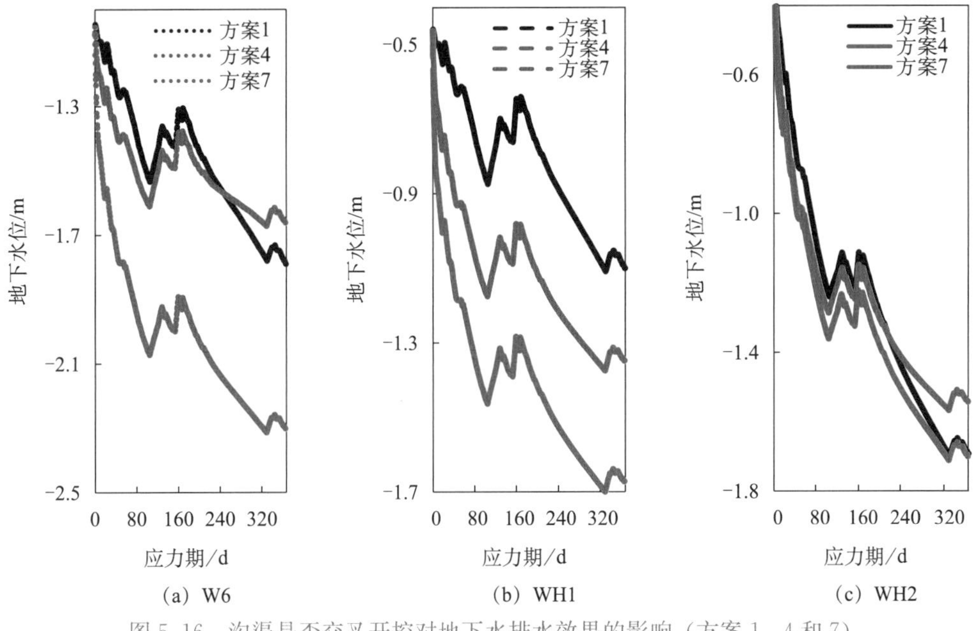

图 5.16 沟渠是否交叉开挖对地下水排水效果的影响（方案 1、4 和 7）

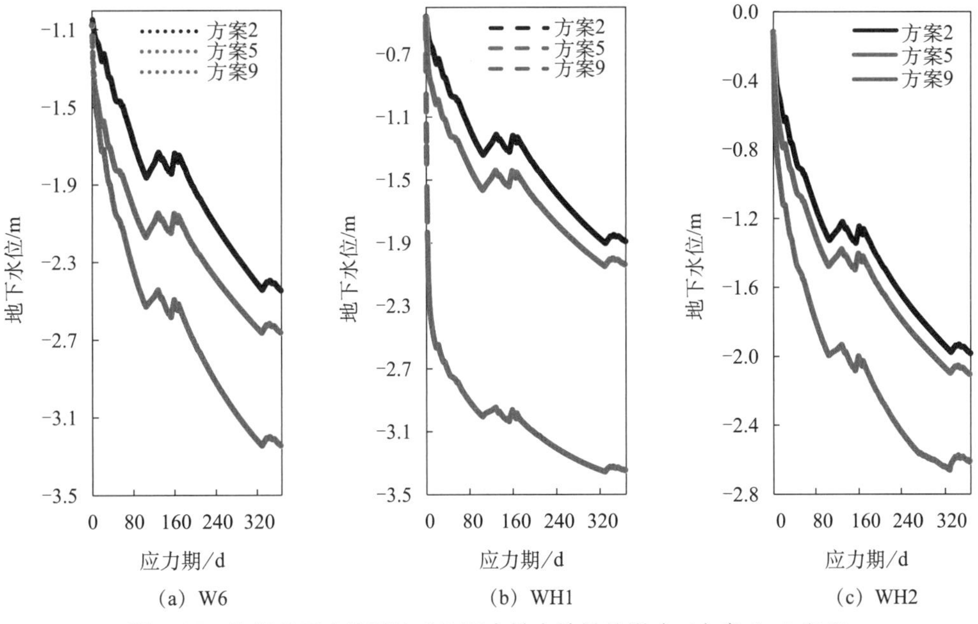

图 5.17 沟渠是否交叉开挖对地下水排水效果的影响（方案 2、5 和 9）

存在这种现象。

开挖沟渠改变浅层含水层与沟渠之间的水力梯度、径流量，并间接改变滨海湿地地下水的排水效果。不同的沟渠形态因子由于对其水力梯度的改变不同，其对地下水的排水效果也不同。就沟渠深度看，当沟渠深度为 5m 时，沟渠底部与含水层顶板的垂直距离减小，沟渠底部与含水层顶板之间的水力梯度大于沟渠深度 3m 时，含水层的地下水能更多地流入沟渠，导致其排水效果要优于沟渠深度为 3m 时。就沟渠间隔看，当沟渠

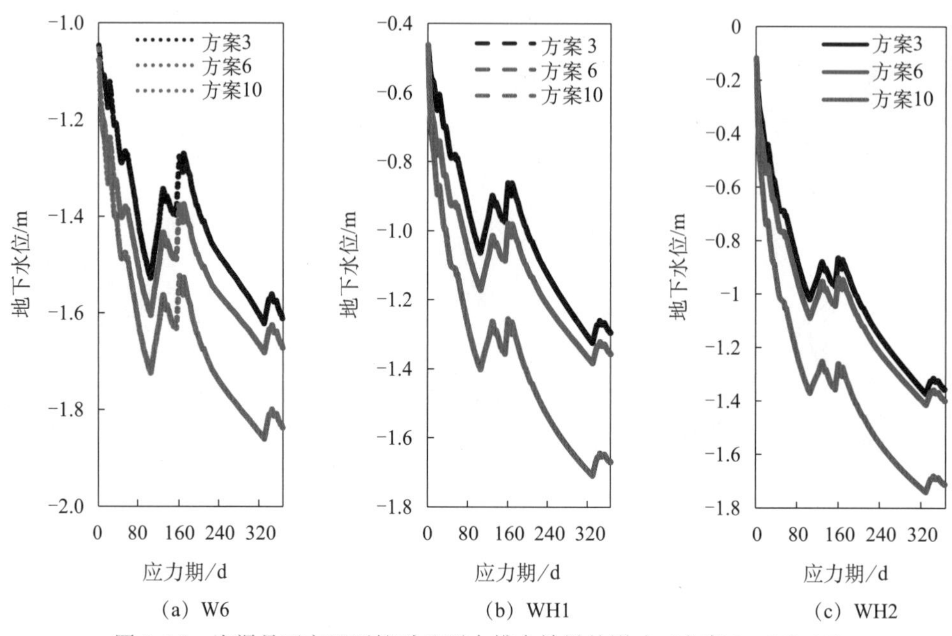

图 5.18 沟渠是否交叉开挖对地下水排水效果的影响（方案 3、6 和 10）

间隔为 500m 时，沟渠间的间距减小导致沟渠与含水层之间的水平距离减小，水力梯度变大；另外，没有土壤介质的影响，地下水在沟渠中的径流阻力会大大减小，使得含水层中的地下水能更多地流向阻力小的沟渠，而相比于沟渠间隔为 1000m，当沟渠间隔为 500m 时会额外地增加地下水的流路，导致沟渠间隔为 500m 时其排水效果要优于 1000m（Ritzema，1994；Danesh et al.，2016）。就沟渠走向看，由于黄河三角洲北部滨海区存在局部的海水入侵现象，模拟区地下水总体流向是海洋流向滨海湿地区（从北向南流），地下水流向与南北走向的沟渠平行，当沟渠为南北向时多余的地下水可以克服更少的水头损失便可流向沟渠，给地下水提供额外的流路，使得沟渠走向为南北向时其排水效果要优于东西向（Danesh et al.，2016）。

5.2.4 基于生态地下水位的沟渠开挖方案优化

沟渠开挖能有效地调控滨海湿地的地下水位（Zucker and brown，1998；Fraser et al.，2001a；Danesh et al.，2016），排出高含盐量的浅层地下水，缓解滨海湿地地表土壤的盐渍化现象（Youngs and Leeds，2000；Mirjat et al.，2008；Siyal et al.，2010；Fan et al.，2012；Xin et al.，2016）。本节以黄河三角洲滨海湿地植被生长的适宜水盐条件为约束，将滨海湿地地下水位控制在生态地下水位的范围内，进而找到最优的沟渠开挖方案，对滨海湿地的生态修复具有重要的意义（Parlange and Brutsaert，1987；Xie et al.，2011；Youngs，2013；Wang et al.，2015）。

1. 基于生态地下水位的优化方法

本节研究认为利于地表生态的沟渠开挖方案需满足以下两点：一是此沟渠方案能有效改善滨海湿地植物根区水盐条件，开挖沟渠后的根区的水盐条件适宜当地物种生存；

二是需考虑沟渠开挖的经济成本和技术可行性。基于以上两点，将生态地下水位（即是植物生长最适宜的地下水位）作为沟渠开挖方案的优化目标，若沟渠开挖后地下水位能维持在生态地下水位区间范围内，则认为该沟渠开挖方案符合优化目标。对于沟渠开挖的经济成本，认为沟渠开挖的条数越少，经济成本越低。沟渠开挖的技术可行性在沟渠方案设定时便已充分考虑，在此认为设定的 10 种沟渠开挖方案均具有技术可行性。

对于模拟区沟渠开挖方案的优化，首先应使模拟区地下水位满足其生态地下水位，其次应综合考虑沟渠开挖的经济成本和技术可行性。实际优化中，若只有一种沟渠开挖方案满足生态地下水位，则该方案便是模拟区最优的沟渠开挖方案；若有多种沟渠开挖方案满足生态地下水位，则选取沟渠数量最少的方案作为最优沟渠开挖方案。

因此，在模拟区无沟渠滨海湿地区分别设置上述 10 种沟渠开挖方案，通过模拟计算出不同的沟渠开挖方案下的地下水位，结合生态地下水位，优化出适宜滨海区植被生长的最优沟渠开挖方案，为黄河三角洲湿地的生态修复提供依据。从操作层面上来说，根据黄河三角洲已有生态地下水位的相关研究（Xie et al.，2011，2013；Wang et al.，2015），将黄河三角洲滨海区植被的生态地下水埋深确定为 3～3.5m，并将此作为沟渠开挖方案的优化目标来进行沟渠开挖方案的优化。

2. 沟渠开挖方案优化

滨海区植物根区约为地表以下 30cm，以根区底板作为生态地下水埋深的起算点，计算出其生态地下水埋深（表 5.16）。图 5.19（a）～（e）分别表示不同沟渠开挖方案在不同观测井处的地下水位模拟值，阴影部分代表生态地下水位区间，当模拟结束时刻地下水位模拟值处于阴影区间内，则认为该方案满足生态地下水位。

表 5.16 不同观测井处的生态地下水位 （单位：m）

观测井	地表高程	根区底部高程	生态地下水位
W6	1.05	0.75	−2.75～−2.25
WH1	1.63	1.33	−2.17～−1.67
WH2	1.85	1.55	−1.95～−1.45
WH4	1.76	1.46	−2.04～−1.54
WH5	1.36	1.06	−2.44～−1.94

选用观测井 W6、WH1、WH2、WH4 和 WH5 处的水位模拟来对其进行优化。由图 5.19 可知，观测井 W6 处沟渠开挖方案 2、4、5 和 8 的水位模拟值分别为−2.45m、−2.30m、2.67m 和−2.65m，处于生态地下水位的区间中，因此沟渠开挖方案 2、4、5 和 8 是适合观测井 W6 处的最优方案；观测井 WH1 处沟渠开挖方案 2、4、5、8 和 10 的水位模拟值分别为−1.89m、−1.67m、−2.04m、−2.01m 和−1.66m，处于生态地下水位的区间中，因此沟渠开挖方案 2、4、5、8 和 10 是适合观测井 WH1 处的最优方案；观测井 WH2 处沟渠开挖方案 1、4、7 和 10 的水位模拟值分别为−1.69m、−1.70m、−1.54m 和 −1.71m，处于生态地下水位的区间中，因此沟渠开挖方案 1、4、7 和 10 是适合观测井 WH2 处的最优方案；观测井 WH4 处沟渠开挖方案 1、4 和 10 的水位模拟值分别为−1.67m、−1.67m 和−1.73m，处于生态地下水位的区间中，因此沟渠开挖方案 1、4、和 10 是适合观测井 WH4 处的最优方案；观测井 WH5 处沟渠

开挖方案 4 的水位模拟值分别为－1.97m，处于生态地下水位的区间中，因此沟渠开挖方案 4 是适合观测井 WH5 处的最优方案。

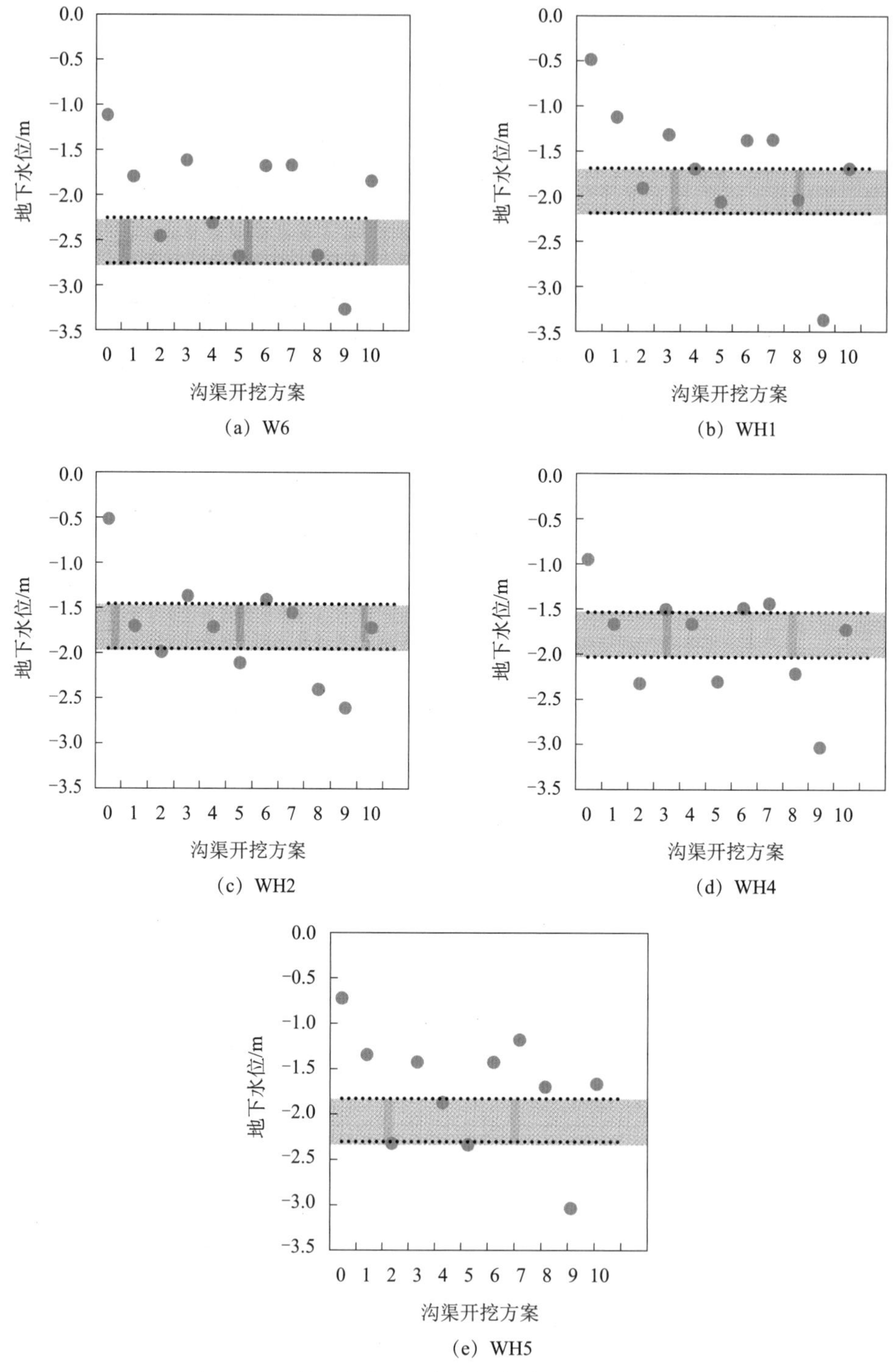

图 5.19　基于生态地下水位的沟渠开挖方案优化图

阴影代表生态地下水位区间；点代表各沟渠开挖方案的地下水位；点位于阴影区间内则表示该方案满足生态地下水位

综合来看，对于 5 个不同的地下水观测井，只有沟渠开挖方案 4 的地下水位模拟值在 5 个不同地下水位观测点处均处于生态地下水位的区间中。因此，沟渠开挖方案 4 是满足黄河三角洲湿地生态地下水位的最优沟渠开挖方案，即当沟渠为南北走向、宽度为 20m、深度为 5m、沟渠间隔为 1000m 时是利于黄河三角洲湿地地表植被生长的最优沟渠开挖方案。

本节将生态地下水位作为沟渠优化的优化目标，并综合考虑经济成本和技术可行性，明确了将地下水位控制在适宜植被生长范围内的沟渠开挖方案。优化结果表明，沟渠开挖方案 4 是滨海区适宜植被生长的最优方案（即沟渠为南北走向、宽度为 20m、深度为 5m、沟渠间隔为 1000m）。

在滨海区，开挖沟渠能有效地排出高含盐量的浅层地下水，降低土壤的盐渍化现象（Zucker and Brown，1998；Fraser et al.，2001b；Danesh et al.，2016）。找到不同植被类型生态地下水位的沟渠开挖优化方案，对于滨海湿地的生态修复意义重大。生态地下水位本身便是指适宜植被生长的最适地下水位，因此本节选取生态地下水位作为优化目标是科学合理的。不同的区域生态地下水位具有差异，不同的物种类型的生态地下水位也具有差异，因此本优化的重点在于确定模拟区的生态地下水位值。就黄河三角洲的生态地下水位，查阅已有文献及研究成果可知，当地下水埋深大于 2.5m 时，地表积盐较弱；当地下水埋深大于 3.5m 时，地表基本不积盐，但是在此时植被可能存在缺水问题（Xie et al.，2011；马玉蕾等，2013）。根据已有研究，初步将其生态地下水埋深确定在 3～3.5m 区间范围内，将地下水位控制在其生态地下水位区间内，便能利于植被的生长，而此时的沟渠开挖方案则最优。值得注意的是，目前黄河三角洲生态地下水位的研究不够清楚，本节的生态地下水位值也仅在已有的研究基础上设定，后续需要进一步的开展黄河三角洲湿地不同植被类型的生态地下水位的研究，并将其应用于此沟渠开挖方案的优化中，使优化出的沟渠开挖方案更加科学准确，为滨海湿地的生态修复提供理论支撑和实践指导。

5.3 海岸线变迁下黄河三角洲湿地地下水的变化

黄河三角洲湿地海岸线变迁是自然因素和人类活动的综合影响结果，在人为黄河改道、修筑堤坝、油气开发等作用下，黄河三角洲海岸线在近几十年来不断变迁，主要表现为现行黄河口处存在海岸线显著的向海淤积，而北部刁口河岸线处存在明显地侵蚀后退现象（杨伟，2012；刘艳霞等，2012）。修筑堤坝等围填海活动、加之岸线淤积和侵蚀等引起的海岸线变迁，改变了黄河三角洲湿地外部整体格局。海岸线变迁会对滨海湿地地下水产生重要的影响（Hu et al.，2008；Hu and Jiao，2010），但目前针对黄河三角洲海岸线变迁对地下水影响的研究比较缺乏，还有待进一步研究。本节对海岸线变迁下黄河三角洲湿地地下水的变化展开了研究，以期为湿地管理和保护提供理论依据和科学指导。

5.3.1 海岸线变迁地下水流数值模拟

自然和人为活动影响下的海岸线变迁对滨海湿地地下水影响的研究相对较少，已有的研究大多是从填海的角度，探究海岸线外扩对滨海湿地地下水的影响，如 Mahmood 和 Twigg（1995）等在研究巴林岛地下水位变化情况时，关注到填海活动会使填海区域地下水位呈升高趋势。Stuyfzand（1995）在研究荷兰填海工程对地下水的影响过程中，认为填海后地下水流场的变化需要较长时间才能有所体现，并指出填海规模越大、填海深度越深，对区域地下水的影响越显著。而 Hu 和 Jiao（2010）的研究则证明，回填后短期内回填区域地下水位会快速上升而原有区域的水位基本不变化，一段时间后原有区域的地下水位才会发生显著的变化。另外，Jiao 等基于 Dupuit 假设和 Ghyben-Herzberg 公式，采用解析求解的方法，给出了填海后回填区域和原有区域地下水位上升量的计算模型，且其对香港和深圳的实际填海工程研究表明，填海工程使海岸带和基岩区的水文地质参数产生变化，进而影响地下水环境（Jiao and Zheng，1997；Jiao and Malone，2000；Jiao et al.，2001，2006；Guo and Jiao，2007，2008；Hu et al.，2008；Hu and Jiao，2010）。

1. 模拟区及数据获取

1）模拟区范围及概括

海岸线变迁模拟区位于现代黄河三角洲区域内，模拟区面积约为 72.4km×72.4km。黄河是模拟区范围内最为主要的河流，贯穿整个黄河三角洲。在自然和人为黄河改道、修筑堤坝、围垦油气开发等活动的综合影响下，近几十年来，黄河三角洲的海岸线在不断变迁之中。为了探究随着时间的推移，黄河三角洲海岸线的变迁对地下水会产生怎样的影响，选用对海岸线影响最大且最典型的海岸线变化类型（包括南部的淤积、北部的侵蚀和中部的修筑堤坝），通过构建浅层地下水流模型，来模拟其对区域地下水位及流场的影响。

2）数据获取

开展黄河三角洲海岸线变迁地下水模型模拟，需要输入的数据包括水文地质数据、地下水位数据、黄河水位数据及气象数据等。在本模拟中，水文地质参数主要从研究区水文地质调查结果及相关文献调研中获取。地下水位数据主要从山东省地质矿产勘查开发局获取，并选取位于模拟区范围内的数据处理后作为模型的验证数据。黄河水位数据主要来源于黄河下游利津站、一号坝站和西河口站的水位数据，数据缺失年份用规划求解方法补齐。气象数据从中国气象数据共享网上获取，模拟涉及的气象数据主要有河口区、垦利县和利津县三个县（区）的降水和蒸发数据。

2. 水文地质概念模型

1）含水层结构

以含水层底板埋深小于 60m 的浅层潜水—微承压水为研究对象（孙晓明等，2013），将模拟区潜水含水层概化为一层非均质、各向异性的潜水含水层。模拟区浅层地下水服从渗流的连续性方程和达西定律，将其概化为含水层各向异性的三维非稳定流。

2）研究区边界条件

以现代黄河三角洲发育的自然边界为模型的西边界和南边界。根据《环渤海地区水文地质环境与地下水资源评价》中对鲁北区域进行的水文地质概化可知（孙晓明等，2013），地下水位流向大致与模型的西边界同向，将西边界定义为零流量边界。模拟区南部边界地下水的流向大致为东北—西南向，将南部边界定义为流量边界。模拟区北、东、东南面以海岸线为界，概化为通用水头边界，并随着时间的推移，海岸线边界也在不断地变化。黄河贯穿于整个黄河三角洲，将黄河概化为河流边界。模型以潜水面为上边界，该边界接受大气降水、河道侧渗等的补给，且通过蒸腾蒸发排泄地下水，因此将其概化为水量交换边界。模拟区的下部为承压水的隔水顶板，渗透性差，因此将其底部边界概化为隔水边界。

3）研究区源汇项概化

模拟区浅层地下水主要接受大气降水补给、黄河侧渗补给、边界入流补给，部分区域还接受田间回灌补给；地下水主要的出流方式为蒸发蒸腾及边界出流排泄。由于模拟区的地表地下水体主要以咸水为主，人工开采量极小，在源汇项概化中应忽略人工开采对浅层地下水的影响。

3. 模型建立及求解

1）数学模型

研究区浅层地下水三维非稳定流数学模型及求解方法与前述沟渠开挖模型一致，边界条件除了一类边界和隔水边界外，还有流量边界，其浅层地下水三维非稳定流数学模型公式见下：

$$\begin{cases}\mu_{\mathrm{d}}\dfrac{\partial h}{\partial t}=\dfrac{\partial}{\partial x}(K_x\dfrac{\partial h}{\partial x})+\dfrac{\partial}{\partial y}(K_y\dfrac{\partial h}{\partial y})+\dfrac{\partial}{\partial z}(K_z\dfrac{\partial h}{\partial z})+\varepsilon & (x,y,z)\in\Omega,t\geqslant 0\\ h(x,y,z,t)\mid_{t=0}=h_0(x,y,z) & (x,y,z)\in\Omega\\ h(x,y,z,t)\mid S_1=h_1(x,y,z) & (x,y,z)\in\Omega,t>0\\ \dfrac{\partial h}{\partial n}\mid S_2=q(x,y,z,t)(x,y,z)\in\Omega,t>0 & \end{cases} \tag{5.8}$$

式中，Ω 为渗流区域；h 为含水层水位标高（m）；K_x、K_y、K_z 分别为 x、y、z 方向的渗透系数（m/d）；μ_{d} 为潜水含水层给水度（m^{-1}）；ε 为源汇项（d^{-1}）；$h_0(x,y,z)$ 为含水层的初始水头（m）；$h_1(x,y,z)$ 为第一类边界的水头值（m）；$q(x,y,z,t)$ 为第二类边界的单宽流量（m^3/d）；t 为时间（天）；S_1 和 S_2 分别为第一类边界和第二类边界。

2）地下水流数值求解

A. 水文地质参数分区

在此模拟中，根据水文地质钻探资料及相关文献（马玉蕾，2014），将模拟区进行水文地质参数分区，共分为 10 个区域，具体见图 5.20。

B. 模型边界处理

由上述水文地质概念模型可知，模型的东边界为零流量边界，用 Wall 程序包来模拟。南部边界为流量边界，根据《环渤海地区水文地质环境与地下水资源评价》中对鲁

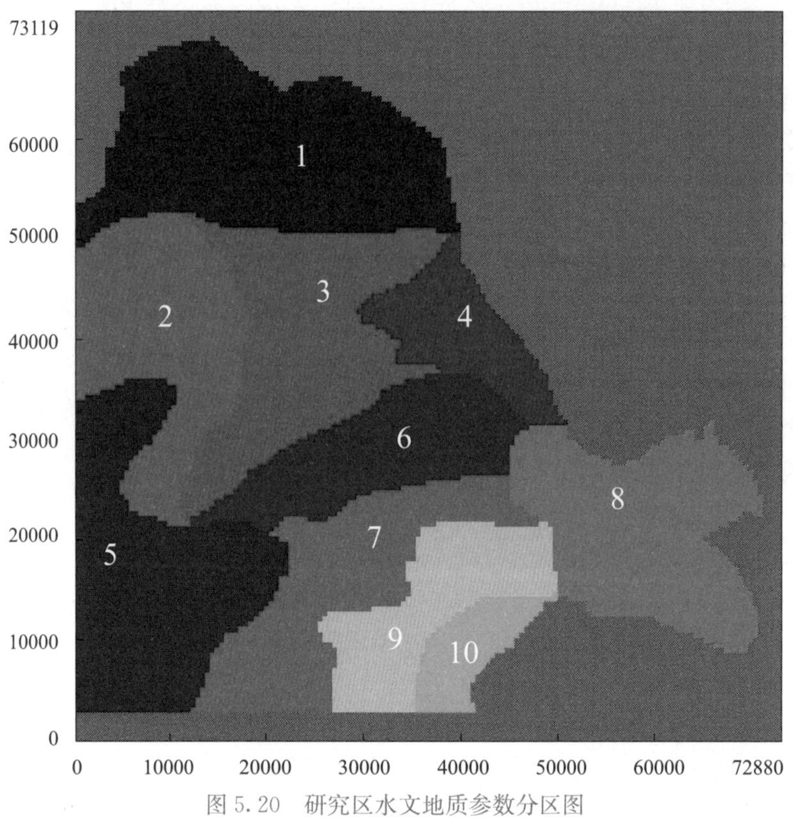

图 5.20　研究区水文地质参数分区图

北地区进行的水文地质条件概化可知（孙晓明等，2013），流出模拟区的地下水量大致为 212m³/（d・km），流量边界用 Pumping Well 程序包来模拟，在南部边界上每隔 1km 布设一个抽水井，设定抽水的速率为 212m³/d。海岸线边界由于随时间在不停地变迁，因此利用通用水头边界在对应年代的海岸线上赋予相应年代的水头值。选用1976～2012 年黄河利津站、一号坝站和西河口站的黄河水位数据，利用线性插值的方式输入模型，来处理黄河的河流边界，且黄河河床的渗透系数输入值为 0.0167m /d（范晓梅，2007）。

C. 源汇项计算与处理

降水对地下水的补给量受到地形地貌、地下水埋深、包气带岩性等诸多因素的综合影响。黄河三角洲地势平坦，其降水入渗补给更多地受到地下水埋深和包气带岩性的影响，因此包气带岩性数据可以作为降水入渗系数分区的依据。本模拟所用“黄河三角洲包气带岩性分区图”来自国家数字地质资料馆（http：//www.ngac.org.cn）的《黄河三角洲水工环地质综合勘察报告书》。将栅格图像运用 ArcGIS 进行地理配准、数据矢量化后获取包气带岩性分布图，作为模型降水入渗系数分区的根据（图 5.21）。同时，在考虑地下水位埋深的基础上，将模拟区分成 8 个降水入渗补给、潜水蒸散发区域（图 5.22）。

D. 初始流场

由于 1976 年黄河三角洲的地下水位实测数据缺失，将 1976 年视为一个稳定流时期，建立 1976 年黄河三角洲的地下水流的稳定流模型，以此来模拟出海岸线变迁模型的

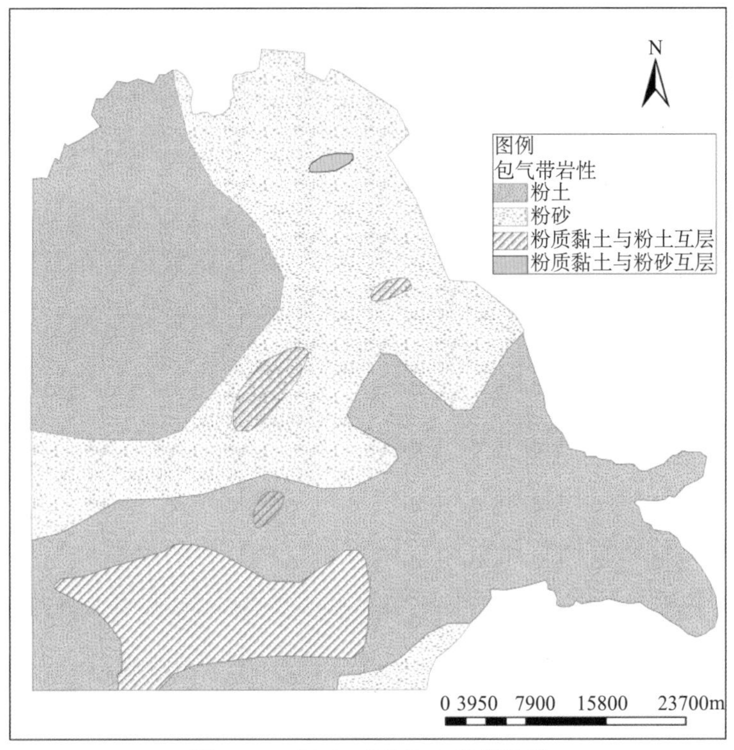

图 5.21 黄河三角洲包气带岩性图

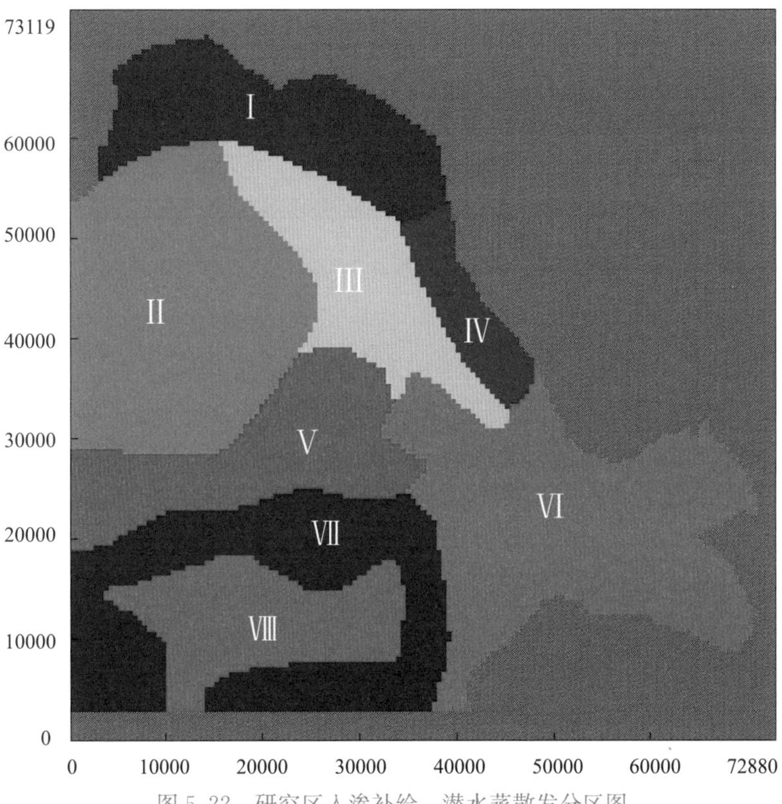

图 5.22 研究区入渗补给、潜水蒸散发分区图

初始流场。利用1976年的黄河水位、气象数据等进行建模，用已有的地下水位实测数据的均值来对稳定流模型进行验证，科学合理地获取模拟区的初始流场。模拟中，以1976年的海岸线作为模型的边界，其他的水文地质条件概化及模型分区、数据输入等与海岸线变迁非稳定流模型一致。经模拟，得到黄河三角洲1976年的初始流场（图5.23）。

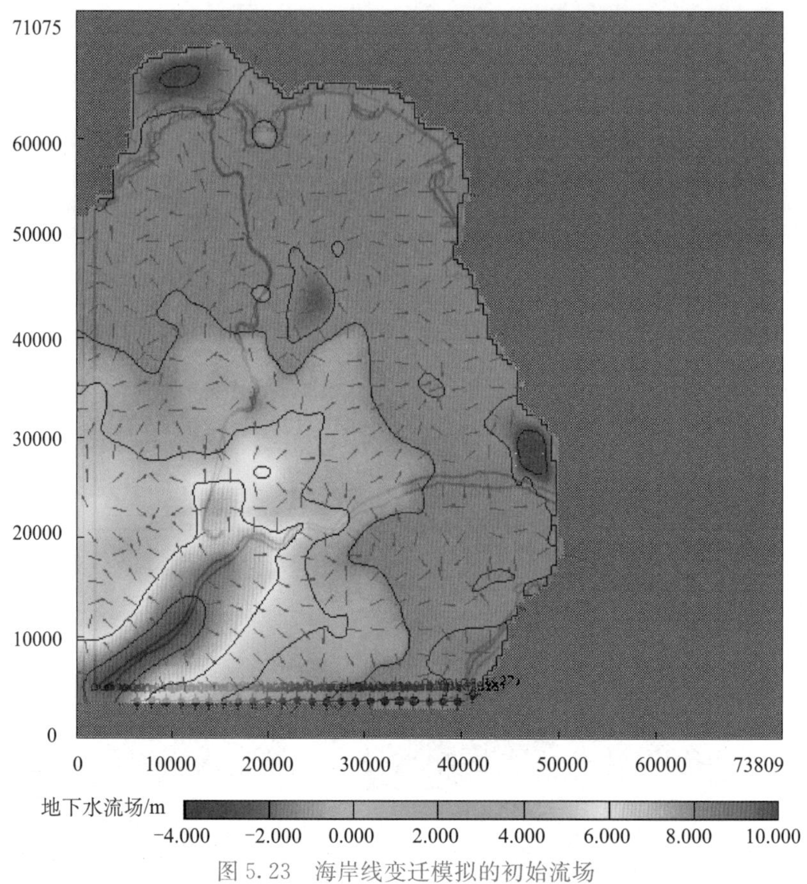

图5.23 海岸线变迁模拟的初始流场

E. 时空离散

模型模拟时间为1976～2012年，采用1年为一个应力期，共有37个应力期。模拟区范围约为72.4km×72.4km，水平方向上其划分成145行和145列，垂直方向上其概化为从地表向下60m的一层潜水含水层，网格大小为500m×500m×60m。为了能更清晰地模拟观测井处的浅层地下水流，在设置观测井的位置时将网格细化为100m×100m×60m。

4. 海岸线变迁情景处理

1）河流改道及海岸线变迁状况

黄河泥沙含量极高，泥沙在入海口处河道淤积延伸，使黄河在历史上存在多次自然和人为改道。1964年，黄河由神仙沟流路人工改道至刁口河流路入海，1976年来，黄河自北部刁口河流路人工改道至南部清水沟流路，自此之后便只存在小的尾闾摆动。1996年，为了淤地，黄河由清8断面再次人工改道至东北方向入海，至今仍维持该入海流路。刁口河是黄河流路之一，黄河自 1976 年改道清水沟之后，由于缺乏淡水补充，刁口河流路便出现长达 34 年的断流，导致北部湿地及自然保护区面积萎缩、生物多样性受到破坏，河流过流能力严重下降。2010 年黄河调水调沙期间，对刁口河流路进行恢复过水试验，实现刁口河流路全线过水，北部湿地生态环境得以改善。

黄河频繁改道使得黄河三角洲的海岸线处于不断变迁中，其中，1976 年、1986 年、1996 年、2004 年和 2012 年的海岸线如图 5.24 所示。自 1976 年黄河改道清水沟流路后，北部区域由于缺乏水沙的补给，存在严重的侵蚀消退现象，特别是在一千二管理站北部的沿海滩涂区域，侵蚀消退现象最为严重。与此同时，高含沙量河水使得南部清水沟流路不断淤积，且在 1996 年改道东北方向入海前，该流路逐渐形成一个大沙嘴（栗云召等，2012）；但由于 1996 年向东北改道后，该沙嘴得不到泥沙补充，清 8 断面也存在逐年消退的现象。1996 年改道后的新流路处便开始淤积，逐渐形成现状的黄河入海口。除去人为改道造成的海岸线变迁，修筑堤坝也使得海岸线发生改变。自 20 世纪 80 年代以来，随着孤东油田的发现，黄河三角洲东营港及孤东油田外围便开始修筑海堤，1988 年后随着海堤的建成，黄河三角洲中部海岸线便较为稳定。

总体来看，由于频繁的改道及其他人类活动的影响，黄河三角洲湿地海岸线在不断的变迁中，侵蚀和淤积共存。将复杂的自然和人为活动导致的岸线变迁进行简化，发现引起研究区海岸线变迁的主要活动有三个：①黄河三角洲北部侵蚀（图 5.24 所示侵蚀区），导致海岸线不断向陆地消减；②在孤东油田、东营港等中间部位（图 5.24 所示筑坝区），自然岸线不断被人工修筑的大堤所代替；③现黄河口处的不断淤积（图 5.24 所

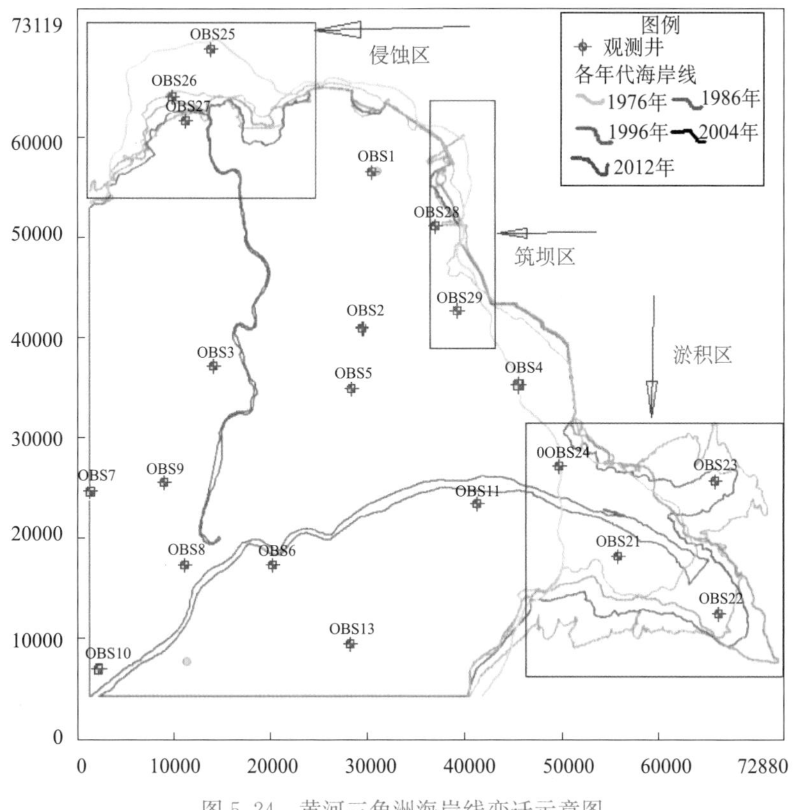

图 5.24　黄河三角洲海岸线变迁示意图

示淤积区），由于黄河泥沙在入海口处不断淤积，导致海岸线不断的外扩。因此，本海岸线变迁模型的海岸线变迁主要以侵蚀、淤积和修筑堤坝三种类型为代表，来探究整合湿地格局发生变化的情况下，整个黄河三角洲地下水流场，以及地下水位的变化情况。

2）海岸线变迁的模型处理

在本模型中，还对海岸线进行特殊概化和处理，使模型能够模拟出海岸线的变迁状况。对于黄河人为改道导致的海岸线变迁，本模拟主要考虑侵蚀和淤积两种情景，利用通用水头边界，在对应年代的海岸线上，赋予相应年代的水头值（图 5.25）。北部的侵蚀主要以 1976 年、1996 年和 2012 年的海岸线作为边界条件，南部的淤积以 1976 年、1986 年、1996 年、2004 年和 2012 年海岸线作为边界条件（为简化模型，此处忽略 1996 年黄河改道东北流路入海后，南部清 8 流路大沙嘴的侵蚀消退，其中 1996～2012 年的海岸线用 1996 年改道前的海岸线来替代）。海岸线边界外则被视为海洋，其边界上的水头值采用平均海平面水位值，设定为 0m /d。对于人为修筑堤坝导致的海岸线硬化，在筑坝后的年份，运用 Visual MODFLOW 的 Wall 子程序包来模拟（图 5.25）堤坝，获得修筑堤坝对地下水的影响。

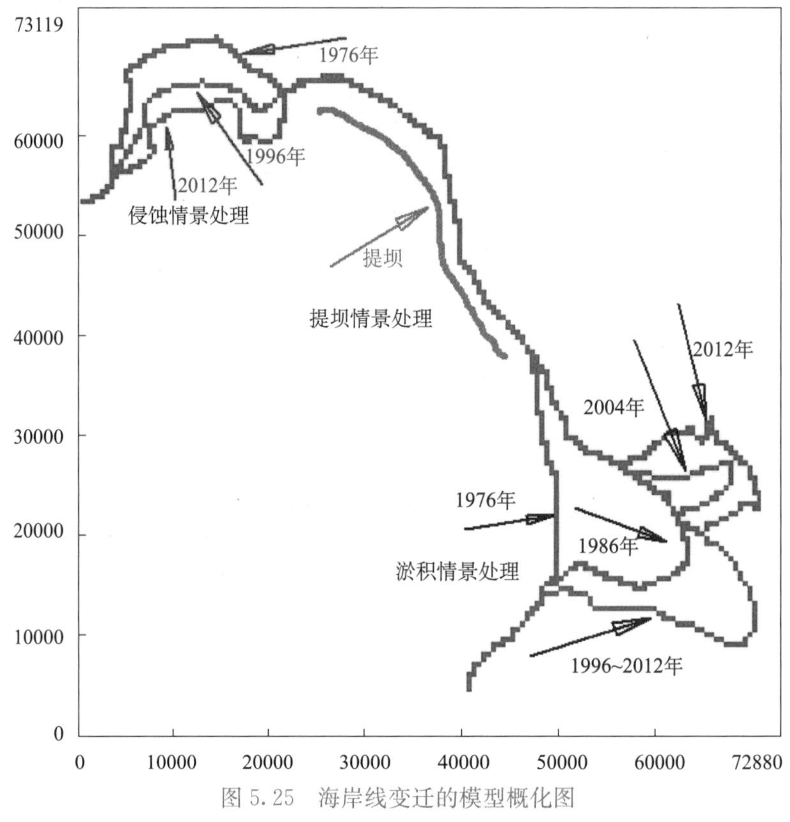

图 5.25　海岸线变迁的模型概化图

5. 模型验证

利用黄河三角洲历史地下水位监测数据，在模型中设置 11 口地下水观测井（图 5.24 中 OBS1～OBS11），随机选取观测井 OBS2、OBS4、OBS7 和 OBS10 作为模型的验证。观测井 OBS2 和 OBS4 的实测值和模拟值对比见图 5.26，观测井 OBS7 和 OBS10 的实测值和模拟值对比见图 5.27。由图可知，模拟值与实测值误差较小，大致走向一致。模型的均方根为 0.342m，标准化均方根为 4.388%，模型的误差较小，能满足地下水模型模拟的精度要求。

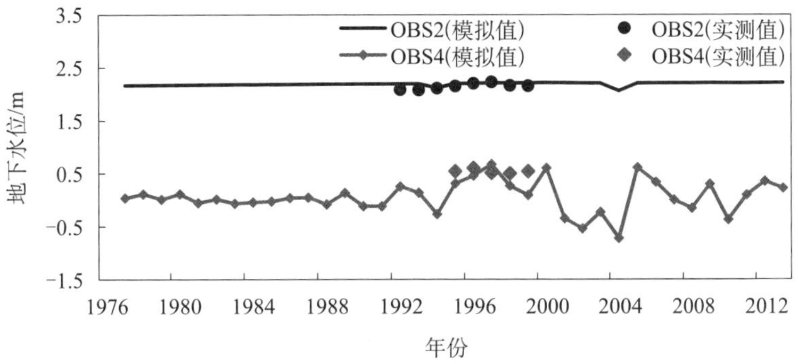

图 5.26　观测井 OBS2 和 OBS4 实测值与模拟值的对比图

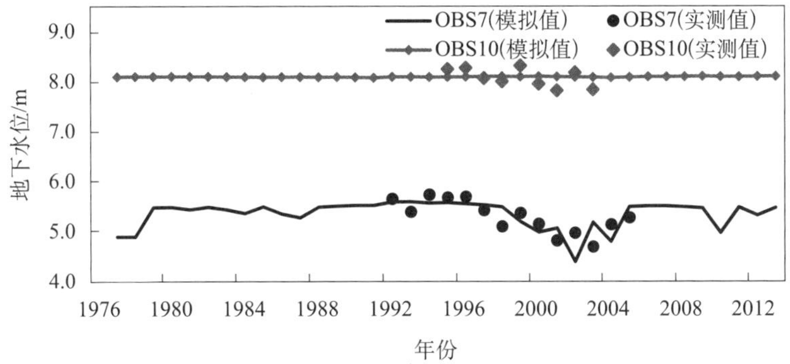

图 5.27　观测井 OBS7 和 OBS10 实测值与模拟值的对比图

5.3.2　海岸线变迁下地下水流场分布及其水均衡特征

本节利用 Visual MODFLOW 模型，对海岸线变迁下不同时期黄河三角洲的地下水流场分布特征和地下水均衡特征进行了分析。

1. 地下水流场分布特征

利用 Visual MODFLOW 模型，分别对淤积区、侵蚀区和堤坝区进行模拟，得出以下 1976 年、1986 年、1996 年、2004 年和 2012 年的浅层地下水流场图。由图 5.28 可以清晰地看出：无论海岸线如何改变，近几十年来黄河三角洲的地下水流场大致保持一致，地下水总体上均呈现出西南部内陆浅层地下水位高、黄河河道周围区域地下水位高，以及越向海推移地下水位越低的现象；浅层地下水位差异小，大部分区域的地下水位处于 0～4m，黄河利津站段水位值较高，但水位值也不超过 10m，部分区域地下水位呈现出低值，包括北部侵蚀区、中部的修筑堤坝区，以及黄河南岸莱州湾的区域；浅层地下水的水平径流相对滞缓，主要以垂直交换为主；地下水流向大致为由内陆放射性补给海洋、由黄河向周边区域补给；黄河对区域地下水流场的影响显著，是黄河三角洲地下水分水岭，黄河两侧的地下水向两侧分流。

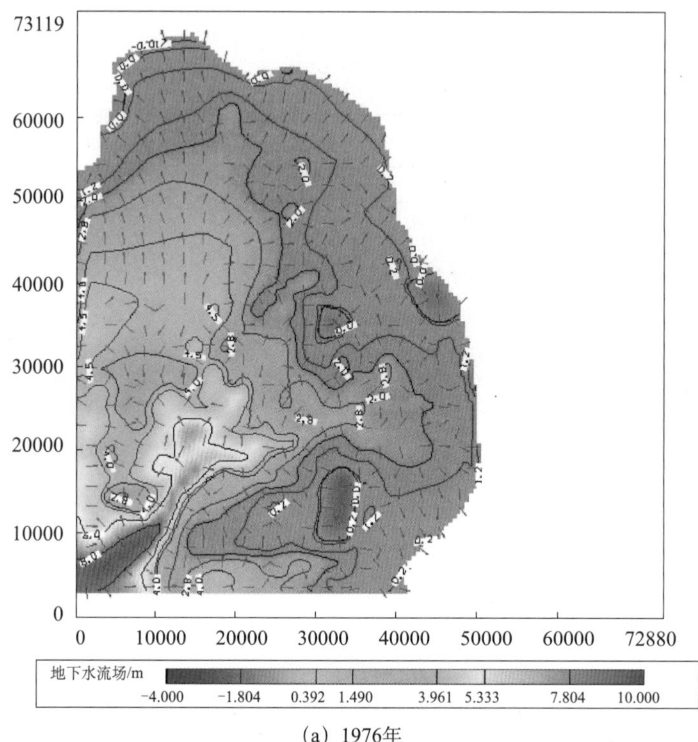

(a) 1976年

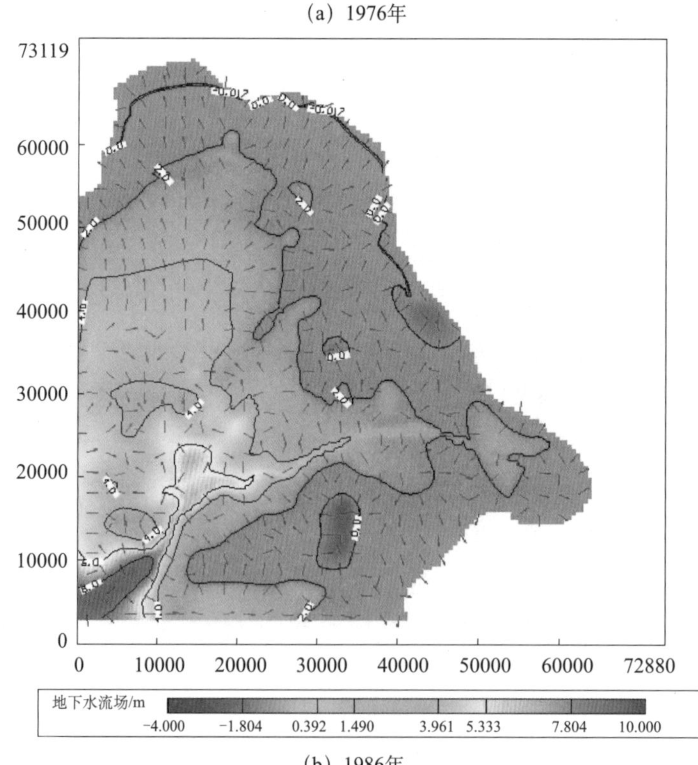

(b) 1986年

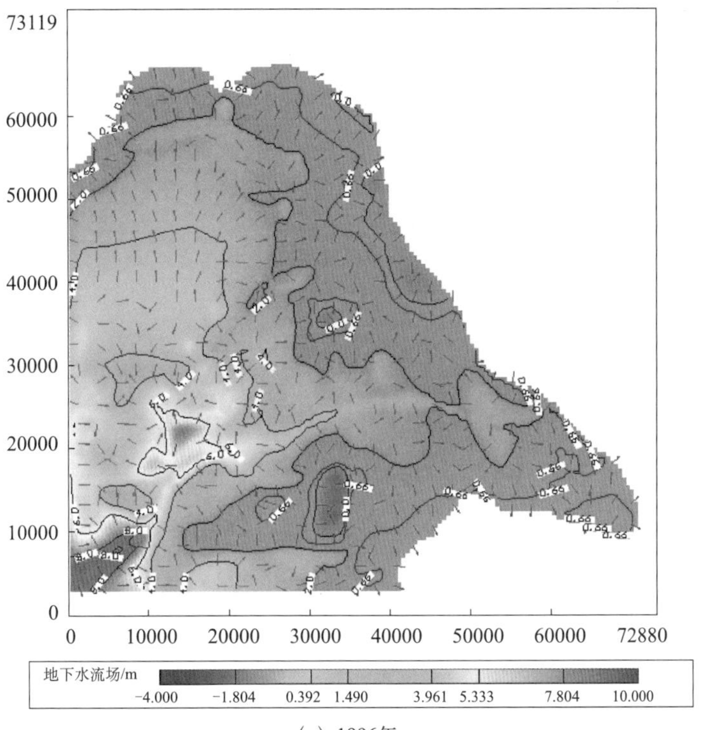

(c) 1996年

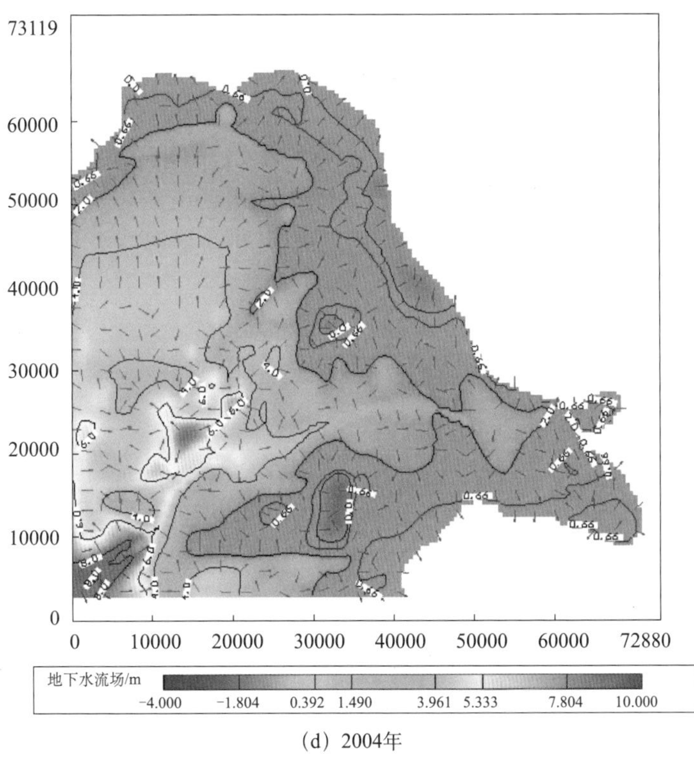

(d) 2004年

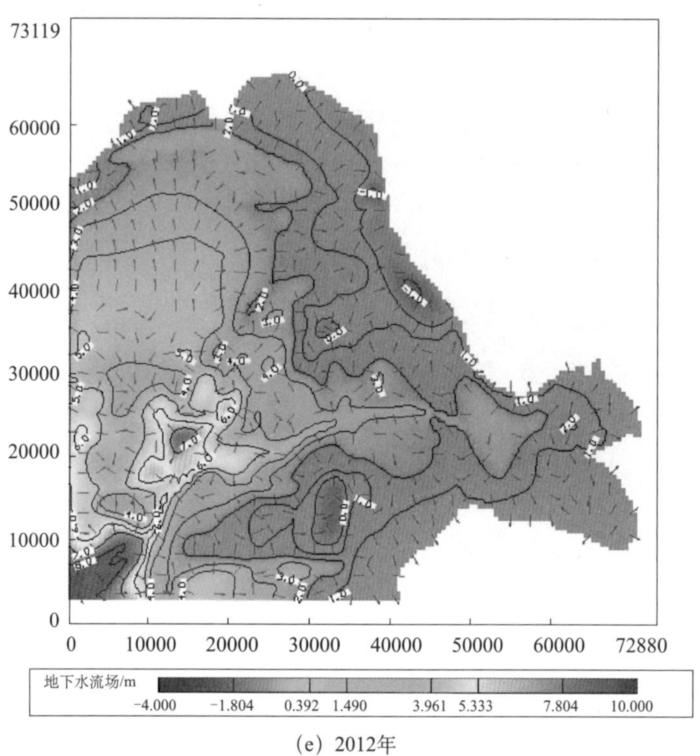

(e) 2012年

图 5.28 海岸线变迁下黄河三角洲地下水流场图

在南部淤积区，随着陆地不断向海洋推移，新生湿地面积在不断地增加，其浅层地下水位也在升高；淤积区浅层地下水位的变化与黄河入海的位置关系密切，在 1986～1996 年，黄河流经南部流路时，南部新淤积区域浅层地下水在黄河来水来沙的影响下，区域地下水位上升，当 1996 年黄河改道现流路之后，现流路处还是淤积，区域地下水位也上升，而南部区域地下水位则未能维持持续上升的势态，甚至在海水入侵的影响下，浅层地下水位有相对下降的势态。在北部侵蚀区，随着侵蚀的不断加剧，未被侵蚀区域地下水位流场变化不大，仍然呈现出向海补给的趋势。在中部修筑堤坝区域，伴随着堤坝的建设，堤坝内的地下水位出现低值，并随着时间的推移水位低值在不断地扩大。

2. 地下水均衡特征

黄河三角洲地下水均衡可通过海岸线变迁模型直接计算出，由表 5.17 可知，黄河三角洲湿地浅层地下水的入流补给项主要有降水入渗、河流侧渗、海水入侵；而出流排泄项主要有蒸腾蒸发、河流排泄、向海排泄及边界出流等。海岸线变迁的年份下，地下水的入流量与出流量基本保持均衡，各年份总入流量和总出流量均处于 72422 万～104845 万 m^3，其中 1996 年和 2004 年的降水补给量和蒸腾蒸发量均为最大。

表 5.17 黄河三角洲水均衡分析表

年份		1976 年	1986 年	1996 年	2004 年	2012 年
入流项	总流入/万 m^3	81409	72422	104845	101489	74989
	降水/万 m^3	72317	66229	96908	99338	73069
		88.83%	91.45%	92.43%	97.88%	97.44%
	河流/万 m^3	5241	2897	426	1453	1083
		6.44%	4.00%	0.41%	1.43%	1.44%
	海水/万 m^3	33	163	92	233	250
		0.04%	0.22%	0.09%	0.23%	0.33%
	储存量/万 m^3	3818	3134	7419	465	588
		4.69%	4.33%	7.08%	0.46%	0.78%
出流项	总出流/万 m^3	81406	72424	104845	101485	74989
	蒸腾蒸发/万 m^3	65919	62590	69868	62608	56933
		80.98%	86.42%	66.64%	61.69%	75.92%
	河流/万 m^3	469	204	1573	394	319
		0.58%	0.28%	1.50%	0.39%	0.43%
	海水/万 m^3	568	651	1310	1348	1178
		0.70%	0.90%	1.25%	1.33%	1.57%
	边界/万 m^3	110	110	110	110	104
		0.13%	0.15%	0.10%	0.11%	0.14%
	储存量/万 m^3	14340	8869	31984	37026	16456
		17.62%	12.25%	30.51%	36.48%	21.94%
水均衡		0.035	−0.017	0.000	0.038	−0.002

从入流来看，降水入渗补给是浅层地下水补给的主要方式，每年占比均达到总入流量的 88%以上，其中 2004 年和 2012 年竟达到 97%；河流侧渗补给量较小，占比均低于 7%，其中 1996 年河流侧渗的补给量最低，只有 426 万 m^3，只占总入流量的 0.41%；黄河三角洲的部分岸线存在海水入侵的现象，但是在黄河上游来水及修筑堤坝的影响下，海水入侵补给浅层地下水相对较小，所有年份均低于 1%。

从出流来看，蒸腾蒸发是浅层地下水的主要排泄方式，每年有 60%～90%的潜水通过蒸腾蒸发排出含水层，在海岸线变迁模拟的年份，通过蒸腾蒸发排出的浅层地下水量为 56933 万～69868 万 m^3；河流排泄、向海排泄及边界出流排泄量均很小，各年份所占的比例均小于 2%。

分析以上所模拟的整个时间段的入流项和出流量可知，降水入渗补给量是浅层地下水最主要的补给方式，由图 5.29 可以看出，降水入渗补给量在年际上波动较大，并且与年平均降水量的变化高度一致，如 1990 年、1995 年、2003 年和 2004 年的年降水量较大，而降水入渗补给量则也在对应年份量显著变大。潜水蒸腾蒸发量是浅层地下水最主要的排泄方式，由图 5.30 可以看出，潜水蒸腾蒸发量在年际上波动也较大，并且随着年均蒸发量的变化而变化。由图 5.31 可以看出，黄河侧渗补给量与黄河的径流量关系密切，当径流量大的年份，其对浅层地下水的补给量也大，反之，其补给量则相对较小，在黄河断流期间，其对地下水的补给最小。

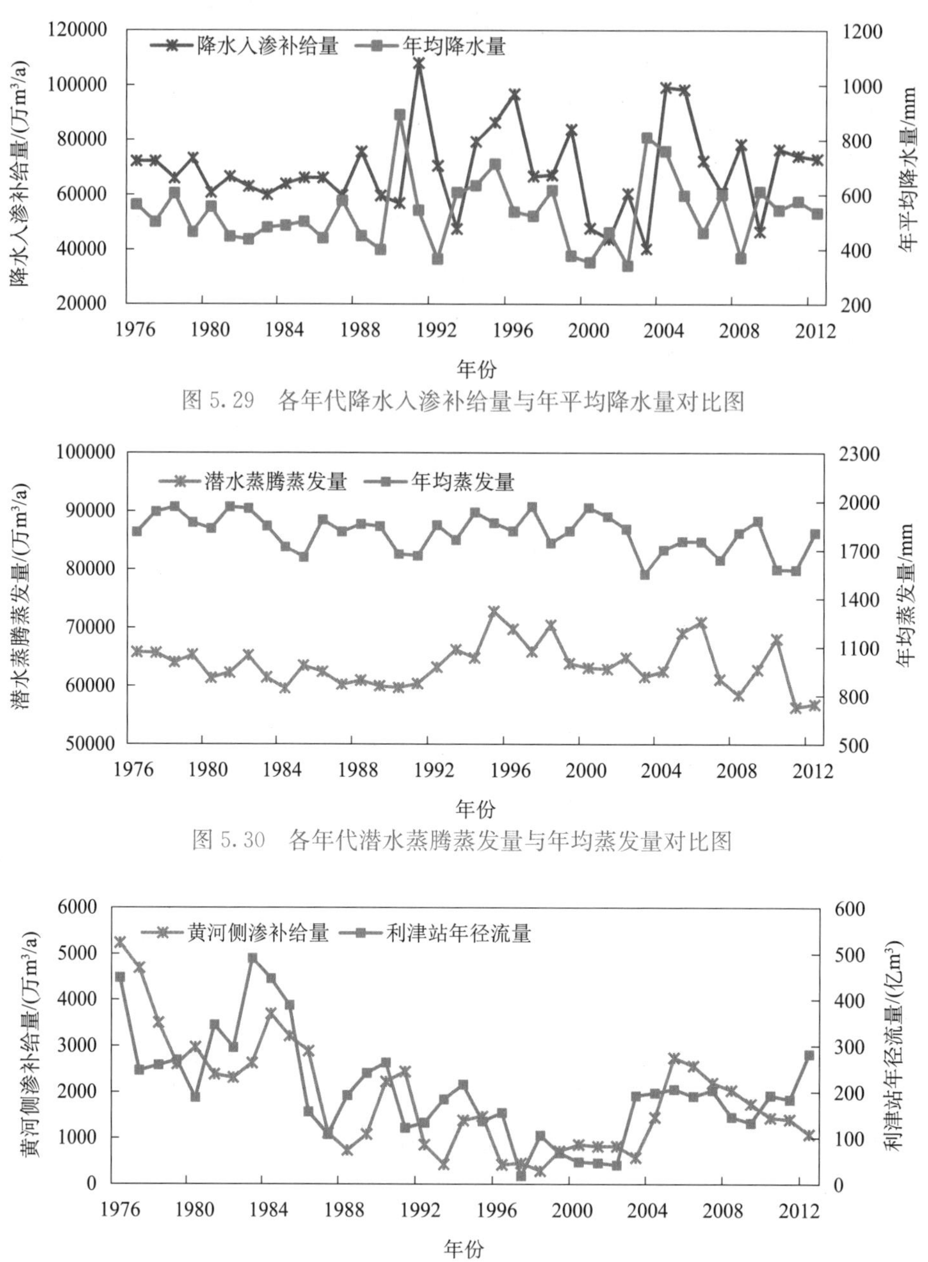

图 5.29　各年代降水入渗补给量与年平均降水量对比图

图 5.30　各年代潜水蒸腾蒸发量与年均蒸发量对比图

图 5.31　各年代黄河侧渗补给量与利津站年径流量对比图

总体来讲，黄河三角洲湿地的地下水动态的成因类型为降水入渗-蒸发型，降水入渗补给是浅层地下水补给的主要方式，每年占比均达到总入流量的88%以上，蒸腾蒸发是浅层地下水的主要排泄方式，每年有60%～90%的潜水通过蒸腾蒸发排出潜水含水层。黄河是仅次于降水入渗补给的主要补给方式，对区域地下水流场的影响显著，形成了黄河三角洲地下水分水岭，黄河两侧的地下水向两侧分流。

5.3.3 海岸线变迁下的地下水变化

基于以上海岸线变迁下的地下水流场分布特征，进一步分析了不同条件下的地下水位变化特征，主要表现为对淤积条件、侵蚀条件、海岸线变迁条件及修筑堤坝条件下的地下水位变化规律的揭示。

1. 淤积条件下地下水位的变化

1）新淤积湿地区

在南部新淤积区随机选取点 OBS21、OBS22 和 OBS23 来获取新生湿地浅层地下水位模拟值（其位置参见图 5.24）。其中点 OBS21 位于 1986 年新淤积的湿地区内，点 OBS22 位于 1996 年新淤积的湿地区内，点 OBS23 位于 2004 年新淤积的湿地区内。由图 5.32 可以看出，不论淤积时间先后，新淤积区的浅层地下水位均呈现出升高的趋势。另外，当观测井处正处于淤积时期时，浅层地下水位上升较大，而当处于淤积后的时期时，浅层地下水位则趋于平稳，具有缓慢的上升趋势。

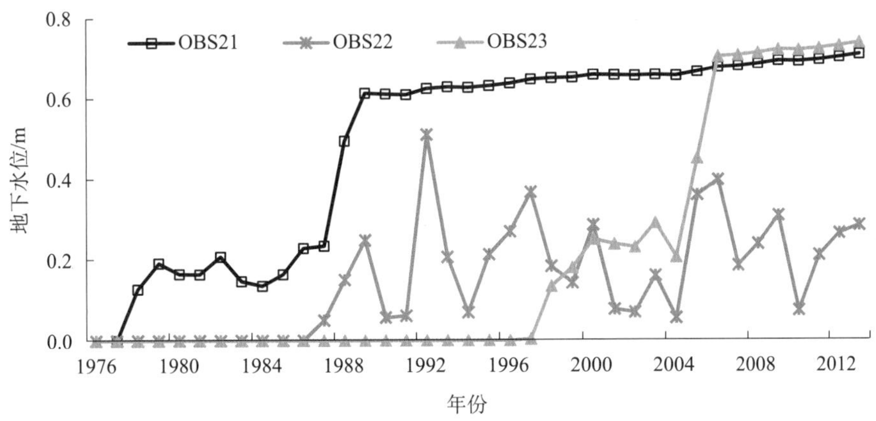

图 5.32 淤积区域新生湿地区浅层地下水位变化图

对于点 OBS21，自 1976 年开始淤积起，其水位便在波动中上升。1976～1989 年间，浅层地下水位从初始时刻的 0m（初始时刻为海洋）逐渐上升到约 0.6m；1989 年之后的 20 多年，在黄河来水的影响下，浅层地下水位上升缓慢，基本平稳维持在0.6～0.7m。对于点 OBS23，基本存在与点 OBS21 处相似的规律。自 1996 年黄河改道现流路之后，在淤积的时期地下水位便出现波动中上升，水位从 1997 年的 0m 逐渐上升到 2006 年的 0.7m，2006 年之后浅层地下水位变化不大，存在极缓慢的上升趋势。点 OBS22 处于黄河南部，黄河于 1996 年便改道至现行流路，湿地在淤积后便没有上游来水的作用，浅层地下水在降水和蒸发的影响下长时间处于较小范围的波动中。

2）原有湿地区

在南部淤积区选取观测井 OBS11，并随机选取点 OBS22 来获取原有湿地区浅层地下水位模拟值。由图 5.33 可知，随着陆地不断外推，原有湿地区的浅层地下水位呈现出缓慢上升的趋势。观测井 OBS11 处的浅层地下水位从 1976 年的 1.58m 上升至 2012 年的 1.68m，几十年来总体上只上升 0.1m；点 OBS24 处的浅层地下水位上升 0.2m。

总体来看，淤积对于原有湿地区地下水位的影响不大，只存在极为缓慢的上升趋势。

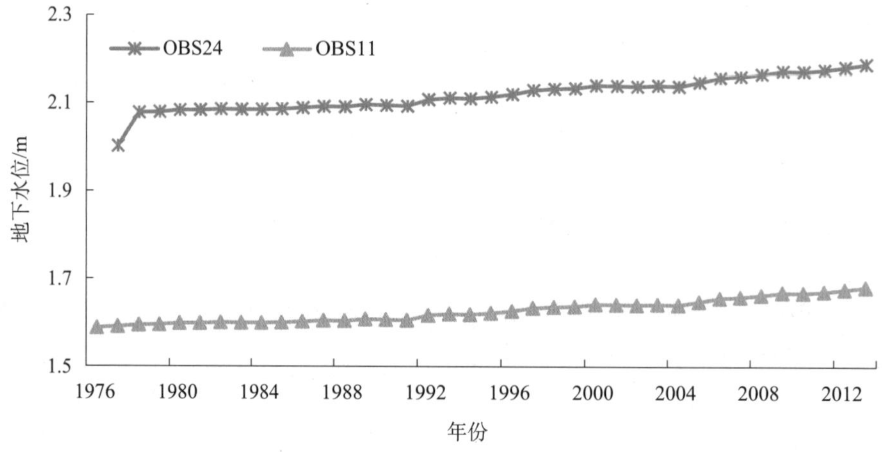

图 5.33　淤积区域原有湿地区浅层地下水位变化图

2. 侵蚀条件下地下水位的变化

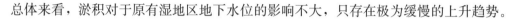

在黄河三角洲北部侵蚀区域随机选取点 OBS25 和 OBS26 来获取浅层地下水位模拟值。由图 5.34 可知，随着时间的变化，侵蚀区地下水位存在降低的趋势。就点 OBS25 来看，浅层地下水位从 1976 年的 0m 降低为 2012 年的－0.27m，30 多年来降低 0.27m。就点 OBS26 来看，浅层地下水从 1976 年的 0.42m 降低到 2012 年的 0.006m，30 多年来降低 0.42m。由于年际间降水蒸发等的差异，浅层地下水位在年际间存在波动，主要表现在 1994～2000 年，浅层地下水位有所上升，但总体上呈现出下降的趋势。

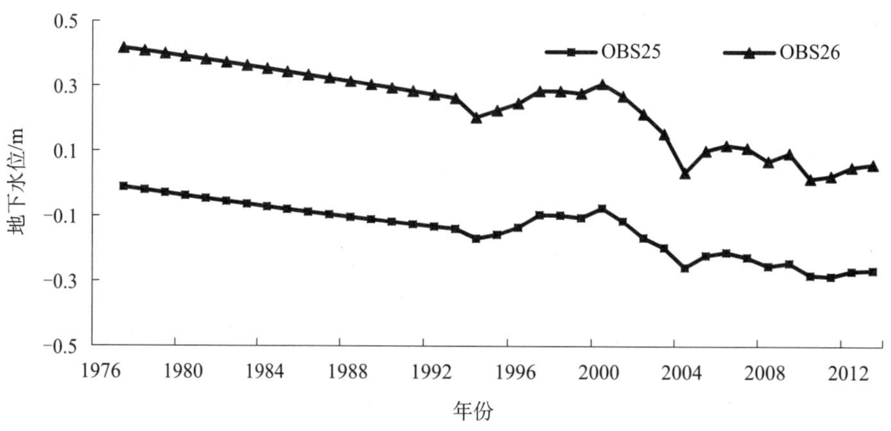

图 5.34　侵蚀区域地下水位的变化图

在堤坝内侧随机选取点 OBS28 和 OBS29 来获取地下水位模拟值。由图 5.35 可知，自 1985 年后，地下水位存在显著降低的趋势，点 OBS28 处的初始时刻的地下水位为 0.33m，1985 年后从 0.31m 降低为 2012 年的－0.67m，降低幅度为 0.98m。点 OBS29 处初始时刻的地下水位为 0.08m，1985 年后从 0.05m 降低为 2012 年的－0.50m，降低幅度为 0.55m。

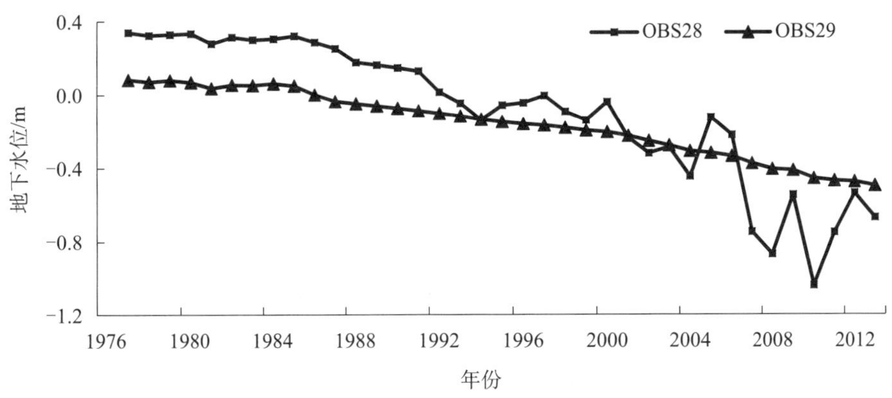

图 5.35 修筑堤坝区域的地下水位变化图

3. 海岸线变迁条件下的地下水变化

海岸线变迁下滨海湿地浅层地下水位会发生改变。在淤积区域，新生湿地区浅层地下水位大致呈现出在淤积时期水位上升较快，而湿地淤积完成后浅层地下水位则上升缓慢的趋势。以点 OBS23 为例，点 OBS23 处的新生湿地在淤积前，还属于海洋，随着黄河泥沙不断在入海口淤积，地表高程抬高，由陆向海的浅层地下水向海排泄的距离增加，加之新淤积泥沙使浅层地下水在流线方向上的阻力增大，水力梯度减少，导致点 OBS23 处断面的地下水流量减少，地下水在新淤积湿地中的储量增加，因此新淤积湿地浅层地下水位会从初始时刻的 0m 逐渐抬升；随着浅层地下水位的不断上升，新生湿地浅层地下水与向陆原有湿地地下水的水力梯度不断减小，致使新生湿地地下水位的上升变缓；当该区域的新生湿地淤积过程完成后，泥沙淤积会继续向海洋推进，导致这片新生湿地与海洋距离逐渐变大，浅层地下水与海洋间的水力联系变弱，该区域地下水位向海排泄量减少，地下水位缓慢上升。

对于淤积区的原有湿地，其浅层地下水位变化不大，总体存在着缓慢上升的趋势，这个与新生湿地区淤积过程完成后的浅层地下水位变化原理一致，以位于原有湿地区的点 OBS11 为例，随着不断向海淤积推进，点 OBS11 所在的原有湿地与海洋距离变大，其浅层地下水与海水间水力联系变弱，地下水位会缓慢上升（图 5.36）。该模拟结果与 Hu 等（2008）在深圳填海区域的模拟结果相似，其用 FEFLOW 的模拟结果也表明，在回填后短期内回填区域的水位会快速上升，而原有区域的水位基本不变化，一段时候后原有区域的地下水位才会发生显著的变化。

在侵蚀区域，由于没有上游来水来沙，在潮汐及其他海洋水动力的作用下，滨海湿地在不断地受到侵蚀，海岸线呈现出向陆蚀退的现象。以点 OBS26 为例，海岸线不断向陆推移，点 OBS26 所在的区域与海洋间距离缩小，海洋与该区域的浅层地下水间的水力联系增强，浅层地下水向海底地下水的补给增多，侵蚀区域原有湿地区浅层地下水位不断地降低；另外，随着湿地区域向海水排泄的地下水增多，湿地区浅层地下水位与海底地下水位间的水力梯度变小，湿地区地下水的排泄量降低，未来湿地区浅层地下水位降低幅度减小甚至保持平稳（图 5.37）。

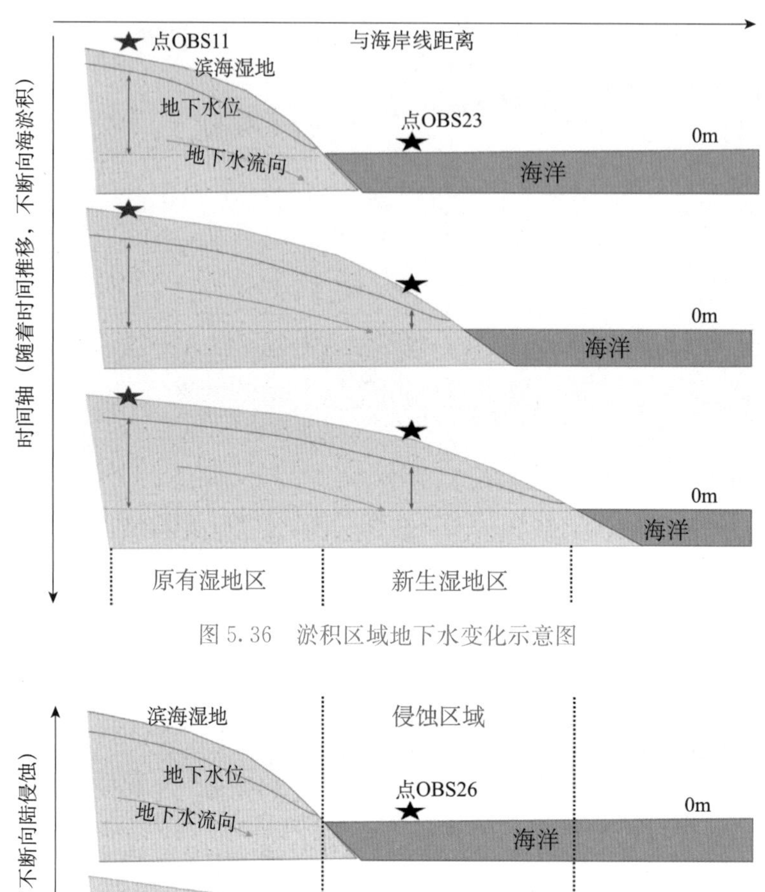

图 5.36　淤积区域地下水变化示意图

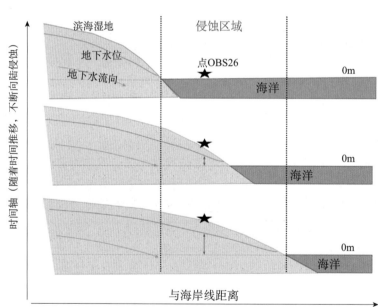

图 5.37　侵蚀区域地下水变化示意图

4. 修筑堤坝条件下地下水位的变化

在修筑堤坝区域，模拟结果显示，在修筑堤坝前堤坝内湿地区的地下水位变化不大，在修筑堤坝后原有湿地区地下水位呈现降低的趋势。由各年代的流场图可知，在修筑堤坝区域地下水位略低于海水，存在着轻微的海水入侵现象。修筑堤坝极大地阻隔堤坝内湿地浅层地下水与海洋之间的水力联系，导致海水向地下水的补给大大减少，导致堤坝内湿地的浅层地下水位降低（图 5.38）。

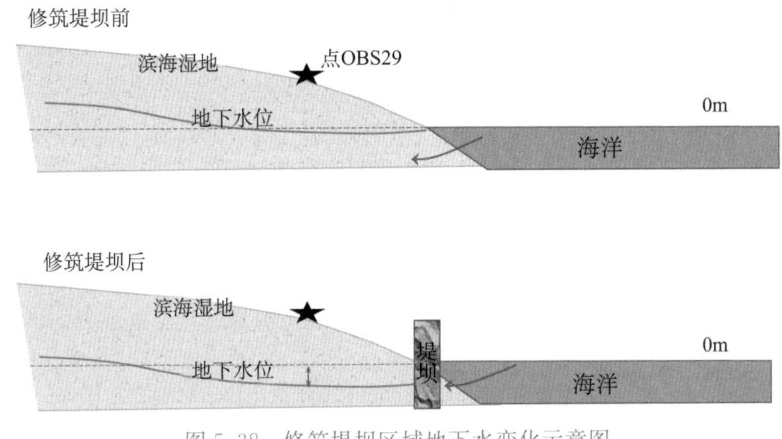

图 5.38　修筑堤坝区域地下水变化示意图

海岸线变迁下滨海湿地地下水改变的同时，也影响着地表生态。在淤积区域，随着海岸线不断的外扩，滨海湿地的面积增加，地下水位上升，新淤积的高含盐量光滩区会随着海岸线的外扩，其距海洋距离增加，区域的盐分有所下降，会较先形成一年生的盐生碱蓬群落。在黄河持续来水来沙影响及距海距离增加的情况下，其地面高程逐渐增加而盐分逐渐降低，导致柽柳等一些多年生盐生植物会呈现出竞争优势，碱蓬群落会逐渐地被柽柳取代，进而演替为碱蓬—柽柳群落或者柽柳群落。柽柳的生长加快了沉积物的脱盐作用，使盐分进一步降低，一些耐盐性更低的物种（如芦苇）便表现出明显的竞争力，使得柽柳群落逐渐被柽柳—芦苇群落所代替。因此随着海岸线的不断外扩，地下水位逐渐上升而土壤盐分逐渐下降，该区域会呈现出光滩-碱蓬群落-碱蓬/柽柳群落或柽柳群落-柽柳/芦苇群落或芦苇群落的正向演替趋势，滨海盐沼湿地会随着海岸线的淤积逐渐演替为淡水湿地。在海岸线侵蚀区域，其演替过程正好相反。随着海岸线的不断蚀退，距海的距离缩短，地下水位降低，海水入侵加剧，该区域地下水及土壤的盐分增加，原有的芦苇群落会逐渐被柽柳群落所代替。而随着岸线的不断侵蚀，距海的距离继续缩短，土壤盐分会持续升高，进而导致柽柳群落逐渐演替为碱蓬群落甚至滨海光滩，呈现出逆向演替的趋势（孙万龙等，2016）。

在海岸线变迁下，近几十年黄河三角洲地下水流场总体上改变不大，各年代地下水流向大致为由内陆放射性流入海洋、由黄河侧向补给周边区域；黄河对区域地下水流场的影响显著，是黄河三角洲地下水分水岭，黄河两侧的地下水向两侧分流。从区域水均衡上看，黄河三角洲湿地的地下水动态成因类型为降水入渗-蒸发型，降水入渗补给是浅层地下水的主要补给方式，每年占比均达到总入流量的 88％以上，蒸腾蒸发是浅层地下水的主要排泄方式，每年占比均达到总入流量的 61％以上。

在海岸线变迁影响下滨海湿地浅层地下水位会发生改变。淤积区域，随着陆地不断外推，新生湿地区浅层地下水位大致呈现出在淤积时期水位上升较快，而湿地淤积完成后地下水位则上升缓慢的趋势；原有湿地区的地下水位变化不显著，仅存在着缓慢上升的趋势。侵蚀区域，随着陆地不断蚀退，地下水位会存在着降低的趋势。修筑堤坝区域，修筑堤坝前湿地区域的地下水位变化较小，修筑堤坝后湿地区域地下水位呈现出下降的趋势。

参考文献

丁晶．1986. 洪水时间序列干扰点的统计推估．武汉水利电力学院学报，5：36－40.

范伟，章光新，李然然．2012. 湿地地表水—地下水交互作用的研究综述．地球科学进展，27（4）：413－423.

范晓梅．2007. 黄河三角洲地下水动态及其生态效应．南京：河海大学．

江峰．2015. 潮汐作用下潜水含水层溶质运移规律研究——以福建古雷半岛为例．北京：中国地质大学.

康淑媛，张勃，柳景峰，等．2009. 基于 Mann-Kendall 法的张掖市降水时空分布规律分析．资源科学，31（3）：501－508.

栗云召，于君宝，韩广轩，等．2012. 基于遥感的黄河三角洲海岸线变化研究．海洋科学，36（4）：99－106.

刘显波，张异．2013. 地下水开采量与河道渗漏量关系的研究．东北水利水电，（6）：35－36.

刘艳霞，黄海军，丘仲锋，等．2012. 基于影像件潮滩地形修正的海岸线监测研究——以黄河三角洲为例．地理学报，67（3）：377－387.

马玉蕾．2014. 基于 Visual MODFLOW 的黄河三角洲浅层地下水位动态及其与植被关系研究．榆林：西北农林科技大学．

马玉蕾，王德，刘俊民，等．2013. 黄河三角洲典型植被与地下水埋深和土壤盐分的关系．应用生态学报，（9）：2423－2430.

彭世章，徐俊增，丁加丽，等．2007. 节水灌溉与控制排水理论及其农田生态效应研究．水利学报，（S1）：504－510.

秦伟颖，庄新国，黄海军．2008. 现代黄河三角洲地区地面沉降的机理分析．海洋科学，（8）：38－43.

宋国强．2008. 黄河三角洲湿地生态系统地下水运动的数值模拟．青岛：青岛大学．

孙从军，韩振波，赵振，等．2013. 地下水数值模拟的研究与应用进展．环境工程，31（5）：9－17.

孙万龙，孙志高，卢晓宁，等．2016. 黄河口岸线变迁对潮滩盐沼景观格局变化的影响．生态学报，36（2）：480－488.

孙晓明，王卫东，徐建国，等．2013. 环渤海地区地下水资源与环境地质调查评价．北京：地质出版社.

邬立，万军伟，潘欢迎，等．2009. 琼北自流盆地地下水三维数值模拟研究．安全与环境工程，（3）：12－17.

郗敏，吕宪国，姜明．2005. 人工沟渠对流域水文格局的影响研究．湿地科学，3（4）：310－314.

肖长来，梁秀娟，王彪．2010. 水文地质学．北京：清华大学出版社，268－273.

杨伟．2012. 现代黄河三角洲海岸线变迁及其滩涂演化．海洋地质前沿，（7）：17－23.

余钟波，Schwartz W. 2008. 地下水水文学原理．北京：科学出版社，110－143.

周俊，邓伟，刘伟龙，等．2008. 沟渠湿地的水文和生态环境效应研究进展．地球科学进展，10（23）：1079－1084.

周园园，师长兴，范小黎，等．2011. 国内水文序列变异点分析方法记载各流域应用研究进展．地球科学进展，30（11）：1361－1369.

Acharya S，Mylavarapu R S. 2015. Modeling shallow water table dynamics under subsurface irrigation and drainage. Agricultural Watermanagement，149：166－174.

Adrian A. 2000. DITCH：A model to simulate field conditions in response to ditch levelsmanaged for environmental aims. Agriculture, Ecosystems and Environment, 77: 179-192.

Baalousha H M. 2012. Characterisation of groundwater-surface water interaction using fieldmeasurements and numericalmodelling: A case study from the Ruataniwha Basin, Hawke's Bay, New Zealand. Applied Water Science, 2 (2): 109-118.

Boulton A J, Findlay S, Marmonier P, et al. 1998. The functional significance of the hyporheic zone in streams and river. Annual Review of Ecology, Evolution, and Systematics, 29 (1): 59-81.

Bradley C. 2002. Simulation of the annual water table dynamics of a floodplain wetland, Narborough Bog, U K. Journal of Hydrology, 261 (1-4): 150-172.

Cui B S, He Q, Gu B H, et al. 2016. China's coastal wetlands: Understanding environmental changes and human impacts formanagement and conservation. Wetlands, 36 (S1): 1-9.

Cui B S, Yang Q C, Zhang K J, et al. 2010. Responses of saltcedar (Tamarix chinensis) to water table depth and soil salinity in the Yellow River Delta, China. Plant Ecology, 209 (2): 279-290.

Cui B S, Zhang Z M, Lei X X. 2012. Implementation of diversified ecological networks to strengthen wetland conservation. Clean-Soil, Air, Water, 40 (10): 1015-1026.

Danesh Y, Foufoula G E, Karwan D L, et al. 2016. Inferring changes in water cycle dynamics of intensivelymanaged landscapes via the theory of time-variant travel time distributions. Water Resource Research, 52 (10): 7593-7614.

Fan X, Pedroli B, Liu G, et al. 2012. Soil salinity development in the Yellow River Delta in relation to groundwater dynamics. Land Degradation & Development, 23 (2): 175-189.

Fraser C, Roulet N, Lafleurm. 2001a. Groundwater flow pattern in a large peatland. Journal of Hydrology, 246 (1/4): 142-154.

Fraser H, Fleming R, Eng P. 2001b. Environmental Benefits of Tile Drainage, Prepared for LICO, Land Improvement Contractors of Ontario, Ridgetown Coll., Univ. of Guelph, Guelph, Ont.

Gerakis A, Kalburtji K. 1998. Agricultural activities affecting the functions and values of Ramsar wetland sites of Greece. Agriculture, Ecosystems and Environment, 70 (2-3): 119-128.

Guo H, Jiao J J. 2007. Impact of coastal land reclamation on ground water level and the sea water interface. Ground Water, 45 (3): 362-367.

Guo H, Jiao J J. 2008. Changes of coastal groundwater systems in response to large-scale land reclamation. Groundwater Research and Issues, 45: 79-136.

He Q, Silliman B R, Liu Z Z, et al. 2017. Natural enemiesgovern ecosystem resilience in the face of extreme droughts. Ecology Letters, 20 (2): 194-201.

Hu L, Jiao J J. 2010. Modeling the influences of land reclamation on groundwater systems: A case study in Shekou peninsula, Shenzhen, China. Engineering Geology, 114 (3): 144-153.

Hu L, Jiao J J, Guo H P. 2008. Analytical studies on transient groundwater flow induced by land reclamation. Water Resources Research, 44 (11). DOI: 10.1029/2008WR006926.

Jiao J J, Malone A. 2000. A hypothesis concerning a confined groundwater zone in slopes of weathered igneous rocks. Symposium on Slope Hazards and Their Prevention, 8-10.

Jiao J J, Nandy S, Li H. 2001. Analytical studies on the impact of land reclamation on ground water flow. Ground Water, 39 (6): 912-920.

Jiao J J, Wang X S, Nandy S. 2006. Preliminary assessment of the impacts of deep foundations and land reclamation on groundwater flow in a coastal area in Hong Kong, China. Hydrogeology Journal, 14 (1-2): 100-114.

Jiao J J, Zheng C. 1997. The different characteristics of aquifer parameters and their implications on pumping—Test analysis. Ground Water，35（1）：25－29.

Jolly I D，McEwan K L，Holland K L. 2008. A review of groundwater surface water interactions in arid/semi-arid wetlands and the consequences of salinity for wetland ecology. Ecohydrology，1：43－58.

Kazezyelmaz A C M，Medina J A. 2008. The effect of surface/ground water interactions on wetland sites with different characteristics. Desalination，226（1－3）：298－305.

Kisekka I，Migliaccio K W，Muñoz-Carpena R，et al. 2014. Simulating water table response to proposed changes in surface watermanagement in the C-111 agricultural basin of south Florida. Agricultural Watermanagement，146：185－200.

Litaorm I，Eshel G，Sade R. 2008. Hydrogeological characterization of an altered wetland. Journal of Hydrology，349（3/4）：333－349.

Mahmood H R，Twigg D R. 1995. Statistical analysis of water table variations in Bahrain. Quarterly Journal of Engineering Geology and Hydrogeology，28（Supplement 1）：S63－S74.

Mirjatm S，Rose D A，Adeym A. 2008. Desalinisation by zone leaching：Laboratory investigations in amodel sand-tank. Australian Journal of Soil Research，46（2）：91－100.

Mirlas V. 2009. Applyingm ODFLOW model for drainage problem solution：A case study from jahir irrigated fields，israel. Journal of Irrigation and Drainage Engineering-Asce，135（3）：269－278.

Moffett K B，Gorelick S，Mclaren R G，et al. 2012. Saltmarsh ecohydrological zonation due to heterogeneous vegetation-groundwater-surface water interactions. Water Resources Research，48：W02516.

Nash J E，Sutcliffe J V. 1970. River flow forecasting through conceptualmodels，part I：A discussion of principles. Journal of Hydrology，10：282－290.

Ogban P I，Babalola O. 2002. Evaluation of drainage and tillage effect on water table depth andmaize yield in wet inland valleys in south-western Nigeria. Agricultural Watermanagement，52（3）：215－231.

Parlange J Y，Brutsaert W A. 1987. Capillarity correction for free-surface flow of groundwater. Water Resources Research，23（5）：805－808. 10. 1029/WR023i005p00805.

Restrepo J I，Montoya A，Obeysekera J. 1998. A wetland simulationmodule for the MODFLOW groundwatermodel. Ground Water，36（5）：764－770.

Ritzema H P. 1994. Drainage Principles and Applications. International Institute for Land Reclamation and Improvemwnt，Netherlands.

Rossi P，Ala-aho P，Doherty J，et al. 2014. Impact of peatland drainage and restoration on esker groundwater resources：Modelling future scenarios formanagement. Hydrogeology Journal，22（5）：1131－1145.

Sarmah R，Barua G. 2015. Hydraulics of a partially penetrating ditch drainage system in a layered soil receiving water from a ponded field. Journal of Irrigation and Drainage Engineering，DOI：10. 1061/(ASCE) IR. 1943－4774. 0000861.

Simpson T，Holman I P，Rushton K. 2011. Drainage ditch-aquifer interaction with special reference to surface water salinity in the Thurne catchment，Norfolk，UK. Water and Environment Journal，25：116－128.

Siyal A A，Skaggs T H，van Genuchtenm T. 2010. Reclamation of saline soils by partial ponding：Simulations for different soils. Vadose Zone Journal，9（2）：486－495.

Sophocleousm. 2002. Interactions between groundwater and surface water：The state of the science. Hydrogeology Journal，10（2）：52－67.

Stuyfzand P J. 1995. The impact of land reclamation on groundwater quality and future drinking water supply in the Netherlands. Water Science and Technology，31（8）：47－57.

Wang X, Zhang G, Xu Y J, et al. 2015. Defining an ecologically ideal shallow groundwater depth for regional sustainablemanagement: Conceptual development and case study on the Sanjiang Plain, Northeast China. Water, 7: 3997 - 4025.

Xie T, Liu X, Sun T. 2011. The effects of groundwater table and flood irrigation strategies on soil water and salt dynamics and reed water use in the Yellow River Delta, China. Ecologicalmodelling, 222 (2): 241 - 252.

Xin P, Yu X Y, Lu C H, et al. 2016. Effects of macro-pores on water flow in coastal subsurface drainage systems. Advances in Water Resources, 87: 56 - 67.

Xu X, Huang G H, Sun C, et al. 2013. Assessing the effects of water table depth on water use, soil salinity and wheat yield: Searching for a target depth for irrigated areas in the upper Yellow River basin. Agricultural Watermanagement, 125: 46 - 60.

Yamamoto R, Iwashima T, Sanga N K. 1986. An analysis of climate jump. Meteorological Society of Japan, 64 (2): 273 - 281.

Youngs E G. 2013. Effect of the capillary fringe on steady-state water tables in drained lands. II: Effect of an underlying impermeable bed. Journal of Irrigation and Drainage Engineering-ASCE, 139 (4): 309 -312.

Youngs E G, Leeds H P B. 2000. Improving efficiency of desalinization with subsurface drainage. Journal of Irrigation and Drainage Engineering-ASCE, 126 (6): 375 - 380.

Yuan D K, Lin B L. 2009. Modelling coastal ground-and surface-water interactions using an integrated approach. Hydrological Processes, 23: 2804 - 2817.

Yuan L R, Xin P, Kong J, et al. 2011. A coupledmodel for simulating surface water and groundwater interactions in coastal wetlands. Hydrological Processes, 25: 3533 - 3546.

Zucker L, Brown L. 1998. Agricultural Drainage: Water Quality Impacts and Subsurface Drainage Studies in themidwest, Ohio State Univ. Extension Bull. 871, The Ohio State University, Ohio.

第 6 章

滨海湿地营养级联效应作用机理

▼

气候变化和人类活动正在不断地改变着滨海湿地栖息地，以及生物的分布格局，影响物种之间的相互作用关系。与此同时，生态学研究的重点则是如何预测和管理气候变化和人类活动影响下生态系统的关键生态过程的响应。其中，一个重要的目标则是了解这些变化如何通过上行和下行效应，影响食物网生态学中物种之间相互作用的关系。营养级联作为食物网生态学的重要理论，亦即关键生态过程，是反映上行和下行效应因子调控食物网结构与功能的典型范例。气候变化和人类活动改变的上行和下行效应因子可以同时发生，上行和下行效应因子可以产生协同增效，或者抵消效应，进而影响营养级联强度和结果。

本章通过对食物网营养级联过程的概念、研究方法、主要特点进行阐述，并结合黄河口近海水域碎屑物质输入，以及海草床生态系统食物网管理实验为主要研究案例，揭示营养物质输入和碎屑物质输入的上行效应，以及捕食者和消费者功能群的下行效应对营养级联的调控机理，为进一步基于营养级联理论的滨海湿地生态系统管理提供科学理论依据。

6.1 营养级联概述

6.1.1 营养级联的理论基础

级联效应：是指由生态系统中的某些关键物种的优先消失而导致的其他生物物种的一系列次级消失。通常而言，当一些受威胁物种依赖于某些特定的食物资源，且与关键种之间存在互利共生关系（以某种方式而依赖于某一关键物种），或者被迫与入侵该系统内的外来物种共存的情况下，关键种的消失更容易引发次级消失。由此，基于食物网结构间的营养关系而发生的级联效应被称为营养级联。在食物网中，捕食者的存在与否形成的捕食者或被捕食关系，形成了以营养消耗相关的级联效应。因此，营养级联的作用是根据捕食者的存在与否，被分为常规的营养级联，以及捕食者数量降低的营养降级两种级联效应。

（1）营养级联：是指当食物网中的捕食者通过抑制被捕食者的种群数量或者改变其行为特征，进而间接降低对较低营养级生物消耗的生态过程（Paine，1966；Carpenter et al.，1985）。

（2）营养降级：尤其是指当较高营养级的捕食者从生态系统中移除或者数量的降低，进而促使其下一营养级生物种群数量增加的生态过程（Britten et al.，2014）。

食物网理论旨在揭示种群、群落以及生态系统生态学之间的相互作用，是生态学家揭示种群动态、群落结构稳定性及生态系统功能变化的主要科学理论。当前的食物网理论研究同时包含了“下行”和“上行”两个过程。研究的热点则是上行和下行过程在不同的时间和空间尺度对生态系统影响的相对独立作用，以及两者产生的交互作用（Thompson et al.，2012）。科学家们一致性认为，全面、系统地揭示生态系统如何实现自我维持，实现稳定的、具有较高恢复力和抵抗力的群落，需要深刻地探索生态系统中的关键上行和下行效应因子是如何影响食物网各营养结构之间的相互作用关系的。

探索并定量食物网动态对于生态学家而言是极具挑战的工作，这是因为其在自然界中所处的异质性环境、多种多样的功能群，以及多物种之间复杂的相互作用关系。正因如此，科学家们进行了一系列研究内容的延伸，进而更清晰地辨识生态系统食物网的上行和下行过程对生态系统过程的影响。例如，科学家们应用概念模型、生态网络、食物网稳定性、多样性-生态系统功能关系，以及控制食物网营养结构和动态的营养级联过程，为进一步辨识影响生态系统结构与功能的下行效应和上行效应提供更多的便利（Sauve et al.，2014）。

营养动态理论（Linerman，1942）通过将生态系统中的食物网分解为不同离散的营养级来理解食物网结构稳定性。食物网也相应地被视为一个理论框架，包含了不同营养级水平的捕食者、消费者，或者是已知的功能群，其中每个营养级的生物由处于连续的、一定范围的营养级位置的生物物种组成（Hussey et al.，2014，2015）。因此，研究确切且具有限定营养位置的生物群组成的营养级，成为理解生态系统中食物网结构动态、群落生态学中上行和下行效应变化，以及营养级联过程的重要方法（Bascompte et al.，2005）。这也成为探索人类活动通过物种移除和增补从而影响生态系统食物网结构，进而改变营养级之间捕食和被捕食的作用关系，及其级联效应的重要方法，也就是学术上所称的营养级联理论（Myers et al.，2007；Pauly et al.，1998；Vander Zanden et al.，1999）。因此，开展基于营养级划分的群落营养结构研究，能够有效地揭示人类活动和气候变化导致的干扰效应，进而提供基于生态系统保护、修复管理的重要衡量标准（Pauly et al.，1998；Branch et al.，2010）。

营养级联过程是研究生态系统食物网各营养级间相互作用关系的典型范例，已经成为生态学家探索自然界生物种群和群落结构、动态分布格局、维系人类活动干扰下的生态系统稳定性和抵抗力的重要生态学理论。狭义的营养级联是指食物网中的捕食者通过控制中间消费者而间接的促进初级生产者的生态过程。营养级联存在于各种各样的生态系统中，且被证实是决定物种丰富度和生物量，以及影响食物网能量流动的关键生态过程。由于级联效应可以调控众多生态系统过程，诸如初级生产量、营养循环和生物降解等，而得到广大生态学家和管理者的广泛关注（Schmitz，2008；Schmitz et al.，2010）。虽然越来越多的学者通过野外观测、现场试验模拟、模型预测等方式尝试辨识与了解营养级联发生的生态系统的关键特性，但是，这种捕食者通过营养级传递到食物网低层营养级的过程往往因生态系统类型、环境异质性特征，以及时间和空间尺度的差异性而不断地变化着（Strong，1992；Shurin et al.，2006；Hall et al.，2007）。因此，关于营养级联发生、强度和效应变化的最终机制及其重要性一直是生态学家关注的问题，仍需进一步深入研究（Schmitz et al.，2004；Ripple et al.，2016）。

6.1.2 营养级联的主要特征

1. 营养级联的普遍存在性

营养级联在自然界中是普遍存在的，从弱小的昆虫脏腑到偌大的浩瀚海洋。正因为营养级联在生态系统中的重要性，不同领域的科学家也纷纷利用营养级联的机制揭示不同生态系统内生物群落结构变化和格局的特征。因此，关于营养级联作用的研究呈现逐年增加的趋势（图 6.1）。然而，不同生态系统中环境要素的差异是导致营养级联作用结果与强度空间差异性的主要原因（Pace et al.，1999）。

科学家们认为，除了人类活动，如渔业活动、土地利用、营养物质输入等干扰因素是直接导致营养级联结果和强度存在系统差异性外，自然状况下空间异质性形成的系统内的生产力、庇护所、外来入侵物种，以及生物之间的潜在种群补偿也是影响营养级联的关键控制因子（Hebblewhite et al.，2005；Hebblewhite，2005）。荟萃分析（meta-analysis）表明营养级联作用强度最强的则是海洋底栖环境，其次是湖泊生态系统，再者为溪流生态系统，最弱的则是草地生态系统（Shurin et al.，2002）。营养级联作用在各个系统中的差异性，使得科学家更加希望了解什么样的系统更容易发生营养级联，哪些关键要素的格局变化能够影响营养级联强度（Shurin et al.，2002）。重要的是，科学

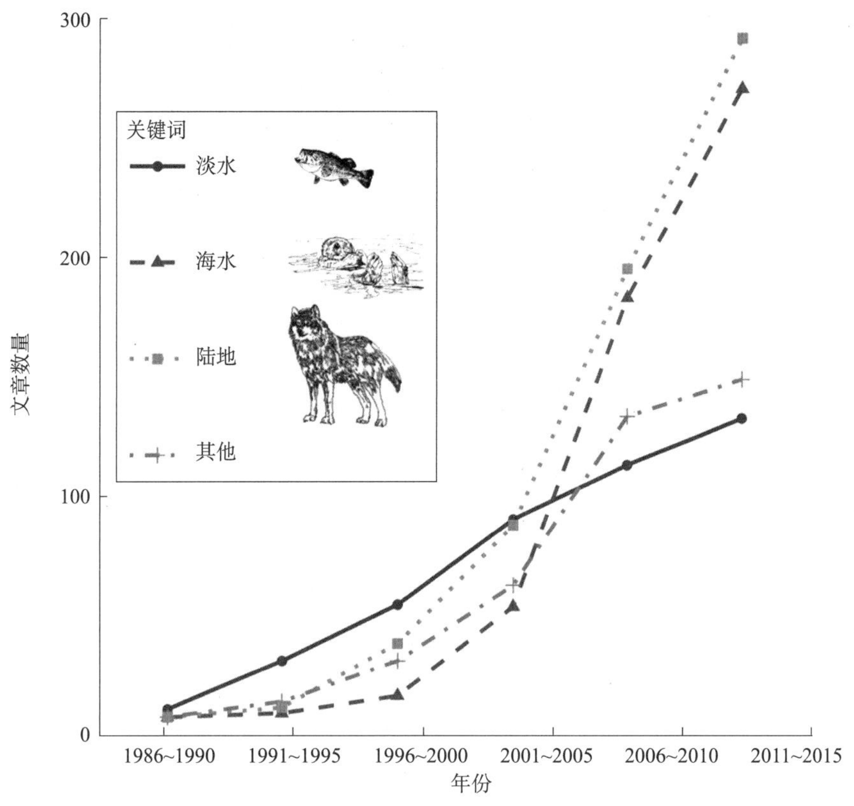

图 6.1 基于生态系统类型划分的营养级联研究发表的文章数量（Ripple et al.，2016）

家们一直认为，了解环境变化下营养级联的响应机制，对于基于级联作用调控的生态系统管理修复和保护具有重要的理论价值和指导意义（Strickland et al.，2013）。

1）陆地生态系统

陆地生态系统是以具有较低的水资源可利用性而区别于水生生态系统的重要生态系统，但往往由于水文的连通特征，陆地生态系统与水生生态系统在某些结构组分和功能循环存在必然的关联性。尽管关于营养级联作用的研究越来越多地来自于水生生态系统，但是关于陆地生态系统的级联研究也得到了重视（Halaj and Wise，2001）。关于陆地生态系统典型的营养级联有过很多报道，在北美地区，灰狼（*Canis lupus*）被认为是草原狼的天敌，而草原狼则是狐狸的主要捕食者，因此形成了灰狼—草原狼—狐狸三层营养级的级联关系（Newsome and Ripple，2015）。美国黄石公园在驱逐狼群 70 年后，于 1995～1996 年先后引进灰狼意图恢复自然生态系统生物群落结构，狼群的再引入再次形成了狼—鹿—植被的三层营养级的级联关系，并证明狼群的引入有利于植被生态系统的修复工作（Ripple and Beschta，2012）。

除此之外，有关蜘蛛—昆虫（如蝗虫等）—植被的三层营养级研究也是陆地生态系统研究中的热点话题，而且研究人员更多的则是通过上行调控过程和下行调控过程揭示植被生态系统内各食物网群落结构的变化特征（图 6.2）。陆地生态系统群落结构的复杂性往往使得理论预测的结果并非与水生生态系统显示的一致，这是因为陆地生态系统群落结构复杂性，物种间具有更大的缓冲和补偿能力来弥补某一物种的缺失而导致的级联现象（Strong，1992）。因此，越来越多的科学家开始认为未来陆地生态系统营养级联研究则更需要关注食物网各营养级的生物多样性与营养级相互作用之间的关系，从机制上揭示营养级生物的行为、生理学、形态学等特征变化对食物网营养级间直接和间接作用的调控，有助于科学家对营养级联结果和强度在局部、区域和大尺度格局上变异性的认识（Schmitz et al.，2000）。

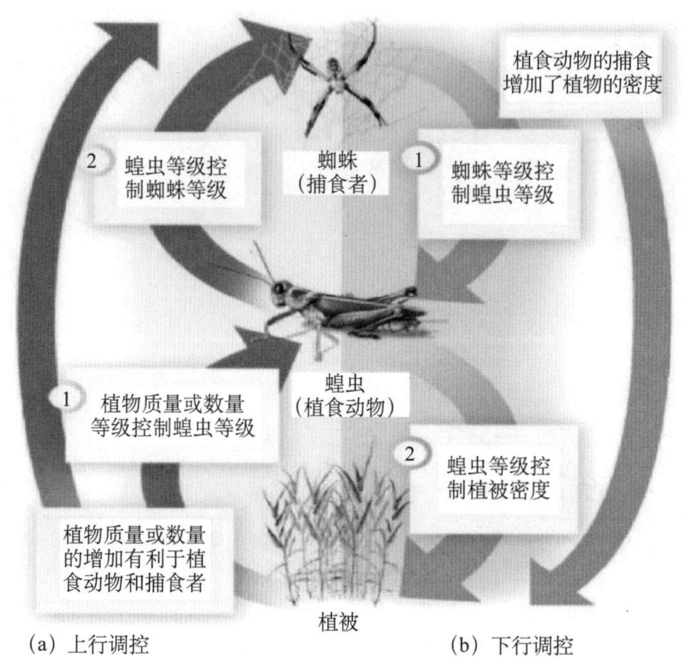

图 6.2 蜘蛛—蝗虫—植被的上行和下行调控过程示意图（Joshua，2012）

2）海洋生态系统

近些年来越来越多的研究人员发现营养级联现象在海洋生态系统中是非常常见的现象，但是针对海洋生态系统营养级联过程的研究目前仍缺乏系统性的认识（Polis et al.，2000；Ripple et al.，2016；Britten et al.，2014）。其中，在西北大西洋区域，一个相对比较复杂、开阔的海洋生态系统，研究人员发现在 19 世纪的 80～90 年代，渔业捕捞活动对鳕鱼、鳟鱼的过渡猎捕，导致了该区域内小型的觅食性鱼类物种、螃蟹和虾类种群数量的显著增加，进而间接改变了该区域内浮游动、植物群落结构的变化。

最近的研究发现，海洋生态系统中的捕食者种群数量的恢复，可以与人类活动导致的水体富营养化发生抵消作用，进而促进海草生态系统的结构和功能的稳定性（图 6.3）。Hughes 等（2013）通过对长时间序列的历史数据，以及现场的观测、控制实验，证实海草生态系统中的海獭种群通过营养级联作用，间接地释放小型草食型无脊椎动物，而小型食草型无脊椎动物可以通过偏好型啃食由于海水富营养化导致的寄生性藻类，进而促进海草叶片的光合作用和健康生长，促进了海草的生长。另外，鲨鱼作为人类海洋捕捞的重要目标，研究人员发现其种群数量的降低将间接导致珊瑚礁、海草、海藻等生态系统的剧烈波动，严重情况下造成生态系统的坍塌（Roff and Mumby，2012；Roff et al.，2016；Britten et al.，2014）。

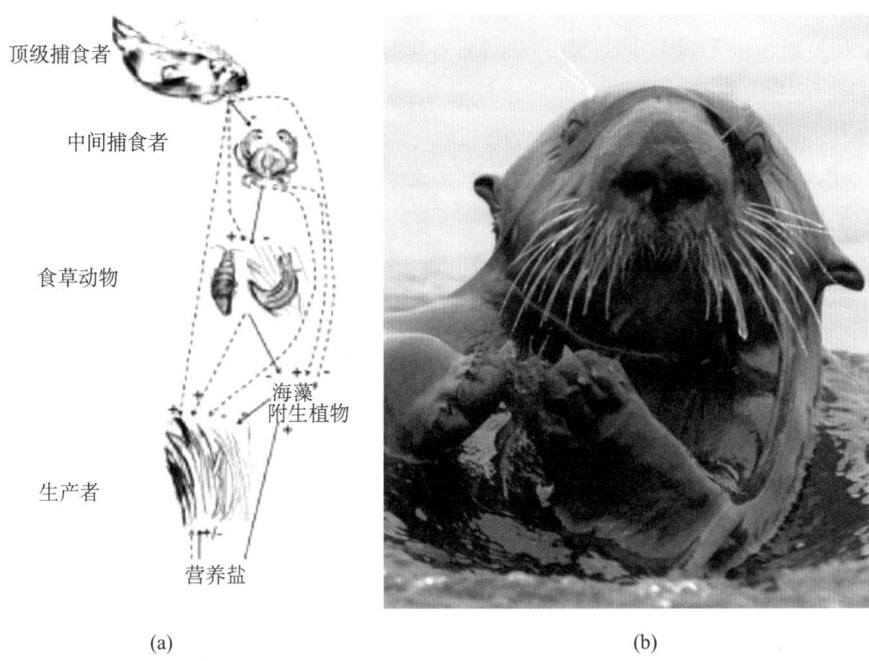

图 6.3 捕食者海獭通过营养级联作用对海草生长的影响
（Hughes et al.，2013a；Levy，2015b）

未来海洋生态系统营养级联的研究应该充分考虑气候变化和人类活动导致的生物生理学响应，如气候变化、营养物质输入下，上行和下行过程对食物网过程的影响（Rosenbaltt and Schmitz，2016）。另外，有研究提出，由于海洋大型捕食者的游泳特性使得捕食者可以在一定地理空间内影响食物网的营养级联过程，因此有必要针对性地开展大型捕食者的营养级联过程对生态系统连通性的影响研究（Roff et al.，2016；Hays et al.，2016）。

3）跨水-陆生态系统

鉴于陆地和水生生态系统中发现的众多营养级联现象，科学家们开始意识到跨生态系统边界的生物流通似乎将会严重影响相互之间连通的生态系统群落动态变化（Nakano et al.，1999）。因为跨生态系统的生物流通可以是某些生物为了满足正常的繁殖，其不同生活史阶段需要生活在不同的生态系统中，这种在生活史中的特殊需要，提供了耦合两个生态系统的关键通道（Massol and Cheptou，2011）。有研究表明，陆地生态系统的昆虫，如蜻蜓等幼虫在水体沉积物中，相对于大型底栖动物而言则是捕食者，因此可以影响水生态系统食物网生物的相互作用，而当发育到一定阶段后则转移到陆地生态系统，参与陆地食物网各个环节的流通（图 6.4）（Richardson and Sato，2015）。因此，跨水-陆生态系统的生物连通性受到诸如蜻蜓等生物生活史不同需求影响，进而影响陆地和水生生态系统的食物网相互作用关系。

某一生态系统内特定环境要素的剧烈波动，也会影响毗邻生态系统中各个生物组分在生态系统中的相互流通（Kremen et al.，2007）。因此，局部环境条件下的某一营养级生物的变化带来的生物间的相互作用变化会影响毗邻生态系统食物网间的直接与间接作用关系，进而影响毗邻生态系统内的生物群落结构和分布格局（Kardol and Wardle，

2010；Hopcraft et al.，2010)。最为典型的则是溪流生态系统的上游区域，被普遍认为是水-陆生态系统的交接区域。来自于陆地生态系统的植被碎屑物质和节肢动物能够为水生生态系统提供能量补给，增加捕食性鱼类的丰度，进而通过营养级联效应传递至食物网其他营养级，最终影响初级生产者的初级生产力（Nakano et al.，1999)。滨海湿地位于河流末端，水陆作用强烈，但针对这种跨生态系统的外源性输入对滨海湿地生态系统食物网结构的影响研究仍然处于起步阶段，还需进一步补充（Nakano and Murakami，2001；Fukui et al.，2006)。

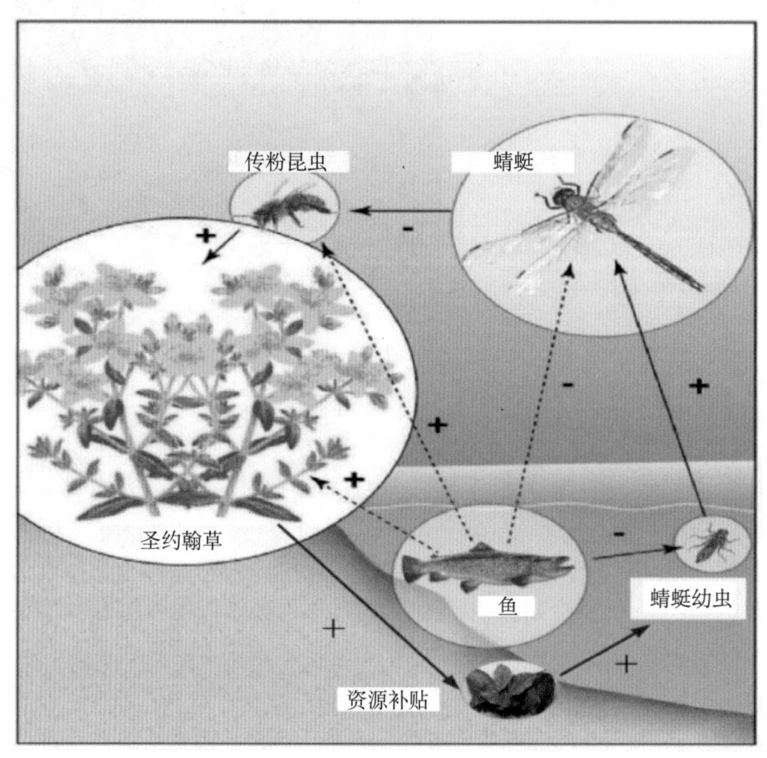

图 6.4　跨水-陆生态系统的外源性物质输入对食物网营养结构的作用途径（改自 Hui，2012）

2. 营养级联的动态稳定性

营养级联过程是一成不变的，还是动态变化的，这个问题一直令生态学家困惑和费解。实际上，营养级联是一种动态变化的过程，这也就决定了其并非总是任何时间、任何地点都显而易见。当一个系统处于稳定点，即平衡状态时，各个营养级生物量或者丰度则保持在一定的稳定状态（Heithaus et al.，2008；Estes et al.，2011)。这种稳定状态是人为刻画的一种表达方法，而实际上生态系统各个营养级之间的作用规律是处于不断变化、波动的稳定状态（Fretwell and Barach，1977；Paine et al.，1980)。

通常情况下，对于一个由肉食性捕食者、草食性的消费者和基础生产者植物构成的三层营养级的食物链而言，捕食者捕食中间消费者，中间消费者又摄食植物，植物又处于不断的生长状态，其中下行和上行调控过程都在同时进行的（Leopold，1966；Oksanen et al.，1981)。这些变化的交互影响因素以及其在生态系统中的流动始终保持着一种平衡状态，这就是为什么潜在的动态变化并非显而易见的。然而，食物网理论认为捕食者和被捕食者之间的相互作用关系是决定生态系统关键过程和系统稳定性的重要因素。因此，营养级之间的相互作用关系形成的这种动态平衡稳定的状态，用于揭示营养级联再适合不过了。因为营养级联指的是整个系统内的相互作用的整体效应，不是仅仅指其中一个或者两个可以假定的状态。

6.1.3 营养级联的研究要点

1. 上行和下行效应因子的驱动力判识

气候变化和高强度的人类开发活动正在不断地改变着陆地和水生生态系统的“上行效应因子”和“下行效应因子”。例如，气候变暖、水体富营养化、捕食者种群数量下降、物种入侵以及土地利用变化，不断地改变着自然界生物群落结构的组成和分布格局（Ormerod et al.，2010；Kratina et al.，2012）。这些因素除了直接对某些敏感物种产生影响外，还会与其他因子之间通过协同或者拮抗作用产生串联效应。例如，渔业活动捕捞大量的捕食者，产生了一系列直接与间接的生态效应（Heithaus et al.，2008），同时还可以通过富营养化对植被生态系统产生负面效应（Hughes et al.，2013）。尽管科学家们已经坚信捕食者数量下降会导致直接的生态效应，但捕食者营养级联过程及其发生机制仍然是当今生态学研究讨论的热门话题（Heithaus et al.，2008；Estes et al.，2011）。辨识影响上行和下行效应因子变化的关键驱动力及其效应方式和效应量，是揭示营养级联过程空间变异性的关键。

自然状态下，生态系统关键要素的空间梯度，加之人类活动分布格局的不对称性，使得滨海湿地环境要素的自然梯度和人类活动干预下胁迫梯度难以区分。因此，两者既可以孤立地影响食物网结构，也可以两两之间或者多者之间产生相互作用，进而影响捕食者的级联效应强度和空间格局，并再次影响生物群落结构格局（Estes et al.，2011；Duffy et al.，2015；Hughes et al.，2013）。但是，由于研究系统的差异性以及地理空间条件的异质性，人类活动及自然环境空间因子的变化如何影响上行和下行调控过程，以及上行和下行过程如何抵消或者强化其他人类活动因子对群落结构组成和格局的影响仍然不清晰。

2. 上行和下行过程相互作用的模式

简单的狼-鹿-植物间的相互作用关系为生态学家提供了更多关于营养级联研究中对“上行过程”和“下行过程”的思考（图 6.5）。首先，捕食者想要以某一稳定的效率捕食被捕食者，取决于生态系统的地形学特征、植被、密度，被捕食者的逃避行为特征，以及可能存在的其他因素，如其他被捕食者和捕食者的存在（Berger et al.，2008）。因此。下行作用强度不仅仅只是捕食者和被捕食者的特性，而是取决于这种相互作用发生的背景条件。其次，在这一简单的例子中，狼种群数量只是和鹿种群存在交互作用，而狼是位于食物网金字塔的顶端，狼同样也受到来源于金字塔底部鹿种群数量的上行因素的调控。然而，对于鹿种群而言，由于其所处的中间位置是资源双向流动的控制环节，它们受限于自身对植物的觅食（上行过程）以及被狼所捕食（下行过程）。因此，鹿群密度取决于上行过程和下行过程的平衡状态。最后，植被同时也受到上行和下行效应的共同限制，如水文条件、光照、营养物质、植食作用。

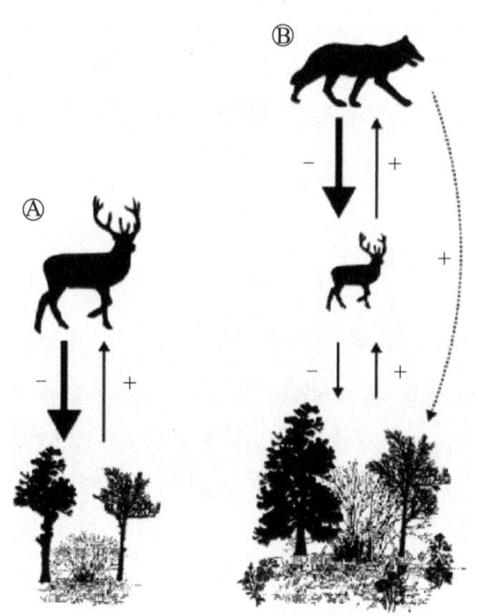

图 6.5 经典狼-鹿-灌木三层营养级间的营养级联作用关系
（引自：https：//chwolf.org）

不同生态系统的管理实验和对特定生态系统的定量综述表明：①上行调控过程更为普遍，但是下行调控过程在水生生态系统中要比陆地生态系统发挥更重要的作用；②上行调控过程和下行调控过程是相互影响的，其交互作用可以协同也可以抵消其对初级生产者生物量的相对重要性。因此，在生态系统内，营养级联同时受控于生物的“下行调控”和非生物因子的“上行调控”两个过程，且两者之间相互依赖并相互作用。

3. 营养级联研究问题导向

一般而言，在生态系统中基础生产者受控于中间消费者，捕食者在抑制中间消费者的同时，间接有利于初级生产者，这一串联式生态过程则往往会受到很多生态环境要素的影响。尽管诸多因素导致生态系统内部营养级联过程变异性的机制有所不同，但是它们都将通过影响中间消费者如何平衡其自身摄食需要和避免自身被摄食的需要而发挥作用（Schmitz et al.，2004；Schmitz，2008）。因此，生态系统内的营养级联的变化主要取决于环境因子如何影响捕食者和消费者数量、行为，进而影响捕食者和消费者间的作用强度。尽管生态系统中具有相同数量、相同种类的捕食者，栖息地资源补偿和环境因子的差异也会导致捕食者级联效应发生变化（Carpenter et al.，2010）。因此，同样的级联效应所产生的独立效应，在面对更广阔复杂的生态系统时，也往往会产生不同的生态群落格局，大尺度上则更容易产生生物地理学分布格局。

营养级联作为捕食者对生态系统间接效应的典型范例，其本质、强度及总体重要性一直是生态学家争议的话题（Schmitz et al.，2004；Ripple et al.，2016；Bairey et al.，2016）。长期的争论更多地来源于究竟什么样的系统可以产生营养级联，其驱动机制究竟是什么，不同栖息地条件下影响营养级联结果和强度空间格局变化的关键因子与过程是如何（Ripple et al.，2016）。气候变化和人类活动驱动下的上行效应因子和下行效应因子是否产生协同增效或者抵消效应。鉴于以上问题，需要在不同的栖息地环境下，揭示食物网营养级之间的相互作用关系对上行和下行效应因子的响应，了解为什么生态系统内营养级联呈现出空间差异性，且在不同的食物网状态下影响营养级联强度和结果的作用机制不同。为了提出具有创新性的科学问题，需要在异质性的空间环境内，结合观测数据与现场管理试验，研究上行效应因子，如富营养化、碎屑物质输入，以及下行效应因子，如捕食者-中间消费者密度、多样性、行为变化，以及个体大小对食物网营养级的影响。研究中，需要以上行和下行效应因子如何控制营养级联的强度和结果为导向，阐明生物、物理和化学过程变化下的上行和下行过程的变异性，揭示上行和下行过程的相对独立和交互作用对营养级联的调控作用。

4. 营养级联研究系统定位

营养级联强度和结果并非一成不变，而是随着其作用过程的时间尺度，以及特异环境条件下对物种作用强度的变化而变化，这就是为什么营养级联也同样存在生物地理学的问题。营养级联的效应量同样随着生态系统类型、初始干扰类型和强度，以及响应变量的选择而不同。营养级联的时间尺度导致的物种丰富度和分布的变化，尤其是在不同的生态系统内，对中间消费者的影响也发生着巨大的变化。这是因为其受到食物网组成物种的生活史或者世代繁殖周期的影响，尤其是对于一些自养型生物。例如，捕食者通过营养级联对自养性生物的影响可以在湖泊、溪流和滨海湿地系统内经历几周或者几个月的时间。因此，营养级联的时间尺度增加了对营养级联研究的难度。

在进行营养级联研究过程中，目标系统、目标干扰（自然或非自然）和目标生物的选取是影响揭示营养级联结果和强度的关键因素。在滨海湿地区域，目标系统，目前国际上的研究重点以海草生态系统、盐沼植被生态系统、珊瑚礁生态系统、红树林生态系统、大型海藻生态系统为主。目标干扰，主要包含了上行和下行干扰因子，下行干扰中最为重要的则是渔业捕捞活动导致的捕食者数量下降；上行干扰可以是其他所有食物网某个环节生物或者非生物因子对关键营养级机构生物丰度和分布影响的控制因子。例如，营养物质的输入可以影响初级生产者的生产力，外源性碎屑物质输入可以影响中间消费者的取食。这些因素可以是滨海区域地理空间上的差异性，也可以是对沿着某一环境因素梯度上的变化响应；同时，这些因素又受到人类活动的影响，如土地利用阻断碎屑物质由陆地向水体生态系统的输入过程和输入量，人类营养物质的直接排放和海水养殖增加的营养物质的输入都是影响目标干扰类型确定的因素。

当然，这些中间环节的干扰类型也是揭示人类活动和自然界生物分布空间异质性的重要机制。目标生物，在营养级联研究中，大多数还是以生态系统类型中的主要初级生产者为主，如海草生态系统中则以海草为主，盐沼植被中则以盐沼植被为主。当然也有的研究为了揭示某种机制、生态系统多功能，也会以生态系统微藻、微生物为响应变量进行营养级联研究的揭示。重要的是，生态系统内某些组分之间还存在着相互作用关系，如竞争、胁迫、共生关系等。在海草生态系统研究中，由于海洋富营养化，海草生态系统内附生藻类会大量爆发影响海草叶片正常的光合作用和呼吸作用，因此本身存在附生藻类和海草之间的竞争关系。所以，研究中需要结合生态系统的特征合理地选取响应变量。

5. 营养级联研究方法

营养级联对决定物种丰富度和分布具有重要作用，在捕食者种群不变的静止或者非静止的生态系统内是可被监测的。与其他物种之间的相互作用类似，只要系统内的捕食者受到干扰，生态系统内是可以发生营养级联的，而且最终营养级联的结果是可见的，也是可以被测量的。通常情况下，我们可以通过从具有大量捕食者的系统中移除捕食者，或者向原本具有较少捕食者的系统内添加捕食者，检验捕食者存在与否，或者数量增加与降低，如何影响生态系统结构与功能。这种捕食者干扰的管理方式可以通过两种方式实现：①通过时间序列的数据记录，获取捕食者移除或者增加不同阶段生态系统的状态；②通过对两个生态系统进行比较，两个系统内需要是一个系统具有较少或者没有捕食者，另一个系统则具有较高的捕食者数量，利用这一方式实现空间替代时间的方法。因此，对于生态系统而言，营养级联具有两大功效：①诱发营养级联发生的捕食者数量变化，导致下层营养级生物丰度和分布格局的动态响应；②维持了静态或非静态系统内物种丰富度和分布的动态过程。

6.2 资源输入对消费者功能群的调控作用

气候变化和人类活动被普遍认为是影响栖息地连通性的重要因素，连通性格局变化则会严重地改变资源输入对食物网生物的供应。关于资源物质输入的可利用量如何影响营养级联强度的空间变化的机制还不明确，尤其是外源性物质输入量的可利用量与营养级联强度之间的关系仍然未见报道。通过在黄河口三个潮沟区域，同时管理下行效应因子（捕食者存在与否）和上行效应因子（定量梯度的外源性物质输入），定量研究资源输入量变化对食物网营养级联作用的影响，以及级联强度和结果的变化对沉积环境初级生产者底栖藻类的影响。

6.2.1 食物网结构对输入碎屑可利用量的响应

全球性人类活动已经剧烈地改变了栖息地的连通性，导致水生生态系统中外源性物质输入比率和质量的空间异质性（Richardson and Sato，2015）。大量研究表明，跨生态系统的外源性物质输入，如陆地生态系统的无脊椎动物和植物的枯枝落叶输入水生生态系统中，能够影响水生生态系统群落的稳定性，并决定营养级联的发生与否（Richardson and Sato，2015；Polis et al.，1997）。揭示自然状态下食物网结构组成以及相互作用关系变化对外源性物质输入的响应关系，明确营养级联变化的响应阈值，成为阐释资源可利用量如何影响营养级联的空间变化的重要方向（Heath et al.，2014）。

食物网消费者是连接食物网上下两个环节的重要中间环节，同时受到上行和下行两个过程的调控。研究发现，最终的消费者生物量取决于外源性物质输入量、研究地点和捕食者的存在与否。捕食者存在的情况下，较低的资源输入量，显著地降低了总的消费者生物量，而在较高资源量输入时，则增加了其生物量（图 6.6）。随着碎屑输入量的增加，消费者生物量呈现由低向高的转变，而且在不同的研究地点同一消费者生物量值对应于不同的资源输入量水平（图 6.6）。因此，实验地点的选取所造成的环境异质性，可以通过调节资源可利用量或改变捕食者对中间消费者的捕食量实现对总的消费者生物量的调控。

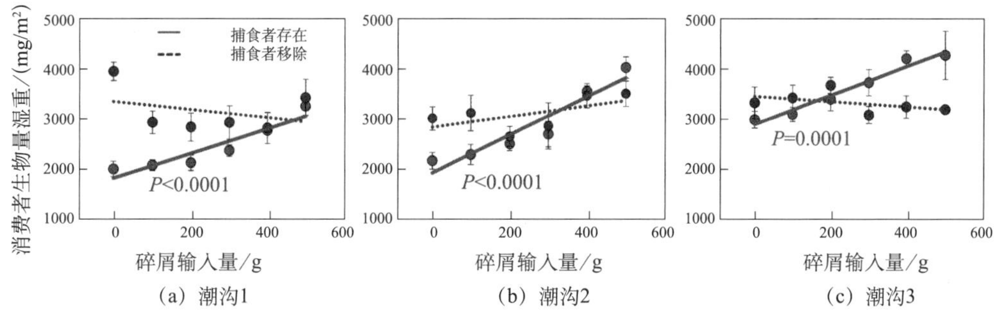

图 6.6　总的中间消费者生物量和资源输入量之间的关系（平均值±SE）

初级生产者底栖藻类生物量同样受到捕食者和研究地点交互作用的影响。在不同的研究地点，捕食者对底栖藻类的促进效应量显著不同。在有捕食者存在的情况下，随着资源输入量的增加，藻类生物量显著下降；但是，在没有捕食者存在的情况下，底栖藻类生物量没有显著性变化（图 6.7）。表现为在 1 级潮沟中，随着碎屑资源补给量的增加，捕食者存在组的叶绿素含量呈现下降的趋势，但总体叶绿素浓度要高于没有捕食者的处理组，表明在 1 级潮沟中捕食者对底栖藻类生物量的累积起到了促进作用。然而，在 2 级和 3 级潮沟中，捕食者对底栖藻类的促进作用并非表现在任何碎屑添加水平上，而是分别在添加量高于 400g 和 300g 以后呈现抑制作用。由此可知，捕食者对底栖藻类的间接促进作用受到环境条件的约束，并且在各个研究地点表现为不同的阈值水平（图 6.7）。这与以往的研究表明，资源输入量可以与环境中其他环境要素发生复杂的作用，影响原始输入量的滞留量或最终资源输入的可利用量（Greenwood and Booker，2016；Richardson et al.，2010），进而影响生物的群落结构格局一致（Polis et al.，1997；Leroux and Loreau，2012）。

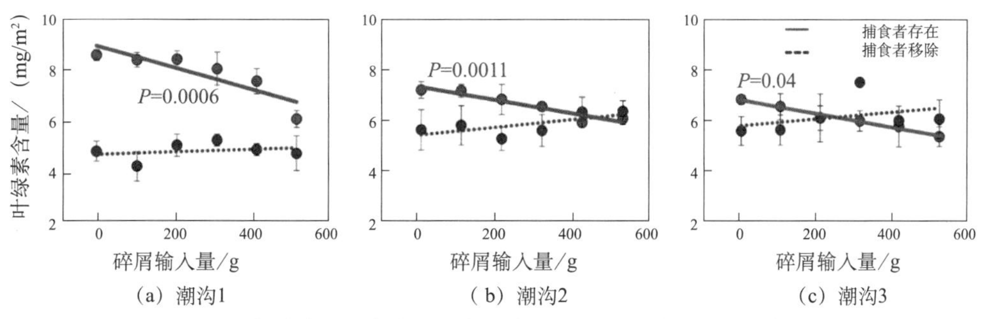

图 6.7　底栖藻类叶绿素浓度和资源输入量之间的关系（平均值±SE）

6.2.2　环境梯度下的碎屑可利用量影响营养级联过程

理论和实验研究中针对跨环境梯度所观察到的营养级联强度的空间异质性格局往往

得到相悖的结论（Klemmer and Richardson，2013；Richardson and Sato，2015）。这是因为外源性物质输入可以与空间异质的物理环境，如地形、地貌、水文过程产生复杂的作用，进而影响接纳系统内实质传递给食物网生物利用的资源可利用量（Richardson et al.，2010）。在滨海湿地生态系统中，潮水流动和潮滩地形、地貌往往在空间上存在明显的变异性，因此也成为决定食物网对资源输入量的可利用量和质量响应关系的重要因素（Polis et al.，1997）。

实验研究表明，较高的资源输入量能够削弱营养级联（Sato and Watanabe，2014），而较低的资源输入量可以强化营养级联（Klemmer and Richardson，2013）。他们强调有必要从添加和排除实验转向定量研究资源输入量对接纳系统内消费者的影响（Richardson and Sato，2015）。因此，深入了解营养级联空间变化的驱动因子需要理解消费者群落响应，生物间的相互作用强度和资源输入比率之间的定量关系（Richardson and Sato，2015），尤其是消费者功能群响应、生物之间的作用关系与资源输入量可利用量之间的关系还未见报道。大量研究表明，物理过程可以影响水生无脊椎动物功能群对水文干扰梯度的响应，主要反映在特定功能群生物的显著性变化（Greenwood and Booker，2016）。尽管大量证据表明资源输入量对接纳系统内消费者种群影响，可以通过功能群变化、种群数量变化和特定生物群的聚合响应，进而影响系统内毗邻营养级生物群落的变化，最终造成营养级联的差异性变化（Sato and Watanabe，2014；Sato et al.，2016）。但是，很少有研究整合了物理和生物过程定量探究消费者功能群的数量变化对自然环境梯度调控下的资源输入量可利用量的响应（Richardson and Sato，2015；Klemmer and Richardson，2013）。

在黄河三角洲的实验研究发现，捕食者的直接效应强度和营养级联强度与资源输入量具有显著的相关关系，而且营养级联强度因地点的不同而不同。在1级潮沟中，捕食者无论在哪一资源输入水平下，均表现为对中间消费者的绝对抑制作用，但是在2级潮沟和3级潮沟中，捕食者的直接作用强度在由负向正转变，表现在不同的资源输入量水平300g和200g［图6.8（a）～（c）］。捕食者的直接抑制作用从最强烈到最弱因地点的不同表现在不同的资源输入水平值。对比之下，营养级联由较低的营养物质输入量到较高的输入量，表现为营养级联强度从正向负的转变［图6.8（d）～（f）］。同时，在不同的实验地点内均表现为较低的资源输入量水平产生较高的营养级联强度，意味着较低的碎屑资源输入量更容易促使营养级联作用的发生。

6.2.3 资源可利用量与营养级联强度间的非线性规律

了解营养级联空间变化的关键驱动因子需要定量研究资源输入系统内消费者的响应大小、生物之间的相互作用强度和资源输入量的可利用量之间的关系，但是目前的研究还未见报道（Richardson and Sato，2015）。黄河三角洲碎屑管理实验研究证明，营养级联强度与资源可利用量之间的响应关系呈现非线性的渐进关系。捕食者的直接捕食强度和营养级联作用强度受到原始资源输入量的滞留量的影响，且作用强度和资源可利用量之间呈现非线性的变化关系（图6.9）。捕食者的直接作用强度随着资源可利用量的增加呈现增加的趋势［图6.9（b）］，然而营养级联强度随着资源可利用量的增加呈现

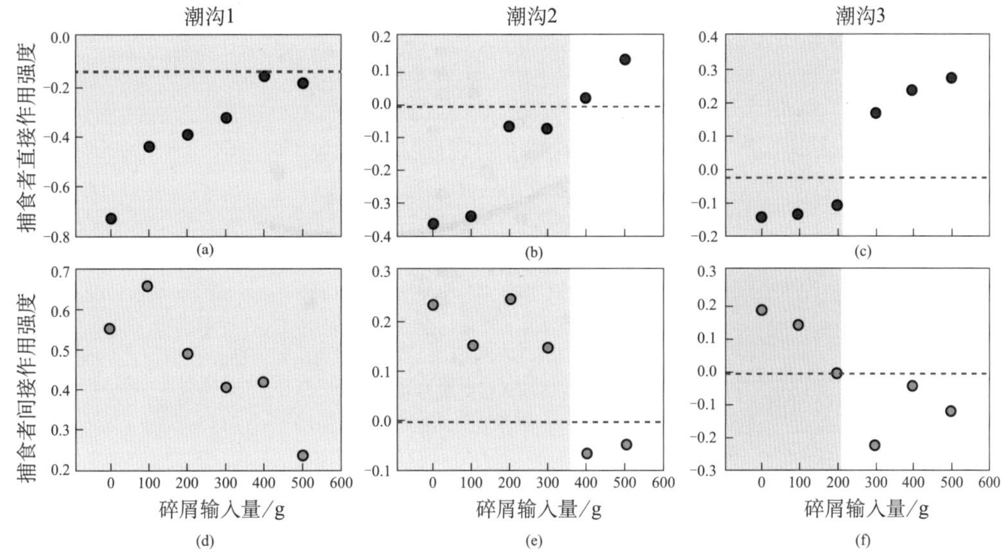

图 6.8 捕食者的平均直接作用强度和营养级联作用强度随着营养物质输入梯度的变化

(a) ～ (c) 捕食者对总的中间消费者的作用强度；(d) ～ (f) 捕食者对初级生产者的间接作用强度，即营养级联强度；蓝色虚线为零值线，位于零处表明没有影响；为了可视化营养级联强度的差异性，图呈现中利用了三个数据的平均值

降低的趋势［图 6.9 (a)］。虽然理论和实验研究认为营养级联强度和资源可利用量之间的关系应该是非线性的关系（Richardson and Sato，2015；Klemmer and Richardson，2013）。但是，当前的研究关于自然生态系统中级联强度和资源可利用量关系的认识中，是否以及何等状况下可以检测到这种非线性关系还仍然缺乏相关知识。上述关于营养级联强度和资源输入量的可利用量之间的定量模型对于理解环境调控的资源可利用量对食物网营养级联空间变化的影响提供了新的认识。尽管大量的研究表明资源输入可以促进营养级联（Carpenter et al.，2010；Pace et al.，1999），也可以削弱营养级联（Huxel and McCann，1998），我们的结果表明这种促进和削弱是相对而言的，而且在环境梯度上，不同的资源可利用量大小决定了营养级联强度的正与负的转换关系。主要表现为较高的资源可利用量能够削弱营养级联作用，营养级联现象更容易发生在较低的资源可利用量条件下。

6.2.4 资源可利用量影响消费者的功能群和觅食行为

识别并定量消费者特定功能群的集群定居效应和行为对资源输入量的响应仍然是当前生态学研究的重点，尤其是其对营养级联结果和强度影响的重要性还不清楚。现有研究已经证明消费者行为变化可以影响营养级联作用，主要表现为在有捕食者存在的情况下消费者觅食行为的变化（Schmitz et al.，1997）。同时，捕食者的潜在食物资源也可以影响捕食者的摄食行为，主要反映在被捕食者的定居速率和觅食行为的变化上（Fahimipour and Anderson，2015）。研究表明捕食性无脊椎动物的定居集群现象与外源性资源输入量直接相关，资源输入量的增加能够促进捕食性无脊椎动物生物量的增加，从

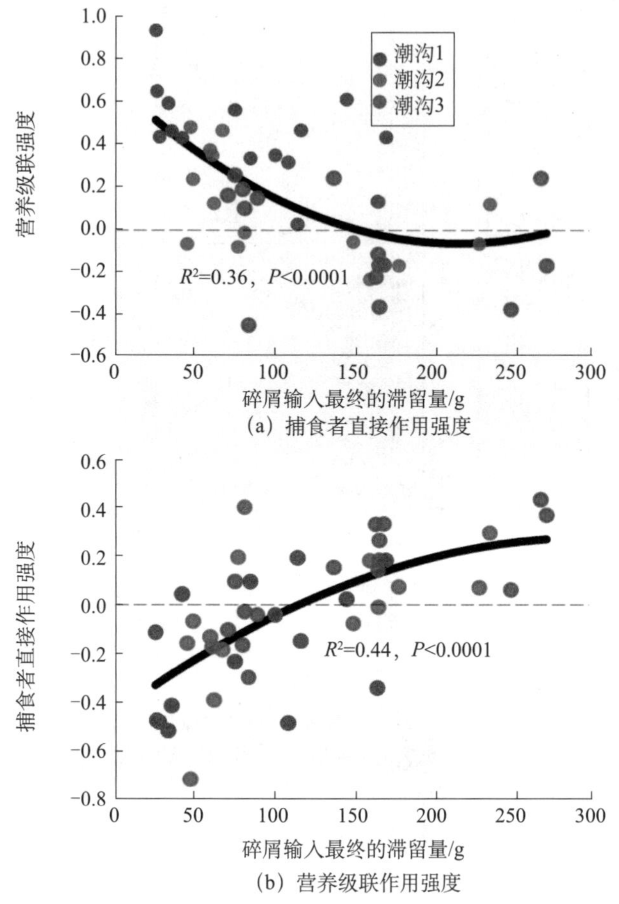

(a) 捕食者直接作用强度

(b) 营养级联作用强度

图 6.9 资源输入滞留量和捕食者直接和间接作用强度之间的关系

而导致偏好型捕食者增加了对捕食性无脊椎动物的捕食，进而释放其他无脊椎动物（Nakano et al.，1999；Klemmer and Richardson，2013；Sato et al.，2012）。在陆地和水生生态系统界面，陆源性节肢动物则被认为既可以是捕食者又可以是普通消费者，而且在有捕食者存在的情况下，陆源性节肢动物的存在可以降低捕食者对其他底栖无脊椎动物的摄食压力，最终影响营养级联效应（Sato et al.，2011；Wesner，2012；Klemmer and Richardson，2013）。因此，不同资源在系统内的流通量变化能够影响捕食者和消费者的觅食性行为变化，进而导致群落水平的整体行为的变化（Briggs et al.，2012）。

黄河三角洲的管理实验发现，捕食性无脊椎动物的生物量受到资源输入量和研究地点交互作用的影响，表明环境空间差异性调控资源输入量的可利用量，进而影响中间消费者特定功能群的集群响应。资源可利用量的增加，促进了捕食性无脊椎动物的集群定居。捕食者对捕食性无脊椎动物的影响主要表现为：在有捕食者存在的情况下，捕食者偏好性地捕食性无脊椎动物，降低了捕食性无脊椎动物的总体生物量［图 6.10（a）］；在没有捕食者存在的时候，捕食性无脊椎动物的生物量随着外源性资源滞留量的增加而增加，并呈现非线性的关系。表明当具有较低的滞留量时，如果增加外源性碎屑物质的数量能够促进捕食性无脊椎动物的生物量，但增加量与输入的外源性物质可利用量之间是非线性关系。

黄河三角洲滨海湿地碎屑输入对营养级联影响研究结果证明，捕食者行为和消费者功能群生物行为对资源可利用量的响应是影响营养级联空间变化的重要机制。捕食性无脊椎动物对非捕食性无脊椎动物的净作用强度随着资源可利用量的增加呈现非线性增加。在外源性碎屑物质可利用量的调控下，不仅捕食性无脊椎动物种群数量受到影响，而且在有捕食者存在的条件下，捕食性无脊椎动物对其他无脊椎动物的作用也呈现非线性的关系，表现随着资源可利用量的增加，捕食性无脊椎动物对其他无脊椎动物觅食强度增加，因此捕食者和资源可利用量影响捕食性无脊椎动物的觅食行为［图 6.10(b)］。这种变化揭示了环境中物理过程的空间异质性可以调节资源输入量的最终可利用量，进而导致食物网营养级间的直接与间接作用的空间变异性；而且这种环境调控的资源可利用量主要通过影响中间消费者的功能群结构的变化，最可能的机制则是捕食性无脊椎动物对资源输入量的可利用量的数值型响应在空间上的变异性，进而说明了不同资源输入水平下营养级联作用强度的方向的变化，即正、负的转变机制。

由于捕食者对捕食性无脊椎动物的偏好性捕食尤为敏感，因此外来的无脊椎动物在水生食物网中充当捕食性物种还是被捕食性物种，决定了营养级的层次，进而影响营养级联效应的空间格局（Leroux and Loreau，2012；Wesner，2012）。在捕食者存在的情况下，捕食性无脊椎动物受到捕食者的显著性抑制。研究结果与之前的研究结果一致，表明随着资源输入量的增加，捕食者摄食转向定居的捕食性无脊椎动物，降低其对其他无脊椎动物的摄食，进而打破捕食者对初级生产者的间接促进作用（Sato et al.，2012）。大量的研究表明觅食行为的变异性可以归因于不同物种的空间利用格局、资源消耗比率，而不同物种的空间使用格局和资源消耗比率受到物种间的空间补充关系的影响（Fahimipour and Anderson，2015；Griffin et al.，2009）。

研究表明捕食者的觅食行为和被捕食者的集群效应是关联的，尤其是资源可利用量表现为空间异质性的时候，特定消费者功能群集群效应在数量上的响应对营养级联的产生发挥重要控制作用。研究中通过区分中间消费者为捕食性消费者和非捕食性消费者两类功能群，发现捕食性无脊椎动物可以通过捕食效应对非捕食性无脊椎动物种群数量产生显著影响。随着资源可利用量的增加，捕食性无脊椎动物的定居数量增加。较高的外源性碎屑物质输入，增加捕食性无脊椎动物的集群，使得原食物网形成一个四层营养级的级联现象。因此，当其数量增加较多的时候，除了满足捕食者的捕食以外，捕食性无脊椎动物还可以成为中间捕食者进而抑制其他非捕食性无脊椎动物，当其数量较低时，则与其他非捕食性无脊椎动物一并成为中间消费者，被捕食者捕食消耗。研究结果加强了对之前研究结果的认识，表明较高的资源输入量增加了捕食性无脊椎动物的数量使其成为中间捕食者，进而形成四层营养级的营养级联效应（Klemmer and Richardson，2013）。

研究的结果表明觅食行为级联机制可能对外源性物质输入调控的营养级联作用更为普遍，尤其是在环境空间条件异质性较高的情况下导致的资源可利用量的不同。我们首次探索了不同消费者功能群和资源输入量可利用量之间的定量响应关系形式，表明环境调控的资源可利用量决定了特定消费者功能群生物的集群定居量，进而影响营养级联现象的发生及营养级联的强度。营养级联强度及捕食者直接作用强度与资源可利用量之间的非线性关系主要取决于中间消费者捕食性无脊椎动物的响应、捕食者的偏好捕食，以及捕食性无脊椎动物觅食行为的变化（图 6.10）。

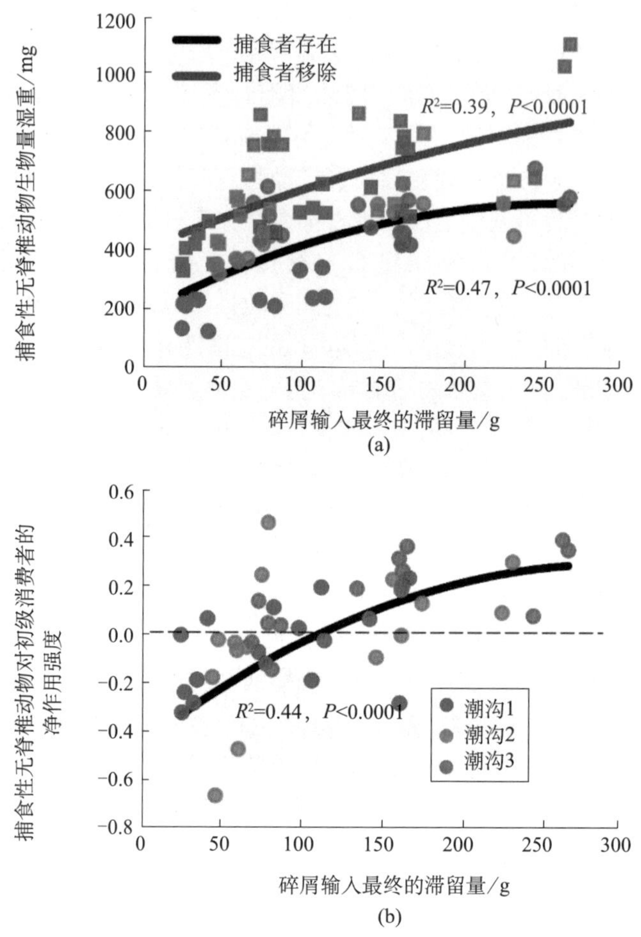

图 6.10　资源输入滞留量与无脊椎动物生物量之间的关系

（a）资源输入量对捕食性无脊椎动物的定居生物量的影响；（b）资源输入量对捕食性无脊椎动物觅食行为（对其他中间消费者摄食强度）的影响

通过定量研究滨海生态系统消费者特定功能群的集群效应和其行为变化对环境调控的资源可利用量的响应，揭示了自然状态下资源碎屑输入系统营养级联空间变化的潜在机制。定量关系结果显示，在有捕食者存在的情况下，中间消费者中的特定功能群消费者的集群和觅食活动会发生显著变化，进而改变食物网营养级联效应。具体表现为随着资源可利用量的增加，捕食性无脊椎动物的集群定居量和其对其他非捕食性无脊椎动物觅食强度的非线性变化关系。捕食者对捕食性无脊椎动物的偏好性捕食，在降低其他非捕食性无脊椎动物摄食压力的同时，改变了整体中间消费者群落结构以及营养级间的相互作用关系。研究结果证明了外源性碎屑物质输入生态系统后，能够被食物网生物所利用的量受到自然环境的影响，最终的资源可利用量往往低于实际输入量，同时表明最终资源输入量的可利用量是决定削弱和强化营养级联的关键因素，资源可利用量与生物之间存在适应性阈值区间，且这种营养级联强度与资源滞留量之间的关系是非线性关系。这种非线性关系主要与捕食性无脊椎动物的集群定居效应和其觅食行为变化有关。总而言之，消费者功能群对资源输入量可利用量的响应决定了营养级联强度与资源可利用量之间的非线性关系，表明在自然状态下营养级联强度既可以是加强的也可以是削弱的，但可以通过预测资源可利用量来预测其转换关系。

资源物质输入如何影响滨海湿地食物网结构及其相互作用关系，对滨海湿地生态保护和修复具有重要意义。管理者可以通过辨识由于人类活动破坏栖息地连通性和外源性过程导致的资源可利用性的空间异质性来预测和管理人类活动对生态系统的影响。然而，上述食物网直接和间接作用与资源可利用量之间的非线性关系表明识别其定量关系尤为重要。因为在非线性响应关系中，相同数量的资源可利用量变化可以产生不同的生物种群数量变化，以及不同营养级联结果和强度响应。尽管捕食性无脊椎动物对增加的资源输入量产生的积极响应可以归因于很多机制，如物种间共存的促进作用、物种的持续性和多样化（Sato and Watanabe，2014；Stein et al.，2014），但资源输入量变化导致的捕食性无脊椎动物影响的潜在机制仍然需要进一步研究。最重要的是，在研究外源性碎屑物质输入对食物网直接和间接作用的时候，有必要考虑捕食者行为变化以及中间消费者集群效应和其觅食强度变化对于生态种群和关键生态过程的影响。总而言之，本节的研究结果提供了对自然资源可利用量变化如何控制特定功能消费者集群及其行为，进而影响食物网关键营养过程影响的科学依据，以及这些关键过程又如何反过来影响生态群落结构格局的理解与认识。

6.3 生物多样性和资源输入对消费者的调控作用

了解生物多样性如何影响关键生态过程的速率，进而影响生态系统功能，一直是生态学研究的核心问题。尽管生物多样性如何影响碎屑物质降解已有大量研究，但是碎屑物质输入量和生物多样性之间的相互作用如何影响碎屑物质降解速率、消费者定居、初级生产者生长，以及综合作用下的营养级联过程变化仍然不清晰，需要进一步研究。本节通过管理捕食性螃蟹物种数目和定量梯度的碎屑输入量，揭示下行调控过程和上行调控过程对食物网营养级相互作用的相对对立和交互的作用。

6.3.1 捕食者多样性和资源输入对中间消费者的影响

生态学研究的一个重大挑战是理解生物多样性损失如何影响生态系统关键功能和过程（Handa et al.，2014）。人类活动已经加速了物种灭绝的速度，生物多样性的降低严重威胁着食物网不同营养级生物的功能稳定性（Allan et al.，2014；Newbold et al.，2015）。这一全球性生态问题，已经引起生态学家开始关注生物多样性变化如何影响生态系统功能和过程（Cardinale et al.，2012）。较高营养级中一个物种或者多个物种的存在，可以发生级联效应，进而影响基础营养级生物（Duffy et al.，2015）。大部分研究尤其关注于初级生产者和顶级捕食者多样性上行过程和下行过程的重要性，并证实植物和捕食者物种多样性可以影响一系列生态系统过程，如初级生产力、分级过程、营养循环（Hooper et al.，2005；Cardinale et al.，2006；Duffy et al.，2015），进而再次影响食物网动态和群落结构动态。然而，却忽视了食物网中间消费者功能群中捕食者性消费者多样性损失带来的生态后果。

很多群落生态学研究通过营养级联过程将食物网间的作用关系，看作是简单的线性食物链（Halaj and Wise，2001）。而实际上，复杂多样的食物网是不可能因为某一消费者的移除而导致群落结构动态发生剧烈变化（Polis and Strong，1996）。例如，在对 Alaskan 滨海湿地食物网相对简单的大型海藻床研究发现，海獭对植食者海胆的捕食是决定海藻床群落结构稳定性的决定因素（Estes and Duggins，1995）。然而，对于食物网复杂的区域，同样的海草床内，由于多样化的捕食者鱼类和植食者，移除海獭后，并没有产生与 Alaskan 区域同样的效果，说明了捕食者和中间消费者多样性决定了级联作用的最终结果。然而，对于中间消费者而言，由于其具有相对宽泛的功能群，捕食性消费者功能群生物多样性的变化是影响食物网结构复杂度的关键组成部分（Richardson and Sato，2015；Duffy et al.，2015）。因此，理解复杂食物网中功能消费者多样性对营养级联过程是了解消费者多样性及其功能冗余对生态系统功能影响的关键。

在黄河三角洲，通过管理杂食性消费者螃蟹种类数和碎屑输入量梯度，发现捕食者多样性和资源物质输入对中间消费者的影响具有很强的交互作用。捕食者多样性的下行调控作用可以促进资源输入量的上行效应，共同增加中间消费者的生物量。消费者种群数量同时受到来自捕食性消费者的下行调控作用（捕食者的种类数量）和资源输入量的上行调控作用。随着捕食性消费者物种数的增多，中间消费者生物量呈现出显著的增加趋势［图 6.11（a）］。随着碎屑输入量的增加，中间消费者生物量也呈现出显著增加的趋势，且表现为非线性的关系［图 6.11（b）］。

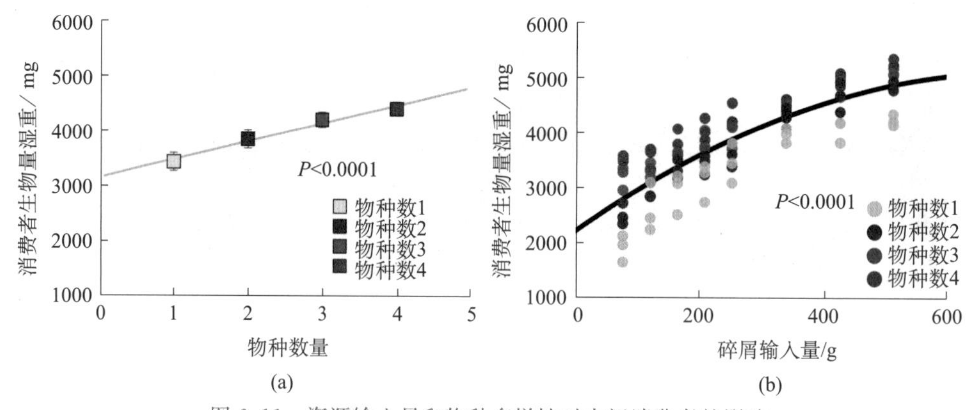

图 6.11　资源输入量和物种多样性对中间消费者的影响

6.3.2　初级生产者对捕食者多样性和资源输入量的响应

生物多样性和资源输入量是决定初级生产者生物量大小的关键因素。黄河三角中的控制实验研究发现，在未被啃食的对照组中，底栖藻类生物量（叶绿素-a 含量）受到物种数量和资源输入量的显著性影响，但两者之间的没有明显的交互作用。结果显示，随着物种数目的增多，未被啃食的对照组中的叶绿素-a 含量呈现增多的趋势［图 6.12 (a)］，但被啃食的处理组中的叶绿素含量呈现下降的趋势［图 6.12 (b)］。而且，结果显示，被啃食组的底栖藻类叶绿素含量受到物种多样性和资源数量的交互作用影响。虽然随着资源输入量的增加，未被啃食组和被啃食者的底栖藻类含量都呈现增加的趋势［图 6.12 (a) 和 (b)］，但是，结果表明物种多样性在促进底栖藻类的生长的同时，也增加了啃食者（牧食者）对底栖藻类的摄食量。因此，研究结果说明生物多样性的增加，促进了中间消费者的增多，也增加了其对底栖藻类的摄食量，使得沉积物表面底栖藻类总体生物量变化量不至于发生明显波动。

6.3.3 捕食者多样性和资源输入量对营养元素的影响

中间消费者中的碎屑食性消费者是影响自然界生态系统内、不同生态系统间，以及生物圈和大气层之间营养物质、碳和能量循环等关键生物地球化学过程的重要贡献者 (Wieder et al., 2013)。碎屑食性消费者能够通过啃食和破碎碎屑物质影响碎屑资源中的营养和能量传递与循环 (Handa et al., 2014)，成为影响包括分解作用、营养物质释放和初级生产量，以及物种相互作用强度等生态系统过程的重要生态系统工程师。当前的研究仍然不清楚捕食性碎屑消费者生物多样性和碎屑物质输入量之间的相互作用如何影响物种定居、碎屑物质分解速率，进而间接影响初级生产者藻类 (Hunt and Wall, 2002; Drake et al., 2011)，这种由捕食性消费者多样性调节的营养级联研究也还未见报道。

黄河三角洲的管理实验结果表明，杂食性消费者多样性（本节称之为捕食性消费者）和资源物质输入对资源碎屑物质的碳氮比和碳磷比变化的影响具有很强的交互作用。随着物种数的增加，外源性物质关键要素碳氮比和碳磷比的比值显著增大［图 6.12 (c)、(d)］，表明生物多样性可以促进外源性输入物质的分解速率，加速 N 和 P 元素的释放。外源性物质输入量与碳氮比和碳磷比的关系表明，随着外源物质输入量的增加，外源性碎屑物质的碳氮比逐渐降低，碳磷比也呈现降低的趋势，并且二者下降量逐渐缓慢［图 6.12 (c)、(d)］，表明外源性资源物质输入量的增加提高了总体资源碎屑物质中氮 (N) 和磷 (P) 含量，使得碳氮比和碳磷比呈现降低的趋势。

随着物种数和外源有机碎屑输入量的增加，水体中溶解无机氮 DIN-N 与磷酸盐浓度逐渐升高（图 6.13）。其中，随着外源性物质输入量的增加，水体中 DIN-N 浓度呈现非线性增加的趋势［图 6.13 (a)］，水体中磷酸盐含量呈现线性增加趋势［图 6.13 (b)］。随着物种数目的增加，水体中溶解无机氮 DIN-N 与磷酸盐浓度呈现逐渐升高的趋势［图 6.13 (c)、(d)］。由此可知，生物多样性和资源输入量可以促进资源物质内 N、P 元素向水体中的释放，增加水体营养盐浓度。这是因为生物多样性促进了资源物质内 N、P 元素的释放速率，而资源物质输入量则提供了更多的 N、P 源。

6.3.4 捕食者多样性和资源输入对营养级联作用的影响

碎屑物质分解影响了水体—沉积物界面营养物质的含量，生物多样性（捕食者物种

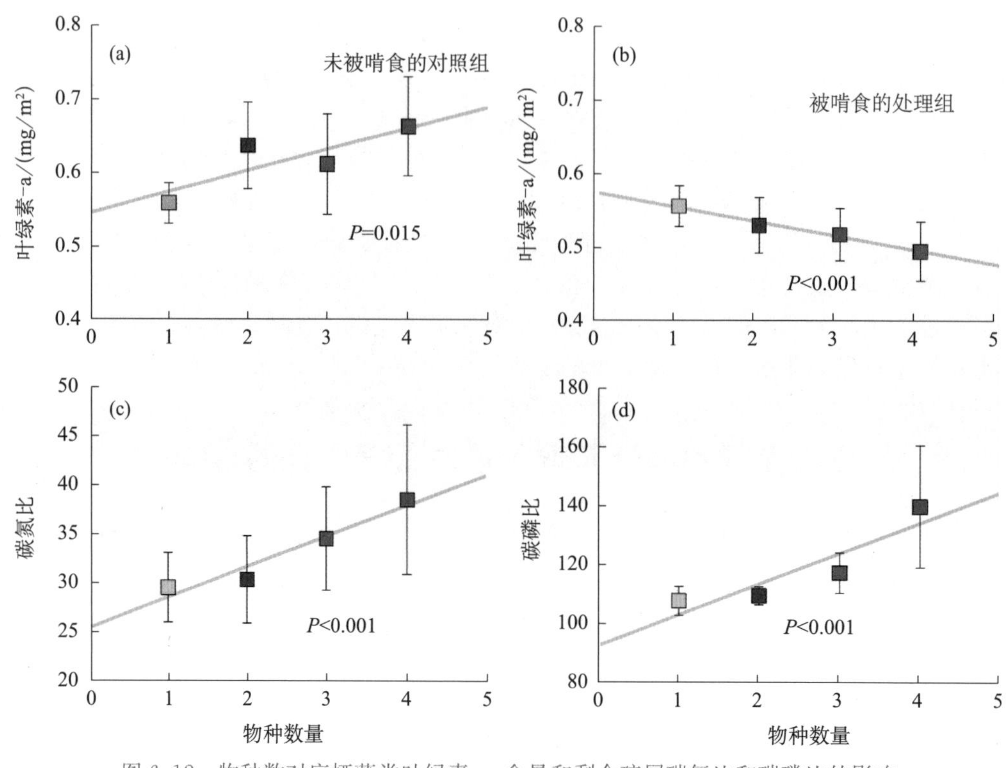

图 6.12 物种数对底栖藻类叶绿素-a含量和剩余碎屑碳氮比和碳磷比的影响

数）和资源输入量的增加促进了碎屑物质中 N、P 元素的释放，增加了水体中营养盐浓

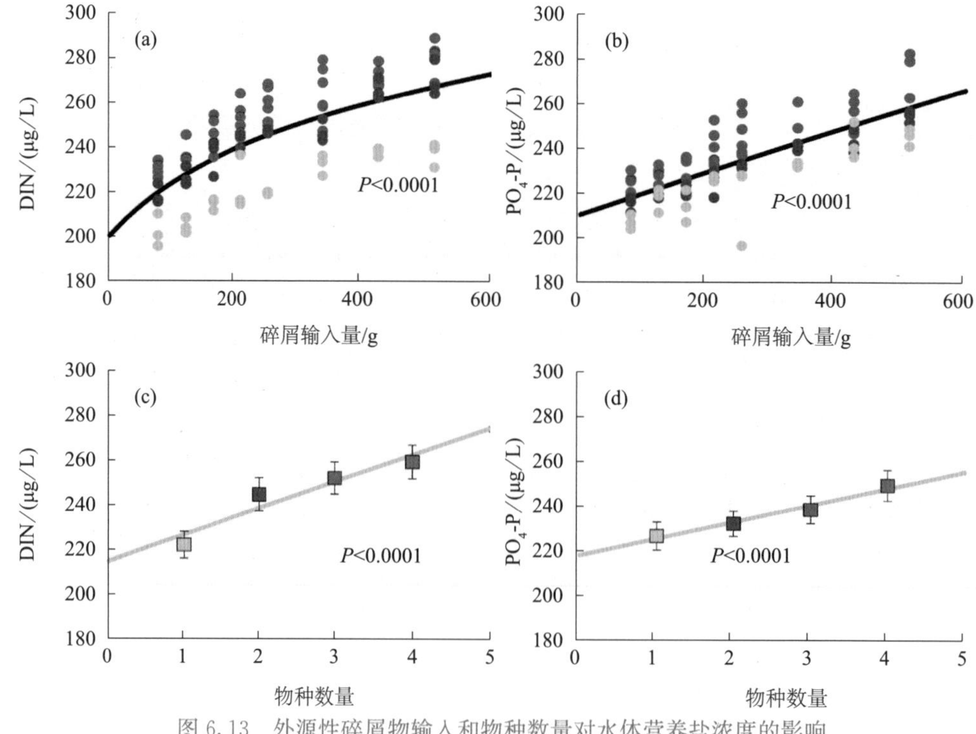

图 6.13 外源性碎屑物输入和物种数量对水体营养盐浓度的影响

溶解无机氮 DIN（平均值±95%置信区间）；磷酸盐 PO_4-P（平均值±95%置信区间）

度（图6.13），促进了底栖藻类的生长，增加了底栖藻类的生物量。但是，捕食者多样性和资源输入量同时增加了中间消费者的生物量，促进了对底栖藻类的啃食作用，抵消了一部分增加的藻类生物量［图6.12（a）、（b）］。捕食者生物多样性削弱了营养级联强度，使得在较高物种丰富度的情况下，促进了中间消费者对沉积环境中底栖藻类的消耗量。同时，抵消了资源输入量的积极上行效应对藻类生长的促进作用。

物种间的竞争和促进作用大小往往被认为随着环境压力梯度的变化而变化（Hodge et al.，2000）。本节证明了生物多样性和外源性碎屑资源输入对碎屑物质碳氮和碳磷比率变化存在交互作用。生物多样性变化可以显著影响外源性碎屑物质的N和P释放速率或者数量，并影响水体-沉积物界面营养盐浓度的变化，最终影响沉积环境初级生产者藻类生物量的变化。因此，与之前的研究均表明生物多样性的效应强度取决于资源输入量的大小和外源性营养物质的输入量（Gulis and Suberkropp，2003）。因为资源输入量大小决定了可用于分解作用的数量，间接影响营养元素变化是导致藻类生产量变化的决定因素（Rosemond et al.，2015；Jabiol et al.，2013）。在有外源性碎屑物质输入的条件下，具有较高碎屑消费者生物多样性的系统能够加速碎屑物质的分解速率，增进营养元素的生物地球化学循环过程，进而提供生态系统初级生产者所需的营养物质，提高生态系统生产力。

碎屑消费者生物多样性对碎屑物质分解的促进作用，一方面，可以解释为，较高的生物多样性可以包含更多有效的生物物种，以主导相同功能的发挥（Huston，1997；Hooper et al.，2005）；另一方面，生态位分化和促进作用也是潜在揭示生物多样性影响生态系统过程影响的重要机制（Loreau，2000；Hooper et al.，2005）。空间生态位分化使得不同的生物能够通过占用不同的空间区域，进而在狭小的空间内实现空间利用的最大化，影响碎屑物质分解过程（Bärlocher，1992；Hooper et al.，2005）。促进作用是生物多样性作用于生态系统过程的另一潜在的积极效应，既可以是物种间的相互促进，也可以是单方面的促进，可以表现为促进生物彼此或者单一方面的代谢能力或者运动能力，进而实现补充因某一能力的缺失而降低其对生态过程的积极影响效应（McCann，2000；Tilman et al.，2014）。实验证据表明，中间消费者生物多样性对于外源性物质输入的下行调控作用起到了积极的促进作用，增加了外源性资源物质输入的上行调控过程，增加了其他中间消费者的生物量。因此，食物网营养级中，碎屑生物多样性对于生态系统关键过程与功能的发挥具有重要调控作用（Richardson and Sato，2015；Worm et al.，1999）。

6.3.5 消费者的牧食量对捕食者多样性和碎屑输入量的响应

生态系统工程师（Badano and Marquet，2008）和顶级捕食者（Schmitz，2006；Leroux and Loreau，2009）的研究，提供了关于中间消费者多样性变化如何影响生物、物理过程的大量案例。大量研究表明生态系统中复杂食物网中间消费者对生态系统关键过程产生重要影响，尤其是在各消费者之间存在功能补充、或是相互之间产生拮抗作用（Petchey et al.，1999），导致功能冗余的现象（Schmitz，2006；Duffy et al.，2007）。因此，在自然界中，食物网不同营养级的生物多样性下降的功能性后果往往很难从单一物种研究中预测到。

本节研究证明捕食性碎屑消费者生物多样性的提高，削弱了营养级联作用，降低了底栖藻类的初级生产量。尽管较高的外源性物质输入和生物多样性的协同效应提高了水体营养盐的浓度，促进底栖藻类的生长，但是被啃食处理组的藻类生物量呈现降低的趋势。生物多样性在促进营养物质释放、增加藻类生物量的同时，也增加了中间消费者的啃食效应，表现为营养补偿的生物控制机制（Ghedini et al.，2015）。这是因为较高的生物多样性促进了中间非捕食性消费者生物的丰度和生物量，增加了对沉积物底栖藻类的啃食强度。但同时，非捕食性消费者数量的增多很可能是由于螃蟹的种间竞争作用削弱了捕食性螃蟹对其他中间消费者的捕食强度（Hodge et al.，2000）。另外，有研究表明，底栖藻类在水体营养元素增加的同时，不仅可以促进其生产力，同时能够促进初级生产者藻类的营养元素含量（如 C∶N 比率），使得植食者产生摄食偏好，增加对藻类的啃食量（Ghedini et al.，2015；Connell and Ghedini，2015）。由此可知，滨海湿地水环境变化导致的营养物质浓度增加，不一定能够促进藻类生物量的增加，啃食性生物的啃食作用可以抵消由于营养物质增加导致的藻类增加量。所以，营养补偿作用可能代表了一个普遍的机制，通过不同营养级生物对其食物的摄食作用来缓解外界环境变化的干扰，进而促进植被群落结构稳定性。

6.3.6 消费者定植率、牧食量以及元素转化调控营养级联

捕食性消费者多样性和碎屑物质输入量对食物网营养级联具有显著的交互作用。研究结果显示，捕食性消费者多样性和外源性碎屑资源输入量，可以通过影响生态系统的生物、物理过程进而影响调控食物网营养级之间的相互作用关系。外源性碎屑物质输入量和生物多样性的增加，导致碎屑物质中营养元素的释放量增加，进而增加了水体-沉积物界面营养元素的含量，有利于底栖藻类生产量的累积。但是，尽管外源性物质输入和生物多样性的增加促进了底栖藻类的增加，但是同时也促进了啃食者对藻类的啃食作用。因此，捕食性碎屑消费者多样性的下行调控作用强度降低，释放了非捕食性中间消费者，间接地抵消了资源输入量营养物质释放对底栖藻类生物量累加的促进作用。因此，捕食性的下行调控过程可以协同外源性资源输入量，促进消费者的定居，进而增加消费者对初级生产者底栖藻类的啃食强度，削弱营养级联作用强度。同时，研究表明啃食者的营养补偿过程是增加生态系统的抵抗力（resistance）、维持生态系统稳定性的关键生态过程（Connell and Russell，2010）。生物多样性和外源性碎屑输入增加水体营养盐，促进底栖藻类增加的同时，也会导致水体中藻类数量的增加，而藻类数量的增加往往带来显著的负面生态效应（Connell et al.，2008）。

生物的种间促进作用影响生态系统的生物、物理过程的速率，如营养物再循环和初级生产者生物量的消耗。同时，消费者多样性和资源输入量对这些关键生物物理过程的影响既可以是线性的也可以是非线性。尽管由于生物多样性管理水平数量有限，研究结果缺乏建立生物多样性和关键生物、物理过程变化之间定量关系。但是，现有的大量研究表明生物多样性和生态系统关键过程之间的响应关系是非线性的（Klemmer et al.，2012）。本节研究表明在生物多样性影响下，资源输入量和碎屑物质最终 C∶N 和 C∶P

比率之间的关系，以及与水体营养盐浓度之间的关系表现为线性和非线性两种关系形式。由此可知，生态系统功能内在功能的相互联系，在消费者生物多样性的影响下，与资源输入量之间的关系可以呈现不同的形状关系。总体而言，碎屑物质在食物网中的传递路径受到消费者生物多样性和资源输入量的影响（Richardson and Sato，2015；Sato et al.，2012；Klemmer et al.，2013）。研究结果提供了强有力的证据表明消费者生物多样性可以调节碎屑物质的分解过程和营养消耗过程，进而影响食物网的营养级联过程。尽管如此，未来的研究需要了解在资源输入量梯度下，生物多样性影响的潜在机制以及两者之间的潜在相互影响机制，定量生物多样性变化与营养级联强度之间的关系。

6.4 捕食者和营养物质对生产者种间关系的调节作用

理解生态系统对于环境变化的缓冲能力是生态系统科学研究的一个重要目标之一。在滨海湿地植被生态系统，如海藻和海草，目前已经有研究证明营养级联对于提高植物生态系统对富营养化具有重要缓冲作用，并能降低由于富营养化导致的负面生态效应。然而，在贫营养状态的原始（崭新的、未被开发过、干扰过的）生态系统内，营养物质输入和营养降级（捕食者数量降低导致的营养级联效应）如何通过交互作用影响海草生态系统还未见报道。本节通过野外现场管理营养物质添加，控制一个三层营养级联的食物链营养级结构变化，以期探索上行和下行效应因子如何通过交互作用影响贫营养化的海草生态系统。

6.4.1 捕食者和营养物质影响海草的生长

全球气候变化和人类土地利用类型变化导致的环境变化已经严重威胁着生态系统结构与功能稳定（Estes et al.，2011；Hughes et al.，2013；Duffy et al.，2015）。生物群落和生态系统抵抗环境变化，诸如气温升高、富营养化、栖息地破碎化或者人类活动对捕食者的捕捞，并维持较高的生物多样性，取决于其对环境变化的吸收能力（Loreau and Mazancourt，2013；Ghedini et al.，2015）。由于少数剩余的原始环境在面对全球变化时仍然显示出非凡的恢复力（Sandin et al.，2008），因此迫切需要了解生态系统的多重过程如何相互作用，进而影响生态系统抗性和恢复力。这些关键过程的揭示对于保护这些未被人类破坏的或者保护已经几乎消失的生态系统具有重要的启示作用。

许多海洋、淡水和陆地生态系统受到营养降级和富营养化综合作用的影响（Jonsson and Setzer，2015）。全球范围内，过度的渔业捕捞活动已经造成滨海湿地捕食者和草食性生物种群数量的急剧下降（Hughes et al.，2013；Duffy et al.，2015）。而且，很多滨海湿地也面临着严重的水体富营养化，富营养化导致水体上层、底栖和附生藻类的大量暴发。藻类的大量暴发可以覆盖某些栖息地的建群种，如珊瑚礁和海草床，使其窒息而死（Pandolfi et al.，2003）。在人类活动干扰下，营养降级和非生物环境因子之间的相互作用可以发生复杂的变化，如下行调控作用（即消费者的压力）和上行调控作用（增加初级生产力）发生相互作用，共同决定生态系统的恢复力（Connell and Ghedini，2015；Estes et al.，2011）。大量研究已经指出，这种相互作用对变化的条件产生了显著的非线性响应，如珊瑚礁和海草床系统状态的转变（Hughes et al.，2013）。然而，迄今为止的大部分研究通常集中在已经受干扰的和相对富营养化的系统，因此仍然不清楚未被干扰的原始生态系统如何响应来自下行和上行效应因子的干扰（Roff et al.，2016）。

在黄河三角洲，通过野外现场管理营养物质添加，控制一个三层营养级联的食物链营养级结构变化，以期探索上行和下行效应因子如何通过交互作用影响贫营养化的海草生态系统。研究中，通过移除捕食者和营养物质添加，来揭示上行和下行效应的相对和相互作用如何影响海草生态系统对营养物质的缓冲能力。研究结果显示营养物质添加和营养降级对海草生物量具有明显的交互作用。相比于捕食者存在的笼子，移除捕食者后则显著地降低了海草地上部分的生物量［图 6.14（a）］。除了捕食者移除处理组，最终海草的生物量在添加和不添加营养物质的处理组中存在明显的差异［图 6.14（a）］。但是，在存在捕食者的情况下，营养物质添加能够显著增加海草的生物量。在既移除捕食者又移除中间消费者的处理组中，最终的海草生物量最高［图 6.14（a）］。

虽然截至目前大部分研究表明捕食者的级联效应对于海草生态系统具有重要影响，但是，研究中并没有明确检验级联效应在未被干扰的海草系统中对海草缓冲富营养化能力所发挥的重要性。研究发现，营养物质添加可以促进海草的生长，增加地表海草的生物量，但是，在贫营养化且未被干扰的海草系统中，海草的最终生物量取决于捕食者的下行调控作用和营养物质添加上行效应的综合作用。关于海洋捕食者种群数量和植被生态系统在区域范围恢复的报道不断增加（Lotze et al.，2011），表明营养级联增加了滨海湿地植被生态系统对富营养化影响的抵抗力或恢复力（Hughes et al.，2013）。就当前而言，本节首次提供了在贫营养化海草生态系统内检验一个完整的三层营养级食物网的下行作用和营养物质输入的上行作用如何协同影响海草生态系统稳定性。研究结果发现，捕食者移除导致的营养级联降低了海草对富营养化物质输入的缓冲能力。尽管很长时间以来，众多生态学家认为海草床生态系统不断退化与面积下降主要归因于水体的富营养化，但是我们的研究结果显示海草生态系统转变很可能同时来源于捕食者种群数量导致的食物网功能变化所致，而不是仅仅由于营养物质的增加导致附生藻类的窒息效应。

6.4.2 捕食者和营养物质影响附生藻类的生长

海草床是非常重要的生态系统，但目前正加速减少，并伴随重要的生态系统服务功能的丧失（Hughes et al.，2013；Duffy et al.，2000）。全球正在努力恢复和保护剩余的海草生态系统，预计该生态系统将受到人类开发和营养物污染的进一步威胁，从根本上改变了海洋生态系统的下行和上行过程（Hughes et al.，2013；Duffy et al.，2000）。

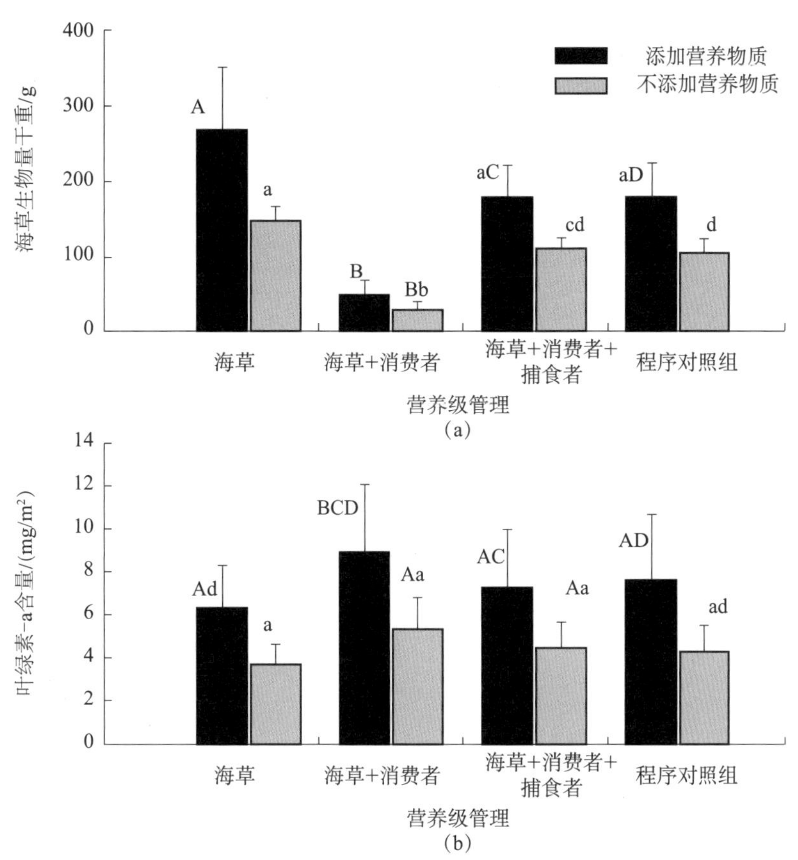

图 6.14 不同处理组的海草生物量干重和叶绿素- a 含量

实验结束后海草的生物量干重（平均值±SD）和叶绿素- a 含量；误差棒上方区分大小写的字母代表 LSD 后验结果，显著度水平在 0.05 水平；不包含相同的字母表示存在显著性差异，下同

生态系统功能的经典观点认为富营养化系统内的高营养物质含量是海草下降最关键的驱动力，因为增强的藻类附生植物对海草具有致命的窒息效应（Whalen et al.，2013）。底栖藻类的定居量与植食作用强度呈现显著相关关系［图 6.14（b）、图 6.15（b）］。尽管营养物质添加和营养级结构可以显著地影响底栖藻类的定居量，叶绿素- a 的相对净增加量因营养级结构的不同而不同，并非只受限于营养物质的添加与否［图 6.15（b）］。由此可知，在贫营养化的海草生态系统，增加营养物质并没有对海草表现为负面效应，而是与食物网营养级结构共同作用产生抵消和增强的效应。尽管大量的现场管理与观察实验已经充分证明，在富营养化系统中，健康的海草需要保证较低的附着藻类生物量，因为这些藻类可以与海草发生竞争关系（Duffy et al.，2015），而消费者偏好型牧食效应可以降低附着藻类的生物量，进而促进海草的生长。而在贫营养化系统内，捕食者的营养级联效应能够促进海草的生长，进一步协同增强营养物质添加导致海草生物量的增加。

6.4.3 捕食者调控的植食效应抵消营养物质的促进作用

黄河三角洲的控制实验结果显示，移除捕食者后，即便添加营养物质，最终海草的

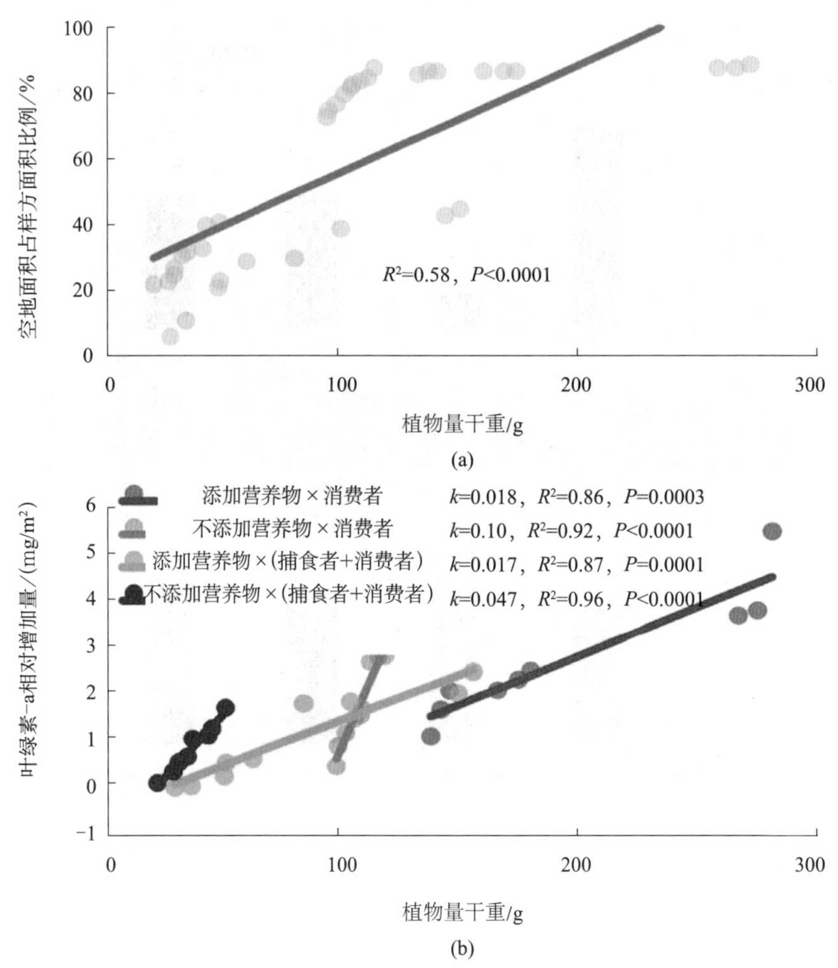

图 6.15 螃蟹植食量与光地的面积比例和叶绿素-a 相对净增加量之间的关系

生物量与没有添加海草的处理组没有显著性差异［图 6.14（a）］，表明植食性螃蟹对海草生物量具有强烈下行调控作用。虽然营养物质能够刺激增加海草的生物量，但捕食者的移除能够促进中间消费者对海草生物量的有效调控。营养物质输入的上行效应结果取决于植食性动物的植食作用。总体而言，植食性动物导致海草量损失量的多少取决于营养级的结构，以及是否添加营养物质，而且营养级和营养物质存在明显的交互作用（图 6.16）。草食性动物螃蟹植食量，与营养物质的增加导致的海草增加量呈明显的正相关关系。移除捕食者释放了植食性螃蟹，增加了螃蟹的植食作用，因而降低了最终海草的生物量，但是可以发现相比于没有增加营养的处理组，螃蟹的植食作用对添加营养的海草处理组的作用更强。螃蟹觅食作用对营养物物质添加的响应，几乎是不添加营养物质的处理组的 2 倍（图 6.16）。因此，营养物质添加的促进效应能通过植食性动物增加植食量得到缓冲，进而维持海草生物量稳定在之前的水平（图 6.16）。

捕食者存在导致的营养级联释放了中间牧食性生物，同时牧食性生物大量消耗附生藻类，有效地改善了海草床内物理环境，不仅降低了水体的浊度，还增加了海草的光合作用和呼吸作用（Hughes et al.，2003，2013；Heithaus et al.，2014）。大型捕

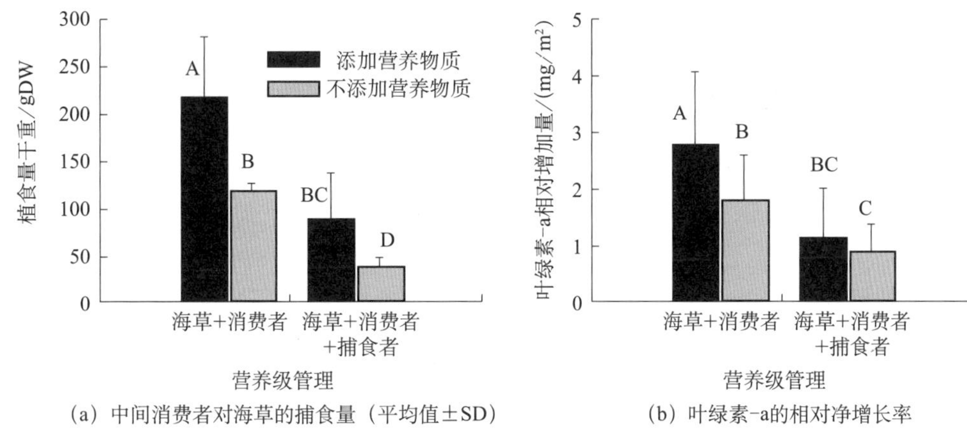

(a) 中间消费者对海草的捕食量（平均值±SD）　(b) 叶绿素-a的相对净增长率

图 6.16　植食效应和叶绿素-a 相对增长量

误差棒上方区分大小写的字母代表 LSD 后验结果，显著度水平在 0.05 水平；不包含相同的字母表示存在显著性差异

食者种群的恢复可以实现食物网功能的完整性，进而促进海草生态系统功能和恢复力（Duffy et al.，2015；Hughes et al.，2013）。然而在富营养化水体，捕食者数量降低很可能会增加海草生态系统脆弱性。当前的研究更多的关注于由于营养物质输入导致的富营养化和渔业活动导致的食物网变化导致的退化海草生态系统（Estes et al.，2011），很少有研究关注这两个过程在生物群落结构完整未被人为干扰的海洋生态系统中的相互作用。

本节加强了最近的研究发现，捕食者存在诱发的营养级联作用可以促进海草的生长和海草床面积的扩大（Hughes et al.，2013）。此外，营养降级增加了植食性螃蟹的植食作用，进而几乎完全抵消营养物质添加的正面效应。捕食者在调节植食者的营养补偿作用中发挥重要作用（Ghedini et al.，2015；Connell and Ghedini，2015），而且对于维持生态系统恢复力（Hughes et al.，2013）和稳定性（Britten et al.，2014），增强食物网结构完整性对营养物质输入的抵抗力发挥着重要作用。本节与以往的研究结果一致，捕食者对滨海湿地植被生态系统中的绝对调控作用，如海藻、盐沼植被（Bertness et al.，2014）和珊瑚礁。本节也暗示了捕食者增加滨海湿地植被栖息地的恢复力似乎是普遍存在的。因此，完整的捕食者种群数量可以增加滨海湿地植被对人类活动干扰时的恢复力，并在原有研究的基础上，进一步提供了实验性证据表明食物网理论对海草群落的绝对控制作用（Levy，2015）。

6.4.4　捕食者调控的植食效应调节海草-附生藻类种间关系

观测和实验研究证实捕食者种群恢复导致的营养级联作用，可以缓解富营养化的上行调控作用（Hughes et al.，2013）。而且营养级联可以调节海草和附生藻类之间竞争关系。黄河三角洲的管理实验表明，在没有捕食者的情况下，相比于有捕食者，植食量越高，叶绿素-a 的相对增加量越大［图 6.16（b）］。植食作用显著地增加了样方内光地的空间是导致底栖藻类叶绿素增加的主要原因（图 6.15）。植食作用将初级生产力转化为较高营养级生物所需的营养物质，进而影响植被生态系统的物理结构和生产力（Poore et al.，2012）。本节揭示了营养物质添加可以促进海草生产量的增加，但是海草的生长由于占据较大的冠层面积，进而影响底栖藻类对光的利用度，继而抑制底栖藻类的生物量（Burkholder et al.，2013）。同时，在没有捕食者存在的情况下，植食作用强度越大，对提高底栖藻类生物量的促进作用越强。本节所讲的三层营养级的营养级联通过抑制植食性螃蟹从而促进海草生物量的增加，不同于之前研究的四层营养级的研究（Hughes et al.，2013），表明捕食者存在导致的营养级联促进了小型牧食者对附着藻类的消耗，进而促进海草生长（Burkholder et al.，2007）。总体来看，下行作用可以调节由于营养物质输入量增加的上行作用形成的植被群落优势格局（Bracken et al.，2014）。

现场管理实验结果表明在未被干扰的贫营养化系统内，捕食者移除导致的营养降级可以降低海草对富营养化的缓冲能力。总体而言，营养物质添加能够促进海草生物量的增加。捕食者移除导致的营养降级增加了植食性螃蟹的植食量，几乎完全抵消了由于营养物质添加增加的海草生物量。相反，在捕食者存在的情况下营养级联作用协同营养物质促进了海草的增长，增加了海草生物量。植食动物调节了优势种海草和底栖藻类之间的竞争关系，这主要可能是植食作用增加了底栖藻类对光的可利用度。不论海草生态系统内营养状态如何，一个健康的营养级结构对于海草生态系统缓冲富营养化具有重要作用，营养降级可以抵消营养物质添加的积极影响。由此可知，下行和上行作用的相互作用是决定海草生态系统恢复力和抵抗力的关键，而且这两个过程与富营养化系统发现的作用效果不同。

本节强调下行作用和上行作用的相互作用对贫营养化海草生态系统的重要调控作用，对于当前人类渔业活动捕捞导致的捕食者数量下降和外来入侵物种导致的食物网结构变化，如何通过级联效应影响滨海湿地植被生态系统具有重要启示意义（Estes et al.,2011；Britten et al.，2014）。这些由于营养降级导致的生物群落结构变化，很有可能进一步损害滨海湿地对富营养化的抵抗力。正因如此，迫切需要在滨海湿地生态保护和修复管理中考虑下行作用和上行作用的交互作用（Hughes et al.，2013）。

下行作用结果取决于营养级结构完整性的恢复而不是一个功能性障碍的食物网（Duffy et al.，2015）。以往的研究指出，捕食者产生的下行作用如何调控植被生态系统缺乏系统性的理解，这是因为很难追踪捕食者的运动轨迹及其活动范围（Hays et al.，2016）。运动能力较高的捕食者，如鲨鱼、海獭、鳕鱼和大鲸鱼具有较广泛的觅食区域，往往会移动很长的距离进行觅食活动，因此可能引发跨海洋生态系统的营养级联效应（Hays et al.，2016）。这种跨生态系统的运动能够构建捕食者生境栖息地的连通性网络。因此针对这一问题，管理者需要清楚打断捕食者利用滨海湿地植被栖息地连通性网络的关键因素是什么，以及在什么样的尺度上基于捕食者的下行调控作用是有效管理和修复滨海湿地植被生态系统所必须的。理解这些过程的关键是分析捕食者种群运动的时空分布格局及其觅食行为格局（Hays et al.，2016），并明确考虑捕食者跨生态系统运动的尺度问题。

6.5 捕食者-消费者大小和营养物质对生产者种间关系的调节作用

食物网中捕食者和消费者个体大小，以及适应性觅食行为是自然生态系统如何保持其稳定性和多样性的两个重要科学问题。然而，有关捕食者-消费者个体大小如何影响食物网相互作用关系和其觅食行为变化以调控食物网的上行和下行过程，进而影响生态系统功能的变化仍然不清楚。本节通过现场管理食物网的下行调控以及营养物质添加的上行调控，揭示基于捕食者-消费者个体大小的营养级联效应和营养物质添加的上行效应对海草群落的相对及相互作用的重要性。

6.5.1 捕食者和消费者大小决定营养级联过程

长期以来人们已经认识到生物体型大小是影响食物网结构和功能的核心要素（Elton，1927），这是因为体型大小是能量流动、生物多样性和种群密度的基本决定因素（Elser et al.，1996）。在过去几十年间，已经越来越多的生态学家使用基于个体大小的营养结构来概述食物网特性（Leaper and Huxham，2002）。体型大小分析在物种丰富、网状的食物网中可能是特别有效的，因为食物网中可能存在由于个体大小差异多个相对独立的营养连接途径和较为复杂的营养路径（Polis and Strong，1996）。地球上一些受到严重威胁的生态系统，如滨海湿地的红树林、珊瑚礁、海草床生态系统往往具有相对复杂的食物网网络，食物网组成结构的变化又会导致下行调控过程的变化。因此，在全球气候和人类活动加速变化的背景下，这些系统受到来自营养物质添加的上行作用和渔业捕捞活动的下行作用的综合影响。

体型大小是消费者-资源之间相互作用强度的主要驱动力，因为体型大小对能量需求也会有所不同，而且消费者尺寸大小还可以决定其被捕食者摄食捕获的概率，以及在面临捕食者存在的时候庇护所的有效庇护性（Tang et al.，2014）。鉴于体型大小与消费者-资源作用关系强度之间的关系，消费者体型在下行调控中可能扮演重要角色，进而影响营养级联的结果和作用强度。目前的证据表明，较大的捕食者似乎可以产生更强的下行调控作用，进而大大促进植被生长（Jochum et al.，2012），但是这种模式背后的机制仍不清楚。已有研究表明，捕食者-猎物体型大小比率对其相互作用强度的影响似乎并不总是一致的，有些研究表明捕食者和消费者之间的相互作用强度与它们的大小比率之间的关系显示为正相关或者不相关（Petchey et al.，2008），而在另一些研究中表现为在中等大小比率时候具有峰值响应关系（Vucic et al.，2010）。因此，捕食者和消费者体型大小对营养级联的发生以及结果存在必然的影响，这可能是因为捕食者和消费者体型大小在不同栖息地之间存在差异性所致。

营养级联是传递由人类活动导致的捕食者数量下降，进而影响生态系统后果的重要生态过程（Estes et al.，2011）。营养级联强度决定了当顶部捕食者移除后，中间消费者对基础资源的消耗量。本节与之前的实验研究相一致，表明食物网捕食者和中间消费者基于大小的结构组成决定了营养级联过程的发生和结果（Petchey et al.，2008）。中间消费者的个体大小组成结构影响捕食者的下行调控作用，与营养物质添加的上行作用共同决定海草的总体生物量。结果显示在捕食者和中间消费者共存的情况下，即使存在基于个体大小的营养级联作用，不同个体大小的中间消费者的适应性植食可以抵消营养物质添加的促进作用。因此，在捕食者和中间消费者长期共存的情况下，消费者个体大小的结构组成产生了捕食者和中间消费者之间作用强度的稳定配置，并且植食动物的适应性植食或者营养补偿作用可以抵消营养物质的上行效应，最终降低了海草生长速率。

本节提供了基于个体大小的营养级联的重要机制解释。捕食者的下行调控作用可以通过捕食者对中间消费者较小个体的偏好捕食而实现（Post et al.，2000）。研究结果表明，捕食者可以通过捕食体型较小的个体，进而抑制总体消费者生物群。同时说明，在自然状态下，捕食者可能会更加容易通过捕食较小个体的消费者来补充自身能量需求。大量研究表明，很多因子可以影响捕食者的偏好型捕食：较小个体的被捕食者（螃蟹）在面临捕食的时候，具有相对较低的逃跑能力（Estes and Duggins，1995）；特别的口感享受，对较小个体生物的偏好型消耗和较大个体生物具有相对较强的抵御能力（Tegner and Levin，1983）。在自然界中，这些因素可以影响捕食者和被捕食者相遇的概率、捕获成功的概率，以及捕食者对被捕食者消耗的概率，使得被捕食者不容易受到捕食者的捕食，进而成为影响捕食者对中间消费者捕食选择的关键因素（Sih and Christenson，2001）。但是，这些因素所产生的适应性行为反应，决定了对捕食者的偏好往往很难判断（Lima and Dill，1990），由于其改变了对不同个体大小中间消费者的消耗率，形成基于特性调节的营养级联作用（trait-mediated trophic cascades）（Gianguzza et al.，2016）。尽管如此，本节的结果表明基于个体大小的营养级联与Borer（2005）荟萃分析结果相一致，营养级联作用主要是通过捕食者对特定中间消费者个体的抑制，使得消费者产生觅食行为的变化，进而影响海草生物量（Petchey et al.，2008；Beckerman et al.，2006）。

不同大小的捕食性鱼类在实验笼子内部和实验笼子以外的对照区域生物量没有显著性差异（图6.17）。移植有海草的实验笼子内总的捕食性鱼类总体生物量与实验区对照笼子内的生物量没有显著差异，因此排除了由于实验内外捕食者生物量差异导致的捕食者效应的差异。同时，分类组内较大个体、中等个体和小个体的分类组中的捕食性鱼类在实验笼子内和笼子以外的对照区域也没有显著性差异，表明研究区域捕食性鱼类均匀分布，同时表明实验设计划分的个体大小组别是较为合理的。数据结果显示，在所有实验笼子内，中等个体的捕食性鱼类总体密度最大、生物量最多，表明如果在允许发生营养级联的情况下，基于密度的营养级联效应很有可能是由于中等个体的捕食性鱼类所致。

植食性螃蟹种群生物量受到来自捕食者种群的抑制作用。不同个体大小的植食性螃蟹总体生物量和不同个体大小组别的生物量在实验笼子内和笼子以外的对照区域因组别的不同有所差异（图6.18）。其中，植食性螃蟹总的生物量在实验笼子内显著低于对照

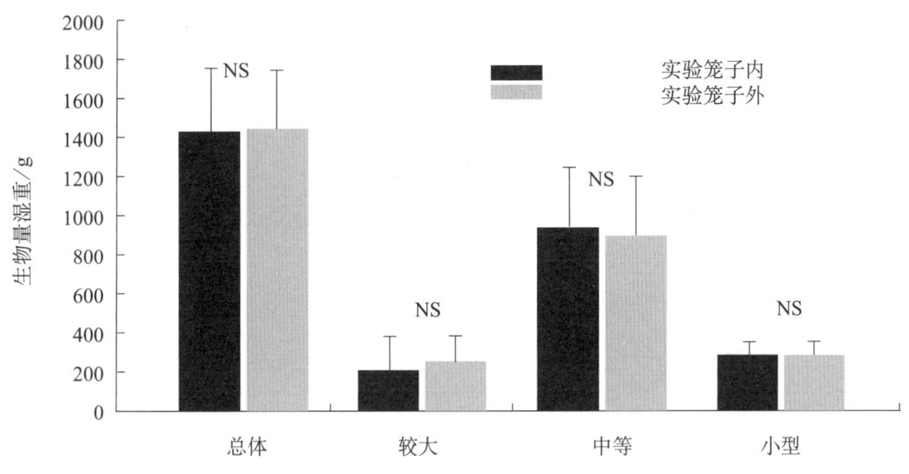

图 6.17　不同大小的捕食性鱼类的生物量（平均值±SD）

NS. 无显著性，下同

区域笼子内的螃蟹，这是由于中等个体和较小个体的植食性螃蟹生物量在实验笼子内要显著低于笼子外的生物量，而较大个体的螃蟹生物量没有显著性变化。同时，实验笼子内和对照区域笼子内主要是以中等个体的螃蟹密度为主。捕食者很可能对中等个体的螃蟹和较小个体的螃蟹产生了抑制性影响。

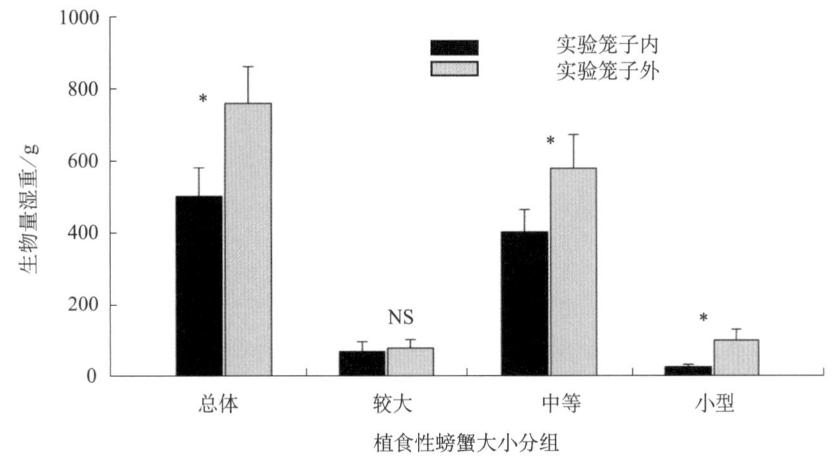

图 6.18　不同大小的植食性螃蟹的生物量（平均值±SD）

*. $P<0.05$

捕食性鱼类对中间消费者螃蟹的下行控制作用取决于中间消费者螃蟹个体的大小。营养物质添加没有对实验笼子内捕食者生物量增加产生影响，但营养物质添加对消费者螃蟹中较小个体生物量具有显著性影响，对其他较大、中等个体螃蟹消费者，以及植食性螃蟹总生物量没有显著性影响。由此可知，营养物质添加不是导致实验笼子内消费者个体大小主要差异性的原因。相关性分析结果显示，植食性螃蟹总体生物量、较小个体的生物量、中等个体生物量，以及较小和中等个体生物量总和与最终海草量之间的关系具有负相关关系，表明捕食性鱼类对中间消费者螃蟹的抑制作用主要集中在较小和中等个体螃蟹群。

线性回归结果分析发现，剩余海草量与总的消费者生物量之间呈线性下降的关系，表明随着总的消费者生物量的增加，海草生物量剩余量逐渐降低［图 6.19（a）］。重要的是，随着较小个体数量的增加，海草生物量剩余量呈现极显著的下降趋势［图 6.19（d）］。相反，随着较大个体的消费者生物量的增加，海草生物量剩余量呈现增加的趋势［图 6.19（b）］。然而，中等个体消费者和海草剩余量之间没有显著性关系［图 6.19（c）］。

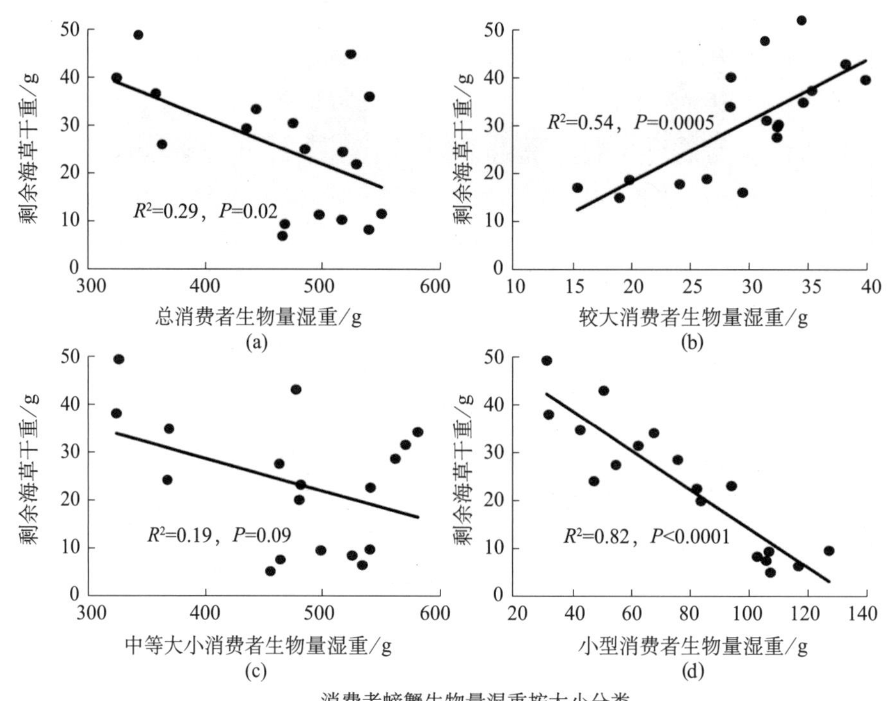

图 6.19　剩余海草量与植食性消费者螃蟹之间的关系

综合而言，营养物质添加最终并未能促进海草生物量的增加，总体剩余量在添加和未添加营养两者之间没有显著性差异，且总体生物量均低于实验原始移植的海草量。捕食者更容易消耗较小的消费者个体，这种偏好性捕食导致的较小个体数量下降的同时，也释放了较大的消费者个体，是造成海草生物量总体下降的主要原因。还有一种解释则是，捕食者产生的惊吓效应是导致中等和较小个体消费者在笼子内数量较低的原因。而较大个体与海草生物量之间的正相关关系，很可能是由于在有捕食者存在的情况下其觅食行为也相应地发生变化，进而降低摄食量。

6.5.2　营养物质输入影响海草群落结构特征

捕食者和植食性消费者共存抵消了营养物质添加的上行促进效应。在贫营养化的黄河口研究区域，在没有捕食者和植食性消费者存在的情况下，营养物质添加能够促进海草的生长，显著增加海草的总体生物量［图 6.20（a）］。但是，在捕食者和植食性消费者共存的情况下，相比实验开始的 115g［图 6.20（a）虚线］，海草总体生物量显著降低，且低于没有任何生物的处理组。同时，在捕食者和消费者共存的情况下，营养物质添加对海草的促进作用相对于没有营养物质的处理组没有显著性差异，表明在限定的区域内，如果允许捕食者和植食性生物共存，这种原本应该由捕食者存在导致的营养级联现象并没有发挥有利于海草生物量累积的间接积极效应。

植食作用和营养物质添加对底栖藻类生物量起到协同增效的作用。在没有捕食者和植食性螃蟹存在的情况下，由于营养物质的添加，能够促进海底栖藻类的生长［图6.20（b）］，进而促进底栖藻类生物量的累积。然而，在捕食者和植食性消费者同时共存的情况下，相比于没有捕食者和植食性消费者的海草处理组，底栖藻类生物量累积量显著高于只有海草的处理组，表明植食作用能够促进底栖藻类生物量的增加。对比海草生物量变化可以发现，海草量的降低有利于底栖藻类的生长。由此可知，植食作用可以通过抑制优势海草进而促进相对处于劣势的底栖藻类的生长。

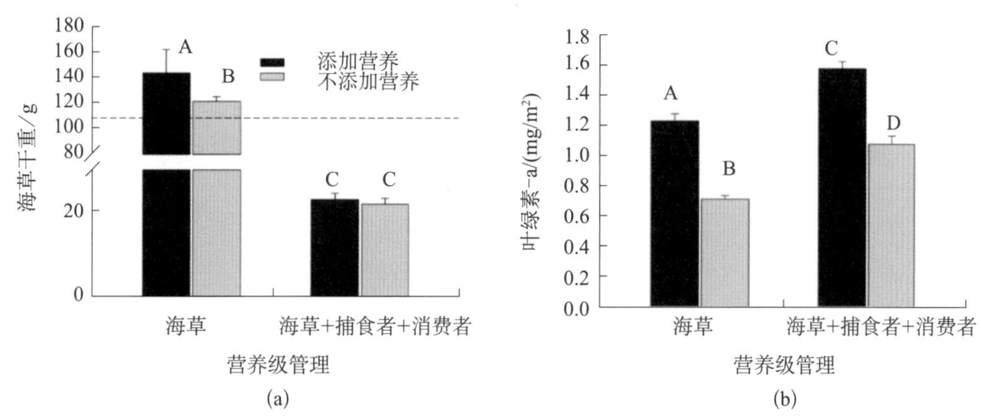

图6.20　海草生物量和叶绿素-a浓度在不同处理组之间的变化特征

6.5.3　消费者适应性觅食行为影响营养级联过程

最优理论表明（optimality theory）被捕食者的行为反应往往受到捕食者捕食作用威胁的影响（Lima and Dill，1990；Lima and Bednekoff，1999）。越来越多的学者对生物个体的觅食行为产生浓厚的兴趣，并证实捕食者和消费者觅食行为，以及面对捕食者捕食时消费者的行为变化可以影响营养级联作用（Beckerman et al.，1997；Schmitz et al.，2004）。重要的是，很多觅食行为特征本身与体型大小有关（Rall et al.，2010）。因此，考虑捕食者和消费者个体大小的下行调控作用是否产生营养级联作用，而这种基于个体大小的下行调控作用与营养物质输入的上行调控作用如何影响滨海湿地关键植被栖息地还没有研究。一个机制性的研究并确定捕食者和消费者体型大小如何影响捕食者-消费者之间的关系，进而影响营养级联过程对于补充基于大小的营养级联作用如何调控上行效应，以及对于有效开展滨海湿地植被栖息地保护具有重要意义。

捕食者复杂下行效应抵消了营养物质添加对海草的积极有利效应。在没有任何捕食者和中间消费者存在的情况下，营养物质添加促进了海草的生长。但是，在捕食者和中间消费者共存的情况下，无论增加还是不增加营养物质，海草生物量相比于实验开始时的海草生物量显著降低，而且海草剩余量在填加营养和不填加营养之间没有显著性差异。而且，在实验笼子内和自然笼子中，不同大小的捕食者生物量没有显著性差异，而中间消费者大小组成结构具有显著性差异，主要表现为中等个体和较小个体生物量显著降低。由此说明，基于个体大小的复杂捕食者的下行调控作用可以通过对中间消费者较小个体的抑制作用（Thierry et al.，2011）促进海草生物量的增加。但是，海草生物量相比于起始值表现为下降。最可能的原因是即使捕食者对中间消费者产生了抑制作用，但是在单位面积内，由于中间消费者数量的不断增加，单位面积内中间消费者种群数量显著高于自然状态下的数量，增加了对海草的植食压力，降低了海草的生物量。另外，由于捕食者并没有消耗抑制较大个体的植食性中间消费者螃蟹，释放了相当一部分较大个体的植食性螃蟹，使得较大个体消费者在抵御威胁的情况下，产生了适应性觅食，增加了对海草的植食量。因此，捕食者的选择性觅食，以及植食性中间消费者适应性觅食，增加了中间消费者的营养补偿作用，抵消了营养物质填加的促进效应，降低了海草的生物量。

6.5.4 基于个体大小的营养级联过程调节海草-附生藻类种间关系

人为增加（增殖放流）捕食者和中间消费者种群数量，并让其在小尺度空间内共存，即使仍然发生营养级联作用，促进植被栖息地植被的生长，但是这种共存关系，会增加中间消费者的植食作用，这种植食性中间消费者的营养补偿作用会促进植被栖息地的破碎化。当然，这一结论主要是基于该实验设计的局限性而言。因为本节所使用的实验笼子设计与自然状态下捕食者和中间消费者种群数量，以及生物体大小存在差异性。在自然状态下，由于捕食者对中间消费者的捕食消耗作用，中间消费者为了逃避捕食者带来的风险效应（Heithaus et al.，2008），在一定范围内选择逃离。因此在有捕食者大量存在的区域，捕食者对消费者的捕食作用和对其造成的风险效应使得中间消费者数量显著降低。然而，本节笼体设计采用的是渔业捕捞中对海洋底栖小型鱼类和螃蟹类生物的捕捞工具，这一设计使得生物体受到潮流作用较为明显，在潮水相对较大的情况下，明显观察到能够捕获较多的鱼类和螃蟹类，因此在该实验中，潮流的动力作用驱使鱼类和螃蟹伴随水流进入笼体，而且该实验的独特设计又不允许螃蟹和鱼类的自由进出，是解释本实验中生物体个体相对较小，以及螃蟹和捕食者依然共存，且以相对较高的丰度共存的原因。

本节证明了捕食者的营养级联作用受到中间消费者个体大小的影响，进而潜在影响食物网直接和间接作用关系，导致营养级联结果和强度的变化，影响植被对富营养化的缓冲能力。滨海湿地植被栖息地修复应该充分考虑捕食者和中间消费者的形状特征，尤其是植食性中间消费者的种群数量特征，而且需要提前进行植食者个体大小预评估，建立必要的捕食者和中间消费者种群数量关系（Tucker and Rogers，2014），因为很有可能由于中间消费者的个体大小在某一阶段的剧烈变动，而影响生态修复效果（Yen et al.，2016）。同时，人为增加局域捕食者和中间消费者数量，改变中间消费者个体大小的结构特征，会导致滨海湿地关键植被栖息地的破碎化。重要的是，在贫营养化的河口海草生态系统，增加营养物质可以促进海草的生长，增加海草的生物量，但是捕食者和植食者的选择性作用关系可以抵消营养物质的上行促进作用。因此，在评估影响滨海湿地植被生态系统结构与功能稳定性关键驱动力时，食物网生物个体大小特性调节的营养级联作用和营养物质的上行效应的交互效应是其中两个关键的生态过程，不容忽视（Hughes et al.，2013；Duffy et al.，2015）。

6.6 营养级联过程与滨海湿地生态系统管理

滨海湿地食物网结构与功能的完整性是维持滨海湿地生态系统动态稳定性的基础，同时也是维持与之联系的陆地和海洋生态群落结构动态过程的关键生态要素。当前关于滨海湿地栖息地结构的生态修复并没有明确考虑食物网各营养级生物之间的相互作用关系，因此忽视了捕食者的直接作用和营养级联作用对生态修复有效性的重要限制作用。本节通过整合营养级联理论，提供基于生态系统调控管理的滨海湿地食物网修复和保护框架模式。

6.6.1 滨海湿地生态系统管理中食物网营养级联的重要作用

滨海湿地栖息地退化已经严重影响了生态系统功能和生物多样性（Valladares et al.，2012）。科学家和管理者已经意识到有必要投入大量的工作来修复被破坏的栖息地组分结构，以提高生态系统的服务功能（Naiman et al.，2012）。然而，成功地修复生物多样性和生态系统功能，生物的调控过程应该纳入考虑的范畴，如植食作用等，这是因为生物过程往往会决定生态系统修复的有效性（Hughes et al.，2013），而且很大程度上取决于修复区域内不同功能类型、不同营养级生物物种的群落结构特征（Lomov et al.，2009）。然而，目前生态修复工作中，往往只是单一的修复某一生物，却忽视了生物之间的相互作用关系，也会随着某一生物群的变化，进而诱发食物网营养级之间的级联效应，进而影响生态系统管理成效（Naiman et al.，2012）。因此，生态修复应该制定基于食物网结构整体完整性的修复目标，以增加生物多样性和生态系统服务功能。

基于生态系统的管理模式中，如果充分考虑食物网组成的结构和功能，相比只考虑某一单一目标生物能够显著提高生态修复的有效性。这是因为具有较高营养转移效率的多个营养级生物群落，往往具备复杂的相互作用关系，以及生物之间的营养补偿作用，因而在面对外界环境变动时具有更高的恢复力与抵抗力。大量研究表明，生态系统结构和功能的稳定性，受到食物网生物间相互作用的影响（Montoya et al.，2010）。以往的研究表明，生态系统的修复应该更加着重关注修复植被的上行效应过程，因为在修复植被的同时，通过营养转化可以提供更高营养级生物的能量和营养。但是，这一观点忽略了来自于动物的下行调控作用对生态系统群落结构、物种丰富度、多样性，以及关键营养元素在生态系统间的循环速率的决定作用（Schmitz et al.，2010）。同时，不同或者相同营养级生物之间的非随机作用关系所形成的固定结构模式影响生态系统群落的稳定性（McCann，2000；Loreau and de Mazancourt，2013）。因此，生态修复的最终目标如果是要修复一个稳定的、具有较高恢复力和抵抗力的生态系统，应该整合食物网理论，重建生态系统的下行和上行调控过程，构建完整的、动态稳定的食物网。

食物网结构以及驱动其结构变化的过程共同决定了生态系统的关键组分，而且两者之间通常是协同地支持更大的生态系统恢复力和生产力。每个食物网组分，无论是主要生产者、外源性有机物的输入、微生物分解者或次级消费者，都会对环境变化产生响应。此外，当捕食者影响其猎物时，这种影响可以通过营养级联作用影响整个食物网（Carpenter et al.，1985；Carpenter et al.，2015；Ripple et al.，2016）。滨海湿地水文网络的连通性还允许生物体链接下层食物网，例如鱼类，从而影响其他栖息地区域的食物网适应性结构和稳定性（McCann and Rooney，2009）。尽管食物网表现为结构的复杂性和应用的局限性，但是，食物网已经被证实且被成功地应用于恢复工作中（Stockner，2003），并在大尺度范围内进行管理调控以提高水质条件和娱乐性捕捞（Carpenter and Kitchell，1988；Carpenter et al.，1985，1995）。有例子表明，不合理的食物网管理操作，导致了严重的水生态问题（Ellis et al.，2011）。食物网通常被认为依赖于栖息地，但单独的栖息地并不决定食物网结构和功能（Naiman et al.，2012）。许多其他的因素塑造了食物网内部的自我组织、相互联系、生产力和恢复力。物种多样性、本土物种和外来入侵物种的混乱搭配、化学污染物、物候学和季节性生产周期、承载力、干扰、营养物传输和循环、竞争、捕食、疾病和其他过程都可以成为塑造食物网的因素（Naiman et al.，2012）。因此，影响任一组件的管理恢复行动，通常会通过食物网的级联效应影响群落和生态系统特征。

本节在现有的研究基础上，将整合食物网理论中的营养级联理论（trophic cascade principles，TCP），希望为滨海湿地生态系统的管理实践提供指导。食物网理论包含了下行和上行效应过程，而且在生态系统中并非孤立存在，而是同时发生（Strong and Frank，2010；Thompson et al.，2012）。营养级联过程提供了更加丰富的途径来了解生态系统内下行作用力（捕食者和中间消费者）和上行作用力（资源的限制）的功能状态及其稳定性特征（Loreau and de Mazancourt，2013；Sauve et al.，2014）。尽管有时这两个过程在修复相关的文献中被提及过，但是并没有一套完整的、全面的逐步描述过程，以指示基于营养级联作用的修复实践。因此，本节旨在通过整合营养级联过程，为基于滨海湿地生态系统管理提供科学理论基础。

6.6.2 基于食物网营养级联理论的生态系统管理框架

将食物网纳入生态系统管理中，目的是通过发现食物网中物种的相互作用关系变化，进而进行修复，实现生态系统管理的有效性。虽然完整食物网的构造和建模往往比较困难，但是有些方法可以相对快速地产生简单可行的结果。具体来说，建议给出基于生态系统总体目标的框架模式，重点关注影响食物网关键营养级生物的生长和存活的关键过程和相互作用。具体可以包括：①确定目标生物，并量化其与猎物、竞争者、捕食者、病原体和寄生虫，以及环境条件之间的相互作用；②确定营养级之间的营养作用关系，使用稳定同位素或胃含物分析来量化与其食物相关的相互作用，特别是与捕食者、入侵物种或孵化场饲养的生物之间的关系；③确定系统稳定状态下的食物网直接和间接作用强度，使用生物能量模型来估计种内和种间竞争者对食物供应的需求，并诊断关键物种生长环境中如何受到生态系统上行效应因子和下行效应因子的影响，如温度、捕食者食物可用性和生物体质量之间的相互作用；④调控营养级之间的作用关系，同时避免种内竞争的出现，但需要注意由于人为提高目标生物的密度而造成的生长和成活率的变化；⑤了解人为干扰导致生态系统内影响营养级联过程的上行和下行过程的关键要素或者关键生态过程对特定食物网结构和过程的影响。这些和其他目标方法的并用可以识别影响恢复目标的相互作用或环境条件，使管理者能够专注于特定地点和时间的关键过程。

6.6.3 整合营养级联过程的滨海湿地生态系统管理步骤

通过整合食物网营养级联过程，从生态系统管理角度，概述 7 个生态系统管理的关键步骤，以期提高生态系统管理的有效性。主要包括：生态系统管理范围的界定、设定管理与修复关键指标、生态系统风险及管理基调定位分析、制定生态系统管理策略、基于关键生态过程的调控管理、基于上行和下行过程调控食物网营养级联的方法和生态系统指标的持续监测和评估。

1. 生态系统管理范围的界定

确定所要保护或修复的生态系统及其范围（图 6.21）。虽然本框架并非严格意义上将生态系统划分为固定的区域或者进行严格的边界划分，但是，由于管理措施的实施受到来自社会政策、经济、管理者、利益相关人员多重要素的影响，需要进行管理的生态系统边界的界定。首先需要抽象地将生态系统划分一系列的子系统，遴选管理规划区域内对管理策略最具影响力的要素。生态系统范围的界定因此包含了关键生态系统管理的驱动力以及作用力的识别。必须将这一问题置于广泛的系统背景内，调查利益相关者的利益权重及其实际行为，并识别利益者之间的互动模式，或者说相互依存关系（Grimble，1998）。

重要的是，生态系统范围的界定是一个需要利益相关者参与的过程。利益相关者的参与在海洋或者滨海湿地生态系统规划管理中尤其重要，因为相关问题和利益有时是跨越生态、社会和政治边界，受到来自多种用途、不同用户和目标的共同影响。而且需要探讨的问题还包含多个生态系统服务功能的阐释，这些服务并没有竞争性交易，在市场上也没有货币价值。所以，这就意味着某些跨区域边界的问题在解决中需要必要的环节以澄清与界定，并通过协商让利益者做出适当的妥协处理（Grimble and Wellard，1997）。

全球范围内，土地利用变化、气候变化及渔业资源捕捞已经成为威胁滨海湿地生态系统的重要驱动力，导致滨海湿地水域水质、栖息地更改，以及食物网组成结构的变化（图 6.21），严重影响滨海湿地生态系统结构和功能稳定性，降低了滨海湿地生态系统的恢复力和抵抗力。因此，在进行生态系统界定时，需要着重关注这些问题所能造成的管理阻碍（Amir et al.，2005）。尤其重要的是，需要知道这些驱动力因子及其产生的

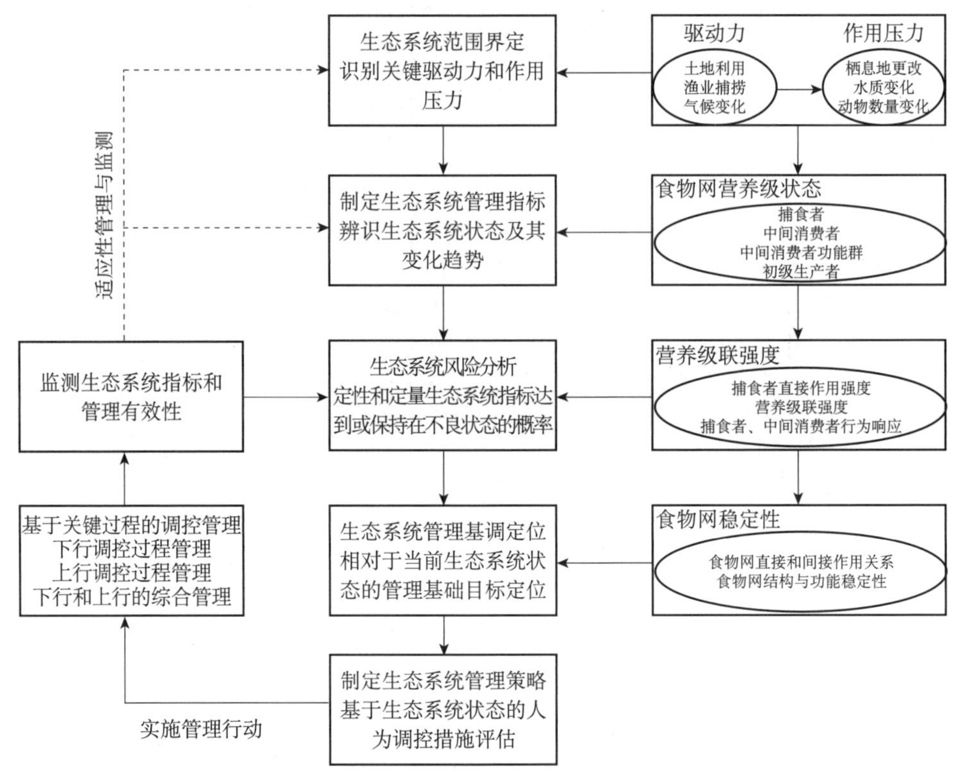

图 6.21　整合营养级联的生态系统管理框架模式

环境压力对滨海湿地生态系统关键食物网结构动态的影响方式，以及关键生态系统服务在食物网生物结构与功能性变化下的响应。

2. 设定管理与修复关键指标

在进行生态系统范围界定之后，需要确定和验证生态系统当前状态的适宜性指标。在一些情况下，指标将简单地追踪单一物种的丰度。更常见的是，某些既定的指标将被用作管理者评定感兴趣的生态系统优良状态的代理（如对环境变化的抵抗力、抵御扰动的恢复力或关键服务功能的持续力）（Levin and Lubchenco，2008；Levin et al.，2009）。例如，在某些情况下，出于兴趣，抵御扰动的恢复力可能作为一个关键的目标。但同时，生物多样性可能是生态系统恢复力的一个关键指标。如果在数据丰富的情况下，应该充分考虑的是避免汇编大量无时间序列信息，尤其是那些有利于揭示生态系统状态的综合型和响应型指标。理想情况下，所选指标的历史数据通常需要与管理相关的目标构建相关，并给予阈值数值反应（如最大值营养物质输入、渔业和濒危物种库存量保护的最低限制）（Levin et al.，2009）。

表征生态系统状态的指标可以说举不胜举，但真正的管理工作是明智地从一系列潜在的指标中进行选择有利于管理且能发挥其真正实际作用的关键指标（Link，2005；Levin et al.，2009）。已有很多研究通过概念框架模式给出了如何选择基于生态系统管理的指标（Rice and Rochet，2005；Möllmann et al.，2014）。他们认为，所选指标应该是直接观察的，基于明确理论的，同时也是公众可以理解的，具备成本-效益的可测量性，由历史时间序列的测量数据支持，对生态系统变化和管理调控相对敏感的和容易响应的

(Gilman et al.，2014)，并对其他指标的变动做出强烈响应的属性特征。其中，Rice 和 Rochet（2005）提供了一套用于对每个指标进行权重分配的方法，这一方法可以用于与管理者共同选择最终适合规划管理的一套指标。目前，基于食物网理论的生态系统管理，并没有给出具体的指标用于衡量生态系统管理指标的标定。因此，营养级联过程的经典理论，在提供定量营养级间相互作用关系和强度的同时，从根本上量化了生态系统关键组分的动态变化特征。

通常情况下，在整合营养级联过程的生态系统管理中，考虑影响食物网关键组分变化的指标可以从选取影响调控食物网的下行和上行过程的指标或者关键过程。所以，在基于营养级联过程的生态管理中，设定指标时，应当充分考虑关键营养级生物对环境变化下的敏感性，在对生态系统当前的状态了解的前提下，对其随环境变化的变化趋势进行初步探索。然后，从食物网各个营养级之间的直接和间接作用关系入手，辨识生态系统内某一关键指标与食物网功能性变化之间的关系，及其可能产生的级联效应。例如，在当前环境变化的情况下，食物网中捕食者、中间消费者及其功能群变化，以及初级生产者群落结构对环境变化的级联响应，这一可能发生的级联效应将如何影响设定的指标。通常情况下，栖息地特征和物种种群分布的模型成为预测某些营养级生物变化的重要方法，因而提供了评估关键指标设定合理性的重要手段（Collins et al.，2016）；物种之间的作用关系模型，又为提供食物网各营养级间直接和间接作用强度定量的有效方法(Bairey and Kelsic，2016)。所以，在进行指标设定时，需要充分考虑食物网营养级间直接和间接作用关系和强度问题。

3. 生态系统风险及管理基调定位分析

一旦选定了用于修复管理的生态系统指标后，接下来则是评估这些指标在面临人类活动和气候变化下的可能性响应变化。风险分析的目的是定性或定量地确定生态系统指标将达到或保持在不良状态的概率。生态系统建模和模型分析对于确定和预测响应环境压力变化的生态系统指标变化很重要。风险分析必须明确理解和量化生态系统动态及其对社会系统的积极和负面影响，以及所产生的不可避免的不确定性。

许多分析技术可以有效地用于生态系统规模的风险分析（King et al.，2015）。例如，Smith 等（2007）采用从定性模型到完全定量模型的等级分析方法。其中的定性方法依赖于专家打分法，用于表征利益相关者已经确定的特定威胁的规模、强度和后果。然而，那些存在中度或更大风险的威胁，则进行进一步分析。对于需要进一步分析的每个物种或指示物会得到两个分数。第一个数值描述了影响物种或指示物的概率，即敏感性的概率；第二个数值则描述物种或其属性特征在遭受影响后恢复的能力，即弹性或者恢复力。通过综合这两个风险部分，得出总体风险评分。具有低弹性（低恢复力）和高敏感性的指标具有高风险，而具有高弹性和低敏感性的指标具有低风险。同样，具有至少中度风险的那些指标则进一步分析。在这种情况下，现有的定量模型，如种群活力分析以及渔业库存评估模型，可用于充分确定这些指标跨越人为管理基准的概率。然后，将这些生物指标的风险分析结果纳入食物网或食物链生物之间的直接和间接作用关系评估中。通过已经评定的物种风险关系，进行权重值分配，确定最终营养作用强度变化的风险系数。使用统计模型，评估量化相对于历史状态和规定目标的生态系统的状态。全面评估同时考虑了所有指标状态，风险分析充分地量化了个别生态系统指标的状态。

4. 制定生态系统管理策略

使用生态系统建模框架评估不同管理策略影响自然和人类系统指标状态的潜力。为了实现这一点，可以采用正式的管理策略评估（Sainsbury et al.，2000）。在生态系统管理策略评估中，模型用于模拟生态系统的行为，并在管理情景和决策规则制定的情况下，提供预测生态系统状态变化的能力。这一步骤主要用于确定哪些政策和方法有可能实现既定的管理目标。

生态系统管理策略评估方法已在许多渔业环境中获得巨大成功（Plagányi et al.，2007）。虽然对生态系统模型的不确定性提出了严峻的挑战，但这种方法对生态系统评估和管理具有很大的前景（Smith et al.，2007）。例如，在澳大利亚东南部，生态系统管理策略评估被非常有效地用于提供洞察不同渔业管理情景对各种生态和社会经济目标之间权衡的潜在后果（Fulton et al.，2007）。然而，生态系统管理策略评估的一个关键问题是，永远不能提供最佳的且能横跨所有管理目标的唯一管理情景或者策略。因此，必须做出权衡，且这种方法说明了如何权衡取舍以及如何沿着这些取舍进行操作。

5. 基于关键生态过程的调控管理

在对生态系统管理策略进行评估之后，评选出最佳预期的管理方法，通过调控影响食物网上行和下行过程的指标或者生态过程进行生态系统整体管理。基于关键上行和下行过程的管理修复旨在重新建立和维持滨海湿地生态系统的物理、化学和生物过程的规范速率和幅度。过程通常被测量为速率，它们涉及生态系统组分和特征的移动或变化（Baldock et al.，2016）。该过程包括侵蚀和泥沙运输、水的存储、植物生长和演替过程、营养物质和能量的输入，以及水生食物网中的养分循环。同时，基于过程的管理修复则集中于更正这些过程的人为干扰，使得滨海湿地生态系统在相对最小的人为干预下，沿着恢复轨迹进行（Wohl et al.，2005）。关键过程的恢复还允许系统通过自然的物理和生物调整来应对未来的扰动，使得滨海湿地生态系统能够演变并继续发挥作用以响应变化的系统驱动因素（如土地利用、渔业活动和气候变化）。

基于生态过程的方法与简单的栖息地结构恢复工作形成了鲜明对比。栖息地结构恢复工作更侧重于创造特定的栖息地特征，以满足感知的、所谓的“良好”栖息地条件或统一的栖息地标准（Wohl et al.，2005）。这种管理恢复行动有利于设计实施方案，创造人为的和非自然静态的栖息地。但基于调控影响食物网结构、动态的上行和下行过程调控的方法试图控制过程和动态而不是极力还原它们，进而达到修复某一目标的效果。当然，还原这一干扰前的状态是极具挑战的事情（Beechie and Bolton，1999）。而且，这些基于过程的管理行动则将通过衡量各个过程的动态稳定性视为管理恢复的成功标准。相比之下，重建系统过程的工作促进了栖息地和生物多样性的恢复，并将湿地系统动态稳定作为成功的标准。因为，过程恢复集中于恢复关键的栖息地正常稳定的驱动力和功能过程。在生态系统管理修复中，了解并调控关键过程和对支持营养过程生物群落之间的平衡关系，有利于提高恢复的有效性。

6. 基于上行和下行过程调控食物网营养级联的方法

食物网的上行和下行过程可以影响各营养级之间的相互作用强度，进而影响不同营养级生物的丰度和分布格局。因此，除了栖息地关键物理、化学过程的直接调控外，在生态系统管理实践中纳入营养级联理论的上行和下行调控过程的实践解决方案应该包括如下：

在界定的生态系统中，尽量考虑栖息地类型和异质性问题，有利于调控关键生态过程和食物网结构。例如，可以通过改善斑块内的植物群落结构，人为增加有机碎屑的输入类型、含量，进而增加其栖息地外源性物质输入的复杂度。当然，在这一过程中，需要调节栖息地的水文连通网络，以增加其在栖息地中的物质传递，改善栖息地之间的连通性。

基于生态系统中的生物多样性，如植物多样性、捕食者多样性、中间消费者多样性对营养级联的调控作用，在预定的目标下，通过直接或者间接的干扰不同营养级的物种多样性，调节食物网的下行和上行调控过程，进而影响营养级联过程，而不至于导致较为惨烈且不可逆的负面级联效应。

充分考虑消费者功能群对营养级联过程的影响，在栖息地内通过直接或者间接地改善消费者生物群的功能结构。直接的手段则是通过评估不同消费者功能群对食物网营养级相互作用强度关系，进行直接的人为干扰。同时，也可以通过改变上行过程，如增加外源性碎屑物质的输入量促使功能群的变化，或者通过捕食者的引进来调控中间某些消费者群的丰度和分布格局。

间接的改变营养物质输入和庇护所，通过添加植物碎屑物质，改变食物网消费者的生物功能群结构，促进分解过程，影响改善沉积环境营养物质的循环，并提供环境中生物庇护场所，改善食物网中间消费者的生存环境。最终实现食物网生物之间的捕食者和消费者之间作用强度的变化。

捕食者和植食性生物的引入，通过影响植物多样性，改变捕食者和中间植食者的捕食强度，改变营养级联强度，潜在地促进植物生长，来管理下行调控过程。相反，可以打破营养级联作用，移除非本土的顶级捕食者，特别是在受物种入侵产生负面影响的生态系统中。

因此，生态系统管理实践不仅需要关注食物网的营养结构动态变化，而且需要投入更多的时间和努力以监测食物网关键营养级之间的相互作用强度。通过监测，进行实时调整，需要在了解管理过程的时间尺度效应的同时，明确其空间尺度上的有效管理空间，做到时间和空间上的有效结合。

7. 生态系统指标的持续监测和评估

整合营养级联的生态系统管理的最后阶段，是对生态系统指标的持续监测和评估。在没有持续监测和评估管理行动有效性的情况下，我们无法知道管理策略是否有效。而且，一旦管理工作失败了，我们也会缺乏对失败中关键环节的了解。因此，需要持续性的监测与评估。虽然监测管理行动的有效性似乎很明显，但这种监测费用很高，且往往做得不好。例如，Rumps 等（2007）对 23000 个项目进行了回顾，发现在鲑鱼栖息地恢复后，1/3 以上的项目没有进行足够的跟踪监测，以确定管理行动是否成功。而且，虽然 2/3 以上的项目报告显示成功，但不到一半的项目有明确的标准来衡量成功与否。不充分的监测显然导致管理层回应的延迟，特别是如果管理行动涉及经济损失（Barange et al.，2008）。这种延迟可能导致系统的进一步劣化，使得适当的管理更加困难。因此，在采取管理行动之后，一定要进行长期有效的管理修复监测。

本框架提供了基于营养级联过程调控的滨海湿地生态系统管理模式，目的从食物网层面达到生态系统层面的整体管理。人类活动对滨海湿地生态环境产生了严重的影响，如持续的自然资源开采及其大量污染物排放，因此，需要建立研究基础和恢复实践之间的密切联系。生态学家和生态系统修复实践者应考虑在大规模地理范围内协调分布实验的机会，调查栖息地破碎化，以及土壤、水和生物的完全重组。虽然，滨海湿地的食物网结构是动态变化的，以及食物网营养级之间的直接和间接作用关系无疑是复杂的。但是，这种动态变化和复杂关系，在没有外界干扰的情况下，是动态稳定的，且是可以监测的。可以通过评估整个生态系统关键食物网组分变化，调控影响食物网结构和功能过程的上行和下行过程，改变捕食者的直接和间接作用强度，尤其关注捕食者的营养级联作用造成的非毗邻营养级生物群落结构的变化。从而，间接地解决土地利用和渔业捕捞活动背景下的基本生态问题，系统全面地进行生态系统管理。

参考文献

Allan E，Bossdorf O，Dormann C F，et al. 2014. Interannual variation in land-use intensity enhances grassland multidiversity. Proceedings of the National Academy of Sciences，111（1）：308－313.

Amir O，Ariely D，Cooke A，et al. 2005. Psychology，behavioral economics，and public policy. Marketing Letters，16（3－4）：443－454.

Badano E I，Marquet P A. 2008. Ecosystem engineering affects ecosystem functioning in high-Andean landscapes. Oecologia，155（4）：821－829.

Bairey E，Kelsic E D，Kishony R. 2016. High-order species interactions shape ecosystem diversity. Nature Communications，7.

Baldock J R，Armstrong J B，Schindler D E，et al. 2016. Juvenile coho salmon track a seasonally shifting thermal mosaic across a river floodplain. Freshwater Biology，61（9）：1454－1465.

Barange M，Beaugrand G，Harris R，et al. 2008. Regime shifts in marine ecosystems：Detection，prediction and management. Trends in Ecology and Evolution，23（7）：402－409.

Bärlocher F. 1992. Effects of drying and freezing autumn leaves on leaching and colonization by aquatic hyphomycetes. Freshwater Biology，28（1）：1－7.

Bascompte J，Melián C J，Sala E. 2005. Interaction strength combinations and the overfishing of a marine food web. Proceedings of the National Academy of Sciences of the United States of America，102（15）：5443－5447.

Beckerman A P，Petchey O L，Warren P H. 2006. Foraging biology predicts food web complexity. Proceedings of the National Academy of Sciences，103（37）：13745－13749.

Beckerman A P，Uriarte M，Schmitz O J. 1997. Experimental evidence for a behavior-mediated trophic cascade in a terrestrial food chain. Proceedings of the National Academy of Sciences，94（20）：10735－10738.

Beechie T，Bolton S. 1999. An approach to restoring salmonid habitat-forming processes in Pacific Northwest watersheds. Fisheries，24（4）：6－15.

Berger K M，Gese E M，Berger J. 2008. Indirect effects and traditional trophic cascades：A test involving wolves，coyotes，and pronghorn. Ecology，89（3）：818－828.

Bertness M D，Brisson C P，Coverdale T C，et al. 2014. Experimental predator removal causes rapid salt marsh die-off. Ecology Letters，17（7）：830－835.

Borer E T, Seabloom E W, Shurin J B, et al. 2005. What determines the strength of a trophic cascade? Ecology, 86 (2): 528 - 537.

Bracken M E S, Dolecal R E, Long J D. 2014. Community context mediates the top-down vs. bottom-up effects of grazers on rocky shores. Ecology, 95 (6): 1458 - 1463.

Branch T A, Watson R, Fulton E A, et al. 2010. The trophic fingerprint of marine fisheries. Nature, 468 (7322): 431 - 435.

Briggs A A, Young H S, McCauley D J, et al. 2012. Effects of spatial subsidies and habitat structure on the foraging ecology and size of geckos. PloS One, 7 (8): e41364.

Britten G L, Dowd M, Minto C, et al. 2014. Predator decline leads to decreased stability in a coastal fish community. Ecology Letters, 17 (12): 1518 - 1525.

Burkholder D A, Heithaus M R, Fourqurean J W, et al. 2013. Patterns of top-down control in a seagrass ecosystem: Could a roving apex predator induce a behaviour-mediated trophic cascade? Journal of Animal Ecology, 82 (6): 1192 - 1202.

Burkholder J A M, Tomasko D A, Touchette B W. 2007. Seagrasses and eutrophication. Journal of Experimental Marine Biology and Ecology, 350 (1): 46 - 72.

Cardinale B J, Duffy J E, Gonzalez A, et al. 2012. Biodiversity loss and its impact on humanity. Nature, 486 (7401): 59 - 67.

Cardinale B J, Srivastava D S, Duffy J E, et al. 2006. Effects of biodiversity on the functioning of trophic groups and ecosystems. Nature, 443 (7114): 989 - 992.

Carpenter S R, Brock W A, Folke C, et al. 2015. Allowing variance may enlarge the safe operating space for exploited ecosystems. Proceedings of the National Academy of Sciences, 112 (46): 14384 - 14389.

Carpenter S R, Chisholm S W, Krebs C J, et al. 1995. Ecosystem experiments. Science, 269 (5222): 324.

Carpenter S R, Cole J J, Kitchell J F, et al. 2010. Trophic cascades in lakes: Lessons and prospects. Trophic Cascades: Predators, Prey and the Changing Dynamics of Nature: 55 - 69.

Carpenter S R, Kitchell J F. 1988. Consumer control of lake productivity. BioScience, 38 (11): 764 -769.

Carpenter S R, Kitchell J F, Hodgson J R. 1985. Cascading trophic interactions and lake productivity. BioScience, 35 (10): 634 - 639.

Collins D L, Langlois T J, Bond T, et al. 2016. A novel stereo-video method to investigate fish-habitat relationships. Methods in Ecology and Evolution.

Connell S D, Ghedini G. 2015. Resisting regime-shifts: The stabilising effect of compensatory processes. Trends in Ecology and Evolution, 30 (9): 513 - 515.

Connell S, Russell B, Turner D, et al. 2008. Recovering a lost baseline: Missing kelp forests from a metropolitan coast. Recovering a lost baseline (Marine Ecology Progress Series), 360: 63 - 72.

Connell S D, Russell B D. 2010. The direct effects of increasing CO_2 and temperature on non-calcifying organisms: Increasing the potential for phase shifts in kelp forests. Proceedings of the Royal Society of London B: Biological Sciences.

Drake J E, Gallet B A, Hofmockel K S, et al. 2011. Increases in the flux of carbon belowground stimulate nitrogen uptake and sustain the long-term enhancement of forest productivity under elevated CO_2. Ecology Letters, 14 (4): 349 - 357.

Duffy J E, Cardinale B J, France K E, et al. 2007. The functional role of biodiversity in ecosystems: Incorporating trophic complexity. Ecology Letters, 10 (6): 522 - 538.

Duffy J E, Hay M E. 2000. Strong impacts of grazing amphipods on the organization of a benthic community. Ecological Monographs, 70 (2): 237 - 263.

Duffy J E, Reynolds P L, Boström C, et al. 2015. Biodiversity mediates top-down control in eelgrass ecosystems: A global comparative-experimental approach. Ecology Letters, 18 (7): 696 - 705.

Ellis B K, Stanford J A, Goodman D, et al. 2011. Long-term effects of a trophic cascade in a large lake ecosystem. Proceedings of the National Academy of Sciences, 108 (3): 1070 - 1075.

Elser J J, Dobberfuhl D R, MacKay N A, et al. 1996. Organism size, life history, and N: P stoichiometry toward a unified view of cellular and ecosystem processes. BioScience, 46 (9): 674 - 684.

Elton C S. 1927. The nature and origin of soil-polygons in Spitsbergen. Quarterly Journal of the Geological Society, 83 (1 - 5): 163 - NP.

Estes J A, Duggins D O. 1995. Sea otters and kelp forests in Alaska: Generality and variation in a community ecological paradigm. Ecological Monographs, 65 (1): 75 - 100.

Estes J A, Terborgh J, Brashares J S, et al. 2011. Trophic downgrading of planet Earth. Science, 333 (6040): 301 - 306.

Fahimipour A K, Anderson K E. 2015. Colonisation rate and adaptive foraging control the emergence of trophic cascades. Ecology Letters, 18 (8): 826 - 833.

Fretwell S D, Barach A L. 1977. The regulation of plant communities by the food chains exploiting them. Perspectives in Biology and Medicine, 20 (2): 169 - 185.

Fukui D A I, Murakami M, Nakano S, et al. 2006. Effect of emergent aquatic insects on bat foraging in a riparian forest. Journal of Animal Ecology, 75 (6): 1252 - 1258.

Fulton E A, Smith A D M, Smith D C. 2007. Alternative management strategies for southeast Australian commonwealth fisheries: Stage 2. Quantitative Management Strategy Evaluation.

Ghedini G, Russell B D, Connell S D. 2015. Trophic compensation reinforces resistance: Herbivory absorbs the increasing effects of multiple disturbances. Ecology Letters, 18 (2): 182 - 187.

Gianguzza P, Di Trapani F, Bonaviri C, et al. 2016. Size-dependent predation of the mesopredator *Marthasterias glacialis* (L.) (Asteroidea) . Marine Biology, 163 (3): 1 - 11.

Gilman E, Passfield K, Nakamura K. 2014. Performance of regional fisheries management organizations: Ecosystem-based governance of bycatch and discards. Fish and Fisheries, 15 (2): 327 - 351.

Greenwood M J, Booker D J. 2016. Influence of hydrological regime and land cover on traits and potential export capacity of adult aquatic insects from river channels. Oecologia, 180 (2): 551 - 566.

Griffin J N, Jenkins S R, Gamfeldt L, et al. 2009. Spatial heterogeneity increases the importance of species richness for an ecosystem process. Oikos, 118 (9): 1335 - 1342.

Grimble R. 1998. Stakeholder methodologies in natural resource management: Socio-economic Methodologies best practice guidelines. Natural Resources Institute, Chatham, UK.

Grimble R, Wellard K. 1997. Stakeholder methodologies in natural resource management: A review of principles, contexts, experiences and opportunities. Agricultural Systems, 55 (2): 173 - 193.

Gulis V, Suberkropp K. 2003. Leaf litter decomposition and microbial activity in nutrient-enriched and unaltered reaches of a headwater stream. Freshwater Biology, 48 (1): 123 - 134.

Halaj J, Wise D H. 2001. Terrestrial trophic cascades: How much do they trickle? The American Naturalist, 157 (3): 262 - 281.

Hall S R, Shurin J B, Diehl S, et al. 2007. Food quality, nutrient limitation of secondary production, and the strength of trophic cascades. Oikos, 116 (7): 1128 - 1143.

Handa I T, Aerts R, Berendse F, et al. 2014. Consequences of biodiversity loss for litter decomposition across biomes. Nature，509 (7499)：218 - 221.

Hays G C，Ferreira L C，Sequeira A M M，et al. 2016. Key questions in marine megafauna movement ecology. Trends in Ecology and Evolution，31 (6)：463 - 475.

Heath M R，Speirs D C，Steele J H. 2014. Understanding patterns and processes in models of trophic cascades. Ecology Letters，17 (1)：101 - 114.

Hebblewhite M. 2005. Predation by wolves interacts with the North Pacific Oscillation (NPO) on a western North American elk population. Journal of Animal Ecology，74 (2)：226 - 233.

Hebblewhite M，White C A，Nietvelt C G，et al. 2005. Human activity mediates a trophic cascade caused by wolves. Ecology，86 (8)：2135 - 2144.

Heithaus M R，Alcoverro T，Arthur R，et al. 2014. Seagrasses in the age of sea turtle conservation and shark overfishing. Frontiers in Marine Science，1：28.

Heithaus M R，Frid A，Wirsing A J，et al. 2008. Predicting ecological consequences of marine top predator declines. Trends in Ecology and Evolution，23 (4)：202 - 210.

Hodge A，Stewart J，Robinson D，et al. 2000. Competition between roots and soil micro-organisms for nutrients from nitrogen-rich patches of varying complexity. Journal of Ecology，88 (1)：150 - 164.

Hooper D U，Chapin F S，Ewel J J，et al. 2005. Effects of biodiversity on ecosystem functioning：A consensus of current knowledge. Ecological Monographs，75 (1)：3 - 35.

Hopcraft J G C，Olff H，Sinclair A R E. 2010. Herbivores，resources and risks：Alternating regulation along primary environmental gradients in savannas. Trends in Ecology and Evolution，25 (2)：119 -128.

Hughes T P，Baird A H，Bellwood D R，et al. 2003. Climate change，human impacts，and the resilience of coral reefs. Science，301 (5635)：929 - 933.

Hughes B B，Eby R，van Dyke E，et al. 2013. Recovery of a top predator mediates negative eutrophic effects on seagrass. Proceedings of the National Academy of Sciences，110 (38)：15313 - 15318.

Hui D F. 2012. Food web：Concept and applications. Nature Education Knowledge，3 (12)：6.

Hunt H W，Wall D H. 2002. Modelling the effects of loss of soil biodiversity on ecosystem function. Global Change Biology，8 (1)：33 - 50.

Hussey N E，MacNeil M A，McMeans B C，et al. 2014. Rescaling the trophic structure of marine food webs. Ecology Letters，17 (2)：239 - 250.

Hussey N E，MacNeil M A，Siple M C，et al. 2015. Expanded trophic complexity among large sharks. Food Webs，4：1 - 7.

Huston M A. 1997. Hidden treatments in ecological experiments：Re-evaluating the ecosystem function of biodiversity. Oecologia，110 (4)：449 - 460.

Huxel G R，McCann K. 1998. Food web stability：The influence of trophic flows across habitats. The American Naturalist，152 (3)：460 - 469.

Jabiol J，McKie B G，Bruder A，et al. 2013. Trophic complexity enhances ecosystem functioning in an aquatic detritus-based model system. Journal of Animal Ecology，82 (5)：1042 - 1051.

Jochum M，Schneider F D，Crowe T P，et al. 2012. Climate-induced changes in bottom-up and top-down processes independently alter a marine ecosystem. Philosophical Transactions of the Royal Society of London B：Biological Sciences，367 (1605)：2962 - 2970.

Jonsson T，Setzer M. 2015. A freshwater predator hit twice by the effects of warming across trophic levels. Nature Communications，6.

Kardol P，Wardle D A. 2010. How understanding aboveground-belowground linkages can assist restoration ecology. Trends in Ecology and Evolution, 25 (11): 670－679.

King J R, McFarlane G A, Punt A E. 2015. Shifts in fisheries management: Adapting to regime shifts. Philosophical Transactions of the Royal Society B: Biological Sciences, 370 (1659): 20130277.

Klemmer A J, Richardson J S. 2013. Quantitative gradient of subsidies reveals a threshold in community-level trophic cascades. Ecology, 94 (9): 1920－1926.

Klemmer A J, Wissinger S A, Greig H S, et al. 2012. Nonlinear effects of consumer density on multiple ecosystem processes. Journal of Animal Ecology, 81 (4): 770－780.

Kratina P, Greig H S, Thompson P L, et al. 2012. Warming modifies trophic cascades and eutrophication in experimental freshwater communities. Ecology, 93 (6): 1421－1430.

Kremen C, Williams N M, Aizen M A, et al. 2007. Pollination and other ecosystem services produced by mobile organisms: A conceptual framework for the effects of land-use change. Ecology Letters, 10 (4): 299－314.

Leaper R, Huxham M. 2002. Size constraints in a real food web: Predator, parasite and prey body-size relationships. Oikos, 99 (3): 443－456.

Leopold A. 1966. A Sand County Almanac: With Other Essays on Conservation from Round River. Quarterly Review of Biology. New York: Oxford University Press.

Leroux S J, Loreau M. 2009. Disentangling multiple predator effects in biodiversity and ecosystem functioning research. Journal of Animal Ecology, 78 (4): 695－698.

Leroux S J, Loreau M. 2012. Dynamics of reciprocal pulsed subsidies in local and meta-ecosystems. Ecosystems, 15 (1): 48－59.

Levin P S, Fogarty M J, Murawski S A, et al. 2009. Integrated ecosystem assessments: Developing the scientific basis for ecosystem-based management of the ocean. PLoS Biology, 7 (1): e1000014.

Levin S A, Lubchenco J. 2008. Resilience, robustness, and marine ecosystem-based management. Bioscience, 58 (1): 27－32.

Levy S. 2015. Predators can help restore damaged coastal ecosystems intact food webs may be the key to seagrass and saltmarsh health. BioScience, 65 (12): 1117－1122.

Lima S L, Bednekoff P A. 1999. Temporal variation in danger drives antipredator behavior: The predation risk allocation hypothesis. The American Naturalist, 153 (6): 649－659.

Lima S L, Dill L M. 1990. Behavioral decisions made under the risk of predation: A review and prospectus. Canadian Journal of Zoology, 68 (4): 619－640.

Lindeman R L. 1942. The trophic-dynamic aspect of ecology. Ecology, 23 (4): 399－417.

Link J S. 2005. Translating ecosystem indicators into decision criteria. ICES Journal of Marine Science: Journal du Conseil, 62 (3): 569－576.

Lomov B, Keith D A, Hochuli D F. 2009. Linking ecological function to species composition in ecological restoration: Seed removal by ants in recreated woodland. Austral Ecology, 34 (7): 751－760.

Loreau M. 2000. Biodiversity and ecosystem functioning: Recent theoretical advances. Oikos, 91 (1): 3－17.

Loreau M, Mazancourt C. 2013. Biodiversity and ecosystem stability: A synthesis of underlying mechanisms. Ecology Letters, 16 (s1): 106－115.

Lotze H K, Coll M, Magera A M, et al. 2011. Recovery of marine animal populations and ecosystems. Trends in Ecology and Evolution, 26 (11): 595－605.

Massol F, Cheptou P O. 2011. When should we expect the evolutionary association of self-fertilization and dispersal. Evolution, 65 (5): 1217－1220.

McCann K S. 2000. The diversity-stability debate. Nature，405（6783）：228－233.

McCann K S，Rooney N. 2009. The more food webs change，the more they stay the same. Philosophical Transactions of the Royal Society of London B：Biological Sciences，364（1524）：1789－1801.

Möllmann C，Lindegren M，Blenckner T，et al. 2014. Implementing ecosystem-based fisheries management：From single-species to integrated ecosystem assessment and advice for Baltic Sea fish stocks. ICES Journal of Marine Science：Journal du Conseil，71（5）：1187－1197.

Montoya J M，Raffaelli D. 2010. Climate change，biotic interactions and ecosystem services. Philosophical Transactions of the Royal Society of London B：Biological Sciences，365（1549）：2013－2018.

Myers R A，Baum J K，Shepherd T D，et al. 2007. Cascading effects of the loss of apex predatory sharks from a coastal ocean. Science，315（5820）：1846－1850.

Naiman R J，Alldredge J R，Beauchamp D A，et al. 2012. Developing a broader scientific foundation for river restoration：Columbia River food webs. Proceedings of the National Academy of Sciences，109（52）：21201－21207.

Nakano S，Miyasaka H，Kuhara N. 1999. Terrestrial-aquatic linkages：Riparian arthropod inputs alter trophic cascades in a stream food web. Ecology，80（7）：2435－2441.

Nakano S，Murakami M. 2001. Reciprocal subsidies：Dynamic interdependence between terrestrial and aquatic food webs. Proceedings of the National Academy of Sciences，98（1）：166－170.

Newbold T，Hudson L N，Hill S L L，et al. 2015. Global effects of land use on local terrestrial biodiversity. Nature，520（7545）：45－50.

Newsome T M，Ripple W J. 2015. A continental scale trophic cascade from wolves through coyotes to foxes. Journal of Animal Ecology，84（1）：49－59.

Oksanen L，Fretwell S D，Arruda J，et al. 1981. Exploitation ecosystems in gradients of primary productivity. The American Naturalist，118（2）：240－261.

Ormerod S J，Dobson M，Hildrew A G，et al. 2010. Multiple stressors in freshwater ecosystems. Freshwater Biology，55（s1）：1－4.

Pace M L，Cole J J，Carpenter S R，et al. 1999. Trophic cascades revealed in diverse ecosystems. Trends in Ecology and Evolution，14（12）：483－488.

Paine R T. 1980. Food webs：Linkage，interaction strength and community infrastructure. Journal of Animal Ecology，49（3）：667－685.

Paine R T. 1966. Food web complexity and species diversity. American Naturalist：65－75.

Pandolfi J M，Bradbury R H，Sala E，et al. 2003. Global trajectories of the long-term decline of coral reef ecosystems. Science，301（5635）：955－958.

Pauly D，Christensen V，Dalsgaard J，et al. 1998. Fishing down marine food webs. Science，279（5352）：860－863.

Petchey O L，Beckerman A P，Riede J O，et al. 2008. Size，foraging，and food web structure. Proceedings of the National Academy of Sciences，105（11）：4191－4196.

Petchey O L，McPhearson P T，Casey T M，et al. 1999. Environmental warming alters food-web structure and ecosystem function. Nature，402（6757）：69－72.

Plagányi É E，Rademeyer R A，Butterworth D S，et al. 2007. Making management procedures operational-innovations implemented in South Africa. ICES Journal of Marine Science：Journal du Conseil，64（4）：626－632.

Polis G A，Hurd S D，Jackson C T，et al. 1997. El Niño effects on the dynamics and control of anisland ecosystem in the Gulf of California. Ecology，78（6）：1884－1897.

Polis G A, Sears A L W, Huxel G R, et al. 2000. When is a trophic cascade a trophic cascade? Trends in Ecology and Evolution, 15 (11): 473 - 475.

Polis G A, Strong D R. 1996. Food web complexity and community dynamics. American Naturalist, 147 (5): 813 - 846.

Poore A G B, Campbell A H, Coleman R A, et al. 2012. Global patterns in the impact of marine herbivores on benthic primary producers. Ecology Letters, 15 (8): 912 - 922.

Post D M, Conners M E, Goldberg D S. 2000. Prey preference by a top predator and the stability of linked food chains. Ecology, 81 (1): 8 - 14.

Rall B C, Vucic P O, Ehnes R B, et al. 2010. Temperature, predator-prey interaction strength and population stability. Global Change Biology, 16 (8): 2145 - 2157.

Rice J C, Rochet M J. 2005. A framework for selecting a suite of indicators for fisheries management. ICES Journal of Marine Science, 62 (3): 516 - 527.

Richardson J S, Sato T. 2015. Resource subsidy flows across freshwater-terrestrial boundaries and influence on processes linking adjacent ecosystems. Ecohydrology, 8 (3): 406 - 415.

Richardson J S, Zhang Y, Marczak L B. 2010. Resource subsidies across the land-freshwater interface and responses in recipient communities. River Research and Applications, 26 (1): 55 - 66.

Ripple W J, Beschta R L. 2012. Trophic cascades in Yellowstone: The first 15 years after wolf reintroduction. Biological Conservation, 145 (1): 205 - 213.

Ripple W J, Estes J A, Schmitz O J, et al. 2016. What is a Trophic Cascade? Trends in Ecology and Evolution, 31 (11): 842 - 849.

Roff G, Doropoulos C, Rogers A, et al. 2016. The ecological role of sharks on coral reefs. Trends in Ecology and Evolution, 31 (5): 395 - 407.

Roff G, Mumby P J. 2012. Global disparity in the resilience of coral reefs. Trends in Ecology and Evolution, 27 (7): 404 - 413.

Rosemond A D, Benstead J P, Bumpers P M, et al. 2015. Experimental nutrient additions accelerate terrestrial carbon loss from stream ecosystems. Science, 347 (6226): 1142 - 1145.

Rosenblatt A E, Schmitz O J. 2014. Interactive effects of multiple climate change variables on trophic interactions: A meta-analysis. Climate Change Responses, 1: 1 - 10.

Rumps J M, Katz S L, Barnas K, et al. 2007. Stream restoration in the Pacific Northwest: Analysis of interviews with project managers. Restoration Ecology, 15 (3): 506 - 515.

Sainsbury K J, Punt A E, Smith A D M. 2000. Design of operational management strategies for achieving fishery ecosystem objectives. ICES Journal of Marine Science: Journal du Conseil, 57 (3): 731 -741.

Sandin S A, Smith J E, DeMartini E E, et al. 2008. Baselines and degradation of coral reefs in the northern Line Islands. PloS one, 3 (2): e1548.

Sato T, Egusa T, Fukushima K, et al. 2012. Nematomorph parasites indirectly alter the food web and ecosystem function of streams through behavioural manipulation of their cricket hosts. Ecology Letters, 15 (8): 786 - 793.

Sato T, Sabaawi R W, Campbell K, et al. 2016. A test of the effects of timing of a pulsed resource subsidy on stream ecosystems. Journal of Animal Ecology, 85: 1136 - 1146.

Sato T, Watanabe K. 2014. Do stage-specific functional responses of consumers dampen the effects of subsidies on trophic cascades in streams? Journal of Animal Ecology, 83 (4): 907 - 915.

Sato T, Watanabe K, Kanaiwa M, et al. 2011. Nematomorph parasites drive energy flow through a riparian ecosystem. Ecology, 92 (1): 201 - 207.

Sauve A, Fontaine C, Thébault E. 2014. Structure-stability relationships in networks combining mutualistic and antagonistic interactions. Oikos, 123 (3): 378 - 384.

Schmitz O J. 2006. Predators have large effects on ecosystem properties by changing plant diversity, not plant biomass. Ecology, 87 (6): 1432 - 1437.

Schmitz O J. 2008. Effects of predator hunting mode on grassland ecosystem function. Science, 319 (5865): 952 - 954.

Schmitz O J, Beckerman A P, O'Brien K M. 1997. Behaviorally mediated trophic cascades: effects of predation risk on food web interactions. Ecology, 78 (5): 1388 - 1399.

Schmitz O J, Hambäck P A, Beckerman A P. 2000. Trophic cascades in terrestrial systems: a review of the effects of carnivore removals on plants. The American Naturalist, 155 (2): 141 - 153.

Schmitz O J, Hawlena D, Trussell G C. 2010. Predator control of ecosystem nutrient dynamics. Ecology Letters, 13 (10): 1199 - 1209.

Schmitz O J, Krivan V, Ovadia O. 2004. Trophic cascades: The primacy of trait-mediated indirect interactions. Ecology Letters, 7 (2): 153 - 163.

Shurin J B, Borer E T, Seabloom E W, et al. 2002. A cross-ecosystem comparison of the strength of trophic cascades. Ecology Letters, 5 (6): 785 - 791.

Shurin J B, Gruner D S, Hillebrand H. 2006. All wet or dried up? Real differences between aquatic and terrestrial food webs. Proceedings of the Royal Society of London B: Biological Sciences, 273 (1582): 1 - 9.

Sih A, Christensen B. 2001. Optimal diet theory: When does it work, and when and why does it fail? Animal Behaviour, 61 (2): 379 - 390.

Smith A D M, Fulton E J, Hobday A J, et al. 2007. Scientific tools to support the practical implementation of ecosystem-based fisheries management. ICES Journal of Marine Science, 64 (4): 633 - 639.

Stein A, Gerstner K, Kreft H. 2014. Environmental heterogeneity as a universal driver of species richness across taxa, biomes and spatial scales. Ecology Letters, 17 (7): 866 - 880.

Stockner J G. 2003. Nutrients in salmonid ecosystems: Sustaining production and biodiversity. Transactions of the American Fisheries Society, 132 (2): 492 - 493.

Strickland M S, Hawlena D, Reese A, et al. 2013. Trophic cascade alters ecosystem carbon exchange. Proceedings of the National Academy of Sciences, 110 (27): 11035 - 11038.

Strong D R. 1992. Are trophic cascades all wet? The redundant differentiation in trophic architecture of high diversity ecosystems. Ecology, 73: 747 - 754.

Strong D R, Frank K T. 2010. Human involvement in food webs. Annual review of environment and Resources, 35: 1 - 23.

Tang S, Pawar S, Allesina S. 2014. Correlation between interaction strengths drives stability in large ecological networks. Ecology Letters, 17 (9): 1094 - 1100.

Tegner M J, Levin L A. 1983. Spiny lobsters and sea urchins: Analysis of a predator-prey interaction. Journal of Experimental Marine Biology and Ecology, 73 (2): 125 - 150.

Thierry A, Petchey O L, Beckerman A P, et al. 2011. The consequences of size dependent foraging for food web topology. Oikos, 120 (4): 493 - 502.

Thompson R M, Brose U, Dunne J A, et al. 2012. Food webs: Reconciling the structure and function of biodiversity. Trends in Ecology & Evolution, 27 (12): 689 - 697.

Tilman D, Isbell F, Jane M. 2014. Cowles, biodiver sity and ecosystem functioning. Annual Review of Ecology, Evolation and Systematics, 45: 471 - 493.

Tucker M A, Rogers T L. 2014. Examining predator-prey body size, trophic level and body mass across marine and terrestrial mammals. Proceedings of the Royal Society of London B: Biological Sciences, 281 (1797): 20142103.

Valladares G, Cagnolo L, Salvo A. 2012. Forest fragmentation leads to food web contraction. Oikos, 121 (2): 299 - 305.

Vander Z M J, Casselman J M, Rasmussen J B. 1999. Stable isotope evidence for the food web consequences of species invasions in lakes. Nature, 401 (6752): 464 - 467.

Vucic P O, Rall B C, Kalinkat G, et al. 2010. Allometric functional response model: Body masses constrain interaction strengths. Journal of Animal Ecology, 79 (1): 249 - 256.

Wesner J S. 2012. Emerging aquatic insects as predators in terrestrial systems across a gradient of stream temperature in North and South America. Freshwater Biology, 57 (12): 2465 - 2474.

Whalen M A, Duffy J E, Grace J B. 2013. Temporal shifts in top-down vs. bottom-up control of epiphytic algae in a seagrass ecosystem. Ecology, 94 (2): 510 - 520.

Wieder W R, Bonan G B, Allison S D. 2013. Global soil carbon projections are improved by modelling microbial processes. Nature Climate Change, 3 (10): 909 - 912.

Wohl E, Angermeier P L, Bledsoe B, et al. 2005. River restoration. Water Resources Research, 41 (10): 237—277.

Worm B, Lotze H K, Boström C, et al. 1999. Marine diversity shift linked to interactions among grazers, nutrients and propagule banks. Marine Ecology Progress Series, 185: 309 - 314.

Yen J D L, Cabral R B, Cantor M, et al. 2016. Linking structure and function in food webs: Maximization of different ecological functions generates distinct food web structures. Journal of Animal Ecology, 537 - 547.

第 7 章

滨海湿地典型生物过程对微地形的作用机制

▼

微地形在沉积物理化性质、降水及潮汐作用、植被格局、生物群落分布、微生境及生态服务功能的发挥等多方面起到了非常重要的作用，其构建是滨海湿地生态修复的关键阶段。在滨海河口盐沼湿地中，微地形的形成主要受到泥沙沉积、潮汐干扰、河流径流和植物根系等影响，同时生物扰动也发挥了非常重要的作用，却常常被忽略。盐沼掘穴蟹类被誉为“生态工程师”，其取食及挖掘作用对滨海湿地微地形的塑造具有关键的作用。探究盐沼蟹类在盐沼湿地微地形结构、过程、功能等方面的贡献对滨海盐沼湿地生态修复具有非常重要的意义。

本章针对生态工程师——蟹类对微地形的作用机制问题，以黄河口盐沼湿地优势蟹类天津厚蟹为主要对象，对滨海盐沼湿地蟹类—植物—微地形三者的相互关系进行系统分析，解析了黄河口盐沼湿地天津厚蟹的分布规律及驱动因子，明晰了天津厚蟹对洞穴的堆积塑造作用，深化了天津厚蟹的植食功能与微地形的相互作用关系的认识，阐明了盐地碱蓬种子萌发对天津厚蟹构造的微地形的响应，揭示了潮汐对微地形动态变化的影响，估算了潮汐影响下天津厚蟹对微地形内营养元素周转的贡献，构建了“蟹类-植物-微地形”三者的互作关系模式。

7.1 关键物种对微地形的塑造

7.1.1 微地形及天津厚蟹生活习性的介绍

1. 微地形

1）微地形的定义

微地形（图 7.1）由凸地形和凹地形及在中间高程的水平地形组成（Bruland and Richardson，2005）。微地形改造是指人类根据科学研究或改造自然的实际需求，有目的地对地表下垫面原有形态结构进行二次改造和整理，从而形成大小不等、形状各异的微地形和集水单元，能有效增加景观异质性、改变水文循环和物质迁移路径，其空间尺度一般为 0～1m（Bruland and Richardson，2005）。本章中所指的微地形主要为尺寸大小不一、形态各异、高低不等的微地形单元，具有湿地最基础的水、生、土三要素，能有效提高空间异质性，改变水文流通及循环路径，改变物质及营养元素的迁移通道。

图 7.1　微地形包含凹地形、水平地形和凸地形

2）微地形的成因

微地形在沉积物理化性质、降水及河流水的入渗、潮汐作用、植被格局（Moeslund et al.，2013）、微生物群落分布、微生境及生态服务功能的发挥等多方面起到了非常重要的作用（卫伟等，2013）。在生态系统中，微地形的形成是多种物理、化学、生物过程共同作用下的结果（图 7.2、表 7.1）。在滨海河口盐沼湿地中，微地形的形成主要受到泥沙沉积和生物淤积两大过程的影响，影响因素有环境变化、潮汐、河流径流、淹水时长、植物地上和地下生物量、人为活动等，同时生物扰动也在微地形的形成中发挥了重要作用（Thomas and Blum，2010），然而却常常被忽略（Nolte et al.，2013）。

3）微地形的生态效益

滨海湿地地表高程由很多因素影响控制，包括暴风雨、沉降、潮汐、当地水文变化、泥沙来源、生物扰动及生物量生产等（Karstens et al.，2016；Cahoon et al.，2011；Boumans and Day，1993）。微地形在淡水湿地生态系统（Richardson et al.，2016）、森林生态系统（Sleeper and Ficklin，2016）、草地生态系统（Hough et al.，2011）恢复中的应用均有研究。湿地恢复工程和自然湿地差异性是许多政府及组织机构

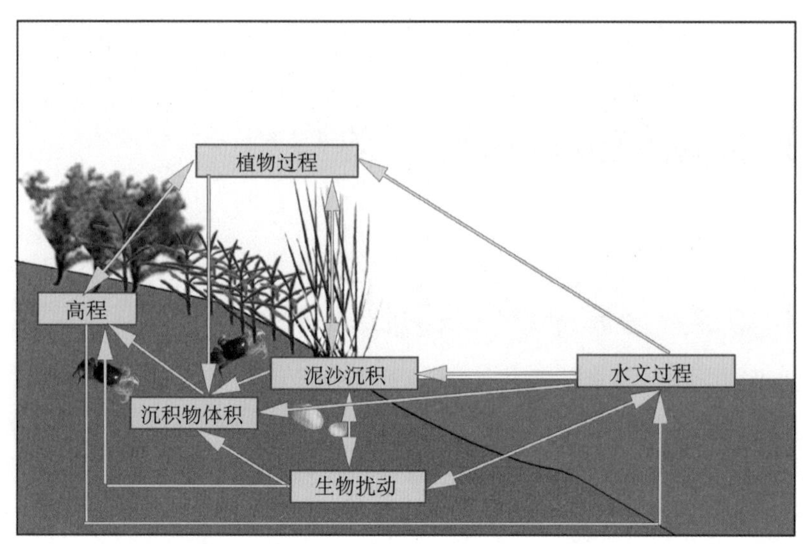

图 7.2　滨海湿地地表高程受到物理、生物过程及它们之间相互作用影响的概念模型

表 7.1　微地形地貌的成因及过程研究（Smith et al.，2012）

研究区	生态系统/微地形	地表高程变化幅度	微地形的主要形成过程
英国柏克斯郡的柯德尔湿地	泥炭地下断面	50～70m	植物凋落物的积累；水流侵蚀
美国南怀俄明	湿草甸	3385m	霜冻
加拿大麦肯齐山谷和育空北部	北极和亚北部的不同研究点	200～1000m	由土壤质地、土壤水分和土壤温度控制；静水压或低温压力
法国比利牛斯山脉西部	高山钙化和植被土丘	1800～1900m	鸟栖息，鸟粪堆积；植被生长
芬兰拉普兰阿尔卑斯山西北部	高低起伏变化的微地形	多样的	不同程度的霜冻
南非莱索托高地	高原土丘	2950m	不同程度的霜冻
美国蒙大拿州中北部	泥炭地	1400m	蚂蚁扰动
芬兰拉普兰	泥炭地土丘	280～310m	霜冻和独立生长于永冻层植被的变化
英国爱尔兰坎布里亚郡中西部	营养丰富的沼泽（泥炭地）	70～110m	来自抗腐草地植物的有机物积累
加拿大卑诗省和亚伯达省	营养沼泽（泥炭地）	600～850m	泥炭积累

所面临的问题，通常湿地恢复工程主要有两大目标：一是尽可能仿真自然湿地；二是加强本土物种多样性（Alsfeld et al.，2009）。Moser 等（2007）通过实验研究发现具有微地形的湿地比没有微地形的湿地拥有更多的植物物种丰富度和生物量。栖息地异质性会加强土壤含水率、营养元素及高程梯度，这些都会提供多种多样的环境（Alsfeld et al.，2009）。以往研究表明微地形变化不仅加强了湿地植物物种丰富度，还提高了水文条件（Silvertown et al.，2015；Bledsoe and Shear，2000）。Tweedy 和 Evans（2001）发现在恢复的湿地中如果有微地形会比没有微地形的湿地蓄水更多。在生态恢复中通常

应用小土丘微地形来增加环境异质性，创造合适的微气候，保存沉积物资源促进植物生长繁殖，小土丘的长期存在会影响植被的分布格局（Hough et al.，2011）。管理者如果试图在资源贫瘠的地方创建多样的植物群落，应当考虑通过工程制造微地形来增加环境异质性，从而为多种植物提供合适的生态位（Smith，1997）。当一个恢复工程的目的是长期增加本土植物物种多样性，维持生态系统的动态平衡，应当配以相应的微地形（Hough et al.，2011）。蟹类作为滨海盐沼湿地的生态工程师在生态系统中及微地形的构造中发挥着不可忽视的作用（Vu and Pennings，2017；He and Silliman，2015）。

2. 天津厚蟹的生活习性

1）天津厚蟹所属分类

黄河口湿地是蟹类重要的栖息地。2012 年对黄河三角洲河口区潮间带大型底栖动物进行了初步调查，采集到的蟹类属于方蟹科（方蟹科 Grapsidae，相手蟹亚科 Sesarminae，厚蟹属 Helice，天津厚蟹 *Helice tientsinensis*）和沙蟹科（沙蟹科 Ocypodidae，大眼蟹属 *Macrophthalmus*，日本大眼蟹 *Macrophthalmus japonicas*）。其中方蟹生活在广阔的潮间带，为半陆生的物种代表，它们生活在红树林湿地或者岩石滩、滩涂或其他湿地中，对盐度有更广泛的适应阈值，并且可以在空气中暴露较长时间，大多营穴居型生活。黄河口的盐沼优势蟹种为天津厚蟹。

2）天津厚蟹的体貌特征

天津厚蟹外形主要为头胸甲呈四方形，宽度稍大于长度，表面隆起具有凹点，分区明显。前侧缘除外眼窝齿外共分 3 齿，第一齿大，呈三角形，第二齿较小而锐，第三齿很小，第二、三两齿的基部各有 1 条颗粒隆线，向内后方斜行，雄性眼窝下腹缘的隆线，中部膨大，由 5～6 颗光滑的突起组成，内侧部分具有 10～15 个颗粒，越到内端则越小，外侧部分具有 20～29 个颗粒，越到外端则越小，雌性眼窝下腹缘的隆线在中部并不膨大，共具有 34～39 个细颗粒，最内面的 4 个较延长。螯足长节内侧面的发音隆脊短且粗，掌节很高，光滑，可动指的背缘一般平直，各对步足长节的前、后缘近平行，第一对步足前节的前面具有绒毛，第二对步足前节的绒毛稀少或无。雄性腹部第六节两侧缘的末部比较靠拢，尾节长方形，雌性腹部圆大（Ng and Davie，2015），头胸甲长 26.5mm，宽 32.4mm（沈嘉瑞和戴爱云，1964）。其形态如图 7.3 所示。

图 7.3　天津厚蟹

3）天津厚蟹的体形特征

不同的蟹类物种具有独特的体形特征（Sen and Homechaudhuri，2016；Qureshi and Saher，2012；Lim and Diong，2003），然而针对天津厚蟹的体形特征并没有做过详细的分析，因此，本章为了加强对天津厚蟹体形特征的认识，通过野外捕捉和数据分析，得到天津厚蟹不同性别、不同阶段的体形特征情况。

2017 年春季在黄河三角洲盐沼湿地进行了野外蟹类捕捉实验，在盐沼湿地高、中、低不同潮位带，分别布设 10 个陷阱。陷阱装置为小塑料水桶，桶底用刀戳洞以防蓄水，在不同潮位带，将小桶随机散布埋入地下，桶上沿与地面齐平，从而使蟹类落入且不易逃跑。第一天埋入陷阱后，翌日去收集蟹类，所捕捉到的蟹类均为天津厚蟹，分别记录天津厚蟹的性别、壳长、壳宽［图 7.4（a）］及质量。由于调查季节为春季，许多母蟹处于孕期［图 7.4（b）］，因此单独对怀孕期的天津厚蟹进行体形特征分析。然后对所获得的数据进行统计分析，应用方差分析来比较不同潮位带上的天津厚蟹的体形特征，用线性拟合来检验天津厚蟹体形指标间的拟合关系。

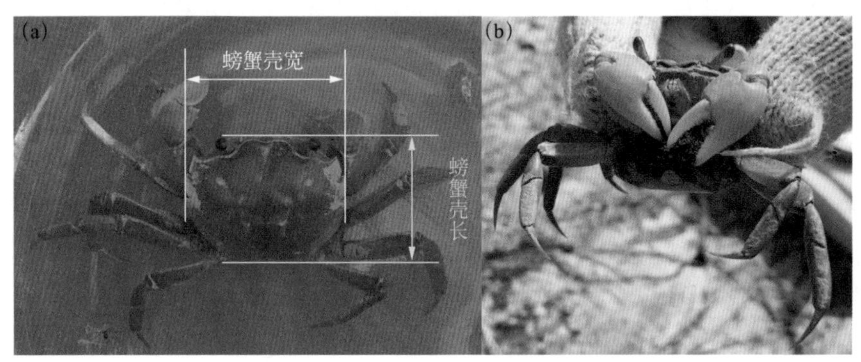

图 7.4　天津厚蟹的壳长和壳宽（a）及怀孕的天津厚蟹（b）

从图 7.5 可以看出，不同潮位带间的天津厚蟹体形无显著差异，且不同潮位带上的公、母（未孕）天津厚蟹的体形特征也无显著差异，但是怀孕的天津厚蟹体形无论是壳长、壳宽还是质量都较大。天津厚蟹的壳长与壳宽、壳长与质量、壳宽与质量均呈现出正相关关系（图 7.6）。

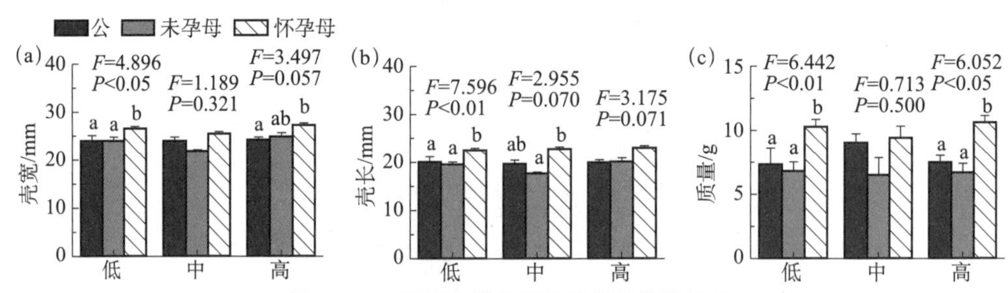

图 7.5　不同潮位带的天津厚蟹的体形特征

柱状图上相同字母代表没有显著差异（$P>0.05$）

4）天津厚蟹的生长发育

大多数甲壳类动物的幼体，一经孵化，都能自由游泳，在幼体的发育过程中需要经过一系列的转变，由简单到复杂，由低级到高级，最后才达到成体的形式。每经一次蜕

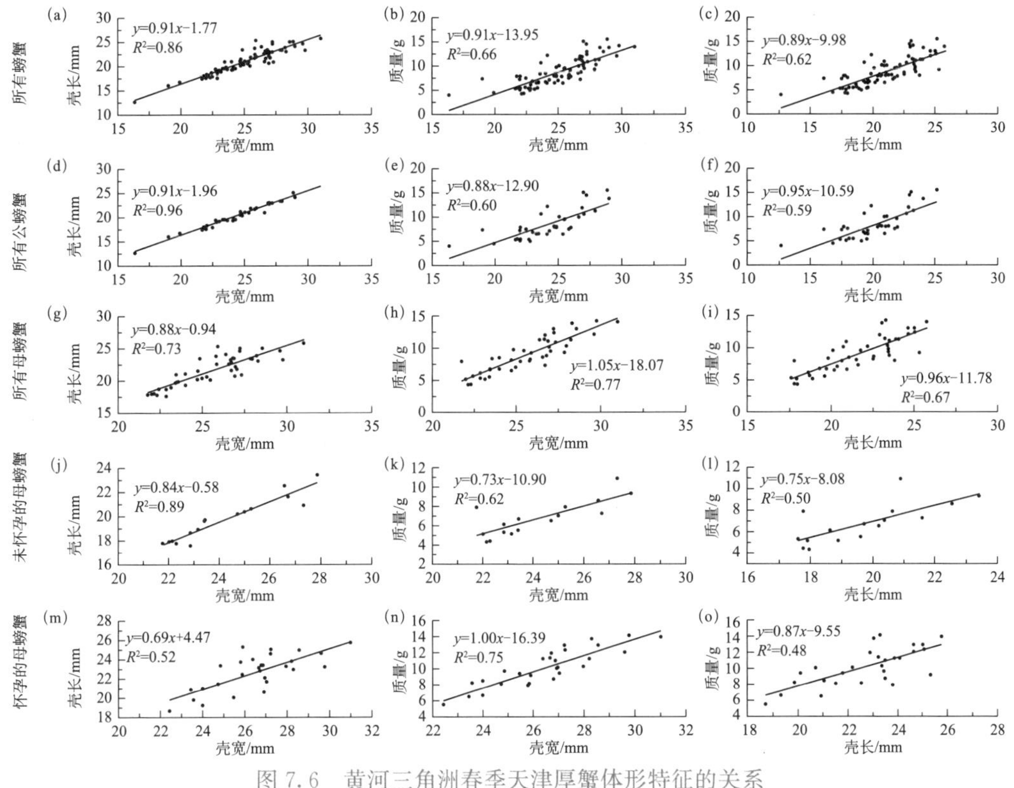

图 7.6 黄河三角洲春季天津厚蟹体形特征的关系

皮，在形体上就有新的发展或新的转变，这就是所谓的变态发育。但变态的程度各有不同，有的比较显著，有的不显著。变态显著与否，主要根据运动器官转移的程度而定。而且每经一次蜕变，幼体的生活习性方面，也将相应地发生改变（沈嘉瑞，1955）。蟹类的幼体发育，一般都具有显著的变态，可以分为下列几个阶段：①早期溞状幼体（prezoea）；②溞状幼体（zoea），包括后期溞状幼体；③大眼幼体（megalopa），即后期幼体，通常再经一次蜕皮，即变为幼蟹期（沈嘉瑞，1955）。天津厚蟹的幼体发育共经历 5 个溞状幼体和 1 个大眼幼体期。在水温 20～24℃、盐度 15ppt、光照强度 200～400lx 的条件下，从幼体孵出到大眼幼体出现共历时 21 天。第一期到第二期溞状幼体约为 5 天，第二期到第五期溞状幼体每期各为 3～4 天，第五期溞状幼体到大眼幼体为 4～5 天。大眼幼体至第一期幼蟹出现为 6～7 天（王丽卿，2002）。

5）天津厚蟹的耐受阈值

天津厚蟹对盐度和温度均具有一定范围的耐受能力，且盐度和温度具有显著的交互效应。当温度从 10℃逐步升高到 20℃再到 30℃，会导致天津厚蟹的耐盐能力显著下降。当盐度从 30ppt 到 50ppt 或者从 30ppt 到 0 急剧变化时也会导致天津厚蟹的耐温能力显著下降（徐敬明，2014）。

6）天津厚蟹的食性

蟹类多具有杂食性，可拥有浮游动植物、大型藻类、土壤有机质、植物、动物残体、植物凋零物、种子等多种食源（Boudreau and Worm，2012；Ho and Pennings，2008）。绝大多数蟹类属于杂食者，也有相当一部分蟹类属于肉食者，少部分蟹类属于植食者，还有些蟹类取食泥沙中的沉积物或者水中的悬浮物。例如，红树林区的相手蟹（*Sesarma*）主要取食植物的腐叶、植物种子及海藻等，同时也取食腐肉及小型底栖动物等。又比如生活在热带沙滩的沙蟹（*Ocypode*），经常取食植物下的昆虫，并且聚集在腐肉的周边，也取食藻类（沈嘉瑞和戴爱云，1964）。植食性蟹类的种类又可划分为食藻类和食维管束植物两种类型。前一种类群包括许多蜘蛛蟹、扇贝及少数栖息于岩石岸边的方蟹，而后一类群主要包括栖息于湿地的方蟹和一些地蟹。许多藻食蟹类的特点是螯足上有一个匙状末端，可以用来刮取岩石上的藻类、藻类碎屑及岩屑。附着于任何固体表面的食物都或多或少含有碎屑、海绵、水螅类、苔藓类。而陆生和半陆生的食维管束植物的蟹类，螯足指节短，末端往往尖锐，可撕断植物，颚足再将植物切碎，胃中具结节状齿，可消化磨碎植物纤维。此外，较为典型的沉积物取食者是栖息于潮间带泥沙滩上的半陆生型沙蟹，当潮退后，蟹爬出洞，用匙状的具有刚毛的螯剜扒泥沙进入口中，从中分选有机物的碎片，吐出废弃的沙团（沈嘉瑞和戴爱云，1964）。有研究表明黄河口湿地中的天津厚蟹为食维管束植物的植食性蟹类（贺强，2013），也有研究观察到其对鸟蛋的取食（Li et al.，2015），因此我们认为天津厚蟹为杂食性蟹类。

7）天津厚蟹的行为特征

以天津厚蟹为优势物种的潮间带微地形主要由排水性良好的小土堆和土堆之间排水性较弱的平地组成（Warren and Underwood，1986），蟹洞在小丘上的出现频率最高。当蟹类进行挖掘活动时，它们会将挖掘出来的物质堆放在洞口周边，日积月累，这些堆积的物质会形成小丘。栖息地微生境会影响蟹类的分布，但是反过来蟹类也会通过影响地下地形结构来造成地上微生境的改变。有研究表明，有蟹类挖掘过的地方相对于没有蟹类干扰的封闭区域中，在土壤表面有较大颗粒的沉积物，并且有较少的藻类覆盖物（Warren and Underwood，1986）。天津厚蟹的运动形式多种多样，行为和功能复杂，如步行、奔跑、埋伏、游泳、穴居等（表 7.2）。

表 7.2　野外观察到的天津厚蟹的行为活动的分组及类别

分组	类别
取食行为	取食沉积物
	取食植物
	取食藻类
	取食动物残体
	取食鸟蛋
	取食种子
	取食植物残体等有机碎屑
觅食行为	收集植物叶片等有机物（摘取或拾取食物，拖回洞穴中）
	觅食（缓慢行走，携带或品尝沉积物和碎屑）
挖掘行为	维护/重建洞穴（将沉积物推出洞穴/拖回洞穴）
	构建新洞穴
	打开洞口（将洞口的沉积物推出堆放在洞口周边）
	封闭洞口（从洞内推沉积物到洞口将洞口堵住）

续表

分组	类别
其他行为	行走（除了觅食以外的行走）
	激烈的互动（蟹类间对洞穴的竞争，用螯进行力量的抗衡；用螯示威；战斗）
	敲击（用螯敲击表面）
静止	在洞穴入口处静止
	在洞穴外静止
隐身	在自己的洞穴内藏身（蟹类不可视）
	在其他蟹类的洞穴内藏身（蟹类不可视）

通过野外观察，发现天津厚蟹通常利用 4 对步足进行横行和奔跑运动，总是斜向或直向前方，有时也可以进行后退运动。天津厚蟹也会在水中进行游泳活动，但并没有像梭子蟹那样的游泳足，因此其主要活动还是爬行。天津厚蟹在遇到危险时可以迅速躲避敌害，钻入洞穴中或其他隐蔽的地方。通过野外洞穴浇筑实验，发现天津厚蟹营穴居生活，有专一独立的洞穴，并且其掘穴的深度与地下水位紧密相关。天津厚蟹通常在潮水来时用沉积物将洞口堵住，在退潮后，再将洞口挖开，爬出来觅食活动（Lim and Diong，2003）。

7.1.2 黄河口盐沼天津厚蟹的分布情况

1. 黄河口盐沼天津厚蟹蟹洞的分布规律

半陆生蟹类在滨海湿地生态系统中扮演着非常重要的角色（Hubner et al.，2015；贺强，2013）。植食性蟹类的过度植食会严重影响到植物生物量，进而会导致盐沼湿地中形成退化区（Coverdale et al.，2012）；而有时蟹类会通过改变沉积物的性质来促进植物的生长（Aschenbroich et al.，2016；Smith et al.，2009）。蟹类的挖掘作用会提高水质界面的交换作用（Koo et al.，2007），从而促进沉积物与水之间的营养元素循环。此外，蟹类也是食物网中的关键生物类群，潮间带蟹类是水鸟和鱼类的重要食源（Chen et al.，2016b；Iribarne et al.，2005）。过去的许多研究表示，蟹类可以作为滨海地区潮间带湿地状况的指示物种（Weilhoefer，2011；Cardoni et al.，2007；Griffiths et al.，2007；Mouton and Felder，1996；Spivak et al.，1994）。在很多研究中，人们往往利用蟹洞取代蟹类来作为指示指标，因为利用蟹洞对蟹类群体密度进行评估是非常便捷的方法（Schlacher et al.，2016；Stelling et al.，2016；Weilhoefer，2011；Rosa and Borzone，2008）。

许多以往研究已经检验了蟹类在不同栖息环境下的分布规律（Hamasaki et al.，2011；Rosa and Borzone，2008；Flores et al.，2005）。然而仍不清楚是什么样的生物、非生物因子影响到蟹类在不同栖息环境、不同潮间带盐沼湿地的分布情况。多样的蟹类种群在不同的生态系统中对栖息环境有不同的喜好，并且受到多种因素的影响（表 7.3；Vermeiren and Sheaves，2014）。本章结合半陆生蟹类的生活习性及栖息环境偏好，通过野外实验，识别出影响黄河三角洲潮间带盐沼湿地优势蟹类物种分布的主要驱动因子。

表 7.3 影响蟹类分布的主要因素研究

因素	地点	蟹类物种（拉丁名）	生态系统	参考文献
水深/高程梯度	美国墨西哥湾湿地	*Uca spinicarpa*；*Uca longisig*	盐沼湿地	Mouton and Felder，1996
盐度	巴西盐沼湿地；中国黄河三角洲	*Neohelice granulata*；*Helice tientsinensis*	盐沼湿地；盐沼生态系统（柽柳群落）	He and Cui，2015；Bianchini et al.，2008
土壤含水率	美国北卡滨海湿地；中国黄河三角洲	*Uca pugilator*；*Helice tientsinensis*	沙滩；盐沼生态系统（柽柳群落）	He and Cui，2015；Reinsel and Rittschof，1995
植物/植被	美国墨西哥湾湿地；中国黄河三角洲	*Uca spinicarpa*；*Uca longisig*；*Helice tientsinensis*	盐沼湿地；盐沼生态系统（柽柳群落）	He and Cui，2015；Mouton and Felder，1996
光照	中国黄河三角洲	*Helice tientsinensis*	盐沼生态系统（柽柳群落）	He and Cui，2015
沉积物性质	阿根廷滨海湿地	*Cyrtograpsus angulatus*；*Chasmagnathus granulata*	泻湖	Spivak et al.，1994
潮汐	阿根廷	*Neohelice*（*Chasmagnathus*）*granulata*	滨海河口湿地	Casariego et al.，2011a；Luppi et al.，2013
食源	中国黄河三角洲	*Helice tientsinensis*	盐沼生态系统（柽柳群落）	He and Cui，2015
温度	中国黄河三角洲；阿根廷	*Helice tientsinensis*；*Neohelice*（*Chasmagnathus*）*granulata*	盐沼生态系统（柽柳群落）；滨海湿地	He and Cui，2015；Luppi et al.，2013
人为干扰	澳大利亚、美国、中国、非洲等世界各地	*Ghost crabs*；*Ocypode cordimanus*	沙滩；滨海海岸带	Schlacher et al.，2016；Stelling et al.，2016

天津厚蟹是栖息于黄河三角洲滨海湿地潮间带最为常见的半陆生方蟹科物种（He and Cui，2015；贺强，2013）。天津厚蟹是杂食性物种，拥有非常多样的食源，如新鲜植物、叶片、植物凋落物、有机物、真菌、小型底栖动物，甚至是水鸟蛋（He et al.，2015；Li et al.，2015）。天津厚蟹的洞穴大多只有一个入口，并且穴居着单只天津厚蟹（Wang et al.，2015；Wang and Hu，2014）。天津厚蟹的洞穴覆盖了潮间带盐沼湿地多种多样的生境和群落带，然而仍不清楚是什么因子驱动着天津厚蟹的分布。天津厚蟹的洞穴密度是否会在植被覆盖区多于没有植被的区域？天津厚蟹是否会喜欢在高密度的底栖动物群落区域内穴居？非生物因子是否会影响到蟹洞的分布？蟹洞的分布在不同的潮间带是否存在差异？本节将首先明确黄河三角洲盐沼湿地潮间带蟹洞在不同栖息地的分布规律；进而，分析蟹洞分布与植物、底栖动物多样性及非生物因子的关系；最后，辨识出影响黄河三角洲潮间带盐沼湿地天津厚蟹洞穴分布的主要驱动因子。

1）天津厚蟹的洞穴分布

在植物群落中的蟹洞密度往往大于没有植物的裸地。在高位盐沼区，植物群落中的蟹洞密度为裸地的 8 倍多；在中位盐沼区域，植物群落中的蟹洞密度为裸地的 4 倍多；然而在低位盐沼区并没有相同的规律（图 7.7）。在高位盐沼区，盐地碱蓬群落（High1）与盐地碱蓬-盐角草群落（High2）中的蟹洞密度并没有显著差异（图 7.7）。在低位盐沼区，蟹洞的密度达到了最高水平（约 80ind. /m^2），显著大于高位盐沼和中位盐沼区域（图 7.7）。

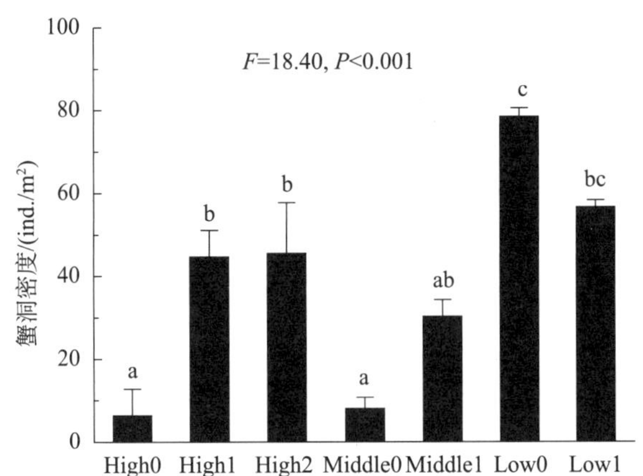

图 7.7　蟹洞在不同潮间带中的 7 个栖息地中的分布情况

High0、Middle0 和 Low0 分别代表高位盐沼区、中位盐沼区和低位盐沼区裸地中的采样点；High1、Middle1 和 Low1 分别代表高位盐沼区、中位盐沼区和低位盐沼区盐地碱蓬群落中的采样点；High2 代表高位盐沼区盐地碱蓬-盐角草群落中的采样点；数据为 means±SE（$n=5$）；柱子上不同字母表示具有显著差异性（ANOVA 方差，$P<0.05$）

2）非生物因子

非生物因子随着潮间带和栖息地的不同而变化。从高位盐沼到低位盐沼区，水深和土壤含水率逐渐升高，而土壤硬度逐渐降低。在有、无植被的区域中，土壤容重、总氮及土壤孔隙水盐度并没有表现出差异性，土壤孔隙水盐度在中位盐沼区域达到最高值。土壤有机质含量和总碳含量在不同潮间带和栖息地环境中不同，在低位盐沼区域中达到最低值（表 7.4）。

表 7.4 不同潮间带湿地的非生物因子的变化情况

	高位盐沼			中位盐沼		低位盐沼		F (P)
	裸地	盐地碱蓬群落	盐地碱蓬-盐角草群落	裸地	盐地碱蓬群落	裸地	盐地碱蓬群落	
水深/m	−1.50 ± 0.01 a	−1.50 ± 0.02 a	−1.50 ± 0.01 a	−1.35 ± 0.03 b	−1.30 ± 0.07 b	0.07 ± 0.02 c	0.02 ± 0.02 c	F=2130.42, P<0.001
土壤硬度/(N/m^2)	11.90 ± 0.37 d	9.50 ± 1.34 cd	8.38 ± 0.54bc	6.52 ± 1.20bc	5.48 ± 0.07 b	1.64 ± 0.43 a	1.32 ± 0.05 a	F=28.18, P<0.001
含水率/%	19.91 ± 1.65 a	21.86 ± 2.00 ab	24.78 ± 0.03bc	23.92 ± 0.20 ab	25.45 ± 0.01bc	28.51 ± 0.34 c	28.44 ± 0.32 c	F=10.12, P<0.001
容重/(g/cm^3)	1.46 ± 0.04 ab	1.38 ± 0.02 a	1.45 ± 0.04 ab	1.53 ± 0.03 b	1.45 ± 0.00 ab	1.51 ± 0.00 b	1.54 ± 0.01 b	F=4.56, P<0.01
土壤盐度/ppt	2.14 ± 0.88abc	1.54 ± 0.36 ab	2.18 ± 0.20abc	3.64 ± 0.29 c	3.06 ± 0.05bc	1.28 ± 0.05 a	1.70 ± 0.08 ab	F=4.87, P<0.01
土壤有机质/(g/kg)	1.12 ± 0.05 c	1.13 ± 0.07 c	0.74 ± 0.04 b	0.65 ± 0.06 b	1.06 ± 0.05 c	0.24 ± 0.01 a	0.30 ± 0.08 a	F=10.75, P<0.001
总氮/(g/kg)	0.50 ± 0.01bc	0.58 ± 0.04 c	0.57 ± 0.03 c	0.46 ± 0.04abc	0.49 ± 0.01bc	0.39 ± 0.02 ab	0.35 ± 0.01 a	F=10.75, P<0.001
总碳/%	2.02 ± 0.07 b	2.05 ± 0.06 b	2.04 ± 0.08 b	1.90 ± 0.11 ab	2.37 ± 0.05 c	1.72 ± 0.03 a	1.63 ± 0.02 a	F=14.70, P<0.001

注：数据为 means ± SE（n=5），不同字母表示具有显著差异性（ANOVA 方差，P<0.05）。

3）生物因子

植被盖度、植物地上和地下生物量在无植被区显著低于有植被区（图7.8）。在高位盐沼区，盐地碱蓬群落（High1）中所采集样方的植被盖度显著大于盐地碱蓬-盐角草群落（High2），前者约为后者的3倍 。在中位盐沼区域和低位盐沼区域中，盐地碱蓬群落的盖度并没有显著差异［图7.8（a）］。植物的地上和地下生物量在高位盐沼区盐地碱蓬群落中达到最高值［图7.8（b）、（c）］。

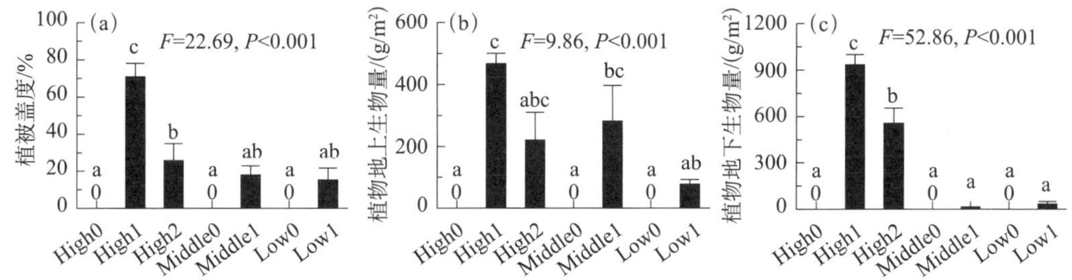

图7.8　不同潮间带研究区中的植物分布特征

（a）植被盖度；（b）植物地上生物量；（c）植物地下生物量；High0、Middle0和Low0分别代表高位盐沼区、中位盐沼区和低位盐沼区裸地中的采样点；High1、Middle1和Low1分别代表高位盐沼区、中位盐沼区和低位盐沼区盐地碱蓬群落中的采样点；High2代表高位盐沼区盐地碱蓬-盐角草群落中的采样点；数据为means ± SE（n=5），柱子上不同字母表示具有显著差异性（ANOVA方差，P<0.05）

高位盐沼区的裸地（High0）和盐地碱蓬群落（High1）中的大型底栖动物群落物种丰富度是高位盐沼区盐地碱蓬-盐角草群落（High2）和低位盐沼区裸地（Low0）的2倍多［图7.9（a）］。在中位盐沼区，大型底栖动物群落物种丰富度、生物量和密度均达到最低水平［图7.9（a）～（c）］。在高位盐沼区的裸地（High0）和盐地碱蓬群落（High1）、低位盐沼区裸地（Low0）和盐地碱蓬群落（Low1），大型底栖动物生物量并没有显著差异［图7.9（b）］。在高位盐沼区，裸地（High0）和盐地碱蓬群落（High1）中的大型底栖动物密度是盐地碱蓬-盐角草群落中的大型底栖动物密度的2倍多，并且高于中位盐沼区和低位盐沼区域［图7.9（c）］。

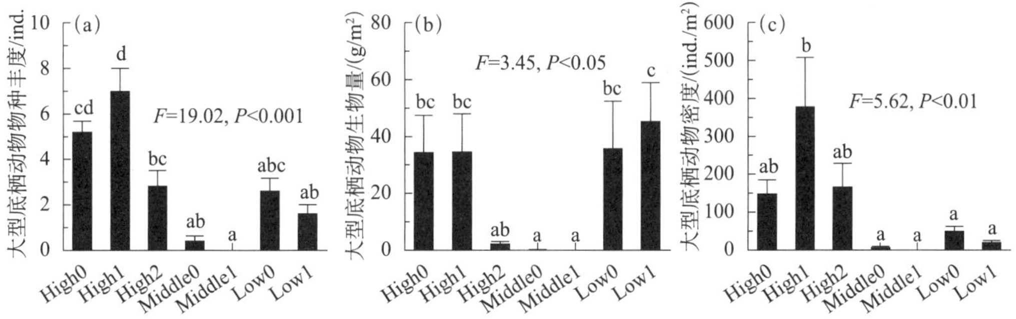

图7.9　不同潮间带研究区中的大型底栖动物分布特征情况

（a）大型底栖动物物种丰富度；（b）大型底栖动物生物量；（c）大型底栖动物密度；High0、Middle0和Low0分别代表高位盐沼区、中位盐沼区和低位盐沼区裸地中的采样点；High1、Middle1和Low1分别代表高位盐沼区、中位盐沼区和低位盐沼区盐地碱蓬群落中的采样点；High2代表高位盐沼区盐地碱蓬-盐角草群落中的采样点；数据为means±SE（n=5），柱子上不同字母表示具有显著差异性（ANOVA方差，P<0.05）

2. 黄河口天津厚蟹分布的主要驱动因子

蟹洞密度的最佳单一预测因子为水深、土壤含水率、土壤硬度、土壤孔隙水盐度、土壤有机质含量及总碳含量。其中，蟹洞密度均与水深和土壤含水率这两者呈显著正相关关系[表 7.5；图 7.10 (a)、(c)]，而蟹洞密度与土壤硬度、土壤孔隙水盐度、土壤有机质含量及总碳含量呈显著负相关关系[表 7.5；图 7.10 (b)、(d) ～ (f)]。我们同时检验了土壤容重、土壤总氮含量、植被盖度、植物地上和地下生物量，以及大型底栖动物物种丰富度、密度和生物量对蟹洞密度是否具有驱动影响，但并未得到非常显著的结果（表 7.5）。

表 7.5　盐沼湿地潮间带蟹洞密度的最佳单一预测因子

项目	蟹洞密度		
	R^2	P	Sign
水深	0.43	<0.001	+
土壤硬度	0.37	<0.001	—
土壤含水率	0.37	<0.001	+
土壤容重	0.026	0.177	+
土壤孔隙水盐度	0.11	0.032	—
土壤有机质	0.30	<0.001	—
土壤总氮	0.05	0.113	—
土壤总碳	0.14	0.017	—
植被盖度	0.036	0.141	+
植物地上生物量	0.022	0.192	+
植物地下生物量	0.018	0.212	+
大型底栖动物物种丰富度	0.022	0.606	+
大型底栖动物生物量	0.024	0.186	+
大型底栖动物密度	0.003	0.350	+

注：加粗的字体表示 $P < 0.05$；Sign 表示回归系数的正负符号。

蟹洞分布特征随着潮间带高程梯度变化及环境因子变化的变化显著不同。整体来讲，在潮间带盐沼湿地中蟹洞分布所受到的非生物因子的驱动力较生物因子更强烈。天津厚蟹的蟹洞密度在低位盐沼区达到最大值，其次是高位盐沼区和中位盐沼区。造成天津厚蟹的蟹洞如此分布的原因是三个研究区具有天然的由陆向海的高程梯度变化，使得其原本就具有水盐梯度变化，而这天然的水盐梯度对蟹类的分布及其洞穴安置具有强烈的影响（Adnitt et al.，2013）。以往研究表明土壤含水率是决定蟹类是否在此地定居挖穴的至关重要的影响因子（Reinsel and Rittschof，1995）。低位盐沼区域的土壤比另外两个潮间带的土壤更湿更松软（Li et al.，2016），吸引了更多的蟹类在此地定居。在中位盐沼区域，土壤孔隙水盐度达到最高值（Li et al. 2016；贺强，2013；He et al.，2009），限制了蟹类的密度。

通常来讲，沉积物的理化性质特征及食源会调节蟹洞的分布（Reinsel and Rittschof，1995）。在高位盐沼和中位盐沼区域，蟹洞的密度在有植被覆盖的区域（无论是单一植被群落盐地碱蓬群落，还是双植被交错带盐地碱蓬-盐角草群落）高于没有

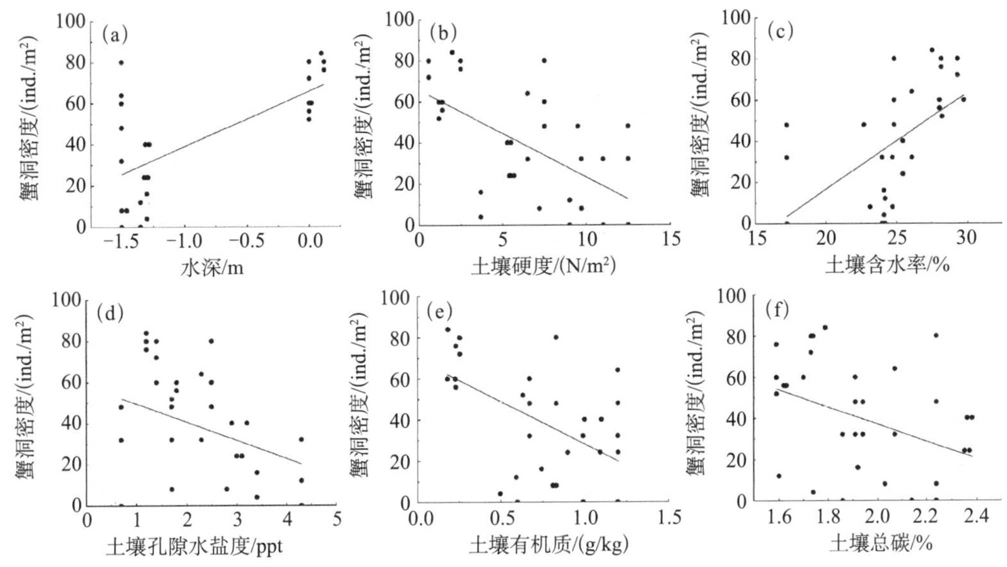

图 7.10　黄河三角洲潮间带盐沼湿地蟹洞密度与非生物因子的关系

(a) 蟹洞密度与水深的拟合关系（$n=35$，$R^2=0.43$，$P<0.001$，$y=26.84x+65.77$）；(b) 蟹洞密度与土壤硬度的拟合关系（$n=35$，$R^2=0.37$，$P<0.001$，$y=-4.27x+65.97$）；(c) 蟹洞密度与土壤含水率的拟合关系（$n=35$，$R^2=0.37$，$P<0.001$，$y=4.69x-77.18$）；(d) 蟹洞密度与土壤孔隙水盐度的拟合关系（$n=35$，$R^2=0.10$，$P<0.05$，$y=-8.88x+58.34$）；(e) 蟹洞密度与土壤有机质含量的拟合关系（$n=35$，$R^2=0.30$，$P<0.001$，$y=-41.64x+69.68$）；(f) 蟹洞密度与土壤总碳含量的拟合关系（$n=35$，$R^2=0.14$，$P<0.05$，$y=-41.72x+120.41$）

植被覆盖的裸地，这是因为植物覆盖区可以有效缓解蟹类生存环境的物理胁迫压力，还可以为蟹类抵御敌害，提供丰富的食源（Chen et al.，2016a；He and Cui，2015）。然而，在低位盐沼区域，并没有发现植被覆盖区与无植被覆盖区域中蟹洞密度的差别，这主要是因为在低位盐沼区域的植被盖度很低，并不具有很强的影响作用。

以往研究表明蟹类会捕食大型底栖动物（Moody and Aronson，2007），因此，我们推测栖息地中具有高密度多样性的大型底栖动物会伴随呈现高密度的蟹洞，然而研究数据表明，虽然这两者存在一定的正相关关系，但并不显著。这可能是因为天津厚蟹属于杂食性蟹类，它不仅捕食大型底栖动物群落，还会取食其他含有有机质的食物，如叶片、植物凋落物、真菌、沉积物等（Chen et al.，2016a；He and Cui，2015；贺强，2013）。有许多研究探究了蟹类在不同环境条件下的取食偏好（Hubner et al.，2015；Bas et al.，2014；Di Virgilio and Ribeiro，2013）。原本以为天津厚蟹会喜欢富含有机质或者富含其他诸如碳类元素的栖息环境，然而研究结果表明蟹洞密度与土壤有机质和总碳含量呈负相关关系。这很大一部分原因是天津厚蟹具有丰富多样的食源，因而它们不会受到土壤有机质单一因素的强烈限制。在 Bas 等（2014）的研究中，他们所研究的蟹类具有植食和取食沉积物双重取食方式，与本研究区的天津厚蟹相似。但是仍有其他研究表明蟹类的挖掘和取食活动可以有效地降低土壤有机质含量，这也可能是造成蟹洞密集区土壤有机质含量低的潜在原因（Fanjul et al.，2015；Casariego et al.，2011b）。

半陆生蟹类常被用于滨海盐沼湿地生态系统的指示生物。在许多研究中，蟹类被用作评判一个生态系统是否健康的指标（Schlacher et al.，2016；Zengel et al.，

2016）。相手蟹的洞穴密度可用做检验深水溢油事件对滨海生态系统的影响及其恢复的评判工具（Zengel et al.，2016）。沙蟹洞密度被用来评判滨海人为活动干扰如城市化建设和旅游观光践踏的影响（Schlacher et al.，2016；Lucrezi et al.，2009a，2009b）。本研究区域属于相对健康的自然湿地生态系统，当区域内具有高密度的蟹洞时表明当地的沉积物环境为软的、潮湿的且具有适合的盐度条件。

由于蟹类为食物网中的重要组成部分，其角色不容忽视。半陆生蟹类是水鸟的关键食源（Iribarne et al.，2005），因此蟹类的分布会影响到水鸟的取食地点。在潮水涨潮阶段，随潮水而来的幼鱼仔会在蟹洞床聚集，而蟹洞床外的地方较少（Martinetto et al.，2007），表明蟹洞会调节幼鱼仔群落的组成分布。蟹洞还会影响到水鸟与多毛类的捕食关系（Palomo et al.，2003）。此外，蟹类有多种多样的食源，包括植物叶片、真菌、大型底栖动物及有机物残体等（He et al.，2015；Li et al.，2015；Pennings et al.，1998）。因此，蟹类在滨海湿地生态系统中是非常重要的消费者和分解者，可以促进营养物质循环，降低沉积物有机质含量（Fanjul et al.，2015；Casariego et al.，2011b）。然而，高密度的蟹类会由于它们大量的植食活动造成湿地退化（Coverdale et al.，2012）。因此，在滨海湿地管理过程中如何有效调控蟹类密度或者保证蟹类的其他食源充足需要进一步的研究。

天津厚蟹在高位盐沼区和中位盐沼区偏好有植被覆盖的栖息环境。因此，在今后的湿地恢复工程中，如果恢复目的是恢复蟹类密度和水鸟多样性，可以先从恢复植被开始。首先建立适宜的栖息环境，从而吸引蟹类在此定居打洞，进而调节水鸟的觅食范围及其他底栖动物群落分布，这是值得推崇的一项具有可行性、科学性的恢复策略。植食性蟹类更喜欢以柔软多汁新鲜的植物为食（Pennings et al.，1998），在黄河三角洲潮间带盐沼湿地的盐地碱蓬就是天津厚蟹的最佳植物食源。在低位盐沼区和其他潮间带区域，保证正常的潮汐循环是保护蟹类栖息地的重要条件之一，因为潮汐会带来充足的营养物质和真菌来补给蟹类的食源，并且可以创造更为适宜蟹类生活的环境条件（Bas et al.，2014；Luppi et al.，2013；Casariego et al.，2011a）。

7.1.3 天津厚蟹洞穴特征及其驱动因子

1. 天津厚蟹对洞穴的堆积塑造过程

泥沼蟹类是半陆生生物类群，会通过它们的挖掘和取食活动影响沉积物的结构及其他生物类群（Qureshi and Saher，2012）。泥沼蟹类在低潮期间会在潮间带区域进行挖掘活动，其挖掘行为从蟹类很小的时候就已经开始了（Hyman，1920）。已有很多研究对蟹类的挖掘行为进行了描述（Crane，2015；Gusmao et al.，2012）。

许多半陆生甲壳类动物具有塑造洞穴的行为，这也可以描述为在洞穴附近堆积沉积物质。在具有掘洞行为的多种生物类群中，以隶属于螯虾科（Astacoidea）的小龙虾和沙蟹科（Ocypodoidea）的蟹类最为著名（Crane，2015；Takeda et al.，1996；McManus，1960）。半陆生蟹类大多数物种种类都具有掘洞行为。然而，不同的物种所建造的洞穴的形态具有差异性，主要有三种类型：烟囱似的沉积物像围墙一样围绕整个洞穴开口一圈；半圆的罩子形的沉积物结构，形成保护洞穴部分的覆盖物；堆积在洞穴旁边的柱形沉积结构（Crane，2015）。在某些蟹类物种中，只有公蟹构筑洞穴开口处的堆积结构，用来装饰（Kim et al.，2004）或者作为领属地标记（Christy，1988）。而在其他物种中，如招潮蟹（*U. thayeri*），只有母蟹建造洞口处的烟囱，防止入侵者（Crane，2015）。当然，也有相当一些物种公蟹、母蟹都构筑洞口处的堆积物，如招潮蟹（*U. arcuata* 和 *U. capricornis*），同样具有防御功能（Crane，2015）。

蟹类会通过周边的环境条件来调节它们的挖掘活动，如植物茎秆密度、根系密度、沉积物、水分、地温、潮汐规律、捕食者的威胁、季节及交配活动等（Gusmao et al.，2012）。洞穴对蟹类来说非常重要且具有多种功能，可以使蟹类适应半陆生栖息环境，并且可以避免环境压力、防御敌害等。蟹类在沉积层挖掘洞穴，可以避免波浪潮水的影响，躲避过热及过冷的温度及干燥气候条件。洞穴还为蟹类提供了躲避从空中到陆地捕食者捕食的避难所，在涨潮期为蟹类防御水生捕食者的捕食、为蟹类的蜕皮及繁殖提供了场所（Lim and Rosiah，2007；Lim，2006；Lim and Diong，2003；Thongtham and Kristensen，2003）。

在黄河三角洲潮间带盐沼湿地中，我们观察到每个天津厚蟹的洞口都有堆积形成的小烟囱，然而天津厚蟹是如何搭建洞口小烟囱的？天津厚蟹的公蟹、母蟹是否都具有掘洞行为？针对这些问题，结合野外观察和室内控制实验，利用相机和摄像机对这一问题进行定性解答。将从野外捕捉的天津厚蟹带回实验室内进行室内控制实验，观察天津厚蟹的掘洞行为。准备了 12 个直径为 11cm、高为 10cm 的 PVC 管，每个 PVC 管都灌满沉积物，放入浅盘中，浅盘内倒满水，在 12 个 PVC 中分别放入 6 只公和 6 只母的天津厚蟹，上面罩上笼子，并做好标记，即每个 PVC 笼子中均有 1 只天津厚蟹（图 7.11）。室内温度设为 25℃。

图 7.11　室内模拟天津厚蟹对洞穴的堆积塑造

据室内实验观察可知，天津厚蟹无论公蟹还是母蟹均具有掘洞行为，且在实验布设好的第一天就有天津厚蟹开始挖洞。公蟹、母蟹的挖掘能力相当。第二天进行实验观察时发现，90%的天津厚蟹均已挖洞，持续一周后，天津厚蟹均已挖到底端，有的在一两天内就已经挖到底部，3 周后，有个别天津厚蟹挖了 2～3 个洞，可能是由于空间比较狭小，不能满足天津厚蟹筑造洞穴。

据观察，天津厚蟹在进行挖掘行为时，首先利用身体一侧的 4 条步足支撑，身体另一侧的 4 条步足用来反复掬、勾沉积物形成土球 [图 7.12 (a)]，然后，利用两条螯足将土球抱入怀中 [图 7.12 (b)、 (c)]，最后用两条螯足将土球用力推出 [图 7.12 (d)]，且尽可能往高处或远处推并堆放，从而在洞穴开口处逐渐形成洞口堆积沉积物，形似烟囱。

图 7.12　天津厚蟹对洞穴的堆积塑造过程

在上述实验中，针对天津厚蟹的掘洞行为进行了定性描述，但是仍缺乏对蟹洞堆积物的定量研究。因此，在上述实验的基础上，开展了一系列的定量研究实验。首先对蟹洞峰土进行了粗略的研究监测，在高、中、低不同盐沼湿地潮间带区域分别随机称取 10 个蟹洞峰土质量，共计 30 个蟹洞峰土，并测量相应的蟹洞洞口直径。峰土收集后在 60℃烘箱里持续烘干 48h 达到恒重后称得质量。应用方差分析方法分析了不同潮位带的蟹洞峰土质量情况，并应用线性回归方法分析蟹洞峰土质量与洞口直径的关系。从图 7.13可以看出，蟹洞峰土质量在高位盐沼区达到最高值，显著大于低位盐沼区和中位盐沼区的蟹洞峰土质量，约为 2.5 倍之多。蟹洞峰土质量与蟹洞洞口直径大小呈正相关关系（图 7.14）。由于洞口直径一定程度上代表了蟹类的尺寸大小，因此，尺寸较大的天津厚蟹具有较强的挖掘能力。

为了明确天津厚蟹的日挖掘量，分别在高、中、低湿地潮位带随机选择并标记了 6 个 1m×1m 的样方，对样方内的蟹洞进行标记。在实验第一天，移除每个蟹洞的洞口峰

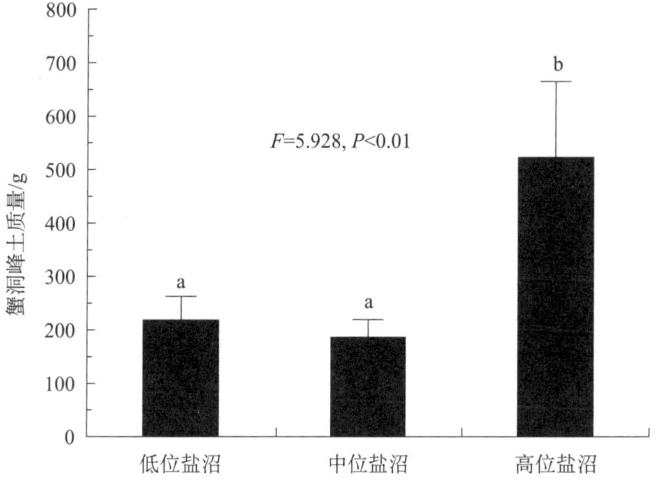

图 7.13　不同盐沼湿地潮位带的蟹洞峰土质量

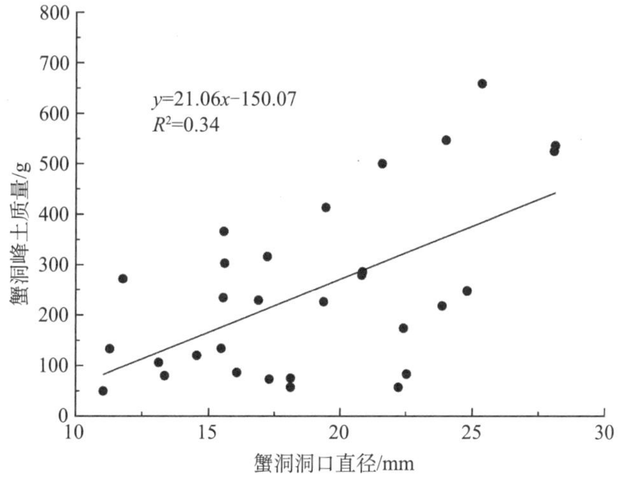

图 7.14　蟹洞洞口直径与峰土质量的关系（$P<0.01$）

土，之后的连续 7 天，每天收集洞口处天津厚蟹挖出的沉积物（图 7.15），在 60℃烘箱里持续烘干 48h 达到恒重后称得质量，从而得到天津厚蟹单位面积的日挖掘量。

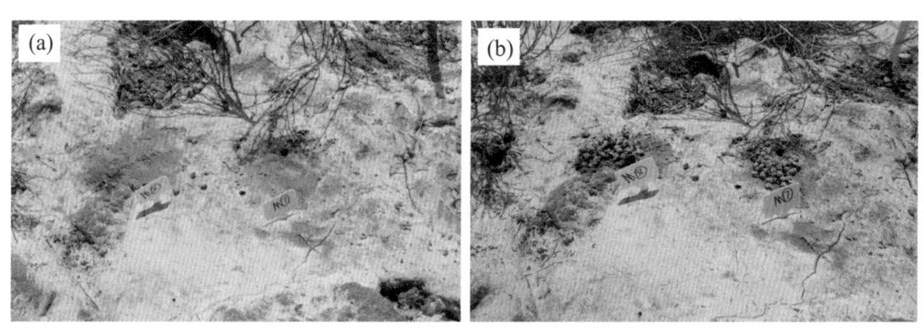

图 7.15　天津厚蟹的日挖掘量收集

在高、中、低位盐沼区，天津厚蟹单位面积日挖掘量并不具有显著差异。其中，在低位盐沼区，天津厚蟹的日挖掘量为(318.51±67.32)mg/(d · m^2)；在中位盐沼区，天津厚蟹的日挖掘量为(327.30±77.51)mg/(d · m^2)；在高位盐沼区，天津厚蟹的日挖掘量为(331.90±59.61)mg/(d·m²)。

蟹洞的峰土并不能准确估算出天津厚蟹的挖掘量，因为蟹类并不是每天都在进行挖掘活动，当蟹类构筑好洞穴后，会对洞穴进行适时的修补活动，并且蟹类在冬季具有冬眠的特性。此外，蟹洞峰土在潮汐的作用下会受到侵蚀或堆积的影响，针对以上潮汐的影响和天津厚蟹的蟹洞总挖掘量的估算，在后面的章节中进行了更为详细的研究和分析。

2. 不同蟹类的洞穴形态及浇筑方法

1）不同蟹类的洞穴形态

不同蟹类的洞穴形态有所差异，有些蟹类物种营独立穴居生活，有专一的洞穴，有些则营群居生活，蟹洞结构呈网络状，四通八达，交错纵横（Kristensen，2008；Kristensen and Kostka，2005）。以往研究表明，独立穴居的洞穴典型结构形态有“C”形、“L”形、“J”形、“U”形、“V”形和“Y”形（Sen and Homechaudhuri，2016；Qureshi and Saher，2012；Lim and Diong，2003）。不同蟹类的挖掘能力不同，挖掘深度也不同，蟹洞的形态结构反映了当地沉积物环境的差异性（表7.6），蟹洞的曲线长度间接反映了蟹类在进行挖掘过程中所受到的阻力情况。高密度的植物根系会影响蟹类洞穴的走势，地下水位会影响洞穴的竖直深度，蟹类的性别、尺寸则会决定蟹类的挖掘能力（Wang et al.，2015）。

2）常见的蟹洞浇筑方法

蟹类挖掘作用对地下结构的改造已得到广泛研究，研究蟹洞的形态，有利于通过蟹洞形态来判断物种种类，尤其是多年后的化石可以用来判断是何种生物留下的生态遗迹（Gibertt et al.，2013），其研究手段也是多种多样（表7.7）。

常用的研究蟹洞地下结构形态的方法有石蜡浇筑法（Machado et al.，2013）、石膏浇塑法（Qureshi and Saher，2012）、发泡剂凝结法（Ribeiro et al.，2005）、聚酯树脂铸造等（Katrak et al.，2008；Thongtham and Kristensen，2003；Stieglitz et al.，2000）。以往研究多集中于探究不同植被群落、不同物种类别、不同性别、不同尺寸的蟹类所构造的地下洞穴形态有何差异性或有何关系（Wang et al.，2015，2014；Lim et al.，2011；Berti et al.，2008；Lim，2006），却未解释不同高程梯度、不同水位下蟹类洞穴形态是否存在差异。

将以往诸多蟹洞浇筑手段进行分析比对，本次选取了发泡剂凝结法。相对于其他浇筑手法，如石蜡、石膏等质量比较大、不易携带且操作麻烦，本研究选用的A1超高硬度发泡剂，也称为聚氨酯泡沫填缝剂，具有高强度发泡胶，且容量大，具有很强的延展性和黏接力、超强硬度和高密度，在进行蟹洞浇筑试验后可以得到很好的洞穴结构，且不易变形，携带轻便，价格也经济实惠。

浇筑操作方法：在低潮时进行该试验。将发泡剂罐连接出胶导管，然后连接足够长的胶皮软管，将软管从蟹洞口插入并不断往下延伸，直到达到足够的深度，挤压发泡剂进行填充，由于发泡剂刚挤出时具有流动性和膨胀性，因此可以对蟹洞进行全面的填充，当发泡剂从洞口溢出时则表明已经灌满。由于在未知蟹洞具有几个洞口的情况下，会在同一点的多个洞口同时浇筑。通常3h以后可达到发泡剂的凝结，在低潮时进行浇筑、挖掘。挖掘时要细心且耐心，挖出完整的蟹洞结构用标签进行编号标记，清洗干净后晾干，带回实验室进行测量分析。

表 7.6　不同蟹类物种的洞穴形态特征

研究区	生态系统	物种	洞穴总曲线长度/mm	洞穴总竖直深度/mm	洞口直径/mm	洞穴体积/cm^3	壳长（CL，CW）与蟹洞直径（BD）的线性回归关系	参考文献
巴基斯坦	红树林	*Uca annulipes*	105.4±45.9	92.7±36.5	13.7±3.0	8.47±5.87	CL=5.118+0.419×BD，R^2=0.586	Qureshi and Saher，2012
巴基斯坦	红树林	*Uca chlorophthalmus*	128.0±34.2	95.7±29.3	10.5±3.8	6.69±4.11	CL=2.194+0.577×BD，R^2= 0.727	
巴基斯坦	红树林	*Uca sindensis*	220.2±71.0	150.4±62.0	12.8±1.9	34.37±16.94	CL=2.212+0.591×BD，R^2= 0.713	
巴西	红树林	*Uca uruguayensis*（公）	—	70.58±19.69	7.44±1.49	7.58±4.83	—	Machado et al.，2013
巴西	红树林	*Uca uruguayensis*（母）	—	49.59±15.04	6.14±0.72	2.64±1.06	—	
巴西	红树林	*Uca leptodactylus*（公）	—	74.26±18.93	6.59 ±0.78	8.25±3.86	—	
巴西	红树林	*Uca leptodactylus*（母）	—	71.72±16.74	5.99±0.56	3.99±2.14	—	
中国	芦苇群落	*Helice tientsinensis*	474.4±34.9	213.9±18.5	25.61±1.02	162.73±20.54	—	Wang et al.，2015
中国	互花米草群落	*Helice tientsinensis*	336.6±21.6	150.4±12.7	31.10±1.27	148.09±15.66	—	
中国	滩涂	*Helice tientsinensis*	474.8±32.6	382.8±40.3	54.72±8.44	595.70±85.33	—	
中国	芦苇群落	*Uca arcuata*	502.1±23.5	427.7±42.9	—	217.78±43.92	—	
中国	互花米草群落	*Uca arcuata*	409.0±8.1	340.4±22.7	—	201.60±36.22	—	
中国	滩涂	*Uca arcuata*	621.4±23.2	542.9±15.3	—	459.59±55.63	—	
中国	芦苇群落	*Sesarma dehaani*	636.1±87.6	218.2±20.4	38.16±1.75	795.13±66.66	—	
中国	互花米草群落	*Sesarma dehaani*	402.2±74.7	105.9±18.6	45.12±3.58	468.43±121.83	—	
中国	滩涂	*Sesarma dehaani*	268.3±44.8	224.3±42.2	68.56±6.73	380.00±141.45	—	

续表

研究区	生态系统	物种	洞穴总曲线长度/mm	洞穴总竖直深度/mm	洞口直径/mm	洞穴体积/cm^3	壳长（CL，CW）与蟹洞直径（BD）的线性回归关系	参考文献
印度	红树林	*Uca rosea*（公）	—	102.72±54.12	9.44±1.85	22.1±16.54	BD=0.284×CW+6.210，R^2=0.414	
印度	红树林	*Uca rosea*（母）	—	64.63±26.78	8.38±2.62	10.88±6.96	BD=0.775×CW+4.901，R^2=0.828	
印度	红树林	*Uca triangularis*（公）	—	97.88±50.67	13.5±3.66	22.88±21.82	BD=0.586×CW+5.811，R^2=0.664	Sen and Homechaudhuri，2016
印度	红树林	*Uca triangularis*（母）	—	70.15±58.24	12.6±2.73	15.64±17.05	BD=0.292×CW+6.603，R^2=0.432	
印度	红树林	*Uca dussumieri*（公）	—	119.42±62.79	11.75±3.17	19.96±21.62		
印度	红树林	*Uca dussumieri*（母）	—	73.33±37.08	12.67±5.03	10.67±13.57		
印度	红树林	*Uca vocans*（公）	—	114.3±51.5	10.7±2.83	18.36±15.76		
印度	红树林	*Uca vocans*（母）	—	119.88±37.16	10±1.77	11.25±5.42		
新加坡	滩涂和沙滩	*Uca vocans*（公）	139.0±42.2	9.77±3.11	14.8±4.4	33.38±24.08	—	
新加坡	滩涂和沙滩	*Uca vocans*（母）	144.8±64.0	9.91±3.84	16.7±4.2	37.95±24.28	—	
新加坡	滩涂和沙滩	*Uca vocans*（小）	104.4±40.8	7.78±3.36	11.2±3.3	13.82±11.80	—	Lim，2006
新加坡	滩涂和沙滩	*Uca vocans*（中）	149.6±33.1	10.59±2.55	14.5±3.1	31.25±16.25	—	
新加坡	滩涂和沙滩	*Uca vocans*（大）	156.8±51.6	10.58±3.26	18.2±3.3	47.27±23.32	—	
新加坡	滩涂和沙滩	*Uca annulipes*（公）	155.5±42.2	105.3±29.5	12.7±3.7	33.35±20.97	—	
新加坡	滩涂和沙滩	*Uca annulipes*（母）	136.0±41.0	91.3±30.2	12.6±3.8	22.84±18.05	—	Lim and Diong，2003
新加坡	滩涂和沙滩	*Uca annulipes*（小）	138.9±40.6	95.8±32.3	10.5±3.3	20.22±14.93	—	
新加坡	滩涂和沙滩	*Uca annulipes*（中）	150.6±35.4	105.5±29.6	12.2±2.9	28.02±15.25	—	
新加坡	滩涂和沙滩	*Uca annulipes*（大）	160.1±48.7	103.2±28.9	14.8±3.6	41.76±24.13	—	Lim and Heng，2007
新加坡	红树林	*Uca annulipes*	90.8±37.2	65.1±34.2	12.2±3.4	—	—	

表 7.7 常见的蟹洞形态结构筑造方法

浇筑方法	应用地点	湿地类型	使用方法	参考文献
石蜡浇筑法	新加坡、巴西	滩涂和沙滩；红树林	将熔化的石蜡注入有蟹类生活的蟹洞中，当石蜡凝固硬化（约 10min）后挖出。有一些蟹类在进行灌蟹洞之前就把它们的洞穴堵塞住了，所以没得到有效的石蜡洞穴结构。将挖掘的完整的洞穴结构进行标记、洗涤、风干，并运回实验室进行测量分析	Machado et al.，2013；Lim et al.，2011；Lim，2006；Lim and Diong，2003
石膏浇塑法	巴基斯坦、阿根廷	红树林；滩涂和互花米草群落	借助注射器将石膏水溶液注入所选的蟹洞，直到灌满为止，然后等 30～60min 凝固后用手和铲子小心地挖掘出来。移除蟹洞石膏结构表层沉积物，标记并带回实验室分析	Qureshi and Saher，2012；Iribarne et al.，1997
聚酯树脂铸造	中国、印度、澳大利亚	互花米草群落和红树林；盐沼湿地	将液体不饱和聚酯树脂混合物（100∶4∶1 的树脂∶凝固剂∶促进剂）灌入洞穴，2～3h 固化后，蟹洞结构挖出，清洁后进一步测量。然后将混合物小心地倒入蟹洞内，树脂固化后，挖掘出洞穴结构，进行标记、洗涤、风干并运回实验室进行测量分析	Sen and Homechaudhuri，2016；Wang et al.，2015，2014；Katrak et al.，2008；Stieglitz et al.，2000
发泡剂凝结法	阿根廷	滩涂湿地	在低潮时，向蟹洞内快速注入粘合泡沫（单组分聚氨酯泡沫，湿润固化），泡沫在 5s 内填满洞穴，30min 后铸造硬化，之后将其挖掘出来，清理干净后带回实验室测量分析	Ribeiro et al.，2005

为了更全面、更完整地描述蟹类及其所挖洞穴的形态特征，构建了蟹类及其洞穴形态指标体系（图 7.16、图 7.17，表 7.8），以便为今后相关研究提供科学参考。

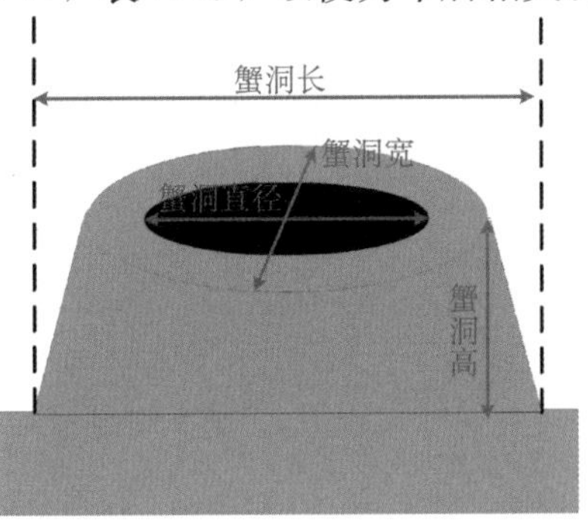

图 7.16 蟹洞地上部分形态结构特征

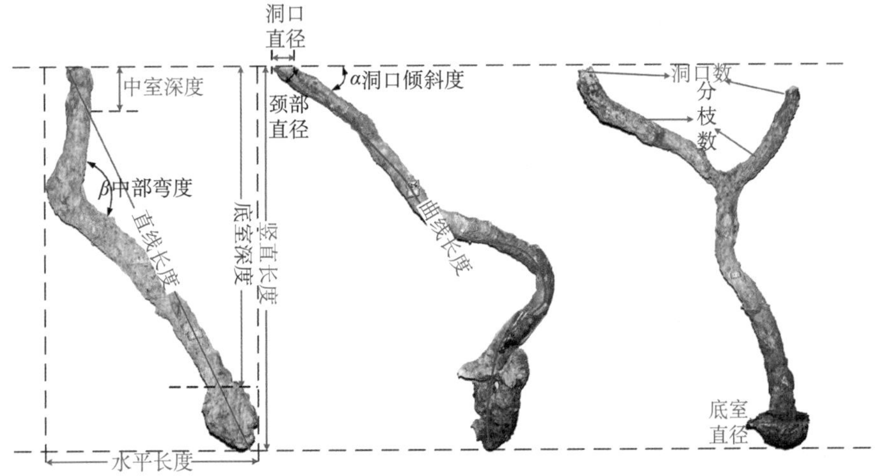

图 7.17 蟹洞地下结构形态特征

表 7.8　蟹类的洞穴形态指标参数体系

	参数	定义	单位	参数可推论的意义			参考文献
				个体	环境特征	对生态系统的影响	
洞穴地下部分	洞口直径	洞穴与地面相交形成的断面为洞穴出口，盖断面的平均直径为洞穴出口的大小	mm	1）估计蟹类的个体大小（年龄） 2）受蟹类挖掘习性，特别是进入土壤的方向影响较大 3）反映了蟹类摄食模式	1）土壤的稳定性 2）土壤的可挖掘性	开口大小决定了洞穴的捕获效率	王金庆，2008
	洞穴密度	单位面积的洞穴个数	ind./m^2	估计蟹类的密度，但取决于洞穴系统的开口个数与生物个数的对应关系	综合反映蟹类对环境特别是土壤理化性质的喜好程度	是决定蟹类扰动强度的一个因素	
	洞口倾斜度	地面与洞穴入口主轴的夹角（锐角）	(°)	1）个体习性 2）躲避天敌	在土壤中掘穴的难易程度	影响沉积效率	
	洞口方向	洞口所朝向的方向，用指南针罗盘进行测量，判断蟹类进出口的方向	(°)	体现蟹类的生活习性，不同个体具有不同进入土壤方向的喜好	土壤在不同方向上的堆积情况，潮水、风向与地形、地球磁极等综合影响	蟹类不同的进出偏好有利于躲避天敌，影响沉积特点	本研究新增参数
	总洞穴体积	一个洞穴系统的总体积	cm^3	1）个体的大小 2）个体的数量	蟹类对土壤的喜欢	间接代表蟹类对土壤的周转率	
	总洞穴深度	洞穴在竖直方向上的最大深度	cm	反映种类特征	1）土壤水位线 2）季节的影响：环境温度、湿度 3）氧气状况	扰动的土壤深度	王金庆，2008
	洞穴表面积	洞穴壁的总面积（比表面积可能反映的指标更多）	cm^2	1）体积、基本形状的影响 2）挖掘习性	土壤特征、根系的影响	土壤、水界面的大小，促进通气、氧化的能力	
	底室直径	位于洞穴末端且直径最大的位置为底室	mm	蟹类停留时间较长和栖息、繁殖的空间	受到土壤、根系、水位的显著影响	主要决定洞穴体积	本研究新增参数
	中室直径	位于洞穴入口附近或中间的直径最大的位置为中室	mm	蟹类短时间停留或躲避敌害的缓和平台	受到土壤、根系的影响	同样决定洞穴的总体积	

续表

	参数	定义	单位	参数可推论的意义			参考文献
				个体	环境特征	对生态系统的影响	
洞穴地下部分	底室深度	洞穴末端最大直径处所在的深度	cm	蟹类停留的深度	土壤可挖掘性 环境温度、湿度状况	洞穴扰动最大的发生深度	王金庆，2008
	中室深度	洞穴入口附近或中间的直径最大的位置所在的深度	cm	蟹类短时间停留或躲避敌害的深度	土壤可挖掘性 环境温度、湿度状况	洞穴扰动较大的发生深度	本研究新增参数
	颈部高度	颈部距地面的距离	mm	种的特征			
	曲线长度	洞穴纵向轴的长度	cm		蟹类在挖掘过程中所受到的阻碍程度	决定了洞穴的功能强度	Lim and Diong，2003
	水平长度	洞穴在水平维度上的最大长度	cm		水平方向的可挖掘性	洞穴在水平方向的分布范围	
	中部弯角	洞穴中部弯曲最尖锐位置的夹角	(°)	躲避天敌、高温			
	颈部直径	洞口部以下最细处的断面直径	mm	受蟹类进入洞穴方向影响小，更准确地反映蟹类的尺寸大小和年龄	植株的密度 根系、土壤的可挖掘性	沉积效率	
	曲直比	曲线长度与直线长度的比值		物种特征	表示土壤的可挖掘性，蟹类在挖掘过程中所受到的阻碍程度，弯曲度越高，挖掘难度越大	洞穴的功能强度	王金庆，2008
	横深比	水平长度与深度的比值		物种特征	表示蟹类在挖掘过程中所受到的阻碍程度	单位深度的水平影响范围	
	直线长度	在空间上的最大长度	cm	物种特征，年龄	土壤的可挖掘性	洞穴作用的空间范围	
	开口数	一个洞穴系统的开口个数	ind.	种类特征，栖息的个体数	土壤、根系影响	增加了水动力特征的复杂性及捕获效率	

续表

	参数	定义	单位	参数可推论的意义			参考文献
				个体	环境特征	对生态系统的影响	
洞穴地下部分	分支数	一个洞穴结构的分支个数	ind.	种类特征，栖息的个体数	土壤的性质及根系影响	增加了水动力特征的复杂性及捕获效率	王金庆，2008
	单口体积	洞穴系统总体积/开口个数	cm^3	个体的平均大小	许多蟹洞具有多个开口并栖息多个个体，为了使单开口洞穴与多开口洞穴具有可比性，因此采用单口体积来表示单个个体的对应洞穴体积	个体周转土壤的平均能力	
洞穴的地上部分（小烟囱）	烟囱高	蟹洞口峰土堆的高度	mm	物种特征，年龄	表示防水功能，阻挡沉积物及碎屑等落入，一定程度上防御天敌捕杀	改变生态系统的微地形	本研究新增参数
	烟囱长	蟹洞口峰土堆的最长长度	mm	物种特征，年龄	表示防水功能，阻挡沉积物及碎屑等落入，一定程度上防御天敌捕杀	改变生态系统的微地形	
	烟囱宽	蟹洞口峰土堆的最宽宽度	mm	物种特征，年龄	表示防水功能，阻挡沉积物及碎屑等落入，一定程度上防御天敌捕杀	改变生态系统的微地形	

3. 天津厚蟹洞穴的形态特征及其驱动因子

本节通过对黄河三角洲高、中、低潮位带的6个研究区中的天津厚蟹蟹洞的常见形态结构特征解析，识别影响天津厚蟹蟹洞形态结构特征的主要驱动因子。

1）蟹洞密度

不同潮位带不同研究区的天津厚蟹密度变化率约为2.4倍［图7.18（a）］。高位盐沼区（Site 3和Site 6）的蟹洞密度为中位盐沼区（Site 2和Site 5）蟹洞密度的1.7倍左右，高位盐沼区的蟹洞密度是低位盐沼区（Site 1和Site 4）蟹洞密度的1.3倍左右。

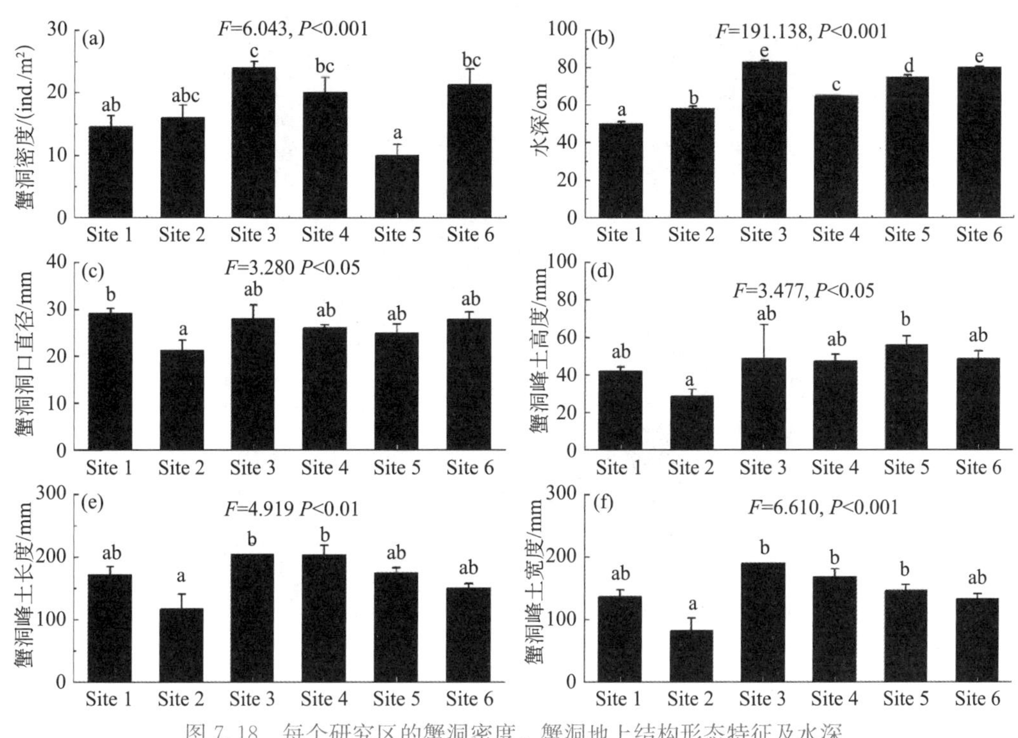

图7.18　每个研究区的蟹洞密度、蟹洞地上结构形态特征及水深

2）不同水位下天津厚蟹的打洞深度

当挖掘蟹洞地下结构时，发现蟹洞一般都是在出现地下水的地方结束。据野外调查可知，不同潮位带的6个研究区的水深不同［图7.18（b）］。水深从低位盐沼区到高位盐沼区显著增高［图7.18（b）］。为了进一步探究水深是否会影响天津厚蟹的打洞深度，开展了相应的室内模拟实验。将直径为16cm的，长分别为50cm、80cm和110cm的PVC管在20cm处打孔，PVC管内灌满沉积物，再将PVC管放入水深为20cm的水桶内垂直固定，每个处理8个重复，将24只尺寸大小相当的天津厚蟹公蟹分别放入PVC管中，并在上面罩笼子，进行标号（图7.19）。在该实验进行期间，保持桶内水深为20cm，30天后观察天津厚蟹的掘洞深度情况。研究结果表明，室内不同水深条件下的蟹洞掘洞深度情况为天津厚蟹均挖掘到了水位所在的位置附近，50cm、80cm和110cm的PVC管中的蟹洞深度平均依次为（28.75±0.35）cm、（62.70±0.61）cm和（87.23±0.46）cm。由此可知，水深影响蟹洞深度。

图 7.19　室内模拟不同水深条件下天津厚蟹的掘洞实验

3）蟹洞形态

蟹洞地上形态结构特征在 6 个研究区中存在差异性［图 7.18（c）～（f）］。天津厚蟹常见的蟹洞形状为“J”形和“Y”形结构。综合分析比较蟹洞形态结构特征参数（表 7.9、表 7.10），发现蟹洞总竖直深度（total burrow depth，TBD）、蟹洞总曲线长度（curve burrow length，CBL）、底室深度（bottom chamber depth，BCDE）、蟹洞总直线长度（burrow's straight line length，BSLL）、蟹洞总体积（burrow volume，BV）及单口体积（per opening volume，POV）在 6 个研究区间具有显著差异性。

4）盐沼竖直剖面的沉积物理化性质

土壤 pH、容重、土壤温度、含水率、硬度、总氮、总碳、盐度和有机质含量在黄河三角洲 6 个研究区的竖直剖面的不同土层上存在差异（图 7.20）。土壤温度通常地表高于地下土层温度，并且土温随着土层深度加深先降低后升高［图 7.20（c）］。土壤含水率随着土层深度的增加而增加［图 7.20（d）］。在较深处的土壤质地较软［图 7.20（e）］。土壤总氮、总碳和有机质含量在土层越深的地方越少［图 7.20（f）、（g）、（i）］。

表 7.9 各研究区内的天津厚蟹蟹洞形态特征（I）

		总竖直深度/cm	洞口直径/mm	洞口倾斜度/(°)	底室直径/mm	中室直径/mm	总曲线长度/cm	水平长度/cm	中部弯度/(°)	颈部直径/mm
Site 1	Range	48.00～49.00	33.47～52.45	7～33	42.75～91.04	38.41～58.49	46～81.5	12～47.5	27～66	29.15～37.68
	Mean± SE	48.75±0.25a	43.88±4.33	19.75±5.34	68.71±10.01	48.45±4.58	61.13±7.41a	27.13±7.41	48.75±8.56	34.13±2.03
Site 2	Range	57.00～59.00	36.94～51.51	8～68	44.79～94.96	39.55～59.16	62～84	11～53	25～77	33.85～36.60
	Mean± SE	58.00±0.41b	43.33±3.16	39.25±12.87	64.44±12.04	49.24±4.05	73.00±4.93ab	35.75±9.23	44.50±12.28	35.06±0.57
Site 3	Range	84.00～87.00	36.15～53.29	11～61	77.91～93.01	40.62～65.12	92.5～99	12～29	21～29	30.68～36.20
	Mean± SE	85.13±0.66f	45.07±3.53	26.50±11.59	84.50±3.17	52.39±5.20	95.38±1.57c	20.88±3.72	23.50±2.02	33.98±1.20
Site 4	Range	61.00～65.00	40.78～50.98	17～61	58.05～98.50	42.75～54.27	63～83.5	19～50.5	27～55	31.23～46.3
	Mean± SE	63.00±0.91c	48.50±4.12	30.50±10.27	74.96±8.48	50.28±2.56	71.00±4.39ab	35.13±8.47	43.50±6.95	38.00±3.18
Site 5	Range	75.00～79.00	33.64～43.59	16～90	54.62～81.89	44.22～75.14	84.5～101	31～76.5	44～153	27.62～31.87
	Mean± SE	76.75±0.85d	37.23±2.20	51.50±17.00	68.94±6.93	55.85±7.10	91.00±3.55bc	43.38±11.06	77.25±25.75	29.99±0.98
Site 6	Range	81.00～83.00	35.84～42.93	40～50	45.39～154.00	36.16～62.60	98～108	33～55	36～94	26.36～41.52
	Mean± SE	82.00±0.58e	39.74±1.56	47.00±2.35	98.50±22.61	51.40±5.77	103.00±2.38c	42.00±5.07	60.25±12.36	36.62±3.54
F (P)		495.58***	1.45NS	1.25NS	1.11NS	0.27NS	13.46***	1.21NS	1.80NS	1.31NS

注：NS. 无显著差异性；***. $P < 0.001$。

表 7.10　各研究区内的天津厚蟹蟹洞形态特征（II）

		中室深度/cm	底室深度/cm	总直线长度/cm	开口数	分支数	总体积/cm^3	曲直比	横深比	单口体积/cm^3
Site 1	Range	10～16	37～50	44～61	1	1～2	258.86～844.31	1.05～1.34	0.25～0.97	258.86～844.31
	Mean± SE	12.75±1.38	43.25±2.93a	51.50±3.52a	1.00±0.00	1.25±0.25	465.70±129.76a	1.17±0.06	0.55±0.15	465.70±129.76a
Site 2	Range	6～13	53～57	58～73	1～2	1～2	508.04～1374.12	1.03～1.45	0.19～0.91	272.16～936.24
	Mean± SE	10.13±1.51	55.25±0.85ab	64.00±3.34a	1.50±0.29	1.50±0.29	840.68±202.52ab	1.15±0.10	0.62±0.16	600.87±140.41ab
Site 3	Range	16～22	72～88	85～93	1～2	1～2	590.29～1132.20	1.06～1.10	0.14～0.34	566.10～1129.78
	Mean± SE	18.75±1.38	76.50±3.84c	87.75±1.89c	1.25±0.25	1.25±0.25	879.39±146.07ab	1.09±0.01	0.25±0.04	737.86±132.33ab
Site 4	Range	15～17	42～60	59～80	1	1	558.84～914.47	1.04～1.10	0.30～0.79	558.84～914.47
	Mean± SE	16.00±0.58	51.50±4.43a	66.75±4.59ab	1.00±0.00	1.00±0.00	736.65±87.52a	1.07±0.01	0.56±0.13	736.65±87.52ab
Site 5	Range	9～21.5	60～74	72.5～93	1	1	616.90～1016.07	1.09～1.19	0.39～1.01	616.90～1016.07
	Mean± SE	16.88±2.79	68.00±3.16bc	80.63±4.48bc	1.00±0.00	1.00±0.00	837.05±83.94ab	1.13±0.03	0.57±0.15	837.05±83.94ab
Site 6	Range	6～21	70～80	81～92	1～2	1～2	856.40～2206.33	1.15～1.26	0.41～0.68	856.40～2206.33
	Mean± SE	13.75±3.17	74.75±2.06c	85.63±2.32c	1.25±0.25	1.50±0.29	1566.45±281.97b	1.20±0.03	0.51±0.06	1349.02±318.92b
F（P）		2.26NS	18.98***	16.57***	1.20NS	1.03NS	4.61**	1.09NS	1.15NS	3.25*

注：*. P<0.05；**. P<0.01；***. P<0.001；
NS. 无显著差异性。

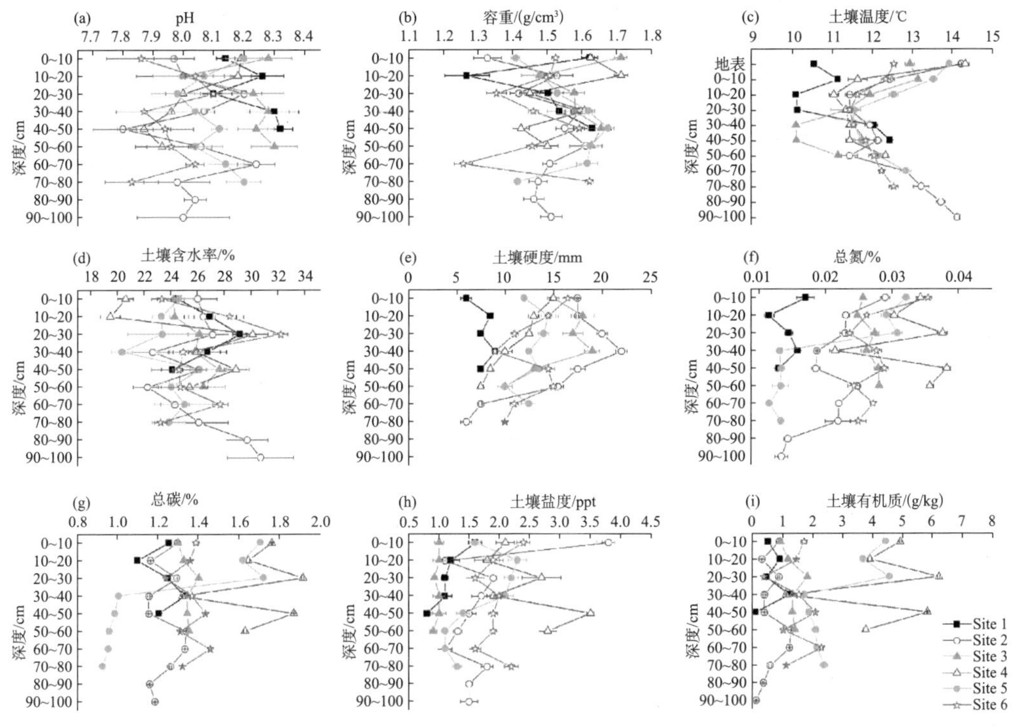

图 7.20　黄河三角洲 6 个研究区不同土层剖面上的土壤理化性质

5）蟹洞形态的主要驱动因子

蟹洞直径直接取决于天津厚蟹的尺寸，较大的天津厚蟹会挖掘较大的蟹洞（图 7.21）。此外，一些非生物因子如水深、土壤硬度、容重也会影响蟹洞的形态结构（图 7.22）。蟹洞总竖直深度［图 7.22（a）］、蟹洞总曲线长度［图 7.22（b）］、蟹洞总直线长度［图 7.22（c）］及蟹洞总体积［图 7.22（d）］与水深呈显著正相关关系。蟹洞总竖直深度［图 7.22（e）］和蟹洞总曲线长度［图 7.22（f）］与土壤硬度呈显著负相关关系。蟹洞总竖直深度与土壤容重呈显著负相关关系［图 7.22（g）］。

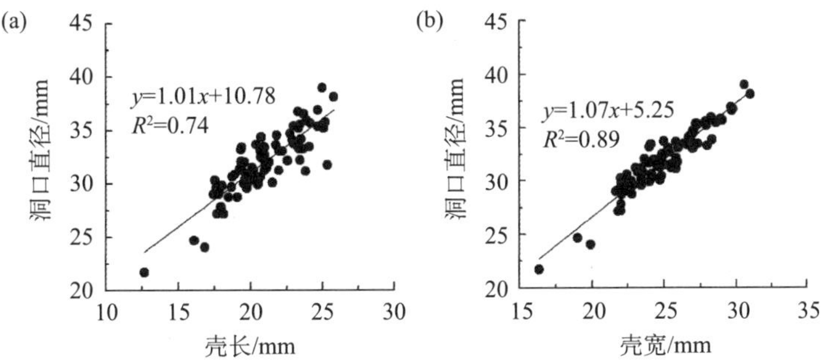

图 7.21　天津厚蟹的尺寸大小与蟹洞直径的相关关系

以往的一些研究也表明蟹洞洞口直径与蟹类壳尺寸大小呈正相关关系（de Oliveira et al.，2016；Lourenco et al.，2000）。不同物种蟹类的蟹洞直径与壳宽的关系系数不同（Sen and Homechaudhuri，2016；Qureshi and Saher，2012）。挖掘型蟹类通常构建比自己壳宽要宽的洞穴洞口直径，方便随时进出，并且为随时躲避敌害提供了快速逃跑路径。

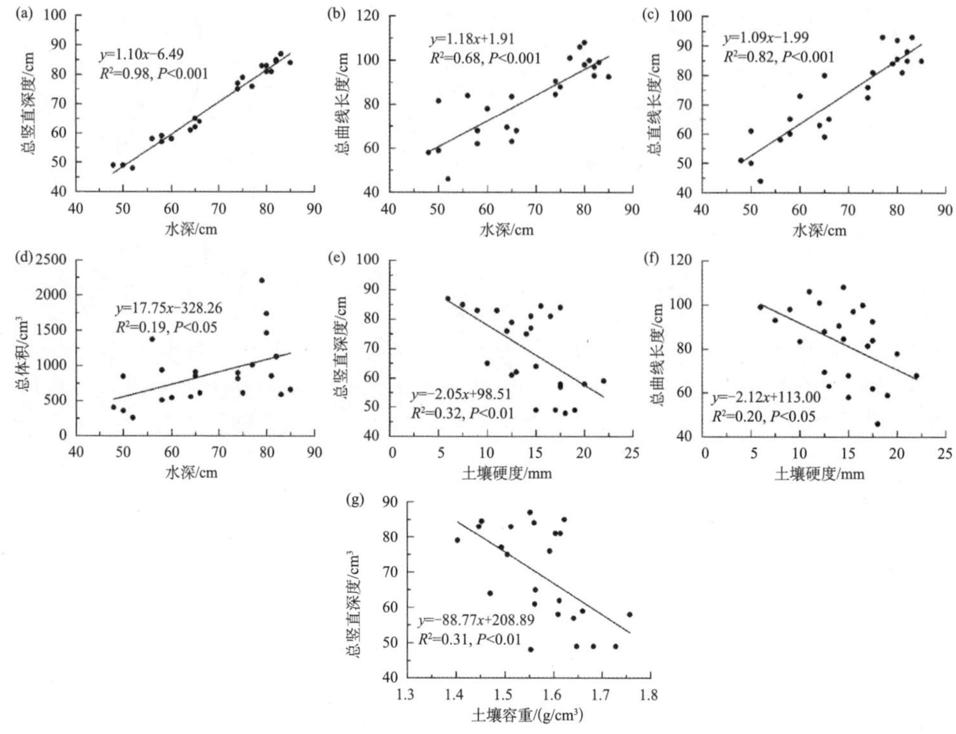

图 7.22　非生物因子与蟹洞形态结构特征的关系

蟹洞形态结构特征不仅体现了蟹类的物种特性、行为习惯及偏好，一定程度上也体现了当地的环境条件。蟹洞对于蟹类来说具有多种服务功能，并且是蟹类生命周期中必不可少的。蟹类从幼年开始就会挖洞（Qureshi and Saher，2012）。在 6 个研究区中，天津厚蟹的洞穴结构相对简单，通常有 1～2 个分支，末端有一个较大的底室，并且深度均达到水深。据 Iribarne 等（1997）的研究可知，蟹洞在整个潮汐循环周期中都具有一定的湿度，因此，蟹洞对维持滨海湿地的湿度具有重要贡献。

蟹洞的复杂结构具有很重要的作用。例如，每个蟹洞的底部都有一个较大的底室，该底室为蟹类的整个生命周期提供了非常重要的休息场所，并且为蟹类提供了安全交配的场所。每个蟹洞通常在入口段与地面呈一定角度，称为洞口倾斜度；并且蟹洞的颈部直径往往比蟹洞洞口直径小；在蟹洞距洞口处约 15cm 深的地方有一个较大的停歇处，称为中室；以上这些蟹洞结构形态有助于蟹类迅速躲避敌害。蟹洞的洞口倾斜度和中室深度很有可能与当地的水鸟喙长和弯曲度有关。因此，推测捕食者的捕食行为有可能会影响到蟹类的挖洞行为。

蟹洞洞口直径、总竖直深度、蟹洞总曲线长度、蟹洞总直线长度及蟹洞总体积与蟹类的尺寸、水深、土壤硬度和容重紧密相关。蟹洞的曲线长度和中部弯度表明了蟹类在挖掘洞穴过程中所受到的阻碍程度。以往有研究表明植物特征会影响蟹类洞穴的形态结构（Wang et al.，2015；Ringold，1979），蟹洞的开口数目和分支数通常受到植物根系的影响。然而，本节没有考虑植物根系的影响，因为研究区内的主要植物物种为一年生植物盐地碱蓬，且呈斑块分布，其植物根系通常比较短。

综上所述，挖掘型蟹类在滨海生态系统中扮演着重要的角色，可以通过它们的生物扰动影响许多生态过程。蟹洞对于蟹类的整个生命周期来说都非常重要。在黄河三角洲潮间带盐沼湿地中，天津厚蟹的蟹洞形态主要呈“J”形和“Y”形。蟹洞总竖直深度、总曲线长度、底室深度、总直线长度及蟹洞总体积在 6 个研究区间具有显著差异性。天津厚蟹个体的尺寸、水深、沉积物硬度和容重等因子对蟹洞的形态特征具有显著影响。天津厚蟹的挖掘活动对沉积物的垂直和水平迁移都有影响，这些内容在后面的章节中设计了更为详尽的实验分析研究。

7.2 动植物与微地形的相互作用

7.2.1 湿地微地形地表沉积速率的测量装置

1. 湿地地表沉积测量方法

早在 19 世纪达尔文关于蚯蚓的研究中指出植物和动物可以直接或间接改变它们自己周边的物理环境（Butler and Sawyer，2012）。近些年来，这一现状在生态系统工程生态学理论的背景下得到了广泛的描述（Vu and Pennings，2017），强调某些生物可以改变其物理环境，并且这些栖息地改变可以对生物体的性能产生反馈效应。例如，海草或盐沼植被直接通过减缓水流截留细小的沉积物（Bouma et al.，2005），而海狸则通过建造土坝间接影响其环境（Wright et al.，2002）。在以上这两个生态系统工程师的例子中，都是栖息环境的改变对生物体具有正面积极的反馈影响。近年来，地貌学家还强调了地貌和景观演变过程中生物及其地貌环境之间的相互反馈作用，这增加了近来在生物地貌学领域的相关研究（Statzner，2012；Corenblit et al.，2011；Reinhardt et al.，2010）。然而，物理环境和物种生态及生物进化仍存在许多未解决的问题（Corenblit et al.，2011）。此外，Byers 等（2006）已经提出了将生态系统工程师纳入生态系统恢复和提供生态系统服务的实际解决方案中的想法。然而，客观监测和评估这些解决方案仍然有限，需要进一步研究生态系统工程师的应用（Borsje et al.，2011）。关于地貌学和生态学过程相关联的研究要么是只具有生态学背景的学者，要么是只具有地貌学背景的学者。然而这种交叉学科研究需要地貌学家理解生态学或者生态学家具有地貌学知识（Corenblit et al.，2011）。生态学家需要具有地貌学知识来进行测量，如潮间带区域中生态过程对沉积物沉积的影响。然而，方法和技术的分享很少发生在不同学科领域间（Reinhardt et al.，2010）。本节回顾与汇总湿地地表沉积测量方法（表 7.11），来弥补知识的空缺。汇总的湿地地表沉积测量方法主要集中于滨海潮间带盐沼湿地，主要位于世界滨海湿地（图 7.23），具有较低的潮汐扰动及充足的泥沙供给（Nolte et al.，2013）。

表 7.11 湿地地表沉积测量：对生物地貌学研究方法及其应用的总结

研究分类	研究方法	单位	参考文献	时间精确度	事件发生前/后	花费	劳动力	估计准确度	估计精度	优点	缺点
悬浮泥沙浓度的测定	瓶子法	g/L	Temmerman et al.，2003a，2003b	一潮数周	前	低	适中	低，准确度随着容积增加而提高	低（气候影响大）	具有重要的模型参数	缺乏沉积增加信息
	光散射/沉积物积累传感器	g/L	Thomas and Ridd，2004	几周至几月	前	高	低	取决于设备和校准程度	高（设备可以进行原位监测）	半连续性数据	清洁表面以获得准确的测量
	激光原位散射和透射法/声学多普勒电流分析仪	g/L	Fugate and Friedrichs，2002	几周至几月	前	高	低	取决于设备和校准程度	高（设备可以进行原位监测）	半连续性数据	清洁表面以获得准确的测量
泥沙沉积	过滤器	g/m^2	Culberson et al.，2004；Reed，1989	一次潮汐	前	低	适中	由于沉积物的冲刷而可能低估	高，原位监测；低，季节变化	可重复性；容易测量有机物	受家畜干扰影响
	开口缸	g/m^2	Bloesch and Burns，1980；Hargrave and Burns，1979	几周至几月	前	低	适中	倾向于高估	高，原位监测；低，季节变化	收集沉积物	水流边缘扰动
	平面疏水阀	g/m^2	Steiger et al.，2003；Pasternack and Brush，1998	2 周至 1 年	前	低	适中	由于沉积物冲刷而可能低估	高，原位监测；低，季节变化	没有水流边缘扰动	植物去除
短期测沉积物沉积	标记面	mm/a	Steiger et al.，2003；Van Wijnen and Bakker，2001	几月至几年	前	低	低	5.0～10.0mm（土心）	高，原位监测，但是倾向于随着时间增加而消失	对水动力没有影响，抽样可以直接成功评估	自动压缩，生物扰动，材料再分配，取样损失材料
	沉淀板	mm/a	Watson，2008；French and Burningham，2003	几月至 20 年	前	适中	适中	约 1.5mm（高）	高，原位监测	不被采样破坏，可以显示浅层压实	受水动力和根系扰动，不确定沉淀板保持水平，受挖掘动物干扰

续表

研究分类	研究方法	单位	参考文献	时间精确度	事件发生前/后	花费	劳动力	估计准确度	估计精度	优点	缺点
	"侵蚀"针	mm/a	Saynor et al.，1994	几月至几十年	前	低	适中	约1cm，受针本身的干扰而增加误差	高，原位监测	容易操作	由于湍流而高估或低估，可能不稳定
长期测沉积物沉积	古环境	mm/a	Lefsky et al.，2002	几十年（50年）	后	适中	适中	中间	低（同样的土心不能取样两次）	包含植物的数据	历史的地图和照片是必要的
	铯（Cs）	mm/a	DeLaune et al.，2003；Callaway et al.，1996；Milan et al.，1995	几十年（50年）	后	高	高	中间；^{137}Cs通过土壤移动，许多年的平均值	低（同样的土心不能取样两次）	可以结合^{210}Pb	生物扰动，过滤，局地峰值的不确定性
	铅（Pb）	mm/a	Walling and He，1999；Appleby and Oldfield，1978	几十年（100～150年）	后	高	高	中间；包括传播误差的计算	低（同样的土心不能取样两次）	可以结合^{137}Cs	生物扰动，过滤
	光学激发发光测年	mm/a	Madsen and Murray，2009；Ollerhead et al.，1994	几十年至几百年	后	高	高	中间	低（同样的土心不能取样两次）	很长的时间段	检测器的灵敏度不足，热转印，材料的不完全复位，红光条件下的样品处理
	放射性碳	mm/a	Bowman，1990	几十年至几百年	后	高	适中	低	低	超长时间段	年代计算出现很大误差
混合法	表面高程表	mm/a	Cahoon et al.，2002a，2002b	几月至几十年	前	低	适中	1.5mm（高）	高（原位）	非常精确	设置比SEB更复杂
	沉积侵蚀棒	mm/a	VanWijnen and Bakker，2001	几月至几十年	前	低	适中	1.5mm（高）	高（原位）	非常精确，尤其在矿化沼泽	安装干扰
表面高程变化	空降光检测和测距	mm/a	Lefsky et al.，2002；Nilsson，1996	几十年	前	高	适中	10～15cm（低）	很难与参照区相符	覆盖面广	需要对植被盖度校准
	基于地面的光检测和测距	mm/a	Nagihara et al.，2004；Huang and Bradford，1990	几十年	前	高	适中	高	高，详细的三维地图	详细的三维地图	需进行多次扫描得到精确的地图

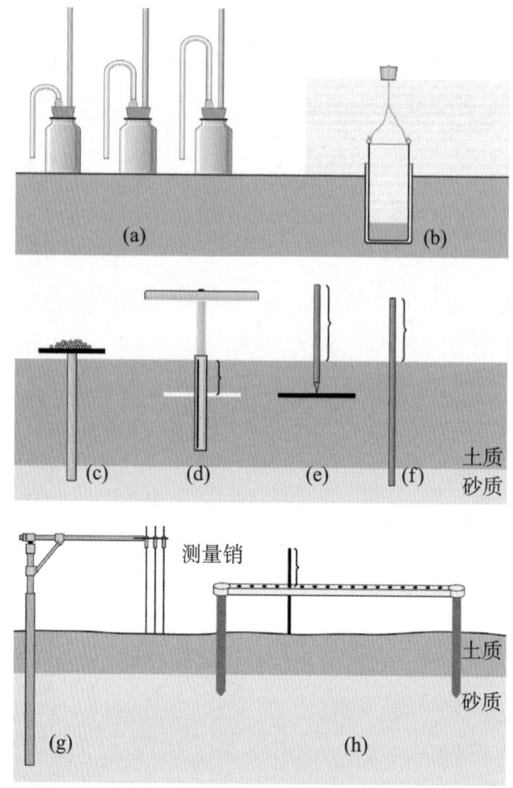

图 7.23 常见的潮间带湿地沉积物的测量方法（Nolte et al.，2013）

（a）瓶子法；（b）开口缸法；（c）平面沉积法；（d）标记水平线法；（e）沉积板法；（f）侵蚀针法；（g）表层高程测量法；（h）沉降侵蚀探针法

2. 湿地微地形地表沉积速率的测量装置

我们根据以往对湿地地表沉积速率的测量装置进行改进，发明了新的可以测量湿地微地形地表沉积速率的装置（图 7.24）。该装置相较于上述测量湿地地表沉积速率的装置可测得微地形的沉积变化情况，所获得数据结果更为丰富，能够更好地揭示湿地微地形的变化过程。天津厚蟹通过挖掘作用将洞中挖出的沉积物堆放在洞口形成蟹洞峰土堆，该峰土堆在潮汐等外力的作用下会发生侵蚀和沉积，日积月累逐渐形成较为稳定的微地形地貌，为种子的着陆、萌发等提供良好的生长繁殖条件，对植被群落的格局具有一定程度的调控作用。

由于湿地长期受潮汐干扰，因此选用的木材需要避免使用压制木材，应选择结实的整块木头。其中，装置的四条腿长为 40cm，且留有尖端以便于能扎入地下达到固定且稳定。装置上的木条长为 30cm、宽 3.5cm、高 3cm，一共有 5 个木条。每个木条上都用钻头打孔 9 个，孔直径为 0.2cm，孔间距为 2.5cm。在野外将该实验装置放于正南正北方向，垂直于地面用锤子砸入地下约 30cm 深，用水准仪校准，使该装置的表面保持水平。然后，将直径 0.2cm、长 30cm 的不锈钢棒垂直插入孔中，与地面相切，在容易滑动的钢棒上夹上定位夹以固定位置。用游标卡尺测量木条上面钢棒的长度并记录。一定时间后，沉积物会在潮汐的作用下沉积或者侵蚀，需要用钳子等工具辅助往上拔或者

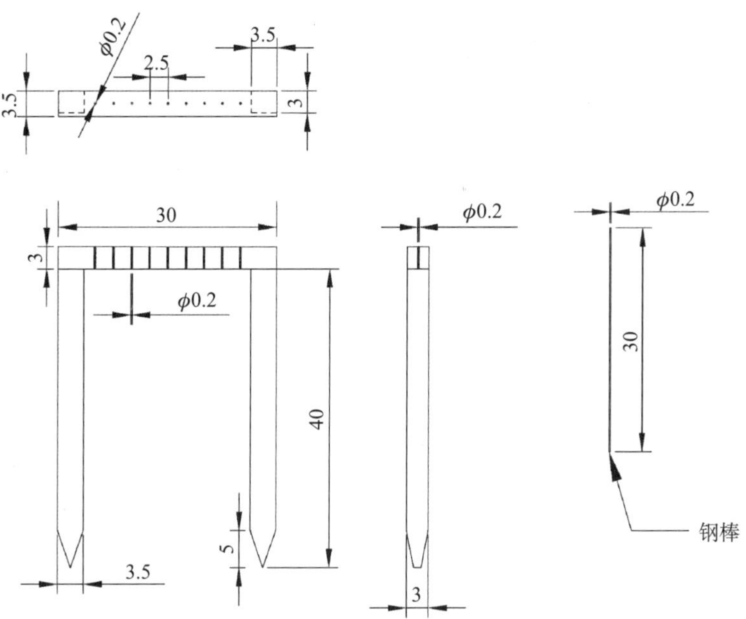

图 7.24　测量湿地微地形地表沉积速率的装置制图（单位：cm）

往下压钢棒直到与地表相切，再继续用游标卡尺记录下新的钢棒长度，从而得到沉积物的沉积或侵蚀厚度。结合时间可以得到单位时间的沉积或侵蚀速率。长此以往，就得到了微地形的沉积变化情况，有助于揭示天津厚蟹所挖掘的洞穴在潮汐作用下微地形的演变过程。

7.2.2　天津厚蟹的植食功能与微地形的相互作用关系

1. 盐沼植物群落的分布特征

植物表观形态在生物地理方面发挥了重要的作用，在森林生态系统（Ambrose et al.，2015）和农业生态系统中（Fielder et al.，2015；Berding and Hurney，2005）已有广泛研究。然而，在滨海盐沼湿地生态系统中，除了非本土的入侵植物物种（Liu et al.，2016；Atwood and Meyerson，2011），植物的表观形态很少受到关注。气候变化及地理位置差异造成的非生物驱动因子的差异性会导致植被表现出不同的形态特征（Abdala et al.，2016；Ambrose et al.，2015）。目前成功维护和恢复本土植物物种的最大障碍是如何将植物的形态特征与本土环境相匹配。

滨海盐沼湿地通常由相对较少的植物物种组成，这使得研究某一区域甚至横跨多个纬度的单一植物物种群落成为可能（Pennings et al.，2001；Chapman，1974）。多年生植物互花米草（*Spartina alterniflora*），作为美国东南海岸的本土植物物种，由于其植物表观形态的差异性被当地区分定义为“高互花米草”（株高＞100cm）、“中互花米草”（株高为 50～99cm）和“矮互花米草”（株高＜50cm）（Li and Pennings，2016；Schalles et al.，2013）。并且，互花米草作为中国滨海的主要入侵物种，影响其生长繁殖的非生物因子已经得到了大规模广泛研究（Liu et al.，2016）。而一年生植物盐地碱蓬，作为中国北方滨海湿地的本土植物物种常常被忽略。盐地碱蓬是中国山东黄河三角洲滨海盐沼湿地的主要优势物种，为多种水鸟如国家Ⅰ级重点保护野生动物东方白鹳、丹顶鹤及底栖动物蟹类、贝类等提供非常重要的栖息环境（Li et al.，2016）。近年来，盐地碱蓬群落在滨海围填海活动和动物植食等自然和人为影响的双重胁迫下遭受着大面积的衰退（Cui et al.，2016；He et al.，2015）。

为了维护和修复盐地碱蓬群落，明确其表观形态特征在不同高程梯度的差异性，以及了解其与当地非生物因子的相关关系是非常必要的。因此，本节提出以下科学假设：盐地碱蓬随着盐沼湿地高程梯度的不同，所表现出的表观形态特征具有差异性；非生物因子随着盐沼湿地高程梯度的不同也同样存在差异性；盐地碱蓬植物的表观形态差异性由非生物因子驱动。

1）植物形态

在所采样方中，高位盐沼区盐地碱蓬群落的植被盖度是其他三个研究区（高位盐沼区盐地碱蓬-盐角草群落、中位盐沼区和低位盐沼区的盐地碱蓬群落）植被盖度的3倍多［图7.25（a）］。植物地上和地下生物量、株高均在高位盐沼区盐地碱蓬群落中达到最大值［图7.25（b）～（d）］。在高位盐沼区盐地碱蓬群落和盐地碱蓬-盐角草群落中，植物叶长均为中位盐沼区和低位盐沼区植物叶长的2倍多［图7.25（f）］。盐地碱蓬的基径、叶宽和叶厚在不同研究区间不存在明显差异性［图7.25（e）、(g)、(h)］。

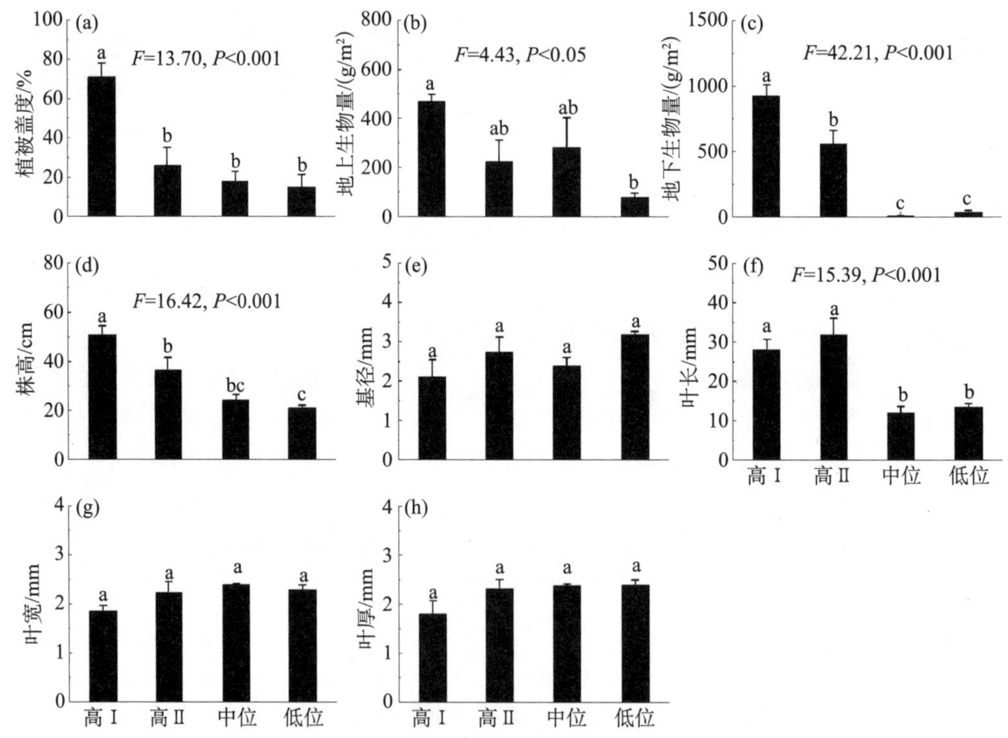

图7.25　不同研究区的盐地碱蓬植物表观形态特征

不同研究区的盐地碱蓬：(a) 植被盖度；(b) 地上生物量；(c) 地下生物量；(d) 株高；(e) 基径；(f) 叶长；(g) 叶宽；(h) 叶厚；“高Ⅰ”表示位于高位盐沼区盐地碱蓬群落中的样方，“高Ⅱ”表示位于高位盐沼区盐地碱蓬-盐角草群落中的样方，“中位”表示位于中位盐沼区盐地碱蓬群落中的样方，“低位”表示位于低位盐沼区盐地碱蓬群落中的样方；数据为 means ±SE (n=5)，柱子上标有不同字母的表示具有显著差异性

2）非生物因子

非生物因子在不同研究区存在显著差异性（图7.26）。在高位盐沼区和中位盐沼区的盐地碱蓬群落土壤有机质含量高于高位盐沼区盐地碱蓬-盐角草群落，在低位盐沼区盐地碱蓬群落中的土壤有机质含量达到最低［图7.26（a）］。在高位盐沼区盐地碱蓬群落和盐地碱蓬-盐角草群落中，土壤总氮、总碳、孔隙水盐度、含水率、容重、硬度及水深并没有显著差异性［图7.26（b）～（h）］。土壤总氮、总碳和土壤硬度在低位盐沼区的盐地碱蓬群落中达到最低值［图7.26（b）、（c）、（g）］，而土壤含水率、容重及水深在低位盐沼区盐地碱蓬群落中达到最高值［图7.26（e）、（f）、（h）］。

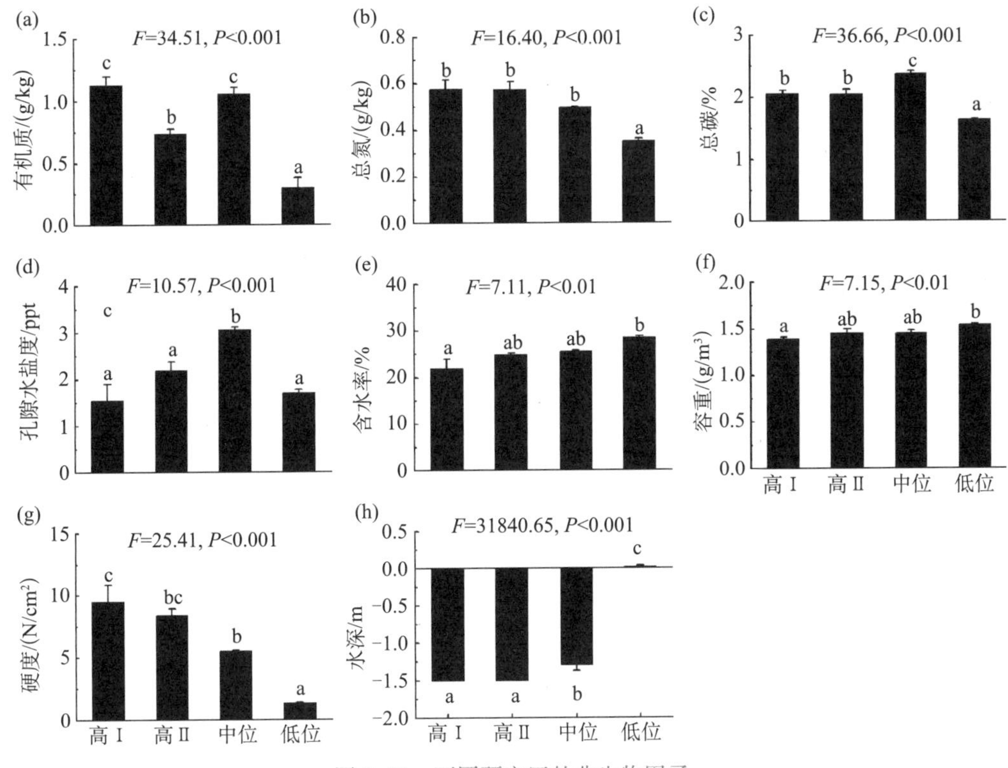

图7.26　不同研究区的非生物因子

不同研究区的（a）土壤有机质；（b）土壤总氮；（c）土壤总碳；（d）土壤孔隙水盐度；（e）土壤含水率；（f）土壤容重；（g）土壤硬度；（h）水深；“高Ⅰ”表示位于高位盐沼区盐地碱蓬群落中的样方，“高Ⅱ”表示位于高位盐沼区盐地碱蓬-盐角草群落中的样方，“中位”表示位于中位盐沼区盐地碱蓬群落中的样方，“低位”表示位于低位盐沼区盐地碱蓬群落中的样方；数据为means ±SE（n=5），柱子上标有不同字母的表示具有显著差异性

3）植物形态与非生物因子的关系

盐地碱蓬植物的表观形态特征与非生物因子的相关关系见表7.12。土壤有机质与植被盖度、地上生物量和株高呈显著正相关关系（P<0.05），与基径呈显著负相关关系（P<0.05）。土壤总氮含量与叶长呈显著正相关关系（P<0.05）。土壤总碳与基径呈显著负相关关系（P<0.05）。土壤孔隙水盐度与地下生物量呈显著负相关关系（P<0.05）。土壤含水率和容重与株高（P<0.05）和叶长（P<0.01和P<0.05）分别呈显著负相关关系，与基径（P<0.05和P<0.01）分别呈显著正相关关系。土壤硬度与地下生物量、株高和叶长（P<0.01）分别呈显著正相关关系，与基径（P<0.05）呈显

著负相关关系。水深与植被盖度（$P<0.05$）、地下生物量（$P<0.01$）、株高（$P<0.01$）和叶长（$P<0.01$）分别呈显著负相关关系。

表 7.12 植物形态特征与土壤非生物因子的 Spearman 秩相关关系

形态特征	有机质	总氮	总碳	孔隙水盐度	含水率	容重	硬度	水深
植被盖度	0.46*	0.39	0.08	−0.17	−0.32	−0.34	0.41	−0.53*
地上生物量	0.46*	0.27	0.31	0.16	−0.23	−0.19	0.27	−0.33
地下生物量	0.19	0.44	−0.31	−0.50*	−0.37	−0.42	0.61**	−0.70**
株高	0.45*	0.43	0.062	−0.18	−0.53*	−0.51*	0.69**	−0.75**
基径	−0.52*	−0.32	−0.51*	0.13	0.51*	0.57**	−0.46*	0.35
叶长	0.26	0.54*	−0.07	−0.30	−0.58**	−0.46*	0.74**	−0.81**
叶宽	−0.28	−0.33	−0.09	0.26	0.35	0.23	−0.43	0.43
叶厚	−0.26	−0.12	−0.14	0.10	0.35	0.03	−0.30	0.24

*. $P<0.05$；**. $P<0.01$。

冗余分析（RDA）用来评价盐地碱蓬植物表观形态特征指标与非生物因子的相关关系及样点在环境梯度上的空间分布情况（图 7.27）。冗余分析的结果表明，RDA 的第一轴和第二轴共解释了“物种－环境关系”变异的 98.3%，其中，第一轴为 91.8 %，第二轴为 6.5%。RDA 的第一轴分别正相关于总碳（0.28，$P<0.05$）、有机质（0.59，$P<0.01$）、总氮（0.49，$P<0.01$）和土壤硬度（0.53，$P<0.01$），而负相关于土壤含水率（−0.58，$P<0.01$）、容重（−0.33，$P<0.01$）和水深（−0.56，$P<0.01$）。RDA 的第二轴正相关于土壤总碳含量（0.35，$P<0.01$）和土壤孔隙水盐度（0.39，$P<0.01$）。采自不同高程梯度的样点在环境梯度的空间分布上表现出不同的规律（图 7.27）。

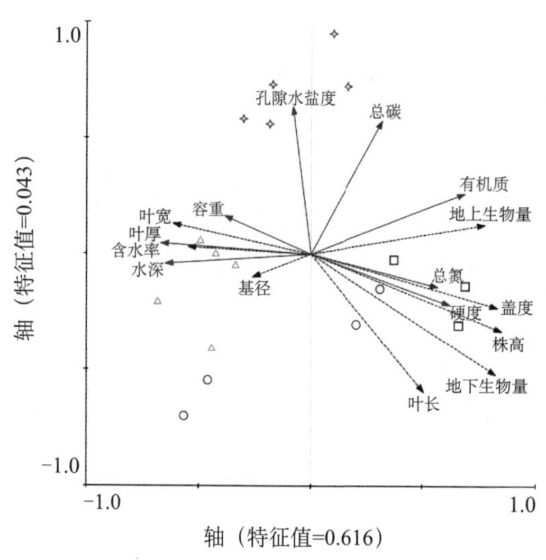

图 7.27 植物表观形态特征与非生物因子间的冗余分析图

植物表观形态特征（植被盖度、地上和地下生物量、株高、基径、叶长、叶宽和叶厚）与非生物因子（土壤有机质、总氮和总碳含量、孔隙水盐度、含水率、容重、硬度及水深）间的冗余分析图；蓝色虚线表示植物表观形态特征指标，红色实线表示非生物因子；箭头线的长度表示环境变量与样点分布的相关关系强度；黑色方块表示高位盐沼区盐地碱蓬群落中的采样点，棕色圆圈表示高位盐沼区盐地碱蓬-盐角草群落中的采样点，蓝色星星表示中位盐沼区盐地碱蓬群落中的采样点，绿色三角形表示低位盐沼区盐地碱蓬群落中的采样点

4）植物形态的影响因子

植被盖度、地上和地下生物量、株高及叶长表现出了明显的区域差异性，以上 5 植物表观形态指标随着高程的降低而逐渐降低。在较高高程的研究区中，以上 5 指标基本达到最高值，而在低位盐沼区达到最低值。与此同时，所有检测的非生物因子均显示出了明显的区域差异性，包括土壤有机质、总氮、总碳、孔隙水盐度、含水率、容重、硬度及水深。其中，土壤含水率、容重和水深随着高程的降低而增加；而总氮含量和土壤硬度随着高程的增加而增加。有机质、总碳和孔隙水盐度则在不同的高程梯度下表现出完全不同的变化规律。孔隙水盐度在中位盐沼区达到最大值，这与以往研究相一致（Li et al.，2016）。以往一些研究表明盐地碱蓬可以在植物生长期通过吸附 Na 来降低土壤盐度（Zhao，1991），并且盐地碱蓬的叶片比根系富含更多的 Na^+（Song et al.，2011），而叶片的分解会反过来增加土壤的有机质含量（Fan et al.，2015；Mao et al.，2014）。

在不同的潮间带盐沼湿地研究区，决定植物表观特征的非生物因子首先是地理位置差异。在由陆向海的高程梯度上，天然的盐度梯度和水位梯度无疑会影响盐地碱蓬群落。由于低位盐沼区距离海洋较近，且受到的潮汐干扰频率最高，因此，该区域的土壤含水率会比高位盐沼区的土壤含水率高。土壤非生物因子及植物的种间竞争（Pennings and Callaway，1992）在维持植物表观形态特征上均起到非常重要的作用。盐角草无疑会通过与盐地碱蓬争夺沉积物营养物质及生长空间而抑制盐地碱蓬的生长（贺强，2013），最终导致盐地碱蓬植株矮小，但比高位盐沼区的盐地碱蓬单物种群落中的盐地碱蓬植株高。研究表明，有机质、总氮和总碳会积极促进盐地碱蓬的生长，使其表现为高密度、高生物量、高植株及长叶片。以往研究表明，氮元素可以限制盐地碱蓬的生长，其叶片中的氮含量远高于盐地碱蓬的其他部位中的氮含量（Sun et al.，2012）。盐地碱蓬在潮间带盐沼湿地生态系统中氮循环也发挥着非常重要的作用。

本节通过检验非生物因子与植物表观形态特征的关系，为维护和保护盐地碱蓬群落提供科学指导。在盐沼湿地潮间带生态系统中，较少的潮汐扰动，柔软的沉积物性质，丰富的土壤有机质、总氮和总碳含量，较低的水位及土壤含水率，较少的种间竞争有利于盐地碱蓬群落的生长、发育、繁殖，使其具有高盖度、高地上生物量及较高的株高和较长的叶长。较低的土壤盐度有利于植物形成较多的地下生物量。然而，围填海活动如大坝及道路建设阻挡了自然潮汐规律（Yan et al.，2015），降低了土壤营养元素的输入，增加了土壤非生物因子胁迫，进而影响到植物的生长繁殖。此外，自然干扰如淹没频率和动物植食等（He et al.，2015）会严重影响土壤环境，从而影响植物的表观形态特征。土壤孔隙水盐度会引起植物的生理变化，如会导致盐地碱蓬对营养元素的再分布（Guan et al.，2011；Song，2009）。氮被公认为是湿地生物系统中的限制元素，氮元素的循环状态会影响到生态系统的结构和功能（Mistch and Gosselin，2000；Sun et al.，2012），从而影响到盐沼湿地潮间带生态系统的健康和持续性。因此建议管理者关注盐沼湿地潮间带的土壤环境非生物胁迫因子，如水盐胁迫（贺强，2013），使之更适于盐地碱蓬的生长和繁殖。为了保证更好地维持和修复盐地碱蓬群落，应当应用长期监测及调控性管理。土壤非生物因子与植物表观形态特征的关系复杂，仍需要进一步的研究，长期的监测加上基因层次的研究是必要的。

2. 不同性别、尺寸的天津厚蟹的植食强度

天津厚蟹具有植食性，但是不同尺寸及不同性别的天津厚蟹的植食强度如何尚不清楚。而这一问题在野外比较难以实现，因此，针对不同性别及不同尺寸的天津厚蟹进行室内模拟实验，检验它们对盐地碱蓬的植食强度。由上节盐沼植物群落的调查实验可知，盐地碱蓬在不同潮位带的形态特征存在差异性，为了避免盐地碱蓬本身造成的差异，本次移栽的植物取自同一地点，并且选择大小相等、株高相等的植物个体进行实验。

首先，对天津厚蟹对盐地碱蓬的取食行为做了定性观察，观察它是如何对盐地碱蓬进行取食的，是否对植物的叶片和茎秆一起取食。然后将水桶中装满沉积物，同时将移栽的一个盐地碱蓬土心植入桶内，放入一只天津厚蟹，用录像机记录天津厚蟹对盐地碱蓬的取食行为方式。

据观察可知，天津厚蟹在桶内会用螯足取食沉积物，当它发现有盐地碱蓬的时候会步行到盐地碱蓬所在位置，用一只螯足钳住盐地碱蓬的茎秆或叶片，另一只螯足协助将植物体送入口中；或者用一只螯足钳住盐地碱蓬植株，另一只螯足用力将盐地碱蓬的茎秆和叶片拽下来，然后用两只螯足将食物送入口中（图 7.28）。同时，天津厚蟹会时不时用其中一只螯足勺取沉积物或水送入口中。

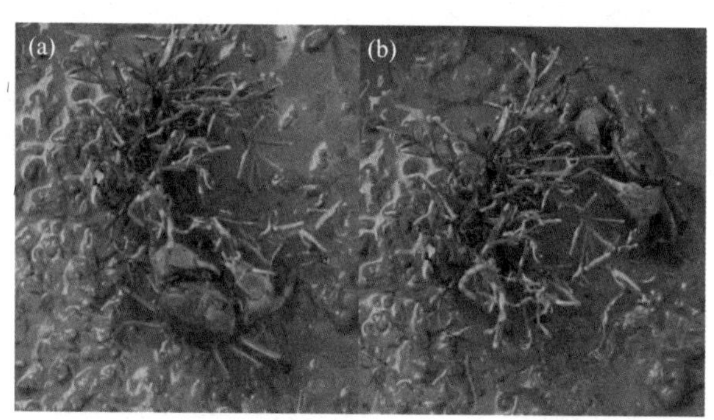

图 7.28　正在植食盐地碱蓬的天津厚蟹

为了能够定量研究不同性别和尺寸的天津厚蟹对盐地碱蓬的植食强度，用 24 个直径 11cm、高 10cm 的 PVC 管移栽盐地碱蓬植物，移栽的盐地碱蓬和沉积物均取自同一地点。每个 PVC 管内移栽的幼苗密度大于 30 株，在室内实验进行前，对移栽的盐地碱蓬进行浇水使其稳定生存 2 周后，保留大小均匀的 20 株。将野外捕捉的 12 只公蟹和 12 只母蟹分别放入移栽幼苗的 PVC 中，并罩上笼子，编号［图 7.29（a）］。在放入天津厚蟹前，将对应编号内的天津厚蟹的壳长、壳宽和质量都进行了测量记录。持续 2 周统计天津厚蟹对盐地碱蓬的取食量。

实验结果表明，从实验开始当天就有天津厚蟹进行挖掘活动，2 周后，天津厚蟹已经完全挖掘到 PVC 管的底部，且将挖掘出来的沉积物堆积到 PVC 管表面，直到将整个盐地碱蓬植物簇都覆盖［图 7.29（b）］。

为了排除天津厚蟹挖掘行为的干扰，且排除盐地碱蓬植株过多不易统计的困扰，一共做了两次实验，第一个实验目的是观察公蟹和母蟹的取食强度是否具有差异性，将尺寸相当的 12 只公蟹和 12 只母蟹分别放入 24 个相同的桶内，编号，并记录对应天津厚

图 7.29　天津厚蟹的植食实验（I）

蟹的壳长、壳宽和质量。在每个桶内倒入 50mL 水以保障天津厚蟹不会由于缺水死亡，室内温度控制在 25℃。用电子秤分别称取 1.00g 盐地碱蓬新鲜叶片放入桶中。之后连续 2 天称取每个桶中剩余的盐地碱蓬叶片鲜重质量。第二个实验的目的主要是研究尺寸不等的天津厚蟹对盐地碱蓬的取食强度，其实验方法及装置与第一次相同，不同的是放入的都是公蟹，但是尺寸不等。

从图 7.30 可以看出，同等尺寸的天津厚蟹公蟹的植食强度显著高于母蟹的植食强度，前者约为后者的 1.6 倍。不同尺寸的天津厚蟹公蟹的植食强度虽然有随着体形增大食量增大的趋势，但不具有显著的相关关系（图 7.31）。因此推测这与天津厚蟹个体的取食偏好有关，或者与其进食速度有关。

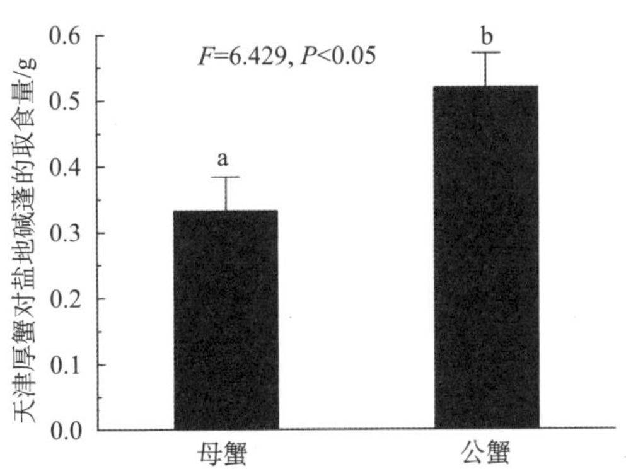

图 7.30　尺寸相似的天津厚蟹公蟹和母蟹对盐地碱蓬的植食强度

为排除天津厚蟹对其他食物的取食因素，我们进行了纯盐地碱蓬植物的喂食实验，结果表明：①天津厚蟹母蟹对盐地碱蓬植物的日取食量为(0.33±0.05)g；②天津厚蟹公蟹对盐地碱蓬植物的日取食量为(0.52±0.05)g；③天津厚蟹公蟹对盐地碱蓬的日取食量显著大于母蟹；④随着天津厚蟹体形的增大，其对盐地碱蓬的取食能力有增强趋势，但不显著。在自然情况下，天津厚蟹的取食选择有很多种，如有机碎屑、动植物残体、藻类、沉积物等，因此在自然情况下，天津厚蟹对盐地碱蓬的取食量低于实验结果。但是当在极端气候条件下，如干旱及海岸堤坝拦截潮汐等外界胁迫下，天津厚蟹对

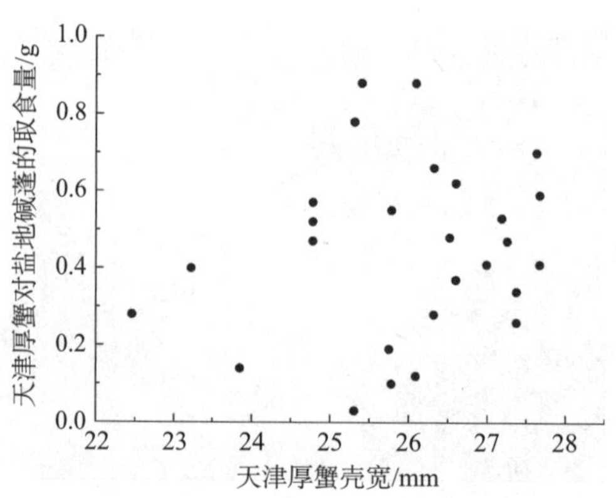

图 7.31　不同尺寸的天津厚蟹公蟹对盐地碱蓬的植食强度

盐地碱蓬的取食量会有所加强，进而会加剧湿地的退化（He and Cui，2015）。

3. 天津厚蟹植食过程对微地形的影响作用

以往研究显示蟹类的高强度植食会形成盐沼植物群落斑块、盐沼植物退化（Escapa et al.，2015）。蟹类的植食会造成沉积物由于无植物的固定而更容易发生侵蚀且造成岸边坍塌，有研究表明蟹类的植食和挖掘共同作用下可以使湿地的潮沟拓展（Vu and Pennings，2017）。天津厚蟹的植食作用会控制盐地碱蓬呈条带分布（He et al.，2015）。天津厚蟹的挖掘功能可以直接作用于微地形，那么天津厚蟹的植食是否也会影响微地形呢？为了检验这一假设，我们开展了野外模拟控制实验。

在黄河三角洲盐沼湿地高、中、低高程梯度下进行野外模拟控制实验。为了保证盐地碱蓬的一致性，避免盐地碱蓬本身的差异性造成实验的误差，本次移栽的盐地碱蓬均取自同一地点，且长势均匀。2017 年 5 月在高、中、低盐沼湿地梯度下分别布设 2 个处理的样方，样方大小为 50cm×50cm。在样方中移栽 3×3 块带盐地碱蓬的土块，每块土块为 10cm 直径，其上密度超过 30 棵盐地碱蓬，在移栽成活 2 周后使每个土块上留存高度均匀的 20 棵植株。分 2 个处理：①保持自然条件的天津厚蟹植食；②加笼去除天津厚蟹植食。每个处理 8 个重复。在样方的中心安装自行设计的湿地沉积速率测定装置（图 7.32）。持续监测 4 个月，以此来观察得出不同潮位带，有无天津厚蟹取食对盐地碱蓬植物的影响，并得到天津厚蟹植食对地表高程的影响。用上述沉积速率测量方法测得初始值，间隔一个月进行一次沉积速率的测量，并记录盐地碱蓬棵数、高度，蟹洞数及其相应的洞穴峰土参数，以此来明确天津厚蟹植食及挖掘对微地形地貌的塑造过程。

在野外将该实验装置放于东西方向，垂直于地面用锤子砸入地下约 30cm 深，用水准仪校准，使该装置的表面保持水平（图 7.32）。然后，将直径 0.2cm、长 30cm 的不锈钢棒垂直插入孔中，与地面相切，在容易滑动的钢棒上夹上定位夹以固定位置。用游标卡尺测量木条上面钢棒的长度并记录。一定时间后，沉积物会在潮汐的作用下沉积或者侵蚀，需要用钳子等工具辅助往上拔或者往下压钢棒直到与地表相切，再继续用游标卡尺记录下新的钢棒长度，从而得到沉积物的沉积或侵蚀厚度。结合时间可以得到单位时间的沉积或侵蚀速率。

在秋季末，对移栽的盐地碱蓬存活棵数进行调查，发现无论在高位、中位还是低位盐沼区，自然条件下（无笼控制）的控制样方中盐地碱蓬所剩无几，均被天津厚蟹取食

图 7.32 天津厚蟹植食对微地形的影响

(图 7.33)，且样方中有 1～3 个新打的蟹洞（图 7.34）；而加笼去除天津厚蟹干扰的样方中移栽的盐地碱蓬植物长势较好，高位、中位和低位盐沼区加笼除蟹移栽样方中的盐地碱蓬盖度依次为（43±2.30）棵、(46±1.52）棵和（47.5±2.14）棵，且加笼去除天津厚蟹的样方中无蟹洞出现。

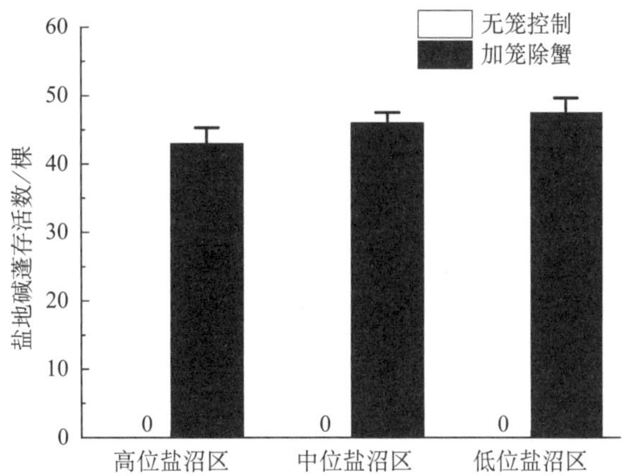

图 7.33 不同潮位带无笼控制和加笼去除天津厚蟹植食对移植盐地碱蓬存活的影响

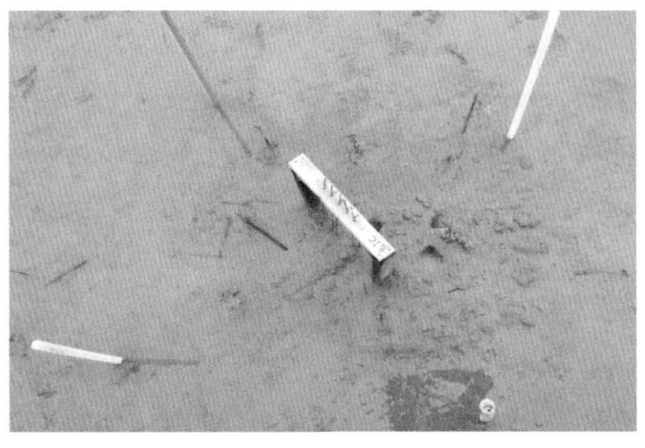

图 7.34 低位盐沼区移栽盐地碱蓬的无笼控制样方中天津厚蟹新打洞 3 个（2017 年 7 月）

我们在进行实验前的初步假设为，天津厚蟹对盐地碱蓬取食导致盐地碱蓬的有无，进而在潮汐的作用下会造成微地形的微弱变化，而实验结果表明，天津厚蟹在对盐地碱蓬进行植食的同时，也会在盐地碱蓬移栽的控制样方内打洞，从而造成了更为显著的微地形变化。因此，本实验最初的设想归根结底为有无盐地碱蓬对微地形的影响，即盐沼湿地有无盐地碱蓬在潮汐作用下的沉积速率情况，这部分内容在后面的章节中进行了详细的论证。本实验虽然没有直接显示天津厚蟹植食对微地形的影响，但证明了天津厚蟹的植食和挖掘活动是共同进行的。无论在高位、中位还是低位盐沼区，移栽盐地碱蓬的控制样方中均有 1～3 个新打的蟹洞，对于整个样方来说造成的微地形变化是极其显著的。2017 年 6 月 20 日至 2017 年 7 月 30 日，对移栽样方内中心进行了湿地地表沉积变化的监测，结果表明，在高位和中位盐沼区，无笼控制样方中，湿地地表沉积变化量显著大于加笼去除天津厚蟹的样方，而在低位盐沼区中并无显著差异性，可能是低位盐沼区的潮汐扰动较为频繁造成的（图 7.35）。

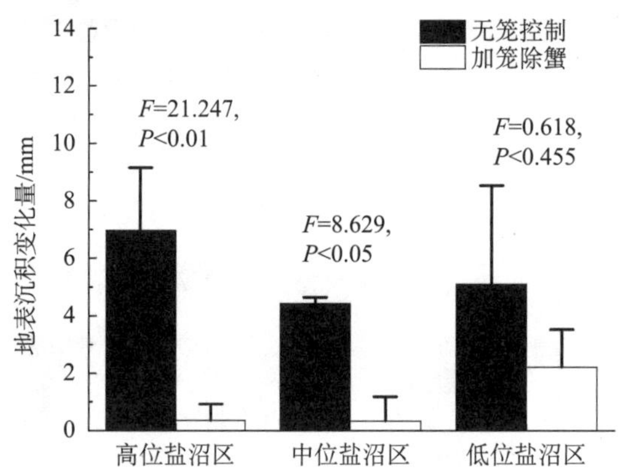

图 7.35　不同潮位带无笼控制和加笼去除天津厚蟹植食对湿地地表沉积变化量的影响

4. 不同微地形下天津厚蟹的植食强度

已有研究表明天津厚蟹具有植食作用，且天津厚蟹的植食作用在黄河三角洲的部分盐沼区域已造成斑块化盐地碱蓬群落的衰退（He et al.，2015），Rossi 和 Chapman（2003）研究发现凹陷中的蟹洞多于凸地形，但植食效果是否在不同高程梯度区、不同凹凸微地形上均有明显效果并不十分清楚。因此本节选取同一水平高程梯度的研究区开展野外模拟控制实验。

在黄河三角洲盐沼湿地不同地形条件下进行野外模拟控制实验观察天津厚蟹的植食情况（图 7.36）。为了保证盐地碱蓬的一致性，避免盐地碱蓬本身的差异性造成实验的误差，所移栽的盐地碱蓬均取自同一地点，且长势均匀。在高、中、低位盐沼区，分别在同一水平梯度下，人为构造 50cm×50cm 的微地形样方，－15cm 的凹地形，0cm 平地形，15cm 高的凸地形，每种地形做 8 个重复，并于 2017 年 5 月在每个微地形上移栽植物块 3 个。用直径 10cm、高 15cm 的 PVC 管插入直径 10cm、高 20cm 的土钻进行幼苗移植，选取密度超过 30 棵盐地碱蓬植物的土块，在野外移栽成活 2 周后，拔除多余的盐地碱蓬植株，最后保留 20 棵大小均匀的植物进行实验。在每个微地形上移栽的 3 个植物土块分别进行 3 种处理：①加笼去除天津厚蟹，避免天津厚蟹的植食作用；②加笼开口控制，证明笼子对实验结果无影响；③不加笼处理，自然密度下的天津厚蟹可进行植食。实验进行到秋季末，期间定期修补实验装置，并在实验最终结束时统计植物剩余的数目。

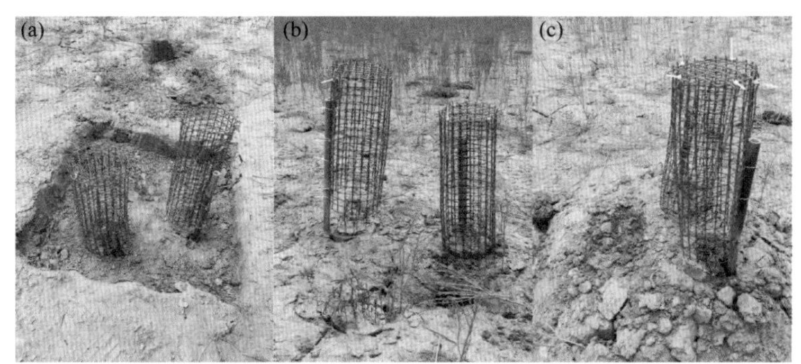

图 7.36 不同地形条件下的天津厚蟹的植食情况

(a) 凹微地形；(b) 平微地形；(c) 凸微地形

2017 年秋季末，对最终的实验结果进行了野外调查，统计了不同潮间带研究区域中，人为构造的凹、平、凸微地形上移栽的盐地碱蓬存活率，并分别针对无笼控制、半笼控制和全笼控制进行了数据的统计分析。结果表明，高位、中位、低位盐沼区中无论凹、平、凸微地形上，无笼控制和半笼控制里移栽的盐地碱蓬均在秋季末消失，几乎都被天津厚蟹植食。高位和中位盐沼区加全笼去除天津厚蟹植食作用的样方中均有盐地碱蓬存活（图 7.37）。低位盐沼区的凹微地形中无论有无天津厚蟹去除，移栽的盐地碱蓬均无存活，主要原因是低位盐沼区离海较近，受潮汐干扰较为频繁，微地形本身对植物的生长存活具有一定的影响。由于夏季多雨且潮汐较为频繁，有大潮来时，凹微地形最先灌满水，当潮水退去后，凹微地形仍然截留了大量水，容易形成厌氧条件，移栽的盐地碱蓬幼苗长期在淹水干扰下无法成活，加上低位盐沼区天津厚蟹植食活动的交互作用，因此造成了整个低位盐沼区凹微地形上无移栽的盐地碱蓬存活。但是对于不同高程梯度下的凹微地形，影响效果却不同。在中位盐沼区和高位盐沼区，凹微地形加全笼去除天津厚蟹植食作用的样方中均有移栽的盐地碱蓬存活。另外，高位盐沼区中，平和凸微地形上加全笼的盐地碱蓬存活率相当，均高于凹微地形的；在中位盐沼区中，凹、平、凸微地形的加全笼的盐地碱蓬存活率并没有显著差异性；在低位盐沼区，平微地形和凸微地形加全笼的盐地碱蓬存活率显著高于凹微地形的。高位盐沼区存活的盐地碱蓬数目高于中位盐沼区和低位盐沼区，这应该是不同潮间带接受潮汐的干扰频率等因素影响造成的。中位盐沼区的存活数略低于低位盐沼区，但是不显著，这是因为中位盐沼区通常的沉积物盐度较高，沉积物营养成分较为贫瘠，不利于盐地碱蓬的生长存活，这在以往的研究中有所体现（Li et al.，2016）。

综上所述，不同微地形条件下，天津厚蟹的植食强度并没有显著差异性，即均被植食，且秋季末无剩余。但是不同微地形条件对移栽盐地碱蓬的存活具有影响，高位盐沼区和低位盐沼区中平微地形和凸微地形的盐地碱蓬存活率显著高于凹微地形，而中位盐沼区无显著差异。不同潮位带微地形发挥着不一样的作用，但整体上，高位盐沼区的盐地碱蓬存活数显著高于其他两个潮位带，这与研究区所处的潮位带及其物理环境条件有

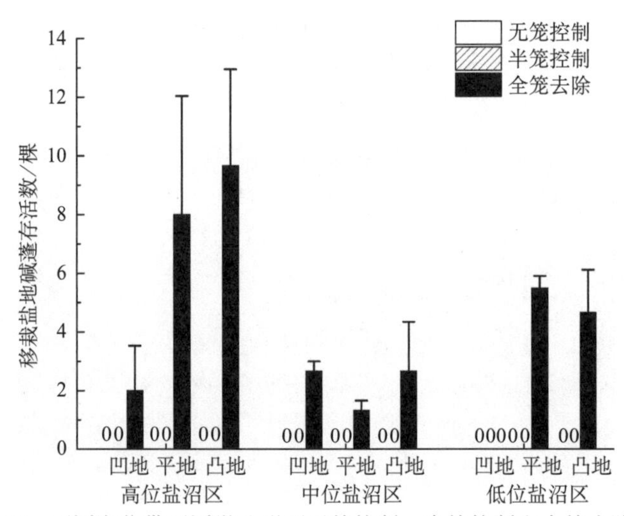

图 7.37 不同潮位带不同微地形下无笼控制、半笼控制和全笼去除天津厚蟹植食对移植盐地碱蓬存活的影响

直接关系。通过一系列的野外调查、野外监测及模拟控制实验发现，在黄河三角洲盐沼湿地不同高程梯度潮间带区域的盐地碱蓬植物具有形态上的显著差异性。同等尺寸的天津厚蟹公蟹的植食强度显著高于母蟹的植食强度。不同尺寸的天津厚蟹公蟹的植食强度虽然有随着体形增大食量增大的趋势，但不具有显著的相关关系。天津厚蟹的植食活动伴随着挖掘行为，会对微地形造成明显改变。无论在高位、中位还是低位盐沼区，移栽盐地碱蓬的控制样方中均有新挖的蟹洞，对于整个样方来说造成的微地形变化是极其显著的。在高位和中位盐沼区，无笼控制样方中，湿地地表沉积变化量显著大于加笼去除天津厚蟹的样方，而在低位盐沼区中并无显著差异性，可能是因为低位盐沼区的潮汐扰动较为频繁造成的。不同微地形条件下，天津厚蟹的植食强度并没有显著差异性；无笼和半笼控制样方中移栽的盐地碱蓬均被植食，且秋季末无剩余；但是不同微地形条件对移栽盐地碱蓬的存活具有影响，高位盐沼区和低位盐沼区中平微地形和凸微地形的盐地碱蓬存活率显著高于凹微地形的，而中位盐沼区无显著差异；不同潮位带微地形发挥着不一样的作用，但整体上，高位盐沼区的盐地碱蓬存活数显著高于其他两个潮位带，这与研究区所处的潮位带及其物理环境条件有直接关系。

7.2.3 盐地碱蓬及其种子萌发对天津厚蟹构造的微地形的响应

1. 天津厚蟹的挖掘和取食作用对沉积物物理化学性质的影响

在滨海河口湿地生态系统中具有许多生物、物理和化学过程。挖穴动物对沉积物的干扰已被广泛认为是影响植被群落结构组成及动态变化的非常重要的间接影响因子(Zhang et al.，2013)。掘穴蟹类是滨海河口湿地生态系统中关键的生物类群，促进了多种生态系统过程的进行。挖掘类蟹类通过挖掘活动可以促进沉积物-水界面的交换作用，并且可以有效促进营养物质循环（Koo et al.，2007）。然而仍不清楚蟹类的生物扰动作用对沉积物的理化性质有何影响，并且也不知道沉积物的理化性质在蟹洞床内外是否存在差异。以往研究表明蟹类可以通过对沉积物的取食作用来有效降低有机物污染

(Fanjul et al.，2015)，但是并不清楚蟹类的取食活动是否会改变沉积物的其他理化性质特征。本节提出科学假设：天津厚蟹蟹洞分布在不同的研究区中可能不同，且蟹洞洞口朝向在同一个区域内应该具有相同的规律；天津厚蟹的挖掘和取食活动会对沉积物的理化性质造成一定的影响；天津厚蟹的生物扰动对沉积物造成的影响在不同研究区可能具有差异性。

本节选取的三个研究区条件如下：研究区 1 位于盐沼湿地潮间带的低位盐沼区域，在蟹洞床内没有植被，但是蟹洞床与较矮小的盐地碱蓬群落相邻，并且在该相邻的盐地碱蓬群落中几乎没有蟹洞出现；研究区 2 位于盐沼湿地潮间带的中位盐沼区域，该区域的蟹洞床位于较高的盐地碱蓬群落中；研究区 3 位于盐沼湿地潮间带的高位盐沼区域，该区域的蟹洞床位于柽柳—盐地碱蓬群落中间的裸地内。

从图 7.38（a）～（c）可以看出，在三个研究区域中，天津厚蟹蟹洞洞口的朝向都是随机分布的。蟹洞直径的分布频率在三个研究区域也存在差异［图 7.38（d）～（f)］。研究区 1 的蟹洞直径主要集中于 5～50mm，且呈正态分布［图 7.38（d)］。研究区 2 的蟹洞直径在 10～40mm 达到最大频率［图 7.38（e)］。在研究区 3 中的蟹洞直径主要集中分布于 20～35mm，且该区间的蟹洞直径频率大于另外两个研究区［图 7.38（f)］。

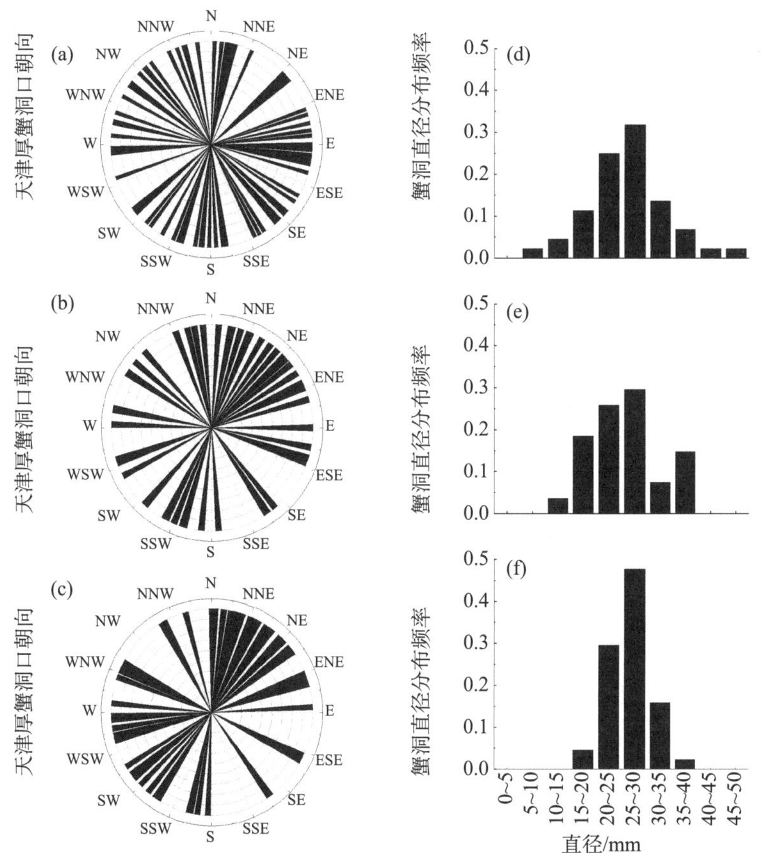

图 7.38　三个研究区的蟹洞洞口朝向及蟹洞直径分布频率

蟹洞洞口朝向：(a) 研究区 1；(b) 研究区 2；(c) 研究区 3；蟹洞直径分布频率：(d) 研究区 1；(e) 研究区 2；(f) 研究区 3

研究区 1 和研究区 3 的蟹洞密度是研究区 2 的 2 倍左右［$P<0.01$，图 7.39（a）］。研究区 1 蟹洞床内的土壤容重显著低于蟹洞床外的土壤容重［图 7.39（b）］，而研究区 2 和研究区 3 的土壤容重并不遵循相同的规律，蟹洞床内外的土壤容重没有显著差异性［图 7.39（b）］。

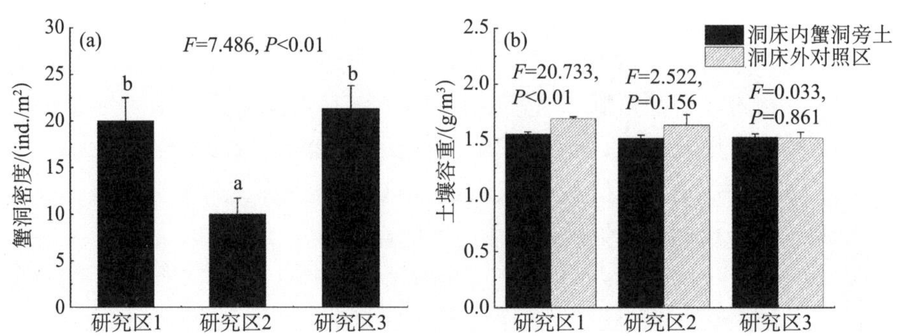

图 7.39　三个研究区的蟹洞密度和蟹洞床内外的土壤容重情况

研究区 1～3 的（a）蟹洞密度和（b）蟹洞床内外的土壤容重情况；数据为 means±SE（$n=6$）；柱子上标有相同字母表示不具有显著差异性

三个研究区的蟹洞峰土、蟹洞旁土、无蟹洞对照区土壤及天津厚蟹取食排泄物的沉积物非生物因子存在差异性（图 7.40）。在所有三个研究区中，土壤硬度在蟹洞峰土上最低，在无蟹洞床的对照区最大，在蟹洞旁土上的硬度介于以上两者之间［$P<0.001$，图 7.40（d）］。研究区 1 和研究区 2 的土壤盐度和总氮含量在天津厚蟹取食排泄物中达到最高，高于蟹洞床内外的沉积物的盐度和总氮的含量，研究区 3 除外［图 7.40（a）、(e)］。在三个研究区中，天津厚蟹取食排泄物的含水率达到最大值，远高于蟹洞床内外的沉积物的含水率［图 7.40（c）］。在研究区 2 中，天津厚蟹取食排泄物的土壤总碳和有机质的含量达到最高值，远大于蟹洞床内外的沉积物的总碳和有机质的含量［图 7.40（f）、(g)］。在研究区 3 中，蟹洞床内沉积物总碳和有机质含量大于蟹洞床外的沉积物含量，并且也大于天津厚蟹取食排泄物的总碳和有机质含量［图 7.40（f）、(g)］。土壤 pH 在三个研究区中差异不大［图 7.40（b）］。

以往研究指出蟹洞口朝向取决于潮汐规律（Dos Santos et al.，2009），然而在本节的三个研究区中，蟹洞洞口朝向均具有随机性，在各个角度均有分布。以往研究表明，蟹洞口直径与蟹类壳宽具有线性正相关关系（de Oliveira et al.，2016；Lourenco et al.，2000），因此，可以利用蟹洞直径来推测天津厚蟹的尺寸规律。在研究区 3 中的蟹洞直径大于研究区 1 和研究区 2，这表明天津厚蟹的尺寸在高位盐沼区中大于较低位的盐沼区域。这是由于成年的天津厚蟹具有较强的迁移能力。

在蟹洞床内的蟹洞旁土的土壤容重与蟹洞床外的对照区的土壤容重没有显著差异性。天津厚蟹取食排泄物的含盐量较高、湿度大且富含氮元素，这可能是由于天津厚蟹对以上物质没有消化的结果，另外一种可能则是天津厚蟹取食排泄物具有很小的比表面积，被置于地表后吸附水盐所致。以往研究表明蟹类可以有效降低沉积物的有机质含量（Casariego et al.，2011b；Mchenga et al.，2007），研究区 1 和研究区 3 的天津厚蟹取食排泄物的有机质含量已经被天津厚蟹的取食作用降低，但是在研究区 2 中，天津厚蟹取食排泄物的有机质含量远高于蟹洞床内外沉积物中的含量。由于天津厚蟹属于植食性

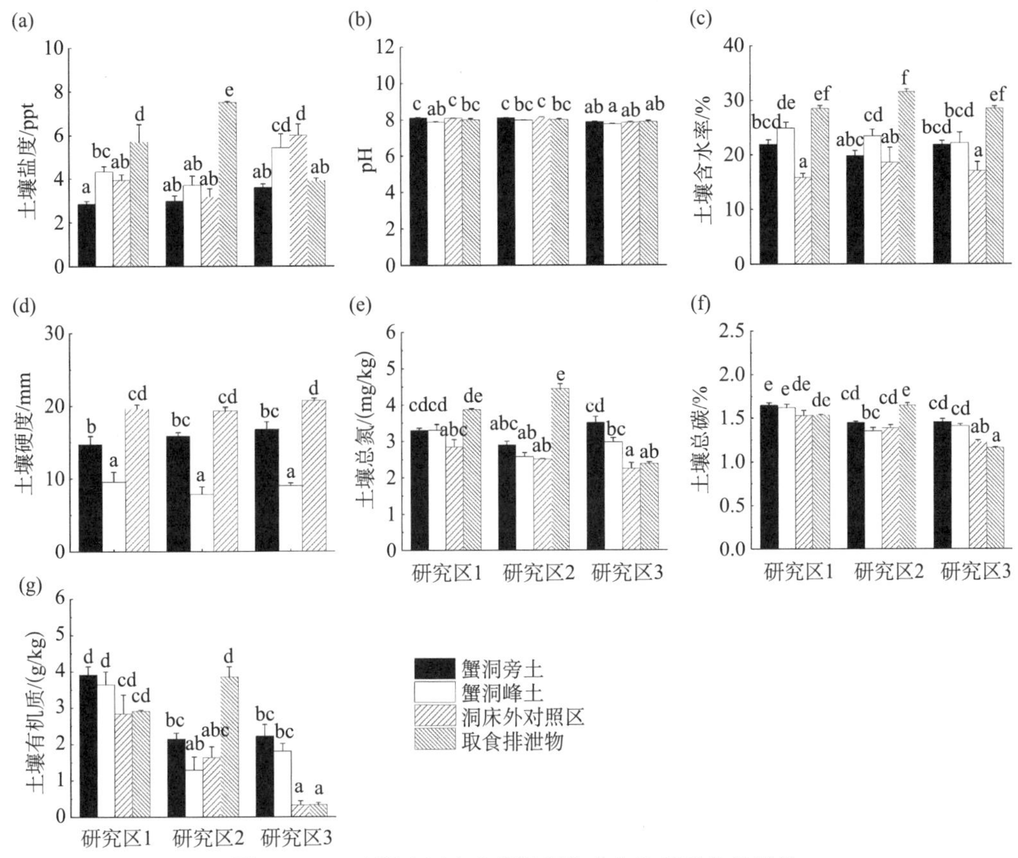

图 7.40 三个研究区中土壤沉积物非生物因子的差异性

数据为 means±SE（$n=6$），柱子上标有不同字母表示具有显著差异性

蟹类（He et al.，2015），所以天津厚蟹有可能通过对富含有机质的食物取食如对新鲜植物的取食，然后排泄到该区域，从而对有机质进行了转移作用（Casariego et al.，2011b）。三个研究区中的土壤硬度均在蟹类的挖掘作用下降低。研究发现蟹洞旁土比无蟹洞的对照区质地软，这表明天津厚蟹的挖掘活动具有疏松土壤的作用。此外，蟹类可以通过它们的洞穴来促进水—沉积物的交换过程（Xin et al.，2009）。

蟹类活动对湿地的生物、物理和化学过程具有影响。天津厚蟹的挖掘活动对沉积物的性质具有物理影响。天津厚蟹通过挖掘蟹洞及构筑蟹洞峰土堆对沉积物进行了再分布作用。在这个过程中，它们翻耕沉积物从地下到地表，沉积物在潮汐的冲刷下促进了营养物质碳、氮等元素的循环（Wang et al.，2010）。伴随着沉积物的重新分布，营养物质也会进行重新分布。此外，天津厚蟹的取食活动对沉积物的理化性质具有生物化学影响。因此，蟹类对沉积物的理化性质具有直接影响，而它们的生物扰动会间接影响植物群落（Zhang et al.，2013）和底栖动物群落（Martinetto et al.，2011；Botto and Iribarne，1999）的结构组成和动态变化，因为植物和底栖动物群落会随着营养物质的分布情况而改变自身的结构（Zhang et al.，2013；Martinetto et al.，2011；Bertics and Ziebis，2009）。此外，蟹洞还会调节来潮期间鱼类幼崽的分布和密度（Martinetto et al.，2007），并且会影响迁移水鸟的栖息地和觅食地（Botto et al.，2000）。因此，明确蟹类如何影响沉积物理化性质是了解蟹类在生态系统中重要作用的关键基础，并且对盐沼湿地的保护和恢复具有非常重要的指导意义。

2. 蟹洞对植物种子的拦截及萌发影响

1）蟹洞峰土对植物种子的拦截影响

已有研究表明，在红树林生态系统中，蟹洞对红树林的种子具有截留作用（Minchinton，2001）。然而，在黄河三角洲盐沼湿地生态系统中，天津厚蟹的蟹洞是否对盐地碱蓬群落的种子具有截留作用尚不清楚。秋季是盐地碱蓬种子成熟的季节，为了研究天津厚蟹的洞穴峰土是否会对盐地碱蓬种子具有拦截作用，2016 年秋季开展了野外调查实验，观察到了蟹洞对盐地碱蓬种子截留的现象（图 7.41）。为了更清晰地了解蟹洞对种子的截留情况，开展了以下研究：首先是野外初步调查，选取了一块具有盐地碱蓬群落覆盖的蟹洞床进行野外样品采集，随机采集 8 个蟹洞峰土及其对应的 8 个蟹洞旁土沉积物，沉积物采集方法为用直径 5.05cm、高 5cm 的土钻进行采集，峰土体积较大的可以多采集几个土样，同时其对应蟹洞旁土采集数量体积大小一样的土样。将沉积物编号带回实验室，通过 80 目筛网洗涤，筛上收集并记录种子的数量。

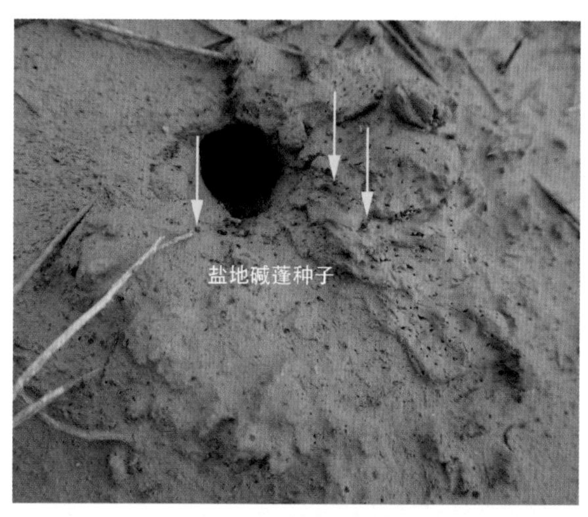

图 7.41　蟹洞对盐地碱蓬种子的截留

从图 7.42 可以看出，蟹洞峰土所截留的盐地碱蓬种子的数量显著高于蟹洞旁土所截留的种子的数量，约为 22 倍。

其次，在黄河三角洲的盐沼湿地（119°09′ E，37°46′ N）布设了相应的野外样品采集调查实验。在黄河三角洲盐沼湿地中选取了 3 个不同高程梯度的样带，每条样带上 2 个研究区，总计 6 个研究区。研究区 1（Site 1）位于低位盐沼区的裸地中，具有蟹洞床覆盖，但是没有植被。研究区 2（Site 2）位于中位盐沼区的矮小的盐地碱蓬群落中，该研究区紧邻互花米草群落。研究区 3（Site 3）位于高位盐沼区的较高的盐地碱蓬群落中，该区域紧邻柽柳群落。研究区 4（Site 4）位于低位盐沼区的矮小的盐地碱蓬群落中，其中蟹洞床中没有植被。研究区 5（Site 5）位于中位盐沼区的较高的盐地碱蓬群落中。研究区 6（Site 6）位于高位盐沼区的蟹洞床中，该蟹洞床位于柽柳-盐地碱蓬群落中间的裸地上。分别在这 6 个研究区中，随机选取 8 个蟹洞进行样品采集，采集每个蟹

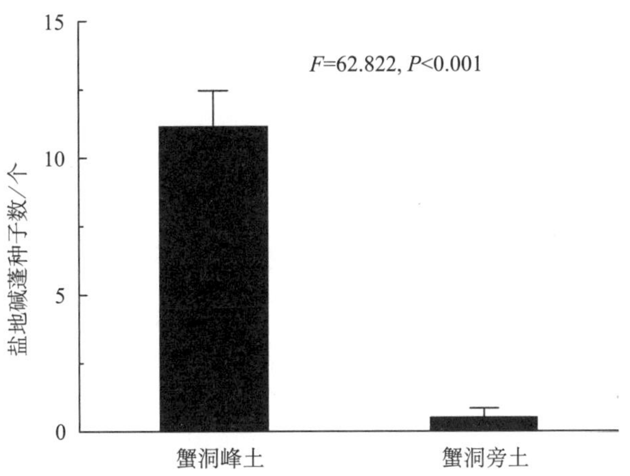

图 7.42　蟹洞峰土和蟹洞旁土对盐地碱蓬种子的拦截作用

洞的峰土、旁土、对照区沉积物及收集天津厚蟹的取食排泄物，推测天津厚蟹有可能像鸟类一样，通过粪便传播种子。将采集的沉积物编号带回实验室，通过 80 目筛网洗涤，收集筛上种子并记录种子的数量。

从图 7.43 可以看出，在 6 个研究区中，蟹洞床外的对照区裸地不易截留到盐地碱蓬种子，除了研究区 4 和研究区 5 有少量的种子存留，其他研究区的对照区裸地基本没有种子截留；在所有研究区中所采集的天津厚蟹取食排泄物中并不存在盐地碱蓬种子，因此可以得知天津厚蟹并不会通过粪便来传播种子，但天津厚蟹是否会取食盐地碱蓬种子，在后面的研究中进行了相关实验设计。在研究区 1、研究区 2、研究区 3 及研究区 6 中，蟹洞峰土截留到的盐地碱蓬种子数目多于蟹洞旁土截留到的盐地碱蓬种子的数目（图 7.43）。

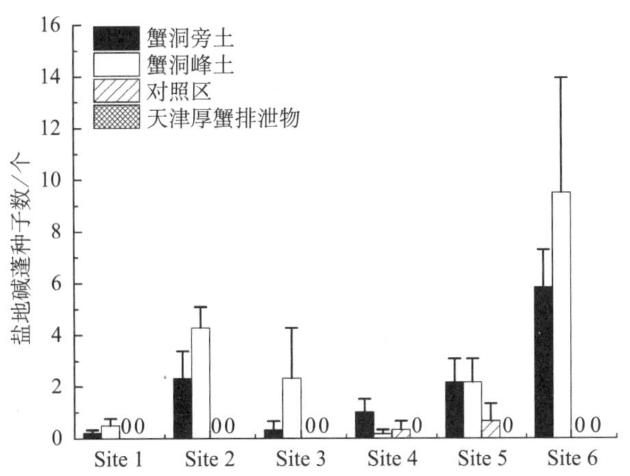

图 7.43　不同研究区内蟹洞周边盐地碱蓬种子分布的情况

2）天津厚蟹蟹洞对种子萌发的影响

在上述研究中，明确了天津厚蟹洞穴对盐地碱蓬种子的截留情况，但是蟹洞对盐地碱蓬种子的萌发有何种影响，蟹洞会不会成为种子落入的陷井尚不清楚。为了了解蟹洞对种子萌发情况的影响，在 2016 年 5 月至 2017 年 5 月进行了野外调查和模拟实验。首先于 2016 年春季在野外真实观察到了蟹洞通常是非常好的种子汇集的地方，且幼苗密度往往远大于周边平地及裸地（图 7.44）。这很可能是由于废弃的蟹洞或者冬眠中的天津厚蟹蟹洞在潮汐冲刷的影响作用下，截留到大量的盐地碱蓬种子，并在春季这些种子得到了有效的生根发芽的结果。且蟹洞原洞口处刚好形成了一个凹坑，成功地截留种子并保证种子不易被潮汐冲刷走，为种子萌发提供了良好的地形条件。

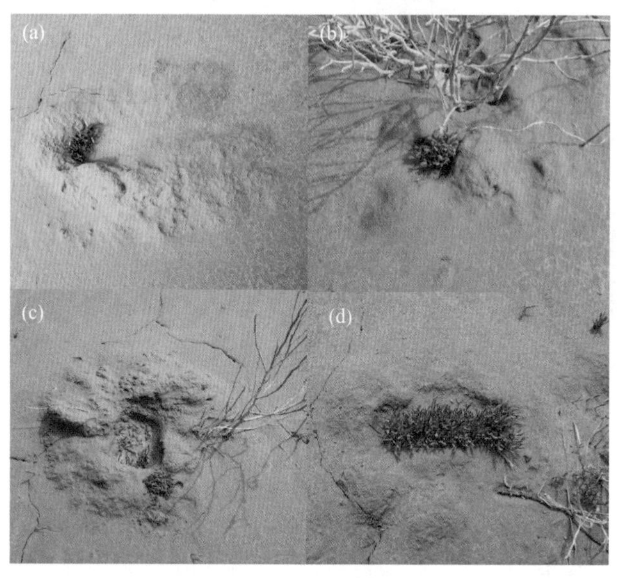

图 7.44　蟹洞截留的盐地碱蓬种子及幼苗萌发现象

为了揭示蟹洞对种子截留的规律，于 2016 年 11 月在高、中、低盐沼湿地的三个潮位带分别布设了 6 对有蟹洞峰土和无蟹洞峰土的直径为 3cm、长为 20cm 的 PVC 管，该 PVC 管用纱布和扎带封底，并埋于与地面齐平［图 7.45（a）、（c）］。本研究之所有选择直径为 3cm 的 PVC 管是基于所调查的蟹洞直径的平均值。用封底的 PVC 管来模拟蟹洞对种子的截留，解决了真实蟹洞对种子截留取样困难的问题。分别进行了有蟹洞峰土和无蟹洞峰土两种处理，推测蟹洞峰土会阻碍植物种子落入蟹洞中。

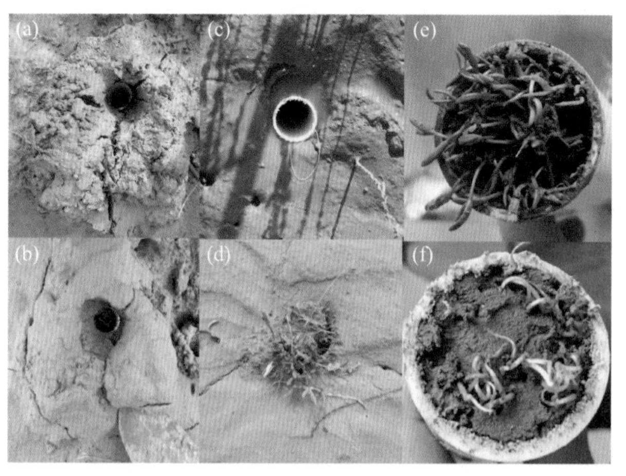

图 7.45　野外模拟蟹洞对盐地碱蓬种子的截留及萌发影响

2017 年 3 月末，从野外收集于 2016 年 11 月埋下的 PVC 管（图 7.45）。观察到蟹洞的棱角已经被潮汐冲刷平滑[图7.45（b）]，并且PVC管无论有无蟹洞都已经截留了大量的沉积物和种子[图7.45（d）]。将PVC管带回实验室，去掉底部的封底纱布，发现底部也有很多幼苗的根系和种子。随后，将整个PVC管中的截留物质倒在实验盘中，发现种子和幼苗几乎分布在每一层沉积物中。由此可见，蟹洞对种子的截留是一直在发挥作用，鲜活的种子在阴暗条件下也是可以萌发的，但是当新的沉积物和种子落入后会覆盖在下层种子和幼苗上，长期覆盖会导致下层幼苗死亡，直到堆积到地表后才能够得到存活。通过在不同潮位带上的模拟实验，在中位盐沼区，无蟹洞峰土的蟹洞模拟PVC装置截留到的种子萌发的幼苗数目达到最高值（图7.46），显著大于有蟹洞峰土的蟹洞模拟PVC装置及其他潮位带的蟹洞模拟PVC装置所截留到的种子萌发的幼苗数目。在低位盐沼区和高位盐沼区中，有、无蟹洞峰土的蟹洞模拟PVC装置所截留到的种子萌发幼苗的数目不具有显著差异性（图7.46）。

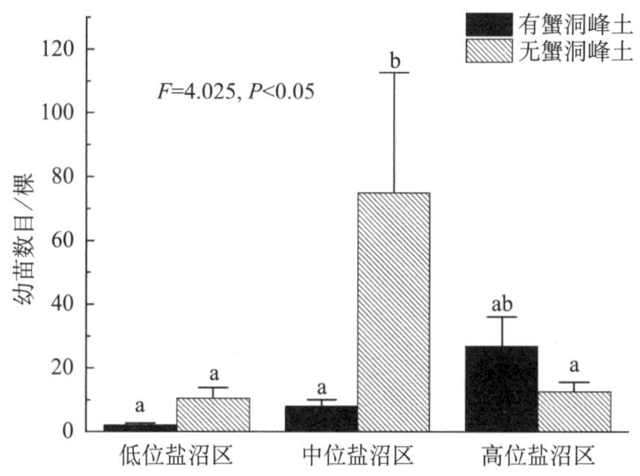

图7.46 不同潮位带上有、无蟹洞峰土对盐地碱蓬种子的截留萌发情况

3）天津厚蟹对盐地碱蓬种子的取食

为明确天津厚蟹是否取食盐地碱蓬种子，通过室内控制实验来观察天津厚蟹对盐地碱蓬种子的取食情况。用小塑料容器进行控制实验，将捕捉到的尺寸相当的公、母天津厚蟹各8只分别放入独立的容器中，每个容器中放入颗粒饱满的20粒种子，并倒入20mL水，室温控制在25℃，48h后进行观察并记录剩余完整种子的情况（图7.47）。

图7.47 天津厚蟹对盐地碱蓬种子的取食

通过实验得知，无论是公蟹还是母蟹对盐地碱蓬的种子均具有取食和碎食的作用，公蟹、母蟹对种子的取食强度不具有显著差异性，且均在 48h 后取食和破坏了 80%的种子。

综上所述，天津厚蟹洞口朝向随机分布，且蟹洞峰土比蟹洞旁土和对照区土壤的硬度低；三个研究区的蟹洞峰土、蟹洞旁土、无蟹洞的对照区域及天津厚蟹取食排泄物的沉积物理化性质均存在差异性，表明天津厚蟹的挖掘和取食活动对沉积物的再分布和营养元素循环具有影响。天津厚蟹的蟹洞洞床区域由于其造成的微地形起伏变化很容易截留盐地碱蓬种子。秋冬季节，蟹洞是非常好的种子汇集的地方，且春季时幼苗密度往往远大于周边平地及裸地。蟹洞为种子的截留和萌发提供了良好的地形条件。室内模拟实验发现天津厚蟹对盐地碱蓬种子具有一定的取食和破坏作用，因此证明天津厚蟹不可以通过排泄来传播种子。

7.3 潮汐对微地形动态变化的影响

天津厚蟹洞口堆积的沉积物并不是长期稳定存在的，它会在潮汐冲刷等外力的作用下发生变化。黄河口盐沼湿地不同高程梯度的潮位带所受到的潮汐的干扰频率不同，因此推测湿地地表沉积速率在不同潮位带会有所差异，并且同一潮位带的裸地和盐地碱蓬群落中的地表沉积速率也可能存在差异；另外，凸微地形（天津厚蟹蟹洞）和凹微地形在潮汐作用下的变化也会不同。为了探究不同潮位带的裸地和盐地碱蓬群落的地表沉积情况及不同潮位带的凹凸微地形的变化情况，分别进行了野外监测和室内模拟控制实验，以此来揭示潮汐对蟹洞堆积沉积物的冲刷作用及其对微地形的塑造过程。

7.3.1 不同潮位带的湿地地表沉积情况

为了清晰地揭示黄河三角洲盐沼湿地不同潮位带湿地地表的沉积情况，在高、中、低三个盐沼湿地潮位带的盐地碱蓬群落区和裸地区分别安装了自行设计的湿地地表沉积速率测量装置（图 7.24），每个潮位带的盐地碱蓬群落区和裸地区分别安装 2 个装置（图 7.48），共计 12 个实验装置。每个装置上有 7 个重复，因此测量沉积速率的点位共计 84 个。推测在低潮位带的沉积物沉积或侵蚀的变化比高潮位的大，因为低潮位区域会受到高频次的潮汐干扰，而盐地碱蓬群落区的沉积物沉积或侵蚀的变化比裸地要大。高、中、低潮位带由于距海距离不同且高程不同，因此所受到的潮汐的干扰频率、淹没时长、淹没水位有所差异。为了得到真实的野外潮汐干扰情况，在不同潮位带安装了水位计，每 5min 记录一个水位数值，持续进行野外监测。为了验证本节的科学推测，对野外沉积物沉积测量数据进行持续监测并进行统计分析。

根据测量结果得出了低、中、高盐沼湿地不同潮位带的盐地碱蓬群落和裸地的沉积

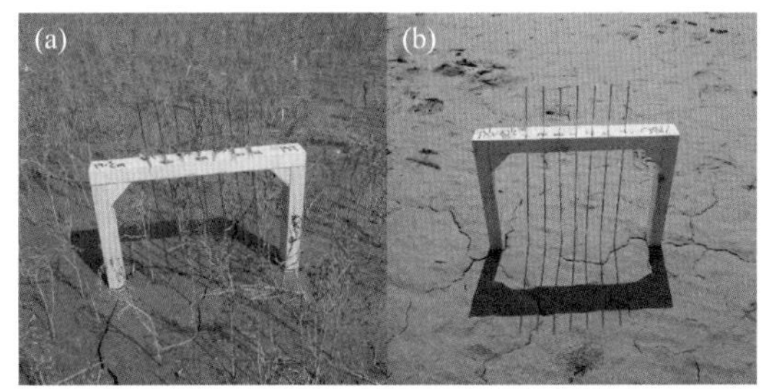

图 7.48　不同潮位带湿地盐地碱蓬群落和裸地沉积速率的测量

变化情况（图 7.49）。在低位盐沼区，裸地的沉积物的沉积厚度高于盐地碱蓬群落，盐地碱蓬群落中，沉积物在监测一开始就出现了侵蚀，后来随着时间增加又重新沉积回来了一些沉积物，总体变化不大，但是裸地的沉积厚度在监测一开始就出现了沉积，随后缓缓地累积后又有少量的侵蚀出现，总体波动情况较盐地碱蓬群落要大［图 7.49（a）］。在中位盐沼区，盐地碱蓬群落和裸地的沉积变化情况在监测的前 55 天内变化趋势相似，先受到侵蚀后来又出现了沉积，然而在 55 天之后出现了差异，盐地碱蓬群落内的沉积物得到了大量淤积，沉积厚度明显加厚，而裸地则变化不大，有轻微的侵蚀出现［图 7.49（b）］。在高位盐沼区域所呈现的沉积物沉积变化与上述两个潮位带有所不同。盐地碱蓬群落中的沉积物在监测一开始就出现了沉积现象，并在之后的一段时间内主要以沉积为主；在裸地中，沉积物先侵蚀，后淤积，后来又被侵蚀，反复波动［图 7.49（c）］。由此可见，在不同潮位带的盐地碱蓬群落和裸地中的沉积物沉积、侵蚀变化各不相同，沉积变化因地理位置和周边环境不同而具有差异性，且规律难以追寻。

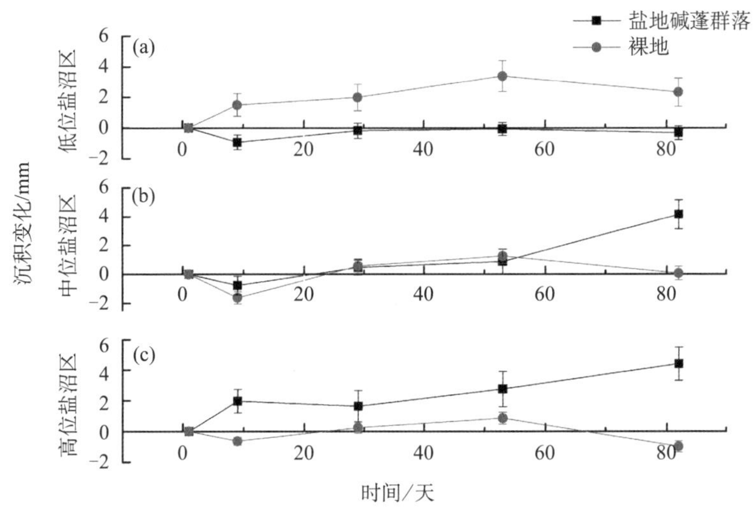

图 7.49　三个潮位带盐地碱蓬群落和裸地的沉积变化情况

7.3.2　潮汐对天津厚蟹洞穴的冲刷影响

黄河三角洲盐沼湿地优势物种天津厚蟹属于掘穴蟹类，是盐沼湿地生态系统中非常重要的生物类群，几乎栖息在整个盐沼湿地潮间带区域，当天津厚蟹进行挖掘活动时，它们会将从地下挖掘出来的沉积物堆放在洞口周边，日积月累，这些堆积的沉积物会形成小丘。本节将天津厚蟹挖掘造成的凹凸微地形称为微地形单元集群。栖息地微生境会影响天津厚蟹的分布，但是反过来天津厚蟹也会通过影响地形地貌结构来造成微生境的改变。有研究表明，有蟹类挖掘过的地方相对于没有蟹类干扰的封闭区域，在土壤表面有较大颗粒的沉积物，并且有较少的藻类覆盖物（Warren and Underwood，1986）。

在滨海盐沼湿地生态系统中，潮汐发挥着非常重要的作用，潮汐可以影响地形地貌，还可以影响植物群落的生长和分布，同时也可以影响其他生物类群的生长繁殖(Mistch and Gosselin，2000；Adam，1990)，此外，潮汐频率还会影响蟹洞密度及尺寸大小（Breitfuss et al.，2004）。潮汐对地形地貌、植物群落及其他生物产生影响会通过潮汐干扰频率、潮差、淹水时长等因素作用（Silvestri et al.，2005；Casanova and Brock，2000；Mistch and Gosselin，2000）。微地形是由凸地形和凹地形及在中间高程的水平地形上组成的（Bruland and Richardson，2005）。本节认为天津厚蟹的洞口堆积物属于微地形中的凸地形，而低于平地的地方为凹地形。由于在上一节研究中已经对平地中的盐地碱蓬群落区和裸地区分别进行了沉积物沉积速率的测量，因此，在本节中，针对微地形中的凸地形（蟹洞洞口堆积物）和凹地形开展详细的研究。

1. 室内模拟潮汐对天津厚蟹洞穴的冲刷影响

本节分别设计并且布设了室内和野外的相关实验。室内实验的设计主要为模拟不同频次的潮汐干扰对蟹洞堆积物的影响。从野外带回三个天津厚蟹的蟹洞洞口堆积物，模拟不同潮汐频率干扰下，蟹洞堆积物的变化，分三个处理水平：①无潮汐干扰，空白对照；②每两天潮汐干扰一次；③每天潮汐干扰两次。应用自制的高精度测微地形沉积速率的装置进行持续监测。

1）无潮汐干扰，空白对照

通过自制的微地形测量装置对凸微地形（蟹洞 I）进行测量，用 Surfer 13.0 进行可视化（图 7.50)，无潮汐干扰的微地形并没有显著的地形变化，但是盐沼湿地由于盐碱化比较严重，加上长期缺水会在表面析出一层白色的盐碱层，且更长时间的干涸会使其伴有龟裂裂纹出现。以 $Z=0$ 的平面为基准面，微地形的体积为 17040mm^3，平面面积为 260mm^2，微地形的表面面积为 2473mm^2。

2）每两天潮汐干扰一次

每两天潮汐干扰一次的凸微地形（蟹洞 II）在潮汐的干扰作用下逐步被侵蚀，凸出的地方逐渐被冲刷平坦，微地形有了明显的变化(图 7.51)。以 $Z=0$ 的平面为基准面，微地形的平面面积为 260mm^2，在潮汐的一次次干扰下，微地形的体积和表面面积也逐渐变化，呈现变小的趋势，一开始的变化率比较大，后来的变化率趋于平缓（图 7.52)。

3）每天潮汐干扰两次

每天潮汐干扰两次的微地形（蟹洞 III）在潮汐的干扰作用下逐步被侵蚀，凸出的地方逐渐被冲刷平坦，微地形有了明显的变化（图 7.53)。以 $Z=0$ 的平面为基准面，微地形的平面面积为 390mm^2，在潮汐的一次次干扰下，微地形的体积和表面面积也逐渐变化，呈现变小的趋势，一开始的变化率比较大，后来的变化率趋于平缓（图 7.54)。

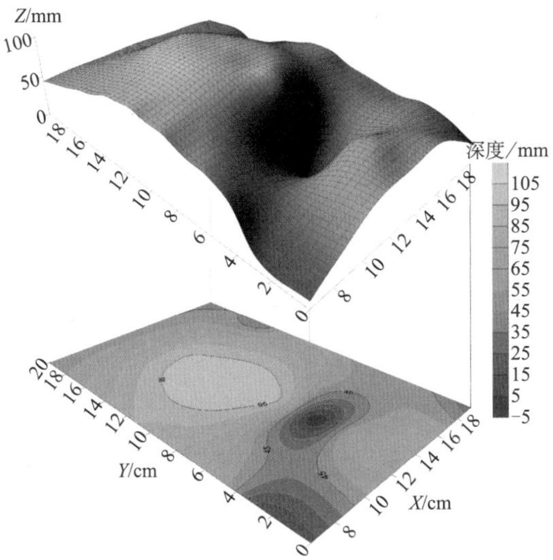

图 7.50　室内模拟潮汐对凸微地形（蟹洞 I）的影响

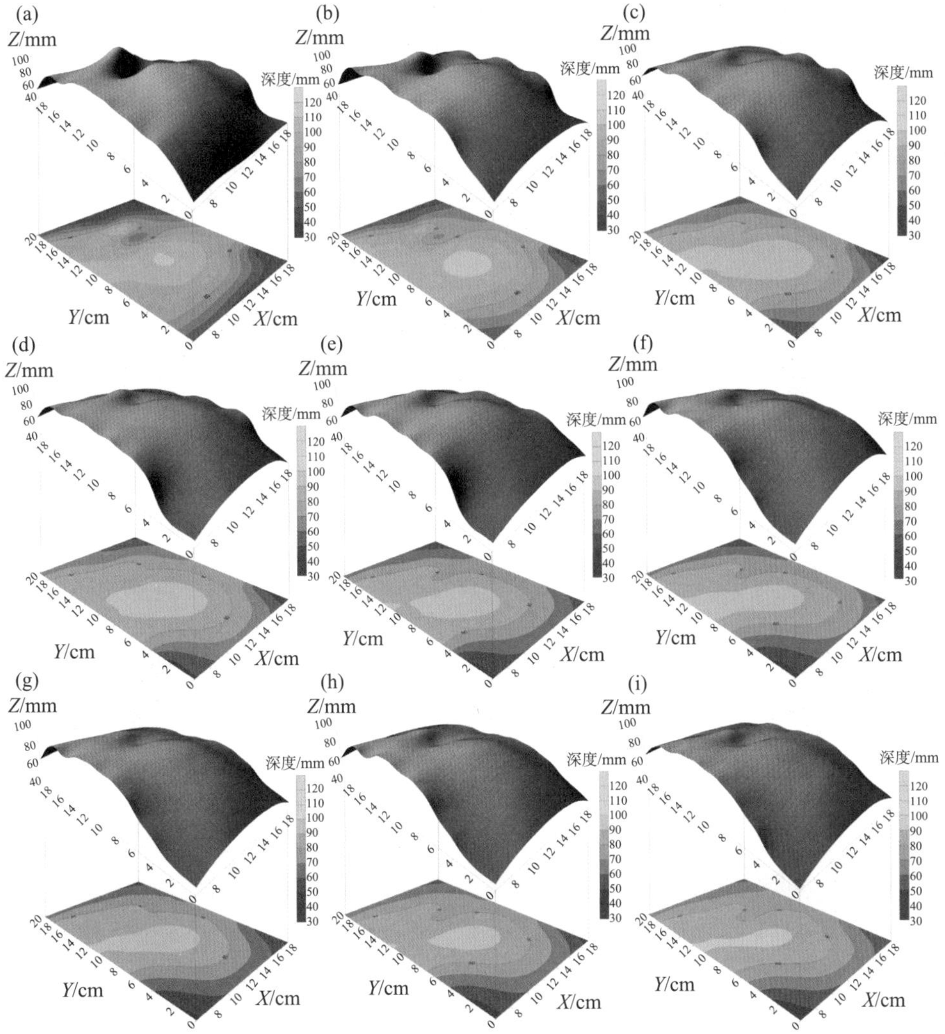

(a) (b) (c) (d) (e) (f) (g) (h) (i)

图 7.51　室内模拟潮汐对凸微地形（蟹洞 II）的影响

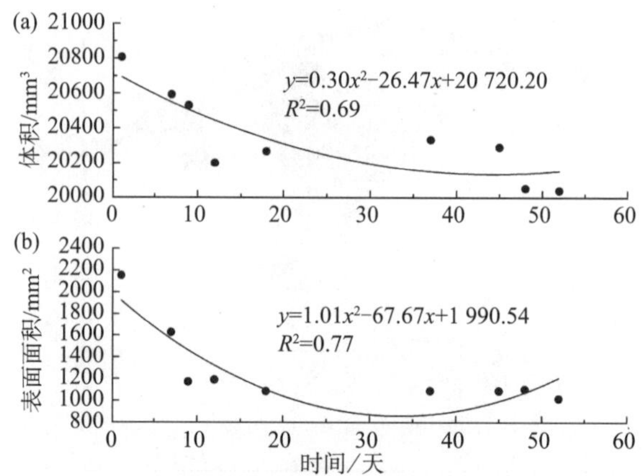

图 7.52 室内模拟潮汐作用下凸微地形（蟹洞 II）体积和表面面积随时间变化的变化情况

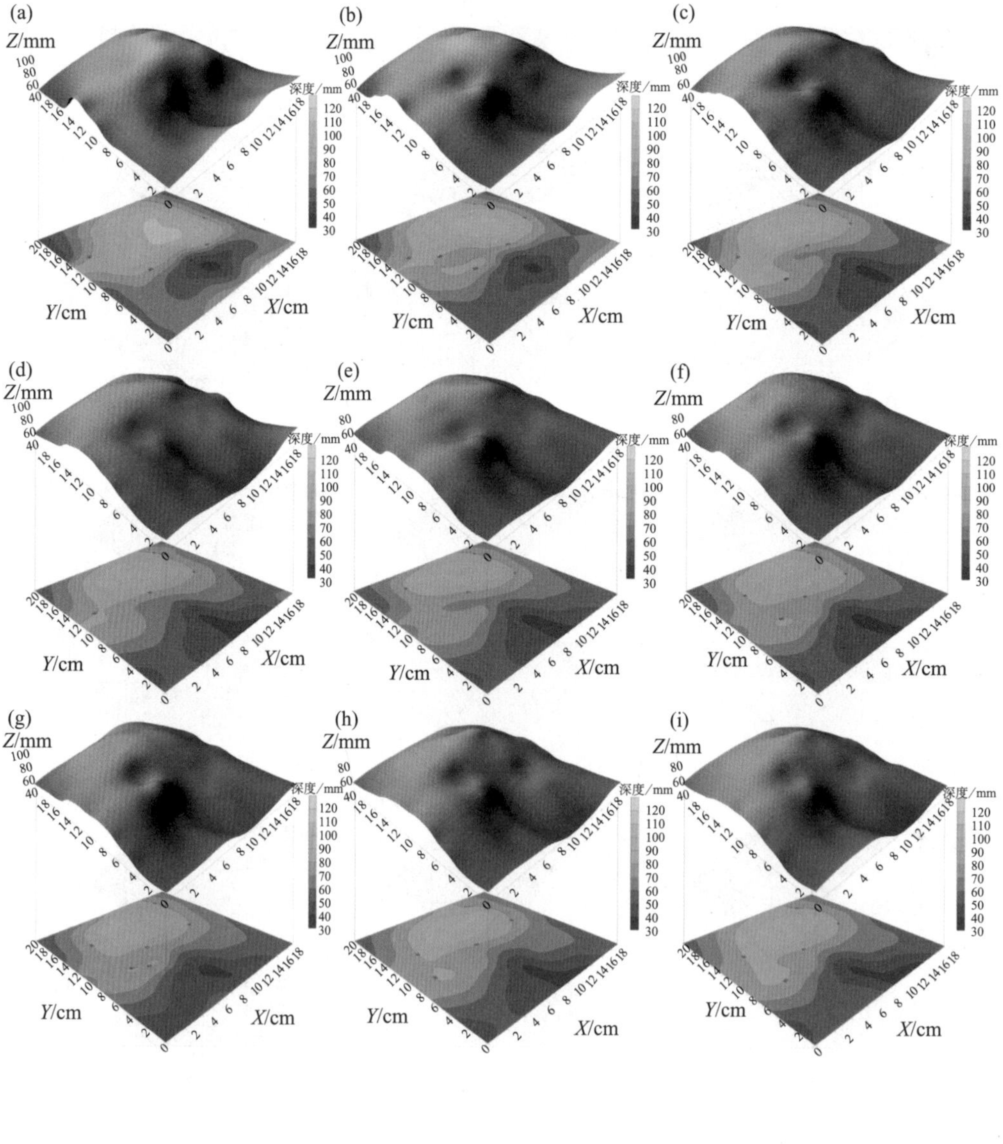

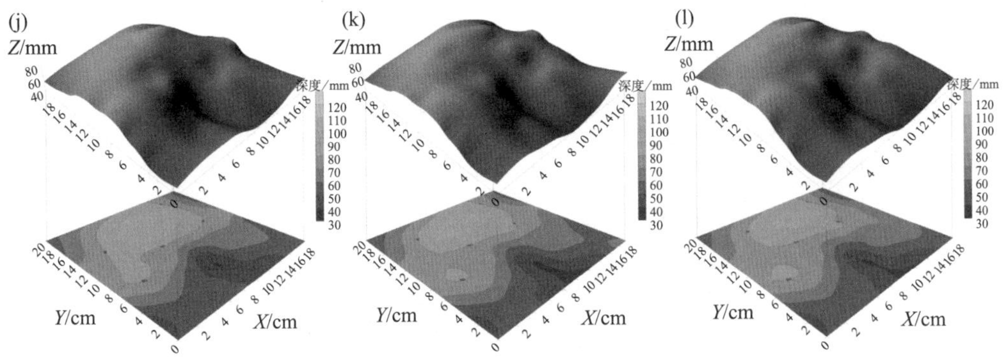

图 7.53　室内模拟潮汐对凸微地形（蟹洞 III）的影响

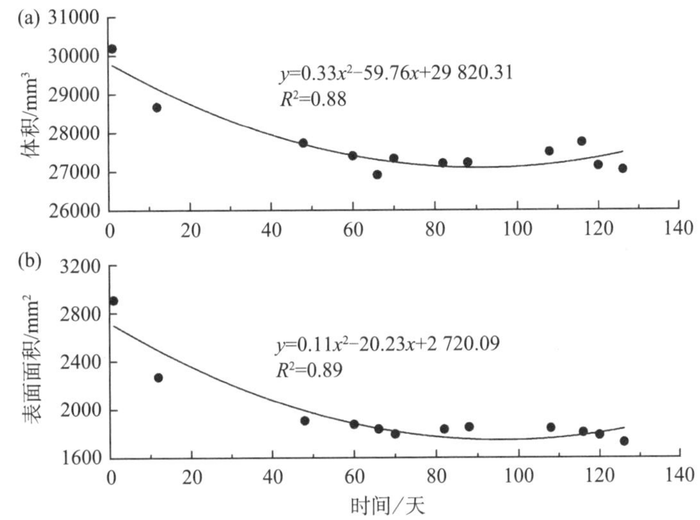

图 7.54　室内模拟潮汐作用下凸微地形（蟹洞 III）体积和表面面积随时间变化的变化情况

2. 野外监测潮汐对洞穴的冲刷影响

在低位盐沼区、中位盐沼区和高位盐沼区分别选取 3～4 个微地形，包括凸微地形（天津厚蟹的蟹洞堆积物）和凹微地形。应用自制的高精度测微地形沉积速率的装置在低潮期间进行持续监测（图 7.55），得到不同潮位带在不同潮汐频率的干扰下微地形的变化。

1）低位盐沼区

A. 低位盐沼区凸微地形（蟹洞 I）

在低位盐沼区，野外的监测实验与室内的模拟有所偏差，凸微地形（蟹洞 I）在自然潮汐的干扰下发生了明显的变化（图 7.56）。蟹洞逐渐坍塌，被侵蚀，且蟹洞周边会有局部区域呈现出沉积物淤积、沉积的现象。以 $Z=0$ 的平面为基准面，微地形的平面面积为 520mm²，在潮汐的一次次干扰下，微地形的体积和表面面积也逐渐变化，呈现变小的趋势，一开始变化率较小，后来变化率较大（图 7.57）。这也与室内模拟的情况略有不同，主要原因是在野外进行监测的期间，一开始春季属于比较干旱的季节，很少有大潮上来，且少雨，因此一开始微地形变化不大，后来到夏季潮水变大，且降雨频

图 7.55　不同潮位带湿地微地形沉积速率的测量

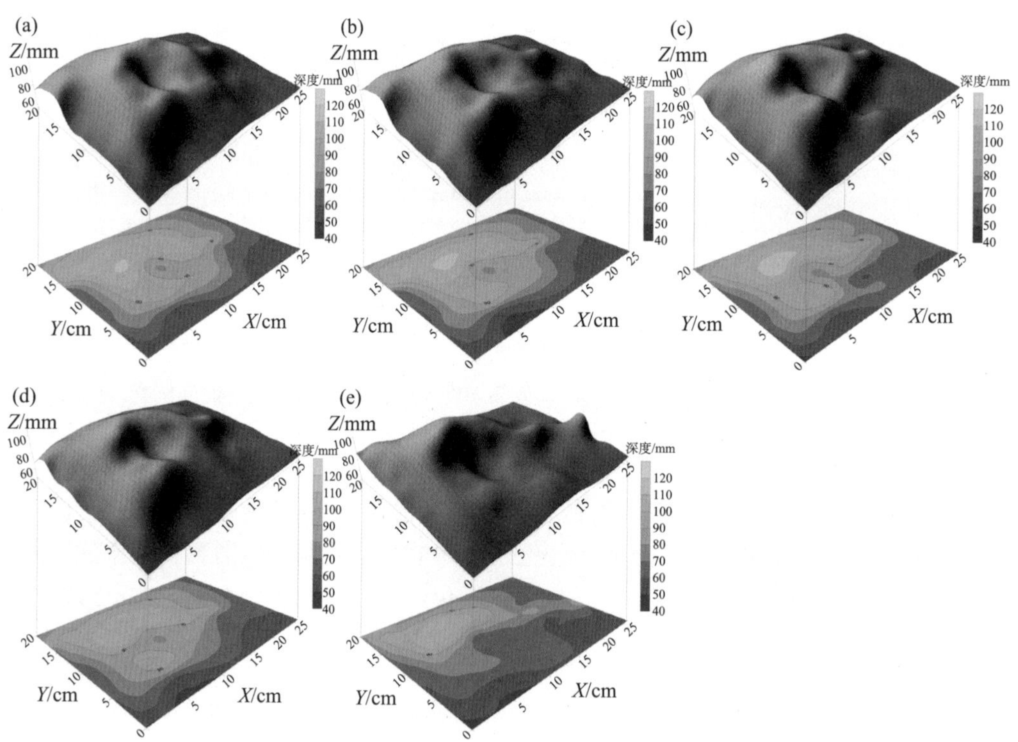

图 7.56　量化黄河三角洲低位盐沼区潮汐对凸微地形（蟹洞 I）的影响

繁，微地形发生了明显的变化。

B. 低位盐沼区凸微地形（蟹洞 II）

在低位盐沼区，凸微地形（蟹洞 II）在自然潮汐的干扰下发生了明显的变化（图 7.58）。以 $Z=0$ 的平面为基准面，微地形的平面面积为 520mm^2，在潮汐的一次次干扰下，微地形的体积和表面面积也逐渐变化，呈现变小的趋势，一开始变化率较小，后来的变化率较大（图 7.59）。野外与室内模拟不同的原因同样是由于在野外进行监测的期

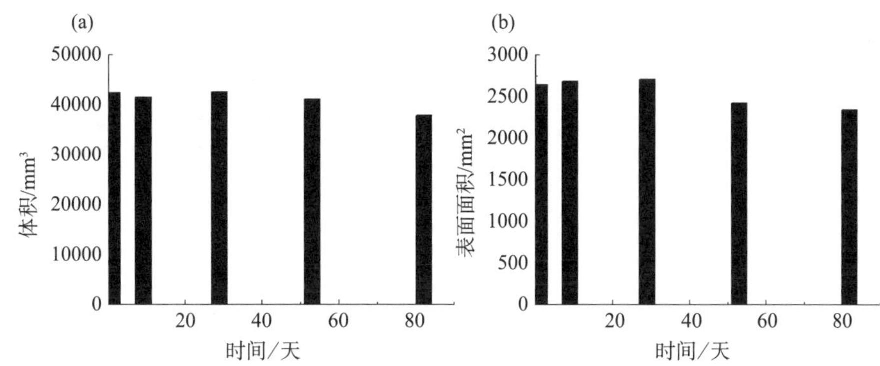

图 7.57 潮汐作用下凸微地形（蟹洞 I）体积和表面面积随时间变化的变化情况

间，一开始春季属于比较干旱的季节，很少有大潮上来，且少雨，因此一开始微地形变化不大，后来到夏季潮水变大，且降雨频繁，微地形发生了明显的变化。

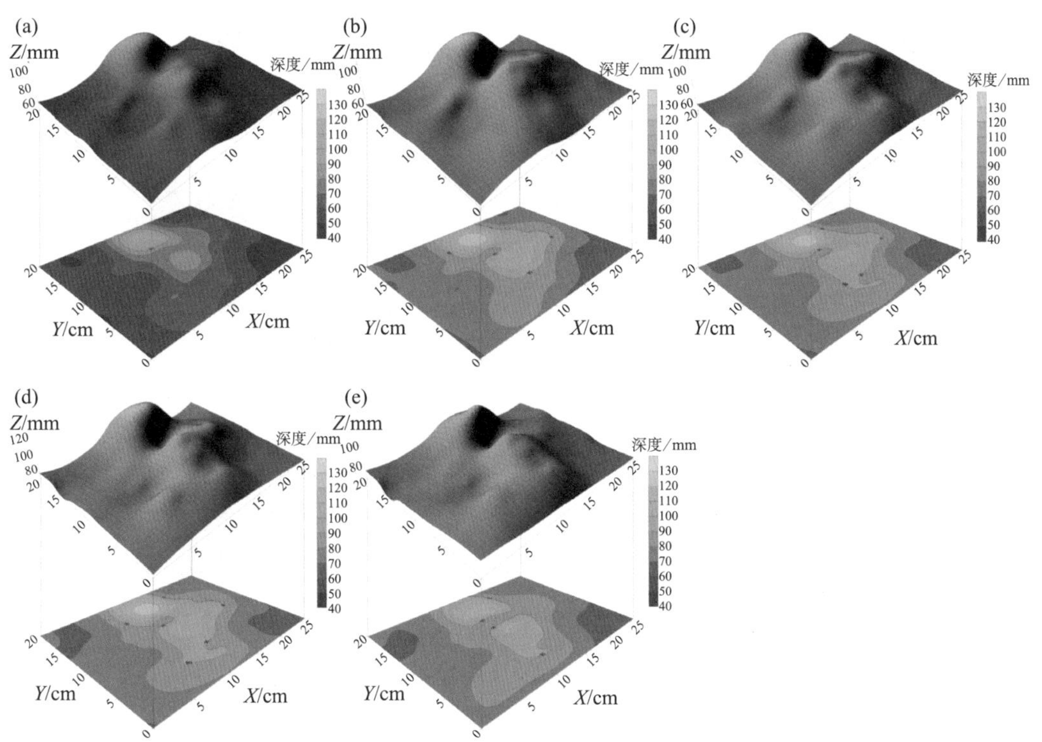

图 7.58 量化黄河三角洲低位盐沼区潮汐对凸微地形（蟹洞 II）的影响

C. 低位盐沼区凸微地形（蟹洞 III）

在低位盐沼区，凸微地形（蟹洞 III）在自然潮汐的干扰下发生了明显的变化（图 7.60）。以 $Z=0$ 的平面为基准面，微地形的平面面积为 520mm²，在潮汐的一次次干扰下，微地形的体积和表面面积也逐渐变化，呈现变小的趋势，一开始的变化率比较小，后来的变化率较大（图 7.61）。

D. 低位盐沼区凹微地形（IV）

在低位盐沼区，凹微地形（IV）在自然潮汐的干扰下发生了明显的变化（图 7.62）。

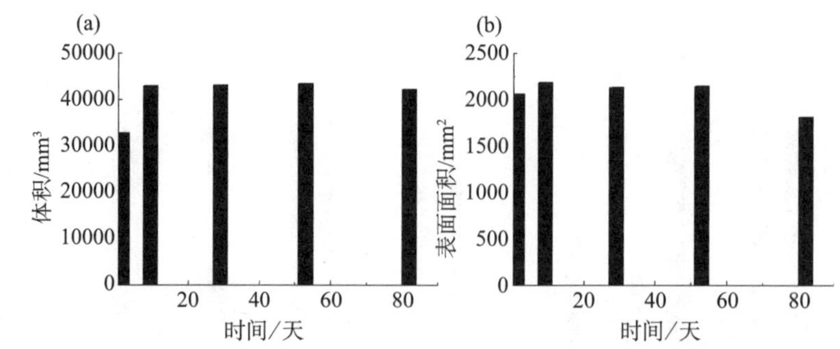

图 7.59　潮汐作用下凸微地形（蟹洞 II）体积和表面面积随时间变化的变化情况

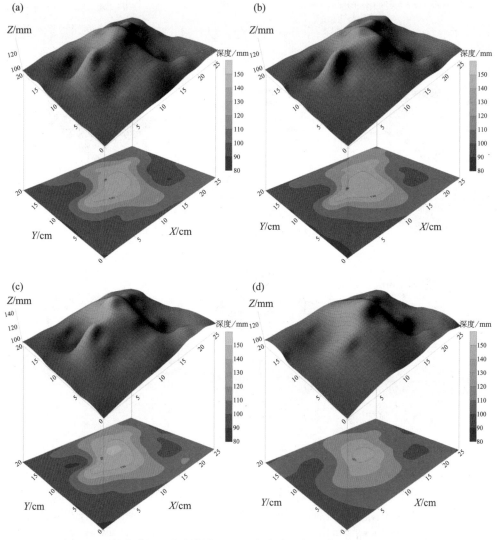

图 7.60　量化黄河三角洲低位盐沼区潮汐对凸微地形（蟹洞 III）的影响

微地形会有局部区域呈现出沉积物淤积、沉积的现象，而其他局部会出现侵蚀的现象。以 $Z=0$ 的平面为基准面，微地形的平面面积为 520mm^2，在潮汐的一次次干扰下，微地形的体积和表面面积也逐渐变化，呈现先增大后变小的趋势（图 7.63）。主要原因是在野外的

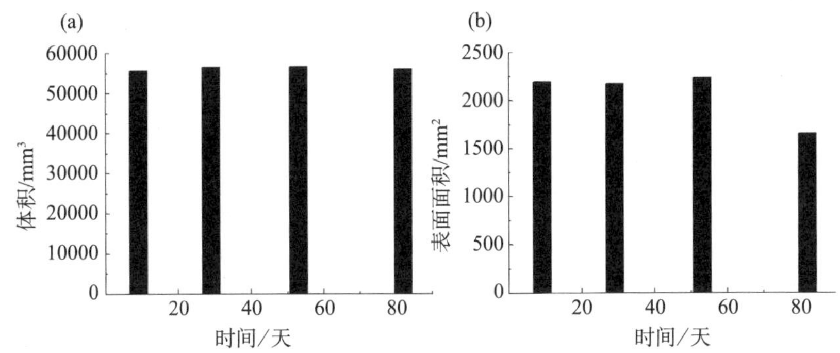

图 7.61　潮汐作用下凸微地形（蟹洞 III）体积和表面面积随时间变化的变化情况

监测期间，一开始属于比较干的季节，很少有大潮上来，且少雨，因此一开始微地形变化不大，后来到夏季潮水变大，且雨季来临，微地形发生了明显的变化。

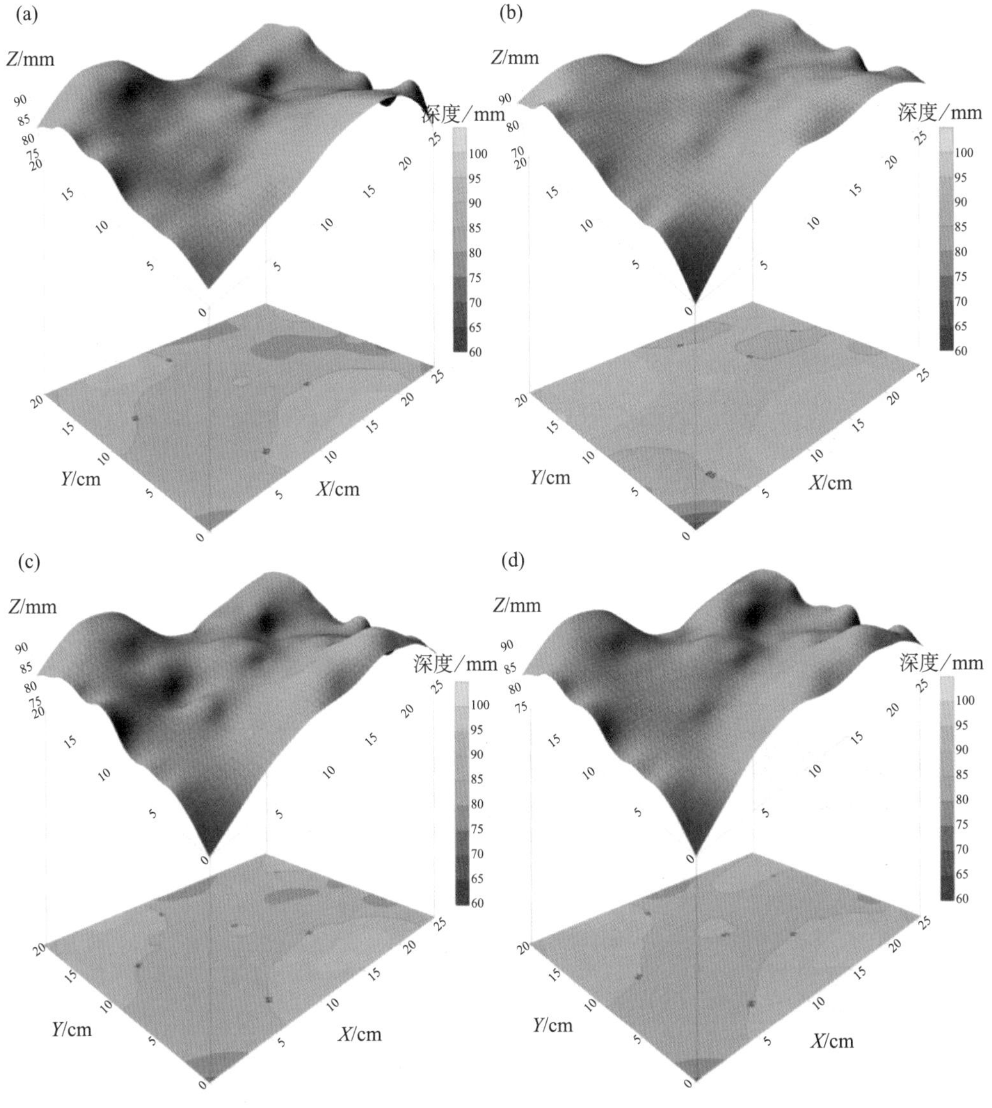

图 7.62　量化黄河三角洲低位盐沼区潮汐对凹微地形（IV）的影响

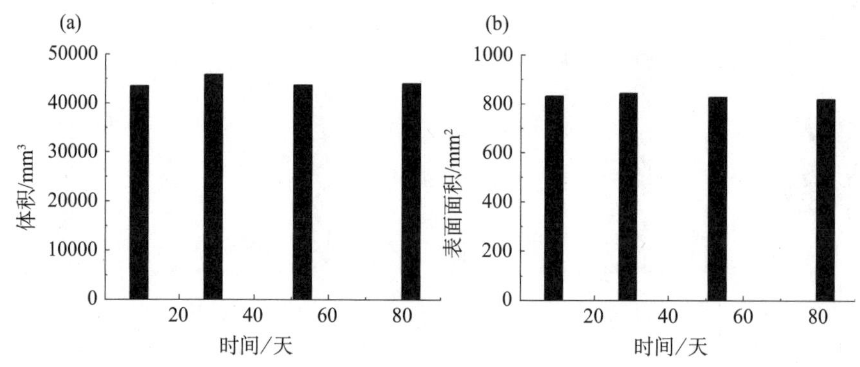

图 7.63　潮汐作用下凹微地形（IV）体积和表面面积随时间变化的变化情况

在低位盐沼区，野外与室内模拟结果略有不同，其可能的原因是野外监测期间，一开始春季属于比较干旱的季节，很少有大潮上来，且少雨，因此一开始微地形变化不大，后来到夏季潮水变大，且降雨频繁，微地形发生了明显的变化。

2）中位盐沼区

A. 中位盐沼区凸微地形（蟹洞 I）

在中位盐沼区，凸微地形（蟹洞 I）在自然潮汐的干扰下发生了明显的变化（图 7.64）。以 $Z=0$ 的平面为基准面，微地形的平面面积为 520mm²，在潮汐的频繁干扰下，微地形的体积和表面面积也逐渐变化，呈现变小的趋势，一开始变化率较小，后来的变化率较大（图 7.65）。

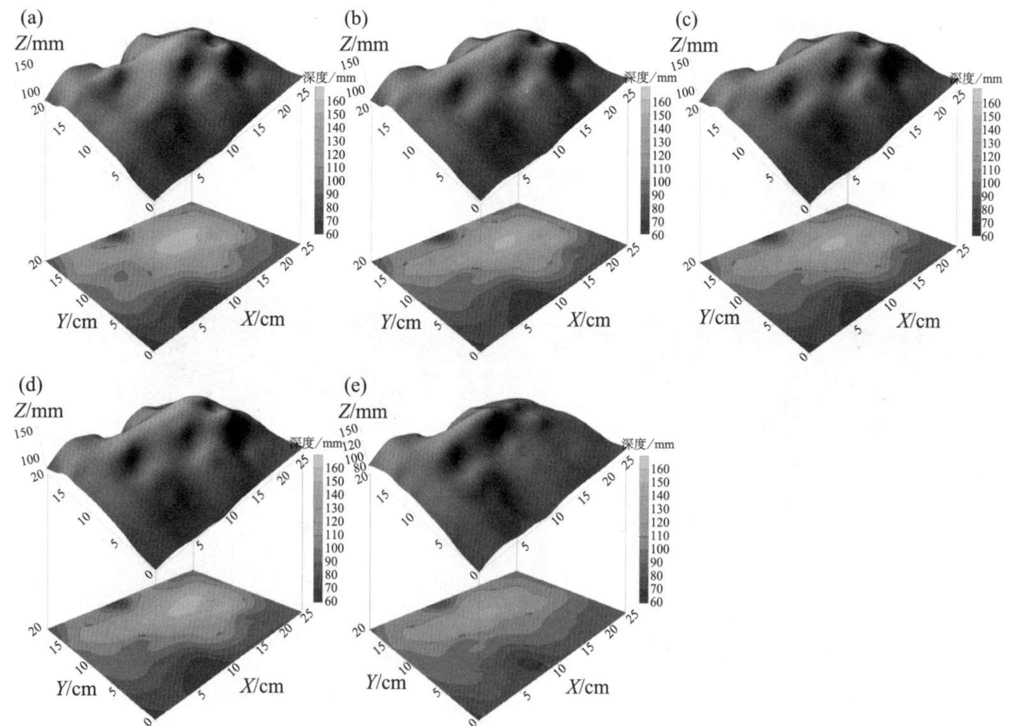

图 7.64　量化黄河三角洲中位盐沼区潮汐对凸微地形（蟹洞 I）的影响

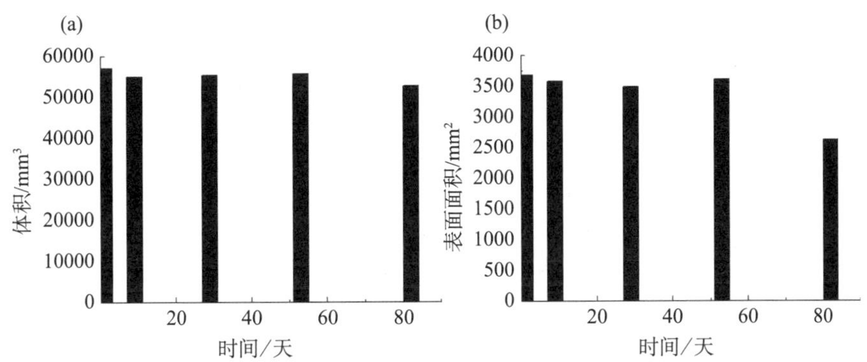

图 7.65 潮汐作用下凸微地形（蟹洞 I）体积和表面面积随时间变化的变化情况

B. 中位盐沼区凸微地形（蟹洞 II）

在中位盐沼区，凸微地形（蟹洞 II）在自然潮汐的干扰下发生了明显的变化（图 7.66）。以 $Z=0$ 的平面为基准面，微地形的平面面积为 520mm^2（图 7.67）。

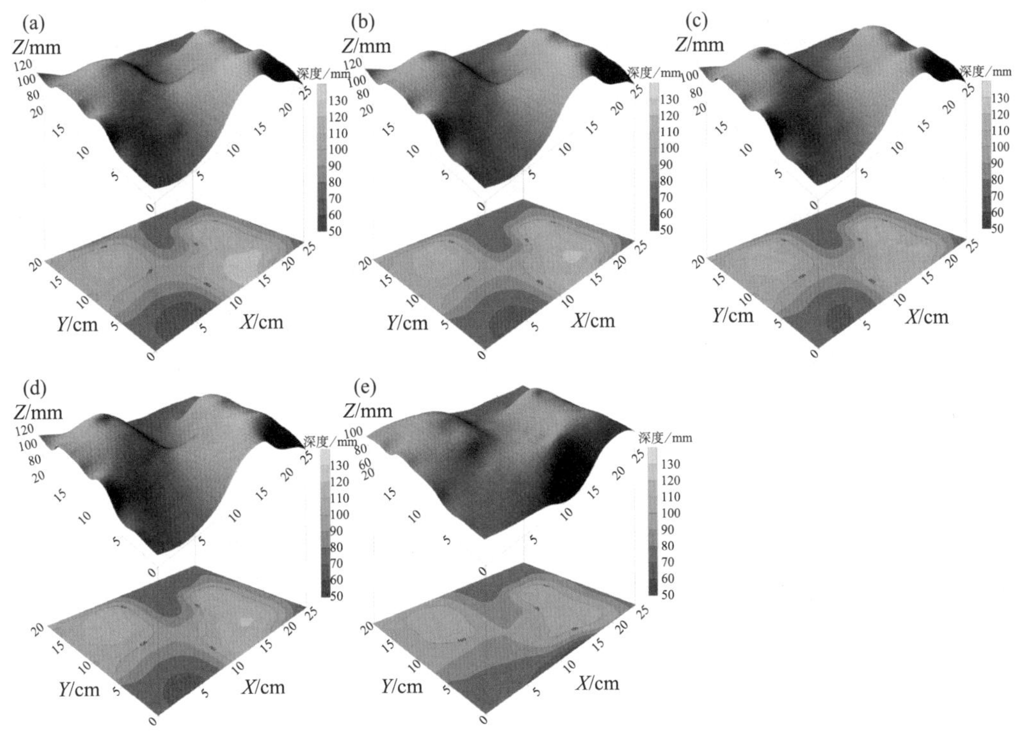

图 7.66 量化黄河三角洲中位盐沼区潮汐对凸微地形（蟹洞 II）的影响

C. 中位盐沼区凹微地形（蟹洞 III）

在中位盐沼区，凹微地形（蟹洞 III）在自然潮汐的干扰下发生了明显的变化（图 7.68）。微地形会有局部区域呈现出沉积物淤积、沉积的现象，而其他局部会出现侵蚀的现象。以 Z=0 的平面为基准面，微地形的平面面积为 520mm^2（图 7.69）。

3）高位盐沼区

A. 高位盐沼区凸微地形（蟹洞 I）

在高位盐沼区，凸微地形（蟹洞 I）在自然潮汐的干扰下发生了明显的变化

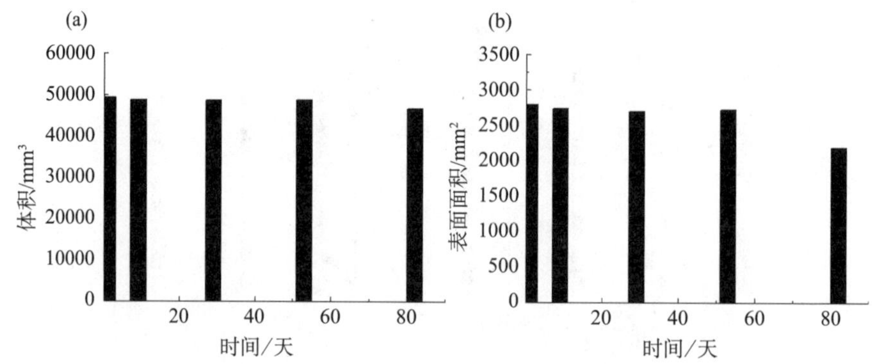

图 7.67　潮汐作用下凸微地形（蟹洞 II）体积和表面面积随时间变化的变化情况

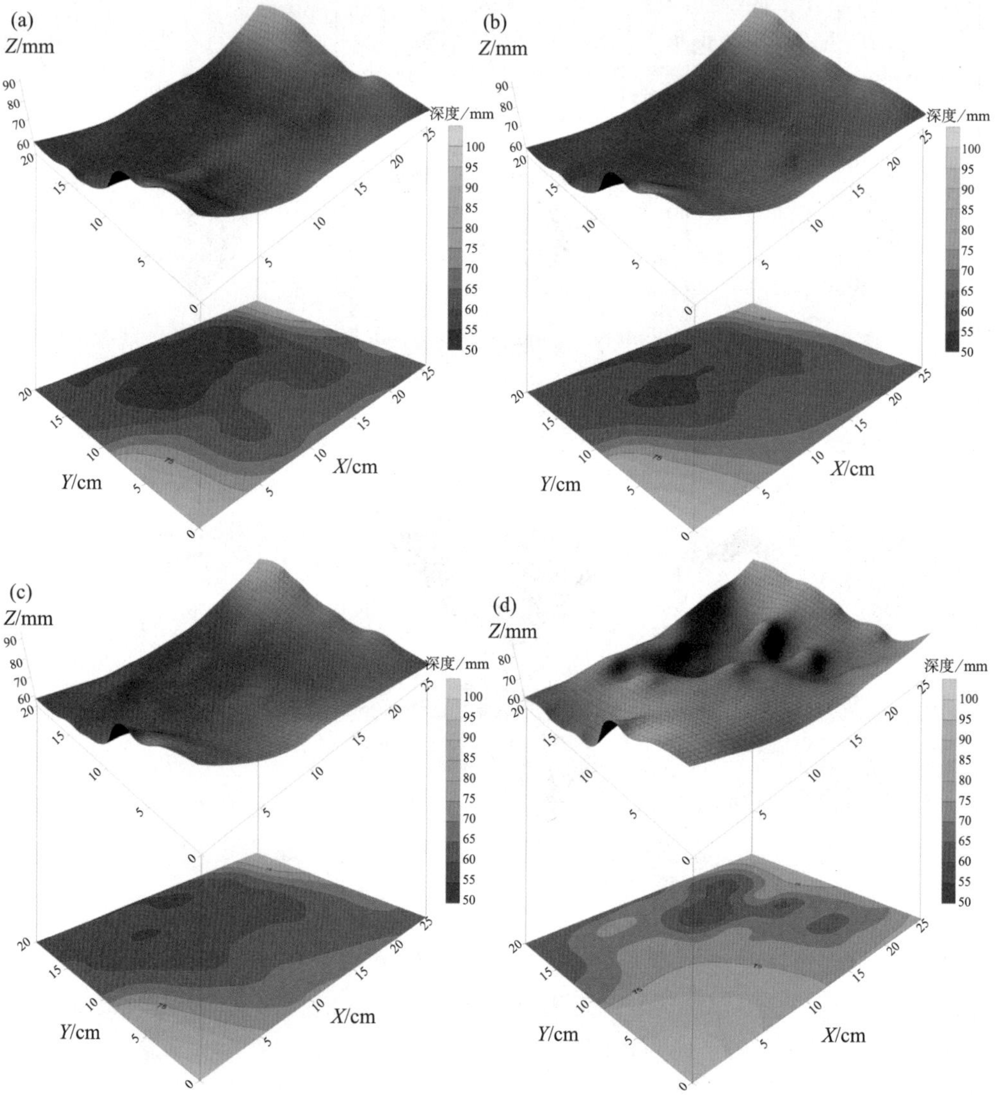

图 7.68　量化黄河三角洲中位盐沼区潮汐对凹微地形（蟹洞 III）的影响

（图 7.70）。以 $Z=0$ 的平面为基准面，微地形的平面面积为 520mm²（图 7.71）。

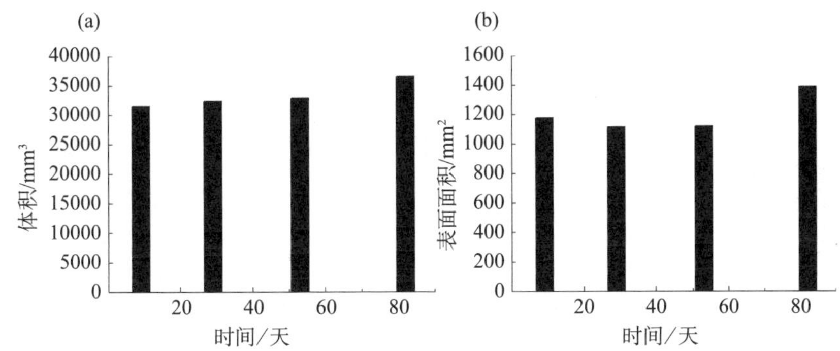

图 7.69　潮汐作用下凹微地形（蟹洞 III）体积和表面面积随时间变化的变化情况

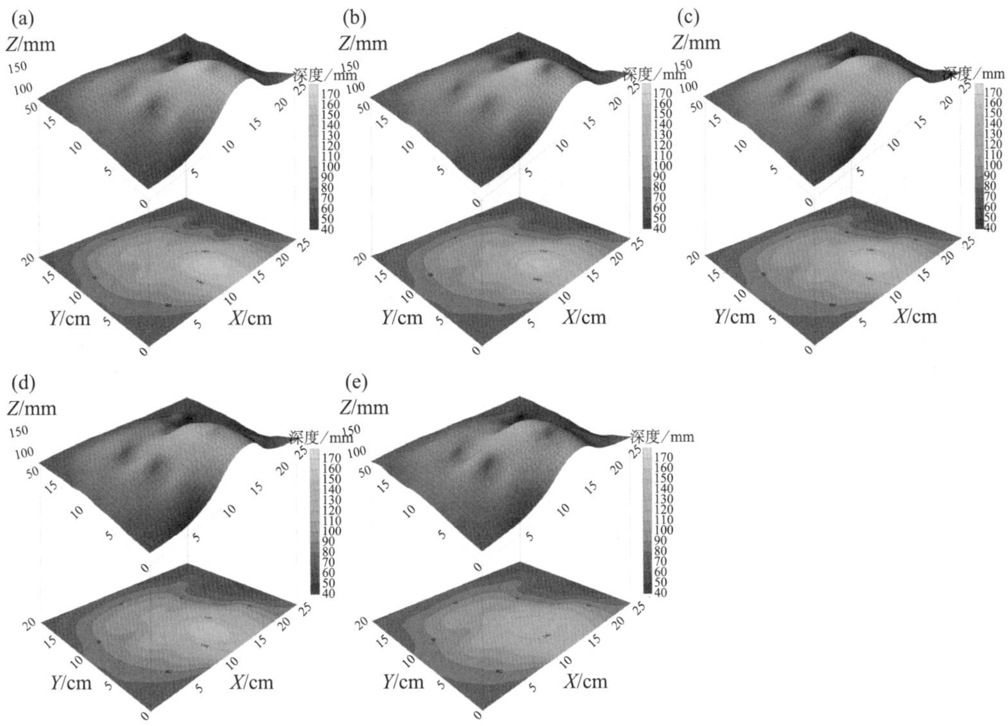

图 7.70　量化黄河三角洲高位盐沼区潮汐对凸微地形（蟹洞 I ）的影响

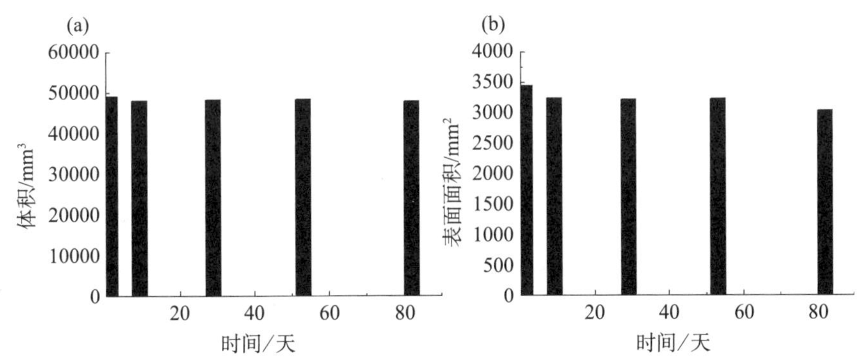

图 7.71　潮汐作用下凸微地形（蟹洞 I）体积和表面面积随时间变化的变化情况

B. 高位盐沼区凸微地形（蟹洞 II）

在高位盐沼区，凸微地形（蟹洞 II）在自然潮汐的干扰下发生了明显的变化（图 7.72）。以 $Z=0$ 的平面为基准面，微地形的平面面积为 $520mm^2$（图 7.73）。

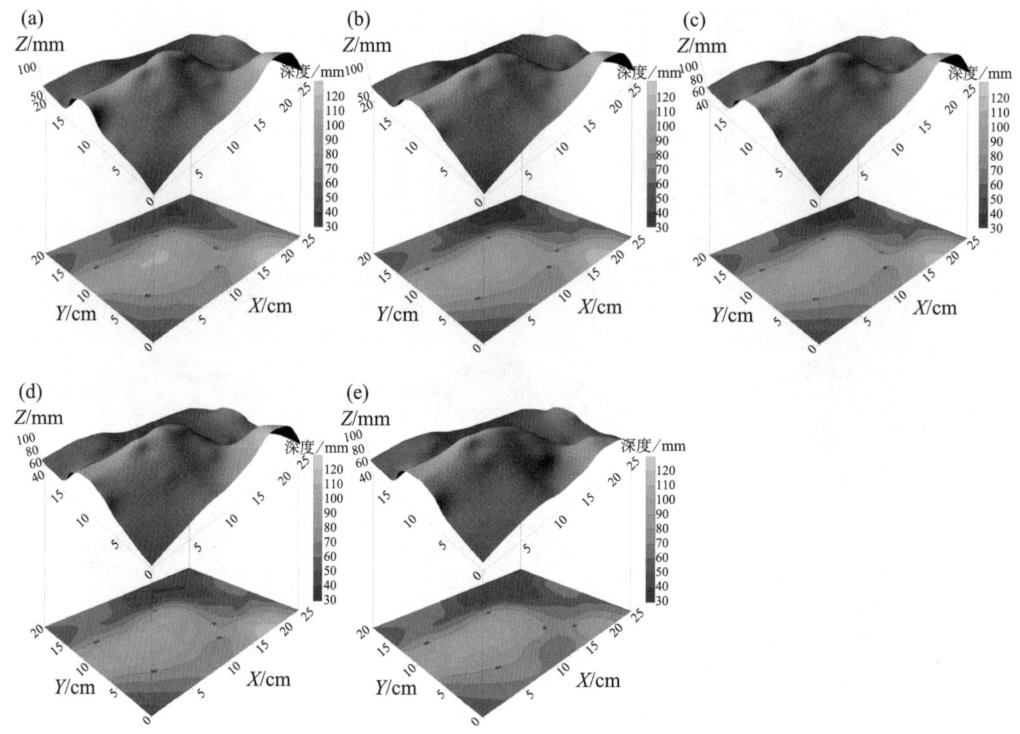

图 7.72 量化黄河三角洲高位盐沼区潮汐对凸微地形（蟹洞 II）的影响

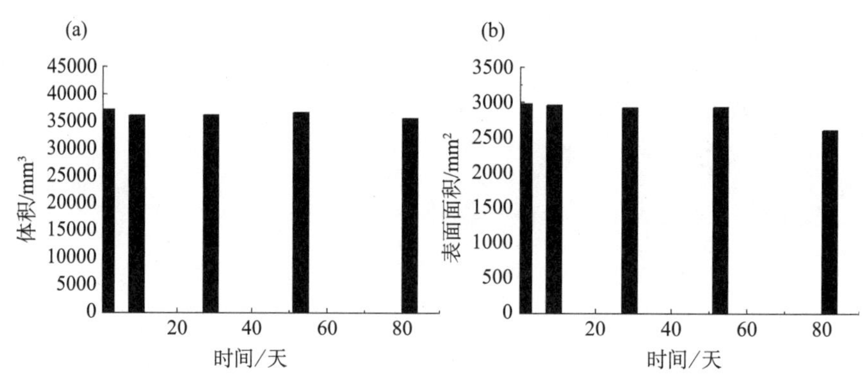

图 7.73 潮汐作用下凸微地形（蟹洞 II）体积和表面面积随时间变化的变化情况

C. 高位盐沼区凸微地形（蟹洞 III）

在高位盐沼区，凸微地形（蟹洞 III）在自然潮汐的干扰下发生了明显的变化（图 7.74）。以 $Z=0$ 的平面为基准面，微地形的平面面积为 $520mm^2$（图 7.75）。

在低位盐沼区，裸地的沉积物的沉积厚度高于盐地碱蓬群落，且盐地碱蓬群落和裸地中沉积变化过程有所差异。在中位盐沼区，盐地碱蓬群落和裸地的沉积变化情况在监测初期相似，先受到侵蚀后来又沉积，实验后期出现了差异。在高位盐沼区域所呈现的

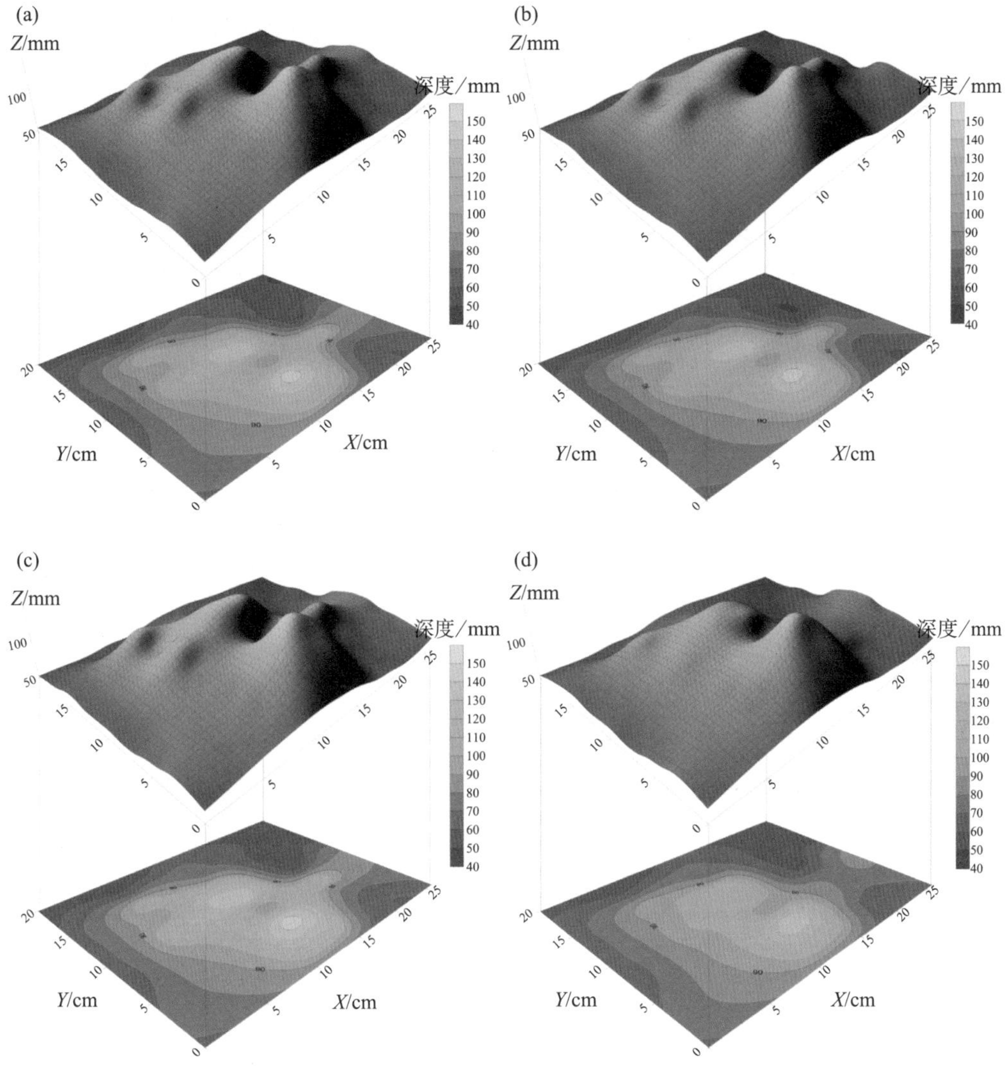

图 7.74　量化黄河三角洲高位盐沼区潮汐对凸微地形（蟹洞 III）的影响

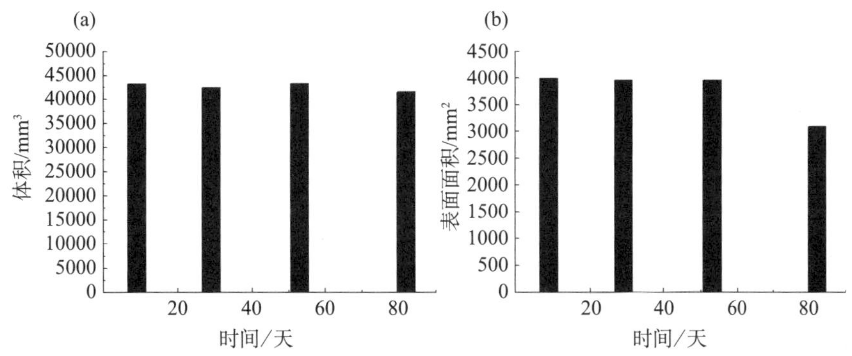

图 7.75　潮汐作用下凸微地形（蟹洞 III）体积和表面面积随时间变化的变化情况

沉积物沉积变化与上述两个潮位带有所不同。盐地碱蓬群落中的沉积物在监测一开始的期间内出现了沉积现象，并在之后的一段时间内主要以沉积为主；在裸地中，沉积物先侵蚀，后淤积，后来又被侵蚀，反复波动。由此可见，在不同潮位带的盐地碱蓬群落和裸地中的沉积物沉积、侵蚀变化各不相同，沉积变化因地理位置和周边环境不同而具有差异性，且规律难以追寻。而不同潮位带的微地形在潮汐干扰作用下变化更为复杂，低位盐沼区比高位盐沼区的微地形的变化率要大，凸微地形受到的影响主要为侵蚀，而凹微地形受到的影响主要为沉积。同时，低位盐沼区受到的潮汐干扰的频率、幅度、时间都比高潮位带的盐沼区更强烈。潮汐的干扰频率与微地形的变化率有直接关系，但微地形的形态变化情况因微地形的地理位置及周边环境、天津厚蟹等大型底栖动物的生物扰动而存在差异。由此可知，滨海盐沼湿地的微地形地貌不仅受到动植物等生物因子的影响，还受到潮汐等非生物因子的影响，湿地的地形塑造离不开多种因子的直接作用、间接作用及相互作用。

7.4 关键物种对微地形内营养元素周转的贡献

天津厚蟹对沉积物挖掘后会堆积在洞口，日积月累形成蟹洞峰土堆，然而在潮汐等外界干扰作用下沉积物又会落入蟹洞中。在这自上而下和自下而上的过程中，造成了沉积物的上下迁移，而沉积物中含有多种营养元素，因此，营养元素在该过程中也得到了迁移。本节通过室内示踪剂实验法估算出天津厚蟹构筑洞穴的速度、深度及其对沉积物的扰动情况；通过野外调查、蟹洞浇筑实验可以获得天津厚蟹的总蟹洞体积，通过对沉积物不同深度土层的理化性质的室内分析可以得到沉积物的密度等指标，从而可以估算出天津厚蟹整个蟹洞的体积及总蟹洞挖掘量；通过野外定点持续收集蟹洞口每日挖出的沉积物重量，可以得到天津厚蟹的日挖掘量；通过利用 PVC 蟹洞模拟装置截留沉积物，可以得到日沉积物落入蟹洞的质量；结合沉积物理化性质最终可以得到沉积物和营养元素的周转情况。

7.4.1 天津厚蟹对沉积物的扰动研究——示踪剂法

多数底栖动物长期生活在水下的底泥中，有些具有挖掘功能。当水流流速较小且沉积物较软时，底栖动物的生物扰动现象显著影响了底层沉积物的物理、化学和生物性质（Gilbert et al.，2016；Braeckman et al.，2014；Wang et al.，2010）。生活在湿地上层的生物通过取食、排泄、运动等活动引起沉积物和孔隙水的再次扰动并进行水质交换。生物扰动会通过空间重新分布沉积物（如微量化石、伴随沉积物的放射性核素等）而打乱原有的沉积物垂直地层记录，随着沉积物的混合，生物扰动也同时会影响生物化学循环，如碳和其他营养物质的迁移转化（Michaud et al.，2006）。生物扰动还会通过干扰它们的埋深和缓慢释放而强烈地影响污染物如重金属或烃类物质的分布（Gérino et al.，

2003；Gilbert et al.，2001）。此外，生物扰动现象还有一个反馈影响，就是在底栖生物影响了沉积物的重新分布后，沉积物又会反过来影响沉积物中的生物组成，如大型底栖动物、小型底栖动物及其他微生物等（Martinetto et al.，2011；Botto and Iribarne，1999）。

根据以往研究，将常见的生物扰动者分为几个功能类群（图 7.76），包括散布者、向下输送者、向上输送者、交换者和廊道散布者。其中，①散布者功能群所包括的物种群的活动可以将沉积物进行扩散输移。它们在短距离内以随机方式运移沉积物颗粒，一些表面生物扰动者被称为推土者，如双壳类沟纹蛤仔（*Ruditapes decussatus*）。②向下输送者功能群是指在垂直方向从上往下输送沉积物的物种。它们在底层深处除去沉积物，并将其排出沉积物表面。这类生物实际上进行的是非当地沉积物的运移，它们通过取食底部的沉积物，经过消化系统然后在水—质界面上排泄出，而它们所取食的沉积物的空缺会在水质作用下填入新的沉积物，从而实现了沉积物的向下输送，如多毛类竹节虫科。③向上输送者功能群是指在垂直方向从下往上输送沉积物的物种。它们在上层取食沉积物，并将其排入底层沉积物。这类生物实际上进行的是非当地沉积物的运移，它们通过取食上部的沉积物，经过消化系统然后在沉积物下层排泄出，从而达到了沉积物的向下输送，如星虫动物门。④交换者功能群包括挖掘类物种，如招潮蟹，它们将沉积物从底部输移到表层并且被潮汐冲走。这种行为有两种影响：其一是在挖掘过程中将大量的沉积物输出、散布并混合到水中；其二是当蟹洞被遗弃后将使表层沉积物落入洞中的净迁移。这种扰动属于其他类型的非本地沉积物运输。⑤廊道散布者，这种功能类群主要包括的活动是挖掘沉积物中的廊道、管道或洞穴，并且到处都有生物生活扰动。这

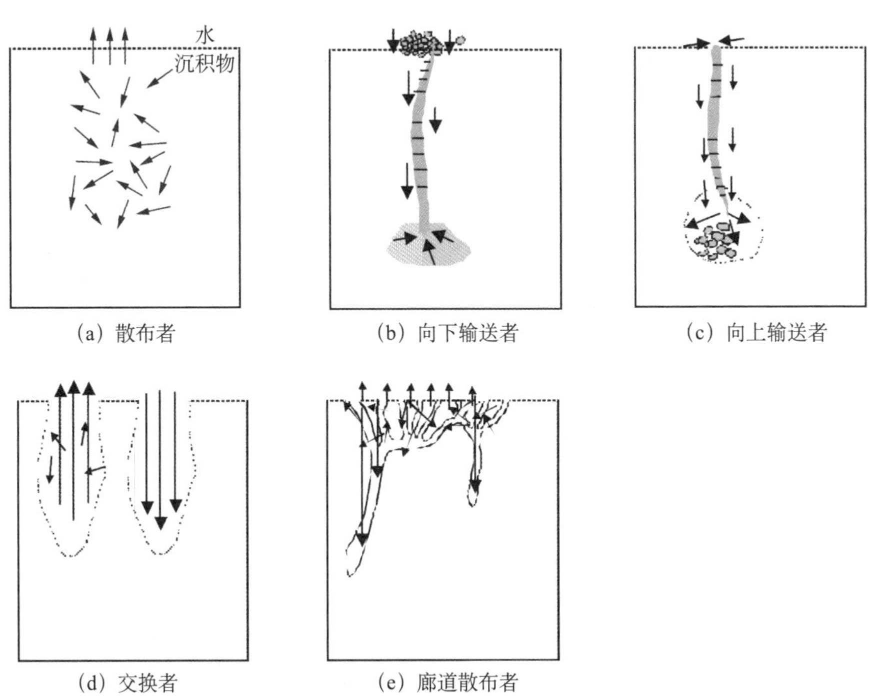

(a) 散布者　(b) 向下输送者　(c) 向上输送者

(d) 交换者　(e) 廊道散布者

图 7.76　常见的生物扰动者功能群（Gérino et al.，2003；Francois et al.，1997）

箭头代表沉积物的迁移方向

种活动导致非本地沉积物的运输，由于生物的粪便排泄导致沉积物从表面到管道深部的局部运输，并且通过洞穴壁溶解扩散。多毛类沙蚕（*Nereis diversicolor*）是这类生物功能类群的典型代表（Gérino et al.，2003）。

天津厚蟹是黄河三角洲盐沼湿地的优势蟹类物种。天津厚蟹会通过挖掘、取食、排泄等过程改变沉积物的性质（Aschenbroich et al.，2016；Smith et al.，2009）。天津厚蟹的挖掘作用可以提高水质界面的交换作用（Koo et al.，2007），从而促进沉积物-水之间的营养元素循环。然而，尚不清楚天津厚蟹属于常见生物扰动者功能群的哪一类群，它的挖掘行为对沉积物的扰动作用到底有多大，也缺乏详细的表征。因此，为了揭示黄河口盐沼湿地天津厚蟹对沉积物的扰动作用，开展并设计了相关实验。

本节采用的是室内示踪剂模拟天津厚蟹对沉积物的扰动实验。一共设计了两个处理水平的模拟实验，每个实验有 8 个重复。实验装置为自行设计的沉积物生物扰动模拟装置（图 7.77）：①选取直径为 16cm、高为 50cm 的 PVC 管，PVC 管从距离底端 20cm 处打孔 2 个。将 PVC 管竖直固定于水桶中，将从野外同一点位取回的沉积物混合均匀，将沉积物灌入 PVC 管中，先灌到距底端 40cm 处，然后用沉积物和示踪剂以 1∶1 的比例混合搅拌均匀，其中，一个混合绿色示踪剂，另一个混合红色示踪剂。本实验选用的示踪剂是理化性质稳定的玻璃球，粒径为 2mm。在 PVC 管距底端 40cm 处，灌入 1cm 厚的绿色示踪剂混合物，然后再灌 9cm 的沉积物至 PVC 管口上沿附近，在 PVC 管表层灌入 1cm 厚的红色示踪剂混合物。然后在装好沉积物和示踪剂的 PVC 管中放入一只天津厚蟹公蟹，该天津厚蟹的壳长、壳宽、质量均测量。在 PVC 管上部罩上笼子，防止天津厚蟹爬出。最后将 PVC 管竖立的水桶中倒入 20cm 深的水，以保证整个实验周期中，水位维持在 20cm 处。②选取直径为 16cm、高为 80cm 的 PVC 管，PVC 管从距离底端 20cm 处打孔 2 个。将 PVC 管竖直固定于水桶中，将从野外统一点位取回的沉积物混合均匀，将沉积物灌入 PVC 管中，先灌到距底端 20cm 处，然后用沉积物和示踪剂以 1∶1 的比例混合搅拌均匀，其中，一个混合绿色示踪剂，一个混合蓝色示踪剂，另一个混合红色示踪剂。本实验选用的示踪剂是理化性质稳定的玻璃球，粒径为 2mm。在 PVC 管距底端 20cm 处，灌入 1cm 厚的蓝色示踪剂混合物，然后再灌 49cm 的沉积物，接着在 PVC 管中灌入 1cm 厚的绿色示踪剂混合物；随后灌入 9cm 的沉积物至 PVC 管口上沿附近，在 PVC 管表层灌入 1cm 厚的红色示踪剂混合物。然后在装好沉积物和示踪剂的 PVC 管中放入一只天津厚蟹公蟹，该天津厚蟹的壳长、壳宽、质量均测量。在 PVC 管上部罩上笼子，防止天津厚蟹爬出。最后将 PVC 管竖立的水桶中倒入 20cm 深的水，以保证整个实验周期中，水位维持在 20cm 处。这个实验的周期为 30 天，保持室内温度为 25℃。

沉积物示踪剂在生物扰动作用下的垂向迁移率计算公式（于子山等，1999）如下：

$$\text{迁移率} = \frac{\text{迁移的示踪剂}(\%)}{\text{生物质量}(\mathrm{g}) \times \text{扰动面积}(\mathrm{cm}^2) \times \text{扰动时间}(\text{天})} \tag{7.1}$$

从图 7.76 和图 7.78 可以看出，天津厚蟹属于生物扰动功能群分类中的交换者，它不仅将沉积物向上输送，还会引起沉积物的向下输送。当实验装置采用 80cm 的 PVC 管时，沉积物从表层、中层到深层的示踪剂均被天津厚蟹的挖掘活动扰动，造成了向上和向下的迁移，对表层的示踪剂主要是向下迁移［图 7.78（a）］。当实验装置采用 50cm

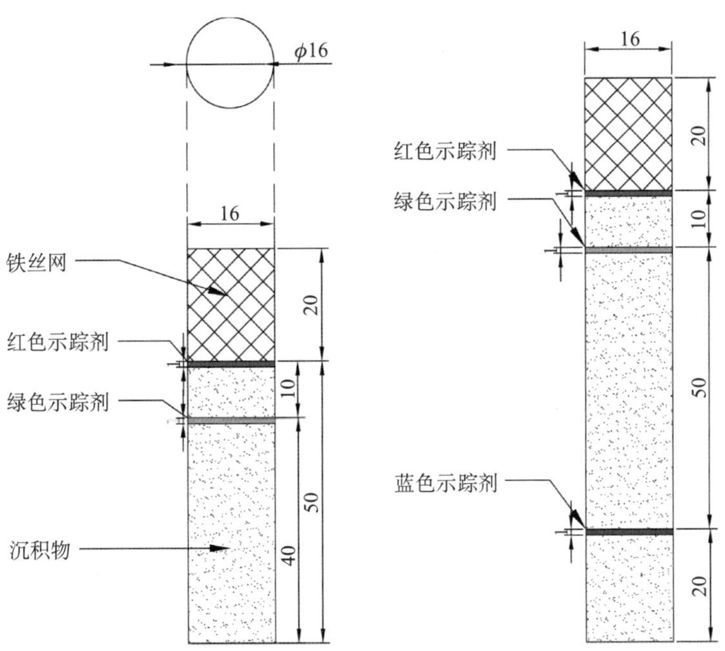

图 7.77 沉积物扰动试验装置图（单位：cm）

长的 PVC 管时，沉积物示踪剂的分布几乎覆盖了每一层沉积土层，表层的示踪剂主要是向下迁移，而中层的沉积物示踪剂向上和向下均有迁移［图 7.78（b)］。

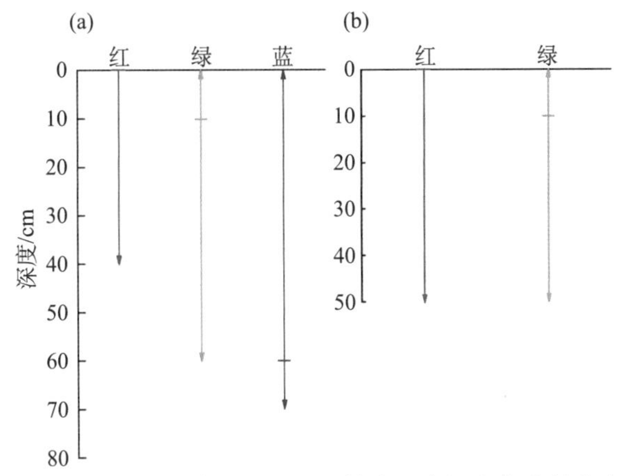

图 7.78 实验结束时示踪剂（箭头）在沉积物中的分布

（a）PVC 管长为 80cm 的实验装置；（b）PVC 管长为 50cm 的实验装置

从图 7.79 可以看出，红色示踪剂初始位置位于沉积物的最表层，绿色示踪剂初始位置位于距沉积物表层的 10cm 深度处，在天津厚蟹持续扰动 30 天后，无论是 80cm 长的 PVC 管，还是 50cm 长的 PVC 管，红色示踪剂含量在深度为 0～10cm，尤其是 10cm 左右的位置达到最大值；绿色示踪剂在 10～20cm，尤其是 20cm 左右的位置达到最大值。这主要是因为天津厚蟹在挖掘过程中，不断将挖出的沉积物堆积到沉积物表层，当其挖掘作用持续不断，会使沉积物柱子整体向下部塌陷，造成原始示踪剂位置的向下错位。在 80cm 长的 PVC 管中，蓝色示踪剂的初始位置位于 60cm 深度处，在天津厚蟹持续扰动 30 天后，蓝色示踪剂在 60cm 左右的深度处仍然达到最大值（图 7.79），说明天津厚蟹的挖掘作用虽然可以扰动沉积物的分布，但是大部分沉积物还处于原位置。

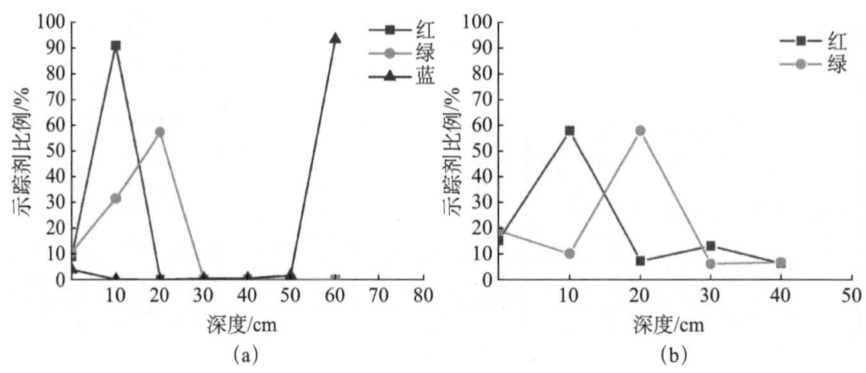

图 7.79　示踪剂在沉积物中的分布比例

(a) PVC 管长为 80cm 的实验装置；(b) PVC 管为 50cm 的实验装置

不同颜色的示踪剂在不同深度的沉积物中的迁移率代表了天津厚蟹对沉积物的扰动情况，分析结果与上述结果类似，即无论是 80cm 长的 PVC 管，还是 50cm 长的 PVC 管，红色示踪剂含量在深度为 10cm 左右的位置达到最大值；绿色示踪剂在 20cm 左右的位置达到最大值（表 7.13）。而红色示踪剂和绿色示踪剂在 PVC 管中的原始位置分别为表层和距表层 10cm 深度处，这是因为在天津厚蟹扰动的 30 天内，天津厚蟹不断将挖出的沉积物堆积到沉积物表层，其挖掘作用持续不断使沉积物柱子整体向下部塌陷，造成原始示踪剂位置的向下错位。

表 7.13　不同颜色的示踪剂在不同深度的沉积物中的迁移率

深度/cm	迁移率/［10^{-5}/（g·cm^2·d）］				
	PVC 80cm			PVC 50cm	
	红色	绿色	蓝色	红色	绿色
0～10	26.67	31.21	11.64	36.87	45.77
10～20	270.48	93.44	0.37	139.86	24.41
20～30	0.00	170.76	0.00	17.51	140.03
30～40	0.11	0.61	1.35	31.72	14.92
40～50	0.00	1.02	1.47	15.45	16.27
50～60	0.00	0.20	4.78	—	—
60～70	0.00	0.00	277.65	—	—
向上迁移率	0.00	31.21	19.6	0.00	45.77
向下迁移率	297.26	266.04	277.65	241.40	195.63

无论是 80cm 长的 PVC 管，还是 50cm 长的 PVC 管，红色示踪剂主要向下迁移，而绿色和蓝色示踪剂向上和向下两个方向迁移，且示踪剂几乎在不同深度的沉积物土层中均有分布。示踪剂在原始位置附近的迁移率最大，此外在 0～10cm 的迁移率不同颜色的沉积物迁移率较大（表 7.13），这是天津厚蟹的挖掘活动主要是将深层的沉积物推

出并堆放在洞口周边所致。该结果再次证明了天津厚蟹属于交换者的生物扰动功能群。在上述章节中对天津厚蟹的洞穴形态结构进行了分析，天津厚蟹的洞穴结构形态相对简单，并没有蚂蚁洞的洞穴那样错综复杂、交错纵横，天津厚蟹的洞穴大部分没有分支，一个洞口一条洞穴通道，偶尔有两个洞口、两个分支的情况存在。因此，暂且不将其归类为廊道散布者。

7.4.2 天津厚蟹对沉积物及营养物质的周转

挖掘型蟹类，常常作为生态系统工程师，在滨海河口生态系统中扮演着重要的角色。它们的挖掘活动对沉积物具有迁移沉积作用（Botto et al.，2006），保持营养物质循环，促进沉积物-水质交换（Xin et al.，2009；Koo et al.，2007）。蟹类还可以通过它们的挖掘和取食活动影响沉积物的理化性质，Fanjul 等（2015）发现蟹类可以通过对沉积物的取食降低沉积物中的有机污染。挖掘型蟹类对沉积物的干扰会进一步影响植物群落（Zhang et al.，2013）和底栖动物群落（Martinetto et al.，2011；Botto and Iribarne，1999）的结构和动力机制。Vu 和 Pennings（2017）总结称蟹类可通过调整和改变栖息环境来改变环境条件。此外，挖掘型蟹类在食物网中也扮演着重要角色，它们可以取食多种食物类型，包括沉积物、叶片残体、有机碎屑和菌类等（He et al.，2015；Pennings et al.，1998）。当然，反过来蟹类也会被水鸟和较大的鱼类取食(Chen et al.，2016b；贺强，2013)。因此，挖掘型蟹类在河口湿地生态系统中对促进许多生态系统过程具有重要贡献。例如，它们通过不断挖掘沉积物形成洞穴并堆积在洞口处形成峰土来重新分配沉积物，在这个过程中，它们将地下的沉积物输送到地表，随后，这些沉积物会在潮汐冲刷的影响下携带着氮、碳等营养物质循环（Wang et al.，2010)。伴随着沉积物的重新分布，营养物质也得到了重新分布。然而尚不清楚挖掘型蟹类在滨海湿地生态系统中对沉积物和营养物质循环的贡献到底多大。本节在滨海湿地生态系统不同潮位带上，估算天津厚蟹对沉积物和营养物质周转的贡献。

为了估算每个研究区天津厚蟹对沉积物及营养物质的总挖掘量，应用以下公式进行估算：

$$\mathrm{SR}=\mathrm{BV}\times\mathrm{BD}\times D \tag{7.2}$$

$$\mathrm{NR}=\mathrm{SR}\times\mathrm{NC} \tag{7.3}$$

式中，SR 为沉积物总挖掘量（g/m^2）；D 为蟹洞密度（ind./m^2）；BV 为蟹洞总体积（cm^3）；BD 为土壤容重（g/cm^3）；NR 为营养物质总挖掘量（g/m^2）；NC 为营养物质含量（%）。

为了明确天津厚蟹的日挖掘量，分别在高、中、低湿地潮位带随机选择并标记了 20 个蟹洞，在实验第一天，移除每个蟹洞的洞口峰土，之后的连续 7 天，每天收集洞口处天津厚蟹挖出的沉积物，在 60℃烘箱里持续烘干 48h 达到恒重后称得质量，从而得到天津厚蟹的日挖掘量。

为了估算蟹洞内截留的沉积物的沉积量，在三个潮位带分别布设了 6 对有蟹洞峰土和无蟹洞峰土的直径为 3cm、长为 20cm 的 PVC 管（图 7.80），该 PVC 管用纱布和扎带封底，并埋于与地面齐平。选择直径为 3cm 的 PVC 管是基于调查的蟹洞直径的平均值。用封底的 PVC 管来模拟蟹洞对沉积物的截留，解决了真实蟹洞对沉积物截留取样困难的问题。本研究进行了有蟹洞峰土和无蟹洞峰土两种处理，因为推测蟹洞峰土会阻碍沉积物落入蟹洞中，无蟹洞峰土的蟹洞会截留更多的沉积物。第一天布设了蟹洞模拟装置，7 天后收集落入 PVC 管中的沉积物，烘干到恒重并称重，从而估算日沉积量。同时检验了以上所收集的沉积物中总氮、总碳和有机质的含量。研究区 1 位于低位盐沼区的裸地中，具有蟹洞床覆盖，但是没有植被。研究区 2 位于中位盐沼区的矮小的盐地碱蓬群落中，该研究区紧邻互花米草群落。研究区 3 位于高位盐沼区的较高的盐地碱蓬群落中，该区域紧邻柽柳群落。研究区 4 位于低位盐沼区的矮小的盐地碱蓬群落中，其中蟹洞床中没有植被。研究区 5 位于中位盐沼区的较高的盐地碱蓬群落中。研究区 6 位于高位盐沼区的蟹洞床中，该蟹洞床是位于柽柳-盐地碱蓬群落中间的裸地上。

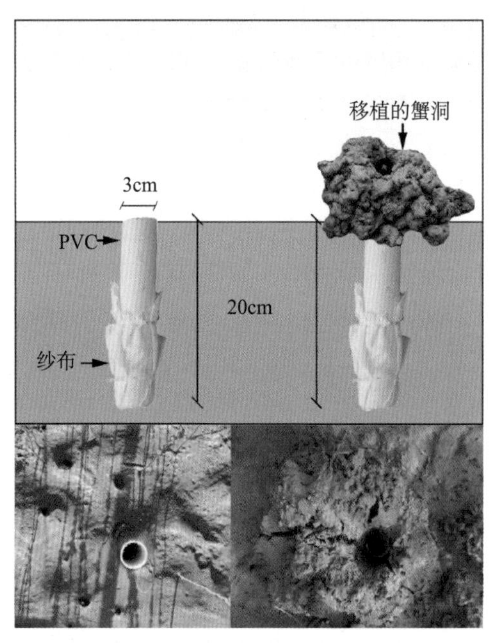

图 7.80　有、无蟹洞峰土的蟹洞模拟装置检验沉积物沉积情况

应用直径为 3cm、长为 20cm 的 PVC 管模拟蟹洞对沉积物的截留沉积作用；PVC 的管口底部用纱布和扎带封口，PVC 的上部管口埋于与地面齐平；分两种处理：一个处理为移栽蟹洞峰土置于 PVC 管口上来模拟有蟹洞峰土时对沉积物的截留沉积作用；另一个处理为没有蟹洞峰土时蟹洞对沉积物的截留沉积作用

从表 7.14 可以看出，天津厚蟹对沉积物、总氮、总碳和有机质的挖掘量在 6 个研究区间存在不同（表 7.14）。在高位盐沼区中，天津厚蟹对沉积物的挖掘量最大。在低位和中位盐沼区，有、无蟹洞峰土的蟹洞模拟装置 PVC 管中截留沉积的沉积物没有显著差异性。然而，在高位盐沼区，有蟹洞峰土的蟹洞模拟装置 PVC 管中截留沉积的沉积物显著高于没有蟹洞峰土的蟹洞模拟装置（$F=11.92$，$P<0.01$）。在开展研究的三个不同潮位带（表 7.15），天津厚蟹单位平米的日挖掘沉积物量[约 32.59g/(d·m^2)]显著高于日沉积量。有蟹洞峰土的蟹洞模拟装置 PVC 管中截留沉积物量约为 0.57g/(d·m^2)；没有蟹洞峰土的蟹洞模拟装置 PVC 管中截留沉积物量约为[0.34g/(d·m^2)]，总氮、总碳和有机质含量与沉积物的情况相似。因此，沉积物和营养物质的净转移方向主要为从地下转移到地表。

表 7.14　黄河三角洲天津厚蟹对沉积物和营养物质的挖掘量

	沉积物/(g/m^2)	总氮/(g/m^2)	总碳/(g/m^2)	有机质/(g/m^2)
研究区 1	10871.77±3029.24a	2.89±0.80a	146.41±40.80a	13.95±3.89a
研究区 2	21246.00±3528.96a	3.03±0.50a	260.86±43.33a	12.92±2.15a
研究区 3	30264.48±7290.67ab	6.29±1.51a	373.72±90.03ab	18.55±4.47a
研究区 4	22836.25±2713.10a	7.50±0.89a	386.42±45.91ab	97.36±11.57c
研究区 5	12974.28±1301.04a	2.53±0.25a	160.19±16.06a	36.60±3.67ab
研究区 6	49047.01±8828.85b	13.86±2.50b	666.88±120.04b	68.44±12.62bc
F (P)	7.178**	11.06***	7.85***	21.16***

. $P<0.01$；*. $P<0.001$。

表 7.15　不同潮位带研究区天津厚蟹对沉积物和营养物质周转率的估算

[单位：g/(d・m^2)]

项目	沉积物及营养物质	低位盐沼	中位盐沼	高位盐沼
天津厚蟹挖掘量	沉积物	318.51±67.32	327.30±77.51	331.90±59.61
	总氮	0.076±0.016	0.065±0.016	0.090±0.016
	总碳	4.650±0.983	4.042±0.957	4.491±0.807
	有机质	0.777±0.164	0.563±0.133	0.445±0.080
有蟹洞峰土的蟹洞模拟装置 PVC 管内的沉积量	沉积物	6.84±2.62	6.83±2.06	3.53±1.01
	总氮	0.002±0.001	0.001±0.000	0.001±0.000
	总碳	0.100±0.038	0.084±0.025	0.048±0.014
	有机质	0.017±0.006	0.012±0.004	0.005±0.001
有蟹洞峰土时的净转移量	沉积物	311.66±67.25	320.47±77.47	328.37±59.59
	总氮	0.075±0.016	0.064±0.015	0.089±0.016
	总碳	4.550±0.982	3.958±0.957	4.443±0.806
	有机质	0.760±0.164	0.551±0.133	0.440±0.080
无蟹洞峰土的蟹洞模拟装置 PVC 管内的沉积量	沉积物	4.63±0.31	5.50±0.44	0.05±0.01
	总氮	0.001±0.000	0.001±0.000	0.000±0.000
	总碳	0.068±0.005	0.068±0.005	0.001±0.000
	有机质	0.011±0.001	0.009±0.001	0.000±0.000
无蟹洞峰土时的净转移量	沉积物	313.87±67.30	321.80±77.50	331.85±59.60
	总氮	0.075±0.016	0.064±0.016	0.090±0.016
	总碳	4.583±0.983	3.974±0.957	4.490±0.806
	有机质	0.766±0.164	0.553±0.133	0.445±0.080

据 Nordhaus 等（2009）的研究可知，蟹类的挖掘活动包括以下几个方面：构建新的洞穴；通过从洞中推出沉积物或从洞外移入沉积物来维持和重建洞穴；通过将洞口处的沉积物推出到洞口旁边来打开洞穴入口，以及通过从洞穴中推出沉积物将洞口处堵

住。因此，如果一个洞穴有蟹类的维持和重建，那么这个洞穴不会像本研究所模拟的那样截留沉积很多沉积物。所以蟹洞模拟装置 PVC 管可以用来模拟被遗弃的洞穴，如在该洞穴居住的蟹类被水鸟或者较大的捕食者捕食等。蟹类从幼蟹就开始挖掘洞穴（Qureshi and Saher，2012）。本节通过所获得的成年蟹的蟹洞铸件可以估算蟹类的总挖掘量，但是尚不清楚幼蟹在成长过程中是否会迁移并构建新的洞穴。许多以往研究都检验了蟹洞的形态结构（Machado et al.，2013；Qureshi and Saher，2012；Lim and Diong，2003），但是很少有研究估算蟹类的总挖掘量。在 Wang 等（2010）的研究中，他们通过连续 5 天的沉积物收集估算了蟹类的日挖掘量，然而我们不仅估算了天津厚蟹的日挖掘量和日沉积量，也通过成年蟹类的蟹洞铸件体积和当地沉积物的容重估算了蟹类的总挖掘量。

由于蟹类的挖掘活动不仅包括构建新洞穴阶段，还包括蟹洞的维护和重建阶段（Nordhaus et al.，2009），因此，7 天的连续监测收集沉积物并不能准确反映出蟹类的挖掘量。野外实验在春季进行，这很可能是蟹类构建新洞穴的季节。为了保证对蟹类挖掘量的准确估算，今后需要更深入系统的研究。

与以往研究（Wang et al.，2010；Gutierrez et al.，2006）相比，天津厚蟹对沉积物的挖掘量约为截留在蟹洞模拟装置 PVC 管内沉积物的 50 倍左右。同时，天津厚蟹的挖掘活动促进了地下沉积物和营养物质垂向的循环，并且促进了沉积物和营养物质在地表的水平迁移（Alberti et al.，2015；Wang et al.，2010）。

国内外已有一些关于蟹类对沉积物挖掘量的相关研究，但是均存在一些不足，如有的只进行了挖出量的估算，却忽略了在潮汐作用下可能导致的沉积物再次落入蟹洞中，因此缺乏净挖掘量的研究；还有的考虑单位平方米的蟹类挖掘量，由于当地的优势物种蟹类有多种，无法判断具体是哪种蟹类的挖掘贡献，事实上不同蟹类种类的挖掘能力是不同的，且受栖息地环境、植被等影响较大（表 7.16）。而黄河口的优势蟹类为天津厚蟹，从蟹洞总体积估算出天津厚蟹的总挖掘量，从持续每天野外监测获得天津厚蟹的日挖掘量和日沉积量，可以估算出净周转量，并且通过对不同高程梯度上的盐沼湿地进行研究获得了不同潮位带上的天津厚蟹的挖掘对沉积物的周转情况，相对于以往国内外研究更详细更深入。与其他蟹类物种相比，天津厚蟹的挖掘能力处于中间位置，它比 *Chasmagnathus granulata* 和 *Uca uruguayensis* 的挖掘能力弱（Botto and Iribarne，2000），但是比 *Ucides cordatus*，*Uca cumulanta* 等的挖掘能力强（Aschenbroich et al.，2016）。

表 7.16 不同生态系统不同蟹类物种对沉积物周转的贡献

地理位置	蟹类物种名称	生态系统/植被群落类型/裸地	挖掘量 / [g/(m^2 · d)]	参考文献
阿根廷奇基塔沿海泻湖	*Chasmagnathus granulata*	泥滩	5900	Iribarne et al.，1997
		互花米草湿地	2400	
中国长江口三角洲	*Ucaarcuata*，*Ilyoplax deschampsi*，*Macrophthalmus japonicus*，*Helice tridens tientsinensis*，*Sesarma dehaani*，*Sesarma plicata*	芦苇湿地	171.73	Wang et al.，2010
		互花米草湿地	109.54	
		裸滩	374.95	

续表

地理位置	蟹类物种名称	生态系统/植被群落类型/裸地	挖掘量/[g/(m^2·d)]	参考文献
南美洲法属圭亚那	*Ucides cordatus*，*Uca cumulanta* 及其他挖掘功能类群动物	先锋红树林湿地	40.5±7.4	Aschenbroich et al.，2016
		年轻的红树林湿地	251.3±419.7	
美国西南大西洋的河口	*Chasmagnathus granulata*	潮间带湿地	2234.6	Botto and Iribarne，2000
	Ucauruguayensis		678.9	

蟹类的挖掘作用会促进底层与表层沉积物的物理化学物质迁移、交换、循环（Wang et al.，2010；Gutierrez et al.，2006）。蟹类的挖掘活动可以促进沉积物—水质界面的交换，促进底物的引流和氧化，加速植物残体的分解速率，加强土壤微生物的生长繁殖（Lim and Diong，2003）。蟹类可以通过它们的挖掘和植食等生物干扰直接或间接地影响许多生态过程（Alberti et al.，2015）。本节弥补了天津厚蟹对沉积物和营养物质循环贡献的知识空缺，并且加强了管理者对天津厚蟹在生态系统中角色的认识，尤其是认识到天津厚蟹在盐沼湿地保护和恢复中的重要地位，将有利于今后的湿地保护和恢复。

参考文献

贺强．2013. 黄河口盐沼植物群落的上行、种间和下行控制因子．上海：上海交通大学．

沈嘉瑞．1955. 甲壳类动物幼体发育的多样性．生物学通报，5：12－17.

沈嘉瑞，戴爱云．1964. 中国动物图谱甲壳动物（第二册）．北京：科学出版社．

王金庆．2008. 长江口盐沼优势蟹类的生境选择与生态系统工程师效应．上海：复旦大学．

王丽卿．2002. 天津厚蟹的幼体发育．海洋科学集刊，44：139－150.

卫伟，余韵，贾福岩，等．2013. 微地形改造的生态环境效应研究进展．生态学报，33（20）：6462－6469.

徐敬明．2014. 天津厚蟹对盐度和温度的耐受性．海洋学报，36（2）：93－98.

于子山，王诗红，张志南，等．1999. 紫彩血蛤的生物扰动对沉积物颗粒垂直分布的影响．青岛海洋大学学报（自然科学版），29（2）：111－114.

Abdala R L，Moreira X，Rasmann S，et al. 2016. Test of biotic and abiotic correlates of latitudinal variation in defences in the perennial herb *Ruellia nudiflora*. Journal of Ecology，104（2）：580－590.

Adam P. 1990. Saltmarsh Ecology. Cambridge：Cambridge University Press.

Adnitt C，Brew D，Cottle R，et al. 2013. Salt marshmanagement manual. Environment Agency，Bristol.

Alberti J，Daleo P，Fanjul E，et al. 2015. Can a single species challenge paradigms of saltmarsh functioning. Estuaries and Coastst，38（4）：1178－1188.

Alsfeld A J，Bowman J L，Deller J A. 2009. Effects of woody debris，microtopography，and organicmatter amendments on the biotic community of constructed depressional wetlands. Biological Conservation，142（2）：247－255.

Ambrose A R，Baxter L B，Wong C S，et al. 2015. Contrasting drought-response strategies in *California redwoods*. Tree Physiology，35（5）：453－469.

Appleby P G，Oldfield F. 1978. The calculation of lead－210 dates assuming a constant rate of supply of unsupported 210Pb to the sediment. Catena, 5 (1): 1 - 8.

Aschenbroich A, Michaud E, Stieglitz T, et al. 2016. Brachyuran crab community structure and associated sediment reworking activities in pioneer and youngmangroves of French Guiana, South America. Estuarine, Coastal and Shelf Science, 182: 60 - 71.

Atwood J P, Meyerson L A. 2011. Island biogeography extends to small-scale habitats: Low competitor density and richness on islandsmay drive trait variation in nonnative plants. Biological Invasions, 13 (9): 2035 - 2043.

Bas C, Lancia J P, Luppi T, et al. 2014. Influence of tidal regime, diurnal phase, habitat and season on feeding of an intertidal crab. Marine Ecology, 35 (3): 319 - 331.

Berding N, Hurney A P. 2005. Flowering and lodging, physiological-based traits affecting cane and sugar yield-what do we know of their controlmechanisms and how do wemanage them. Field Crops Research, 92 (2 - 3): 261 - 275.

Berti R, Cannicci S, Fabbroni S, et al. 2008. Notes on the structure and the use of *Neosarmatium meinerti* and *Cardisoma carnifex* burrows in a Kenyanmangrove swamp (Decapoda Brachyura). Ethology Ecology and Evolution, 20 (2): 101 - 113.

Bertics V J, Ziebis W. 2009. Biodiversity of benthicmicrobial communities in bioturbated coastal sediments is controlled by geochemicalmicroniches. The ISME Journal, 3 (11): 1269 - 1285.

Bianchini A, Lauer M. M, Nery L E M, et al. 2008. Biochemical and physiological adaptations in the estuarine crab *Neohelice granulata* during salinity acclimation. Comparative Biochemistry and Physiology Part A: Molecular and Integrative Physiology, 151 (3): 423 - 436.

Bledsoe B P, Shear T H. 2000. Vegetation along hydrologic and edaphic gradients in a North Carolina coastal plain creek bottom and implications for restoration. Wetlands, 20 (1): 126 - 147.

Bloesch J, Burns N M. 1980. A critical-review of sedimentation trap technique. Schweizerische Zeitschrift für Hydrologie, 42 (1): 15 - 55.

Borsje B W, van Wesenbeeck B K, Dekker F, et al. 2011. How ecological engineering can serve in coastal protection. Ecological Engineering, 37 (2): 113 - 122.

Botto F, Iribarne O. 1999. Effect of the burrowing crab *Chasmagnathus granulata* (Dana) on the benthic community of a SW Atlantic coastal lagoon. Journal of Experimentalmarine Biology Ecology, 241 (2): 263 - 284.

Botto F, Iribarne O. 2000. Contrasting effects of two burrowing crabs (*Chasmagnathus granulata* and *Uca uruguayensis*) on sediment composition and transport in estuarine environments. Estuarine, Coastal and shelf Science, 51 (2): 141 - 151.

Botto F, Iribarne O, Gutierrez J, et al. 2006. Ecological importance of passive deposition of organicmatter into burrows of the SW Atlantic crab *Chasmagnathus granulatus*. Marine Ecology Progress Series, 312: 201 - 210.

Botto F, Palomo G, Iribarne O, et al. 2000. The effect of southwestern Atlantic burrowing crabs on habitat use and foraging activity ofmigratory shorebirds. Estuaries, 23 (2): 208 - 215.

Boudreau S A, Worm B. 2012. Ecological role of large benthic decapods inmarine ecosystems: A review. Marine Ecology Progress Series, 469: 195 - 213.

Bouma T J, Vriesm B D, Low E, et al. 2005. Flow hydrodynamics on amudflat and in saltmarsh vegetation: Identifying general relationships for habitat characterisations. Hydrobiologia, 540: 259 - 274.

Boumans R J, Day J W. 1993. High-precisionmeasurements of sediment elevation in shallow coastal areas using a sedimentation-erosion table. Estuaries and Coasts, 16 (2): 375 - 380.

Bowman S. 1990. Interpreting the Past: Radiocarbon Dating. Oakland: Britishmuseum Publications.

Braeckman U，Foshtomim Y，Van Gansbeke D，et al. 2014. Variable importance of macrofaunal functional biodiversity for biogeochemical cycling in temperate coastal sediments. Ecosystems，17（4）：720.

Breitfussm J，Connolly R M，Dale P E R. 2004. Densities and aperture sizes of burrows constructed by *Helograpsus haswellianus*（Decapoda：Varunidae）in saltmarshes with and without mosquito-control runnels. Wetlands，24（1）：14－22.

Bruland G L，Richardson C J. 2005. Hydrologic，edaphic，and vegetative responses tomicrotopographic reestablishment in a restored wetland. Restoration Ecology，13（3）：515－523.

Butler D R，Sawyer C F. 2012. Introduction to the special issue-zoogeomorphology and ecosystem engineering. Geomorphology，157：1－5.

Byers J E，Cuddington K，Jones C G，et al. 2006. Using ecosystem engineers to restore ecological systems. Trends in Ecology and Evolution，21（9）：493－500.

Cahoon D R，Lynch J C，Hensel P，et al. 2002a. High-precisionmeasurements of wetland sediment elevation：I. Recent improvements to the sedimentation-erosion table. Journal of Sedimentary Research，72（5）：730－733.

Cahoon D R，Lynch J C，Perez B C，et al. 2002b. High-precisionmeasurements of wetland sediment elevation：II. The rod surface elevation table. Journal of Sedimentary Research，72（5）：734－739.

Cahoon D R，Perez B C，Segura B D，et al. 2011. Elevation trends and shrink-swell response of wetland soils to flooding and drying. Estuarine，Coast and Shelf Science，91（4）：463－474.

Callaway J C，DeLaune R D，Patrick W H. 1996. Chernobyl ^{137}Cs used to determine sediment accretion rates at selected northern European coastal wetlands. Limnology and Oceanography，41（3）：444－450.

Canepuccia A D，Fanjulm S，Fanjul E，et al. 2008. The intertidal burrowing crab *Neohelice*（＝*Chasmagnathus*）granulata positively affects foraging of rodents in south western atlantic saltmarshes. Estuaries and Coasts，31（5）：920－930.

Cardoni D A，Isacch J P，Iribarne O O. 2007. Indirect effects of the intertidal burrowing crab *Chasmagnathus granulatus* in the habitat use of Argentina's south west Atlantic saltmarsh birds. Estuaries and Coasts，30（3）：382－389.

Casanovam T，Brockm A. 2000. How do depth，duration and frequency of flooding influence the establishment of wetland plant communities. Plant Ecology，147（2）：237－250.

Casariego A M，Alberti J，Luppi T，et al. 2011a. Habitat shifts and spatial distribution of the intertidal crab *Neohelice*（Chasmagnathus）*granulata* Dana. Jounal of Sea Research，66（2）：87－94.

Casariego A M，Luppi T，Iribarne O，et al. 2011b. Increase of organicmatter transport betweenmarshes and tidal flats by the burrowing crab *Neohelice*（Chasmagnathus）*granulata* Dana in SW Atlantic saltmarshes. Journal of Experimentalmarine Biology and Ecology，401（1－2）：110－117.

Chapman V J. 1974. Saltmarshes and Salt Deserts of the World. New York：Interscience Press.

Chen G C，Lu C Y，Li R，et al. 2016a. Effects of foraging leaf litter of *Aegiceras corniculatum*（Ericales，Myrsinaceae）by *Parasesarma plicatum*（Brachyura，Sesarmidae）crabs on properties ofmangrove sediment：A laboratory experiment. Hydrobiologia，763（1）：125－133.

Chen H L，Hagerty S，Crotty S M，et al. 2016b. Direct and indirect trophic effects of predator depletion on basal trophic levels. Ecology，97（2）：338－346.

Christy J H. 1988. Pillar function in the fiddler crab *Uca beebei*（I）：Effects onmale spacing and aggression. Ethology，78（1）：53－71.

Corenblit D，Baas A C W，Bornette G，et al. 2011. Feedbacks between geomorphology and biota controlling Earth surface processes and landforms：A review of foundation concepts and current understandings. Earth-Science Reviews, 106 (3 - 4): 307 - 331.

Coverdale T C, Altieri A H, Bertnessm D. 2012. Belowground herbivory increases vulnerability of New England saltmarshes to die-off. Ecology, 93 (9): 2085 - 2094.

Crane J. 2015. Fiddler Crabs of the World: Ocypodidae: Genus *Uca*. Princeton: Princeton University Press.

Cui B, He Q, Gu B, et al. 2016. China's coastal wetlands: Understanding environmental changes and human impacts formanagement and conservation. Wetlands, 36: S1 - S9.

Culberson S D, Foin T C, Collins J N. 2004. The role of sedimentation in estuarinemarsh development within the San Francisco Estuary, California, USA. Journal Coastal Research, 20 (4): 970 - 979.

de Oliveira C A G, Souza G N, Soares G A. 2016. Measuring burrows as a feasible non-destructivemethod for studying the population dynamics of ghost crabs. Marine Biodiversity, 46 (4): 809 - 817.

DeLaune R D, Jugsujinda A, Peterson G W, et al. 2003. Impact ofmississippi river freshwater reintroduction on enhancingmarsh accretionary processes in a Louisiana estuary. Estuarine, Coast Shelf Science, 58 (3): 653 - 662.

Di Virgilio A, Ribeiro P D. 2013. Spatial and temporal patterns in the feeding behavior of a fiddler crab. Marine Biodiversity, 160 (4): 1001 - 1013.

Dos Santos C M H, Pinheirom A A, Hattori G Y. 2009. Orientation and externalmorphology of burrows of themangrove crab *Ucides cordatus* (Crustacea: Brachyura: Ucididae). Journal of themarine Biological Association of the United Kingdom, 89 (6): 1117 - 1123.

Escapa M, Perillo G M E, Iribarne O. 2015. Biogeomorphically driven salt pan formation in *Sarcocornia*-dominated salt-marshes. Geomorphology, 228: 147 - 157.

Fan P, Zhang S, Chu D, et al. 2015. Decomposition of *Suaeda salsa* and *Phragmites australis* in the degraded wetland of Shaohai: Species and tissue difference implications on ecosystem restoration. Journal of Soil Water Conservation, 70 (5): 322 - 328.

Fanjul E, Escapa M, Montemayor D, et al. 2015. Effect of crab bioturbation on organicmatter processing in South West Atlantic intertidal sediments. Journal of Sea Resarch, 95: 206 - 216.

Fielder H, Brotherton P, Hosking J, et al. 2015. Enhancing the conservation of crop wild relatives in England. PloS One, 10 (6): e0130804.

Flores A A V, Abrantes K G, Paula J. 2005. Estimating abundance and spatial distribution patterns of the bubble crab *Dotilla fenestrata* (Crustacea: Brachyura). Austral Ecology, 30 (1): 14 - 23.

Francois F, Poggiale J C, Durbec J P, et al. 1997. A new approach for themodelling of sedimentreworking induced by amacrobenthic community. Acta Biotheoretica, 45 (3 - 4): 295 - 319.

French J R, Burningham H. 2003. Tidalmarsh sedimentation versus sea-level rise: A southeast England estuarine perspective. Proceedings Coastal Sediments, 3: 1 - 14.

Fugate D C, Friedrichs C T. 2002. Determining concentration and fall velocity of estuarine particle populations using ADV, OBS and LISST. Continental Shelf Research, 22 (11 - 13): 1867 - 1886.

Gérino M, Stora G, François Carcaillet F, et al. 2003. Macro-invertebrates functional groups in fresh-water andmarine sediments: Concepts, identifications and bioturbation approach. Soumis à Oikos, 53 (4): 221 - 231.

Gibertt J M, Muniz F, Belaustegui Z, et al. 2013. Fossil andmodern fiddler crabs (*Uca Tangeri*: Ocypodidae) and their burrows from SW Spain: Ichnologic and biogeographic implications. Journal of Crustacean Biology, 33 (4): 537 - 551.

Gilbert F, Hulth S, Grossi V, et al. 2016. Redox oscillation and benthic nitrogenmineralization within burrowed sediments: An experimental simulation at low frequency. Journal of Experimental Marine

Biology and Ecology，482：75－84.

Gilbert F，Stora G，Desrosiers G，et al. 2001. Alteration and release of aliphatic compounds by the polychaete *Nereis virens*（Sars）experimentally fed with hydrocarbons. Journal of Experimentalmarine Biology and Ecology，256（2）：199－213.

Griffithsm E，Mohammad B A，Vega A. 2007. Dry season distribution of land crabs，*Gecarcinus quadratus*（Crustacea：Gecarcinidae），in Corcovado National Park，Costa Rica. Revista de Biologia Tropical，55（1）：219－224.

Guan B，Yu J B，Wang X H，et al. 2011. Physiological responses of halophyte *suaeda salsa* to water table and salt stresses in coastal wetland of Yellow River Delta. Clean-Soil Air Water，39（12）：1029－1035.

Gusmao J B L，Machado G B O，Costa T M. 2012. Burrows with chimneys of the fiddler crab *Uca thayeri*：Construction，occurrence，and function. Zoological Studies，51（5）：598－605.

Gutierrez J L，Jones C J，Groffman P M，et al. 2006. The contribution of crab burrow excavation to carbon availability in surficial salt-marsh sediments. Ecosystems，9（4）：647－658.

Hamasaki K，Matsui N，Nogami M. 2011. Size at sexualmaturity and body size composition ofmud crabs *Scylla* spp. caught in Don Sak，Bandon Bay，Gulf of Thailand. Fisheries Science，77（1）：49－57.

Hargrave B T，Burns N M. 1979. Assessment of sediment trap collection efficiency. Limnology and Oceanography，24（6）：1124－1136.

He Q，Altieri A H，Cui B. 2015. Herbivory drives zonation of stress-tolerantmarsh plants. Ecology，96（5）：1318－1328.

He Q，Cui B. 2015. Multiplemechanisms sustain a plant-animal facilitation on a coastal ecotone. Scientific Report，5.

He Q，Cui B，Cai Y，et al. 2009. What confines an annual plant to two separate zones along coastal topographic gradients. Hydrobiologia，630（1）：327－340.

He Q，Silliman B R. 2015. Biogeographic consequences of nutrient enrichment for plant-herbivore interactions in coastal wetlands. Ecology Letter，18（5）：462－471.

Ho C K，Pennings S C. 2008. Consequences of omnivory for trophic interactions on a saltmarsh shrub. Ecology，89（6）：1714－1722.

Hough S N，Long A L，Jeroue L，et al. 2011. Mounding alters environmental filters that drive plant community development in a novel grassland. Ecological Engineering，37（11）：1932－1936.

Huang C H，Bradford J M. 1990. Portable laser scanner formeasuring soil surface-roughness. Soil Science Society of America Journal，54（5）：1402－1406.

Hubner L，Pennings S C，Zimmer M. 2015. Sex-and habitat-specific movement of an omnivorous semi-terrestrial crab controls habitat connectivity and subsidies：A multi-parameter approach. Oecologia，178（4）：999－1015.

Hyman O W. 1920. The development of Gelasimus after hatching. Journal ofmorphology，33（2）：484－525.

Iribarne O，Bortolus A，Botto F. 1997. Between-habitat differences in burrow characteristics and trophicmodes in the southwestern Atlantic burrowing crab *Chasmagnathus granulata*. Marine Ecology Progress Series，155：137－145.

Iribarne O，Bruschettim N，Escapa M，et al. 2005. Small-and large-scale effect of the SW Atlantic burrowing crab *Chasmagnathus granulatus* on habitat use bymigratory shorebirds. Journal of Experimental Marine Biology and Ecology，315：87－101.

Karstens S，Jurasinski G，Glatzel S，et al. 2016. Dynamics of surface elevation andmicrotopography in different zones of a coastal Phragmites wetland. Ecological Engineering，94：152－163.

Katrak G, Dittmann S, Seuront L. 2008. Spatial variation in burrowmorphology of themud shore crab *Helograpsus haswellianus* (Brachyura, Grapsidae) in South Australian saltmarshes. Marine and Freshwater Research, 59 (10): 902 - 911.

Kim T W, Christy J H, Choe J C. 2004. Semidome building as sexual signaling in the fiddler crab *Uca lactea* (Brachyura: Ocypodidae) . Journal of Crustacean Biology, 24 (4): 673 - 679.

Koo B J, Kwon K K, Hyun J H. 2007. Effect of environmental conditions on variation in the sediment-water interface created by complexmacrofaunal burrows on a tidal flat. Journal of Sea Research, 58 (4): 302 - 312.

Kristensen E. 2008. Mangrove crabs as ecosystem engineers: With emphasis on sediment processes. Journal of Sea Research, 59 (1): 30 - 43.

Kristensen E, Kostka J E. 2005. Interactions between macro-and microorganisms in marine sediments. Wiley: American Geophysical Union.

Lefsky M A, Cohen W B, Parker G G, et al. 2002. Lidar remote sensing for ecosystem studies. Bioscience, 52 (1): 19 - 30.

Li D L, Sun X H, Lloyd H, et al. 2015. Reed parrotbill nest predation by tidalmudflat crabs: Evidence for an ecological trap. Ecosphere, 6 (1): 1 - 12.

Li S, Cui B, Xie T, et al. 2016. Consequences and implications of anthropogenic desalination of saltmarshes onmacrobenthos. Clean-Soil Air Water, 44 (1): 8 - 15.

Li S, Pennings S C. 2016. Disturbance in georgia saltmarshes: Variation across space and time. Ecosphere, 7 (10): e01487.

Lim S S L. 2006. Fiddler crab burrow morphology: How do burrow dimensions and bioturbative activities compare in sympatric populations of *Uca vocans* (Linnaeus, 1758) and *U. annulipes* (H. Milne Edwards, 1837) . Crustaceana, 79: 525 - 540.

Lim S S L, Diong C H. 2003. Burrow-morphological characters of the fiddler crab, *Uca annulipes* (H. Milne Edwards, 1837) and ecological correlates in a lagoonal beach on Pulau Hantu, Singapore. Crustaceana, 76: 1055 - 1069.

Lim S S L, Rosiah A. 2007. Influence of pneumatophores on the burrow morphology of *Uca annulipes* (H. Milne Edwards, 1837) (Brachyura, Ocypodidae) in the field and in simulated mangrove micro-habitats. Crustaceana, 80 (11): 1327 - 1338.

Lim S S L, Yong A Y P, Tantichodok P. 2011. Comparison of burrowmorphology of juvenile and young adult *Ocypode ceratophthalmus* from Sai Kaew, Thailand. Journal of Crustacean Biology, 31 (1): 59 - 65.

Liu W W, Maung D K, Strong D R, et al. 2016. Geographical variation in vegetative growth and sexual reproduction of the invasive *Spartina alterniflora* in China. Journal of Ecology, 104 (1): 173 - 181.

Lourenco R, Paula J, Henriques M. 2000. Estimating the size of *Uca tangeri* (Crustacea: Ocypodidae) withoutmassive crab capture. Scientia Marina, 64 (4): 437 - 439.

Lucrezi S, Schlacher A T, Robinson W. 2009a. Human disturbance as a cause of bias in ecological indicators for sandy beaches: Experimental evidence for the effects of human trampling on ghost crabs (*Ocypode* spp.) . Ecological Indicators, 9 (5): 913 - 921.

Lucrezi S, Schlacher A T, Walker S. 2009b. Monitoring human impacts on sandy shore ecosystems: A test of ghost crabs (*Ocypode* spp.) as biological indicators on an urban beach. Environmental Monitoring and Assessment, 152 (1 - 4): 413 - 424.

Luppi T, Bas C, Casariego A, et al. 2013. The influence of habitat, season and tidal regime in the activity of the intertidal crab *Neohelice* (*Chasmagnathus*) *granulata*. Helgolandmarine Research, 67 (1): 1 - 15.

Machado G B O, Gusmao J B L, Costa T M. 2013. Burrow morphology of *Uca uruguayensis* and *Uca leptodactylus* (Decapoda: Ocypodidae) from a subtropical mangrove forest in the western Atlantic. Intergrative Zoology, 8 (3): 307-314.

Madsen A T, Murray A S. 2009. Optically stimulated luminescence dating of young sediments: A review. Geomorphology, 109 (1-2): 3-16.

Mao R, Zhang X H, Meng H N. 2014. Effect of*suaeda salsa* on soil aggregate-associated organic Carbon and Nitrogen in tidal saltmarshes in the Liaohe Delta, China. Wetlands, 34 (1): 189-195.

Martinetto P, Palomo G, Bruschetti M, et al. 2011. Similar effects on sediment structure and infaunal community of two competitive intertidal soft-bottom burrowing crab species. Journal of themarine Biological Association of the United Kingdom, 91 (7): 1385-1393.

Martinetto P, Ribeiro P, Iribarne O. 2007. Changes in distribution and abundance of juvenile fishes in intertidal soft sediment areas dominated by the burrowing crab *Chasmagnathus granulatus*. Marine and Freshwater Research, 58 (2): 194-203.

Mchenga I S S, Mfilinge P L, Tsuchiya M. 2007. Bioturbation activity by the grapsid crab *Helice formosensis* and its effects on mangrove sedimentary organicmatter. Estuarine Coastal and Shelf Science, 73 (1-2): 316-324.

McManus L R. 1960. An occurrence of "Chimney" construction by the Crayfish *Cambarus B. Bartoni*. Ecology, 41 (2): 383-384.

Michaud E, Desrosiers G, Mermillod B F, et al. 2006. The functional group approach to bioturbation: II. The effects of the*macoma balthica* community on fluxes of nutrients and dissolved organic carbon across the sediment-water interface. Journal of Experimental Marine Biology and Ecology, 337 (2): 178-189.

Milan C S, Swenson E M, Turner R E, et al. 1995. Assessment of the ^{137}Cs method for estimating sediment accumulation rates-louisiana salt marshes. Journal of Coastal Research, 11 (2): 296-307.

Minchinton T E. 2001. Canopy and substratum heterogeneity influence recruitment of the mangrove *Avicennia marina*. Journal of Ecology, 89 (5): 888-902.

Mistch W J, Gosselin J G. 2000. Wetlands. New York: Van Nostrand Reinhold Company Inc.

Moeslund J E, Arge L, Bocher P K, et al. 2013. Topography as a driver of local terrestrial vascular plant diversity patterns. Nordic Journal of Botany, 31 (2): 129-144.

Moody R, Aronson R B. 2007. Trophic heterogeneity in salt marshes of the northern gulf of mexico. Marine Ecology Progress Series, 331: 49-65.

Moser K, Ahn C, Noe G. 2007. Characterization of microtopography and its influence on vegetation patterns in created wetlands. Wetlands, 27 (4): 1081-1097.

Mouton E C, Felder D L. 1996. Burrow distributions and population estimates for the fiddler crabs *Uca spinicarpa* and *Uca longisignalis* in a gulf of mexico salt marsh. Estuaries, 19 (1): 51-61.

Nagihara S, Mulligan K R, Xiong W. 2004. Use of a three-dimensional laser scanner to digitally capture the topography of sand dunes in high spatial resolution. Earth Surface Processes and Landforms, 29 (3): 391-398.

Ng P K L, Davie P. 2015. WoRMS Brachyura: World list ofmarine brachyura (version 2015-08-01). In: Roskov Y, Abucay L, Orrell T, et al. Digital resource at www.catalogueoflife.org/col. Species 2000: Naturalis, Leiden, the Netherlands. Species 2000 and ITIS Catalogue of Life, 26th August 2015. ISSN 2405-8858.

Nolte S, Koppenaal E C, Esselink P, et al. 2013. Measuring sedimentation in tidalmarshes: A review on methods and their applicability in biogeo morphological studies. Journal of Coast Conservation, 17 (3): 301-325.

Nordhaus I, Diele K, Wolff M. 2009. Activity patterns, feeding and burrowing behaviour of the crab *Ucides cordatus* (Ucididae) in a high intertidal mangrove forest in North Brazil. Journal of Experimental Marine Biology and Ecology, 374 (2): 104 - 112.

Ollerhead J, Huntley D J, Berger G W. 1994. Luminescence dating of sediments from buctouche Spit, New-Brunswick. Canadian Journal of Earth Sciences, 31 (3): 523 - 531.

Palomo G, Botto F, Navarro D, et al. 2003. Does the presence of the SW Atlantic burrowing crab *Chasmagnathus granulatus* Dana affect predator-prey interactions between shorebirds and polychaetes. Journal of Experimental Marine Biology and Ecology, 290 (2): 211 - 228.

Pasternack G B, Brush G S. 1998. Sedimentation cycles in a river-mouth tidal freshwater marsh. Estuaries, 21 (3): 407 - 415.

Pennings S C, Callaway R M. 1992. Saltmarsh plant zonation: The relative importance of competition and physical factors. Ecology, 73 (2): 681 - 690.

Pennings S C, Carefoot T H, Siska E L, et al. 1998. Feeding preferences of a generalist salt-marsh crab: Relative importance of multiple plant traits. Ecology, 79 (6): 1968 - 1979.

Pennings S C, Siska E L, Bertnessm D. 2001. Latitudinal differences in plant palatability in Atlantic coast salt marshes. Ecology, 82 (5): 1344 - 1359.

Qureshi N A, Saher N U. 2012. Burrow morphology of three species of fiddler crab (Uca) along the coast of Pakistan. Belgian Journal of Zoology, 142 (2): 114 - 126.

Reed D J. 1989. Patterns of sediment deposition in subsiding coastal salt marshes, Terrebonne Bay, Louisiana-the role of winter storms. Estuaries, 12 (4): 222 - 227.

Reinhardt L, Jerolmack D, Cardinale B J, et al. 2010. Dynamic interactions of life and its landscape: Feedbacks at the interface of geomorphology and ecology. Earth Surface Processes and Landforms, 35 (1): 78 - 101.

Reinsel K A, Rittschof D. 1995. Environmental Regulation of foraging in the sand fiddler crab *Uca pugilator* (Bosc 1802) . Journal of Experimental Marine Biology and Ecology, 187 (2): 269 - 287.

Ribeiro P D, Iribame O O, Daleo P. 2005. The relative importance of substratum characteristics and recruitment in determining the spatial distribution of the fiddler crab *Uca uruguayensis* Nobili. Journal of Experimental Marine Biology and Ecology, 314 (1): 99 - 111.

Richardson C J, Bruland G L, Hancheym F, et al. 2016. Soil restoration: The foundation of successful wetland reestablishment. Wetland Soils: Genesis, Hydrology, Landscapes, and Classification: 469.

Ringold P. 1979. Burrowing, rootmat density, and the distribution of fiddler crabs in the eastern United States. Journal of Experimental Marine Biology and Ecology, 36 (1): 11 - 21.

Rosa L C, Borzone C A. 2008. Spatial distribution of the *Ocypode quadrata* (Crustacea: Ocypodidae) along estuarine environments in the Paranagua Bay Complex, Southern Brazil. Revista Brasileira de Zoologia, 25 (3): 383 - 388.

Rossi F, Chapmanm G. 2003. Influence of sediment on burrowing by the soldier crab *Mictyris longicarpus* Latreille. Journal of Experimental Marine Biology and Ecology, 289 (2): 181 - 195.

Schalles J F, Hladik C M, Lynes A A, et al. 2013. Landscape estimates of habitat types, plant biomass, and invertebrate densities in a georgia salt marsh. Oceanography, 26 (3): 88 - 97.

Schlacher T A, Lucrezi S, Connolly R M, et al. 2016. Human threats to sandy beaches: Ameta-analysis of ghost crabs illustrates global anthropogenic impacts. Estuarine Coastal and Shelf Science, 169: 56 - 73.

Sen S, Homechaudhuri S. 2016. Comparative burrow architectures of resident fiddler crabs (Ocypodidae) in Indian Sundarban mangroves to assess their suitability as bioturbating agents. Proceedings of the

Zoological Society (Springer India): 1 - 8.

Silvertown J, Araya Y, Gowing D. 2015. Hydrological niches in terrestrial plant communities: A review. Journal of Ecology, 103 (1): 93 - 108.

Silvestri S, Defina A, Marani M. 2005. Tidal regime, salinity and saltmarsh plant zonation. Estuarine Coastal and Shelf Science, 62 (1 - 2): 119 - 130.

Sleeper B E, Ficklin R L. 2016. Edaphic and vegetative responses to forested wetland restoration with created microtopography in Arkansas. Ecological Restoration, 34 (2): 117 - 123.

Smith V G. 1997. Microtopographic heterogeneity and floristic diversity in experimental wetland communities. Journal of Ecology, 85 (1): 71 - 82.

Smith N F, Wilcox C, Lessmann J M. 2009. Fiddler crab burrowing affects growth and production of the white mangrove (*Laguncularia racemosa*) in a restored Florida coastal marsh. Marine Biology, 156 (11): 2255 - 2266.

Song J. 2009. Root morphology is related to the phenotypic variation in waterlogging tolerance of two populations of *Suaeda salsa* under salinity. Plant and Soil, 324 (1 - 2): 231 - 240.

Song J, Shi G W, Gao B, et al. 2011. Waterlogging and salinity effects on two *Suaeda salsa* populations. Physiologia Plantarum, 141 (4): 343 - 351.

Spivak E, Anger K, Luppi T, et al. 1994. Distribution and habitat preferences of two grapsid crab species inmar Chiquita Lagoon (Province of Buenos Aires, Argentina) . Helgolander Meeresun, 48 (1): 59 - 78.

Statzner B. 2012. Geomorphological implications of engineering bed sediments by lotic animals. Geomorphology, 157: 49 - 65.

Steiger J, Gurnell A M, Goodson J M. 2003. Quantifying and characterizing contemporary riparian sedimentation. River Research and Applications, 19 (4): 335 - 352.

Stelling W T P, Clark G F, Poore A G B. 2016. Responses of ghost crabs to habitat modification of urban sandy beaches. Marine Environmental Research, 116: 32 - 40.

Stieglitz T, Ridd P, Muller P. 2000. Passive irrigation and functional morphology of crustacean burrows in a tropical mangrove swamp. Hydrobiologia, 421: 69 - 76.

Sun Z G, Mou X J, Sun J K, et al. 2012. Nitrogen biological cycle characteristics of seepweed (*Suaeda salsa*) wetland in intertidal zone of Huanghe (Yellow) River estuary. Chinese Geographical Science, 22 (1): 15 - 28.

Takeda S, Matsuma S, Yong H S, et al. 1996. "Igloo" construction by the ocypodid crab, *Dotilla myctiroides* (Milne-Edwards) (Crustacea; Brachyura): The role of an air chamber when burrowing in a saturated sandy substratum. Journal of Experimental Marine Biology and Ecology, 198 (2): 237 -247.

Temmerman S, Govers G, Meire P, et al. 2003a. Modelling long-term tidal marsh growth under changing tidal conditions and suspended sediment concentrations, Scheldt estuary, Belgium. Marine Geology, 193 (1): 151 - 169.

Temmerman S, Govers G, Wartel S, et al. 2003b. Spatial and temporal factors controlling short-term sedimentation in a salt and freshwater tidalmarsh, Scheldt estuary, Belgium, SW Netherlands. Earth Surface Processes and Landforms, 28 (7): 739 - 755.

Thomas C R, Blum L K. 2010. Importance of the fiddler crab *Uca pugnax* to saltmarsh soil organicmatter accumulation. Marine Ecology Progress Series, 414: 167 - 177.

Thomas S, Ridd P V. 2004. Review ofmethods tomeasure short time scale sediment accumulation. Marine Geology, 207 (1 - 4): 95 - 114.

Thongtham N, Kristensen E. 2003. Physical and chemical characteristics ofmangrove crab (*Neoepisesarma versicolor*) burrows in the Bangrong mangrove forest, Phuket, Thailand with emphasis on behavioural response to changing environmental conditions. Vie Etmilieu-life and Environment, 53 (4): 141 -151.

Tweedy K L, Evans R O. 2001. Hydrologic characterization of two prior converted wetland restoration sites in Eastern North Carolina. Transactions of the Asae, 44 (5): 1135 - 1142.

Van Wijnen H J, Bakker J P. 2001. Long-term surface elevation change in saltmarshes: A prediction of marsh response to future sea-level rise. Estuarine Coastal and Shelf Science, 52 (3): 381 - 390.

Vermeiren P, Sheaves M. 2014. Predicting habitat associations of five intertidal crab species among estuaries. Estuarine Coastal and Shelf Science, 149: 133 - 142.

Vu H D, Pennings S C. 2017. Ecosystem engineers drive creek formation in salt marshes. Ecology, 98 (1): 162 - 174.

Walling D E, He Q. 1999. Using fallout lead - 210 measurements to estimate soil erosion on cultivated land. Soil Science Society of America Journal, 63 (5): 1404 - 1412.

Wang J Q, Bertnessm D, Li B, et al. 2015. Plant effects on burrowing crabmorphology in a Chinese saltmarsh: Native vs. exotic plants. Ecological Engineering, 74: 376 - 384.

Wang J Q, Zhang X D, Jiang L F, et al. 2010. Bioturbation of burrowing crabs promotes sediment turnover and Carbon and Nitrogen movements in an estuarine salt marsh. Ecosystems, 13 (4): 586 - 599.

Wang M, Gao X Q, Wang W Q. 2014. Differences in burrow morphology of crabs between *Spartina alterniflora* marsh and mangrove habitats. Ecological Engineering, 69: 213 - 219.

Wang Y Y, Hu B. 2014. Biogenic sedimentary structures of the Yellow River Delta in China and their composition and distribution characters. Acta Geologica Sinica-English Edition, 88 (5): 1488 - 1498.

Warren J H, Underwood A J. 1986. Effects of burrowing crabs on the topography ofmangrove swamps in New-South-Wales. Journal of Experimental Marine Biology and Ecology, 102 (2 - 3): 223 - 235.

Watson E B. 2008. Marsh expansion at Calaveras Pointmarsh, south San Francisco Bay, California. Estuarine Coastal and Shelf Science, 78 (4): 593 - 602.

Weilhoefer C L. 2011. A review of indicators of estuarine tidal wetland condition. Ecological Indicators, 11 (2): 514 - 525.

Wright J P, Jones C G, Flecker A S. 2002. An ecosystem engineer, the beaver, increases species richness at the landscape scale. Oecologia, 132 (1): 96 - 101.

Xin P, Jin G Q, Li L, et al. 2009. Effects of crab burrows on pore water flows in saltmarshes. Advances in Water Resources, 32 (3): 439 - 449.

Yan J G, Cui B S, Zheng J J, et al. 2015. Quantification of intensive hybrid coastal reclamation for revealing its impacts on macrozoobenthos. Environmental Research Letters, 10 (1): 014004.

Zengel S, Pennings S C, Silliman B, et al. 2016. Deepwater horizon oil spill impacts on salt marsh fiddler crabs (*Uca* spp.) . Estuaries and Coastst, 39 (4): 1154 - 1163.

Zhang X D, Jia X, Chen Y Y, et al. 2013. Crabsmediate interactions between native and invasive daltmarsh plants: Amesocosm Study. PloS One, 8 (9): e74095.

Zhao K F. 1991. Desalinization of saline soils by *Suaeda Salsa*. Plant and Soil, 135 (2): 303 - 305.

第 8 章

滨海湿地的微地形修复模式

▼

由于人类活动或气候变化的影响，滨海盐沼区会出现一些呈退化趋势的裸斑。这些裸斑突出表现为切断了自然湿地斑块之间的联系，形成湿地破碎化的“不连续”区域。由于滨海湿地生态系统是受潮汐周期影响的动态系统，加之气候变化和人类活动的影响，其植物定植过程表现出极大的不确定性。在这种背景下，滨海盐沼裸斑的植物定植过程更加难以预测，其自然恢复进程受阻的原因具有多元性、复杂性、滞后性等特点。基于盐沼裸斑的这些特点，需要辅以一定的修复措施来促进植被的恢复。但是，由于盐沼裸斑自然定植过程受阻原因的不确定性和多样性，给人工辅助下的修复工作带来了极大的困难与不确定性。

本章从植物生命周期的角度出发，将微地形的促进作用引入定植过程，对微地形促进定植过程中的各阶段及相应的环境因子的影响机制进行剖析，并将潮汐动态干扰对微地形促进作用的影响考虑在内，通过对微地形结构、位置、空间配置的调控实现不同程度潮汐干扰下的最优定植效果，为不同环境条件下的盐沼裸斑辅助性植物定植提供科学指导，为我国的滨海湿地修复实践提供理论和实践指导。

8.1 微地形促进植物定植的作用机理

滨海湿地中微地形的异质性是植物分布复杂性的重要决定因素之一（Gomez et al.，2005）。在滨海湿地中，微地形的异质性主要是潮汐侵蚀、泥沙或生物质沉积或者动物挖掘形成的。微地形的差异可以归结为不同的形态结构，主要包括地表抬高的凸起微地形，地表沉降的坑洼微地形，以及相对平坦的微地形（Vivian，1997）。滨海盐沼湿地具有坑洼与凸起微地形的异质性湿地通常表现出比均质平坦的湿地更好的生态功能（Stribling et al.，2007）。

虽然微地形已经用于很多生态系统的修复，但是，由于微地形的多样性，其在实际操作中仍面临着很多的问题，如针对何种问题使用什么样的微地形，需要设置多大尺度的微地形，微地形在促进盐沼植物再定植过程中是如何发挥其促进作用的，以及前述研究所证实的微地形在盐沼环境中的稳定性问题等。目前，利用微地形促进盐沼裸斑上植物定植的研究还非常少见，因此首先针对微地形促进盐沼植物的作用机理展开研究，重点关注微地形对种子的截留作用、对环境因子的调节和对定植过程的支持作用，为将微地形引入植被修复实践提供理论和技术支持。

8.1.1 适宜微地形结构的选择和设置

1. 盐沼裸斑的适宜微地形结构

在滨海盐沼中，由于潮汐的侵蚀和搬运、动物挖掘、沉积等作用在其表面形成了大小不一、形状各异的多种类型和尺度的微地形结构（图 8.1）。当滩面上的潮流遇到障碍物时，如植物，潮流就容易对植物根部产生冲刷进而在其根部附近形成深 1～5cm 的小型侵蚀坑（Friess et al.，2012）[图 8.1（a)]。同样，当遇到植被斑块时，潮流也容易在斑块附近产生侵蚀，进而形成侵蚀坑（Bouma et al.，2009）[图 8.1（b)]。另外，由于植被的阻挡作用，潮流经过植被时流速会下降，这促进了潮流携带的沉积物的沉积，进而造成表面高程抬高，形成土丘或凸地微地形。在黄河三角洲滨海湿地，这些类型的微地形结构也是极为常见的 [图 8.1（c)、(d)]。此外，螃蟹的挖掘作用也会形成另外一种尺度更小的微地形表面 [图 8.1（e)]。在自然盐沼中，由于沉积、侵蚀、动物行为等产生的微地形非常普遍。并且，这些表面微地形与生物、潮汐之间也存在着反馈机制，因此这些表面微地形可以一直存在，成为自然盐沼表面的基本特征之一。

通过对黄河口北岸盐沼中的微地形调查发现，凹地微地形可以实现盐地碱蓬的定植，因其可以储存水分、截留种子而为盐地碱蓬种子提供适宜的着陆和萌发条件。对三个盐沼裸斑及其周边区域的微地形进行的统计可以看出，不同区域的微地形结构深度和大小也存在差异（图 8.2），A 区有盐地碱蓬定植的微地形结构大而浅，面积在 0.09～

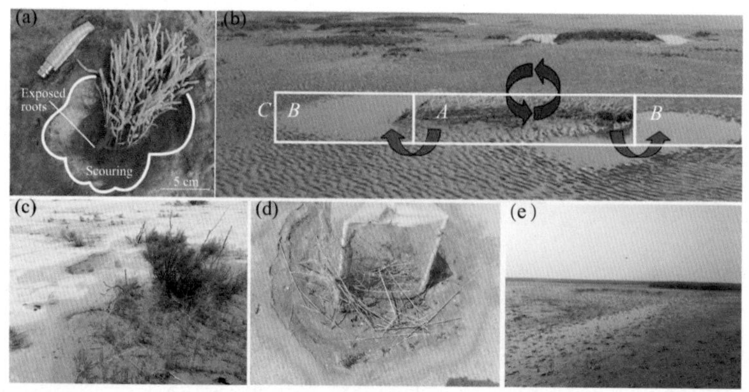

图 8.1　盐沼中的微地形

(a) 盐角草根部的侵蚀坑，引自 Friess 等（2012）；(b) 植被斑块两侧的侵蚀坑，引自 Bouma 等（2009）；(c) 黄河口北岸盐沼裸斑上的一些侵蚀坑，内有盐地碱蓬定植；(d) 实验笼子周围产生的侵蚀坑；(e) 螃蟹挖掘产生的微地形

$2m^2$，深度在 1～3cm；B 和 C 区有盐地碱蓬定植的微地形结构小而深，面积在 0.005～$0.05m^2$，深度在 5～10cm。对于定植密度，B 和 C 区的自然微地形尺寸虽然小，但是定植密度却较 A 区自然微地形的定植密度高，说明在 B 和 C 区较小尺寸的微地形就能够达到较高的定植密度。

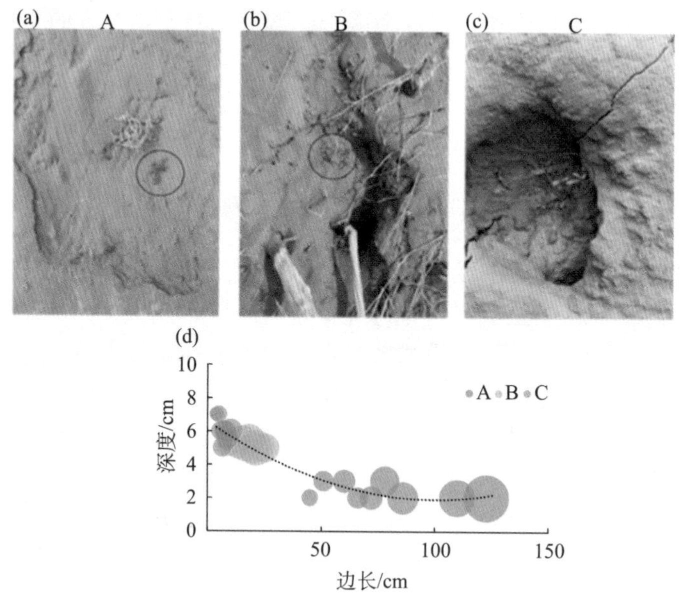

图 8.2　不同区域（A、B 和 C）微地形的结构特征

(a)、(b) 和 (c) 分别表示 A、B 和 C 区域常见的微地形结构，红圈内是定植的盐地碱蓬幼苗；(d) 表示这些区域的微地形结构的大小（以面积的开方计）和深度特征，圆圈大小表示微地形结构内定植的盐地碱蓬幼苗密度

因此，在缺乏植被作为种子截留结构促进定植的裸斑上，可以借助适宜的微地形结构来促进植被定植，并且这种促进效应可能会受到微地形大小和深度的影响。滨海湿地中的微地形多是潮汐侵蚀冲刷形成，或是蟹类掘穴产生。由于受潮汐及其伴随的侵蚀和沉积作用，滨海湿地中的微地形是个动态的结构，这对微地形截留种子可能会产生影

响。因此，除了微地形本身的结构特征（大小和深度）可能会对定植产生影响，微地形随着沉积侵蚀过程的变异性也可能会对定植产生二次影响。为此，我们通过野外控制实验来研究微地形的定植机理。

2. 盐沼裸斑微地形设置

野外调查表明，凹微地形可能是有利于盐沼植物定植的适宜结构。选择凹微地形作为盐沼适宜的微地形结构进行研究。为了定量化微地形的结构特征，研究中选择特定形状，即正方形的凹微地形（图 8.3）。

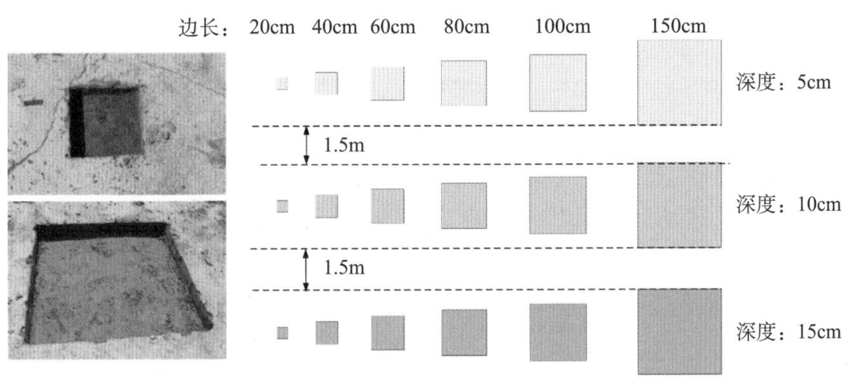

图 8.3 微地形结构设置

为了表达尺度对微地形效果的影响，根据调查中的微地形结构尺度大小，研究中设置了 3 个垂向和 6 个横向尺度梯度，即 3 个深度处理：5cm、10cm 和 15cm；6 个边长（面积）处理：20cm、40cm、60cm、80cm、100cm 和 150cm（图 8.3），一组微地形结构共 18 个处理。设置微地形结构时，为了防止微地形结构聚集对潮流造成的扰动影响，每个微地形之间间隔 1.5m。此外，为了防止距种子源（植物群落）距离不一造成的影响，设置微地形结构时保证其与最近的植物群落距离在 50m 以上。根据种子传播衰减规律，这个范围以外种子的到达概率均处于较低水平。

根据植物的生命周期规律，一般植物的定植首先是从种子扩散开始，只有种子能够到达植物才有定植的可能。因此选择 10 月，即种子扩散初期，进行微地形结构设置。选择 3 个高程梯度的大裸斑（保证有足够的面积设置微地形结构）设置上述微地形结构，每个裸斑内设置 3 组重复，即 54 个微地形结构。三个裸斑分别位于中位盐沼［高程为（0.95±0.02)m］、中位-高位盐沼过渡区［高程为（1.26±0.01)m］和高位盐沼［高程为（1.35±0.01)m］（图 8.4），对应的潮汐频率分别为 23%、9.60%和 6.67%（按一年中的来潮天数计）。

由于无法对微地形截留的种子数进行直接测定，因此以微地形内定植的盐地碱蓬幼苗数作为微地形种子截留效应的判定。为了排除微地形面积大小造成的截留差异，评判时，以微地形内幼苗密度作为微地形结构截留效果的依据。实验中，以翌年萌发期（4～5 月）内微地形结构内实际萌发的幼苗数来表征种子截留效果。因此，需要对实验区的背景条件进行调查，以了解区域条件可能造成的萌发差异。于翌年 4 月和 5 月对微地形结构内的幼苗数进行目视计数，取两个月中的最大值作为微地形结构的种子截留效果。此外，于 4 月对微地形结构进行测量，包括边长（取两条直角边各测 3 次，取平均

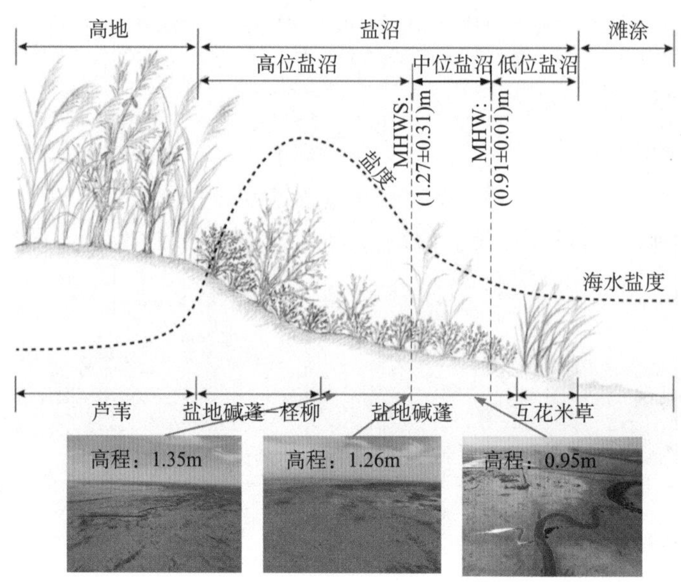

图 8.4　三个裸斑区的位置

植被带状分布图引自贺强（2012）

值）和深度（测量底部与裸斑表面的差值，测 5 次取平均值）。

微地形于 2014 年 10 月设置。此后，对这些微地形斑块进行持续监测。除了 2015 年 4～5 月记录定植的幼苗情况以外，于 2015 年、2016 年和 2017 年的 8 月对微地形结构内的成株进行记录，包括成株数量和成株定植以后的微地形斑块面积。

1）土壤背景调查

为了了解微地形设置区的土壤基本性质，分别在 3 个裸斑区利用环刀在设置的微地形结构附近采取土样，每个区域取 54 个样品。带回实验室测量基本特征，如盐度、含水率、机械组成、总碳和总磷等指标，以揭示三个区域植被生长适宜性差异。

此外，为了描述微地形设置前后土壤性质的差异，对微地形结构内土壤也予以采样调查，每个区域取 54 个样品。取样时间设为微地形结构设置初始状态（2014 年 10 月）和每年（2015～2017 年）的成熟期（8 月）。作为对照，微地形结构外的裸斑表层土也一并采样调查。

2）种子源分析

实验中对盐沼裸斑区种子的两种潜在来源进行了调查，包括土壤种子库和潮汐携带种子。

（1）土壤种子库调查：根据实验所设的三种微地形结构深度，利用 20cm 的土钻在微地形结构附近取土样，分别分析 0～5cm、5～10cm、10～15cm 和 15～20cm 土层内的土壤种子库。利用室内种子萌发法（TerHeerdt et al.，1996）测定各区域、各土层内的种子数。

（2）潮汐携带种子调查：于种子扩散初期（10 月），在微地形结构附近设置种子捕捉器，每个区域 15 个。于翌年种子萌发初期（4 月）回收种子捕捉器，测种子捕捉器内的沉积物厚度，收集沉积物和种子、幼苗。采用室内种子萌发法（TerHeerdt et al.，1996）测定捕捉器内种子数，加上捕捉器内已萌发的幼苗数，得到潮汐携带种子到达数量。

3）微地形对照实验设置

为了与设置的微地形结构做对照，与实验微地形结构一起，设置了三种对照处理。

（1）外来种子排除处理：另在每个裸斑区设置 15 个微地形结构，即 5cm、10cm 和 15cm 三种深度处理，每个深度处理 5 个重复，微地形结构边长固定为 60cm。在微地形结构外布设 25cm 高的笼子，四周与顶部用孔径为 1mm 的细纱网覆盖，防止外界种子进入。

（2）无微地形结构的空白处理：在每种尺寸的微地形结构附近选择同样大小的裸斑空地标记为无微地形处理（深度为 0cm），每个区域设置 6 种大小、3 个重复的空白处理（共 18 个）。

（3）无潮汐干扰的对照处理：在无潮汐干扰区，即完全围隔裸斑区设置 3 种深度、固定边长为 60cm 的微地形结构，每个深度处理 5 个重复，共 15 个微地形结构。

8.1.2 微地形对种子的截留作用

盐沼湿地植被群落动态和结构受到潮汐特征及伴随的干扰的影响（Friess et al.，2012），因此对于栖息于其中的生物来说是个非常严峻的环境。盐沼植物群落对环境胁迫的响应主要取决于三个阶段：①繁殖体的提供和扩散（Bazzaz，1991；Levine and Murrell，2003）；②繁殖体定植（Keddy and Ellis，1985；Rand，2000）；③次生演替阶段的种间相互关系（Connell and Slatyer，1977；Bertness and Shumway，1993）。在定植过程中，潮汐通过种子扩散（Chang et al.，2007；Peterson and Bell，2012）、驱动物理干扰（Pennings and Callaway，1992；Elsey et al.，2009）和种间关系（Bertness and Callaway，1994；Crain，2008）对植物生命周期过程产生影响。

在第一阶段（扩散阶段，一般在秋季），种子成熟并从母体上脱落。种子在群落内部的扩散阶段属于一次扩散过程，种子随潮水搬运到其他处的扩散称为二次扩散过程。潮汐对于种子的扩散具有重要意义，与之伴随的其他因子在种子扩散的一次和二次过程中影响着种子的运动和截留（Chang et al.，2007，2008）。种子一旦吸满水，就失去了漂浮能力，其运动和截留就完全取决于水动力特征（Chang et al.，2007；Peterson and Bell，2012）。种子的最终扩散地点取决于波浪、潮流及截留结构（如植被结构和微地形）之间的相互作用。除了扩散媒介（如潮流和风产生的波浪）和截留结构，种子特征也对扩散和截留过程有着重要影响。

当种子开始扩散时，其定植能力一部分就由其最终的落点决定（Clark et al.，2007；Chang et al.，2008；Erfanzadeh et al.，2010a，2010b）。很多实证研究证实，种子沉降过程中的空间变异性受景观要素，如截留结构的影响更大，而非距种子源距离的理论概率（Levine and Murrell，2003）。种子在扩散过程中遇到植被结构或者适宜的微地形条件会更容易被截留住。因此，种子截留机制可以促进潮间带植被的定植，这种促进作用在红树林中也较为常见。在红树林被砍伐后的斑块上观测到挺水植物促进了红树林的定植，Huxham 等（2010）研究证实红树林的自然定植速度在有植被区域要显著高于邻近的裸斑区域。盐沼湿地中的裸斑由于缺乏截留结构（Nilsson et al.，2010）导致种子很难定植（Clark et al.，2007），因为种子难以停留在光滑表面，如由土壤压实导致的光滑表面（Johnson and Fryer，1992）。

我们通过在盐沼裸斑上设置微地形结构，截留住了潮汐携带的种子，实现了盐沼植物种子的定植，体现了凹微地形结构在光滑表面截留种子的优势（图 8.5）。

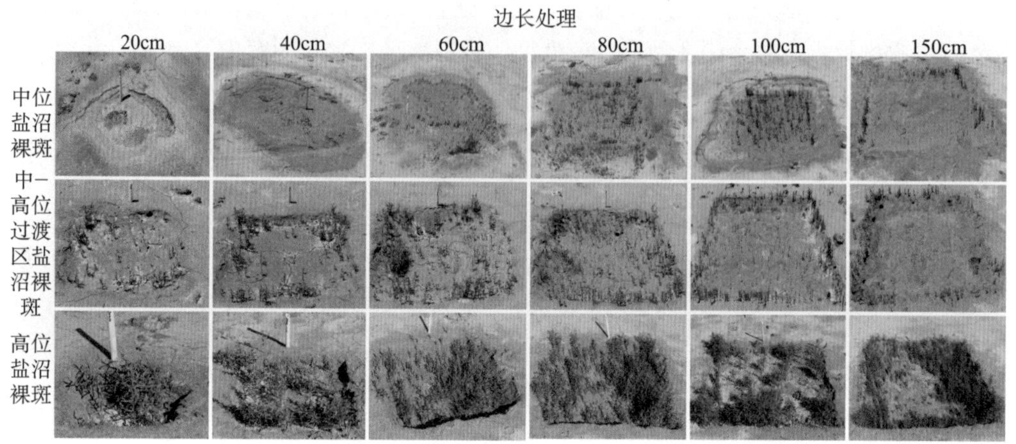

图 8.5　不同位置裸斑区微地形结构种子截留效果

照片仅显示了深度为 10cm 处理的微地形结构截留效果

1. 种子输入分析

通过对土壤种子库及潮汐携带的种子输入的调查发现，由于一直缺乏盐地碱蓬，裸斑的土壤种子库内已经不含种子，因此丧失了依靠本地土壤种子库恢复的能力。但是潮汐携带的种子却可以到达这些裸斑（表 8.1）。而且，中位盐沼裸斑截留的种子数最少，高位盐沼裸斑截留的种子数最多。中位盐沼裸斑和中-高位过渡区盐沼裸斑潮汐携带到达的种子并无显著差异，而高位盐沼裸斑内截留的种子数要显著高于前两者（$X^2=30.309$，$df=2$，$P=0.000$）。但是不管到达的种子量多少，该结果表明这些位置的盐沼裸斑都有潮汐携带种子到达，这为微地形结构截留种子提供了可能。

表 8.1　盐地碱蓬种子源调查

种子源调查项		中位盐沼裸斑	中-高位过渡区盐沼裸斑	高位盐沼裸斑
盐地碱蓬出苗数（$n=54$）	0～5cm	0	0	0
	5～10cm	0	1	0
	10～15cm	0	0	0
	15～20cm	0	1	2
捕捉器内盐地碱蓬种子数/(个/捕捉器)	($n=54$)	55±4a	70±6a	194±9b

注：种子个数表示为平均值±标准误，组内两两比较用 Kruskal-Wallis 分析，相同字母表示差异不显著，$X^2=30.309$，$df=2$，$P=0.000$。

2. 土壤条件分析

由于无法对微地形内截留的种子直接计数，而观察截留的种子萌发的幼苗则更为直观和方便，因此需要对不同区域种子萌发条件的差异进行了解，确保区域萌发条件的差异并不足以影响通过幼苗计数方式测定的微地形内种子截留数量。土壤性质分析表明（表 8.2），虽然三个裸斑盐度差异显著，但是均在盐地碱蓬适宜的生长阈值之内（最适

表 8.2　中位、中-高位过渡区及高位盐沼裸斑的土壤条件

区位	土壤盐度 /ppt	土壤含水率 /%	土壤硬度 /mm	土壤黏粒 /%	土壤粉粒 /%	土壤砂粒 /%	TC /(g/kg)	TN /(g/kg)
中位	8.44±1.22a	26.13±0.65a	23.53±3.17a	0.02±0.01a	20.95±2.43a	79.03±2.48a	11.40±0.10a	0.18±0.01a
中-高位过渡区	9.74±1.77b	28.06±0.32a	24.3±1.24a	0.18±0.13a	22.11±1.82a	77.71±1.93a	14.28±0.11b	0.28±0.01b
高位	12.16±1.87c	27.38±0.34a	20.23±1.49b	0.19±0.13a	23.02±2.23a	76.79±2.01a	14.30±0.28b	0.28±0.01b

注：表中数据表示为平均值±标准误（单因素方差分析，$n=54$，$P<0.05$），相同字母表示差异不显著（Tukey's post hoc multiple tests）。

值为 12.71ppt；贺强，2012)；土壤含水率没有显著差异。因此三个区域的水盐条件均适宜盐地碱蓬生长和萌发。从土壤硬度来看，中位和中-高位过渡区盐沼裸斑表面硬度要显著高于高位盐沼裸斑，但是它们的土壤机械组成并无显著差异。从总碳（TC）和总氮（TN）来看，中位盐沼裸斑显著低于中-高位过渡区和高位盐沼，说明后两者的土壤营养条件要好于前者。综上，从区位土壤条件来看，中-高位过渡区和高位盐沼裸斑区的土壤萌发条件要好于中位盐沼裸斑，这可能会对计量的微地形内萌发的盐地碱蓬种子数量产生一定影响，但不会限制萌发。因此，在分析不同位置裸斑区微地形结构的截留效果时，需要将由土壤条件差异可能造成的萌发差异考虑在内。

3. 微地形结构对种子的截留效应

在中位、中-高位过渡区和高位盐沼裸斑所有的微地形结构中，共有 94.4%、96.3%和 100%的微地形结构实现了种子截留，体现了微地形结构在种子截留方面的显著效果。从微地形结构截留的种子密度（幼苗密度）来看，中-高位过渡区和高位盐沼裸斑区的微地形截留效果要显著高于中位盐沼裸斑（$X^2=66.084$，$P=0.000$，图 8.6），而其他对照处理均无种子被截留。种子源调查已经证实裸斑区土壤中并无种子库，加笼微地形处理也验证了这个结果，说明微地形内萌发的幼苗确实来源于截留潮汐携带的种子，而不是其他途径。在没有微地形的空白对照中，即使种子可以到达也无法停留住并萌发，说明了微地形结构对裸斑区种子截留的重要作用。在无潮汐扰动的微地形处理中，也没有萌发的幼苗，说明在缺乏潮汐扰动的区域，盐地碱蓬种子无法到达，这些区域即使有微地形也无法实现植被定植。

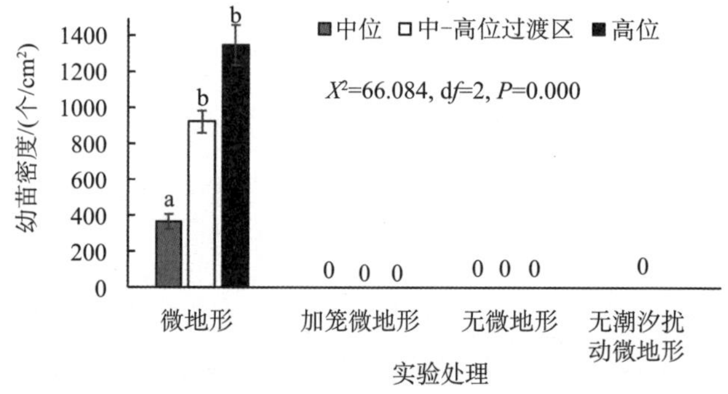

图 8.6　不同处理下的微地形结构截留种子情况

数据表示为平均值±标准误，相同字母表示差异不显著

盐地碱蓬的种子尺寸较大，这决定了大多数盐地碱蓬的种子初始都掉落在母株的附近，其种子通常不会随风进行长距离迁移。滨海湿地中潮汐是盐地碱蓬种子扩散最主要的驱动力，并且种子漂浮的持续时间影响了种子扩散的能力（Chang et al.，2007；Ehrenfeld，2000）。种子供应的不足与局限会成为盐沼湿地中一些区域植株定植的限制因素（Clark et al.，2007）。通常盐沼湿地中种子的产量是充足的，而种子可利用性的限制很可能来自于种子在地表截留量不足（Rand，2000）。

微地形的结构影响地表层水动力特征，并且创造出完全不同的地面表层或表面以下层的水力微环境，造成对随潮水迁移种子的截留情况出现差异。微地形结构在截留种子的效果上表现出非常大的差异性，并且依赖于不同潮汐、高程下的水动力条件

(Karstens et al.，2016)。如果种子可以快速地在微地形结构中停留，并且在潮汐干扰中拥有稳定的着陆条件，这有助于种子度过植物生命周期中的第一个关键阶段［机会窗口理论（windows of opportunity）；Balke et al.，2011］。在种子固着之后，地表微地形结构中土壤的物理化学特征是否满足植物种子萌发的生态位，这是植物定植的一个关键决定要素。

综上，微地形结构对于具有潮汐扰动的盐沼裸斑区具有重要的作用，即通过截留潮汐携带的种子将种子停留在裸斑区，等到条件适宜时就会萌发，形成裸斑区的先锋植物斑块（图 8.5）。这对于裸斑区植物的再定植具有重要意义。

4. 不同尺寸微地形结构的种子截留效果

从最终的幼苗密度来看，不同深度和不同边长的微地形结构处理对于截留的种子（幼苗）密度具有显著影响（表 8.3）。虽然区域之间截留效果存在差异，但是微地形结构的初始边长和深度对于截留的种子（幼苗）密度都是显著的（$P<0.01$）。除了中-高位过渡区盐沼裸斑，初始边长和初始深度之间的交互作用也是显著的（$P=0.000$）。从作用程度来看，初始深度的效应十分明显，在中-高位和高位盐沼裸斑区起主要作用（$F=11.901$ 和 $F=43.32$；$P=0.000$）；在中位盐沼裸斑区，初始深度的效应也很突出（$F=82.925$，$P=0.000$），但是初始边长的效应（$F=304.710$，$P=0.000$）超出了初始深度的效应。

表 8.3　微地形初始边长和初始深度对截留的种子（幼苗）密度的两因素方差分析

应变量	因变量	df	F	P	调整后 R^2
中位区幼苗密度	初始边长	5	304.710	0.000	0.976
	初始深度	2	82.925	0.000	
	初始边长×初始深度	10	22.118	0.000	
中-高位区幼苗密度	初始边长	5	5.815	0.001	0.522
	初始深度	2	11.901	0.000	
	初始边长×初始深度	10	2.086	0.053	
高位区幼苗密度	初始边长	5	17.292	0.000	0.792
	初始深度	2	43.322	0.000	
	初始边长×初始深度	10	4.547	0.000	

总体上看，更长的初始边长（更大的面积）和更深的初始深度能够截留更多的种子［图 8.7（a）～(c)］。微地形结构面积越大，可截留的种子和可供种子萌发的空间也越多。因此，仅从幼苗数量上来看，随着微地形结构初始边长的增加，幼苗数量一直呈增加趋势，一般看来，在实验设置的边长梯度范围内并无拐点。但是在中位盐沼［图 8.7(a)］，当微地形初始边长超过 100cm 时，幼苗数量不再增加，甚至呈现微弱的下降趋势。可见，区位条件会对微地形结构的截留效应产生影响，当区域潮汐频率增加时，微地形结构的截留规律会发生变化。当扣除面积效应，仅看幼苗密度时，微地形结构初始深度的效应依然存在，即随着初始深度的增加，幼苗密度增加；但是幼苗密度在微地形结构初始边长上的变化规律却发生了变化［图 8.7（d）～(f)］。在中位盐沼裸斑区，幼

苗密度随初始边长增加呈先增加后降低的二次曲线规律［图 8.7（d）］，幼苗密度最大值出现在初始边长为 60cm 和 80cm 的微地形结构中；在中-高位过渡区盐沼裸斑区，初始深度为 5cm 的处理组幼苗密度也随初始边长的增加呈先增加后降低的趋势［图 8.7（e）］，而初始深度为 15cm 的处理组幼苗密度随初始边长增加呈下降趋势，中间梯度的 10cm 初始深度处理组变化趋势也位于其他两组中间。可见幼苗密度随初始边长的变化规律在中-高位过渡区盐沼裸斑区开始出现分化。在高位盐沼裸斑区，所有初始深度处理组的幼苗密度均随着微地形初始边长的增加呈下降趋势［图 8.7（f）］。

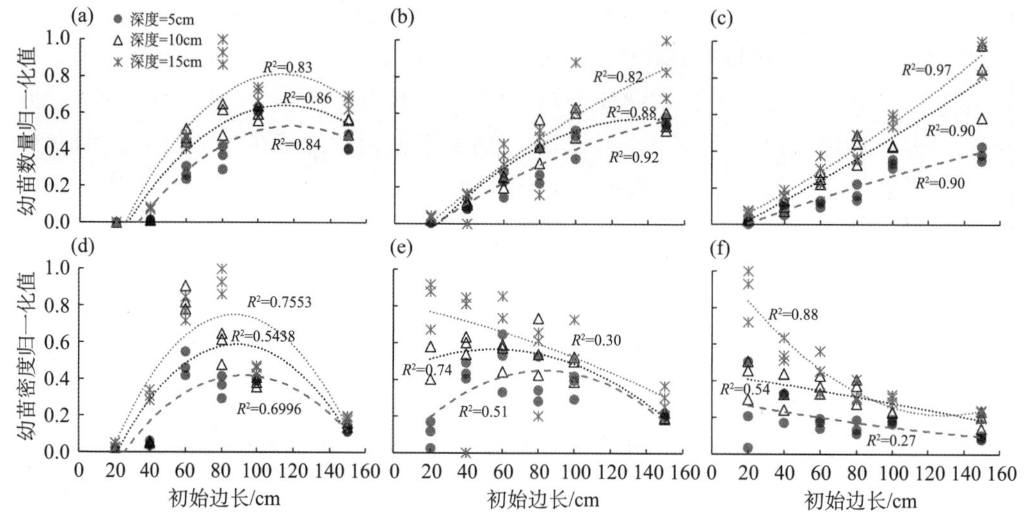

图 8.7　微地形结构截留的种子（幼苗）数量和密度随初始边长和深度变化的变化规律

（a）和（d）表示中位盐沼裸斑区，（b）和（e）表示中-高位过渡区盐沼裸斑区，（c）和（f）表示高位盐沼裸斑区；图中所有拟合曲线的 P 值均小于 0.01。为了对三个区域的规律进行统一比较，对每个区域的数据进行归一化处理，即用每个数值除以该区域最大值

在幼苗密度随微地形结构尺寸变化的变化过程中，中-高位过渡区盐沼裸斑区也似乎处于一个过渡区域，兼具中位盐沼裸斑区与高位盐沼裸斑区的变化规律。它们的共同点是，当微地形的初始边长超过 80cm 时，幼苗的密度随着微地形初始边长的增加都呈下降趋势，即在初始边长大于 80cm 以后，所有区域的变化规律保持一致。这表明，虽然从数量上看，面积越大的微地形结构可以截留并萌发越多的种子，但是扣除面积以后，微地形结构面积越大并不意味着截留效率越高。如果将微地形结构的面积看作投入，那么在实际操作中则需要考虑投入产出比，即以最小的面积投入获得最高的幼苗密度。

虽然幼苗密度在微地形初始边长梯度上的变化规律并不一致，但其在初始深度这一梯度却表现出了一致的规律，即微地形结构初始深度越大，种子截留效果越好。仅从初始深度上来看（图 8.8），微地形初始深度在每个区域的效应也是不同的。在中位盐沼裸斑区，幼苗密度随初始深度的增加而增加，但是不同初始深度处理下差异并不显著（$X^2=2.303$，$P=0.316$）；在中-高位过渡区盐沼裸斑区，初始深度为 5cm 的处理与 15cm 的处理存在显著差异，而 10cm 处理与两者之间的差异都不显著（$X^2=13.684$，$P=0.001$）；在高位盐沼裸斑区，10cm 和 15cm 的深度处理都显著高于 5cm 的深度处理（$X^2=22.751$，$P=0.000$），而 10cm 和 15cm 处理之间的差异不显著。这表明，初始深度是微地形结构发挥种子截留效应最重要的结构特征，初始深度越深，截留的种子就越多。这种规律虽然会随着区域不同发生变化，但是截留效果随深度增加而增加这一规律却是稳定的。随着区域潮汐频率的增加，微地形结构深度增加所带来的种子截留增效在降低，表明潮汐扰动可能对微地形结构的种子截留作用产生了不利影响，在潮汐干扰越强的区域，微地形结构的种子截留效率越低。

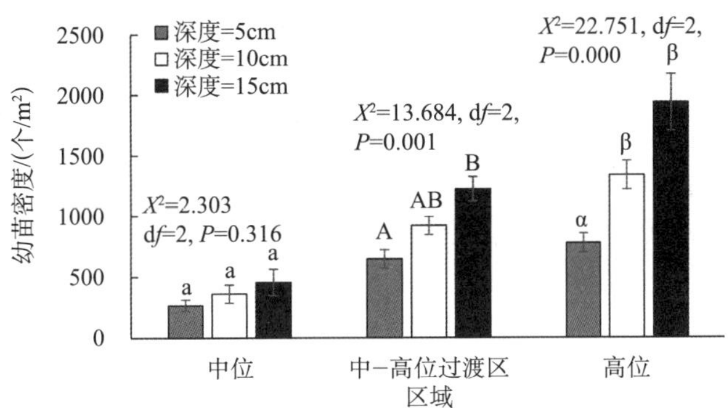

图 8.8 微地形结构初始深度处理对种子截留效率（幼苗密度）的影响

每个区域内用 Kruskal-Wallis 分析进行组内两两比较，数据表示为平均值±标准误，相同字母表示差异不显著，不同区域内用不同类别的字母表示

在滨海湿地生态系统中，植被生命周期的早期阶段是植被恢复的关键时期，如种子的输入、截留和适宜萌发的条件。在有植被区，种子具有稳定的来源，不仅有母体植物提供种子，植被结构也可以促进种子截留，从而形成一个正反馈过程。在无植被区，如盐沼裸斑，由于缺乏地上母体植物提供的种子，其种子来源就依赖于外界种子输入，如潮汐携带的种子。与此同时，由于缺乏植被结构，种子截留效率也大大降低。在这种情形下，微地形结构的种子截留效应就显得尤为重要，对于裸斑植被的再定植具有重要意义。

8.1.3 微地形结构在种子扩散过程中的稳定性及其对定植的影响

盐沼表面的地形异质性是由潮汐运动及其伴随的侵蚀和沉积过程与生物过程共同形成的。由于盐沼生态系统是受潮汐显著影响的生态系统类型，因此，我们设置的微地形结构也不免受到潮汐的影响：一方面，在截留潮水的同时，潮水中的沉积物也一并被截留下，导致微地形结构的深度变浅；另一方面，潮水对微地形结构的边具有侵蚀作用，使微地形结构变大。在这两方面的作用下，盐沼裸斑表面的微地形结构其实是个不稳定的结构，随时面临着被沉积掩埋或被冲刷变形的威胁。对于微地形结构来说，深度特征是其截留种子的关键，而在潮汐的影响下，深度变浅或者消失是微地形结构失去截留功能的主要原因。因此，微地形结构的稳定性，特别是深度的稳定性，受到潮汐扰动和沉积特征的共同影响。而初始深度决定了微地形结构抵抗潮汐扰动的能力。

由于微地形结构对于裸斑上植物定植的促进作用主要体现在对种子的截留，因而种子扩散期间（10 月至翌年 4 月）微地形结构的稳定性尤为重要，可能会直接影响其种子截留效率。我们对种子扩散期间的微地形稳定性进行了测定，即从上一年 10 月到第二年 4 月这一时段的变异情况，进而探究微地形结构的变异性对种子截留的影响。

1. 微地形结构长度和深度的变化

受潮汐扰动的影响，微地形结构的边长呈增大、深度呈变浅的趋势（图 8.9）。其中，微地形边长在潮汐扰动下呈等比例增长趋势［图 8.9（a）～（c）］，而深度则是随着初始深度的增加变化率增大［图 8.9（d）～（f）］，即初始深度为 5cm 的微地形结构深度变化率要低于初始深度为 15cm 的微地形。但是在中位盐沼裸斑，初始深度为 5cm 的微地形结构深度变化率也很大，特别是在初始边长为 20cm 和 40cm 的微地形结构中［图 8.9（d）］。可以看出，中-高位过渡区和高位盐沼区裸斑微地形结构的变化率和变化趋势是类似的，而中位盐沼裸斑区的微地形结构的变化率大于其他两个区域，深度变化趋势也有所不同。与初始值相比，中位盐沼裸斑区微地形结构的边长和深度都发生了显著变化（表 8.4），而高位盐沼裸斑区微地形结构的边长和深度变化都不显著，中-高位过渡区盐沼裸斑区的变化程度位于两者之中，从 $\alpha=0.01$ 显著性水平上来看，该区域的微地形边长变化并不显著，但是深度变化是显著的。综合来看，微地形结构边长和深度变化程度在区域上都呈现出：中位盐沼裸斑区＞中-高位过渡区盐沼裸斑＞高位盐沼裸斑区的趋势。

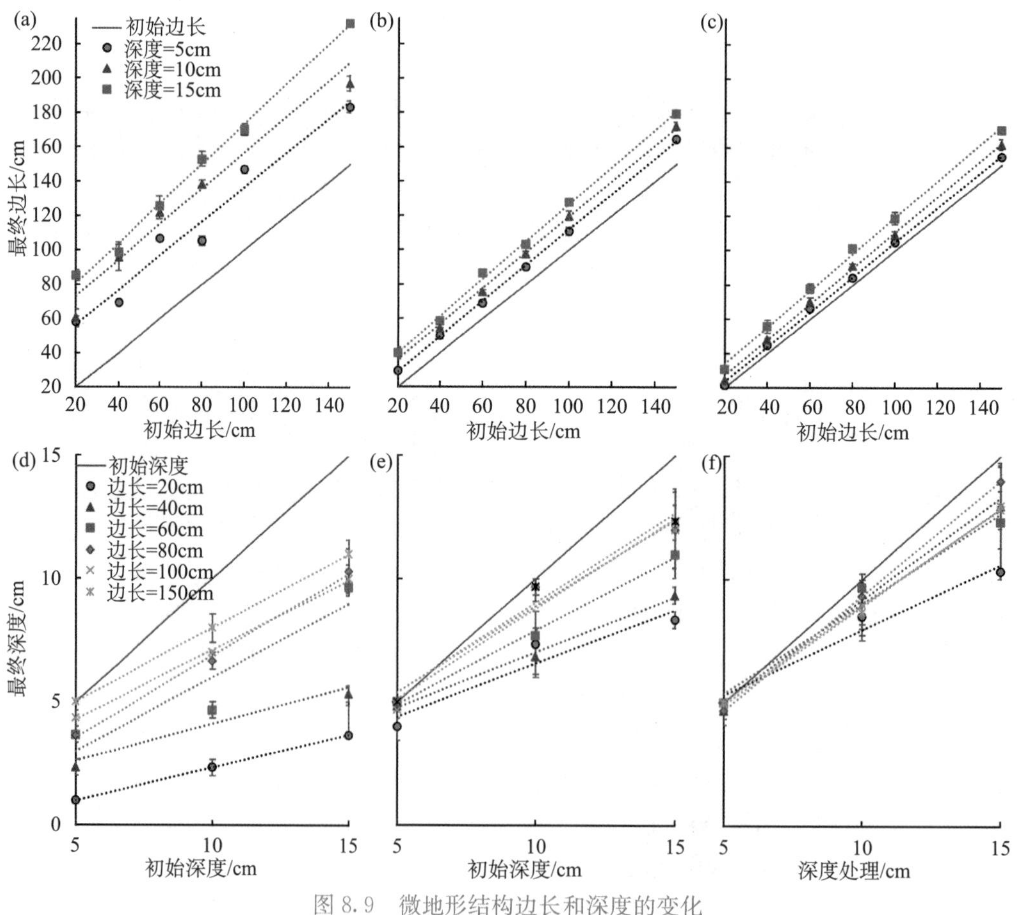

图 8.9　微地形结构边长和深度的变化

（a）和（d）表示中位盐沼裸斑区的微地形结构；（b）和（e）表示中-高位过渡区盐沼裸斑区的微地形结构；（c）和（f）表示高位盐沼裸斑区的微地形结构；数据用平均值显示，误差棒表示标准误

表 8.4 微地形结构边长和深度变化的差异性分析

区位	边长变化		深度变化	
	X^2	P	X^2	P
中位盐沼裸斑区	28.90	0.000	28.00	0.000
中-高位过渡区盐沼裸斑区	4.00	0.046	6.23	0.000
高位盐沼裸斑区	3.14	0.076	2.91	0.088

注：微地形边长和深度变化利用 Kruskal-Wallis 分析进行初始值和最终值的两两比较。

此外，微地形结构的深度变化似乎与初始边长之间存在一定的规律，这种规律在中位盐沼裸斑区尤其明显（图 8.10）：随着微地形初始边长的增加，微地形结构的最终深度呈上升趋势。即边长越小的微地形结构，深度变化率越大，微地形结构越不容易维持；初始边长越大的微地形结构，其深度稳定性越高。从微地形深度的稳定性来说，越大的微地形结构越有利于维持其稳定性。最终深度随初始边长变化的变化趋势随着区域高程的增加（或潮汐频率的降低）变得越来越不显著，这种规律性从中位盐沼裸斑区、中-高位过渡区盐沼裸斑区到高位盐沼裸斑区是逐渐降低的，而在高位盐沼裸斑区，初始边长造成的微地形最终深度差异变得不再显著。

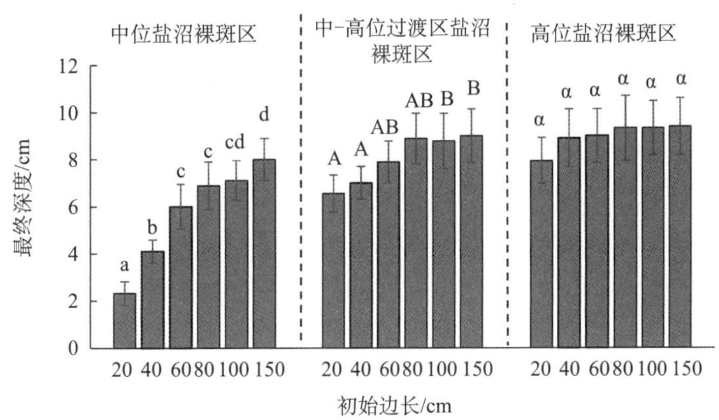

图 8.10 微地形结构最终深度与初始边长之间的关系

数据表示为平均值±标准误，相同字母表示差异不显著

高位盐沼裸斑区具有更低的潮汐扰动频率，因而微地形结构在该区域具有较高的稳定性，基本可以当作微地形结构“没有发生变化”。从这个意义上来说，高位盐沼裸斑区的微地形其实可以看作一个本底值，即当微地形结构不发生变化时，它对种子的截留能力及在不同尺寸下的截留规律反映了微地形结构的真正截留效果。

2. 微地形结构变化与沉积特征的关系

对不同潮位带微地形结构稳定性的分析显示，微地形结构的稳定性与潮汐扰动频率相关。而潮汐携带的泥沙沉积则是微地形结构深度变化的主要原因。通过种子捕捉器内的沉积物厚度测量发现（图 8.11），在区域之间，随着潮汐频率的增加，区域的沉积厚度也在增加，且三个区域的沉积厚度差异显著（$F=128.715$，$P=0.000$）。这印证了潮汐扰动改变微地形结构，特别是深度的原因，即来源于潮汐所携带的泥沙量，沉积量越大的区域，微地形结构的稳定性越差。三个裸斑区域，只有高位盐沼裸斑区的沉积量最小，因而微地形结构保持得最好，稳定性最高，在种子扩散期前后微地形结构没有发生显著变化。

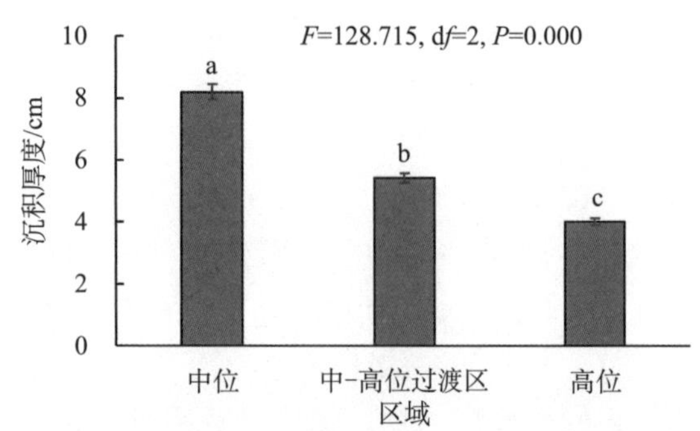

图 8.11　中位、中-高位过渡区和高位盐沼裸斑区沉积厚度

沉积厚度为种子捕捉器内测得的沉积厚度，表示为平均值±标准误，相同字母表示差异不显著

盐沼湿地的沉积过程是潮汐水动力、泥沙和植被之间相互作用的复杂过程（Van Proosdij et al.，2006），因而泥沙的沉积格局具有空间异质性。目前关于滨海湿地沉积过程和沉积格局的研究已经比较成熟，也发展了较为成熟的模型方法（如 Delft 3D）来模拟盐沼表面的沉积格局。这方面的研究可以为预测不同区域表面的微地形结构稳定性提供一定的支持。根据 Van Proosdij 等（2006）的实测研究，沉积量与高程、水深和淹水时间之间存在一定的关系，但是这些关系在不同区域具有不同的表现形式，而平均高潮线（MHW）则划分了这些关系的表现形式。对于平均高潮线以上的区域，不管是在静水还是在波浪环境中，沉积量都会随淹水时间和水深的增加而增加；但是，仅在静水环境中，沉积量随表面高程的降低而降低。

沉积物厚度和微地形结构的最终深度是种子扩散期间多次潮汐过程的综合体现。在一次潮汐周期过程中，微地形内的淹水水深会随着微地形结构深度的增加而增加，因而深度更大的微地形储存了更多的水量及泥沙，经历了更长的淹水时间。从这个意义上来说，初始深度越深的微地形截留的沉积物量也会越大，在同等面积下，深的微地形要比浅的微地形具有更多的沉积物积累。所以初始深度深的微地形结构深度变化率要高于初始深度浅的微地形。从区域高程上来说，高程越低的区域经历的淹水时间更长，淹水水深更大。因此，高程低的区域整体的沉积负荷更高。所以，中位盐沼裸斑区的沉积厚度要显著高于高位盐沼。因而，从整体上来看，所有边长的微地形结构首先受到区域沉积负荷的影响，表现出微地形结构变化在区域上的差异性；从微地形结构来看，不同深度的微地形结构所能承受的沉积负荷也不相同，表现出微地形结构变化在其深度上的差异性。

3. 微地形结构变异对定植的影响

由于高位盐沼裸斑区的微地形结构受潮汐扰动的变化不显著，最能体现微地形结构本身（无变异时）对种子截留乃至幼苗定植的影响，因而可以作为参照来分析微地形结构变异对幼苗定植的影响。

从高位盐沼裸斑区微地形结构促进幼苗定植的曲线可以看出［图 8.12（a）］，随着初始边长的增加，盐地碱蓬定植密度呈下降趋势。表明在潮汐扰动较小的区域，较小的微地形结构就能达到较高的定植密度。如果将微地形结构的边长看作修复投入，较小边长的微地形就能取得较好的效益。随着潮汐扰动的增加，较小的微地形结构所具有的高效益（高定植密度）开始下降。这种差异以 80cm 的初始边长为拐点：在 80cm 以前，微地形结构的截留效益随着潮汐扰动的增加即微地形结构稳定性的下降而下降，且初始边长越小的微地形下降程度越大；在 80cm 以后，微地形结构变异对截留和定植的影响不再突出。

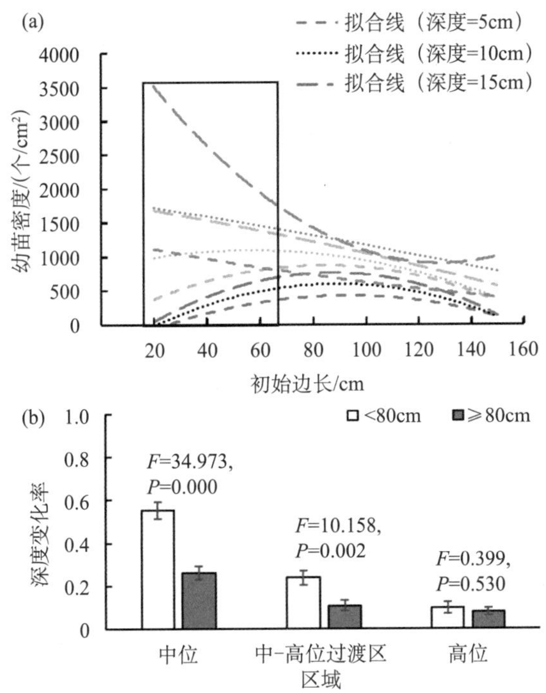

图 8.12　微地形结构深度变化率对定植的影响

(a) 微地形内幼苗密度随初始边长变化的拟合曲线，黑色曲线表示中位盐沼裸斑，黄色曲线表示中-高位过渡区盐沼裸斑区，蓝色曲线表示高位盐沼裸斑区；(b) 三个区域内初始边长<80cm 和≥80cm 的微地形结构深度变化率；数据为平均值±标准误

前述关于微地形结构稳定性的研究已经表明，微地形结构的最终深度在不同区域随初始深度具有不同的变化趋势，特别是在中位盐沼裸斑区，初始边长小于 80cm 的微地形中的深度的变化率要显著高于初始边长大于 80cm 的微地形（$F=34.973$，$P=0.000$）[图 8.12（b）]。这种规律在其余两个区域也存在，但是仅在中-高位过渡区盐沼裸斑显著（$F=10.158$，$P=0.002$），在高位盐沼裸斑区并不显著（$F=0.399$，$P=0.530$）。

这就解释了为什么微地形结构变异主要改变的是较小边长微地形结构的种子截留效率。微地形截留种子实现幼苗定植主要依赖于其不同于裸斑表面的高程差，且这种高程差越大，其所能截留的种子越多。因为盐地碱蓬种子是漂浮于水流表面并随水流扩散的，并在退水时搁浅到盐沼表面。微地形深度越大，储存的水量就越多，在退水过程中种子搁浅到微地形表面的概率也就越大。所以，一定的深度对于微地形结构截留种子是十分必要的。而在微地形结构截留水流的过程中，沉积物也一并沉降到微地形表面。由于泥沙的密度是高于漂浮的种子的，因此泥沙会先于盐地碱蓬种子沉降到微地形表面，致使微地形变浅，截留能力下降。这是对于同一大小的微地形结构来说。当微地形大小不同时，沉积物的沉积效应发生了变化，即越小的微地形沉积效应越明显、越容易被掩埋。因为面积小的微地形容量也小，其沉积负荷的应对能力就比不上面积大、容量大的微地形结构，特别是在沉积量很大时。在沉积量较少的区域，如高位盐沼区，即使是小面积的微地形结构也没有受到显著的影响，因此保留了较高的种子截留能力，且从单位面积来看，其种子截留密度反而要高于大面积的微地形结构。在初始边长大于 80cm 的微地形中，这种随着面积增加定植密度反而减小的规律在三个区域都有出现，表明面积过大的微地形结构并不会增加盐地碱蓬定植密度，这属于微地形结构对种子截留的固有限制。

所以，根据高潮位盐沼裸斑区的微地形结构截留规律可以还原出微地形本身对种子截留的作用，据此可以揭示微地形结构变化对种子截留产生的影响。而微地形结构主要通过与盐沼表面一定的高程差实现对种子的截留，当这种高程差在潮汐扰动下发生变化时，就会影响截留效果，微地形结构在不同区域具有不同的植被定植格局正是潮汐扰动引起的微地形深度变化导致的，而这种影响还受区域沉积量、微地形大小影响，它们共同作用决定了微地形内最终的种子截留量及定植效果。

我们旨在寻求不同潮汐和沉积特征下，具有最优截留效率的微地形结构。由于盐沼湿地环境的多变性，微地形结构本身也会受到影响，而微地形结构的变化会直接影响盐地碱蓬种子的截留效率。因此需要将微地形结构在种子散布到种子萌发这一阶段内的变异考虑在内。不同地区微地形结构的变异程度不同，因而不同地区具有不同的最有效微地形初始结构，而这种最优微地形初始结构可以根据不同地区潮汐频率和沉积速率的限定条件来设定，达到修复目标。在潮汐频率和沉积较大的地区，选择初始尺寸为 80cm、深度为 5cm 的微地形结构能够实现对种子的最优截留效果；在潮汐频率和沉积较小的地区，选择初始尺寸为 20cm、深度为 15cm 的微地形结构能够实现对种子的最优截留效果。

微地形结构作为一个异质性单元在促进盐地碱蓬幼苗定植过程中会受到其空间尺度(尺寸和深度)、潮汐频次及伴随的沉积过程的影响。微地形结构的这种空间尺度制约性也被很多其他研究所证实（Wei et al.，2012)。

8.1.4 微地形对持续定植过程的支持作用

对于盐沼裸斑区来说，微地形对种子的截留和促进幼苗定植作用具有重要意义。首先，盐沼裸斑区缺少母体植被提供种子源，因而只能依靠潮汐携带种子到达；其次，由于缺乏植被结构，即使潮汐可以携带种子达到，种子也很难被截留住。这样就会形成一个负反馈机制：缺乏植被结构和地形异质性导致种子截留率低，种子无法在裸斑表面定植；幼苗无法定植导致母体植被提供的种子源减少，长此以往，整个区域的种子产量会越来越低，裸斑的自我恢复难度也越来越大、面积会越来越大。微地形结构的这一促进作用能够改变这种负反馈机制。通过促进幼苗定植，微地形结构会在盐沼裸斑表面形成一个先锋植被斑块，这个先锋斑块对整个裸斑来说具有重要意义：①提供了地上种子源；②提供了种子截留结构（植被结构)。对于潮汐频率较低的盐沼裸斑来说，这种本地种子扩散机制对于群落恢复是非常重要的（Chang et al.，2007)。因而，微地形定植成功的小斑块是一个正向的反馈机制，有利于打破植物无法在裸斑表面定植的负反馈机制（Taylor et al.，2015）。

由于盐地碱蓬是一年生植物，因此微地形结构能否支持其后续定植过程，进而打破裸斑表面不利于植物定植的负反馈链是非常值得关注的。为此，我们对这些微地形结构进行了持续 3 年（2015～2017 年）的监测，关注微地形结构能否支持盐地碱蓬的持续定植。

在微地形结构截留种子以后实现了幼苗的定植，这些幼苗顺利成长进入成熟期并结籽。根据后续观测，定植成功的微地形在第二年也能维持这种定植效应（图 8.13）。除了微地形结构和微地形内第一年的植被结构可以有效截留种子，微地形定植小斑块还提供了种子源。这些保证了第二年的定植效果。经过 3 年的监测发现，这些微地形结构支持了盐地碱蓬的持续定植，在盐沼裸斑上形成了特定的高密度盐地碱蓬斑块（图 8.14）。

图 8.13　盐地碱蓬在微地形斑块的边缘定植

图 8.14　微地形结构对盐地碱蓬持续定植的支持作用

1. 微地形定植斑块的动态特征

在随后两年的观测和调查过程中，可以发现，微地形结构对盐地碱蓬连续定植的支持作用是显著的（图 8.15），即使不同潮位带的潮汐格局、土壤条件和距种子源距离存在差异，也并未改变微地形的促进效应。虽然盐地碱蓬为一年生植被，其定植格局会存在很大的不确定性，特别是在过往没有盐地碱蓬定植的裸斑区，而微地形扭转了盐沼裸斑区多年缺乏植被定植的负反馈态，形成了稳定、持续的定植斑块。

可以看出，微地形结构内盐地碱蓬的定植密度和斑块面积随着时间增加呈上升趋势，但是这个趋势在不同潮位带有所差异。从密度上看，微地形内第二年的定植密度在中位、中-高位过渡区盐沼裸斑区都显著高于第一年；而到第三年后增长速度趋于平缓，与第二年密度并无显著差异；第二年和第三年定植密度显著高于第一年［$F=16.13$，$P<0.01$，图 8.15（a）；$F=9.75$，$P<0.01$，图 8.15（b）］。由于高位盐沼裸斑区在第一年就达到了较高定植密度，因此，在后续两年中其密度增加趋势并不显著［$F=0.21$，$P=0.81$，图 8.15（c）］。此外，三个区域定植密度的年际差异从中位到高位盐沼裸斑区呈降低趋势。

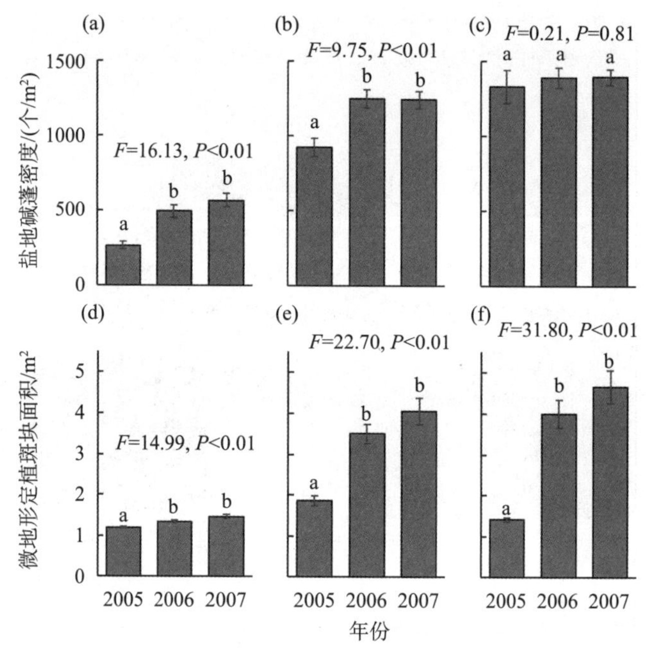

图 8.15　2005～2007 年微地形结内定植的盐地碱蓬密度及定植斑块面积

（a）和（d）表示中位盐沼裸斑区，（b）和（e）表示中-高位过渡区盐沼裸斑区，（c）和（f）表示高位盐沼裸斑区；数据为平均值，误差棒表示标准误；对年际数据使用了单因素方差分析，组内两两比较采用 Tukey's 后置检验，相同字母表示差异不显著

从微地形斑块面积来看，三个区域内微地形的定植数量在第二年和第三年都显著高于第一年［$F=14.99$，$P<0.01$，图 8.15（d）；$F=22.70$，$P<0.01$，图 8.15（e）；$F=31.80$，$P<0.01$，图 8.15（f）］，且年际差异从中位到高位盐沼裸斑区呈上升趋势。这表明，高位盐沼的微地形定植斑块的扩散速度最大。因此，微地形结构在高位盐沼的修复效果更加突出，要好于中-高位过渡区和中位盐沼裸斑区。

2. 微地形的结构特征对持续定植的影响

在后续定植过程中，微地形的结构特征，即边长和深度依然对定植效果产生了显著影响（图 8.16）。在中位盐沼裸斑区，盐地碱蓬定植密度在不同边长处理中均处于较低水平。定植第一年，较高的定植密度出现在边长 60～100cm 的处理中，而最大边长（150cm）处理下的植物定植密度并不高。在定植第二年和第三年中，最大边长处理下的定植密度逐渐增加。在中-高位过渡区盐沼裸斑区，第一年，较高的定植密度出现在

20～100cm 的处理中，150cm 处理下的定植密度也不高。但是在后两年中，80～150cm 处理下的定植密度有所上升。在高位盐沼裸斑区，第一年的最大定植密度出现在 20cm 处理中，并随着边长的增加呈下降趋势。这种趋势在后两年中也有所改变，表现为 20cm 处理对定植的优势下降，而 60～150cm 的处理逐渐升高。总体来看，虽然第一年各区域的定植密度随边长的变化规律不同，但是在后两年定植过程中，它们趋于一致，表现为不同边长处理组间的差异性在降低。这表明，即使在第一年定植效果较差的边长处理在后续定植过程中也会得到弥补。说明微地形对定植的促进效应是持续的，即使第一年定植效果不好，在后续过程中也会变好；当第一年就已经达到较好的定植效果时，后续定植过程中定植密度增加的潜力相较于第一年未达到较好定植效果的微地形来说会有所降低。总体上看，在较长时间尺度上，第一年较大边长处理的微地形结构对定植的制约消失了。从后续定植效果来看，较大边长微地形结构具有比较小边长微地形结构更好的持续性。

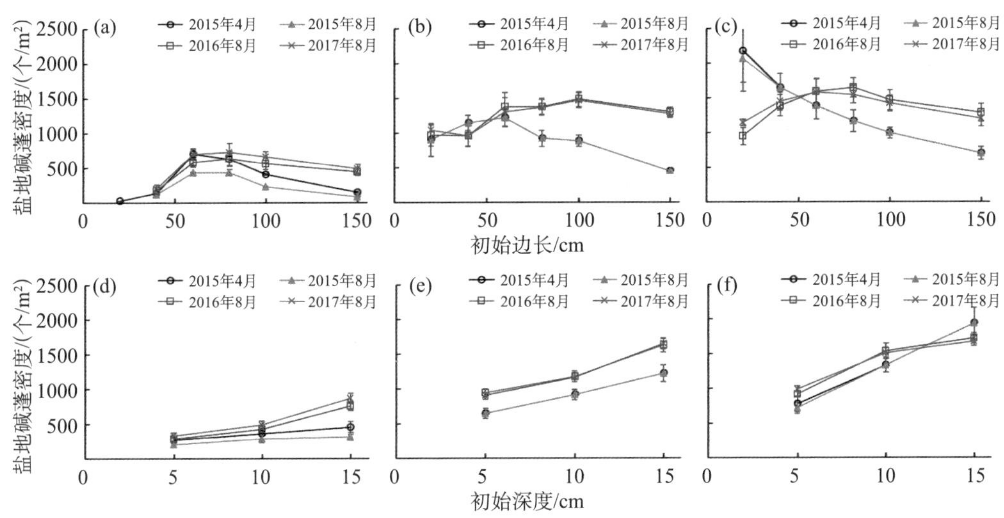

图 8.16　微地形结构特征对盐地碱蓬持续定植效果的影响

(a)～(c) 表示定植密度在微地形边长处理上的变化规律；(d)、(f) 表示定植密度在微地形深度处理上的变化规律；(a) 和 (d) 表示中位盐沼裸斑区；(b) 和 (e) 表示中-高位过渡区盐沼裸斑区；(c) 和 (f) 表示高位盐沼裸斑区；数据表示为平均值±标准误

与边长处理相比，微地形的深度对定植的促进效应较为一致，即随着深度增加而增加。这种趋势在后续定植过程中也一直存在。因此，从长期来看，较大的微地形边长和较深的深度更有利于植物的连续定植。

为了比较微地形边长和深度处理对植物定植密度产生的影响在时间尺度上的变化趋势，我们计算了不同定植年限中，定植密度在微地形深度处理和边长处理上的变异性(CV，利用各处理组定植密度的标准差比平均值得到)(图 8.17)。可以看出，三个区域内，定植密度在边长处理组的变异系数表现出相同趋势，即在时间尺度上呈下降趋势；而定植密度在深度处理组的变异系数在时间尺度上却呈现不同的变化趋势。对于中位盐沼裸斑区来说，深度处理组的变异系数随着时间增加呈上升趋势；而高位盐沼的深度处理组的变异系数在时间尺度上却呈现出相反趋势，即随着时间增加而下降；与二者均不同的是，中-高位过渡区盐沼裸斑区的定植密度在深度处理下的变异系数随时间变化保持平稳趋势。这说明，在高位盐沼裸斑区，微地形深度促进效应在第一年最大，后续过程中对定植的促进效应所有降低；而中位盐沼裸斑区则恰恰相反。只有中-高位盐沼裸斑区微地形深度的促进效应在年际上没有显著变化，一直处于中位和高位盐沼裸斑区的中间水平。

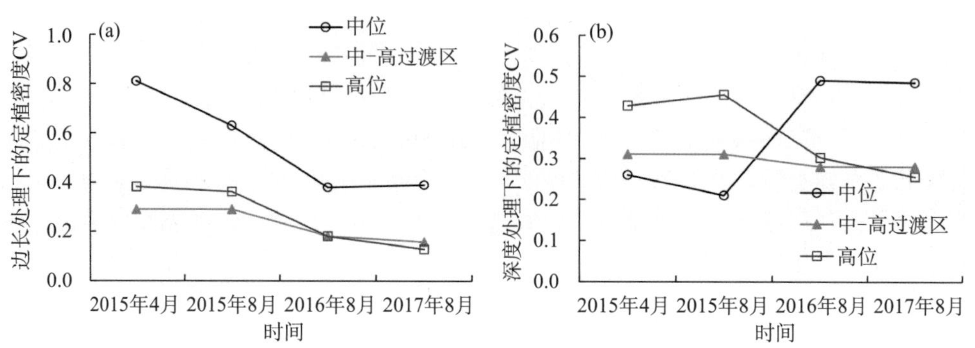

图 8.17 微地形边长和深度处理下的定植密度变异系数（CV）

由于微地形第一年定植小斑块提供了种子源和植被结构，因此即使微地形结构被填平也会对后续的定植阶段起到促进作用。对于初始深度较大的微地形结构来说，它们在第二年或后续定植过程中存在三个方面的促进效应：①微地形结构截留种子；②微地形内第一年定植的植被结构截留种子；③微地形内第一年定植的植被提供种子。然而对于初始深度较小的微地形结构而言，其接纳沉积物的容量小于较深的微地形结构（如果边长一样），因此在垂直方向上很难维持一定的深度。因此，相较于初始深度较大的微地形结构来说，初始深度较小的微地形结构会少了微地形结构本身对种子的截留这一效应。虽然后续定植效果依然可以保证，但是定植密度低于初始深度较大的微地形结构。

第二年的盐地碱蓬定植主要还是在微地形结构范围内，其定植需要一定的空间。除了在第一年植被的根部继续定植，很多盐地碱蓬还会占据第一年定植后剩余的空间。从盖度上来看，即使对于第一年盐地碱蓬盖度达不到 80%的微地形结构，它们在第二年的定植盖度都会达到 100%。由于微地形结构在后续定植过程中的三个促进效应，第二年微地形内的盐地碱蓬定植效果差异越来越小。三种促进机制的联合效应补偿了第一年微地形结构对定植效果的制约效应和微地形结构变异性带来的制约效应。这种联合效应的定量化还需进一步研究。

8.2 微地形促进植物定植的影响因子及其响应关系

凹地微地形结构解除了滨海盐沼裸斑表面的种子截留限制，打破了盐沼裸斑植被再定植过程中的瓶颈，这对于盐沼裸斑植被的恢复，以及退化、重建湿地的修复具有十分重要的意义。在盐沼裸斑表面，地形因子（如缺乏异质性）就在种子截留这一阶段产生了显著影响，几乎没有种子能够通过地形因子的“筛选”作用进而进入到下一生命周期过程。微地形结构的设置改变了地形因子“环境筛”的作用效果，提供了种子进入下一生命周期过程的机会。在后续定植过程中，种子依然会受到潮汐梯度上的“环境筛”作用。但是，由于微地形结构的存在，原有的潮汐梯度上的“环境筛”作用会受到微地形结构的“修饰”，这与自然盐沼表面种子停留后所经历的“环境筛”作用显然会有所不同。此外，微地形结构本身也会受到潮汐的影响。虽然微地形结构主要是在种子扩散阶段发挥作用，但是微地形结构的稳定性受到潮汐作用下的沉积格局的影响，因此微地形结构在不同潮汐梯度下的稳定性也是不同的，进而对种子截留过程的作用效果也是不同的。综上，需要从植物定植全生命周期的角度来探讨微地形的作用效果。由于盐沼环境多变、复杂，具有很高的空间异质性，因此，从微地形的应用角度来看，需要将这种异质性考虑在内，揭示微地形定植过程及最终格局的空间异质性。

因此，我们从植物定植生命周期角度对不同潮汐梯度上的微地形定植效果展开研究，以揭示微地形结构对不同潮汐梯度上“环境筛”的影响，在微地形结构和潮汐梯度共同作用下的生命周期各阶段决定性环境因子，以及这些关键环境因子与生命周期各阶段相互作用的累积效果和最终定植格局。

8.2.1 植物定植生命周期模型及潮汐梯度设置

1. 植物定植生命周期概念模型

本节利用植物生命周期模型来阐释微地形结构对定植的影响（图 8.18），及其在潮汐梯度上的异质性。10 月至次年 4 月间，即种子成熟下落期至种子萌发前期，这一段时间主要为种子扩散期。种子扩散可以分为两种：种子成熟并从母体脱落到地面为一次扩散；种子落到地面后随潮汐运动属于二次扩散（Nathan and Muller，2000）。在种子被截留和萌发之前，可以随潮汐进行多次二次扩散。在种子扩散期间，微地形结构可以多次截留随潮汐漂浮的种子，而微地形内的种子也有可能随着潮汐再漂浮起来。可见，在扩散期间种子进出微地形是一个动态的过程，而对定植起作用的则是最终截留到微地形内并萌发的种子。因此，以微地形结构内萌发的幼苗作为截留的种子数计量，在此期间，被微地形截留的种子受到潮汐事件及其影响下的微地形深度结构的影响。被微地形截留后，种子的萌发受到土壤水盐条件和潮汐淹水的影响。当温度合适时，盐地碱蓬种子能够快速萌发。考虑部分种子扩散和萌发的滞后性，将种子萌发期设定为 4～5 月，对此期间的种子萌发率进行测定。在 4～8 月，陆续萌发幼苗会继续受到潮汐淹水的影响。此间，虽然土壤水盐条件也会对生长造成影响，但是种子萌发对土壤水盐条件的响应更为敏感（贺强，2012；谢湉，2017），当区域的水盐条件没有对种子萌发造成影响时，土壤水盐条件也不会对后续的生长造成胁迫。虽然土壤水盐条件存在时间上的变异性，但是在无极端事件（如干旱）的影响下，一个区域的水盐条件具有一定的稳定性，盐度和含水量值仅在一定的范围内波动。因此，土壤水盐条件对植物定植的影响主要设定在对萌发期的影响，只有首先满足了种子萌发条件，才会有后续生长过程。如果一个区域的水盐胁迫压制了种子的萌发，那么生命周期过程便停止在种子萌发这一阶段，即种子萌发没有通过土壤水盐条件的“环境筛”作用。到了9月，突破潮汐淹水胁迫生长至成株的个体种子逐渐成熟，并开始下落，进入下一个生命周期过程。将9月的盐地碱蓬格局作为一个生命周期结束的最终格局。

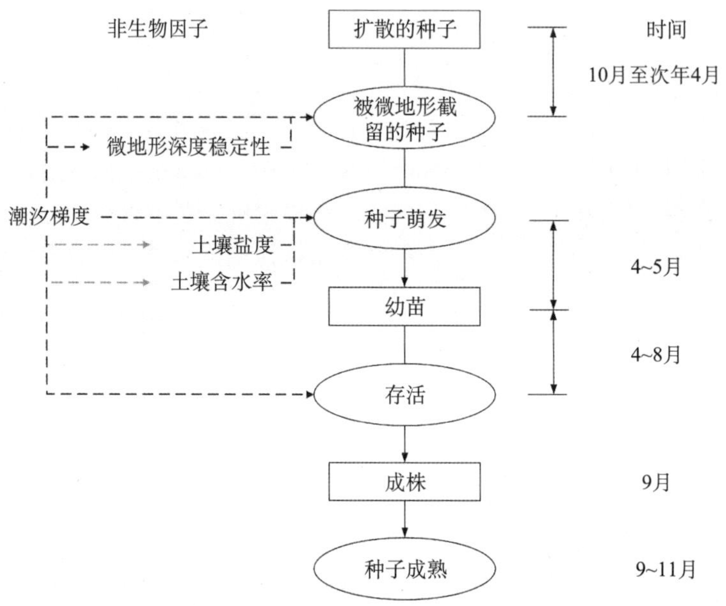

图 8.18　植物生命周期概念模型及各阶段的影响因子

矩形表示生命周期各阶段，椭圆形表示生命周期过程，黑色单箭头表示生命周期的进程，黑色双箭头表示时间段，黑色虚线箭头表示直接影响，灰色虚线箭头表示间接影响；左侧表示对生命周期过程产生影响的因子，右侧表示各阶段和过程对应的时间

由于是盐沼裸斑表面的植物定植，因此无物种间相互作用关系（如竞争、植食）对生命周期过程产生影响。

2. 潮汐梯度和微地形实验设置

潮汐梯度提供了一个典型的变动性环境，在潮汐梯度上淹水（非生物限制）和干旱（资源限制）都表现出极强的时空异质性，具有了极强的“环境筛”作用（Fraaije et al.，2015）。为了保证潮汐梯度的连续性和完整性，同时为了排除区域环境异质性（如土壤条件）对定植结果的影响，选择中位-高位盐沼一条主潮沟（宽2.78～3.25m，深0.81～1.26m）经过的开放裸斑作为实验区，在潮沟两侧的裸斑上各布设三条垂直于潮沟断面的样线（图8.19），每条样线按照距潮沟一定距离设置8个样点。6条样线高程分布在0.7～1.3m（图8.20），基本位于平均小潮高潮位（MHWN）到平均大潮高潮位（MHWS）之间。每个样点设置3个重复，即每条样线上共有24个实验点位。

为了对植物定植每一生命周期阶段进行单独研究，并与微地形内的定植格局作对照，在每个实验点位上设置了4个实验：微地形实验、种子捕捉实验、种子萌发实验及幼苗存活实验（图8.19）。

1）微地形实验设置

于2015年10月在每个点位设置50cm×50cm×10cm（边长×边长×深度）的统一

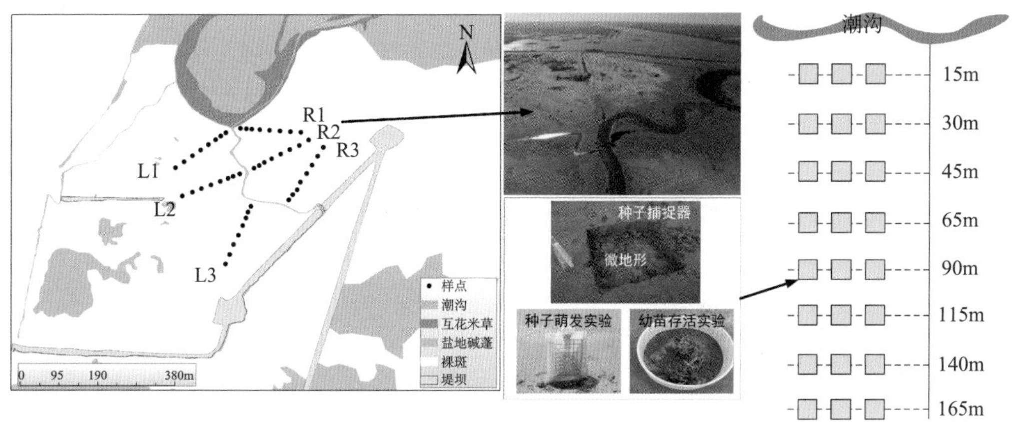

图 8.19 潮汐梯度设计及实验布设

L1、L2、L3、R1、R2、R3 表示布设的样线

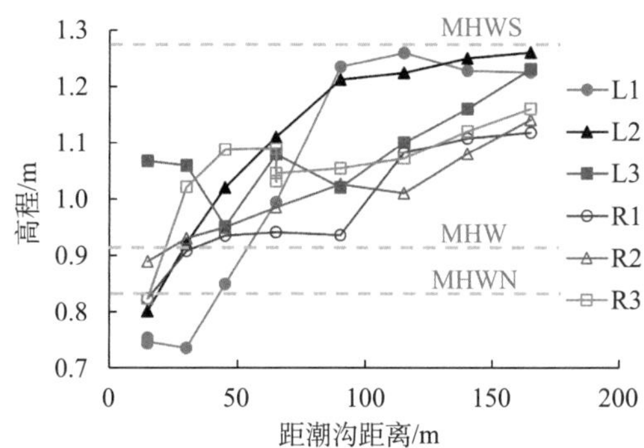

图 8.20 样线高程分布

MHWN 表示平均小潮高潮位；MHW 表示平均高潮位；MHWS 表示平均大潮高潮位

微地形结构。在设置微地形结构的同时，用环刀采集微地形结构内、外土壤样品带回实验室进行常规分析，测量指标包括土壤种子库、土壤盐度和含水率。于 2016 年 4 月对微地形内的幼苗数量和微地形结构特征（边长和深度）进行测定。此后，每隔一个月对微地形内的植物数量进行测定，直至 9 月。

2）种子捕捉实验

为了了解不同潮汐梯度下的种子到达量差异，于 2015 年 10 月在每个微地形结构附近埋设种子捕捉器。于 2016 年 4 月取出种子捕捉器，对捕捉器内的沉积物、种子数和萌发的幼苗数进行测定。

3）种子萌发实验

为了了解潮汐梯度上种子萌发过程的差异，利用种子添加实验对不同潮汐梯度下萌发条件进行了检测。于 2016 年 3 月在每个点位微地形结构附近埋设一个深度为 7.5cm、直径为 7.5cm 的薄皮塑料花盆，盆口与裸斑表面齐平。将裸斑表层土壤放入花盆内，并在深度为 1cm 处均匀撒入 50 粒去年从附近盐沼收集的盐地碱蓬种子。为了防止外来种子的影响，在坑洞外设置一个高 15cm、直径 10cm 的铁丝笼，铁丝笼外围用孔径小于 1mm 的细纱网覆盖。于 2016 年 4～5 月对萌发结果进行测定。

4）幼苗存活实验

为了对幼苗生长阶段的存活情况进行了解，采用幼苗移植实验对不同潮汐梯度下的存活条件进行了检测。于 2016 年 4 月对附近盐沼的盐地碱蓬幼苗进行采集，采集过程中利用直径为 10cm 的 PVC 管对幼苗进行原状土移植，将带原状土的盐地碱蓬幼苗连同 PVC 管一同埋入实验点位，保证原状土表面与裸斑表面齐平。移植过程中选择长势一致、高度约为 5cm 的幼苗进行移植，保证每个 PVC 管内的幼苗数在 20～30。为了缓解移栽胁迫，在移植后的一周内每隔 2～3 天进行淡水浇灌（贺强，2012）。每个月对移栽幼苗数目进行记录，直至 2016 年 9 月。

3. 潮汐水文特征

相比较于平坦的盐沼表面，垂直潮沟样线上的高程和潮汐水文特征在较小的空间尺度上就能达到较高的变异性，十分有利于潮汐梯度设置。实验区有 10.42%的样点处于潮下带的高程范围（<MHWN，平均小潮高潮位），6.25%的样点处于低位盐沼的高程范围（MHWN-MHW，平均小潮高潮位和平均高潮位），83.33%的样点处于中位盐沼的高程范围（>MHW，平均高潮位）。根据水位计记录的潮汐水位数据，这些区位样点的淹水特征存在较大差异（图 8.21）。在时间尺度上，处于潮下带高程范围的样点的淹水频率和累积淹水时间都处于较高水平，不随时间变化而发生显著变异；处于低位盐沼高程范围的样点淹水频率和累积淹水时长处于中间水平，表现出一定的干湿季特点；处于中位盐沼高程范围的样点淹水频率与累积淹水时长都处于较低水平，由于样点数目最多，所以月份内的潮汐特征也存在较大差异，均体现出显著的干湿季特点，从 10 月开始，淹水频率和时间逐渐减小，直到第二年的 5 月开始逐渐增加。

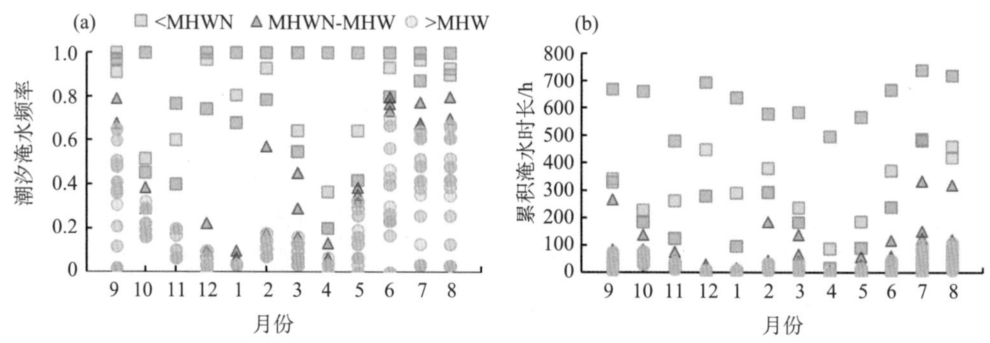

图 8.21 样点水文特征在时间尺度上的变化

MHWN 表示平均小潮高潮位；MHW 表示平均高潮位

潮汐淹水特征随高程变化而显著变化。淹水频率随着高程的增加而降低［图 8.22（a）］，呈指数下降趋势。各样点的平均最大淹水水深在 0.1～0.3m，与淹水频率不同，最大淹水水深随着高程的增加呈二次曲线关系，高程在 0.9～1.1m 的样点具有较高的最大淹水水深［图 8.22（b）］。来潮日的平均日淹水时间与淹水频率类似，随着高程的增加呈下降趋势［图 8.22（c）］，平均日淹水时间跨度较大，在 2～21h，但是 95.83%的样点日淹水时间低于 12h。

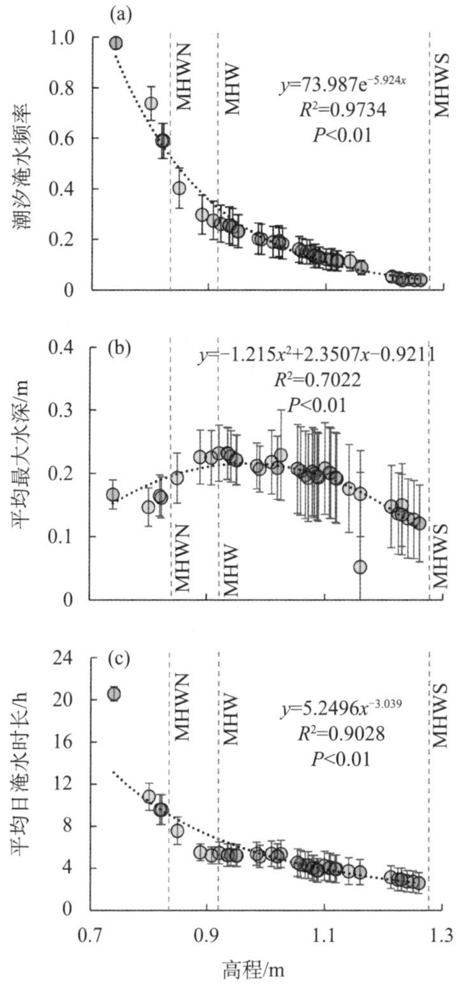

图 8.22 研究区样点月尺度水文特征在高程梯度上的变化趋势

MHWN 表示平均小潮高潮位；MHW 表示平均高潮位；MHWS 表示平均大潮高潮位。数据表示为平均值±标准误

4. 潮汐梯度上的土壤水盐特征

潮汐诱导下的地下水流动在滨海环境沉积物-水界面引起了显著的溶质交换（辛沛和李凌，2007），潮滩土壤的水盐特征受到了潮汐活动的显著影响（Long，1983；Adam，1990）。海水进入土壤后，通过蒸散发参与水循环过程，引导着水分在土壤中运动。因此，土壤水盐特征处于动态变化中，具有明显的季节变化和年际变化（Adam，1990；Allison，1992；Houle et al.，2001）。这也是潮汐频率、气温、降水、蒸散发、地下水和地表水输入、植被盖度等因素综合作用的结果（Wang et al.，2007）。

通常盐分梯度和潮汐作用平行（Pennings et al.，2005），即潮汐作用频繁的地区，盐分往往较高，通常接近海水盐度，而潮汐作用较少的地区，盐分往往较低，也即随着自海向陆高程的逐渐增加，盐分随潮汐作用的减小而减小（贺强，2012）。所以盐沼中的土壤水盐特征与潮汐梯度具有一定的相关性。但是，并非所有的区域都呈现这个规律。从海陆梯度上来看，一些盐沼土壤在中、高潮滩盐度达到峰值（Pennings et al.，

2005；Wang et al.，2007），这是一种全球性的普遍规律（He et al.，2009；Silvestri et al.，2005）。相较于低潮滩盐沼，中、高潮滩盐沼潮汐作用频率较少，当纬度较低时，较高的气温导致地表水分的强烈蒸散发，导致地表盐分的大量积累；而在高纬度地区，由于气温较低，这一过程并不足够明显（Bertness and Pennings，2000；贺强，2012）。因此，由于其他因素的影响，盐沼土壤的水盐特征并不一定与潮汐梯度呈现一致的变化规律。

根据测定的土壤盐度和含水率，它们在潮汐梯度上并没有很明显的变化趋势，与距潮沟距离、高程及淹水频率的相关性均处于较低水平（图 8.23）。大体上，土壤盐度与含水率在潮汐梯度上呈相反的变化趋势：土壤盐度在水量增加（或水文连通增强）的方向上呈降低趋势，土壤含水率在水量增加（或水文连通增强）的方向上呈增加趋势。这与其他类似研究的规律相符（骆梦，2017）。一些类似研究表明（贺强，2012；骆梦，2017；谢湉，2017），在远离潮沟或浅海的区域，潮汐干扰频率较低，土壤中的盐分易随土壤水分蒸发而聚集在土壤表层，进而形成高盐、低水分特征的土壤条件；而在潮沟附近或距海距离近的区域，由于潮汐干扰频率大，土壤中的盐分不易在土壤中积聚，从而具有较小的盐度和较高的含水率。根据大量的实测数据及类似研究，盐沼湿地土壤中的盐度和水分往往呈负相关关系，呈现此消彼长的规律（$R^2=-0.618$，$P<0.01$）（贺强，2012；骆梦，2017；谢湉，2017）。因此，从一般意义上来说，潮汐频率高的区域的土壤水盐条件往往更利于植物生长。

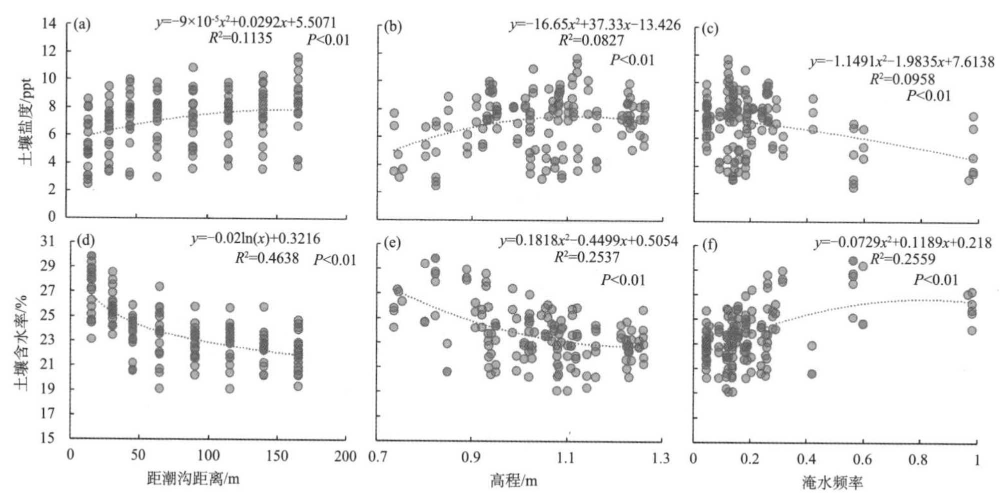

图 8.23　土壤盐度和含水率在潮汐梯度上的变化规律

由于样线数量较多，因此即使是处于同一潮汐梯度上的土壤水盐条件往往也存在较大的差异，且土壤盐度的变异程度高于土壤含水率（表 8.5）。实验区的整体土壤盐度变异系数为 28.7%，6 条样线上距潮沟不同距离处的样点土壤盐度变异水平基本围绕该值波动；整体土壤含水率变异系数为 9.70%，6 条样线上距潮沟不同距离处的样点土壤盐度变异水平均低于该值。可见，土壤水盐特征的空间异质性程度较高，所以在潮汐梯度上无法呈现收敛性的变化趋势，说明潮汐梯度仅能预测土壤水盐特征的大致变化趋势，但无法对其变化趋势进行准确描述和预测。实验区的土壤盐度位于2～14ppt，土壤含水率在 17%～31%，虽然具有较大的空间异质性，但都处于适宜盐地碱蓬生长的阈值范围以内（贺强，2012；谢湉，2017）。

表 8.5　距潮沟不同距离处样点土壤盐度和含水率的空间异质性

土壤盐度和含水率空间异质性		距潮沟不同距离								
		整体	15m	30m	45m	65m	90m	115m	140m	165m
土壤盐度	平均值/ppt	7.08	5.36	6.48	7.32	7.26	7.13	7.29	7.62	8.17
	标准误/ppt	0.17	0.45	0.42	0.45	0.43	0.46	0.43	0.44	0.54
	变异系数/%	28.70	35.61	27.53	25.99	24.87	27.46	25.13	24.46	27.87
土壤含水率	平均值/%	23.7	27.12	25.70	23.37	23.48	22.84	22.80	22.50	22.13
	标准误/%	0.19	0.48	0.32	0.38	0.51	0.31	0.38	0.31	0.36
	变异系数/%	9.70	7.58	5.32	6.97	9.15	5.83	6.98	5.76	6.97

5. 潮汐梯度上的沉积特征

在潮汐水文过程中，潮汐也会携带泥沙，并在盐沼表面沉降，进而影响到微地形结构的深度。一般的研究表明，沉积量与沉积源强及扩散距离有关（Van Proosdij et al.，2006）。沉积负荷越大，距离越近，沉积量越大（Van Proosdij et al.，2006）。从实验区的空间尺度来看，潮沟即是水流和泥沙的源和汇，潮沟可以当作泥沙源，距潮沟的距离可以当作扩散的距离。

从种子捕捉器中收集到了种子扩散期间的累积沉积量，其在潮汐梯度上呈现出显著的规律性（图 8.24）。沉积量随着距潮沟距离的增加而下降，且相关程度较高、趋势显著（$R^2=0.73$，$P<0.01$）；沉积量在高程梯度上呈显著的下降趋势，但相关程度低于距潮沟距离（$R^2=0.54$，$P<0.01$）；沉积量在淹水频率梯度上呈先增加、后平缓的趋势，即从 40%淹水频率开始不再增加（$R^2=0.54$，$P<0.01$）。这与类似研究的结论一致，即沉积量的大小与源强和源距离相关。多年以来对沉积的研究已经总结出沉积量的经验公式：沉积量可以看作源区的沉积负荷随高程、距潮沟距离和所在潮沟断面到海距离三个增加的衰减函数（Temmerman et al.，2005）。从更大的空间尺度上来看，将近海看作沉积的来源，因此盐沼表面的沉积量需要由两个距离计算得到，即潮沟断面到海的距离和盐沼表面到潮沟断面的距离，这基本反映了泥沙随潮水运移的路径。实验区所覆盖的潮沟段在 150m 以内，从小尺度上来看，该段潮沟可以看作泥沙的“源”。因此沉积量呈现出随距潮沟距离增加而衰减的规律。对于沉积量来说，距潮沟距离不仅代表了潮汐梯度，还代表了距“源”的距离。而高程梯度和淹水频率仅反映了潮汐水量的梯度，对距泥沙“源”的距离表征度不够。所以，沉积量在潮汐梯度上大致呈现随水量降低而减少的趋势，而在距潮沟距离梯度上呈现更显著的降低趋势。从描述和预测沉积量上来说，距潮沟距离是更准确的指标。

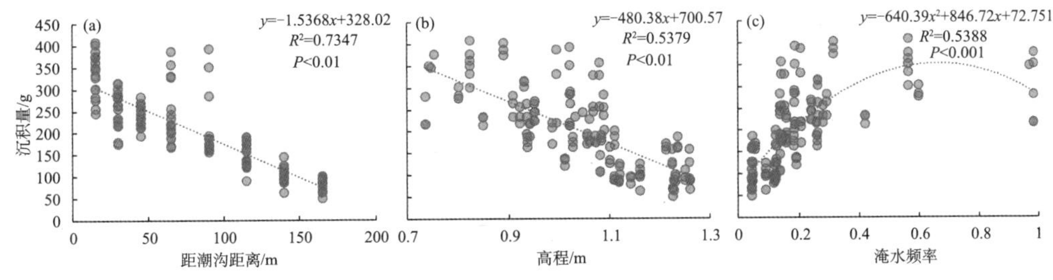

图 8.24　潮汐梯度上的沉积特征

8.2.2 潮汐梯度对微地形结构的影响

微地形结构的稳定性受到潮汐扰动及沉积过程的影响，进而对种子截留效率产生影响。扩散期结束后，微地形结构发生了显著变化，即边长变长、深度变浅。其中，边长变化率在潮汐梯度上没有显著的变化趋势［图 8.25（a）～(c)］，除了个别微地形结构（12.5%）边长变化率超出 1，87.5%的微地形结构边长变化率都在 1 以内，而这些边长变化率超出 1 的微地形结构多位于 L3 和 R3 样线的中部位置，体现出一定的区域性。与边长变化率不同，微地形深度变化率在潮汐梯度上具有显著的趋势性［图 8.25（a）～(c)］：在高程梯度上，深度变化率呈先增加后降低的趋势（$R^2=0.5424$，$P<0.01$），在高程 0.9～1.1m 时深度变化率最大，即随着高程的增加而增加；在距潮沟距离梯度上呈降低趋势（$R^2=0.3126$，$P<0.01$），当距离大于 90m 以后，微地形结构的深度变化率显著降低；在淹水频率梯度上，深度变化率也呈先增加后降低的趋势（$R^2=0.4348$，$P<0.01$），最大值在 20%～40%淹水频率之间。

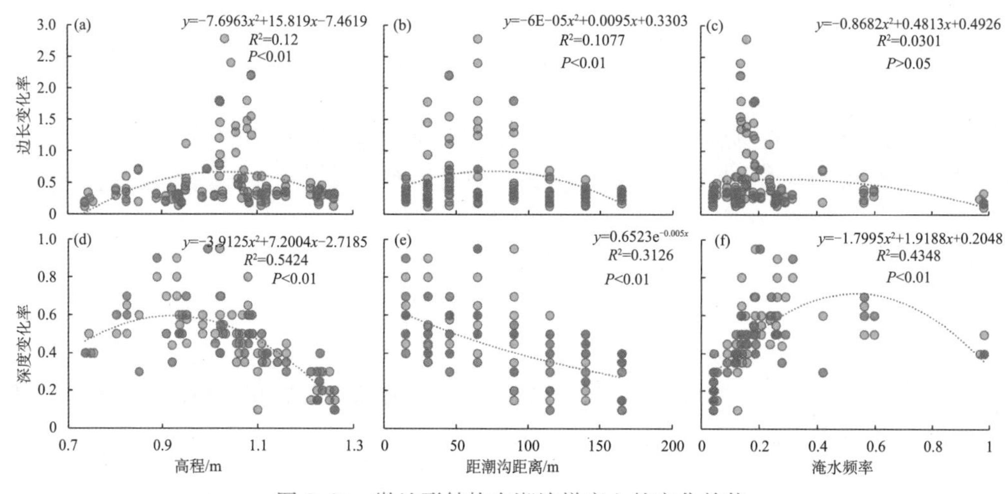

图 8.25 微地形结构在潮汐梯度上的变化趋势

微地形深度变化率与沉积量呈显著的正相关关系（图 8.26）。总体上来看，大多数断面上微地形尺寸的最大变化率并不一定位于近潮沟侧或远潮沟侧，而是在距离潮沟中间距离的位置；对于微地形深度变化率来说，基本随着距潮沟距离的增加而降低，但是在一些中间区域深度变化率也可能较大。

8.2.3 潮汐梯度对植物定植生命周期阶段的影响

1. 对种子输入的影响

对于有植被地区来说，种子来源于母体植物，种子输入不会成为植物定植的限制条件；对于无植被地区来说，由于缺乏母体植物提供的种子来源，定植过程会受到种子输入的限制。因此这些地区的种子输入只能依赖于其他来源，如土壤种子库、潮汐携带。然而，对土壤样品中种子库的调查显示，盐沼裸斑区的土壤中没有种子，因此，种子输

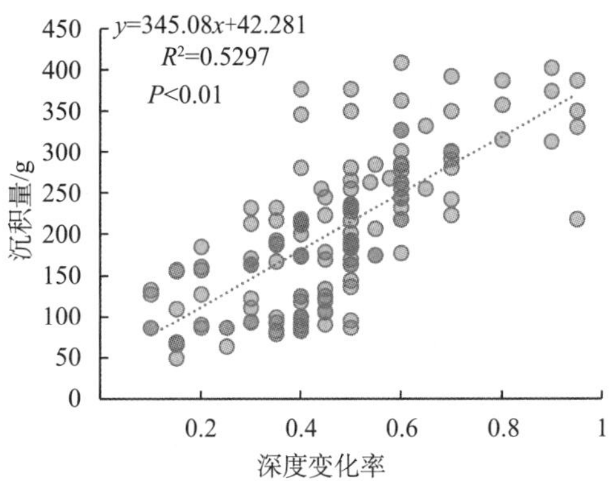

图 8.26 沉积量与深度变化率之间的关系

入只能依赖于潮汐携带。

种子捕捉器是一种深度较深、面积较小的种子陷阱，对种子具有很高的捕捉效率。与微地形结构不同的是，进入种子捕捉器的种子很难再逃逸出去。因此种子捕捉器内捕捉到的种子量可以看作是该处的潜在最大种子到达量。潜在最大种子到达量是与区位条件相关的一种固有属性，即在该处的区位条件下可能经过的最大种子量。在实际中，这些到达的种子却不一定就能停留在该处。首先，由于区位截留条件的差异，一次潮汐周期中到达的种子不能完全被截留住；其次，由于扩散期内会经历多次潮汐过程，上一次潮汐携带到此的种子遇到下一次潮汐过程又会重新漂浮再扩散。因此，即使某一点位具有很高的潜在最大种子到达量，也并不意味着该处的种子停留量最大。在自然条件下或微地形条件下，潜在最大种子量很难实现。

利用种子捕捉器对潮汐梯度上的潜在最大种子到达量进行了测定，结果表明种子到达量在潮汐梯度上具有显著的趋势性（图 8.27），且与沉积量的趋势类似。在高程梯度上，种子到达量随着高程的增加而降低（$R^2=0.5092$，$P<0.01$）；在距潮沟距离梯度上，种子到达量随着距潮沟距离的增加而降低（$R^2=0.7839$，$P<0.01$）；在淹水频率梯度上，种子到达量随着淹水频率的增加呈先增加后平缓的趋势（$R^2=0.5184$，$P<0.01$），约在 60%淹水频率处趋于平缓。

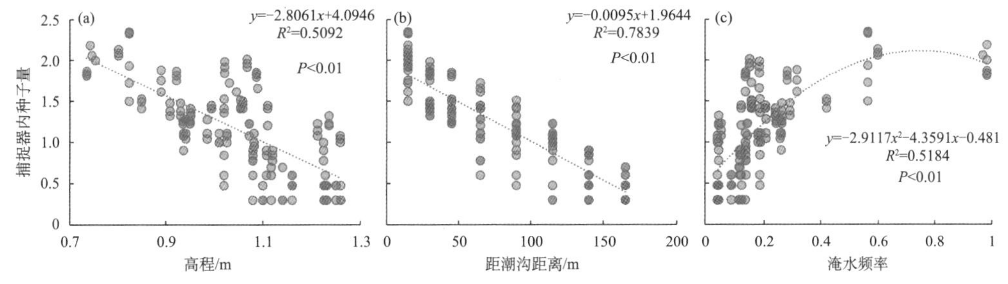

图 8.27 种子输入量在潮汐梯度上的变化趋势

种子量数据经过 lg(x+1) 转换

总体来看，种子到达量在潮汐梯度增加的方向是呈增加趋势的。但是，与沉积量类似，种子到达量在距潮沟距离梯度上的趋势最为显著。因为种子扩散也是一个随距离增加而衰减的过程（Nathan and Muller，2000）。种子的扩散模型将种子扩散看作是源在近海侧，进入潮沟后种子浓度随着潮沟到海距离增加而衰减的过程（McDonald，2014）。从这个意义上说，种子扩散与沉积量有着类似的扩散途径。因而对于某一段潮沟的两侧来说，该段潮沟即可看作种子向两侧扩散的源。

2. 对种子萌发的影响

种子添加实验揭示了在不考虑种子截留限制的前提下，潮汐梯度对独立的萌发阶段的影响。随着距潮沟距离的增加，盐地碱蓬种子萌发率呈显著降低趋势（$R^2=0.5453$，$P<0.01$）（图 8.28）。在淹水频率梯度上，种子萌发率呈微弱的上升趋势，但规律性较差；在高程梯度上，种子萌发率随着高程的增加而降低。综合来看，在淹水频率和高程梯度上，种子萌发率的拟合曲线拟合度均低于与距潮沟距离的拟合度（R^2 分别为 0.2218 和 0.2376，$P<0.01$），表现出的增加或降低规律不是特别明显。

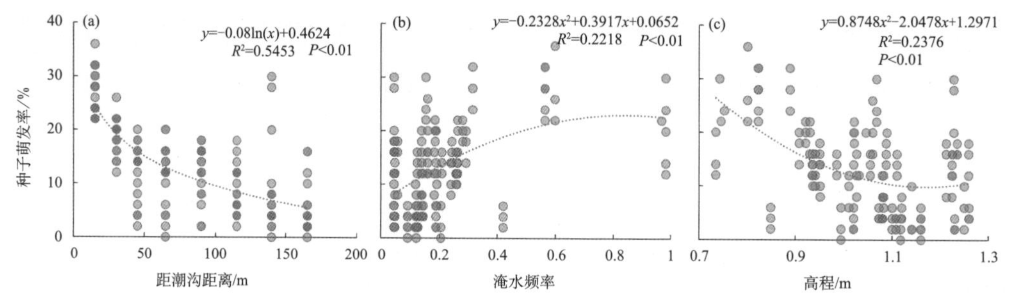

图 8.28　种子萌发率在潮汐梯度上的变化趋势

除了潮汐淹水，种子萌发与土壤水盐条件的关系反而更为紧密。当土壤含水率大于24%、盐度低于 8ppt 时，盐地碱蓬种子具有较高的萌发率（>20%）（图 8.29）。在不考虑土壤水盐条件的影响时，盐地碱蓬种子萌发率在淹水梯度上表现出更显著的规律性，即随着淹水频率和淹水时长的增加而降低。但是在野外环境中，土壤水盐条件存在着巨大的空间异质性，虽然也在潮汐梯度上表现出一定的规律，但是相关程度较低。因此在实际情况中，由于土壤水盐条件的空间异质性，种子萌发在潮汐梯度上的变化规律并不显著。

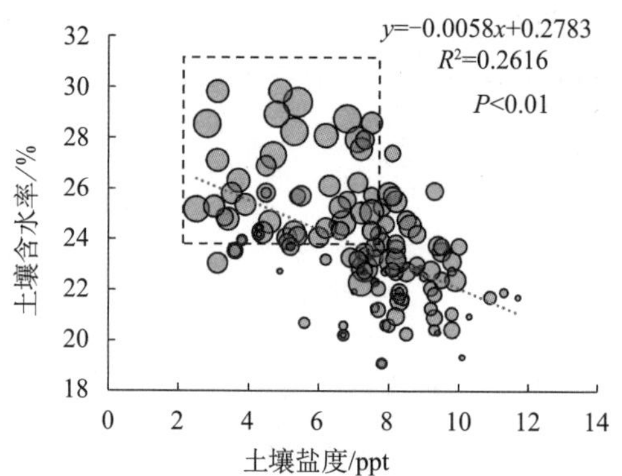

图 8.29　土壤水盐条件对种子萌发的影响

圆圈大小表示萌发率的高低，黑色虚线矩形框表示较高萌发率所对应的土壤水盐区域

前述潮汐梯度对土壤水盐条件的影响显示，土壤水盐条件在潮汐梯度上也并没有很

强的规律性，与淹水频率和高程梯度相比，土壤水盐条件在距潮沟距离梯度上相关程度更高（图 8.23）。因此，与土壤水盐条件联系更为紧密的盐地碱蓬种子萌发率也在距潮沟距离梯度上呈现出更高的相关性（$R^2=0.55$，$P<0.01$）。

根据谢湉（2017）在温室中测定的盐地碱蓬种子萌发率在土壤盐度梯度和水分梯度上的变化特征可以看出，在水分条件适宜（土壤含水率 50%），仅考虑土壤盐度时，适宜种子萌发的盐度区间较广，在 0～20ppt 种子的室内萌发率都在 30%以上：在不同的盐度条件下，土壤含水率在 40%～60%时，盐地碱蓬种子萌发率才会达到 20%以上。因此，裸斑区的土壤水盐条件均位于适宜盐地碱蓬种子萌发的区间之内，不会造成定植限制。

3. 对植物存活的影响

与种子萌发相比，潮汐梯度对盐地碱蓬幼苗存活的影响更显著（图 8.30）。盐地碱蓬幼苗存活率与距潮沟距离、淹水频率和高程的相关程度都较高（曲线拟合度分别为 $R^2=0.555$、0.5865 和 0.5507，$P<0.01$）。在距潮沟距离梯度上，幼苗仅能在距潮沟 65m 以内的范围内存活，65m 以后幼苗全部死亡；在淹水频率梯度上，幼苗存活率随淹水频率增加呈先增加后降低的趋势，当淹水频率在 20%～60%时，幼苗存活率最高；在高程梯度上，幼苗存活率随高程增加呈降低趋势。

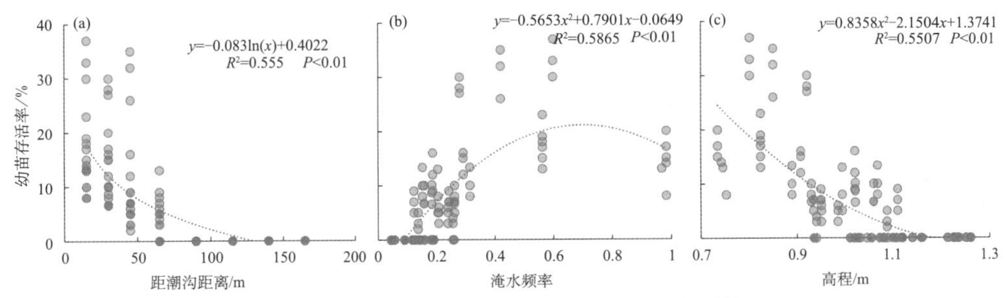

图 8.30 幼苗存活率在潮汐梯度上的变化趋势

在野外的实际情况中，潮汐梯度的两端，即湿润端与干旱端都不利于幼苗的存活。虽然潮汐梯度的干旱端也有其他的水分来源补给，如降水、地下水等，但是这些水分补给仍然无法缓解水分损失造成的干旱。一般情况下，在种子萌发后不久就会进入幼苗期，因此幼苗生长期会从 4 月持续到 8 月。4～5 月，仍处于干季末端，水分补给不充分；而 5 月以后虽然进入湿季，但是随着温度的不断升高土壤蒸散发也不断增强。因此，盐沼表面对潮汐水分补给的依赖性更强，远潮沟的干旱端在幼苗生长期可能面临着春旱和高强度土壤蒸散发带来的缺水胁迫。

此外，由于远潮沟端面临着更为严峻的移栽胁迫，也加剧了幼苗的死亡。在实验期间，死亡的幼苗并不出现在后期，而是在实验前期。虽然在幼苗移植后灌溉了淡水进行胁迫缓解，但是这种缓解可能对远潮沟端的幼苗并不显著，它们还是在移植后不久就全部死亡。

8.2.4 潮汐梯度对微地形定植过程的影响

1. 潮汐梯度上微地形结构内的定植动态

虽然实验区的条件可以支持单独的某一生命周期过程，如种子到达、种子萌发和幼苗生长，但是，由于裸斑表面无法支持种子截留和扎根，因此制约了整个生命周期过程。微地形结构打破了种子截留的限制，推进了后续的生命周期过程。在截留过程中，有 92.36%的微地形结构内具有盐地碱蓬幼苗定植，而在其附近裸斑上没有幼苗定植[图 8.31 (a)、(b)]。没有成功截留种子实现定植的微地形结构深度基本已经消失[图 8.31 (c)、(d)]，在潮汐和沉积的作用下几乎被掩埋，因而失去了依靠表面高程差（深度）截留种子的效应。

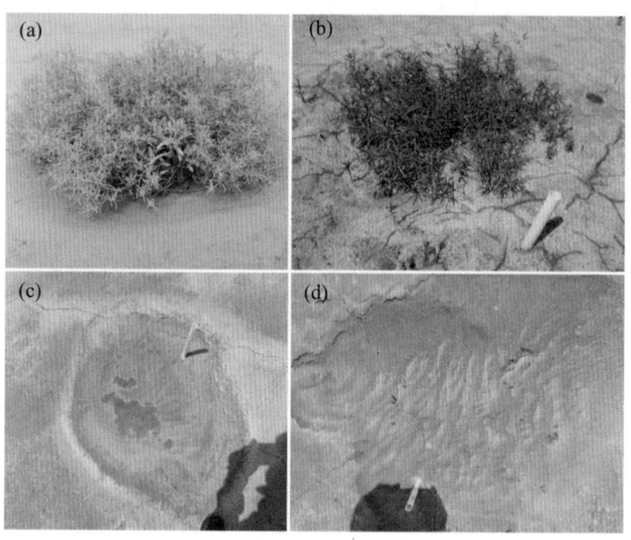

图 8.31　有盐地碱蓬定植的微地形结构 [(a) 和 (b)] 和无盐地碱蓬定植的微地形结构 [(c) 和 (d)]

由于微地形结构内截留的种子量是以定植幼苗数计量的，因此，需要确定潮汐梯度及潮汐梯度上的土壤水盐条件是否会造成萌发的显著差异。根据土壤水盐条件分析和种子萌发实验可以看出，土壤水盐条件与潮汐梯度联系并不是很紧密，仅表现出微弱的趋势性；而种子萌发在野外环境中与土壤水盐条件的关联更为紧密。从潮汐梯度上的土壤水盐条件来说，近潮沟侧的湿润端的条件更有利于种子萌发。因此，如果扣除萌发条件的影响，在同一潜在种子截留量的情形下，近潮沟侧的湿润端的微地形结构内定植的幼苗数（计数截留量）要高于远潮沟侧的干旱端。然而 4～9 月的监测数据却显示（图 8.32），微地形结构内的幼苗数（截留量）在水量增加（或水文连通增强）的方向上呈降低趋势。这表明，即使在潮汐梯度上水量增加（或水文连通增强）的方向更有利于萌发，但是微地形结构潜在的种子截留量却是降低的。因此，潮汐梯度上萌发条件的差异并不会影响以幼苗数计量的种子截留量的变化趋势。

从高程来看 [图 8.32 (a)]，微地形结构的种子截留量随着高程增加呈上升趋势，

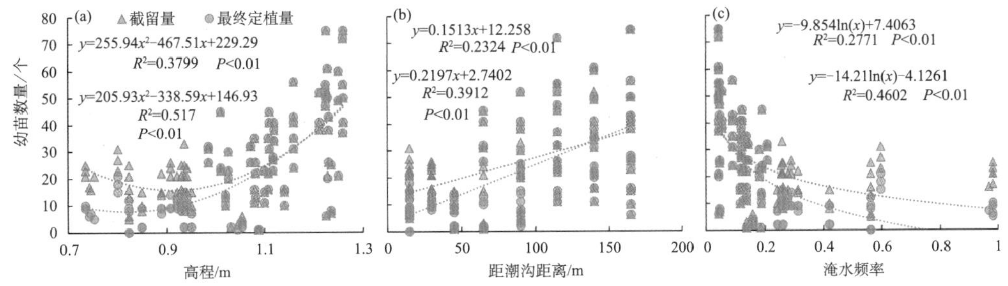

图 8.32 潮沟梯度上微地形结构内的定植动态

但是关联程度不是很高（$R^2=0.3799$，$P<0.01$）；从距潮沟距离来看［图 8.32（b）］，微地形结构的种子截留量随距潮沟距离增加呈微弱的上升趋势（$R^2=0.2324$，$P<0.01$）；从淹水频率来看［图 8.32（c）］，微地形结构的种子截留量随淹水频率增加呈下降趋势（$R^2=0.2771$，$P<0.01$），但在 23%的淹水频率以后趋于平缓，不再下降。微地形结构内的最终定植数量与截留量的趋势较为一致，差异主要存在于低高程（0.7～0.94m）、近潮沟侧（15～65m）及高淹水频率（23%～100%）区间（图 8.32）。此外，最终定植数量在潮汐梯度上的关联程度要高于截留量（在高程、距潮沟距离和淹水频率上的关联性依次为 $R^2=0.517$，0.3912 和 0.4602，$P<0.01$），表明在后续幼苗生长阶段发生的变化又加强了定植数量在潮汐梯度上的变化趋势。

进一步对微地形结构内定植幼苗的存活率进行分析发现（图 8.33），微地形内的幼苗存活率随着高程增加而增加（$R^2=0.5877$，$P<0.01$），随着距潮沟距离的增加而增加（$R^2=0.5148$，$P<0.01$），随着淹水频率的增加而下降（$R^2=0.5934$，$P<0.01$）。这表明微地形结构内的幼苗存活率非常高，特别是在水量减少、远离潮沟的一端。这与野外移植幼苗的存活结果不同，在移植实验中，水量少、远潮沟端对移植的幼苗产生了强烈的干旱胁迫，导致其死亡。而该结果又与室内模拟淹水的幼苗存活结果一致，即在没有干旱影响的情况下，水量增多的方向会对幼苗产生胁迫，造成其死亡。可以看出，如果是移植的幼苗，其对水分条件的要求非常高，必须首先保证充足的水分补给幼苗才有可能存活，才能准确反映幼苗存活对潮汐梯度的响应规律。与野外存活实验中的幼苗相比，微地形结构中定植的幼苗不存在人为移植过程，而是直接从种子萌发并生长到成株阶段，因此对本地环境具有更好的适应性，对不利环境的抵抗能力要高于非本地的移植幼苗。此外，微地形环境也为定植的幼苗提供了聚水的环境，使得微地形内的环境条件要优于微地形外，这也为幼苗的存活提供了有利条件。

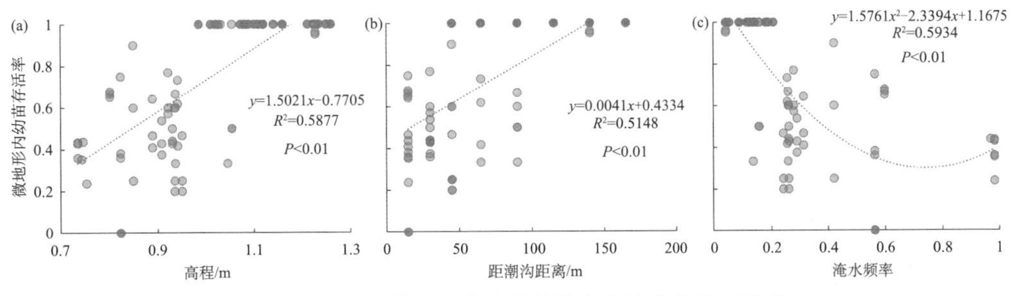

图 8.33 潮沟梯度上微地形结构内定植幼苗的存活率

2. 不同潮汐梯度上微地形内定植格局的关键影响因子

为了识别不同潮汐梯度上微地形内最终定植格局的关键影响因子和阶段，对定植过程中的所有非生物因子和生命周期阶段进行 RDA 分析（图 8.34）。RDA 排序的第一轴解释了物种-环境关系总变异程度的 88.6%，对所有变量均有较好的解释。所有的非生物因子与第一排序轴具有很高的相关性；除了种子萌发率，所有生命周期阶段变量也与第一排序轴具有很高的相关性。从定植生命周期每一阶段来看，种子到达量与潮汐淹水频率的相关性最高（正相关）；微地形截留种子量与微地形深度稳定性（1－深度变化率）的相关程度最高（正相关）；种子萌发率与土壤含水率相关性最高（正相关）；微地形内的幼苗存活率与沉积量最相关（负相关），但沉积量却并不是造成幼苗死亡的原因，除了沉积量和微地形深度稳定性，微地形内的幼苗存活率与高程、距潮沟距离相关程度最高（正相关）；而微地形内的最终定植格局与微地形深度稳定性的相关程度最高（正相关）。可见，每个生命周期阶段内的关键影响因子并不完全相同，这也与之前的分析结果一致。从定植生命周期阶段之间来看，种子到达量和种子萌发率与微地形结构内的最终定植格局相关程度最低，微地形截留种子量与最终定植格局最为相关，其次是微地形内幼苗存活率，均为显著的正相关关系。

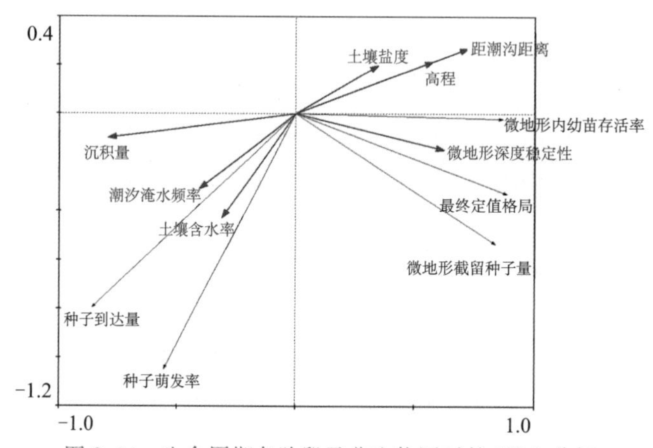

图 8.34　生命周期各阶段及非生物因子的 RDA 分析

分析时将微地形深度变化率转化为稳定性，即 1－深度变化率；显著性经过蒙卡洛夫检验，$P=0.002$（$N=144$）；生命周期阶段变量用黑色斜体字表示，生命周期阶段变量的箭头长度代表了改变量在多大程度上被排序图解释，箭头余弦值代表两个变量的相关性；红色字体代表环境因子变量，箭头长短代表环境因子对生命周期阶段的影响程度（解释量）；箭头方向代表了相关性的正负。由于幼苗移植实验中死亡个体较多（远潮沟端几乎全部死亡），这里采用了微地形结构的幼苗存活率进行 RDA 分析

综上，可以看出，决定每一生命周期阶段的环境因子是不同的，这些因子与潮汐梯度之间的相关程度决定了潮汐梯度对每一生命周期阶段格局的影响。综合来看，对微地形内最终定植格局起决定性影响的环境因子是微地形深度稳定性，起决定性作用的生命周期阶段是微地形的种子截留阶段。此外，微地形深度稳定性也是微地形种子截留阶段的关键影响因子，而与微地形深度稳定性最为相关的环境因子则是沉积量（负相关）。因此，当土壤条件在盐地碱蓬的生长阈值以内，没有制约种子萌发的前提下，微地形内的最终定植格局是由微地形的深度稳定性决定的，即在种子扩散期间，微地形深度维持得越好，微地形截留的种子量就会越多，最终定植的植物也越多；而微地形结构稳定性则可以通过沉积量来进行预测。

潮汐梯度上微地形内最终定植格局的分析表明，在单独的生命周期阶段，如种子到达、种子萌发、幼苗生长都没有成为定植限制的区域，可以利用微地形解决种子截留这一阶段的瓶颈，从而链接上完整的生命周期各阶段。对于潮汐梯度上原有的“环境筛”效应，微地形结构具有更强烈的“环境筛”效应，不仅可以修复生命周期进程，还可以扭转某一生命周期阶段的格局，改变种子到达量较低、萌发条件较差的不利影响。因此微地形结构对于植物的再定植或修复来说是十分有力的“工具”。

8.3 基于微地形促进作用的多尺度调控模型

盐沼裸斑表面的种子截留限制阻碍了盐地碱蓬在裸斑上的定植，凹微地形结构通过在小尺度空间上造成的地表高程差（深度），对盐沼裸斑表面的种子具有显著的截留效应，进而修复了植物定植生命周期过程中的种子截留（或固着、扎根）阶段，推进了后续生命周期阶段的进程，实现了盐地碱蓬在裸斑表面的再定植。并且，即使是一年生的盐沼草本植物，微地形结构也能维持盐地碱蓬在裸斑上的持续定植。这对于盐沼裸斑植物的再定植和修复具有重要意义，因为微地形结构促进形成的植物先锋斑块可以改变裸斑表面原有的一些负反馈机制，主要体现在：①可以产生本地种子，增加本地种子源；②可以截留种子，增加种子定植的机会；③可以改善土壤水盐条件，增加种子萌发和幼苗存活的概率。在微地形定植斑块所带来的这些正反馈机制下，微地形定植斑块本身也在不断扩大。从生物连通的角度来看，这些微地形斑块可以作为盐沼裸斑中的关键“节点”，实现裸斑植被的修复可以从这些关键节点入手，通过生物连通的方式加快裸斑区的植被再定植过程，实现裸斑的植被修复。

现有生物连通研究表明，不同斑块的扩散能力（生物连通能力）是区域生物连通网络调控的基础，通过对具有不同扩散能力的斑块进行合理的选择与配置，能够增强区域整体生物连通度，最大化利用斑块自身的扩散能力、以最小投入实现盐沼裸斑连通的修复。因此，斑块的扩散能力是实现生物连通修复的基础。在盐沼裸斑中，微地形提供了物种聚集所需要的各种非生物与生物条件，是物理胁迫显著低于周围裸地的小型地理单元。这种小型地理单元在局地上打破了盐沼裸斑表面的物种定植限制，使得物种得以在退化区生存并维持，是先锋斑块。在生物连通中，斑块是具有重要作用的连接单元和载体。对于大面积裸斑区域来说，可以通过先锋斑块的空间配置，建立裸斑内的生物连通网络，利用斑块的扩增特性，提高区域整体连通，进而达到盐沼裸斑区域植物再定植的目的。

8.3.1 基本原理

扩散是生物连通的基本特征。多数研究表明，植被的扩散特征与扩散距离密切相关：与母体植被距离越近，植被扩散到达的概率越高（Nathan and Muller，2000；谢湉，2017）。这也在我们的野外研究中得到了证实：在微地形促进作用下形成的植被斑块，不仅可以在后续的恢复过程中实现持续定植，还会发生扩散，表现为斑块面积在原有微地形的基础上持续增长。微地形斑块的这种扩散能力即是生物连通能力。因此，对于不同潮位区的不同微地形斑块，其生物连通能力存在差异。对于整个裸斑来说，这些具有不同生物连通强度的斑块在恢复中具有重要意义。它们在区域内尺度上形成了新的具有生物连通能力的斑块，为建立裸斑区生物连通网络、提高区域整体生物连通强度，并达到修复的目的提供了基础和途径。

1. 微地形定植斑块扩散特征

微地形在盐沼裸斑表面截留种子并成功定植后，形成了微地形定植斑块。微地形定植斑块的扩散效应对于整个裸斑区域的修复具有十分重要的意义，其年扩散速率的大小决定了恢复进程的快慢。微地形斑块的可持续性和扩散性是构建多尺度修复模型的基础。对微地形斑块的多年监测表明，微地形对于盐地碱蓬的定植具有持续作用；而盐地碱蓬的连续定植也伴随着微地形定植斑块的扩散。

1）*盐地碱蓬定植数量与微地形定植斑块面积的关系*

在微地形结构促进盐地碱蓬定植过程中，盐地碱蓬的数量与定植斑块面积呈线性增长的关系（图 8.35），即斑块面积越大，盐地碱蓬的数量也越多。但是二者的线性增长关系在不同区域、不同年份均有所不同（表 8.6）。在中位盐沼裸斑区，微地形定植斑块的面积在年际之间差距不大，均在 3m² 以内，第一年（2015 年）时，线性增长方程的斜率仅为 50.85，显著低于第二年（2016 年）和第三年（2017 年）的 447.83 和 482.92（表 8.6）。表明微地形结构在第一年的促进定植效果不佳，盐地碱蓬定植数量很低，但是这种低效率在后续两年得到了扭转，显示了微地形结构在持续定植过程中的促进效应。

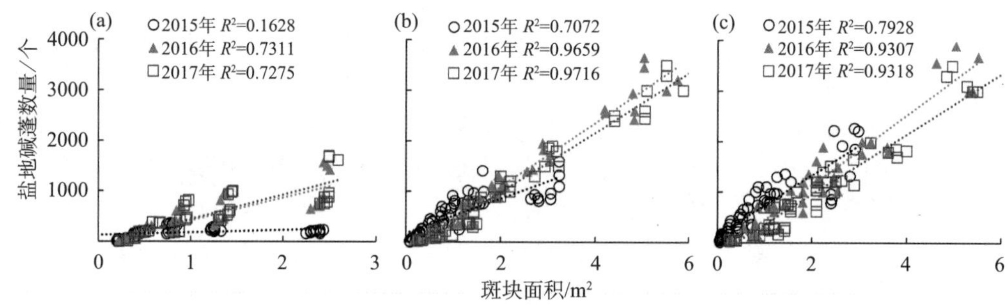

图 8.35　盐地碱蓬数量与微地形定植斑块面积之间的关系

（a）表示中位盐沼裸斑区；（b）表示中-高位过渡区盐沼裸斑区；（c）表示高位盐沼裸斑区；采用线性拟合对斑块面积和盐地碱蓬数量进行拟合，所有拟合曲线 $P<0.01$

表 8.6　盐地碱蓬数量与微地形定植斑块面积拟合曲线方程

区域	年份	拟合方程	R^2	P
中位盐沼裸斑	2015	$y=50.85x+129.52$	0.16	0.000
	2016	$y=447.83x-29.21$	0.73	0.000
	2017	$y=482.92x-36.76$	0.73	0.000

续表

区域	年份	拟合方程	R^2	P
中-高位过渡区盐沼裸斑	2015	$y=324.27x+170.68$	0.71	0.000
	2016	$y=633.45x-177.58$	0.97	0.000
	2017	$y=591.07x-200.93$	0.97	0.000
高位盐沼裸斑	2015	$y=595.57x+143.85$	0.79	0.000
	2016	$y=693.78x-248.72$	0.93	0.000
	2017	$y=595.22x-233.42$	0.93	0.000

在中-高位过渡区盐沼裸斑区，第一年的微地形定植斑块面积在 $4m^2$ 以内，而后续两年的斑块面积最大可接近 $6m^2$，第一年的线性增长方程斜率为 324.27，后续两年分别为 633.45 和 591.07（表 8.6），均显著高于中位盐沼盐地碱蓬数量随定植斑块面积增加的增长速率。高位盐沼裸斑的定植斑块面积变化及盐地碱蓬定植数量随斑块面积变化的变化趋势与中-高位过渡区盐沼裸斑类似，即后续两年的定植斑块面积显著高于第一年，三年内的盐地碱蓬数量随斑块面积增加的增长速度分别为 595.57、693.78 和 595.22（表 8.6）。

可以看出，在空间上，中-高位过渡区和高位盐沼裸斑区上的盐地碱蓬数量随定植斑块面积增加的增长速度显著高于中位盐沼裸斑，其中，高位盐沼裸斑区上的增长速度最快；在时间上，第二年的盐地碱蓬数量随斑块面积增加的增长速度高于第一年，第三年的增长速度与第二年相差不大，但有所减缓；并且，盐地碱蓬数量随微地形定植斑块面积变化的变化趋势在第二年趋于稳定。

2）微地形定植斑块扩散面积的影响因素

微地形定植斑块的面积来源于初始微地形面积，从二者之间的关系可以看出（图 8.36），中位盐沼裸斑区中微地形定植斑块的面积与初始微地形面积最接近，无论是从线性方程的斜率（1.02～1.06）还是截距（0.07～0.29）上来说（表 8.7）。线性拟合方程表达了微地形定植斑块面积随初始微地形面积变化的变化关系，斜率表示了微地形定植斑块随微地形初始面积变化的变化比例，斜率越接近 1 越表明微地形定植斑块围绕着初始微地形面积发生了等比例变化，截距表示了微地形定植斑块面积在初始微地形面积上的增量，截距越大表明微地形定植斑块的扩散面积越大。因此，从线性拟合曲线及其方程可以看出，中位盐沼裸斑区的微地形定植斑块扩散是在原有微地形面积上的等比例扩散，第一年（2015 年）的定植斑块面积增量在深度上没有显著差异，基本来源于微地形结构在潮汐作用下的变化，而非盐地碱蓬定植导致的扩散；后续两年（2016～2017 年）的面积增量不仅表现出随年份增加的增加趋势，还表现出随微地形初始深度增加的增加趋势。在中-高位过渡区和高位盐沼裸斑区，微地形定植斑块面积增量（截距）在时间序列和深度增加方向上均表现出增加的趋势。此外，线性拟合曲线的斜率也表现出与截距类似的变化规律，即随着深度增加和时间增加呈增加趋势，表明微地形定植斑块的面积虽然来源于微地形结构的初始面积，但是在深度和时间的共同影响下增长速率发生了变化，且这种速率变化在中-高位过渡区和高位盐沼裸斑区后续两年中最为显著。

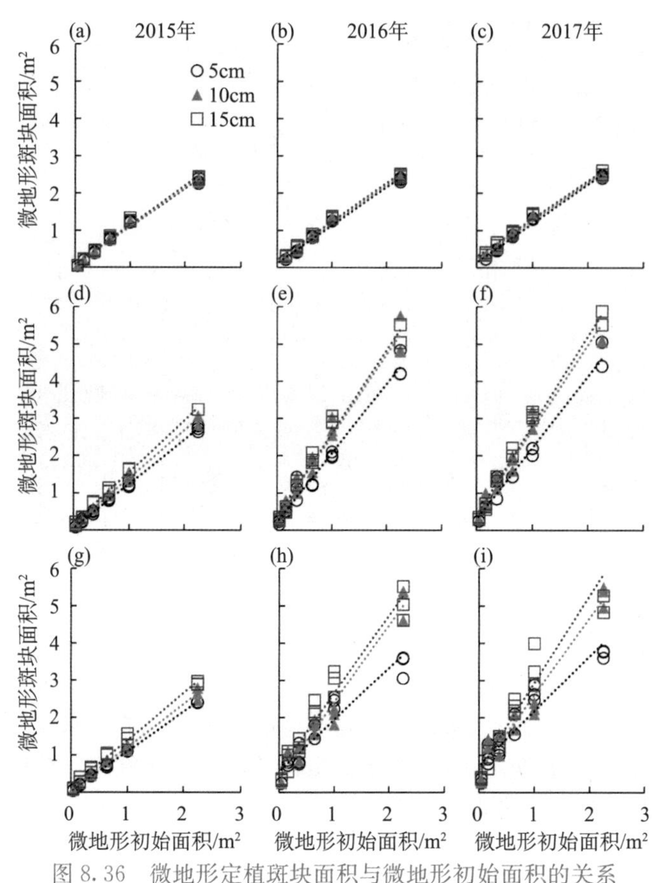

图 8.36 微地形定植斑块面积与微地形初始面积的关系

(a)~(c) 表示中位盐沼裸斑区，(d)~(f) 表示中-高位过渡区盐沼裸斑区，(g)~(i) 表示高位盐沼裸斑区；采用线性拟合对斑块面积和盐地碱蓬数量进行拟合，所有拟合曲线 $P<0.01$

表 8.7 微地形定植斑块面积与微地形初始边长的线性拟合方程

区域	深度/cm	2015 年		2016 年		2017 年	
		拟合方程	R^2	拟合方程	R^2	拟合方程	R^2
中位盐沼裸斑	5	$y=1.02x+0.08$	0.99	$y=1.02x+0.12$	0.99	$y=1.05x+0.14$	0.99
	10	$y=1.04x+0.07$	0.99	$y=1.02x+0.18$	0.99	$y=1.03x+0.23$	0.98
	15	$y=1.06x+0.08$	0.99	$y=1.03x+0.21$	0.99	$y=1.02x+0.29$	0.99
中-高位过渡区盐沼裸斑	5	$y=1.18x+0.05$	1	$y=1.02x+0.29$	0.99	$y=1.92x+0.30$	0.98
	10	$y=1.28x+0.12$	0.99	$y=2.17x+0.36$	0.97	$y=2.28x+0.41$	0.97
	15	$y=1.38x+0.18$	1	$y=2.23x+0.38$	0.98	$y=2.39x+0.42$	0.99
高位盐沼裸斑	5	$y=1.06x+0.03$	1	$y=1.39x+0.56$	0.90	$y=1.45x+0.71$	0.90
	10	$y=1.15x+0.06$	0.99	$y=2.06x+0.35$	0.96	$y=2.06x+0.54$	0.96
	15	$y=1.26x+0.13$	0.99	$y=2.08x+0.58$	0.99	$y=2.33x+0.61$	0.93

注：拟合方程的 P 值均小于 0.01。

可见，微地形定植斑块的扩散不仅与微地形初始面积有关，还受区域、时间和微地形初始深度的影响，增加时间和微地形结构初始深度都有利于增加微地形定植斑块面积。

从盐地碱蓬数量与微地形定植斑块面积的关系可以看出，无论是从盐地碱蓬定植数量还是微地形定植斑块面积上，中位盐沼裸斑与其他两个斑块均显著不同。盐地碱蓬的数量与微地形定植斑块的面积具有显著的关系，定植斑块的面积决定了盐地碱蓬的数量。

3）微地形定植斑块的扩散速度

为了进一步描述微地形定植斑块的扩散特征，对每一年微地形定植斑块净增加的边长（边长增量）进行了分析，并将其作为微地形定植斑块的扩散速度。每一年中微地形定植斑块的边长增量表达了微地形定植斑块的扩散速度。可以看出，微地形定植斑块的边长增量在不同区域表现出不同的趋势（图 8.37）。在中位盐沼裸斑区［图 8.37（a）、（d）］，微地形定植斑块的边长增量小于其他两个区域，除了边长为 20cm 的微地形结构定植失败没有发生扩散，其他微地形定植斑块均发生了扩散，且表现为较小边长微地形的边长增量较大；此外，从微地形深度来看，深度越大的微地形定植斑块第二年的边长增量也较大；从时间尺度来看，2016 年的边长增量与 2017 年的边长增量变化趋势较为一致，但 2017 年的边长增量较 2016 年有所上升。中-高位过渡区［图 8.37（b）、（e）］和高位［图 8.37（c）、（f）］盐沼裸斑区的微地形定植斑块的边长增量随微地形结构特征的变化趋势较为一致，即在微地形边长处理上，边长增量随微地形结构初始边长的增加而增加；在微地形深度处理上，边长增量随微地形结构初始深度的增加而增加。这种趋势与中位盐沼裸斑区的趋势完全不同，如果从微地形定植斑块的边长增量尽量大的角度考虑，那么中位盐沼裸斑区则是微地形越小越好，而中位以上盐沼裸斑区则是微地形越大越好。在深度梯度上，所有区域的变化趋势都是一致的，即深度越大的微地形结构扩散速度（边长增量）越大。在时间尺度上，微地形定植斑块边长增量有一定程度增加，说明微地形定植斑块随着时间的增加出现了稳步增长的趋势。

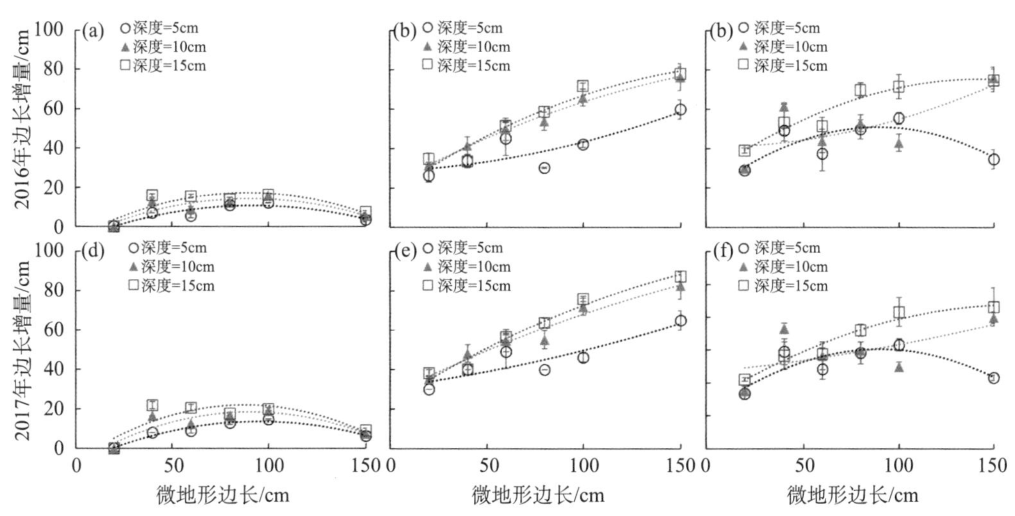

图 8.37　中位（a）、（d）、中-高位过渡区（b）、（e）和高位（c）、（f）盐沼裸斑区微地形定植斑块边长增量与微地形结构（边长和深度）的关系

数据为平均值，误差棒表示标准误

微地形定植斑块在后续定植中的稳步增长与上一年微地形结构的定植密度有关

(图 8.38)。可以看出，微地形定植斑块第二年的边长增量与上一年的定植密度呈正相关关系，定植密度越大，后续微地形定植斑块边长的增量就越大，并且这种增长还会随着时间的增加而增长。

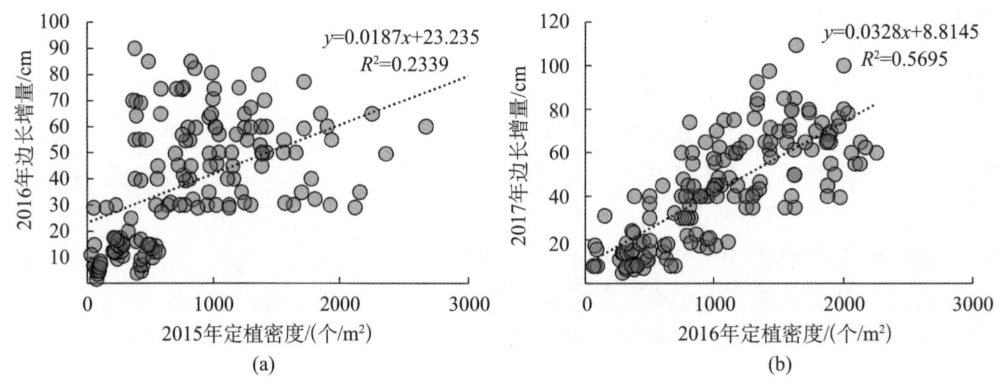

图 8.38　微地形定植斑块边长增量与定植密度的关系

因此，如果微地形结构能在第一年实现较高密度的定植，那么该微地形就会形成可连续定植、稳步扩散的微地形定植斑块，这对于盐沼裸斑区的植被修复具有重要意义。根据前文分析，微地形结构的定植密度也是与微地形结构特征直接相关，因而，在实际应用中，可以直接根据微地形结构特征来概括并推断微地形定植斑块的扩散速度。

2. 微地形定植斑块扩散概念模型

在微地形定植斑块的扩散中，种子扩散是斑块扩散的基础和内核。因此，以种子扩散模型为基础，来建立微地形定植斑块的扩散模型。

种子扩散格局的研究方法主要有两种，第一种是标记法，即追踪种子源标记的种子轨迹来确定其扩散格局，通常使用基因标记法建立种子源与种子落点的关系；第二种是记录距种子源不同距离上的种子沉降或密度规律来说明扩散格局（Nathan and Muller，2000)。第一种方法更适合于解释较大格局、长距离的种子扩散行为；第二种方法适合用于小尺度、短距离的扩散研究，且简单直观，在很多种子扩散研究中都有广泛的应用(Nathan and Muller，2000)。根据扩散现象，发现种子扩散落点与到种子源的距离呈递减关系，这个关系一般可以用指数模型或高斯模型表达（Nathan and Muller，2000)。实证研究也证实了种子扩散的这种规律。因此，用指数模型表达微地形斑块的种子短距离扩散，经验公式如下：

$$D_S = f(\mathrm{SI}) \times e^{ux} \tag{8.1}$$

式中，D_S 为一个扩散期内（一年内）距离种子源不同距离（x）处的种子沉降密度；$f(\mathrm{SI})$ 为源强特征的函数；u 为系数，为负值。

微地形结构截留的种子萌发生长形成的植物结构成为了第二年种子的提供者。除此之外，微地形结构和已定植的植被结构还可以继续截留外来的种子。为了简化模型，将这两类种子来源合为一个种子源，计算微地形斑块单位面积上的种子源强：

$$\mathrm{SI} = a \times D_A + r \times \mathrm{SQ} \tag{8.2}$$

式中，SI 为微地形斑块单位面积上的种子产量，由本地种子产量与外来截留的种子量共同组成；a 为微地形斑块内单个植物个体的产种子能力，与植物种类、表型有关；D_A

为微地形斑块内的植物密度；SQ 为外来种子的沉降密度，与盐沼裸斑区周围的盐沼植物群落种子源强特征及盐沼裸斑区到周围植物群落的距离有关，是更大尺度上的种子密度衰减式；r 为微地形斑块对外来种子的截留系数，与微地形结构和定植植被结构特征有关。

在盐沼裸斑区垂直于潮沟样线的小尺度上，种子扩散量表现出随距潮沟距离和高程增加而递减的趋势。由于小尺度上的研究并未对实际的种子源距离进行测量，而仅是以距潮沟距离作为替代，因此对区域种子扩散模式的描述会有偏差。描述区域尺度上的种子扩散格局，利用实测种子量数据和种子源测距，对区域尺度上的种子扩散衰减模型进行参数率定，进而得到可以预测本研究区种子扩散格局的模型。

一般的种子扩散模型仅考虑距种子源距离因素对种子扩散量的影响。在盐沼湿地中，除了距种子源距离对种子扩散量产生影响外，还有一个重要的因素也会对扩散格局产生影响，即潮汐作用。在盐沼湿地中，潮汐是种子扩散的主要媒介。因而，除了距种子源距离，潮汐能否到达种子源并携带种子进行扩散是决定种子扩散格局的关键因素。对于一些没有潮汐到达的地区，如完全围隔区，即使存在母体种子源，种子的扩散范围也是非常有限的。没有潮汐到达的种子源区以种子的一次扩散为主，而潮汐可以到达的种子源区除了种子的一次扩散，还有潮汐携带的二次扩散行为，增加了种子的扩散范围。

因此，除了距种子源距离，我们还将潮汐因素考虑在扩散模型中。为了便于应用，利用与潮汐频率呈显著负相关关系的高程来表达潮汐因素对种子扩散的影响，提出如下扩散模型：

$$\mathrm{SQ} = k \times e^{lH} \times e^{mD_s} \tag{8.3}$$

式中，SQ 为盐沼裸斑某处的种子浓度；k、l、m 均为回归系数（$k>0$，l、m 均<0）；H 为点位高程；D_s为点位到最近种子源（植物群落）的距离。

将微地形斑块的种子阴影（seed shadow）（Nathan and Muller，2000）作为斑块的潜在扩散区，概念模型如图 8.39 所示。将斑块潜在扩散区定义为第二年定植密度不低于自然盐沼湿地植物密度（D_{NA}）的区域。并据此定义有效种子阴影区，即在种子扩散密度随距离增加衰减曲线上，取自然盐沼湿地植物密度所对应的自然种子密度（D_{NS}）处的距离（x_s）作为有效种子阴影范围（该有效种子阴影范围即实证研究中的微地形定植斑块扩散速度，或边长增量）。将种子萌发考虑在内，于是有：

$$D_{NS} = D_{NA}/g \tag{8.4}$$

式中，g 为种子萌发的参数，与不同地区的土壤条件有关。对于一个区域来说，将自然盐沼湿地植物密度看作一个常数，取调查值的平均值。

当 $D_S = D_{NS}$时，有：$D_{NA}/g = f(\mathrm{SI}) \times e^{ux_s}$，

推导可得

$$x_s = \ln \frac{D_{NA}}{g \times f(\mathrm{SI})} \Big/ u \tag{8.5}$$

式中，x_s 为定植第二年微地形斑块的扩散范围。以此类推可以在每一年微地形斑块的基础上得到下一年的扩散范围。

以年为时间单位，设微地形设置当年为第 0 年，定植第一年设为第 1 年，以此类

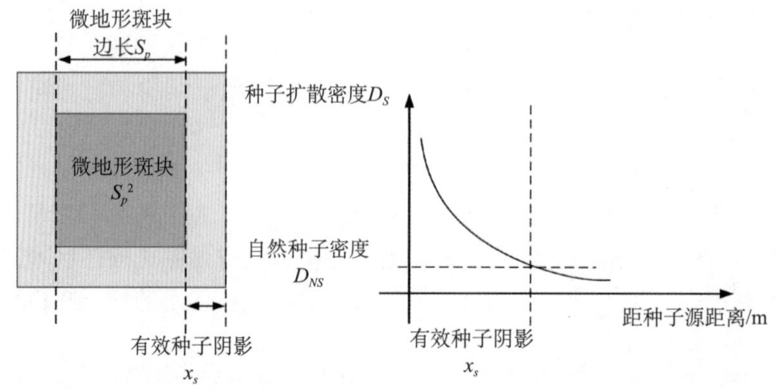

图 8.39 微地形斑块扩散概念模型

推，则第 t 年在 $t-1$ 年基础上的扩散范围为

$$x_s(t) = \ln \frac{D_{NA}}{g_t \times f(\mathrm{SI})_{(t-1)}} \Big/ u, \quad t = 2,3,4,\cdots,n \tag{8.6}$$

式（8.6）表达了离散状态下的微地形斑块扩散范围，即第 t 年的扩散速度。

因此，微地形定植斑块扩散速度即是受定植斑块本身特征（如定植密度、斑块大小等）及周围种子源强特征影响的函数。虽然从内涵上来说，扩散速度是由上一年的定植密度决定的，但是微地形的结构（边长和深度）可以同时涵盖微地形的定植密度特征和后续的扩散特征，这表明在不考虑微地形定植斑块扩散内涵的前提下（比如在缺乏一些扩散动力数据的情况下），微地形的结构特征依然可以用来推断并简化扩散速度。

8.3.2 基于微地形促进作用的多尺度调控模型框架与模块

微地形斑块的扩散能力构成了多尺度调控模型的基础。生态修复的效果往往会受到环境胁迫、修复投入、修复技术水平和恢复时间的影响。当修复技术水平确定之后（微地形修复），还有三个变量影响着生态修复的效果：修复投入、修复时间、修复区域。从区域整体角度来说，盐沼裸斑区存在环境异质性，这从区域尺度上影响了同种结构的微地形的促进效应；从小区域尺度（修复小区）来看，某一个局部区域内的同种微地形促进效应并无显著性差异。无论是从修复小区尺度还是区域尺度，都需要有一定的规则来对微地形的配置进行约束，进而探讨不同修复目标下的微地形斑块配置方案。因此，对于利用微地形对盐沼裸斑进行修复的实践来说，需要有一套完整的框架体系来规范、指导一定目标下微地形调控，包括区域选择，微地形结构、数量确定及空间配置形式。考虑到空间异质性的影响，对基于微地形促进作用的调控模型进行尺度划分，确定不同尺度上的重要调控参数，设计不同目标下的微地形的多尺度配置方案，进而实现对盐沼裸斑的修复。

1. 多尺度处理

由于微地形调控模型是以微地形斑块的扩散能力为基础的，需要考虑不同层次和尺度上的因子对微地形斑块定植效果及扩散能力的影响。修复时间、环境条件和微地形结构特征都会影响微地形斑块的定植效果和扩散能力。首先，在同一时间尺度和环境条件下，同一结构的微地形斑块的定植效果和扩散能力是一致的。因而可以通过微地形结构调整得到具有不同扩散能力的微地形斑块。在这种情况下，只有微地形结构一个变量需要调控。其次，在同一时间尺度下，即使是同一结构的微地形斑块在不同环境条件下也会具有不同的定植效果和扩散能力。这增加了微地形配置方案的不确定变量的个数，增加了配置方案的复杂程度和操控难度。也即，微地形结构的调控尺度和微地形定植效果的尺度出现了不匹配。这种尺度上的不匹配导致了微地形斑块配置方案缺乏方向性、主导性与可操纵性。为了简化微地形配置的过程，需要对这些影响微地形斑块扩散能力的因子的作用尺度进行识别和划分，对其在不同尺度上进行调控。

从影响范围看，时间尺度具有最广泛的影响特征，是第一位的尺度，因其难以调整和操纵，自由度最低。因此，不适宜对时间尺度进行调控。在同一时间尺度下，不同区域的环境条件存在着差异，影响着微地形结构的定植效果和微地形斑块的扩散能力。在由环境因子异质性造成的局部尺度上，同一结构的微地形定植效果及斑块的扩散能力具有均质性，这是实现局部尺度上对微地形结构进行调控的基础。因此，影响微地形结构定植效果及微地形斑块扩散能力的环境条件差异，产生了第二位的局部空间尺度效应。在这一尺度以内，微地形结构的定植效果及微地形斑块扩散能力不再发生变化，具有均质性；在这一尺度之上，微地形结构的定植效果和微地形斑块扩散能力出现了异质性。

因此，将微地形调控模型的尺度划分为三个空间尺度：①微地形尺度，直接对微地形结构进行调节，如深度特征；②局部（修复小区）尺度，该尺度为同一类型微地形结构定植效果和扩散能力不再发生变化的最小空间单元，在该空间尺度内可以对微地形的类型、数量、空间配置进行调控；③区域尺度，该尺度为调控模型的最大空间尺度，在这一尺度上，修复小区可以看作与自然湿地植被斑块同一级别的斑块，依据生物连通最大化和适宜性原理，将修复小区的连通重要性和修复潜力进行叠加，确定修复小区的综合优先性，进而对修复小区进行调控。模型多尺度概念图如图 8.40 所示。

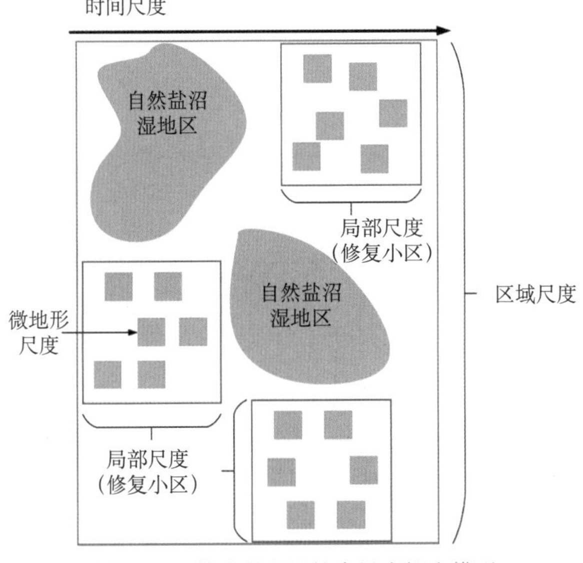

图 8.40　微地形配置的多尺度概念模型

只有在某一小区尺度以内，对微地形结构的调控才有意义。我们将这一小区尺度定义为修复小区。进而，可以将整个盐沼裸斑区划分为若干个具有不同环境条件或修复潜力的修复小区。每一个修复小区都可以根据微地形结构定植效果与环境因子的响应关系确定最优微地形结构及其定植效果和扩散能力。

此外，修复小区作为不考虑微地形结构差异时的最小修复单元，其本身也是滨海盐沼湿地生态系统中的结构单元。从系统整体的角度考虑，每个修复单元都是整体的组成部分。修复小区之间，以及修复小区和盐沼湿地生态系统之间都存在着联系。这些联系使得修复小区之间并不是孤立存在的。从区域整体生物连通的角度考虑，这些修复小区构成了区域生物连通的潜在廊道或踏脚石。因此，修复小区的空间位置决定了其在生态系统中的重要程度，决定了它们在修复方案中的优先性。此外，不同修复小区的修复潜力存在差异，这种修复潜力上的优先程度不一定与连通重要性的优先程度相匹配，即连通重要性高的修复小区不一定存在高的修复潜力，而修复潜力高的修复小区不一定具有高的连通重要性。因此，在连通重要程度和修复潜力高低之间，可能会存在一个修复小区优选的权衡。

2. 调控参数

在微地形尺度上，微地形斑块的扩散能力受其结构特征，如大小和深度的影响；在修复小区尺度上，受位置特征，即不同区域修复潜力（定植效果）的影响；且这种影响会随着时间尺度的增加而不断得到加强。从调控的角度来说，越大尺度上的调控越困难，可操作性、可控性和自由度都会降低。因此，调控往往是建立在关键指标、关键格局或关键过程之上的。在修复小区尺度以上以连通重要程度和修复潜力为优选准则，通过优先顺序来确定修复小区的“调控”；在修复小区内，微地形的结构特征，尤其是大小特征，成为了调控的关键参数；在微地形尺度上，微地形结构特征中的深度特征又会对定植效果和扩散结果产生不同的影响。此外，虽然与微地形斑块扩散能力并无直接关系，但是微地形的数目和位置在整个微地形优化配置中也是十分重要的参数。因此，在整个调控过程中，存在不同尺度上的、多层级调控参数（图 8.41）。

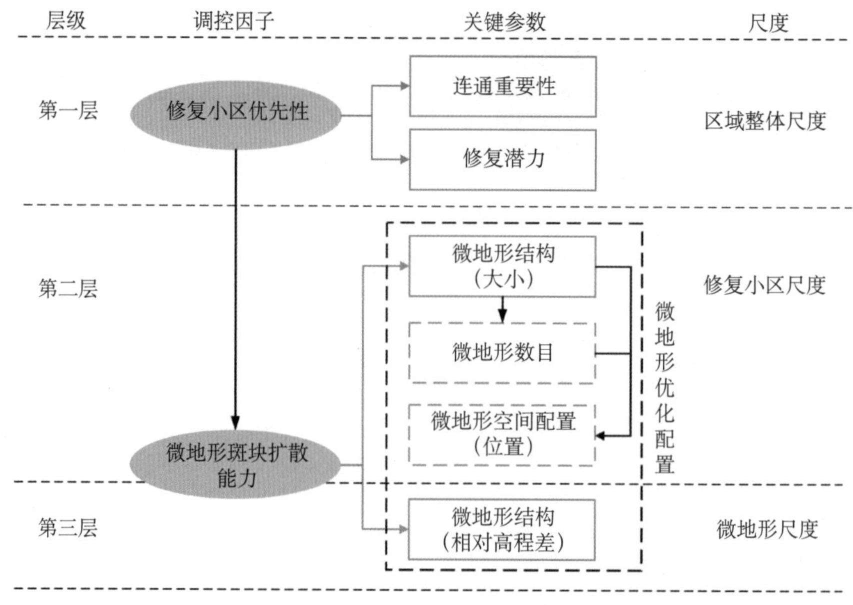

图 8.41　多尺度模型的调控参数

3. 微地形尺度调控模块

在微地形尺度上，深度是用来调节微地形定植效果和扩散特征的主要参数。微地形深度和边长共同调控了微地形斑块的扩散能力。根据前述研究结果，可以建立微地形扩散速度与微地形结构特征（边长和深度）的关系。除此以外，微地形斑块的扩散能力还与区域种子扩散格局、区域条件，特别是沉积条件有关。

1）微地形深度对定植效果的调控

微地形定植效果随着深度的增加而增加，但是这种增加效应会受到微地形本身深度变化率的影响。为了扣除潮汐作用下的深度变化对深度促进效应的影响，以高位盐沼裸斑区（微地形深度未发生显著变化）的微地形定植密度与深度的关系作为深度调控模型的基础。由于定植密度与深度呈线性增长关系，于是有：

$$D_A = k \times d + b \tag{8.7}$$

式中，D_A 为微地形斑块内的植物密度；k 为系数；d 为微地形深度；b 为常数。

当采用不同边长的微地形结构时，k 和 b 会发生变化（图 8.42）。可以看出，随着边长的增加，k 值呈指数降低趋势。表明当微地形的边长增加时，深度对定植的促进效应有所降低。因此，可以用微地形的边长对深度-密度关系进行修饰：

$$D_A = [m \times \ln(l) + n] \times (k \times d + b) \tag{8.8}$$

式中，m、n 分别为系数（$m<0$）；l 为微地形边长。由于对数方程更适合于拟合 k 与边长的关系，因此用对数方程来对深度-密度关系进行修饰。

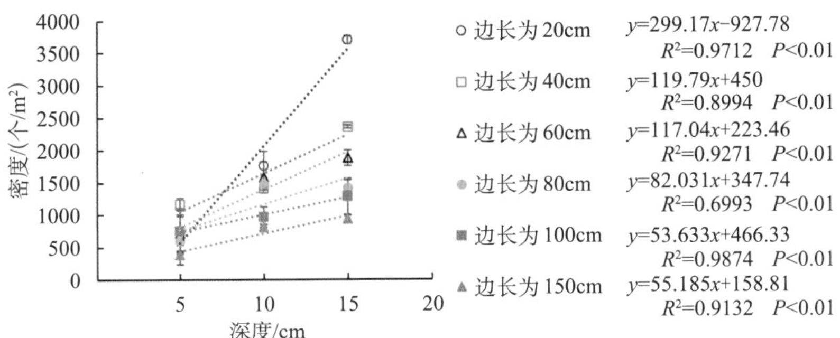

图 8.42 微地形深度和定植密度的关系

数据表示为平均值±标准误

2）微地形深度对斑块扩散速度的调控

微地形深度除了对定植效果具有促进效应外，对斑块的扩散速度也有积极影响（图 8.43），且变化趋势与对定植密度的影响类似。因此，扩散速度 x 和微地形初始深度 d 也存在线性增长关系：

$$x = k \times d + b \tag{8.9}$$

式中，k 为系数；b 为常数。

当微地形边长不同时，微地形深度对斑块扩散速度的促进效应也存在差异（图 8.43）。可以看出，随着边长的增加，k 值呈幂函数增加趋势。表明当微地形的边长增加时，深度对斑块的扩散效应也在增长。因此，可以用微地形的边长对深度-密度关系进行修饰：

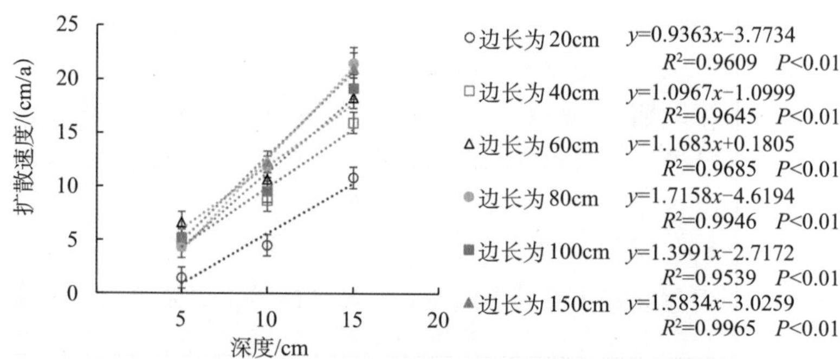

图 8.43 微地形深度与斑块扩散速度关系

数据表示为平均值±标准误

$$D_A = m \times l^n \times (k \times d + b) \tag{8.10}$$

式中，m、n 为系数；l 为微地形边长。

3）微地形深度稳定性对定植效果的修饰

在实际应用中，微地形仅在沉积量小的区域（如高位盐沼裸斑）能较好地维持其深度。在其他沉积量较大区域，微地形的深度会受到潮汐及其携带的沉积的影响，进而降低深度对定植效果的促进效应（如中位盐沼裸斑）（图 8.44）。因此，微地形的深度稳定性也会对深度促进效应产生修饰作用。

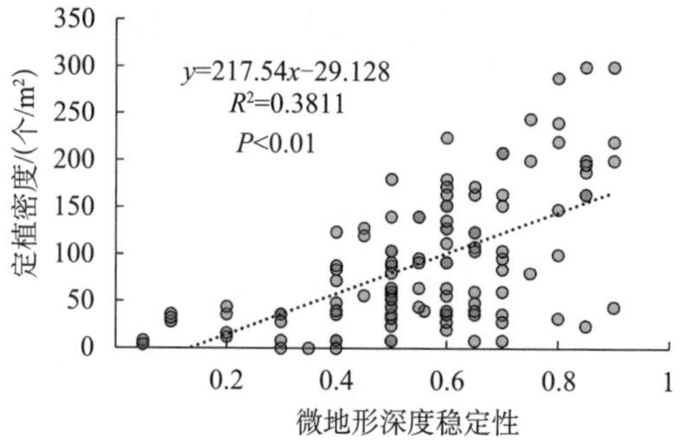

图 8.44 微地形深度稳定性与定植密度关系

可以看出，当微地形边长和深度一定时，微地形深度稳定性影响了定植效果（图 8.44），表现为，微地形内的定植密度随着深度稳定性的增加呈线性增加趋势。为了提高拟合度，在对微地形深度稳定性和定植密度的关系分析过程中剔除了部分“失效”数据，即未实现定植的数据。对这些“失效”数据进行分析表明，未能实现盐地碱蓬定植的标准微地形结构（边长=50cm，深度=10cm）深度稳定性为 0.231±0.053（均值±标准误，$n=22$）。因此，微地形的稳定性反映了区域特征，也是对定植效果乃至后续斑块扩散特征产生重要作用的因子。在构建微地形斑块的扩散模型时，需考虑微地形深度稳定性对深度促进效应的修饰作用。

将同一深度下的微地形定植密度进行均一化处理，可以得到在该深度下深度稳定性对促进效应的修饰效应（图 8.45）。据此，可以得到微地形深度稳定性对深度促进效应的修饰率 M：

$$M = k \times \mathrm{Sta} + b \tag{8.11}$$

式中，k 为系数；Sta 为微地深度稳定性；b 为常数。

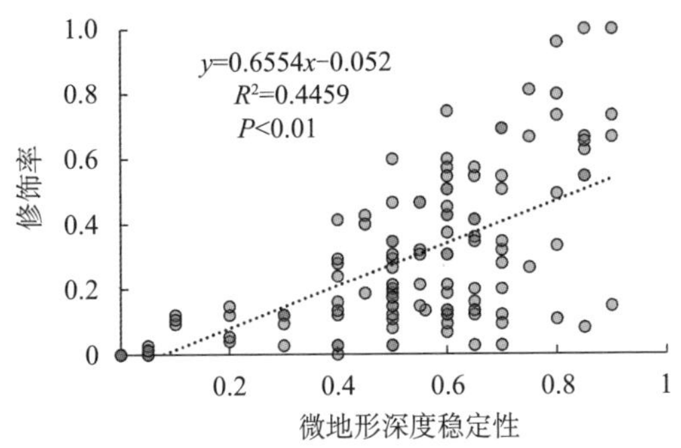

图 8.45 微地形深度稳定性与其对深度促进效应的修饰关系

4）微地形斑块扩散范围调控模型

根据微地形斑块扩散的概念模型和实证研究，微地形斑块的扩散能力可以概化为种子扩散格局、微地形边长、微地形深度及微地形深度稳定性的经验函数：

$$D_A = \mathrm{SQ}' \times \mathrm{e}^{f(l)} \times \mathrm{e}^{f(M)\times f(d)} \tag{8.12}$$

式中，D_A 为微地形结构的定植密度；SQ′为与种子扩散格局相关微地形结构潜在最大种子沉降量；$f(l)$ 为微地形边长对定植效果的修饰函数；$f(M)$ 为微地形深度稳定性对深度促进效应的修饰函数；$f(d)$ 为微地形深度对定植效果的修饰函数。$f(l)$、$f(M)$ 和 $f(d)$ 都可以根据实证研究的结果得到。SQ′可以根据种子捕捉器内的种子量（SQ）进行单位面积种子量换算得到。

因此，将式（8.12）代入式（8.1）可得

$$\mathrm{SI} = a \times [\mathrm{SQ}' \times \mathrm{e}^{f(l)} \times \mathrm{e}^{f(M)\times f(d)}] + r \times \mathrm{SQ} \tag{8.13}$$

进一步地，将式（8.13）代入式（8.5）可得

$$x_s = \ln \frac{D_{NA}/g}{a \times [\mathrm{SQ}' \times \mathrm{e}^{f(l)} \times \mathrm{e}^{f(M)\times f(d)}] + r \times \mathrm{SQ}} \Big/ u \tag{8.14}$$

据此，可以得到考虑了区域条件特征在内的调控微地形结构特征（深度和边长）的扩散范围模型。进一步地，根据式（8.6）可以得到每一年的扩散范围。

4. 修复小区尺度调控模块

微地形结构截留种子后形成的定植斑块及其所具有的扩散能力为裸斑区的修复提供了可能，即可以通过设置微地形单元，并利用其扩散能力实现区域的修复。在此过程中，初始的人为投入仅为微地形结构，而其他“投入”则来自于自然生态系统，包括其他盐沼湿地斑块所提供的种子源、微地形定植斑块的自维持及扩散效应。因此，基于微地形单元，利用其成为定植斑块后所具有的扩散功能，通过一定数量的微地形单元空间优化配置可以实现在一定约束条件（如修复投入、修复时间等）下的区域最优修复效果。

由于微地形的促进效应会受潮汐格局、距种子源距离、土壤条件等因子的影响，所以微地形单元的扩散能力和修复效果具有空间异质性。当考虑最优修复效果时，不同区域的最适微地形结构特征也存在差异。因此，将微地形的空间配置放在具有均质化定植效果（外部种子源、萌发条件和沉积条件较为一致）的修复小区尺度上考虑。

以微地形定植斑块为基础，以斑块的扩散能力为生物连通途径，这与区域尺度上的基于湿地斑块的生物连通类似。因而现有的生物连通原理及模式可以为修复小区尺度上的微地形单元配置提供理论支持。

在生物连通研究中，往往将区域中的湿地斑块看作连通的节点，湿地斑块的面积或其他特征看作节点的属性，而种子扩散可以看作生物连通的途径，即生物连通的边。据此，可以构建生物连通网络。以区域整体连通性的提高为目标，可以通过在生态网络中增加节点或改变节点属性（如增加面积）而提高连通程度（刘康，2016）。因此，在不考虑修复投入的前提下，生物连通网络中现有的节点及节点属性就对节点（斑块）的配置产生了空间约束。将修复小区看作一个潜在的“生物连通网络”，将微地形定植斑块看作网络中的节点。与传统基于生物连通网络的节点调控不同，修复小区尺度上的“生物连通网络”是不存在的，这个“生物连通网络”需要依靠微地形结构的设置来构建。相比于实际存在的生物连通网络，基于微地形结构的“生物连通网络”缺乏空间约束，使微地形单元的配置存在不确定性，缺乏方向性和原则性，给实际的微地形单元设置带来了难度。但是从自由度的角度来说，这种完全依赖于微地形单元设置的网络又为修复小区尺度上的“生物连通网络”构建提供了极大的自由度，即遵照连通最大化的目标（微地形斑块最优配置的目标），网络内的节点位置、数量和属性设置完全自由，不具有任何空间约束。因此，在遵从连通最大化目标的前提下，依据生物连通的原理，可以实现一种完全“自由”的“生物连通”，表现为节点位置自由、节点属性自由、节点数量自由及连通规则自由。这为实际操作中的微地形结构设置提供了极大的灵活性：通过对具有不同扩散能力的斑块进行合理的选择与配置，最大化利用斑块自身的扩散能力，以最小投入实现修复小区的修复。

虽然修复小区尺度上的“生物连通网络”没有空间约束，具有很大的灵活性，但是整个空间配置模型仍是在一定修复投入（微地形结构）和修复时间下的空间配置。因此，需要对修复投入和修复时间进行约束，进而确定微地形结构的类型和数量。

1）约束条件

在生态修复中，投入水平和恢复时间在很大程度上决定了修复的效果。一般来说，当修复技术一定时，越多的修复投入会修复越多的面积。对于利用微地形斑块的扩散能力进行修复的方式来说，微地形斑块的扩散能力与时间相关，越长的恢复时间可能越能充分利用微地形斑块自身的扩散能力，恢复更多的面积。当以恢复更多的面积为目标时，修复投入（微地形结构）和恢复时间之间会存在一个权衡：既可以通过增加修复投入，也可以通过延长修复时间来达到修复目标。如果资金比较紧缺，可以以更多的时间投入来实现更大的修复面积；如果希望在较短时间内实现较大面积的修复，那么可以以更多的修复投入来实现同样的目标。

根据微地形斑块的自我维持和扩散效应，只要投入一定量、一定结构特征的微地形斑块，经过一定的时间，借助微地形斑块的扩散效应就可以实现修复小区的修复。首先对修复投入和修复时间进行定义。

A. 修复投入

修复投入来源于挖掘微地形结构所需要的成本。设单位面积、某一深度的微地形结构挖掘成本为 C_d，那么修复投入可以看作单位面积微地形挖掘成本和总微地形面积的乘积。当需要投入的微地形深度确定时，即单位成本一定，那么总修复投入主要来源于需要设置的微地形结构的总面积。因此，将需要设置的微地形结构总面积作为修复投入。假设修复小区的面积为 A，将修复投入设置为与修复小区面积成比例的微地形面积投入（I_s）：

$$I_s = \lambda \times A \tag{8.15}$$

式中，λ 为投入的面积比例系数，可以根据目标和情景设置。

在一定微地形面积投入下，这些面积可以采取不同边长的微地形结构和数量的组合实现：

$$I = l^2 \times N_l \tag{8.16}$$

式中，l 为所选择的微地形结构边长；N_l 为在 I 面积投入下所需要的边长为 l 的微地形结构数量。

上述研究共有 6 种边长类型的微地形结构（l=0.2m、0.4m、0.6m、0.8m、1m、1.5m），不同类型的微地形斑块又可以通过深度设置（0.05m、0.1m、0.15m）来调节先锋斑块的植被密度及扩散速度。据此，选择不同边长的微地形结构会产生不同的微地形数量（N_l）：

$$N_l = \frac{\lambda \times A}{l^2} \tag{8.17}$$

以微地形的面积作为修复投入情景，这样就简化了修复投入情景的设置。以投入的微地形面积占修复区域的面积的比例来设置修复投入情景，即可得到不同修复投入下的不同微地形斑块个数（表 8.8）。

表 8.8　不同投入情景下不同类型微地形的设置数量

微地形结构边长/m	5%	10%	15%	20%	30%	40%	50%	…
0.2	1.25A	2.5A	3.75A	5A	7.5A	10A	12.5A	…
0.4	0.31A	0.63A	0.94A	1.25A	1.88A	2.5A	3.13A	…
0.6	0.14A	0.28A	0.42A	0.56A	0.83A	1.11A	1.39A	…
0.8	0.08A	0.16A	0.24A	0.32A	0.47A	0.63A	0.78A	…
1	0.05A	0.1A	0.15A	0.2A	0.3A	0.4A	0.5A	…
1.5	0.02A	0.04A	0.07A	0.09A	0.13A	0.18A	0.22A	…

注：百分数表示设置的投入面积比例系数 λ。

B. 修复时间

第一年成功定植的微地形斑块对后续微地形及其周边植被的定植起到了决定性作用。根据成功定植的微地形斑块在第二年及后续定植过程中的扩散能力，可以看出，微地形斑块的扩散面积是时间的函数，虽然在定植不同年限内微地形斑块扩散的速率存在差异，但是微地形斑块的面积随时间的增长一直呈上升趋势（图 8.15）。这也就是说：一般情况下，修复时间越长，利用微地形斑块的扩散能力修复的面积就越大。因此，可以将时间也设置成不同的情景，模拟不同时间下的微地形斑块所能实现的修复面积。特别是当修复目标不确定时，针对不同修复时间情景的模拟可以为目标区域实现不同比例的修复面积提供预测；也为当修复投入不足时，通过修复时间的延长来实现一定面积的修复提供了备选方案。

2）微地形斑块的类型和数量

修复投入和时间约束为制定修复目标提供了依据。只有在一定的修复目标下，才能根据修复投入和修复时间确定某一修复小区的微地形斑块类型和数量。

由于对微地形斑块的扩散能力进行了不同尺度的考虑，因而关于修复投入和修复时间两种情景的设置也需在不同尺度上进行考虑。不同结构的微地形斑块在不同修复小区内具有不同的扩散能力，因而从修复小区尺度上来说，不同的修复小区内存在最适的、同一结构特征的微地形斑块。因为在同一修复小区内，微地形的修复潜力是一致的，定植效果和扩散能力的差异仅存在于不同结构特征的微地形斑块之间，因而在同一修复小区内，通过对不同结构特征的微地形斑块定植效果和扩散能力进行模拟分析，可以得出特定修复小区对应的最适微地形结构。因此，将修复投入和修复时间情景放在修复小区尺度上考虑，即针对每一个修复小区，都存在不同情景下的微地形配置方案（图 8.46）。

修复小区1 ⟶ (l_1,d_1)

修复时间＼修复投入	5%	10%	…
第一年	$\eta_{5,1}$	$\eta_{10,1}$	$\eta_{\lambda,1}$
第二年	$\eta_{5,2}$	$\eta_{10,2}$	$\eta_{\lambda,2}$
…	$\eta_{5,t}$	$\eta_{10,t}$	$\eta_{\lambda,t}$

修复小区2 ⟶ (l_2,d_2)

修复时间＼修复投入	5%	10%	…
第一年	$\eta_{5,1}$	$\eta_{10,1}$	$\eta_{\lambda,1}$
第二年	$\eta_{5,2}$	$\eta_{10,2}$	$\eta_{\lambda,2}$
…	$\eta_{5,t}$	$\eta_{10,t}$	$\eta_{\lambda,t}$

修复小区n ⟶ (l_i,d_j)

修复时间＼修复投入	5%	10%	…
第一年	$\eta_{5,1}$	$\eta_{10,1}$	$\eta_{\lambda,1}$
第二年	$\eta_{5,2}$	$\eta_{10,2}$	$\eta_{\lambda,2}$
…	$\eta_{5,t}$	$\eta_{10,t}$	$\eta_{\lambda,t}$

⟶ 修复面积

图 8.46　修复情景的处理

l 和 d 分别表示微地形结构的大小和深度，$\eta_{\lambda,t}$表示在 λ 修复投入比例下、第 t 年实现的修复小区面积比例

于是可以得到各修复小区在不同情景下的修复面积：

$$S(t)=[l+x(t)]^2\times N_l \tag{8.18}$$

式中，$S(t)$ 为第 t 年的修复面积；l 为微地形结构的大小（边长）；$x(t)$ 为微地形斑块第 t 年的扩散范围（微地形边长的增量）；N_l 为在 λ 修复投入比例下，所需边长为 l 的微地形结构的数目，由式（8.15）给出。

此外，还可以得到第 t 年，利用边长为 l 的微地形结构在 λ 修复投入比例下所实现的修复比例（η）：

$$\eta=\frac{S(t)}{A}=\frac{[l+x(t)]^2}{A}\times\frac{\lambda\times A}{l^2}=\left[1+\frac{x(t)}{l}\right]^2\times\lambda \tag{8.19}$$

于是，可以得到第 t 年的修复效率：

$$\mathrm{RE}=\frac{\eta}{\lambda}=\left[1+\frac{x(t)}{l}\right]^2 \tag{8.20}$$

式中，RE 为修复效率，即修复投入产出比。可以看出，经过换算以后，修复效率 RE 是与投入（λ）无关的变量，仅与第 t 年微地形的扩散速度［$x(t)$］有关。扩散速度越大，修复效率越高。对于有效的修复，RE≥1，修复效率越高，RE 值越大。因此，RE 可以用于确定最适的微地形结构边长。

虽然较小边长微地形结构的扩散速度低于较大边长的微地形结构，但是从修复效率

的角度来说（图 8.47），越小边长的微地形结构具有越大的修复效率。虽然修复效率会随着区域特征（主要是沉积特征）和修复时间变化而发生变化，但是其整体趋势依然表现为随着微地形边长增加而降低。这表明，相较于扩散能力较大的大斑块来说，同等面积下数量更多的小斑块更有利于修复。这是因为在同等投入下，只要具有扩散能力，越小边长的微地形结构所具有的“边”的总长度越大，而这些“边”都具有扩散属性，这样就充分利用了“边”的扩散能力。这也与斑块连通的原理相符（邬建国和余新晓，2007），即在同等面积下，设置数量更多的小斑块反而更有利于提高整体连通性。同样，在保护生物学中也有类似的斑块设置规则（邬建国和余新晓，2007）。

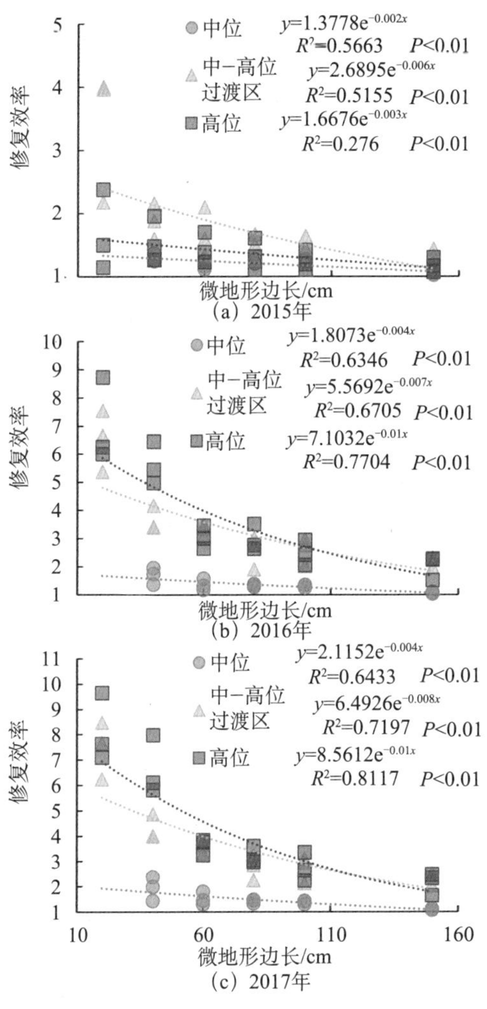

图 8.47 微地形边长与修复效率的关系

由于中位盐沼裸斑区边长为 20cm 的微地形结构并未实现植被定植，因此在拟合过程中去除了该点位数据。从这一点上可以看出，虽然较小边长的微地形结构具有较高的修复效率，但是其面临着“失效”的风险。由于微地形深度稳定性随着边长的增加而增加，因此，边长越大的微地形结构“失效”的风险越低。当某一区域边长最小的微地形结构“失效”时，最大修复效率则按照微地形边长增加的方向“顺位”。因此，具有最大修复效率的微地形结构边长会随着区域沉积量的增加而增加，并且最优的微地形结构在区域沉积梯度上存在阈值区间。在保证最小边长的微地形结构实现定植的沉积量范围内，可以选择该最小边长微地形结构来提高修复效率；当修复小区的沉积量较大时，具有最优修复效率的小边长微地形由于被沉积掩埋（深度发生显著变化）而无法实现有效定植，则需要利用顺位下的较小边长微地形结构；依次类推，对于沉积量特别大的修复小区，则只能利用修复效率较低的大边长微地形结构实现定植。

因此，在修复小区内设置微地形结构时，面临着修复效率和修复潜力（区域沉积特征）的权衡。修复小区沉积量越小，其可选用的微地形边长类型就越多，对微地形的设置就越灵活、越自由，可以在保证修复效率最大的前提下选择最优微地形边长；修复小区沉积量越大，微地形设置的限制性就越强，灵活性和自由度就越低，只能以牺牲修复效率为代价来换取修复效果。

3）微地形斑块空间配置

当根据修复目标确定某一修复小区的适宜微地形结构类型及数量以后，就面临着这些微地形结构的空间配置问题。在修复小区内的“生物连通网络”中，微地形斑块就是网络的节点。因此微地形斑块的空间配置问题可以转化为求生物连通最大化的节点配置问题。随着微地形定植斑块在时间序列上的扩增，区域生物连通程度也在发生变化。因此，修复小区内的“生物连通网络”是一个生物连通程度随时间变化的动态网络。

由于修复小区内的空间是一个完全自由、无任何约束的空间，所以微地形斑块在修复小区内的空间配置可以达到“最理想化”的配置。对于一个修复小区来说，最理想化的状态即是所有微地形斑块之间相互连通，成为一个整体。这个全部连通的整体可以当作微地形斑块空间配置的“理想态”或“最终态”。据此，可以根据这个“最终态”倒推最初的微地形斑块空间配置模式，如图 8.48 所示。

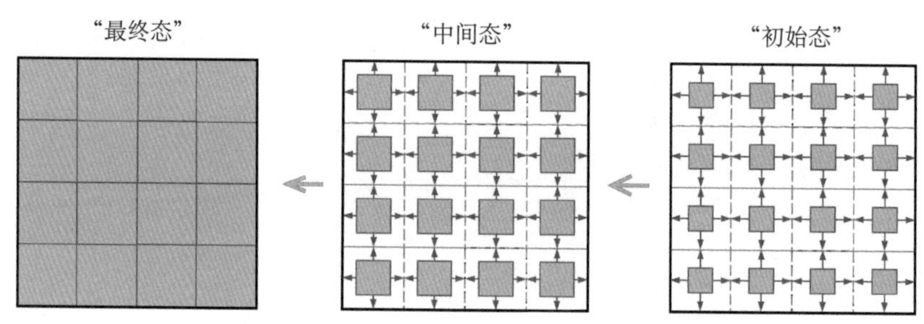

图 8.48　微地形斑块配置的“最终态”（或“理想态”）及其倒推过程

橘黄色方框表示微地形斑块，红色箭头表示微地形斑块的扩散方向

可以看出，“理想态”下每个微地形斑块及其扩散范围相连通，成为一个整体。在这个过程中，每个微地形斑块及斑块每条边都得到了充分“利用”，也即式（8.18）所表达的含义：修复小区内的空间完全被初始微地形斑块及其扩散空间所占据。因此，当根据修复小区沉积特征确定最优微地形结构边长时，在一定的修复投入下可以根据式（8.17）确定微地形斑块的数量 N_l。为了方便计算，将修复小区概化为正方形。N_l 即修复小区需要平均划分的正方形个数，即将修复小区每条边边长平均划分为 $\sqrt{N_l}$ 段，得到 N_l 个微地形斑块潜在扩散范围空间。在每个潜在扩散范围空间的中点设置微地形

结构，进而每个微地形结构都能够充分发挥每条边的扩散能力，能在最短时间内实现修复小区的整体定植。

5. 区域尺度调控模块

在区域尺度上，需要确定每个修复小区的优先性格局，进而将具体的微地形调控方案设置到具体的修复小区中。由于修复小区之间修复潜力存在差异，即使每个小区都有其最适的微地形斑块配置方案，它们的恢复效果也不尽相同。因此，虽然修复小区在整体区域中的连通重要程度是确定优先性的重要依据，但是各修复小区的修复潜力决定了修复效果，这两者成为了区域尺度上修复小区调控的基础。

1）修复小区的连通重要性

对于自然盐沼湿地来说，有植被存在的斑块可以实现植被的连续定植，具有自组织和自维持功能。盐沼中的裸斑丧失了植被的连续定植能力，在整体湿地中属于“不连通”区，降低了盐沼湿地整体的连通性。因此，从湿地整体连通性最大的角度出发，不同盐沼裸斑位置在区域整体连通中所具有的重要性不同。我们以区域整体连通最大为目标，采用 PC 指数（probability of connectivity index）（Saura and Rubio，2010；Bodin and Saura，2010）来衡量修复小区的连通重要性；再利用斑块增加实验，采用连通重要性指数 dPC 衡量盐沼裸斑不同位置对区域整体连通的贡献率。

生物连通指数 PC 指数表达了区域的潜在连通程度。该指数通过个体的扩散能力来计算生物连通，在景观格局变化引起的连通性变化分析方面具有非常好的稳定性和一致性（刘康，2016）。

PC 计算公式如下：

$$\mathrm{PC}=\frac{\sum_{i=1}^{n}\sum_{j=1}^{n}P_{ij}^{*}a_{i}a_{j}}{A_{L}^{2}} \tag{8.21}$$

式中，n 为节点总数；a_i、a_j 分别为节点 i 和 j 的属性（面积、保护价值、面积权重等）；A_L 为最大属性值（如果面积是选取的属性值，那么 A_L 为研究区总面积）；P_{ij}^{*} 为节点 i 到节点 j 所有可能连通路径中最大的扩散概率。其中，P_{ij}^{*} 计算公式如下：

$$P_{ij}^{*}=\mathrm{e}^{-k\times d_{ij}^{*}} \tag{8.22}$$

式中，d_{ij}^{*} 为节点 i 与节点 j 之间的最短路径；k 为常数。

$$\mathrm{dPC}=100\times\frac{\mathrm{PC}'-\mathrm{PC}}{\mathrm{PC}} \tag{8.23}$$

式中，PC、PC′分别为修复前、后的湿地网络整体连通性指数。

其中，dPC 值越大，该位置的裸斑对于提高整体连通度的贡献率越高，因而修复优先性越高。

以种子流作为斑块之间的生物连通途径来评价裸斑网格的连通优先性。将每一个修复小区看作潜在的修复斑块，通过斑块增加试验，分别计算修复前后的 PC 和 PC′，利用 dPC=(PC′−PC)/PC 衡量修复效果，dPC 越大，则修复效果越好。据此确定每个修复小区的连通重要性。

2）修复小区的修复潜力

修复小区的修复潜力用定植效果表示，定植效果越好，则修复潜力越大。排除微地形结构特征的影响后，微地形的定植效果受到区域条件的影响很大。虽然众多因子都会对微地形的定植效果产生影响，但是在整个过程中起决定性作用的因子为微地形稳定性。因此，微地形的稳定性决定了不同修复小区的修复潜力。

微地形结构的稳定性在植物定植过程中是起主导作用的环境因子，其直接对定植中最重要的阶段——种子截留阶段产生影响，进而影响到后续定植过程。因此，微地形的稳定性格局是模型的重要输入条件之一。而微地形稳定性格局又与沉积格局的联系最为紧密，因此，选择沉积格局预测微地形稳定性格局。

根据 Temmerman 等（2005）的研究，潮滩上的沉积浓度可以用以下回归方程表示：

$$SR = k \times e^{lH} \times e^{mD_c} \times e^{nD_e} \tag{8.24}$$

式中，SR 为潮滩某处的沉积浓度；k、l、m、n 均为回归系数（$k>0$，l、m、n 均<0）；H 为点位高程；D_c 为点位到最近潮沟的垂直距离；D_e 为点位所在潮沟断面到海的距离（断面所在位置的潮沟长度）。

3）修复小区的综合优先性

修复小区的连通重要性确定了修复顺序，即优先性。按照修复小区的连通重要性进行修复时，修复的小区数目越多，区域整体连通性越高。在区域连通性增强的方向上，并不意味着增加的修复小区数量越多，区域整体连通性提高得越快。根据刘康（2016）的研究结果，在按照连通重要性进行修复时，会存在一个修复阈值，在此阈值之前，整体连通性随修复小区数量增加而迅速增加；达到该阈值后，继续增加修复小区的数量对整体连通性无显著提高，连通性的变化趋于平缓。因此，为了降低修复投入，根据该修复阈值确定修复小区的数量和位置，得到基于连通最大化的修复小区格局。

在确定区域优先修复格局后，再将修复潜力属性叠加到优先格局上，进而得到具有连通最大化及修复潜力最大的综合修复优先性格局。

8.3.3 基于微地形促进作用的多尺度调控方案

本节以黄河口北岸盐沼裸斑修复为案例，提出基于微地形促进作用的多尺度调控方案。当不考虑修复投入和时间时，基于微地形促进作用的多尺度调控存在一个最优配置方案，该方案反映了修复的规则和方向。但在实际操作中，需要在不同的限制条件或目标下提出最优配置方案。因此，从理论和应用的角度分别提出了基于微地形促进作用的多尺度调控方案。

1. 最优配置方案

根据修复效率（RE）可知，在一定沉积量阈值范围内，越小的微地形结构所具有的修复效率越高。因此，首先需要根据沉积格局确定不同边长类型微地形结构的阈值区间，进而得到优先修复小区的最优微地形配置方案。

在沉积量较大的中位盐沼裸斑区，当微地形结构的边长为 20cm 时，所有深度处理下的微地形结构都由于深度稳定性过低（均值±标准误：0.230±0.029，$n=9$）而无法实现盐地碱蓬的定植。根据前文研究结果，未能实现盐地碱蓬定植的标准微地形结构（边长=50cm，深度=10cm）深度稳定性为 0.231±0.053（均值±标准误，$n=22$）。

可见，两个实证研究中微地形结构“失效”时的深度稳定性值非常接近。据此，将微地形深度稳定性 0.23 作为微地形结构“有效”的下限阈值，微地形稳定性低于该值则视为“无效”。

确定微地形结构“失效”阈值后，根据微地形深度稳定性回归模型可以得到不同边长下的阈值区间（图 8.49），进而得到不考虑优先格局［图 8.50（a）］和考虑优先格局［图 8.50（b）］的修复小区内最适宜的微地形结构（边长）分布。

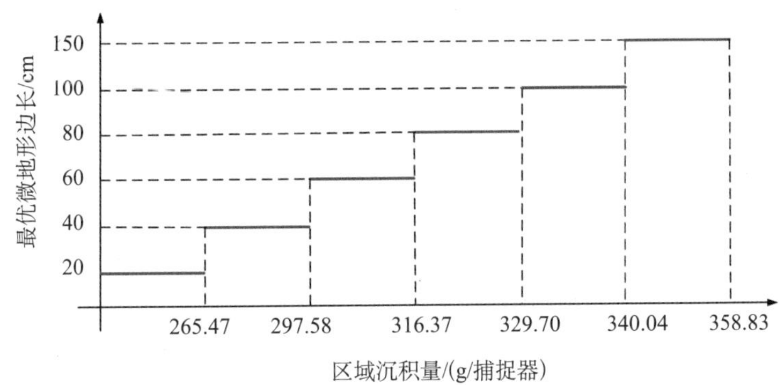

图 8.49　不同微地形结构的稳定阈值区间

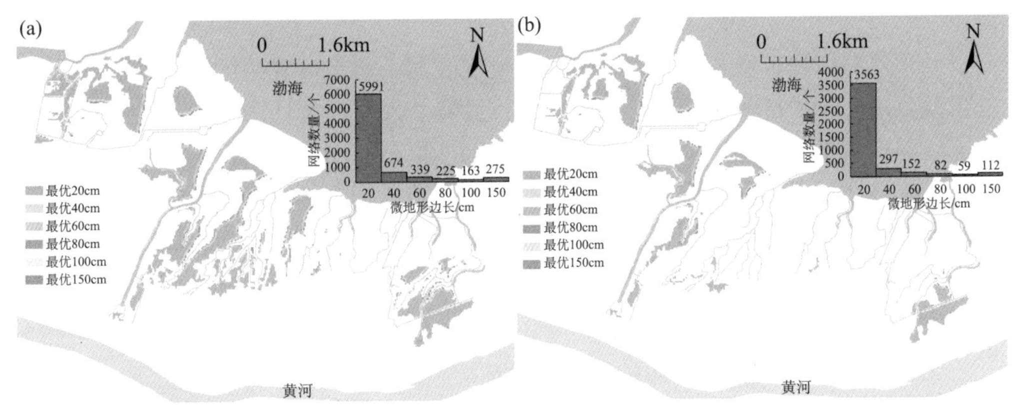

图 8.50　不考虑优先格局（a）和考虑优先格局（b）下的最优微地形结构（边长）配置

可以看出，不管是考虑优先格局还是不考虑优先格局，适用于边长为 20cm 微地形的修复小区数量都是最多的。对于这类修复小区来说，其拥有的配置自由度也最高，即除了最优配置边长 20cm 以外，其他 5 种边长的微地形结构也适用（全部 6 种边长微地形结构均适用）。对于最优微地形结构（边长）为 40cm 的修复小区来说，其沉积负荷不足以维持边长为 20cm 的微地形结构的有效定植，因此，其适用微地形结构仅包括余下 5 种。依此类推，最优微地形结构（边长）为 60cm、80cm、100cm 和 150cm 的修复小区适用类型分别为 4 种、3 种、2 种和 1 种。

此外，由于微地形结构的稳定性决定了修复小区的修复潜力，所以最优微地形结构（边长）配置的外推顺序与修复潜力的变化方向是一致的，即配置自由度最高的修复小区也是修复潜力最高的区域。也就是说，从修复潜力的角度来看，修复潜力越高的小区微地形配置自由度越高、修复效率越高；而修复潜力越低的小区微地形配置自由度越低、修复效率也越低。

确定不同修复小区的最优微地形边长后，为了进一步提高定植效果，将所有微地形的深度设置为具有最大定植效果的 15cm。再根据修复时间和修复投入情景确定微地形斑块的设置数量 N_l，将修复小区划分为 N_l 个同等大小的区域，在每个小区域的中心设置相应边长、深度为 15cm 的微地形结构。此为一般情景下的基于微地形促进作用的最优配置方案。

2. 不同修复目标下的配置方案

根据微地形斑块扩散范围调控模型［式（8.14）］，可以得到不同沉积格局下、不同结构特征（边长和深度）微地形斑块的扩散范围，进而可以根据不同修复投入和修复时间约束得到不同修复目标下的多尺度配置方案，为盐沼裸斑的修复实践提供管理和技术支持。

设置 3 种修复时间（$t=3$ 年、5 年、10 年）和 4 种修复投入比例（$\lambda=0.1\%$、0.5%、1%和 2%）情景来探讨不同修复情景（目标约束）下的微地形最优配置方案。以具有修复潜力、连通优先性最高的所有修复小区总面积（综合优先性格局）计算修复投入比例，该修复投入为面向优先格局修复的总投入。据统计，可修复的优先性格局内共有 4265 个修复小区（每个小区面积为 900m^2），因此可以得到不同修复比例下的总投入面积。

根据微地形斑块扩散模型可以得到不同修复时间下每个修复小区内的最优微地形结构的扩散范围。按照优先顺序对修复小区进行计算，以修复小区完全修复为终点，可以根据式（8.19）推导出每个修复小区需要的微地形数量。以此类推，每计算完一个修复小区所需要的微地形数量及面积成本后，对面积成本进行累加，直至累积成本达到一定修复投入下所具有的总面积成本，计算停止。上述所有修复小区则是在该修复时间和修复投入下的优先修复区域。据此，可以得到优先修复的小区格局、修复小区数量、修复比例和修复效率（表 8.9、图 8.51）。

表 8.9　不同修复情景下的优先修复小区的数量

修复投入		修复时间/年								
		3			5			10		
λ /%	总投入面积 /m^2	个数	比例 /%	效率	个数	比例 /%	效率	个数	比例 /%	效率
0.1	3 838.5	57	1.34	13.4	82	1.92	19.2	189	4.43	44.3
0.5	19 192.5	275	6.45	12.9	394	9.24	18.48	880	20.63	41.26
1	38 385	532	12.47	12.47	756	17.73	17.73	1 631	38.24	38.24
2	76 770	1 006	23.59	11.80	1 406	32.97	16.49	2 836	66.49	33.245

注：个数表示优先修复的小区个数；比例表示修复面积比例；效率表示修复比例与投入比例的比值。

可以看出，按照优先顺序进行修复可以使修复效率（投入产出比）最大化，实现以较低的成本投入实现较高比例的面积修复。由于修复效率与修复投入成反比，所以，随着修复投入的增加，修复效率呈下降趋势，虽然实现的修复小区数量和面积在增加。与修复投入相比，修复效率随着修复时间的增加呈指数上升趋势（图 8.52），表明延长修复时间可以补偿修复投入成本。因此，当修复目标对修复时间无明确要求时，可以尽量增加修复时间来降低修复成本投入。

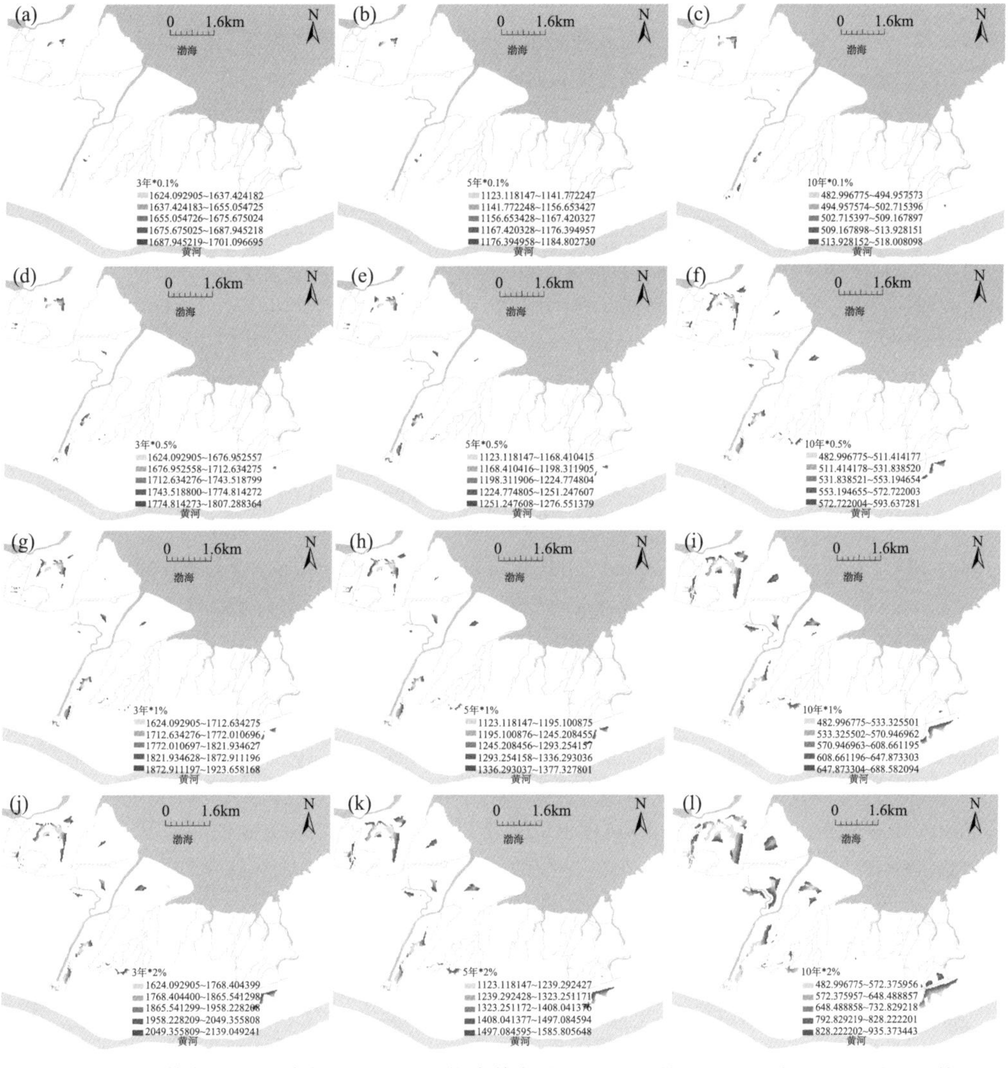

图 8.51　不同修复投入和修复时间情景下优先修复小区格局、数量及小区内的微地形配置数目

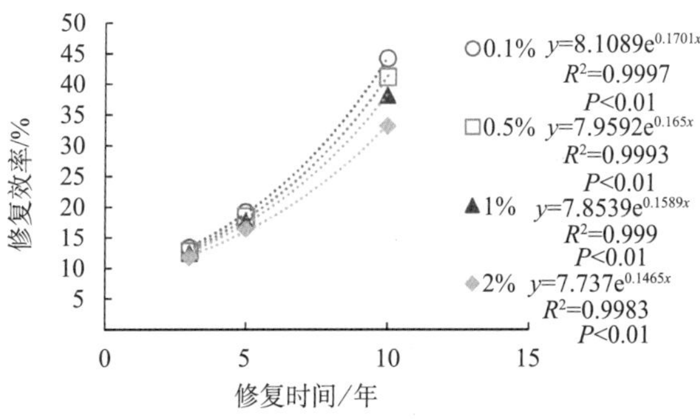

图 8.52　不同修复投入和时间下的修复效率变化

参考文献

贺强 . 2012. 黄河口盐沼植物群落的上行、种间和下行控制因子 . 上海：上海交通大学 .

刘康 . 2016. 基于生物连通的滨海湿地修复模式研究 . 北京：北京师范大学 .

骆梦 . 2017. 黄河三角洲典型潮沟系统水文连通对盐沼植被再生的影响 . 北京：北京师范大学 .

邬建国，余新晓 . 2007. 景观生态学 . 北京：高等教育出版社 .

谢湉 . 2017. 黄河三角洲盐沼植物定植对环境胁迫的适应性机制 . 北京：北京师范大学 .

辛沛，李凌 . 2007. 滨海盐沼孔隙水动力过程研究综述 . 湿地科学，5（4）：376 - 384.

Adam P. 1990. Saltmarsh Ecology. Cambridge，UK：Cambridge University Press.

Allison S K. 1992. The influence of rainfall variability on the species composition of a northern California salt marsh plant assemblage. Vegetation，101（2）：145 - 160.

Balke T，Bouma T J，Horstman E M，et al. 2011. Windows of opportunity：thresholds to mangrove seedling establishment on tidal flats. Marine Ecology Progress Series，440：1 - 9.

Bazzaz F A. 1991. Habitat selection in plants. American Naturalist，137：S116 - S130.

Bertness M D，Callaway R. 1994. Positive interactions in communities. Trends in Ecology and Evolution，9：191 - 193.

Bertness M D，Pennings S C. 2000. Spatial variation in process and pattern in salt marsh plant communities in eastern North America. In：Weinstein M P，Kreeger D A. Concepts and Controversies in Tidal Marsh Ecology. New York：Kluwer Academic Publishers：39 - 57.

Bertness M D，Shumway S W. 1993. Competition and facilitation in marsh plants. American Naturalist，142：718 - 724.

Bodin Ö，Saura S. 2010. Ranking individual habitat patches as connectivity providers：Integrating network analysis and patch removal experiments. Ecological Modelling，221（19）：2393 - 2405.

Bouma T，Friedrichs M，van Wesenbeeck B K，et al. 2009. Density dependent linkage of scale-dependent feedbacks：A flume study on the intertidal macrophyte Spartina anglica. Oikos，1182：260 - 268.

Chang E R，Veeneklaas R M，Bakker J P. 2007. Seed dynamics linked to variability in movement of tidal water. Journal of Vegetation Science，18：253 - 262.

Chang E R，Veeneklaas R M，Buitenwerf R，et al. 2008. To move or not to move：Determinants of seed retention in a tidal marsh. Functional Ecology，22：720 - 727.

Clark C J，Poulsen J R，Levey D J，et al. 2007. Are plant populations seed limited? A critique and meta-analysis of seed addition experiments. American Naturalist，170：128 - 142.

Connell J，Slatyer R. 1977. Mechanisms of succession in natural communities and their role in community stability and organization. American Naturalist，111：1119 - 1143.

Crain C M，Albertson L K，Bertness M D. 2008. Secondary succession dynamics in estuarine marshes across landscape-scale salinity gradients. Ecology，89（10）：2889 - 2899.

Ehrenfeld J G. 2000. Defining the limits of restoration：The need for realistic goals. Restoration Ecology，8（1）：2 - 9.

Elsey Q T，Middleton B，Proffitt C E. 2009. Seed flotation and germination of salt marsh plants：The effects of stratification，salinity，and/or inundation regime. Aquatic Botany，91：40 - 46.

Erfanzadeh R，Garbutt A，Petillon J，et al. 2010a. Factors affecting suitability of early salt-marsh colonizers：Seed availability rather than site suitability and dispersal traits. Plant Ecology，206：335 - 347.

Erfanzadeh R, Hendrickx F, Maelfait J P, et al. 2010b. The effect of successional stage and salinity on the vertical distribution of seeds in salt marsh soils. Flora-Morphology, Distribution, Functional Ecology of Plants, 205 (7): 442 - 448.

Fraaije R G A, ter Braak C J F, Verduyn B, et al. 2015. Early plant recruitment stages set the template for the development of vegetation patterns along a hydrological gradient. Functional Ecology, 29: 971 -980.

Friess D A, Krauss K W, Horstman E M, et al. 2012. Are all intertidal wetlands naturally created equal? Bottlenecks, thresholds and knowledge gaps to mangrove and saltmarsh ecosystems. Biological Reviews, 87: 346 - 366.

Gomez A L, Gomez J M, Zamora R. 2005. Microhabitats shift rank in suitability for seedling establishment depending on habitat type and climate. Journal of Ecology, 93: 1194 - 1202.

He Q, Cui B S, Cai Y Z, et al. 2009. What confines an annual plant to two separate zones along coastal topographic gradients? Hydrobiologia, 630 (1): 327 - 340.

Houle G, Morel L, Reynolds C E, et al. 2001. The effect of salinity on different developmental stages of an endemic annual plant, *Aster laurentianus* (Asteraceae). American Journal of Botany, 88 (1): 62 - 67.

Huxham M, Kumara M P, Jayatissa L P, et al. 2010. Intra-and interspecific facilitation in mangroves may increase resilience to climate change threats. Philosophical transactions of the Royal Society of London. Series B, Biological Sciences, 365 (1549): 2127 - 2135.

Johnson E A, Fryer G I. 1992. Physical Characterization of seed microsites- movement on the ground. Journal of Ecology, 80: 823 - 836.

Karstens S, Jurasinski G, Glatzel S, et al. 2016. Dynamics of surface elevation and microtopography in different zones of a coastal Phragmites wetland. Ecological Engineering, 94: 152 - 163.

Keddy P A, Ellis T H. 1985. Seedling recruitment of 11 wetland plant-species along a water level gradient—shared or distinct responses. Canadian Journal of Botany, 63: 1876 - 1879.

Levine J M, Murrell D J. 2003. The community-level consequences of seed dispersal patterns. Annual Review of Ecology, Evolution and Systematics, 34: 549 - 574.

Long S P, Mason C F. 1983. Saltmarsh Ecology. Bishopbriggs, Glasgow: Blackie & Son Ltd.

McDonald K. 2014. Tidal seed dispersal potential of Spartinadensiflora in Humboldt Bay (Humboldt County, California) (Master's thesis). Arcata, CA: Humboldt State University.

Nathan R, Muller L H C. 2000. Spatial patterns of seed dispersal, their determinants and consequences for recruitment. Trends in Ecology & Evolution, 15 (7): 278 - 285.

Nilsson C, Brown R L, Jansson P, et al. 2010. The role of hydrochory in structuring riparian and wetland vegetation. Biological Reviews, 85: 837 - 858.

Pennings S C, Callaway R M. 1992. Salt marsh plant zonation: The relative importance of competition and physical factors. Ecology, 73: 681 - 690.

Pennings S C, Grant M B, Bertness M D. 2005. Plant zonation in low-latitude salt marshes: Disentangling the roles of flooding, salinity and competition. Journal of Ecology, 93 (1): 159 - 167.

Peterson J M, Bell S S. 2012. Tidal events and salt marsh structure influence black mangrove Avicennia germinans recruitment across an ecotone. Ecology, 937: 1648 - 1658.

Rand T A. 2000. Seed dispersal, habitat suitability and the distribution of halophytes across a salt marsh tidal gradient. Journal of Ecology, 88: 608 - 621.

Saura S, Rubio L. 2010. A common currency for the different ways in which patches and links can contribute to habitat availability and connectivity in the landscape. Ecography, 33 (3): 523 - 537.

Silvestri S, Defina A, Marani M. 2005. Tidal regime, salinity and salt marsh plant zonation. Estuarine Coastal and Shelf Science, 62 (1 - 2): 119 - 130.

Stribling J M, Cornwell J C, Glahn O A. 2007. Microtopography in tidal marshes: Ecosystem engineering by vegetation? Estuaries and Coasts, 30: 1007 - 1015.

Taylor M S, Jonathan M W, Mark W H. 2015. Hydrologic and edaphic constraints on Schoenoplectus acutus, Schoenoplectus californicus, and Typha latifolia in tidal marsh restoration. Restoration Ecology, 23: 430 - 438.

Temmerman S, Bouma T J, Govers G, et al. 2005. Impact of vegetation on flow routing and sedimentation patterns: Three-dimensional modeling for a tidal marsh. Journal of Geophysical Research, 10: 1 - 18.

TerHeerdt G N J, Verweij G L, Bekker R M, et al. 1996. An improved method for seed-bank analysis: Seedling emergence after removing the soil by sieving. Functional Ecology, 10: 144 - 151.

van Proosdij D, Davidson A R G D, Ollerhead J. 2006. Controls on spatial patterns of sediment deposition across a macro-tidal salt marsh surface over single tidal cycles. Estuarine, Coastal and Shelf Science, 69 (1 - 2): 64 - 86.

Vivian S G. 1997. Microtopographic heterogeneity and floristic diversity in experimental wetland communities. Journal of Ecology, 85: 71 - 82.

Wang H Q, Hsieh Y P, Harwell M A, et al. 2007. Modeling soil salinity distribution along topographic gradients in tidal salt marshes in Atlantic and Gulf coastal regions. Ecological Modelling, 201 (3 - 4): 429 - 439.

第 9 章

滨海湿地水文连通与生物连通修复模式

▼

随着围填海活动的加剧，海岸线受到人为扰动而发生改变，水文和生物连通受阻，滨海湿地一体化格局被打破，呈现孤立化发展态势，滨海湿地破碎化现象日益明显。滨海湿地的破碎化、孤立化使得湿地斑块间的连通程度降低，生物种群的正常繁殖、迁移过程受到限制，导致物种退化和多样性降低。为了减缓湿地破碎化的趋势，修复生物栖息地并增加斑块之间的连通性成为滨海修复的关键问题。

本章通过对水文连通进行定量评估，以典型盐沼植物物种盐地碱蓬为研究对象，考虑植被再植的整个过程，包括种子流、种子萌发及植株生长对水文连通的响应，建立水文连通强度与植被再生各个过程的定量响应关系；以植物基因流连通为依据，建立生物连通与地理距离之间的关系，提出了增加斑块面积和增加斑块数量两种连通模式，以湿地整体连通性的提高为目标，得到黄河三角洲滨海湿地增加斑块面积和增加斑块数量的最优格局。

9.1 水文连通特征与量化

良好的水文连通能够促进营养物质的循环、维持生物群落稳定、净化水质、改良土壤水盐条件等。类比于河流系统的水文连通，潮沟系统的水文连通结构是指一种静态的以潮沟为载体的空间连续性，包括三个空间维度，即纵向连通（海-陆连通）、侧向连通（潮沟-洪泛区的侧向连通）、垂向连通（潮滩地表水-地下水的交互作用）及时间维度。

纵向来看，潮沟系统的水文连通对水沙输运、营养物质输送、种子扩散、鱼类迁移有着非常重要的作用。由于大坝建设、水体改道等人类活动会阻断潮沟的纵向水文连通，进而导致生物连通在纵向水文连通中被隔断，影响生物的运动、生存和繁衍。潮沟的侧向水文连通则有利于营养物质及能量在潮沟-盐沼潮滩之间相互流动，起到防止海水倒灌、净化水质等作用；更重要的是，侧向水文连通为潮滩生物的生存与繁殖提供更加丰富的生境，潮沟水体与潮滩生境的水力联系为盐沼湿地提供了更加多样性的环境。从垂向来看，潮沟系统水文连通有利于水盐及营养物质通过地表水与地下水的交互作用进行转化，在较为干旱的高潮带区域，垂向水文连通对于盐沼植被的生长与植被群落的结构有着重要意义。

潮沟系统水文连通空间尺度上大体分为宏观、中观及微观三种类型。宏观空间尺度上研究流域范围或较大空间范围内所有水体的水文连通度状况，滨海区域则可考虑为多个潮沟系统组成潮沟网络。潮沟网络的连通度可通过图论模型计算，基于网络的方法定义节点和边，揭示区域潮沟水系连通度的变化规律。中观尺度上，可衡量某一特定区域的所有水体之间的连通状况，基于滨海潮沟系统，可充分考虑潮沟的纵向连通与侧向连通情况，主要考虑如下几个要素，即潮位、潮沟形态、潮滩生境、流量与水位等潮汐要素等。微观尺度的研究对象则仅限于 1～2 条潮沟分支，此时无需考虑潮沟水体间的连通度，只需考虑潮沟形态及地形地貌造成的潮汐特征如淹水频率、时长、水深对生物及生境的影响，可重点关注水文连通在时间上的连续性及地表-地下垂向水文连通的动态变化。

本节将对比不同类型水文连通（典型完整潮沟、季节性不发达潮沟、米草围堤潮沟、切断潮沟）下的植被及生境，以一条典型完整潮沟系统为研究对象，通过实测高程与野外干湿边界设置样线，在不同水文连通梯度下，调查潮沟形态特征（潮沟截面积、长度、曲率等），潮汐特征（流量、水位、淹水频率、淹水累计时长、沉积量、潮水盐度等），对比分析不同子潮沟区域的土壤及生物特征，并构建水文连通公式，量化水文连通强度。

9.1.1 潮沟系统水文连通特征

我们选取黄河三角洲盐沼湿地 4 种类型潮沟系统：互花米草护堤的潮沟体系 YD（样区 a）、季节性不发达的潮沟体系 HXQ（样区 b）、阻断潮沟系统东营港吹填区 DYG（样区 c）、典型完整且较为封闭的潮沟体系人工河 RGH（样区 d），对其水文连通特征进行分析，具体位置如图 9.1 所示。在样区内，分别由陆向海，布设 3 条样带。样区（d）（图 9.2）因细致研究典型潮沟系统的水文连通，根据 GPS 记录的航迹记录干湿边界（图 9.3），按照不同潮沟分支、不同干湿梯度，垂直于潮沟做样线，样点间距分别为 1m、5m、10m、10m、20m 和 20m。样方为 50cm×50cm，样点布设如图 9.4 所示。

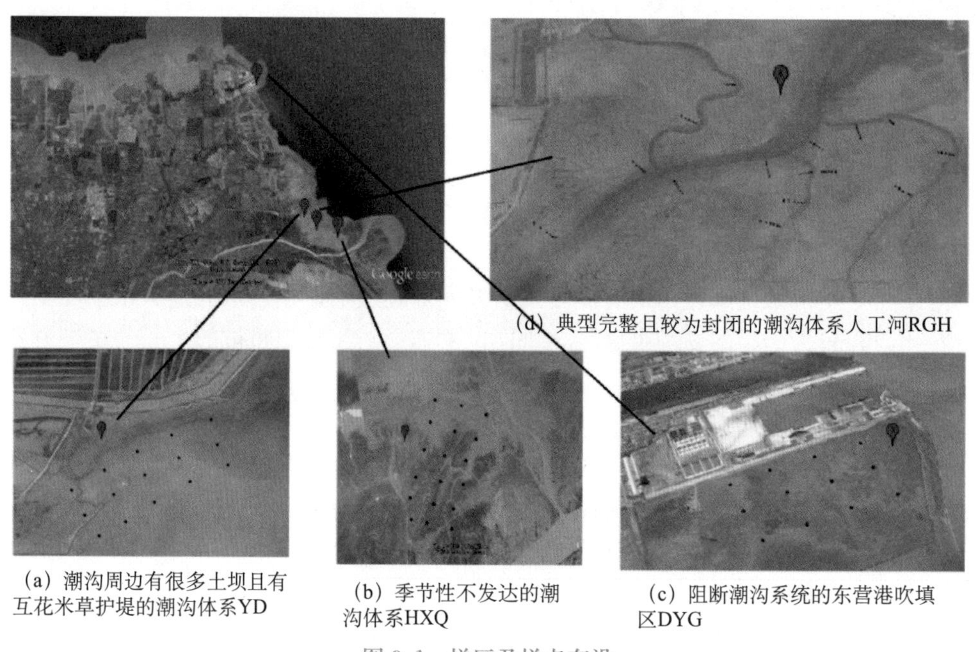

(d) 典型完整且较为封闭的潮沟体系人工河RGH

(a) 潮沟周边有很多土坝且有互花米草护堤的潮沟体系YD

(b) 季节性不发达的潮沟体系HXQ

(c) 阻断潮沟系统的东营港吹填区DYG

图 9.1 样区及样点布设

在 50cm×50cm 样方内，调查样方内植物群落密度、盖度等指标并记录。采集样方内的植物放入自封袋中保存，带回实验室称取湿重和干重。图 9.1（d）区域内各样点放置自制种子捕捉器，定期检查潮水携带种子情况及沉积作用。并在每个样方均匀采取 5 环刀土，带回实验室用于萌发法测定土壤种子库。植物样品称取鲜重，记录植物自身携带种子数量后放入 60℃烘箱，连续烘干 48h 后，称生物量干重。

定期将种子捕捉器取回，取出收集到的沉积物，待自然风干后测其干重。将沉积物与原位土壤在实验室中培养，每日浇水、记录种子萌发的总棵数（每次萌发过的幼苗移除方便统计），获得种子捕捉器收集到的潮水携带种子通量和土壤种子库密度。

在生物样品采集的同时，使用便携式土壤硬度计测定样方内土壤硬度并采集样方内 1 环刀土壤样品，取回实验室测定土壤的各项理化指标。

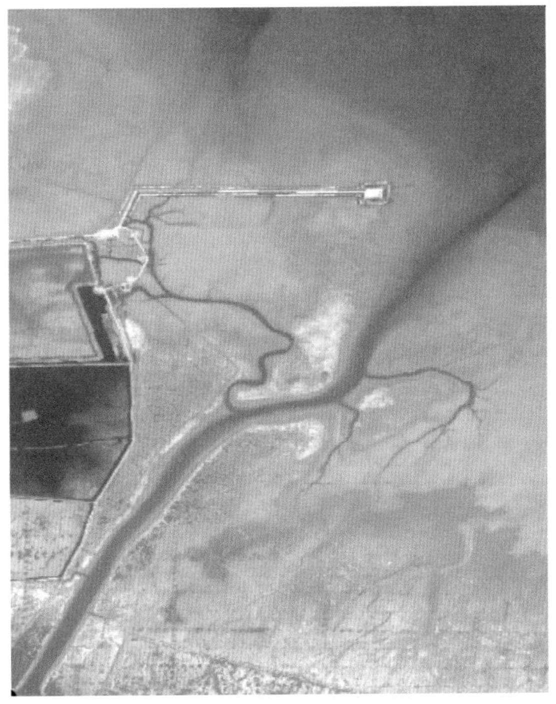

图 9.2　典型潮沟系统

图 9.3　典型潮沟系统干湿分界线

在实验室对土壤样品理化性质进行测量。土壤容重测量采用环刀法。含水量的测定采用烘干法。土壤 pH、全盐量的测定采用 5∶1 水土比土壤浸出液法，其中土壤 pH 采用便携式 pH 计；土壤盐分的测定采用盐度测定仪测定浸出液盐度。土壤总氮、总碳采用元素分析仪测定（Vario EI，Elementar，Germany）。土壤有机质利用重铬酸钾容量法-稀释热法进行测定。

在样区 d，记录每条样线对应潮沟的宽度、深度（以平均低潮时的潮沟水面为准），同时利用中海达 v9 GPS 动态测量测绘仪器采集样区内高程；利用手持式 ADV 流速流量测量仪测定样线对应潮沟断面的流量；利用 Odyssey 水位温度记录仪获取连续性水位

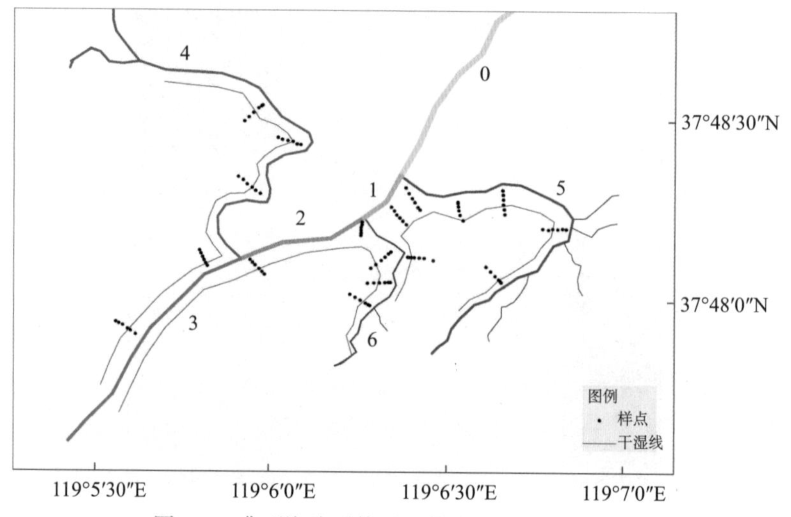

图 9.4 典型潮沟系统干湿梯度分布及样点布设

数据；同时采集潮沟不同断面的潮水，测定潮水盐度。

对 2015 年黄河北岸遥感影像进行细致解译，获取 RGH 区域的潮沟并计算潮沟密度、分汊率、潮沟曲率等（吴德力等，2013）。

单位面积的潮沟总长度用于计算潮沟密度，单位为 km/km^2。计算公式为

$$D=\frac{\sum Y}{X} \tag{9.1}$$

式中，$\sum Y$ 为潮沟长度；X 为潮滩面积。

单位面积潮滩上的潮沟交汇点个数用于计算潮沟分汊率，单位为个/km^2。计算公式为

$$Y=\frac{\sum M}{X} \tag{9.2}$$

式中，$\sum M$ 为潮滩上潮沟的交汇点个数；X 为潮滩面积。

潮沟长度与其两端直线距离的比值用于计算潮沟曲率，计算公式为

$$R=\frac{Y}{Y'} \tag{9.3}$$

式中，Y 为潮沟长度；Y' 为潮沟两端直线距离。

4 个样区数据采用单因素方差分析来检验 4 种水文连通类型下盐地碱蓬生物量、土壤盐度、土壤含水率、容重、pH、总碳、总氮之间的差异。采用线性与非线性拟合，探究侧向距离与潮滩高程、潮沟断面面积与潮沟长度的相关关系。采用幂函数拟合潮汐淹水频率、累计淹水时长、每次来潮最大潮位与高程的函数关系。不同潮沟分支之间、不同侧向距离之间，采用单因素方差分析比较其水盐、生物等各项指标的差异性（显著性检验 $P<0.05$）。各项分析均采用 SPSS16.0 完成，用 Duncan 方法检验其显著性差异，置信区间为 95%。采用 Pearson 相关性分析检验潮沟系统的潮沟形态与地貌、土壤

理化性质、潮汐特征之间的相关性。

1. 不同水文连通类型的水盐特征

不同水文连通类型下潮滩的水盐特征如图 9.5 所示。HXQ 区域对应的季节性不发达潮沟系统盐地碱蓬的生物量最高，显著高于 YD 这种有很多堤坝且潮沟周边长有互花米草的潮沟系统，可见季节性不发达潮沟系统的水文连通类型最适宜盐地碱蓬的生长。YD 区域的土壤盐度相对较高，土壤含水率显著低于其他区域，土壤容重和 pH 显著高于其他区域，可见 YD 区域的土壤质地较硬，盐碱化严重，这可能是造成区域大量光板地的原因。相反，HXQ 区域的土壤盐度、容重、pH 相对较低，土壤含水率、总碳、总氮显著高于其他区域，其土壤环境因子更适宜盐地碱蓬的生长，因此其生物量最高。

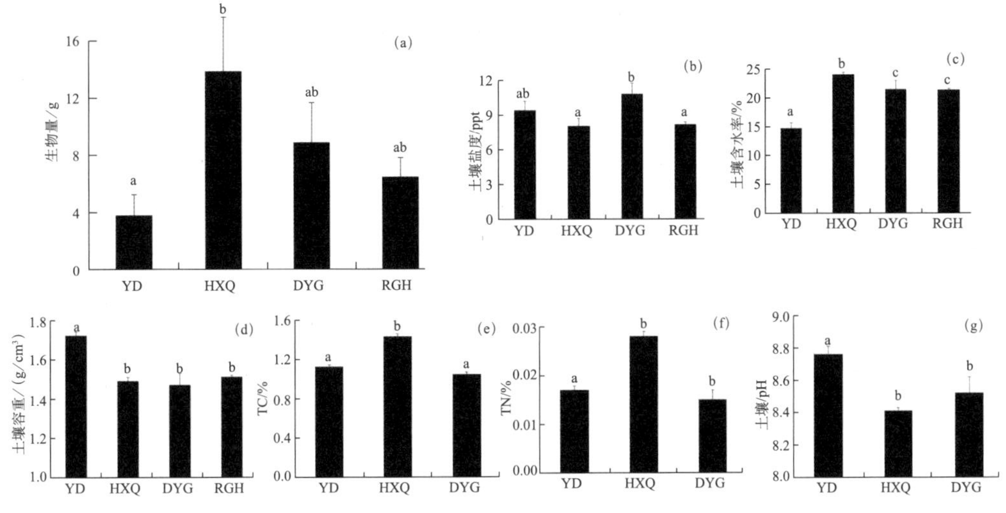

图 9.5 不同水文连通类型下的土壤水盐特征比较

YD. 互花米草围堤潮沟系统；HXQ. 季节性不发达潮沟系统；DYG. 阻断潮沟系统；RGH. 典型完整发达的潮沟系统

互花米草围堤潮沟系统类型中典型盐沼植被盐地碱蓬的退化最为严重。互花米草近年来已成为入侵性极强的外来种，它的茎、叶十分发达，具有极强的扩展能力，因此会影响并改变该区域的潮汐的沉积动力条件及潮滩沉积物的组成。随着互花米草的扩增，它的滞留效应及消浪作用无疑会对该区域的水文连通强度造成影响，使落潮过程的潮汐流速显著低于其他类型的潮滩（侯明行，2014）。大量围堤的阻隔作用与互花米草的消解作用互相耦合，致使该区域水文连通紊乱，造成大量光板地的形成。

2. 典型潮沟系统形态与地形

潮沟水系连通特征与潮沟系统的形态特征与地形密切相关。为了揭示不同水文连通的差异，我们对潮沟形态与地形特征进行了调查与分析。

1）潮沟分级

在样区 d，RGH 典型潮沟系统是由一条主潮沟与一系列分支潮沟构成，主潮沟与其分支潮沟之间彼此连通并呈现树枝状的分布格局，如图 9.2 所示。考虑到潮沟分支处的次级潮沟往往长度不等，首先统计不同分支潮沟的潮沟长度，长度相近的最大的主流是 1 级潮沟，进入主潮沟的最大支流是 2 级潮沟，进入第二支流的为 3 级潮沟，如图 9.6 所示。研究区潮沟分至 3 级，统计 1～3 级潮沟的个数、长度率等参数（潮滩以 2015 年出露位置为准），见表 9.1。

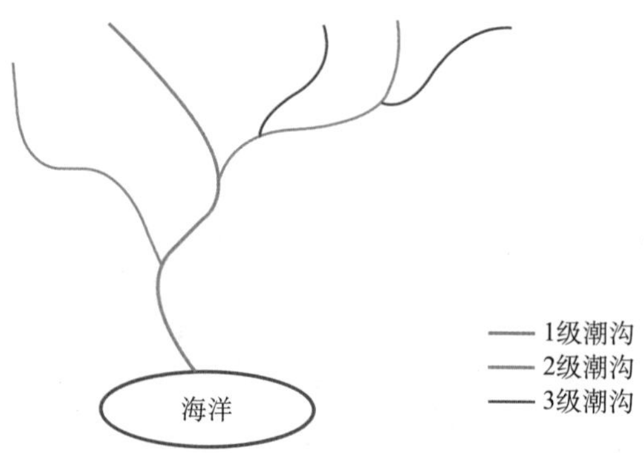

图 9.6 潮沟级别的划分

表 9.1 不同级别潮沟的个数、总长度与平均长度

参数	1 级潮沟	2 级潮沟	3 级潮沟
个数/条	1	3	5
总长度/km	5.57	4.12	1.79
平均长度/km	5.57	1.04	0.36

2）潮沟形态

潮沟密度是反映潮沟在盐沼潮滩发育程度的关键指标，通常是潮沟总长度与潮沟系统的集水面积之比，但是难点在于无法准确地辨识潮滩的集水区域。因此，我们以潮滩斑块为统计单元，即用潮沟长度与斑块的潮滩面积之比来计算。样区 d 的潮沟主要集中于潮间带区域，密度的平均值为 0.89km/km^2。

潮沟分汊率也是用来表征潮沟发育程度的重要指标。样区 d 的潮沟分汊率为 1.60 个/km^2，也主要集中于中潮带区域，可见中潮带区域的潮沟分支明显，且分布较多，较为发达。

潮沟曲率即潮沟的弯曲程度，能够决定水体的坡度，进而与沟渠的长宽共同决定水体容量和流速（Amoros and Bornette，2002）。分别计量样区 d 潮沟曲率，见表 9.2，1 级潮沟的弯曲程度较小，2 级潮沟的弯曲程度较大。

表 9.2 各分支潮沟的潮沟曲率

潮沟分支	1	2	3	4	5	6
级别	1 级	1 级	1 级	2 级	2 级	2 级
曲率	0.952	0.97	0.96	0.589	0.454	0.81

3）潮沟断面面积随潮沟长度变化的变化趋势

潮沟断面面积为潮沟宽深的乘积，其大小能够决定水体的容量。图 9.7 为潮沟断面面积随潮沟长度变化的关系图，符合幂函数关系 $y=2160.92x^{-5.08}$（$R^2=0.54$，$P=0$）。此处潮沟长度是指从入海口到样线对应潮沟断面的总长度。可见，随潮沟的延伸，其断面面积逐渐减小，直到水体消失。

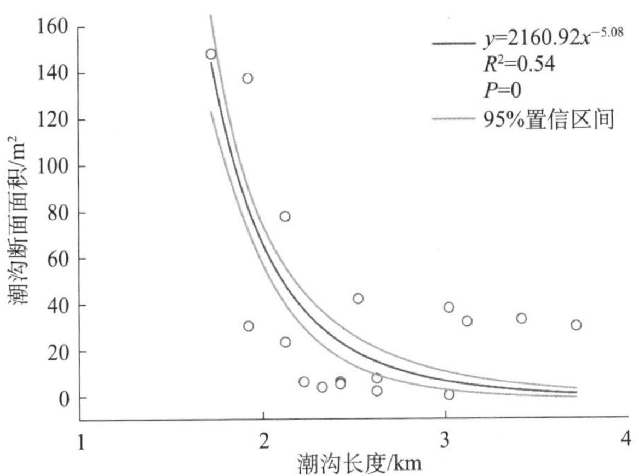

图 9.7　潮沟断面面积随潮沟长度变化的变化

4）潮滩高程随侧向距离变化的分布

高程梯度一方面是指由海-陆的潮带梯度，潮上带一般发育为 4～5 级的分支潮沟，沉积物主要是由粉砂或黏土质粉砂组成，此段潮沟侧向摆动受限，宽深比小。潮间带一般发育 2～3 级分支潮沟，此段区域潮沟涨落潮时流速大，沉积物类型是粉砂质砂，潮沟宽深比较大。潮下带沉积物是由粉砂质砂与砂质粉砂组成，由于其所处位置高程极低，潮流强度大，沉积物极易发生移动，且宽深比大，流路不稳定，极易发生侧向迁移。

高程梯度另一方面是指由潮沟—潮滩的侧向梯度，潮滩高程随潮沟侧向距离的变化能决定水体坡度，进而影响水体流速。研究区潮滩高程位于 0.539～1.319m，主要位于潮间带区域，实测高程随距离潮沟的侧向距离变化见图 9.8，高程与距离潮沟的侧向距离呈线性递增的函数关系：$y=0.783+0.00425x$（$R=0.68$，$P<0.0001$）。

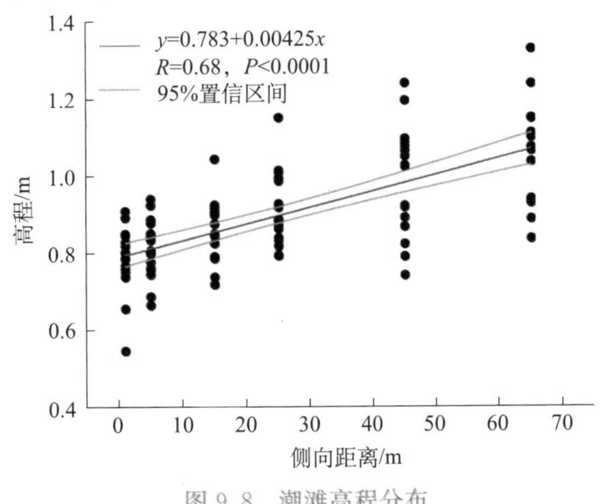

图 9.8　潮滩高程分布

3. 典型潮沟系统潮汐特征

采用 Odessey 水位温度记录仪记录样区 d 潮汐特征，水位计分别放于不同潮沟分支且距离潮沟边缘 0m 地表处固定。水位计记录了 8～12 月的地上水位变化，每 10min 记录一次水位数据。已知研究区潮汐特征为不规则半日潮，并从记录所得的水位数据可得图 9.9，平均每月有 1～2 次大潮，11 月涨潮次数频繁，经调查 2016 年 10 月 29 日与 2016 年 11 月 27 日为风暴潮，最高潮位均超过水位计的量程 1.5m 水深（该点位绝对高程为 0.83m）。

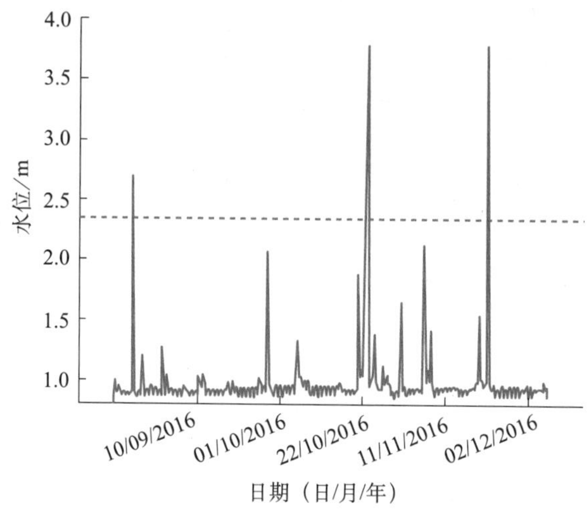

图 9.9　8～12 月地上水位的实时数据

潮沟分支 1、2、3 为 1 级潮沟，潮沟断面的宽深较大，流量及流速均较高，形态较为笔直，潮汐强度大；潮沟 4、5、6 为 2 级潮沟，潮沟弯曲程度大，流量小，流速低，潮汐强度较小。6 个分支潮沟的流量大小为 1＞2＞3＞4＞5＞6。根据水位计实时数据，利用 Matlab 统计淹水频次及累计淹水时长。

一般情况下，高程随着距离潮沟的侧向距离的增加而呈上升趋势（图 9.10）。淹水次数随着距潮沟的距离增加而减小（图 9.11），这种减小趋势在距潮沟最近的几个点

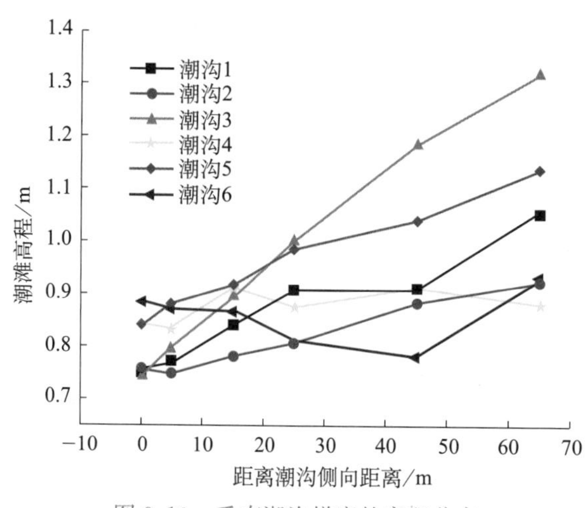

图 9.10　垂直潮沟梯度的高程分布

上是急剧的，越往后淹水次数趋于平缓。对于潮沟 3 与潮沟 5，垂直潮沟梯度相对较远的点位，其高程相对较高，因此，潮汐到达的频率会很低，淹水次数会急剧下降。对于潮沟 2，其自身流量较高，且高程相对较低，长期处于淹没状态，因此其淹水频次会很高，且下降迟缓。而累计淹水时长的变化趋势基本与淹水频次一致（图 9.12），但累计淹水时长会在低洼处高于其他点。由上可知，在垂直潮沟梯度上，低洼处的点淹水次数不会高于之前的点，但累计淹水时长可能会长于其他点位。

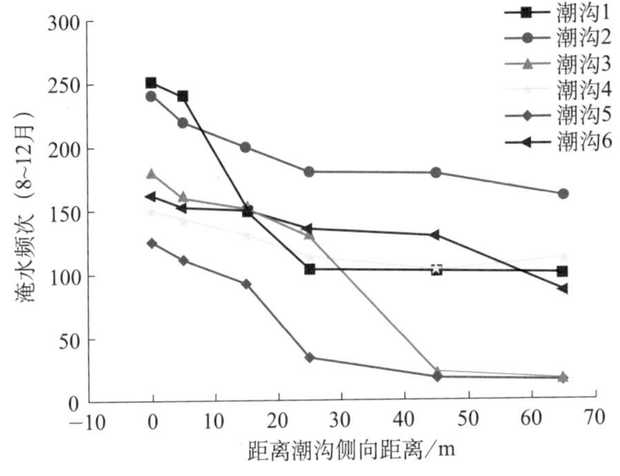

图 9.11 垂直潮沟梯度的淹水频率变化

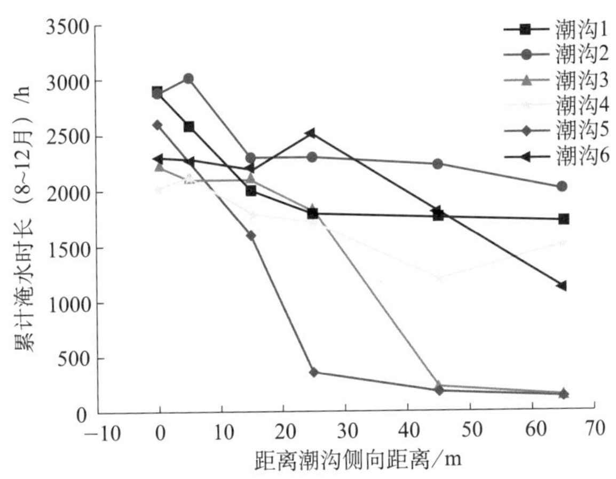

图 9.12 垂直潮沟梯度的累计淹水时长变化

淹水频次与潮滩高程（图 9.13），及累计淹水时长与潮滩高程（图 9.14）均符合幂函数递减关系。在高程位于 0.7～0.95m，潮汐特征的变化最为显著，随着高程的升高急剧下降；当高程>0.95m 后，潮汐特征趋于稳定。淹水频次与潮滩高程的关系满足 $y=69.798x^{-4.015}$（$R^2=0.78$，$P=0$），累计淹水时长与潮滩高程的关系满足 $y=1080.81x^{-3.422}$（$R^2=0.686$，$P=0$）。与排水良好的低高程区相比，排水条件较差的低高程区实际淹水时长也可能远大于排水良好的低高程区。当然，各个潮沟分支的潮汐特征，除受高程影响外，其潮沟自身的流量与潮沟形态取决于水量的大小，也会影响到淹水频次与累计淹水时长。对于距离潮沟较近的点，其潮沟分支流量越大，其淹水频次与累计淹水时长也会越高。

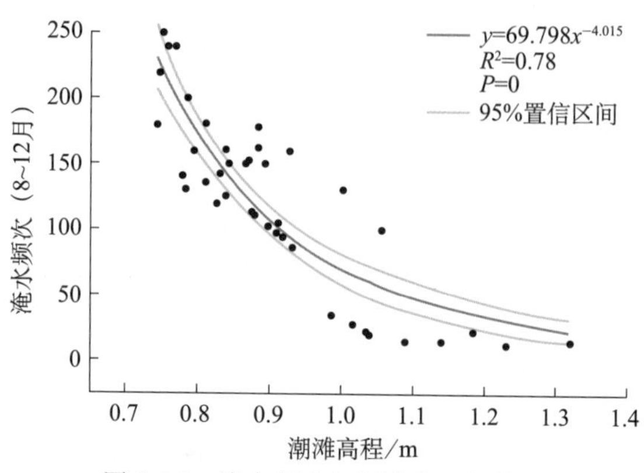

图 9.13　淹水频次与潮滩高程的关系

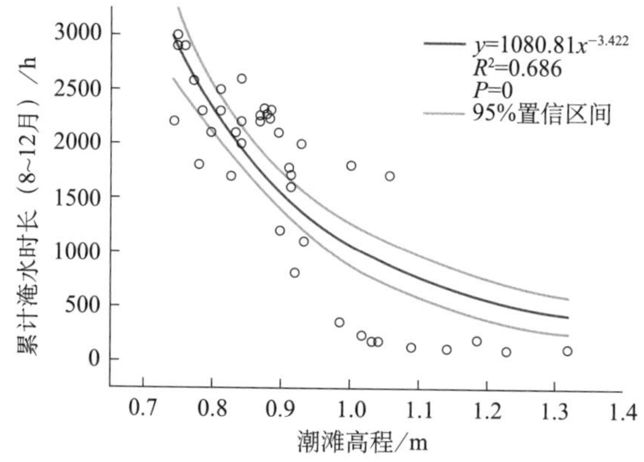

图 9.14　累计淹水时长与潮滩高程的关系

泥沙随潮汐由海-陆、潮沟-潮滩运动，悬沙浓度会随水文连通的时空梯度变化而发生变化。因此沉积量在一定程度上能够反映水动力即潮汐作用情况下沉积量与潮滩高程主要呈线性关系，随着高程的增加，沉积逐渐减少，满足 $y=746.09-390.05x$ (Pearson's $r=-0.34$，$P=0.002$) 的线性函数关系（图 9.15）。这是由于随着高程的增大，含沙水流的淹没时间在降低，高程较高区域无法获得足够的含沙物源，因此沉积量相对较低。由此可知，无论是从海向陆，还是潮沟侧向距离的增大，潮滩上潮水作用强度会随高程的增加而减弱。

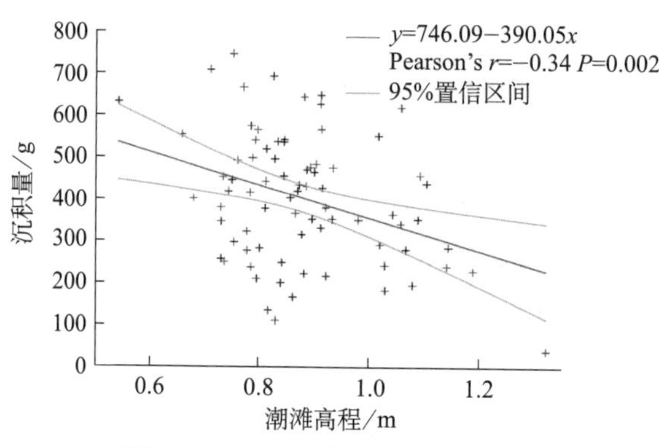

图 9.15　沉积量与潮滩高程的关系

潮沟内水体盐分会随着潮汐过程与潮滩进行水盐交互作用，对于潮沟系统的水文连通具有重要指示意义。从图 9.16 可得，主潮沟相比次潮沟水体盐度较低，位于22～25ppt，且随着潮沟距离河口的距离增大，潮沟水体盐度在增加。次潮沟中，潮沟 5 的水体盐度最高位于 29～31ppt，潮沟 4 的水体盐度最低位于 24～25ppt，不同次级潮沟均随着潮沟的延伸，水体盐度呈增长趋势。一方面潮沟 4 相比潮沟 5 距河口的距离相对较远，另一方面潮沟 4 相比潮沟 5 水体容量更大。流量越大的潮沟分支潮沟水体盐度越低，且随着潮沟的延伸，流速越小，潮沟水体盐度越高。在李鹏等（2014）的研究中可以发现潮沟水体的盐度时空变化规律，即夏季盐度明显低于冬季盐度，冬季涨落潮的平均盐度没有差异，而同一个潮周期的水体盐度变化趋势比较复杂，盐度峰值出现早高水位，大潮期间在涨潮初期潮水盐度迅速增大，后逐渐稳定，待达到最高水位后，基本持平。因此潮沟内水体盐度主要受流量、潮位、流速等影响。

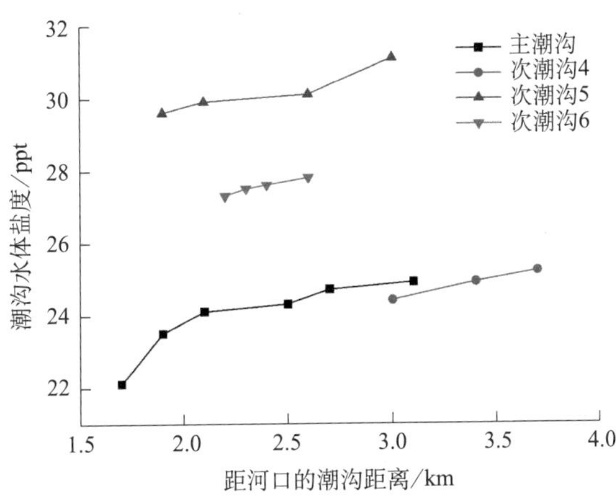

图 9.16　潮沟内潮水盐度随潮沟距离变化的变化

9.1.2　不同水文连通梯度下的生物及土壤理化特征

所有样点按照不同分支潮沟的流量大小及野外调查中划定的干湿边界对其分组。潮沟分支 1、2、3 为 1 级潮沟，潮沟断面的宽深较大，流量及流速均较高，形态较为笔直，潮汐强度大；潮沟 4、5、6 为 2 级潮沟，潮沟弯曲程度大，流量小，流速低，潮汐强度较小。6 个分支潮沟的流量比较为 1＞2＞3＞4＞5＞6。干湿分界线通过野外实际调查 GPS 航迹记录。湿区域距离潮沟较近，属于长期淹水区，淹水频率较高；干区域通常距离潮沟较远，属于低频淹水区，淹水频率较低。

1. 不同水文连通梯度下的植物特征比较

不同分支潮沟的潮汐携带的盐地碱蓬种子通量整体上并无显著性差异［图 9.17（a）］。从干湿区域比较来看，高频淹水区域的种子通量高于低频率区域，但潮沟分支 5（潮沟弯曲程度最大，潮沟曲率 0.45）低频淹水区却显著高于高频区，且高于潮沟分支 3（距海较远的主潮沟）。因此，除了潮汐强度对种子传播的影响外，微地形对盐地碱蓬的传播也起着关键性作用。

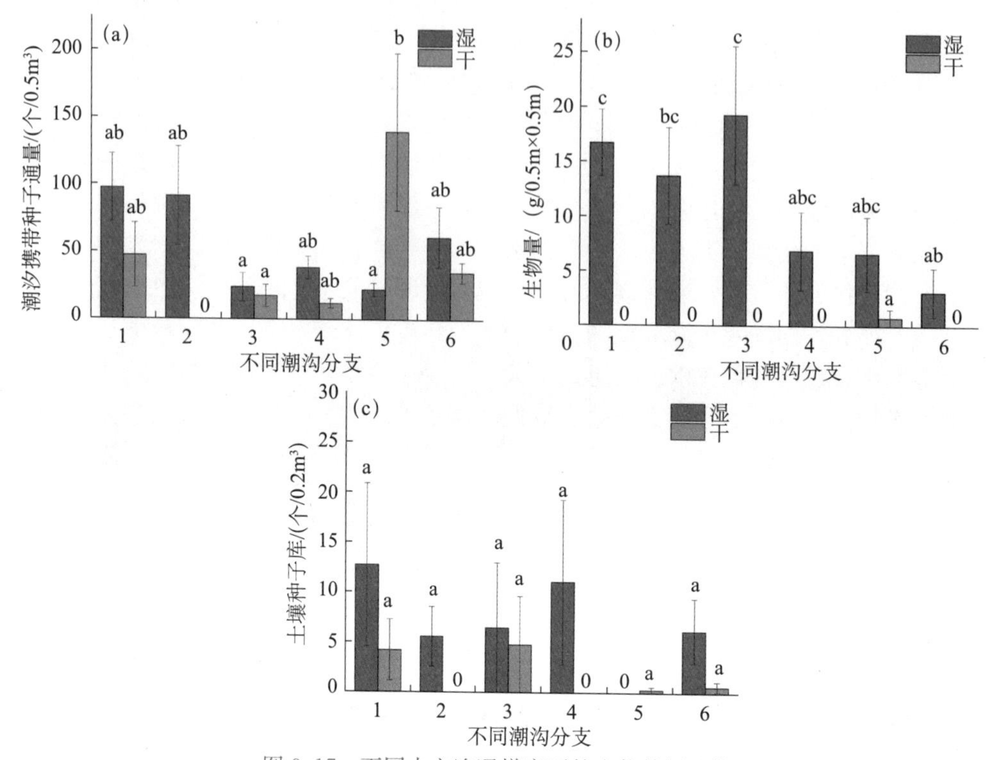

图 9.17 不同水文连通梯度下的生物特征比较

具有相同字母的柱子表示差异不显著，下同

不同潮沟分支土壤种子库分布没有显著差异［图 9.17（c）］，但是高频淹水区的土壤种子库通量高于低频区，分支 5 除外，可见土壤种子库在不同水文连通梯度下的分布特征与潮汐携带的种子流基本一致。

从不同分支潮沟的盐地碱蓬生物量比较来看［图 9.17（b）］，潮沟 1、2、3 的盐地碱蓬生物量明显高于潮沟 4、5、6，可见潮沟流量较高的主潮沟相对流量较低的次潮沟更适宜盐地碱蓬的生长。流量能够为植物带来足够的水分条件及营养物质，同时会改变植被栖息环境的物理、化学特性，进而通过促进种子萌发及幼苗的生长影响植被群落的结构和功能（张爱静，2013）。Huckelbridgea 等（2010）将滨海湿地水文连通的物理、化学及生物过程结合，包含植被特征与水盐时空动态，构建了水文连通模型，完成了美国科罗拉多河口演替的预测，结果输出了河口湿地 1993～2007 年土壤盐度、湿地水分、蒸散发及植被群落等的变化，显示土壤盐分的增加及河流流量的下降均能够导致生境改变、植被丧失。高云芳（2009）在崇明东滩及九段沙不同潮沟精细格局下的植被调查也显示，植被在距离潮沟垂直距离 5～10m 处的生物量均高于其他位置，这与土壤电导率有很大的关系。因此，流量及淹水频率对盐地碱蓬的生长与分布影响至关重要。

2. 不同水文连通梯度下的大型底栖动物特征比较

螃蟹作为盐沼生态系统的工程师，对盐沼湿地生态系统的物质循环和能量流动具有重要的影响。蟹洞作为表示蟹类数量及其活动的重要标志，通过对蟹洞密度、直径及其开口面积的测定能够在一定程度上表示蟹类的数量和活动强度。调查发现，相比于无潮沟的平滩区域，潮沟边坡上蟹洞密度更高但是洞穴直径和开口面积较小，而潮沟底部的蟹洞密度和蟹洞直径均小于无潮沟的平滩生境；相对于非潮沟生境，潮沟内小洞穴的密度更高，但大洞穴的密度较低，而且潮沟内环境和生物组分的变异也更大。这些洞穴分布的差异很可能是蟹类的分带引起的。所以，潮沟剖面的环境异质性能满足不同蟹类的多样需求，并为蟹类提供了重要的生态交错区。

从图 9.18 可以看出，不同潮沟等级和潮沟微生境下蟹洞分布特征存在显著的差异。潮沟内部洞穴密度显著大于非潮沟生境。潮沟内的洞口平均直径和开口总面积也显著高于非潮沟生境。相对于非潮沟生境，潮沟内 20mm 以上的大洞穴比例显著高于非潮沟生境。对于不同等级潮沟来说，1 级潮沟各生境下蟹洞数量显著低于其他级别潮沟，并且据现场观察，1 级潮沟生境蟹类除了植食的天津厚蟹，更多的日本大眼蟹对盐地碱蓬植株并没有植食现象。对于潮沟微生境来说，虽然潮沟内部平滩微生境内蟹洞密度较高，但是蟹洞直径显著低于潮沟边缘。因此可以推测潮沟边缘的蟹类尺寸较潮沟内部平滩较大。

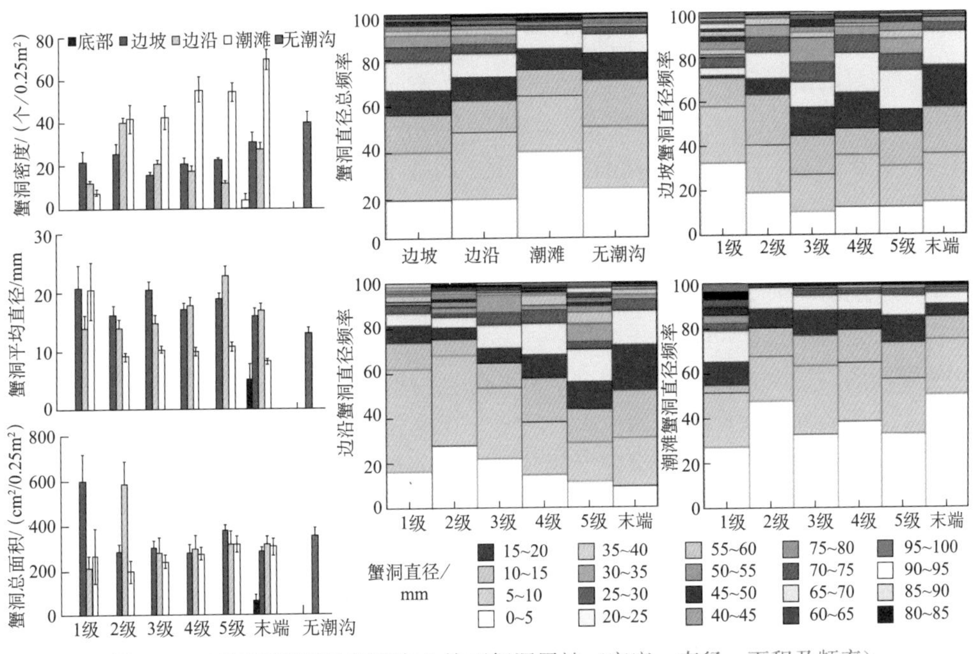

图 9.18 不同等级潮沟剖面各生境下蟹洞属性（密度、直径、面积及频率）

从图 9.19 可以看出，不同潮沟等级和潮沟微生境下蟹类植食强度存在显著性差异。对于潮沟级别，1 级潮沟蟹类植食强度最弱，这与上述 1 级潮沟生境下蟹类密度最小存在相关关系。2、3 级潮沟由于没有植物，所以先不考虑。4 级和 5 级潮沟生境下植食强度最大，这与上述蟹类分布相关。4、5 级潮沟内蟹洞密度不仅高并且大直径的蟹洞比例也比较高，这导致了此潮沟生境下植食强度最高。潮沟末端植食强度显著高于 1 级潮沟但显著低于 4、5 级潮沟，这与上述蟹类分布特征存在明显的相关关系。对于潮沟内部不同微生境来说，潮沟沟边、植食边界及其中间植食强度最强，而潮沟内部平滩的植食强度显著低于其他 3 种生境，这一现象明显印证了我们的假设，潮沟边缘的退化带是蟹类植食导致的。潮沟边缘蟹类的数量虽然比潮沟内部较小，但是在蟹洞直径上显著高于潮沟内部。

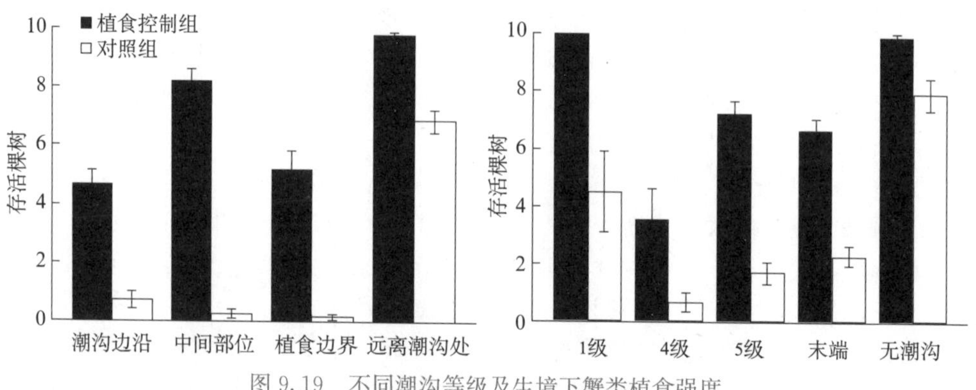

图 9.19　不同潮沟等级及生境下蟹类植食强度

3. 不同水文连通梯度下的土壤理化性质比较

盐沼湿地土壤水盐会随潮汐而发生动态变化，因此我们对土壤水盐的调查分为 2 次，即大潮期（11 月中旬）和小潮期（5 月中旬）。大潮期的土壤含水率均高于小潮期，淹水较为频繁的湿润区均高于低频的干旱区，而不同分支潮沟之间的土壤含水率差异性不显著［图 9.20（a）］。土壤盐度在大潮期与小潮期有明显差异。大潮期间不同分支的土壤盐度差异性小，均小于 4ppt，且干湿区之间盐度差异不大，盐度无明显界限。小潮期间主潮沟高频淹水区的土壤盐度一般低于次潮沟高频淹水区，但其低频淹水区却高于次潮沟，且低频淹水区的土壤盐度均显著高于高频区［图 9.20（b）］。因此，淹水频率对土壤盐度的影响较大，较为频繁的淹水有助于缓解土壤盐度胁迫，且大潮能够降低由淹水频率带来的土壤盐度差距。

从不同潮沟分支、淹水频率角度来看，土壤容重均没有明显差异，说明本研究区尺度较小，土壤质地比较均质，这也为之后水文连通强度的计算不考虑土壤渗透作用作为依据。不同流量潮沟之间的土壤硬度比较结果显示差异性不大，但淹水频繁的湿润区域的土壤硬度相比干旱区域更低一些（图 9.21）。

(a)

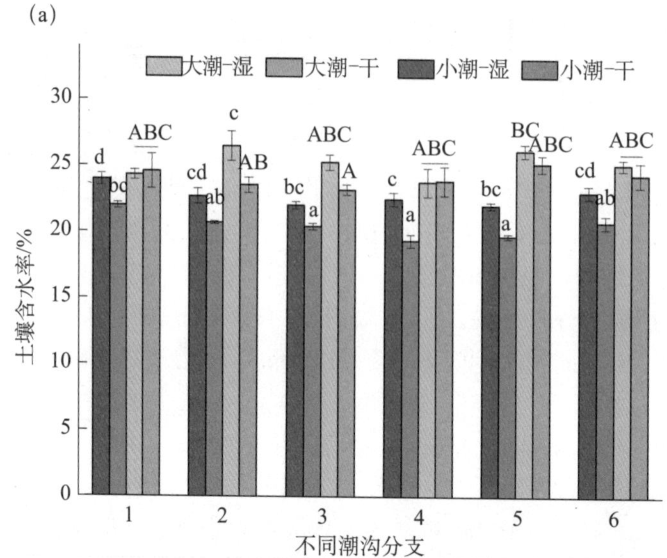

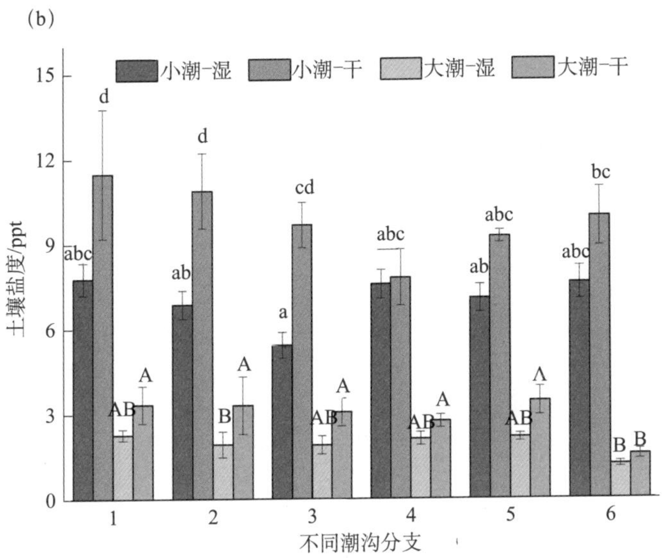

图 9.20　不同水文连通梯度下的土壤水盐特征比较

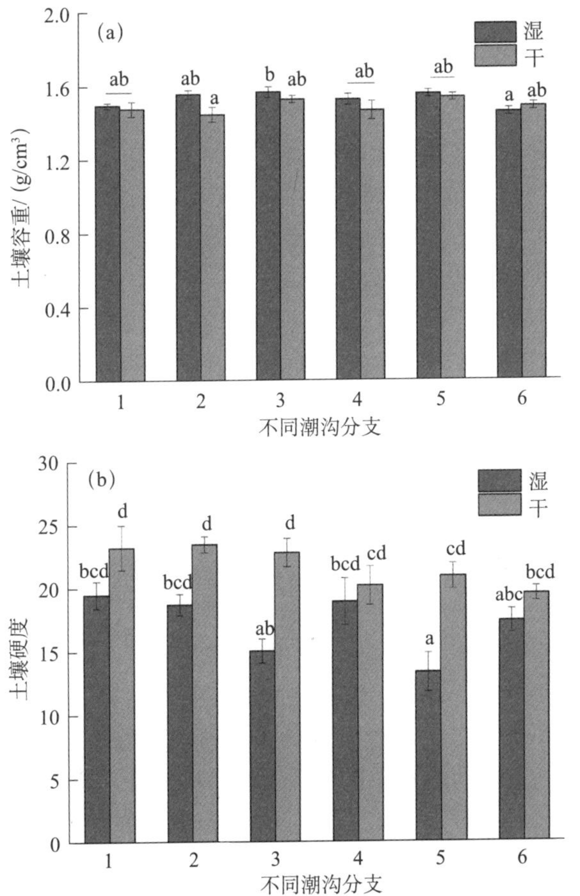

图 9.21　不同水文连通梯度下的土壤质地比较

土壤有机质包含土壤中各种生物残体及微生物通过分解并合成各种有机物质。从不同潮沟分支来看，潮沟 3 与潮沟 4 的土壤有机质含量相对较低（图 9.22），这两条潮沟相对距海较远，并从图 9.17（a）类比可得，潮沟 3 与潮沟 4 的潮汐携带的盐地碱蓬通量同样最低。因此，距海远近能够决定潮汐的携带能力。而同一条潮沟的干湿区域比较来看，有机质的含量并没有显著差别。

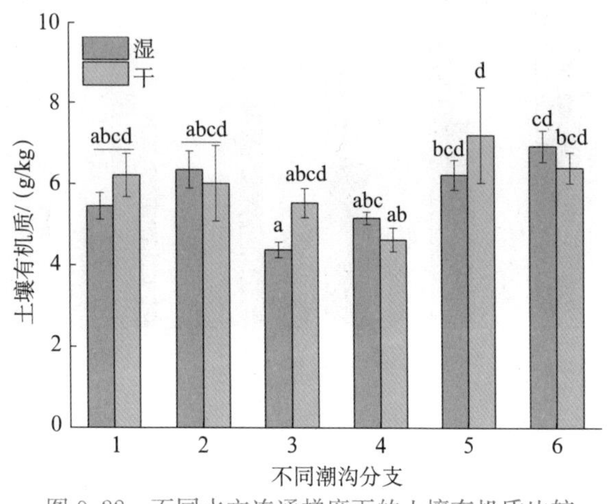

图 9.22　不同水文连通梯度下的土壤有机质比较

4. 潮沟形态、地形、水文及土壤理化性质之间的相关性分析

对影响水文连通的关键性指标，包括潮沟形态、地形、土壤、潮汐等进行相关性分析（表 9.3）。从潮沟形态及地形要素来看，潮沟级别、潮沟长度、潮沟断面面积及潮沟曲率等形态特征彼此呈显著线性相关关系，而潮滩高程与潮沟侧向距离有线性关系，可见二者主要决定潮沟-潮滩的侧向水文连通。

从水文指标来看，淹水频率、累计淹水时长、沉积量均与潮沟的各项形态与地貌指标有显著的线性关系，这也检验了潮沟形态会直接影响水体的水量与流速，进而对潮沟的水文连通强度造成影响，同时为典型潮沟系统水文连通强度的量化指标的选择奠定了基础。

从土壤理化性质来看，土壤要素间彼此具有显著的线性关系，同时，土壤盐度与土壤含水率受潮汐特征的影响明显，淹水频率、累计淹水时长与沉积会影响土壤的理化性质。

9.1.3　水文连通强度分析和量化

水文连通除了水体径流的时空变化外，还包括与生境之间的相互作用。水文连通的改变一方面将影响湿地结构，诸如湿地斑块间原有的连通方式及分布；另一方面将改变湿地的功能属性，如水量、泥沙量进而改变区域高程及地形（崔保山等，2016）。水文连通引起的湿地结构和功能的改变会造成湿地主要水文及土壤环境要素发生变化，如土壤水盐条件、湿地水文周期等。与此同时，水文连通将通过水文循环过程进行能量与营养物质的交换，改变湿地物种的组成结构。本节在前人水文连通量化方法研究和潮沟水系水文连通特征的基础上，建立潮沟水系结构特征及地形特征与水文连通关键指标的关系，对水文连通强度进行量化。

表 9.3 滨海潮沟系统潮沟形态与地形、土壤、潮汐特征的相关系数矩阵

Pearson 相关系数	潮沟级别	潮沟长度	侧向距离	潮沟断面面积	样点高程	潮沟曲率	潮汐盐度	淹水频次	累计淹水时长	沉积量	土壤硬度	土壤盐度	土壤含水率	土壤容重	土壤有机质
潮沟级别	1														
潮沟长度	0.338**	1													
侧向距离	0.000	0.000	1												
潮沟断面面积	−0.688**	−0.489**	0.000	1											
样点高程	0.015	−0.155	0.695**	0.030	1										
潮沟曲率	−0.700**	−0.300**	0.000	0.522**	−0.038	1									
潮汐盐度	0.692**	−0.123	0.000	−0.586**	0.058	−0.711**	1								
淹水频次	−0.438**	−0.090	−0.547**	0.410**	−0.796**	0.456**	−0.529**	1							
累计淹水时长	−0.407**	−0.025	−0.505**	0.363*	−0.792**	0.327*	−0.486**	0.932**	1						
沉积量	−0.420**	−0.366**	−0.404**	0.440**	−0.343**	0.583**	−0.438**	0.511**	0.392*	1					
土壤硬度	−0.298**	−0.114	0.460**	0.242*	.519**	0.212*	−0.311**	−0.317*	−0.239	0.114	1				
土壤盐度	0.003	−0.105	0.407**	0.072	0.604**	0.055	0.020	−0.578**	−0.473**	−0.083	0.494**	1			
土壤含水率	−0.198	−0.251*	−0.524**	0.306**	−0.580**	0.330**	−0.135	0.711**	0.652**	0.401**	−0.368**	−0.299**	1		
土壤容重	−0.073	0.002	−0.101	−0.010	−0.266**	−0.094	0.136	0.172	0.178	−0.107	0.043	0.067	0.115	1	
土壤有机质	0.249	−0.197	−0.010	−0.163	0.094	−0.097	0.302*	0.058	0.127	−0.083	−0.053	0.162	0.081	−0.237	1

*. 在 0.05 水平（双侧）上，**. 在 0.01 水平（双侧）上显著。

1. 数据采集与参数提取

水文连通的量化是基于中观尺度上的一条典型的潮沟系统，其主要考虑从海—陆的纵向连通及涨落潮产生的潮沟—潮滩的侧向连通。水循环过程的各要素包括降水、蒸散发、入渗等在中观尺度上忽略，我们仅考虑潮沟系统水文连通的地表淹没过程，其水文连通梯度差异主要来源于潮沟形态及地形地貌特征。

潮沟形态及地形地貌包括潮沟级别、潮沟断面面积（宽×深）、潮沟长度、弯曲度、距离潮沟侧向距离、位点高程等。不同级别的潮沟分支其流量不同；同一分支但不同潮沟断面面积会影响潮水流速；潮沟长度的大小会决定距海远近；潮沟弯曲程度决定水体的坡度，进而与沟渠的长宽共同决定水体容量和流速（Amoros and Bornette，2002）；而潮滩高程与距潮沟的侧向距离会影响潮水坡度，同样也会决定潮汐的淹没范围。因此，根据 Paillex 等（2007，2009）使用的主成分分析法量化水文连通强度。

在样区 d 选取 6 项与水文连通相关的指标即①潮沟级别；②潮沟断面面积（宽×深）；③潮沟长度；④距潮沟的侧向距离；⑤潮滩高程；⑥潮沟曲率。利用 SPSS16.0 的主成分分析 PCA 方法计算 6 项指标的主成分矩阵即水文连通强度。所有数据采用 0～1 数据转换。

（1）潮沟级别：按照潮沟级别的判别划定。

（2）潮沟断面面积（宽×深）：利用 3m 长的木尺测量样线所对应潮沟断面低潮时的平均潮沟宽度与深度。

（3）潮沟长度：从入海口到样线对应潮沟断面的总长度，利用谷歌地球的测量工具进行测量。

（4）距潮沟的侧向距离：平均潮位下，选择采样距离分别距潮沟的侧向距离为 1m、6m、16m、26m、46m、66m。

（5）潮滩高程：利用中海达 v9 GPS 动态测量测绘仪器记录各样点高程及点位。

（6）潮沟曲率：是指潮沟长度与其两端的直线距离之比。

水文连通强度的各组成要素（潮沟级别、潮沟长度、距潮沟侧向距离、潮沟宽×深、样点高程与潮沟曲率）与水文连通关键指标相关性较为显著，见表 9.4。故可选取这 6 项指标量化水文连通强度，其中潮沟级别、潮沟长度、距潮沟的侧向距离、潮滩高程与潮沟系统水文连通强度呈负相关，潮沟截面积、潮沟曲率与潮沟水文连通呈正相关。

表 9.4　水文连通强度的各组成要素与其关键指标的 Pearson 相关性分析

Pearson 相关系数	潮沟级别	潮沟长度	距潮沟侧向距离	潮沟截面积	潮滩高程	潮沟曲率
淹水频次	−0.451**	−0.022	−0.462**	461**	−0.625**	0.372**
淹水累计时长	−0.445**	0.007	−0.443**	419**	−0.627**	0.266
沉积量	−0.420**	−0.366**	−0.443**	0.440**	−0.337**	0.583**
盐地碱蓬生物量	−0.294**	−0.269**	−0.238*	0.301**	−0.250*	0.204*

*. 在 0.05 水平（双侧）上显著；**. 在 0.01 水平（双侧）上显著。

2. 水文连通强度量化

利用 PCA 对水文连通强度各组成要素进行成分分析，从而得到各要素的因子载荷量，进而对水文连通强度量化。PCA 分析的前两轴累计贡献率达到 70.035%，即可解释 70.035%的侧向水文连通强度指标信息，表明 PCA 排序的结果比较理想，见表 9.5。其中，潮沟级别、潮沟长度、潮沟截面积、潮沟曲率与第一轴的相关性较强（第一轴累计贡献率为 41.813%），距潮沟距离与潮滩高程与第二轴的相关性较强（第二轴累计贡献率为 28.222%），因子载荷矩阵（载荷量表征主成分与各项指标的相关系数）见表 9.6。

$$\text{特征向量}=\text{因子载荷量}/\text{SQR}\ (\text{特征值}) \tag{9.4}$$

$$\text{第一轴 PCA 得分}\ Y_1=-0.56X_1-0.39X_2+0.01X_3+0.53X_4+0.02X_5+0.51X_6 \tag{9.5}$$

$$\text{第二轴 PCA 得分}\ Y_2=-0.05X_1+0.12X_2-0.69X_3+0.03X_4-0.71X_5+0.03X_6 \tag{9.6}$$

$$\text{水文连通强度}\ Y=(41.813\%Y_1+28.222\%Y_2)/70.035\% \tag{9.7}$$

式中，X_1 为潮沟级别；X_2 为潮沟长度；X_3 为距潮沟侧向距离；X_4 为潮沟截面积；X_5 为潮滩高程；X_6 为潮沟曲率。

表 9.5　PCA 分析总方差解释

组分	初始特征值			提取载荷平方和		
	总计	方差百分比	累积/%	总计	方差百分比	累积/%
1	2.509	41.813	41.813	2.509	41.813	41.813
2	1.693	28.222	70.035	1.693	28.222	70.035
3	0.797	13.288	83.323			
4	0.488	8.137	91.460			
5	0.283	4.711	96.171			
6	0.230	3.829	100.000			

表 9.6　成分矩阵

	组分 1	组分 2
潮沟级别	−0.882	−0.068
潮沟长度	−0.610	0.153
距潮沟侧向距离	0.012	−0.900
潮沟截面积	0.847	0.043
潮滩高程	0.027	−0.923
潮沟曲率	0.801	0.042

3. 水文连通强度的空间分布和敏感性分析

利用PCA分析得到典型潮沟系统的水文连通量化值，其空间分布见图9.23。从潮沟的纵向连通来看，主潮沟所对应的潮滩连通强度高于次潮沟，且随着潮沟的不断延伸即距海越来越远时，水文连通强度逐渐降低，这与潮沟水体流量与流速特征比较一致。当水体流量大，流速高，连通强度高；流量小，流速低，则连通强度低。单独分析某一条潮沟分支发现，随着潮沟的不断延伸，此时潮沟断面面积越来越低，水体容量逐渐减小，流速减慢，水文连通强度则逐渐降低，直至水体消失。从潮沟的侧向连通来看，随着潮沟的侧向距离增大，潮滩高程逐渐增加，此时的淹水频率会随着高程及距离的增大而逐渐降低，即会出现高频淹水区和低频淹水区，也就是前文所讲的干湿分界线，而水文连通强度也会随着侧向距离的增加而逐渐削弱。从潮沟的弯曲程度来看，曲率越低（弯曲程度越高）的潮沟分支，受水体流速的影响，区域的整体连通强度会较弱。

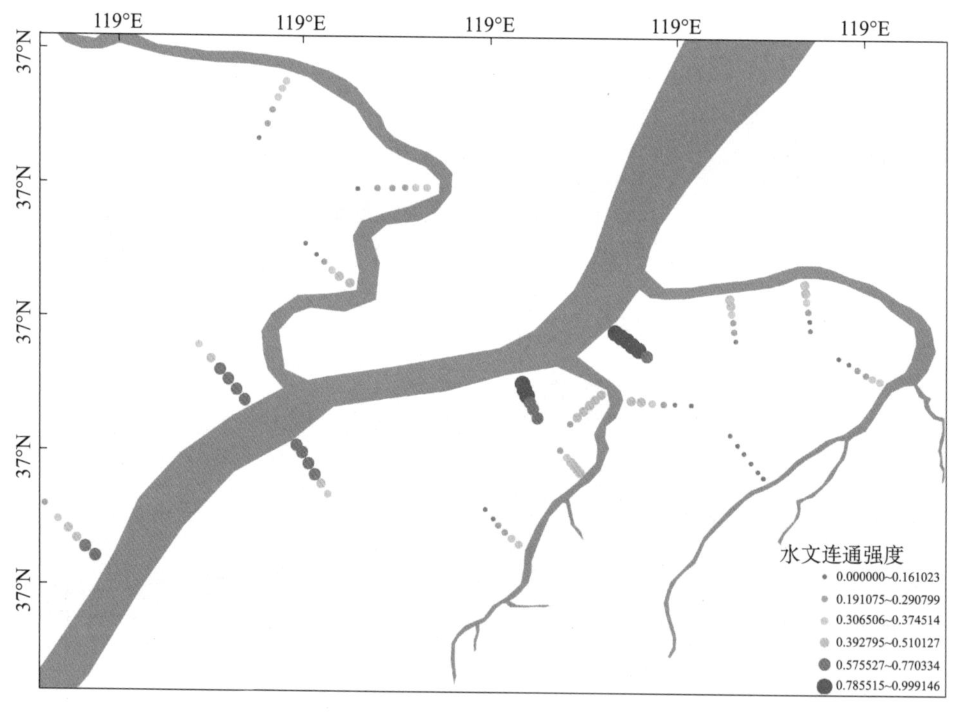

图9.23 水文连通强度的空间分布

水文连通强度的量化指标与其各项组成要素（潮沟级别、潮沟长度、距潮沟侧向距离、潮沟断面面积、潮滩高程、潮沟曲率）经正态分布检验均满足正态分布，且二者之间的Pearson相关性与Spearman相关性均较为显著（图9.24）。潮沟断面面积与潮沟曲率与水文连通强度呈正相关，其余4项指标呈负相关，其中潮沟级别、潮沟断面面积和潮沟曲率水文连通强度的影响最为明显。因此，上述水文连通强度量化所采取的指标有效。

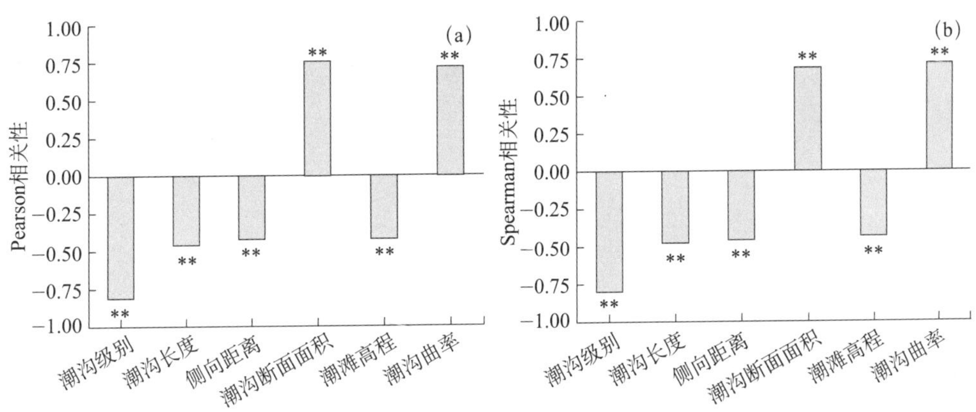

图 9.24 水文连通强度与其各组成要素间相关性分析

**表示相关性在 0.01 水平上显著

4. 水文连通强度量化指标的验证

利用 PCA 分析对水文连通强度量化的方法对研究区的潮沟形态及地形数据的依赖性较高，我们利用实测的潮汐数据对所取得的水文连通强度量化结果进行了验证，说明定量结果的可靠性。

1）水文连通强度与淹水频次的关系

将水文连通强度与淹水频次进行线性拟合，得到函数关系式：$y=29.953+194.626x$（Pearson's $r=0.797$，$P<0.0001$，图 9.25），表明淹水频次会随着水文连通强度的增加而增加，水文连通强度可以表达淹水频次这一特征。这也符合水文连通强度指标的内涵，水文连通强度越高的区域，水的通量越大，而高淹水频次就是高水通量一个表现。因此水文连通强度指标与淹水频次具有一致性。

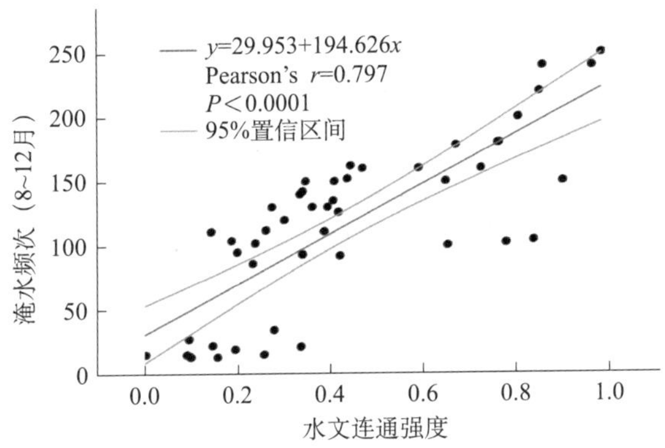

图 9.25 水文连通强度与淹水频次的关系

2）水文连通强度与累计淹水时长的关系

将水文连通强度与累计淹水时长进行非线性拟合，得到指数函数关系式：$y=2602.92-3064.9\times0.039^x$（$R^2=0.61$，$P=0$，图 9.26），表明累计淹水时长会随着水文连通强度的增加而增加，但当水文连通强度增加到大于 0.8 后，累计淹水时长将趋于一定，此时该区域应处于持续淹水状态。本次水文数据的监测是在 8～12 月，正处于大潮期，且中间发生了一次风暴潮现象，因此高频淹水区域的累计淹水时长均较高。

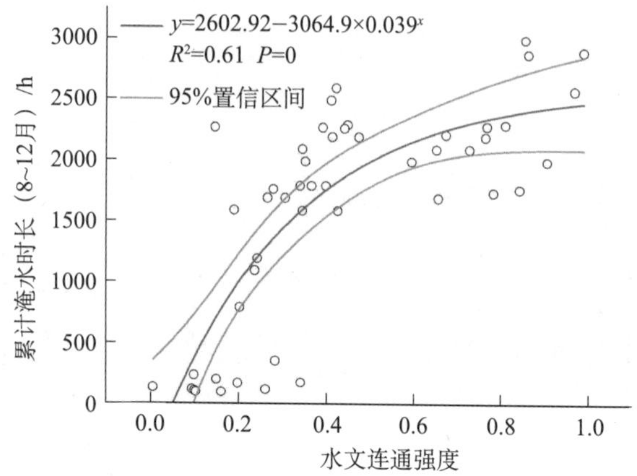

图 9.26　水文连通强度与累计淹水时长的关系

3）水文连通强度与沉积量的关系

滨海区域的潮汐作用时刻伴随着侵蚀和沉积现象，这是一个复杂的运动过程。将水文连通强度与沉积量进行线性拟合，得到函数关系式：$y=243.95+359.83x$（Pearson's $r=0.66$，$P<0.0001$，图 9.27），表明随着水文连通强度的增加，沉积量逐渐加大。沉积土的采集与水文数据监测期间一致，也是位于大潮期采集了 8～12 月的沉积土，这是在一个长时间序列累计得来的土量，在一定程度上沉积物质量能够反映潮汐的作用力，即沉积量越高，潮汐作用越频繁，即水文连通强度越大；相反地，沉积量小，则潮汐作用较弱，水文连通强度较低。

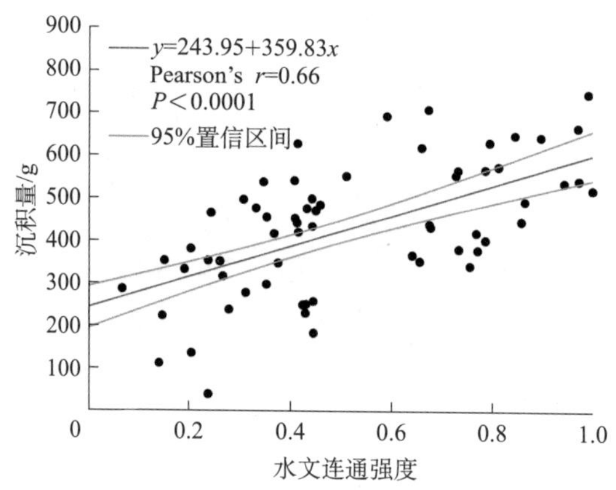

图 9.27　水文连通强度与沉积量的关系

4）水文连通强度与潮沟潮水盐度的关系

将水文连通强度与样线所对应断面的潮沟潮水盐度进行线性拟合，得到函数关系式：$y=29.073-4.207x$（Pearson's $r=-0.42$，$P<0.0001$，图 9.28），表明潮沟水体盐度随着水文连通强度的增加而逐渐降低。前节中也曾分析过水体盐度主要与潮位、流量和流速相关，这是因为较高的水文连通强度下，潮沟水体的盐分会与潮滩土壤不断进行交互作用，此时盐分会转移至潮滩；另外高流量与流速也会稀释水体的盐分。

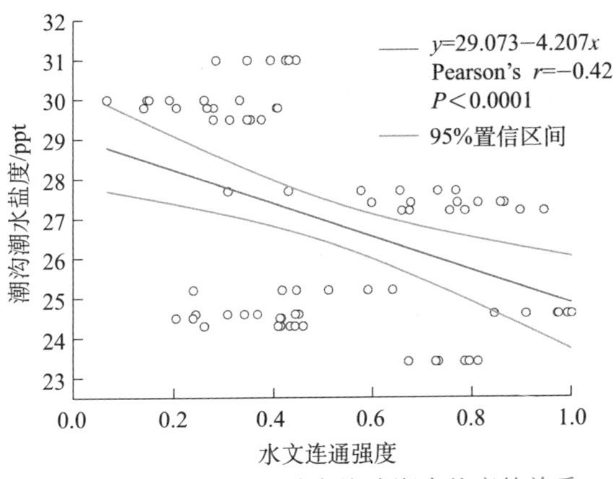

图 9.28　水文连通强度与潮沟潮水盐度的关系

从水文连通强度与淹水频次、累计淹水时长、沉积量和潮沟盐度等关键水文指标的拟合效果来看，水文连通量化指标与各项关键水文指标皆有显著性关系，可以很好地体现区域的水文特征和通量大小。因此通过潮沟形态与地形地貌指标量化的水文连通强度检验结果稳健、有效、可信度高。与此同时，本节建立的水文连通量化指标不需要对水文指标进行长期、多点位观测，而这种关键水文指标的观测是需要的，但是在滨海有难度，条件比较恶劣，不如在河流或其他水系中监测那么方便。仅在对区域潮沟形态与地貌特征测定的基础上，建立起一个量化的水文连通强度指标，虽然不是依赖于关键水文参数，但是与这些参数有很好的相关性，可以表达这些参数的特征。

9.2 水文连通对定植过程的影响机理

水文连通通过改变水文周期与水流环境对植被群落丰富度造成影响，并通过改变水化学特征影响植被群落的结构、演替及分布。与此同时，水文连通也会改变湿地土壤理化性质与淹水胁迫从而制约种子萌发和生长，进而影响植物群落分布及其稳定性、多样性和群落演替。通过定量水文连通强度和连通结构对盐沼植物定植不同阶段的影响，有助于通过水文连通结构的调整来实现盐沼湿地植被的修复。

9.2.1 水文连通对种子扩散的影响机理

种子扩散是决定植物群落发展的主要因素，对湿地生态系统功能至关重要（Garcia et al.，2009）。潮沟作为潮滩上最活跃的微地貌单元，连通海洋与盐沼湿地，对盐沼湿地中的水动力过程、物质交换及动植物的分布与生物量起着至关重要的作用，是水、泥沙、营养物、繁殖体和水生生物传播的路径，也是种子在湿地内传播的主要通道

(D'Alpaos et al.，2005；Hood，2007)。因此，了解潮沟内种子扩散的模式对于恢复潮汐湿地生态连通性具有重要意义，是湿地修复过程中的关键环节（Leeuwen et al.，2014)。盐沼植物种子在潮沟内的扩散由于其复杂的双向流等过程而只有较少的研究（Chang et al.，2007)，潮沟内种子扩散的数学模型更是稀缺。本节建立了漂浮种子在断面平均的潮沟中长距离扩散的一维解析模型，初步模拟种子在简单的潮沟地形中陆向扩散的过程，为湿地的修复与管理提供科学依据。

1. 模型构建

基于欧拉参照系，构建漂浮种子在断面平均的潮沟中长距离扩散的一维解析模型。采用振荡的潮流速度与水深来表征潮汐效应，引入种子浓度指数衰减系数概化表征漂浮种子吸水沉降及被潮沟两侧植被或蟹洞截留的过程，根据盐沼植物种子扩散的特点采用了间断源，进而根据格林函数求得每段源强下种子浓度的解析解。

模型采用曲线坐标，其中 x 轴的正方向为沿潮沟由海向陆方向，原点为种子源的向海一侧，z 轴为垂向坐标。一般来说，潮沟的宽度相较于其长度小很多（Schramkowski et al.，2004)，因此我们将潮沟概化为具有固定宽度 b、长度为 l_0 的弯曲潮沟。如果一条潮沟的宽度沿长度方向变化很大，则可将其分段研究，每一段设置不同的宽度（Hill and Souza，2006)。潮沟内的平均水深为 h_0，并沿潮沟保持不变。a 为潮位的振幅，等于潮差的1/2（图9.29)。

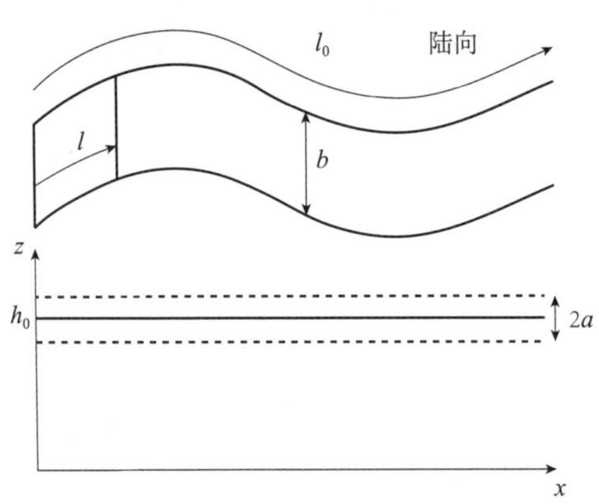

图9.29 潮沟示意图（上图为潮沟俯视图，下图为潮沟的纵截面）

假设潮沟的宽度较窄，且模拟的盐沼植物种子在潮水中具有较长的漂浮时间，可以实现长距离的扩散（Mcdonald，2014)，因此假设漂浮种子的浓度在潮沟横截面上均匀分布，并应用一维对流扩散模型模拟漂浮种子在潮沟中的扩散过程。根据Cunnings等(2016)的研究，我们采用一个指数衰减项（汇项）来概化表征漂浮种子的吸水沉降和被潮沟两侧植被或蟹洞截留的过程。控制方程包括对流项、扩散项和源汇项，表达如下：

$$\frac{\partial(bhC)}{\partial t}+\frac{\partial(bhUC)}{\partial x}=\frac{\partial}{\partial x}\left[K\frac{\partial(bhC)}{\partial x}\right]-\lambda\times bhC+S \tag{9.8}$$

式中，t 为时间（s)；x 为沿潮沟从种子源向内陆的距离（m)；C 为横截面上漂浮种子的平均浓度（种子数/m^3)；h 为水深（m)；U 为潮流速度（m/s)；K 为种子纵向弥散系数（m^2/s)；λ 为汇项的指数衰减系数（s^{-1})；S 为源项。

盐沼植物种子成熟后，会陆续从母体上脱落。在此过程中，种子随周期性的潮汐过程由盐沼间歇性地进入相邻的潮沟。因此，假设源项 S 为随时间变化的间歇性线源，覆盖范围从 $x=0$ 到 $x=l$（图 9.29），且源强分布均匀，其表达式如下：

$$S=\begin{cases}N_1[\text{种子数}/(\mathrm{m}\cdot\mathrm{h})], & 0\leqslant x\leqslant l, \quad t_i\leqslant t\leqslant t_1\\0, & x\notin[0,l]\text{ 或 }\quad t_1<t\leqslant t_2\\N_2[\text{种子数}/(\mathrm{m}\cdot\mathrm{h})], & 0\leqslant x\leqslant l, \quad t_2<t\leqslant t_3\\\vdots & \\N_n[\text{种子数}/(\mathrm{m}\cdot\mathrm{h})], & 0\leqslant x\leqslant l, \quad t_{2n-2}<t\leqslant t_{2n-1}\end{cases}\tag{9.9}$$

式中，t_i 为种子释放的初始时刻；N_n 为单位长度、单位时间内进入潮沟的种子数量（源强）；（0，l）为种子源分布范围。

表征种子吸水沉降的浓度衰减系数 λ 可以通过随时间变化的种子漂浮率拟合得到，即可以通过室内实验测定种子在静置或振荡盐水中的漂浮时间来确定（Mcdonald，2014）。在实际中，由于潮沟两侧植被或蟹洞对种子的截留作用存在随机性而难以量化，其引起的指数衰减项分量需要根据野外观测数据进行率定。

潮流速度采用潮流振荡项及残余流的叠加（Friedrichs et al.，1998；Yu et al.，2012），即

$$U=V+U_0\sin\omega(t+\delta)\tag{9.10}$$

式中，V 为残余流速（m/s）；U_0 为潮流速度的振幅（m/s）；ω 为潮汐角频率（s^{-1}）；δ 为低潮憩流与种子释放初始时刻之间的时间延迟（s），可以转变为相位差 $\delta^*=\omega\delta$，其范围为（0，2π）；$T_{\mathrm{tide}}=2\pi/\omega$ 为潮汐周期（s）。同理，水深设置为（Friedrichs and Aubrey，1994）：

$$h=h_0-a\cos\omega(t+\delta)\tag{9.11}$$

根据式（9.9），当 $t_i<t\leqslant t_1$ 时，单位长度、单位时间内 N_1 粒种子持续进入潮沟。考虑到上述假设，控制方程可从式（9.8）变为

$$\frac{\partial C}{\partial t}+U\frac{\partial C}{\partial x}=K\frac{\partial^2 C}{\partial x^2}-\lambda C-\frac{a\omega\sin\omega(t+\delta)}{h_0-a\cos\omega(t+\delta)}C+\frac{N_1}{b[h_0-a\cos\omega(t+\delta)]}\tag{9.12}$$

令

$$G=C\times\exp\left\{\int_{t_i}^{t}\left[\frac{a\omega\sin\omega(t_0+\delta)}{h_0-a\cos\omega(t_0+\delta)}\right]\mathrm{d}t_0\right\}=C\times\frac{h_0-a\cos\omega(t+\delta)}{h_0-a\cos\omega(t_i+\delta)}\tag{9.13}$$

则式（9.12）化简为

$$\frac{\partial G}{\partial t}+U\frac{\partial G}{\partial x}=K\frac{\partial^2 G}{\partial x^2}-\lambda G+\frac{N_1}{b[h_0-a\cos\omega(t_i+\delta)]}\tag{9.14}$$

根据 Yeh 和 Tsai（1976）的研究结果，采用格林函数推导得到式（9.14）的解析解如下：

$$\begin{aligned}G(x,t)=&\frac{N_1}{2b[h_0-a\cos\omega(t_i+\delta)]\omega}\times\int_{t_i}^{t}\omega\times\exp[-\lambda(t-t_0)]\\&\times\left[\mathrm{erf}\left(\frac{x-V(t-t_0)+U_0/\omega[\cos\omega(t+\delta)-\cos\omega(t_0+\delta)]}{\sqrt{4K(t-t_0)}}\right)\right.\\&\left.-\mathrm{erf}\left(\frac{x-l-V(t-t_0)+U_0/\omega[\cos\omega(t+\delta)-\cos\omega(t_0+\delta)]}{\sqrt{4K(t-t_0)}}\right)\right]\mathrm{d}t_0\end{aligned}\tag{9.15}$$

根据式（9.13）中 G 与 C 之间的关系，得到式（9.12）的解析解如下：

$$C(x,t)=\frac{N_1}{2b\omega a}\times\frac{1}{[h_0/a-\cos\omega(t+\delta)]}\times\int_{t_i}^{t}\omega\times\exp[-\lambda(t-t_0)]$$
$$\times\left[\operatorname{erf}\left(\frac{x-V(t-t_0)+U_0/\omega[\cos\omega(t+\delta)-\cos\omega(t_0+\delta)]}{\sqrt{4K(t-t_0)}}\right)\right.$$
$$\left.-\operatorname{erf}\left(\frac{x-l-V(t-t_0)+U_0/\omega[\cos\omega(t+\delta)-\cos\omega(t_0+\delta)]}{\sqrt{4K(t-t_0)}}\right)\right]\mathrm{d}t_0 \tag{9.16}$$

当 $t_1<t\leqslant t_2$ 时，进入潮沟的种子量为零，种子在（t_1，t_2）期间的浓度为

$$C(x,t)=\frac{N_1}{2b\omega a}\times\frac{1}{[h_0/a-\cos\omega(t+\delta)]}\times\int_{t_i}^{t_1}\omega\times\exp[-\lambda(t-t_0)]$$
$$\times\left[\operatorname{erf}\left(\frac{x-V(t-t_0)+U_0/\omega[\cos\omega(t+\delta)-\cos\omega(t_0+\delta)]}{\sqrt{4K(t-t_0)}}\right)\right.$$
$$\left.-\operatorname{erf}\left(\frac{x-l-V(t-t_0)+U_0/\omega[\cos\omega(t+\delta)-\cos\omega(t_0+\delta)]}{\sqrt{4K(t-t_0)}}\right)\right]\mathrm{d}t_0 \tag{9.17}$$

当 $t_2<t\leqslant t_3$ 时，单位长度、单位时间内 N_2 粒种子持续进入潮沟，解法同［式（9.13）］，解析解如下：

$$C(x,t)=\frac{N_1}{2b\omega a}\times\frac{1}{[h_0/a-\cos\omega(t+\delta)]}\times\int_{t_i}^{t_1}\omega\times\exp[-\lambda(t-t_0)]$$
$$\times\left[\operatorname{erf}\left(\frac{x-V(t-t_0)+U_0/\omega[\cos\omega(t+\delta)-\cos\omega(t_0+\delta)]}{\sqrt{4K(t-t_0)}}\right)\right.$$
$$\left.-\operatorname{erf}\left(\frac{x-l-V(t-t_0)+U_0/\omega[\cos\omega(t+\delta)-\cos\omega(t_0+\delta)]}{\sqrt{4K(t-t_0)}}\right)\right]\mathrm{d}t_0$$
$$+\frac{N_2}{2b\omega a}\times\frac{1}{[h_0/a-\cos\omega(t+\delta)]}\times\int_{t_2}^{t}\omega\times\exp[-\lambda(t-t_0)]$$
$$\times\left[\operatorname{erf}\left(\frac{x-V(t-t_0)+U_0/\omega[\cos\omega(t+\delta)-\cos\omega(t_0+\delta)]}{\sqrt{4K(t-t_0)}}\right)\right.$$
$$\left.-\operatorname{erf}\left(\frac{x-l-V(t-t_0)+U_0/\omega[\cos\omega(t+\delta)-\cos\omega(t_0+\delta)]}{\sqrt{4K(t-t_0)}}\right)\right]\mathrm{d}t_0 \tag{9.18}$$

后续时段的解可依此类推。由于扩散通量一般小于对流通量，常可忽略不计。因此，一段时间（t_{p1}，t_{p2}）内通过位于 x 处的横截面面积为 A 的种子捕捉器的种子数量为

$$P(x)=A\times\int_{t_{p1}}^{t_{p2}}U(t)\times C(x,t)\mathrm{d}t \tag{9.19}$$

为了方便后续的数值积分计算，本书定义了一些无量纲量如下：

$$t^*=\omega t,\quad t_0^*=\omega(t-t_0),\quad t_i^*=\omega(t-t_i),\quad t_1^*=\omega(t-t_1),\quad t_2^*=\omega(t-t_2),$$
$$t_{p1}^*=\omega t_{p1},\quad t_{p2}^*=\omega t_{p2},$$
$$x^*=x\omega/U_0,\quad l^*=l\omega/U_0$$
$$C^*(x^*,t^*)=C(x,t)/(N_1/2ba\omega)$$
$$P^*(x^*)=P(x)/(AN_1U_0/2ba\omega^2) \tag{9.20}$$

将上述变量代入式（9.15）～式（9.18），得到无量纲的解，分别如下：

当 $t_i<t\leqslant t_1$ 时，

$$C^*(x^*,t^*)=\frac{1}{[h^*-\cos(t^*+\delta^*)]}\times\int_0^{t_i^*}\exp(-\lambda^* t_0^*)\times\left[\operatorname{erf}\left(\frac{x^*-vt_0^*+\cos(t^*+\delta^*)-\cos(t^*-t_0^*+\delta^*)}{\sqrt{t_0^*/\alpha}}\right)-\operatorname{erf}\left(\frac{x^*-l^*-vt_0^*+\cos(t^*+\delta^*)-\cos(t^*-t_0^*+\delta^*)}{\sqrt{t_0^*/\alpha}}\right)\right]dt_0^* \tag{9.21}$$

当 $t_1<t\leqslant t_2$ 时，

$$C^*(x^*,t^*)=\frac{1}{[h^*-\cos(t^*+\delta^*)]}\times\int_{t_1^*}^{t_i^*}\exp(-\lambda^* t_0^*)\times\left[\operatorname{erf}\left(\frac{x^*-vt_0^*+\cos(t^*+\delta^*)-\cos(t^*-t_0^*+\delta^*)}{\sqrt{t_0^*/\alpha}}\right)-\operatorname{erf}\left(\frac{x^*-l^*-vt_0^*+\cos(t^*+\delta^*)-\cos(t^*-t_0^*+\delta^*)}{\sqrt{t_0^*/\alpha}}\right)\right]dt_0^* \tag{9.22}$$

当 $t_2<t\leqslant t_3$ 时，

$$\begin{aligned}C^*(x^*,t^*)=&\frac{1}{[h^*-\cos(t^*+\delta^*)]}\times\int_{t_1^*}^{t_i^*}\exp(-\lambda^* t_0^*)\\&\times\left[\operatorname{erf}\left(\frac{x^*-vt_0^*+\cos(t^*+\delta^*)-\cos(t^*-t_0^*+\delta^*)}{\sqrt{t_0^*/\alpha}}\right)-\operatorname{erf}\left(\frac{x^*-l^*-vt_0^*+\cos(t^*+\delta^*)-\cos(t^*-t_0^*+\delta^*)}{\sqrt{t_0^*/\alpha}}\right)\right]dt_0^*\\&+\frac{N_2}{N_1}\times\frac{1}{[h^*-\cos(t^*+\delta^*)]}\times\int_0^{t_2^*}\exp(-\lambda^* t_0^*)\\&\times\left[\operatorname{erf}\left(\frac{x^*-vt_0^*+\cos(t^*+\delta^*)-\cos(t^*-t_0^*+\delta^*)}{\sqrt{t_0^*/\alpha}}\right)-\operatorname{erf}\left(\frac{x^*-l^*-vt_0^*+\cos(t^*+\delta^*)-\cos(t^*-t_0^*+\delta^*)}{\sqrt{t_0^*/\alpha}}\right)\right]dt_0^*\end{aligned} \tag{9.23}$$

$$P^*(x^*)=\int_{t_{p1}^*}^{t_{p2}^*}[v+\sin(t^*+\delta^*)]\times C^*(x^*,t^*)dt^* \tag{9.24}$$

其中，引入了 4 个无量纲的参数，包括：

①残余流与振荡流速的流速比：

$$v=V/U_0 \tag{9.25}$$

②水深与潮位振幅比：

$$h^*=h_0/a \tag{9.26}$$

③比较对流引起的纵向输运与扩散过程的 Li 和 Kozlowski（1974）参数：

$$\alpha=U_0^2/(4K\omega) \tag{9.27}$$

④比较潮汐周期（$2\pi/\omega$）与种子衰减时间尺度（$1/\lambda$）的潮汐衰减时间比：

$$\lambda^*=\lambda/\omega \tag{9.28}$$

无量纲形式的解将通过 Shao 等（2008）开发的数值积分算法进一步计算数值解。

2. 模型应用

构建漂浮种子在断面平均的潮沟中长距离扩散的一维解析模型后，对该模型进行了率定、验证和敏感性分析，为模型应用提供基础。

1）模型率定

本模型所采用的参数大多来自 McDonald（2014）野外实验测定，其他信息从 NOAA CO-OPS 及 Google Earth 中获取（表 9.7）。Ⅰ号种子捕捉器放置于距坐标原点大约 240m 处，位于种子源区内。Ⅱ号种子捕捉器放置于距Ⅰ号约 1760m 处。其他模型参数包括残余流、潮位振幅、源强、源区长度、低潮憩流与种子释放初始时刻之间的时间延迟、漂浮种子纵向弥散系数及浓度衰减系数均通过率定获得。

表 9.7　模型参数设置

模型参数	参数值	单位	来源
平均水深（h_0）	3.4	m	NOAA CO-OPS*
潮位振幅（a）	0.4	m	NOAA CO-OPS*
潮沟宽度 b	90	m	Google Earth**
潮汐周期 T_{tide}	12.4	h	McDonald（2014）
角频率 ω	1.41×10^{-4}	1/s	McDonald（2014）
Ⅰ号种子捕捉器距源距离 $x_{Ⅰ}$	240	m	Google Earth**
Ⅱ号种子捕捉器距源距离 $x_{Ⅱ}$	2000	m	Google Earth**
种子捕捉器横截面面积 A	0.1632	m^2	McDonald（2014）

*. https://tidesandcurrents.noaa.gov/tide_predictions.html；**. 获取于 2017 年 5 月 27 日。

流速最大值的变化范围是涨潮 1～1.25m/s，退潮 0.75～0.85m/s。因此我们分别定义涨潮最大流速为 1.2m/s，退潮最大流速为 0.8m/s，得到流速公式为 $0.2+\sin\omega(t+\delta)$，利用野外观测数据验证该流速如图 9.30 所示，野外测定的潮流速度时序曲线与模拟流速吻合较好。

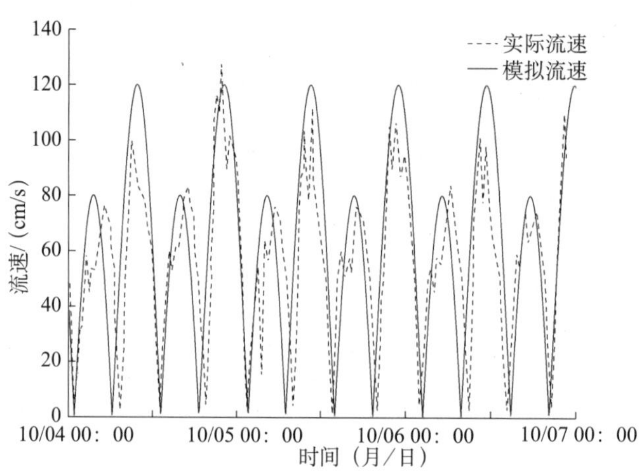

图 9.30　模拟流速与实际观测流速对比

由于种子源强 N、源区长度 l、低潮憩流与种子释放初始时刻之间的时间延迟 δ、纵向弥散系数 K 及种子浓度指数衰减系数 λ 很难在现场直接测得，因此我们采用Ⅰ号种子捕捉器收集的种子量数据率定这些参数。在进行多参数率定之前，需考虑每个参数合理的取值范围。首先参照率定数据的时间分布通过试错法设定种子源的间歇期。源强 N 取值范围设为 1～60 种子数/(m・h)；种子源区的长度 l 根据 Google Earth 的测量设置为 600m 左右；Cunnings 等（2016）推算出河滨带植物种子弥散系数在两个河段中分别为 9.77m²/s 和 14.83m²/s，为潮汐系统的种子弥散系数提供了一个参考范围。考虑到潮流速度变化较大，将漂浮种子的纵向弥散系数 K 设置在0.5～15m²/s。依据 McDonald（2014）测得的振荡及静置烧瓶中随时间变化的种子漂浮率，可以拟合得到表征种子吸水沉降作用的浓度指数衰减系数 λ。如图 9.31 所示，尽管静置样品的种子漂浮率分布较为离散，振荡样品随时间变化的种子漂浮率采用指数衰减函数的拟合效果较好（$R^2=0.95$）。振荡样品的种子吸水沉降比静置样品快得多，这也证实了水流运动对互花米草种子的漂浮时间具有很强的影响。根据振荡样品的种子漂浮率时间分布，可以拟合得到种子浓度衰减系数 λ 为 7.03×10^{-6}/s。但由于种子被潮沟两侧植物或蟹洞截留作用的随机性，本书将表征种子沉降与截留过程的漂浮种子浓度衰减系数 λ 设定在 0～1/s。鉴于潮汐周期为 12.4h，我们将低潮憩流与种子释放初始时刻之间的时间延迟 δ 的取值范围设置为 0～12.4h。

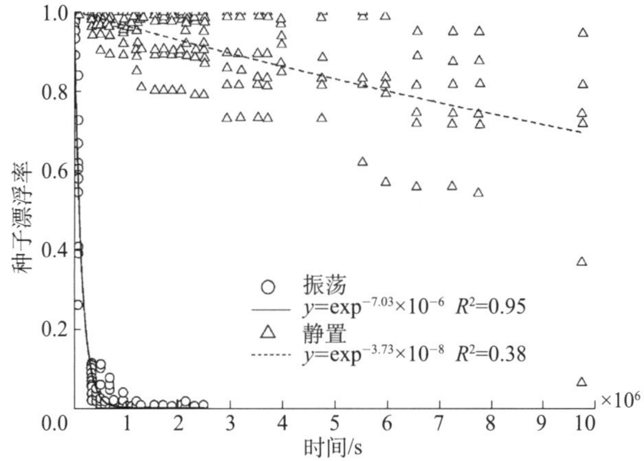

图 9.31 测得种子漂浮率拟合种子浓度指数衰减函数

率定后的种子源函数如图 9.32 所示，源长 $l=700$m。基于率定的种子源强及源长值，我们计算出在野外观测期间进入潮沟的种子总量为 560 万个，比 McDonald（2014）估算的植物母体释放的种子总量（25 亿～180 亿）低 3 个数量级。种子以局部扩散为主的结果与前人关于盐沼植物种子扩散研究的结论一致（Huiskes et al.，1995；Rand，2000；Chang et al.，2007）。由于缺乏相关的定量信息，McDonald（2014）推测迁移因子（脱离亲本植物进入潮沟的种子比例）为 0.1～0.5。率定结果表明进入潮沟的种子远低于上述比例。野外观测仅从 9 月 21 日持续到 11 月 17 日，在此期间许多种子可能仍然停留在盐沼滩面中，这些种子后续有可能会陆续进入潮沟，这是造成进入潮沟种子比例较低的一个潜在影响因素。

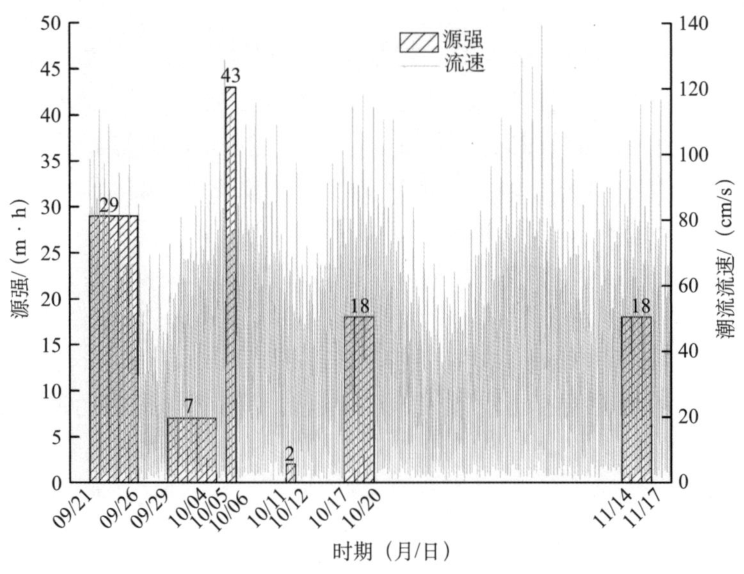

图 9.32　率定后的种子源函数

模型率定结果如图 9.33 所示。模型参数率定为 $K=10m^2/s$，$\lambda=0.00015/s$，$\delta=0.9h$。由于种子收集开始于 2013 年 9 月 21 日的 11:20，而当日的涨潮时段为 08:50～15:02，对应的种子释放的初始时刻 t_i 是 2013 年 9 月 21 日 09:44。

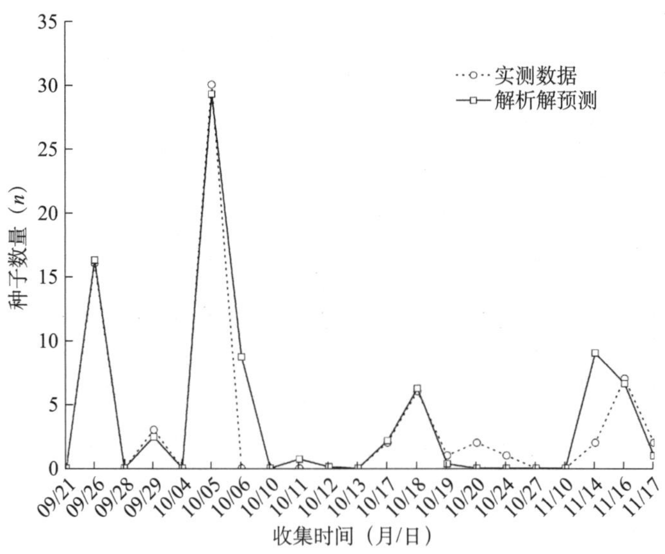

图 9.33　Ⅰ号种子捕捉器捕获种子数量的模拟值与实测值对比

相比于通过室内振荡实验测定、拟合得到的表征种子吸水沉降作用的衰减系数 λ，模型率定所得到的表征种子沉降及截留过程的衰减系数 λ 大了两个数量级。这是因为拟合所用的数据来自简化的实验，即采用摇床振荡模拟水流情景，而自然的潮流条件要复杂得多。此外，实验中摇床模拟的流速为约 0.5m/s 的恒定速度，这只是接近野外观测得到的平均潮流速度。室内实验表明，接近最大潮流速度的转速可显著降低种子漂浮时间（当模拟流速接近 1m/s 时，所有种子 10 天后全部沉降；而当模拟流速接近 0.5m/s 时，所有种子 32 天之后才全部沉降）（Mcdonald，2014）。潮沟两侧的植被或蟹洞可进一步截流种子。但是，种子吸水沉降与截留过程的影响有待进一步量化。

2）模型验证

采用Ⅱ号种子捕捉器捕获的种子量数据对率定后的模型进行验证。由于该种子捕捉器离源较远，其捕捉的种子量显著低于Ⅰ号种子捕捉器捕捉的种子量。本模型依然能较好地预测Ⅱ号种子捕捉器捕捉种子量的变化趋势（图 9.34）。

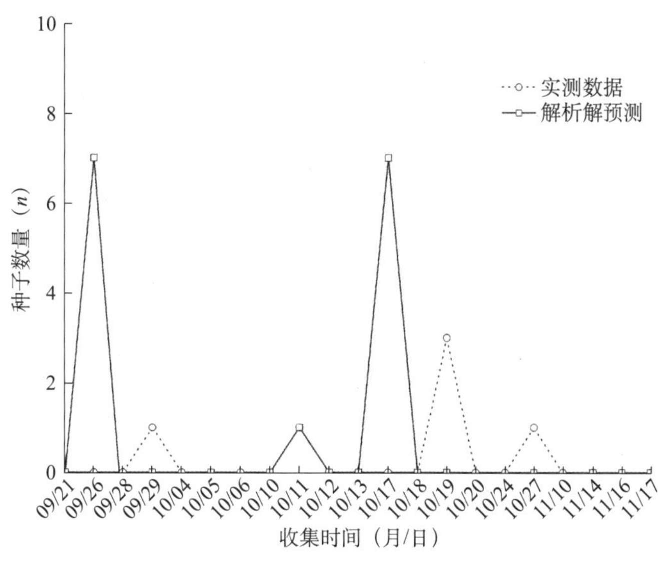

图 9.34　Ⅱ号种子捕捉器捕获种子数量的模拟值与实测值对比

3）敏感性分析

在模型参数率定和验证后，我们对两个率定的参数进行了敏感性分析，即源长 l、漂浮种子纵向弥散系数 K、种子浓度指数衰减系数 λ 及低潮憩流与种子释放初始时刻之间的时间延迟 δ，探究这 4 个关键参数的变化对漂浮种子浓度时序值的影响。从解析［式（9.16）］可以看出，漂浮种子浓度与种子源强 N 成正比，因此它对漂浮种子浓度的影响不做进一步分析。

如图 9.35 所示，漂浮种子浓度的整体变化与种子源的强度呈正相关关系。大约半个潮汐周期（$t=0.26$ 天或 $t^*=\pi$）之后，两个种子捕捉器中的漂浮种子浓度进入随潮汐周期性变化（准稳态）的阶段。在达到准稳态后，漂浮种子浓度的峰值与谷值分别出现在低潮憩流与涨急流速附近［图 9.35（a）］，而高潮憩流与落急流速附近分别出现了较小的峰值和谷值。由于Ⅰ号种子捕捉器位于种子源区内，因此只有在落潮时，种子源长的变化才会影响漂浮种子浓度，尤其是峰值与谷值［图 9.35（a）］。漂浮种子浓度随种子源长 l 的增加（+50%）而增加，反之亦然（−50%）。相反地，由于Ⅱ号种子捕捉器位于种子源区外且距离种子源区较远，当潮汐由涨潮变为落潮时，漂浮种子浓度迅速下降。退潮期间，无论种子源长如何变化，漂浮种子浓度一直接近零［图 9.35（c）］。涨潮期间，漂浮种子浓度与种子源长 l 呈正相关，符合预期。

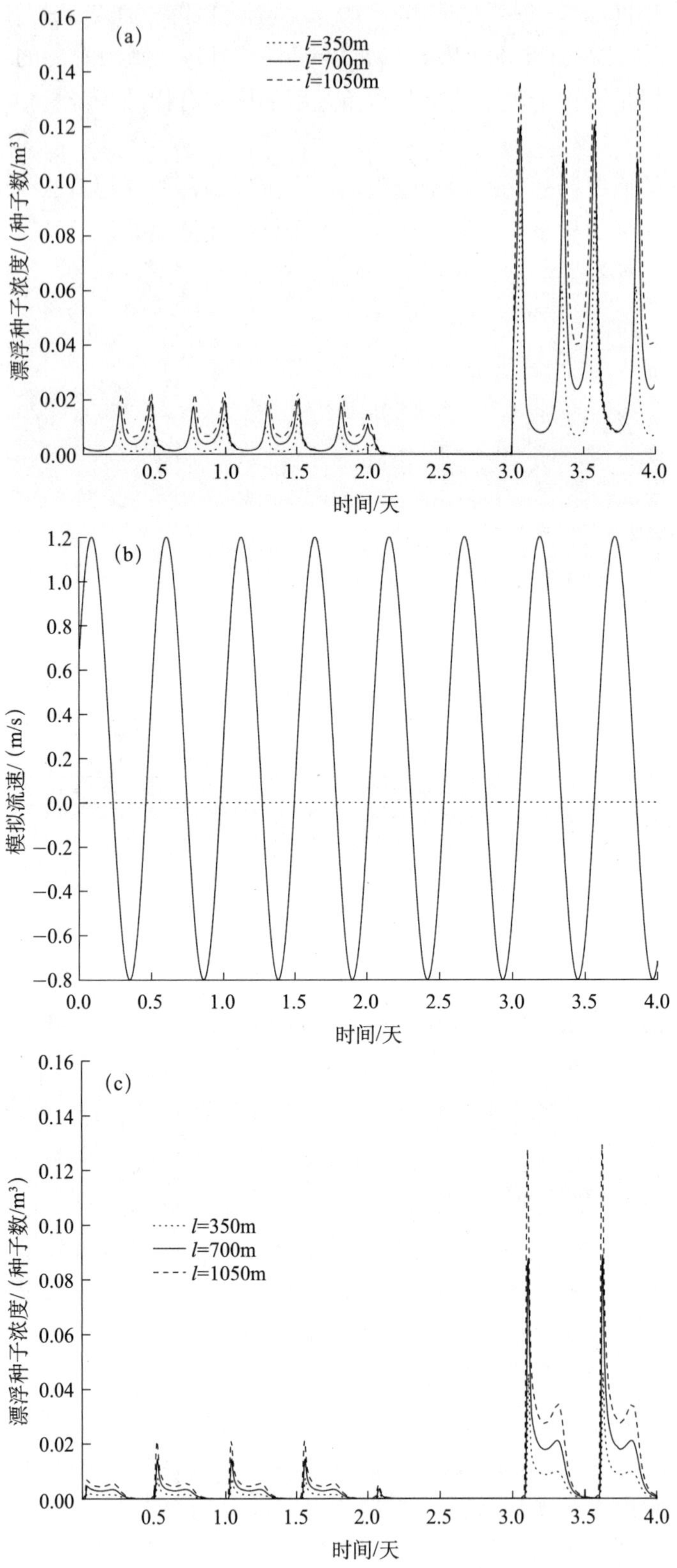

图 9.35　种子源长变化下漂浮种子浓度时序曲线

(a)、(b) Ⅰ号种子捕捉器处，$x=240$m；(c) Ⅱ号种子捕捉器处，$x=2000$m

设置三种漂浮种子纵向弥散系数 $K=10m^2/s$（基值），$5m^2/s$ 和 $15m^2/s$ 来探究 K 值的变化对漂浮种子浓度的影响。如图 9.36（a）所示，当改变漂浮种子纵向弥散系数时，Ⅰ号种子捕捉器中漂浮种子浓度的变化很微弱，证实了纵向弥散作用相对于对流作用较弱。在Ⅱ号种子捕捉器中漂浮种子浓度的时序分布图中观察到类似的趋势［图 9.36（b）］。

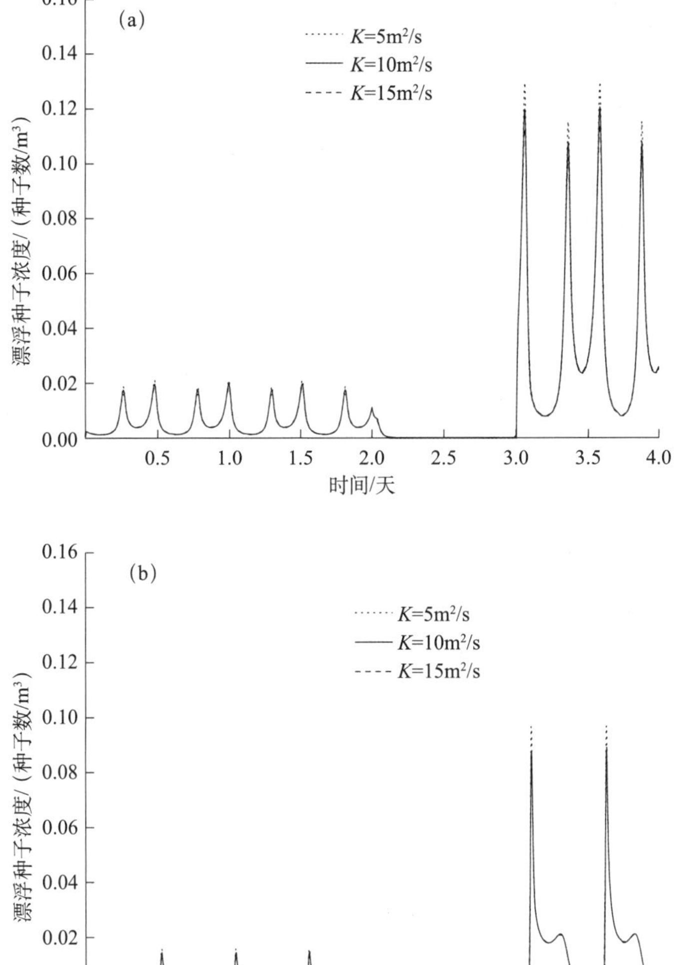

图 9.36　种子纵向弥散系数变化下漂浮种子浓度时序曲线

（a）Ⅰ号种子捕捉器处，$x=240m$；（b）Ⅱ号种子捕捉器处，$x=2000m$

设置三种种子浓度指数衰减系数 $\lambda=0.00015/s$（基值），$0.000075/s$ 和 $0.000225/s$，来探究 λ 值的变化对漂浮种子浓度的影响。如图 9.37 所示，Ⅰ号种子捕捉器和Ⅱ号种子捕捉器中漂浮种子浓度与指数衰减系数呈负相关关系，λ 越小，漂浮种子浓度越大，与预期相符。

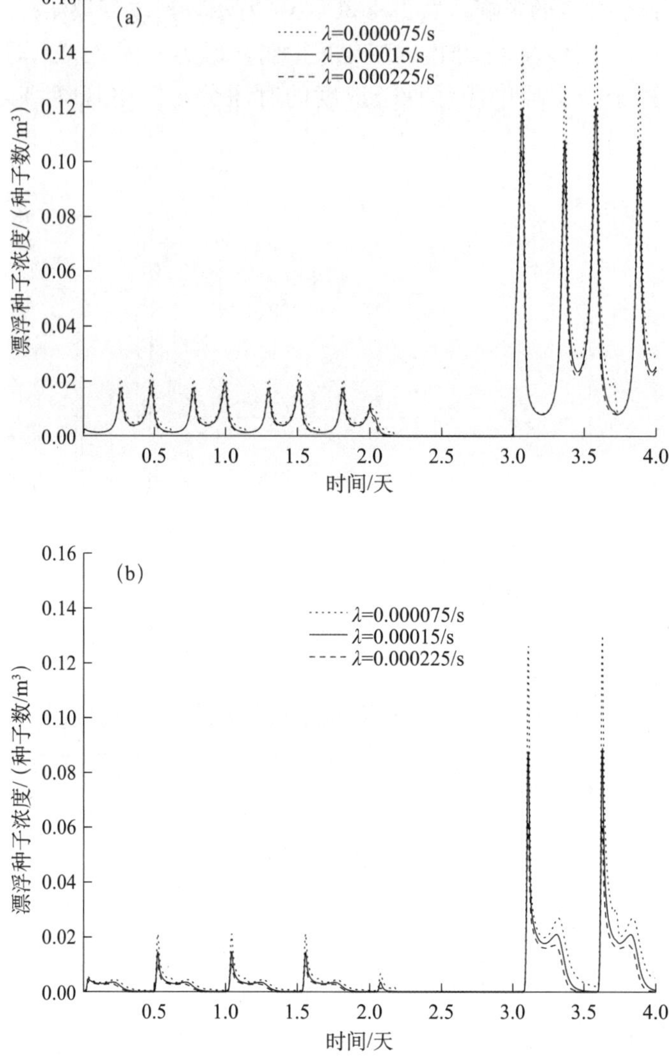

图 9.37　种子浓度指数衰减系数变化下漂浮种子浓度时序曲线

(a) Ⅰ号种子捕捉器处，$x=240\text{m}$；(b) Ⅱ号种子捕捉器处，$x=2000\text{m}$

设置三种低潮憩流与种子释放初始时刻之间的时间延迟 $\delta=0.9\text{h}$（基值）、4h 和 8h，来探究 δ 值的变化对漂浮种子浓度的影响。如图 9.38 所示，当改变低潮憩流与种子释放初始时刻之间的时间延迟时，漂浮种子浓度时序曲线的形状未发生变化，而曲线位置则沿着时间轴移动，与预期相符。

3. 潮沟内的种子浓度分布特征

在盐沼湿地恢复与保护受到外在压力如外来物种入侵的背景下，大部分的种子沿潮沟如何分布成为最相关的问题。预测种子通过潮沟进行长距离扩散的潜力，模拟种子在潮沟中的浓度分布对协调区域根除工作具有极大的实践指导意义。我们基于前文构建的模型推导出模拟植物的种子扩散核。采用浓度矩法分析了漂浮种子云团的质心位移和方差等统计学参数。结合统计分析和种子浓度等值线图，进一步讨论了漂浮种子浓度的时

空分布及通过人工补播种子重建盐沼植被的启示。

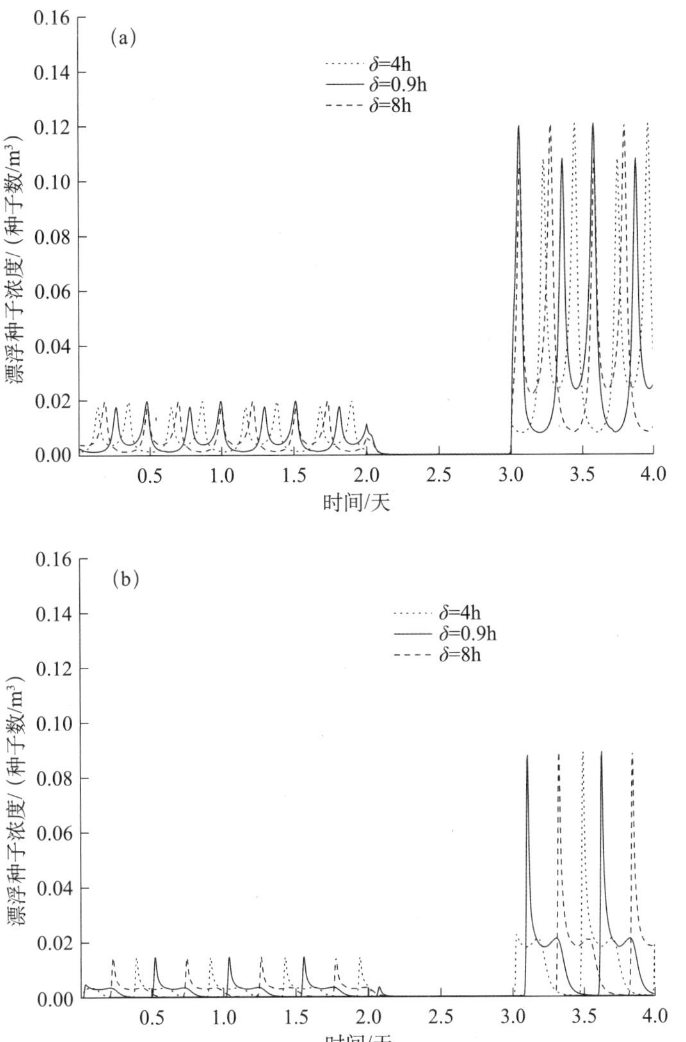

图 9.38　低潮憩流与种子释放初始时刻之间时间延迟变化下漂浮种子浓度时序曲线

(a)Ⅰ号种子捕捉器处，x=240m；(b)Ⅱ号种子捕捉器处，x=2000m

1）种子扩散核

种子的长距离扩散对种群动态具有至关重要的作用，但是由于种子长距离扩散事件难以观测的客观束缚，对种子扩散曲线［又名种子扩散核（Cain et al.，2000）］的尾部即种子扩散极限的了解极为有限。尽管前人试图将种子扩散数据拟合为正态分布曲线或尖峰厚尾型（leptokurtic）曲线，但由于缺乏足够的数据确定种子扩散核，使得种群动态的精确建模受到限制。本节对式（9.8）的汇项，即 $\lambda \times bhC$，进行时间积分，计算种子沉降截留量的时空分布，借此推导出种子扩散核，并预测漂浮种子在潮沟中长距离扩散的范围。计算如下：

$$M_{dr}(x) = \int_{t_i}^{\infty} \lambda \times bhC(x,t)\,\mathrm{d}t \tag{9.29}$$

如图 9.39 所示，互花米草种子的扩散核呈尖峰厚尾型（峰度＝12.02），验证了种子扩散核的尖峰厚尾型假设（Cain et al.，2000）。

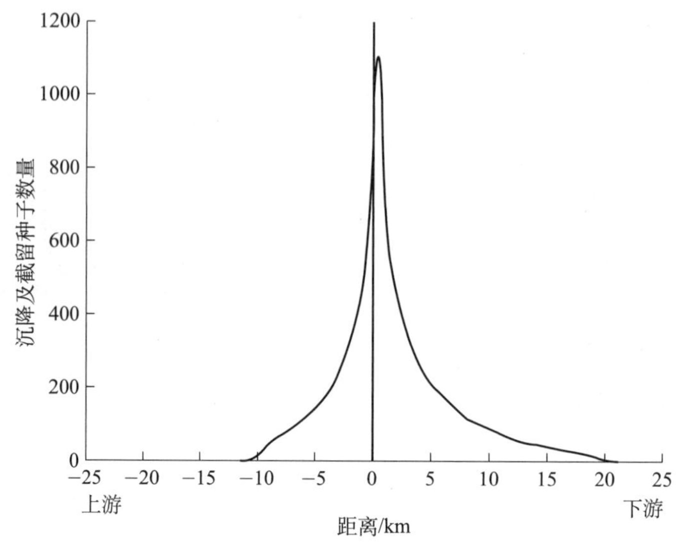

图 9.39 沿潮沟分布的尖峰厚尾型种子扩散核

2）漂浮种子云团质心位移

采用矩量法推导潮汐周期内漂浮种子云团的质心位移，并探究了三个无量纲参数的变化对其的影响。

根据 Aris（1956）的矩量法，断面平均的浓度矩分布的 p 阶积分是：

$$M_p(t)=\int_{-\infty}^{+\infty}x^p bhC(x,t)\mathrm{d}x \tag{9.30}$$

具体来说，M_0 代表进入潮沟的漂浮种子的总量，而质心位移则代表动态变化的漂浮种子云团重心所在位置，计算公式如下：

$$\mu=\frac{M_1}{M_0}=\frac{\int_{-\infty}^{\infty}xbhC(x,t)\mathrm{d}x}{\int_{-\infty}^{\infty}bhC(x,t)\mathrm{d}x} \tag{9.31}$$

图 9.40 绘制了 10 月 2～6 日无量纲质心位移 $\mu\omega/U_0$ 与时间 t^* 之间的关系曲线。当没有种子进入潮沟时，潮沟中漂浮种子浓度迅速降为零。

设定三种残余流 V＝0.1m/s、0.2m/s、0.3m/s，并保持潮流速度的振幅不变（U_0＝1m/s），对应流速比 v＝0.1、0.2（基值）、0.3，同时，固定其他参数不变，以探究流速比的变化对质心位移的影响。如图 9.40（a）所示，当有种子进入潮沟且不考虑其强度大小时，质心随着潮汐沿源区周期性地移动，并在涨潮及落急流速附近分别移动到向陆一侧的最远点及向海一侧的最远点。此外，随着残余流的增大，质心位移有整体向陆一侧移动的趋势。

设定三种低潮憩流与种子释放初始时刻之间的时间延迟 δ＝0.9h、4h、8h，并保持角频率 ω 恒定不变，使得相位差 δ^*＝0.145π（基值）、0.645π、1.29π，以探究相位差的变化对质心位移的影响。如图 9.40（b）所示，质心时序变化曲线的形状未发生变化，而曲线位置则沿着时间轴移动，与预期相符。

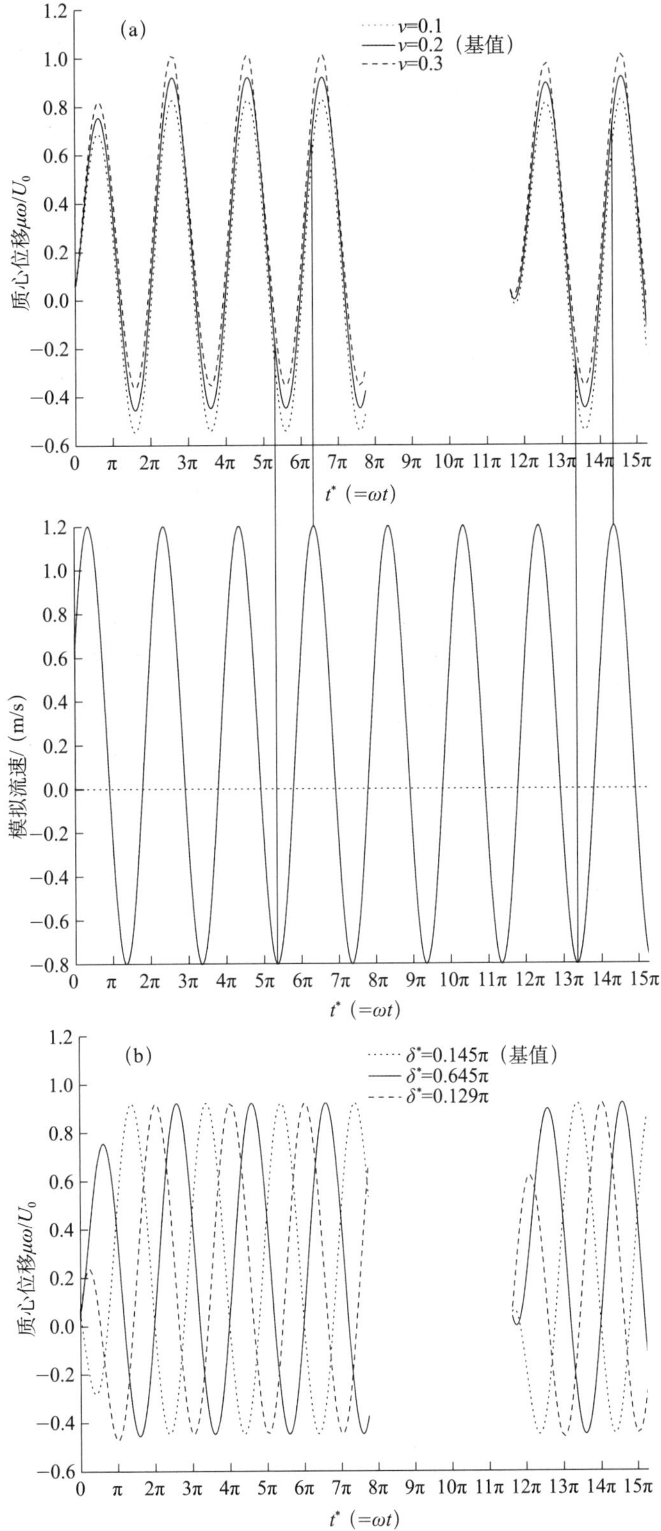

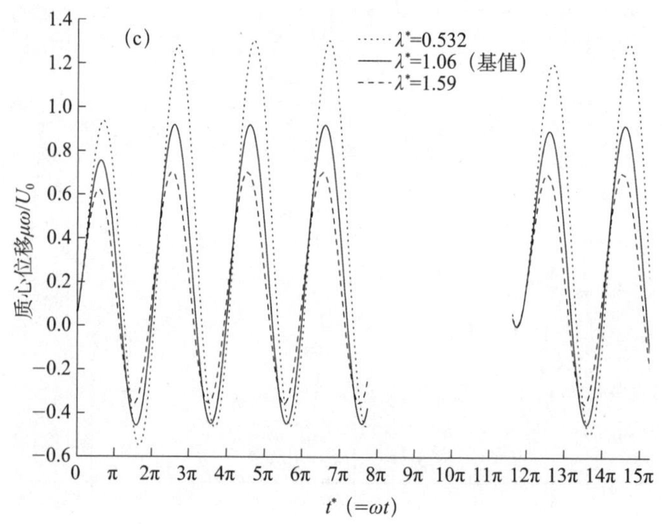

图 9.40　不同参数变化下质心位移随时间变化的变化图

(a) 残余流与振荡流速的流速比 v；(b) 相位差 δ^*；(c) 潮汐-衰减时间比 λ^*。空白部分对应于种子源中断的时段

设定三种种子浓度指数衰减系数 λ=0.000075/s、0.00015/s（基值）、0.000225/s，并保持角频率 ω 恒定不变，使得 λ^*=0.532、1.06（基值）、1.59，以探究潮汐-衰减时间比的变化对质心位移的影响。如图 9.40（c）所示，λ^* 的增加加速了漂浮种子浓度的衰减，这导致漂浮种子云团收缩，质心位移的范围缩小。由于 Li 和 Kozlowski 参数 α 的变化对质心位移几乎没有影响，这里不再显示。

3）*漂浮种子云团方差*

基于 Barton（1983）的矩量法，计算漂浮种子云团的方差（σ^2），即漂浮种子云团与其期望值的偏离程度，计算公式如下：

$$\sigma^2=\frac{\int_{-\infty}^{\infty}(x-\mu)^2 bhC(x,t)\mathrm{d}x}{\int_{-\infty}^{\infty}bhC(x,t)\mathrm{d}x}=\frac{\int_{-\infty}^{\infty}(x-\mu)^2 C(x,t)\mathrm{d}x}{\int_{-\infty}^{\infty}C(x,t)\mathrm{d}x} \tag{9.32}$$

图 9.41 绘制了类似图所示的无量纲方差 $\sigma^2\omega^2/U_0{}^2$ 随时间 t^* 变化的曲线图。采用相同的无量纲参数组，进一步分析残余流与振荡流速的流速比、相位差、潮汐-衰减时间比的变化对漂浮种子云团方差的影响。类似地，当有种子进入潮沟且不考虑其强度大小时，漂浮种子云团的方差亦随潮汐周期性地变化。如图 9.41（a）所示，方差的峰值与谷值分别出现在低潮憩流及涨急流速附近，而高潮憩流与落急流速附近分别出现略小的峰值与谷值，这与图中所示漂浮种子浓度分布模式一致，即较大的漂浮种子云团方差导致较低的漂浮种子浓度。当流速为正值时（涨潮），残余流的增大使得漂浮种子云团扩展、方差增大，当流速为负值时（退潮），残余流的增大则使得漂浮种子云团收缩、方差减小［图 9.41（a）］。与上节相同，相位差的变化并未改变方差时序变化曲线的形状，而是将曲线沿着时间轴移动［图 9.41（b）］。潮汐-衰减时间比 λ^* 的增加使得方差减小，反之亦然［图 9.41（c）］。

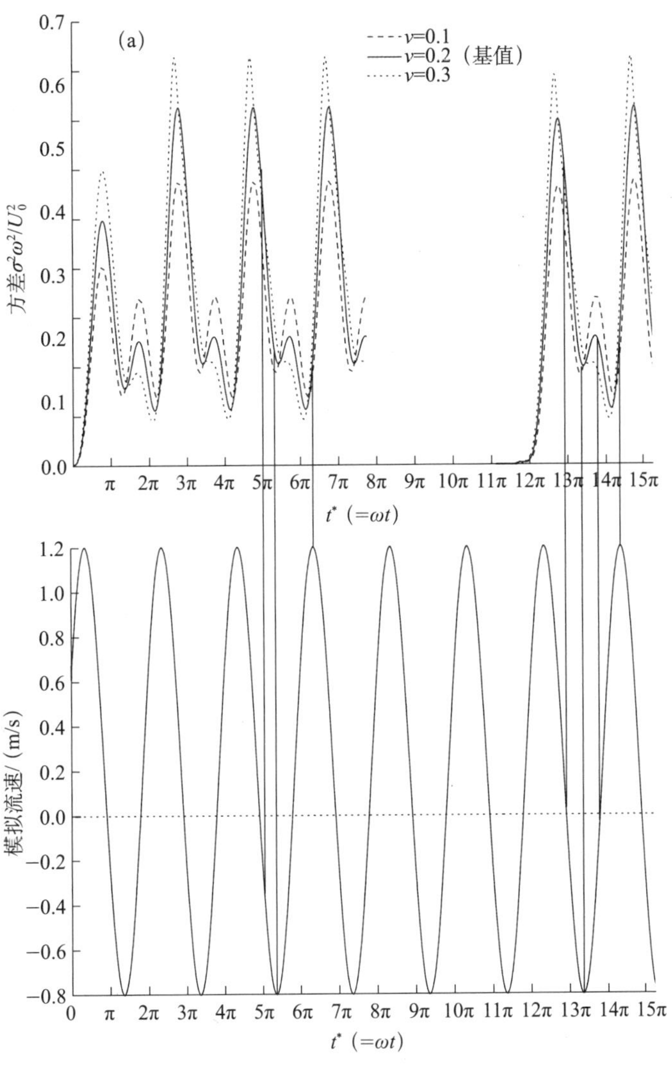
(a)
v=0.1
v=0.2（基值）
v=0.3
方差$\sigma^2\omega^2/U_0^2$
t^*（$=\omega t$）
模拟流速/（m/s）
t^*（$=\omega t$）

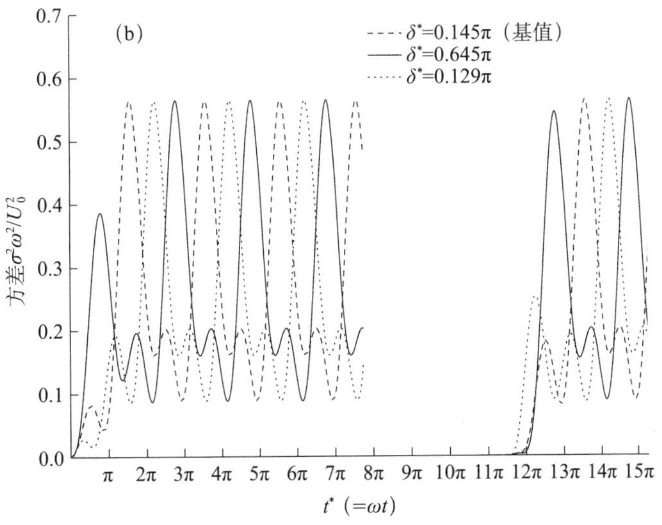
(b)
δ^*=0.145π（基值）
δ^*=0.645π
δ^*=0.129π
方差$\sigma^2\omega^2/U_0^2$
t^*（$=\omega t$）

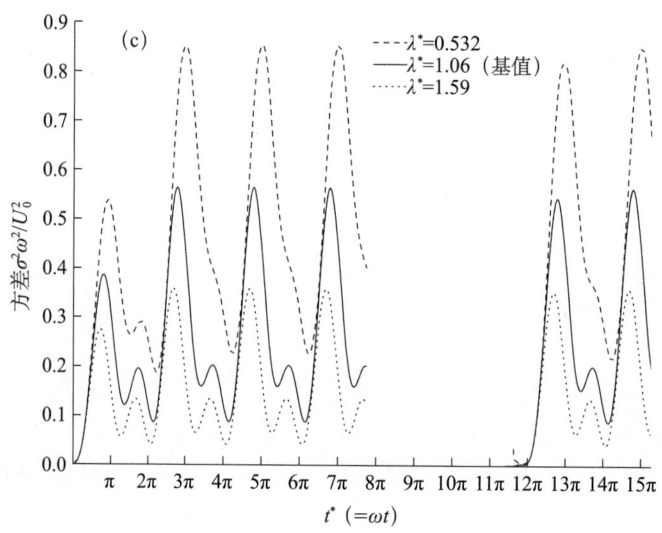

图 9.41 不同参数变化下方差随时间变化的变化图

(a) 残余流与振荡流速的流速比 v；(b) 相位差 δ^*；(c) 潮汐-衰减时间比 λ^*。空白部分对应于种子源中断的时段

4) 漂浮种子云团方差

在野外测定漂浮种子浓度的时空分布也较为困难。

一种可估算漂浮种子云团范围的简单实用的标度是 4σ，其大约包括漂浮种子总量的 95%。图 9.42 中的阴影区域预测了漂浮种子云团随时间变化运动的范围，从（$\mu-2\sigma$）到（$\mu+2\sigma$）。当有种子进入潮沟且不考虑其强度大小时，漂浮种子云团可从－10km 附近延伸至 17km 附近。

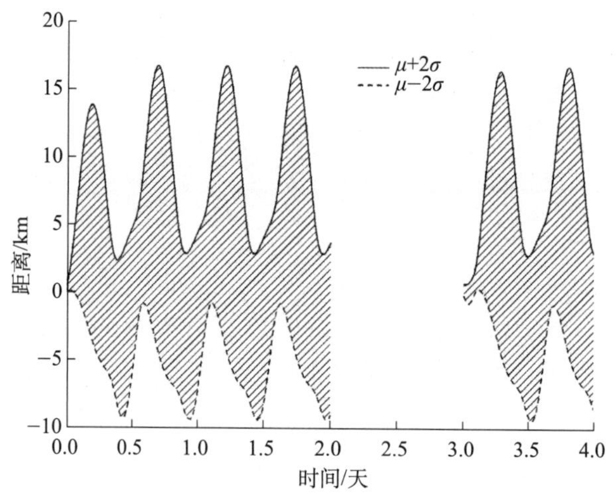

图 9.42 基于质心及标准偏差估算种子在潮沟中的扩散范围

（空白部分对应于种子源中断的时段）

另一种可估算种子扩散范围的方法如图 9.43（a）所示，采用漂浮种子浓度的等

值线图描述漂浮种子浓度的时空分布。当有种子进入潮沟且不考虑其强度大小时，漂浮种子浓度的空间分布与图中漂浮种子云团的估算范围相吻合。当同时改变种子源长和源强，但保持两者乘积不变，即单位时间内进入潮沟内的种子量不变时，漂浮种子浓度的时空分布发生了轻微的变化，如图 9.43（b）和（c）所示。增加源强 N（+50%）而降低源长 l（−50%）略微地增加了种子源区附近的漂浮种子浓度，反之亦然。上述分析表明，对于通过人工补播种子重建盐沼植被这种修复方法而言，种子源的分配方式只对种子源区内的浓度分布有较小的影响，而对种子源区外的浓度分布影响可忽略。因此为了简化现场操作，集中补播种子将是既方便又有效的选择。

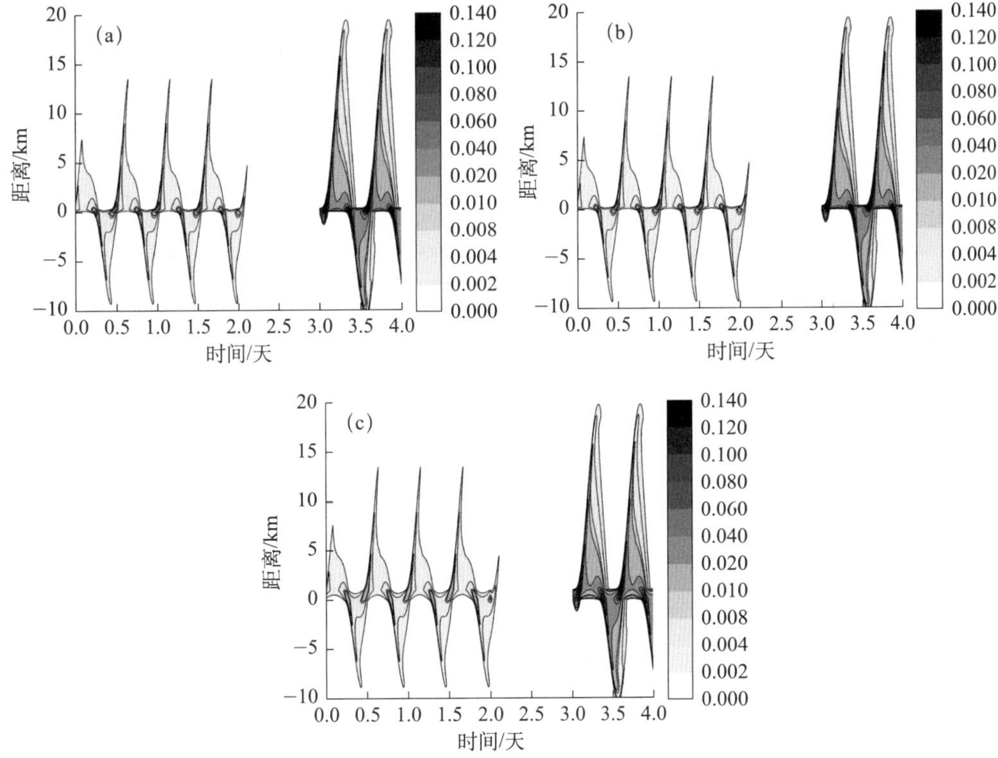

图 9.43　不同源长 l 及源强 N 下漂浮种子浓度的等值线图

（a）l=700m 且 N_1=7 种子数/(m·h)、N_2=0 种子数/(m·h)、N_3=43 种子数/(m·h)；（b）l=350m 且 N_1=14 种子数/(m·h)、N_2=0 种子数/(m·h)、N_3=86 种子数/(m·h)；（c）l=1050m 且 N_1=4.7 种子数/(m·h)、N_2=0 种子数/(m·h)、N_3=28.7 种子数/(m·h)

9.2.2　水文连通对植物生命周期过程的影响

水文连通可以使种子在湿地间传播，同时湿地内的种子也可以通过二次扩散重新分布，所以种子浮选是湿地重建的一个重要因素。此外，扰动发生后的种子萌发也是湿地重建的一大重要因素。随着围填海等人类活动加剧，物理构筑物（如防潮堤、公路等）阻碍了种子的远距离传播，从而影响了植被的再定居。本节从水文连通的角度揭示完全封闭结构（连通度为 0）、不完全封闭的敞口（连通度高）及窄口（连通度较低）围填海结构（图 9.44）对湿地植物生命过程的影响，进而揭示不同海陆连通下湿地植被格局的演替特征，为规划和管理围填海活动提供支持。

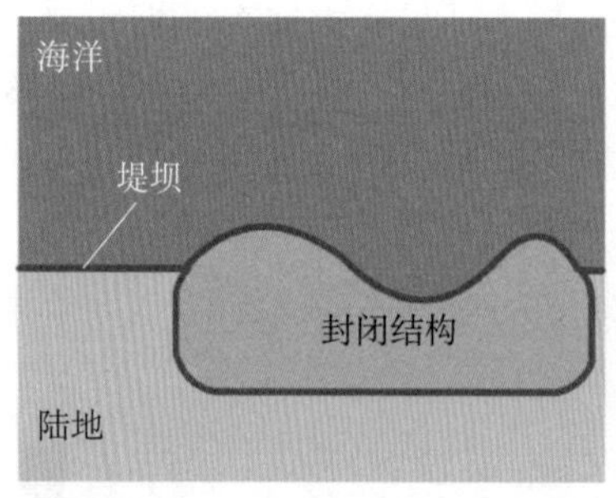

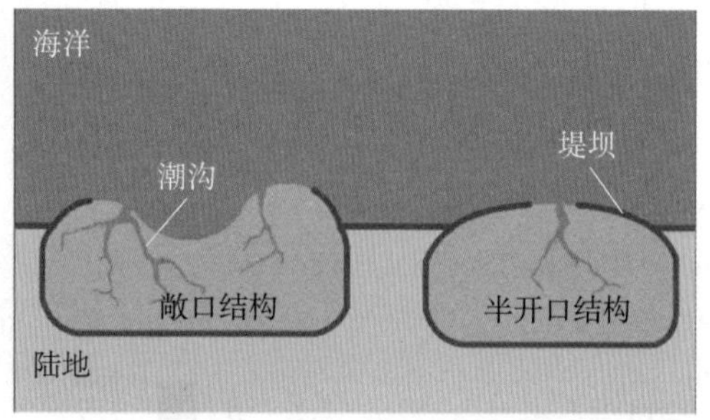

图 9.44　完全封闭结构、不完全封闭的敞口及窄口结构的三种围填海结构示意图

对黄河三角洲三种不同围填结构的调查显示，三个区域中盐地碱蓬的种子产量与当年种子库密度存在明显的不一致性。在敞口结构中，盐地碱蓬种子产量平均为 2250 粒/m^2，远高于封闭结构的 1549 粒/m^2 和窄口结构的 1246 粒/m^2（$\chi^2_{N=342}=17.157$，$P=0.000$）。但是表层种子库密度（$\chi^2_{N=114}=7.598$，$P=0.022$）及种子库总密度（$\chi^2_{N=114}=16.612$，$P=0.000$）在敞口区域则要低于其他两个区域。然而这种不平衡的现象并没有延续到其他生命阶段。三种结构下盐地碱蓬的幼苗（$\chi^2_{N=342}=5.547$，$P=0.062$）和成株（$\chi^2_{N=342}=4.327$，$P=0.115$）没有显著差异（图 9.45）。

在敞口结构中，种子产量与土壤种子库呈现显著差异（$Z_{N=48}=-4.917$，$P=0.000$，图 9.45），被检测到的土壤表层种子库密度仅仅是每平米种子产量的 2%。这是由于大部分盐地碱蓬的种子在潮汐的扰动下损失而造成的。在封闭结构与窄口结构中，大约有 10%的新产生的种子落入了表层种子库，因此敞口结构下的种子库密度要远低于封闭结构与窄口结构。深层的永久种子库对出苗率的贡献非常小，根据原位移除实验得到其贡献率低于 2%。在完全封闭结构中，表层种子库与幼苗数量间存在显著差异（$Z_{N=30}=-2.694$，$P=0.007$），而盐地碱蓬出苗率大概是 7%，比窄口结构的出苗率的一半还要低。相比之下，敞口结构的盐地碱蓬种子的出苗率非常高，达到了 35%。在三种结构中成株密度与幼苗密度显著相关。在敞口和窄口的两种不完全封闭结构中，幼苗的成活率约为 60%。在完全封闭结构中，超过 90%的幼苗都可以长成成株。

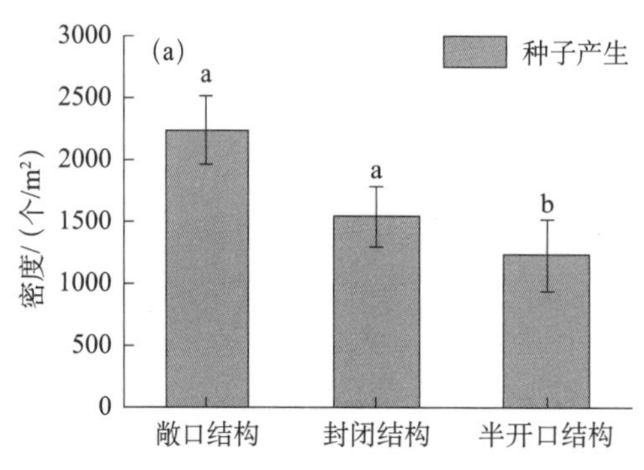

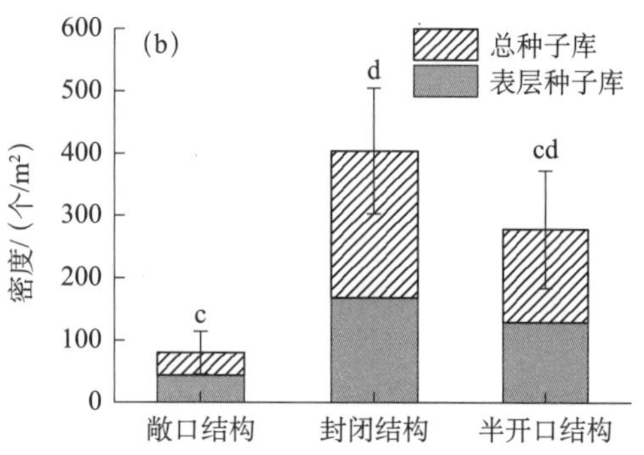

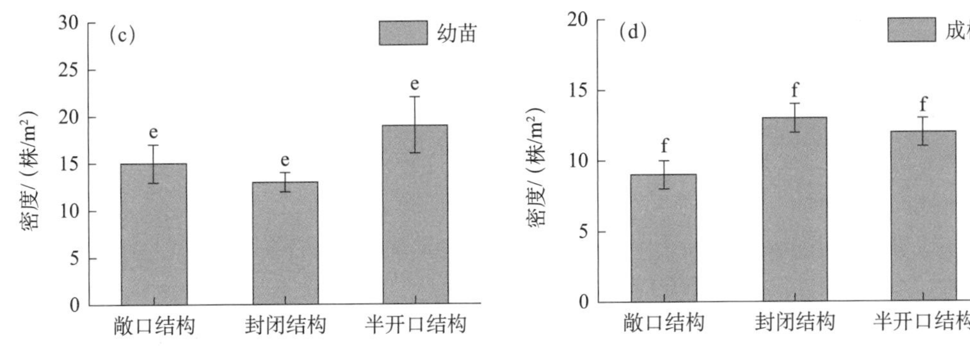

图9.45 敞口结构、封闭结构及半开口结构中盐地碱蓬种群种子产量的分布密度 (a)、种子库分布密度 (b)、幼苗密度 (c) 和成株密度 (d)

图中柱子高度代表均值；误差棒为标准误差；柱子上方的字母表示有相同字母的两者没有显著性差异($P>0.05$)

滨海盐沼植物盐地碱蓬的生命周期在不同实验区域中表现出不同的模式。滨海盐沼湿地中，盐沼植物的所有生命阶段都会暴露在滨海防御结构的影响之下，防御结构对潮沟的阻碍及随后的湿地土壤要素的改变，造成了种子保留与幼苗萌发之间的不匹配，进而引起了植物生命周期的差异。在潮汐干扰的胁迫下，敞口结构中盐地碱蓬种群主要面临种子流失的威胁（流失率98%），植物种群所面临的最大的威胁是种子保留严重不足。但是在完全封闭结构中，植物的生命周期模式完全不同，低出芽率（约8%）是其主要限制因素。盐沼湿地在不同防御设施干扰下，植物种群的生命周期转变为不同的模式，分别为敞口模式中的种子低保留量高萌发率和封闭结构中的种子高保留量低萌发率。可以看出，滨海防御设施对盐沼湿地造成的威胁主要来自决定种子保留的水动力条件的恶化或者决定种子萌发的土壤条件的变异（Scyphers et al.，2015）。而这些信息是通过单一生命阶段调查观测无法得到。因此，本研究提出观点：基于全生命周期对植物种群维持的研究和诊断是一个更加有效的全面视角（Meyer et al.，2015）。

在敞口区域中盐地碱蓬种子密度随着深度的增加显著线性递减（$\chi^2_{N=48}=8.490$，$P=0.014$），盐地碱蓬种子密度从表面凋落物层（0～2cm）的（42±17）粒/m² 下降到10～15cm的（7±4）粒/m²，而在封闭结构中种子密度随深度增加而递减但不显著（$\chi^2_{N=30}=3.266$，$P=0.195$），是从（169±56）粒/m² 减少到（91±37）粒/m²。盐地碱蓬的种子在半开口区域中在2～10cm的中间层密度最低（$\chi^2_{N=36}=7.118$，$P=0.024$），为（41±17）粒/m²，低于表层的（128±52）粒/m²。但是，深层的永久种子库对种群幼苗出苗率的贡献非常低，根据原位萌发实验得到其贡献率低于2%。

在完全封闭结构和半开口结构中没有发现螃蟹的洞穴。天津厚蟹的密度情况在敞口结构中明显不同，其密度为（4.5±0.6）个/m²，并且洞穴密度由陆向海逐渐减少。

我们通过调查和实验确定了永久种子库与植食作用在盐地碱蓬生命周期中的作用。绝大多数盐地碱蓬幼苗是来自表层的新产生种子，即临时种子库。永久种子库几乎没有参与盐地碱蓬生命周期中。在半开口防御结构中，永久种子库的垂直结构与其他两个研究区域存在差异。中间层（2～10cm）的种子库似乎受到扰动而失去了大量的种子。因为这是在半开口防御结构建成后第二年开展的，永久种子库可能记录了堤坝建设过程之中的扰动。在以后的研究中需要更多的实验来说明人类活动对种子库垂直结构的扰动作用。

植食作用是影响盐沼植物种群动态的主要因素之一，在本研究区内，天津厚蟹是能够取食盐地碱蓬种子的唯一植食动物（He et al.，2015）。根据之前黄河三角洲底栖动物的研究成果（Li et al.，2016），除了天津厚蟹以外，没有其他底栖动物足够大到可以吞食盐地碱蓬的种子。另外，天津厚蟹只在敞口结构中被发现，因此为敞口结构中幼苗的调查结果带来了不确定性。但是敞口结构中的幼苗萌发率即使在天津厚蟹的取食后，依然是三个区域中最高的，因此植食作用对本研究结论的准确性没有影响。而天津厚蟹在封闭结构和半开口结构中的消失也许是滨海防御结构对盐地碱蓬种群的间接影响。但是天津厚蟹在滨海防御结构中消失的原因则需要今后更多的研究去说明。

在敞口结构中，种子产量与土壤种子库呈现显著差异（$Z_{48}=-4.917$，$P<0.001$），被检测到的土壤表层种子库密度仅是每平方米种子产量的2%。在封闭结构与窄口结构中，大约有10%新产生的种子落入表层种子库，因此敞口结构下的种子库密度要远低于封闭结构与窄口结构。

在完全封闭结构中，表层种子库与幼苗数量间存在显著差异（$Z_{30}=-2.694$，$P=0.007$），而盐地碱蓬出苗率大概是7%，比半开口结构中出苗率的一半还要低。相比之下，敞口结构的盐地碱蓬种子的出苗率非常高，达到了35%。在三种结构中成株密度与幼苗密度显著相关。在敞口和半开口的两种不完全封闭结构中，幼苗的成活率约为60%。在完全封闭结构中，超过90%的幼苗都可以长成成株（图9.46）。

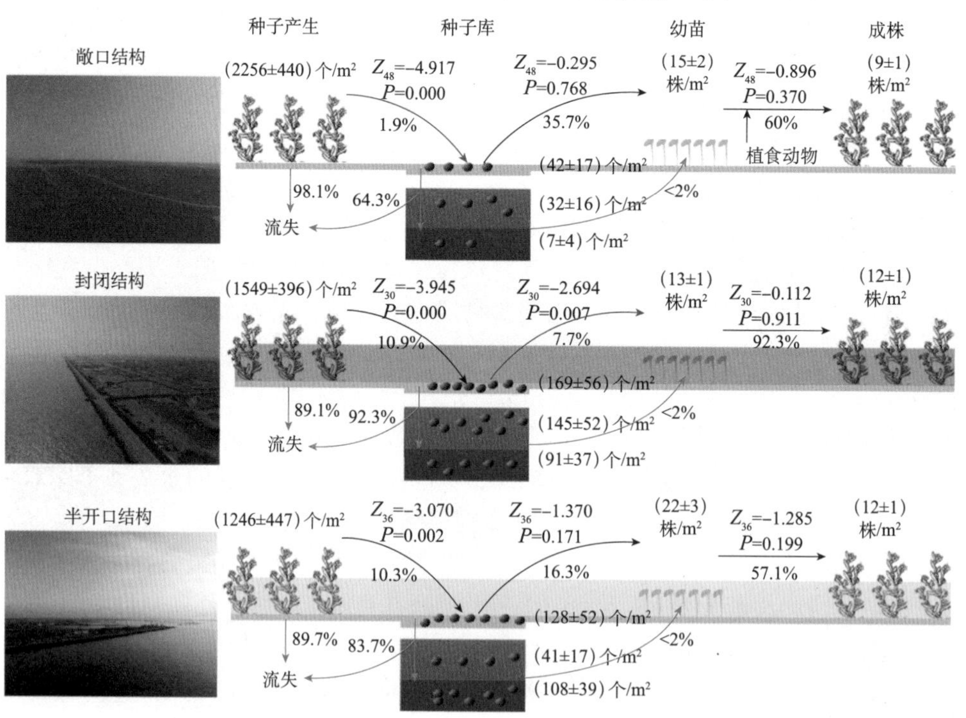

图9.46 盐地碱蓬种群的生命周期阶段分析的流程图

各阶段之间的转移比例及显著性检验结果标注在箭头上方；红色的箭头表示在滨海防御工程的干扰下受到影响最严重的生命阶段；蓝色的箭头表示转移过程没有确定的数值

不同围填海结构对滨海湿地的最直接的影响就是改变了湿地的水文连通过程，进而逐渐改变了滨海湿地的内在的生命周期过程，最终导致了不同围填海结构下湿地植被格局的分异。本节证实了水文连通改变了种子扩散过程、改变原有湿地土壤水盐条件，进而造成种子保留和萌发策略发生变化。由于这种变化是植物生命周期各阶段累积的结果，所以其在最终植被格局上的体现具有滞后性。研究结果为围填海活动改变植被格局提供了直接证据，并将围填海结构的这种影响通过对植物生命周期各阶段进行权衡，提出适宜的围填海结构，为规划和管理围填海活动提供理论依据。

9.2.3 水文连通对植被再植的影响机理

在对滨海湿地典型潮沟系统的水文连通量化的基础上，本节主要考虑在不同水文连通强度梯度下的植被再生情况，一方面分析种子流、土壤种子库、生物量及土壤理化性质随水文连通变化的变化关系；另一方面为排除外来种子源及螃蟹植食的干扰，设置野外控制实验，单独剖析水文连通对种子萌发及幼苗成活两个过程的影响。

1. 水文连通强度与土壤理化性质之间的关系

水文连通主要通过改变土壤生境，提供植被生长所需的水分及营养，进而改变植被的生长。滨海湿地的土壤是植被的基质，它能够提供植被生长所必需的养分及水分，是滨海湿地物质交换与能量循环的重要场所。滨海湿地位于海陆交界带，受潮汐作用影响，土壤水盐梯度、土壤有机质、N、P 等均是滨海湿地重要的生态因子，能够显著影响湿地的生产力（Mitsch and Gosselink，2000）。营养盐梯度同样会影响盐沼植被的生物量，从而改变物种组成及其多样性。土壤含水率是植物种子萌发及幼苗生长的水分直接来源，对植被生长过程起着至关重要的作用，特别是土壤水盐空间异质性能够影响植被的空间分布。黄河三角洲植被的带状分布主要受土壤盐分、土壤水分及土壤养分的影响，而土壤水盐及养分主要来自于潮汐过程。

根据水文连通强度的量化［式（9.7）］，在样区 d（图 9.1）即典型潮沟系统中选取不同水文连通强度梯度的样点采集土壤样品，进行理化性质的测定分析。

采用一元线性模型拟合水文连通强度及水文连通的关键要素（潮沟长度、距潮沟的侧向距离、潮滩高程）与土壤水盐及有机质的相关关系。土壤含水率、土壤盐度与水文连通强度均呈线性关系（图 9.47）。土壤含水率随水文连通强度的变化呈线性递增，土壤盐度随水文连通强度的变化呈线性递减。其中，土壤含水率与水文连通强度的关系是：$y=19.986+2.938x$（Pearson's $r=0.447$，$P<0.0001$），土壤盐度与水文连通强度的关系是：$y=9.52-2.95x$（Pearson's $r=-0.37$，$P<0.0001$）。而土壤有机质随水文连通强度的增加，虽有减小趋势，但不够显著（$P>0.05$）。

单独剖析水文连通关键要素即潮沟长度（潮流距离）、距潮沟侧向距离与高程对土壤水盐及有机质的影响见图 9.48。潮沟长度能够反映水文连通的纵向连通，距潮沟侧向距离与高程能够影响潮沟-潮滩侧向连通，此三项指标均能够表征水盐交互及营养物质的传递效应。

土壤盐度是限制植被生长的障碍要素，研究表明土壤盐度与距潮沟的侧向距离及潮滩高程均有着显著的线性递增关系。这是随着侧向距离与潮滩高程的增加，潮沟水体盐分与土壤盐分交互作用的削弱造成的。

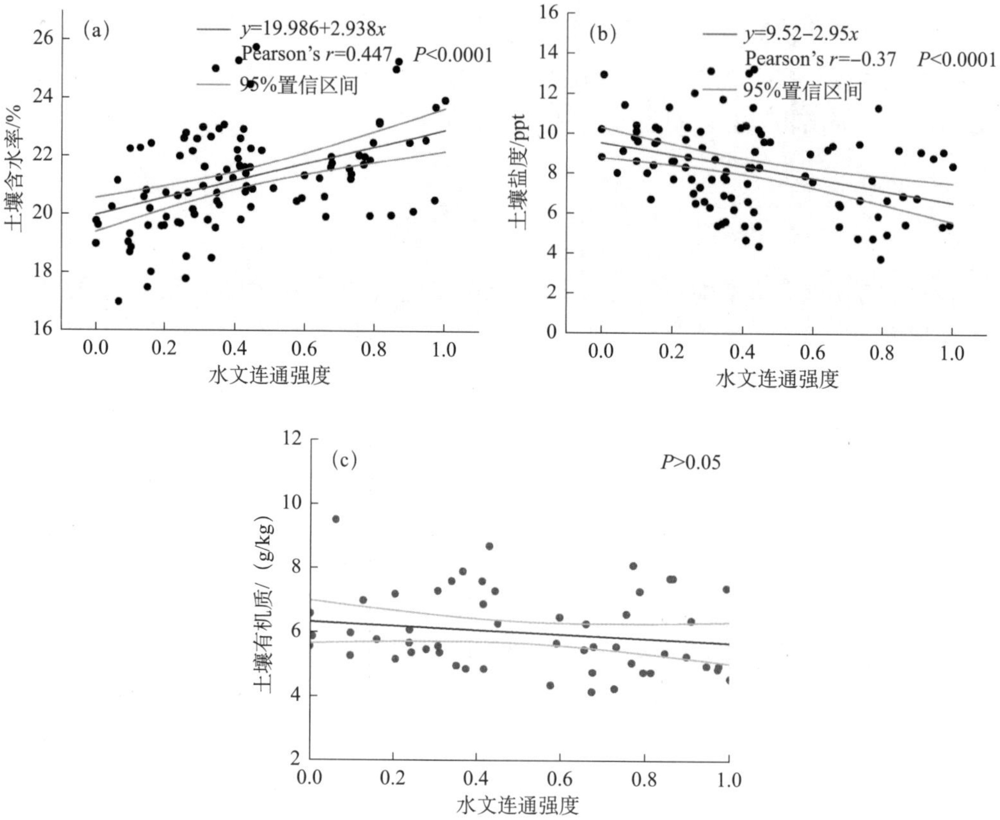

图 9.47　水文连通对土壤理化性质的影响

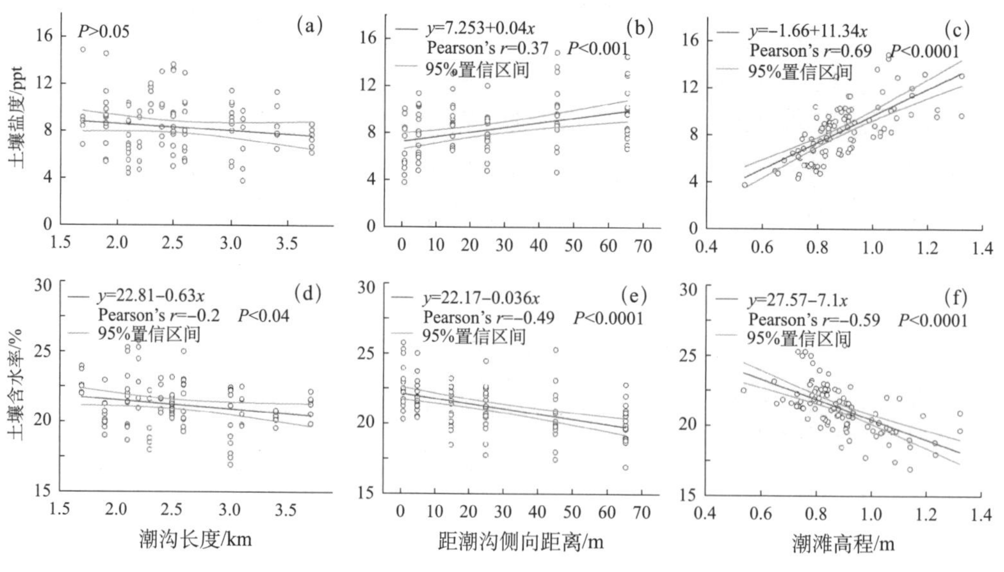

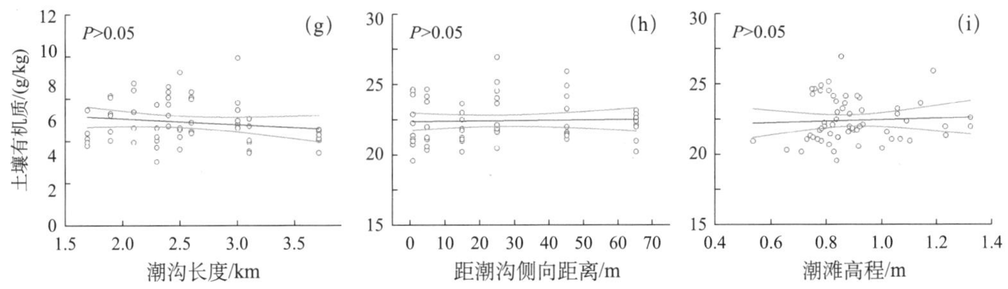

图 9.48　土壤盐度、土壤含水率、土壤有机质随潮沟长度、距潮沟侧向距离、潮滩高程的变化

土壤水分能够直接被盐沼植被根系吸收。土壤水分适量增加有利于营养物质的移动与溶解，有利于磷酸盐水解及有机物质的矿化，进而改变土壤营养状况，但若过多或过少均会影响植被的生长。水分过多会使土壤空气不流通进而造成营养物质的移失，降低土壤肥力，并且有机质可能不会完全分解进而产生还原性物质从而对植被有害。水分过少造成土壤干旱对植被生长造成威胁，表明土壤含水率均与潮沟长度、距潮沟侧向距离及高程有着显著的线性递减关系。

土壤有机质除受潮汐作用影响，植被的有无、生物量的多少及植被残体向土壤的返还量，能够直接决定土壤有机质尤其是表层土壤有机质的含量，故土壤有机质的变异系数很大。相关研究曾证明土壤有机质随距海距离增加呈现逐渐增加的趋势，而中位盐沼区（盐地碱蓬区）有机质随潮流长度（潮沟长度）增加而逐渐减少。但我们的结果表明土壤有机质随潮沟长度、距潮沟侧向距离、潮滩高程的变化均没有显著变化的趋势，基本持平，说明潮沟系统的纵向水文连通、潮沟-潮滩的侧向水文连通并没有对土壤有机质造成明显的梯度差异，一方面是因为潮流携带的营养物质可能没有完全被土壤吸收，另一方面是中观尺度的研究区域基本完全位于潮间带，空间异质性较低。

2. 水文连通强度与盐地碱蓬生物量、种子流及种子库的关系

水文连通的生态过程是一个复杂的动态非线性过程，其内部各要素之间及各要素与周围环境之间存在着复杂的交互作用，且随着时间和空间的变化而变化。这种复杂过程在很大程度上是由水文连通决定的（Prugh，2009）。水文连通的结构会对生物连通造成影响，以植物种子的传播为例，植物种子的散布是生物连通的重要组成部分，也是植物群落间相互联系的主要方式。尤其在滨海湿地，种子的传播与水文连通条件有极强的联系，种子的传播距离、传播方向和分布格局都受到水文连通的影响（Leal et al.，2014）。

根据水文连通强度的量化［式（9.7）］，在样区 d 即典型潮沟系统中选取不同水文连通强度梯度的样点采集植被和土壤种子库样品，并布设种子捕捉器（测定 2015 年 11 月至 2016 年 3 月的种子流通量）。利用野外调查得到的数据，采用一元线性模型及非线性二次模型分别拟合水文连通强度与种子流通量、土壤种子库及盐地碱蓬生物量关系。利用幂函数拟合种子流随潮沟长度变化的变化趋势，利用一元线性模型分析距潮沟侧向距离与种子流通量的关系。

水文连通强度与植被指标的拟合结果（图 9.49）显示，从整体上盐地碱蓬种子流通量、土壤种子库及生物量随水文连通强度变化的变化趋势一致，均随着水文连通强度的增加而递增。

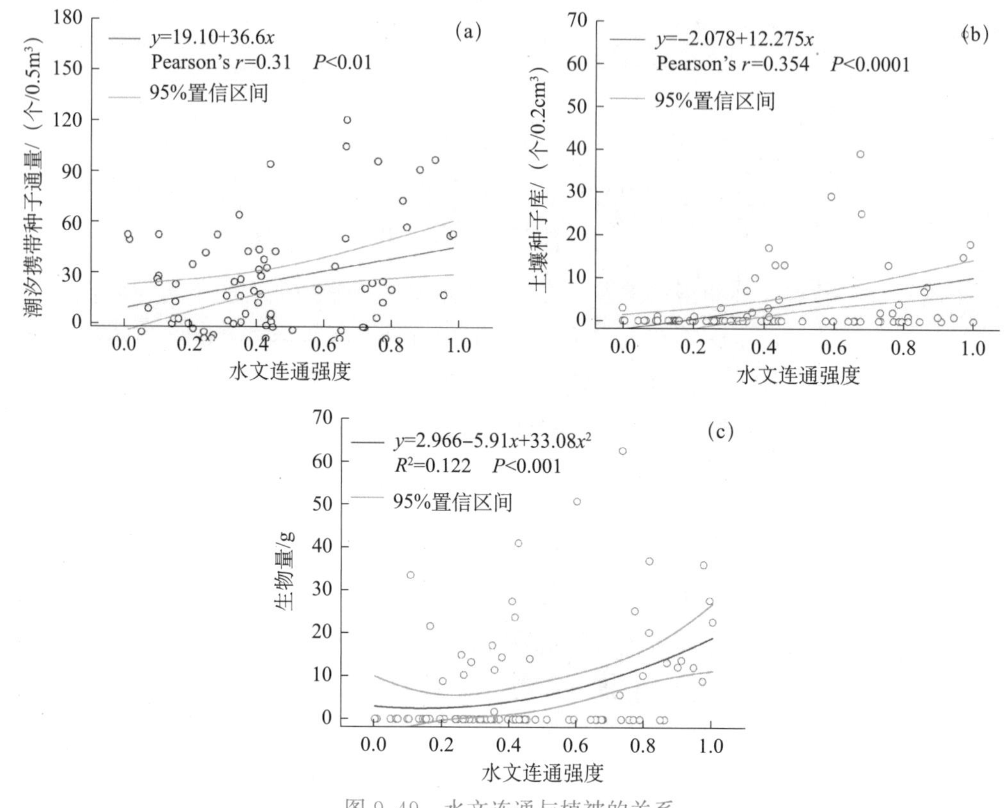

图 9.49　水文连通与植被的关系

盐地碱蓬生物量随水文连通强度的增加而增加（$y=2.966-5.91x+33.08x^2$，$R^2=0.122$，$P<0.001$）。水文连通尤其是高连通下的流量、淹水频率、持续时间、变化率等水文特征通过影响植被的整个生命周期，包括繁殖体的扩散、出苗、生长等过程（Bacon，1993；Roberts，1993；张爱静，2013），进而体现在植被个体生长及植被类型上，最终驱动滨海植被群落的演替（Beauchamp，2007）。因此，对植被生物量随水文连通变化响应的分析，需讨论植被生命周期的各个过程对水文连通的适应。

潮汐携带的种子流通量随水文连通强度增加而增加（$y=19.1+36.6x$，Pearson′s $r=0.31$，$P<0.01$），结果证明了潮汐的携带能力即水文连通物质流的功能。潮汐携带的种子通量与潮沟长度呈幂函数递减关系［图 9.50（a）］，而随距潮沟侧向距离并没有显著的变化［图 9.50（b）］。由此可知，潮滩种子流通量大小主要受纵向连通的影响，侧向连通并没有显著的差异。

土壤种子库随水文连通强度的变化趋势也是线性递增，这与种子流变化趋势一致。可见土壤种子库密度与种子源有着密切的关系。综上所述，盐地碱蓬生物量与种子流及土壤种子库随水文连通强度变化的变化趋势一致，种子源是造成该区域植被生物量分布的关键要素之一。整体上盐地碱蓬种子流通量、土壤种子库及生物量随水文连通强度变化的变化趋势一致，均随着水文连通强度的增加而递增；潮汐携带的种子流通量随水文连通强度增加而增加，这主要是受潮沟长度的影响，与距潮沟侧向距离无关，说明潮滩种子流通量大小主要受纵向连通的影响，侧向连通并没有显著的差异。

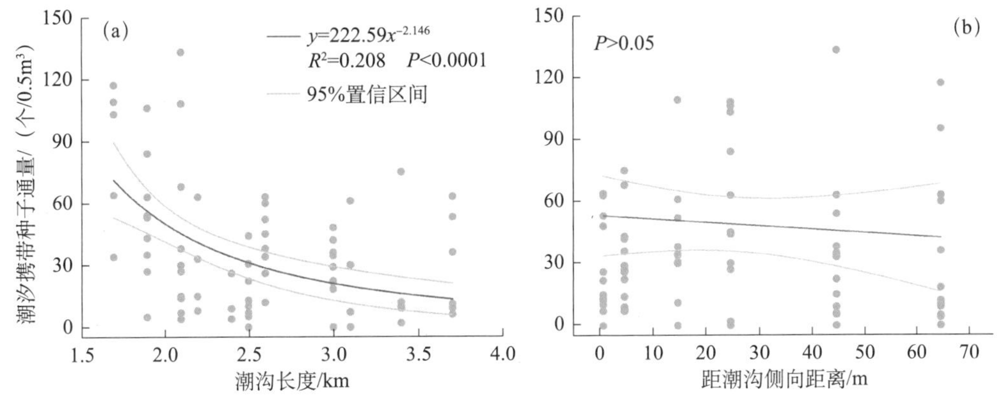

图 9.50 潮汐携带种子流随潮沟长度与距潮沟侧向距离的变化趋势

3. 水文连通强度对种子萌发的影响

水文连通通过改变斑块生态特征及环境理化性质进而诱导、强迫种子发生休眠（Gul et al.，2013），一方面为了防止萌发出的幼苗暴露在不利的环境条件下（Yang et al.，2008），另一方面为种群保留了基因多样性（Tang et al.，2009）。水文连通会直接改变植物群落斑块的环境特征，影响到种子的萌发特征，如温度（Perez and Gonzalez，2006；Yang et al.，2008）、盐度（Li et al.，2010）、水分（Gurnell et al.，2008）、养分（Oliva and Mingorance，2012）等，从而改变整个群落的分布特征及生物连通的节点属性。

我们通过野外控制实验和室内控制实验研究了水文连通强度对盐地碱蓬种子萌发的影响。分别利用幂函数及高斯模型拟合种子萌发率及幼苗存活率与水文连通强度的相关关系。采用单因素方法分析比较不同潮沟级别、潮沟截面积、潮沟长度下盐地碱蓬种子萌发率及幼苗存活率的差异（显著性检验 $P<0.05$）。

1）种子萌发与水文连通强度的关系

为排除外来种子源及螃蟹植食的干扰，单独剖析水文连通对种子萌发过程的影响，于 2016 年 5 月设置野外控制实验，实验周期为 2 个月。统一选取直径 10cm 的花盆，将实验室内统一过筛后的土壤置于花盆内部，向花盆土壤中均匀播撒 100 粒盐地碱蓬种子于土壤表层下 1cm，后用铁丝网编织成 50cm 高的笼子，外包密纱网，防止外来种子源。将播撒种子后的笼子放入野外样点中，保证花盆上边缘与野外土壤表层齐平，笼子埋入土层深 30cm，防止螃蟹植食。每个样点 3 个重复。同时，在室内对盐地碱蓬萌发率进行检验，保证种子的萌发率达到 90%以上。

利用幂函数拟合水文连通强度与种子萌发率的关系可以看出，种子萌发率随水文连通强度的增加呈递减趋势（图 9.51）。种子萌发率与水文连通强度呈幂函数关系 $y=3.399x^{-1.195}$（$R^2=0.77$，$P=0$），当水文连通强度<0.4 时，种子萌发率较高。水文连通强度为 0.1～0.2，种子萌发率最高，最高可达 60%左右。水文连通强度的增大会降低萌发率，这与较高连通下的淹水频率、淹水时长及淹水水位的胁迫有关，较强的淹水

胁迫会造成溶解氧的降低抑制种子的萌发作用。因此，种子萌发的适宜条件为水文连通强度 0.1～0.4，当大于 0.4 时，种子的萌发率将大大降低。

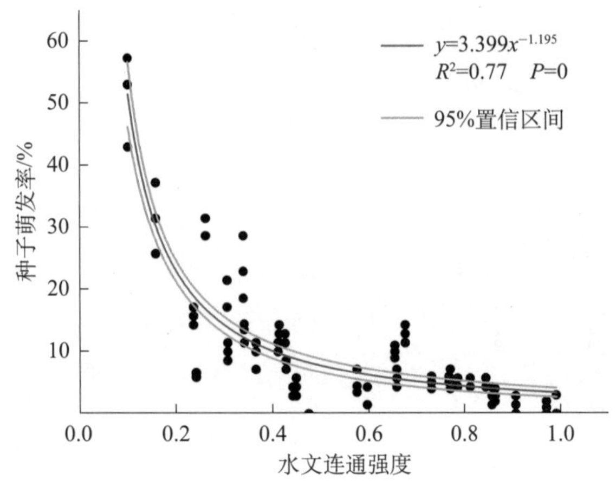

图 9.51 水文连通对种子萌发率的影响

2）潮沟形态特征对种子萌发的影响

采用单因素方法分析比较不同潮沟级别、潮沟截面积、潮沟长度下盐地碱蓬种子萌发率的差异（显著性检验 $P<0.05$），可以看出，不同潮沟级别的种子萌发率没有显著差别［图 9.52（a）］。

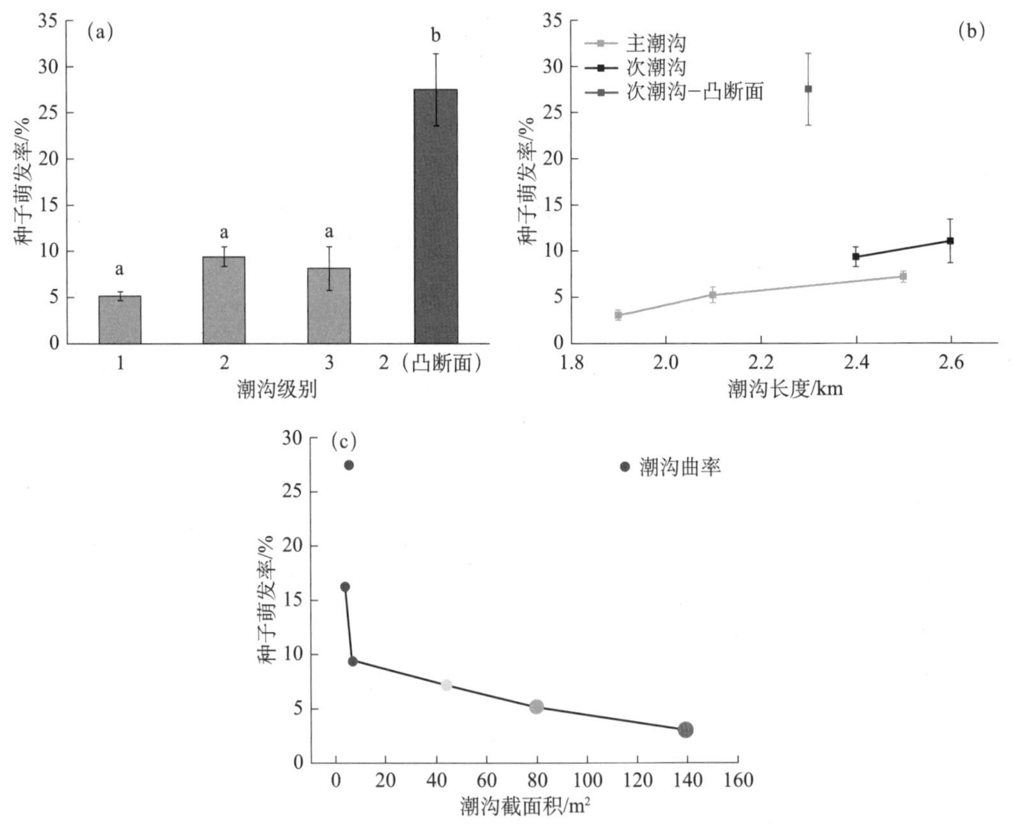

图 9.52 种子萌发率随潮沟形态变化的变化趋势

随着潮沟长度的增加，主潮沟、次潮沟的种子萌发率均逐渐增加［图 9.52（b)］。一方面是源于潮沟长度增加降低了淹水水位，而较高的水位会抑制溶解氧的生成从而抑制种子的萌发；另一方面，潮沟长度的增加降低了土壤含水率，而较高的土壤含水率会使土壤空气不流通进而造成营养物的移失，降低土壤肥力从而抑制种子萌发。因此距离潮沟越远，更有利于种子的萌发作用。

种子萌发率随着潮沟截面积的增加而递减［图 9.52（c)］。潮沟截面积大，则水体容量大，造成水淹及过高的土壤含水率而抑制种子萌发。潮沟曲率越小（潮沟弯曲度越高)，会降低水体流速，从而减小潮水作用力，增加种子萌发率。

种子萌发率随着距潮沟侧向距离与潮滩高程的增加均呈显著性的线性递增趋势（图 9.53)。这是因为距潮沟侧向距离越远、潮滩高程越高，水淹的频率、累计淹水时长与土壤含水率会降低，土壤盐度提高，这为缓解种子萌发的水淹胁迫提供了更加适宜的环境。

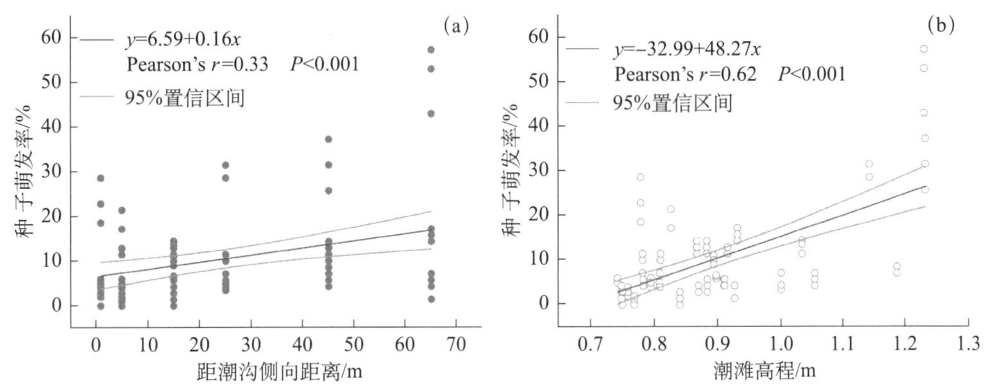

图 9.53　种子萌发率随距潮沟侧向距离与潮滩高程变化的变化趋势

综上所述，若采取人工播撒盐地碱蓬种子的方式修复，则水文连通强度在 0.1～0.4 时最佳。播种最适宜的水文连通位置则是选择潮间带上部弯曲程度较大（潮沟曲率较低）的潮沟，潮沟尽量延伸（潮沟长度越大)，所处断面位于弯曲拐点的断面，且在淹水范围内距潮沟侧向距离越大，种子萌发的效果越好。

3）淹水水位、周期、时长对种子萌发的影响

种子萌发是植物，尤其是盐生植物生长史中最重要的阶段，它能够决定植物是否能够在特定区域建群。在自然系统中，所有的环境因子如温度、盐分和水淹等都会影响种子的萌发。在自然环境下，潮间带生境中盐地碱蓬的种子萌发及整个幼苗期间经常被海水淹没。然而，关于盐分梯度下盐地碱蓬的种子萌发及幼苗适应性的研究较多，而迄今为止关于水淹周期梯度下的研究较少。为了进一步检验水文连通强度的水文要素对盐地碱蓬种子萌发的影响，我们选择淹水水位、周期和时长开展了针对种子萌发的室内控制实验，剖析水文连通对种子萌发影响中的关键水文要素。统一选取直径 10cm 的花盆，花盆中的土壤均经过实验室内培养过筛。种子萌发实验：每个花盆均匀播撒 100 粒盐地碱蓬种子于土壤表层 1cm 下，上覆盖 0.5cm 沙子防止种子随水淹而流失。淹水水体选用野外潮沟水体，因此其盐度、pH、浊度与野外情况大致相同。实验于 2016 年 5 月开展室内模拟实验，实验周期 2 个月。

设置淹水周期（1天、5天、10天、15天）、淹水时长（3h、6h）、水位（0.1m、0.2m、0.3m、0.4m）三个处理，4×2×4个梯度的全因子实验。每5天记录种子萌发的个数，记录后将小苗拔除。每5天记录幼苗存活的株数及株高。

利用多因素方差分析研究淹水周期、淹水时长及水位对种子萌发的单因素影响及多因素间的交互作用。结果表明（表9.8），整个模型的F统计量是14.119，概率水平是0，此方差模型是极其显著的。判决系数为0.872，说明盐地碱蓬的萌发率的变异能被淹水周期、淹水时长、水位及三者的交互效应解释的部分有87.2%。其中，淹水周期、淹水时长及水位均对种子萌发率影响显著，淹水周期与水位、淹水周期与淹水时长之间的交互作用十分显著，水位与淹水时长较为显著。

表9.8　种子萌发多因素方差结果分析

源	Ⅲ类平方和	自由度	均方	F	显著性
校正的模型	5.353[a]	31	0.173	14.119	0.000
截距	167.466	1	167.466	1.369E4	0.000
水位	0.646	3	0.215	17.620	0.000
淹水周期	2.709	3	0.903	73.829	0.000
淹水时长	0.093	1	0.093	7.625	0.008
水位×淹水周期	1.094	9	0.122	9.941	0.000
水位×淹水时长	0.120	3	0.040	3.278	0.027
淹水周期×淹水时长	0.321	3	0.107	8.752	0.000
水位×淹水周期×淹水时长	0.369	9	0.041	3.349	0.002
错误	0.783	64	0.012		
总计	173.601	96			
校正后的总变异	6.135	95			

注：因变量：LG萌发率；
a. R^2=0.872（调整后的R^2=0.811）。

从淹水周期、水位、淹水时长对盐地碱蓬种子萌发率影响的室内控制实验（图9.54）可以看出，每次的淹水时长为3h和6h的种子萌发率整体性差异不大。但随着

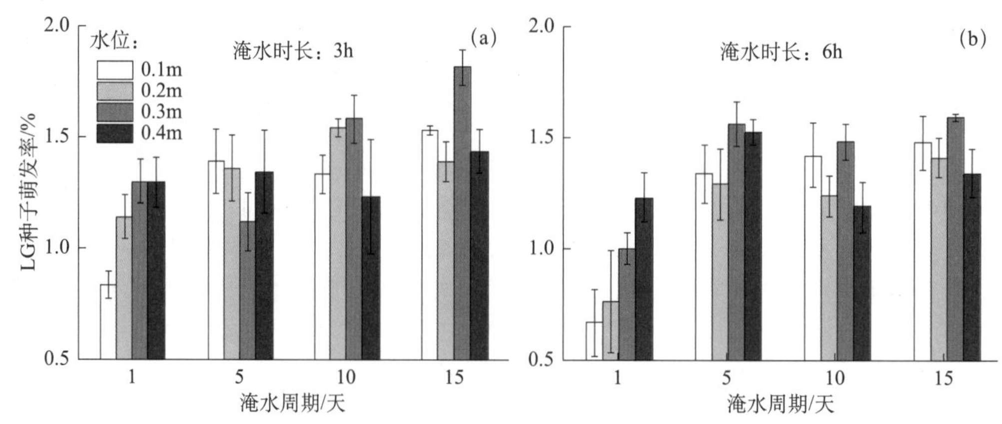

图9.54　淹水周期、水位、淹水时长梯度下的种子萌发率

淹水周期的增加，盐地碱蓬的种子萌发率也增加，在淹水周期为 15 天时，种子萌发率最高，在每天淹水的情况下，种子萌发率最低。可见，高频率的淹水对种子萌发的胁迫影响极大，溶解氧的降低会抑制种子萌发效应。水位对种子萌发的影响则没有较明显的规律，在高频率淹水的情况下，水位越高，种子萌发率反而较高，这可能与种子在逆境中的补偿效应有关。在淹水周期 15 天、水位 0.3m、淹水时长为 3h 的条件下，种子萌发率最高。

相关研究表明大部分植物的种子对水淹十分敏感。淹水条件下种子萌发率的下降主要是缺氧造成的，种子萌发时期的缺氧会使呼吸作用及电子传递受到抑制，ATP 的合成下降。与此同时，种子在水淹状态下细胞膜也会受到损害，造成细胞内糖类、氨基酸、有机酸及离子大量外渗，导致种子活力的下降及萌发率的降低（史功伟，2009）。

4. 水文连通强度对幼苗存活的影响

水文连通会影响植被的初级生产力。研究发现长期处于死水或水深较高的环境中，湿地的初级生产力低下，而在极易发生洪涝泛滥或水流持续缓慢的环境中，初级生产力高（崔保山和杨志峰，2006）。Briggs 等（1995）发现，在季节性干燥区域，植物的生物量往往比常年淹没区域的生物量高。湿地水位对植被生长、生存、生物量的影响及植被对水文的响应亦是湿地生态学研究的重要内容。植被生物量对水位波动规律的响应已有多方面验证。水位上升，植物生长会受到抑制，Kozlowski 等（1997）研究发现淹水使植物生物量降低，且地下生物量较地上生物量降低明显。植物在生长过程中会通过改变其生物量总量及生物量在地上、地下各器官中的分配规律以适应水文周期的变化（Howard and Rafferty，2006）。在三江平原，不同水位梯度下典型植被会通过调整自身株高、茎粗、群落密度等适应环境胁迫（王丽等，2007）。我们通过野外控制实验和室内控制实验研究了水文连通强度对盐地碱蓬幼苗存活的影响。

1）幼苗存活与水文连通强度的关系

通过野外控制实验，移植盐地碱蓬幼苗，分析水文连通对幼苗生长过程的影响，统一选取直径 10cm 的花盆，将实验室内过筛后的土壤置于花盆内部，在野外原地选取盐地碱蓬幼苗，每个花盆内放置 20 株，高度 5cm 左右，后用铁丝网编织成 50cm 高的笼子插入野外样点，保证笼子土壤埋深 30cm，防止螃蟹植食。每个样点 3 个重复。为防止移植胁迫，在移栽后的一周内人工浇水。

幼苗移植野外控制实验表明，盐地碱蓬幼苗移植存活率随水文连通强度的变化规律与种子萌发差异较大。幼苗存活率在水文连通梯度上呈现高斯曲线规律，在连通度 0.65～0.9，幼苗存活率较高，其他梯度上无显著差异，且在连通强度为 0.8 时，幼苗存活率最高（图 9.55）。实验整体幼苗的存活率均不高，这与移植胁迫作用有关。水文连通强度较低的情况下，水量的缺失不能满足幼苗的生长需求；而水文连通过强，则淹水频率、淹水时长与水位均会过高，这种淹水胁迫会降低水中溶解氧，同时影响植株正常的光合作用，与此同时土壤水分的过高会使土壤空气不流通进而造成营养物质的移失，降低土壤肥力，并且有机质可能不会完全分解进而产生还原性物质从而对植被有害。因此，适宜移植修复的水文连通强度为 0.65～0.9，低于或高于这个区间，幼苗存活率均会大大下降。

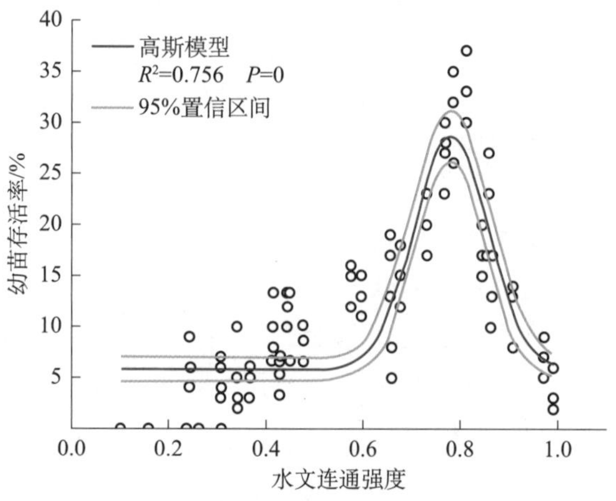

图 9.55 水文连通强度对幼苗存活率的影响

2）潮沟形态对幼苗存活的影响

不同潮沟级别的盐地碱蓬生物量为 1 级>2 级>3 级，潮沟弯曲拐点断面的盐地碱蓬存活率最低［图 9.56（a)］。可见流量增加能够为植被的生存、生长带来足够的水分和营养物质，并通过改变栖息环境的物理及化学特征，进而促进植被生长（张爱静，2013）。

就潮沟长度与潮沟截面积来看，主潮沟与次潮沟均在潮沟中段的幼苗存活率最高［图 9.56（b)］，可见适中的潮沟长度与潮沟宽深方能提供最适宜的生境，利于移植幼苗的存活。潮沟曲率与幼苗的存活率的关系大致与潮沟长度与潮沟截面积相同［图 9.56（c)］，适中的潮沟曲率使得潮水流速不要过高，降低潮汐作用力，又能为幼苗的生长提供足够的水分条件。幼苗的存活率与距潮沟侧向距离呈现二次非线性函数关系，在距离潮沟边缘 10～25m 处达到幼苗存活率的峰值，此处的淹水周期更适宜幼苗的生长［图 9.57（a)］。幼苗存活率与潮滩高程呈现显著的线性递减的趋势［图 9.57（b)］，因此潮间带的下部更适宜幼苗的存活。

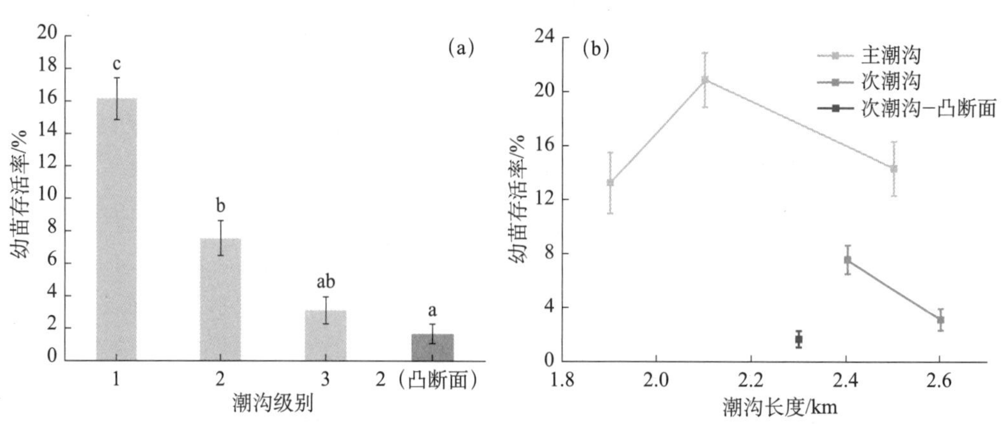

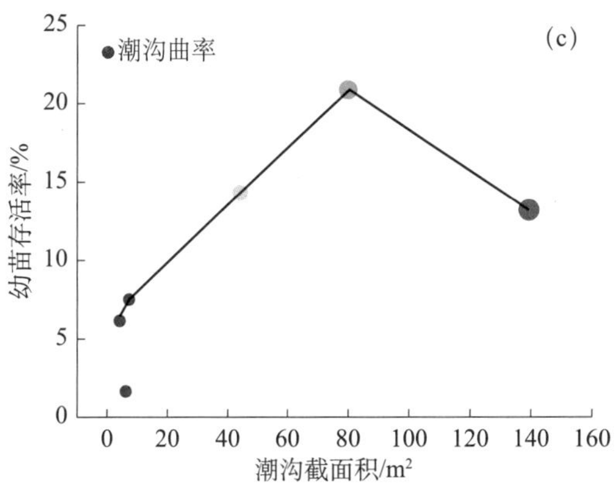

图 9.56 幼苗存活率随潮沟形态变化的变化趋势

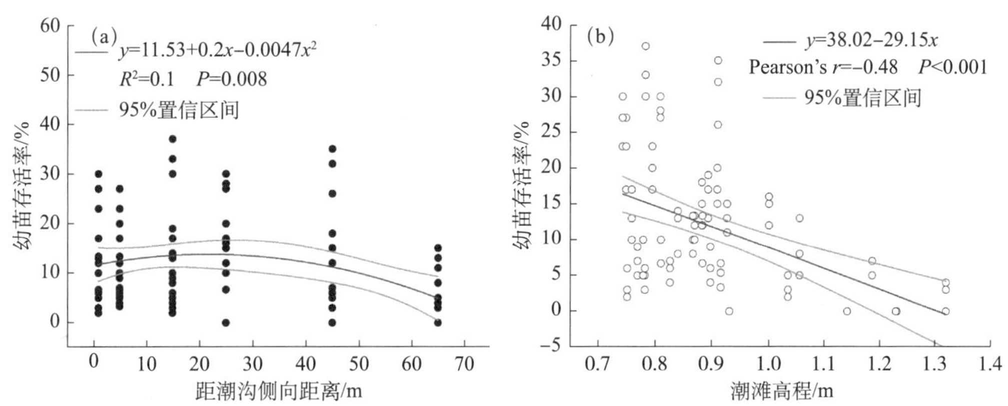

图 9.57 幼苗存活率随距潮沟侧向距离与潮滩高程变化的变化趋势

综上所述，若采取移植幼苗的修复方式，水文连通强度位于 0.65～0.9，移植效果最高。移植最适宜选择的水位连通位置是潮间带下部，1 级潮沟的潮沟中段部位（潮沟长度适中），且潮沟具有适中的弯曲度，在淹水范围内，距潮沟侧向距离 10～25m 处，幼苗移植效果最佳。

3）淹水水位、周期、时长对幼苗生长的影响

为了进一步检验水文连通强度的水文要素对盐地碱蓬种子萌发的影响，选择淹水水位、周期和时长开展了针对幼苗存活的室内控制实验，剖析水文连通对幼苗存活影响中的关键水文要素。在幼苗移植实验中，每个花盆移栽 6 株 8cm 高盐地碱蓬幼苗。水淹实验前一周为防止移栽胁迫，需在室内培养，待植株扎根生长一周后，植物生长已正常恢复，记录初始幼苗株高，开始实验处理。考虑淹水周期、淹水时长和水位三因素及其交互作用对幼苗移植存活率的影响，进行多因素方差分析（表 9.9），检验结果表明整个模型的 F 统计量是 15.878，概率水平是 0，此方差模型是极其显著的。判决系数为 0.829，说明盐地碱蓬的幼苗移植存活率的变异能被淹水周期、淹水时长、水位及三者的交互效应解释的部分有 82.9%。其中，淹水周期对幼苗成活率的影响极其显著，淹水水位对其影响较为明显，淹水时长对其影响不显著，且三因素之间的交互作用均不明显。

表 9.9　幼苗移植多因素方差结果分析

源	Ⅱ类平方和	自由度	均方	F	显著性
校正的模型	45566.564[a]	31	1469.889	15.878	0.000
截距	38120.510	1	38120.510	411.779	0.000
淹水周期	40717.698	3	13572.566	146.611	0.000
水位	972.902	3	324.301	3.503	0.020
淹水时长	106.260	1	106.260	1.148	0.288
淹水周期×水位	1289.316	9	143.257	1.547	0.151
淹水周期×淹水时长	523.281	3	174.427	1.884	0.141
水位×淹水时长	525.652	3	175.217	1.893	0.140
淹水周期×水位×淹水时长	1431.455	9	159.051	1.718	0.103
错误	5924.815	64	92.575		
总计	89611.889	96			
校正后的总变异	51491.378	95			

注：$R^2=0.885$（调整后的 $R^2=0.829$）。

室内淹水控制实验显示（图 9.58），淹水时长为 3h 和 6h 对幼苗成活率的影响没有差异。淹水周期为 1 天和 15 天的幼苗均无存活，这是因为过高的淹水频率会使幼苗因缺氧而降低光合效应导致死亡，过低的淹水频率会因缺水而无法满足幼苗的正常生长。就水位而言，低水位更利于植被的生长，过高水位无法满足日常的光照，从而降低光合效率。因此，从这个实验设计的因子梯度来看，淹水周期为 5 天一淹，同时水位最低为 0.1m 时，胁迫最低，最利于幼苗的移植。

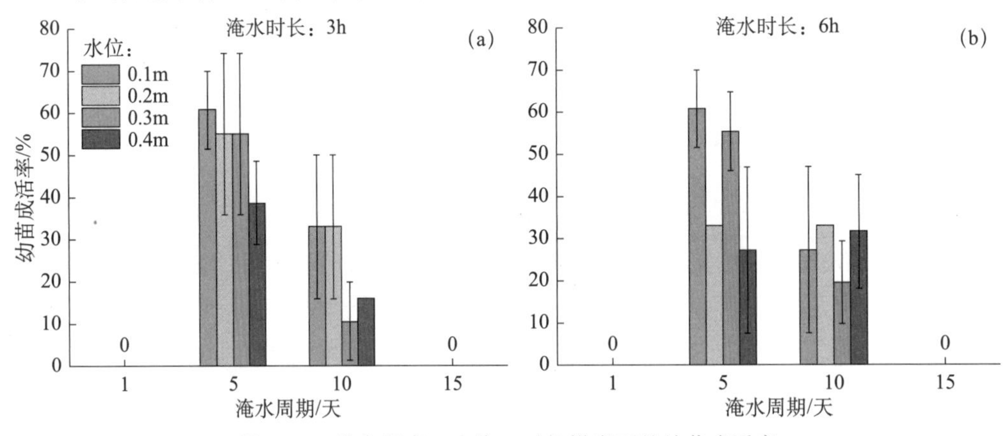

图 9.58　淹水频率、水位、时长梯度下的幼苗成活率

关于盐地碱蓬的生长发育对水分的适应，前人曾做过相关的研究发现土壤水分是制约盐地碱蓬生长的重要因素，土壤水分不足会导致土壤盐分含量过高造成盐地碱蓬的死亡（宋洪海和梁漱玉，2010）。作为盐沼植被，盐地碱蓬具有耐旱与耐涝的特征，对土壤水分有较强的适应能力，盐地碱蓬对土壤水分的适宜生态阈值区间为［40.92%，78.72%］，生态阈值区间为［22.02%，97.62%］（王摆等，2014），这与幼苗成活率的

适应区间基本一致。土壤水分过低时，会影响植物对水分的吸收，造成植物生理干旱，限制盐地碱蓬的生长。土壤水分过高，超过植物的生态阈值后，植物体内会出现水饱和现象，进而影响植物的气体交换和光合作用。此外，土壤水分含量会通过影响植物水势，间接影响植物的生理活动。

水淹胁迫对植物最直观的影响表现为植物生长受到影响。淹水条件下植物生长速率减缓、生长量降低，甚至会导致植物死亡。在淹水胁迫下，植物的形态结构会发生明显变化，如叶片萎蔫、叶老化、叶片弯曲下垂、基粗、皮孔增大、产生不定根等。解剖发现长期淹水条件下植物细胞排列疏松、间隙大，茎、根部会产生通气组织等。产生这些变化的本质是淹水导致的生长素和乙烯相互作用，引起植物各部分发生改变（史功伟，2009）。

水淹胁迫造成植物生长受到抑制的生理学机制，从相关研究中可得，水淹主要会限制光合作用和有氧呼吸，促进无氧呼吸。水淹初期光合作用下降的原因主要是气孔关闭，二氧化碳扩散的气孔阻力增大，进而影响光合相关酶的合成。叶绿素含量同时降低，叶片出现早衰和脱落的现象，植物光合面积下降。无氧呼吸条件下 ATP 合成下降，导致能量供应减少，从而造成植物对许多必需元素如 N、P、S 及微量元素等的吸收能力下降。有关报道还曾表明不断积累有机酸会阻碍植物对无机元素的吸收，但是其具体机制仍不清楚。另外，无氧呼吸会产生乙醇等有害物质，从而使植物生长受到伤害。水淹胁迫逆境下，酶保护系统会受到破坏，氧自由基等过量积累，造成膜脂氧化，使植物叶片中的丙二醛含量上升，导致蛋白质、核酸分子等发生交联反应和变性，破坏膜及生物大分子等，加快了衰老的速度（史功伟，2009）。

5. 盐沼植被修复的水文连通调控

植物在其生活周期的不同阶段对逆境的耐受能力不同，一般认为，种子阶段耐受能力最强，而幼苗时期的耐受能力最弱。室内模拟实验排除野外如外来种子源、植食作用、潮汐水动力强度等不确定因素外，单独考虑淹水情况，模拟野外地表淹没的水文连通过程，并将室内设计的淹水周期和淹水时长两因子合并成累计淹水时长（2 个月的实验周期中），可得种子萌发率和幼苗成活率与累计淹水时长的函数关系如图 9.59 所示。种子萌发率随累计淹水时长的变化规律满足幂函数 $y=78.834x^{-0.318}$（$R^2=0.325$，$P=0$），这与野外控制实验中，种子萌发率随水文连通强度变化的变化关系基本一致。与此同时，幼苗成活率也与第五章野外控制实验中均满足高斯模型（$R^2=0.787$，$P=0$），在累计淹水时长为 50h 时，即大约 5 天一淹的淹水周期下，幼苗的成活率最高。因此，在累计淹水时长＜100h 时，种子萌发率最高，适宜播撒种子修复，在累计淹水时长为 25～50h 时，幼苗存活率最高，适宜人工移植幼苗修复。

但在实际的野外环境中，潮汐周期具有不规则性的特点，从前期的水位计数据中可以发现，在不同季节、不同月份甚至不同的日期中水位变化的规律不一，总体来说，尽管黄河三角洲的潮汐是不规则半日潮，但在风暴潮来临时，能够持续淹水一周及以上，而在干旱季有时甚至半个月不淹水，这与气候及风向等有关。因此，室内的模拟实验设置的梯度有限，不能够完全模拟野外的实际情况，但能从中了解不同的淹水梯度对种子萌发及幼苗生长的影响规律。

从野外不同水文连通强度的盐地碱蓬生物量调查来看，随着水文连通强度的增加，

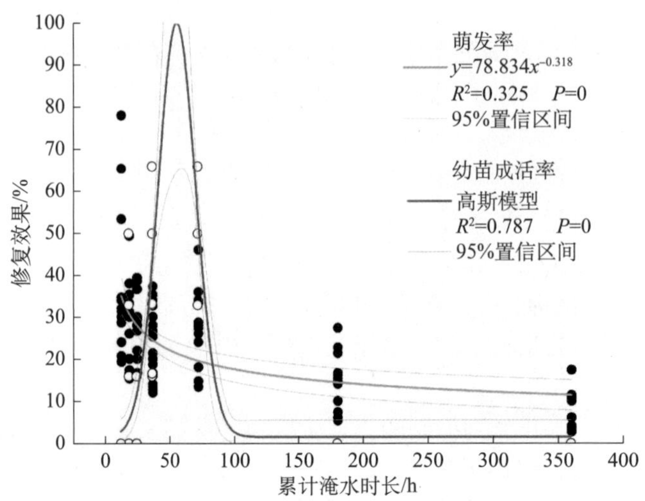

图 9.59 适宜盐地碱蓬再植的水文条件阈值

生物量有递增的趋势，但整体保持较低状态［图 9.60（a）］，这与潮汐携带的种子流通量及土壤种子库随水文连通强度变化的变化趋势基本一致［图 9.60（b）、（c）］。因此，种子源的多少是制约该区域植被整体生物量大小的关键要素。

为排除种子源与螃蟹植食的干扰，单独从种子萌发和幼苗移植两个独立的实验过程来看，盐地碱蓬有不同的水文连通适应阈值。种子萌发对水量的需求并不大，只要满足适当的淹水频率即可保证种子的出芽。因此，在水文连通强度<0.4 时，种子萌发率明显较高［图 9.60（d）］。相反地，对于幼苗的移植，既要有足够的水量使幼苗适应移植的胁迫，但又不能使淹水频率与淹水时长过高，否则在过量淹水环境下溶解氧的降低以及土壤还原性物质的释放而会使幼苗死亡。因此，适宜幼苗移植的水文连通强度为 0.65～0.9［图 9.60（e）］。

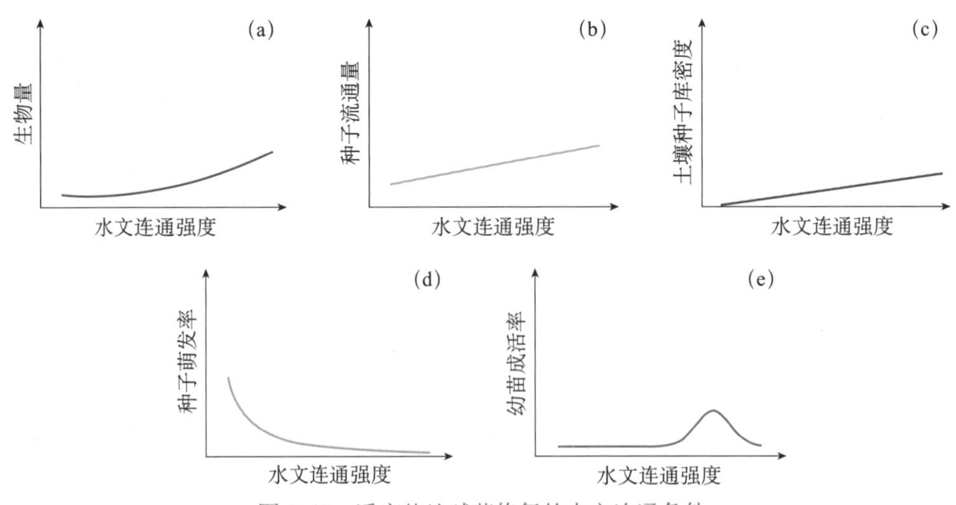

图 9.60 适宜盐地碱蓬修复的水文连通条件

从对盐地碱蓬生物量的影响要素来看，本节主要考虑的是水文连通对种子萌发、幼苗移植的影响，这两个部分通过控制实验及模拟实验，对其的认识是清晰的。但是，有三个过程并没有深入探讨：①种子流到土壤种子库的截留过程与机制；②不能够忽视的是螃蟹在植株幼苗期的植食与微地形互作效应对植株生长的影响；③潮汐作用力包括沉积与侵蚀作用对植株生长的影响。

从研究区盐地碱蓬整体分布情况来看，覆盖度不高，一般仅集中于近潮沟带。通过前期的野外调查与实验，我们假想造成这种现状的原因在于：①种子截留难度大。尽管该区域种子流通量较高，但是土壤种子库密度较低，尤其在淹水频率较低的远潮沟区域，由于长期处于干旱状态，土壤出现盐碱化与光板地，致使种子可达但不能停留。②种子萌发与幼苗期水文连通适宜性的差异。野外控制实验与室内模拟实验的结果论证了盐地碱蓬的种子萌发与幼苗期具有不同的水文连通适应性阈值，在水文连通强度小于0.4时，种子萌发率明显较高；相反地，适宜幼苗移植的水文连通强度为0.65～0.9。③活跃的螃蟹单元对微地形的改造与植食效应。螃蟹在滨海区域尤其是在近潮沟区域的活动十分频繁，其一方面通过改造微地形可以为截留种子、改变土壤理化性质提供作用，另一方面其对盐地碱蓬的植食作用会对盐地碱蓬的幼苗期造成冲击。④潮汐的沉积侵蚀作用。长期的潮汐作用力，通过沉积与侵蚀作用重塑地形，长时期沉积会对土壤表层的种子进行掩埋，土层覆盖太厚会限制种子的萌发作用，而侵蚀作用及剪切力会对脆弱的幼苗期造成严重的冲击，这种潮汐作用力会使幼苗受到物理上的伤害，进而无法正常生长。

综上所述，低水文连通度下植被覆盖度低，是由于种子的可达性限制，土壤种子库密度低。尽管种子萌发率较高，但出芽后，较低的淹水频率会使植株面临干旱胁迫。中高水文连通区域尽管种子的可达性高，但是种子萌发的限制较强。因此，在低水文连通环境下，最适宜的修复方式是人工提供种子源，并在种子出芽后及时地人工降水，待植株生根长大后逐步适应环境；在中高水文连通环境下，最适宜的修复方式是人工移植幼苗，但要注意的是移植胁迫，最好在幼苗生根后移植有利于更好地修复。

9.3 滨海湿地典型植物连通分析

随着分子生态学的发展，基因的手段被越来越多地用于获取植被群落之间的连通性上。遗传分析方法在监测种子长距离扩散、研究植被群落间连通方面有广泛的应用，该方法可用于植被迁移率的估算，反映植被群落间生物连通情况。本节通过遥感影像解译并结合野外调查，提取黄河三角洲湿地空间分布，按照湿地斑块识别原则获取黄河三角洲盐地碱蓬湿地斑块，统计分析其空间配置特征并判识破碎化趋势，基于分子遗传标记的方法获取盐地碱蓬居群遗传结构及基因流，分析其扩散特性及不同区域生物连通情况。

9.3.1 滨海湿地斑块分析

围填海等人类活动胁迫背景下，近 30 年黄河三角洲盐地碱蓬湿地不断丧失，面积减小近 78%，并呈现破碎化趋势。具体表现为，湿地总面积减小，斑块数增加，斑块平均面积减小，景观分裂指数增加。此外，盐地碱蓬湿地斑块空间配置也存在显著差异。具体表现为，斑块面积-数目分布规律逐渐被打破；斑块周长面积比和形状复杂性显著增加，形状变得更复杂，交界面增加；斑块空间分布由离散变为聚集，且聚集性显著增加；湿地斑块密度显著降低，且围海填海区湿地密度极低，密度分布出现一定聚集性，主要表现为向自然保护区聚集。识别黄河三角洲盐地碱蓬湿地破碎化的趋势，为宏观的生态修复提供了背景支持和指导，反映了修复破碎化湿地的迫切需求。

1. 景观格局分析

以 1984 年、1994 年、2004 年和 2014 年 4 个时期的 Landsat 影像数据（分辨率为 30m）作为数据源（图 9.61），对黄河三角洲湿地的整体格局变化进行揭示。遥感数据详细信息见表 9.10。

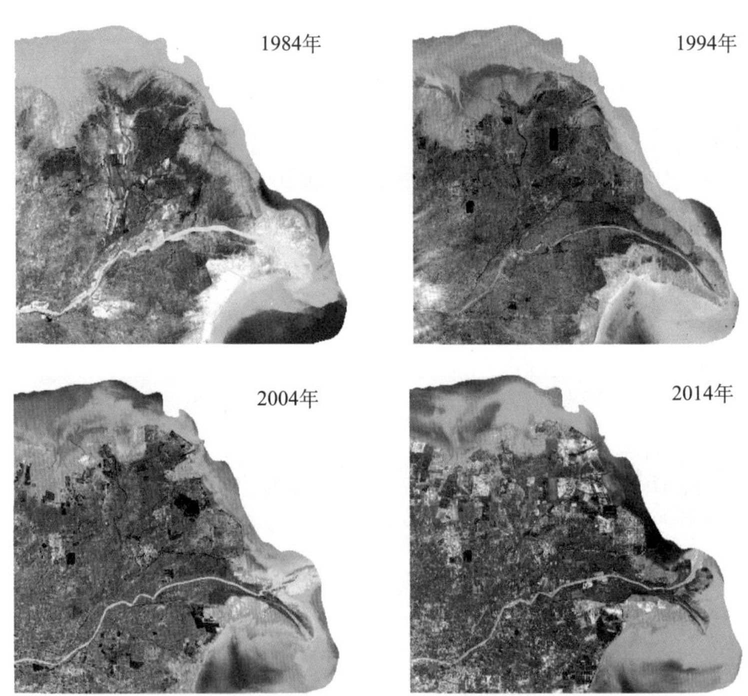

图 9.61 黄河三角洲遥感影像数据

表 9.10 数据源详细信息

数据日期（年.月.日）	影像	影像数量/幅	分辨率/m	波段	投影
1984.09.11	Landsat _ 4	1	30	4	UTM 90N
1994.10.17	Landsat _ 5	1	30	7	UTM 90N
2004.10.12	Landsat _ 5	1	30	7	UTM 90N
2014.10.5	Landsat _ 8	1	30	12	UTM 90N

借助“3S”技术，以 ENVI5.3 和 ArcGIS10.0 为技术平台，参照《湿地公约》和我国湿地分类系统划分的湿地类型，根据黄河三角洲地区湿地类型和分布特征，综合考虑湿地地貌、水文及基质等要素，通过监督分类、目视判别和野外实地调查相结合的方法，对研究区范围内的湿地进行分类提取，并绘制湿地分布图。根据解译获得的黄河三角洲盐地碱蓬湿地分布图，利用 ArcGIS10.0 软件提取各个斑块面积、周长、距离等数据信息，利用 Fragstats4.2 软件计算景观格局指数。选取景观面积（TA）、斑块个数（NP）、最大斑块指数（LPI）、平均斑块面积（AREA _ MN）和景观分裂指数（DIVISION）来判识黄河三角洲盐地碱蓬湿地的破碎化情况。

根据解译获得的黄河三角洲盐地碱蓬湿地分布图，对 1984 年、1994 年、2004 年和 2014 年 4 个时期的盐地碱蓬湿地进行空间配置研究。研究中选取的空间配置特征指标有：斑块面积（A）、斑块周长面积比（PAR）、形状复杂性指数（SI）、最邻近指数（NNI）、密度分布等（刘康等，2015）。

PAR 和 SI 表示湿地形状的复杂程度，值越大，表示物质、能量或生物体通过湿地边界交互的可能性越大（刘康等，2015）。斑块的周长（P）和斑块面积（A）信息通过 ArcGIS10.0 的几何计算获取。

PAR 的计算公式如下：

$$\mathrm{PAR} = \frac{P}{A} \tag{9.33}$$

SI 的计算公式如下：

$$\mathrm{SI} = \frac{P}{2\sqrt{\pi A}} \tag{9.34}$$

式中，P 为湿地周长（m）；A 为湿地面积（m^2）。

最邻近指数（NNI）表示斑块空间分布的离散或聚集状态。湿地斑块间的最邻近指数通过 ArcGIS10.0 的平均最邻近距离工具来分析（刘康等，2015）。

NNI 的计算公式如下：

$$\mathrm{NNI} = \frac{\mathrm{NN_{obs}}}{\mathrm{NN_{exp}}} \tag{9.35}$$

式中，$\mathrm{NN_{obs}}$为平观察距离，是观测模式下斑块间实际距离的平均值；$\mathrm{NN_{exp}}$为预期平均距离，是随机模式中距离的平均值。

当 NNI>1 时，斑块分布趋于均匀；当 NNI<1 时，斑块分布趋于聚集。指数计算选择 ArcGIS10.0 中平均最邻近距离工具进行统计后返回 z 得分。若 z 得分为负且越小，则斑块分布越趋向聚集，若 z 得分为正且越大，则斑块分布趋向离散。通过单侧检验分析聚集或离散的显著性。例如，当显著性水平 $\alpha<0.05$ 时，若 z 得分小于-1.645，则聚集性显著；反之，均匀性显著。

湿地斑块密度分布通过 ArcGIS10.0 的点密度分析得到。通过将斑块抽象为点，并计算以点为圆心、固定半径的圆内的斑块面积与该圆自身面积的比值，即为斑块的密度。具体参数设置为，点密度分析的属性值设为湿地面积，辐射半径设为 2km，最终得到密度分布的栅格数据。

黄河三角洲盐地碱蓬湿地及围填海区分布如图 9.62 所示。图 9.62 中（a）～（d）4 幅小图分别为 1984 年、1994 年、2004 年和 2014 年的遥感解译结果。1984～2014 年黄河三角洲盐地碱蓬湿地面积不断减小，由 902.01km²减小到 196.93km²，面积丧失约 78%（表 9.11）。

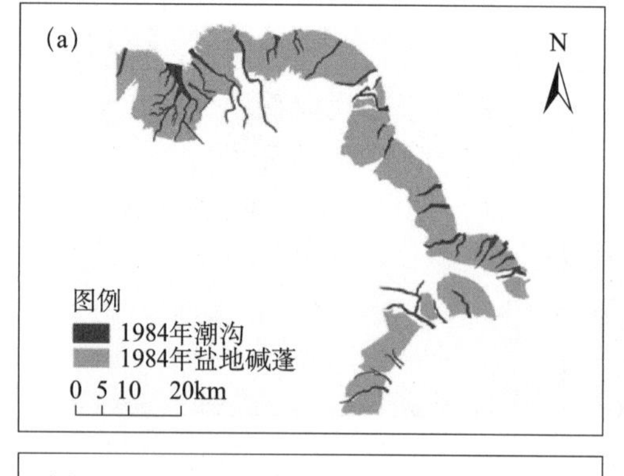

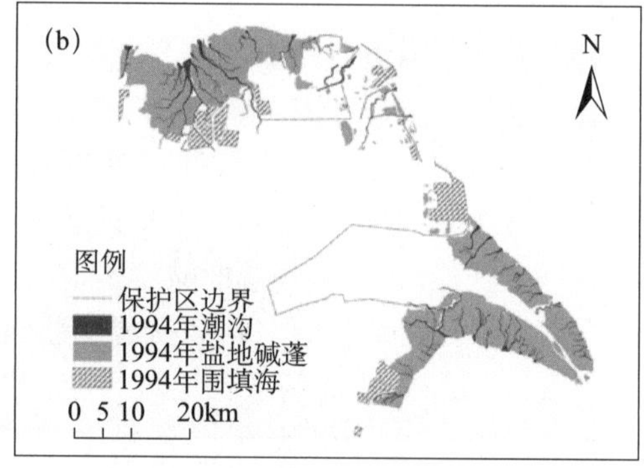

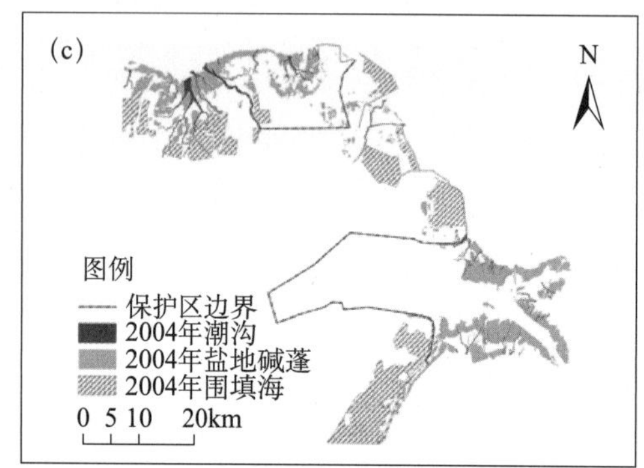

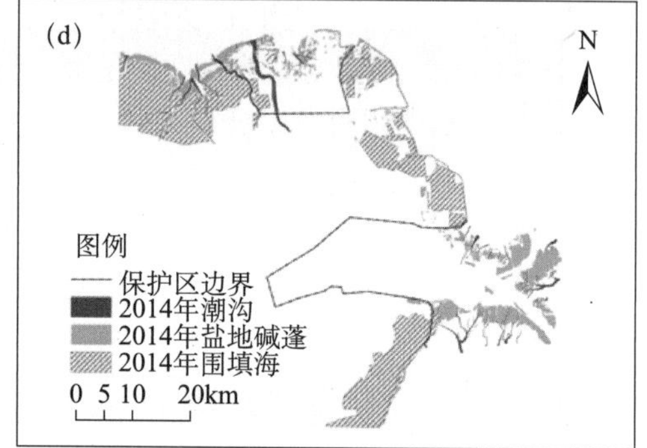

图 9.62 黄河三角洲盐地碱蓬湿地及围填海分布图

表 9.11 黄河三角洲景观格局分析指数

年份	景观面积 (TA)/km²	斑块个数 (NP)/个	最大斑块所占景观面积的比例 (LPI)/%	平均面积 (AREA _ MN)/km²	景观分裂指数 (DIVISION)/%
1984	902.01	23	33.31	39.22	0.67
1994	664.29	66	28.69	10.07	0.79
2004	277.41	199	17.45	1.14	0.89
2014	196.93	260	14.89	0.76	0.93

本次解译的围填海涵盖了油田、海堤、道路、港口、盐田、水产养殖等土地利用类型（刘康等，2015）。由图 9.62 可知，1984 年，黄河三角洲围填海面积为 0，1994 年以来随着围填海面积不断增长，与此同时，盐地碱蓬湿地却大面积萎缩。1994 年，黄河三角洲的北部、中部和南部开始有部分围填海，面积为 123.53km²；2004 年，除自然保护区外的区域广泛分布围填海，面积达 304.91km²；2014 年，围填海面积继续扩大，面积达 479.61km²。

1984～2014 年盐地碱蓬湿地面积减小（表 9.11），由 902.01km² 减小到 196.93km²；斑块数目不断增加，由 1984 年的 23 个增加到 2014 年的 260 个；最大斑块所占景观面积的比例不断减小，由 33.31%减小到 14.89%；斑块平均面积也在减小，由 39.22km² 减小到 0.76km²；与此同时，景观分裂指数不断增加，由 0.67 增大到

0.93。由此可知，黄河三角洲盐地碱蓬湿地总面积不断丧失，同时湿地斑块数目增加，斑块平均面积减小，这是由于湿地被占用的同时，也被分割成小片的湿地斑块。此外，景观分裂指数的增加进一步论证了研究区盐地碱蓬湿地破碎化的现象。综上所述，近30年黄河三角洲盐地碱蓬湿地呈现破碎化趋势。

2. 湿地斑块空间配置分析

在黄河三角洲盐地碱蓬湿地格局变化揭示的基础上，对盐地碱蓬湿地斑块进行更进一步的分析，揭示其空间配置特征在时间尺度上的变化特征。

湿地斑块数目和面积符合幂函数关系：

$$N = c(A)^b \tag{9.36}$$

式中，A 为斑块面积；N 为面积分级下的斑块数目；b、c 为相关系数。图 9.63 中直线的斜率为 b，截距为 $\lg c$。

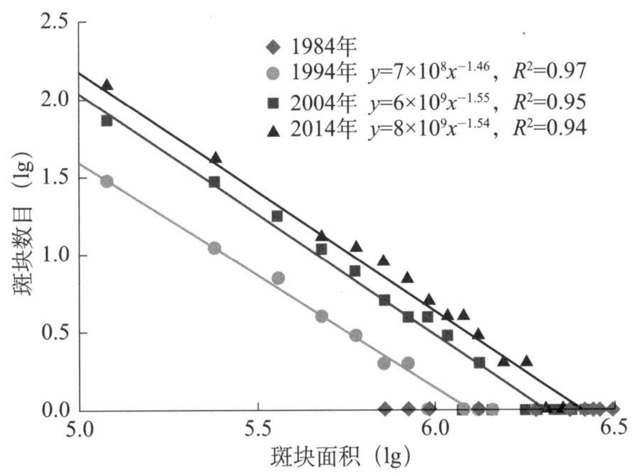

图 9.63 盐地碱蓬湿地斑块面积频率分布图

横、纵坐标分别是湿地斑块面积（cm^2）和数目；4 种符号分别表示 4 个时期的盐地碱蓬湿地斑块面积分布；为了更加清晰地辨识曲线的位置关系；图中横纵坐标均取双对数

对盐地碱蓬湿地斑块面积及其数量的分析显示（图 9.63）：黄河三角洲滨海湿地的实际斑块数目和面积符合幂函数关系，R^2 均大于 0.9，且 $P<1$。需要强调的是 1984 年黄河三角洲滨海地区没有围填海，盐地碱蓬湿地完整，在图中所示的面积分级下，斑块数目为 1 或 0，因此没有进行曲线拟合分析。1994～2014 年拟合曲线的 R^2 呈减小趋势，表明在受人类扰动的情况下，符合幂函数统计规律的随机分布被打破，这与 Vanmeter 等（2015）的研究一致（图 9.63）。

对黄河三角洲盐地碱蓬湿地斑块周长面积比（PAR）（图 9.64）的分析表明，面积越小的湿地斑块，其周长面积比越大。1984～2014 年的 4 个时期的周长面积比的平均值分别为 0.002/m，0.011/m，0.014/m，0.018/m，呈现显著增加的趋势（$n=23$，$P<0.001$）。

对黄河三角洲盐地碱蓬湿地斑块的形状复杂性指数（SI）（图 9.65）的分析表明，近 30 年黄河三角洲盐地碱蓬湿地斑块 SI 指数呈现增加趋势，1984 年、1994 年、2004 年和 2014 年的 SI 指数的平均值分别为 1.70±0.47、1.76±0.48、1.80±0.71 和 1.81±0.55（平均值±标准方差）。1994 年较 1984 年增加了 3.5%，且两个时期存在显著性差

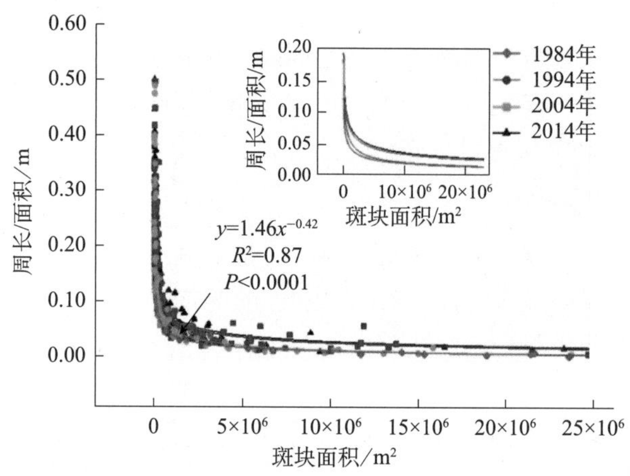

图 9.64 盐地碱蓬湿地斑块周长面积比变化曲线

异（$P<0.001$）；2004 年较 1994 年增加 2.3%（$P<0.001$），且两个时期存在显著性差异（$P<0.001$），2014 年较 2004 年增加 0.6%（$P<0.001$），且两个时期存在显著性差异（$P<0.001$）。总而言之，近 30 年研究区湿地斑块 SI 指数逐渐增加，斑块的复杂性和多样性也随之增加。

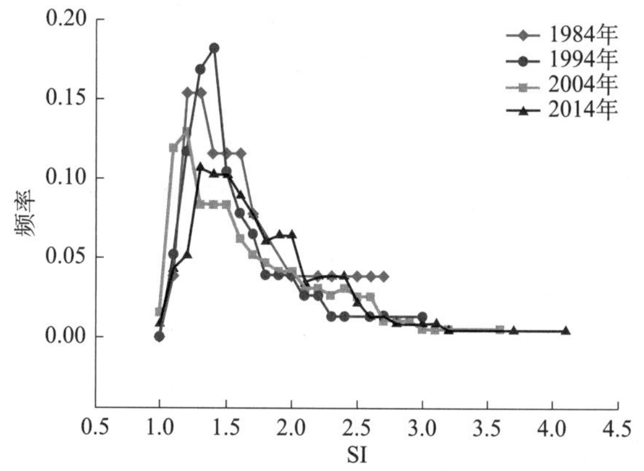

图 9.65 盐地碱蓬湿地斑块的形状复杂性指数频率分布图

由图 9.65 可知，频率值越大表明对应的斑块数越多。各时期的 SI 指数频率分布规律较为一致，峰值出现在 1.0～1.5 的范围内；并且大于 1.5 时，SI 指数分布频率都明显减小。

对不同时期盐地碱蓬湿地斑块空间分布特征的分析（表 9.12）表明，平均观察距离逐年减小，1984 年平均观察距离大于预期平均距离，1994 年、2004 年和 2014 年平均观察距离小于预期平均距离。1984 年盐地碱蓬湿地斑块的 NNI 和 z 得分的值分别为 1.01 和 0.13；1994 年盐地碱蓬湿地斑块的 NNI 和 z 得分的值分别为 0.64 和 −6.62；2004 年盐地碱蓬湿地斑块的 NNI 和 z 得分的值分别为 0.55 和 −12.11；2014 年盐地碱蓬湿地斑块的 NNI 和 z 得分的值分别为 0.51 和 −14.55。其中，1984 年 NNI 值大于 1，且 z 得分大于 0，说明黄河三角洲盐地碱蓬湿地斑块在该时期是均匀分布的；1994 年、2004 年和 2014 年 NNI 值均小于 1，z 得分均小于 0，且 P 均小于 0.05，说明这三个时期的盐地碱蓬湿地斑块聚集性显著增加，空间分布趋于聚集。由于 1984 年研究区没有围填海，1994～2014 年围填海面积逐渐增加。由此可知，在围填海活动的胁迫下，研究区盐地碱蓬湿地分布逐渐由离散变为聚集状态。

表 9.12 不同时期盐地碱蓬湿地斑块空间分布特征

变量	1984 年	1994 年	2004 年	2014 年
平均观察距离（NN_{obs}）	5726.58	1986.89	1160.50	917.31
预期平均距离（NN_{exp}）	5644.51	3128.35	2104.65	1801.82
最邻近指数（NNI）	1.01	0.64	0.55	0.51
z 得分	0.13	−6.62	−12.11	−14.55
P 值	0.89	0.00	0.00	0.00

为了表明黄河三角洲盐地碱蓬湿地斑块的聚集特征，我们提取了 1984 年、1994 年、2004 年、2014 年 4 个时期的湿地斑块密度分布图（图 9.66）。由结果可知，1984 年盐地碱蓬湿地的斑块密度的平均值和最大值分别为 0.025 和 0.72；1994 年盐地碱蓬湿地的斑块密度的平均值和最大值分别为 0.018 和 0.58；2004 年盐地碱蓬湿地的斑块密度的平均值和最大值分别为 0.008 和 0.42；2014 年盐地碱蓬湿地的斑块密度的平均值和最大值分别为 0.005 和 0.30。近 30 年，研究区的盐地碱蓬湿地斑块密度显著降低（$P<0.05$）。如图 9.66 所示，每个圆形表示每个湿地斑块的中心位置，圆形颜色由深到浅，表示该湿地斑块 2km 辐射半径内湿地斑块密度由大到小。1984 年该区域围填海面积为 0，湿地斑块均匀分布于整个研究区，湿地密度高；但是，自 1994 年以来，随着围填海面积的增加，湿地斑块密度逐渐减小，并出现聚集性分布，潮沟密集的自然保护区域聚集明显，而围填海区湿地斑块密度极低。这是因为自然保护区受到的人为干扰较弱，盐地碱蓬生长状况良好，因此湿地斑块密度高；而在围填海区域，湿地水文过程随着海岸线的改变而被阻断，水盐条件发生变化，使盐地碱蓬生长受到影响，因此湿地密度低。

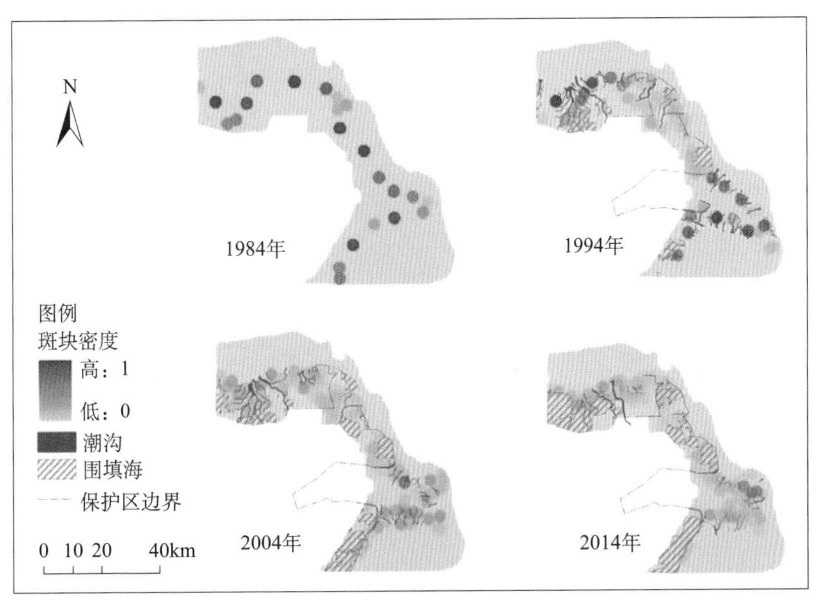

图 9.66 盐地碱蓬湿地斑块密度分布图

围填海等人类活动胁迫背景下，近 30 年黄河三角洲盐地碱蓬湿地不断丧失，面积减小近 78%，并呈现破碎化趋势。具体表现为，湿地总面积减小，斑块数增加，斑块平均面积减小，景观分裂指数增加。此外，盐地碱蓬湿地斑块空间配置也存在显著差异。具体表现为，斑块面积-数目分布规律逐渐被打破；斑块周长面积比和形状复杂性显著增加，形状变得更复杂，交界面增加；斑块空间分布由离散变为聚集，且聚集性显著增加；湿地斑块密度显著降低，且围填海区湿地密度极低，密度分布出现一定聚集性，主要表现为向自然保护区聚集。通过本节的研究，判识了黄河三角洲地区盐地碱蓬湿地破碎化的趋势，并且深入分析了研究区受人为扰动下盐地碱蓬湿地斑块大小、形状及空间分布的变化特征，为宏观的生态修复提供指导，并且也显示出修复破碎化湿地的迫切需求。

9.3.2 黄河三角洲盐地碱蓬居群遗传多样性

生物连通是指居群间的生物个体或繁殖体的扩散、迁移过程（Gil et al.，2013）。生物连通的量化方法可分为直接法和间接法。直接法是指通过调查被标记生物体的迁移情况，估算其扩散距离，从而推测出生物连通性的方法。该方法需要获得居群迁移个体数、迁移距离及繁殖成活率等数据，而这些数据获取难度大、费时费力，并且可能低估生物连通的空间和时间范围。间接法则是指通过测试居群基因流来反映居群间的生物连通大小的方法（Reynolds et al.，2013）。间接法数据易获取，且能较好反映居群生物连通的时空状况。因此本节以盐地碱蓬湿地斑块之间的基因流作为生物连通基础，对黄河三角洲盐地碱蓬湿地的生物连通进行分析。

1. 植物基因流分析

基因流是指片状、块状或疏散群体间繁殖体的交换及其流动，用 Nm 表示。植物基因流是通过种子、花粉、营养体等遗传物质携带者的迁移或运动来实现的。基因流最常用的测量方法是基于遗传标记的遗传学方法。该方法是通过研究花粉或种子扩散的遗传学后果来估测基因流。具体分为直接测量和间接估测两种方法。直接测量是利用亲本的标记基因，确定群体中所有繁殖基因型，并与有代表的幼苗样本的基因型比较，进行亲本分析，估算与基因扩散事件有关的基因流参数。该方法需采集成年植株和幼株，适用于中、小尺度木本居群基因流估测。间接估测法则是利用遗传分子标记获得群体遗传结构参数，推测每代群体间的基因流，计算公式如下所示：

$$\mathrm{Nm} = \frac{1 - F_{st}}{4F_{st}} \tag{9.37}$$

式中，F_{st} 为遗传分化系数。

基因流可以客观地反映居群间的生物连通情况。当 Nm<1，表明居群间几乎不存在个体迁移，生物连通性极低或为 0；如果 Nm>1，则基因流较大，生物连通性较好，Nm 值越大则生物连通性越好。

受到围填海等人类活动的影响，黄河三角洲盐地碱蓬湿地出现破碎化。为了研究破碎化对生物连通产生的影响，以盐地碱蓬为研究对象，采集其叶片，用于基因流分析。

盐地碱蓬是一年生草本，藜科聚盐植物，具有极强的耐盐能力（图 9.67）。主要分布于滨海滩涂和重盐碱化地区，是淤泥质潮滩和重盐碱地段的先锋植物。常见伴生种有柽柳、芦苇等。

图 9.67　盐地碱蓬形态特征（贺强，2012）
(a) 潮间带果期植株；(b) 潮上带花果期植株上部

为保证采集的样品能够覆盖更多的遗传信息并且具有较强的代表性，植物样点覆盖了整个黄河三角洲，包括围填区和自然保护区。按照居群遗传学的原理和方法，并结合潮位、高程特点，严格按照居群方式采样，采样点分布见图 9.68，具体样品采集信息见表 9.13。根据每个居群大小及密度、盖度、高程等特点，在等间距采样的基础上，适当增加样品数，每个居群采集的个体数为 20～25 个。以株为单位，采集植株新鲜叶片，迅速放入装有干燥硅胶的自封袋中，编号，并将样品保存于 4℃冰箱中待测。

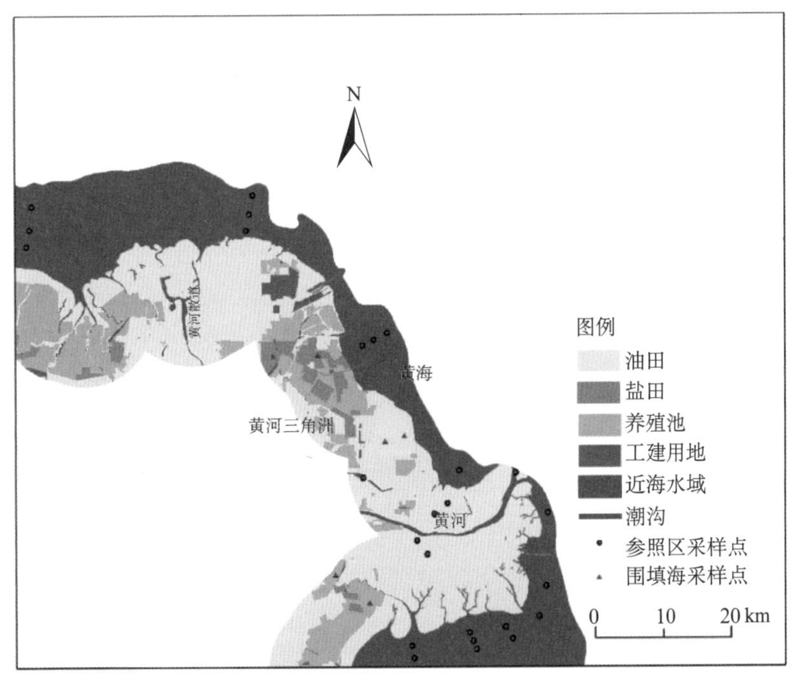

图 9.68　采样点分布图

表 9.13 样品采集信息

区域	缩写	编号	样点名称	样本数	北纬/(°)	东经/(°)
一千二	1200	01	1200_A	25	38.12206	118.6995
		02	1200_B	25	38.11658	118.6988
		03	1200_E	25	38.07957	118.7275
		04	1200_F	25	38.08167	118.7618
		05	1200_G	25	38.07641	118.772
		06	1200_H	25	38.08554	118.8129
黄河北岸	HHB	07	HHB_A	25	37.82525	119.0772
		08	HHB_B	25	37.82334	119.1002
		09	HHB_C	25	37.81047	119.095
		10	HHB_D	25	37.78768	119.1392
		11	HHB_E	25	37.79621	119.1813
		12	HHB_F	25	37.78921	119.1778
		13	HHB_J	25	37.76744	119.1621
东营港	DYG	21	DYG_A	20	38.08836	118.88
		22	DYG_B	20	38.07405	118.9566
		23	DYG_C	20	38.05503	118.9248
渔港	YG	24	YG_A	20	38.02521	118.9727
		25	YG_B	20	38.01924	118.9734
东营港北部油田	YT(DYG)	26	YT(DYG)_A	20	38.11285	118.8099
		27	YT(DYG)_C	20	38.10729	118.8096
孤东油田	GDYT	28	GDYT_1	20	37.86139	119.0669
		29	GDYT_3	20	37.86114	119.0875
		30	GDYT_4	20	37.861	119.0986
		31	GDYT_5	20	37.88087	119.0961
		32	GDYT_6	20	37.88067	119.0779
		33	GDYT_7	20	37.88046	119.0467
		34	GDYT_8	20	37.91107	119.0947
		35	GDYT_9	20	37.91214	119.095
孤东海堤	GDHD	36	GDHD_1	20	37.92102	119.0853
		37	GDHD_2	20	37.93021	119.065
		38	GDHD_3	20	37.94044	119.0538
		39	GDHD_4	20	37.95129	119.0088
		40	GDHD_5	20	37.97391	118.9991
		41	GDHD_6	20	38.00425	118.9772

盐地碱蓬基因流采样点分布于自然保护区和围填区（图 9.68）。其中，一千二（1200）、黄河北岸（HHB）、黄河南岸（HHN）属于自然保护区，该区域潮沟分布密集、水陆交互畅通。东营港北部油田［YT（DYG）］、东营港（DYG）、渔港（YG）、孤东海堤（GDHD）、孤东油田（GDYT）属于围填区，该区域为油田、港口或海堤等围填海类型，几乎没有潮沟分布，水陆交互作用被阻断。

盐地碱蓬 DNA 的提取采用优化 CTAB 法，实验材料为用硅胶干燥的叶片，具体步骤如下：

（1）将实验器具洗净并与 2×CTAB 一起高压灭菌（121℃，20min）。

（2）取干净无病斑叶片约 40mg 于 2mL 离心管中（加一小瓷珠），用组织粉碎机研碎。

（3）加固体 PVP40 少量，加 65℃预热好的 2×CTAB 900 μL 和 10 μL 巯基乙醇。

（4）将其放入浮漂中，在 65℃水浴锅中温浴 2h（期间摇匀 3～5 次）。

（5）将温浴材料取出冷却至室温后加入 900 μL 的氯仿-异戊醇（24∶1），轻摇 5min。

（6）放入离心机内离心（15℃，12000r/min，10min）。

（7）取上清液 700 μL 于 2mL 离心管中，加 700 μL 的氯仿-异戊醇（24∶1），轻摇 5min，离心（15℃，12000r/min，10min）。

（8）取上清液 500 μL 于 1.5mL 离心管中，加 334mL 的异戊醇，于－20℃冰箱中过夜。

（9）取出过夜 DNA 于离心机内离心（4℃，12000r/min，5min），弃去上清液。沉淀加 70%乙醇，将沉淀弹散后于离心机内离心（4℃，12000r/min，5min），重复一次。

（10）弃去上清液，沉淀加 500 μL 无水乙醇润洗，弃去无水乙醇，重复一次，将离心管倒置晾干。再将其置于 37℃烘箱中烘干。

（11）烘干后的 DNA 加 50 μL 灭菌水。

（12）电泳检测，将剩余 DNA 放入－20℃冰箱内保存。

微卫星是一种短串联重复序列（short tandem repeat，STR）或简单重复序列（simple sequence repeat，SSR）（高焕，2006）。作为一种重要的分子遗传标记方法，可以较好地反映物种遗传结构及遗传多样性。根据已发表文献中的盐地碱蓬及其相近物种的基因信息进行微卫星引物的筛选工作。

采用的微卫星引物主要参照已有文献中的盐地碱蓬的 16 对引物进行筛选和验证。选取典型样本用于引物筛选，选择的样本尽量覆盖整个研究区、覆盖所有形态。将选择的 6 个样本 DNA 提取物进行 PCR 扩增，反应体系为 20 μL，退火温度为 53℃，扩增结束后进行琼脂糖电泳检测，筛选出有产物且大小和目标产物大小吻合的 8 对引物进行下一步筛选（图 9.69）；然后进行配取胶电泳检测，最终筛选出 5 对条带清晰、重复性好、多态性高的引物作为后续样品检测所用引物（图 9.70）。引物详细信息见表 9.14。

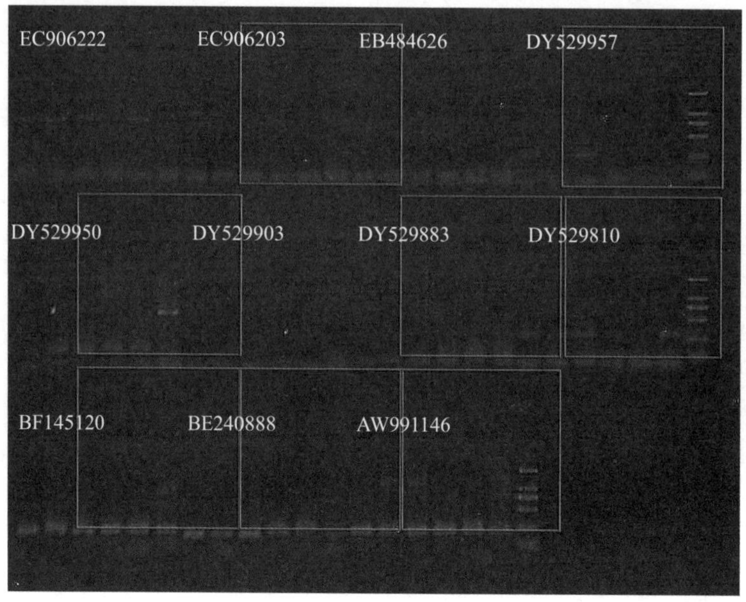

图 9.69　对引物扩增产物琼脂糖电泳图

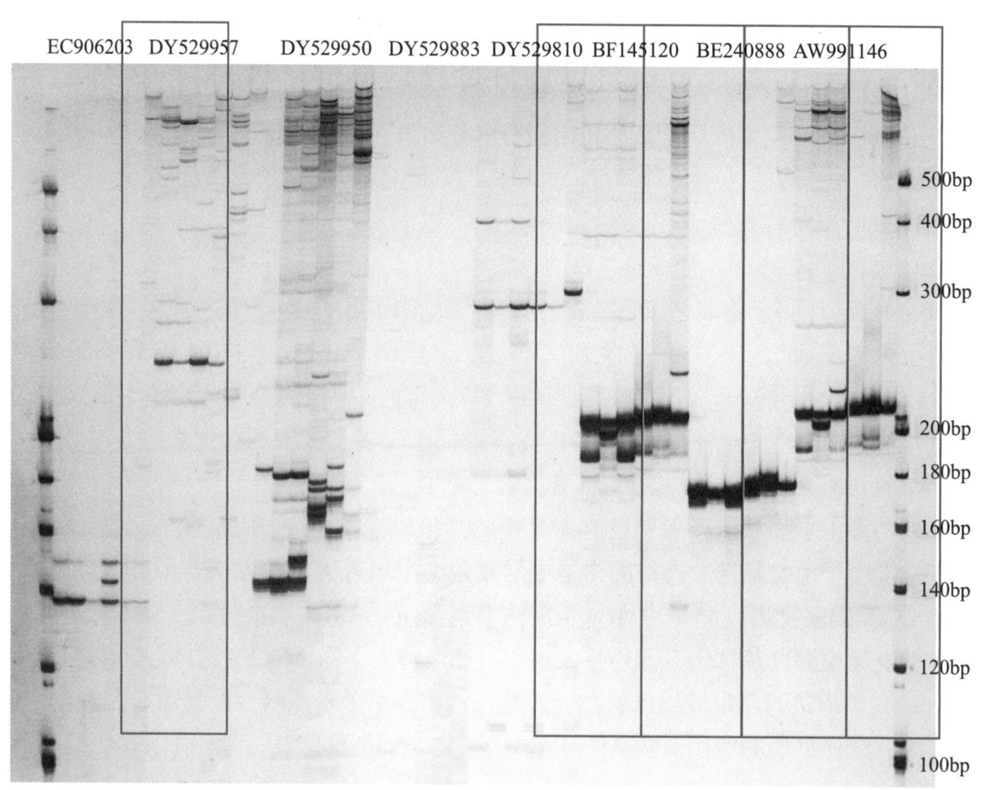

图 9.70　对引物扩增产物配取胶电泳图

表 9.14 引物序列及相关信息

引物	引物序列(5′—3′)	重复单元序列	等位基因长度	等位基因个数 N_A
EC906203	F：GCCAAGATCCACTAGGCTTGTT R：GGTCCAATGGGAGGTGGCTT	CTG	129	10
DY529810	F：CTCTGCAACACTCCGTGCACTT R：GCGTCCGAGGTACTTTCACAAT	TCTTT	289	5
BF145120	F：CACAAAATGATGATCGGAGAAACT R：GATAACGACGGAGGGAGGCTAA	CAA	206	7
BE240888	F：GTTATGATTTTGAGAGACCGA R：CAGAAGAATTATTAACCGCCA	AAC	174	7
AW991146	F：CACAAAATGATGATCGGAGAAA R：GAGGAGATAACGACGGAGGGA	CAA	213	7

注：F. 上游引物；R. 下游引物。

对筛选出的 5 对 SSR 引物进行 PCR 扩增，PCR 反应体系如表 9.15 所示。将 PCRmix 与引物混合，加入提取的样品 DNA，用蒸馏水补齐至 50 μL。设置 PCR 反应程序，见表 9.16。最后，将 PCR 产物进行电泳，电压 150V，大约 15min 后，将胶取出，放入电泳成像系统，对样本进行检测定量。

表 9.15 PCR 反应体系

成分	加入量/μL
10×Ex *Taq* 缓冲液	5.0
2.5m mol/L dNTPmix	4.0
10p 引物 1	2.0
10p 引物 2	2.0
模板	2.0
5u Ex *Taq*	0.5
ddH_2O	34.5
总体积	50.0

表 9.16 PCR 反应程序

引物名称	扩增条件
DY529810	94℃ 3min；(94℃ 30s、52℃ 30s、72℃ 30s) ×35；72℃ 10min
EC906203	94℃ 3min；(94℃ 30s、52℃ 30s、72℃ 30s) ×35；72℃ 10min
AW991146	94℃ 3min；(94℃ 30s、54℃ 30s、72℃ 30s) ×35；72℃ 10min
BE240888	94℃ 3min；(94℃ 30s、54℃ 30s、72℃ 30s) ×35；72℃ 10min
BF145120	94℃ 3min；(94℃ 30s、54℃ 30s、72℃ 30s) ×35；72℃ 10min

采用 GenALEx6.5 软件对盐地碱蓬居群遗传多样性进行分析。选取的指标包括：观测等位基因数（N_A）、有效等位基因数（N_E）、观测杂合度（H_0）、期望杂合度（H_E）、Shannon 信息指数（I）及多态基因座百分比（P）（傅建军等，2013；姜虎成等，2012；冯建彬等，2011）。

采用 GenALEx 6.5 及 FSTAT 2.9.3 软件计算反映居群遗传结构的指标：莱特固定指数（F_{IS}）、种群间基因分化系数（F_{ST}）、基因流（Nm）、Nei′s 遗传距离（GD）等。

采用 NTsys2.1 软件绘制居群间遗传距离聚类图。根据 Nei′s 遗传距离，采用非加权算数平均法（UPGMA）进行聚类分析（何恒流等，2015）。

运用 Pajek1.28 对成对的 Nm 进行可视化网络图分析。

2. 盐地碱蓬居群遗传多样性

得到黄河三角洲盐地碱蓬的基因流信息后，对盐地碱蓬居群遗传多样性进行分析，揭示各盐地碱蓬斑块之间的连通情况。在黄河三角洲 8 个盐地碱蓬居群的个体中，5 个微卫星位点检测到的等位基因共 30 个，每个位点的数目为 2～9 个。各引物在居群中均呈现多态性，总多态性位点比例达 80%。

由黄河三角洲盐地碱蓬居群遗传多样性（表 9.17）可知，盐地碱蓬居群的观察等位基因数 N_A 为（1.40±0.24）～（4.80±1.20），平均值为 2.83±0.26；有效等位基因数 N_E 为（1.16±0.12）～（2.43±0.47），平均值为 1.77±0.13；基因多态性百分比 P 为 40%～100%，平均值为 80%±6.55%；观测杂合度 H_0 为（0.12±0.05）～（0.57±0.15），平均值为 0.33±0.05，期望杂合度 H_E 为（0.11±0.07）～（0.49±0.14），平均值为 0.33±0.04；Shannon 信息指数 I 为（0.17±0.11）～（0.88±0.26），平均值为 0.60±0.07。Shannon 信息指数 I 可以较好反映遗传多样性，由表 9.17 可知，1200 和 YT(DYG) 的 Shannon 信息指数较小，遗传多样性也较低；YG 遗传多样性最高。

表 9.17 黄河三角洲盐地碱蓬居群遗传多样性

		N_A	N_E	I	H_0	H_E	P/%
1200	均值	2.20	1.18	0.28	0.12	0.14	80.00
	标准误	0.49	0.07	0.10	0.05	0.05	
HHB	均值	2.60	1.38	0.43	0.28	0.24	100.00
	标准误	0.24	0.15	0.10	0.13	0.07	
HHN	均值	4.80	1.76	0.78	0.26	0.35	100.00
	标准误	1.20	0.18	0.17	0.08	0.08	
YT(DYG)	均值	1.40	1.16	0.17	0.13	0.11	40.00
	标准误	0.24	0.12	0.11	0.10	0.07	
DYG	均值	2.80	2.12	0.73	0.24	0.41	80.00
	标准误	0.66	0.57	0.25	0.06	0.13	
YG	均值	3.20	2.43	0.88	0.57	0.49	80.00
	标准误	0.73	0.47	0.26	0.15	0.14	

续表

		N_A	N_E	I	H_0	H_E	P/%
GDYT	均值	3.00	2.06	0.78	0.55	0.44	80.00
	标准误	0.84	0.37	0.24	0.14	0.12	
GDHD	均值	2.60	2.08	0.75	0.50	0.45	80.00
	标准误	0.51	0.34	0.21	0.16	0.12	
合计	均值	2.83	1.77	0.60	0.33	0.33	80.00
	标准误	0.26	0.13	0.07	0.05	0.04	6.55

注：N_A. 观测等位基因数；N_E. 有效等位基因数；I. Shannon 信息指数；H_0. 观察杂合度；H_E. 期望杂合度；P. 多态基因座百分比。

对黄河三角洲自然区和围填区盐地碱蓬居群的遗传多样性进行对比（表 9.18）可知，自然区居群的有效等位基因数、Shannon 信息指数、观察杂合度和期望杂合度等遗传多样性参数均显著低于围填区（$P<0.05$）。有研究表明，遗传多样性与种群大小密切相关，较大的种群通常具有较高的遗传多样性。但当小种群是由较大种群遗留下来，且种群大小与遗传变异之间的关系还未重建时，同样可能保持较高的遗传多样性（Dalongeville et al.，2016；Rodrigues et al.，2016）。由上节可知，1984 年研究区没有围填海活动，有大面积的盐地碱蓬居群存在，随着围填海活动的加剧，大面积的盐地碱蓬湿地被占用或分割成小的湿地斑块，并且围填区的盐地碱蓬居群一直受到人类活动的扰动，居群大小和遗传变异之间的关系还未建立，因此围填区盐地碱蓬居群的遗传多样性高于自然区。

表 9.18　黄河三角洲自然区和围填区盐地碱蓬居群的遗传多样性参数比较

遗传参数	自然区居群（平均值）	围填区居群（平均值）	P 值
N_E	1.370	2.173	0.003
I	0.415	0.785	0.035
H_0	0.198	0.465	0.022
H_E	0.223	0.448	0.016

9.3.3　黄河三角洲盐地碱蓬居群遗传距离

遗传距离是衡量种群分化程度的指标之一，用来估测两个居群间的遗传变异和分化时间。一般认为分化时间越短，则遗传距离越小，当两群体间的遗传距离小于 0.05 时，认为两居群间没有遗传分化。

1. 盐地碱蓬居群的遗传分化与基因流

微卫星位点遗传分化系数及基因流在居群内的分布情况如表 9.19 所示。研究区盐地碱蓬居群的近交系数 F_{IT} 为−0.313～0.485，平均值为 0.236。居群内近交系数 F_{IS} 的取值范围为−0.388～0.246，均值为 0.064，表明居群内近交程度不高。

表 9.19　SSR 位点遗传分化与基因流分布情况

Locus	F_{IS}	F_{IT}	F_{ST}	Nm
BF145120	0.041	0.336	0.307	0.564
BE240888	0.249	0.485	0.314	0.546
AW991146	0.007	0.242	0.237	0.805
DY529810	0.410	0.430	0.034	7.185
EC906203	−0.388	−0.313	0.054	4.401
均值	0.064	0.236	0.189	2.700
标准误	0.134	0.143	0.061	1.338

注：Locus. 基因座；F_{IS}. 莱特固定指数；F_{IT}. 整个群体平均近交系数；F_{ST}. 基因分化系数；Nm：基因流。

F_{ST}的取值范围为［0，1］，取值大则表明群体间存在明显的遗传分化，反之亦然。Wright 等（2002）将 F_{ST}取值按照 0～0.05、0.05～0.15、0.15～0.25 及 0.25 以上分为 4 个等级，对应的居群间遗传分化程度分别为很小、中等、较大及很大。研究区盐地碱蓬居群的种群间基因分化系数为 0.034～0.314，居群间的平均基因分化系数为 0.189，说明盐地碱蓬居群的遗传分化程度较高，并且 81.1%的遗传分化存在于居群内，18.9%的遗传分化存在于居群间，表明黄河三角洲盐地碱蓬遗传变异主要存在于居群内。

在群体遗传学中，基因流表示每代迁入的有效个体数，通常将 Nm＝1 认定为临界值。黄河三角洲 5 个 SSR 点位在各种群间的基因流范围为 0.546～7.185，总体基因流为 2.700，这说明居群之间基因流水平较低。BF145120、BE240888 和 AW991146 点位的基因流小于 1，表明这三个点位的基因信息在研究区内的流动性和延续性较低。

黄河三角洲地区盐地碱蓬居群间较高水平的遗传分化也反映了基因流有限的事实。高强度的围填海活动造成生境破碎化可能是导致较高水平的遗传分化的原因。

为进一步研究自然区和围填区的居群间基因流的大小情况，计算细分的 41 个居群的基因流，得到两两居群间成对的基因流值。运用 Pajek 软件，绘制可视化网络图 9.71。

当 Nm<1，则不存在繁殖体（种子）的迁移，生物连通为 0，即不连通；当Nm>1，则存在繁殖体（种子）的迁移，且 Nm 值的大小表示生物连通强度。图 9.71 中，粉色代表自然区居群，蓝色代表围填区居群，两两圆圈间的连线代表连接与否，灰色由深到浅表示 Nm 由大到小。

对盐地碱蓬自然居群和围填区的基因流进行比较分析（图 9.71）可知，自然区居群间的基因流强度大于围填区的基因流强度。进一步统计分析得到，自然区之间的基因流 Nm(N－N) 为 1.53±0.77，围填区之间的基因流 Nm(R－R) 为 0.64±0.37，自然区与围填区之间的基因流 Nm(N－R) 为 0.50±0.36。通过显著性分析可知，Nm(N－N) 显著大于 Nm(R－R) 和 Nm(N－R)（$P<0.01$），然而 Nm(R－R) 和 Nm(N－R) 之间没有显著差异。这是由于自然区之间的居群潮沟密集，种子可以通过水媒传播，使居群间存在较大的繁殖体迁移，从而产生较高的基因流水平；而围填区的居群由于人类构筑物阻断了种子的传播，从而降低了围填区与围填区居群间及围填区与自然区居群间的基因流。

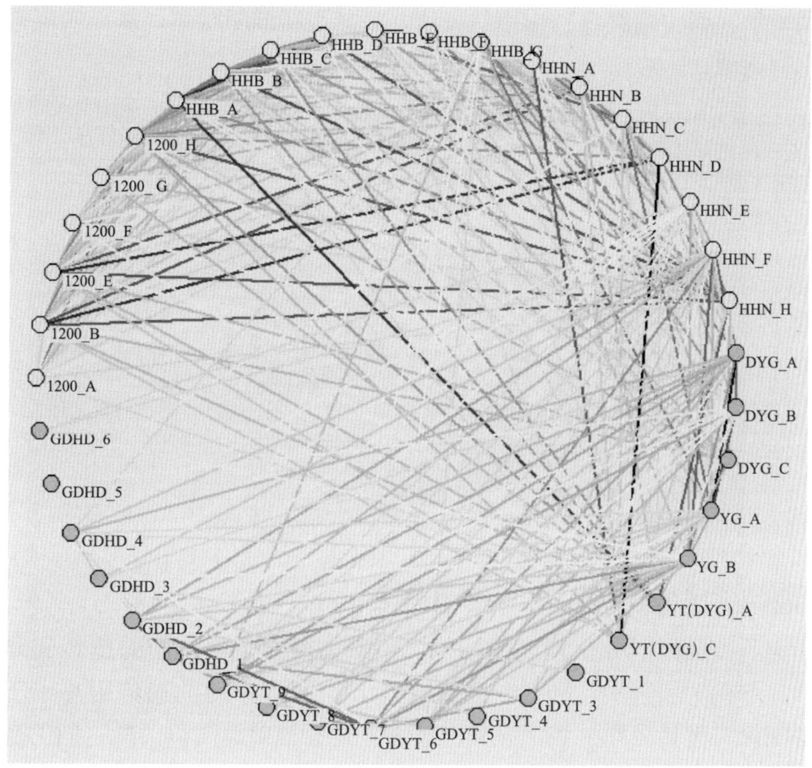

图 9.71 黄河三角洲盐地碱蓬 41 个居群的基因流

由盐地碱蓬 8 个区域的居群间基因流的平均值和标准偏差分析（表 9.20）可知，1200、HHN、HHB 和 YG 地区的基因流较大，这是由于这些自然区域潮沟分布密集，水文连通强度较高，有利于盐地碱蓬种子的传播；DYG、GDHD、GDYT 和 YT（DYG）的基因流较小，均小于 1，几乎不存在繁殖体的扩散。

表 9.20 黄河三角洲 8 个区域的盐地碱蓬基因流

	1200	HHB	HHN	DYG	YG	YT(DYG)	GDYT	GDHD
平均值	2.177	2.189	1.767	0.695	1.888	0.929	0.714	0.720
标准偏差	1.138	1.135	1.333	0.237	0.103	0.230	0.273	0.532

基因流可反映居群扩散能力，可用群体有效大小和基因平均迁移率的乘积值表示。迁移率为单位个体配子传递到另一斑块的等效概率。

$$\mathrm{Nm} = N \times m \tag{9.38}$$

式中，Nm 为基因流；N 为群体有效大小；m 为基因平均迁移率。

群体有效大小与生境面积成正比。将基因流与生境面积的比值计作 Nm/A，则基因平均迁移率正比于（Nm/A）。Nm/A 不受居群大小影响，可较好反映居群间生物连通的情况，以及物种的扩散能力。

对 Nm/A 与最短距离进行作图分析（图 9.72）可知，Nm/A 随最短距离的增大而减小，符合指数函数（$R=0.69$，$P<0.0001$）。这也说明通过减小居群间最短距离可以有效改善两居群间扩散成功的可能性，从而增加生物连通。增加斑块数目的修复方法就

是在居群间增加起到“踏脚石”作用的斑块，来减小居群间距离，从而实现基因流的改善，强化生物连通。

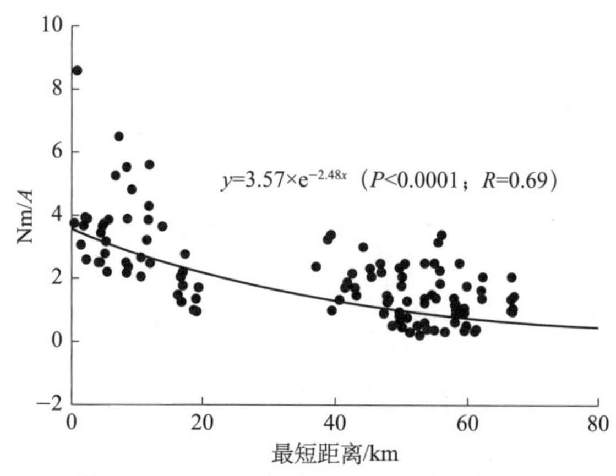

图 9.72　Nm/*A* 与最短距离的关系曲线图

2. 盐地碱蓬居群遗传距离与聚类结果

遗传距离是衡量种群分化程度的指标，用来估测两个居群间的遗传变异和分化时间。一般认为分化时间越短，则遗传距离越小，当两群体间的遗传距离小于 0.05 时，认为两居群间没有遗传分化。黄河三角洲滨海湿地盐地碱蓬居群两两之间的遗传距离结果（表 9.21）表明，黄河三角洲盐地碱蓬种群之间的遗传距离为 0.011～0.606，平均值为 0.200；1200 地区与 GDYT 地区之间的遗传距离最大，HHN 地区与 HHB 地区之间的遗传距离最小。

表 9.21　黄河三角洲盐地碱蓬遗传距离

	1200	HHB	HHN	DYG	YG	YT(DYG)	GDYT	GDHD
1200	0.000							
HHB	0.028	0.000						
HHN	0.043	0.018	0.000					
DYG	0.101	0.070	0.043	0.000				
YG	0.343	0.234	0.176	0.118	0.000			
YT(DYG)	0.011	0.025	0.032	0.100	0.350	0.000		
GDYT	0.606	0.410	0.319	0.226	0.038	0.599	0.000	
GDHD	0.557	0.365	0.274	0.209	0.072	0.523	0.027	0.000

聚类分析可直观反映居群间遗传关系。由图 9.73 可知，遗传距离为 0.06（图中虚线所示位置）时，黄河三角洲盐地碱蓬居群可分为三大类：第Ⅰ类为 1200、YT(DYG)、HHB、HHN；第Ⅱ类为 DYG；第Ⅲ类为 YG、GDYT、GDHD。第Ⅰ类以自然区湿地为主，且植株的表型一致，均为矮小植株，叶片短粗，株高在 10～20cm。第Ⅰ类又可细分为北部的 1200 和 YT(DYG)，南部的 HHB 和 HHN，造成差异的原因可能是地理距离的远近。YT(DYG) 的遗传距离与 1200 较近，可能是由于油田已废弃，

由于种子传播等基因流加强而减小了遗传分化程度。东营港地区（DYG）居群为第Ⅱ类，其表型矮小型和高大型皆有，一方面，可能由于该地所处地理位置有较强的基因流存在；另一方面，则是由于该地范围内有不同的生境条件，从而在选择作用下共存两种表型植株。第Ⅲ类均为围填区居群，植株表型一致，均为高大、成簇的植株，叶片细长，株高 40～80cm。该类可能由于围填海建设阻断了水陆交互作用，从而阻断了围填区的盐地碱蓬种子扩散通路，导致基因流减小，随之分化增加，遗传距离增大。

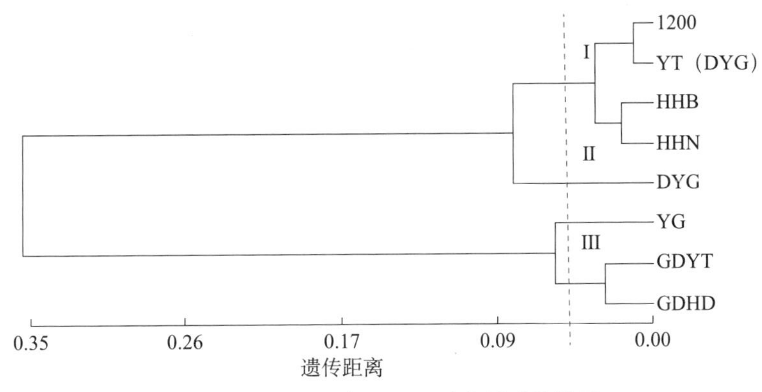

图 9.73　黄河三角洲盐地碱蓬居群聚类图

9.4 强化生物连通修复模式

围填海活动胁迫下，盐地碱蓬居群遗传多样性、基因流、遗传分化都与自然区有显著差异。修复破碎化生境，强化其生物连通迫在眉睫。有研究表明，有效居群大小的增加可以提高遗传多样性，使居群面对环境变化和人类扰动的能力增强，同时作为“源”的居群有效居群大小的增加，使得迁移到其他居群的个体增加，从而提高基因流水平。而增加“踏脚石”作用的居群，也有助于增加基因流水平。因此，本节提出增大斑块面积与增加斑块数目两大修复模式，强化生物连通。

9.4.1 生物连通度量化方法

选用 PC 指数（probability of connectivity index）衡量研究区湿地斑块的连通程度（Saura and Rubio，2010；Bodin et al.，2010）。该指数通过个体的扩散能力计算生物连通，具有较好的鲁棒性，在景观格局变化引起的连通性变化分析方面具有非常好的稳定性和一致性。采用连通重要性指数 dPC 衡量修复效果，dPC 值越大，修复效果越好。

PC 计算公式如下：

$$\mathrm{PC}=\frac{\sum_{i=1}^{n}\sum_{j=1}^{n}P_{ij}^{*}a_{i}a_{j}}{A_{L}^{2}} \tag{9.39}$$

式中，n 为节点总数；a_i、a_j 分别为节点 i 的属性（面积、保护价值、面积权重等）；A_L 为最大属性值（如果面积是选取的属性值，那么 A_L 为研究区总面积）；P_{ij}^{*} 为节点 i 到节点 j 所有可能连通路径中最大的扩散概率，计算公式如下：

$$P_{ij}^{*}=\mathrm{e}^{-k\times d_{ij}^{*}} \tag{9.40}$$

式中，d_{ij}^{*} 为节点 i 与节点 j 之间的最短路径；k 为常数。

$$\mathrm{dPC}=100\,\frac{\mathrm{PC}'-\mathrm{PC}}{\mathrm{PC}} \tag{9.41}$$

式中，PC、PC′分别为修复前、后的湿地网络整体连通性指数。

两个斑块的最短距离被定义为，从一个斑块出发，到达另一个斑块结束，中间经过零个或零个以上其他斑块，所需走过的斑块区域以外的最短路径对应的距离。特点是，认为在斑块内部基因流通性较好的前提下，个体通过最短路径从一个斑块传递到另一个斑块的概率是最大的。以图 9.74 中三个斑块构成的网络为例，若 $d_{12}+d_{23}<d_{13}$，则斑块 1 和 3 之间的最短路径为 1—2—3，最短距离为 $d_{12}+d_{23}$；若 $d_{12}+d_{23}>d_{13}$，则最短路径为 1—3，最短距离为 d_{13}。

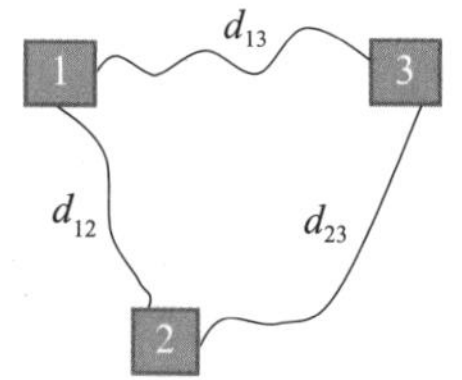

图 9.74　最短路径模式图

1. 定义最短距离

为计算最短距离，需要定义斑块的地理距离计算方式。因为建模过程以正方形网格为最小单元，所以均以方形网格进行模式介绍。对于两个斑块，模式 1（Mode 1）是以两个斑块的边界距离作为其地理距离，模式 2（Mode 2）是以两个斑块的中心位置距离作为其地理距离（表 9.22）。这两种模式会造成网络构建的差异。

表 9.22　连通模式对比

No.	Mode 1	P_{ij}^{*} (1)	Mode 2	P_{ij}^{*} (2)	区别
1	d_1	1	d_2	e^{-kd_2}	当 $d_1=0$，$d_2=a$， 则 $P_{ij}^{*}(1)=1>P_{ij}^{*}(2)$
2	d_1	1	d_2	e^{-kd_2}	当 $d_1=0$，$d_2=\sqrt{2}a$， 则 $P_{ij}^{*}(1)=1>P_{ij}^{*}(2)$
3	d_1	e^{-kd_1}	d_2	e^{-kd_2}	当 $d_1\gg a$，$d_2=d_1+a$，$d_2\approx d_1$ 则 $P_{ij}^{*}(1)\approx P_{ij}^{*}(2)$
4	d_1	e^{-kd_1}	d_2	e^{-kd_2}	当 $d_1\gg a$，$d_2=d_1+2\sqrt{2}a$，$d_2\approx d_1$ 则 $P_{ij}^{*}(1)\approx P_{ij}^{*}(2)$

续表

No.	Mode 1	$P_{ij}^*(1)$	Mode 2	$P_{ij}^*(2)$	区别
5	d_1	e^{-kd_1}	d_2	e^{-kd_2}	当 $d_1 \ll a$，$d_1 \ll d_2$ 则 $P_{ij}^*(1) \gg P_{ij}^*(2)$
6	1, d_{12}, d_{13}, 2, 3, d_{23}	$e^{-k(d_{12}+d_{23})}$ 或 $e^{-kd_{23}}$	1, d_{12}, d_{13}, 2, 3, d_{23}	$e^{-kd_{23}}$	Mode1：当 $d_{12}+d_{13}<d_{23}$， 则 $P_{ij}^*(1)=e^{-k(d_{12}+d_{23})}$； 当 $d_{12}+d_{13}>d_{23}$， 则 $P_{ij}^*(1)=e^{-kd_{23}}$ Mode2：$d_{12}+d_{13}>d_{23}$ 恒成立， 所以 $P_{ij}^*(2)\equiv e^{-kd_{23}}$

注：a. 方形网格边长；d_1. Mode1 的最短距离；d_2. Mode2 的最短距离；$P_{ij}^*(1)$. Mode1 情景中两网格最大连通概率；$P_{ij}^*(2)$. Mode2 情景中两网格最大连通概率。

如表 9.22 所示，No. 1 情景为两个斑块紧邻，有一条公共边。该情景下，Mode1 中 $d_1=0$，Mode2 中 $d_2=a$，Mode1 的最大连通概率 $P_{ij}^*(1)=1$，且大于 Mode2 的连通概率 $P_{ij}^*(2)$。

No. 2 情景为两斑块相接，有一个公共点。该情景下，Mode1 中 $d_1=0$，Mode2 中 $d_2=\sqrt{2}a$，Mode1 的最大连通概率 $P_{ij}^*(1)=1$，且大于 Mode2 的连通概率 $P_{ij}^*(2)$。

No. 3 情景为两斑块相离较远。该情景下，因为 $d_1 \gg a$，$d_2=d_1+a$，所以 $d_2 \approx d_1$，则 Mode1 的最大连通概率 $P_{ij}^*(1)$ 约等于 Mode2 的连通概率 $P_{ij}^*(2)$。

No. 4 情景为两斑块相离较远。该情景下，因为 $d_1 \gg a$，$d_2=d_1+2\sqrt{2}a$，所以$d_2 \approx d_1$，则 Mode1 的最大连通概率 $P_{ij}^*(1)$ 约等于 Mode2 的连通概率 $P_{ij}^*(2)$。

No. 5 情景为两个斑块边界的地理距离相对于斑块自身的尺度而言较小。该情景下，$d_1 \ll a$，$d_1 \ll d_2$，Mode1 的最大连通概率 $P_{ij}^*(1)$ 远大于 Mode2 的连通概率 $P_{ij}^*(2)$。

No. 6 情景为三个斑块，且其中一个斑块面积较大。该情景下，Mode1 中当$d_{12}+d_{13}<d_{23}$，则为 $d_{12}+d_{13}$ 最短距离，最大连通概率 $P_{ij}^*(1)=e^{-k(d_{12}+d_{23})}$；当 $d_{12}+d_{13}>d_{23}$，d_{23} 为最短距离，最大连通概率 $P_{ij}^*(1)=e^{-kd_{23}}$。Mode2 中由于是中心点相连，所以 $d_{12}+d_{13}>d_{23}$ 恒成立，则有 $P_{ij}^*(2)\equiv e^{-kd_{23}}$。

上述情景中，情景 3、4 斑块间距离较大，形状可以忽略，因此 Mode1 和 Mode2 中最大连通概率相差不大；情景 1、2 中，斑块邻接，形状不可忽略，Mode1 中两斑块连通概率均为 1，Mode2 中两斑块连通概率有一定差别，且有公共边的情景连通概率大于公共点相连情景的连通概率，更符合生态学含义。但是，在情景 5 中，两个斑块边界的地理距离相对于斑块自身的尺度而言较小时，斑块中心距离较大，用其计算的成本距离可能远大于实际基因交流所需跨越的斑块之间的地理距离。

此外，对于一个大斑块，将其作为一个单独的网络研究，其 PC 指数为 1。若将该大斑块看作多个相邻小斑块集合成的网络，若是采用模式 1 定义地理距离，每个小斑块之间的成本距离为 0，各小斑块之间基因传递的概率为 1，其 PC 指数仍为 1，小斑块网络之间的连通性与将它们看作一个斑块的情况相符。若是采用模式 2 定义地理距离，任意两个小斑块之间的成本距离就成为其中心坐标的直线距离，各个小斑块之间基因传递的概率不再是 1，在原始大斑块的范围内出现分布，整体网络的 PC 值小于 1，与将它们看作一个斑块的概念不相符。

综上所述，Mode1 相较于 Mode2 更符合客观连通情景，故采用 Mode1 定义斑块的地理距离，构建网络模型。

2. 确定计算网格

我们使用 Matlab 2014b 软件构建修复模型，模型的输入数据格式为行列号表示的网格数据，可以实现空间数据的快速读取及便捷的空间分析。

将研究区划分为 7 个网格梯度：5000×5000、4000×4000、3000×3000、2000×2000、1000×1000、800×800、500×500，并分别根据研究区的土地利用类型（图 9.75）为网格赋值。每一网格属性赋值过程中，将某一土地利用类型占网格面积 50％作为赋值标准，即大于网格 50％的土地利用类型作为网格属性值。盐地碱蓬赋值为 1、非修复区（包括围填海和陆生生境）赋值为 2、可修复区赋值为 3。围填海包括港口、围海养殖、水库、盐田和油田等，这些区域土地环境已发生变化，实践中不可能将其移除并恢复成盐地碱蓬湿地，修复成本也很大；黄河三角洲滨海地区植被类型主要包括芦苇、荻、柽柳、盐地碱蓬等，除盐地碱蓬外的其他植被类型的生境也不适合恢复成盐地碱蓬湿地，因为这一过程是与植被演替规律相违背的，因此上述土地利用类型统一归为非修复区。具体的网格赋值情况如图 9.76 所示。

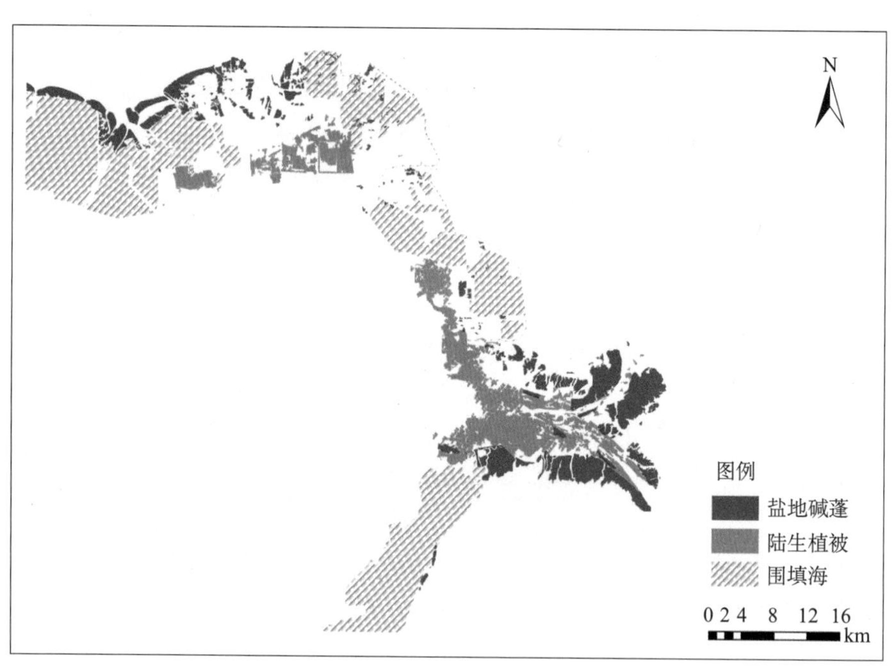

图 9.75　黄河三角洲土地利用分布图

网格大小影响研究区的概化精度，随着网格面积的减小，研究区的概化精度也越来越高，但是模型运算时间也随之增加。因此，选择合适的网格大小可实现研究区的准确描述及模型的高效运算。图 9.77 为 7 个网格梯度下 PC 值的变化曲线。横坐标为网格密度，等于单位长度的网格数，网格密度越大，研究区的网格数越多，对研究区的描述越精准。网格密度用 ρ 表示。

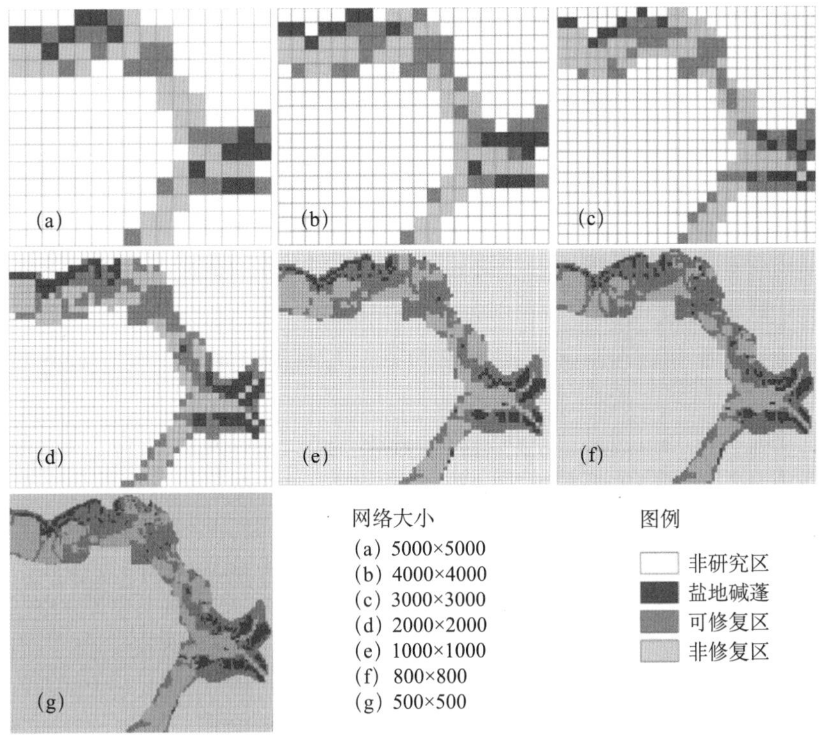

图 9.76 研究区网格化图

$$\rho = \frac{1}{a} \tag{9.42}$$

式中，a 为正方形网格边长。

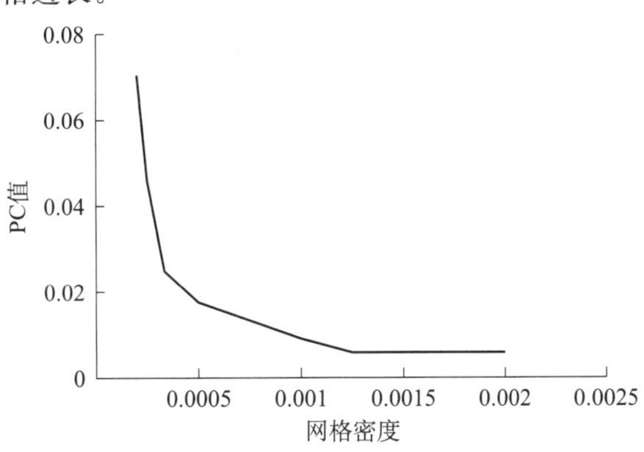

图 9.77 网格密度与 PC 值的变化曲线图

由图 9.77 可知，随着网格密度的增大，PC 值急速减小，网格密度为 0.00125 时趋于平缓。表明网格密度为 0.00125，即网格大小为 800×800 时，研究区已经得到较好的描述。因此，选择 800×800 的网格作为后续建模的基本单元。

9.4.2 增大斑块面积修复模式

对于稳定的居群，生境面积越大，居群大小相应越大，遗传多样性越高，较高的遗传多样性在响应环境变化和人类扰动方面具有更强的适应性。因此，通过面积修复有助于遗传多样性的改善，从而使物种能较好地适应环境变化和人类扰动。增大斑块面积成为修复破碎化、连通性受损湿地的有效手段（Nicol et al.，2010）。

本节提出了增大斑块面积强化连通修复的方法框架，构建增大面积修复模型，提出基于基因流的扩散参数选取方法，并将模型运用于黄河三角洲滨海湿地盐地碱蓬生物连通修复。选取盐地碱蓬湿地斑块为研究对象，以黄河三角洲滨海区为研究区，通过构建增大面积修复模型，模拟了增大斑块面积的修复过程，并得到优先修复格局。

1. 增大面积修复模型

通过构建增大斑块面积的强化连通修复模型，进行修复模拟，判识修复目标，并得到优先修复格局。

首先，将研究区划分成网格，识别湿地斑块；其次，针对拟采用增大面积修复的斑块，依次判识其周围网格的修复效果，选择修复效果最佳的网格进行修复，形成新的斑块，并重新判识修复后的连通情况；再次，判识新斑块周围网格的修复效果，并选择修复效果最优的网格进行修复，依次类推，最终模拟面积逐渐增大的修复模式。

科学地辨识扩散特性对修复模型很重要，决定了能否准确判识斑块的连通重要性。当扩散能力很低或很高时，节点属性是影响重要连通节点识别的重要因素；当扩散能力适中时，重要连通的节点往往是作为关键“踏脚石”的斑块。我们通过基因流分析，推导出基因流与扩散概率 P_{ij} 的关系，进而得到研究区盐地碱蓬扩散概率中的参数 k 值。这也为科学辨识物种的扩散特性提供了一种方法。

具体推导如下所述。

基因流可用群体有效大小（N）和基因平均迁移率（m）的乘积表示。迁移率（m）为单位个体配子传递到另一斑块的等效概率。

$$\mathrm{Nm} = N \times m \tag{9.43}$$

设斑块 1 的有效群体大小为 N_1，面积为 A_1，斑块 2 的有效群体大小为 N_2，面积为 A_2，两斑块间的最短路径为 d_{12}^*，配子传播存活的概率为 $P(d_{12}^*)$。

则斑块 1 到斑块 2 传播配子数为 $N_1P(d_{12}^*)$，斑块 2 到斑块 1 传播配子数为 $N_2P(d_{12}^*)$，斑块 1 和斑块 2 间配子传播数为 $(N_1+N_2)P(d_{12}^*)$。设 $N_1+N_2=N$，则有：

$$\mathrm{Nm} = N \times P(d_{12}^*) = N \times \mathrm{e}^{-k\times d_{ij}^*} \propto A \times \mathrm{e}^{-k\times d_{ij}^*} \tag{9.44}$$

所以，

$$\mathrm{Nm}/A \propto \mathrm{e}^{-k\times d_{ij}^*} \tag{9.45}$$

由此得到 Nm/A 与 d_{ij}^* 距离的拟合曲线，如下：

$$\mathrm{Nm}/A = 3.57 \times \mathrm{e}^{-2.48 d_{ij}^*} \tag{9.46}$$

因此，常数 k 取值为 2.48。

基于生物连通的增大斑块面积修复模式分为四步：Ⅰ. 研究区网格化；Ⅱ. 连通网络构建；Ⅲ. 连通重要性识别；Ⅳ. 增大斑块面积修复模拟（图 9.78）。

步骤Ⅰ：研究区网格化

Step1：网格化。利用 ArcGIS10.0 创建渔网工具，将研究区网格化并标记行列，网格的大小需综合考虑修复单元的最小面积、概化精度及修复模拟的计算效率，最终选择合适的网格用于后续修复模拟研究。网格大小的选取需满足以下几点：

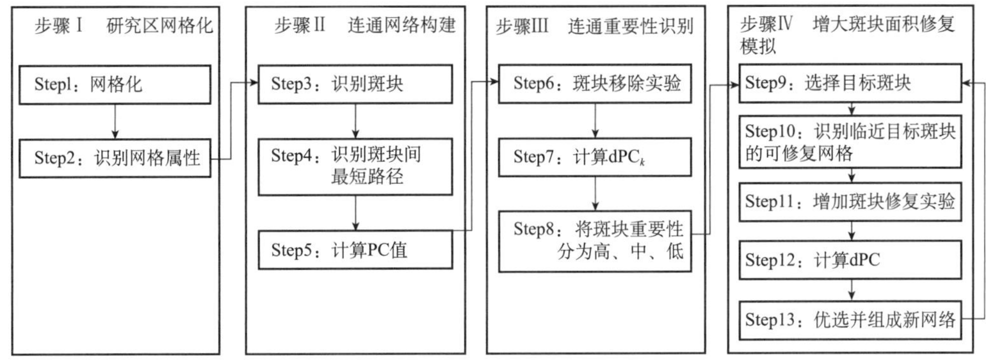

图 9.78 增大斑块面积的修复模式图

(1) 作为最小的修复单元，网格面积应具有实际的修复意义。因此，网格面积应大于有效面积。盐地碱蓬居群作为滨海湿地的主要建群种，受潮汐影响较大，因此在考虑最小居群面积时，需充分考虑不同潮位对盐地碱蓬居群的冲刷影响，选择可以抵抗潮汐作用、顺利定居的最小居群面积。

(2) 作为研究区网格化的最小单元，随着网格面积的增大，对盐地碱蓬湿地斑块的概化精度降低，影响研究的准确性。因此，网格面积应尽可能小，以保证研究精度。

(3) 作为模型运算单元，随着网格面积减小，网格密度增加，模型计算量加大，网格面积取值应考虑模型运算时间。因此，应选择满足上述三点的最大网格。

Step2：识别网格属性。根据土地利用类型图为网格赋值，共有 3 种属性，分别是研究对象——盐地碱蓬，赋值为 1；不可修复区，包括围填区和陆生生境，赋值为 2；其余区域为可修复区，赋值为 3。将研究区概化成二维矩阵形式的数据表，通过 Matlab 2014b 识别数据，获取空间分布信息。

步骤Ⅱ：连通网络构建

Step3：识别斑块。在 Matlab 2014b 中扫描每一个属性为 1 的网格，将相邻的盐地碱蓬网格进行合并，得到其湿地斑块分布图。

Step4：识别斑块间最短路径。在 Matlab 2014b 中依次扫描两两湿地斑块间的所有路径，提取最短路径，作为整体连通计算的输入参数之一。

Step5：计算 PC 值。

步骤Ⅲ：连通重要性识别

Step6：斑块移除实验。依次移除网络中盐地碱蓬湿地斑块，重新获取网络结构图，并计算移除后的整体连通性 $PC_{k,\text{removed}}$。

Step7：计算 dPC_k。湿地网络中每一个节点 k 的连通指数 dPC_k，用于表征单个湿地斑块 k 的连通重要程度。dPC_k 计算公式如下：

$$dPC_k = \frac{(PC - PC_{k,\text{removed}})}{PC} \tag{9.47}$$

式中，PC 和 $PC_{k,\text{removed}}$ 分别为斑块 k 移除前后的整体连通性。

Step8：将斑块重要性分为高、中、低三类，分别进行后续修复模拟。

步骤Ⅳ：增大斑块面积修复模拟

Step9：选择目标斑块。根据 Step8 中连通重要性分类结果，选取特定斑块进行修复模拟。

Step10：识别临近目标斑块的可修复网格。增大面积修复需在原斑块的基础上增加，因此，在模型运算中，需要识别紧邻原斑块的网格作为增大面积的可修复网格。

Step11：增加斑块修复实验。分别增加 Step10 中识别的网格，并计算新的 PC 值，记作 PC′。

Step12：计算 dPC。分别计算每一新增网格的连通重要性指数 dPC。

Step13：优选并组成新网络。根据 Step12 结果，对比选出 dPC 最大的网格，作为面积增大模拟的第一步修复区域，并形成新的网络。

重复 Step9～13，连续增加网格，完成增大斑块面积的修复模拟实验。最后，输出每一步新增网格的优先次序，分析增大斑块面积修复的规律，并形成优先修复格局。

2. 连通重要斑块识别

根据 PC 指数计算可以得到不同盐地碱蓬湿地斑块的连通强度（图 9.79），斑块颜色由红到绿，反映了黄河三角洲盐地碱蓬湿地斑块的连通重要程度由大到小递减。通过观察可知，面积较大的自然区域的盐地碱蓬湿地斑块的连通重要程度较高。可见，在当前盐地碱蓬繁殖体扩散能力的情况下，节点属性成为影响黄河三角洲盐地碱蓬整体连通性的重要因素。较大的湿地面积具有较高的遗传多样性，作为“源”的作用，对于维系整体连通性有重要意义。

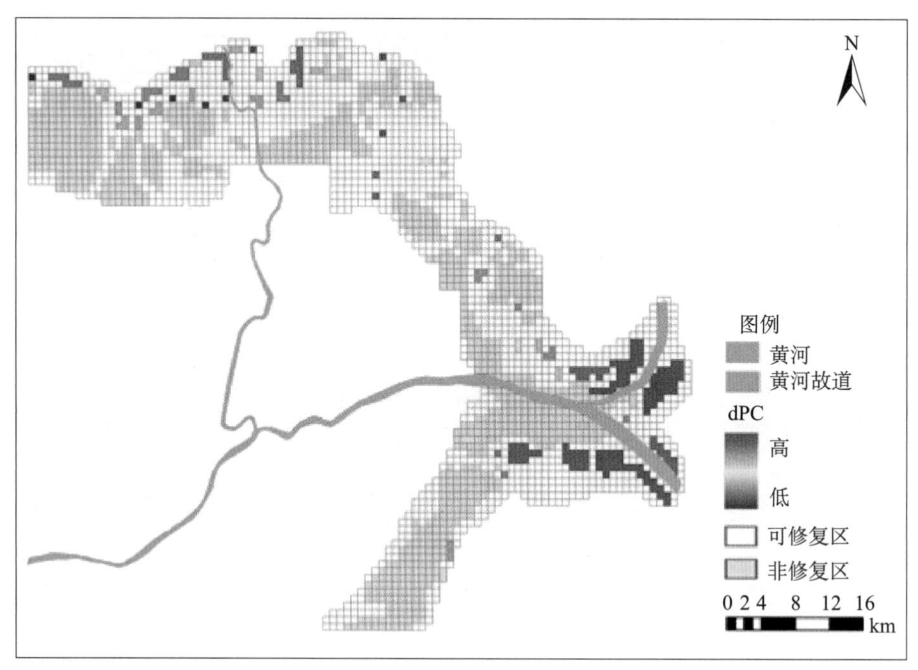

图 9.79　黄河三角洲盐地碱蓬湿地斑块连通重要性分布图

利用 ArcGIS10.0 自然隔断点（Jenks）分类，将盐地碱蓬湿地斑块连通重要性 dPC 值分为高、中、低三个梯度（图 9.80）。dPC＞20 的湿地斑块连通重要性为“高”；5＜dPC＜15 的湿地斑块连通重要性为“中”；dPC＜5 的湿地斑块连通重要性为“低”。高连通、中连通和低连通的斑块分别有 3 个、6 个、44 个。根据上述分类，分别针对不同连通重要性等级的斑块进行增大面积修复模拟。

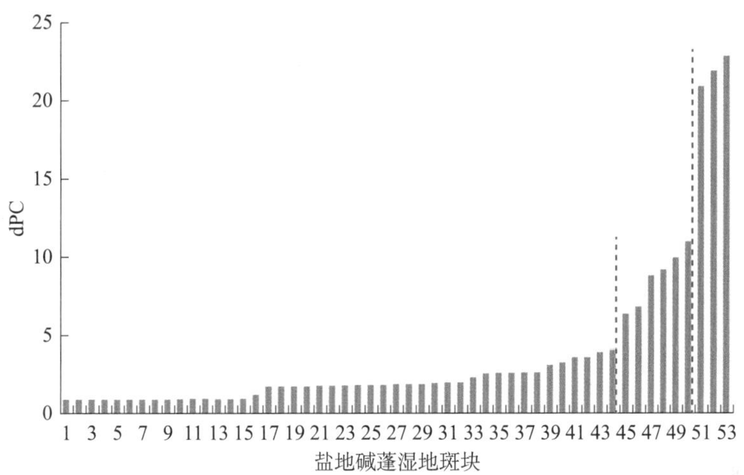

图 9.80 盐地碱蓬连通重要性分布柱状图

3. 增大面积修复目标确定

从连通重要程度高、中、低三个等级的盐地碱蓬湿地斑块中分别选择 3～6 个斑块进行增大面积修复模拟，模拟结果如图 9.81 所示。当增大的面积小于 20 个网格时，修复高连通度的斑块对整体连通的贡献值最大，显著高于其他两者（$P<0.001$）；当增大的面积大于 20 个网格时，修复中等连通度的斑块对整体连通的贡献值最大，显著高于其他两者（$P<0.0001$）。对高、中、低连通度斑块增大面积修复柱状图分别进行线性拟合，得到 dPC 与 N 的函数关系，R^2 分别为 0.9929、0.9941 和 0.9786。通过拟合线可以清晰看出，在一定范围内，通过增大面积的修复方式对整体连通的贡献值呈线性增加的趋势。

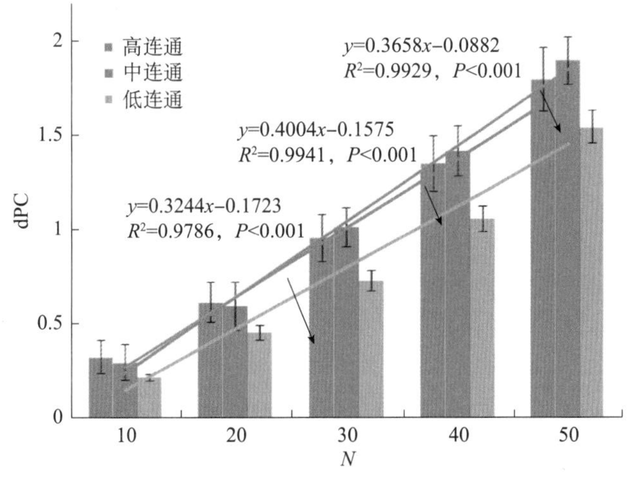

图 9.81 增大面积修复模拟结果图

蓝、橙、灰三种颜色分别对应高、中、低三个等级斑块；横坐标是增加的网格数，其值乘以单位网格面积为增加的实际面积；纵坐标是连通修复贡献值 dPC，反映修复效果由拟合函数可知，高、中、低三者的斜率分别为 0.3658、0.4004 和 0.3244，中等连通度的斑块斜率值最大，表明在增大面积修复过程中，修复中等连通度的斑块对整体连通性的贡献值增长最快。中等连通度的湿地斑块在增大面积修复过程中具有较大的修复潜力，在实际修复过程中应当优先修复中连通度的湿地斑块，这与 Tambosi 等（2014）的研究一致。这是由于高连通的斑块自身生态状况良好，通过修复，连通性的改善与提升空间较小；低连通的斑块自身生态环境较差，对整个网络连通的作用较小，通过修复低连通的斑块，对整体连通的修复效果不明显；而中连通的斑块，在整个网络中承担着一定的角色，通过对其进行修复，可以有效地提高其生态状况，加强其在整个网络中的作用，有效地提高修复效果。

4. 增大面积优先修复格局

在模拟增大斑块面积的修复过程的基础上，进一步可以得到黄河三角洲盐地碱蓬湿地优先修复格局。选择修复潜力较大的中连通斑块进行增大面积修复。MATLAB 2014b 平台上运行增大面积修复模型，分别对中连通的 6 个斑块进行增大面积修复模拟，设定增加 50 个网格为修复终点，修复结果如图 9.82（a）～（f）所示，叠加得到整个研究区的增大面积优先修复格局。

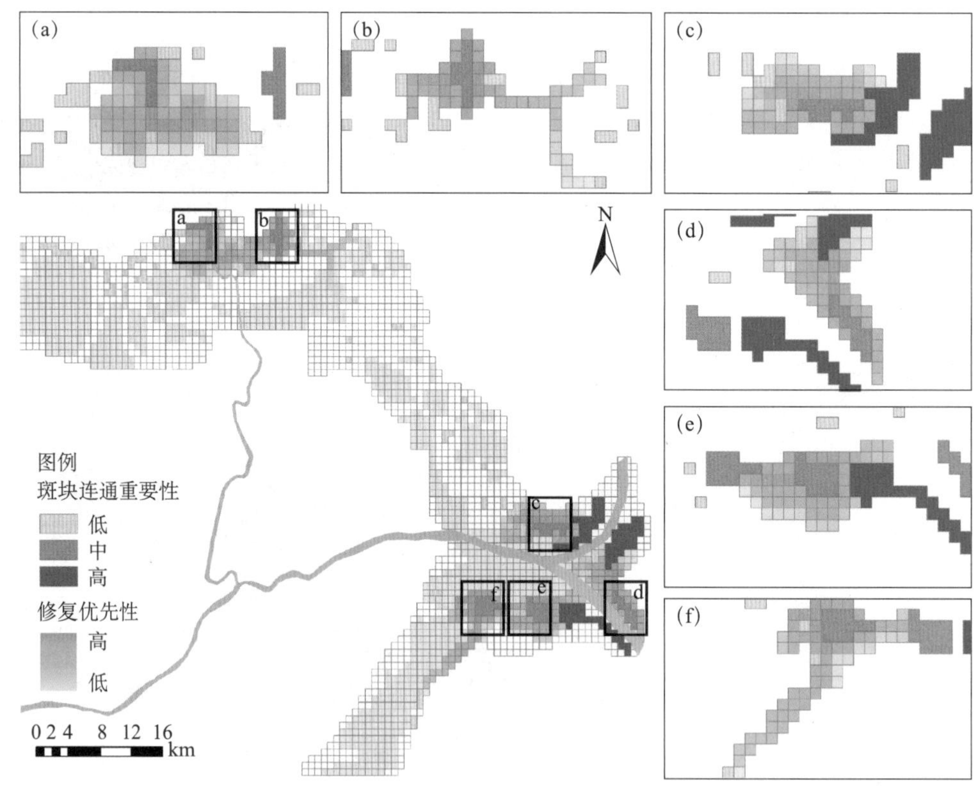

图 9.82　增大面积优先修复格局

高连通、中连通和低连通的斑块分别用红色、橙色和土黄色表示；绿色由深到浅表示修复优先级由高到低

通过对增大斑块面积优先修复格局［图 9.82（a）～（f）］的进一步分析发现，增大面积修复过程中，具有一定的方向性。首先通过面积增大将拟修复的斑块与其周边斑块

相连，建立连通“廊道”，再逐渐将“廊道”加宽，最终与周边小的斑块合并成为一个大的斑块，修复过程中整体连通性也随之增加。并且在增大面积的过程中，优先与距离较近且连通重要性较高的斑块建立联系，其次与连通性较低的斑块建立联系。

上述结论与“廊道”修复理论相一致。对于破碎化湿地，通过修复斑块间的连接通路，增加个体扩散的可能性，可有效地增加斑块之间的生物连通。这方面有诸多修复实例，在流域修复中，常通过修复生态护岸等，建立生态廊道，为生物扩散提供通道；在野生动物保护中，通过修复生态廊道，为野生动物提供迁移通道，保障生物连通，维护种群多样性（龚明昊等，2015；郭纪光等，2009；朱宝光等，2009）。这也为破碎化滨海湿地的修复提供指导，通过增大面积强化生物连通的过程中，应当优先将拟修复斑块与周围斑块之间的“廊道”，再加宽“廊道”。并且，在修复“廊道”的过程中，优先于连通重要性高的斑块建立联系，可有效地提高整体连通性。

通过构建增大斑块面积的强化连通修复模型，进行修复模拟，判识修复目标，进而得到优先修复格局。这为滨海湿地的生物连通过程修复提供了理论和方法支持，为滨海湿地的修复和管理提供了方向。通过分别对高、中、低三个连通重要性的斑块进行增大面积修复模拟可知，在一定范围内，随着斑块面积的增加，整体连通性 PC 指数线性增大，R^2 均大于 0.9，P 小于 0.001，斜率分别为 0.3658、0.4004 和 0.3244，中连通斑块在修复过程中连通贡献值增长最快，表明中连通的斑块具有更大的修复潜力。通过模型得到中连通斑块面积优先修复格局，发现面积增大具有一定的方向性，即先建立与其他斑块的“廊道”，再加宽“廊道”，最终形成一个大斑块，在整体连通网络中发挥重要作用。

9.4.3 增加斑块数目修复模式

对于破碎化地区，通过增加“踏脚石”作用的斑块，可以对连通性实现明显的改善（Nicol et al.，2010）。针对破碎化的受损湿地，我们提出增加斑块数目的强化生物连通修复模式。首先，提出增加斑块数目修复的方法框架，并构建增加斑块数目修复模型；其次，将模型运用于黄河三角洲滨海湿地盐地碱蓬生物连通修复实例，针对不同修复情景进行修复模拟；最终，分析增加斑块数目修复模式的关键控制阈值及优先修复格局。

1. 增加数目修复模型

以 2014 年黄河三角洲土地利用类型为数据源，ArcGIS10.0 为主要操作平台，Matlab 2014b 为模型搭建平台，建立增加斑块数目修复模型，依据每一次增加斑块数目后的盐地碱蓬湿地斑块整体连通性变化，建立增加的斑块数目与黄河三角洲盐地碱蓬湿地整体连通性之间的关系。

增加斑块数目强化连通修复模型的基本实现方法是：首先，将研究区划分成方形网格，根据研究区土地利用类型图为网格赋值，通过二维矩阵标记行列，在模型中读取其空间分布信息。其次，选用 PC 指数计算整体连通性，通过斑块增加试验，分别计算修复前后的 PC 和 PC′，利用 dPC＝（PC′－PC）/PC 衡量修复效果，dPC 越大，则修复效果越好。以网格为修复单元，每一步修复一个网格。通过判识可修复区域中的每一个网格的 dPC，选择 dPC 最大的网格进行修复，以保证每一步修复均为最优选择，并重新识别网络结构，形成新的网络。再次，循环上一步。最终实现增加数目修复模拟。

斑块增加试验中，如果增加斑块 k，则通过增加斑块 k 而引起整体连通改善的程度，即修复效果，用 dPC_k 表示。dPC_k 可分为三部分，分别是 $dPCintra_k$、$dPCflux_k$ 和 $dPCconnector_k$（Saura and Rubio，2010）。

$$dPC_k = dPCintra_k + dPCflux_k + dPCconnector_k \tag{9.48}$$

式中，$dPCintra_k$ 表示斑块 k 自身的连通（intrapatch connectivity）对整体网络连通的贡献，对应 PC 公式中 $i=j=k$ 的项，即 $a_i \times a_j = a_k^2$。$dPCintra_k$ 值仅与斑块 k 自身的属性 a_k 相关，与斑块 k 和其他斑块的连接情况无关，也不受扩散能力影响。斑块的属性值为斑块面积，在修复情景中，可修复的栅格面积相同，因此，$dPCintra_k$ 均相同。

$dPCflux_k$ 表示网络中从斑块 k 到其他斑块或从其他斑块到斑块 k 的连通量对整体网络连通的贡献，对应 PC 公式中 $a_i \times a_j \times p_{ij}^*$（$i=k$ 或 $j=k$，同时 $i \neq j$）的项。$dPCflux_k$ 值与斑块 k 的属性和 k 在网络中所处的位置有关。斑块 k 的属性值越大，所处的位置越重要，$dPCflux_k$ 值越大。

$dPCconnector_k$ 表示斑块 k 作为连接其他斑块的最大连通通路中间节点对整体网络连通的贡献，反映斑块 k 作为“踏脚石”的作用。$dPCconnector_k$ 值仅与斑块 k 在网络拓扑结构中的位置有关，对应 PC 公式中 $a_i \times a_j \times p_{ij}^*$ 的和（$i \neq k$，$j \neq k$，且 k 是 i 和 j 最大通路的一部分）。

某一斑块 k 的连通重要程度 dPC 和上述三个量中的一个或多个相关。每修复一个斑块 k，它对整体连通的贡献首先是自身对网络的贡献值（$dPCintra_k$）。其次，是它作为连接通路对应的连通通量贡献值（$dPCflux_k$）。此外，如果通过修复斑块 k，改善了其他斑块间的最小成本路径，即当斑块 k 位于任意两斑块 i 和 j 最大连接通路上时，则有斑块 k 作为“踏脚石”斑块对网络的贡献值（$dPCconnector_k$）。

在增加数目修复优先格局分析中，选取 $dPCflux_k$ 和 $dPCconnector_k$ 两个分量，以更好地研究拟增加的斑块 k 分别作为连通斑块和“踏脚石”斑块在整个网络中对连通重要程度的描述。

增加斑块数目修复模型分为三步：①研究区网格化；②连通网络构建；③增加斑块数目修复模拟（图 9.83）。

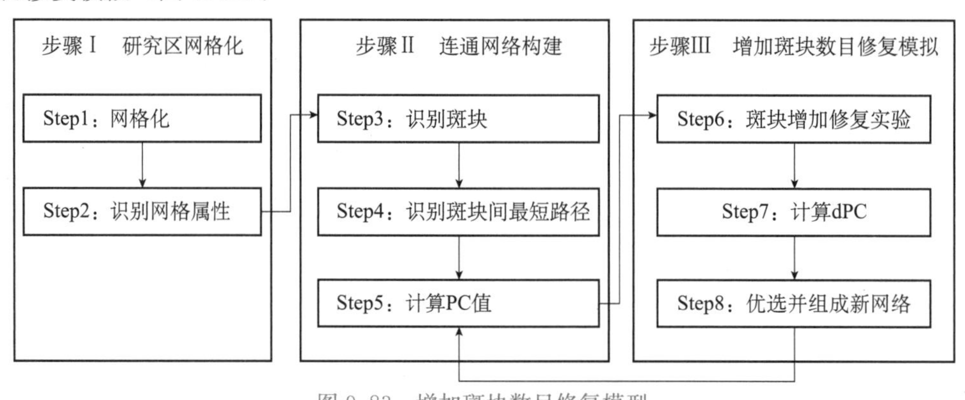

图 9.83　增加斑块数目修复模型

步骤Ⅰ：研究区网格化

Step1：网格化。利用 ArcGIS10.0 创建渔网工具，将研究区网格化并标记行列，网格的大小需综合考虑修复单元的最小面积、概化精度及修复模拟的计算效率，最终选择合适的网格用于后续修复模拟研究。

Step2：识别网格属性。根据土地利用类型图为网格赋值，分为 3 类，分别是研究对象——盐地碱蓬，赋值为 1；不可修复区，包括围填区和陆生生境，赋值为 2；其余区域为可修复区，赋值为 3。将研究区概化成二维行列表示的数据表，并用 Matlab 2014b 识别数据，获取空间分布信息。

步骤Ⅱ：连通网络构建

Step3：识别盐地碱蓬湿地斑块。Matlab 2014b 中扫描每一个属性为 1 的网格，将相邻的属性值为 1 的网格合并，得到盐地碱蓬湿地斑块分布图。

Step4：识别斑块间最短路径。Matlab 2014b 中依次扫描两两湿地斑块间的所有路径，提取最短路径，作为整体连通计算的输入参数之一。

Step5：计算 PC 值。

步骤Ⅲ：增加斑块数目修复模拟

Step6：斑块增加修复实验。属性值为 3 的网格依次增加，并计算新的 PC 值，记作 PC′。

Step7：计算 dPC。分别计算每一新增网格的连通重要性指数 dPC。

Step8：优选并组成新网络。根据 Step7 结果，选择 dPC 最大的网格，作为增加数目模拟的第一步修复区域，并形成新的网络。

然后重复 Step5～8，连续增加网格，完成增加斑块数目的修复模拟实验。最后，输出新增网格的优先次序，分析增大斑块面积修复的规律，并形成优先修复格局。

上述步骤通过 Matlab 2014b 编程实现，进行斑块增加修复实验模拟，在每一步完成一个最优网格的增加，组成新的网络。

2. 增加数目修复阈值

利用 Matlab 2014b 模拟得到增加斑块数目修复模拟结果图（图 9.84），随着修复斑块数目的增加，整体连通性 PC 值增大，并呈现增加先快后慢的趋势，最终趋于平缓，即斑块数目增加，PC 值几乎不变。

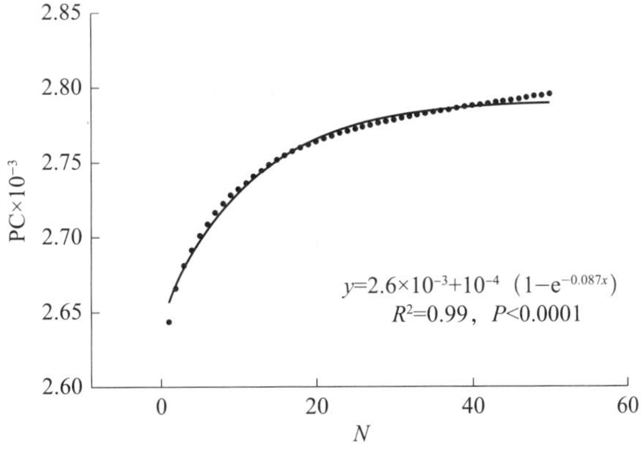

图 9.84　增加数目修复模拟结果图

横坐标为增加斑块的数目（N）；纵坐标为修复对应的 PC 值

利用 $y = y_0 + a(1 - e^{-bx})$ 函数进行拟合得到 PC 与 N 的函数关系式：

$$y = 2.6 \times 10^{-3} + 10^{-4}(1 - e^{-0.087x})(R^2 = 0.99, P < 0.0001) \tag{9.49}$$

式中，y_0=0.0026，a=0.0001，b=0.087，R^2=0.99，P<0.0001。N=40 为增加斑块数目修复模式的修复阈值。当 N<40 时，随着斑块数目的增加，整体连通性得到改善；当 N>40 时，再增加斑块数目，对整体连通性的改善程度有限。这也说明，在增加斑块数目修复过程中，随着修复数目的增加，连通修复效果越来越小，在考虑经济成本的情况下，可以获得一个最优的修复数目。

为了表明增加斑块数优选模型对连通修复改善的效果，另外模拟了随机修复的结果，随机修复共模拟了 3 次，结果见图 9.85。

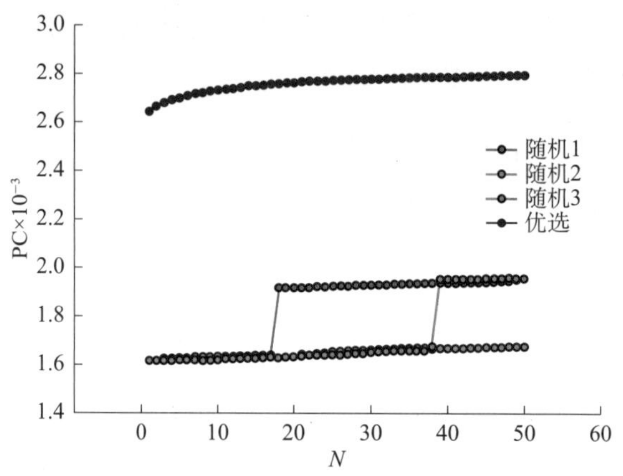

图 9.85 随机修复与优选修复模拟结果

红、绿、蓝分别表示随机修复的 3 个结果；黑色表示每一步修复都考虑最优位置的修复结果

随机修复的过程是：利用 Matlab 2014b 软件自带的随机函数在可修复区（属性值为 3）随机增加 1 个网格，计算 PC′及 dPC；生成新的网络，计算 PC；再利用随机函数增加一个网格，计算 PC′及 dPC；以此类推，得到增加 N 个网格的修复结果。

从随机修复与优选修复模拟结果（图 9.85）可以看出，优选模型对连通的修复效果明显好于随机修复（P<0.0001）。在优选修复中，通过第一步修复实现的修复效果已明显高于随机修复，并且整体连通性呈现连续增加。而随机修复中，整体连通性出现跃变，表明修复具有一定的盲目性。由此可知，随机进行增加斑块数目修复对连通性的改善效果较差。实际修复过程中，在时间和经济有限的情况下，应该充分进行修复位点的甄选，提高修复效果，实现高效修复。

3. 增加数目优先修复格局

以网格作为增加数目修复的最小修复单元，通过增加斑块数目修复模型模拟增加数目修复过程，得到基于 dPCconnector 指数的增加斑块数目优先修复格局（图 9.86）。dPCconnector 指数用来判识连通网络中作为“踏脚石”的斑块，这些斑块是重要的连通节点，通过增加这些位置的斑块，有助于减小斑块间距离，增加扩散成功的可能性，维护整体连通，对连通修复具有较大贡献。

基于 dPCconnector 指数的增加斑块数目优先修复格局（图 9.86）可以看出，绿色由深到浅表示 dPCconnector 指数的由大到小，反映了拟修复网格在整个区域连通网络中的重要性。图中可以清晰地辨识出几处深绿色的区域，分别是研究区北部的一千二地区、东南部的黄河南岸地区、东部的黄河北岸地区及东北部东营港的小部分区域。这些深绿色区域的网格对于维护整体连通性有重要作用，通过增加这些网格，可有效改善网络中斑块间的连通情况，斑块间距离减小，扩散概率增大，整体连通性得到加强。因此，这些深绿色区域可优先修复。

基于 dPCflux 指数得到的增加斑块数目优先修复格局如图 9.87 所示，dPCflux 值越大，表明对应网格在连通网络中承担的流出或流入量越大，绿色由深到浅表示 dPCflux 值由大到小。由图可知，围绕研究区北部的一千二地区和东南部的黄河南北岸地区的值较大，这些地区的盐地碱蓬斑块面积较大，连通重要性也较高。修复过程中，对连通重要性相对较大的斑块周边区域应优先修复。这是由于自身连通重要性高的斑块往往作为“源”，有较高的遗传多样性和个体数，扩散过程中有较多的繁殖体传播出，通过邻近的斑块扩散到较远斑块。通过增加邻近“源”斑块的网格，可以有效地提高扩散能力，从而提高整体连通性。

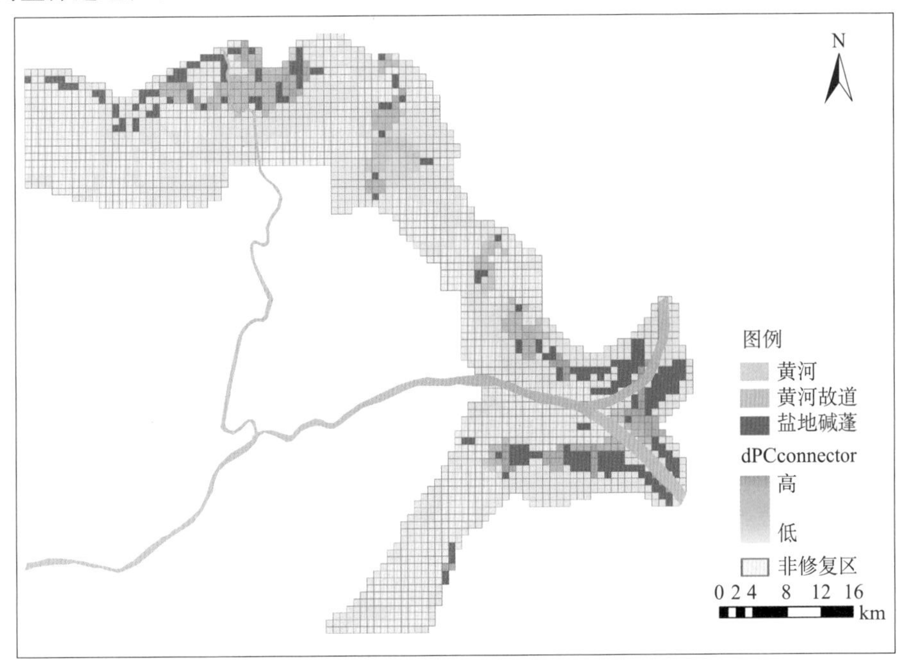

图 9.86 基于 dPCconnector 指数的增加斑块数目优先修复格局

红色网格为盐地碱蓬湿地斑块；灰色网格为非修复区；绿色网格为可修复区；绿色由深到浅表示 dPCconnector 指数的由大到小，反映了拟修复网格在整个区域连通网络中的重要性

通过 dPCintra、dPCconnector 和 dPCflux 三个指数得到的 dPC 指数可以综合地反映拟增加网格的连通重要性，也是衡量连通修复效果的重要指标。由于拟增加的网格面积均相等，因此 dPCintra 值均相等。通过将每个可修复区网格的 dPCintra、dPCconnector 和 dPCflux 三个指数值进行加和，得到每个可修复网格的 dPC 值，可视化结果见图 9.88。网格颜色越深，表明通过增加该网格整体连通修复效果越好，优先修复。通过增加斑块附近的网格，对整体连通性的修复效果越好。在时间和经济有限的情况下，更应该注重修复区位的选择，从而利用更少的投入，获得更大的修复效果。

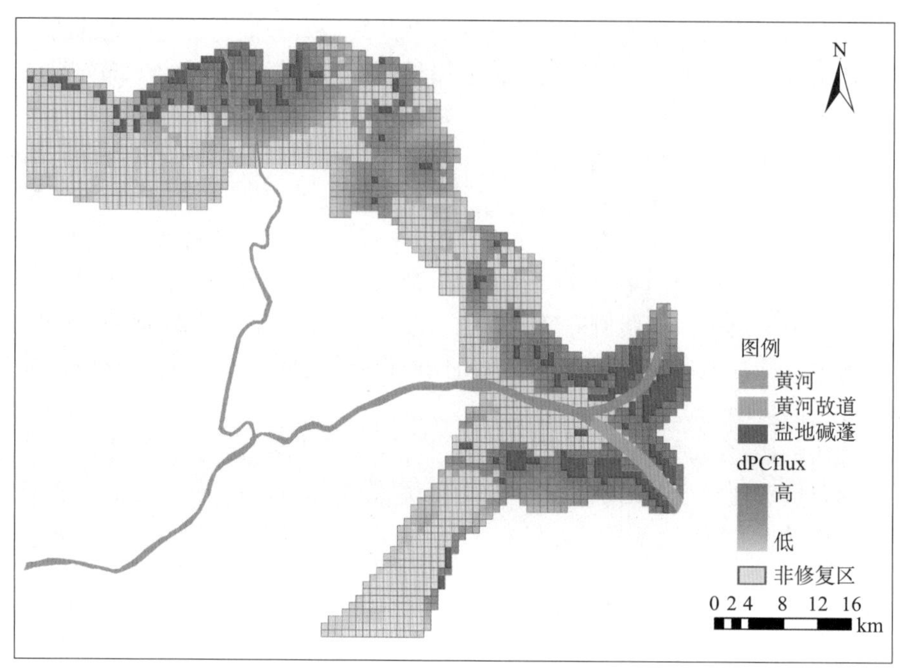

图 9.87 基于 dPCflux 指数的增加斑块数目优先修复格局

红的网格为盐地碱蓬湿地斑块；灰色网格为非修复区；绿色网格为可修复区；绿色由深到浅表示 dPCflux 值由大到小

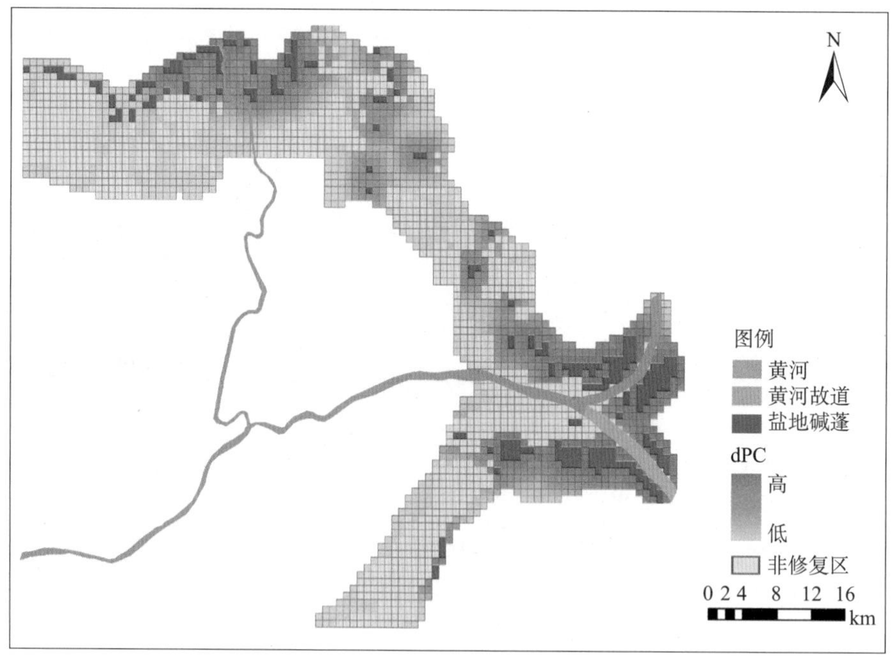

图 9.88 基于 dPC 指数的增加斑块数目优先修复格局

红色网格为盐地碱蓬湿地斑块；灰色网格为非修复区；绿色网格为可修复区；绿色由深到浅表示修复的优先顺序

盐地碱蓬湿地繁殖体的扩散能力较弱，节点的属性（斑块面积）成为影响新增斑块修复效果的重要因素。连通重要性越大的斑块，作为扩散“源”，有更多的个体由它扩散出去，因此通过修复这些斑块周边的扩散通路，可以有效增加扩散的可能性，从而强化整体的连通。对于扩散能力很高的物种，节点属性仍是影响新增斑块修复效果识别的重要因素；对于扩散能力适中的物种，修复效果较好的新增斑块往往是作为关键“踏脚石”的斑块。因此，对于不同扩散能力的物种而言，在优先修复区的识别方面会有所不同。在修复实践中，也可以根据拟修复物种的实际扩散能力，科学地进行修复选址。

通过构建增加斑块数目的修复模型模拟，探究增大面积修复方法的修复阈值与优先修复格局。结果显示，通过增加斑块数目进行的黄河三角洲盐地碱蓬湿地斑块生物连通修复，随着斑块数的增加，PC 指数增大，并且呈现先快速上升后趋于平缓的变化趋势，当数目大于 40 时，PC 值几乎不变。在考虑经济成本的情况下，可以得到最佳的修复数目，即为修复阈值。此外，通过模型模拟，得到增加斑块数目修复的优先修复格局。通过优先修复格局图，可以清晰识别出包括一千二、黄河南北岸、东营港和孤东油田部分区域的优先修复区。对于扩散能力较低的盐地碱蓬居群，连通重要性较高的斑块周边区域为优先修复区。另外，物种的扩散能力对优先修复区的选择有影响，在实际修复中，应该充分研究拟修复物种的扩散能力，科学地进行修复选址。

参考文献

崔保山，蔡燕子，谢湉，等 . 2016. 湿地水文连通的生态效应研究进展及发展趋势 . 北京师范大学学报：自然科学版，52（6）：738 - 746.

崔保山，杨志峰 . 2006. 湿地学 . 北京：北京师范大学出版社 .

冯建彬，吴春林，马克异，等 . 2011. 太湖日本沼虾野生群体遗传结构的微卫星分析 . 应用生态学报，22（6）：1606 - 1614.

傅建军，李家乐，沈玉帮，等 . 2013. 草鱼野生群体遗传变异的微卫星分析 . 遗传，35（2）：192 - 201.

贺强 . 2012. 黄河口盐沼植物群落的上行、种间和下行控制因子 . 上海：上海交通大学 .

高焕 . 2006. 中国对虾基因组串联重复序列分析及其分子标记的开发与应用 . 青岛：中国科学院海洋研究所 .

高云芳 . 2009. 长江口盐沼湿地植物多样性及分布格局 . 上海：上海师范大学 .

龚明昊，欧阳志云，徐卫华，等 . 2015. 道路影响下野生动物廊道选址探讨——以大熊猫保护廊道为例 . 生态学报，35（10）：3447 - 3453.

郭纪光，蔡永立，罗坤，等 . 2009. 基于目标种保护的生态廊道构建——以崇明岛为例 . 生态学杂志，28（8）：1668 - 1672.

何恒流，蔡宇良，高天翔，等 . 2015. 陕西 7 个毛樱桃自然居群遗传多样性的 SSR 评价 . 西北农林科技大学学报（自然科学版），43（6）：193 - 198.

侯明行，刘红玉，张华兵 . 2014. 盐城淤泥质潮滩湿地潮沟发育及其对米草扩张的影响 . 生态学报，34（2）：400 - 409.

姜虎成，冯建彬，丁怀宇，等 . 2012. 淮河安徽段日本沼虾野生群体遗传结构的微卫星分析 . 上海海洋大学学报，21（2）：167 - 175.

刘康，闫家国，邹雨璇，等 . 2015. 黄河三角洲盐地碱蓬盐沼的时空分布动态 . 湿地科学，13（6）：696 - 701.

史功伟．2009. 盐及淹水对不同表型盐地碱蓬抗盐性的影响．济南：山东师范大学．
宋洪海，梁漱玉．2010. 土壤条件对翅碱蓬生长发育的影响．现代农业科技，29（3）：290－291，296.
王摆，韩家波，周遵春，等．2014. 大凌河口湿地水盐梯度下翅碱蓬的生态阈值．生态学杂志，33（1）：71－75.
王丽，胡金明，宋长春，等．2007. 水位梯度对三江平原典型湿地植物根茎萌发及生长的影响．应用生态学报，18（11）：2432－2437.
吴德力，沈永明，方仁建．2013，江苏中部海岸潮沟的形态变化特征．地理学报，68（7）：955－965.
张爱静．2013. 水文过程对黄河口湿地景观格局演变的驱动机制研究．北京：中国水利水电科学研究院．
朱宝光，李晓民，姜明，等．2009. 三江平原浓江河湿地生态廊道区及其周边春季鸟类多样性研究．湿地科学，7（3）：191－196.
Amoros C，Bornette G. 2002. Connectivity and biocomplexity in waterbodies of riverine floodplains. Freshwater Biolog，47（4）：761－776.
Aris R. 1956. On the dispersion of a solute in a fluid flowing through a tube. Proceedings of the Koyal Society of London. Series A，235（1200）：67－77.
Bacon P E，Stone C，Binns D L，et al. 1993. Relationships between water availability and Eucalyptus camaldulensis growth in a riparian forest. Journal of Hydrology，150（2－4）：541－561.
Barton N G. 1983. On the method of moments for solute-dispersion. Journal of Fluid Mechanics，126（Jan）：205－218.
Beauchamp V B，Stromberg J C，Stutz J C. 2007. Flow regulation has minimal influence on mycorrhizal fungi of a semi-arid floodplain ecosystem despite changes in hydrology，soils，and vegetation. Journal of Arid Environments，68（2）：188－205.
Bodinö，Saura S. 2010. Ranking individual habitat patches as connectivity providers：Integrating network analysis and patch removal experiments. Ecological Modelling，221（19）：2393－2405.
Cain M L，Milligan B G，Strand A E. 2000. Long-distance seed dispersal in plant populations. American Journal of Botany，87（9）：1217－1227.
Chang E R，Veeneklaas R M，Bakker J P. 2007. Seed dynamics linked to variability in movement of tidal water. Journal of Vegetation Science，18（2）：253－262.
Cunnings A，Johnson E，Martin Y. 2016. Fluvial seed dispersal of riparian trees：Transport and depositional processes. Earth Surface Processes and Landforms，41（5）：615－625.
Dalongeville A，Andrello M，Mouillot D，et al. 2016. Ecological traits shape genetic diversity patterns across the mediterranean Sea：A quantitative review on fishes. Journal of Biogeography，43（4）：845－857.
D'Alpaos A. 2005. Tidal network ontogeny：Channel initiation and early development. Journal of Geophysical Research，110（F2）.
Friedrichs C T，Armbrust B D，De Swart H E. 1998. Hydrodynamics and equilibrium sediment dynamics of shallow，funnel-shaped tidal estuaries. Physics of Estuaries and Coastal Seas. Rotterdam：Balkema Press.
Friedrichs C T，Aubrey D G. 1994. Tidal propagation in strongly convergent channels. Journal of Geophysical Research：Oceans，99（C2）：3321－3336.
García D，Rodríguez C M A，Amico G C. 2009. Seed dispersal by a frugivorous marsupial shapes the spatial scale of a mistletoe population. Journal of Ecology，97（2）：217－229.
Gil T A，Lecerf R，Ernoult A. 2013. Disentangling community assemblages to depict an indicator of biological connectivity：A regional study of fragmented semi-natural grasslands. Ecological Indicators，

24 (1): 48－55.

Gul B, Ansari R, Flowers T J, et al. 2013. Germination strategies of halophyte seeds under salinity. Environmental and Experimental Botany, 92: 4－18.

Gurnell A M, Thompson K, Goodson J, et al. 2008. Propagule deposition along river margins: Linking hydrology and ecology. Journal of Ecology, 96 (3): 553－565.

He Q, Altieri A H, Cui B S. 2015. Herbivory drives zonation of stress-tolerant marsh plants. Ecology, 96: 1318－1328.

Hill A E, Souza A J. 2006. Tidal dynamics in channels: 2. Complex channel networks. Journal of Geophysical Research Oceans, 111: C11021.

Hood W G. 2007. Scaling tidal channel geometry with marsh island area: A tool for habitat restoration, linked to channel formation process. Water Resources Research, 43 (3): WO3409.

Howard R J, Rafferty P S. 2006. Clonal variation in response to salinity and flooding stress in four marsh macrophytes of the northern gulf of Mexico, USA. Environmental and Experimental Botany, 56 (3): 301－313.

Huckelbridgea, Glennb E P. 2010. An integrated model for evaluating hydrology, hydrodynamics, salinity and vegetation cover in a coastal desert wetland. Ecological Engineering, 36: 850－861.

Huiskes A H L, Koutstaal B P, Herman P M J, et al. 1995. Seed dispersal of halophytes in tidal salt marshes. Journal of Ecology, 83 (4): 559.

Leal L C, Andersen A N, Leal I R. 2014. Anthropogenic disturbance reduces seed-dispersal services for myrmecochorous plants in the Brazilian Caatinga. Oecologia, 174 (1): 173－181.

Leeuwen C H A, Sarneel J M, Paassen J, et al. 2014. Hydrology, shore morphology and species traits affect seed dispersal, germination and community assembly in shoreline plant communities. Journal of Ecology, 102 (4): 998－1007.

Li R, Shi F, Fukuda K. 2010. Interactive effects of salt and alkali stresses on seed germination, germination recovery, and seedling growth of a halophyte *Spartina alterniflora* (Poaceae). South African Journal of Botany, 76 (2): 380－387.

Li S Z, Cui B S, Xie T. 2016. Diversity pattern of macrobenthos associated with different stages of wetland restoration in the Yellow River Delta. Wetlands, 36: S57－S67.

Li W H, Kozlowski M W. 1974. Do-sag in oscillating flow. Journal of the Environmental Engineering Division, 100 (4): 837－854.

McDonald K. 2014. Tidal seed dispersal potential of *Spartina densiflora* in Humboldt Bay (Humboldt County, California) . California: Humboldt State University Thesis.

Meyer G M, Calvo L, Marcos E, et al. 2015. Impacts of drought and nitrogen addition on Calluna heathlands differ with plant life-history stage. Journal of Ecology, 103: 1141－1152.

Mitsch W J. 2000. Large-scale coastal wetland restoration on the Laurentian Great Lakes: Determining the potential for water quality improvement. Ecological Engineering, 15 (3): 267－282.

Nicol S C, Possingham H P. 2010. Shouldmetapopulation restoration strategies increase patch area or number of patches? Ecological Applications a Publication of the Ecological Society of America, 20 (2): 566－581.

Oliva S R, Mingorance M D. 2012. Response of drought and fertilization in Erica andevalensis seed banks: Significance for conservation management. Journal of Environmental Management, 111: 243－248.

Paillex A, Castella E, Carron G. 2007. Aquatic macroinvertebrate response along a gradient of lateral connectivity in river floodplain channels. Journal of the North American Benthological Society, 26

(4)：779 - 796.

Paillex A, Dolédec S, Castella E, et al. 2009. Large river floodplain restoration: Predicting species richness and trait responses to the restoration of hydrological connectivity. Journal of Applied Ecology, 46 (1)：250 - 258.

Perez G F, Gonzalez B M E. 2006. Seed germination of five Helianthemum species: Effect of temperature and presowing treatments. Journal of Arid Environments, 65 (4)：688 - 693.

Prugh L R. 2009. An evaluation of patch connectivity measures. Ecological Applications, 19 (5)：1300 - 1310.

Rand T A. 2000. Seed dispersal, habitat suitability and the distribution of halophytes across a salt marsh tidal gradient. Journal of Ecology, 88：608 - 621.

Reynolds L K, Waycott M, Mcglathery K J. 2013. Restoration recovers population structure and landscape genetic connectivity in a dispersal-limited ecosystem. Journal of Ecology, 101 (5)：1288 - 1297.

Roberts L. 1993. Wetlands trading is a loser's game, say ecologists. Science, 260 (5116)：1890 - 1893.

Rodrigues E B, Collevatti R G, Chaves L J, et al. 2016. mating system and pollen dispersal in *Eugenia dysenterica* (Myrtaceae) germplasm collection: Tools for conservation and domestication. Genetica, 144 (2)：139 - 146.

Saura S, Rubio L. 2010. A common currency for the different ways in which patches and links can contribute to habitat availability and connectivity in the landscape. Ecography, 33 (3)：523 - 537.

Schramkowski G P, Schuttelaars H M, De Swart H E. 2004. Non-linear channel-shoal dynamics in long tidal embayments. Ocean Dynamics, 54 (3 - 4)：399 - 407.

Scyphers S B, Picou J S, Powers S P. 2015. Participatory conservation of coastal habitats: The importance of understanding homeowner decision making to mitigate cascading shoreline degradation. Conservation Letters, 8：41 - 49.

Shao D D, Law A W K, Li H Y. 2008. Brine discharges into shallow coastal waters with mean and oscillatory tidal currents. Journal of Hydro-environment Research, 2 (2)：91 - 97.

Tambosi L R, Martensen A C, Ribeirom C, et al. 2014. A framework to optimize biodiversity restoration efforts based on habitat amount and landscape connectivity. Restoration Ecology, 22 (2)：169 - 177.

Tang A J, Tian M H, Long C L. 2009. Environmental control of seed dormancy and germination in the short-lived *Olimarabidopsis pumila* (Brassicaceae). Journal of Arid Environments, 73 (3)：385 - 388.

Vanmeter K J, Basu N B. 2015. Signatures of human impact: Size distributions and spatial organization of wetlands in the Prairie Pothole landscape. Ecological Applications, 25 (2)：451 - 465.

Wrigh I P, Jones C G, Fleckel A S. 2002. An ecosystem engineer, the beaver, increases species richness at the Landscape scale. Oecologia, 132 (1)：96 - 101.

Yang Q H, Wei X, Zeng X L, et al. 2008. Seed biology and germination ecophysiology of *Camellia nitidissima*. Forest Ecology and Management, 255 (1)：113 - 118.

Yeh G T, Tsai Y J. 1976. Analytical 3-dimensional transient modeling of effluent discharges. Water Resources Research, 12 (3)：533 - 540.

Yu Q, Wang Y P, Flemming B, et al. 2012. Tide-induced suspended sediment transport: Depth-averaged concentrations and horizontal residual fluxes. Continental Shelf Research, 34：53 - 63.

第 10 章

滨海湿地修复性生态补偿机制与模式

▼

滨海湿地修复和补偿是调节经济发展对自然生境不利影响的重要手段，其中深入推进滨海湿地生态补偿工作一直是我国的重大需求。现有研究多注重对滨海湿地价值量补偿的研究，即生态效益补偿或生态损害赔偿，都是人对人的补偿。对于滨海湿地物质量补偿方面，即如何保障滨海湿地生态系统正常运转的研究还没有深入的涉及，缺乏对滨海湿地生态补偿量评估方法的研究，尤其是补偿标准的确定方面存在较大的技术障碍，已成为滨海湿地生态补偿机制建立中亟待解决的重要问题。

本章从生物多样性受损、碳储功能损失、生境丧失等方面，建立了物质量补偿机制，探寻了滨海湿地资源可持续利用途径，有效推动了我国生态补偿机制的建立。构建了滨海湿地生态补偿率模型和异地优先性模型，有效解决了生态补偿机制中补偿标准的定量化问题，进而提出了基于物质量的生态补偿模式。针对生物多样性、碳储等生态功能减退区域，建立了补偿率曲线，提出不同修复目标下不同围填海类型组合的异位替代百分比图谱，并建议了黄河三角洲和长江三角洲原位补偿和异位替代补偿的可补率，提出了围填海的异位替代预案。

10.1 滨海湿地物质量补偿的理论与方法

构建基于物质量的受损滨海湿地生态补偿机制与模式，对于推动滨海湿地生态补偿实践、推进生物多样性保护和资源可持续利用具有重要意义。基于物质量的受损滨海湿地生态补偿的目的是获得物种组成、生境结构和生态功能上的无净损失，达到人们获取生态系统服务物质量的净收益。滨海湿地生态补偿对专业性和技术性要求很高，因此如何构建基于物质量的生态补偿理论与方法体系也成为物质量补偿能否顺利进行的关键。由于滨海湿地生态补偿尚处于探索阶段，还没有建立较为系统的物质量补偿理论体系，对物质量补偿的有关研究常混淆于生态修复中。因此，本节将构建基于物质量的受损滨海湿地生态补偿整体研究框架，详细阐述其理论体系和操作流程，并提出基于物质量的受损滨海湿地生态补偿需要构建的方法学体系，力图构建不同利益群体间的合作关系，共同完成对占用及受损滨海湿地的生态补偿。

10.1.1 滨海湿地物质量补偿内涵

1. 滨海湿地物质量补偿的定义

生态补偿是指向社会付出特定的资源或服务（Y）来赔偿受损的资源或服务（X）。资源是指湿地、鱼类、鸟类和植物等；服务是指生态系统服务，包括供给、支持、调节和文化（Costanza et al.，1997）。基于物质量的滨海湿地生态补偿是指采取适当的保护、修复或重建措施对项目开发产生的重大残余影响的平衡补偿机制，其目标是实现滨海湿地物种组成、生态结构、生态系统功能及相关的人类使用和文化价值方面的无净损失。物种组成和结构包括鱼类、鸟类和植物等的组成和相应的结构；生态系统功能主要是指生态系统服务功能，包括供给、调节、支持和文化（Costanza et al.，1997）。其中，供给服务是指人类从滨海湿地生态系统中获取的各种产品，包括原料供给服务、食品生产服务和提供基因资源服务；滨海湿地调节服务是指人类从发生在滨海湿地生态系统内的各种系统功能和生理生态过程的调节作用中获取的各种收益，包括气体调节、气候调节、废弃物处理、干扰调节和生物控制等服务；文化服务是指人类开发利用生态系统的过程中对其产生的认识，调整生态系统与人类之间关系的各种实践，改变自身的观念、意识、思想和心态，形成特有的文化知识体系、生活方式和艺术形态，包括精神文化、休闲娱乐和教育科研等服务；支持服务是人类所必需的基础服务，包括初级生产服务、生物多样性维持服务、营养元素循环服务和提供生境服务等。物质量补偿的优点在于能够同时实现经济和生态系统保护的协同发展，缺点是以不确定的收益对生态损失进行的补偿存在补偿失败或不足的现象，如何解决这种不确定性成为物质量补偿亟待解决的关键问题之一。

滨海湿地物质量补偿是对围填海工程等人类活动造成的不可修复的残余影响的补偿措施，通过对发展中残余影响的量化，在其他地方额外获得与原有功能收益相当的补偿行为，以实现滨海湿地生物物种组成、生态系统结构、生态系统功能及相关的人类使用和文化价值方面的无净损失或净收益。在应用缓解层级调控措施后，物质量补偿是对不可避免损害的最后补救措施（Kiesecker et al.，2010）。与价值量补偿相类似，物质量补偿也需要首先对工程造成的损失进行计算，但生物多样性等生态功能本身并不存在可交易市场（Salzman and Ruhl，2000；Walker et al.，2009），因此，不能简单地利用市场价值来衡量，本节将采用生态定量法对工程造成的生态结构和功能损失程度进行定量，以同样的方法对补偿收益进行评估，进而确定补偿率。对于物质量补偿的空间规划和选择，应以国家发展规划与环境保护适宜性为指导，积极采取管理措施修复或阻止额外的生境退化。

滨海湿地物质量补偿的目的是实现滨海湿地生态系统服务物质量的无净损失，在物种组成、生态系统功能、栖息地结构及人们的使用和文化价值等方面获得净收益。物质量补偿以无净损失为原则，以保证在滨海湿地受损区域内补偿后相对于受损前资源或生态系统服务物质量的等价，保证前后的无净损失。我们主要是计算需要补偿的合理的面积补偿率。在多数研究中，主要是利用补偿地的最终相应期望收益与受损区域的损失恰好相等为原则。然而，这种原则是不充分的，因为其忽视了补偿面积达到全部补偿价值之前的时间滞后性，同时对补偿面积的期望收益也有一定的不确定性（Hilderbrand et al.，2005）。因此，要获得合理的补偿率，实现无净损失，应考虑以下几个因素：补偿基线的不确定性，不同补偿面积修复失败的可能性及时间滞后性等（图 10.1）。

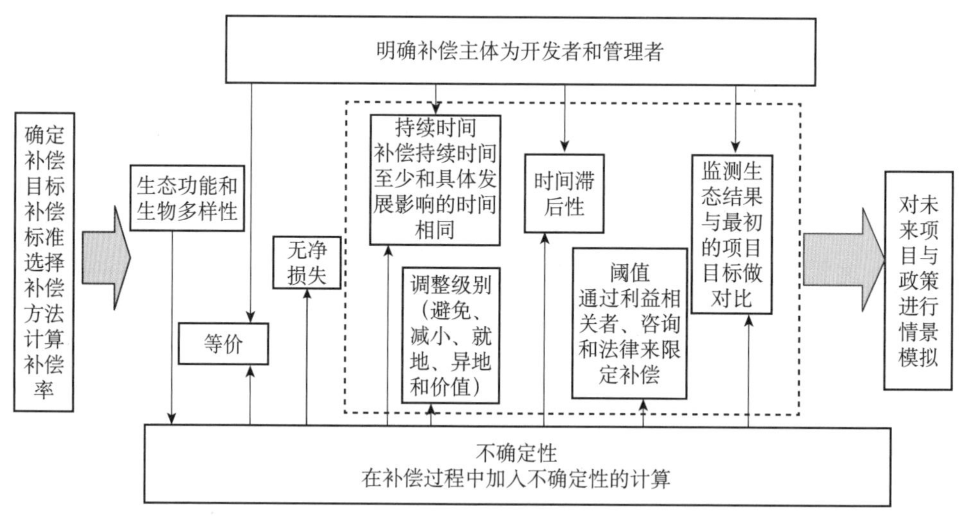

图 10.1　滨海湿地生态补偿实现过程及影响因素

通过修复滨海生境或生态系统，并重新引入本地物种来提高滨海湿地的健康状态；如不存在额外退化生境，则通过新建滨海生境予以补偿。此外，通过减少或消除当前对滨海生态系统的威胁或压力也是有效的补偿措施，如引入可持续性替代材料等。通过给予其他利益的方式阻止滨海湿地被占用及破坏行为，保护即将或预计会丧失生物多样性的滨海区域，避免生态功能的进一步损失。为受开发项目影响的当地利益相关者提供补偿一揽子计划，分析开发项目修复和补偿所带来的成本与效益，权衡开发项目实施的可行性及可修复性。

2. 滨海湿地物质量补偿的原则

滨海湿地物质量补偿是对人类活动造成的不可避免的损失提供物质量替代补偿，需对生态结构、功能和过程损失和收益提出科学的定量评估方法，主要遵循以下原则。

（1）无净损失原则：滨海湿地物质量补偿的目的是实现在物种组成、生态系统功能、栖息地结构及人们的使用和文化价值方面的无净损失或获得净收益。生态补偿的无净损失原则是要保证在滨海湿地受损区域内补偿后相对于受损前资源或生态系统服务物质量的等价，保证开发前后物质量的无净损失。

（2）可行性、有效性原则：科学的补偿机制和合理的补偿率是生态补偿能够顺利实施的基本前提，因此生态补偿机制设计应当综合考虑多方面因素，科学计算生态损失，既能做到限制破坏行为又能保障受损者利益及滨海湿地生态系统的可持续发展，是滨海湿地生态系统物质量平衡的长效保障机制，在不影响经济发展的同时达到改善生态环境的目的。

（3）利益相关者参与原则：在受工程建设影响区域及物质量补偿范围内，应确保利益相关者的有效参与，包括损失评估、补偿区域选取与设计、补偿工程的实施与监测等，利益相关者主要包括政府、企业及社会和个人等，其中政府应从政策制定、实施与监督、资金筹备、立法保护等各方面起主导作用；同时辅以市场作用，即利用市场交易体制实现生态补偿。此外，生态建设问题作为事关社会福利的问题，需要全社会的共同参与和监督。

（4）公平性原则：物质量补偿的设计和实施应遵循公平性原则，承担相同的权益和义务，风险与收益。生态环境资源是大自然赋予人类的共有财富，所有人都享有公平利用自然资源的机会与权力，同时，所有人也都同样享有修复和保护滨海湿地资源的义务，一个人对生态环境资源的利用不能损害他人的利益，否则，就应对滨海湿地进行修复，给予相应的补偿。

3. 滨海湿地物质量补偿的特点

物质量补偿需要量化损失和收益，获得“无净损失”或“净收益”是区分物质量补偿与其他补偿形式（如保护性补偿、生物多样性增强）的关键，对损失和收益如何量化则是物质量补偿的核心。对生态功能整体量化较为困难，如无法统计每个物种每个种群的每个个体特征，并且不同区域具有不同的生物多样性特征，因此，需要选取合适的指标并构建科学的度量方法。目前，通常选择具有代表性或指示性物种对生物多样性进行表征，并将补偿的生物多样性结构、组成和功能与损失区域的生物多样性特征进行相似性分析，以保证补偿的生态功能收益（如使用价值、生物多样性维持和文化价值等）与损失功能差异较小，实现物质量上的无净损失。主要具有以下特点。

（1）额外性：强调超出已有状态所得到的收益，因此，损失和收益的计算需要考虑生态功能现有基线及其变化趋势。基线为未采取补偿措施时，退化区域的生态功能。

（2）长期性：物质量补偿的设计和完成应基于适应性管理的方法，做到适时评估与监测，补偿时间至少应保证与开发工程建设影响的持续时间相同。

（3）物质量存在不可补偿性阈值：当围填海等工程的负面影响较大，对滨海湿地生物多样性或生态系统造成的损失较大时，物质量补偿将不能对这种损失进行补偿，无法获得物质量上的无净损失。同样，对于目前或已经呈现显著下降趋势的物种或生态群落进行物质量补偿也是不合适的，因为补偿失败的可能性极高。不可补偿性阈值的界定目前尚缺乏研究，较多的是通过政府的政策制定或湿地银行等管理机构界定，目前尚未就此达成共识。

4. 缓解、补偿及生态修复之间的区别与联系

针对工程建设等人类活动对生态系统造成的影响，缓解、补偿和修复之间既存在区别又存在联系（图 10.2）。缓解是整体调控人类活动造成的影响，修复和补偿都是缓解层级中的重要组成部分，补偿是对避免损失、减少损失和修复生境后不可避免的剩余影响的调控，补偿更强调额外性。原位缓解是通过修复工程建设区域受到干扰的区域，如在滨海湿地建设道路时，大面积区域受到影响，但工程建设完工后，路边湿地的修复将减少开发造成的损失。异位缓解通常是指补偿，如工程建设产生的泥沙悬浮物可能会造成潮沟或河流的阻塞，影响当地鱼类生物多样性，因此，可通过在河流中下游设置泥沙采集器，并在其他区域投放相同鱼类种群作为补偿，进而减少工程建设对生态系统造成的影响。

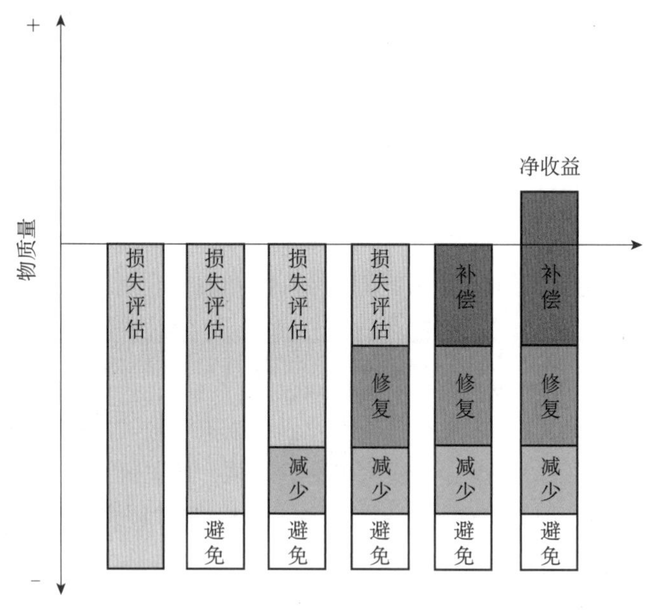

图 10.2　缓解、补偿及修复之间的区别与联系

修复和补偿的区别在于，前者在受损区进行，后者在受损区以外的其他区域进行。例如，在滨海区存在一些油田开采区，在开采后可通过生态修复的手段修复部分区域，以减少油田开采对生物多样性等生态功能的整体影响，其余（剩余）影响将在其他区域

予以补偿，包括修复其他退化区域（修复补偿）和避免其他区域现有生物多样性等生态功能的损失（避免损失补偿）。

10.1.2 滨海湿地生态补偿的类型

本章开展对不同类型滨海湿地生态补偿机制的研究，针对不同功能受损类型，提出补偿模式。生态补偿主要由物质量补偿与价值量补偿组成，物质量补偿有同类补偿和异类补偿、修复补偿和避免损失补偿、直接补偿和间接补偿、原位补偿和异位补偿几种划分方式。当物质量补偿量不足时，则对剩余损失实行价值量补偿。开展多层次补偿模式，保障滨海湿地生态效益的无净损失。

1. 同类补偿和异类补偿

根据补偿目标，滨海湿地物质量补偿主要分为同类补偿和异类补偿两种类型（McKenney and Kiesecker，2010；Bull et al.，2013）。二者之间的区别主要在于受影响和补偿的生物多样性属性是相似或是不同，前者为给予与损失相似的补偿（如相似生境和同一目标物种等），后者则可以是其他类型的补偿，如给予非相似物种、经济补偿及教育和科学研究等。根据《生物多样性公约》对生物多样性的定义，所有的补偿都是异类补偿，因为任何两个区域的生物多样性都不可能完全相同，然而，由于无净损失政策的补偿目标为具体生物多样性替代指标，同类补偿为寻求相应指标的相同或相似。异类补偿要求补偿的生物多样性价值要高于损失的生物多样性价值，如用较受威胁的生物群落（如湿地生物群落）所获得的收益来补偿对一般性或少受威胁的生物群落（如休耕农田）的损失。与保护规划相结合的政策补偿也是较为常见的一种异类补偿方式（Sochi and Kiesecker，2016），通常根据生物的不可替代性、生物的稀有性、成本及受威胁性，结合保护技术方法展开。异类补偿的缺点是忽略了损失和收益之间的联系，使补偿的目标模糊化；异类补偿严格意义上不能算是补偿的有效手段，但政策制定中对生物多样性替代指标的补偿是可行的，如 Habib 等（2013）提出的以加拿大驯鹿保护补偿植被破坏的战略补偿。而类似于生境修复的补偿措施则属于同类补偿，是单个物种或特定生物的补偿。区分同类和异类补偿，对于防止补偿变的多样和模糊，无净损失原则失效具有重要意义。

2. 修复补偿与避免损失补偿

根据所采取补偿行为的类型（如修复、保护）可将滨海湿地物质量补偿分为生境修复补偿和避免损失（也称为规避风险）补偿两种补偿类型。生境修复补偿是指通过额外修复受损生境或生物群落来对生态损失进行补偿；避免损失补偿是指通过消除补偿区域的潜在威胁，避免预期损害造成的损失（如避免砍伐森林）（Gibbons and Lindenmayer，2007；Maron et al.，2010，2012）。

通过避免损失评估获得的收益，必然要依赖在没有额外保护的情况下，对补偿区域生物多样性等生态功能损失率的不确定估计，但是这种损失率不容易评估（Maron et al.，2010；Bull et al.，2014）。此外，避免损失补偿可以通过保护某一区域免受损害

（建立保护区）作为补偿手段（Maron et al.，2012），即使这些区域不太可能会被开发。在避免损失补偿中有时会出现“补偿功能转移”的情况，即补偿的生态功能被全部或部分地转移到其他区域。当补偿区位的选取超出有效范围但仍位于同一地区时，称为直接功能转移；当补偿区位选取超出有效范围且不再位于同一地区（可能位于不同国家或行政区域）时，称为非直接功能转移，通过市场机制再次功能转移，称为二次功能转移（Virah et al.，2014；Moilanen and Laitila，2016）（图 10.3）。

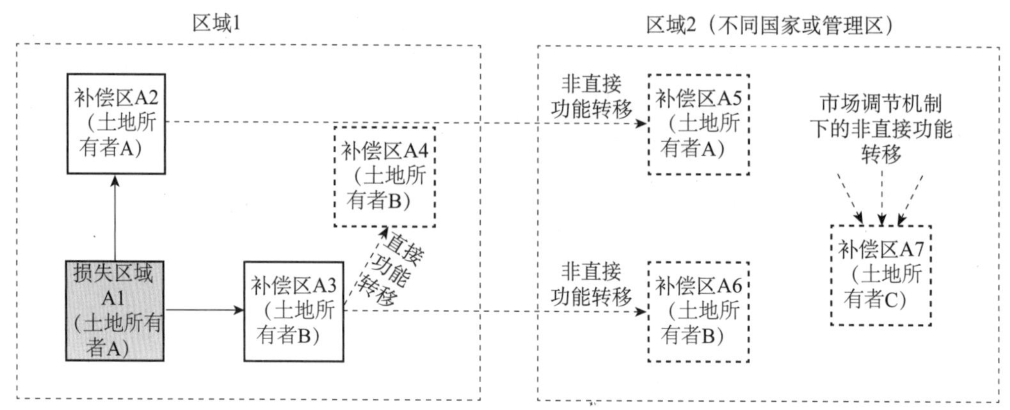

图 10.3　功能转移的类型（Moilanen and Laitila，2016）

3. 直接补偿和间接补偿

直接补偿和间接补偿则反映在多种概念上。根据补偿实施机制的补偿交付途径，直接补偿主要由破坏者支持和交付，而间接补偿主要由第三方负责寻找补偿资金以弥补损失。例如，根据生物多样性补偿结果，直接针对目标生物的补偿为直接补偿，如保护或改善生境；而没有针对性的补偿行为，如公众教育等为间接补偿。通常根据实施机制对直接补偿和间接补偿进行划分，但间接补偿也会带来直接的收益，如增加水鸟标牌和社区教育等直接增加了水鸟生境修复成功的概率（Weston et al.，2011），为目标生物群落带来直接收益。

4. 原位补偿和异位补偿

根据补偿区域的不同，可将补偿分为原位补偿和异位补偿。原位补偿是指在产权区域内的部分区域进行开发活动，利用另一部分区域进行补偿，这部分区域可以是已经退化，或者原有生物、非生物组分未完全退化的生境，通过对残余组分的提升与修复，达到补偿的目的。异位补偿是指在产权区域外选择区域，通过保护、修复或重建对其生物和非生物组分进行提升，使得补偿量与开发建设导致的生态损失量相当，即使用了异位的湿地功能提升对开发建设占据或破坏的湿地造成的损失进行替代补偿。下面对二者间的区别与联系进行进一步解释。

1）滨海湿地损失量与补偿总量

受损滨海湿地生态补偿是针对滨海湿地的生态损失的补偿，因此衡量滨海湿地损失量是生态补偿的第一步，即确定生态补偿的补偿总量。生态补偿的补偿总量取决于滨海湿地在受到围填海等开发或影响前后的状态，及滨海湿地受影响之前的原始状态，拥有生物组分越高则需要补偿的总量越大；同样，不同类型与强度开发活动对滨海湿地造成的影响越强，带来的损失越大，则需要补偿的总量越大。若对于滨海湿地原始状态的单位面积某生物组分 M，在围填海等开发之后下降到 M_i，则两者的差值与围填海面积的乘积则是补偿总量。

滨海湿地的原始状态应借助前期历史资料的积累，对于无历史资料的区域应借助参照湿地来确定已经被围填海占据或影响的滨海湿地原始状态。例如，自然保护区中的自然盐沼湿地，其生物组分的状态为 M_b，因此生态损失可以近似由（M_b-M_i）替代，围填海等开发活动导致的生物组分相对于参照湿地的损失率 P_i，则需要补偿的总量也可表示为 $A_i\times(M_b-M_i)=A_i\times P_i\times M_b$（图 10.4）。

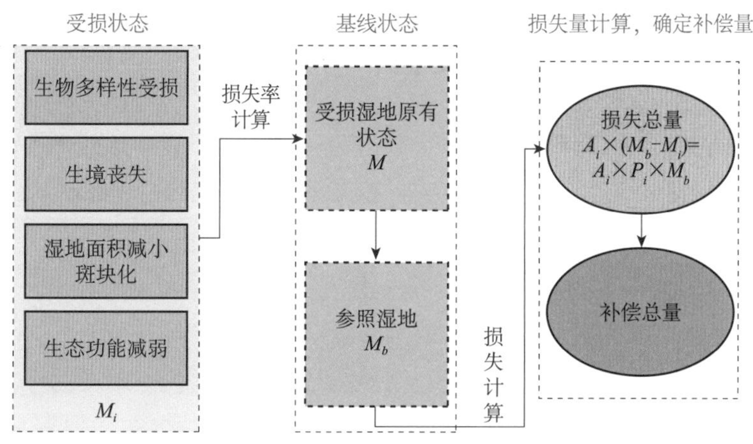

图 10.4　滨海湿地损失量与补偿总量评估模式图

2）原位补偿

针对滨海湿地的生态损失，可以采用同类补偿和异类补偿，其中同类补偿又可分为原位提升性补偿，和异位替代性补偿两种方式。通过修复和提升技术使得单位面积原位组分增加或提高 M_o，即单位面积组分原位提升后与原有量的差值为单位面积的预期补偿量，则预期补偿量为 $A_o\times M_o$（图 10.5）。

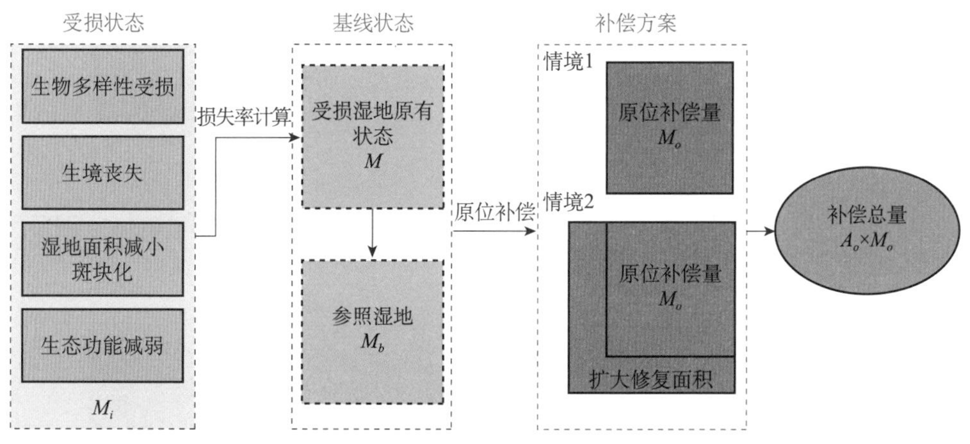

图 10.5　受损湿地原位补偿概念模式图

原位提升性补偿主要适用目标是废弃油田区（图 10.6、图 10.7）、废弃的养殖塘（图 10.8）及围填海周边受损湿地。在油田区中，油井作业区和道路及管线是占用湿地的主体，但是油井作业平台及配套的道路与管线在整个油田区所占比例并不大。油田区中大量的区域是由滨海湿地退化而来的植物群落碎块及裸地，由于堤坝的修建，阻断了水文连通，造成植被的退化。因此油田区是可以用作原位提升性补偿的目标。油田区是黄河三角洲的主要围填海类型之一。

(a) (b)

图 10.6 黄河三角洲油井作业平台的分布情况

(a) 运行中的油井；(b) 废弃的油井

图 10.7 油田区退化湿地

图 10.8　废弃的养殖塘

黄河三角洲 20 世纪 70 年代由于沿海土壤盐碱化严重，围垦较少，通常都是零星的农业利用模式，大量的土地闲置，改良盐碱土地，进行了大量的农业开发，但最后大部分均弃耕，80～90 年代由于经济发展的需要，开始兴建港口，并且开始进行油田的开发，90 年代后由于港口、油田的建设，大量道路开始兴建，水上交通发达，沿海兴起了盐田的开发模式，到了 2000 年后，由于盐田的成本和对盐业的需求减少，沿海养殖业开始兴起，主要以鱼虾、海参养殖为主，以港口带动的工业也开始逐渐发展。随着产业结构的调整，在黄河三角洲区域出现了部分废弃的养殖塘（图 10.8）。养殖塘作为软性的围填海，并没有彻底破坏湿地的所有特征，可以通过拆除围栏、恢复水文连通的方式进行原位提升，因此废弃的养殖塘也是黄河三角洲一种重要的适用于原位补偿的类型。

3）异位替代性补偿

对港口、盐田等围填海引起的滨海湿地面积萎缩、湿地破碎化、修筑堤坝及海岸带挤压等情况，一方面，由于港口、工业用地等硬质围填海，对原有湿地占用彻底，残余的生物组分所剩无几；另一方面，对于生产中的养殖、盐田，以及运行中的堤坝等围填海构筑物，干扰生产而进行修复补偿是不可取的。因此，对于这类情况，并不适用于原位提升性补偿，需要采用异位替代性补偿。

异位替代性补偿主要有两种方式：①异位湿地修复提升；②新建湿地补偿。异位湿地修复提升的模式是对异位的退化湿地（面积）进行修复，修复的目标为参照湿地，则对于异位退化湿地的某一组分单位面积提高了 M_{o2}，所以异位补偿量为 $A_{o2} \times M_{o2}$（图 10.9）。原位补偿不够时，也需增加异位补偿，以达到补偿总量。新扩增湿地补偿则是通过促淤等方式新增湿地面积的异位补偿手段；当同类补偿不足时，再寻求异类补偿予以补充。

采用异位湿地修复提升的方式进行异位补偿，首先需要寻找围填海周边可以被修复的退化湿地，在黄河三角洲，有大量的植被退化形成的植被退化区甚至裸地（图 10.10），可以作为异位补偿的对象。通过修复裸地，提升退化湿地的状态，来达到生态异位补偿的目标。在长江三角洲，有大量的互花米草入侵区，可以作为潜在异位重建补偿区，通过海三棱藨草重建，来达到长江三角洲生态异位补偿的目标。

4）补偿体系

围填海引起的滨海湿地退化，造成了诸多滨海湿地生态问题，其中因围填海而出现

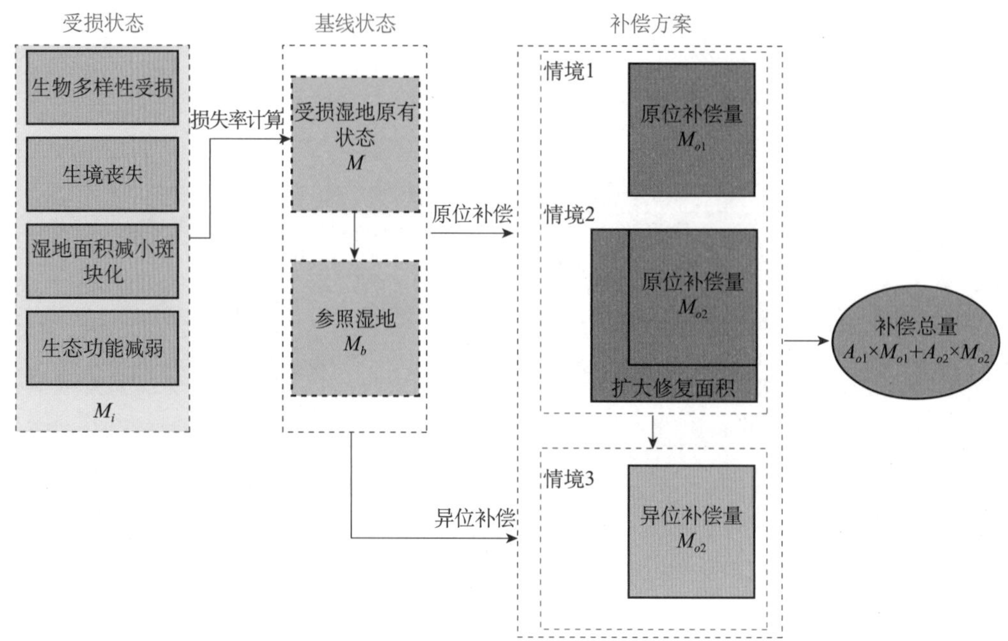

图 10.9　受损湿地异位补偿概念模式图

图 10.10　可以作为异位补偿对象的退化裸地

的湿地裸斑的形成，大型底栖生物群落的破坏，促淤物种的生物入侵及食物链的破损等都使滨海湿地中生物组分受到了干扰破坏，生态补偿的方式可以通过围填海的类型及破坏程度来选择原位补偿、异位替代或价值量补偿的模式（图 10.11）。对于生物组分受损的湿地问题，无论是原位补偿还是异位替代，补偿的主要途径均是分析修复提升后的组分与损失组分的相似性，而其中的关键要素是可以衡量补偿效果及计算补偿面积的补偿率。在时空尺度上，生物组分损失的问题存在影响的外部性扩张及时间尺度上的累积效应。

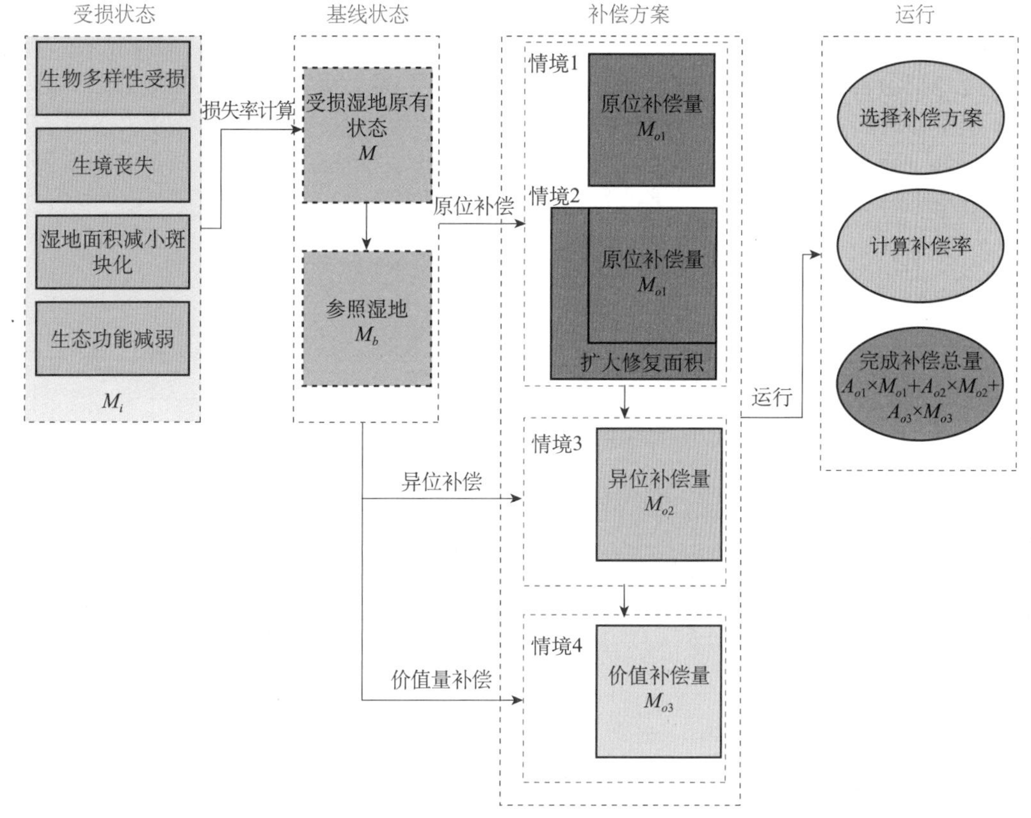

图 10.11　围填海区受损滨海湿地生态补偿体系模式解析图

对于围填海引起的湿地面积减少、湿地斑块破碎化、逐年筑坝及海岸挤压等问题，所采用的是异位替代的补偿模式。围填海周边的退化湿地，包括退化地、裸地或者新生成的湿地是主要的替代对象。主要存在的补偿问题是替代区域的有效性及选择优先性，其主要由补偿路径决定。在时空尺度上，异位替代存在空间上的区位连通性，以及时间尺度上的累积效应。而围填海引起的土壤有机碳的存储能力、水体自净能力、鸟类迁徙等滨海湿地功能的丧失，则需要采用功能转移的方式加以补偿，或者采用价值量补偿的方式。

10.1.3　滨海湿地物质量补偿主体与客体

1. 滨海湿地物质量补偿的主体

中国产权机制与美国、澳大利亚等国家不同，西方国家主要为土地私有制，我国主要有两种：一种是国家所有制，即土地属于国家所有，另一种为集体所有制。因此，国际上践行的生物多样性补偿机制不能完全适用于我国，急需建立适用于我国的中国特色的物质量补偿机制。滨海湿地的生态补偿涉及多个利益主体，包括政府、各类开发商及原有滨海湿地的所有者和使用者。国家一方面确认了原有使用者（如渔民）的用海权

(如养殖用海权)，但并没有给予足够的保障力度，一旦与其他开发商的用海权发生冲突，多处于弱势地位；政府将海域从业组织或个体手中的海域使用权收回，通过招投标的方式将使用权及相应的经营受益权转给各类围填海等开发商，政府和开发商再对原使用者给予补偿（图 10.12）。一方面，该模式导致滨海湿地原使用者处于被动地位，不能自由地交易自己的权益，政府在其中起到“传递”的作用，出现“二次分配”的现象，浪费了政府资源，也使得政府成为其中的主要补偿主体，开发商的补偿义务没有得到应有的重视。另一方面，该模式忽略了生态补偿主要补偿客体，没有将受损滨海湿地考虑其中。

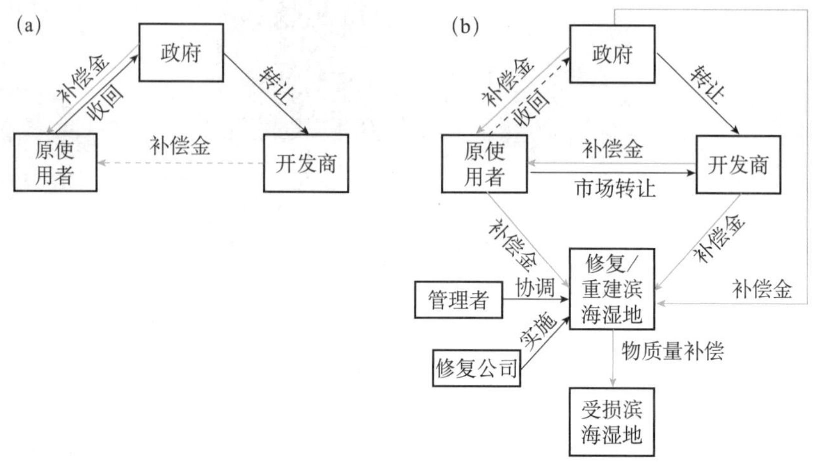

图 10.12　受损滨海湿地补偿主体和客体运行模式解析图

本节提出推行滨海湿地产权交易平台，实行市场化，使原使用者具有自由交易自己使用权的权益，将滨海滩涂和海域等的使用权直接列入产权流转和买卖的行列，从而使其被动交易化为主动参与，省掉生态补偿过程中政府参与的二次分配环节，充分地节约政府资源；并将受损滨海湿地列入主要补偿客体，践行滨海湿地物质量补偿机制，实现滨海湿地资源的可持续利用。而在此模式下，对补偿主体的解析成为保障受损滨海湿地物质量补偿顺利进行的前提，对受损滨海湿地的关键要素受损的解析是践行物质量补偿的基础。

滨海湿地生态补偿主体包括对滨海湿地生态结构、功能及过程进行破坏的相关群体和分享因他人的贡献而增加的生态系统服务功能的群体。政府在滨海湿地生态保护中扮演着重要的角色，但政府并非就是唯一的补偿主体。政府虽然掌握了滨海公共资源，是重要的滨海生态资源开发者，但政府不是开发过程中的唯一受益者，也包括企业或个人，即“谁破坏谁补偿；谁受益谁补偿”。因此，滨海湿地补偿的主体包括政府及开发和受益的企业或个人。主要类型包括以中央政府代表国家对生态系统的修复和维持所进行各种投入的纵向补偿；各区域之间所进行的区际横向补偿，主要是指滨海各行政区域、个人和企业之间所进行的生态补偿。

1）政府补偿

政府补偿是在国家行政权力的强制和保障下，由中央或地方政府通过财政补贴、政策扶持、项目投资、税费改革等多种手段，对生态系统服务损失进行合理补偿的一种方式。以政府作为滨海湿地生态补偿的主体，通过中央或地方政府采用财政转移支付，调整税费征收方式和数额等多种强制性方式对滨海湿地修复和重建提供补偿金，改善滨海湿地生态环境。政府补偿模式比较适用于规模较大、产权界定模糊、补偿主体分散的生态补偿项目。中央或地方政府以其行政强制力介入滨海湿地生态环境中去，是滨海湿地生态补偿最强有力的主体，将在较长一段时期内以其行政强制力作为重要保障发挥其滨海湿地生态补偿主体的重要作用。目前政府的补偿模式主要有以下几种类型。

财政转移支付。政府补偿手段中最重要的是财政转移支付，包括纵向转移支付和横向转移支付两种。其中，纵向转移支付主要是指中央或上级政府对滨海湿地地方或下级政府所采取的财政资金转移支付策略。横向转移支付是指在既定的财政机制下，处于同级的滨海各地方政府之间所进行的财政资金的相互转移策略，进而达到加强滨海各地区之间的合作与交流、推动地区间产业结构的调整及实现地区间共同发展的目的。财政转移支付不仅可以为滨海地方政府开展生态保护建设工作提供必要的资金支持，而且可以补偿滨海地方政府因生态保护建设工作而减少或缺少的财政资金，是一种有效的政府补偿方式（葛颜祥等，2007）。

实施生态保护项目。政府补偿的另外一个重要手段是滨海生态保护项目的实施。实施滨海生态保护项目可以很好地明确生态保护目标策略和得到比较充裕的资金支持，进而在短期内获得较好的生态补偿效果。其中，实施滨海生态环境税费政策是调节滨海生态环境保护与经济发展的重要经济杠杆，主要包括与滨海生态环境修复和保护有关的税收和赔偿政策、滨海生态环境损害的付费制度及消除对滨海生态环境不利影响的补贴政策。通过滨海生态环境税费制度的制定与实施，一方面可以有效筹集滨海生态补偿资金，另一方面可以通过调整市场机制，使企业和滨海湿地使用者选择有利于滨海湿地生态环境保护的生产生活方式。

2）开发商和使用者补偿

企业对滨海湿地的开发和占用，以及对滨海湿地生态环境造成的不良影响，阻碍滨海湿地生态资源和环境的可持续发展，其作为经济发展中最大的受益者，对滨海湿地生态补偿有着最基本的责任。在滨海湿地的研究区内有油田、盐田和港口等作业区，这些作业单元在资源开发和利用过程中对当地的湿地生态环境造成一定程度的破坏，在加强生态保护的同时必须对生态进行合理的生态修复，使原有生态系统得到修复，维护生态平衡。

城镇建筑中的公民和社会组织。公民作为最终的消费者，也应该对间接性滨海湿地资源破坏和环境污染履行补偿义务。随着近年来对滨海湿地的不断围垦和占用，对滨海湿地生态环境的破坏已经无处不在。就生活中常见的垃圾处理等诸多细节性问题的解决，公民应该成为滨海湿地生态补偿主体的组成部分，承担相应补偿责任。除此之外，社会组织主要通过国内或国外组织和个人物资捐赠、捐助等形式进行相应补偿，发挥补偿主体作用。此外，滨海湿地的使用者也是受损滨海湿地的补偿主体之一（如养殖的渔民）。

2. 滨海湿地生态补偿的客体

滨海湿地开发、资源利用过程中的受害者，以及在生态建设中，牺牲自身利益或放弃发展机会以获得生态效益或社会效益的一方为补偿对象；作为社会经济资源存在的自然资源（滨海湿地资源），以及作为有机状态存在的生态环境系统（滨海湿地生态环境），统称为补偿的客体，本小节主要针对受损的滨海湿地生态补偿的客体开展研究。

黄河三角洲在 2000 年之后面临快速开发阶段（宗秀影等，2009），长江三角洲在围填海发展的早期已经得到大量开发（翟万林等，2010）。2005～2014 年，围填海的增长

速度达到每年 $160km^2$（宗秀影等，2009）。自 20 世纪 70 年代以来，黄河三角洲各类型滨海湿地面积变化较大，其中滩涂湿地、盐沼湿地面积呈逐渐减少的趋势（栗云召等，2011；张成扬和赵智杰，2015），由于实施了湿地恢复工程，淡水芦苇沼泽有所增加，已成为黄河三角洲滨海主要湿地类型之一（刘艳芬等，2010；刘庆生等，2010）；2000 年以后，黄河三角洲的围填海活动快速发展，滩涂与盐沼湿地大面积丧失（栗云召等，2011；张成扬和赵智杰，2015）；同期，长江三角洲则以滩涂湿地和淡水沼泽湿地下降明显（徐娜，2010；宗玮，2012）。因而通过生态补偿来减缓黄河三角洲和长江三角洲的生态损失已刻不容缓（图 10.13、图 10.14）。

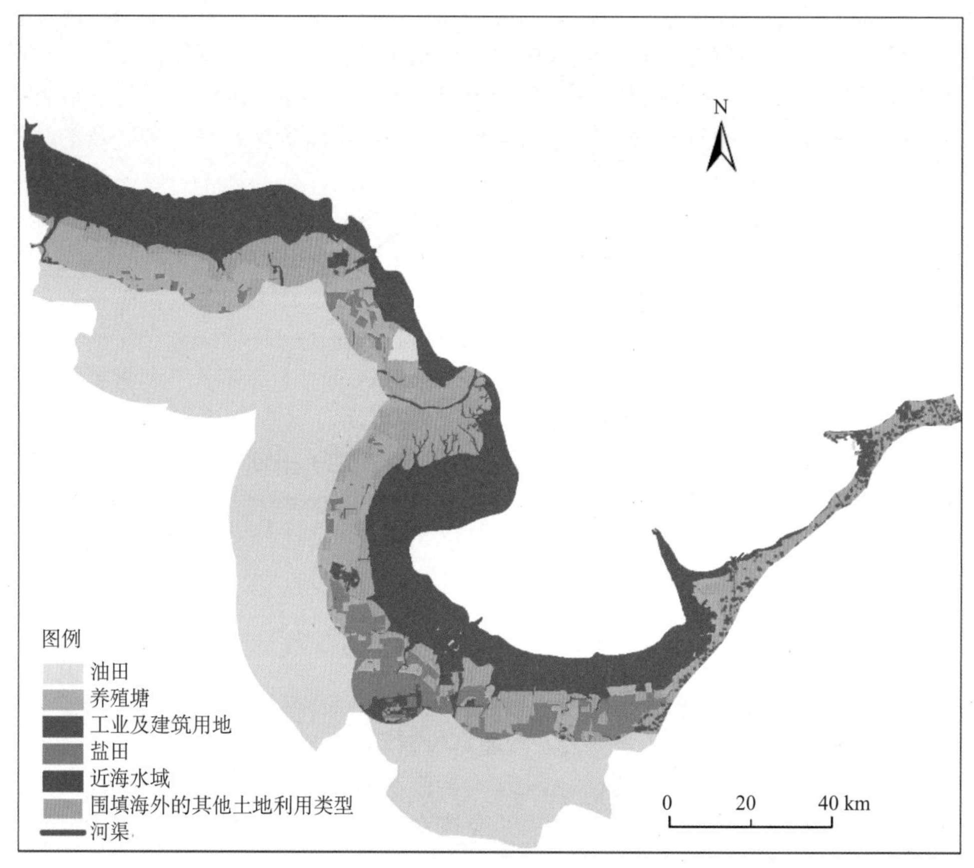

图 10.13　黄河三角洲围填海类型与范围分布

围填海区受损滨海湿地生态补偿主要针对在围填海开发的直接占用或间接影响下造成的生态损失，通过等量的物质量进行弥补与替代。通过驱动因子—压力因子—围填海影响—围填海造成的损失的分析模式来解析围填海区受损滨海湿地生态补偿的机制（于淑玲等，2015）。对于滨海湿地而言，围填海之所以飞跃发展，是由于人口膨胀、城市化、水产养殖与捕捞业发展、能源开采、临港产业规划与发展及滨海旅游业等的驱动。可见，追求经济发展的各种行为是导致围海、填海造地的驱动因子。围填海对滨海湿地的压力因子主要包括围海和填海。围海是指在海岸修筑海堤、围割部分海域，并将海域内的水排干，使该海域的海床和底土露出，形成陆地；或是在排干海域内的海水后，以泥土、砂石等固体物质填入其中并覆盖之，使之形成陆地。填海是指以固体物质覆盖原

图 10.14 长江三角洲围填海类型与范围分布

有海域，并形成土地，改变海域属性。上述的围填海活动一方面从根本上改变了原有的滨海生态系统结构，带来其生态功能的变化；另一方面，围填海活动对其周边湿地也产生一定的影响（宋红丽和刘兴土，2013）。围填海区的土地利用类型主要包括盐田、农田、养殖塘、油田开采区、已围待建水域、已围滩涂、港口和工业城镇建筑物 8 类。围填海活动改变湿地的基质，阻断湿地与外界的连通，对湿地的生物和非生物结构造成极大的破坏，导致过程受阻，从而影响湿地生态系统功能的发挥。围填海对滨海湿地造成的影响主要包括生境丧失、面积减小或斑块化、生态功能减弱和生物多样性受损等（图 10.15）。本节从滨海湿地关键物种组成及其功能补偿的角度入手，既保证补偿了围填海等人类活动造成的面积减小和生境丧失问题，同时也保证补偿了损失的物质量关键物种组成和生态功能，通过关键要素的修复促进整个生态系统服务的提升。

1）大型底栖动物物种组成

围填海对大型底栖动物群落及其功能具有显著影响（Blockley，2007；Dugan and Hubbard，2008）。相关研究表明，自然生境中大型底栖动物的丰度显著高于围填海区（Bulleri and Chapman，2010；Chapman and Bulleri，2003；Chapman and Blockley，

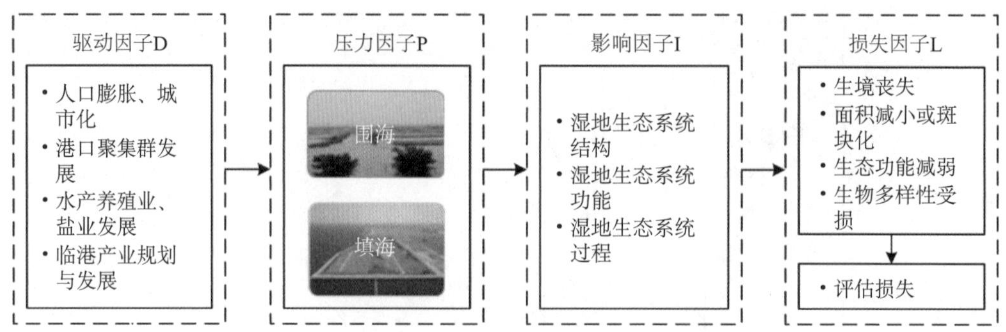

图 10.15　围填海区受损滨海湿地生态补偿分析框架

2009；Seitz et al.，2006），并且围填海对其种类多样性产生很大的负面影响（Yan et al.，2015）。大型底栖动物是滨海湿地一种典型的指标物种，其活动范围相对固定（Li et al.，2016a），是衡量物种多样性的重要指标，对环境因素变化敏感，是食物链中其他物种（如鸟类）的关键环节（Kristensen et al.，2014）；也对滨海湿地生态系统物质循环和能量流动起着重要作用（Herman et al.，1999）。生物多样性结构补偿主要是对种群的种类和丰度的补偿，补偿方式主要包括直接补偿（如增殖放流）和间接补偿（补偿生境和食源）。大型底栖动物的主要食源为有机碎屑，本节主要采取生境修复，通过补偿植被的方式对其食源进行补偿，以恢复大型底栖动物的物种组成。

2）滨海湿地碳储功能

滨海湿地碳储功能对全球碳循环起到重要作用，是湿地生态系统应对全球气候变化的关键所在（Tang et al.，2011；Lamb et al.，2016）。滨海湿地土壤碳储库流通率的微小变化就可以大大改变全球碳的收支情况，进而影响着滨海湿地和全球的生产力（袁兴中和何文珊，1999）。随着人类活动导致物种的损失（Walker and Steffen，1999；Sala et al.，2000），生物多样性与生态系统功能之间的关系研究也越来越得到重视。大型底栖动物种群是滨海湿地生态系统的重要组成部分，是食物链的重要环节，通过对营养物质的吸收、转化、降解、排泄等过程参与滨海湿地生态系统的物质循环，并且在更大程度上影响全球碳、氮和硫等重要元素的循环。滨海湿地是一个巨大的碳储库，毫无疑问，底栖动物对碳的循环会产生影响。

滨海湿地土壤中的原生动物、小型动物和大型动物捕食细菌，可能提高或降低细菌的活动性，进而使有机质再次矿化。底栖动物群落影响滨海湿地生态系统其他成分的重要途径之一是通过矿化作用及释放所消耗的植物营养物质。此外，有机物质是被永久储藏在滨海湿地的土壤中还是以二氧化碳的形式进行物质循环，除了依赖于土壤微生物的分解作用外，还取决于沉积物的摄食者及其沉积作用，影响滨海湿地土壤在垂直方向上对有机颗粒物的埋藏或混合（袁兴中和何文珊，1999）。植物吸收大气中的二氧化碳转化为净初级生产力，并通过植被进入食物链，其中，大型底栖动物以植物碎屑为食，也是土壤碳储功能重要的组成部分（Tang et al.，2011）。土壤有机质主要来源于生物量的分解，生物多样性直接决定了土壤碳储功能的高低（Catovsky et al.，2002；Gleixner et al.，2005）。因此，本节以物种碳储功能补偿展开研究有利于与物种结构补偿做整合，达到滨海湿地关键物种组成和关键功能总体上的无净损失，补偿方式主要采用对碳储功能具有重大提升作用的植被修复手段。

10.1.4 滨海湿地生态补偿率及补偿流程

1. 滨海湿地生态补偿率

1）滨海湿地生态补偿率内涵

通过对生态功能损失的计算，生态收益的不确定性模拟评估，分析工程建设产生的影响及对时间滞后效应进行模拟，以实现无净损失为目标，进而实现对补偿率的计算。其次，补偿率还需考虑社会实践和政策的影响，开发者需承担补偿失败的风险，并将其考虑到补偿率的计算中。

在无净损失原则下，补偿率是补偿的生态系统服务物质量收益与受损区损失的生态系统服务物质量的相对量，或针对受损区所采取补偿的相对面积，如补偿率为 2，意味着补偿的收益需 2 倍于受损区的损失量，或 2 倍的补偿面积所产生的收益应与影响区域的损失量相等（Laitila et al.，2014）。补偿率是用于解决补偿收益所具有的不确定性及相对于损失的时间滞后性（主要通过时间贴现给予解决，如 Gibbons et al.，2016）的策略。补偿率也存在小于或等于 1 的情况，即生态收益大于或等于损失量（Yu et al.，2017）。因此，在无净损失政策和补偿项目中应明确补偿率及其用途。例如，应明确补偿率是为了增加补偿收益以获得净收益，还是为了调整补偿中的不确定性和时间滞后等因素；此外，任何小于 1 的补偿率要特别仔细检查；解决补偿中存在的不确定性和时间滞后性等科学问题是实现无净损失的关键组成部分。

2）补偿不确定性因素

物质量补偿机制具有一定的不确定性（Cuperus et al.，2001；Bruggeman et al.，2005；Morris et al.，2006；Gibbons and Lindenmayer，2007；Moilanen et al.，2009），包括对生物多样性等的定义和衡量方法的理论不确定性及对未来收益评估的不确定性等。首先，未来收益可能低于评估值，如补偿的滨海湿地生境物种丰富度比预期要低；补偿区域本底调查所获得的信息不准确等；其次，损失物质量可能完全无法补偿，如关键物种可能无法在补偿区域定殖；最后，修复区域存在修复失败的可能性。这些不确定性在修复补偿类型中表现得尤为明显，避免损失的保护性补偿虽也同样适用，但不确定性相对较小，甚至为零。补偿收益与发展造成的损失之间存在着时间上的偏差（图 10.16）称为时间滞后，因此，虽然损失量可以确定，但未来的收益可能会延迟或根本没有实现，即修复生境在未来存在进一步变化的可能性（Bekessy et al.，2010）。因此，可要求在滨海湿地开发前实施补偿（Bekessy et al.，2010）或采取时间贴现的形式进行调控。

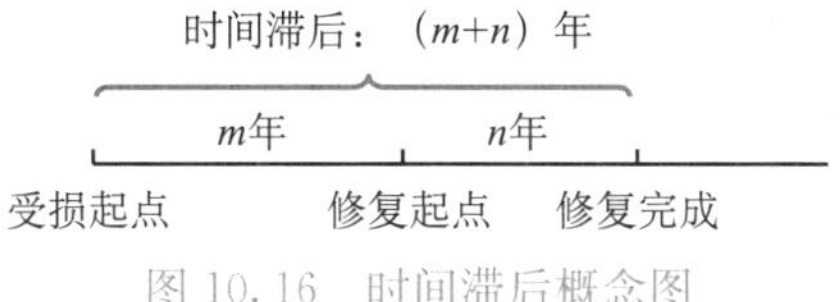

图 10.16 时间滞后概念图

3）滨海湿地物质量补偿参考系

实现无净损失的基础是以什么样的参考系为评估基础，也称为基线。一系列的环境特征构成无净损失的目标，包括可再生资源、生物多样性及相应的土壤和水质等指标，统称为物质量关键要素。确定一个适当的交换单位对于诸如生物多样性或生态系统等特征是一个不小的挑战，往往因为时间和空间上的连续变化而无法精确测量。因此，基线主要分为固定情景和动态情景两种（图 10.17），固定情景通常是指当前或过去的参考状态，而动态情景则反映了基线变化的持续速率，如在没有实施无净损失政策的情况下，生物多样性指标的变化趋势（Bull et al.，2014）。每种情景又涉及不同情况下补偿目标的参考情景。

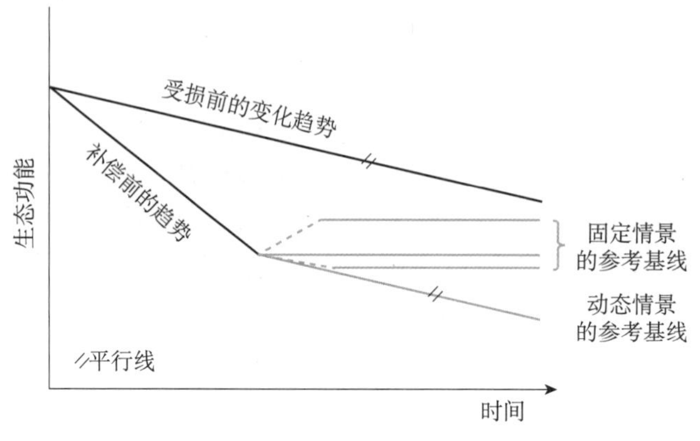

图 10.17　参考基线类型

固定情景是以补偿收益抵消开发工程造成的损失，使滨海湿地生态系统服务物质量维持在固定参考水平，具有简单和容易操作等特点，且以固定状态为目标可提高对物质量评估的可操作性。然而，有些目标是基于未来不确定状态，而不是以实际状态为固定基线，因此，固定情景的基线具有一定的不确定性。并且固定情景的参考基线也可以与期望的“目标”相匹配，该“目标”可以高于或低于当前状态。例如，植被类型损失的补偿主要涉及保护面积与损失面积的比率，如果所有剩余的植被或者因开发而损失或者作为保护补偿，则每种植被的保护目标与期望目标相匹配。设定反映物质量关键要素进一步减少的参考基线情景会带来挑战和风险，特别是对于生物多样性中最脆弱的组成部分或超过阈值的情况。因为一些生物群的持久性（如已经岌岌可危的濒危物种）主要取决于当前生境的可获得性或质量的改善情况；可能进一步减少生物多样性，带来不可接受的后果。因此，设定合理的固定情景参考基线，是保障生物多样性和生态系统补偿顺利进行的关键因素之一。

动态情景是指参考基线随时间变化的情景，如国际自然保护联盟关于生物多样性补偿的政策中，对参考情景是在没有人类活动和补偿的情况下设定的，并强调其设定应能实现无净损失或净收益。这种参考情景被称为反事实，即在没有某种干预情况下生态系统的状态。因此，这种反事实情况将取决于正在实施补偿的范围内的政策环境。使用这种动态参考情景具有明显的挑战性：首先，诸如生物多样性保护或土地生产能力等自然资本方面的预期结果往往与国家政策相关（如美国土地利用政策强调到 2020 年湿地保护面积增加 17%，保持土地生产能力高于 2015 年的水平），且动态参考情景的政策不是实现固定状态。其次，选择的参考情景需要对未来变化进行合理和相对详细的预测，这一过程本身就具有挑战性。最后，随着时间的推移，变化速率可能在空间上有很大差异，因此确保参考情景按既定变化速率的挑战依然存在。

2. 滨海湿地物质量补偿流程

明确滨海湿地物质量补偿步骤，明确每一步骤的实施目的，揭示每一步骤的基本原理，并提出所要回答的问题及其预期取得的成果，有助于解决滨海湿地物质量补偿中的关键问题。同时，明确补偿步骤有助于探索实施物质量补偿的适用性，调整所涉及的指导策略以适应具体的工程建设补偿项目相关法律和实践环境；针对不同步骤可以有多种实现方法，如对于基于物质量的生态功能损失和收益的定量有多种方法，明确相应步骤的基本原理是方法选择的关键，同时，应根据工程建设实施区位、背景、可利用资源及时间可行性等选择最优方法。滨海湿地物质量补偿设计流程以时间顺序展开，后续步骤取决于前一步骤的结果，部分工作需要同时展开，特别是前四步，都是为了了解工程建设项目的实施背景、对生物多样性等的影响，补偿的必要性及补偿过程中所涉及的主体和客体等。滨海湿地物质量补偿实施主要包括以下几个步骤（表 10.1）。

表 10.1 滨海湿地物质量补偿流程

	物质量补偿步骤	目的
1	识别人类活动影响类型和范围	了解开发项目的目的和范围，以及可能在整个生命周期的不同阶段进行的主要活动；确定关键决策和合适的“入手点”，将物质量补偿与项目规划相结合
2	面向湿地生态补偿法律法规及生物多样性保护等政策	明确生态补偿的法律要求，深入理解政策背景，包括政府政策、贷款政策及湿地修复公司的相关政策等
3	强制利益相关者参与	确定主要利益相关者，建立有效的参与规章制度及流程
4	针对人类活动造成的剩余影响，评估补偿的必要性	确定采取缓解层级后是否存在剩余影响，针对功能损失采取必要的补偿措施
5	构建物质量损失与补偿收益的定量方法	确定物质量损失与预测补偿收益的定量方法和指标
6	识别潜在补偿区域，评估补偿基线	利用生态和社会经济学原理识别潜在补偿区域的位置，制订更加详细的补偿计划
7	选取最优补偿区位，计算补偿收益	构建补偿适宜性模型，选取最优的补偿区位；应用相同的指标和方法对工程建设造成的生态功能损失及补偿策略获取的收益进行计算，确保补偿与损失相平衡
8	完善补偿设计方案及流程，对补偿区域实行实时监测与管理	记录补偿类型及实施区域，监测补偿实施区域生态功能收益的动态变化，确保成功获得“无净损失”，解决如何满足利益相关者的要求，以及如何影响国家和政策需求

针对基于物质量的受损滨海湿地生态补偿机制与模式的建立，首先应对围填海等活动影响下受损滨海湿地生态补偿的关键要素进行解析，即识别围填海的类型、占用或影响的面积及其时空变化，并对相应类型及区域的利益相关者进行分析，确定补偿主体；再根据滨海湿地关键物种的组成和功能计算围填海造成的滨海湿地物质量损失；根据围填海造成的受损程度，对不同类型围填海的原位或异位补偿进行成本效益分析，进而确定补偿方案，选取补偿地，并对其适宜性分析，计算补偿率，利用滨海湿地修复技术及原理，完成对滨海湿地物质量的补偿。本章以黄河三角洲高效生态经济区和长江三角洲围填海对滨海湿地的占用为案例，以滨海湿地关键物种组成和功能为研究对象，说明基于物质量的受损滨海湿地生态补偿如何运行。

10.2 基于物质量的受损滨海湿地生态补偿率

围填海对滨海湿地的占用显著降低了物种的丰度和多样性（Chapman and Blockley，2009；Vaselli et al.，2008），并影响其相应的功能。放慢或停止发展对缓解其造成的损失当然是有帮助的，但在面对经济发展的需求时，显然是不现实的。基于物质量的生态补偿可能是最有效的缓解策略（BBOP，2009；Cuperus et al.，2001；Moilanen et al.，2009；Perrow and Davy，2002），因为理论上它为经济开发活动提供了最大的灵活性，同时缓解了开发活动造成的物质量损失（Gibbons et al.，2016），能够同时满足生物多样性保护和经济发展的需求（Bull et al.，2013）。基于物质量的生态补偿可以通过修复其他区域退化的生境予以补偿（修复补偿），也可通过保护那些即将或预计产生物质量损失的地区予以补偿（避免损失补偿）（BBOP，2009；Gibbons et al.，2016），本节主要针对修复补偿开展研究，修复补偿工程需补偿损失物种等价的收益，利用补偿率（Moilanen et al.，2009）可以很好地解决补偿多少的问题，确定需要修复物质量的数量和质量，以实现无净损失。

本节基于物质量对黄河三角洲和长江三角洲受损滨海湿地补偿率开展研究，首先，构建数学模型对围填海的损失及补偿的收益进行定量。其次，评估围填海对大型底栖动物物种组成及湿地碳储量造成的损失，主要通过不同围填海类型大型底栖动物物种组成及碳储量的调查，并与邻近自然参照湿地相比较的方式获得，解决原有研究主观性的问题。由于围填海区原有物种组成及碳储量数据的缺乏，很难进行绝对影响评估，因此，本节采用与邻近参照湿地的物种组成及碳储量做对比获取相对影响，两种方法都被认为是可行的（Koellner et al.，2013）。再次，利用参考系的模糊集或离散区间解决基线的不确定性问题。最后，为了补偿围填海对物种组成及功能造成的损失，需额外修复或重建等价的生境，本节对不同修复目标不同时间滞后条件下的最小补偿率进行模拟，指导基于物质量的不同围填海类型影响下受损滨海湿地生态补偿实践工作。

10.2.1 补偿率计算模型

构建基于物质量的受损滨海湿地生态补偿模式，开展滨海湿地物质量补偿率研究，解决不同围填海类型需要补多少的问题。补偿率是基于物质量生态补偿的核心和关键，本节提出不同生态修复模式的补偿率核算方法，有效解决了基于物质量生态补偿机制中补偿面积的定量化问题，可为滨海湿地生态补偿的补偿率确定提供方法体系和理论支撑，对国际其他滨海湿地生态补偿的研究具有借鉴意义，有助于解决滨海湿地资源利用和保护的矛盾，实现经济发展和环境保护的可持续发展。

1. 补偿率计算模型

1）无净损失

基于物质量的受损滨海湿地生态补偿的目的是实现滨海湿地生态系统服务物质量的无净损失，在物种组成、生境结构、生态系统功能和人们的使用、文化价值方面获得净收益，即补偿的物种组成及功能或生态系统服务物质量等于或大于损失量（图 10.18）（Yu et al.，2017）。围填海造成的生态系统服务物质量损失主要取决于围填海占用面积 A、占用时间 t 和占用前后生态系统服务物质量的差异（Parkes et al.，2003），并且本节假设围填海造成的损失和来自补偿的收益都是即刻并永久的。

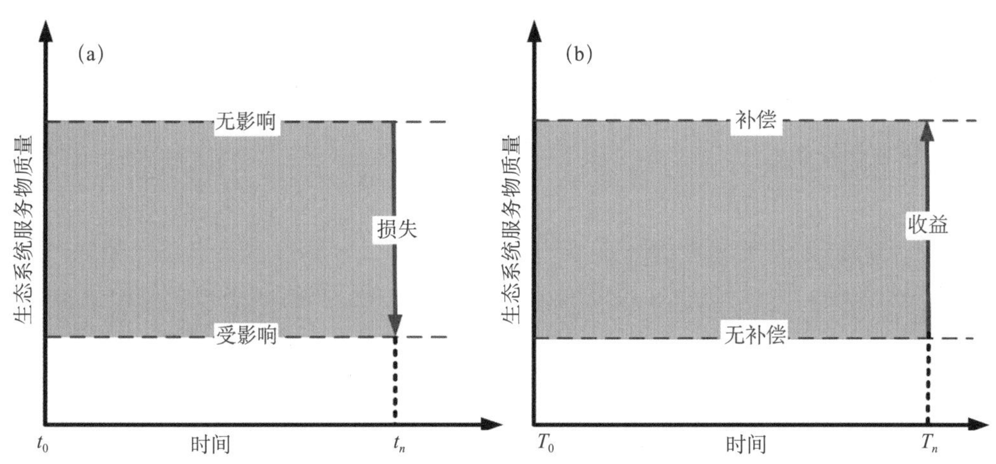

图 10.18　围填海等工程造成的生态系统服务物质量损失（a）与补偿产生的生态系统服务物质量收益（b）概念图

受损滨海湿地生态系统服务物质量的损失为在 t_n 年，围填海类型 i 的生态系统服务物质量相对于参考基线的变化情况［图 10.18（a）］，补偿收益为补偿区域在修复后的总量相对于其未修复之前（反事实情景）的变化情况［图 10.18（b）］。反事实情景是指未实施补偿的情况，只有当补偿收益高于反事实情景时才具有额外性，才能用来补偿损失（Maron et al.，2013），本节中反事实情景的值也是基于数据及野外调查获取。此外，为了使未来的损失和收益与当前的损失和收益具有可比性，采用贴现率指数模型对其进行转化。将损失与补偿的收益贴现到损失开始时间 t_0（或未损失的时间点），当收益大于或等于损失时为无净损失。其中，t_n 为损失结束时间，T_n 为补偿收益时间（湿地修复或重建），T_n 可以等于或大于 t_n，即当在进行围填海等开发的同时修复或重建补偿湿地，则 T_n 等于 t_n，当围填海等开发后才进行补偿时，则 T_n 要大于 t_n。

2）围填海等工程造成的生态系统服务物质量损失计算

假设围填海造成的生态系统服务物质量损失是即刻和永久性的，则面积 A_I 的围填海在时间 t_n 内的生态功能相对损失为 M_{loss}，其计算公式如下：

$$M_{\text{loss}}(A_I, t_n) = \sum_{t=t_0}^{\infty} \frac{(Q_{\text{ref}} \times P_{I_i})}{(1+r)^t} \times A_I \tag{10.1}$$

$$P_{I_i} = \left(1 - \frac{Q_{\text{rec}}}{Q_{\text{ref}}}\right) \times R_I \tag{10.2}$$

式中，Q_{ref}为参照区的生态系统服务物质量；A_I 为某种类型围填海的面积；r 为贴现率；P_{I_i} 为某围填海类型在时间 t 相对参照区的生态系统服务物质量损失率；Q_{rec}为 t 时围填海类型 I 的生态系统服务物质量。假设损失是即刻和永久的，因此 t_n 取无限。由于生态系统服务物质量的变化也受气候变化的影响，因此，在计算生态系统服务物质量损失率时，应将围填海与生态系统服务物质量变化相关性（R_I）考虑进来，根据前人研究（Yan et al.，2015），我们将其取值为 0.5113（Yan et al.，2015），但不包括工建用地，因为工建用地的完全占用，生态系统服务物质量将全部损失。

3）补偿收益定量

我们假设滨海湿地生态系统服务物质量补偿的收益也是即刻和永久性的，则面积 A_O 的补偿区域在时间 T_n 内的生态系统服务物质量相对收益为 M_{gain}，其计算公式如下：

$$M_{gain}(A_O, T_n) = \sum_{t=T_0}^{\infty} \frac{(Q_{rest} \times P_{O_i})}{(1+r)^t} \times A_O \tag{10.3}$$

$$P_{O_i} = (1 - \frac{Q_X}{Q_{rest}}) \times (1 - R_O) \tag{10.4}$$

式中，Q_{rest}为补偿区修复 t 时的生态系统服务物质量；A_O 为某种类型围填海的补偿面积；r 为贴现率；P_{O_i} 为补偿区域在时间 t 的相对生态系统服务物质量补偿收益率（Maron et al.，2015a）；Q_X 为潜在补偿区初始的生态系统服务物质量；R_O 为修复失败的风险，同样由于假设补偿收益是即刻和永久的，T_n 取无限。

4）补偿率计算

无净损失原则是补偿收益必须能够补偿损失，即 $M_{gain}(A_O, T_n) \geq M_{loss}(A_I, t_n)$（Laitila et al.，2014），我们将 $M_{gain}(A_O, T_n) = M_{loss}(A_I, t_n)$时的补偿率定义为最小补偿率，可得到最小补偿率计算公式如下：

$$M_0 = \frac{A_O}{A_I} = \frac{(Q_{ref} \times P_{I_i})}{(Q_{rest} \times P_{O_i})}(1+r)^{T_0} \tag{10.5}$$

式中，M_0为补偿率；T_0 为补偿滞后时间（Bull et al.，2013）。

5）基于受损滨海湿地关键物种组成及功能修复补偿情景的补偿率模拟

（1）修复目标为物种组成或功能参考基线上界时的补偿率。利用公式模拟计算不同围填海类型为获得无净损失所需的补偿率，修复总量（Q_{rest}）可以很大程度影响补偿率，并且本节假设修复能够达到相应湿地类型的基线值。在对大型底栖动物物种组成补偿率的模拟中，滩涂湿地、盐沼湿地、淡水湿地和近海水域香农-维纳指数的指数基线取相应的四分位数为变化区间；为了使补偿的物种与损失的物种种类相同或相似，本节对 4 种湿地 Sørensen 相似性指数的基线值都取 1，补偿区域选择裸地，修复目标选择物种组成或功能的上界。物种组成的补偿首先应满足补偿的种类一致，再保证补偿的丰度相当，因此，补偿率的变化区间为基于相似性指数模拟值调整基于香农-维纳指数的指数模拟值后得到的最终模拟曲线或区间。

对碳储功能补偿的模拟中，滩涂湿地、盐沼湿地和淡水湿地的碳储量基线取相应的四分位数为变化区间（由于有关近海水域的碳储量数据获取困难，本节不做考虑），不同围填海类型的碳储量取收集数据的中值，进而计算不同滨海湿地转化为不同围填海类型的碳储量损失；并以裸地为修复补偿区域，模拟基于裸地碳储功能修复的补偿率区间。

（2）修复目标为大型底栖动物物种组成或碳储功能上下界变化区间时的补偿率。考虑到修复也可能达不到相应物种组成或功能的上界，本节对裸地修复到补偿上下界不同值时的补偿率的变化情况进行模拟，处理补偿基线具有的不确定性问题。

（3）补偿区域反事实情景处于不同状态时的补偿率。本节中主要选取黄河三角洲功能退化湿地作为潜在补偿区，采用修复退化湿地的滨海湿地生境（图 10.19）来达到提升大型底栖动物物种组成及碳储功能的目的，主要包括完全退化的裸地和功能较弱的退化湿地，主要采用 NDVI 指数进行识别（Pettorelli et al.，2005）。退化原因主要为气候干旱、河口淡水输入减少和食草动物啃食造成的植被退化（Guan et al.，2001；Fan et al.，2012；He et al.，2017）。相关研究表明，裸地是典型的无上覆植被土壤（Fernandez et al.，2006；Jeong et al.，2011；Kustas et al.，2003；Sobrino and Raissouni，2000），根据本节调查，裸地也不存在大型底栖动物，因此，裸地的反事实情景取值为 0。功能较弱的退化湿地功能未完全退化，仍存在少量的盐沼植被（如翅碱蓬）和大型底栖动物，调查表明，大型底栖动物的香农-维纳指数的变化范围为 0～2.59，碳储量的变化范围为 1.819～1.832kg/m^2，因此，考虑到潜在补偿区反事实情景时状态的不确定性，本节进一步对其变化区间内，修复目标分别为参考基线上界和下界时的补偿率情况进行模拟，处理补偿初始值具有的不确定性问题。

图 10.19　黄河三角洲两种潜在补偿区

（a）黄河三角洲典型的以前为滨海湿地退化为裸地区域，其不存在大型底栖动物和植物分布；（b）另外一种退化的滨海湿地，含有少量的大型底栖动物和植物群落

采用异地的退化裸地和稀疏植被区（图 10.19）进行修复或自然淤积的手段进行湿地重建的异位补偿。修复的主要手段为退化区域生境条件的修复（图 10.20），包括植被修复，修建潮沟进而促进水文连通等。修复植被不仅能够促进大型底栖动物物种组成的修复与提高，而且能提升滨海湿地的碳储功能。

对于黄河三角洲退化裸地的修复，可采用土壤种子库的修复手段（谢湉，2018；宋国香，2016）。通过室内萌发和室外土壤翻耕实验探索湿地土壤中种子库的存在情况，以及种子萌发与定植的阈值，给予相应水分和盐度等条件的调整，目前，对黄河三角洲翅碱蓬的修复方法多以微地形为主，以发挥对种子截留的作用，并形成湿地生境以促进植物的生长和湿地功能的修复。有关黄河三角洲滨海湿地裸地种子库的相关研究表明（谢湉，2018；宋国香，2016），该区域裸地的种子库不足以达到自我恢复，必须添加人工修复，进行人为中度干扰，达到生境重建的目的。

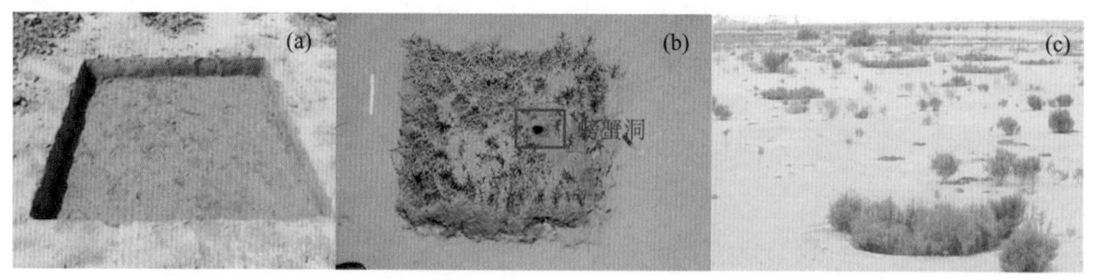

图 10.20　黄河三角洲微地形修复翅碱蓬促进大型底栖动物物种组成恢复

长江三角洲和黄河三角洲气候条件不同，补偿类型也不一样。黄河三角洲为温带季风性气候，降雨量少，蒸发量大，且主要受小潮的影响，因此存在较多的盐碱地，退化严重且不长植被也不存在大型底栖动物的区域，我们称之为裸地，可将其作为黄河三角洲的潜在补偿区，补偿类型主要为修复补偿。长江三角洲主要为亚热带海洋性季风气候，全年雨量适中，温和湿润，且受大潮影响，因此，不存在大面积的退化区，但长江三角洲外来物种入侵较为严重。互花米草的入侵降低了生物多样性，威胁土著种海三棱藨草等的生长，干扰长江三角洲原有的生物结构，因此，可通过去除互花米草、修复土著种的方式，对长江三角洲围填海的滨海湿地进行补偿。

长江三角洲互花米草于 20 世纪 90 年代出现，位于崇明东滩北部和中部的盐水沼泽和滩涂的边界上，面积约为 6.33km^2。2000 年，互花米草在崇明东滩有所扩张，北部和南部都有分布，九段沙两个小岛的东部也出现互花米草入侵，此时互花米草的总面积约为 9.04km^2。2010 年，互花米草除了在崇明东滩继续增大面积外，在崇明岛北岸中部，启东市东海岸、海复镇新码头、协兴河口，九段沙北岸，宝山区滨江湿地公园岸边都开始出现。此时，其总面积为 37.56km^2。2015 年，互花米草开始出现在盐城滩涂，面积约 19.25km^2。崇明岛上的互花米草从崇明东滩扩张到了岛的整个东北沿岸。横沙岛东部的整个横沙东滩都被互花米草覆盖，九段沙也大部分被互花米草入侵。这一时期，整个长江三角洲的互花米草面积为 247.30km^2，其分布不再是零星出现，而是呈现出大面积覆盖现象。随着互花米草大量繁殖，逐年大面积扩大，不仅覆盖滩涂，还堵塞航道，给海上运输带来不便。随后，上海东滩也出现了相同的情况。快速扩张的互花米草甚至挤占了鸟类的生存空间。因此，本节选取互花米草入侵区作为长江三角洲异位补偿地，通过淹水、刈割等方式将互花米草去除，重建海三棱藨草本地种，促进生物多样性提高（图 10.21、图 10.22），进而对围填海造成的生物多样性损失进行补偿。

2. 数据获取

1）大型底栖动物物种组成数据收集

对黄河三角洲和长江三角洲不同类型的滨海湿地大型底栖动物生物多样性数据及不同类型围填海后的大型底栖动物生物多样性数据进行收集，包括香农-维纳指数 H 和物种丰富度等。资料来源主要为文献著作，包括中国知网（CNKI，http://www.cnki.net/，关键词为“滨海 OR 盐沼 OR 潮滩 OR 河口 OR 光滩 OR 芦苇湿地 OR 碱蓬湿地 OR 海三棱藨草 OR 互花米草 OR 咸草 OR 近海 OR 养殖池 OR 盐田 OR 油田 OR 农田 OR 围填海 OR 围垦”AND“大型底栖动物 OR 底栖动物 OR 底栖生物”AND

图 10.21　长江三角洲恢复补偿区

(a) 互花米草入侵区；(b) 去除互花米草恢复失效区

图 10.22　长江三角洲重建补偿区

人工种植海三棱藨草促进底栖动物生物多样性恢复

“黄河三角洲 OR 黄河口 OR 渤海湾 OR 长江三角洲 OR 崇明东滩 OR 长江口 OR 南汇东滩 OR 盐城”）中可搜索到的相关期刊、学位论文、年鉴、专利、标准、成果，Web of Science（http://apps.webofknowledge.com，关键词为“coastal OR bay OR tidal OR salt marsh OR delta OR estuary OR beach OR salt marsh OR freshwater marsh OR Phragmites OR Suaeda heteroptera OR Scripus mariqueter OR offshore OR Coastal land reclamation OR Mariculture OR Salt pans OR Oil field OR Agriculture” AND “macrobenthos OR macroinvertebrates OR macrozoobenthos OR benthos OR zoobenthos” AND “Yellow River OR Huanghe OR Yangze River OR Chongming East Shoal OR Nanhui East Shoal OR Yancheng”）中相关期刊文献及国家图书馆中与之相关的书籍，共获取 37 篇可用参考文献，通过标题和摘要判断其相关性，共 16 个研究可用。数据包括养殖塘 3 个采样点，参照区 86 个数据点，时间跨度为 2004～2016 年，油田、盐田和工建用地的数据主要来源于 2016 年的野外调查，在每块采样地中，随机设置 5 个采样点，对各采样点大型底栖动物进行了采样（图 10.23、图 10.24）。用自制的 20cm×20cm×25cm（长×宽×深）的铁质 0.1m^2 采样器，采集表层沉积物样品，3 次重复采样，将这些样品合并，作为该采样点的表层沉积物样品。将采集到的表层沉积物样品用 40 目分样筛进行淘洗、筛选，除去植物根系、碎片和残渣等，待用；将所获取大型底栖动物标本用浓度为 4% 的甲醛缓冲溶液固定，保存在浓度为 70% 的乙醇溶液中，以备鉴定；然后，应用解剖显微镜对大型底栖动物进行种类鉴定、计数、称重；最后，测试分析或计算出大型底栖动物的生物量、密度、丰富度、多样性和均匀度等指标。

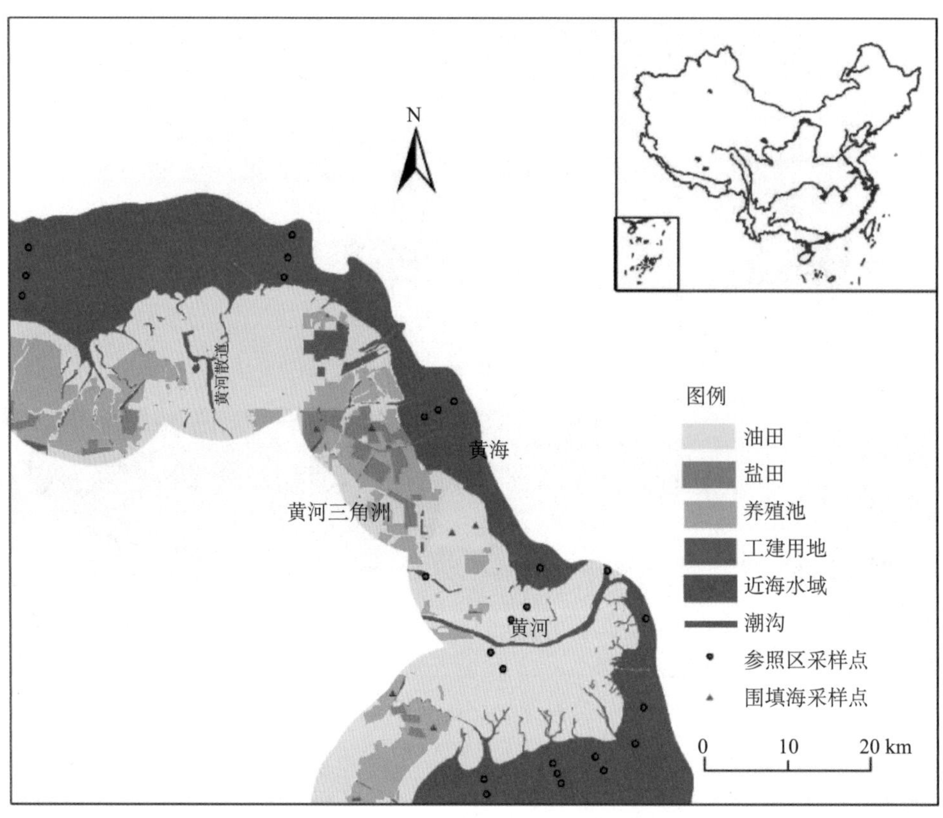

图 10.23 采样地在黄河三角洲国家级自然保护区中的位置

图 10.24 野外工作照片

2) 土壤及上覆植被碳储数据收集

对黄河三角洲不同类型的滨海湿地土壤碳储、上覆植被净初级生产力和枯落物碳储量数据，以及不同类型围填海后的土壤碳储、上覆植被净初级生产力和枯落物碳储量数据进行收集。资料来源主要为文献著作，包括中国知网（CNKI，http://www.cnki.net/，关键词为“滨海 OR 盐沼 OR 潮滩 OR 河口 OR 光滩 OR 芦苇湿地 OR 碱蓬湿地 OR 养殖池 OR 盐田 OR 油田 OR 农田 OR 围填海 OR 围垦”AND“土壤碳储 OR 净初级生产力”AND“黄河三角洲 OR 黄河口 OR 渤海湾”）中可搜索到的相关期刊、学位论文、年鉴、专利、标准、成果，Web of Science（http://apps. webofknowledge. com，关键词为“coastal OR bay OR tidal OR salt marsh OR delta OR estuary OR beach OR salt marsh OR freshwater marsh OR *Phragmites* OR *Suaeda heteroptera* OR *Scripus mariqueter* OR offshore OR Coastal land reclamation OR Mariculture OR Salt pans OR Oil field” AND “carbon stocks OR carbon storage OR NPP” AND “Yellow River OR Huanghe”）中相关期刊文献及国家图书馆中与之相关的书籍；养殖产量数据则来源于《渔业统计年鉴》。通过标题和摘要判断其相关性，共获取 16 篇可用参考文献。数据包括黄河三角洲土壤碳密度数据 46 个，不同植被地上生物量数据 21 个，植被地上生物量数据 12 个，遥感影像评估不同土地利用类型净初级生产力数据 44 个，枯落物数据 15 个，以及养殖池贝类和海藻产量数据 248 个，调查的数据时间跨度为 1983～2017 年。另外，还通过野外采样，补充了翅碱蓬地上生物量数据 42 个、地下生物量数据 42 个及滩涂湿地枯落物生物量数据 20 个，采样调查时间为 2015～2017 年。

3. 数据处理

1）大型底栖动物物种多样性数据处理

基于自然指数（E）和香农-维纳指数计算各研究区大型底栖动物的物种组成，将物种组成表达为“物种的有效数量”，适用于相对或绝对的比较分析（Jost et al.，2006）。相似性指数是基于 Sørensen（1948）的研究，是对在分析中基于香农-维纳指数结果的补充。并分别取每种围填海类型调查值的中位数作为相应类型物种组成的现状值。由于历史数据缺乏，无法获取围填海造成的物种组成的绝对损失，我们采用基于物种组成历史数据收集，结合遥感影像识别自然和半自然参考区，并取收集数据处理后的四分位数作为参考基线的上下限，建立不同类型滨海湿地的基线区间集，解决选取参考区随意性的弊端，进而计算不同类型围填海造成的物种组成相对损失。

$$H' = \exp(H) = \exp\left(-\sum_{i=1}^{S}\frac{C_i}{C}\ln\frac{C_i}{C}\right) \tag{10.6}$$

$$S_S = \frac{2c}{S_{\text{rec}} + S_{\text{ref}}} \tag{10.7}$$

式中，H 为香农-维纳指数；C_i 和 C 分别为样本中物种 i 和所有物种的个体数；c 为在围填海区和参照区共有的物种数；S_{rec} 和 S_{ref} 分别为围填海区和参照区的物种数；S_S 为相似性指数。

2）碳储数据处理

将不同湿地类型及不同围填海类型相应的上覆植被地上碳储量和地下碳储量，以及枯落物碳储量相加，再与相应的土壤碳储量数据相加，即得到不同湿地类型及围填海类型的碳储量，同样取计算结果的四分位数作为参考基线的上下限。为完善分析结果，增加了植被地下部分碳储量及枯落物碳储量的调查结果（取调查结果的中值），其中，盐田、工建用地、养殖池和裸地的有关数据缺少，但由于盐田、工建用地和养殖池对滨海湿地的完全占用，以及裸地上覆植被的缺失，地下部分和枯落物的碳储量在分析中忽略不计。

A. 土壤有机碳储量

利用下面公式计算不同湿地类型及不同围填海类型的土壤有机碳储量：

$$\text{SODS} = A \times \text{SOCD} \tag{10.8}$$

式中，SOCD 为土壤有机碳密度（kg/m^2）；SODS 为土壤有机碳储量（kg）；A 为不同土地利用类型的面积（m^2）。

B. 植被碳储量

将收集的不同湿地类型及不同围填海类型的植被净初级生产力数据、地上生物量数据、地下生物量数据，以及枯落物累积量乘以转化系数 0.44（张绪良等，2012；丁蕾，2015），分别获取植被地上、地下和枯落物的有机碳储量。

植被生物量碳换算公式（马学慧等，1996；Daniel et al.，2002）：

$$W_i = p \times A_i \times Q_i \tag{10.9}$$

式中，W_i 为第 i 类湿地植被的固碳量；A_i 为第 i 类湿地植被的分布面积；Q_i 为第 i 类湿地植被的平均生物量、平均净初级生产力或枯落物生物量；p 为碳转换系数。

C. 贝类或海藻的碳储量

养殖池中的贝类或海藻也具有碳储功能，其估算方法主要基于贝类或海藻产量并参考 Tang 等（2011）的研究方法。

10.2.2 受损滨海湿地大型底栖动物物种组成补偿率

大型底栖动物的群落结构、种类组成、物种多样性及时空变化等特征，是评价滨海湿地生态系统功能组成和健康状态的重要指标，在滨海湿地生态系统的监测和评价中具有独特优势，因而大型底栖动物是滨海湿地生态修复的指示指标。研究湿地生态系统中大型底栖动物的变化对滨海湿地修复工作具有一定的指导意义。为更好地保护和修复滨海湿地这一脆弱的生态系统，本节以大型底栖动物物种组成开展了研究。

1. 大型底栖动物物种组成损失

1）补偿基线区间体系

黄河三角洲滩涂湿地、盐沼湿地、淡水湿地和近海水域大型底栖动物物种组成（H'）的分析结果如图 10.25 所示，其中值分别为 9.68、3.61、10.92 和 9.49。根据各自的四分位数，得到各自的基线区间分别为 [7.01，13.03]、[3.46，7.44]、[10.13，12.95] 和 [7.5，11.65]。其中，淡水湿地大型底栖动物物种组成最高，盐沼湿地最低，滩涂湿地与近海水域相近；滩涂湿地变化范围最大，近海水域其次，淡水湿地变化范围最小。长江三角洲淡水湿地、滩涂湿地、盐沼湿地和近海水域大型底栖动物物种组成（H'）的分析结果如图 10.25 所示，其中值分别为 6.63、3.96、9.45 和 9.15。根据各自的四分位数，得到各自的基线区间分别为 [4.98，9.99]、[3.81，4.43]、[4.49，14.71] 和 [7.62，10.07]，盐沼湿地变化范围最大，滩涂湿地大型底栖动物物种组成最低且变化范围最小。

2）不同类型围填海造成的大型底栖动物物种组成的损失

围填海大大降低了大型底栖动物的物种组成，损失大小随围填海类型及程度不同而有所差异（图 10.26）。黄河三角洲滨海湿地被开发成养殖塘、油田、盐田和工建用地后的损失比例如图 10.26 所示，其中基于相似性指数 S_s 滨海湿地转化为养殖塘、油田、盐田和工建用地后的损失比例分别为 30.68%～49.08%、35.40%～51.13%、32.54%～46.26%和 100%；基于香农-维纳指数 H 滨海湿地转化为养殖塘、油田、盐田和工建用

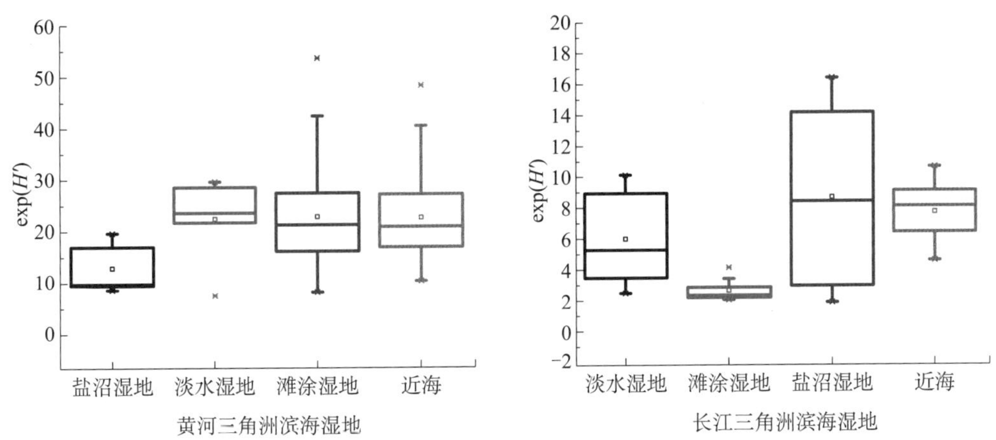

图 10.25 黄河三角洲和长江三角洲不同湿地类型中大型底栖动物生物多样性指数

地的损失比例分别为 2.33%～48.39%、19.31%～49.67%、9.97%～49.244%和 100%。

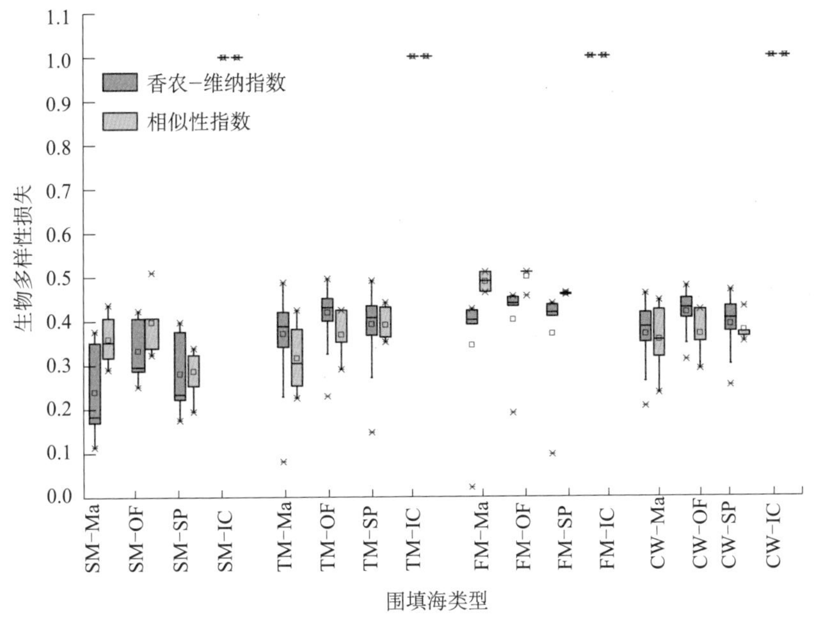

图 10.26 黄河三角洲不同类型围填海大型底栖动物生物多样性损失比例

TM. 滩涂湿地；SM. 盐沼湿地；FM. 淡水湿地；CW. 近海水域；Ma. 养殖塘；OF. 油田；SP. 盐田；IC. 建筑及工业用地（工建用地）

长江三角洲滨海湿地被开发成养殖池、农田、盐田和工建用地后的损失比例如图 10.27所示，其中基于相似性指数 S_s 滨海湿地转化为养殖池、农田、盐田和工建用地后的损失比例分别为 39.11%～48.83%、43.26%～47.50%、51.13%和 100%，基于香农-维纳指数 H 滨海湿地转化养殖池、农田、盐田和工建用地的损失比例分别为 0.94%～43.90%、7.8%～42.27%、0.71%～43.87%和 100%；基于相似性指数的损失率明显大于基于香农-维纳指数的损失率。

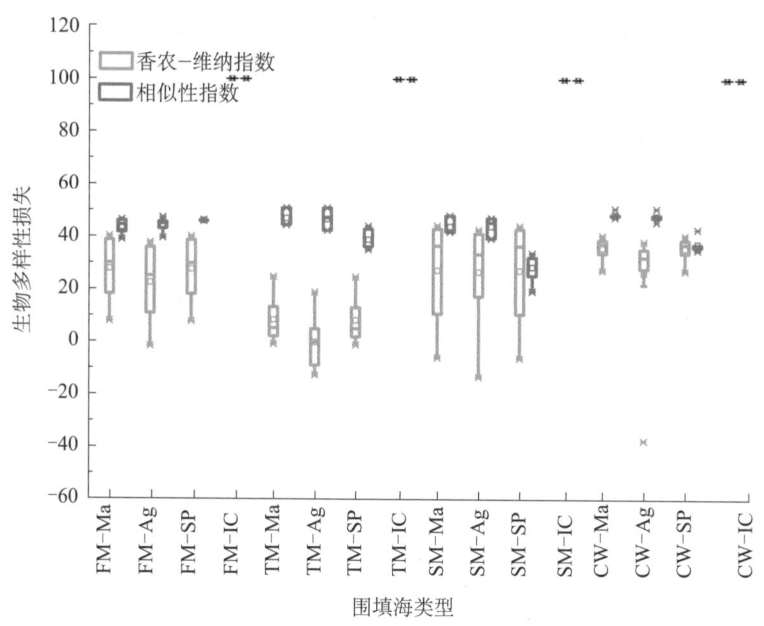

图 10.27 长江三角洲不同类型围填海大型底栖动物生物多样性损失比例

TM. 滩涂湿地；SM. 盐沼湿地；FM. 淡水湿地；CW. 近海水域；Ma. 养殖塘；Ag. 农田；SP. 盐田；IC. 建筑及工业用地（工建用地）

2. 基于大型底栖动物物种组成的最小补偿率

1）不同时间滞后下的最小补偿率

基于以上对不同类型围填海造成大型底栖动物物种组成的损失分析及采取不同修复手段对潜在补偿区域大型底栖动物物种组成的修复，本节对 0～100 年补偿滞后时间下的最小补偿率进行计算与模拟，为了有效获得大型底栖动物物种组成的无净损失，在相应的滞后时间内需修复相应比率的生境面积。以滩涂转化为养殖池为例，对模拟结果进行阐述。

综合考虑相似性指数和香农-维纳指数计算补偿率，得出黄河三角洲 0～100 年补偿滞后时间下补偿率的范围值如图 10.28 所示（其他围填海类型的模拟结果见附录）。并分别对裸地和稀疏植被退化区进行模拟，其中，裸地完全退化并丧失湿地特征，不具备

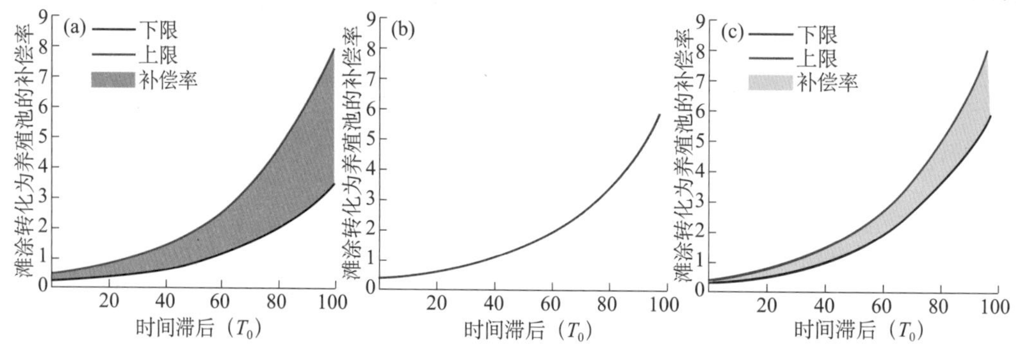

图 10.28 考虑香农-维纳指数与相似性指数滩涂（TM）转换为养殖池（Ma）的补偿率变化区间

其中，滞后时间取 0～100 年，贴现率为 3%，额外性为 100%。图（a）为基于香农-维纳指数的模拟结果，图（b）为基于相似性指数的模拟结果，图（c）为综合补偿率

大型底栖动物生存条件，大型底栖动物生物多样性指数为 0 时，通过修复其大型底栖动物物种组成达到基线上限时，不同补偿时间滞后下的补偿率模拟如图 10.29（a）所示；稀疏植被区，其大型底栖动物生物多样性指数大于 0（取调查数据的中值 2.59），不同补偿时间滞后的补偿率模拟如图 10.29（b）所示。结果表明，相比于稀疏植被区，裸地具有更大的补偿潜力。当大型底栖动物修复时间取 21 年（Moseman et al.，2004），并于 2016 年开始修复时，表 10.2 给出 1980～2015 年以裸地为潜在补偿区域，不同围填海类型相应的补偿率范围值，其中，时间滞后为 22～57 年（表 10.2）。结果表明，工建用地的补偿率最大，养殖池的补偿率最小，即损失越大补偿率越大。

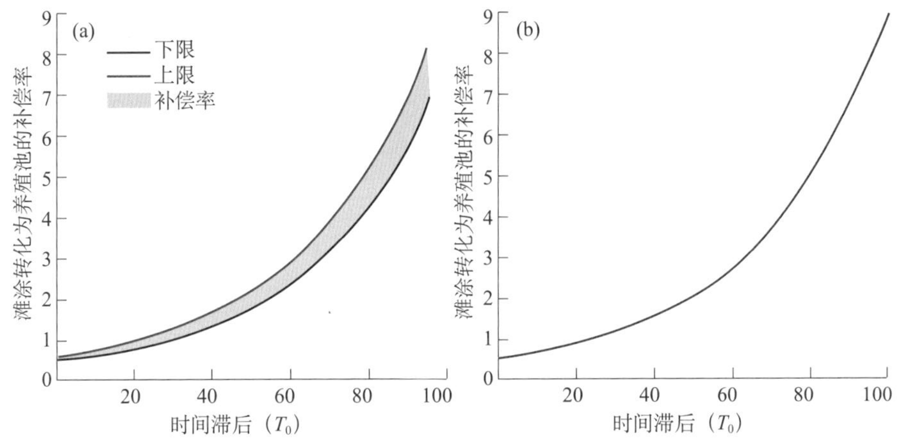

图 10.29　裸地区（a）和稀疏植被区（b）生物多样性指数修复到基线上限时，滩涂转化为养殖池所需的补偿率，其中补偿和损失的时间滞后为 0～100 年

表 10.2　黄河三角洲 1980～2015 年不同围填海类型在不同时间滞后下的补偿率（贴现率取 3%）

围填海类型	时间滞后				
	22 年	27 年	37 年	47 年	57 年
滩涂转化为养殖池	0.59～0.81	0.68～0.93	0.92～1.26	1.23～1.69	1.65～2.27
滩涂转化为油田	0.68～0.87	0.79～1.00	1.06～1.35	1.42～1.81	1.91～2.44
滩涂转化为盐田	0.70～0.83	0.81～0.97	1.09～1.30	1.47～1.74	1.97～2.34
滩涂转化为工建用地	1.92	2.22	2.99	4.01	5.39
盐沼转化为养殖池	0.68～0.70	0.79～0.82	1.06～1.10	1.42～1.47	1.91～1.98
盐沼转化为油田	0.78～0.80	0.91～0.93	1.22～1.25	1.64～1.67	2.21～2.25
盐沼转化为盐田	0.62～0.75	0.72～0.87	0.97～1.16	1.31～1.56	1.75～2.10
盐沼转化为工建用地	1.92	2.22	2.99	4.01	5.39
淡水湿地转化为养殖池	0.94	1.09	1.47	1.97	2.65
淡水湿地转化为油田	0.98	1.14	1.53	2.05	2.76
淡水湿地转化为盐田	0.89	1.03	1.38	1.86	2.49
淡水湿地转化为工建用地	1.92	2.22	2.99	4.01	5.39
近海水域转化为养殖池	0.69～0.80	0.80～0.93	1.07～1.25	1.44～1.68	1.93～2.26
近海水域转化为油田	0.68～0.86	0.79～1.00	1.06～1.35	1.42～1.81	1.91～2.43
近海水域转化为盐田	0.70～0.83	0.81～0.96	1.09～1.30	1.47～1.74	1.97～2.34
近海水域转化为工建用地	1.92	2.22	2.99	4.01	5.39

生态补偿首先要保证补偿的物种具有较高的相似性，再保证补偿的种类丰度，因此，长江三角洲滩涂转化为养殖池、滩涂转化为农田、滩涂转化为盐田、滩涂转化为工建用地、盐沼转化为养殖池、盐沼转化为农田、盐沼转化为盐田、盐沼转化为工建用地、淡水湿地转化为工建用地、近海水域转化为养殖池、近海水域转化为农田、近海水域转化为盐田和近海水域转化为工建用地的补偿率随时间滞后的变化类型均为基于相似性指数的曲线（以滩涂转化为养殖池为例，图 10.30）；淡水湿地的补偿率随时间变化类型为补偿曲面，是基于香农-维纳指数的变化区间（以淡水湿地转化为养殖池为例，图 10.31）。

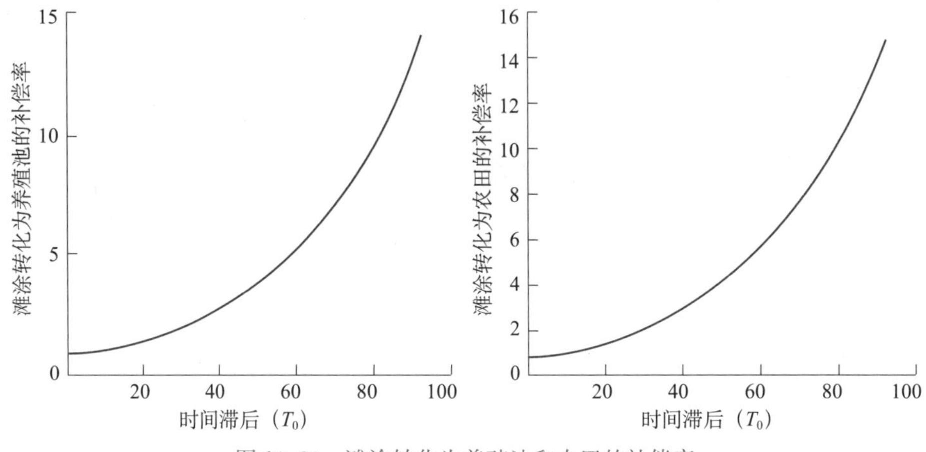

图 10.30　滩涂转化为养殖池和农田的补偿率

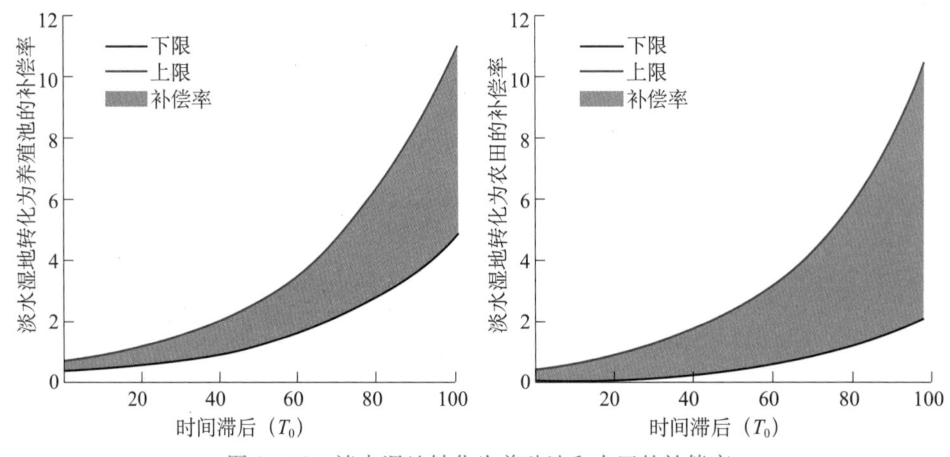

图 10.31　淡水湿地转化为养殖池和农田的补偿率

2）补偿基线及补偿初始值对最小补偿率的影响

在退化区修复实际过程中，大型底栖动物生物多样性指数未必能达到基线上界，因大型底栖动物的生存还要受到生境因子的影响，以及种类-面积关系的制约，对此，我们对裸地的大型底栖动物生物多样性修复指数在基线区间时，不同类型围填海的补偿率进行模拟，结果表明修复目标越大所需补偿率越小，黄河三角洲以滩涂转化为养殖池为例（图 10.32，其他围填海类型模拟结果见附录），长江三角洲以淡水湿地转化为养殖池为例（图 10.33）。因此，在实际修复实践中，应根据生境状况权衡资金投入与生态收益，进而设定修复目标。当潜在补偿区为退化的滨海湿地，生境尚适合某些大型底栖动物的生存，则潜在补偿区域的大型底栖动物生物多样性指数不为 0，根据对黄河三角洲退化区的调查，退化湿地大型底栖动物生物多样性初始值从0～2.59 变化，因此，我们需对不同初始值下，不同类型围填海的补偿率进行模拟（图 10.34），以达到为管理者提供全面的参考策略，模拟结果表明，补偿率随退化湿地大型底栖动物生物多样性初始值的增大而增大（以滩涂转化为养殖池为例）。

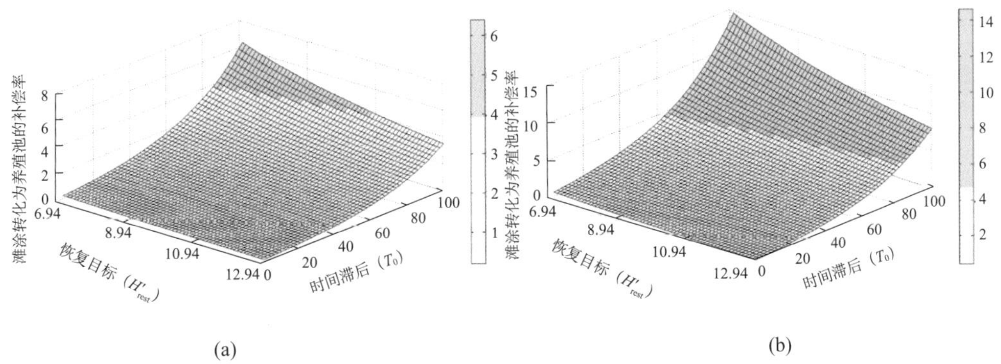

图 10.32 为实现物种组成的无净损失，滩涂转化为养殖池的补偿率

其中，曲面表示补偿率在大型底栖动物物种组成修复指数在不同修复目标时的变化，时间滞后为 0～100 年，图（a）为滩涂转化为养殖池相对于低参考基线物种组成损失情况（P_l）的补偿率，图（b）为相对于高参考基线物种组成损失情况（P_L）的补偿率

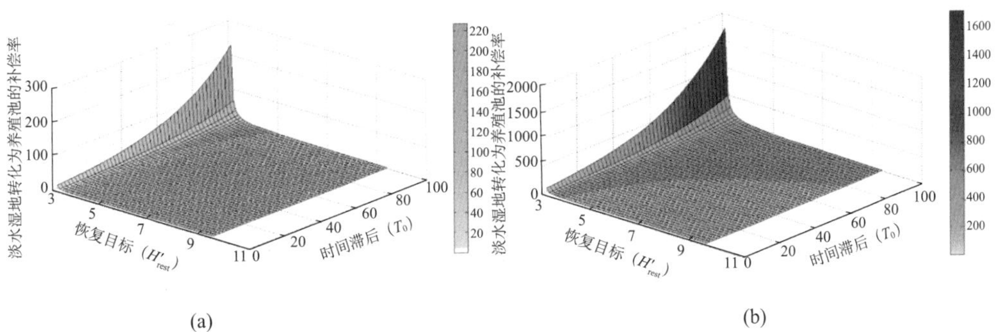

图 10.33 大型底栖动物生物多样性修复指数在基线区间时，淡水湿地转化为养殖池的补偿率

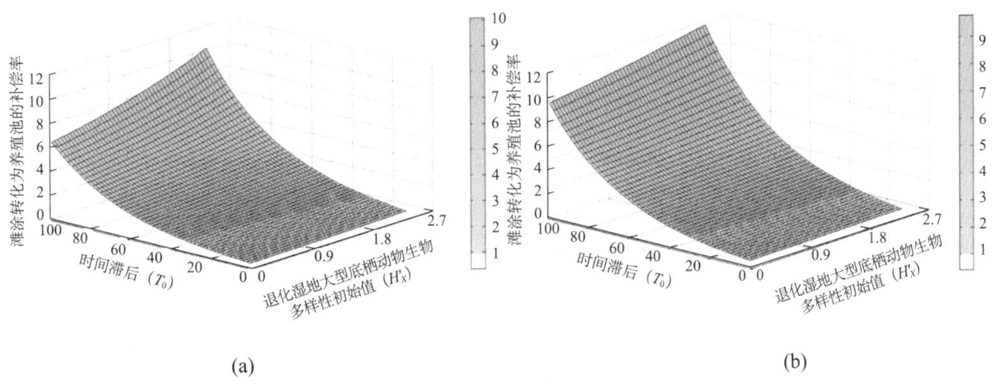

图 10.34 补偿区域不同初始值下为实现物种组成的无净损失，滩涂转化为养殖池的补偿率

其中，曲面表示补偿率随补偿区域初始值（H'_X）变化的变化情况，时间滞后为 0～100 年，贴现率为 3%，图（a）为修复目标为基线上界的补偿率变化情况，图（b）为修复目标为基线下界的补偿率变化情况

3）敏感性分析

补偿率对贴现率的敏感性分析结果表明，补偿率根据所采用的贴现率不同而有很大的不同，特别是当损失和收益之间的滞后增加时（图 10.35），当采用较大的贴现率时，需要的补偿率也较大。由于补偿失败风险的存在，也会对补偿率造成相应的影响，随着失败风险的增加，为实现无净损失所需的补偿率也会增加（图 10.36）。补偿率对贴现率和失败风险均具有较强的敏感性。

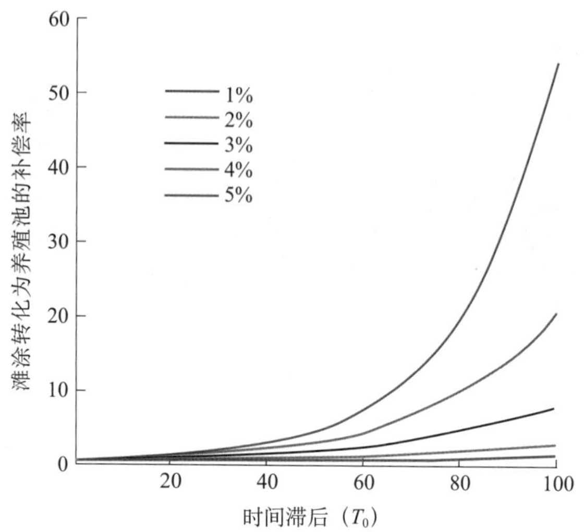

图 10.35 补偿率对贴现率的敏感性分析图

其中，贴现率（r）取 1%～5%，失败风险为 0，滞后时间（T_0）从 0～100 年变化，当大型底栖动物物种组成（H'）的修复目标为基线上界且补偿额外性为 100%时，滩涂转化为养殖池的补偿率

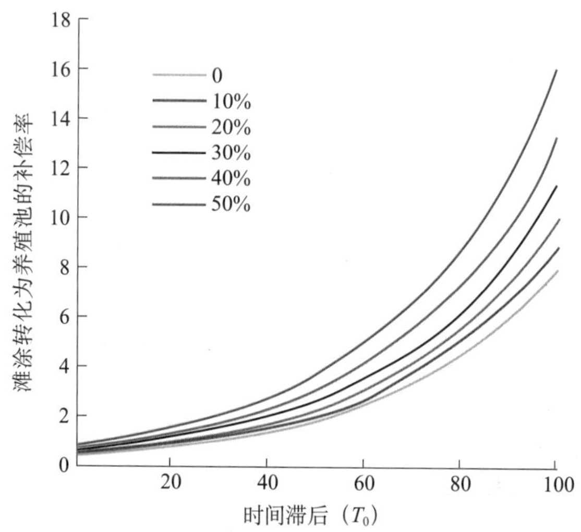

图 10.36 补偿率对修复失败风险的敏感性分析图

其中，失败风险（R_0）取 0～50%，贴现率为 3%（r），滞后时间从 0～100 年变化，当大型底栖动物香农-维纳指数的修复目标为基线上界且补偿额外性为 100%时，滩涂转化为养殖池的补偿率

3. 基于物种组成受损滨海湿地异位补偿所需的潜在补偿生境面积

选取潜在异位补偿区域进行生境修复或再造，促进大型底栖动物物种组成的提高，进而补偿围填海造成的滨海湿地物种组成损失，其中，确定不同围填海类型所需的补偿

面积则为确定异位补偿可补率的前提。

本节根据所得不同围填海类型的补偿率及其不同年代围填海面积，计算修复时间分别为 2 年、5 年和 21 年情景下（Warren et al.，2002）黄河三角洲 1980～2015 年围填海需要补偿的面积（图 10.37）；修复时间为 21 年情景下长江三角洲 1960～2015 年围填

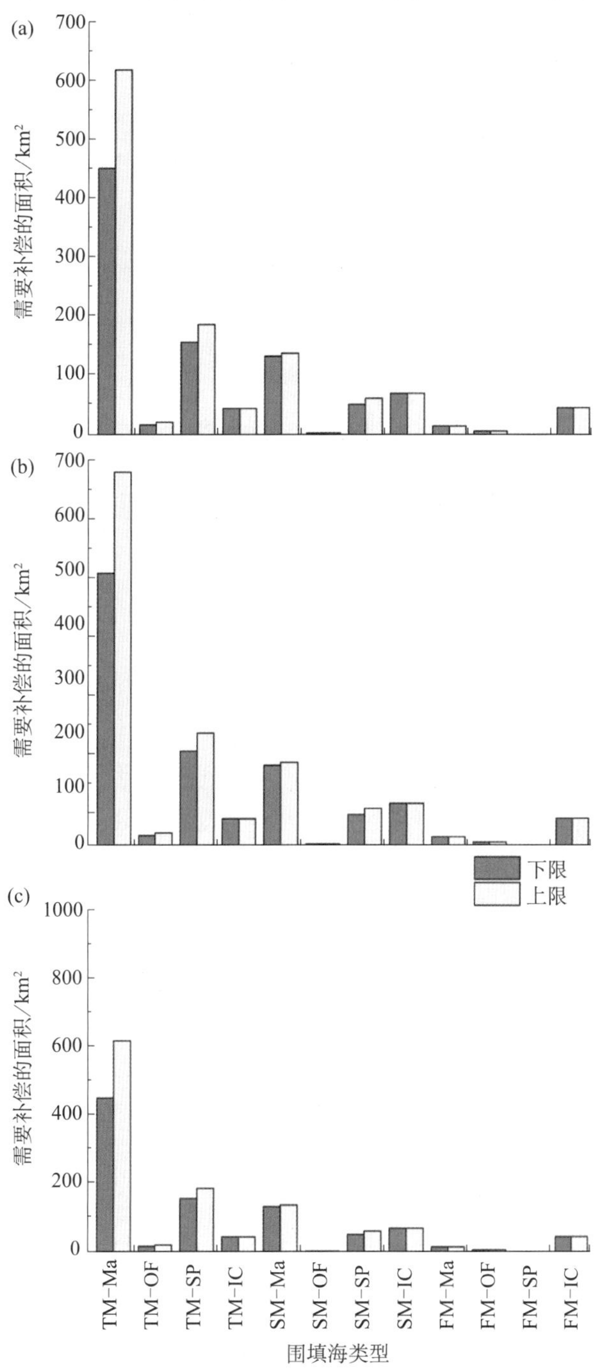

图 10.37　基于大型底栖动物物种组成黄河三角洲 1980～2015 年不同围填海类型所需补偿面积

（a）修复时间为 2 年；（b）修复时间为 5 年；（c）修复时间为 21 年；TM. 滩涂湿地；SM. 盐沼湿地；FM. 淡水湿地；Ma. 养殖池；OF. 油田；SP. 盐田；IC. 建筑及工业用地（工建用地）

海需要补偿的面积（图 10.38）。结果表明，黄河三角洲滩涂转化为养殖池所需补偿的面积最大，滩涂转化为油田所需补偿的面积最小；长江三角洲盐沼转化为养殖池所需补偿的面积最大，其次为盐沼转化为农田所需补偿面积，近海水域转化为盐田所需补偿的面积最小。

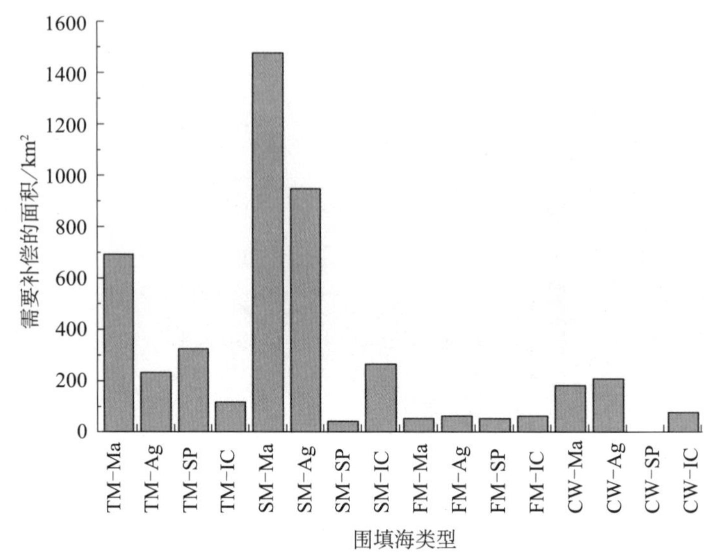

图 10.38　基于大型底栖动物物种组成长江三角洲 1960～2015 年不同围填海类型需补偿面积

10.2.3　受损滨海湿地碳储功能补偿率

湿地面积仅占据全球陆地面积的 3%～6%，但其碳储量占陆地生态系统碳储存总量的 10%～30%，湿地的碳储功能可见一斑。人类活动推进港口、盐田、养殖池等围垦过程，通过对滨海盐沼湿地的干扰和破坏，使土壤中的有机碳分解速率加快，导致滨海湿地碳库急剧减小。本节针对围填海导致滨海湿地碳储功能受损进行了生态补偿研究，提出了碳储量补偿机制，并针对不同受损类型，提出补偿模式，刷新了我们以往针对碳储功能补偿的认识，为滨海湿地碳储功能补偿提出新思路，弥补了碳储功能实际不存在市场的弊端，为科学指导滨海湿地物质量补偿实践工作提供理论基础。

1. 碳储量损失

1）不同滨海湿地或围填海类型碳储量及基线区间

A. 不同滨海湿地或围填海类型地下碳密度

分别获取黄河三角洲滩涂湿地、盐沼湿地、淡水湿地、油田及裸地的土壤碳密度（图 10.39）；由于黄河三角洲滨海湿地转变为盐田和工建用地后完全丧失土壤碳储功能，因此为 0；转变为养殖池后，其中的贝类或海藻仍具有碳储功能，其碳密度将根据《渔业统计年鉴》山东省的 1983～2013 年贝类及海藻产量及面积情况进行估算，表明贝类养殖的碳密度为 3.573～19.933kg/m^2，海藻养殖的碳密度为 3.573～53.613kg/m^2（图 10.40）。滨海湿地土壤具有较高的碳储功能，其中，尤以盐沼湿地和淡水湿地单位面积的碳储量较高；转化为围填海利用类型后，单位面积的土壤碳储量普遍下降，盐田和工建用地下降最多。

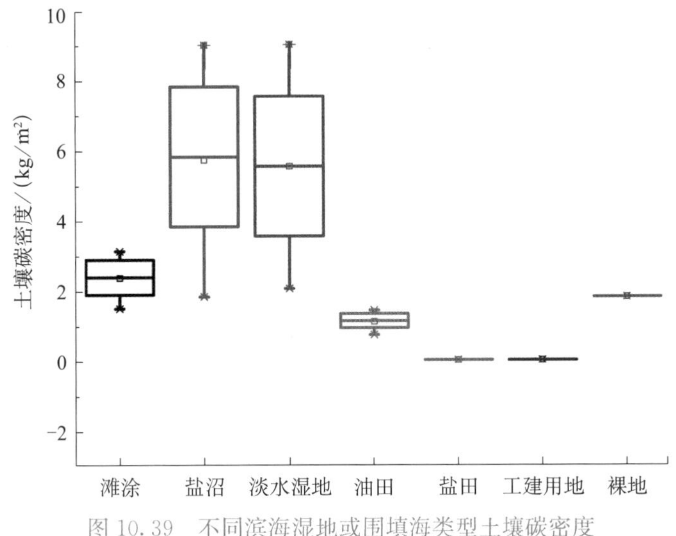

图 10.39　不同滨海湿地或围填海类型土壤碳密度

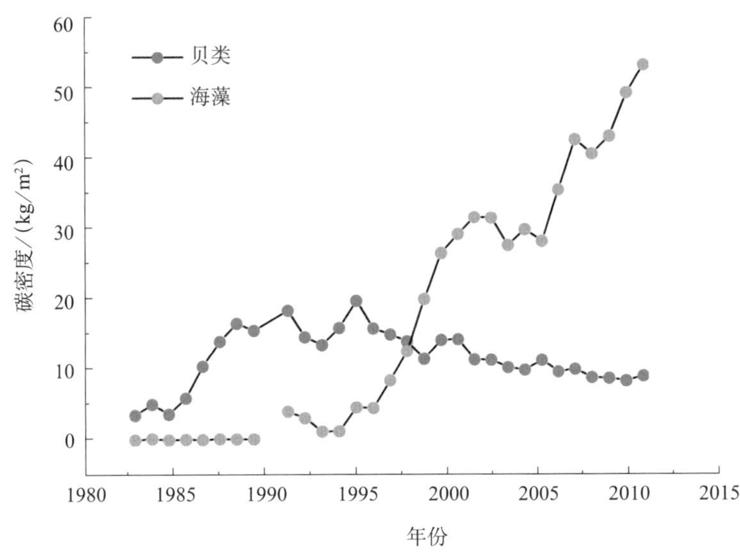

图 10.40　山东省贝类和海藻养殖碳密度

B. 不同滨海湿地或围填海类型上覆植被碳储量

上覆植被同样具有碳储功能，植被对滨海湿地碳储功能的贡献主要包括地上部分碳储量、地下部分碳储量及枯落物的储碳量。地上部分的碳储量结果表明，单位面积盐沼湿地和淡水湿地植被显著高于其他土地利用类型（图 10.41）；转化为围填海类型后，除油田外，植被碳储功能减少。为完善分析结果，增加了植被地下部分碳储量及枯落物碳储量的调查结果（取调查结果的中值）（表 10.3）。

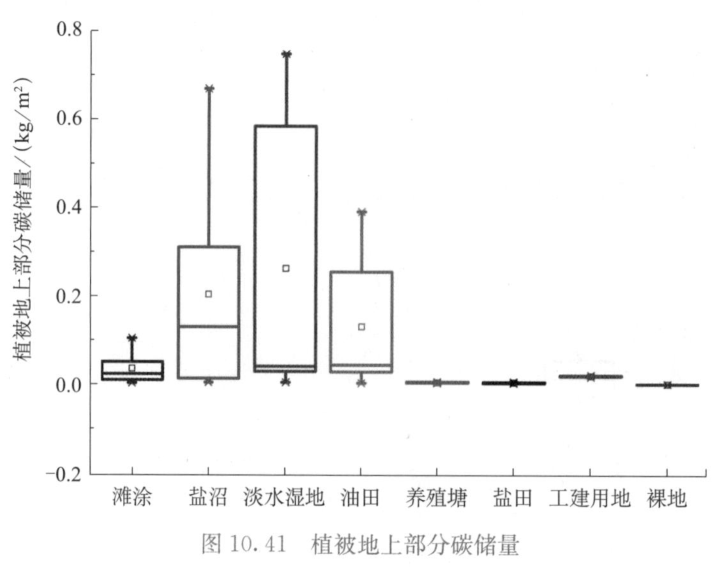

图 10.41 植被地上部分碳储量

表 10.3 不同湿地或围填海类型单位面积植被地下和枯落物中的碳含量

（单位：kg/m^2）

景观类型	地下碳含量	枯落物碳含量
滩涂湿地	0.002	0.003
盐沼湿地	0.012	0.069
淡水湿地	3.461	0.072
盐田	—	—
工建用地	—	—
养殖池	—	—
油田	1.322	0.021
裸地	—	—

C. 不同湿地或围填海类型单位面积碳储量

将单位面积地下碳储量与地上碳储量合并，可得到结果如图 10.42 所示，其中，单位面积养殖池的碳储量比滨海湿地具有的碳储量高，因此，在碳储功能方面，不予以补偿。而其他几种围填海类型需要对其转化后损失的碳储功能进行补偿，补偿方式是裸地碳储功能的修复。根据滩涂湿地、盐沼湿地和淡水湿地单位面积碳储量的四分位数，分别得到相应的基线区间为［$1.949kg/m^2$，$2.849kg/m^2$］、［$4.024kg/m^2$，$8.024kg/m^2$］和［$7.376kg/m^2$，$10.876kg/m^2$］。其中，单位面积淡水湿地具有的碳储量最高，盐沼湿地其次，滩涂湿地变化范围最小。

2）不同围填海类型造成的碳储量损失

根据收集的数据分析表明，围填海大大降低了滨海湿地的碳储功能，损失大小随围填海类型及程度不同而有所差异。黄河三角洲滨海湿地被开发成油田、盐田和工建用地后的损失比例如图 10.43 所示，滩涂转化为油田、盐田和工建用地后的损失比例分别为

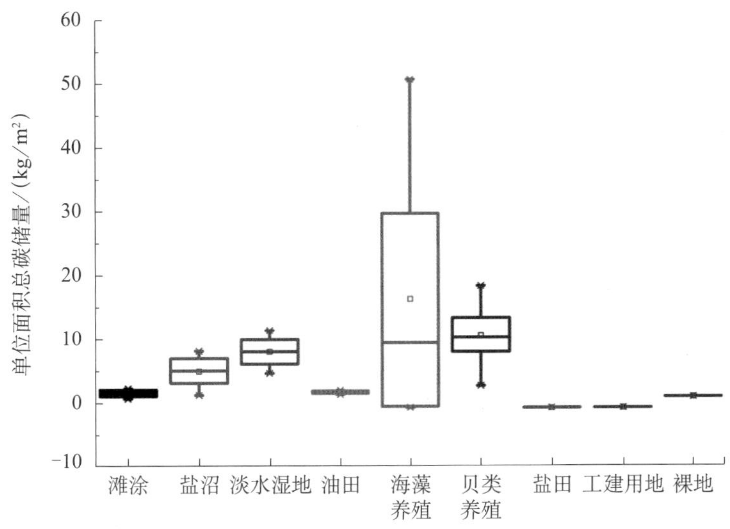

图 10.42　不同滨海湿地或围填海类型单位面积碳储量

6.87%～20.10%、99.81%～99.91%和 98.84%～99.45%，盐沼转化为油田、盐田和工建用地后的损失比例分别为 16.86%～72.87%、99.86%～99.97%和 99.14%～99.81%；淡水湿地转化为油田、盐田和工建用地后的损失比例分别为 55.32%～80.10%、99.95%～99.98%和 99.69%～99.86%，可见，滨海湿地转化为盐田的损失最高。

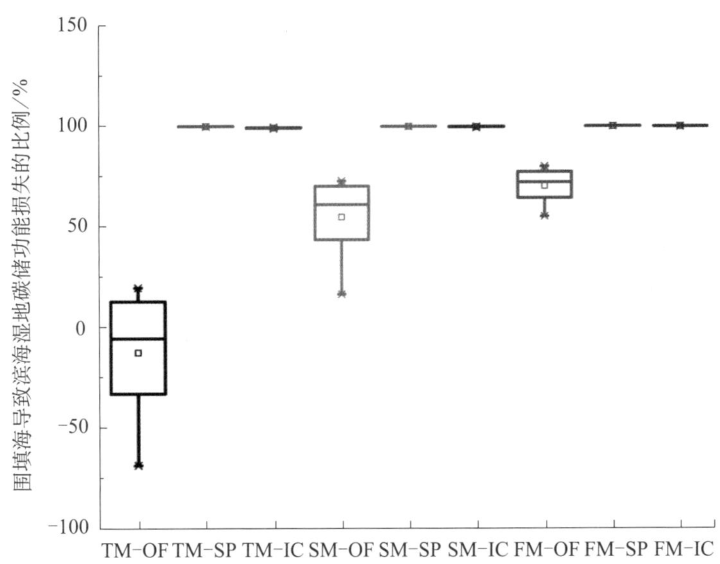

图 10.43　黄河三角洲不同围填海类型导致的碳储功能损失百分比

TM. 滩涂湿地；SM. 盐沼湿地；FM. 淡水湿地；OF. 油田；SP. 盐田；IC. 工建用地

2. 基于碳储功能的最小补偿率

1）不同时间滞后下的最小补偿率

本节基于对不同类型围填海造成滨海湿地碳储量的损失分析及采取修复手段对潜在

补偿区域（裸地）碳储量的修复，并将修复时间的不确定性考虑进来，对不同时间滞后所需的最小补偿率进行计算与模拟（图 10.44～图 10.46），结果表明，盐田的补偿率最大，工建用地其次，油田最小。

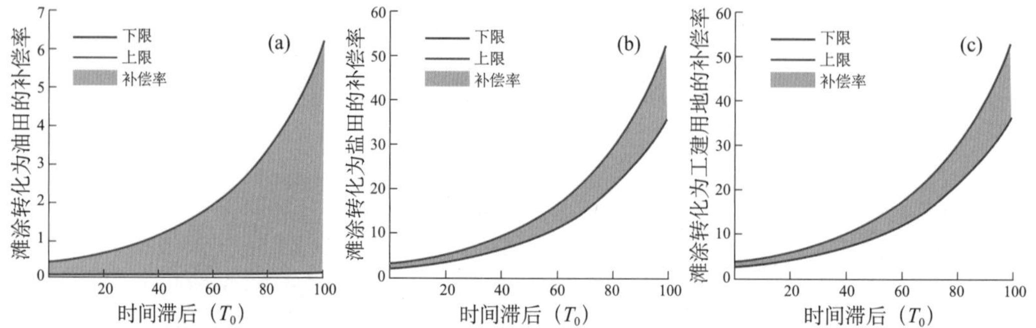

图 10.44 滩涂湿地转化为油田（a）、盐田（b）、工建用地（c）的补偿率

滞后时间为 0～100 年，裸地碳储修复总量设为基线上界

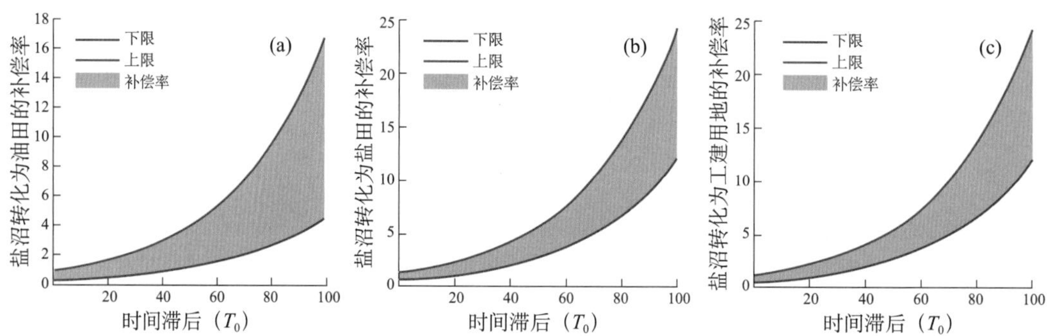

图 10.45 盐沼湿地转化为油田（a）、盐田（b）、工建用地（c）的补偿率

滞后时间为 0～100 年，裸地碳储修复总量设为基线上界

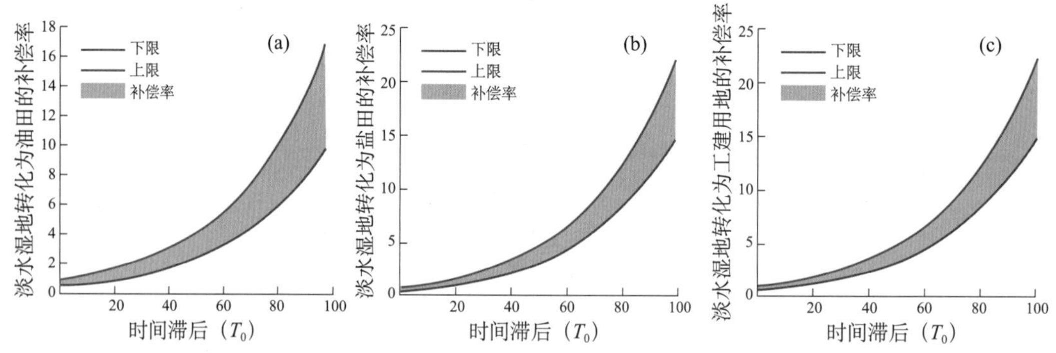

图 10.46 淡水湿地转化为油田（a）、盐田（b）、工建用地（c）的补偿率

滞后时间为 0～100 年，裸地碳储修复总量设为基线上界

2）补偿基线及补偿初始值对最小补偿率的影响

在裸地修复实际过程中，滨海湿地碳储量未必能达到基线上界，因翅碱蓬的生长状况还要受到生境因子的影响，以及密度自疏法则的制约，即植株种群的存活率随密度的

增加，制约种群并导致死亡的变化过程，通过种内竞争影响植株的发育、存活率及生物量（Reynolds et al.，2005；Franco and Kelly，1998）。对此，我们对裸地的碳储量修复到基线区间时，不同类型围填海的补偿率进行模拟。

结果表明，修复目标越大所需补偿率越小（以滩涂转化为油田为例，图 10.47）。当潜在补偿区为退化的滨海湿地，其生境尚存在少量植被，则潜在补偿区域的碳储量比裸地高，根据对黄河三角洲退化区 NPP（net primary productivity）的调查，退化湿地的碳储量初始值从 1.819～1.832 变化，因此，我们同样对不同初始值下，不同类型围填海的补偿率进行模拟，以达到为管理者提供全面的参考策略，模拟结果表明，因退化湿地碳储量初始值变化不大，补偿率对其无明显差异（以滩涂转化为油田为例，图 10.48）。

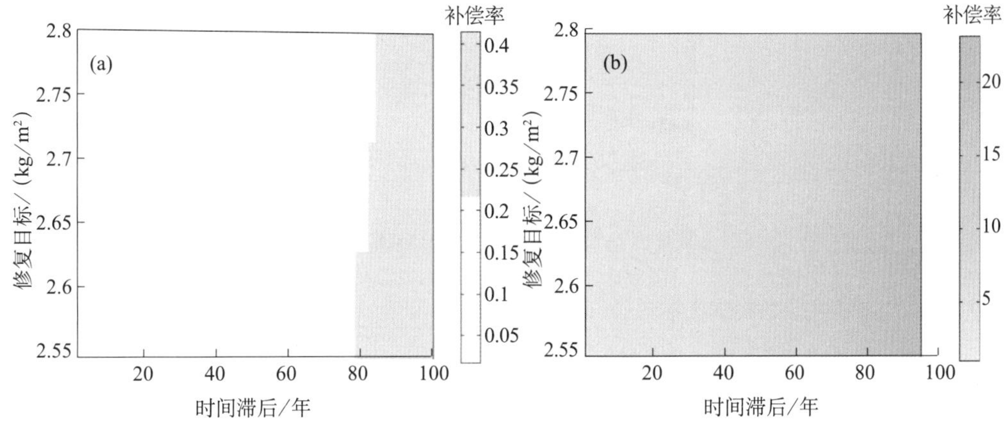

图 10.47 裸地的碳储量在不同修复目标时，滩涂转化为油田的补偿率

颜色变化表示补偿率在碳储量的不同修复目标时的变化，时间滞后为 0～100 年，图（a）为滩涂转化为油田相对于低参考基线碳储量损失情况（P_L）的补偿率，图（b）为相对于高参考基线碳储量损失情况（P_L）的补偿率

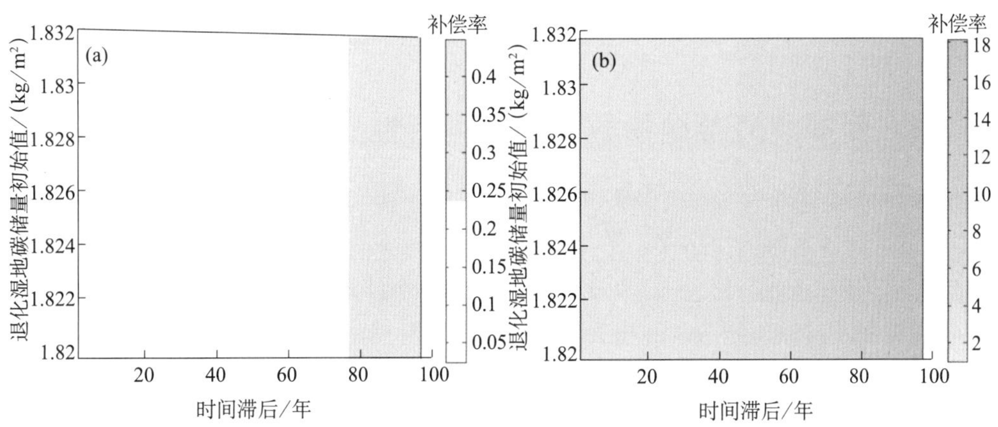

图 10.48 补偿区域碳储量在不同初始值下，滩涂转化为油田的补偿率

颜色变化表示补偿率随补偿区域初始值（H'_X）的变化情况，时间滞后为 0～100 年，贴现率为 3%，图（a）为修复目标为基线上界的补偿率变化情况，图（b）为修复目标为基线下界的补偿率变化情况

3）敏感性分析

补偿率对损失与围填海的相关性的敏感性分析结果表明，损失与围填海的相关性决定了是否补偿及补偿多少，相关性越强补偿率越大（图 10.49）；补偿率对损失与围填海活动的相关性具有较强的敏感性。

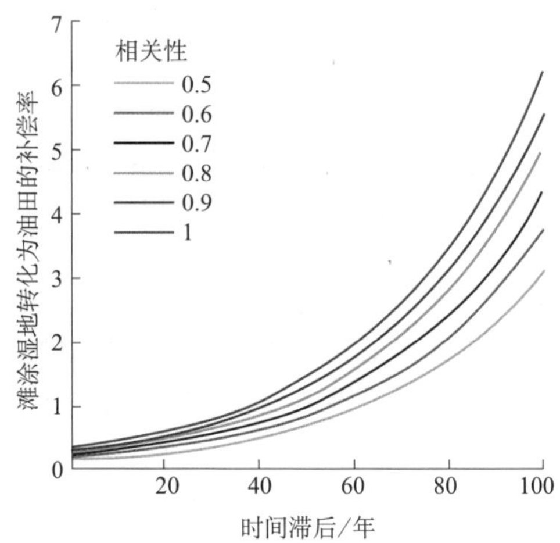

图 10.49　补偿率对碳储量变化与围填海影响的相关性敏感性分析图

相关性取 0.5～1，贴现率为 3%，滞后时间从 0～100 年变化，当裸地碳储量修复目标为基线上界且补偿额外性为 100%时，滩涂转化为油田的补偿率

3. 基于碳储功能受损滨海湿地异位补偿所需的潜在补偿生境面积

针对滨海湿地碳储功能不同受损程度，确定生态补偿异位补偿区域及规模，建立多目标、多情景的生态补偿机制，实现滨海湿地的有效管理。根据所得补偿率及不同年代围填海面积，及前人对滨海湿地植被恢复时间的研究，黄河三角洲植被恢复时间为 1～10 年（任葳等，2016；孙文广等，2015），本节分别针对修复 3 年、5 年和 10 年三种情景计算黄河三角洲 1980～2015 年围填海需要补偿的面积（图 10.50）。

10.2.4　受损滨海湿地物质量补偿可行性分析

关于陆地系统中土地利用规划的物质量补偿研究及其应用较多（Bull et al.，2013），但针对滨海湿地围填海对生态系统服务物质量的影响及相应的基于物质量的生态补偿方面的研究则相对较少。本节构建了补偿率模型，量化了围填海工程对大型底栖动物物种组成及碳储功能造成的损失，以及对修复补偿中相应物种组成及功能获得的潜在收益进行了评估，进而计算了不同围填海类型在不同时间滞后下的补偿率，以达到物种结构和功能的无净损失；根据围填海的面积及存在的补偿可利用面积，对黄河三角洲滨海湿地物质量补偿的可行性进行了评估。

1. 围填海对黄河三角洲滨海湿地造成的影响

围填海显著降低了大型底栖动物的物种组成及碳储功能，这与前人的研究结果一致（Yan et al.，2015；Rooney et al.，2012），并随围填海类型和被占用的滨海湿地类型

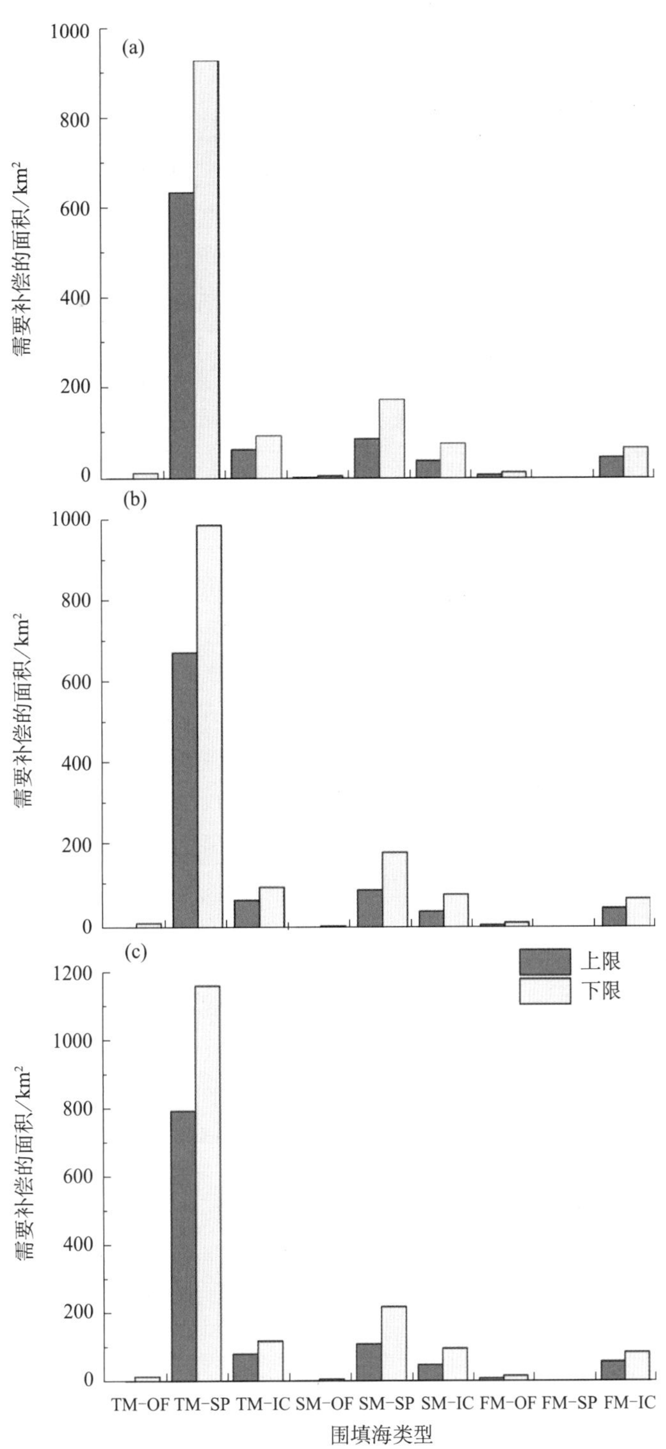

图 10.50 基于碳储功能黄河三角洲 1980～2015 年不同围填海类型需要补偿的退化生境面积

(a) 修复时间为 3 年；(b) 修复时间为 5 年；(c) 修复时间为 10 年；TM. 滩涂湿地；SM. 盐沼湿地；FM. 淡水湿地；OF. 油田；SP. 盐田；IC. 工建用地

不同，影响程度不同，补偿率也存在差异（附录）。大型底栖动物对滨海湿地健康具有重要作用（Balcombe et al.，2005；Herman et al.，1999；Kristensen et al.，2014），是功能良好湿地生态系统极具价值的组成成分，已被用作西弗吉尼亚州湿地功能的替代物（Balcombe et al.，2005）。同时，对水形态或物理化学功能的降低具有敏感性（Everaert et al.，2013），具有重要的生态和经济价值。因此，本节基于大型底栖动物展开物质量补偿的研究，保护滨海湿地大型底栖动物生物多样性对于维持资源的可持续利用、实现大型底栖动物物种功能的无净损失具有重要意义。物种组成是个多层面的概念，很难用单一指标或分类群表征，因此，本节利用香浓-维纳指数和相似性指数予以表征，其中对香浓-维纳指数做指数处理，主要目的是使数据能够呈倍数变化，使数据的加减合理化。香浓-维纳指数可以表征物种丰富度但不能对种类变化进行表征，因此，将种类相似性考虑进来，充分分析围填海活动对大型底栖动物物种多样性造成的影响。在补偿中，不仅要对损失的物种丰富度进行补偿，也要保证补偿的物种与损失的物种具有较高的相似性，因此补偿率为两种指数计算结果的交集，同时也能较好地解决基线选取中的不确定性问题。

滨海湿地在潮汐交互、植物生长和泥沙搬运等过程中积累大量的有机碳，具有重要的碳储功能，其碳储量约占全球陆地碳库的 1/3，在全球碳循环和气候变化研究中起着重要作用（Bao et al.，2015）。围填海对滨海湿地碳储功能的损失表明，围填海总体上会导致滨海湿地碳储功能的降低，但不是所有的围填海类型均会造成滨海湿地碳储量的损失，且不同围填海类型造成的损失不同。其中，贝类和海藻的养殖可以提高滨海湿地碳储量；由于淡水湿地上覆植被为芦苇，有机质含量较高，因此，其转化为不同类型围填海后的碳储功能损失也较其他类型湿地高；此外，由于油田建设后，堤内生长较多盐化草甸植被，因此，仍具有部分碳储功能，植被盖度甚至超过滩涂湿地，因此会出现碳储量反增高的现象。

目前，国际上也开展了较多生物多样性补偿和碳储功能补偿方面的研究，如美国的湿地补偿工作，其对损失和收益的评估通常采用与景观、生态连通性、水文及植被或底栖动物相关的定性指标，即快速评估法（Fennessy et al.，2007；Gaucherand，2015；Hruby，2012）。本节主要针对大型底栖动物组成和碳储功能展开受损滨海湿地物种组成补偿的研究具有一定的局限性，但由于不同群落组成和功能之间具有一定的相关性（Gaucherand，2015），因此，本节结果将推动基于物质量的受损滨海湿地生态补偿研究。此外，补偿目标也可以是物种特征（如生境面积、种群大小）（Possingham et al.，2000）和物种优势度（如特定物种的保存和维续所需要的面积）（Levin et al.，2015），因此，未来研究中可继续针对多要素交互影响展开深入研究。

2. 不同变量对滨海湿地补偿率的影响

为实现围填海影响下受损滨海湿地无净损失，本节构建了补偿率计算模型。模型主要考虑了时间滞后、反事实情景的值、生态系统服务物质量效应变化与围填海的相关系数、修复补偿失败的概率和修复的总量。并假设补偿区域修复后，物种组成和功能可以立即恢复到稳定状态并随时间变化保持恒定。关于补偿率的相关研究较多（Quétier and Lavorel，2011；Bull et al.，2013；Moilanen et al.，2009；Gibbons et al.，2016），但仍存在一些亟待解决的问题。首先，尽管准确定量围填海工程造成的影响及补偿收益至关重要，但目前通常利用主观赋值的方法，并且很难区分围填海造成损失的部分（气候变化和其他因素也可能造成物种组成和功能的降低）；其次，由于修复技术不可行导致的修复失败风险在以往对补偿率的研究中常被忽略；再次，反事实情景或基线（Angelsen，2008；Ferraro，2009）会很大程度上影响损失和收益的计算，在设计和评估物质量补偿方案时如何选择参考系决定了补偿的可行性及要达到目标所需的努力程度（Bull et al.，2014），但二者通常具有不确定性（Ferraro，2009；Miteva et al.，2012），在补偿率的计算中常被忽视。本节通过将补偿面积与损失面积或补偿丰度与损失丰度的比定义为补偿率，根据无净损失原则，由单位面积物种组成和功能损失量与补偿量的比值得到不同滨海湿地受损类型的补偿率，明确修复、重建或投放多少的问题。通过将时间滞后性（Bull et al.，2013）、参考基线/修复目标的不确定性（Angelsen，2008；Ferraro，2009）和补偿失败的风险等（Moilanen et al.，2009；Gibbons et al.，2016）考虑到补偿率的模型中，解决滨海湿地修复中具有的不确定性问题，为滨海湿地生态补偿提出了更科学的补偿率核算方法。

敏感性分析表明：补偿率对时间滞后较为敏感，与前人（如 Gibbons et al.，2016）研究结果相一致。由于关于不同滨海湿地大型底栖动物修复时间评估的研究较少，本节采用滨海湿地大型底栖动物修复和植被修复所需的时间，作为每种滨海湿地大型底栖动物修复和碳储功能修复所需的时间。2004 年 Moseman 等（2004）在加利福尼亚河口的研究表明，修复区经过仅 19 个月的修复后具有与健康湿地可比的大型底栖动物群落；美国的一篇综合了 9 项研究的综述表明（Warren et al.，2002），盐沼湿地大型底栖动物和植被修复所需时间为 5～21 年；但也有研究（Zedler and Callaway，1999）表明，修复的湿地需要 40 年才能达到与参照湿地生态功能等价的状态。根据前人研究，本节采用几项研究结果的中值作为大型底栖动物修复所需的时间进行不同围填海类型所需补偿率的计算，则时间滞后为 21 年。同时，本节构建的补偿率计算方法也可用到围填海规划期中，即还未对滨海湿地造成影响之前，这也是其他研究者所倡导的（Bekessy et al.，2010），则修复补偿的时间滞后将为 0 年，或损失滞后于收益（Bull et al.，2015），补偿率也将比收益滞后于损失情景的低，因此决策者可在围填海规划时或前，开展滨海湿地的物质量修复补偿工作。

以滩涂湿地转化为养殖池的补偿率计算为例，当修复目标取上界贴现率从 1%～5%变化的敏感性分析表明（图 10.35）：损失和收益使用贴现率的不同值会对补偿率的计算产生影响，补偿率随着贴现率的升高而增大。尽管在修复补偿中，3%通常被认为是合理的（Dunford et al.，2004；Gibbons et al.，2016），但其实际是主观性较强的一个参数，决策者如果想更确保无净损失，可使用较大的贴现率。修复失败的风险为退化滨海湿地修复中物种组成和功能修复失败的概率，近年来关于黄河三角洲滨海湿地修复的案例表明修复效果较为明显（Cui et al.，2009；Li et al.，2016b），修复成功率较高，因此本节对修复失败风险取值为 0，但决策者可将其取值更大以获得较高的补偿率，从而保守地获得无净损失。以滩涂湿地转化为油田的碳储功能补偿率计算为例，当修复目标取上界碳储量变化与围填海影响的相关性从 0.5～1 变化的敏感性分析表明（图 10.49），相关性越高补偿率越大，由于围填海对滨海湿地的强烈改变，土壤及水文条件变化明显，因此本节对其相关性取 1，且有助于保守获取滨海湿地碳储功能的无净损失，为获得更精确的无净损失，在后续的工作中可根据相关研究对其进一步校正。

补偿区域大型底栖动物物种组成及碳储功能能够修复的程度是不确定的，能够获得的收益越高并且围填海造成的损害越小，则补偿率越低。补偿率可以小于1，当其值为0时表示人类活动理论上没有造成损害（BBOP，2009）。同时，物种组成和功能修复的程度也取决于种类—面积关系生态模型（Sarkar and Margules，2002）及密度自疏法则的制约（Reynolds et al.，2005；Franco and Kelly，1998），即补偿的面积不能低于相应物种的最小面积，否则需要调整补偿率，且碳储量修复目标设定不宜过高，超过单位面积的最大密度则无法实现。由于不同围填海类型对滨海湿地大型底栖动物和碳储量的影响不同，补偿率也会不同程度地变化。评估滨海湿地大型底栖动物多样性和相似性及碳储功能中具有较大的不确定性，既表现在修复补偿地在反事实情况下基线水平，也表现在修复补偿预期获得的收益（图10.33）。因此，建议决策者在计算中作保守评估，特别是设定的修复目标；反事实情景（潜在补偿区域的初始值）的设定对大型底栖动物物种组成的影响较大，对碳储功能修复的影响不显著。

3. 滨海湿地关键物种组成和关键功能补偿的可行性

在应用同类补偿中主要有修复补偿和避免损失补偿两种主要策略（Bull et al.，2015；Gibbons et al.，2016），本节主要针对修复补偿开展研究，滨海湿地修复方法较多，主要集中在生物方法和非生物方法（Suding，2011；Liu et al.，2016）。滩涂湿地的修复方法主要是植被恢复，针对退化湿地重新引入本地或生境组成的植被物种，植被物种主要有翅碱蓬、芦苇、柽柳和茳芏等（Hu et al.，2015；Jia et al.，2015；Li，2010；Ning et al.，2014）。非生物恢复方法主要包括淡水引入、渔场去除、水坝或堤坝的拆除、挖建潮沟（Zedler and Kercher，2005）、清淤和微地形修复等。盐沼湿地恢复方法主要是用堤坝将退化的盐沼湿地拦起后注入淡水，该方法已在黄河三角洲（Cui et al.，2009）和辽河三角洲（Ministry of Environmental Protection，2014）得到了广泛的应用。近海水域的修复主要包括人工投放大型底栖动物幼苗以增加自然供给（Ministry of Agriculture，2015；Shen and Heino，2014），建设人工鱼礁以增加大型底栖动物的生境（Yang et al.，2011）。这些方法在大型底栖动物的修复中逐渐得到了较成功的应用（Li et al.，2016b），因此，围填海影响下大型底栖动物物种组成修复补偿理论上具有可行性（Bayraktarov et al.，2016；Ruiz and Aide，2005）。

关于碳储功能的补偿，国际上较多地关注在碳排放方面，补偿方式多见于经济手段，即通过市场交易进行碳排放的补偿，滨海湿地修复中，基于土壤碳储交易是比较常见的补偿类型。由于生态修复具有一定的不确定性，因此通过将不确定性考虑进来的生态修复或保护破碎化生境进行碳储功能补偿是更为合理的补偿方式。为了补偿1980～2015年的黄河三角洲滨海湿地围填海面积，一种方法是裸地的修复［图10.19（a）］，裸地是黄河三角洲比较常见的退化类型，另一种修复补偿方法是提升功能退化的湿地［图10.19（b）］，其可能不足以补偿所有的围填海区域，但可以补偿一部分区域，决策者可根据距离等决定裸地补偿哪些围填海区域，具体方法见10.3节。当适宜的和可利用的裸地和功能退化湿地面积都不足以补偿围填海造成的损失时，可通过在滨海湿地附近新建湿地或在黄河三角洲区域之外选择补偿区域予以补充。在未来的围填海工程建设中，应减少对围填海所生产的产品需求来避免围填海活动对滨海湿地生态系统造成的损害，通过减少围填海过程中受影响的面积来减小围填海造成的影响，这些对确保黄河三角洲滨海湿地大型底栖动物物种组成及碳储功能的无净损失也至关重要。

10.3 基于物质量的受损滨海湿地异位补偿适宜性

随着湿地调整政策的快速发展，修复或重建湿地工程风起云涌，但研究对象主要倾向于内陆淡水湿地和森林湿地等，而滨海湿地方面相关研究较少。对于无法修复的围填海或围填海活动，应在围填海的周边选择区域进行生态补偿，使得补偿量与围填海引起的生态损失量相当，即使用了异位的湿地修复或重建对围填海占据或破坏的湿地进行替代。港口建设、养殖、盐田和油田开采等围填海活动影响下，滨海湿地受到严重的损害，主要存在：面积减小和斑块化、生物多样性受损、湿地生态功能减退及生境丧失等情况。为了减缓生物多样性损失，调节气候变化，必须进行受损滨海湿地的生态修复，而某些围填海活动，如港口建设及盐田开采，生态修复难以实现，只能进行异位补偿。

对于滨海湿地的异位补偿，理论上可以选择受损区域周边范围内任何一块或多块区域作为异位补偿区域。然而，考虑被选区域的空间异质性及生境特性等湿地“内秉性”及技术手段等补偿成功性大小，并不是所有的区域都适合做异位补偿区域，这里就应该对众多被选区域的特征属性做模型分析，对补偿格局做优化调整，选择最适宜的补偿区域，进而计算异位可补率。监测时间内新建或修复湿地的生态功能能否满足丧失湿地的生态功能判定生境替代的成功率，当前成功率仅为 40%～60%（Cole and Shafer，2002；Reiss et al.，2009），成功率较低，其主要是因为生境替代作为工程量大、成本高的项目，存在替代区域的选取较难及后期维护费用高的问题，如何科学地选取异位补偿区域成为决定生境替代成功与否的关键影响因素之一。本节主要解决如何选取替代区域问题，识别受损滨海湿地异位补偿的适宜性，针对黄河三角洲 1980～2015 年围填海对滨海湿地的占用情况，构建潜在补偿区域适宜性分析模型，并将补偿区域与受损原有生境的相似性分析、生物连通性、潜在补偿区域与受损区之间的距离、补偿区域的可利用性和经济成本等考虑进来，为基于物质量的滨海湿地修复补偿潜在适宜性区域的选取提供更科学的方法，解决在哪补的问题。

10.3.1 异位补偿适宜性

1. 异位补偿适宜性模型

1）异位补偿适宜性概念模型

基于物质量的滨海湿地生态补偿不是单纯地对某块生境进行修复，还需考虑修复后湿地的维持性及尽可能地提高修复成功的概率，建立斑块间的生物连通性是进行异位补偿成功与否的关键。另外，针对某一围填海类型的生境替代，还需要考虑潜在替代区替代待补偿对象的可行性强弱，本节提出的异位补偿（生境替代）适宜性模型，概念模型如图 10.51 所示。其中，本节采用异位补偿适宜性来表达潜在替代区对围填海替代的可能性。本节对修复后湿地的维持性及尽可能地提高修复成功的概率定义为在向着目标生境努力的方向上，通过一定的修复技术修复潜在替代区，使其物种能够迁移/扩散到目标生境，潜在替代区与目标生境的相似性越高修复越容易，修复可行性越强；距离待替代围填海越近，且对待替代围填海区所需成本越低，则替代适宜性越好。异位补偿适宜性是决定在潜在的补偿区域中，优先选择哪些区域进行修复，并达到目标生境的结构和功能，进而对开发工程影响下受损的滨海湿地进行补偿。

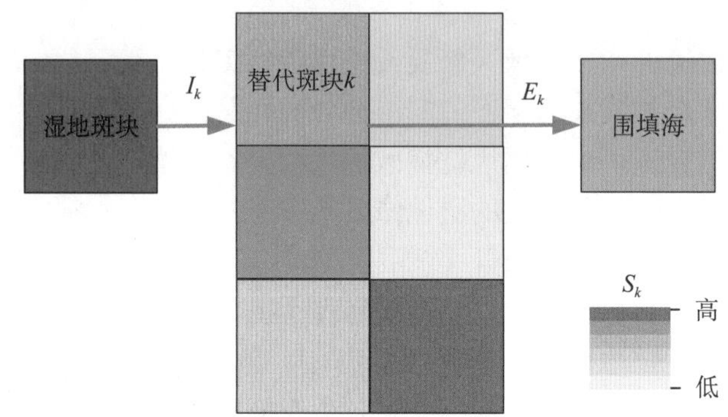

图 10.51　生境替代概念模型

S_k 为替代斑块 k 与目标生境的相似性程度；I_k 为目标生境中物种向替代区 k 迁移的概率；E_k 为替代区 k 替代待补偿对象的可利用性

本节开展黄河三角洲围填海影响下受损滨海湿地异位补偿适宜性研究。通过构建生境替代适宜性模型，判识补偿目标，对潜在补偿区与目标生境的相似性、物种扩散迁移的可能性及潜在补偿区替代不同围填海区域的可行性进行模拟，从而得到补偿斑块的适宜性（以 1000m×1000m 为规划单元），结果越接近 1，适宜性越高，模型构建如下：

$$P_k = S_k \times I_k \times E_k \tag{10.10}$$

式中，S_k 为替代斑块 k 与目标生境的相似性程度；I_k 为目标生境中物种向替代区 k 迁移的概率；P_k 为替代斑块 k 的适宜性；E_k 为替代斑块 k 替代待补偿对象的可利用性。

具体步骤如下，其中，确定异位补偿适宜性过程大致以时间顺序展开，有些步骤可能是并行的（图 10.52）。再利用 ArcGIS10.0 中 Jenks Natural Breaks 分类方法，根据适宜性值将替代斑块分为高、中和低三个适宜性等级（Reyers et al.，2009；O'Farrell et al.，2010），当适宜性高的斑块替代不足时，再增加次一级斑块予以替代。并根据不同围填海类型的最小补偿率计算的从 1980～2015 年不同围填海类型组合所需的补偿面积，以及大型底栖动物和植被的修复时间，进而计算大型底栖动物滞后时间分别为 2 年、5 年和 21 年，植被修复滞后时间分别为 3 年、5 年和 10 年时，不同离散群对围填海类型不同组合的补偿比例（Yu et al.，2017）。由于数据量较大，且组合情景较多，针对围填海类型不同组合的补偿比例的计算主要借助 Matlab R2012b 完成。

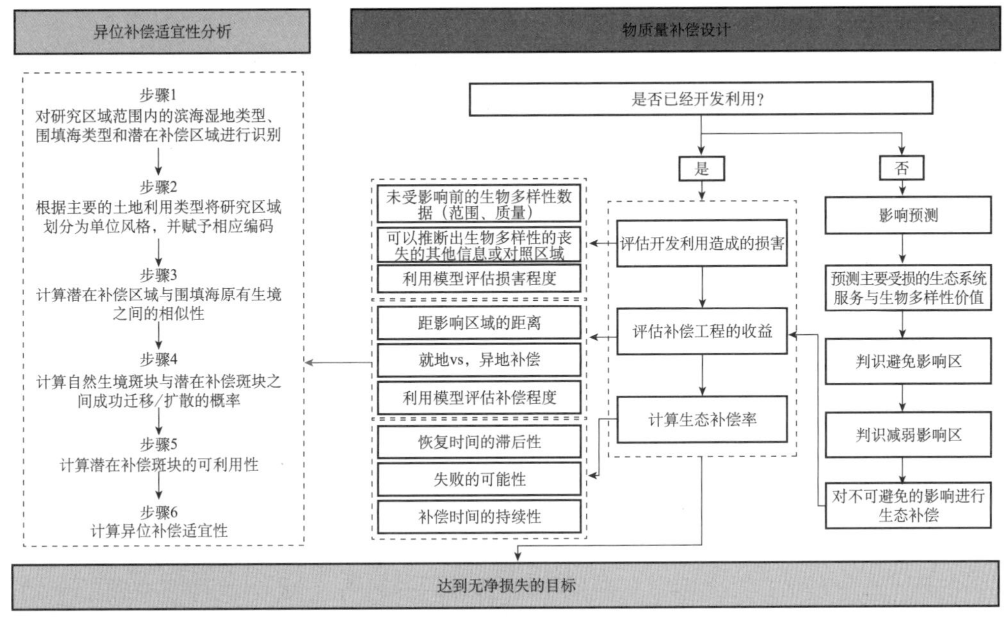

图 10.52　物质量补偿设计流程及潜在补偿适宜性区域判识流程图

2）自然生境斑块与潜在补偿斑块之间成功迁移/扩散的概率计算

如果补偿斑块与研究区域内相对完整的生境具有较高的连通性，则该补偿斑块的修复潜力较大，可行性较高。物种迁移到另一斑块的概率为关于两斑块之间的距离及目标斑块面积的函数。从原斑块迁移到目标斑块的成功率（I_k）主要可根据以下公式计算，该公式在 Possingham 和 Davies（1995）模型的基础上进行了修进，修进的主要目的是将运行结果归一化。

$$I_k = 2a \times \mathrm{e}^{-d_{kb}/m}$$

$$a = \begin{cases} \dfrac{2}{\pi}\arctan\left(\dfrac{\sqrt{A_k/\pi}}{d_{kb}}\right), & d_{kb} \geqslant \sqrt{A_k/\pi} \\ 0.5, & d_{kb} < \sqrt{A_k/\pi} \end{cases} \tag{10.11}$$

式中，A_k 为湿地斑块 k 的面积；d_{kb} 为两个斑块之间的最短距离；a 为物种按两个斑块之间直线距离迁移的概率；m 为物种平均可迁移距离。其中，两个斑块的最短距离获取方法主要采用由 Jeff Jenness 企业（www.jennessent.com）开发的 ArcGIS 10.0 扩展程序"Conefor Inputs"，距离主要为斑块边到边的欧式距离，可以选择分析所有的属性斑块，或者只分析指定距离内的属性斑块（Adriaensen et al.，2003；Theobald，2006）。得到最终的迁移概率结果，值越接近 1 自然生境斑块与潜在补偿斑块之间成功迁移/扩散的概率越大。

要计算物种迁移成功的概率，不仅需要获取距离数据，还需要获取物种的平均迁移距离。通过大型底栖动物幼虫分布研究和逐个距离斜率的遗传分离行为观测实验可知，滨海湿地大型底栖动物具有较大的扩散距离，无脊椎动物和鱼类表现出不同的分散尺度（Kinlan and Gaines，2003）。Shanks 等（2003）通过数据收集分析表明，大型底栖动物长距离扩散有机体的最小扩散距离为 20km/a，其认为 20km 范围可以保证大型底栖动物（包括迁移能力较差的远距离扩散迁移物种）迁移到邻近斑块。因此，本节选取20km为大型底栖动物的平均扩散迁移距离。

基于碳储功能的提升补偿及大型底栖动物生境修复均依赖于植被的修复，滨海湿地上覆植被的修复有助于滨海湿地碳储功能的提高，因此，本节主要基于植被修复对碳储功能异位补偿进行研究。研究方法同基于物种组成异位补偿，首先对研究区域网格化，选取滩涂湿地、盐沼湿地和淡水湿地为目标区域，对不同区域的裸地的替代适宜性进行分析，包括植被种子的扩散迁移能力、裸地与目标区的生境相似性及技术手段等补偿成功性大小。其中，与物种组成生境替代适宜性的主要不同在于种子的平均扩散距离小于大型底栖动物。种子扩散迁移距离主要考虑滨海湿地种子的最大迁移距离，进而可计算目标生境植物种子扩散到每个栅格的概率，大部分种子沿潮沟的分布主要由潮流及种子投放的时间段决定。由于对流作用是种子扩散的主要机制，我们忽略扩散作用的影响，对流速积分得到对流主导的种子分布图如图10.53中阴影部分（施伟，2018）。具体地，在种子投放的初始时刻（$t=0$天），由于流速从0.64m/s开始增加，种子开始向陆向运动。而种子分布的最陆向的边界由种子源最陆向一侧（$x=0.61$km）投放的种子的运动轨迹决定。大约0.075天之后，这些种子达到潮沟的尽头（7km），种子向前的运动停顿下来直到$t=0.24$天时流速反转。在这之后，种子开始向海运动并最终在第一个低潮憩流（$t=0.46$天）时分布在距陆0.61～10.03km。此后，潮流再次反转种子再次陆向运动，并循环，因此本节种子扩散距离取17km（图10.53）（施伟，2018）。

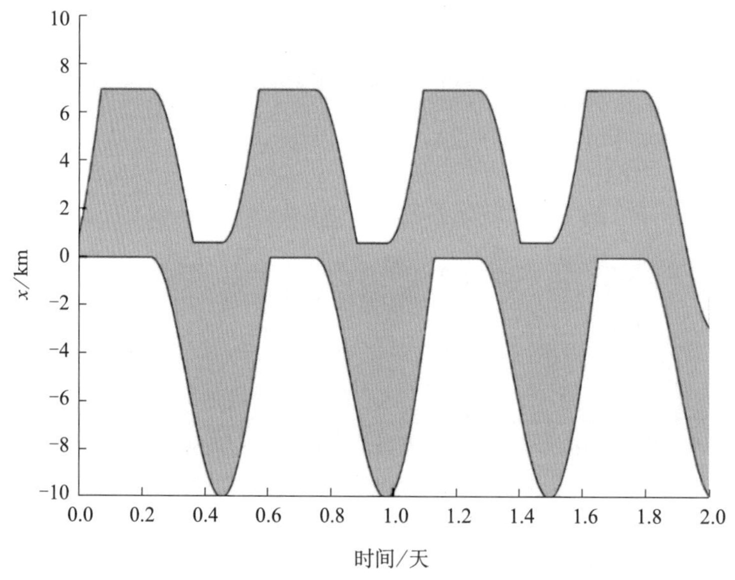

图10.53　忽略扩散作用时种子沿潮沟的近似分布

3）潜在补偿区域与围填海原有生境之间的相似性计算

物质量补偿的原则之一是补偿应该是相似的和等价的，或者可以与受到影响物种具有可比较性（BBOP，2009；Bull et al.，2016）。由于围填海原有生境属性的不可获取性，本节主要采用参照湿地斑块（如相对未退化区域）生境属性数据予以推断和替代，再对所有参照斑块和所有可能的潜在补偿斑块的组合之间构建了平均生境特征的相似性矩阵。获取潜在替代斑块的生境因子，结合不同生境指标与目标生境做相似性分析，潜在补偿斑块与参照斑块之间的相似性（S_k）模型构建如下（Niesterowicz and Stepinski，2016），即共有生境指标的个数为 n，利用欧氏距离得到相似性值：

$$S_k = 1 - d_E$$

$$d_E = \sqrt{\frac{1}{n}\sum_{i=1}^{n}(I_{bi} - I_{ki})^2} \quad \text{for} \quad i = 1, \cdots, n \tag{10.12}$$

式中，d_E 为潜在补偿斑块与参照湿地斑块生境因子间的欧式距离；I_{bi} 为参照湿地斑块的生境属性因子；I_{ki} 为潜在补偿斑块的生境属性因子。并利用$\frac{I_{max} - I}{I_{max} - I_{min}}$对所有生境因子进行归一化，使属性值均转化为 0～1，值越接近 1 相似性越高。由于计算过程复杂，本节主要借助编程方法，并在 Excel 2016 中运行，得到最终的相似性计算结果。其中，大型底栖动物生境因子取土壤含水率、容重、盐度、pH、土壤有机质、土壤总碳和总氮 7 个生境属性指标（Li et al.，2016a）；植被（翅碱蓬或芦苇）主要取土壤含水率、盐度和土壤有机质三个生境属性指标（崔艳芳，2014；贺强等，2007，2008；崔保山等，2008）。

4）潜在补偿斑块的可利用性

潜在补偿斑块的可利用性主要受社会、政治和经济因素的影响。距离待补偿区越远，则潜在补偿斑块对补偿区所发挥的功能将减弱；对于不同潜在补偿斑块，补偿者对潜在补偿斑块提供的修复投资不同，潜在补偿斑块的可利用性也不同，潜在补偿斑块 k 的可利用性（E_k）模型表示如下：

$$E_k = \begin{cases} \left(1 - \frac{M_{kj} - M_{min}}{M_{max} - M_{min}}\right) \times \frac{d_0 - d_{kj}}{d_0}, & d_{ki} \leqslant d_0 \\ 0, & d_{kj} > d_0 \end{cases} \tag{10.13}$$

式中，M_{kj} 为潜在补偿斑块 k 的土地成本；M_{max} 为所有潜在补偿斑块土地成本的最高值；M_{min} 为所有潜在补偿斑块土地成本的最低值；d_{kj} 为某围填海区 j 与潜在补偿斑块 k 之间的距离；d_0 为围填海区 j 到所有潜在补偿斑块距离中的最大有效值，即在 d_0 范围内的潜在补偿斑块才是有效的，超出 d_0 范围时潜在补偿斑块的可利用性为 0，这是因为补偿斑块距离围填海区域越远，则受该围填海工程建设影响的本地居民获得生态系统服务收益补偿的可能性越小（BBOP，2009；Jacob et al.，2016）；E_k 值越接近 1 则可利用性越强。土地成本还可能受到其他因素的影响，如购买价格、持续管理成本或放弃的生态系统服务等，但由于这些数据的难获取性，本节主要以斑块面积来衡量所需成本，面积越大所需成本越高。

2. 研究区域预处理

首先对潜在补偿区域进行识别，潜在补偿区域主要选取气候变化、过度植食和水量输入减少等原因造成的退化区域（Fan et al.，2012；Guan et al.，2001；He et al.，2017）及废弃的农田（图 10.54）。本节中生境相对完整的地区几乎没有潜力作为保护补偿地，因为这些区域大多数已经列入黄河三角洲自然保护区范围。其中，所有的土地利用类型都使用来自 Landsat TM 多光谱影像和 Landsat MSS 影像，空间分辨率为 30m，并在滨海湿地研究中已得到了广泛的应用（Tian et al.，2016）。

将研究区域划分为单位网格，网格的形状通常可以按方形、六边形、自然生态或政

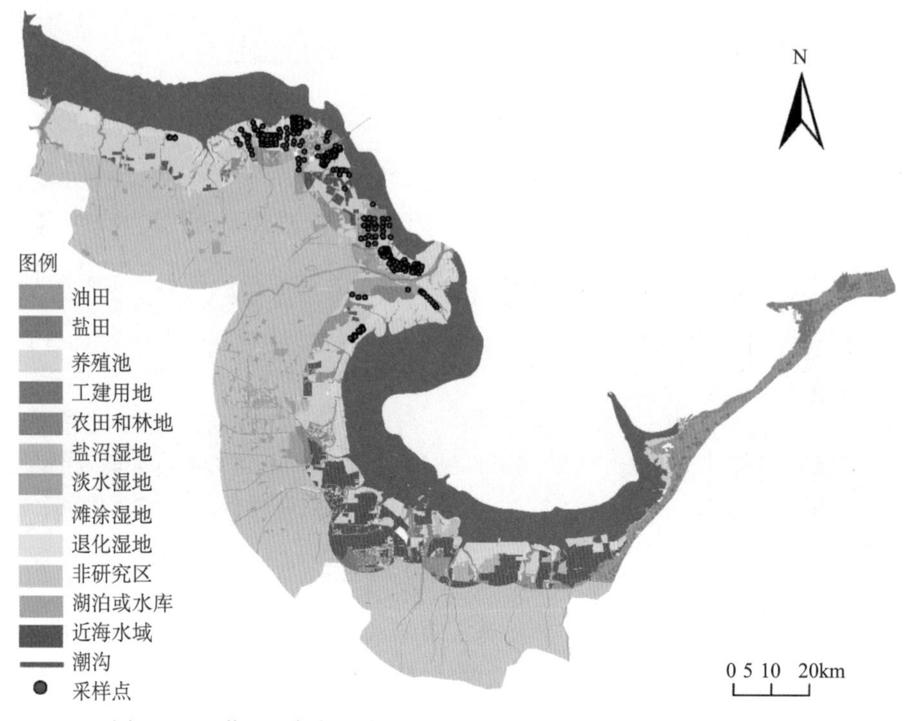

图 10.54 黄河三角洲生境属性采样点分布图和主要的土地利用类型

治/政府的划分，为方便分析与规划本节主要采用方形为规划单元。选择适当的网格大小则涉及精度和计算机运行时间之间的权衡，网格大小影响研究区的概化精度，随着网格面积的减小，研究区的概化精度也越来越高，但是模型运算时间也随之增加。经调试，利用 1000m×1000m 为规划单元可以实现正确绘制>89%的不同土地利用类型，可达到研究区的准确描述及模型的高效运算，并且方便为规划管理提供建议。根据研究区的土地利用类型为网格赋值，每一网格属性赋值过程中，将某一土地利用类型占网格面积 50%作为赋值标准，即大于网格 50%的土地利用类型作为网格属性值。每个网格按主导土地利用情况进行编码如下：①滩涂湿地；②盐沼湿地；③淡水湿地；④围填海；⑤退化区域；⑥其他土地利用类型。植被类型影响着物种组成的类型，退化区域⑤被认为是潜在补偿区域，相对成熟的森林和其他有价值的生境⑥，如芦苇、荻、柽柳、盐地碱蓬等植被类型的生境不被认为是可能的补偿地点，因为这一过程是与植被演替规律相违背的，且利用它们作为补偿地点不会产生额外收益，因此上述土地利用类型统一归为非补偿区⑥。

3. 数据获取

1）生境指标

本节重点研究影响大型底栖动物及滨海湿地植被生境质量的 7 个生境属性，主要包括土壤含水率、容重、盐度、pH、土壤有机质、土壤总碳和总氮（Li et al.，2016a；崔艳芳，2014；贺强等，2007，2008；崔保山等，2008），采样点共 505 个（图 10.54、图 10.55），并收集 0～5cm 深的土壤样品，每个采样点 3 个重复，采样图片见图 10.55，土壤含水率和容重主要采用称取土壤样品的湿重和 60℃烘干 48h 后再称重的方法获取

(He et al.，2012)；盐度和 pH 主要采用去离子水（1：5m/V）测量干燥土壤的上清液，测定孔隙水的盐度和 pH（Cui et al.，2011；Pennings et al.，2003)；土壤有机质用 Walkley 法和 Black 法测定（Bai et al.，2012a；Thorne et al.，2014)；土壤总碳（TC）用全碳分析仪（TOC-V，日本）测定，总氮（TN）用连续流分析法（AA3，欧洲）测定，所有采样工作均在 2015 年进行。采用 ArcGIS 10.0 普通克里格空间插值的方法分别获取整个研究区 7 个生境属性数据，再利用 ArcGIS 10.0 中 Zonal 工具分别获取每个 1000m×1000m 分辨率网格单元的生境特征数据的平均值。

图 10.55　生境属性数据调查野外采样照片

不同生境因子插值结果如图 10.56 所示，根据插值结果，利用 ArcGIS 中 Zonal 工具分别计算目标区与潜在补偿区生境属性平均值，为根据相似性分析公式得到潜在补偿区与目标生境间的相似性提供数据基础。

2）潜在补偿斑块的识别与提取

遥感数据：

主要采用 Landsat8，文件名 LC81210342015156LGN00，获取时间 2015 年 06 月 05 日，空间分辨率 30m，云量 0.15。

NDVI 计算：

(1) 利用 ENVI 中的 band math 工具，输入公式为[float(b1)－float(b2)]/[float(b1)＋float(b2)]，其中，b1 为近红外波段，b2 为红光波段。选择对应条带影像：对于 Landsat8，b1 ＝ band5，b2 ＝ band4。

(2) 生成 NDVI 图像，数值范围为－1～1 的 tiff 格式图。

退化区域的 NDVI 范围筛选：

(1) 加载 Landsat8 的 band5/4/3，分别对应 RGB 显示。加载刘康（2016）解译 2014 年裸斑斑块提取数据（ENVI classic 中 vector 菜单，或 ENVI5.1 直接打开 shp 文件)，调整颜色，使其只显示边界。

(2) 利用以上 RGB 显示图与裸斑斑块提取图与 NDVI 图全部 link，或可将矢量图叠加在 NDVI 结果图上。

(3) 利用浏览器打开山东天地图，尽量选择 2015 年 0.5m 影像。

(4) 与 2014 年裸斑解译图的矢量图尽量吻合，再对照天地图验证。

(5) 找到合适的 NDVI 区间分别作为裸斑分布区间：0～0.085。

GIS 处理：

(1) 打开 NDVI. tiff 和黄三角轮廓 . shp，利用 extract by mask 工具裁剪出研究区的 NDVI 图。用 extract by attribute 工具提取栅格值在 0～0.085 的区域。

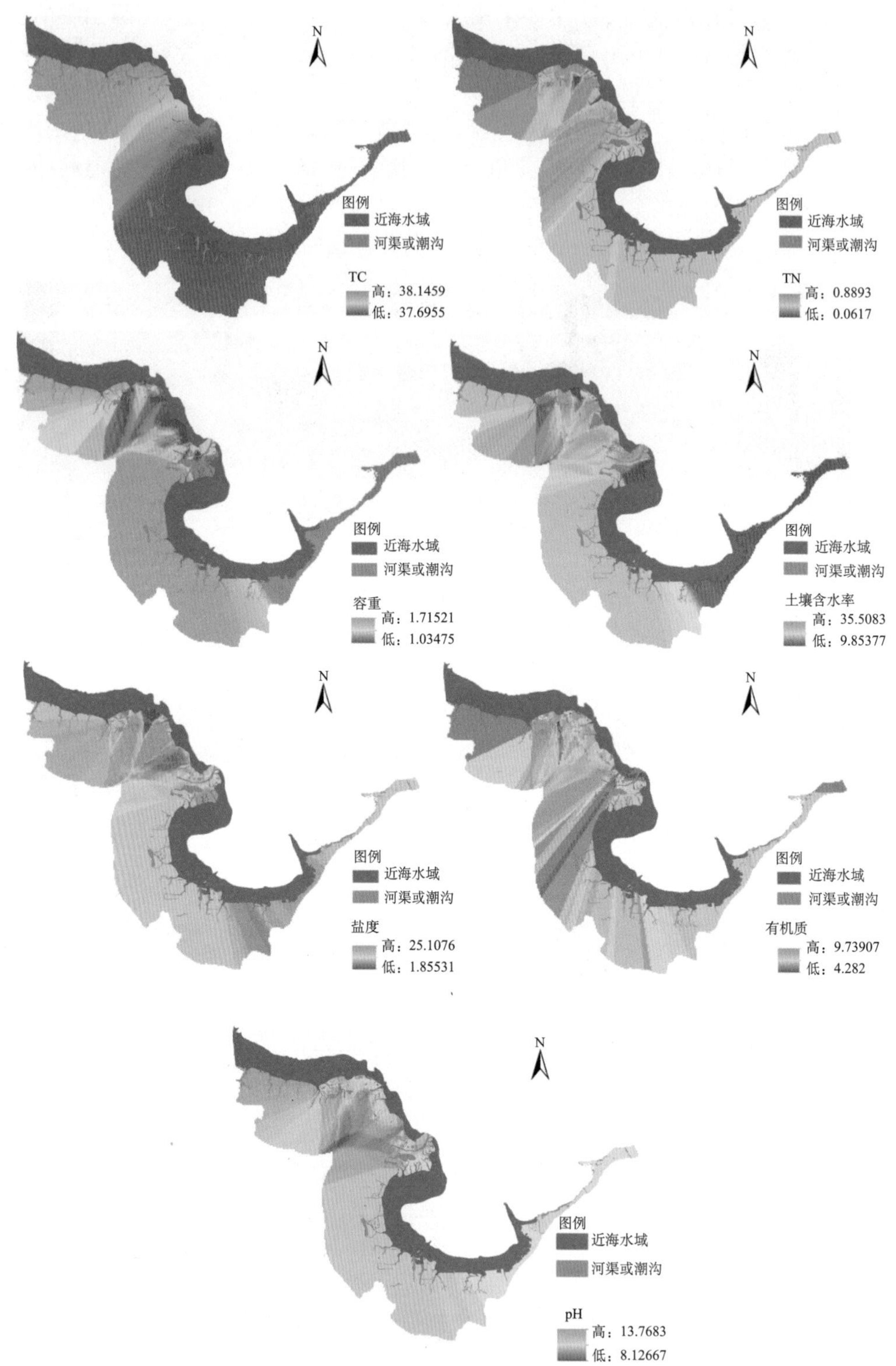

图 10.56　黄河三角洲土壤含水率、土壤容重、土壤有机质、土壤盐度、土壤 pH、土壤 TC 及土壤 TN 空间分布图

(2) 转为矢量格式，属性表中分别选中裸斑导出。

(3) 打开黄三角土地利用图，分别与裸斑分布图叠加 intersect。

(4) 打开 Landsat8 影像为底图，网页打开天地图，分别叠加裸斑矢量数据，并开始编辑 editing。

(5) 把所有 polygon 选中，在 advanced editing 工具条中选 explode multipart feature，把 polygon 打散。

(6) 每一块尽量对照天地图 2015 年 0.5m 影像，把明显不符合的斑块删去，并手动解译出没有被识别出的裸斑斑块。

10.3.2 黄河三角洲围填海类型异位补偿适宜性

1. 黄河三角洲潜在补偿区域

黄河三角洲研究区 1980～2015 年围填海共占用滨海湿地面积为 1401.79km^2。2015 年黄河三角洲尚存滨海湿地面积 1103.40km^2，包括滩涂湿地、盐沼湿地和淡水湿地，通过遥感识别及空间分析，共识别出退化区域 731.25km^2，包括裸地、退化湿地和废弃农田等，去除保护区内裸地后退化区域面积为 440.75km^2，是养殖池面积的 56.68%，油田面积的 8.16 倍，盐田面积的 68.71%和工建用地的 1.72 倍，本研究共将其分成 1000m×1000m 斑块 441 个，作为潜在补偿斑块（图 10.57）。

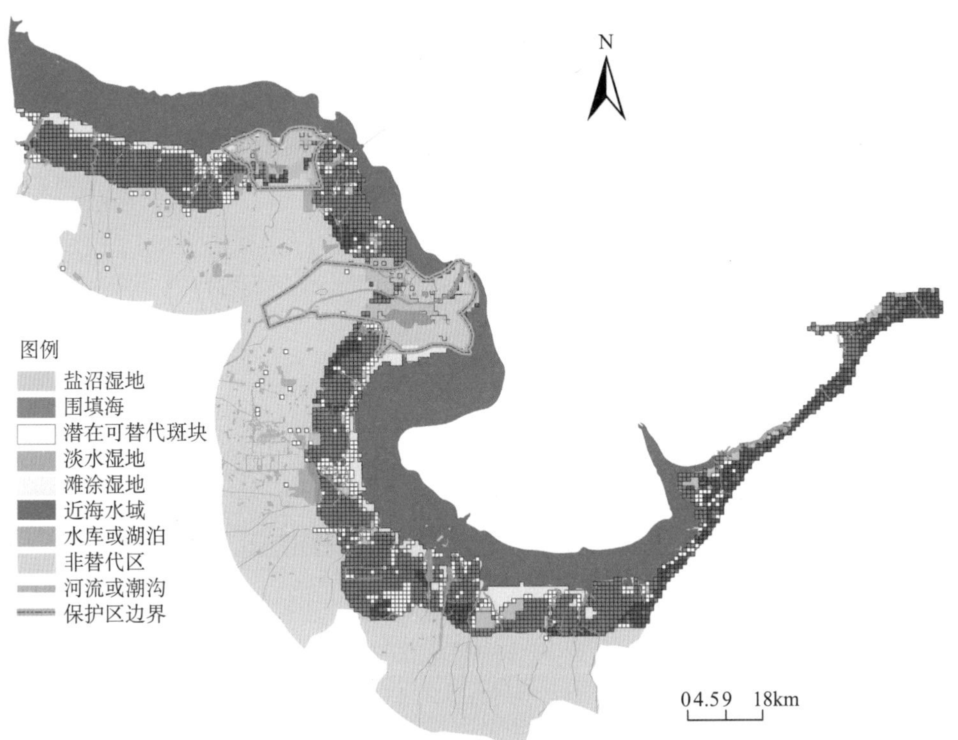

图 10.57 黄河三角洲土地利用网格化

2. 基于大型底栖动物修复的异位补偿适宜性

潜在补偿区域与围填海原有生境之间的相似性为 0.38～0.61，其中，绝大多数斑块的生境相似性值为 0.50～0.61（图 10.58）；自然生境斑块与潜在补偿斑块之间成功迁移/扩散的概率为 0.02～1.00，其中，超过一半的潜在补偿斑块成功迁移/扩散的概率为 1.00（图 10.59）；潜在补偿斑块的可利用性为 0.66～1.00，其中，超过 3/4 的潜在斑块可利用性为 1.00（图 10.60）。潜在补偿斑块的补偿适宜性为 0.00～0.29，根据 Jenks Natural Breaks 分类方法将补偿适宜性分为三个等级：低适宜性（0～0.05），中适宜性（0.05～0.13）和高适宜性（0.13～0.29）（图 10.61）。

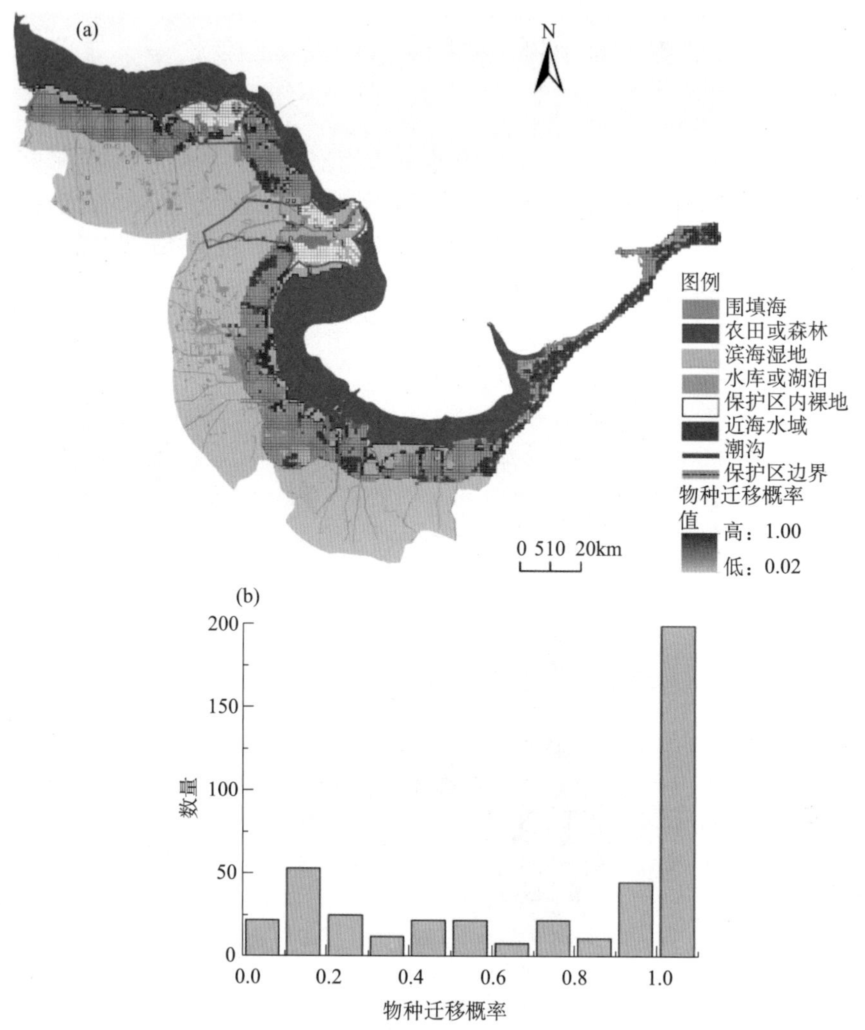

图 10.58　基于大型底栖动物物种组成的黄河三角洲自然生境斑块与潜在补偿斑块之间成功迁移概率

(a) 黄河三角洲自然生境斑块与潜在补偿斑块之间成功迁移概率区位图；(b) 自然生境斑块与潜在补偿斑块之间成功迁移概率的频率分布直方图

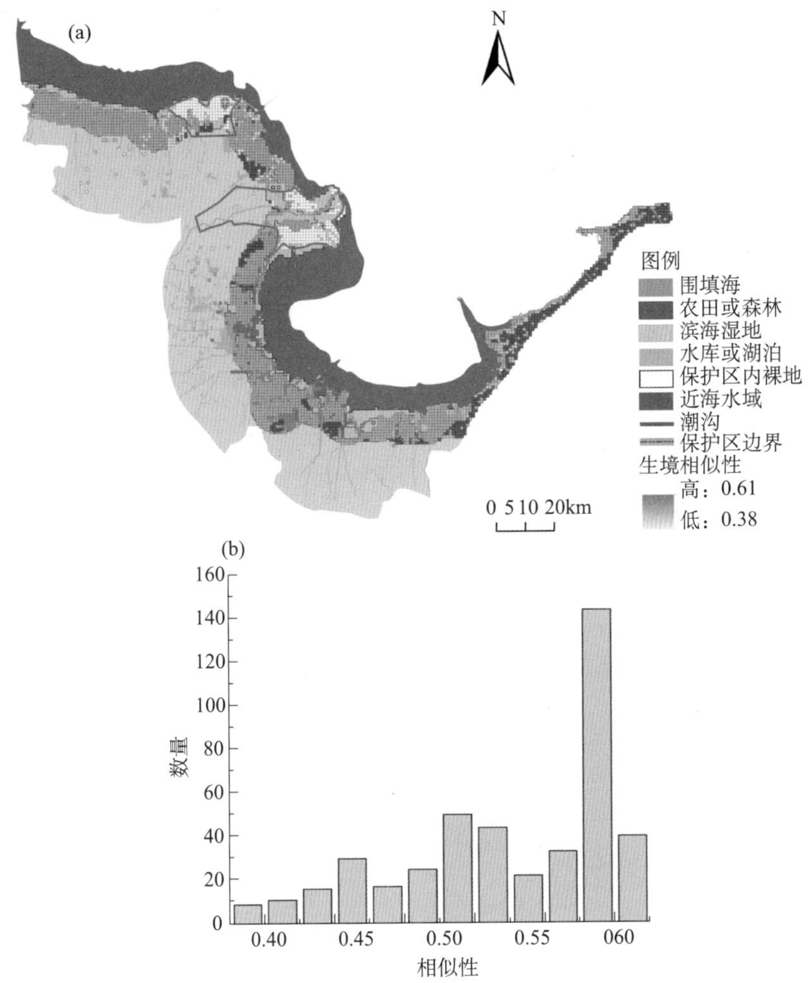

图 10.59 基于大型底栖动物物种组成的黄河三角洲潜在补偿区域与围填海原有生境之间的相似性

（a）黄河三角洲潜在补偿区域与围填海原有生境之间的相似性区位图；（b）潜在补偿区域与围填海原有生境之间的相似性的分布直方图

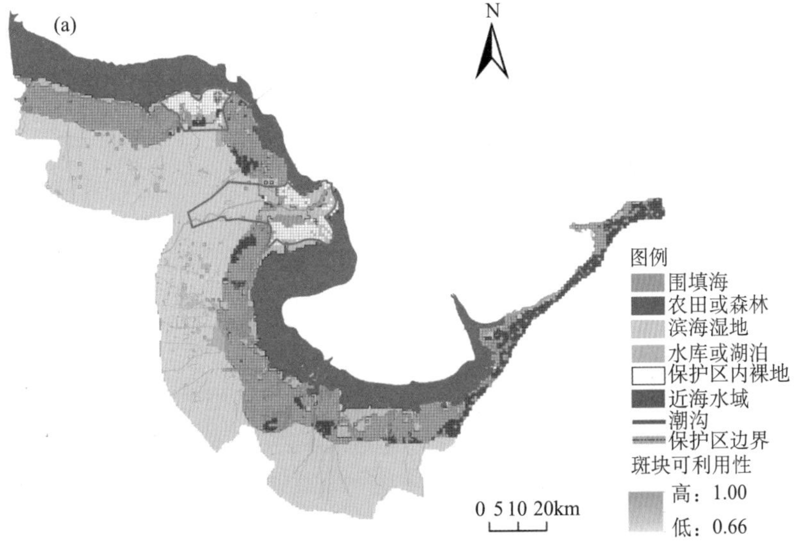

(b)
350
300
250
200
150
100
50
0
数量
0.65
0.70
0.75
0.80
0.85
0.90
0.95
1.00
补偿斑块的可利用性

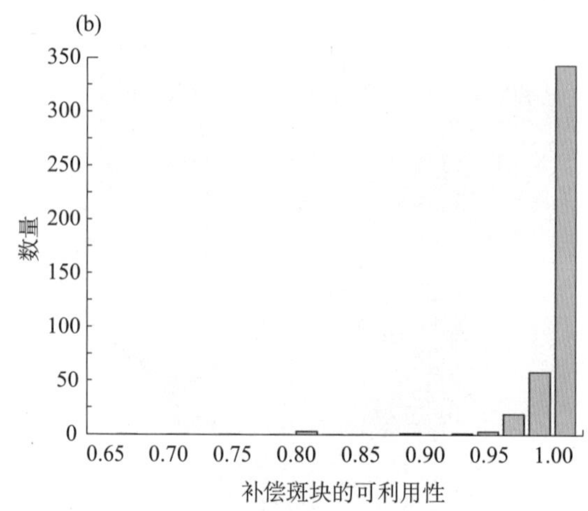

图 10.60　黄河三角洲潜在斑块可利用性

(a) 黄河三角洲潜在斑块可利用性区位图；(b) 潜在斑块可利用性的分布直方图

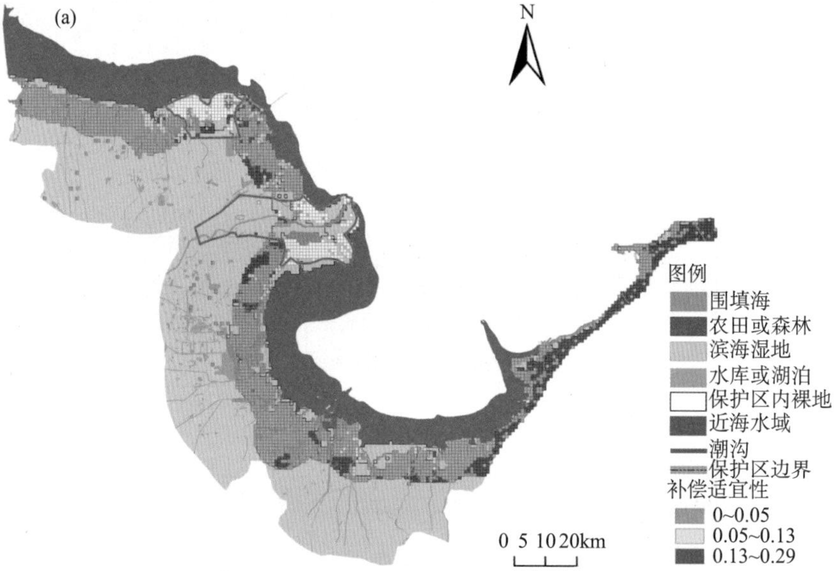

(a)
N
图例
围填海
农田或森林
滨海湿地
水库或湖泊
保护区内裸地
近海水域
潮沟
保护区边界
补偿适宜性
0~0.05
0.05~0.13
0.13~0.29
0 5 10 20km

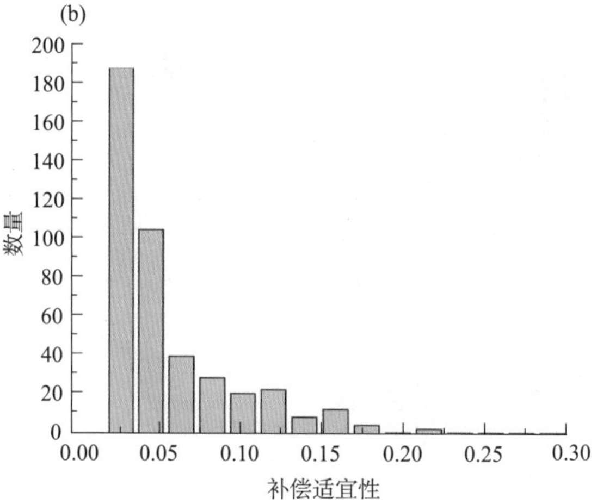

(b)
200
180
160
140
120
100
80
60
40
20
0
数量
0.00
0.05
0.10
0.15
0.20
0.25
0.30
补偿适宜性

图 10.61　基于大型底栖动物物种组成不同围填海类型的异位补偿适宜性图

(a) 黄河三角洲不同补偿适宜性潜在补偿斑块的区位图，将结果分成三个等级；(b) 潜在补偿斑块的补偿适宜性

3. 基于植物修复的异位补偿适宜性

针对种子扩散对生境替代适宜性的影响，对黄河三角洲滨海湿地植被修复的异位补偿适宜性研究结果表明，潜在补偿区域与围填海原有生境之间的相似性为 0.34～0.69，其中，绝大多数斑块的生境相似性值为 0.37～0.52（图 10.62）；自然生境斑块与潜在补偿斑块之间成功扩散的概率为 0.01～1.00，其中，超过一半的潜在补偿斑块成功扩散的概率为 1.00（图 10.63）；潜在补偿斑块的可利用性同基于大型底栖动物修复的异位补偿结果。潜在补偿斑块的补偿适宜性为 0～0.34，根据 Jenks Natural Breaks 分类方法将补偿适宜性分为三个等级：低适宜性（0～0.06），中适宜性（0.06～0.16）和高适宜性（0.16～0.34）（图 10.64）。

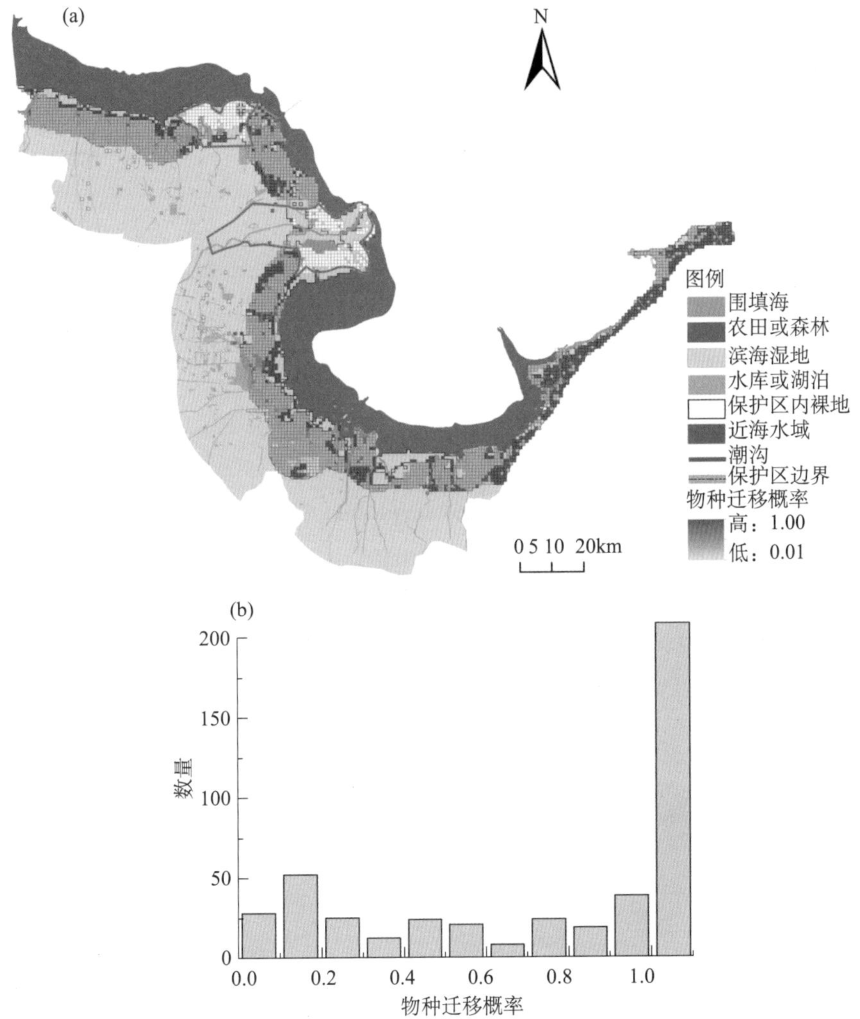

图 10.62　基于碳储功能修复的黄河三角洲自然生境斑块与潜在补偿斑块之间种子成功扩散概率

（a）黄河三角洲自然生境斑块与潜在补偿斑块之间种子成功迁移概率区位图；（b）自然生境斑块与潜在补偿斑块之间种子成功扩散的概率频率分布直方图

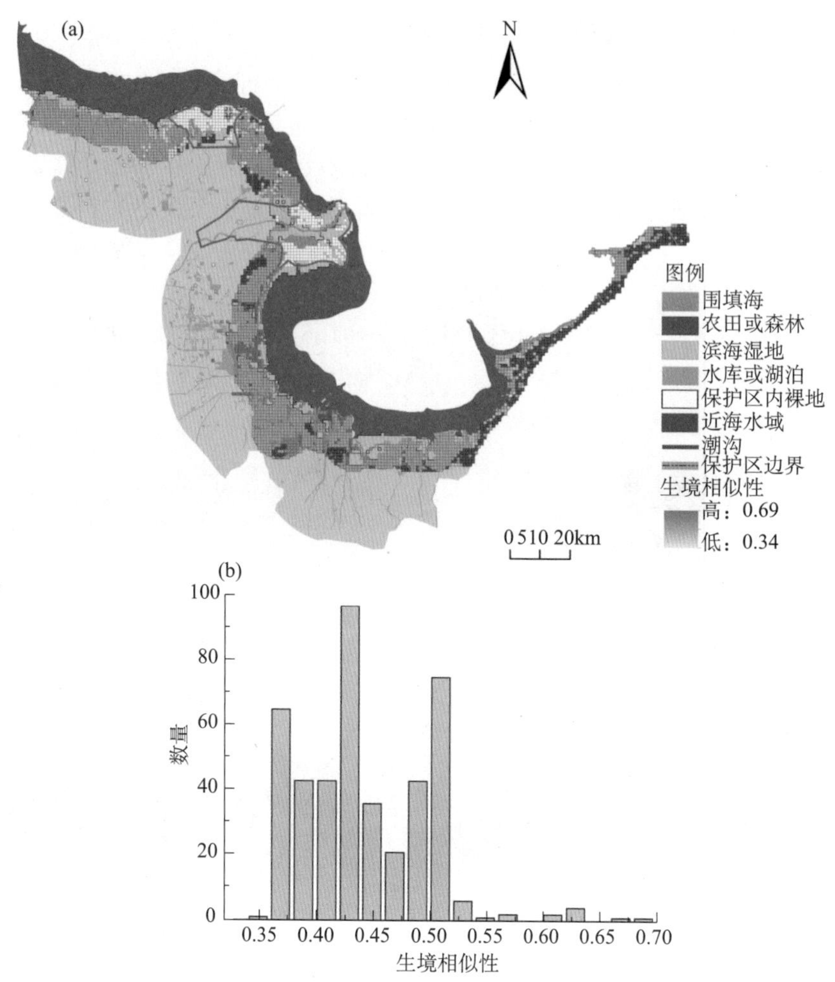

图 10.63 基于碳储功能修复的黄河三角洲潜在补偿区域与围填海原有生境之间的相似性

(a) 黄河三角洲潜在补偿区域与围填海原有生境之间的相似性区位图；(b) 潜在补偿区域与围填海原有生境之间的相似性频率直方图（S_k）

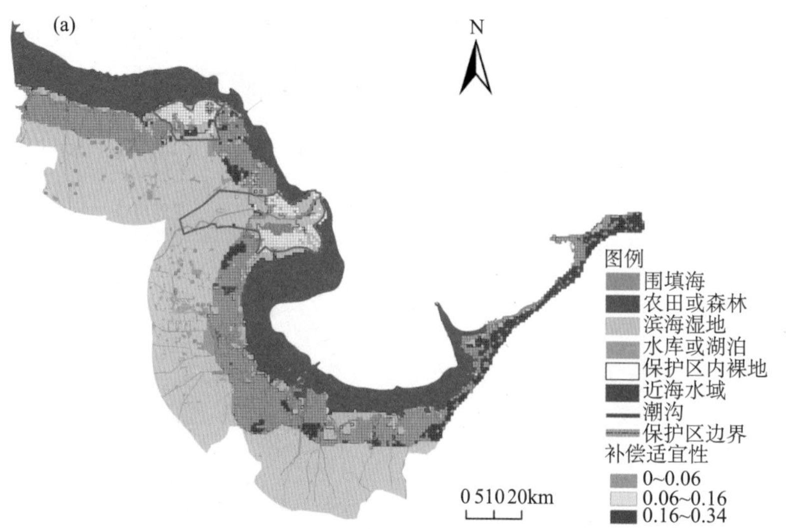

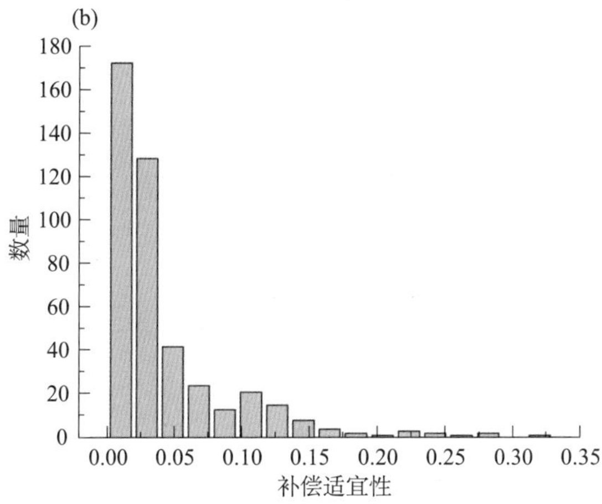

图 10.64 基于碳储功能修复不同围填海类型的异位补偿适宜性图

(a) 基于碳储功能修复黄河三角洲不同补偿适宜性潜在补偿斑块的补偿适宜性区位图；(b) 基于碳储功能修复黄河三角洲不同补偿适宜性潜在补偿斑块的补偿适宜性频率直方图

10.3.3 不同围填海类型的异位可补率

1. 基于大型底栖动物物种组成不同围填海类型的异位可补率

本研究模拟计算了利用不同补偿适宜性斑块在不同修复滞后时间下，对 12 种围填海类型的不同组合的补偿比例。结果表明：当利用最适宜的区域补偿时，对所有围填海的补偿比例随着滞后时间的增加而下降；如果不限制补偿区域的适宜性，则所有补偿斑块在修复滞后时间为 2～21 年时，对围填海的补偿比例为 26%～44%（图 10.65）；当限定利用中-高适宜性（0.06～0.40）的补偿斑块补偿时，随着滞后时间的不同，所有围填海类型的补偿比例为 7%～12%（图 10.65）；当限定利用高适宜性（0.15～0.40）的补偿斑块补偿时，随着滞后时间的不同，所有围填海类型的补偿比例仅为 2%～3%。

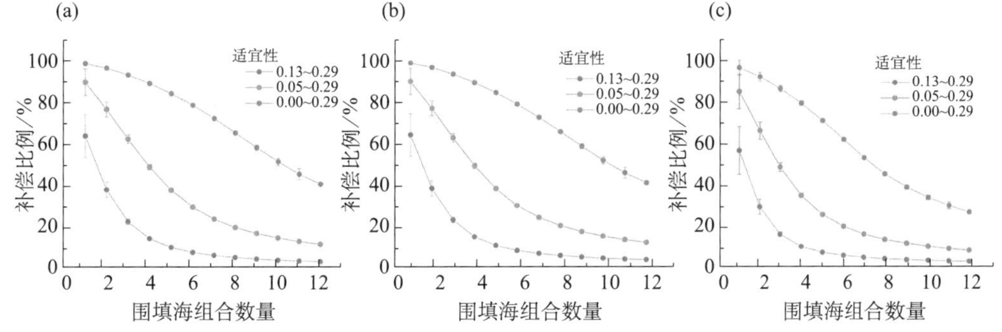

图 10.65 不同补偿适宜性斑块在不同滞后时间对 12 种围填海类型不同组合的补偿比例

所有潜在补偿斑块的适宜性值为 0.00～0.29（用橙色表示），中到高适宜性值为 0.05～0.29（用绿色表示），高适宜性值为 0.13～0.29（用灰色表示）；大型底栖动物修复所导致的滞后时间分别为 2 年（a），5 年（b）和 21 年（c）

对修复时间为 21 年的异位可补率与围填海种类数相关分析表明（图 10.66），在补偿不同围填海类型时，黄河三角洲异位可补率与围填海种类数显著相关，围填海异位可补率随补偿类型的增多呈下降趋势；随着增加不同优先级的斑块数量，下降趋势有所缓和，但补偿仍不足。由此可见，同类补偿无法达到对围填海的滨海湿地完全补偿，需辅以重建滨海湿地或给予价值量等异类补偿。

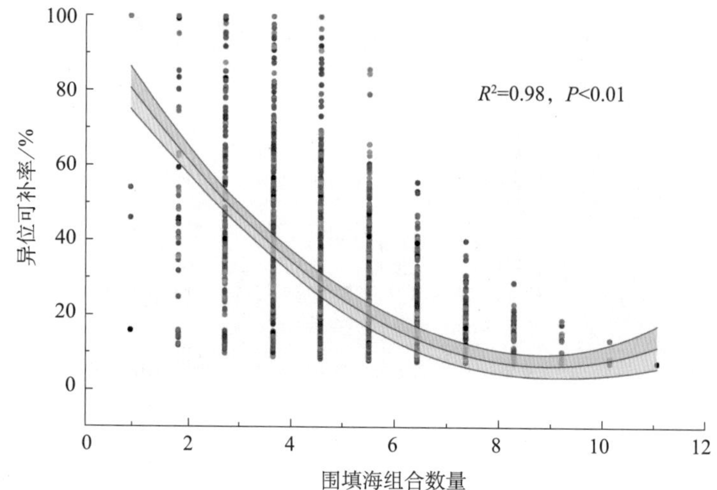

图 10.66 基于物种多样性组成的补偿比例与围填海类型组合之间的相关性

2. 基于碳储功能不同围填海类型的异位可补率

本研究模拟计算了利用不同补偿适宜性斑块在不同修复滞后时间下，对碳储功能损失的 9 种围填海类型的不同组合补偿比例。结果表明，当利用最适宜的区域补偿时，对所有围填海的补偿比例随着滞后时间的增加而下降；如果不限制补偿区域的适宜性，则所有补偿斑块在修复滞后时间为 3～10 年时，对 9 种围填海类型的补偿比例为 41%～50%（图 10.67）；当限定利用中-高适宜性（0.07～0.38）的补偿斑块补偿时，随着滞后时间的不同，9 种围填海类型的补偿比例为 9%～11%（图 10.67）；当限定利用高适宜性（0.18～0.38）的补偿斑块补偿时，随着滞后时间的不同，9 种围填海类型的补偿比例仅为 1%～2%。总体比大型底栖动物异位可补率高，但高适宜性斑块的可补率相对较低，可见基于植物种子扩散识别的高适宜斑块数量要少于基于大型底栖动物迁移的适宜斑块数量。

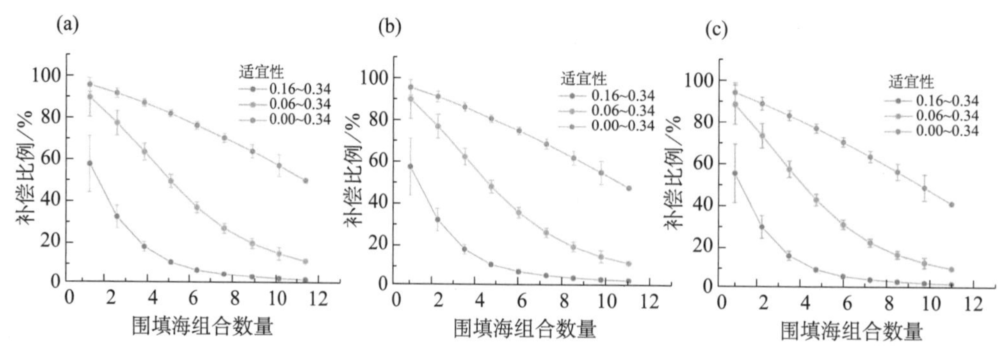

图 10.67 不同补偿适宜性斑块在不同滞后时间对 9 种围填海类型不同组合的碳储量补偿比例

所有潜在补偿斑块的适宜性值为 0～0.34（用橙色表示），中到高适宜性值为 0.06～0.34（用绿色表示），高适宜性值为 0.16～0.34（用灰色表示）；碳储功能修复所导致的滞后时间分别为 3 年、5 年和 10 年对修复时间为 10 年的异位可补率与围填海种类数相关分析表明，围填海种类数与异位可补率呈显著线性关系，在补偿不同围填海类型时，围填海异位可补率随补偿类型的增多呈下降趋势，相对于大型底栖动物物种组成的异位补偿，其下降趋势相对明显，其主要原因为围填海导致黄河三角洲生境面积大量丧失，物种损失较大，而围填海新生旱生植被仍具有一定的储碳功能，因此碳储量损失相对小于大型底栖动物物种组成的损失（图 10.68），可补率也比其要高。

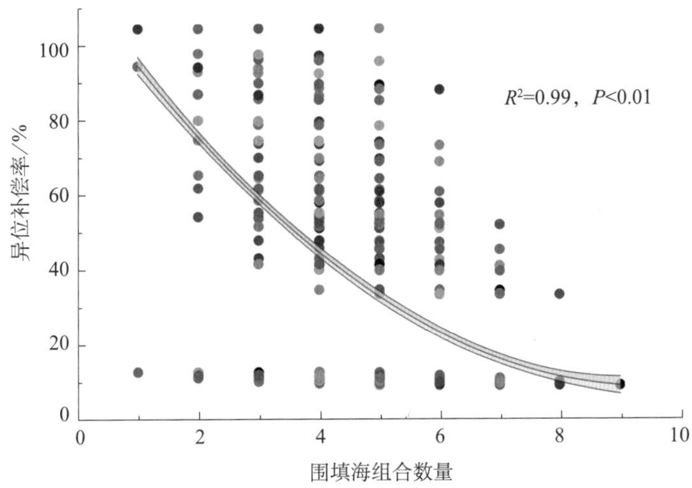

图 10.68 基于碳储功能的补偿比例与围填海类型组合之间的相关性

3. 长江三角洲基于大型底栖动物的异位可补率

根据 2015 年互花米草的面积（247.30km^2）（图 10.69）及不同种类围填海的组合类型，计算不同围填海种类的异位可补率，并对二者拟合分析（图 10.70）。结果表明：围填海种类数与长江三角洲异位可补率呈显著线性关系，在补偿不同围填海类型时，长江三角洲异位替代比例呈下降趋势，长江三角洲仅少数围填海类型能完全替代，异位替代补偿不足；长江三角洲异位可补性小于黄河三角洲，其主要原因为长江三角洲存在的异位可选择补偿区域较少。

10.3.4 受损滨海湿地异位补偿适宜性弹性分析

根据 *Ecological Engineering and Ecosystem Restoration* 一书，生境替代（wetland replacement）（Mitsch and Jørgensen，2004）的概念由美国学者最先提出，是美国湿地补偿制度的一部分。生境替代应保证替代的生境与原有生境具备结构和功能的等价，可见等价性是生境替代的重要原则（Brody et al.，2008）。其目的在于用修复或重建的替代湿地作为对人类破坏湿地的补偿，用修复或重建的湿地替代原有湿地的功能（张立，2008）。随着湿地保护理念日益得到国际的重视，生境替代也成为相对新兴的湿地保护策略，逐渐在荷兰、新西兰、澳大利亚等国家得到广泛应用，如何选择生境替代区域也成为国际较为关注的问题。越来越多的方法用于识别适宜性补偿区域（Gamarra et al.，2018），但现有的基于系统保护规划软件的方法并没有明确地考虑物质量补偿的一些关

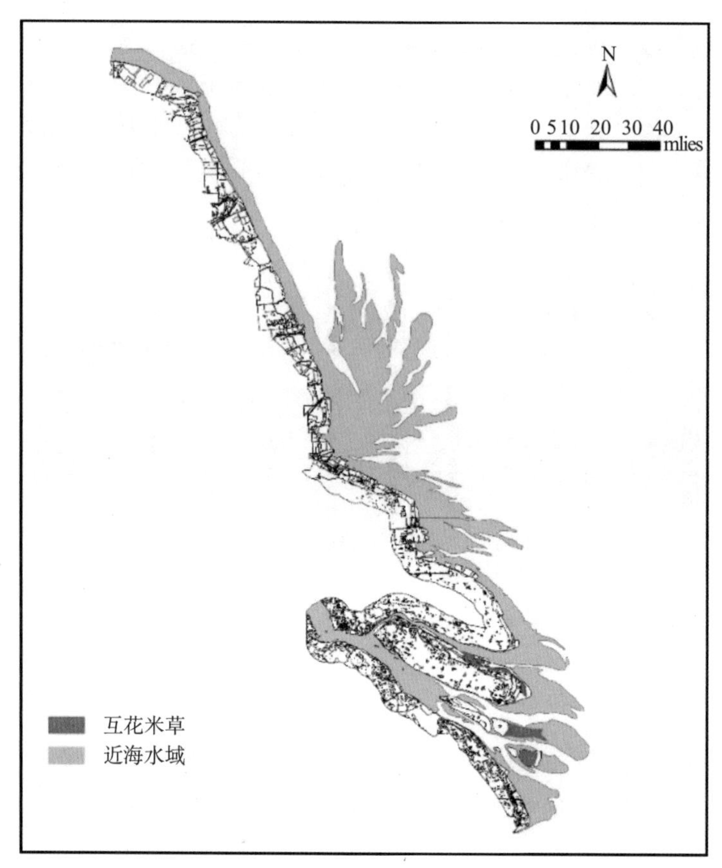

图 10.69 长江三角洲互花米草分布图

1miles=1609m

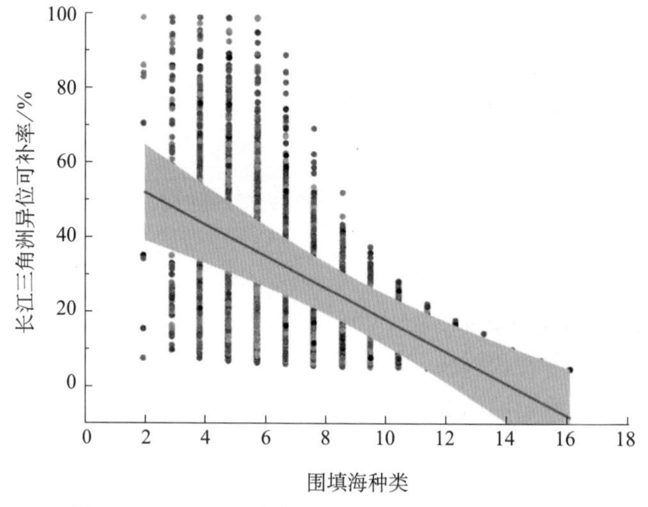

图 10.70 基于生物多样性长江三角洲异位可补率

键原则，如额外性和等价性原则（Bezombes et al.，2017）。本节构建考虑以上原则的异位补偿适宜性模型，将补偿斑块的可利用性、生物连通性、潜在补偿斑块与受损区域的距离及土地价值等考虑进来，并将其应用在黄河三角洲围填海的异位生境替代选择中，对于科学解决异位补偿在哪补的问题具有重要意义（Van Lonkhuyzen et al.，2004）。

1. 不同变量对异位补偿适宜性计算的影响

识别围填海异位补偿适宜性区域模型主要包括三个变量：替代生境与原有生境的相似性、物种成功扩散或迁移到潜在替代区的概率及潜在替代斑块的可利用性。

结果表明，绝大多数的潜在补偿斑块具有相对较低的适宜性值（图 10.61、图 10.64），这主要是因为潜在补偿斑块与原有生境的相似性较低（图 10.59、图 10.63）。生境相似性是物质量补偿异位替代的关键要素（BBOP，2009；Bull et al.，2016），相似性低则表明补偿具有较低的等价性，这也成为高强度景观变化物质量补偿普遍存在的挑战，尤其针对特定生态系统和生境类型表现得尤为明显（Gibbons and Lindenmayer，2007；Norton，2009）。生境替代或异位补偿的相似性判定指标的选取也成为当前生态学家和管理者的主要关注内容之一，补偿斑块能否完全替代受损湿地，包括其生境因子及生态功能（Brody et al.，2008），同时，由于数据缺乏无法对原有湿地的生境状态进行量化，进而选择参照湿地予以解决，因此，参照湿地的存在与否也成为异位补偿成功与否的关键（Reiss，2009）。本研究的生境相似性主要是基于土壤容重、土壤含水率、土壤盐度、pH、土壤有机质、土壤总碳和土壤总氮等环境因子，这些因子为影响植被和大型底栖动物的主要环境因子（Li et al.，2016a），其中，土壤含水率、土壤盐度和土壤有机质是影响植被生长的主要限制因子（崔艳芳，2014；贺强等，2007，2008；崔保山等，2008）。其他学者也做过类似研究，有学者利用海拔、坡度、土壤类型、人口密度、土地利用和湿地历史的存在情况作为湿地异位补偿适宜区域选择的主要指标（Palmeri and Trepel，2002；White et al.，1998；Williams，2002），其主要关注的是水源条件。补偿斑块和参照湿地的结构和功能的相似性是决定异位补偿成功与否的重要因素，主要包括水文、土壤和生物特征（Spieles et al.，2006）。本节是对相似性的保守估计，因为本节主要采用物理指标而不是生物指标，也没有考虑围填海原有的湿地类型。另外，基于数据插值获得的生境属性数据可能会存在一些高估或低估补偿需求的可能性，如某些养殖区域会重新转化成滨海湿地，导致很难确定其受损的确切时间，进而很难计算其损失，因此补偿决策应在实地考察后再做决定（Gibbons et al.，2009）。

选择物种容易扩散或迁移到补偿区域可以增加修复补偿的成功率。本节结果表明黄河三角洲超过 63%的斑块迁移概率大于 0.7，均具有较高的迁移概率，因此，其不是决定异位补偿适宜性的关键因素。但具有较高迁移概率的大型底栖动物的潜在补偿斑块的适宜性，要高于基于植物种子扩散的补偿适宜性，可见物种迁移/扩散概率是影响不同补偿机制的重要要素。根据 Shanks 等（2003）的研究，斑块间的距离应小于等于 20km，以保证即使是迁移能力较弱的大型底栖动物幼体也可以扩散到邻近斑块，因此，本节认为大型底栖动物幼体最大可迁移距离为 20km。然而，藻类、无脊椎动物和鱼类具有不同的迁移扩散类型，藻类的迁移距离从几米到小于 5km 不等；鱼类的迁移距离从几千米到几百千米不等；无脊椎动物的迁移距离则尺度更宽，从几十米到几百千米不等（Kinlan and Gaines，2003）；针对植被修复的研究中，种子扩散距离为 17km。因此，物种迁移或扩散的成功率随修复补偿目标选择的不同而相应变化。若谨慎起见，应确保部分补偿斑块离健康生境较近，或可通过重建手段将远距离补偿斑块进行易位。

本节还根据社会经济准则对潜在的补偿地点进行了适宜性评估，我们认为，距离围填海区域越远、成本越高的补偿斑块，补偿可利用性越低，因为受围填海工程建设影响的当地居民应得到补偿地的生态系统服务补偿，而距离较远或成本较高都将成为其潜在障碍（BBOP，2009）。然而，本节中补偿地的适宜性对补偿斑块可利用性并不敏感，这可能是因为现有研究对补偿斑块可利用性的评估还比较粗略，补偿地的可利用性也可能受到其他因素的影响，如补偿斑块的可达性、修复和管理所需的成本、原有且需舍弃的生态系统服务功能及其他土地用途开发有关的机会成本等社会经济因素，因此，如果有更好的数据基础，我们的研究结果可能会有所不同。

2. 黄河三角洲围填海异位补偿适宜性的弹性分析

基于物质量的异位补偿适宜性的弹性主要包括补偿围填海造成的影响在时间和空间上可利用性的选择。空间上的弹性是在特定区域可选择补偿斑块的数量，而时间上的弹性是获得补偿收益可选择的滞后时间（Bull et al.，2015；Wissel and Wätzold，2010）。

补偿空间上的选择，在保护规划中前人已有不少研究，如Marxan软件等（Habib et al.，2013；Kiesecker et al.，2010），但都主要是基于存在物种的分布情况，识别避免损失补偿区，如Galatowitsch（2006）主要基于植被群落特征作为指示因子；Christopher同时考虑植被群落物种丰富度和种子库作为判定标准（Wall and Stevens，2015）；Kay考虑植被结构（包括物种丰富度、香农-维纳多样性指数及群落多样性指数）及功能指标（如地上生物量、初级生产力以及植被功能群等）（Stefanik and Mitsch，2012）。本研究则主要用于识别哪些退化区域更适宜做修复补偿区。本节方法对黄河三角洲等类似区域尤为重要，黄河三角洲存在退化区域较多，除保护区外的完整可保护生境较少，对保护区的保护补偿则体现不出额外性。本研究结果表明，潜在补偿地的空间弹性与补偿适宜性之间具有一定的权衡关系。当不考虑适宜性时，12种围填海的26%～44%可得到补偿，9种围填海的41%～50%可得到补偿（图10.65、图10.66）；当考虑适宜性时，具有中度到高度适宜性的补偿斑块能够补偿12种围填海的7%～12%，9种围填海类型的9%～11%；具有高度适宜性的补偿斑块仅能补偿12种围填海的2%～3%，9种围填海的1%～2%（图10.67、图10.68）。因此，在特定区域内提供更大弹性的补偿政策，更有可能带来生态系统服务物质量的增加，而与损失的生态系统服务物质量越不相似，也可能越能促进不同地点之间物种的迁移或扩散。另外，本研究没有考虑在其他国家的物质量补偿政策中已经包括的受损区与修复区间相似性的弹性，即通过允许“交易”到其他生态系统或比受影响地点具有更高保护价值的区域（Comerford et al.，2010；Moilanen and Laitila，2016），或交易到其他地理区域（Moilanen and Laitila，2016），即使生境/生态系统的性质与受损区不是完全相同，然而这超出本节的研究边界，但在以后的研究中将继续探究这一点。并且，将完全退化的裸地和功能较弱的退化湿地作为补偿区域虽然在物质量得到补偿，但在生态功能上可能并不能完全补偿，对此，应辅以价值量补偿，做到多层次补偿。

补偿的弹性会随着时间滞后的增加而下降，因为生态系统服务物质量收益的延迟会对生态系统服务物质量和代际公平产生负面影响（Gibbons et al.，2016；Southwell et al.，2018）。滞后的时间越长，需要补偿的面积越大，特定区域内存在的可补偿面积有限，因此，补偿的选择性降低。根据已有研究（Moseman et al.，2004；Warren et al.，2002；Zedler and Callaway，1999），滨海湿地大型底栖动物修复时间为 2～21 年。当时间滞后为 2 年或 5 年时，所有的围填海类型异位可补偿率变化情况相一致，但当时间滞后为 21 年时，围填海的异位可补偿率下降（图 10.65、图 10.67）。因为时间滞后越长，需要补偿的面积越大，物种组成与原有状态的相似性可能更低，区域内物种间的连通性越小，因此，在时间和空间强调补偿弹性以适应发展的补偿政策有可能导致无法实现无净损失，建议调整补偿时间，减小滞后时间（Bull et al.，2015）。

10.4 受损滨海湿地物质量补偿权衡分析

各个生态系统服务类型之间多存在协同和权衡两种关系，针对不同关系协调补偿机制，以达到可以实现协调多种生态系统服务的目的，从而解决如何针对不同生态系统服务进行补偿的权衡问题。另外，时间滞后对物质量补偿影响较大，国际上目前对基于物质量的生态补偿率有较多研究，但对修复或重建补偿生境的最佳时间研究较少，分析滨海生境被围填海占用时补偿斑块在不同情景时的最佳补偿时间，对于解决什么时间对损失斑块进行补偿效果最优具有重要意义，可为区域经济发展和物质量补偿机制建立提供决策依据。

本节针对黄河三角洲滨海湿地大型底栖动物物种组成与碳储功能，基于野外调查及 ArcGIS 空间分析，利用帕累托效率曲线，分析二者之间的协同/权衡关系，解决如何针对不同生态系统服务进行补偿的权衡问题；并构建时间滞后权衡模型，分析修复或重建斑块对物种维持性的影响，揭示在不同贴现率、生境受损程度和面积大小，以及管理目标等情景下的补偿滞后时间，为明确修复或重建补偿生境的最佳时间提供更科学的权衡方法，解决补偿规划中受损滨海湿地“何时补偿”的问题。

10.4.1 生态系统服务权衡关系模型

1. 帕累托效率曲线

为了确定大型底栖动物物种组成与碳储量之间的权衡关系，首先，对大型底栖动物物种组成与碳储量数据做除得比值，然后按照（大型底栖动物物种组成/碳储量）比值对大型数据升序排列，最后，按照排序，依次分别对对应地理位置的物种组成和碳储量进行累计求和，并绘制曲线，得到大型底栖动物物种组成—碳储量之间的帕累托效率曲线，进一步分析协同或权衡的可能性关系（图 10.71）。

2. 权衡/协同分析

当二者为协同关系时，依据二者中补偿率较大者构建滨海湿地物质量补偿机制；当

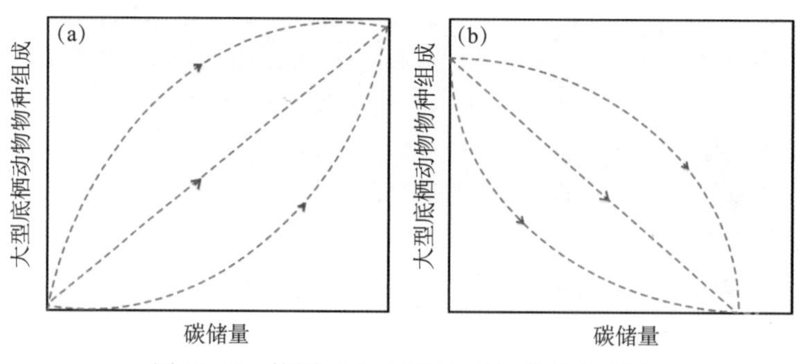

图 10.71 协同（a）与权衡（b）关系模式图

二者为权衡关系时，构建最优目标函数，依据此目标函数构建滨海湿地物质量补偿机制，计算补偿率等，以达到滨海湿地生态系统功能补偿效果最优。

$$\mathrm{Obj}_{\text{co-benefits}} = \max(M_b, M_c)$$

$$\mathrm{Obj}_{\text{trade-off}} = \alpha_1 Q_b + \alpha_2 Q_c$$

$$\alpha_1 + \alpha_2 = 1$$

$$Q_b \text{ and } Q_c = \frac{Q - \min(Q)}{Q_{max} - Q_{min}} \tag{10.14}$$

式中，M_b 为以大型底栖动物物种组成为指示指标计算的补偿率；M_c 为以碳储量为指示指标计算的补偿率；α_1 和 α_2 分别为单位面积内，大型底栖动物分布的面积比例和碳储量分布的面积比例；Q_b 为大型底栖动物所发挥的生态系统服务功能；Q_c 为碳储量所发挥的生态系统服务功能。本研究将利用以下公式对所有生态系统服务归一化，其中，Q 为生态系统服务指示指标值，本研究主要指生物多样性和碳储量的指示指标值。

3. 数据获取

为了获取大型底栖动物和碳储量相关数据以定量分析滨海湿地碳储量与大型底栖动物物种组成之间的权衡/协同关系，本节基于野外采样及 ArcGIS 空间分析，获取大型底栖动物与碳储量数据。

1）碳储数据

碳储数据主要包括地上和地下碳储两部分，其中地上部分碳储主要利用王建步等（2014）的研究方法，即利用 NDVI 对黄河三角洲湿地草本植被生物量进行估算（图 10.72），并结合 10.2 节碳储转化方法，乘以转化系数 0.44，获取地上碳储。对于地下碳储，本节主要结合野外采样，利用空间克里格方法，获取黄河三角洲的碳储数据，数据获取方法见 10.2 节，进而将地上地下碳储量加和获取黄河三角洲碳储量。

2）大型底栖动物数据

共 54 个采样点，在每个采样点（图 10.73），用自制的 20cm×20cm×25cm（长×宽×高）的铁质 0.1m^2的表层沉积物采样器，采集样品，每个采样点取 3 次重复并合并为该采样点最终的表层沉积物样品，用 40 目分样筛对采集到的表层沉积物样品进行淘洗和筛选，除去样品中存在的植物根系、残渣和碎片等，挑拣出沉积物样品中存在的大型底栖动物标本（处理方法同 10.2 节对大型底栖动物样品的处理方法，此处不再赘述）。

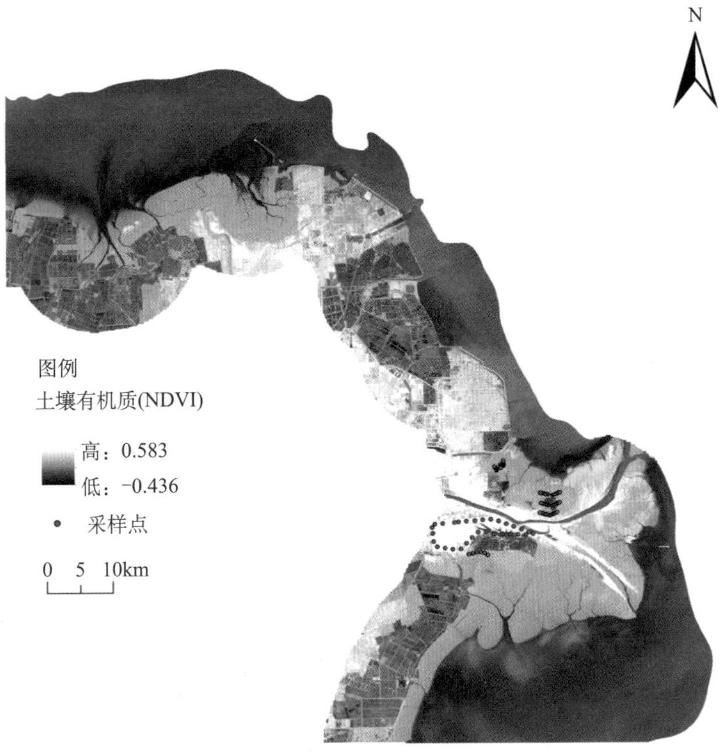

图 10.72　黄河三角洲 NDVI 分布图

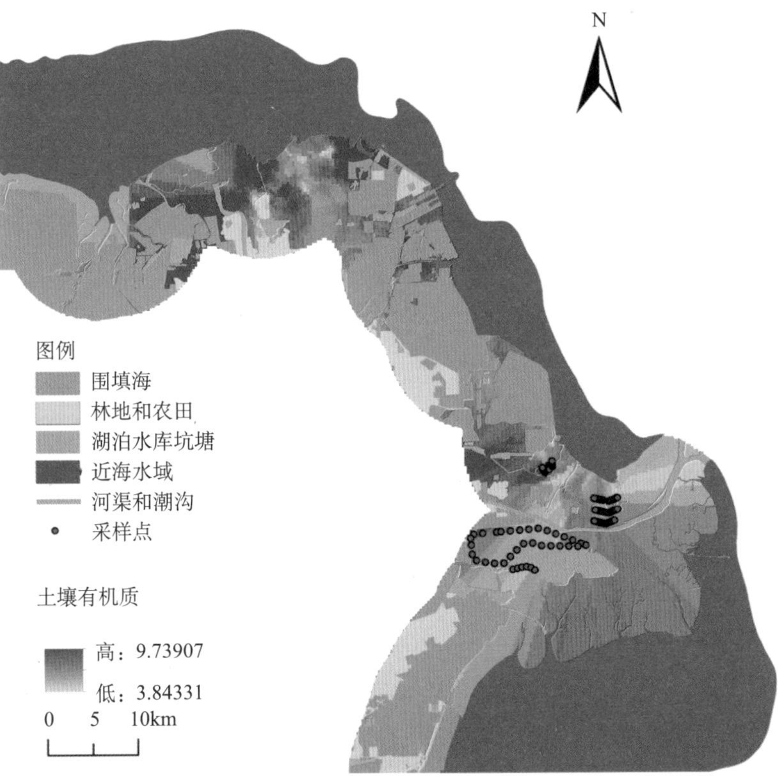

图 10.73　土壤有机质及大型底栖动物采样点

3）生物多样性相对应的碳储量数据

利用大型底栖动物的采样坐标，结合 ArcGIS 中 Spatial Analyst Tools→Extract Multi Values to Points 工具，即获取相应点位的碳储量数据，进而进行数据分析。

10.4.2 时间滞后权衡模型

生境斑块之间会发生物种的迁入和迁出现象（Levins，1969；Hanski，1994），某一斑块物种有灭绝的可能，但随着时间的推移，来自其他区域迁入的物种可重新填补该区域该物种的损失（Levins，1969；Hanski，1994）。并且物种灭绝的可能性通常与斑块面积和质量相关，物种对斑块定殖的可能性通常与斑块间距离、占用状态及邻近斑块面积（斑块间的连通性）相关。为了加入生境补偿，本节假设在时间 t_d 时斑块 d 由于围填海开发活动而受到损害或被占用，开发者可在斑块 d 的占用规划中立即给予管理者补偿资金，补偿数额取决于斑块占用或受损面积。管理者可通过修复或重建湿地斑块的方式对其损失给予补偿，修复或重建的时间可在斑块 d 受损前、受损中或受损后，即不同的时间滞后类型。管理者在斑块损失前或损失后进行修复或重建补偿斑块的贴现率也将不同，滞后或提前也将导致修复或重建补偿斑块的面积或大或小，那么什么时间对受损斑块进行补偿效果最优，也成为物质量补偿需要解决的关键问题。

1. 时间滞后权衡模型

本节构建时间滞后权衡模型优化管理政策，即针对被占用或破坏的生境斑块提供重建补偿斑块的时间选择的决策方法。研究区域的物种状态 z 由物种对所有斑块定殖的概率决定，因此，共有 $T_{\max}+1$ 种可能的区域状态，和 2^m 种可能的定殖状态，m 为斑块的数量。

本研究的目标函数为使补偿后的滨海湿地，物种定殖斑块数量最多，进而利用递归方程决定物种可能的定殖状态 u 和区域状态 z 在不同补偿时间滞后下的补偿行为（补偿或等待）。

$$V_1[(z,t),T_{\max}]=n \tag{10.15}$$

$$V(u,z,t,T_{\max})=\max_q\left[\sum_{v=1}^{S}a_{uv}(y)V(v,y,t+1,T_{\max})\right] \tag{10.16}$$

式中，$V(u,z,t,T_{\max})$为时间 t 时区域 z 和物种 u 的状态值；n 为定殖的斑块数量；$T_{\max}$ 为时间节点；$a_{uv}(y)$为时间 t 时实施管理对策 q 使物种状态 u 转变为 v 的可能性矩阵 $\boldsymbol{A}_m(y)$的一个要素；y 为实施 q 对策后的区域状态。

2. 斑块空间随机定殖状态转化模型

物种对斑块的定殖状态 u 向 v 转变的概率由物种定殖概率矩阵和物种灭绝概率矩阵的乘积决定，即

$$\boldsymbol{A}_m=(1-\boldsymbol{X}_m)\times\boldsymbol{R}_m \tag{10.17}$$

式中，$\boldsymbol{A}_m$ 为斑块定殖概率；$\boldsymbol{X}_m$ 为种群灭绝概率矩阵；$\boldsymbol{R}_m$ 为受定殖影响的斑块定殖概率。

（1）本节采用 Day 和 Possingham（1995）的斑块空间随机定殖模型，即物种在时

间 t 对斑块的定殖状态 u，由时间 t 内 m 个斑块的定殖情况决定：

$$u(t)=[u_1(t),u_2(t),\cdots,u_i(t)] \tag{10.18}$$

式中，u 为二进制变量，$u_i(t)\in\{0,1\}$，当 $u_i(t)=1$ 时，斑块 i 被定殖，当 $u_i(t)=0$ 时，斑块 i 未被定殖。如果所有斑块的定殖向量 $u_i(t)$ 都等于零，则该物种在该研究区灭绝。

（2）从定殖状态转为灭绝状态的概率 X_m 由灭绝矩阵 $2^m\times 2^m$ 决定，时间 t 时斑块从状态 u 到状态 v 转变的概率由单个斑块物种灭绝的可能性决定（Southwell et al.，2018），即

$$x_{uv}=\prod\nolimits_{i=1}^{m}I(u_i,v_i) \tag{10.19}$$

式中，$I(u_i,v_i)$ 为斑块 i 由于物种灭绝的可能性由状态 u_i 转变为 v_i 的可能性。

$$I(u_i,v_i)=\begin{cases}1-\varepsilon_i & u_i=1,v_i=1(\text{斑块 } i \text{ 保持定殖状态})\\ \varepsilon_i & u_i=1,v_i=0(\text{斑块 } i \text{ 变为非定殖状态})\\ 1 & u_i=0,v_i=0(\text{斑块 } i \text{ 保持非定殖状态})\\ 0 & u_i=0,v_i=1(\text{斑块 } i \text{ 由于灭绝概率大而不能被定殖})\end{cases} \tag{10.20}$$

式中，ε_i 为特定斑块的灭绝概率，主要取决于斑块面积、斑块构型和植被盖度等因素。

（3）同样，通过定殖 R_m，物种从状态 u 到 v 转变的可能性（Southwell et al.，2018）为

$$\gamma_{uv}=\prod\nolimits_{i=1}^{m}I(u_i,v_i) \tag{10.21}$$

式中，$I(u_i,v_i)$ 为斑块 i 重新被定殖的可能性，即由状态 u_i 转变为 v_i。

$$I(u_i,v_i)=\begin{cases}1-\gamma_i & u_i=0,v_i=0(\text{斑块 } i \text{ 保持非定殖状态})\\ \gamma_i & u_i=0,v_i=1(\text{斑块 } i \text{ 变为定殖状态})\\ 1 & u_i=1,v_i=1(\text{斑块 } i \text{ 保持定殖状态})\\ 0 & u_i=1,v_i=0(\text{斑块 } i \text{ 通过定殖而不会灭绝})\end{cases} \tag{10.22}$$

式中，γ_i 为特定斑块的定殖概率，主要取决于斑块属性，如物种定殖状态、物种扩散概率及邻近斑块的大小。

3. 物种对斑块的定殖和灭绝概率模型

物种对斑块的维持机制取决于物种迁移/扩散（流入和流出）、幼体定殖和成体死亡率。本研究构建的灭绝概率模型是有关湿地面积的函数，定殖概率模型是有关斑块连通性的函数。其中灭绝概率模型是对已有模型（Heard et al.，2013）的简化形式，灭绝概率也取决于种类丰度和斑块连通性等，本节将这两种因子从模型中去除，以重点关注补偿率对灭绝概率的影响，因为补偿率与补偿的生境面积直接相关，同时生境面积也是影响预测物种灭绝概率的最关键因子。

1）定殖概率模型

定殖概率主要取决于源斑块物种成功迁移/扩散到补偿斑块的概率和物种幼体存活概率或植物种子萌发率，定殖概念模型如上所示。目前关于大型底栖动物幼体存活概率的研究较少，滨海湿地植物种子萌发率的研究较多。有关研究表明，翅碱蓬种子萌发率在黄河三角洲不同高程的滨海湿地区域中没有显著差异，均为 15%左右（谢湉，2018）（图 10.74）。即翅碱蓬的定殖概率模型为

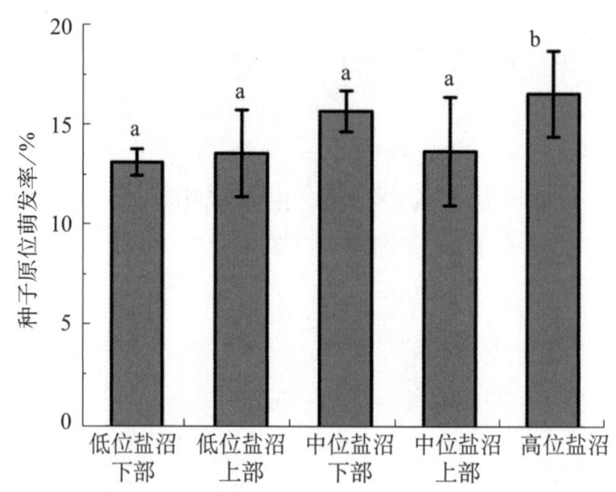

图 10.74　翅碱蓬种子原位萌发率在不同高程滨海湿地区域中的差异情况

$$\gamma_i = b \cdot S_{i,t}$$
$$\gamma_i = 15\% \cdot S_{i,t} \tag{10.23}$$

式中，$S_{i,t}$为斑块 i 在时间 t 时的连通性；b 为物种幼体存活概率或植物种子萌发概率。

斑块连通性主要利用与斑块间的距离及大型底栖动物及种子的迁移或扩散概率（I_k）进行计算，即

$$S_{i,t} = \sum I_{i,j} \times o_j \tag{10.24}$$

式中，o_j 为每个邻近斑块 j 在 $t-1$ 时的定殖状态（斑块被定殖值为 1，非定殖值为 0）；$I_{i,j}$为物种迁移或扩散的概率。

$$I_{i,j} = 2a \times \mathrm{e}^{-d_{i,j}/m}$$
$$a = \begin{cases} \dfrac{2}{\pi}\arctan\left(\dfrac{\sqrt{A_i/\pi}}{d_{i,j}}\right), & d_{i,j} \geqslant \sqrt{A_i/\pi} \\ 0.5, & d_{i,j} < \sqrt{A_i/\pi} \end{cases} \tag{10.25}$$

式中，A_i为湿地斑块 i 的面积；$d_{i,j}$为两个斑块之间的最短距离；a 为物种按两个斑块之间直线距离迁移的概率；m 为物种平均可迁移距离。本公式在 Possingham 和 Davies（1995）模型的基础上进行了修改，修改的主要目的是将运行结果归一化。

2）物种灭绝概率模型

本节引用 Heard 等（2015）的湿地动物的灭绝概率模型，利用对斑块 i 物种灭绝的可能性进行模拟，物种灭绝概率为与湿地的有效面积相关的函数，物种灭绝概率主要与湿地有效面积、植被盖度和斑块连通性相关，本模型是对 Heard 等（2013）研究的简化形式，主要将其简化为与有效面积之间的关系，以突出与补偿率研究的相关性。

$$\mathrm{logit}(\varepsilon_i) = \alpha_\varepsilon + \beta_\varepsilon(\mathrm{EA}_i) \tag{10.26}$$

式中，α_ε 为截距；β_ε 为系数；EA 为斑块 i 的有效面积。

4. 受损生境补偿所需的资金

根据最小补偿率模型（同 10.2 节）可得到单位面积受损生境所需的补偿面积：

$$A_o = A_I \times M_0 = \frac{(Q_{\mathrm{ref}} \times P_{I_i}) \times A_I}{(Q_{\mathrm{rest}} \times P_{o_i})}(1+r)^{T_0} \tag{10.27}$$

式中，M_0为补偿率；T_0 为补偿滞后时间（Bull et al.，2013）。

单位面积生境修复所需资金为 R（每平方千米的补偿费平均为 144 万元），假设湿地生境修复或重建所需资金与面积成正比（同 10.3 节），则无时间滞后时补偿围填海受损滨海湿地所需资金为

$$B_o = A_I \times R \tag{10.28}$$

时间滞后为 t 时所需的补偿基金为

$$B_t = B_o \times M_0 \tag{10.29}$$

则预算为 B 时，能够补偿的滨海湿地生境面积为

$$A = \frac{B}{R} = B \times \frac{A_I}{B_o} \tag{10.30}$$

式中，B_o 为无时间滞后时补偿围填海受损滨海湿地所需资金；B_t 为时间滞后为 t 时所需的补偿资金；B 为预算；R 为单位面积所需资金；A_I 为某种类型围填海的面积。

5. 模拟分析

本节选取研究区 6 个滨海湿地斑块（图 10.75），以此为例模拟其中最小斑块被围填海占用时，分别以其他斑块为补偿源斑块时新建补偿斑块的最佳时间选择。其中，当占用或受损斑块为最小斑块时，补偿斑块的位置为受损斑块附近；当占用或受损斑块为最大斑块时，补偿斑块的位置为 6 个斑块的质心。假设围填海占用时间选取为 5 年后，贴现率取值为 3%，再分别对贴现率为 5%、10%时进行模拟，以讨论贴现率对补偿时

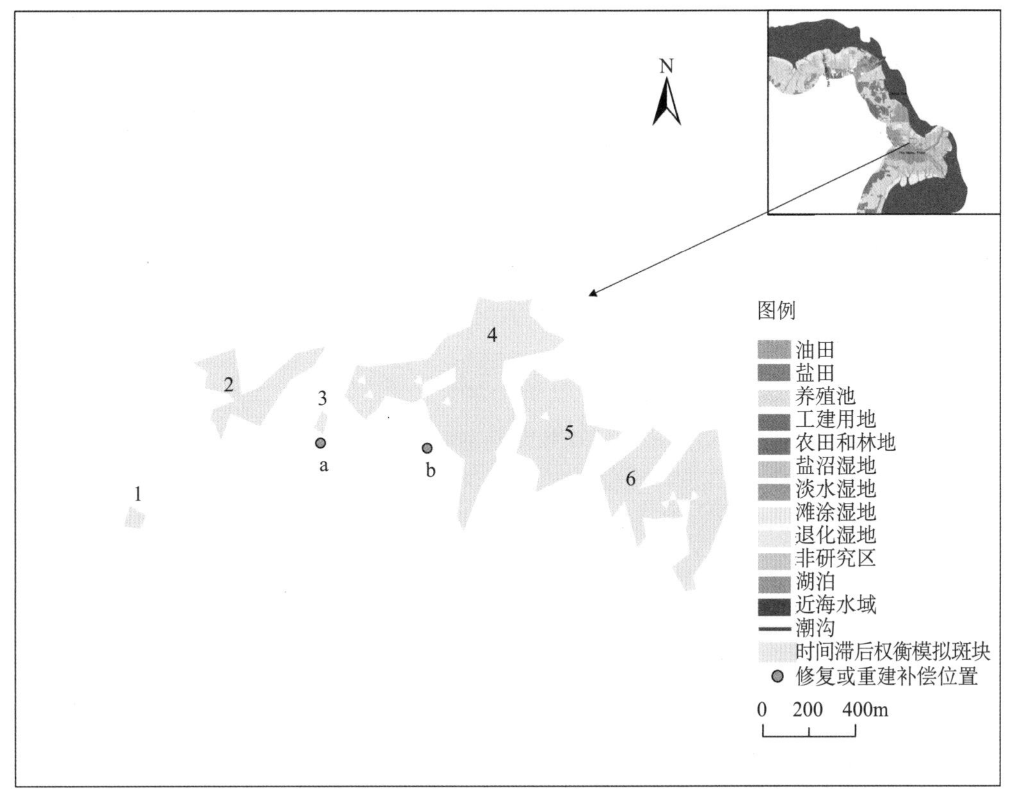

图 10.75　时间滞后权衡模拟斑块区位图

1～6 为研究区 6 个滨海湿地斑块；a 为在受损斑块附近的补偿斑块位置；b 为 6 个斑块的质心位置

间滞后选择的影响。并分别设置围填海占用时间为第 5 年和第 20 年，以及补偿最大时间分别为 20 年、30 年和 50 年时，对补偿时间滞后选择的影响进行分析。最后分别对设置物种最大迁移/扩散距离为 20km、17km 和 0.7km 的补偿时间滞后选择进行分析，探讨物种最大迁移/扩散距离对补偿时间滞后选择的影响。

10.4.3 黄河三角洲受损滨海湿地生态系统服务物质量补偿权衡分析

滨海湿地生态系统为人类提供赖以生存的自然资源及效用，具有保护生物多样性、涵养水源和保持水土等生态系统服务功能，并且生态系统服务功能之间关系复杂，相互影响，具体表现为相互增益的协同关系和此消彼长的协同关系（Lee and Lautenbach，2016）。解析生态系统服务之间的权衡与协同关系可为物质量补偿提供决策和科学依据，对实现区域可持续性具有重要意义。目前，国内外学者对生物多样性和碳储功能之间的权衡和协同关系做了一定的探索，发现碳储与生物多样性存在着复杂的关系（Thomas et al.，2013），Hatanaka 等（2011）通过树龄分级分析了生物固碳与生物多样性之间的权衡关系；Bradshaw 等（2013）从碳排放价格方面研究了不同碳排放价格对生物多样性的影响。然而，目前对生态系统服务功能之间的权衡关系如何应用到生态补偿中还比较模糊，在物质量补偿中，如何针对不同生态系统服务功能进行补偿的研究方法也尚不够清晰，因此，加强生态系统服务功能之间的权衡分析，为区域经济发展和物质量补偿机制建立提供决策依据是非常有必要的。

本节通过对大型底栖动物物种组成与碳储量、地上碳储量和地下碳储量的相关性分析，表明物种组成与地上碳储量呈显著负相关（$r=-0.328$，$n=52$，$P<0.05$），这可能是因为大型底栖动物采样点多集中在芦苇分布区，芦苇分布过于密集反而对大型底栖动物产生了限制效应。这与前人无植被的光滩中的大型底栖动物的物种数量反而比单一植被分布区多的研究结果相一致（李姗泽等，2015），但也有相关研究表明，随着植被盖度地上部分生物量及地下部分生物量的增大，底栖动物多样性及物种丰富度相应增大（袁兴中等，2002），因此，大型底栖动物物种组成与植被分布间的关系还有待于探索。同时，本节结果并未发现大型底栖动物物种组成与地下碳储量及总碳储量间的相关关系，二者间的权衡和协同关系还需要进一步探索。对此，本节绘制大型底栖动物物种组成与碳储量之间的帕累托效率曲线，结果如图 10.76 所示，表明大型底栖动物物种组成与碳储量之间呈明显协同关系，碳储量从 0.41kg 增加到 18.71kg 时，大型底栖动物物种组成增加大约 133.96。因此，在实际生态环境中，对大型底栖动物物种的维持和碳储功能二者中的一种改善，另一种也会改善，通过修复滨海湿地植被等生境恢复措施，必然会对滨海湿地大型底栖动物物种组成与碳储量具有巨大促进，通过对大型底栖动物物种组成的修复，也必然会有助于滨海湿地碳储量的提高。

植物是滨海湿地碳储量的重要来源，同时对滨海湿地大型底栖动物物种组成也起着重要的维持作用。植物根丛结构复杂，增加土壤表层环境的结构异质性，对维持底栖动物分布和多样性至关重要；同时滨海湿地植被群落的差异导致了滨海湿地表层地貌的变化，该种变化及植物群落结构的复杂化，在为一些滨海湿地动物提供繁殖地的同时，也为一些物种躲避天敌的捕食提供了良好的环境。大型底栖动物的食性较为多

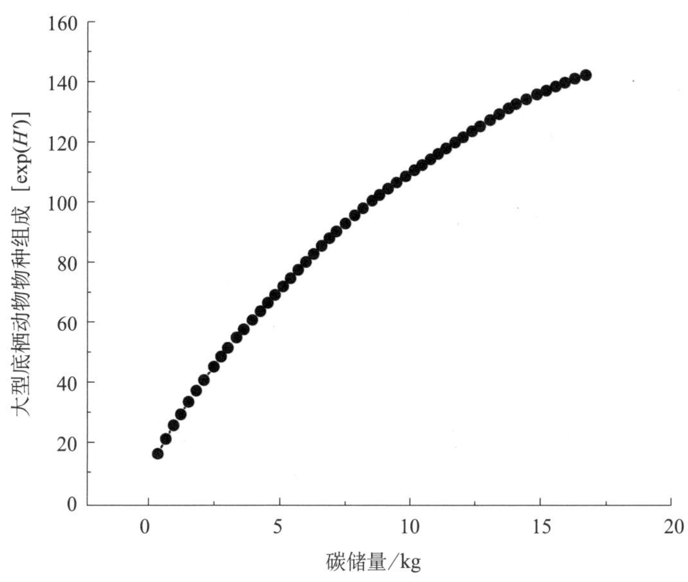

图 10.76　大型底栖动物物种组成与碳储量之间的帕累托效率曲线

样化，存在以碎屑物及植物根为食的物种，滨海湿地植被的茎及地下根为这些物种提供了丰富的食物来源。因此，植被地上部分生物量与大型底栖动物多样性、密度和物种丰富度之间关系密切，并呈现出根据植被盐沼带变化的分化现象。另外，滨海湿地植被改变河口潮滩生境中的土壤环境，使如盐度、粒径、有机质含量等的滨海湿地土壤性质发生变化。滨海湿地植被通过缓冲波浪和水流，以及调节有机质的沉积作用和输入动态而影响大型底栖动物的物种组成（袁兴中等，2002；杨泽华等，2007）。

本节引入生产可能性边界对滨海湿地大型底栖动物物种组成和碳储量之间协同与权衡关系进行了定量化的动态分析，并对二者关系进行了直观清晰的表达，但多重生态系统服务之间及与环境要素之间的关系和作用机理还需进一步研究，这也是下一步的研究方向。本研究表明，大型底栖动物物种组成和碳储量之间为协同关系，这与前人的研究成果（陈登帅等，2018）相一致，并且大型底栖动物以有机碎屑为主要食源，而土壤有机质也是构成滨海湿地碳储的重要组成部分；同时土壤有机质主要来源于生物的分解，大型底栖动物物种组成直接决定了土壤碳储功能的高低（Catovsky et al.，2002；Gleixner et al.，2005），这也说明了二者之间的协同关系。因此，在补偿率的选择中，应以二者中的较大值为决策依据，以达到生态系统服务物质量的无净损失，在滨海湿地实际管理过程中，利益相关者也可通过优化土地利用使大型底栖动物物种组成和碳储量同时增加。本研究方法和结果将为区域发展、生物多样性保护和生态补偿提供决策和科学依据（Raudsepp et al.，2010；Bai et al.，2012b）。

10.4.4　黄河三角洲受损滨海湿地物质量补偿时间滞后权衡分析

1. 受损滨海湿地物质量补偿时间滞后权衡分析

对 6 个斑块不同占用情景的补偿时间滞后展开分析，共有 64 种影响补偿时间选择的模拟结果，由于数据量过多会引起模型运行时间的增长，因此本节以其中的 16 种模拟结果进行阐述。

1）不同围填海类型补偿时间滞后权衡分析

以围填海对滩涂的占用为例，占用斑块为最小斑块时，针对不同围填海类型的补偿时间选择分析表明（图 10.77），受损程度影响补偿时间滞后，受损程度越大则时间滞后越小，即补偿紧迫性越强。补偿时间主要与补偿率斜率相关，滩涂转化为养殖池（TM-Ma）、滩涂转化为油田（TM-OF）和滩涂转化为盐田（TM-SP）的补偿率斜率相差不大，因此补偿时间差异较小，滩涂转化为工建用地的补偿率斜率较大，因此补偿起始时间较早，即补偿紧迫性较强。

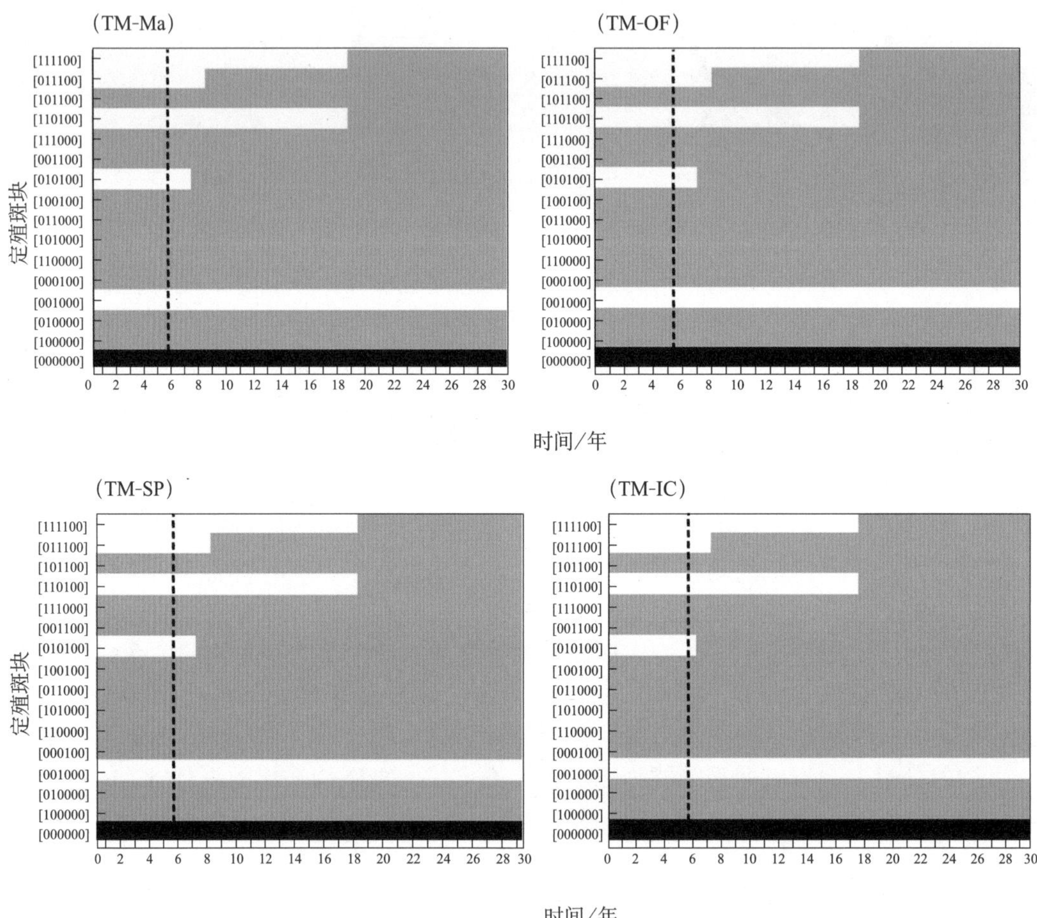

图 10.77 不同围填海类型补偿时间选择分析

TM. 滩涂湿地；Ma. 养殖池；OF. 油田；SP. 盐田；IC. 工建用地；图中虚线分割线为斑块受损时间，图中不同颜色代表不同的补偿行为，白色表示等待，灰色表示补偿，黑色表示无法补偿。纵轴坐标表示选择不同的湿地斑块作为源斑块进行分析，1 表示选择并有物种定殖，0 表示无物种定殖，如 [100000] 表示选择 1 斑块作为源斑块进行分析

2）贴现率对补偿时间滞后选择的影响

以滩涂转化为养殖池为例，占用斑块为最小斑块时，分别对贴现率为 3%、5%和

10%时的补偿时间滞后选择进行分析（图 10.78），结果表明：贴现率对补偿时间滞后选择具有极显著影响，贴现率越大，补偿时间越滞后，其主要是因为贴现率大则意味着补偿金获得的利息也就较高，时间滞后越多，则所获得的利息将越多，进而导致最终用于补偿的补偿金越多，能够补偿的面积越大，更有利于物种的维持。

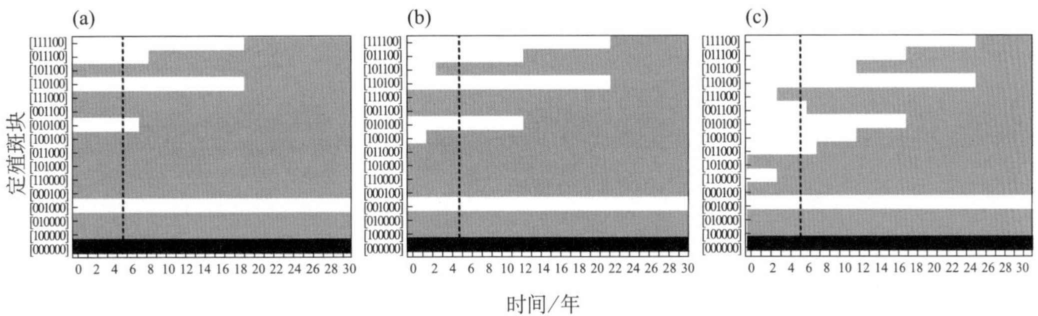

图 10.78　不同贴现率对补偿时间选择的影响分析

(a) 贴现率为 3%；(b) 贴现率为 5%；(c) 贴现率为 10%；图中虚线分割线为斑块受损时间，图中不同颜色代表不同的补偿行为，白色表示等待，灰色表示补偿，黑色表示无法补偿。纵轴坐标表示选择不同的湿地斑块作为源斑块进行分析，1 表示选择并有物种定殖，0 表示无物种定殖，如 [100000] 表示选择 1 斑块作为源斑块进行分析

3) 占用斑块大小对补偿时间滞后选择的影响

以滩涂转化为养殖池为例，分别对最小和最大斑块被转化为养殖池时的补偿时间滞后选择进行分析，当占用斑块为最小斑块时，补偿位置位于最小斑块附近，当占用斑块为最大斑块时，补偿位置位于 6 个斑块的质心（图 10.79），分析结果表明，占用斑块大小对补偿时间具有极显著的影响，占用斑块越大，补偿时间越滞后。这是因为占用斑块越大，所需补偿面积越大，时间滞后越多则获得的补偿利息越多，能够补偿的面积越大则更有利于物种的恢复与维持。

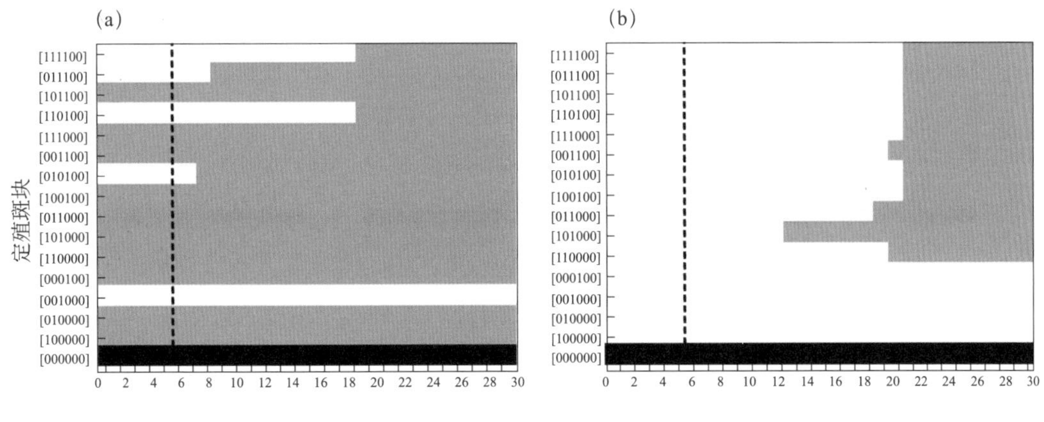

图 10.79　占用斑块大小对补偿时间选择的影响分析

(a) 最小斑块被占用或破坏；(b) 最大斑块被占用或破坏；图中虚线分割线为斑块受损时间，图中不同颜色代表不同的补偿行为，白色表示等待，灰色表示补偿，黑色表示无法补偿。纵轴坐标表示选择不同的湿地斑块作为源斑块进行分析，1 表示选择并有物种定殖，0 表示无物种定殖，如 [100000] 表示选择 1 斑块作为源斑块进行分析

4）占用斑块时间及补偿持续时间对补偿时间滞后选择的影响

以滩涂转化为养殖池为例，占用斑块为最小斑块时，分别对占用斑块时间为第 5 年和第 20 年（图 10.80），以及占用时间均为第 5 年，最大补偿时间分别为 20 年、30 年和 50 年时的补偿时间滞后情况进行模拟（图 10.81），结果表明：补偿时间与占用斑块时间不显著相关，但时间滞后选择会因此发生变化，由原来的滞后补偿变为提前补偿；补偿时间与最大补偿模拟时间显著相关，补偿持续时间越长，补偿时间滞后越多。综上可见，补偿时间滞后主要与补偿的持续时间相关。

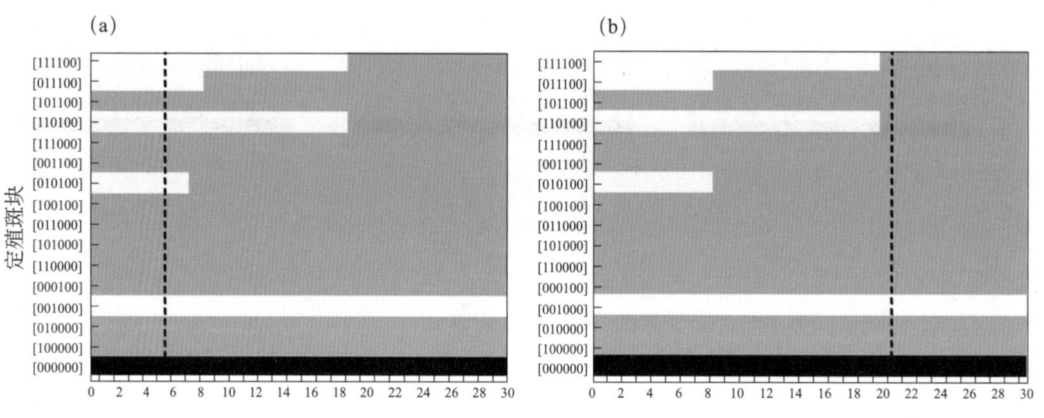

图 10.80　占用斑块时间对补偿时间选择的影响分析

（a）占用或破坏斑块时间为第 5 年；（b）占用或破坏斑块时间为第 20 年；图中虚线分割线为斑块受损时间，图中不同颜色代表不同的补偿行为，白色表示等待，灰色表示补偿，黑色表示无法补偿。纵轴坐标表示选择不同的湿地斑块作为源斑块进行分析，1 表示选择并有物种定殖，0 表示无物种定殖，如［100000］表示选择 1 斑块作为源斑块进行分析

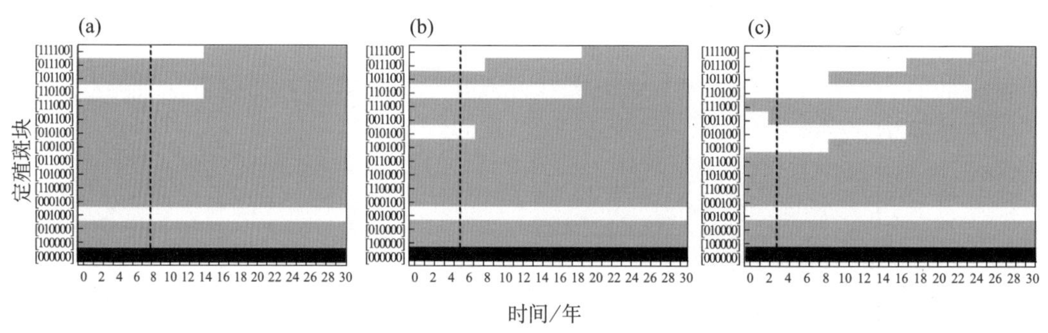

图 10.81　最大模拟时间对补偿时间选择的影响分析

（a）最大模拟补偿时间为 20 年；（b）最大模拟补偿时间为 30 年；（c）最大模拟补偿时间为 50 年；图中虚线分割线为斑块受损时间，图中不同颜色代表不同的补偿行为，白色表示等待，灰色表示补偿，黑色表示无法补偿。纵轴坐标表示选择不同的湿地斑块作为源斑块进行分析，1 表示选择并有物种定殖，0 表示无物种定殖，如［100000］表示选择 1 斑块作为源斑块进行分析

5）最大迁移/扩散距离对补偿时间滞后选择的影响

以滩涂转化为养殖池为例，当占用斑块为最小斑块时，分别对最大迁移/扩散距离为大型底栖动物最大物种迁移距离 20km，种子最大扩散距离 17km 和随机选取的小于 6

个斑块间最大距离时的补偿时间滞后选择情况进行模拟（图 10.82），结果表明：当物种最大迁移/扩散距离大于模拟斑块间距离时，其对补偿时间滞后的选择无显著影响；但当物种最大迁移/扩散距离小于模拟斑块间最大距离时，则对补偿时间滞后的选择有显著影响，物种最大迁移/扩散距离越小，补偿时间越滞后，以利于修复或重建面积较大的补偿斑块，有利于物种的定殖与维持。

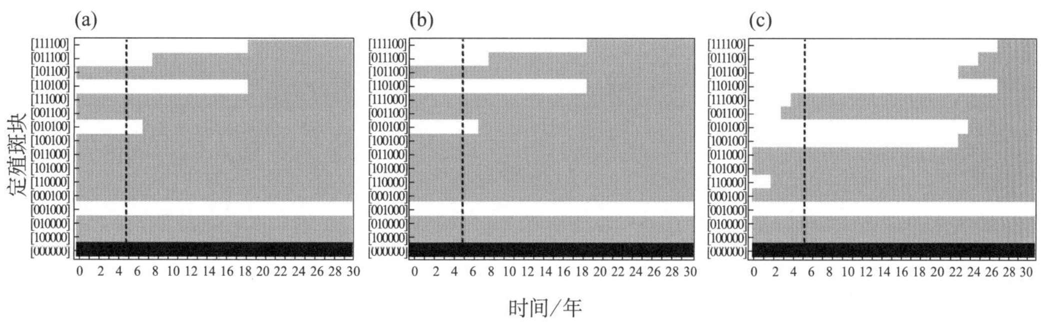

图 10.82 最大迁移/扩散距离对补偿时间选择的影响分析

（a）最大迁移/扩散距离为 20km（大型底栖动物物种迁移距离）；（b）最大迁移/扩散距离为 17km（滨海湿地种子扩散距离）；（c）最大迁移/扩散距离为 0.7km；图中虚线分割线为斑块受损时间，图中不同颜色代表不同的补偿行为，白色表示等待，灰色表示补偿，黑色表示无法补偿。纵轴坐标表示选择不同的湿地斑块作为源斑块进行分析，1 表示选择并有物种定殖，0 表示无物种定殖，如［100000］表示选择 1 斑块作为源斑块进行分析

2. 不同变量对物质量补偿时间滞后权衡的影响

本研究表明，在生境受损前补偿或滞后其补偿以产生最佳的效益主要取决于物种的定殖能力及管理政策，即生境修复或重建主要取决于物种特征、物种灭绝概率和定殖率、贴现率、生境受影响程度和面积、管理目标及投入补偿资金等，并且生境修复或重建补偿的最佳时间主要取决于物种维持性。当补偿斑块邻近周边退化斑块而不是湿地斑块时，应采用滞后补偿，因为其所需的定殖时间要多于邻近湿地斑块的补偿情景，滞后时间的选择还主要受定殖率、物种灭绝概率及补偿斑块数量的影响。种子比大型底栖动物幼体对定殖状态更敏感，因为种子的迁移扩散概率随距离的增加而急剧衰减，如果距离邻近斑块超过 17km，新斑块几乎不具有被定殖的机会。相反，大型底栖动物物种能定殖到较远的斑块，因此对物种的定殖能力不敏感，特别是对较近斑块的定殖能力不敏感。物种的定殖能力对补偿时间滞后的选择至关重要，管理者需确保每个时间修复或重建斑块能够被定殖，如果物种的定殖率可知，并考虑调查的时间、强度和调查的持续时间可最大限度地提高在最佳时间修复或重建生境的概率，但在实际操作中，准确监测每个斑块的定殖率较为困难（Guillera and Lahoz，2012）。在每个时间步长监测斑块的定殖状态将增加本研究未考虑的补偿方案的额外成本。探索监测现有斑块定殖状态的补偿资金与修复或重建斑块所需的补偿资金也成为需要进一步加强的研究工作。

对于最大斑块，在其破坏之后补偿是最佳的，大斑块可维持更大的物种丰富度，在维持网络稳定性上起到重要作用，并且对环境变化敏感性相对较弱，最大斑块对支持当地物种更具有弹性，未构成网络的小斑块提供了定殖物种的来源；大斑块的重要性及物种承载力还取决于斑块的数量、斑块的构型及相对于现有被破坏或占用斑块及其他新建补偿斑块的位置（Pilgrim et al.，2013），如果大斑块位于距离其他斑块较远的位置，那么其对物种维持性的影响可能很小，本研究表明，在大斑块受损后补偿其损失较好。实践中，在生境受损前补偿要求管理者首先具有补偿机制的理论及规划，如未来损失斑块的位置、时间和贴现率等，其中，贴现率可使用过去的贴现率或预测的贴现率。本研究表明，在大斑块受损后的滞后补偿比其生境受损前补偿更能提高物种维持性，特别是对面积较大生境斑块的受损时。

物质量补偿时间滞后的选择主要对种群动态具有敏感性，对于低维持性物种情景，无须对补偿时间做分析，因为滞后补偿的优势很难体现，即无论斑块面积如何，补偿斑块几乎没有被定殖的可能；相反，当定殖率较高、灭绝概率较低时，确定补偿生境斑块的最佳时间可增加物种定殖斑块的数量。此外，权衡效应还对补偿持续时间较为敏感，本研究通过改变模拟的时间范围和生境斑块受损时间，发现补偿滞后时间随补偿机制运行时间的增加而增加。滞后补偿带来的好处可能超过补偿资金的经济效益，滞后补偿提供给管理者解决物种动态中的关键不确定性问题，或解决影响管理决策的修复策略中存在的关键不确定性问题。管理者可以在补偿基金产生利息的同时滞后管理行为，同时可以通过观察斑块的转化率来揭示物种的定殖和灭绝机制（Southwell et al.，2016），有利于管理者更精确地调整影响权衡框架的定殖和灭绝概率参数，做到对投入的补偿资金有效分配；同时，滞后补偿也可使管理者根据其他类型或相关物种的结果改进生境修复技术（Heard et al.，2010，2013，2015；DEPI，2013）；并且滞后补偿的时间与滞后生境补偿中物种灭绝风险及行动太晚导致的补偿失败风险相关。本节方法中引入贴现率或时间贴现，是假设将生境补偿投入的补偿基金或补偿生境产生的生态系统服务功能价值存入金融机构中产生的贴现率，在技术上是可行的（Southwell et al.，2018）；然而，预测与生态系统相关的贴现率随时间变化的方向和范围较难，本研究首先设置一个固定贴现率，再选择三个贴现率来检验管理决策对这个参数的敏感性，并假设在斑块受损之前补偿所使用的贴现率与斑块受损后滞后补偿所使用的贴现率相同，选择在投资期内建立固定利率模型，也与基金管理者增加货币补偿的投资方式相一致。

本研究还存在一定的局限性，均是对理想状态下的模拟。第一，本研究假设新建斑块具有生态效益，且提供同类生境功能。在实践中，新建斑块可能不如现有生境斑块更适合补偿，是在补偿机制中需要考虑的关键因素，在补偿机制建立中至关重要（Hobbs et al.，2011）。第二，本研究将生境重建与物种发挥生态功能之间的时间间隔忽略不计（Vesk et al.，2008）。考虑到时间滞后效应，管理者应尽早创建生境斑块，以便在补偿机制中增加新斑块被物种定殖的概率。第三，本研究没有考虑避免损失补偿，也没有考虑购买土地的成本和管理成本。第四，本研究没有明确考虑随着时间的推移重建生境斑块所增加的成本。相反，本研究假定补偿贴现率与重建生境的成本趋势相关。第五，尽管新斑块定位较好，但本研究可用来探索网络中更具有战略意义的位置建立生境的效果，在多个位置重建生境斑块。本研究方法特别考虑了物种动态机制，因此，提供了关于补偿需求的更精确信息，而不是单纯地依赖于物种种类或丰度计算的补偿率。

10.5 滨海湿地促淤重建补偿模式

当现有潜在替代补偿区域不足以补偿围填海工程造成的滨海湿地损失时，我们将探索通过重建湿地生境对其进行补偿。通过促淤重建滨海湿地手段来实现湿地补偿，人为建造的湿地固然能在一定程度上实现对损失湿地功能的补偿，但其过程耗资较大，过程烦琐，新造湿地人为痕迹严重，不但需要大量后期养护费用，湿地的功能实现也依赖于人为设计的湿地类型，且人造湿地的建设对周边环境将造成二次干扰，可能产生新的环境问题。因此，如能通过轻度或中度的人为扰动实现自然过程的湿地新生，将大大地降低养护成本，也能对原生湿地生态系统实现最小限度的干扰。

10.5.1 滨海湿地促淤重建补偿

本研究拟探索通过促淤重建滨海湿地异位补偿手段来实现湿地补偿。主要有两种干扰较小的促淤类型：一种是自然淤涨；另一种是生物种青促淤。河流引流工程实施的基础条件是含沙河流在引流区域的泥沙沉积，因此河流的含沙量是该工程发挥实际修复补偿效果的重要影响因素之一。其中促淤重建补偿主要关注新生滨海湿地的关键要素——泥沙基质的沉积和新生滨海湿地的生态要素演变。其中入海流路的情景设置参考黄河三角洲区域的流路规划、区域规划政策及学者研究内容。新生滨海湿地的泥沙沉积、地貌演化和生态要素模拟通过构建模型进行模拟得到。

1. 水文变化与地貌演化模型

本研究探索生态补偿效果首要是完成水文地貌演化模拟。而河口水文地貌模型的本质是水动力泥沙模型，其利用水动力和泥沙动力影响泥沙动态，而泥沙沉积对河床的影响塑造了地貌结果。因此本研究所采用的水文地貌模型实质为河口水沙模型。河口水沙数值模拟涉及泥沙动力学、计算数学和流体力学等学科。随着观测数据和机理实验数据的获取，河口泥沙沉积的主要影响因素及机制被逐渐揭示，自然河口造陆的影响因素包括来沙量、水下地形、边界条件、海洋动力和地转科氏力等，而概括关键要素的水沙模型的使用可以节约大量实验的人力物力，是目前大型工程实施前获取影响规律的重要手段。目前大量的三维水流泥沙数学模型已在国际上被广泛使用，常见的模型有：美国FLLENT 公司开发的 CFD（Computational Fluid Dynamics）软件包 FLUENT 模型；美国的普林斯顿大学（Princeton University）开发建立的 POM（Princeton Ocean Model），基于此进行改进和完善的 ECOM（3D Estuarine，Coastal and Ocean Model）模型（Blumberg et al.，1987）；美国弗吉尼亚海洋科学研究所开发并经美国国家环境保护局（EPA）二次开发的 EFDC（Environmental Fluid Dynamics Code）模型（Hamrick，1992）；由丹麦水力研究所（DHI）建立和推出的一系列 MIKE3 模型（Warren et al.，1992）及荷兰 Delft 公司研发的 Delft3D 模型（2009）。这些模型都比较成熟，具有先进的建模技术。其中 Delft3D 模型也是本研究所采用的水文地貌模拟模型，Delft3D 模型的优势在于它强大的地貌模拟功能，从时间尺度上，长到以百年为单位的长期演化，短到以秒为单位的瞬时变化，从空间尺度上，小到以米为单位的实验场，大到以公顷为单位的流域或深海，它都能精确反映。从地貌演化影响因子的耦合计算上，它的全面程度在三维水流泥沙模型中处于领先地位。大量学者对水动力和地貌的研究使用 Delft3D 模型，并取得了良好效果（Edmonds et al.，2010；Nardin et al.，2014，2016）。

本研究采用 Delft3D 模型建立适用于黄河口的水文地貌模型。Delft3D 模型基于过程机理计算水流和泥沙输运，模型包含了一系列模块，本研究中主要使用水动力模块，模型根据水沙运动的结果来模拟地形地貌的变化，模型设置如下。

1）模拟考虑的影响因素

河口的水动力及地貌演化过程所受影响因素包括海洋动力的影响，而海洋动力的作用主要是波浪及潮流的共同作用。基于研究区域位于渤海湾内部，由于受到长山列岛的阻隔区域内风浪较小的特性，结合参考文献（王燕，2012；陈志娟，2008；杨晨，2010），本模型中不考虑波浪影响。纳入考虑的因素包括上游来水来沙、河口本身形态、海洋潮汐。

2）模拟边界范围

本研究关注的研究区域在黄河口附近海域，但由于该区域附近缺少验潮站，潮位条件利用潮汐调和常数控制。为了降低获取的外海水位数据对模拟过程造成的误差，在距离目标区域黄河河口较远处设置模型的外海边界，本研究将旅顺口至蓬莱市连线以内的渤海海域均纳入模型计算，以降低边界处水位数据不够精确带来的影响，即模型计算的外海边界设置在渤海海域旅顺口至蓬莱市连线处，其中外海开边界用潮汐调和常数生成潮位控制。河口开边界设置在黄河入海河口处（图 10.83）。

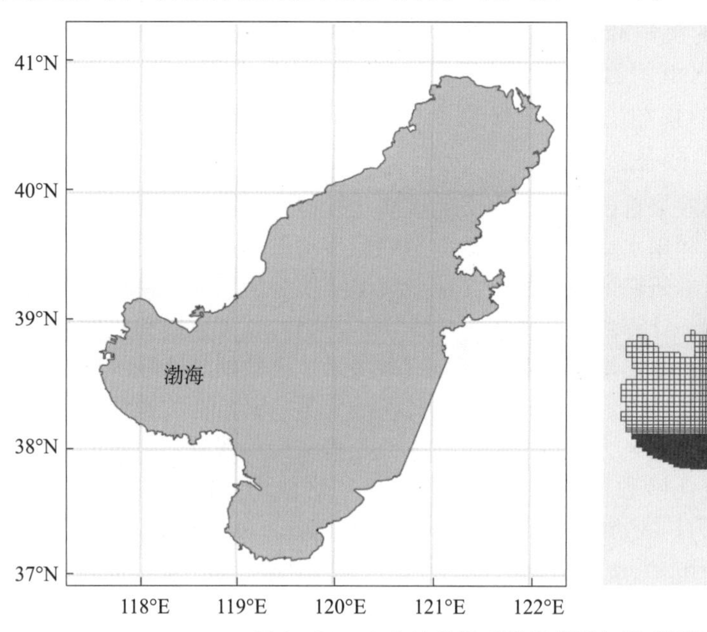

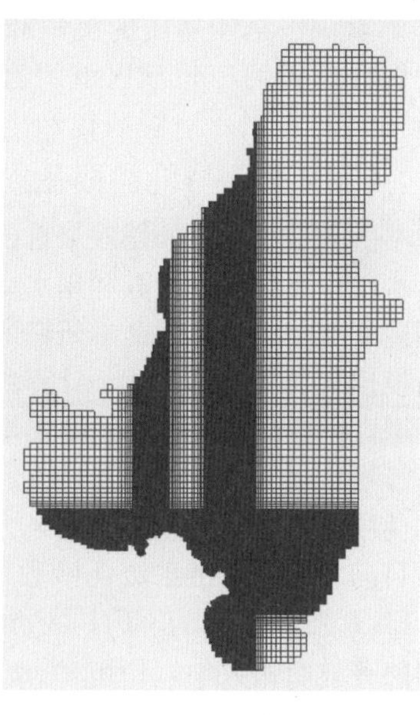

图 10.83　水文地貌模型模拟范围与模型网格

3）网格划分及模拟时间步长

Delft3D 采用正交曲线网格对网格内的水动力及泥沙过程进行计算。本研究在确定的模拟边界范围内共建立 706446 个网格，其中在关注的黄河口附近海域进行网格的加密，网格分辨率从河口区域的 50m 逐渐扩散到外海的 5000m（图 10.84）。垂向不设置分层，采用二维深度平均模型。模型的时间步长设置为 0.02min，模拟总时长为 10 年。

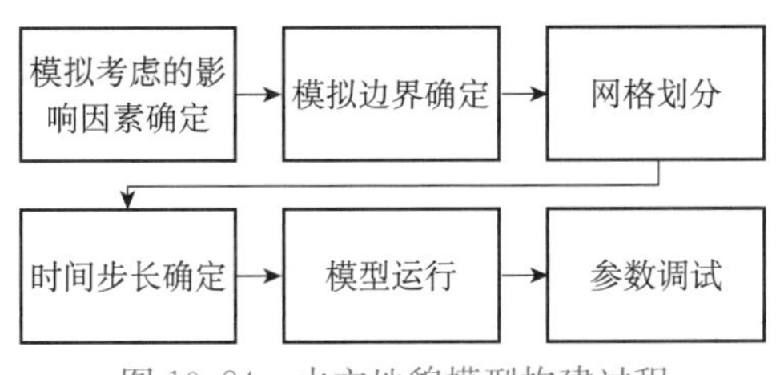

图 10.84 水文地貌模型构建过程

4）模型运行设置

模型首先进行水动力和泥沙的计算，地貌模拟在模型运行一定时间后再纳入考虑。具体过程为，采用恒定流冷启动方式进行水动力场和泥沙计算，稳定计算 12h 后地貌在此基础上热启动计算（图 10.85）。

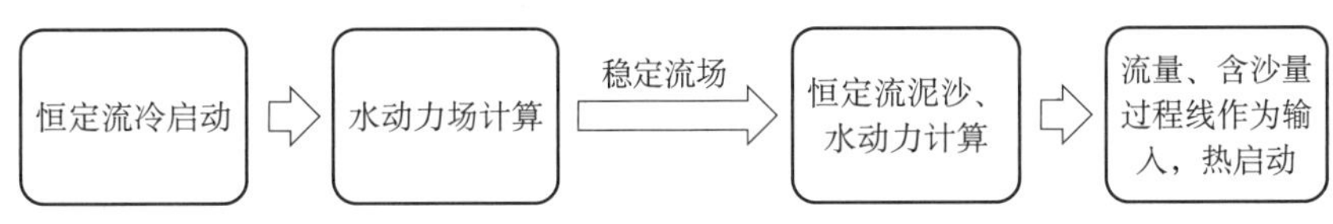

图 10.85 模型运行设置及计算流程

进行的潮流和泥沙验证过程见图 10.86～图 10.89。可以观察到随着模拟时间推移，模型模拟结果越发趋于稳定，而趋于稳定后的水位、流速、流向结果都与实测数据较为吻合。其中对于泥沙浓度的验证可以观察到模拟浓度与实测数据在同一数量级上，因此可以认为本研究所使用的模型及建立的一套参数能够反映出黄河口区域的真实水动力泥沙状况（权永峥，2014），本研究的水文地貌模型构建由 Delft3D 模型及前述收集的参数和基础数据建立。

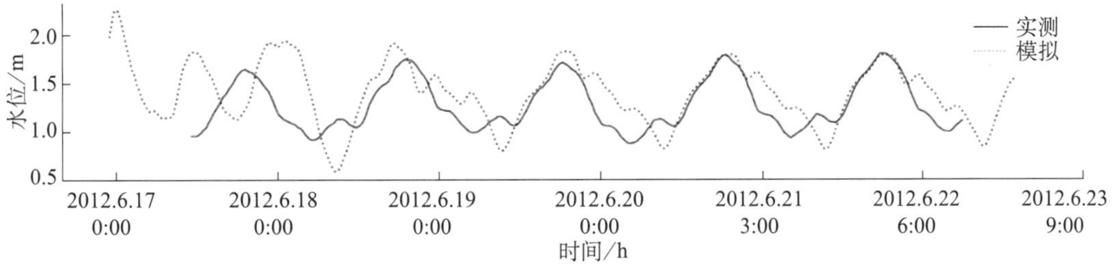

图 10.86 水位验证结果

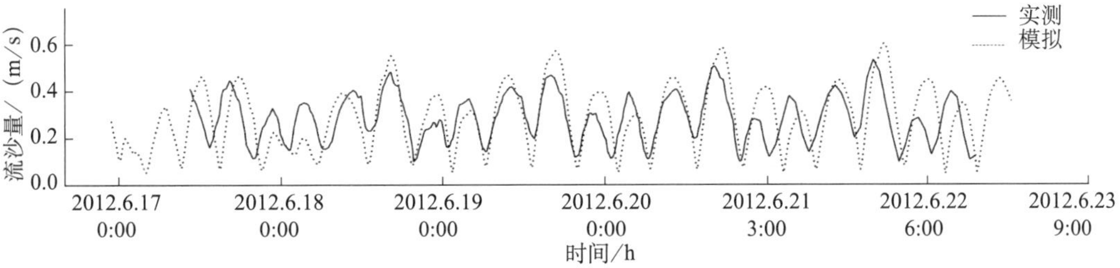

图 10.87 流速验证结果

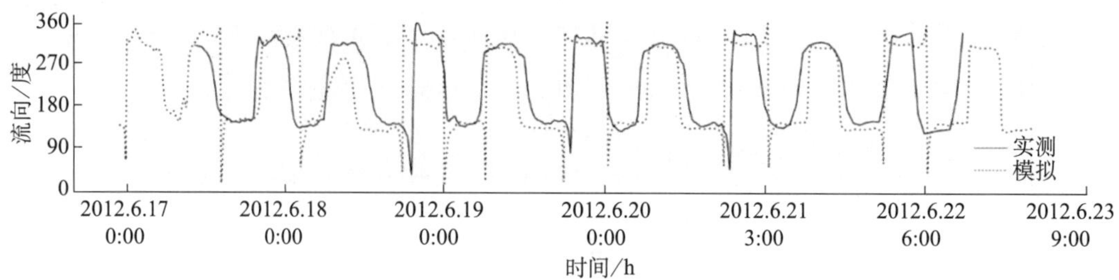

图 10.88　流向验证结果

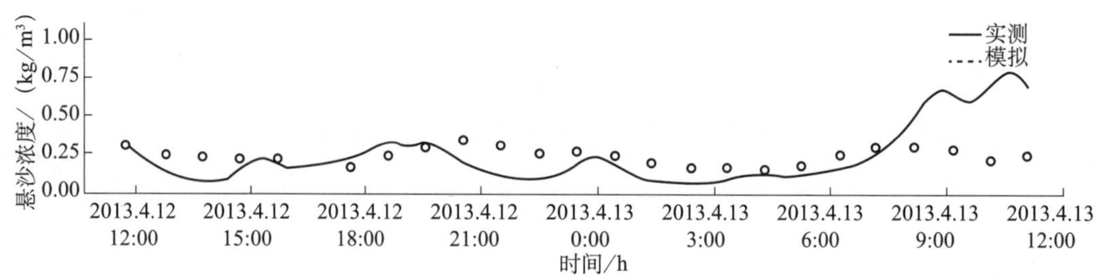

图 10.89　泥沙浓度验证结果

2. 黄河入海流路与入海水沙序列情景

本研究采用利津水文站实测水沙数据作为入流条件，由于在小浪底调水调沙工程正式施行后，其调水调沙工程施行时间较为稳定，约在每年 6 月下旬（表 10.4），汛期高峰较为集中（图 10.90），因此使用利津站观测的 2006～2013 年的径流平均值和泥沙平均值作为入流边界条件，其中入海泥沙量在多年平均数据的基础上乘以 70%（Xue et al.，2013）（图 10.91）。对于黄河入海流路改造情景，本研究参考了黄河口的政策规划、学者研究内容和本研究的需求，其中黄河口的多项政策规划中明确提出应首先保证当前的清水沟（北向）流路的长期稳定运行，待当前流路行河结束后，将优先启用刁口河流路进行行河，而学者的研究进行了多种流路情景的设置，具体使用的流路包括刁口河流路、清水沟流路的多个分流路等，此外，由于本研究的目的是实现对黄河三角洲受损及受侵占的滨海湿地的补偿，因此历史上对流路改道造成的滨海湿地受损及消失也应该被纳入研究考量，1996 年为了实现石油由海上开采转变为陆上开采，在黄河入海清水沟流路的清Ⅷ岔口实施了黄河入海流路改造工程，将原来由清水沟东南向流路入海的流路改造至清水沟北向流路入海，此工程的实施造成了清水沟东南向流路的河口发生了蚀退，滨海湿地受到了围填海工程的影响遭到破坏和消失，因此本研究也将清水沟东南向流路纳入自然过程修复情景，拟探索对油田开采而造成的滨海湿地损失可能带来的就地补偿效果。综上所述，本研究设置了三条潜在流路作为生态补偿情景，分别是现状流路（清水沟北向流路）情景（Qingshuigou northeastern pathway，qne）、清水沟东南向流路（黄河最近一次改道前使用的入海流路）情景（Qingshuigou southeastern pathway，qse）和刁口河流路情景（Diaokou River pathway，d）（图 10.92）。

表 10.4　小浪底调水调沙工程实施时间

时间（年．月．日）	调水调沙工程类型
2002.7	黄河调水调沙原型试验
2003.9～9.18	黄河调水调沙原型试验
2004.6.19～7.13	黄河调水调沙原型试验
2005.6.9～7.1	由试验进入生产运行
2006.6.25～6.29	正式生产应用
2007.6.19	正式生产应用
2008.6.19～7.3	正式生产应用
2009.6.30	正式生产应用
2010.6.19	正式生产应用
2011.6.25	正式生产应用
2012.6.19	正式生产应用
2013.6.17	正式生产应用
2014.6.40	正式生产应用
2015.6.29～7.16	正式生产应用

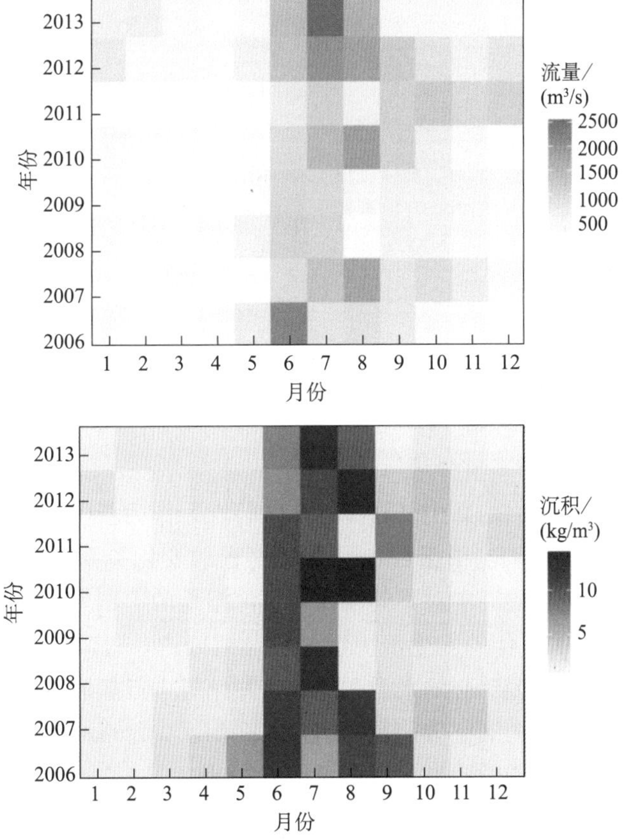

图 10.90　小浪底调水调沙工程正式运行后利津站月均径流与月均含沙量分布

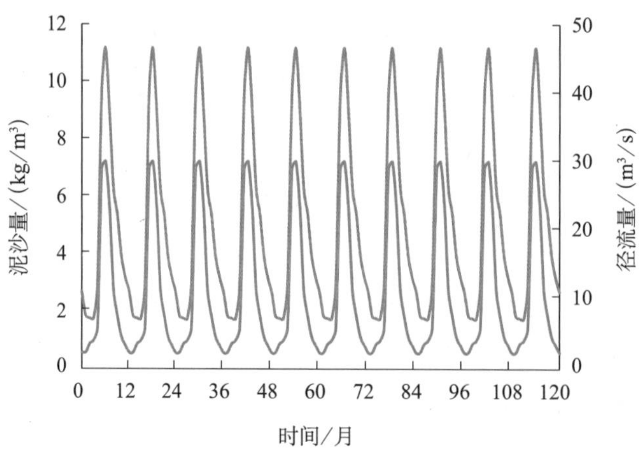

图 10.91 模型输入径流量和泥沙时间序列

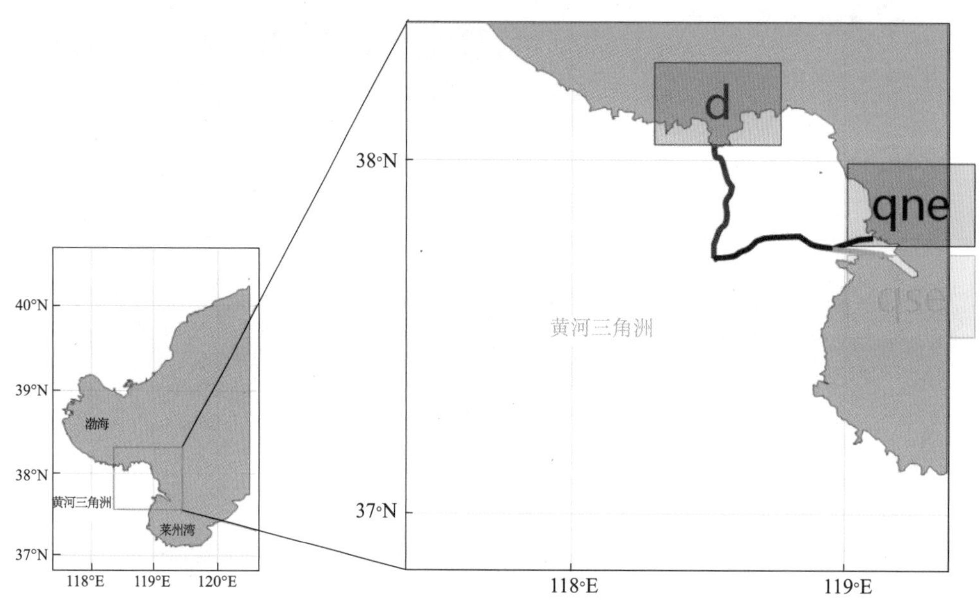

图 10.92 本研究设计黄河入海流路情景

3. 黄河三角洲生态要素模拟

1）环境要素的时空分布模拟

本研究重点分析模拟出的新生滨海湿地水文特性，作为新生滨海湿地类型的识别和植被适宜性的环境要素基础。根据水位与湿地高程的变化关系，滨海湿地可分为潮上带、潮间带、潮下带。本研究中对不同潮位带滨海湿地的识别方式为，依赖前述的水文地貌模型，将模拟出的 10 年的新生滨海湿地演化时间内，每间隔一个时间步长时间节点上，空间中每一网格位置对应的水位和地貌高程结果进行提取，由这两者的交互作用来判别新生滨海湿地所处的潮位带，具体识别方式为，先对目标区域全时段的水位条件进行分析，提取出大潮对应的时期，再提取大潮时期内目标区域的水位变化进行分析。其中，在大潮期间由于滨海湿地高程过高，已不再受到潮水作用，即在该空间位置不再监测到潮位数据的为潮上带［图 10.93（a）］；在大潮期间只有部分时段受到潮水作用

（此处滨海湿地高程高于最低潮位，潮位降低到一定位置时不再淹没该区域），即在该空间位置只在部分时段能监测到潮位数据的为潮间带［图 10.93（b）］；而在整个大潮期间内，均受到潮汐作用（此处滨海湿地高程低于最低潮位，即使潮位降低到最低限度仍将淹没该区域），即在该空间位置大潮时期时均能监测到潮位数据的为潮下带［图 10.93（c）］。由于模型结果中，海洋区域和潮下带区域的水位变化类型是一致的，都是在全时段内能观察到水位变化，将海洋与潮下带进行区分较为困难，因此本研究重点关注和研究潮上带和潮间带区域，用这两个指标来反映新生滨海湿地的生长情况。

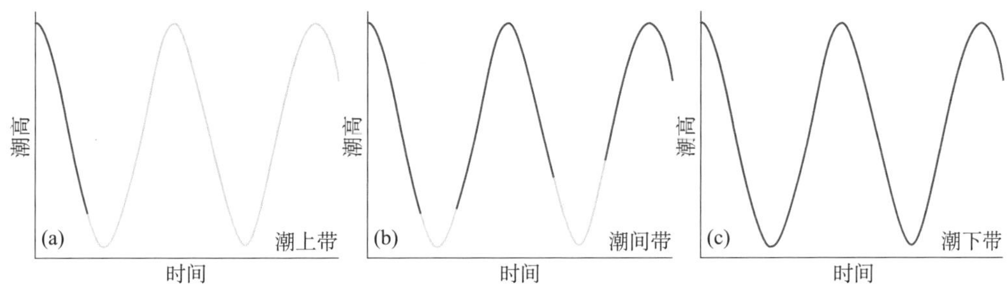

图 10.93 依据水位变化的新生滨海湿地所处潮位带识别模式

潮汐特性的本质是潮位的周期性变化，但对生物这一生态主体而言，其受到的潮汐直接作用的是周期性淹水，因此可分析计算潮间带在一次潮周期内每一点位的平均淹水深度、淹水率、淹水持续时长和最长淹水时间。其中平均淹水深度计算见下式，公式中各算符含义见图 10.94。

$$\text{平均淹水深度} = \frac{\int_{t_1}^{t_2} (\text{water level} - \text{bed level})\,\mathrm{d}t}{t_2 - t_1} \tag{10.31}$$

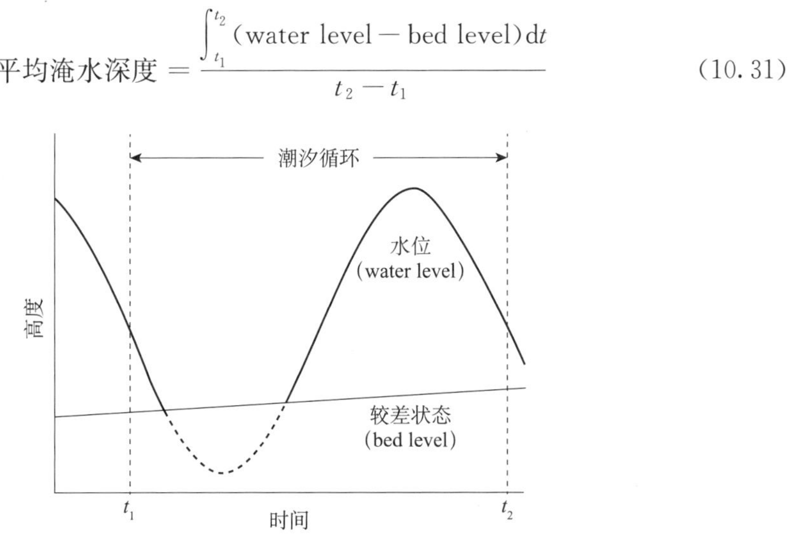

图 10.94 空间网格点位的水文特性计算指标图解

2）植被对环境因子的响应模型及其时空分布模拟

本研究为了探索滨海湿地自然过程修复方式的生境补偿机理，需要阐述在新生滨海湿地泥沙基质形成、环境要素发生变化后，新生滨海湿地植被的发育状况，同时植被的发育演替过程也是滨海湿地自然过程修复效果评估的重要因素。因此建立植被-环境关系模型以探索植被对环境因子的响应模式。而对于新沉积发育的滨海湿地而言，在湿地基质上植被的发育演化将经历当地或外来的植被种子库定植、萌发和植被植株生长发育的过程，因此应分别对种子萌发过程和植株生长过程确立植被-环境关系以完成植被发育的机理阐释。对于黄河三角洲滨海湿地而言，翅碱蓬是盐沼湿地的优势种，故本研究选取盐沼湿地的典型植被翅碱蓬为对象，建立其环境-关系模型，并结合前述章节计算模拟所得环境要素的结果对自然过程修复方式的植被生境演化进行模拟，以解释生境补偿机理和开展修复效果评价。

A. 高斯模型

高斯模型是最著名的生态关系模型。本研究收集了黄河三角洲滨海湿地翅碱蓬种子萌发率-淹水率实测数据建立的高斯模型及前人已建立的翅碱蓬植株-淹水深度高斯模型（崔保山等，2008）作为植被补偿的评估基础。

B. 黄河三角洲翅碱蓬种子萌发率与淹水率高斯模型

利用实测数据建立的翅碱蓬种子萌发—淹水率高斯模型［图 10.95（a)］，对于黄河三角洲的翅碱蓬而言，其种子萌发的最适淹水率为 42.69%，种子萌发的最适淹水率区间为［28.26%，57.12%］，种子萌发的适宜淹水率区间为［13.83%，71.56%］。由于现实条件下新生滨海湿地的生态演化较为复杂，直接计算翅碱蓬种子的萌发率的量化结果可能存在偏差，而淹水率范围满足翅碱蓬种子萌发生态阈值的区域为种子萌发的潜在适宜区域，因此本研究利用高斯模型对翅碱蓬种子萌发的适宜程度进行定性化的分析，适宜性的确定通过对高斯模型计算得到的种子萌发率结果进行［0，1］的标准化处理，而萌发率的结果结合前述得到的新生滨海湿地淹水率结果进行高斯模型的映射获取。

$$y = 33.08\exp\left[-\frac{1}{2}\times\frac{(x-42.69)^2}{14.43^2}\right] \tag{10.32}$$

C. 黄河三角洲翅碱蓬植株生物量与水深高斯模型

本研究所使用的黄河三角洲翅碱蓬生物量-水深高斯模型式来自崔保山等（2008）［图 10.95（b)］，其测定了黄河三角洲滨海湿地的翅碱蓬生物量及植株所在区域的水深、盐度环境因子结果（图 10.96），并分别对淹水深度和盐度建立了翅碱蓬的环境关系高斯模型，本研究使用的是其建立的翅碱蓬生物量-淹水深度关系。同样地，利用高斯模型对翅碱蓬植株生长的适宜程度进行定性化分析，将利用前述提取的新生滨海湿地平均淹水深度计算得到的翅碱蓬生物量结果进行［0，1］标准化处理确定翅碱蓬植株的适宜性。

$$y = 460.45\exp\left[-\frac{1}{2}\times\frac{(x-0.042)^2}{0.25^2}\right] \tag{10.33}$$

10.5.2 黄河三角洲滨海湿地入海水沙及流路变迁

1. 黄河入海流路规划

国内外对入海河流流路规划设计的研究多关注河口泥沙管理。进行流路规划的目的

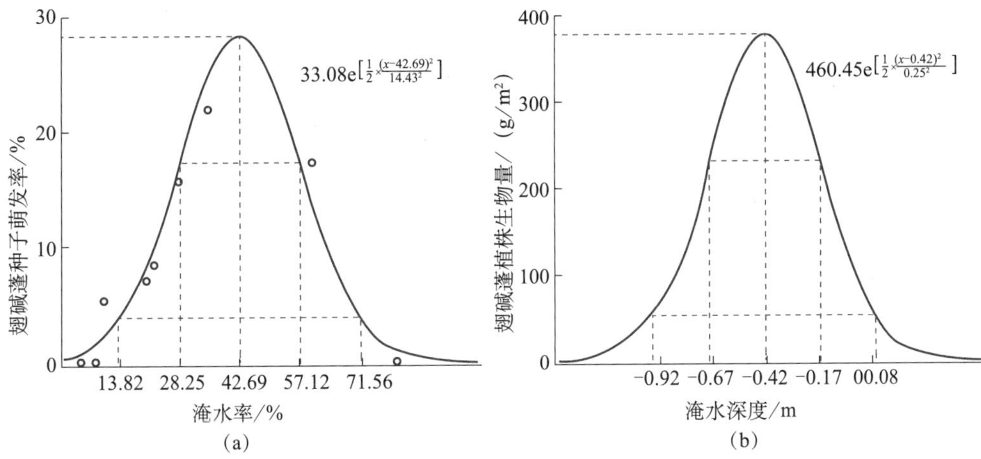

图 10.95　黄河三角洲滨海湿地翅碱蓬高斯模型

(a) 翅碱蓬种子萌发率-淹水率高斯模型；(b) 翅碱蓬植株生物量-淹水深度高斯模型

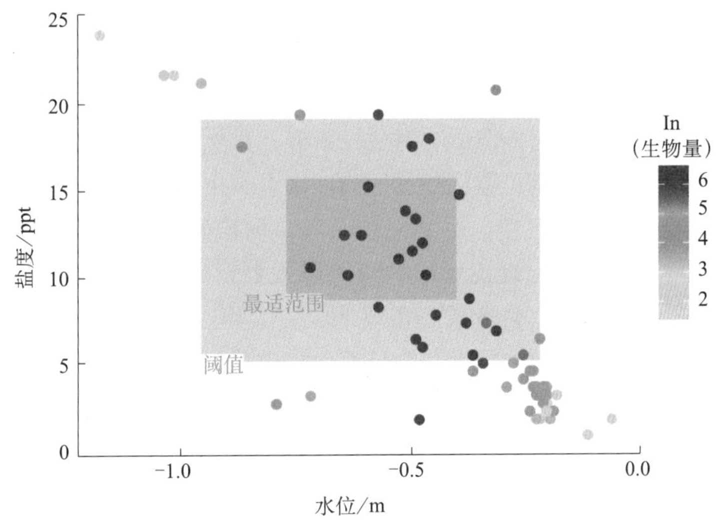

图 10.96　黄河三角洲滨海湿地翅碱蓬生物量、土壤、水深数据重采样结果

从早期的促进经济发展逐渐过渡到使经济、生态和社会发展三者实现统一平衡。早期美国在设计密西西比河流路时将河口安排在外海海洋动力最明显、输沙能力最强的位置以期海洋能带走入海泥沙以实现航运的畅通，然而实践证明了过度关注经济发展的流路设置会带来严重的生态灾害和社会问题。2005 年位于密西西比河三角洲的新奥尔良遭遇飓风“卡特里娜”后城市几近摧毁，主要原因之一是湿地作为城市缓冲带因长期无法接受充足的泥沙补给而丧失了维持生态稳定的功能。美国政府后续在进行流路规划中将环境、生态因素充分进行了考虑，转而将促进泥沙淤积作为流路设置的目的。Nittrouer 等（2012）在探讨利用引流方式修复湿地时，提出针对密西西比河的修复工程，应将引流工程的位置设置在河道弯曲处的内部以实现泥沙的最大限度沉积。

本节研究区域位于黄河三角洲，考虑到黄河入海河道改道极为频繁这一特性在世界上是绝无仅有的，国际上的关于流路设置的思路及理论知识应用在黄河三角洲具有局限性，因此本节重点介绍黄河三角洲的流路规划研究进展。

1989 年黄河水利委员会设计院（黄河勘测规划设计有限公司）完成了《黄河入海流路规划报告》(1989)，报告中指出黄河入海的备用流路最优选择是刁口河流路，国家计划委员会后于 1992 年批准该规划，《黄河三角洲高效生态经济区发展规划》于 2009 年 11 月 23 日得到国务院的正式批复，规划中关于黄河河口的设计问题中提出要留出黄河备用的入海流路，并且应超前规划黄河入海流路问题。《黄河河口综合治理规划》在 2010 年 10 月通过审查，其中对入海流路的安排，意见是今后 50 年内主要使用清水沟流路及尽量保持其稳定，同时刁口河流路的生态调水也要进行；清水沟流路停止使用后，优先使用刁口河作为备用的黄河入海流路（丁大发等，2011）。2013 年 3 月国务院正式批复的《黄河流域综合规划（2012—2030 年）》中提出了与《黄河河口综合治理规划》相同的要求，即主要使用清水沟流路并保持该流路的稳定行河，使用结束后优先使用刁口河流路。我国的学者在国家政策规划的基础上开展了大量流路安排研究。王开荣等（2011）提出，黄河入海包括独流入海及多流入海模式。独流入海是指使用单一的入海流路，多流入海则启用两条或更多的入海流路来进行水沙资源及洪水的调配，此外，其在讨论流路入海模式对经济发展的影响效应中指出，使用清水沟入海和启用刁口河入海的流路涉及方案存在较大的经济影响时效性差异，虽然刁口河流路开启后会对当地经济发展和生产力结构形成影响，但从长远的角度来看，由于现阶段黄河三角洲地区的高效生态经济发展还处于起步时期，尽早地使用刁口河流路只会造成较低程度的经济影响，但若按照《黄河口综合治理规划》中的流路规划，优先保证清水沟流路的长期行河，以后再启用刁口河流路，会造成三角洲地区更大程度的经济影响。陈雄波（2014）提出，黄河口入海流路的行河方式可分为长期稳定流路行河、有计划地摆动行河及同时行河三种模式，但同时行河模式要考虑的因素过于复杂。除了对入海模式的探讨，研究人员也对黄河入海流路的方案设置进行了初步探讨。陈雄波（2011）针对清水沟和刁口河流路联合运用的模式进行研究，设置了三种流路方案并指出应根据各方案下的社会经济、生态环境等受影响的程度进行综合考量，也提出了推荐的流路设计方案，但其对于各流路方案运行后的具体演化结果并未进行定性或定量化分析，仅停留在流路方案设置及研究思路的提出层面。在此基础上陈雄波等（2014）进行了进一步的探讨，设置了三种流路方案并进行流路方案的综合比较，考虑了经济社会及生态补水等方面的效应后，提出推荐于 2030 年后开始启用刁口河流路作为分洪通道来作为流路方案，但研究中仅在衡量行河方案对溯源淤积的影响时使用二维水沙数学模型进行计算，对其他效应的考虑均只进行了单一的、简单的定性分析，并未综合考虑其累积效应。此外，对于各行河方案下，泥沙淤积在滨海区沉积造陆、滩涂湿地增加带来的生态效益及给土地利用、石油开采带来的经济效益也并未涉及。高磊等（2013）针对现状流路的使用寿命提出了黄河改道的可能，对启用刁口河流路应关注的问题进行了探讨。王开荣等（2017）对重新启用刁口河流路的工程可能性进行了探讨。

综上所述，黄河入海流路规划设计是一个仍需深入探索的大课题，流路设置方案应结合政策规划，充分考虑社会、经济及环境生态因素，开展多种流路方案的探讨，并进行多方面、多指标的综合评价。

2. 滨海湿地植被-环境关系

滨海湿地的重要特性是同时受到海陆交互作用，海洋潮汐的影响和湿地高程由陆向海的变化都会造成环境条件的急剧改变，塑造了有环境梯度的生境序列，目前被广泛认同的生态假说是盐度和潮汐作用共同给定了滨海盐沼生物分布的基本模式（贺强，2013)。而对于植被-环境关系模型，目前对植被-环境交互过程的机理探究得太过复杂和丰富，本节仅对本研究所使用的植被-环境关系模型——高斯模型做研究综述。植被-环境关系的研究分支中包括基于回归分析的研究探索，这是分析植被与环境间关系最常用的方法之一（张金屯，2011)。而由植被-环境回归分析中的高斯回归基础建立的高斯模型是最著名的生态关系模型（张金屯，2011)。高斯模型的内容是，对于反映植被状况的某一生态指标，如生物量、盖度等，会随环境因子的变换而呈现出单峰的规律，即当环境因子处于某特定值时，植被的状况最优，该特定值为植被的最适值，而随着环境因子值的升高或降低，逐渐远离这一最适值，植被的状况也会越来越差，直至死亡。用来反映这一模型内容的公式为高斯曲线，方程式如下。

$$y = c \times \exp\left[-\frac{1}{2} \times \frac{(x-u)^2}{t^2}\right] \tag{10.34}$$

式中，y 为植物种的一种生态特征（boilogical indexes)，如植物种的多度、生物量等；x 为环境因子的值，如温度、湿度等；u 为植被最适宜的环境条件；c 为植被生态因子的最高值；t 为植被的耐度。

一般（$u \pm t$）范围内为植被的最适环境因子区间，（$u \pm 2t$）为植被的生态幅度，即植被能生长的临界环境条件为（$u \pm 2t$）。高斯模型的合理性已被很多生态实验证实（王芳等，2002)。

3. 黄河入海水沙情况

黄河的特点为水少沙多，其中游流域经过黄土高原，造成黄河入海时携带大量泥沙，其高含沙特性是世界上鲜有的典型（王楠，2014)，黄河的入海径流量为 $49km^3/a$ 左右，约是长江的 5%径流量（约为 $900km^3/a$)（张佳，2011)，但黄河向海输沙量大约为 1.0 亿 t/a，达到了长江的 2 倍，在全球黄河入海的输沙量仅低于亚马孙河，而含沙量为世界第一（Milliman，1983)。每年黄河携带大量泥沙沉积在三角洲和滨海区，新建了大量陆地（图 10.97)。

黄河下游的最终水文监测站利津水文站距离黄河口约 1000km，其监测的水沙数据被认为是黄河入海水沙特性的重要依据（王燕，2012)。利津站监测 2001～2013 年输沙量径流量的月均分布分别见图 10.98 和表 10.5、图 10.99（黄河泥沙公报，2001～2013)。近年来由于黄河曾经出现断流，我国有计划地加强了对黄河水沙的人工干预，其中调水调沙是重要的工程举措。黄河调水调沙的方法主要是调节水库水位和水库的容量及适当地储存、排放淡水和泥沙。而小浪底水库是黄河调水调沙的关键枢纽，接近 91%的黄河径流及接近

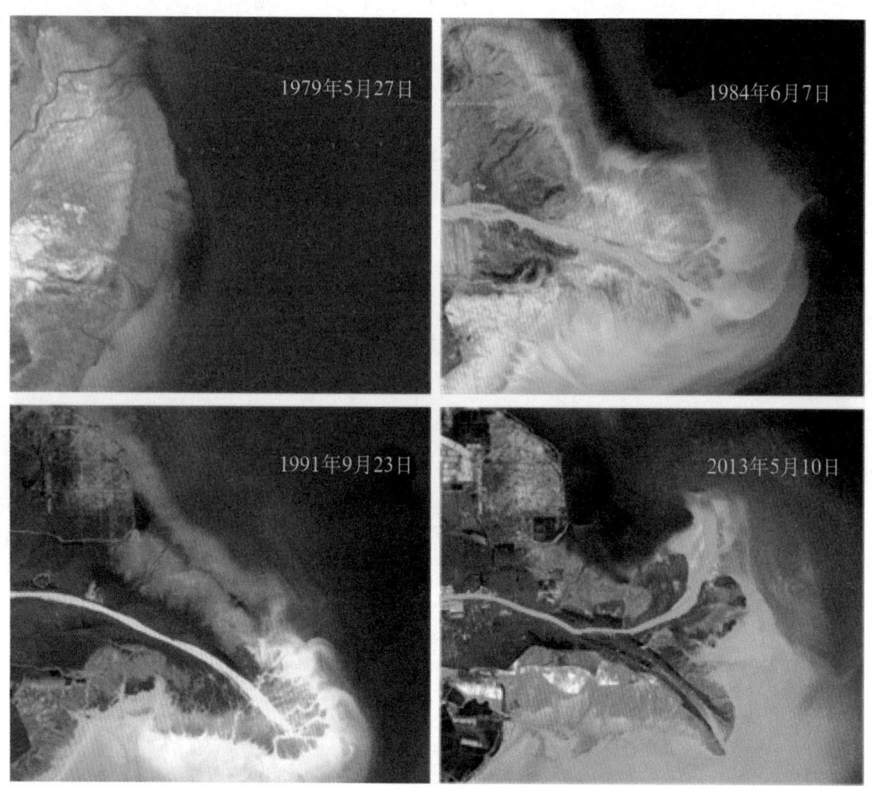

图 10.97　黄河口四期 Landsat 遥感卫星图像

100％的黄河泥沙受其控制（王燕，2012）。多年来小浪底调水调沙的工程实施时间见表10.5。调水调沙阶段是黄河水沙入海的主要阶段，该阶段有大量黄河淡水及泥沙快速入海，对河口的地貌演化起到重要作用（王厚杰等，2005）。

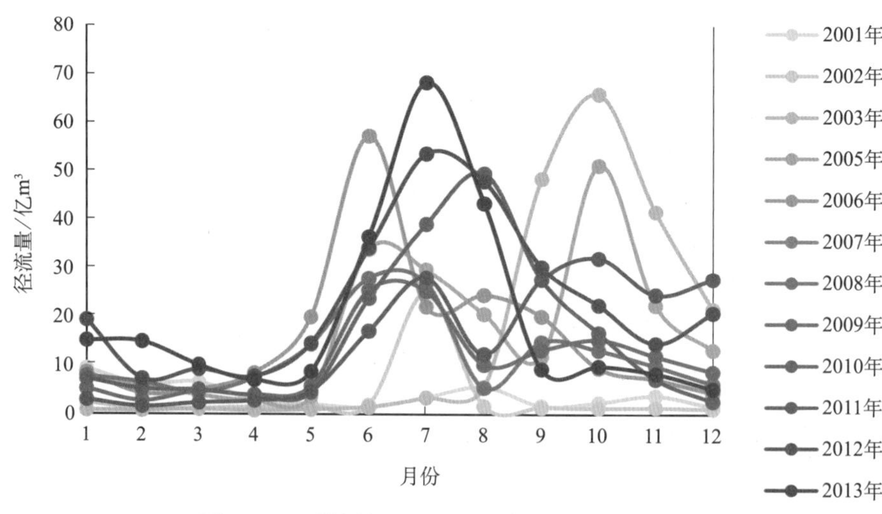

图 10.98　利津站 2001～2013 年月均径流量分布

表 10.5　小浪底调水调沙工程实施时间

时间（年．月．日）	调水调沙工程类型
2002.7	黄河调水调沙原型试验
2003.9～9.18	黄河调水调沙原型试验
2004.6.19～7.13	黄河调水调沙原型试验
2005.6.9～7.1	由试验进入生产运行
2006.6.25～6.29	正式生产应用
2007.6.19	正式生产应用
2008.6.19～7.3	正式生产应用
2009.6.30	正式生产应用
2010.6.19	正式生产应用
2011.6.25	正式生产应用
2012.6.19	正式生产应用
2013.6.17	正式生产应用
2014.6.40	正式生产应用
2015.6.29～7.16	正式生产应用

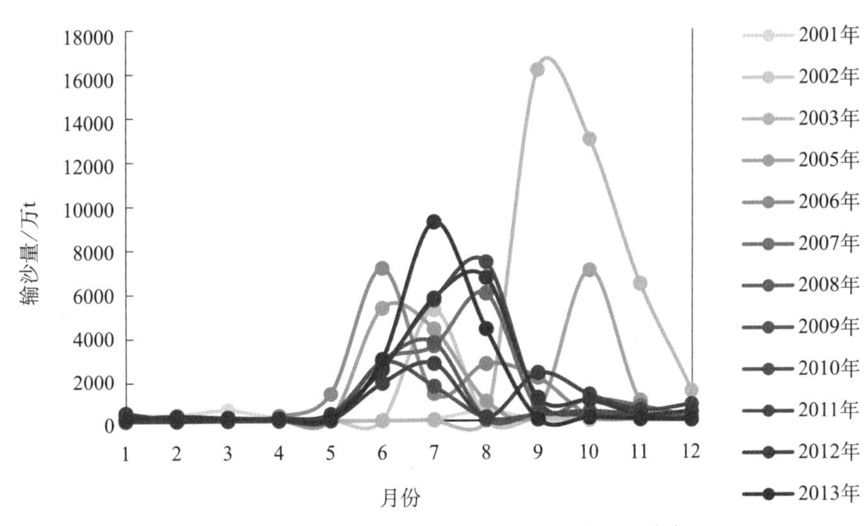

图 10.99　利津站 2001～2013 年月均输沙量分布

4. 黄河入海流路变迁

黄河入海携沙量巨大造成了河口的强烈沉积，进而引起的河口附近河床抬高将导致流路寻找低洼处入海。黄河流路历史上重复经历了淤积—延伸—摆动—改道的流路变迁过程，流路平均经历 10～12 年将发生一次摆动，并且历史流路变化的范围非常广泛。在 1855 年现代黄河三角洲形成发展以来，迄今为止发生过 10 次流路改动（表 10.6、图 10.100），约平均 16 年发生一次流路变迁，世界上其他的所有河流都不曾经历如此频繁的流路变迁。美国的密西西比河大约每 500 年发生一次流路改道，意大利的波河约每

1000 年发生一次改道（Hu et al.，2003）。

表 10.6　黄河入海流路变迁（1855 年起）（魏晓燕，2011）

改道时间（年．月）	入海位置	流路历时/年	实际行水年限 /年
1855.8	肖神庙	34.0	19.0
1899.4	毛丝坨	8.0	6.0
1897.6	丝网口	7.0	5.5
1904.7	老鸹嘴（顺江沟、车子沟）	22.0	17.5
1926.7	刁口	3.0	3.0
1929.9	南旺河	5.0	4.0
1934.9	老神仙沟、甜水沟、宋春荣沟	20.0	9.0
1953.7	神仙沟	10.5	10.5
1964.1	钓口河	12.5	12.5
1976.5	清水沟	20.0	20.0
1996.5	清水沟	12.0	12.0

注：根据《黄河入海流路规划报告》（黄河入海流路规划报告，1989）；燕峒胜等（2006）修改。

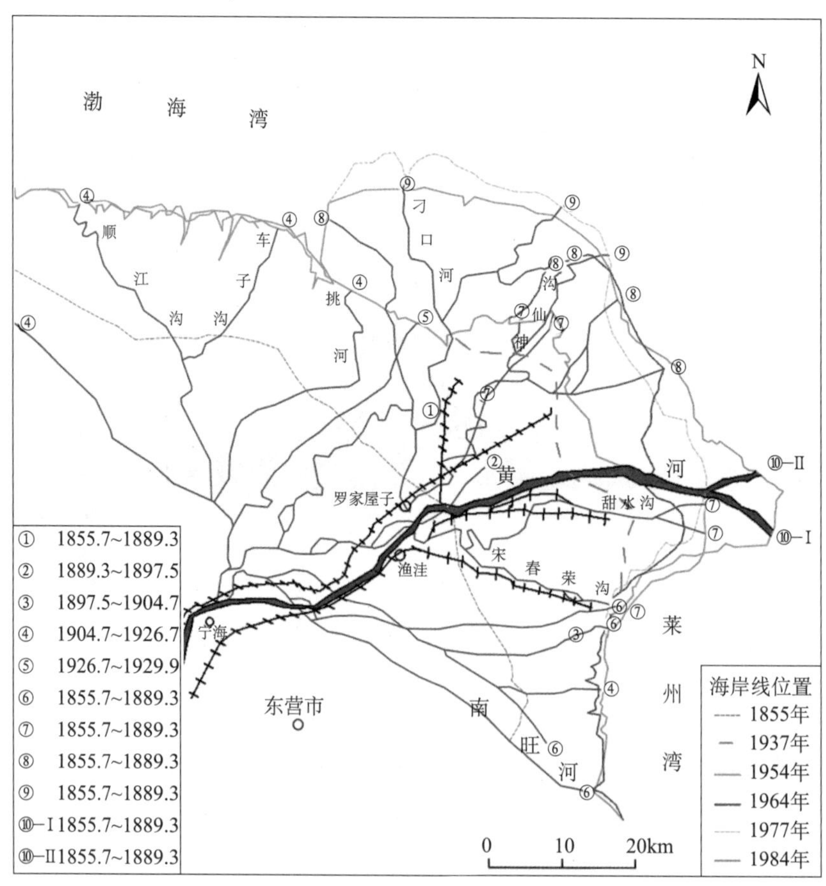

图 10.100　现代黄河三角洲流路变迁（魏晓燕，2011；刘玲，2013）
根据成国栋（1987），应铭（2007）修改

10.5.3 新生滨海湿地补偿机理与修复效果

1. 新生滨海湿地泥沙基质沉积

滨海湿地的基质来自于泥沙沉积形成的新生陆地，本研究中对黄河三角洲退化及受侵占滨海湿地的直接补偿为泥沙沉积。对三种黄河入海流路情景下的新生滨海湿地基质沉积过程、沉积形态和沉积速率进行结果分析以评价对滨海湿地基质补偿的效果，辨析口门拦门沙对流路稳定性的影响，为滨海湿地生态补偿的辅助手段（如植被引入）提供决策支持和参考。

1）现状流路情景下的滨海湿地基质补偿时空序列

在现状流路入海的情景下，前期泥沙的沉积主要通过入流在河口外海区域冲出两道南北向的并列的沟渠，沿着沟渠发育及垂直方向由近及远地向外沉积实现，自演化第七年西侧的输水输沙沟渠逐渐被沉积的泥沙填平，保留东侧的沟渠运送水沙沉积。泥沙沉积的形态以垂直于沟渠的方向呈“楔子”状，距离沟渠位置越远，沉积的泥沙深度越低，在沟渠的两侧，沉积形态也呈现出明显差异，沟渠西侧的泥沙沉积分布范围更为广泛，整体的沉积深度较低，“楔子”的坡度较平缓，而沟渠东侧的沉积集中且集中沉积区域的沉积深度较高，“楔子”的坡度很陡峭。在泥沙沉积的全过程中沉积最深部分均发生在沟渠向外海的最前端，反映出沉积主要以入流前进的方式发生，进而以入流过程沿入流沟渠两侧扩散淤积的形式发生（图 10.101）。在模拟演化的时间段内，第一年沉积的最深深度达到了 6.94m，在第四年最深沉积深度超过 11m，第十年沉积的最深深度为 12.828m，可见泥沙最深沉积深度的变化速率由早期的迅速转向平缓，当部分区域的沉积深度到达一定的阈值后，该区域不再大量承接新输入的泥沙，新入泥沙将转向更低处发生沉积。

2）清水沟东南向流路情景下的滨海湿地基质补偿时空序列

在清水沟东南向流路入海的情景下，泥沙的沉积通过入流在河口外海区域冲出两道东西向的并列的沟渠，沿沟渠发育及垂直方向由近及远地向外沉积而实现，其中偏北侧的沟渠形成后很快地转至向北方向延伸。与现状流路情景不同，在模拟的整个阶段，两道沟渠协同输送泥沙，在演化的第十年也可同时运行，并未出现沟渠被填平的情况。该情景下泥沙沉积的形态也以垂直于沟渠的方向呈“楔子”状，距离沟渠位置越远，沉积深度越低。其中北侧的沟渠周围沉积较为频繁，沉积的分布范围较为广泛，沉积的深度呈现出高深度沉积且集中沉积的形态。与现状流路情景相似，泥沙沉积的整个过程中沉积最深部分发生在沟渠向外海的最前端，反映出同样的以入海方向为主的沉积模式（图 10.102）。在模拟演化的时间段内，第一年沉积的最深深度达到了 5.0442m，第四年的沉积深度超过 9.85m，第十年沉积的最深深度为 11.746m，可见泥沙最深沉积深度的变化速率同样呈现出由早期的迅速转向平缓的趋势。

3）刁口河流路情景下的滨海湿地基质补偿时空序列

在刁口河流路入海的情景下，泥沙的沉积主要通过入流在河口外海区域冲出一道南北向的沟渠，沿沟渠前端剧烈沉积，沿垂直于沟渠方向轻微但广泛沉积而实现。与前述

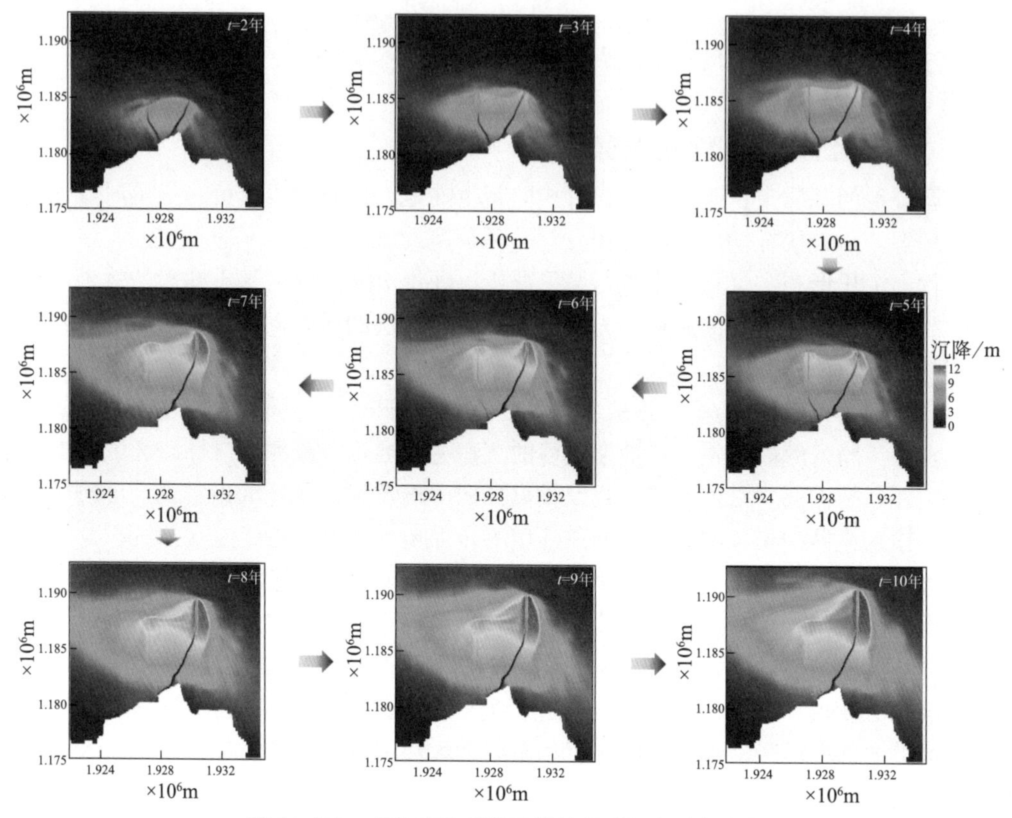

图 10.101　现状流路情景下泥沙基质沉积时空变化

两种情景不同，该情景下只发育了一道输水输沙的沟渠。泥沙沉积的整个过程中沉积最深部分未曾明显迁移，在第一年即发生在距离入海口西北侧超过 1000m 距离的区域，随后在该区域不断发生新的泥沙沉积，沉积深度在该区域不断增加（图 10.103）。该情景下最深沉积深度相较于前述两种情景整体较低，第一年沉积的最深深度为 3.2475m，第四年的沉积深度为 6.9191m，第十年沉积的最深深度为 8.6857m，整个演化时间段内泥沙最深沉积深度的变化速率虽然也呈现出由早期的快速转向平缓的趋势，但早期的变化速率比前述两种情景都更低。

4）单流路入海情景新生滨海湿地基质总量对比

针对三种流路入海情景，选取河口外海处泥沙沉积可发生的最远影响范围内区域为空间范围，选取整个模拟演化阶段中的每一模型计算时间节点为时间范围，对整个演化过程中区域内的泥沙净沉积体积进行计算和对比，以对比分析不同情景下新生滨海湿地基质总量的补偿效果。结果发现，三种情景下，泥沙净沉积体积随时间的变化均呈现出相类似的规律：随时间推移净沉积体积波动上升。其中，现状流路情景和清水沟东南向流路情景的净沉积体积变化呈相似趋势，即沉积基质总量非常接近，而刁口河流路情景与清水沟流路情景的净沉积体积变化有轻微的差别，但相差的沉积量相比起总沉积量而言可忽略不计（图 10.104）。由此可以得出，三种流路情景下的新生滨海湿地基质总量的补偿效果较为接近。

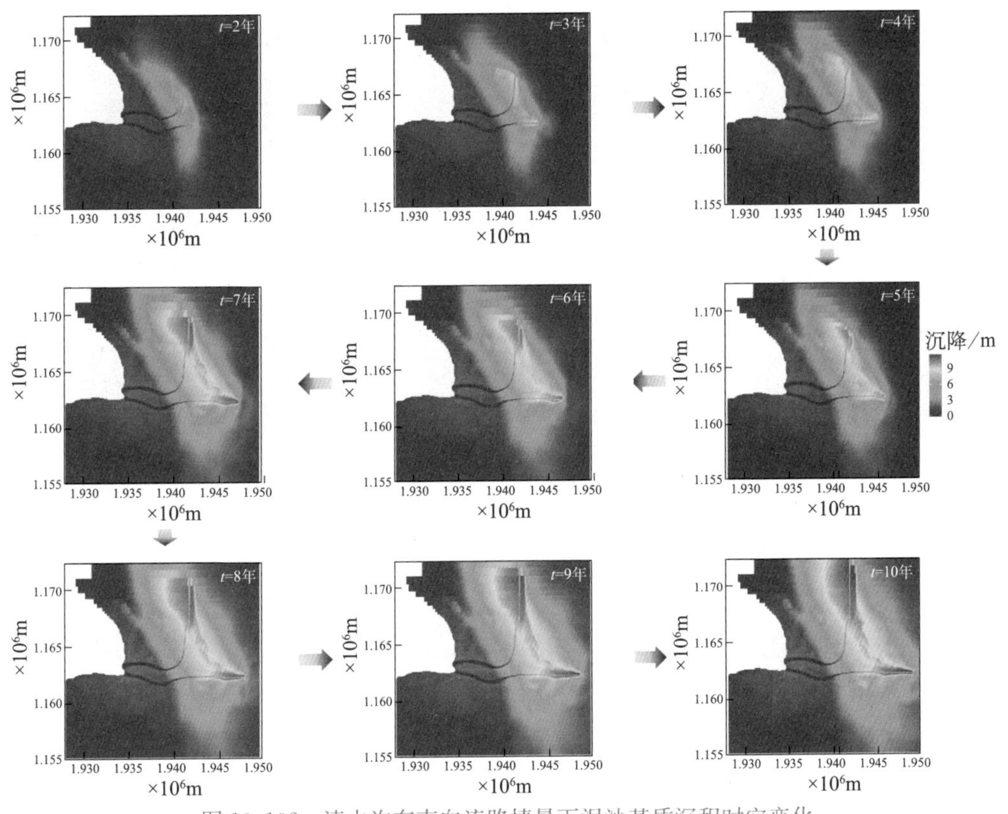

图 10.102 清水沟东南向流路情景下泥沙基质沉积时空变化

5）滨海湿地基质补偿效果对比

A. 滨海湿地基质补偿效果对比

就新生滨海湿地基质泥沙的沉积空间分布而言，现状流路情景下的泥沙沉积主要分布区域是由河口附近逐渐向外海延伸的，这保证了新生滨海湿地发展过程中由近河口向外海区域都收获了足量的泥沙基质，而清水沟东南向流路和刁口河流路情景下，泥沙沉积在早期即大量沉积在距离河口相对较远的位置，这造成了湿地基质较多地被输送到了外海。就泥沙沉积深度而言，清水沟流路情景（现状流路情景和清水沟东南向情景）的沉积深度较高，演化第十年沉积深度都达到了 11.5m 以上，而刁口河流路情景的沉积深度较低，第十年沉积深度最深低于 8.7m，结合沉积基质总体积的结果，三种情景的沉积总体积十分接近，范围在 14.83 亿～15.1 亿 m^3，可以推断清水沟流路情景下泥沙沉积范围更窄，是集中高度沉积模式，而刁口河流路情景下泥沙沉积范围更为广泛，是分散低度沉积模式。虽然三种情景的沉积深度最低也超过了 8.6m，但分析新生滨海湿地地貌发现，并未引起湿地基质过高，湿地地貌高度都呈现缓慢增高趋势，河口拦门沙并未严重堆砌，流路可稳定运行。

B. 环渤海区域海岸侵蚀补偿效果对比

就造成的海岸基质侵蚀总体积而言，清水沟流路情景下的侵蚀量，范围在 2.62 亿～2.65 亿 m^3，稍高于刁口河流路情景的侵蚀体积（2.14 亿 m^3），并且随着演化时间的推移，侵蚀量的差距逐渐扩大，对于受侵蚀区域的面积而言，也呈现出同样的趋势，不

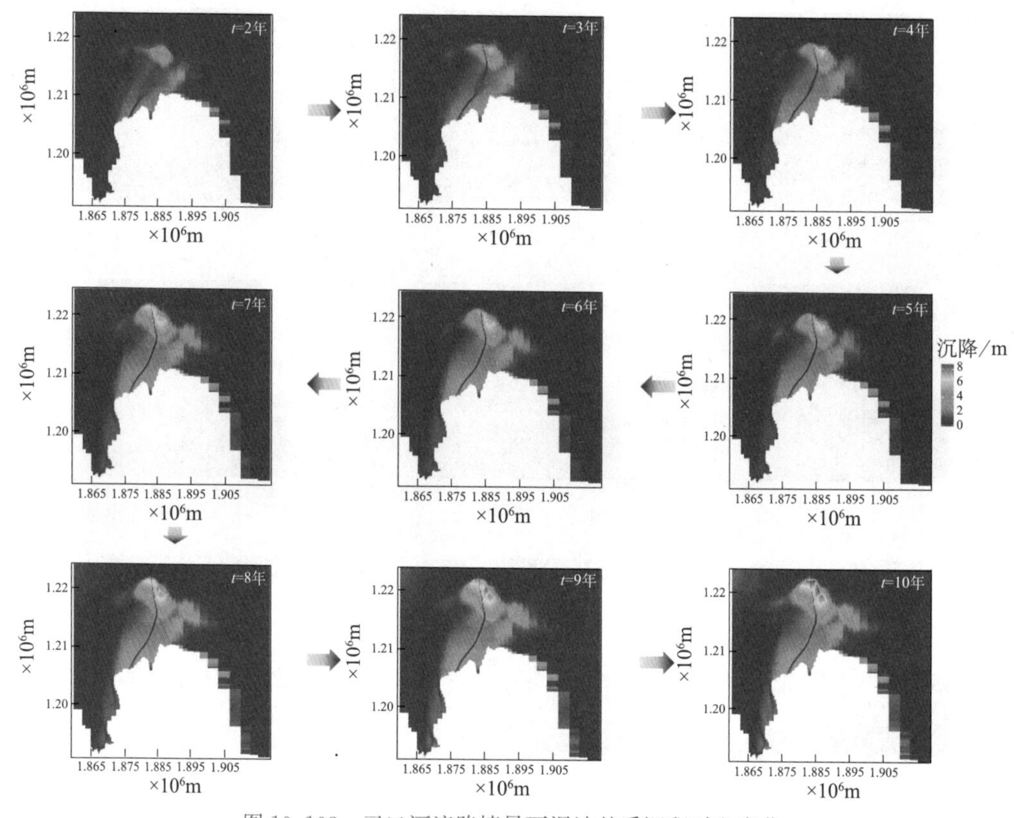

图 10.103　刁口河流路情景下泥沙基质沉积时空变化

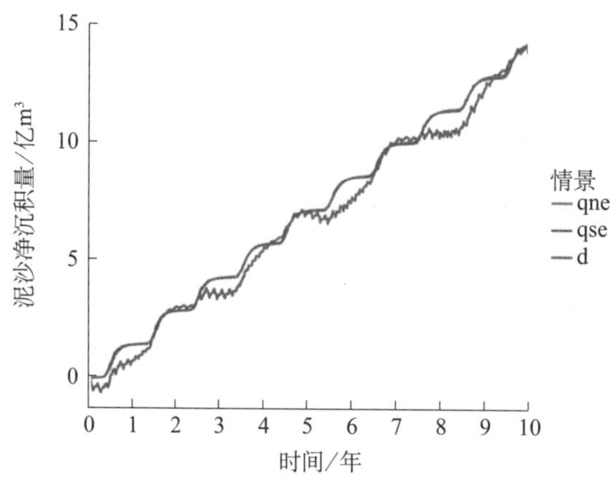

图 10.104　三种流路情景下的泥沙基质沉积总体积变化

仅可观察到刁口河流路情景下的侵蚀区域面积更低，而且与清水沟流路情景的差距明显增大，因此从环渤海区域海岸侵蚀补偿效果而言，刁口河流路情景的补偿效果更优，而现状流路情景和清水沟东南向流路情景补偿效果接近。

2. 河口区域地貌

虽然新生滨海湿地的泥沙基质沉积直接实现了对受损及受侵占滨海湿地基质的补偿，但在基质基础上的新生滨海湿地生态系统演化及生态系统服务的发育并非直接依赖于泥沙沉积深度，而是基于新生滨海湿地地貌完成的。因此对演化形成的新生滨海湿地高程的演化时空序列进行分析，以提供后续的生态系统演化和生态补偿辅助手段的滨海湿地基础，也为河口及流路稳定性的确定提供支持。

1）现状流路情景下的新生滨海湿地地貌演化时空序列

在现状流路入海的情景下，新生滨海湿地地貌的形态始终呈现出由河口向外海方向呈由高向低的“楔子”状，演化出的高程高于 0m 的区域呈类半圆周的扇形，主要在冲出的运送水沙的沟渠前端有凸出。演化前期入海水沙冲出的两道沟渠的高程明显低于周边区域的高程，是黄河入海河道的延伸，演化后期西侧的沟渠高程逐渐升高至 0m 以上，但仍低于周边区域。在前述对沉积状态的分析中发现沉积较多的区域是随着河道前进而不断推进的，但沉积较高的区域实际高程并没有高于周边区域，整个地貌的最高处始终分布在河口附近（图 10.105）；第一年新生滨海湿地最高处高程为 0.6719m，第十年新生滨海湿地高程最高达到 1.3812m（以海图的基准面为参考，下文中相同），可以发现新生滨海湿地的高程增加速率明显缓于最深沉积深度增加的速率，这些都说明演化过程中泥沙会流向低洼区发生沉积，湿地会整体缓慢升高，稳定发育。

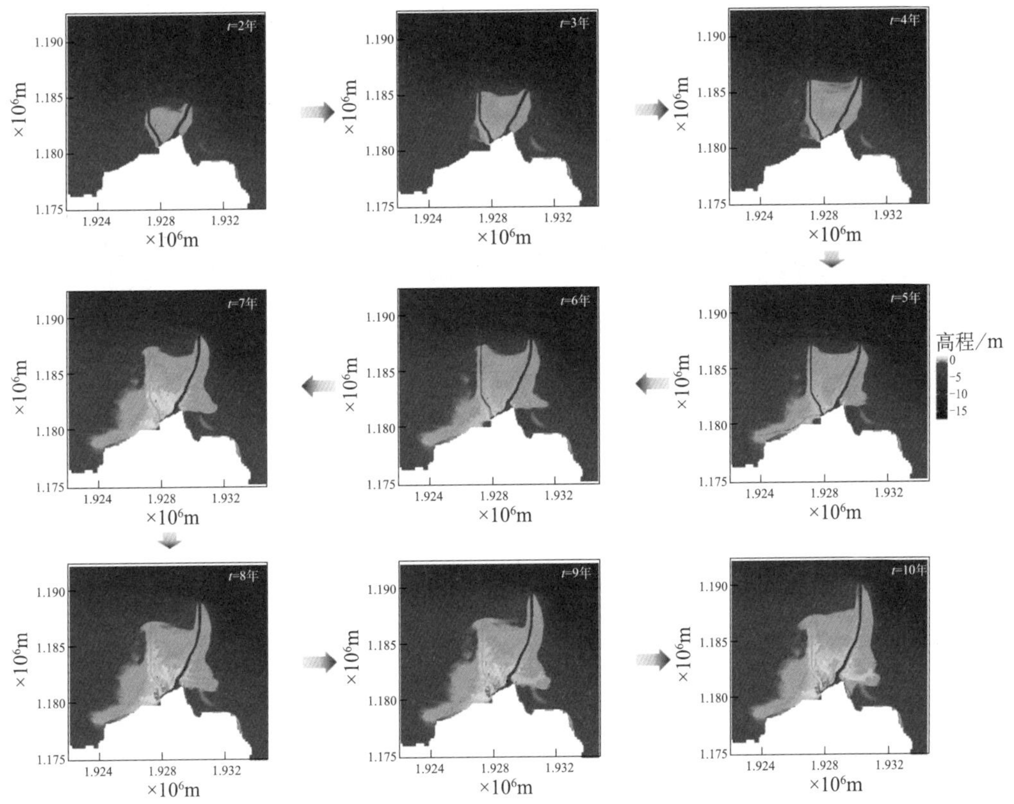

图 10.105 现状流路情景下河口区域地貌时空演化

2）清水沟东南向流路情景下的新生滨海湿地地貌演化时空序列

在清水沟东南向流路入海的情景下，新生滨海湿地地貌的形态同样呈现出由河口向外海方向呈由高向低的“楔子”状，演化出的高程高于 0m 的区域也呈类半圆周的扇形，在两道冲出的运送水沙的沟渠前端有较明显凸出（图 10.106）。演化过程中入海水沙冲出的两道沟渠的高程始终低于周边区域的高程，说明该情景下黄河入海河道会分为两个方向延伸。与现状流路情景的结果相似，该情景下沉积较高的区域并没有淤积出高于周边区域的湿地，整个新生滨海湿地地貌的最高处多分布在河口附近；第一年新生滨海湿地最高处高程为 0.8983m，第十年新生滨海湿地高程最高达到 1.5691m，滨海湿地的增高速率明显缓于最深沉积深度增加的速率，即演化过程中泥沙会流向低洼区发生沉积，湿地整体缓慢升高，发育稳定。

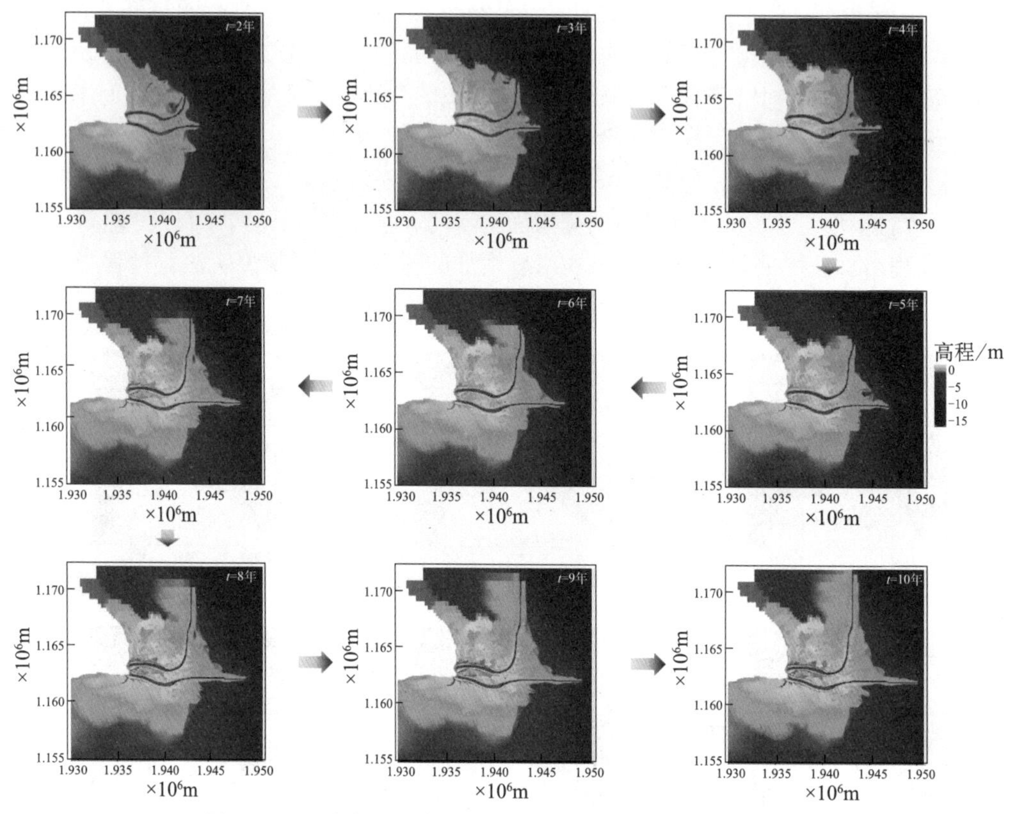

图 10.106　清水沟东南向流路情景下河口区域地貌时空演化

3）刁口河流路情景下的新生滨海湿地地貌演化时空序列

在刁口河入海流路入海的情景下，湿地地貌的形态也呈现出由河口向外海方向呈由高向低的“楔子”状，演化出的高程高于 0m 的区域呈类三角形，凸出位置位于入流水沙冲出的沟渠前端。冲出的沟渠高程始终低于周边区域的高程，即为黄河入海新河道（图 10.107）。该情景下湿地升高较平缓，第一年湿地最高处高程为 2.35m，第十年的湿地高程为 2.51m，相比起清水沟流路情景，湿地的增高速率更为缓慢。

3. 环渤海区域海岸侵蚀

对于三种流路情景，研究结果均发现，泥沙沉积影响的区域主要分布在入海河口附近，然而对于外海底层基质的侵蚀影响范围很广，在整个环渤海近岸区域均会发生海岸侵蚀，因此选取相同的环渤海区域为空间尺度进行侵蚀时空序列及侵蚀量的分析。

1）单流路情景下环渤海区域侵蚀空间分布

选取第十年这一时间节点的空间结果进行对比，发现三种流路情景下，渤海湾临陆

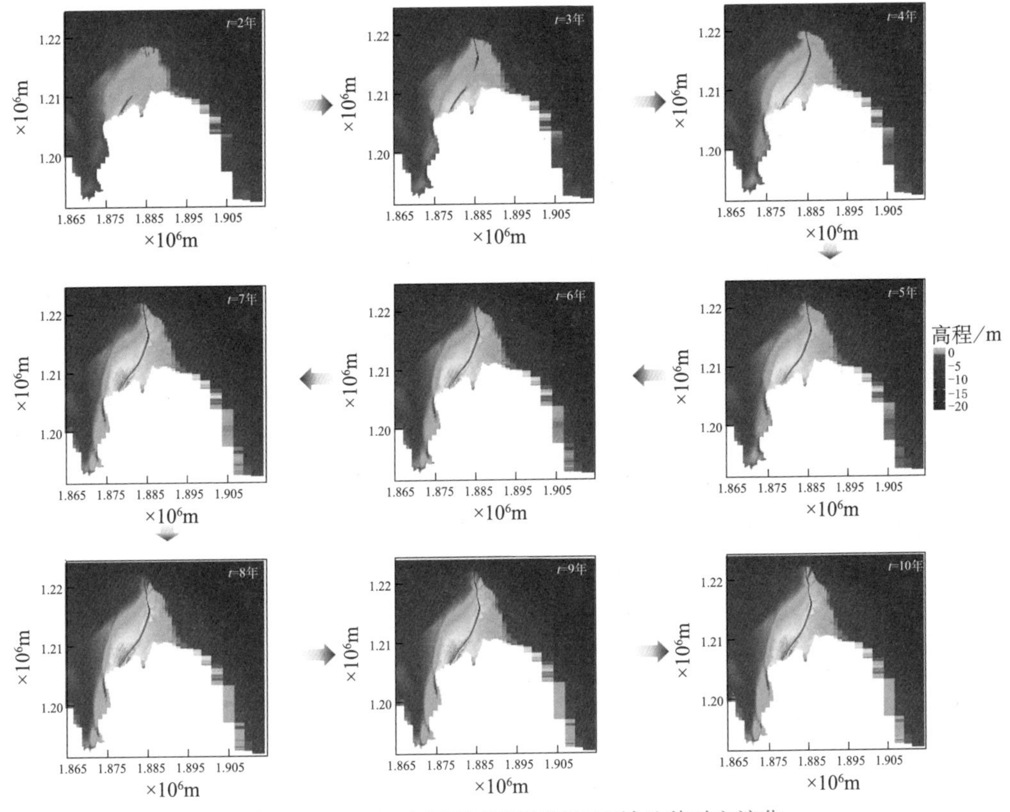

图 10.107　刁口河流路情景下河口区域地貌时空演化

区域均发生了较为广泛的海岸侵蚀，其中渤海湾以南区域较为严重，在清水沟东南流路河口外发生的海岸侵蚀较为轻微，在清水沟北流路河口附近发生的侵蚀状况最为轻微。在每种流路情景的入海河口区域附近其受到的侵蚀均明显减轻。其中现状流路情景下该口门外不再受到侵蚀，在清水沟东南向流路情景下，该河口外发生的海岸侵蚀比另外两种情景的侵蚀状况都更为轻微，在刁口河流路情景下，刁口河口外的近海水域、渤海湾以南临近刁口河口区域受到的侵蚀状况要远远优于清水沟流路情景的侵蚀状况（图 10.108）。

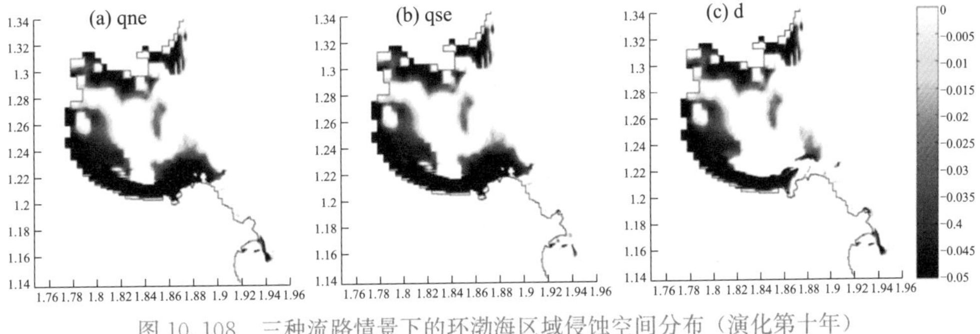

图 10.108　三种流路情景下的环渤海区域侵蚀空间分布（演化第十年）

2）单流路入海情景环渤海区域侵蚀量对比

对三种流路情景下的环渤海区域发生侵蚀的区域面积和侵蚀总体积进行计算和对比

分析，从而定量地确定三种情景的海岸侵蚀结果和对湿地补偿效果的影响。三种情景下侵蚀区域总面积在整个演化过程中均维持在 $10^9 m^2$ 这一数量级，对于清水沟情景，无论是现状流路还是东南向流路情景，其受侵蚀区域面积非常接近，而刁口河流路情景下受侵蚀区域的面积要低于清水沟情景［图 10.109（a）］。对于侵蚀总体积而言，三种流路情景的结果均呈现出类似的波动缓慢上升趋势，其中波动程度随时间的推移而逐渐减缓，而三种情景的数量差异与侵蚀面积的差异类似，清水沟情景下的侵蚀总体积不相上下，而刁口河流路情景下的侵蚀总体积要低于清水沟流路情景，并且侵蚀总体积数量差异有随时间推移而增大的趋势［图 10.109（b）］。结合前述的空间分布对比，认为刁口河流路情景下环渤海区域受到海岸侵蚀的程度要优于清水沟流路情景，而清水沟流路北向和东南向情景的侵蚀状况较为接近。

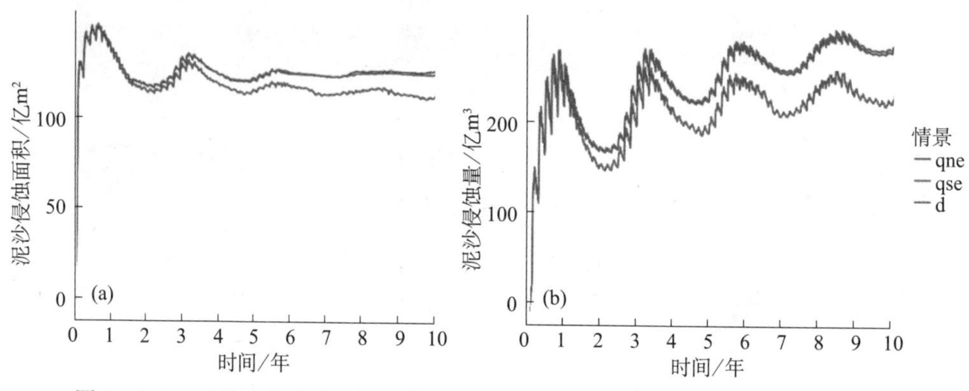

图 10.109　三种流路情景下的环渤海区域侵蚀总面积（a）和侵蚀总体积变化（b）

3）环渤海区域海岸侵蚀补偿效果对比

就造成的海岸基质侵蚀总体积而言，清水沟流路情景下的侵蚀量，范围在 2.62 亿～2.65 亿 m^3，稍高于刁口河流路情景的侵蚀体积（2.14 亿 m^3），并且随着演化时间的推移，侵蚀量的差距逐渐扩大，对于受侵蚀区域的面积而言，也呈现出同样的趋势，不仅可观察到刁口河流路情景下的侵蚀区域面积更低，而且与清水沟流路情景的差距明显增大，因此从环渤海区域海岸侵蚀补偿效果而言，刁口河流路情景的补偿效果更优，而现状流路情景和清水沟东南向流路情景补偿效果接近。

10.5.4　生境补偿机理与修复效果

1. 新生滨海湿地类型

由于识别不同潮位带湿地类型的依据参考了潮位带的定义，因此选取大潮期间的时间节点作为时间范围进行滨海湿地类型的识别分析。分别从潮上带、潮间带湿地的时空序列及这两种类型湿地面积变化的维度分析湿地类型补偿效果。

1）现状流路情景下潮上带和潮间带湿地的时空序列

在现状流路情景下，潮间带湿地逐渐向外海方向延伸发育，而潮上带湿地的发育较为缓慢，演化前期并未形成潮上带湿地，四年半后也只有少量的潮上带湿地发育，此外可观察到演化后期的两种类型湿地的发育速率均有所减缓，不再如演化前期，能清晰地观察到两种类型湿地轮廓的变化。其中潮上带湿地位于更为接近入海河口区域，即湿地高程较高位置（图 10.110）。

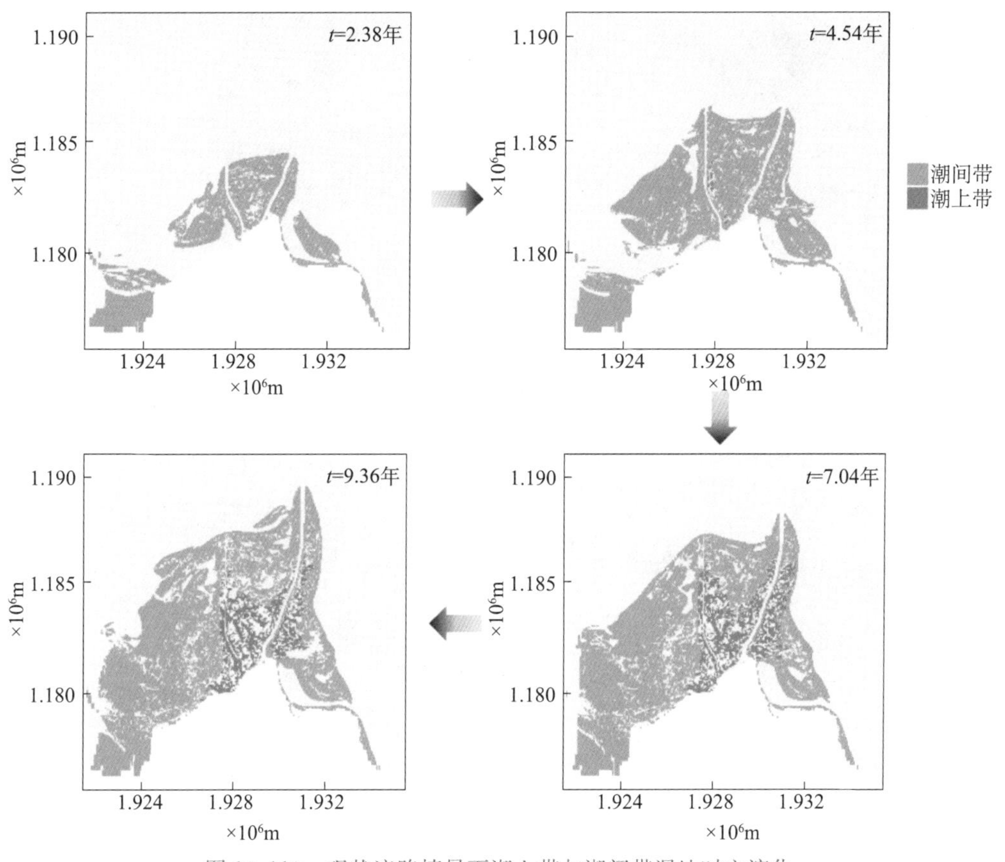

图 10.110 现状流路情景下潮上带与潮间带湿地时空演化

2）清水沟东南向流路情景下潮上带和潮间带湿地的时空序列

在清水沟东南向流路情景下，演化前期即形成了大量潮间带湿地，而后期新发育的潮间带湿地增加较为缓慢，湿地轮廓的变化难以清晰地观察到，其演化方向也是逐渐向外海方向延伸发育，对于潮上带湿地，演化前期已有少量形成，四年半后已有大量的潮上带湿地发育，但演化后期的潮上带湿地的发育速率有所减缓，同样无法清晰地观察到该类型湿地轮廓的变化。类似于现状流路情景，潮上带湿地主要位于更为接近入海河口区域，即湿地高程较高的区域（图 10.111）。

3）刁口河流路情景下潮上带和潮间带湿地的时空序列

在刁口河流路情景下，两种类型湿地的演化趋势与现状流路情景下的演化趋势相似，潮间带湿地逐渐向外海方向延伸，演化后期该类型湿地的发育速率有所减缓，而潮上带湿地的发育较为缓慢，在演化前期只有极少的潮上带湿地形成，四年半后可观察到较多的潮上带湿地发育，演化后期潮上带湿地的发育速率也有所减缓。与前述两种情景类似，潮上带湿地位于入海河口附近，即湿地的高处（图 10.112）。

4）单流路入海情景不同滨海湿地类型补偿面积

在现状流路情景下，潮间带湿地的面积呈逐渐增长趋势，其中前期面积增长速率较

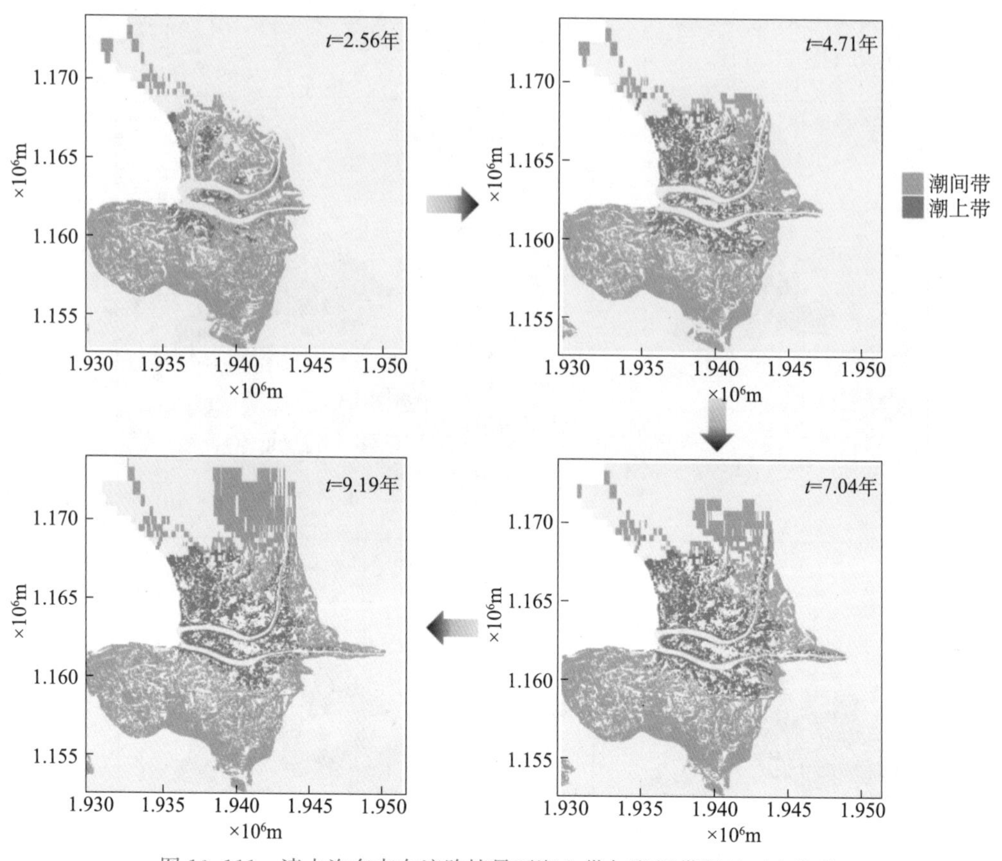

图 10.111　清水沟东南向流路情景下潮上带与潮间带湿地时空演化

快，后期增长速率减缓，第十年潮间带湿地面积达到 0.5 亿 m^2 以上；而潮上带湿地数量明显少于潮间带湿地，并且演化前期并未形成，直到四年半后才观察到潮上带湿地，而随着演化时间的推移，潮上带湿地呈现出略微下降的趋势，演化过程中潮上带湿地面积最大达到约 0.075 亿 m^2，而第十年潮上带湿地面积约为 636m^2。在清水沟东南向流路情景下，潮间带湿地面积前期剧烈增长，而后在较高水平轻微震荡，先轻微减少而后又缓慢增加，说明清水沟东南向流路情景下潮间带湿地的发育较快，而发育到一定程度后不再迅速发展，而是在现有的水平上发生少量的湿地类型的变换。其中，演化过程中潮间带湿地面积超过 0.85 亿 m^2，第十年潮间带湿地面积接近 0.91 亿 m^2；而潮上带湿地数量比潮间带湿地更少，其呈现出与现状情景下类似的变化趋势，即前期增加较缓慢，而发育到一定程度后出现潮上带湿地减少的趋势，演化过程中潮上带湿地面积最大接近 0.32 亿 m^2，第十年潮上带湿地面积略微高于 0.28 亿 m^2。在刁口河流路情景下，潮间带湿地面积呈上升趋势，在前期增长较快，而后期趋于平缓，说明该情景下潮间带湿地发育较快，而到达一定程度后便不再迅速发展。该情景下第十年潮间带湿地面积接近 1.48 亿 m^2；潮上带湿地的数量始终少于潮间带湿地，前期没有潮上带湿地形成，随着时间的推移潮上带湿地面积缓慢增加，演化后期趋于平缓，即其发育过程较为缓慢，发育到一定程度后趋于发育停滞的状态，第十年潮上带面积略微高于 0.35 亿 m^2（图 10.113）。

5）潮间带湿地补偿效果对比

就潮间带湿地的时空分布而言，三种流路情景下潮间带都从口门外逐渐向外海延伸

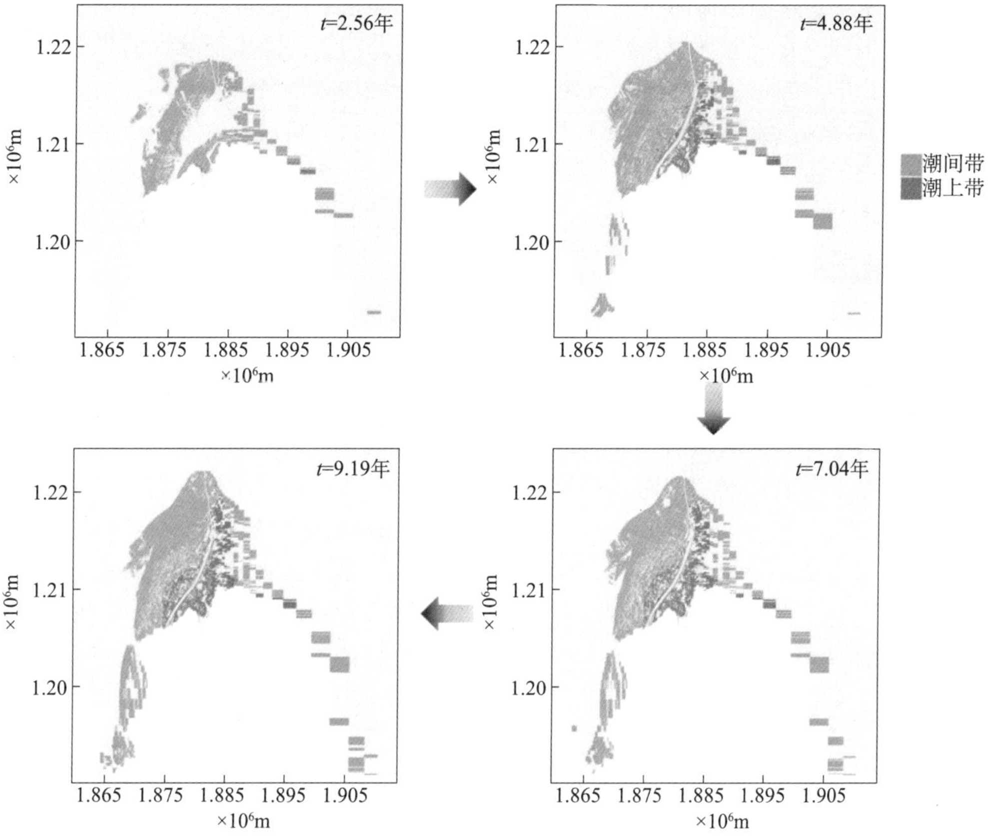

图 10.112　刁口河流路情景下潮上带与潮间带湿地时空演化

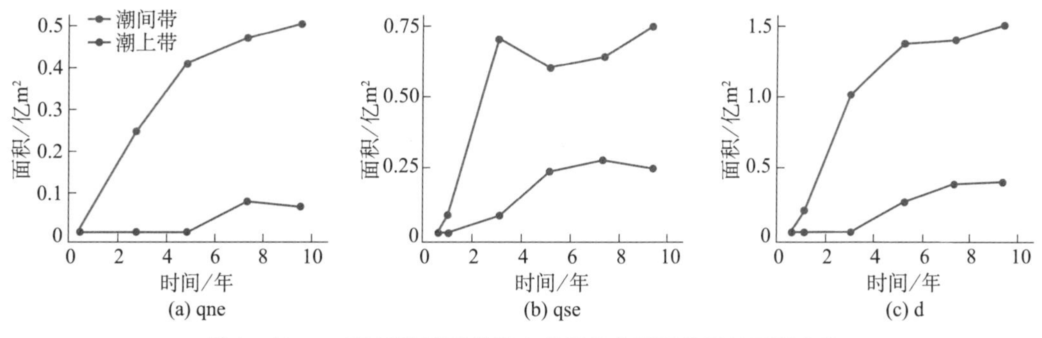

图 10.113　三种流路情景的潮上带湿地和潮间带湿地面积变化

发育，有相似的湿地发展轨迹，就潮间带湿地数量变化来看，刁口河流路情景和清水沟东南向流路情景在前期均迅速增长，而后放缓增长，而现状流路情景下潮间带始终保持缓慢增长趋势，而后趋于平缓。演化过程中刁口河流路情景下的潮间带湿地数量始终高于清水沟流路情景，最高达到 1.48 亿 m^3，而清水沟东南向流路情景下湿地数量高于现状流路情景，第十年分别达到 0.909 亿 m^3 和 0.504 亿 m^3。

6）潮上带湿地补偿效果对比

就潮上带湿地的时空分布而言，现状流路和刁口河流路情景下潮上带湿地发育较晚，前期几乎观察不到潮上带湿地，在现状流路情景下这种现象尤为明显。就潮上带湿地数量变化来看，刁口河流路情景和清水沟东南向流路情景前期增长速率很高，演化出大量湿地后出现发育停滞现象，其中清水沟东南向流路情景甚至出现减少的现象。演化前期有相当长的阶段清水沟东南向流路情景下潮上带湿地数量高于其余两种情景，然后后期刁口河流路情景下的湿地数量逐渐超过该情景，现状流路情景的潮上带数量始终最低，第十年潮上带湿地面积为 636 万 m^3，而刁口河流路和清水沟东南向流路情景的面积分别超过 3520 万 m^3 和 2800 万 m^3。

2. 翅碱蓬种子萌发适宜区

1）现状流路情景下翅碱蓬种子萌发适宜性时空序列

在现状流路情景下，在演化早期和中后期识别出的翅碱蓬种子萌发适宜区域均主要分布在潮间带外海向扩散的前沿区域，但在第四年半观察到整个潮间带范围内出现大量适宜翅碱蓬种子萌发的区域，即在湿地发育过程中翅碱蓬更可能作为前锋植被在新发育的湿地上定植，并且在新生滨海湿地发展过程中的某阶段可能迎来翅碱蓬种子定植发展的“全盛时期”。此外随着时间的推移，能观察到翅碱蓬种子适宜萌发区域有减少趋势，萌发适宜区越发集中地出现在潮间带湿地的发育前沿，虽然适宜区面积逐渐减少，但适宜区内翅碱蓬种子萌发的适宜性整体水平都得到提高。在整个演化时间段内翅碱蓬种子萌发适宜性都呈现出在适宜区内由中心向外围区域降低的趋势，并且海向区域内的适宜性都明显低于其他区域（图 10.114）。

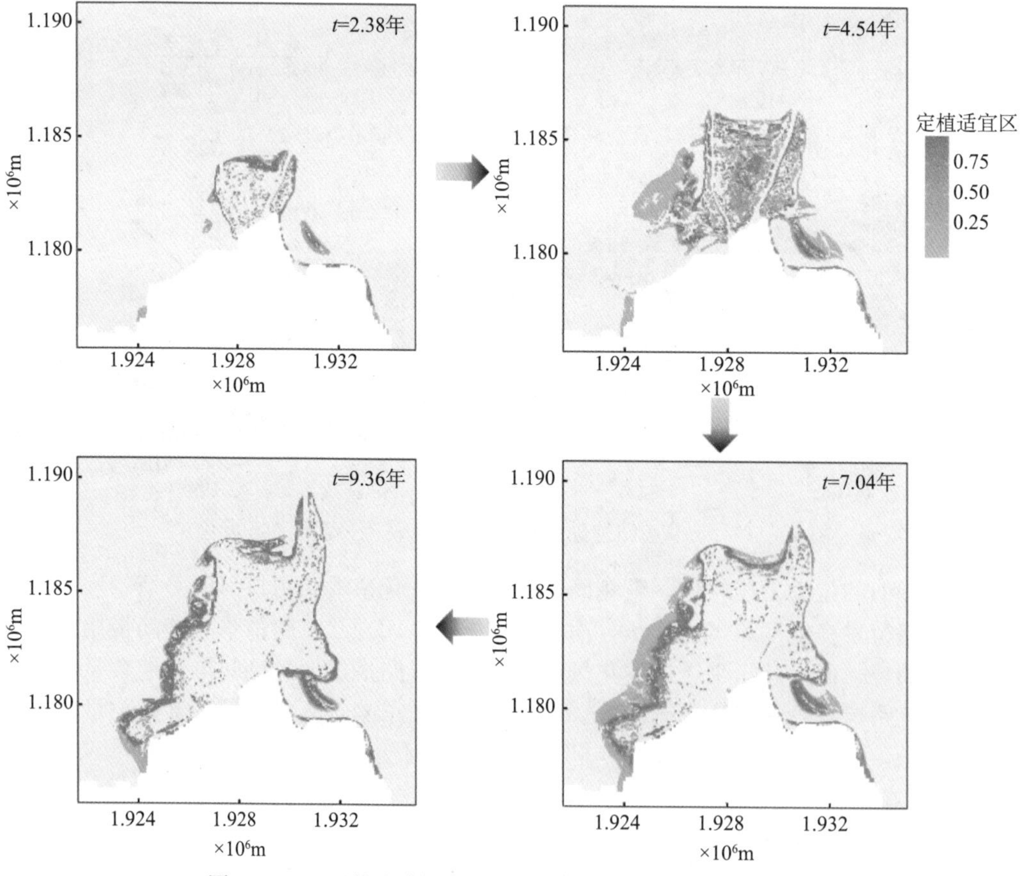

图 10.114　现状流路情景下翅碱蓬种子萌发适宜性时空变化

2）清水沟东南向流路情景下翅碱蓬种子萌发适宜性时空序列

在清水沟东南流路情景下，整个演化时间段内翅碱蓬种子萌发适宜区域均主要分布在潮间带外海向扩散的前沿区域，并且随时间推移，这种现象越发明显，演化前期潮间带范围内仍有较多区域适宜翅碱蓬种子萌发，而演化中后期翅碱蓬种子萌发适宜区集中出现在海向延伸发育的新生滨海湿地内，可见在湿地发育过程中翅碱蓬可能作为前锋植被在新发育的湿地上定植。在整个演化时间段内翅碱蓬种子萌发适宜性都呈现出在适宜区内由中心向外围区域降低的趋势（图 10.115）。

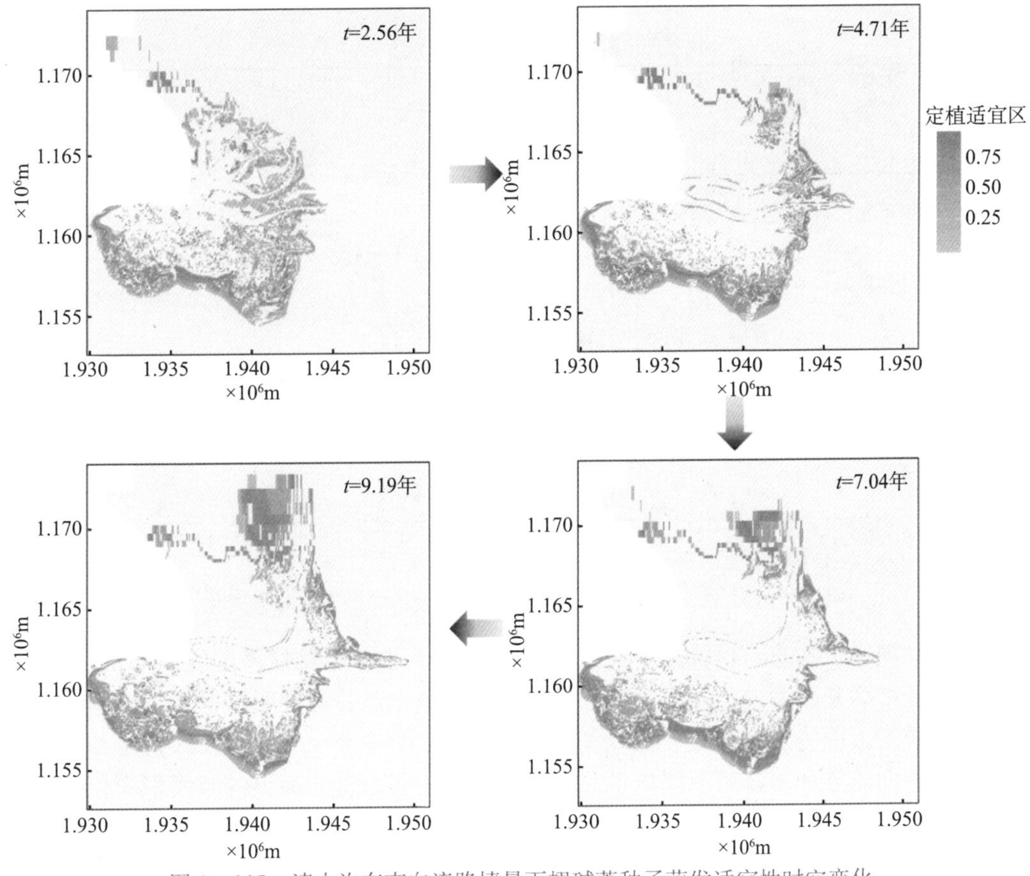

图 10.115　清水沟东南向流路情景下翅碱蓬种子萌发适宜性时空变化

3）刁口河流路情景下翅碱蓬种子萌发适宜性时空序列

在刁口河流路情景下，演化早期翅碱蓬种子萌发适宜区域分布在潮间带海向前沿和陆向河口区域附近，而后翅碱蓬种子萌发适宜区域均主要分布在潮间带外海向扩散的前沿区域，可见在湿地发育过程中翅碱蓬较可能作为前锋植被在新发育的湿地上定植。此外随着时间的推移，能观察到翅碱蓬种子适宜萌发区域分布更为集中。在整个演化时间段内翅碱蓬种子萌发适宜性呈现出在适宜区内由中心向外围区域降低的趋势，海向区域内的适宜性都明显低于其他区域（图 10.116）。

4）单流路入海情景翅碱蓬种子适宜萌发的临界和最适区域面积

三种流路情景下，翅碱蓬种子萌发最适区域面积均呈现增长趋势，可见随着新生滨海湿地的发育翅碱蓬种子最适定植区域也呈扩大状态。而翅碱蓬种子适宜萌发的临界区

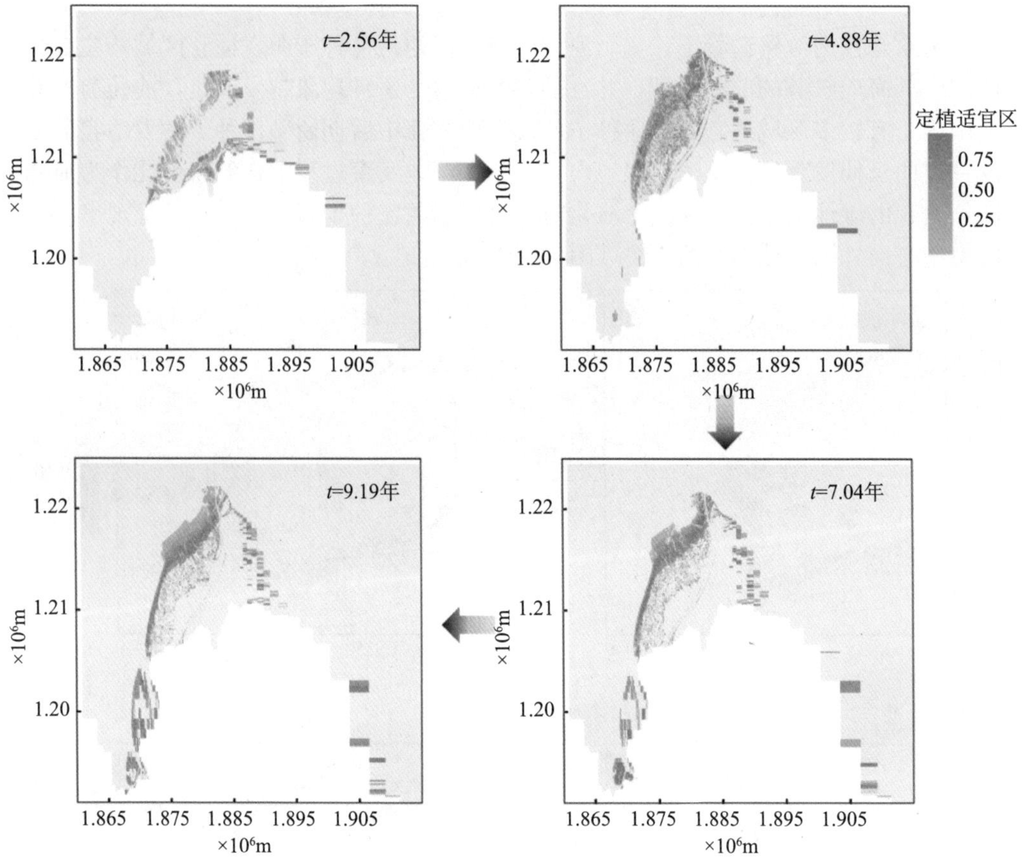

图 10.116　刁口河流路情景下翅碱蓬种子萌发适宜性时空变化

域并非都呈现增长状态，现状流路情景下翅碱蓬种子适宜萌发临界区域前期快速增长，达到一定程度后开始缩减，并且后期临界区域面积减少迅速，说明该情景下翅碱蓬种子可定植区域的范围将发生缩减，翅碱蓬种子更倾向于集中地在最适萌发区内定植。对于清水沟东南向流路和刁口河流路情景，翅碱蓬种子适宜萌发的临界区域面积变化呈现出与潮间带面积变化类似的规律，结合前述翅碱蓬种子适宜区时空序列结果，在这两种情景下随着新生潮间带湿地的形成，翅碱蓬种子能作为先锋植被在新湿地内定植（图10.117）。

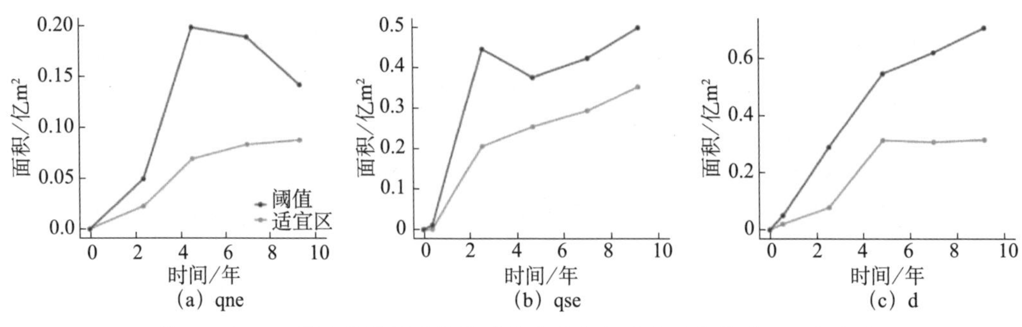

图 10.117　三种流路情景下的翅碱蓬种子萌发适宜区和最适区面积变化

3. 翅碱蓬植株生长适宜区

1）现状流路情景下翅碱蓬植株生长适宜性时空序列

在现状流路情景下，翅碱蓬植株生长适宜区域始终分布在潮间带中距河口较远的区域，此外，到了演化后期，翅碱蓬生长适宜区主要位于潮间带外海向扩散的前沿区域，可见水沙入海的冲击限制了翅碱蓬植株的生长，而随着湿地发育成熟，翅碱蓬植株倾向于作为前锋植被在新发育的湿地上生长，这一现象呈现出与翅碱蓬种子萌发适宜区的时空演变相似的规律。在整个演化时间段内翅碱蓬种子萌发适宜性都呈现出在适宜区内由中心向外围区域降低的趋势，在适宜生长区内翅碱蓬生长适宜性较高（图 10.118）。

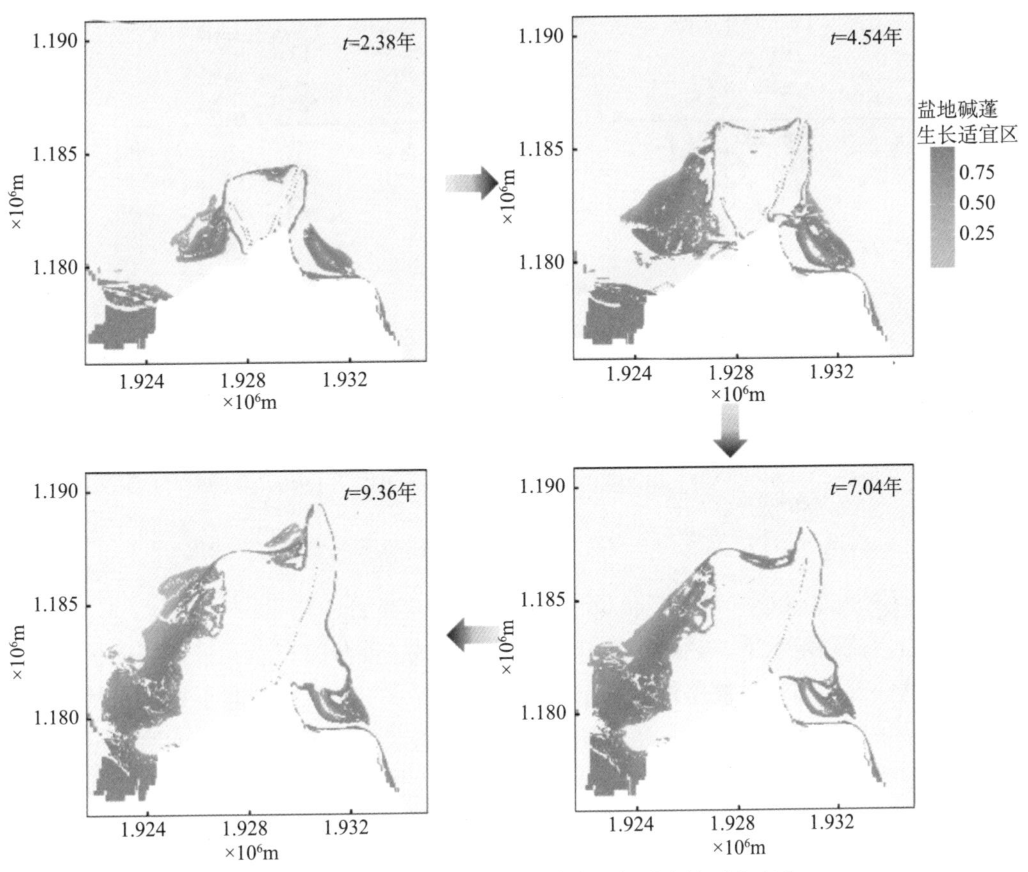

图 10.118 现状流路情景下翅碱蓬生长适宜性时空变化

2）清水沟东南向流路情景下翅碱蓬植株生长适宜性时空序列

在清水沟东南向流路情景下，翅碱蓬植株生长适宜区域始终分布在潮间带外海向扩散的前沿区域，只在潮间带湿地临海的外围轮廓周边能观察到适宜翅碱蓬植株生长的区域，可见翅碱蓬植株最可能作为新生滨海湿地拓殖的前锋植被，这一现象与翅碱蓬种子萌发适宜区的时空演变是相似的。在整个演化时间段内翅碱蓬种子萌发适宜性都呈现出在适宜区内由中心向外围区域降低的趋势，在适宜生长区内翅碱蓬生长适宜性整体都较高（图 10.119）。

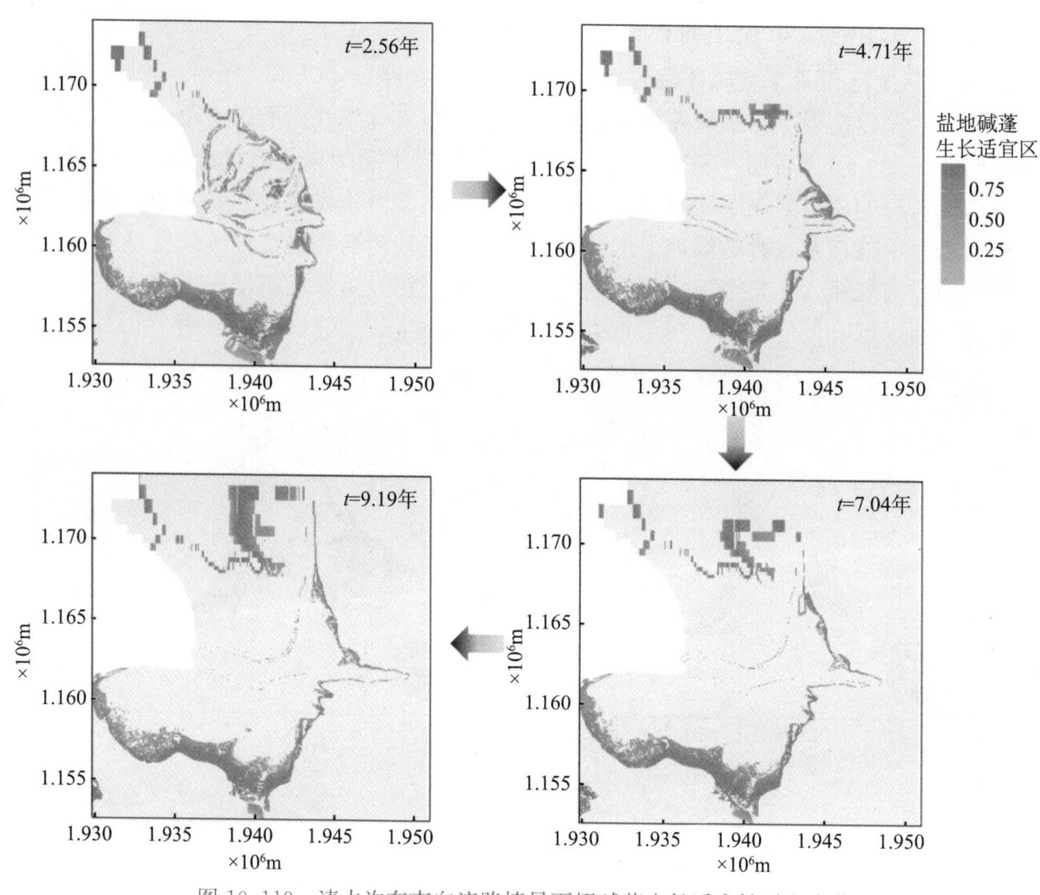

图 10.119　清水沟东南向流路情景下翅碱蓬生长适宜性时空变化

3）刁口河流路情景下翅碱蓬植株生长适宜性时空序列

在刁口河流路情景下，翅碱蓬植株生长适宜区域主要分布在潮间带外海向扩散的前沿区域，这一现象在三种流路情景下都可观察到，即在三种流路情景下翅碱蓬植株都将作为前锋植被随新生滨海湿地拓殖，这一现象与翅碱蓬种子萌发适宜区的时空演变也是相似的。在整个演化时间段内翅碱蓬种子萌发适宜性均呈现出在适宜区内由中心向外围区域降低的趋势，但整体的适宜性都较高（图 10.120）。

4）单流路入海情景翅碱蓬植株适宜生长的临界和最适区域面积

三种流路情景下，翅碱蓬植株生长区域临界面积与最适区域面积的变化趋势类似，并且两者差距不大，这也与前述对适宜性时空序列的分析中，适宜区整体的适宜性都较高的结果相呼应。现状流路情景下适宜区面积均呈现上升区域，其中前期增长较快，到后期趋于平缓，可见适宜翅碱蓬植株生长的区域随着湿地整体的发育将趋于稳定。清水沟东南向流路情景和刁口河流路情景的适宜区面积呈现出相似规律，演化前期即出现大量翅碱蓬生长适宜区，适宜区面积增长十分迅速，而达到一定的程度后新增加的适宜区面积明显减少，增长十分缓慢，其中清水沟东南向流路情景下出现了适宜区面积不再增长，而是先减少再缓慢上升的趋势，可见这两种情景下在演化前期翅碱蓬植株能获取大量适宜生长的区域，但随着湿地演化发展适宜生长区域不再大量出现（图 10.121）。

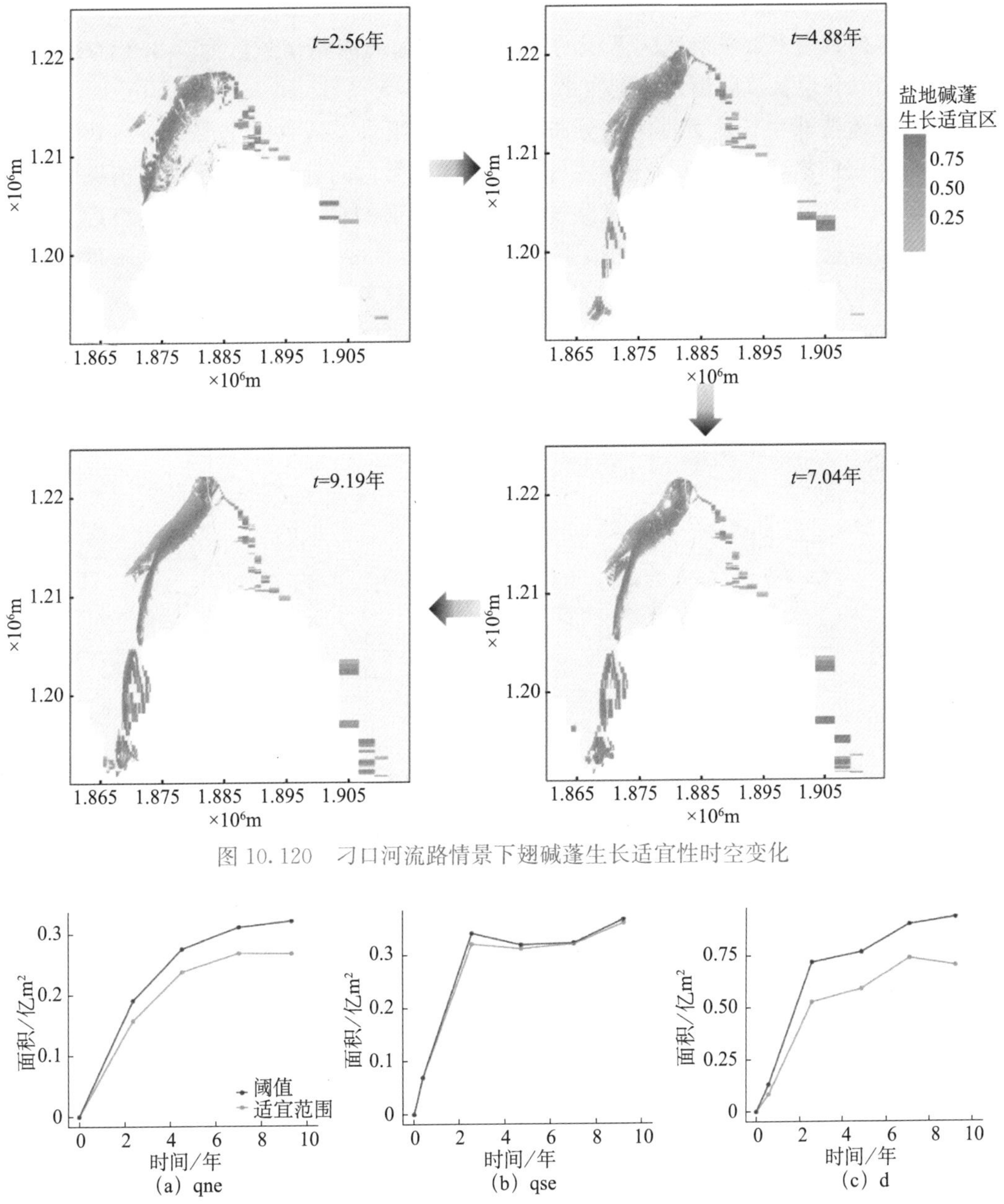

图 10.120　刁口河流路情景下翅碱蓬生长适宜性时空变化

图 10.121　三种流路情景下的翅碱蓬生长适宜区和最适区面积变化

5）翅碱蓬种子萌发和翅碱蓬植株生长适宜区补偿对比

就翅碱蓬种子萌发适宜性时空分布而言，三种情景下适宜区均分布在新生滨海湿地发育前沿，翅碱蓬作为前锋植物最先在新拓展的湿地上定植的可能性较大。就翅碱蓬种子萌发适宜区和最适区面积变化而言，前期清水沟东南向流路情景的湿地发育过程提供了更多翅碱蓬适宜生长和最适生长区域，但随着演化的进行，刁口河流路情景下的适宜和最适生长区数量超过清水沟东南向流路情景，其中三种情景的适宜区面积在后期出现明显的差距，以刁口河流路情景最具优势，清水沟东南向和现状流路情景分别次之，这三者的面积值分别约为 0.708 亿 m^2、0.499 亿 m^2 和 0.142 亿 m^2。而就最适区面积而言，第十年提供最多数量最适区面积的为清水沟东南向流路情景，为 0.352 亿 m^2，刁口河流路情景和现状流路情景分别次之，分别为 0.315 亿 m^2 和 0.0877 亿 m^2。

就翅碱蓬植株生长适宜性时空分布而言，三种情景下适宜区主要分布在新生滨海湿地向外拓展前沿，呈现出与翅碱蓬种子时空变化类似的趋势。就翅碱蓬植株适宜区和最适区面积变化而言，刁口河流路情景表现出较强的补偿效果优势，始终远远高于清水沟流路情景，第十年该情景的适宜区面积达到 0.933 亿 m^2 以上，而最适区面积达到 0.701 亿 m^2 以上，清水沟东南向流路情景的适宜区和最适区数量略高于现状流路情景，两者的适宜区面积分别约为 0.366 亿 m^2 和 0.321 亿 m^2，最适区面积分别约为 0.36 亿 m^2 和 0.268 亿 m^2（图 10.122）。

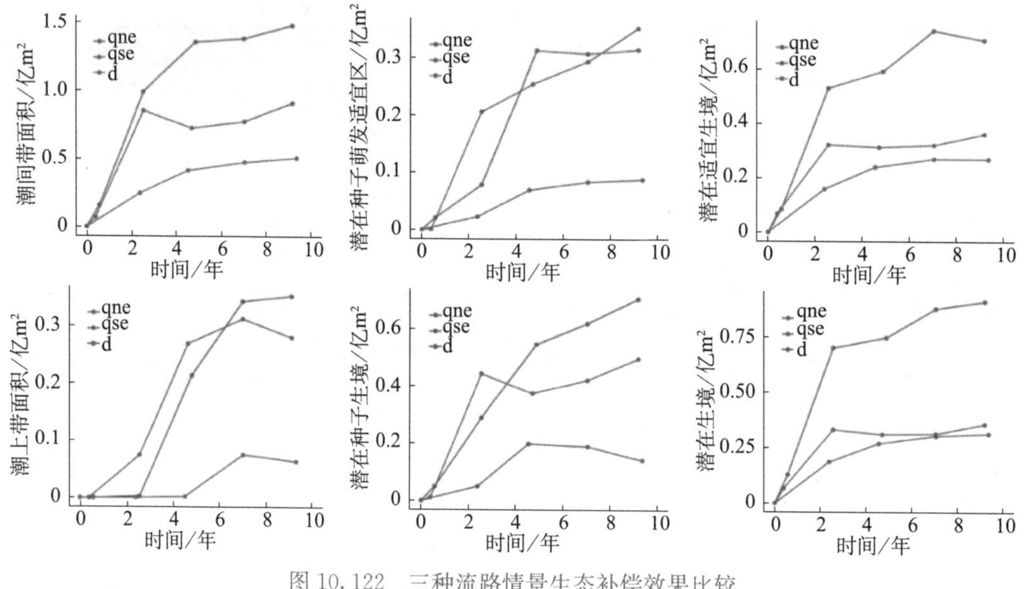

图 10.122 三种流路情景生态补偿效果比较

4. 自然过程修复的流路优化策略

1）模型不确定性

本研究的生态补偿机理结果基于水文地貌模拟结果得到，即研究结果和结论都依赖于水动力泥沙模型 Delft3D 模拟的结果，因此有必要对 Delft3D 模型模拟过程中可能对后续结果产生偏差的影响进行排除。此外，由于建立的生态补偿机理演化时段长达 10 年，即模型建立的计算时长较长，而最终得出的第十年结果是经过每个时间步长计算的迭代得到的，模拟前期或过程中产生的轻微偏差可能经过多次迭代造成严重的偏差，对于每个时间步长的计算可能造成的偏差都应进行排除。本研究的模型构建演化时间较长，模拟范围较大，模型运行过程所需的计算时间非常长，因此在构建模型时设置了 Delft3D 模型配备的地貌加速因子（morphological scale factor，MSF）以提高计算速度。本节在黄河三角洲滨海湿地水文地貌模型的构建初期已进行了充分的模型模拟预实验，预实验的主要目的除了探索模型的适用性及可行性外，还包括针对模型的网格分辨率设置、模型所采取的时间步长和设置的地貌加速因子进行有效性测试，测试的手段为模型敏感度分析，在充分预实验的基础上本研究选取了合适的模型网格分辨率、模拟时间步长和地貌加速因子，这三个参数对于模拟结果真实反映结果规律已经不再造成影响。

此外，历史数据反映，黄河泥沙入海的沉积范围主要分布在距离河口 15km 的范围内，因此模型构建期对模型网格进行加密时保证了在距离河口 15km 范围以内的模型分辨率为最精细分辨率 50m，并且依照 Delft3D 软件的模型分辨率设置要求进行了合理的网格分辨率由精细分辨率 50m 到粗分辨率 5000m 的过渡，由于后续展开的物质量补偿机理、生境补偿机理和修复效果评价研究中大量使用了面积这一参数，即若由于网格分辨率不一致对面积计算的影响可能造成研究结论的错误，故同样需要对网格分辨率不一致的区域面积分析进行偏差排除的验证工作。对模拟结果的分析中，在三种流路情景下均涉及了在网格分辨率大于 50m 的区域对面积结果进行提取、处理和分析，这更加说明了对网格分辨率不一致可能造成的影响进行排除验证是有必要的。本研究对模型设置的网格分辨率对模拟结果的影响进行分析后发现，在大于 50m 网格分辨率区域的面积结果数据相对于面积结果数据的总量而言是极小、可忽略的一部分，即模型结果尤其是面积结果分析的可信度得到了保证。

2）黄河单流路入海的合理性及可行性

本研究设立的黄河入海流路情景均为单流路入海情景，而历史数据也表明，黄河的流路变迁过程中，一旦发生流路改造，历史流路会自然发生枯竭，即黄河尚未有过双流路甚至多流路入海的成功案例。本节尝试探索了黄河双流路入海的自然过程修复情景，具体的流路情景设置为：

（1）现状流路和刁口河流路同时入海；

（2）现状流路和清水沟东南向流路同时入海。

此外，本节探索的黄河入海的双流路情景设置了将流入的水沙总量分配到不同流路内的不同水沙比例分配情景（图 10.123），然而模拟结果均表示，双流路情景下，由于其中任何一条流路入海后，均发生了较为严重的河口拦门沙阻碍，造成了泥沙大量淤积在入海口门外，河口处的水位不断升高直至最后升高到不合理的超过预警的程度，即双流路情景下，入海流路无法长期稳定地运行和输送水沙。经过文献调研和大量的模拟分析后认为，多流路情景下的严重拦门沙沉积可能与有限的淡水输入有关，当径流量下降，而径流与泥沙的比例未发生改变时，泥沙的沉积将更为严重，从而造成流路无法稳定。因此以黄河目前入海的水沙比而言，黄河以单流路入海是较为合理的入海流路模式。

3）自然过程修复的流路优化策略

以本节模拟演化时间的最终时间节点为时间范围，将前述的黄河三角洲滨海湿地生态补偿效果要素作为维度生成雷达图（图 10.124），以期为决策者提供基于湿地补偿的黄河入海流路优化策略。分析发现，除了在翅碱蓬种子萌发最适区补偿效果上，刁口河流路情景的补偿效果要略微逊色于清水沟东南向流路，其余各项补偿效果评价要素上刁口河流路情景均展现出明显的优势。而清水沟东南向流路情景的补偿效果虽逊于刁口河流路情景，但明显要优于现状流路情景。从物质量补偿的角度出发，三种

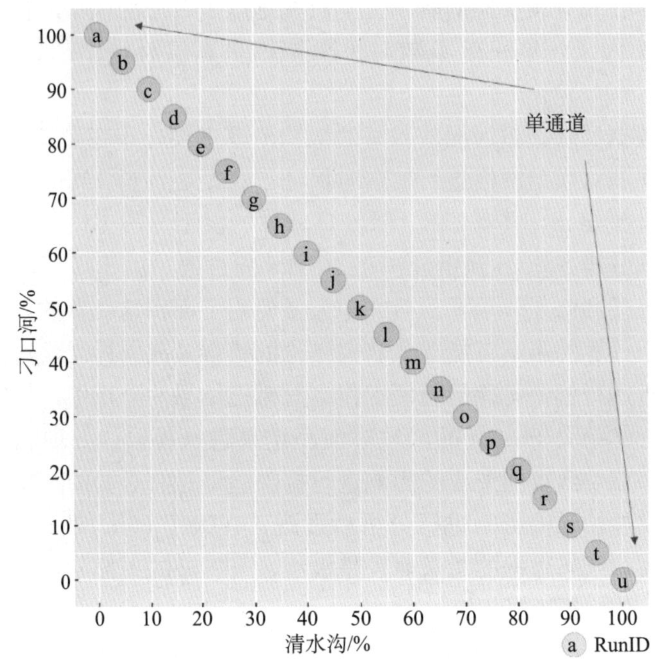

图 10.123　双流路入海情景的水沙分配情景

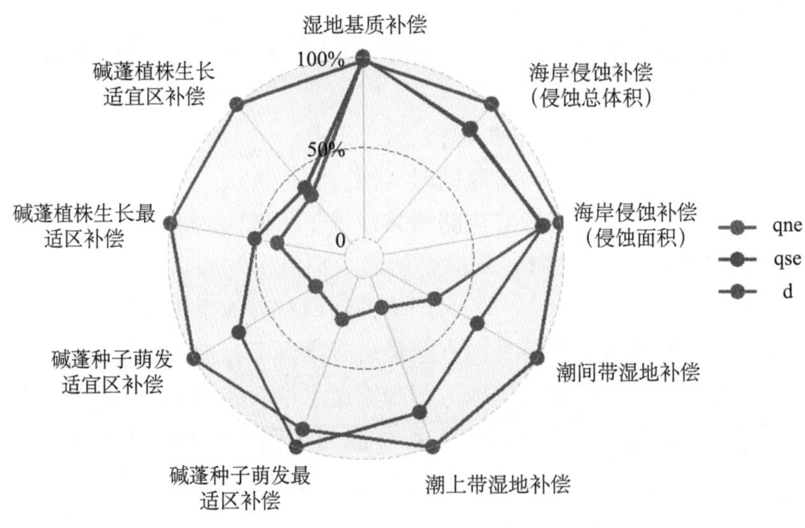

图 10.124　三种流路情景补偿效果比较

情景的补偿效果差距不大，刁口河流路情景略好于清水沟流路情景，而清水沟流路两种情景效果不相上下。从滨海湿地发展的历史规律来看，历史上湿地演化后期河口泥沙的推进和淤积都会有所减缓，因此造成新生滨海湿地发育缓慢，而现状流路情景自1996 年黄河河道改道以来已服务超过十年之久，根据历史规律湿地发育将进入缓慢甚至停滞期，本节的研究结果也表明了这一点。综上所述，继续使用现状流路的情况相对于改道至潜在入海流路的状况，只能获取最低的生态补偿效果，黄河的改道计划相对而言选取刁口河作为未来流路可以获取更优的湿地补偿效果。

10.5.5 长江三角洲自然淤涨与生物种青促淤

自然淤涨是在不采取人工工程措施的条件下，利用长江冲淤等自然水文条件进行的滩涂自然淤涨。长江口的自然淤涨与长江携带的泥沙量关系明显，长江每年携带 4.72 亿 t 沙下泄入海，受到潮流上溯，咸、淡水混合交融，引起水中泥沙悬粒絮凝沉降，在长江口和杭州湾北岸沉淀淤积，形成大片不断淤涨和发育的滩涂及江心沙洲。

从图 10.125 中可以看出，在 1958～1978 年、1978～1986 年、1986～1997 年、1997～2004 年和 2004～2013 年时段 0m 等深线进退所引起的潮间带总面积增长速率分别是 0.53km^2/a、5.1km^2/a、9.2km^2/a、16km^2/a 和 18km^2/a，5m 等深线进退引起的滩涂面积增长速率分别是 13km^2/a、4.8km^2/a、3.8km^2/a、3.7km^2/a 和 13km^2/a；因此，5m 以上滩涂淤涨速率呈上升趋势，与长江入海泥沙通量下降趋势相反。此外，1990 年以来长江口门区实施了一系列促淤工程，这些工程一般都布置在 0m 线附近，起到了截沙促淤的效果。

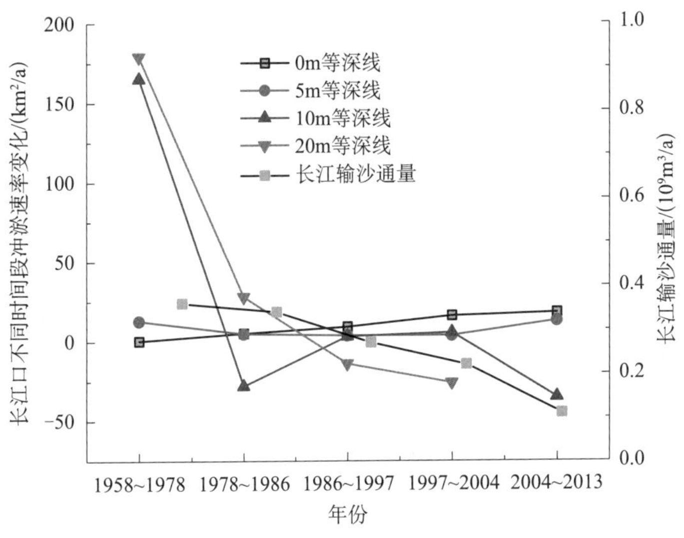

图 10.125 长江口不同时间段冲淤速率变化

长江三角洲自 1949 年开始一直实施着人工工程促淤和生物促淤，但其主要目的均是填海造陆。人工工程促淤主要包括两种方式：滩涂促淤圈围工程及围海吹填成陆工程。滩涂促淤圈围工程即抛坝促淤，通常是在高程 2m 或者 0m 的潮间带中低滩面上或在−5～0m 潮下带构筑丁坝或顺坝等人工构筑物，形成缓流区，促使泥沙沉积。围海吹填成陆工程也即吹填促淤，通常是在中、低潮滩上采用先筑坝阻隔海水，然后利用吸沙挖泥船吹填成陆的方式。可见，工程促淤主要是围填海工程。生物促淤具有促淤效果好，且对近海水域破坏小的特点，因此可以作为重建滨海湿地的促淤手段。本研究提出生物促淤作为长江三角洲滨海湿地重建的主要促淤方式，通过数据分析可以看出（图 10.126），生物促淤的面积大于工程填海的面积，促淤效果较好，利用生物促淤补偿围填海具有很好的可行性。

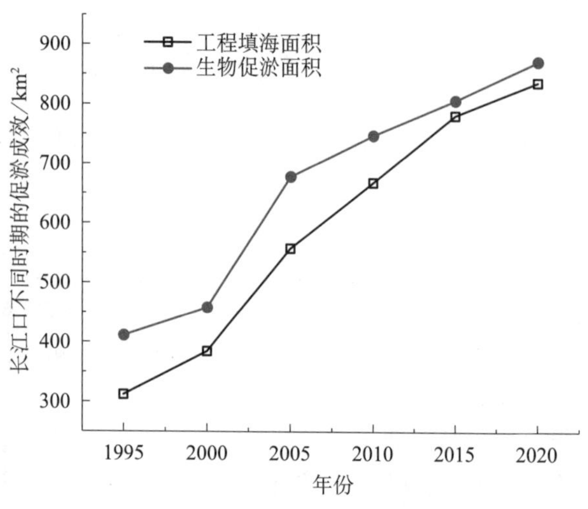

图 10.126　长江口不同时段的促淤成效

2015～2020 年数据为《上海市水资源保护利用和防汛“十三五”规划》数值；图中数据来源于上海市政府公告、新闻及统计年鉴

参 考 文 献

陈登帅，李晶，杨晓楠，等 . 2018. 渭河流域生态系统服务权衡优化研究 . 生态学报，38（9）：3260 - 3271.

陈雄波 . 2011. 黄河口入海流路行河方式探讨 . 第十五届中国海洋（岸）工程学术讨论会论文集（中）：1236 - 1240.

陈雄波，雷鸣，王鹏 . 2014. 清水沟、刁口河流路联合运用方案比选 . 海洋工程，4：117 - 123.

陈志娟 . 2008. 黄河口流路改变对三角洲演变影响的数值研究 . 青岛：中国海洋大学 .

成国栋 . 1987. 现代黄河三角洲的演化与结构 . 海洋地质与第四纪地质，7（增）：7 - 18.

崔保山，贺强，赵欣胜 . 2008. 水盐环境梯度下翅碱蓬（*Suaeda salsa*）的生态阈值 . 生态学报，（4）：1408 - 1418.

崔艳芳 . 2014. 永定新河河口湿地翅碱蓬植物 C、N、P 化学计量特征及其与土壤环境的相关性. 天津：天津师范大学.

丁大发，安催花，姚同山，等 . 2011. 黄河河口综合治理规划 . 郑州：黄河勘测规划设计有限公司 .

丁蕾，2015. 黄河口湿地芦苇生物量与固碳量高分辨率遥感估算研究 . 呼和浩特：内蒙古大学 .

高磊，高瑞峰，孙梅，等 . 2013. 黄河刁口河入海备用流路管理研究与措施 . 科技致富向导，（29）：240.

葛颜祥，吴菲菲，王蓓蓓，等 . 2007. 流域生态补偿：政府补偿与市场补偿比较与选择 . 山东农业大学学报（社会科学版），9（4）：48 - 53.

贺强 . 2013. 黄河口盐沼植物群落的上行、种间和下行控制因子 . 上海：上海交通大学 .

贺强，崔保山，赵欣胜，等 . 2007. 水盐梯度下黄河三角洲湿地植被空间分异规律的定量分析 . 湿地科学，5（3）：208 - 214.

贺强，崔保山，赵欣胜，等 . 2008. 水、盐梯度下黄河三角洲湿地植物种的生态位 . 应用生态学报，19（5）：969 - 975.

黄河泥沙公报．2001. 水利部黄河水利委员会．
黄河泥沙公报．2002. 水利部黄河水利委员会．
黄河泥沙公报．2003. 水利部黄河水利委员会．
黄河泥沙公报．2004. 水利部黄河水利委员会．
黄河泥沙公报．2005. 水利部黄河水利委员会．
黄河泥沙公报．2006. 水利部黄河水利委员会．
黄河泥沙公报．2007. 水利部黄河水利委员会．
黄河泥沙公报．2008. 水利部黄河水利委员会．
黄河泥沙公报．2009. 水利部黄河水利委员会．
黄河泥沙公报．2010. 水利部黄河水利委员会．
黄河泥沙公报．2011. 水利部黄河水利委员会．
黄河泥沙公报．2012. 水利部黄河水利委员会．
黄河泥沙公报．2013. 水利部黄河水利委员会．
黄河入海流路规划报告．1989. 黄河水利委员会设计院．
李姗泽，崔保山，谢湉，等．2015. 黄河三角洲沼泽中大型底栖动物的分布特征．湿地科学，（6）：759 -764.
栗云召，于君宝，韩广轩，等．2011. 黄河三角洲自然湿地动态演变及其驱动因子．生态学杂志，30（7）：1535 - 1541.
刘康．2016. 基于生物连通的滨海湿地修复模式研究．北京：北京师范大学．
刘玲．2013. 黄河三角洲钓口流路叶瓣演化规律．青岛：中国海洋大学．
刘庆生，刘高焕，黄翀，等．2010. 黄河三角洲自然保护区动态变化遥感监测研究．中国农学通报，26（16）：376 - 381.
刘艳芬，张杰，马毅，等．2010. 1995—1999 年黄河三角洲东部自然保护区湿地景观格局变化．应用生态学报，21（11）：2904 - 2911.
马学慧，吕宪国．1996. 三江平原沼泽地碳循环初探．地理科学，16（4）：323 - 330.
权永峥．2014. 黄河三角洲北部海域大风过程泥沙运动及其动力机制数值模拟研究．青岛：中国海洋大学．
任葳，王安东，冯光海，等．2016. 基于水位控制的黄河三角洲退化滨海湿地恢复及其短期效应. 湿地科学与管理，12（4）：4 - 8.
施伟．2018. 盐沼植物种子在潮沟中水媒传布模型模拟及机理实验．北京：北京师范大学．
宋国香．2016. 黄河三角洲受损滨海湿地生境替代研究．北京：北京师范大学．
宋红丽，刘兴土．2013. 围填海活动对我国河口三角洲湿地的影响．湿地科学，11（2）：297 -304.
孙文广，孙志高，孙景宽，等．2015. 黄河口芦苇湿地不同恢复阶段种群生态特征．生态学报，35（17）：5804 - 5812.
王芳，梁瑞驹，杨小柳，等．2002. 中国西北地区生态需水研究（1）——干旱半干旱地区生态需水理论分析．自然资源学报，（1）：1 - 8.
王厚杰，杨作升，毕乃双，等．2005. 2005 年黄河调水调沙期间河口入海主流的快速摆动．科学通报，5（23）：2656 - 2662.
王建步．2014. 基于高分一号 WFV 卫星影像的黄河口湿地．草本植被生物量估算模型研究．激光生物学报，23（6）：604.
王开荣，李岩，于守兵，等．2017. 黄河刁口河备用流路现状及保护工程措施探讨．中国水利，（1）：15 - 19.
王开荣，于守兵，茹玉英，等．2011. 黄河入海流路的不同运用模式及其影响效应．中国水利，20：

10 -12.

王楠 . 2014. 现代黄河口沉积动力过程与地形演化 . 青岛：中国海洋大学 .

王燕 . 2012. 黄河口高浓度泥沙异重流过程：现场观测与数值模拟 . 青岛：中国海洋大学 .

魏晓燕 . 2011. 黄河三角洲清水沟流路叶瓣演化规律 . 青岛：中国海洋大学 .

谢湉 . 2018. 黄河三角洲盐沼植物定植对环境胁迫的适应性机制 . 北京：北京师范大学 .

徐娜 . 2010. 长江三角洲 2000—2010 年土地利用空间格局研究 . 西安：西安科技大学 .

燕峒胜，蒲高军，张建华，等 . 2006. 黄河三角洲胜利滩海油区海岸蚀退与防护研究 . 郑州：黄河水利出版社 .

杨晨 . 2010. 地形演变模型与湿地健康评价方法及其在黄河口的应用 . 北京：清华大学 .

杨泽华，童春富，陆健健 . 2007. 盐沼植物对大型底栖动物群落的影响 . 生态学报，27 (11)：4388 -4393.

应铭 . 2007. 废弃亚三角洲岸滩泥沙运动和剖面塑造过程 . 上海：华东师范大学 .

于淑玲，崔保山，闫家国，等 . 2015. 围填海区受损滨海湿地生态补偿机制与模式 . 湿地科学，(6)：675 - 681.

袁兴中，何文珊 . 1999. 海洋沉积物中的动物多样性及其生态系统功能 . 地球科学进展，14 (5)：458 - 463.

袁兴中，陆健健，刘红 . 2002. 河口盐沼植被对大型底栖动物群落的影响 . 生态学报，22 (3)：326 - 333.

翟万林，龙江平，乔吉果，等 . 2010. 长江口滨海湿地景观格局变化及其驱动力分析 . 海洋学研究，28 (3)：17 - 22.

张成扬，赵智杰 . 2015. 近 10 年黄河三角洲土地利用/覆盖时空变化特征与驱动因素定量分析 . 北京大学学报 (自然科学版)，51 (1)：151 - 158.

张佳 . 2011. 黄河中游主要支流输沙量变化及其对入海泥沙通量的影响 . 青岛：中国海洋大学 .

张金屯 . 2011. 数量生态学 . 北京：科学出版社 .

张立 . 2008. 美国补偿湿地及湿地补偿银行的机制与现状 . 湿地科学与管理，4 (4)：14 - 15.

张绪良，张朝晖，徐宗军，等 . 2012. 黄河三角洲滨海湿地植被的碳储量和固碳能力 . 安全与环境学报，12 (6)：145 - 149.

宗玮 . 2012. 上海海岸带土地利用/覆盖格局变化及驱动机制研究 . 上海：华东师范大学 .

宗秀影，刘高焕，乔玉良，等 . 2009. 黄河三角洲湿地景观格局动态变化分析 . 地球信息科学，11 (1)：91 - 97.

Adriaensen F，Chardon J P，De Blust G，et al. 2003. The application of ‘least-cost’ modelling as a functional landscape model. Landscape and Urban Planning，64 (4)：233 - 247.

Angelsen A. 2008. Howdowe set the reference levels for REDD payments. Moving ahead with REDD：Issues，Options and Implications：53 - 64.

Bai J，Wang J，Yan D，et al. 2012a. Spatial and temporal distributions of soil organic carbon and total nitrogen in two marsh wetlands with different flooding frequencies of the Yellow River Delta，China. CLEAN-Soil，Air，Water，40：1137 - 1144.

Bai Y，Ouyang Z，Zheng H，et al. 2012b. Modeling soil conservation，water conservation and their tradeoffs：A case study in Beijing. Journal of Environmental Sciences (China)，24 (3)：419 -426.

Balcombe C K，Anderson J T，Fortney R H，et al. 2005. Aquatic macroinvertebrate assemblages in mitigated and natural wetlands. Hydrobiologia，541：175 - 188.

Bao K，Quan G，Liu F. 2015. Recent history of carbon and nitrogen accumulation rates in Yancheng Coastal Wetland，China. Open Journal of Nature Science，3：137 - 146.

Bayraktarov E，Saunders M I，Abdulah S，et al. 2016. The cost and feasibility of marine coastal restoration. Ecological Applications, 26 (4): 1055 - 1074.

BBOP B A B O P. 2009. Business, Biodiversity Offsets and BBOP: An Overview. Forest Trends, Washington DC, USA.

Bekessy S A, Wintle B A, Lindenmayer D B, et al. 2010. The biodiversity bank cannot be a lending bank. Conservation Letters, 3: 151 - 158.

Bezombes L, Gaucherand S, Kerbiriou C, et al. 2017. Ecological equivalence assessment methods: What trade-offs between operationality, scientific basis and comprehensiveness? Environmental Management, 60: 216 - 230.

Blockley D J. 2007. Effect of wharves on intertidal assemblages on seawalls in Sydney Harbour, Australia. Marine Environmental Research, 63: 409 - 427.

Bradshaw C J, Bowman D M, Bond N R, et al. 2013. Brave new green world-consequences of a carbon economy for the conservation of Australian biodiversity. Biological Conservation, 161: 71 - 90.

Brody S D, Davis S E, Highfield W E, et al. 2008. A spatial-temporal analysis of section 404 wetland permitting in Texas and Florida: Thirteen years of impact along the coast. Wetlands, 28 (1): 107 - 116.

Bruggeman D J, Jones M L, Lupi F, et al. 2005. Landscape equivalency analysis: Methodology for estimating spatially explicit biodiversity credits. Environmental Management, 36 (4): 518 - 534.

Bull J W, Gordon A, Law E A, et al. 2014. Importance of baseline specification in evaluating conservation interventions and achieving no net loss of biodiversity. Conservation Biology, 28: 799 - 809.

Bull J W, Gordon A, Watson J E, et al. 2016. Seeking convergence on the key concepts in 'no net loss' policy. Journal of Applied Ecology, 53: 1686 - 1693.

Bull J W, Hardy M J, Moilanen A, et al. 2015. Categories of flexibility in biodiversity offsetting, and their implications for conservation. Biological Conservation, 192: 522 - 532.

Bull J W, Suttle K B, Gordon A, et al. 2013. Biodiversity offsets in theory and practice. Oryx, 47: 369 - 380.

Bulleri F, Chapman M G. 2010. The introduction of coastal infrastructure as a driver of change in marine environments. Journal of Applied Ecology, 47: 26 - 35.

Catovsky S, Bradford M A, Hector A. 2002. Biodiversity and ecosystem productivity: Implications for carbon storage. Oikos, 97: 443 - 448.

Chapman M G, Blockley D J. 2009. Engineering novel habitats on urban infrastructure to increase intertidal biodiversity. Oecologia, 161: 625 - 635.

Chapman M G, Bulleri F. 2003. Intertidal seawalls-new features of landscape in intertidal environments. Landscape and Urban Planning, 62: 159 - 172.

Cole C A, Shafer D. 2002. Section 404 wetland mitigation and permit success criteria in Pennsylvania, USA, 1986—1999. Environmental Management, 30 (4): 508 - 515.

Comerford E, Molloy D, Morling P. 2010. Financing nature in an age of austerity. RSPB report.

Costanza R, d' Arge R, De Groot R, et al. 1997. The value of the world's ecosystem services and natural capital. Nature, 387 (6630): 253 - 260.

Cui B S, He Q, An Y. 2011. Spartina alterniflora invasions and effects on crab communities in a western Pacific estuary. Ecological Engineering, 37: 1920 - 1924.

Cui B S, Yang Q C, Yang Z F, et al. 2009. Evaluating the ecological performance of wetland restoration in the Yellow River Delta, China. Ecological Engineering, 35: 1090 - 1103.

Cuperus R, Bakermans M M, De Haes H A U, et al. 2001. Ecological offsetting in Dutch highway planning. Environmental Management, 27: 75 - 89.

Daniel P R, Stavroula S, Gary P. 2002. Patterns of canopy-air CO_2 concertration in a brackish wetland: analysis of a decade of measurements and the simulated effects on the vegetation. Agricultural and Forest Meteorology, 114: 59 - 73.

Day J R, Possingham H P. 1995. A stochastic metapopulation model with variability in patch size and position. Theoretical Population Biology, 48: 333 - 360.

DEPI. 2013. Sub-regional species strategy for the growling grass frog. Melbourne, Australia.

Dugan J E, Hubbard D M, Rodil I F, et al. 2008. Ecological effects of coastal armoring on sandy beaches. Marine Ecology, 29: 160 - 170.

Dunford R W, Ginn T C, Desvousges W H. 2004. The use of habitat equivalency analysis in natural resource damage assessments. Ecological Economics, 48: 49 - 70.

Edmonds D A, Slingerland R L. 2010. Significant effect of sediment cohesion on delta morphology. Nature Geoscience, 3 (2): 105 - 109.

Everaert G, Pauwels I S, Boets P, et al. 2013. Model-based evaluation of ecological bank design and management in the scope of the European Water Framework Directive. Ecological Engineering, 53: 144 - 152.

Fan X, Pedroli B, Liu G, et al. 2012. Soil salinity development in the yellow river delta in relation to groundwater dynamics. Land Degradation & Development, 23: 175 - 189.

Fennessy M S, Jacobs A D, Kentula M E. 2007. An evaluation of rapid methods for assessing the ecological condition of wetlands. Wetlands, 27: 543 - 560.

Fernandez B N, Siebe C, Cram S, et al. 2006. Mapping soil salinity using a combined spectral response index for bare soil and vegetation: A case study in the former lake Texcoco, Mexico. Journal of Arid Environments, 65: 644 - 667.

Ferraro P J. 2009. Counterfactual thinking and impact evaluation in environmental policy. New Directions for Evaluation: 79 - 84.

Franco M, Kelly C. 1998. The interspecific mass-density relationship and plant geometry. Proceedings of the National Academy of Sciences of the United States of America, 95: 7830 -7835.

Galatowitsch S M. 2006. Restoring prairie pothole wetlands: Does the species pool concept offer decision making guidance for revegetation? Applied Vegetation Science, 9 (2): 261 - 270.

Gamarra M J C, Lassoie J P, Milder J. 2018. Accounting for no net loss: A critical assessment of biodiversity offsetting metrics and methods. Journal of Environmental Management, 220: 36 - 43.

Gaucherand S, Schwoertzig E, Clement J C, et al. 2015. The cultural dimensions of freshwater wetland assessments: Lessons learned from the application of US rapid assessment methods in France. Environmental Management, 56: 245 - 259.

Gibbons P, Briggs S V, Ayers D, et al. 2009. An operational method to assess impacts of land clearing on terrestrial biodiversity. Ecological Indicators, 9: 26 - 40.

Gibbons P, Evans M C, Maron M, et al. 2016. A loss-gain calculator for biodiversity offsets and the circumstances in which no net loss is feasible. Conservation Letters, 9: 252 - 259.

Gibbons P, Lindenmayer D B. 2007. Offsets for land clearing: no net loss or the tail wagging the dog? Ecological Management & Restoration, 8: 26 - 31.

Gleixner G, Kramer C, Hahn V, et al. 2005. The effect of biodiversity on carbon storage in soils. In: Forest Diversity and Function. Berlin: Springer, Heidelberg: 165 - 183.

Guan Y X, Liu G H, Liu Q S, et al. 2001. The study of salt-affected soils in the Yellow River Delta based on remote sensing. Journal of Remote Sensing，5：46－51.

Guillera A G，Lahoz M J J. 2012. Designing studies to detect differences in species occupancy：Power analysis under imperfect detection. Methods in Ecology and Evolution，3：860－869.

Habib T J，Farr D R，Schneider R R，et al. 2013. Economic and ecological outcomes of flexible biodiversity offset systems. Conservation Biology，27：1313－1323.

Hamrick J M. 1992. A three-dimensional environmental fluid dynamics computer code：Theoretical and computational aspects. Virginia Institute of Marine Science，College of William and Mary.

Hanski I. 1994. A practical model of metapopulation dynamics. Journal of Animal Ecology，63：151－162.

Hatanaka N，Wright W，Loyn R H，et al. 2011. 'Ecologically complex carbon' -linking biodiversity values，carbon storage and habitat structure in some austral temperate forests. Global Ecology and Biogeography，20（2）：260－271.

He Q，Silliman B R，Liu Z，et al. 2017. Natural enemies govern ecosystem resilience in the face of extreme droughts. Ecology Letters，20：194－201.

He Q，Chen F，Cui B，et al. 2012. Multi-scale segregations and edaphic determinants of marsh plant communities in a western Pacific estuary. Hydrobiologia，696：171－183.

Heard G W，McCarthy M A，Scroggie M P，et al. 2013. A Bayesian model of metapopulation viability，with application to an endangered amphibian. Diversity and Distributions，19：555－566.

Heard G W，Scroggie M P，Clemann N. 2010. Guidelines for managing the endangered Growling Grass Frog in urbanising landscapes. Arthur Rylah Institute for Environmental Research，Heidelberg.

Heard G W，Thomas C D，Hodgson J A，et al. 2015. Refugia and connectivity sustain amphibian metapopulations afflicted by disease. Ecology Letters，18：853－863.

Herman P M J，Middelburg J J，van De Koppel J，et al. 1999. Ecology of estuarine macrobenthos. Advances in Ecological Research，29：195－240.

Hilderbrand R H，Watts A C，Randle A M. 2005. The myths of restoration ecology. Ecology and Society，10（1）：19.

Hobbs R J，Hallett L M，Ehrlich P R，et al. 2011. Intervention ecology：Applying ecological science in the twenty-first century. BioScience，61：442－450.

Hruby T. 2012. Calculating credits and debits for compensatory mitigation in wetlands of Western Washington，Final Report，March 2012. Washington State Department of Ecology Publication.

Hu C H，Cao W H. 2003. Variation，regulation and control of flow and sediment in the Yellow River Estuary：I. Mechanism of flow-sediment transport and evolution. Journal of Sediment Reserch，5：1－8.

Hu Z J，Ge Z M，Ma Q，et al. 2015. Revegetation of a native species in a newly formed tidal marsh under varying hydrological conditions and planting densities in the Yangtze Estuary. Ecological Engineering，83：354－363.

Hydraulics D. 2006. Delft3D-FLOW User Manual. Delft：The Netherlands.

Jacob C，Vaissiere A C，Bas A，et al. 2016. Investigating the inclusion of ecosystem services in biodiversity offsetting. Ecosystem Service，21：92－102.

Jeong S J，Ho C H，Brown M E，et al. 2011. Browning in desert boundaries in Asia in recent decades. Journal of Geophysical Research：Atmospheres，116：D02103.

Jia MM，Wang Z M，Liu D W，et al. 2015. Monitoring loss and recovery of salt marshes in the Liao Rever Delta，China. Journal of Coastal Research，31：371－377.

Jost L. 2006. Entropy and diversity. Oikos，113：363－375.

Kiesecker J M，Copeland H，Pocewicz A，et al. 2010. Development by design：Blending landscape-level planning with the mitigation hierarchy. Frontiers in Ecology and the Environment, 8: 261 - 266.

Kinlan B P, Gaines S D. 2003. Propagule dispersal in marine and terrestrial environments: A community perspective. Ecology, 84 (8): 2007 - 2020.

Koellner T, de Baan L, Beck T, et al. 2013. UNEP-SETAC guideline on global land use impact assessment on biodiversity and ecosystem services in LCA. The International Journal of Life Cycle Assessment, 18: 1188 - 1202.

Kristensen E, Delefosse M, Quintana C O, et al. 2014. Influence of benthic macrofauna community shifts on ecosystem functioning in shallow estuaries. Frontiers in Marine Science, 1: 41.

Kustas W P, Norman J M, Anderson M C, et al. 2003. Estimating subpixel surface temperatures and energy fluxes from the vegetation index-radiometric temperature relationship. Remote sensing of Environment, 85: 429 - 440.

Laitila J, Moilanen A, Pouzols F M. 2014. A method for calculating minimum biodiversity offset multipliers accounting for time discounting, additionality and permanence. Methods in Ecology and Evolution, 5: 1247 - 1254.

Lamb A, Green R, Bateman I, et al. 2016. The potential for land sparing to offset greenhouse gas emissions from agriculture. Nature Climate Change, 6: 488 - 492.

Lee H, Lautenbach S. 2016. A quantitative review of relationships between ecosystem services. Ecological Indicators, 66: 340 - 351.

Levin N, Mazor T, Brokovich E, et al. 2015. Sensitivity analysis of conservation targets in systematic conservation planning. Ecological Applications, 25: 1997 - 2010.

Levins R. 1969. Some demographic and genetic consequences of environmental heterogeneity for biological control. Bulletin of the Entomological Society of America, 15: 237 - 240.

Li L. 2010. Tamarix forestry vegetation of wetland restoration projects in Changyi passed expert review. Shandong Fisheries, 27: 59.

Li S, Cui B, Xie T, et al. 2016a. Consequences and Implications of Anthropogenic Desalination of Salt Marshes on Macrobenthos. CLEAN-Soil, Air, Water, 44: 8 - 15.

Li S, Cui B, Xie T, et al. 2016b. Diversity pattern of macrobenthos associated with different stages of wetland restoration in the Yellow River Delta. Wetlands, 36: 57 - 67.

Liu Z, Cui B, He Q. 2016. Shifting paradigms in coastal restoration: Six decades' lessons from China. Science of the Total Environment, 566: 205 - 214.

Maron M, Bull J W, Evans M C, et al. 2015. Locking in loss: Baselines of decline in Australian ecological offsetting policies. Biological Conservation, 192: 504 - 512.

Maron M, Dunn P K, McAlpine C A, et al. 2010. Can offsets really compensate for habitat removal? The case of the endangered red-tailed black-cockatoo. Journal of Applied Ecology, 47: 348 -355.

Maron M, Hobbs R J, Moilanen A, et al. 2012. Faustian bargains? Restoration realities in the context of biodiversity offset policies. Biological Conservation, 155: 141 - 148.

Maron M, Rhodes J R, Gibbons P. 2013. Calculating the benefit of conservation actions. Conservation Letters, 6: 359 - 367.

McKenney B A, Kiesecker J M. 2010. Policy development for biodiversity offsets: A review of offset frameworks. Environmental Management, 45: 165 - 176.

Milliman J D, Meade R H. 1983. World-wide delivery of river sediment to the oceans. The Journal of Geology: 1 - 21.

Ministry of Agriculture. 2015. Hangu forestry workstations of Tianjin Binhai New Area carried out Spartina alterniflora governance tests. http://www.agri.cn/V20/ZX/qgxxlb_1/tj/201509/t20150908_4821075.htm.

Ministry of Environmental Protection. 2014. Major Science and Technology Program for Water Pollution Control and Treatment. http://nwpcp.mep.gov.cn/cgzl/cgbg/201405/t20140506_271585.html.

Miteva D A, Pattanayak S K, Ferraro P J. 2012. Evaluation of biodiversity policy instruments: What works and what doesn't? Oxford Review of Economic Policy, 28: 69-92.

Mitsch W J, Jørgensen S E. 2004. Ecological Engineering and Ecosystem Restoration. New Jersey: John Wiley and Sons.

Moilanen A, Laitila J. 2016. Indirect leakage leads to a failure of avoided loss biodiversity offsetting. Journal of Applied Ecology, 53 (1): 106-111.

Moilanen A, Van Teeffelen A J A, Ben H Y, et al. 2009. How much compensation is enough? A framework for incorporating uncertainty and time discounting when calculating offset ratios for impacted habitat. Restoration Ecology, 17 (4): 470-478.

Morris R K A, Alonso I, Jefferson R G, et al. 2006. The creation of compensatory habitat—can it secure sustainable development? Journal for Nature Conservation, 14: 106-116.

Moseman S M, Levin L A, Currin C, et al. 2004. Colonization, succession, and nutrition of macrobenthic assemblages in a restored wetland at Tijuana Estuary, California. Estuarine, Coastal and Shelf Science, 60: 755-770.

Nardin W, Edmonds D A. 2014. Optimum vegetation height and density for inorganic sedimentation in deltaic marshes. Nature Geoscience, 7 (10): 722-726.

Nardin W, Edmonds D A, Fagherazzi S. 2016. Influence of vegetation on spatial patterns of sediment deposition in deltaic islands during flood. Advances in Water Resources, 93: 236-248.

Niesterowicz J, Stepinski T F. 2016. On using landscape metrics for landscape similarity search. Ecological Indicators, 64: 20-30.

Ning Q Y, Li Y H, Mo Z N. 2014. The evaluation on the effect of marine saltmarsh ecological restoration project in Zhushan, Guangxi. Journal of Quanzhou Normal University, 6: 25-29.

Nittrouer J A, Best J L, Brantley C, et al. 2012. Mitigating land loss in coastal Louisiana by controlled diversion of Mississippi River sand. Nature Geoscience, 5 (8): 534-537.

Norton D A. 2009. Biodiversity offsets: Two New Zealand case studies and an assessment framework. Environmental Management, 43: 698-706.

O'Farrell P J, Reyers B, Le Maitre D C, et al. 2010. Multi-functional landscapes in semi arid environments: implications for biodiversity and ecosystem services. Landscape Ecology, 25: 1231-1246.

Palmeri L, Trepel M. 2002. A GIS-based score system for siting and sizing of created or restored wetlands: Two case studies. Water Resource Management, 16: 307-328.

Parkes D, Newell G, Cheal D. 2003. Assessing the quality of native vegetation: the 'habitat hectares' approach. Ecological Management & Restoration, 4: S29-S38.

Perrow M R, Davy A J. 2002. Handbook of Ecological Restoration. Cambridge: Cambridge University Press.

Pennings S C, Selig E R, Houser L T, et al. 2003. Geographic variation in positive and negative interactions among salt marsh plants. Ecology, 84: 1527-1538.

Pettorelli N, Vik J O, Mysterud A, et al. 2005. Using the satellite-derived NDVI to assess ecological responses to environmental change. Trends in Ecology & Evolution, 20: 503-510.

Pilgrim J D, Brownlie S, Ekstrom J M, et al. 2013. A process for assessing the offsetability of biodiversity impacts. Conservation Letters, 6: 376 - 384.

Possingham H P, Ball I, Andelman S J. 2000. Mathematical methods for identifying representative reserve networks. In: Ferson S, Burgman M A. Quantitative Methods for Conservation Biology New York: Springer-Verlag: 291 - 306.

Possingham H P, Davies I. 1995. ALEX: A model for the viability analysis of spatially structured populations. Biological Conservation, 73: 143 - 150.

Quétier F, Lavorel S. 2011. Assessing ecological equivalence in ecological offsetting schemes: Key issues and solutions. Biological Conservation, 144: 2991 - 2999.

Raudsepp H C, Peterson G D, Bennett E M. 2010. Ecosystem service bundles for analyzing tradeoffs in diverse landscapes. Proceedings of the National Academy of Sciences, 107 (11): 5242 -5247.

Reiss K C, Hernandez E, Brown M T. 2009. Evaluation of permit success in wetland mitigation banking: A Florida case study. Wetlands, 29 (3): 907 - 918.

Reyers B, O' Farrell P, Cowling R, et al. 2009. Ecosystem services, land-cover change, and stakeholders: Finding a sustainable foothold for a semiarid biodiversity hotspot. Ecology and Society: 14.

Reynolds J H, Ford E D. 2005. Improving competition representation in theoretical models of self-thinning: A critical review. Journal of Ecology, 93: 362 - 372.

Rooney R C, Bayley S E, Schindler D W. 2012. Oil sands mining and reclamation cause massive loss of peatland and stored carbon. Proceedings of the National Academy of Sciences, 109 (13): 4933 - 4937.

Ruiz J M C, Aide T M. 2005. Restoration success: How is it being measured? Restoration Ecology, 13: 569 - 577.

Sala O E, Chapin F S, Armesto J J, et al. 2000. Global biodiversity scenarios for the year 2100. Science, 287 (5459): 1770 - 1774.

Salzman J, Ruhl J B. 2000. Currencies and the commodification of environmental law. Stanford Law Review, 53: 607 - 694.

Sarkar S, Margules C. 2002. Operationalizing biodiversity for conservation planning. Journal of Biosicences, 27: 299 - 308.

Seitz R D, Lipcius R N, Olmstead N H, et al. 2006. Influence of shallow-water habitats and shoreline development on abundance, biomass, and diversity of benthic prey and predators in chesapeake bay. Marine Ecology Progress Series, 326: 11 - 27.

Shanks A L, Grantham B A, Carr M H. 2003. Propagule dispersal distance and the size and spacing of marine reserves. Ecological Applications: S159 - S169.

Shen G M, Heino M. 2014. An overview of marine fisheries management in China. Marine Policy, 44: 265 - 272.

Sobrino J, Raissouni N. 2000. Toward remote sensing methods for land cover dynamic monitoring: Application to Morocco. International Journal of Remote Sensing, 21: 353 - 366.

Sochi K, Kiesecker J. 2016. Optimizing regulatory requirements to aid in the implementation of compensatory mitigation. Journal of pplied Ecology, 53: 317 - 322.

Sørensen T. 1948. A method of establishing groups of equal amplitude in plant sociology based on similarity of species content. K DanVidensk Selsk Biol Skr, 5: 1 - 34.

Southwell D M, Hauser C E, McCarthy M A. 2016. Learning about colonization when managing metapopulations under an adaptive management framework. Ecological Applications, 26: 279 - 294.

Southwell D M, Heard G W, McCarthy M A. 2018. Optimal timing of biodiversity offsetting for metapopulations. Ecological Applications，28：508 - 521.

Spieles D J，Coneybeer M，Horn J. 2006. Community structure and quality after 10 years in two central Ohio mitigation bank wetlands. Environmental Management，38 (5)：837 - 852.

Stefanik K C，Mitsch W J. 2012. Structural and functional vegetation development in created and restored wetland mitigation banks of different ages. Ecological Engineering，39：104 - 112.

Suding K N. 2011. Toward an era of restoration in ecology：Successes，failures，and opportunities ahead. Annual Review of Ecology，Evolution，and Systematics，42：465 - 487.

Tang Q S，Zhang J H，Fang J G. 2011. Shellfish and seaweed mariculture increase atmospheric CO_2 absorption by coastal ecosystems. Marine Ecology Progress Series，424：97 - 104.

Theobald D M. 2006. Exploring the functional connectivity of landscapes using landscape networks. Conservation Biology Series-Cambridge，14：416.

Thomas C D，Anderson B J，Moilanen A，et al. 2013. Reconciling biodiversity and Carbon conservation. Ecology Letters，16：39 - 47.

Thorne K M，Elliott F D L，Wylie G D，et al. 2014. Importance of biogeomorphic and spatial properties in assessing a tidal salt marsh vulnerability to sea-level rise. Estuaries and Coasts，37：941 - 951.

Tian B，Wu W T，Yang Z Q，et al. 2016. Drivers，trends，and potential impacts of long-term coastal reclamation in China from 1985 to 2010. Estuarine，Coastal and Shelf Science，170：83 - 90.

VanLonkhuyzen R A，LaGory K E，Kuiper J A. 2004. Modeling the suitability of potential wetland mitigation sites with a geographic information. Environmental Management，33：368 - 375.

Vaselli S，Bulleri F，Benedetti C L. 2008. Hard coastaldefence structures as habitats for native and exotic rockybottom species. Marine Environmental Research，66：395 - 403.

Vesk P A，Nolan R，Thomson J R，et al. 2008. Time lags in provision of habitat resources through revegetation. Biological Conservation，141：174 - 186.

Virah S M，Ebeling J，Taplin R. 2014. Mining and biodiversity offsets：A transparent and science-based approach to measure 'no-net-loss' . Journal of Environmental Management，143：61 - 70.

Walker B H，Steffen W L. 1999. The Terrestrial Biosphere and Global Change：Implications for Natural and Managed Ecosystems. Cambridge：Cambridge University Press.

Walker S，Brower A L，Stephens R T，et al. 2009. Why bartering biodiversity fails. Conservation Letters，2：149 - 157.

Wall C B，Stevens K J. 2015. Assessing wetland mitigation efforts using standing vegetation and seed bank community structure in neighboring natural and compensatory wetlands in north central Texas. Wetlands Ecology and Management，23 (2)：149 - 166.

Warren I R，Bach H K. 1992. MIKE 21：A modelling system for estuaries，coastal waters and seas. Environmental Software，7 (4)：229 - 240.

Warren R S，Fell P E，Rozsa R，et al. 2002. Salt marsh restoration in connecticut：20 years of science and management. Restoration Ecology，10：497 - 513.

Weston M A，Ehmke G C，Maguire G S. 2011. Nest return times in response to static versus mobile human disturbance. The Journal of Wildlife Management，75：252 - 255.

White D，Fennessy S，Engelmann A. 1998. The Cuyahoga watershed demonstration project for the identification of wetland restoration sites. Ohio EPA final report to the US Environmental Protection Agency Region V. www. epa. state. oh. us/dsw/gis/cuyahoga/demo. html.

Williams K B. 2002. The potential wetland restoration and enhancement site identification procedure：A geographic information system for targeting wetland restoration and enhancement. North Carolina

Division of Coastal Management, Department of Environment and Natural Resources.

Wissel S, Wätzold F. 2010. A conceptual analysis of the application of tradable permits to biodiversity conservation. Conservation Biology, 24: 404 - 411.

Xue X H, Li G S, Yuan L Y. 2013. Transportation of Huanghe River-discharged-suspended sediments in nearshore of Huanghe River Delta in conditions of different estuary channels. //In: New Frontiers in Engineering Geology and the Environment. Berlin: Springer Heidelberg: 111 - 116.

Yan J, Cui B, Zheng J, et al. 2015. Quantification of intensive hybrid coastal reclamation for revealing its impacts on macrozoobenthos. Environmental Research Letters, 10: 014004.

Yang W B, Zhang B, Li J L, et al. 2011. A study on the current situation of artificial reef construction in China. Fishery Resources and Environment Branch in China Society of Fisheries.

Yu S, Cui B, Gibbons P, et al. 2017. Towards a ecological offsettingting approach for coastal land reclamation: Coastal management implications. Biological Conservation, 214: 35 - 45.

Zedler J B, Callaway J C. 1999. Tracking wetland restoration: Do mitigation sites follow desired trajectories?Restoration Ecology, 7: 69 - 73.

Zedler J B, Kercher S. 2005. Wetland Resources: Status, trends, ecosystem services, and restorability. Annual Review of Environment & Resources, 30: 39 - 74.

附　录

不同围填海类型的补偿率

附录1　补偿率范围图

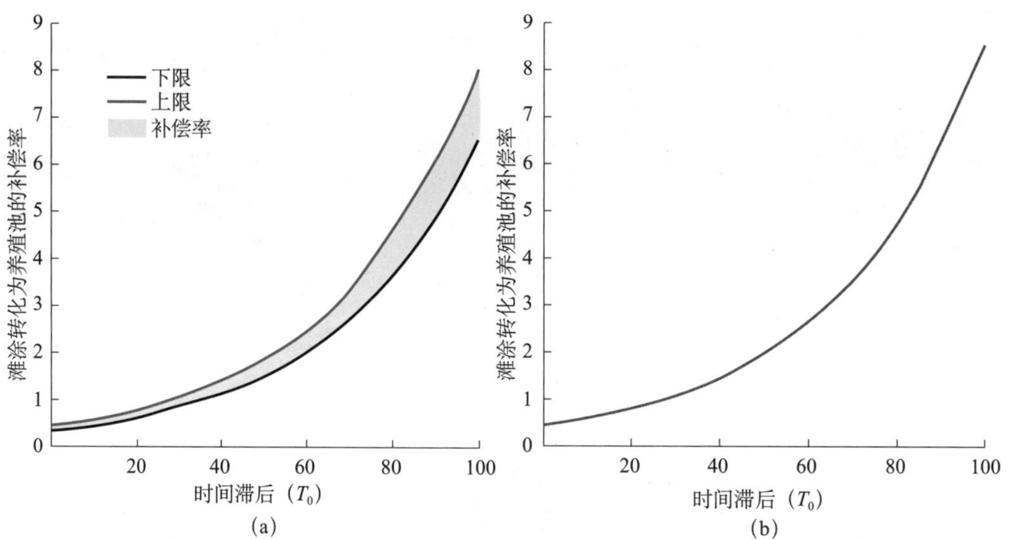

附图 1.1　裸地区（a）和稀疏植被区（b）生物多样性指数修复到基线上限时，滩涂转化为养殖池所需的补偿率，其中补偿和损失的时间滞后为 0～100 年

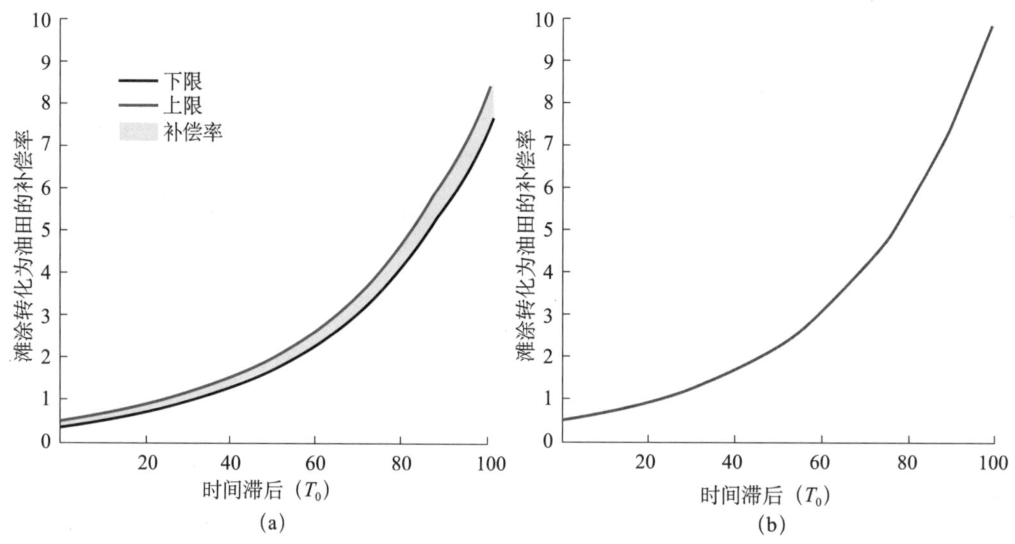

附图 1.2　裸地区（a）和稀疏植被区（b）生物多样性指数修复到基线上限时，滩涂转化为油田所需的补偿率，其中补偿和损失的时间滞后为 0～100 年

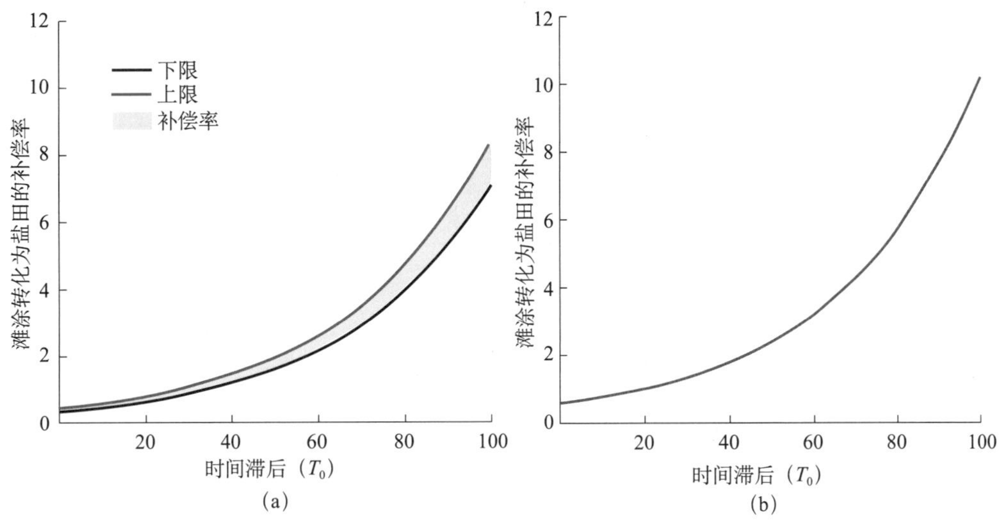

附图 1.3　裸地区（a）和稀疏植被区（b）生物多样性指数修复到基线上限时，滩涂转化为盐田所需的补偿率，其中补偿和损失的时间滞后为 0～100 年

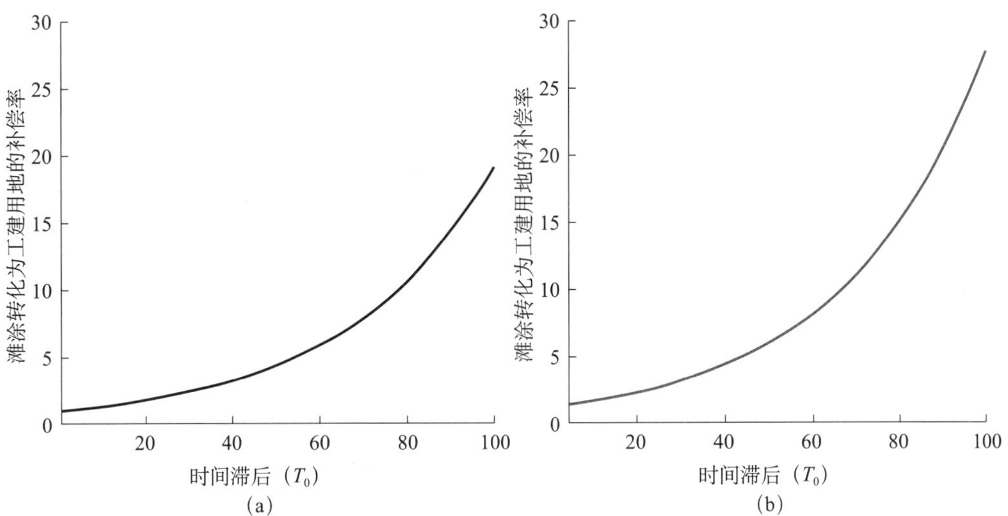

附图 1.4　裸地区（a）和稀疏植被区（b）生物多样性指数修复到基线上限时，滩涂转化为工建用地所需的补偿率，其中补偿和损失的时间滞后为 0～100 年

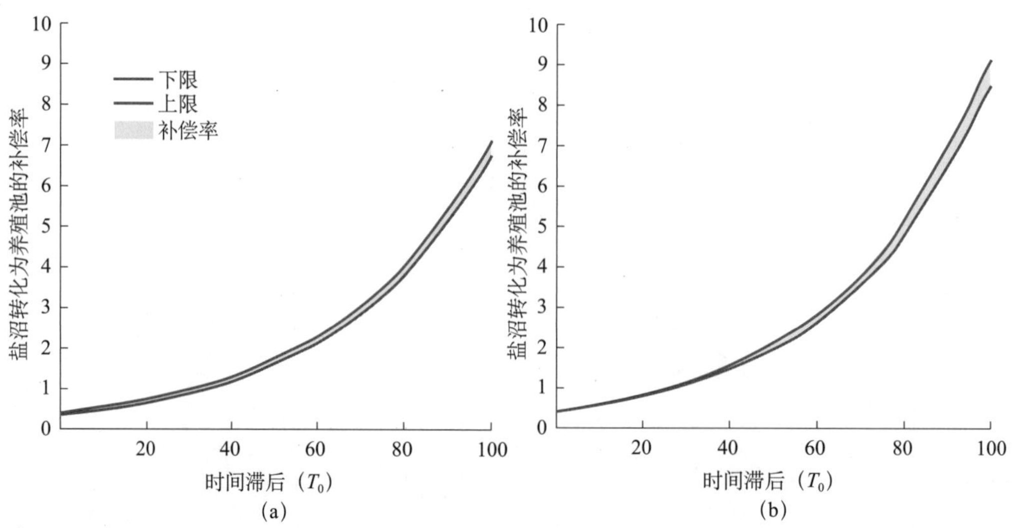

附图 1.5　裸地区（a）和稀疏植被区（b）生物多样性指数修复到基线上限时，盐沼转化为养殖池所需的补偿率，其中补偿和损失的时间滞后为 0～100 年

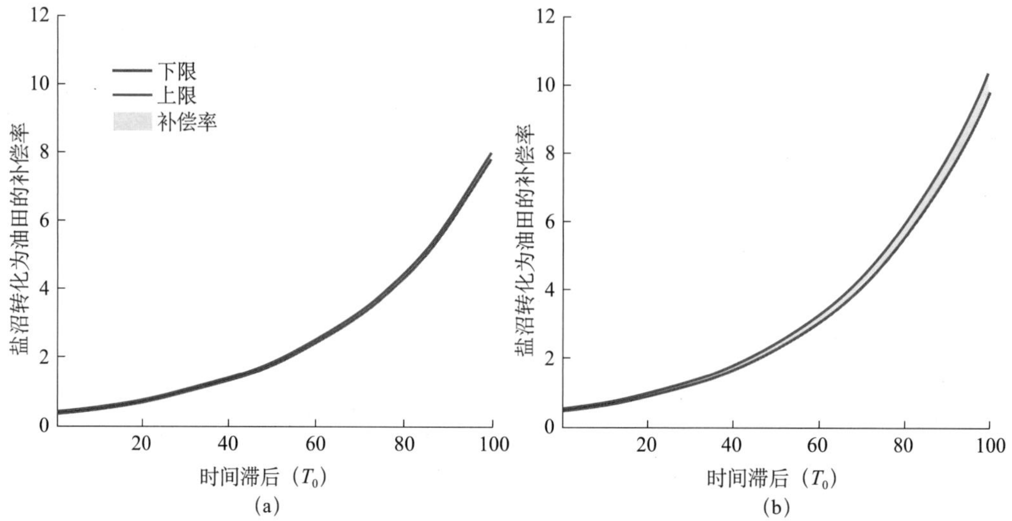

附图 1.6　裸地区（a）和稀疏植被区（b）生物多样性指数修复到基线上限时，盐沼转化为油田所需的补偿率，其中补偿和损失的时间滞后为 0～100 年

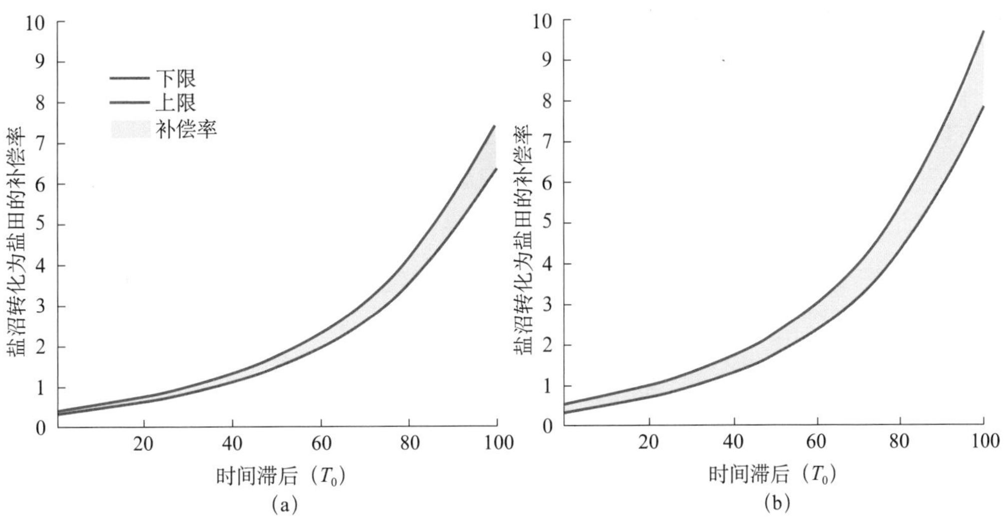

附图 1.7　裸地区（a）和稀疏植被区（b）生物多样性指数修复到基线上限时，盐沼转化为盐田所需的补偿率，其中补偿和损失的时间滞后为 0～100 年

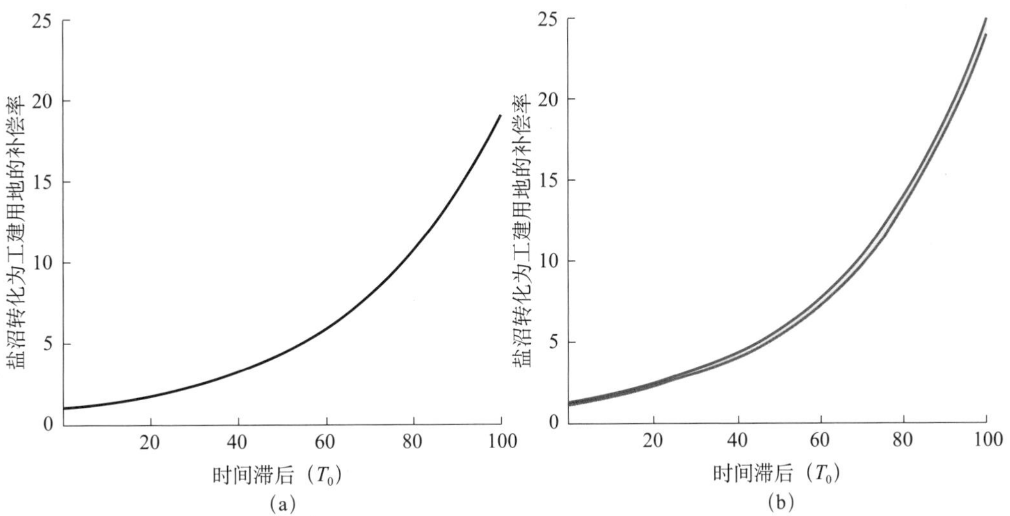

附图 1.8　裸地区（a）和稀疏植被区（b）生物多样性指数修复到基线上限时，盐沼转化为工建用地所需的补偿率，其中补偿和损失的时间滞后为 0～100 年

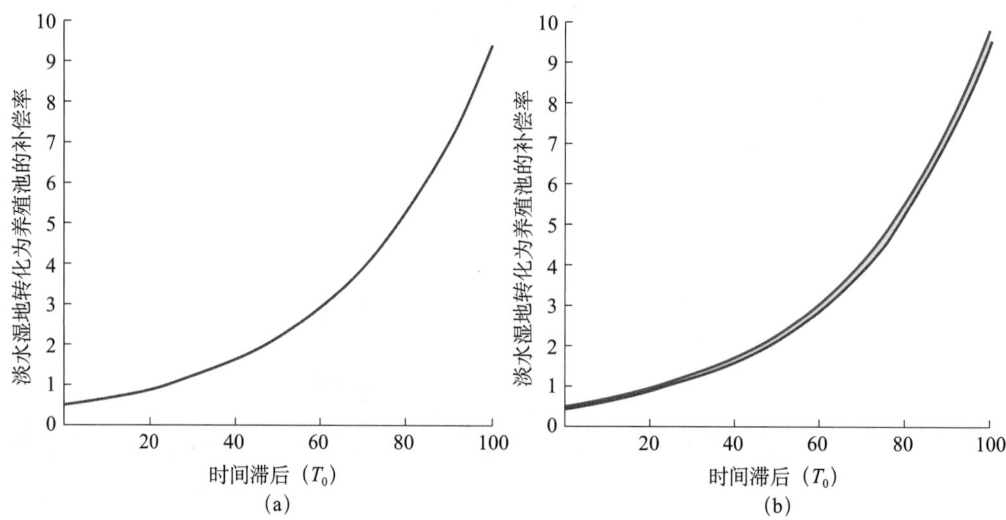

附图 1.9　裸地区（a）和稀疏植被区（b）生物多样性指数修复到基线上限时，淡水湿地转化为养殖池所需的补偿率，其中补偿和损失的时间滞后为 0～100 年

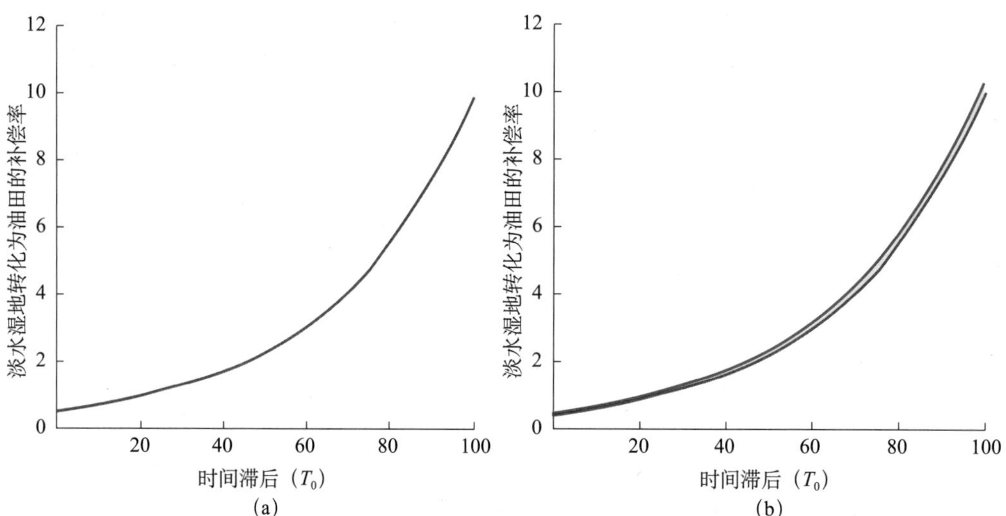

附图 1.10　裸地区（a）和稀疏植被区（b）生物多样性指数修复到基线上限时，淡水湿地转化为油田所需的补偿率，其中补偿和损失的时间滞后为 0～100 年

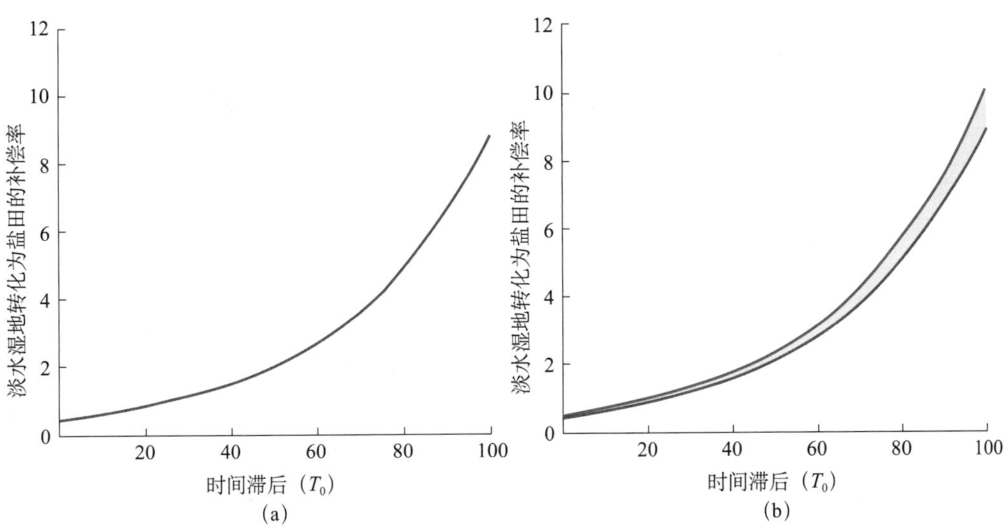

附图 1.11　裸地区（a）和稀疏植被区（b）生物多样性指数修复到基线上限时，淡水湿地转化为盐田所需的补偿率，其中补偿和损失的时间滞后为 0～100 年

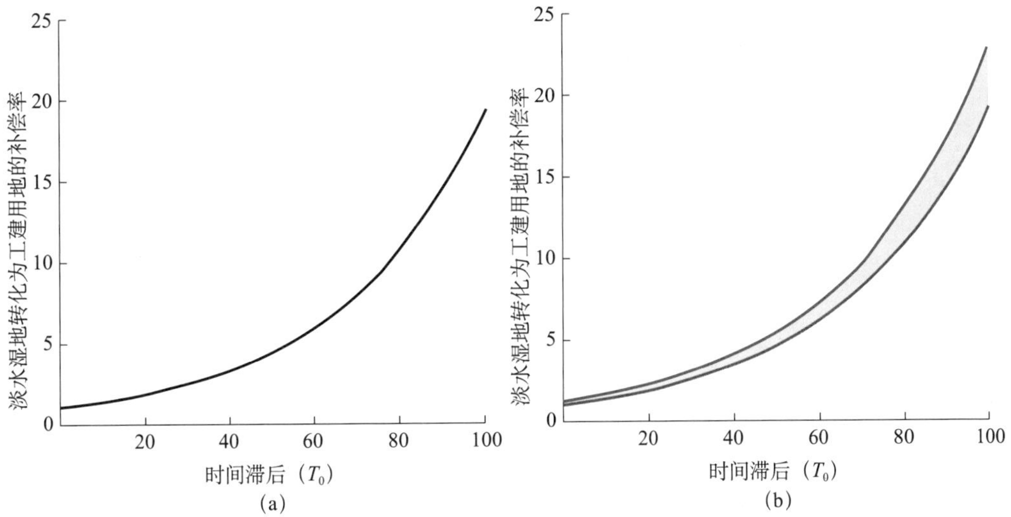

附图 1.12　裸地区（a）和稀疏植被区（b）生物多样性指数修复到基线上限时，淡水湿地转化为工建用地所需的补偿率，其中补偿和损失的时间滞后为 0～100 年

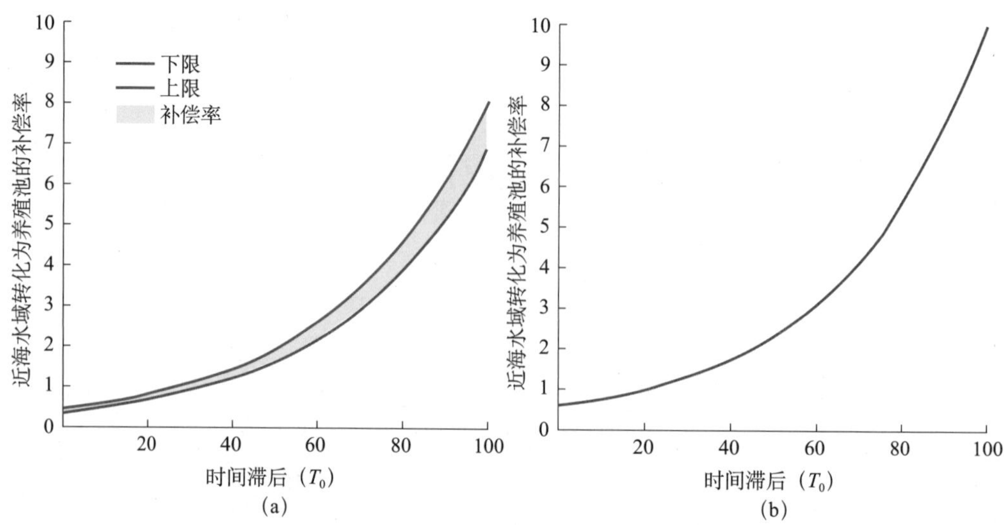

附图 1.13　裸地区（a）和稀疏植被区（b）生物多样性指数修复到基线上限时，近海水域转化为养殖池所需的补偿率，其中补偿和损失的时间滞后为 0～100 年

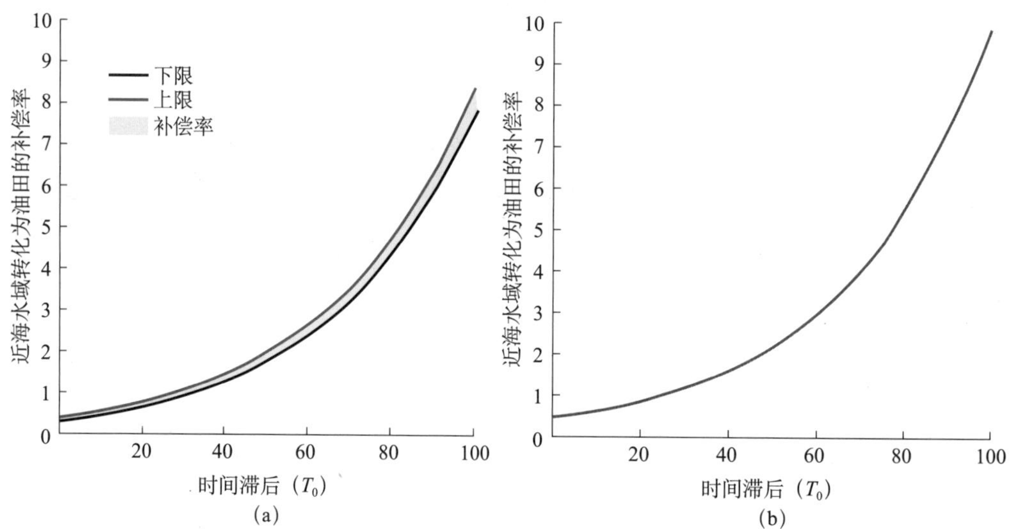

附图 1.14　裸地区（a）和稀疏植被区（b）生物多样性指数修复到基线上限时，近海水域转化为油田所需的补偿率，其中补偿和损失的时间滞后为 0～100 年

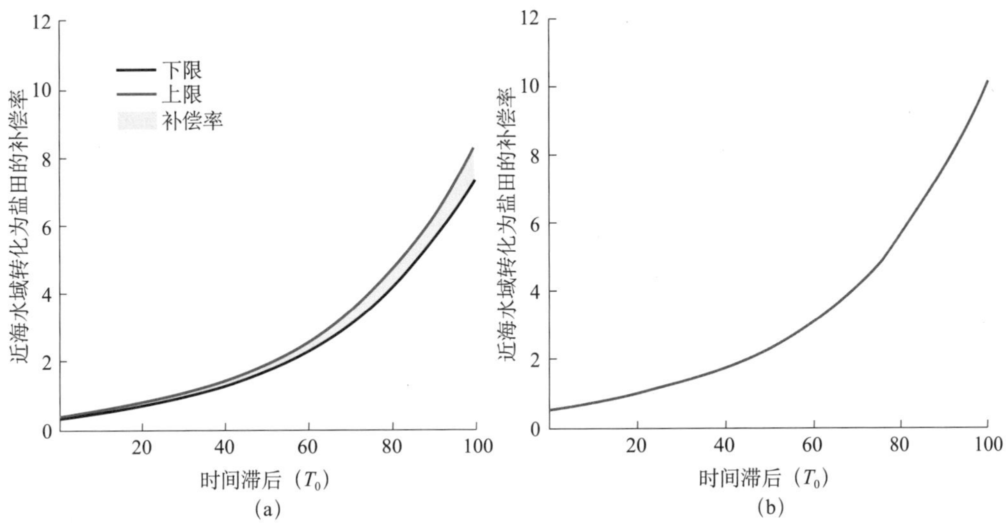

附图 1.15　裸地区（a）和稀疏植被区（b）生物多样性指数修复到基线上限时，近海水域转化为盐田所需的补偿率，其中补偿和损失的时间滞后为 0～100 年

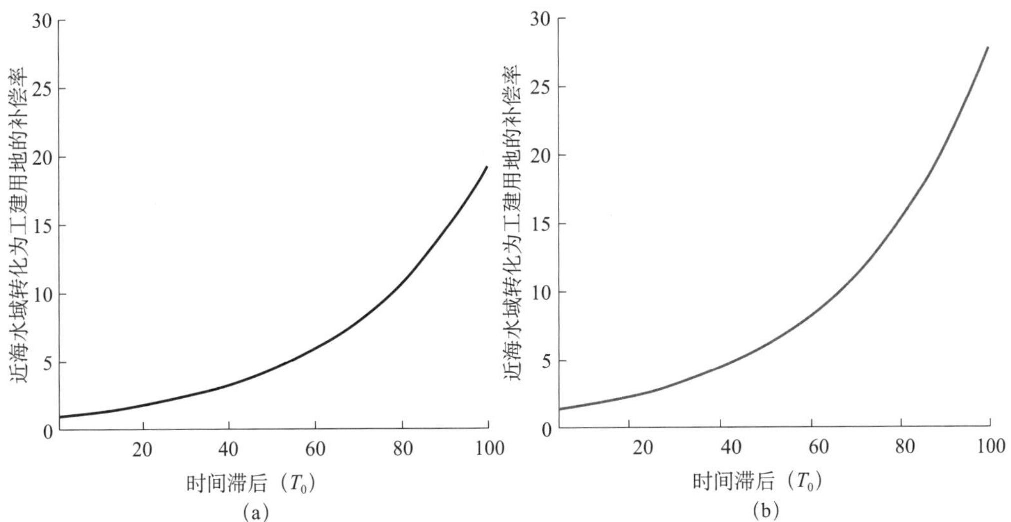

附图 1.16　裸地区（a）和稀疏植被区（b）生物多样性指数修复到基线上限时，近海水域转化为工建用地所需的补偿率，其中补偿和损失的时间滞后为 0～100 年

附录 2　不同修复目标时，不同围填海类型的补偿率

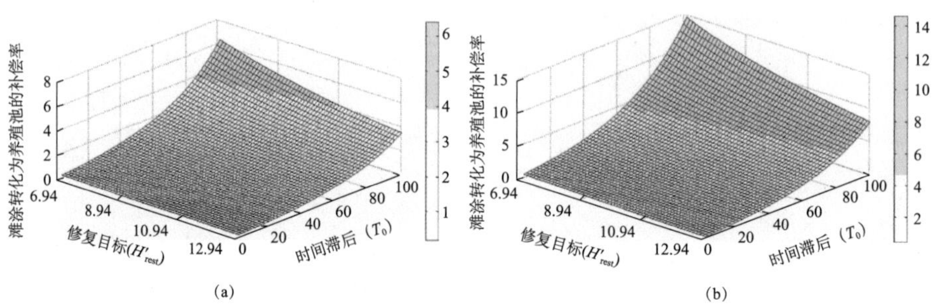

附图 2.1　为实现物种组成的无净损失，滩涂转化为养殖池的补偿率，其中，曲面表示补偿率在大型底栖动物物种组成修复指数的不同修复目标时的变化，时间滞后为 0～100 年，图（a）为滩涂转化为养殖池相对于低参考基线物种组成损失情况（P_{Ii}）的补偿率，图（b）为相对于高参考基线物种组成损失情况（P_{Ii}）的补偿率

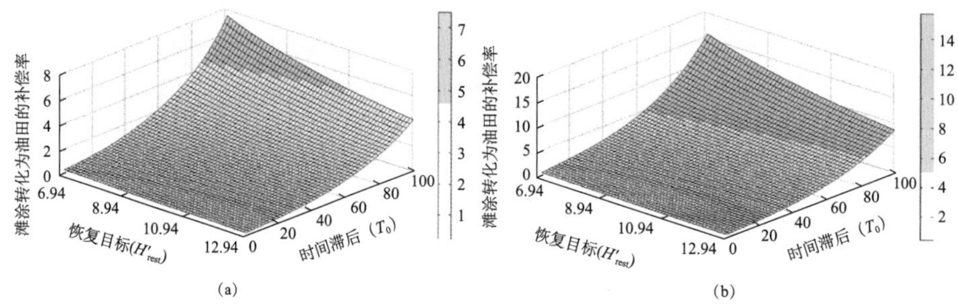

附图 2.2　为实现物种组成的无净损失，滩涂转化为油田的补偿率，其中，曲面表示补偿率在大型底栖动物物种组成修复指数的不同修复目标时的变化，时间滞后为 0～100 年，图（a）为滩涂转化为油田相对于低参考基线物种组成损失情况（P_{Ii}）的补偿率，图（b）为相对于高参考基线物种组成损失情况（P_{Ii}）的补偿率

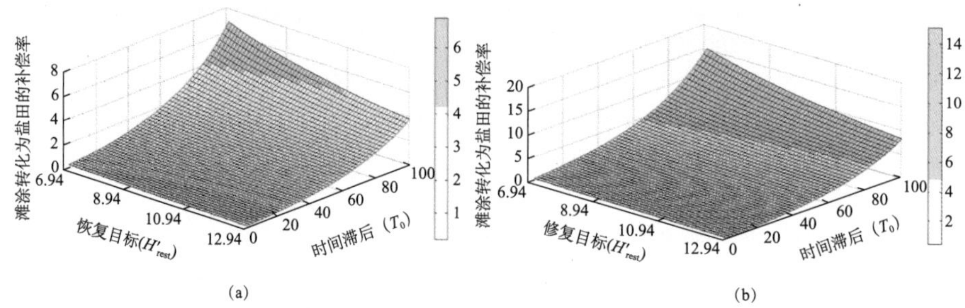

附图 2.3　为实现物种组成的无净损失，滩涂转化为盐田的补偿率，其中，曲面表示补偿率在大型底栖动物物种组成修复指数的不同修复目标时的变化，时间滞后为 0～100 年，图（a）为滩涂转化为盐田相对于低参考基线物种组成损失情况（P_{Ii}）的补偿率，图（b）为相对于高参考基线物种组成损失情况（P_{Ii}）的补偿率

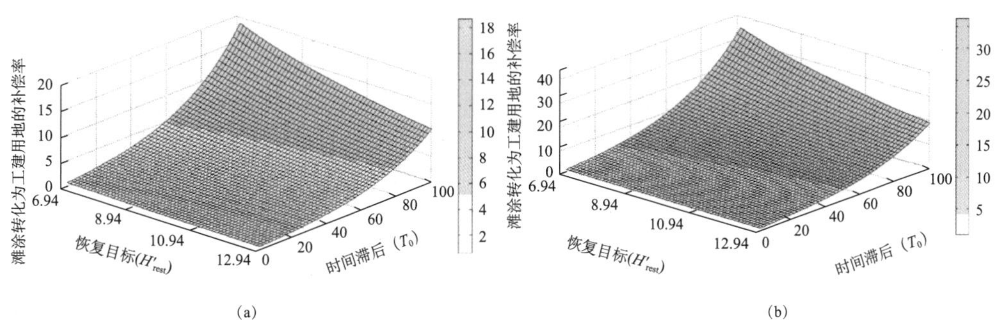

附图 2.4　为实现物种组成的无净损失，滩涂转化为工建用地的补偿率，其中，曲面表示补偿率在大型底栖动物物种组成修复指数的不同修复目标时的变化，时间滞后为 0～100 年，图（a）为滩涂转化为工建用地相对于低参考基线物种组成损失情况（P_{li}）的补偿率，图（b）为相对于高参考基线物种组成损失情况（P_{li}）的补偿率

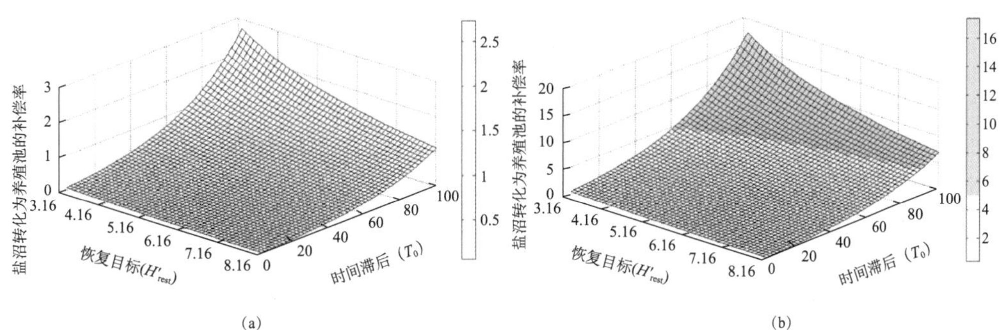

附图 2.5　为实现物种组成的无净损失，盐沼转化为养殖池的补偿率，其中，曲面表示补偿率在大型底栖动物物种组成修复指数的不同修复目标时的变化，时间滞后为 0～100 年，图（a）为盐沼转化为养殖池相对于低参考基线物种组成损失情况（P_{li}）的补偿率，图（b）为相对于高参考基线物种组成损失情况（P_{li}）的补偿率

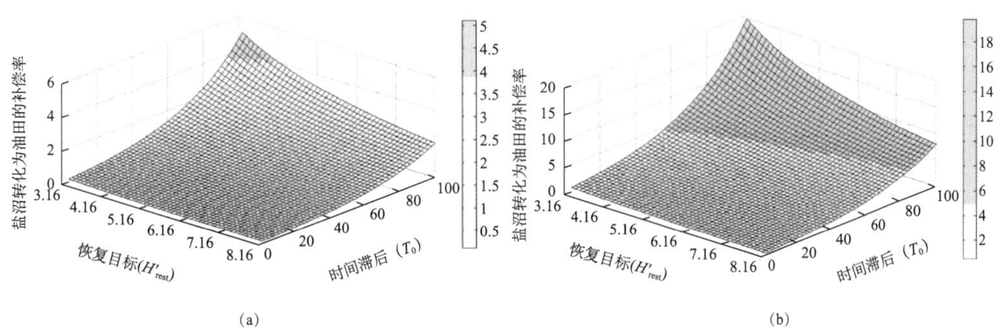

附图 2.6　为实现物种组成的无净损失，盐沼转化为油田的补偿率，其中，曲面表示补偿率在大型底栖动物物种组成修复指数的不同修复目标时的变化，时间滞后为 0～100 年，图（a）为盐沼转化为油田相对于低参考基线物种组成损失情况（P_{li}）的补偿率，图（b）为相对于高参考基线物种组成损失情况（P_{li}）的补偿率

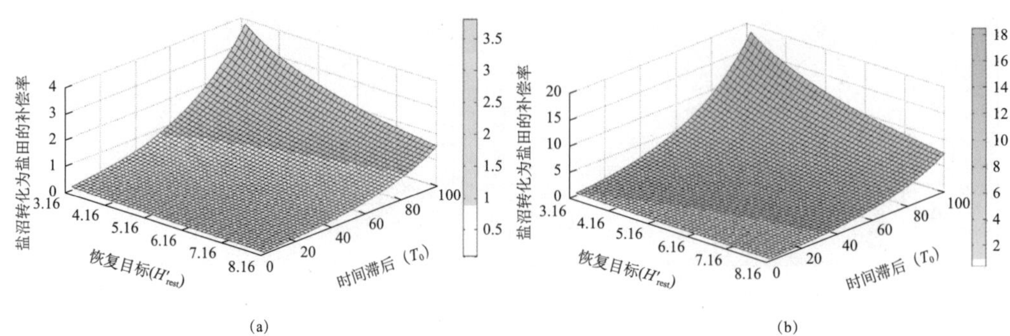

附图 2.7　为实现物种组成的无净损失，盐沼转化为盐田的补偿率，其中，曲面表示补偿率在大型底栖动物物种组成修复指数的不同修复目标时的变化，时间滞后为 0～100 年，图（a）为盐沼转化为盐田相对于低参考基线物种组成损失情况（P_{Li}）的补偿率，图（b）为相对于高参考基线物种组成损失情况（P_{Li}）的补偿率

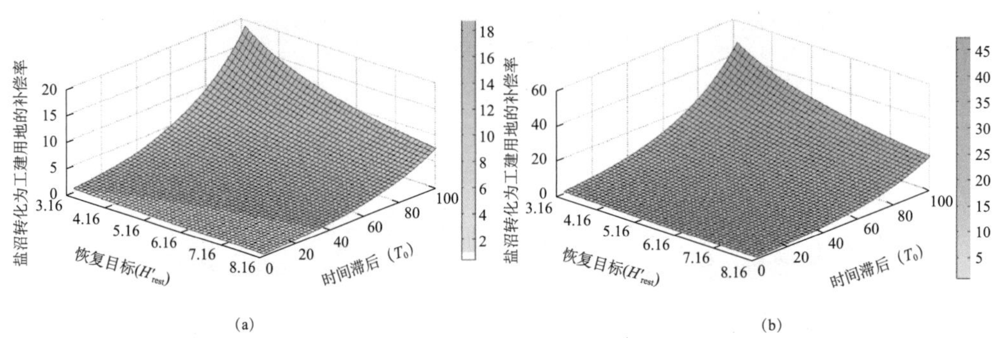

附图 2.8　为实现物种组成的无净损失，盐沼转化为工建用地的补偿率，其中，曲面表示补偿率在大型底栖动物物种组成修复指数的不同修复目标时的变化，时间滞后为 0～100 年，图（a）为盐沼转化为工建用地相对于低参考基线物种组成损失情况（P_{Li}）的补偿率，图（b）为相对于高参考基线物种组成损失情况（P_{Li}）的补偿率

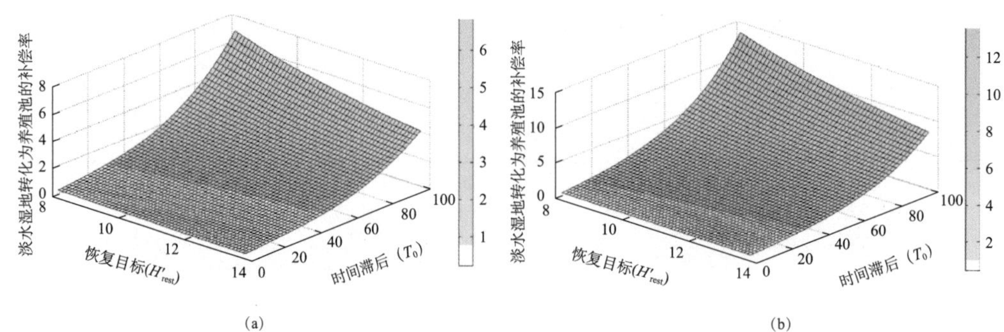

附图 2.9　为实现物种组成的无净损失，淡水湿地转化为养殖池的补偿率，其中，曲面表示补偿率在大型底栖动物物种组成修复指数的不同修复目标时的变化，时间滞后为 0～100 年，图（a）为淡水湿地转化为养殖池相对于低参考基线物种组成损失情况（P_{Li}）的补偿率，图（b）为相对于高参考基线物种组成损失情况（P_{Li}）的补偿率

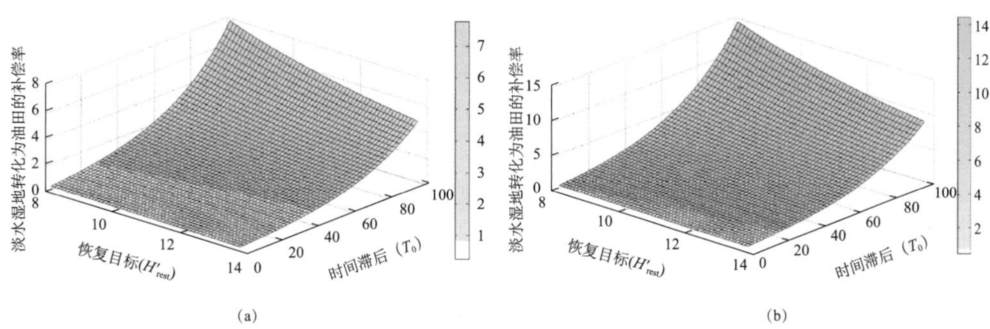

附图 2.10　为实现物种组成的无净损失，淡水湿地转化为油田的补偿率，其中，曲面表示补偿率在大型底栖动物物种组成修复指数的不同修复目标时的变化，时间滞后为 0～100 年，图（a）为淡水湿地转化为油田相对于低参考基线物种组成损失情况（P_{li}）的补偿率，图（b）为相对于高参考基线物种组成损失情况（P_{li}）的补偿率

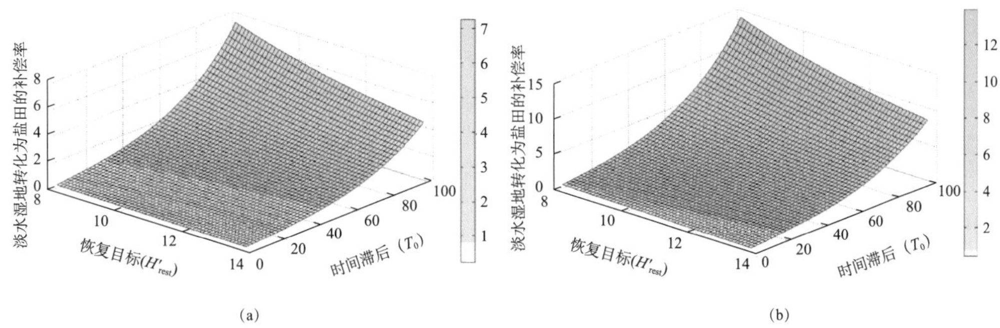

附图 2.11　为实现物种组成的无净损失，淡水湿地转化为盐田的补偿率，其中，曲面表示补偿率在大型底栖动物物种组成修复指数的不同修复目标时的变化，时间滞后为 0～100 年，图（a）为淡水湿地转化为盐田相对于低参考基线物种组成损失情况（P_{li}）的补偿率，图（b）为相对于高参考基线物种组成损失情况（P_{li}）的补偿率

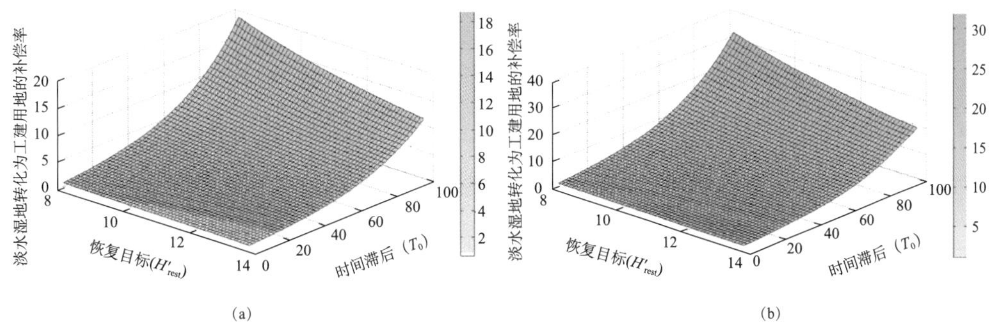

附图 2.12　为实现物种组成的无净损失，淡水湿地转化为工建用地的补偿率，其中，曲面表示补偿率在大型底栖动物物种组成修复指数的不同修复目标时的变化，时间滞后为 0～100 年，图（a）为淡水湿地转化为工建用地相对于低参考基线物种组成损失情况（P_{li}）的补偿率，图（b）为相对于高参考基线物种组成损失情况（P_{li}）的补偿率

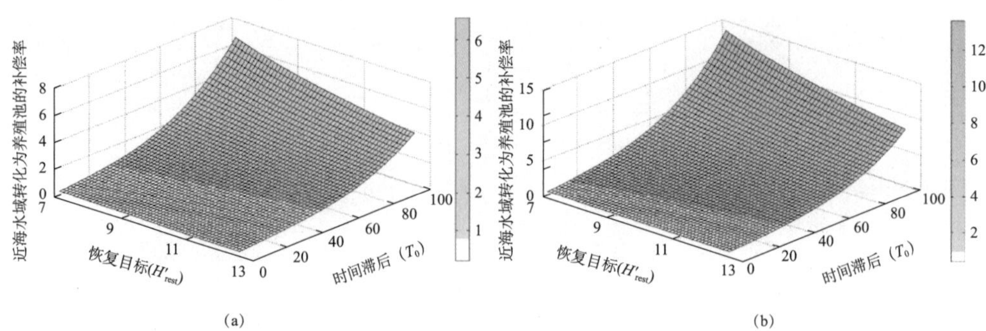

附图 2.13　为实现物种组成的无净损失，近海水域转化为养殖池的补偿率，其中，曲面表示补偿率在大型底栖动物物种组成修复指数的不同修复目标时的变化，时间滞后为 0～100 年，图（a）为近海水域转化为养殖池相对于低参考基线物种组成损失情况（P_{Li}）的补偿率，图（b）为相对于高参考基线物种组成损失情况（P_{Li}）的补偿率

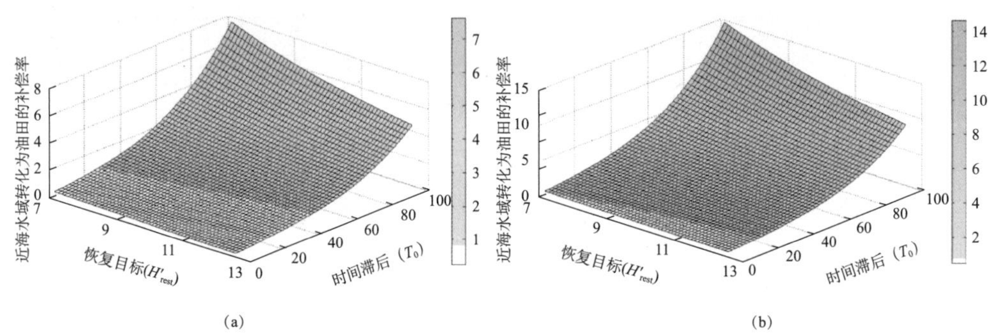

附图 2.14　为实现物种组成的无净损失，近海水域转化为油田的补偿率，其中，曲面表示补偿率在大型底栖动物物种组成修复指数的不同修复目标时的变化，时间滞后为 0～100 年，图（a）为近海水域转化为油田相对于低参考基线物种组成损失情况（P_{Li}）的补偿率，图（b）为相对于高参考基线物种组成损失情况（P_{Li}）的补偿率

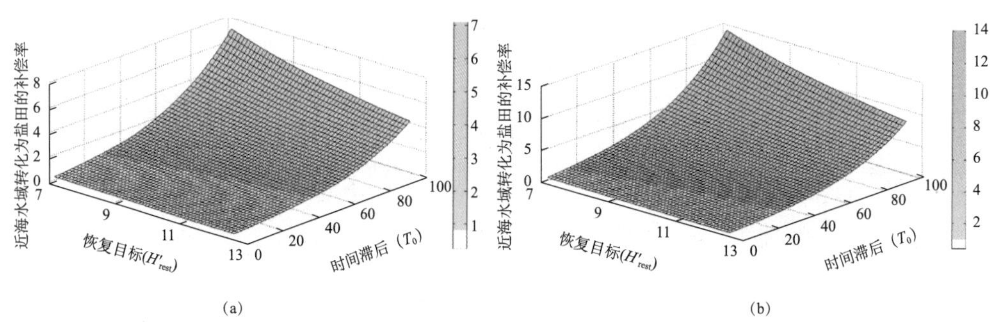

附图 2.15　为实现物种组成的无净损失，近海水域转化为盐田的补偿率，其中，曲面表示补偿率在大型底栖动物物种组成修复指数的不同修复目标时的变化，时间滞后为 0～100 年，图（a）为近海水域转化为盐田相对于低参考基线物种组成损失情况（P_{Li}）的补偿率，图（b）为相对于高参考基线物种组成损失情况（P_{Li}）的补偿率

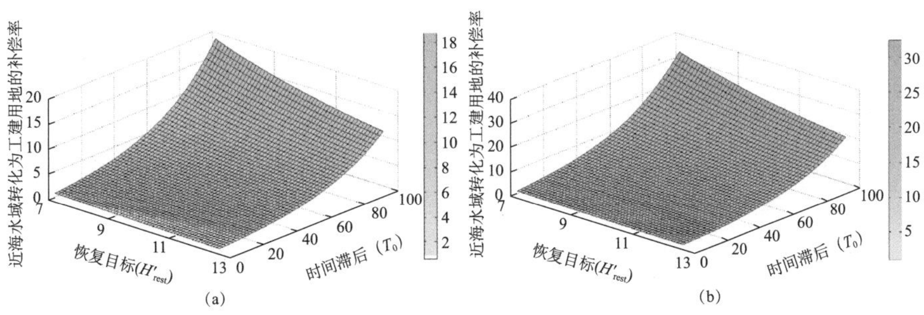

附图 2.16　为实现物种组成的无净损失，近海水域转化为工建用地的补偿率，其中，曲面表示补偿率在大型底栖动物物种组成修复指数的不同修复目标时的变化，时间滞后为 0～100 年，图（a）为近海水域转化为工建用地相对于低参考基线物种组成损失情况（P_{Li}）的补偿率，图（b）为相对于高参考基线物种组成损失情况（P_{Li}）的补偿率

附录 3　补偿区域不同初始值下，不同围填海类型的补偿率

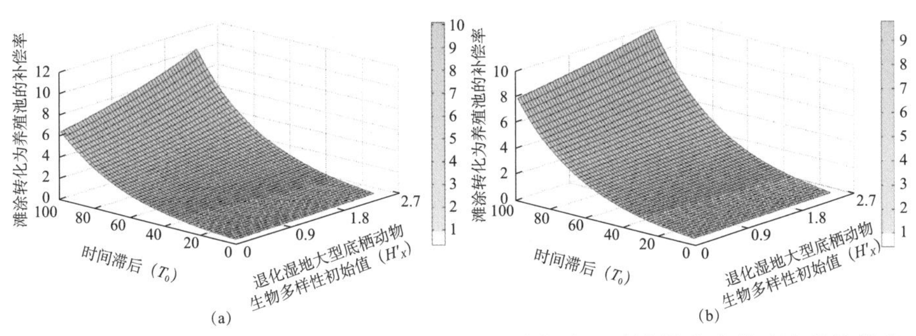

附图 2.17　补偿区域不同初始值下为实现物种组成的无净损失，滩涂转化为养殖池的补偿率，其中，曲面表示补偿率随补偿区域初始值（H'_X）变化的变化情况，时间滞后为 0～100 年，贴现率为 3%，图（a）为修复目标为基线上界的补偿率变化情况，图（b）为修复目标为基线下界的补偿率变化情况

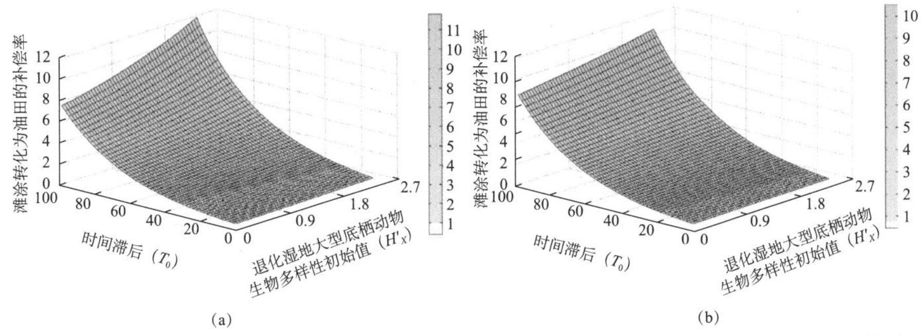

附图 2.18　补偿区域不同初始值下为实现物种组成的无净损失，滩涂转化为油田的补偿率，其中，曲面表示补偿率随补偿区域初始值（H'_X）变化的变化情况，时间滞后为 0～100 年，贴现率为 3%，图（a）为修复目标为基线上界的补偿率变化情况，图（b）为修复目标为基线下界的补偿率变化情况

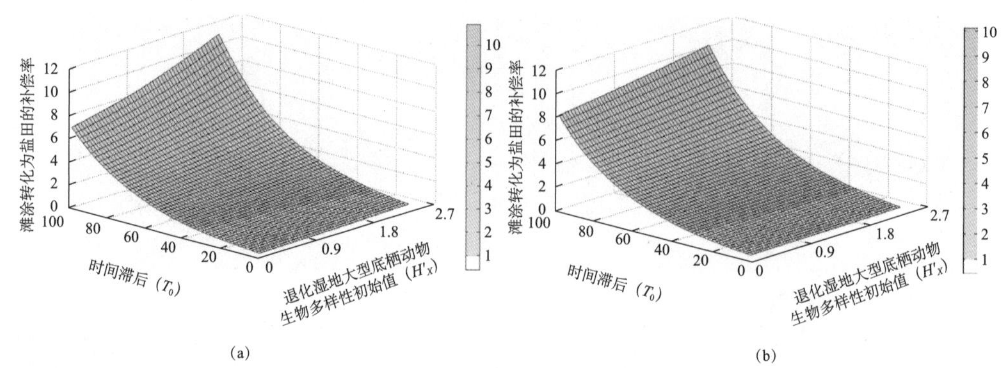

附图 2.19　补偿区域不同初始值下为实现物种组成的无净损失，滩涂转化为盐田的补偿率，其中，曲面表示补偿率随补偿区域初始值（H'_X）变化的变化情况，时间滞后为 0～100 年，贴现率为 3%，图（a）为修复目标为基线上界的补偿率变化情况，图（b）为修复目标为基线下界的补偿率变化情况

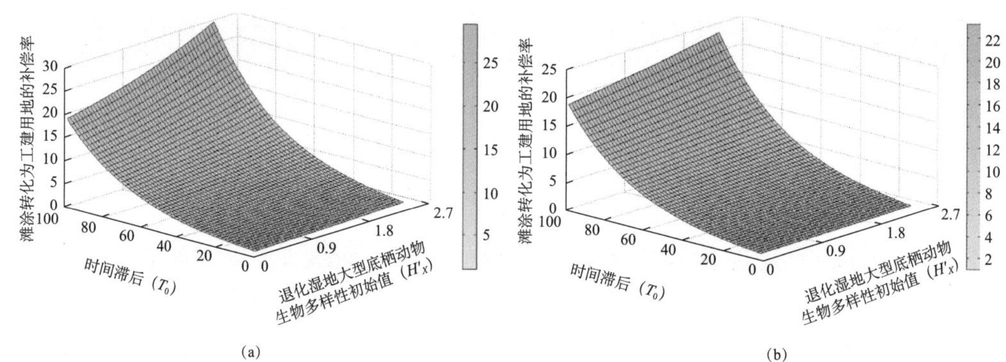

附图 2.20　补偿区域不同初始值下为实现物种组成的无净损失，滩涂转化为工建用地的补偿率，其中，曲面表示补偿率随补偿区域初始值（H'_X）变化的变化情况，时间滞后为 0～100 年，贴现率为 3%，图（a）为修复目标为基线上界的补偿率变化情况，图（b）为修复目标为基线下界的补偿率变化情况

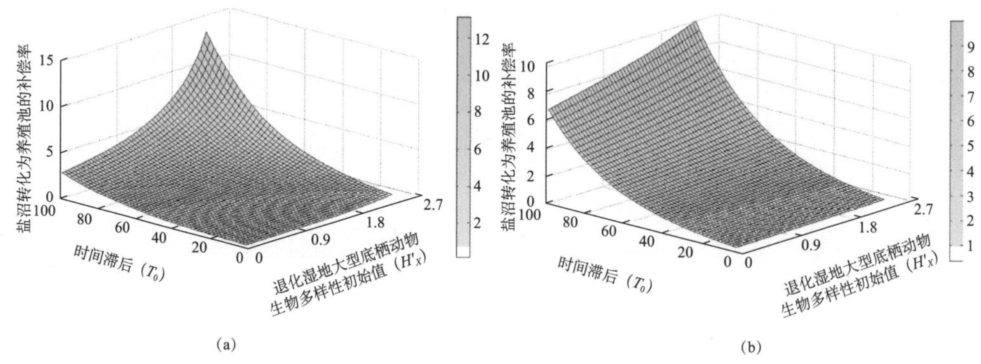

附图 2.21　补偿区域不同初始值下为实现物种组成的无净损失，盐沼转化为养殖池的补偿率，其中，曲面表示补偿率随补偿区域初始值（H'_X）变化的变化情况，时间滞后为 0～100 年，贴现率为 3%，图（a）为修复目标为基线上界的补偿率变化情况，图（b）为修复目标为基线下界的补偿率变化情况

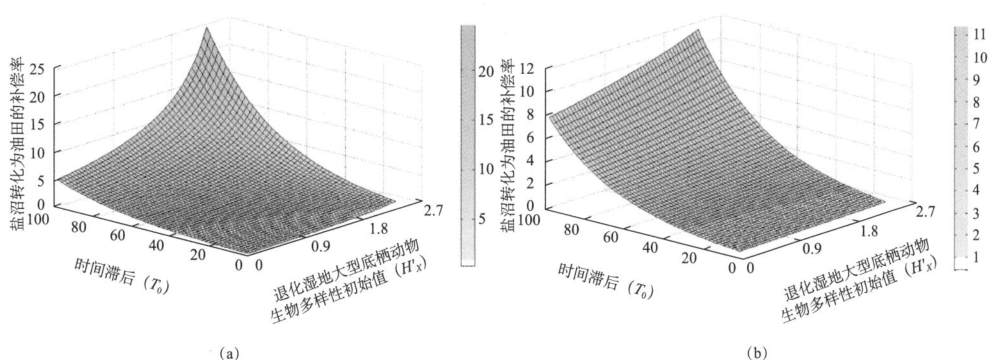

(a) (b)

附图 2.22 补偿区域不同初始值下为实现物种组成的无净损失，盐沼转化为油田的补偿率，其中，曲面表示补偿率随补偿区域初始值（H'_X）变化的变化情况，时间滞后为 0～100 年，贴现率为 3%，图（a）为修复目标为基线上界的补偿率变化情况，图（b）为修复目标为基线下界的补偿率变化情况

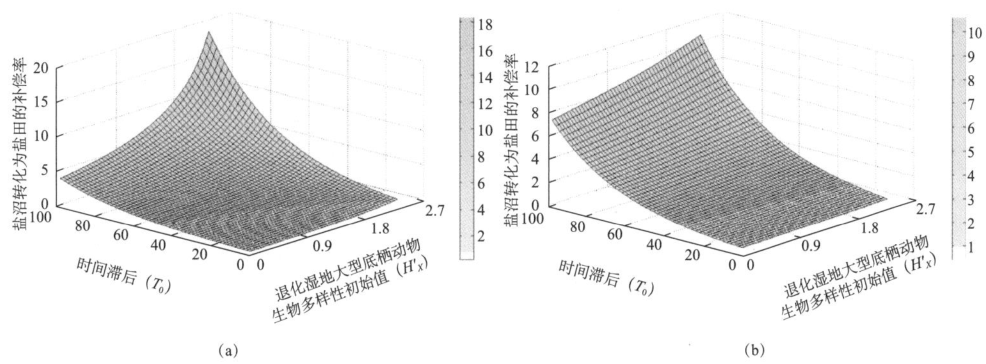

(a) (b)

附图 2.23 补偿区域不同初始值下为实现物种组成的无净损失，盐沼转化为盐田的补偿率，其中，曲面表示补偿率随补偿区域初始值（H'_X）变化的变化情况，时间滞后为 0～100 年，贴现率为 3%，图（a）为修复目标为基线上界的补偿率变化情况，图（b）为修复目标为基线下界的补偿率变化情况

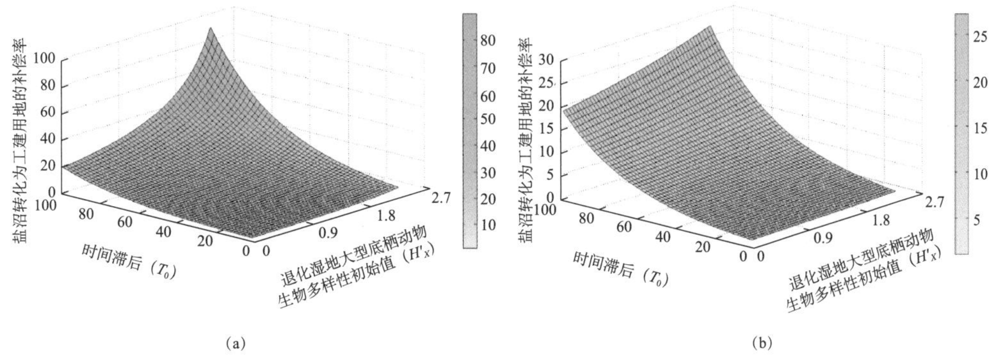

(a) (b)

附图 2.24 补偿区域不同初始值下为实现物种组成的无净损失，盐沼转化为工建用地的补偿率，其中，曲面表示补偿率随补偿区域初始值（H'_X）变化的变化情况，时间滞后为 0～100 年，贴现率为 3%，图（a）为修复目标为基线上界的补偿率变化情况，图（b）为修复目标为基线下界的补偿率变化情况

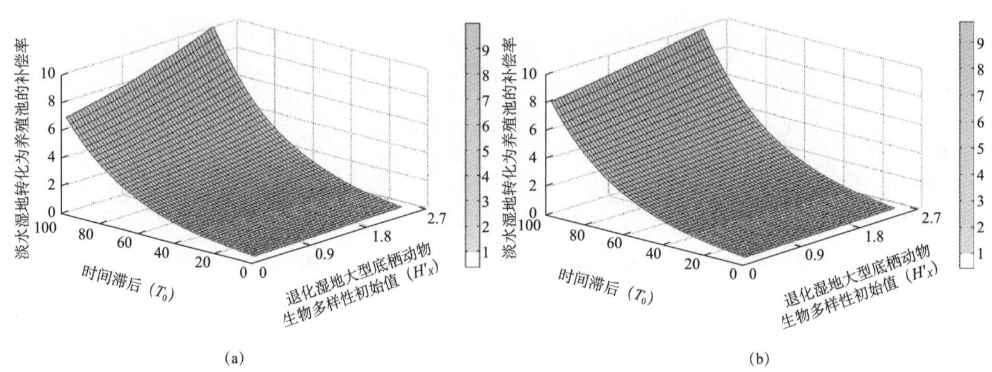

附图 2.25　补偿区域不同初始值下为实现物种组成的无净损失，淡水湿地转化为养殖池的补偿率，其中，曲面表示补偿率随补偿区域初始值（H'_X）变化的变化情况，时间滞后为 0～100 年，贴现率为 3%，图（a）为修复目标为基线上界的补偿率变化情况，图（b）为修复目标为基线下界的补偿率变化情况

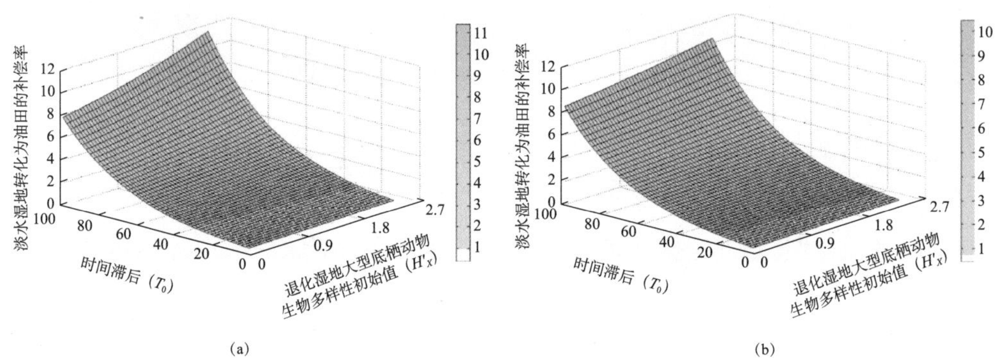

附图 2.26　补偿区域不同初始值下为实现物种组成的无净损失，淡水湿地转化为油田的补偿率，其中，曲面表示补偿率随补偿区域初始值（H'_X）变化的变化情况，时间滞后为 0～100 年，贴现率为 3%，图（a）为修复目标为基线上界的补偿率变化情况，图（b）为修复目标为基线下界的补偿率变化情况

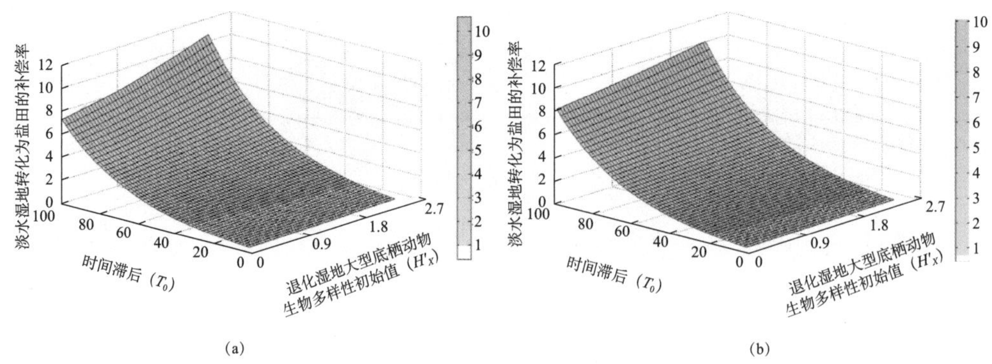

附图 2.27　补偿区域不同初始值下为实现物种组成的无净损失，淡水湿地转化为盐田的补偿率，其中，曲面表示补偿率随补偿区域初始值（H'_X）变化的变化情况，时间滞后为 0～100 年，贴现率为 3%，图（a）为修复目标为基线上界的补偿率变化情况，图（b）为修复目标为基线下界的补偿率变化情况

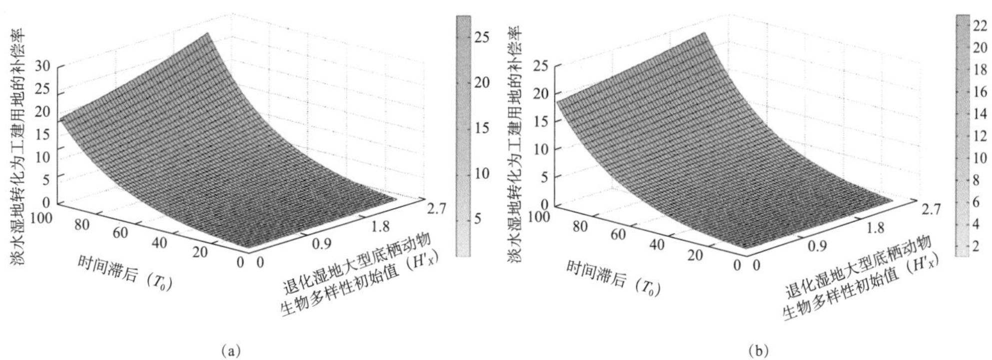

附图 2.28　补偿区域不同初始值下为实现物种组成的无净损失，淡水湿地转化为工建用地的补偿率，其中，曲面表示补偿率随补偿区域初始值（H'_X）变化的变化情况，时间滞后为 0～100 年，贴现率为 3%，图（a）为修复目标为基线上界的补偿率变化情况，图（b）为修复目标为基线下界的补偿率变化情况

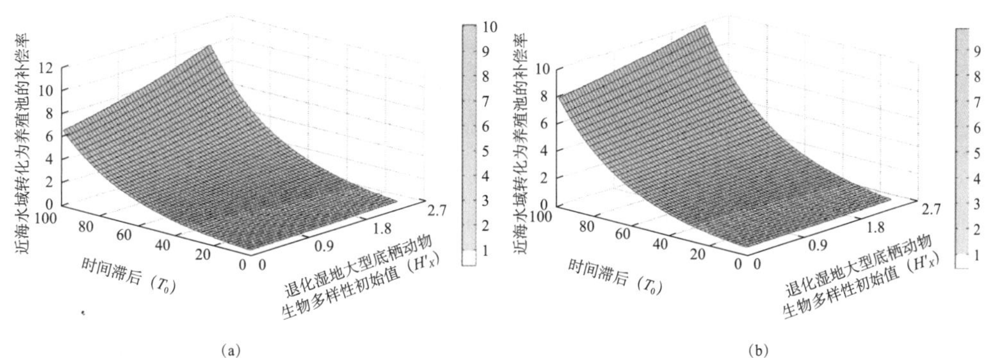

附图 2.29　补偿区域不同初始值下为实现物种组成的无净损失，近海水域转化为养殖池的补偿率，其中，曲面表示补偿率随补偿区域初始值（H'_X）变化的变化情况，时间滞后为 0～100 年，贴现率为 3%，图（a）为修复目标为基线上界的补偿率变化情况，图（b）为修复目标为基线下界的补偿率变化情况

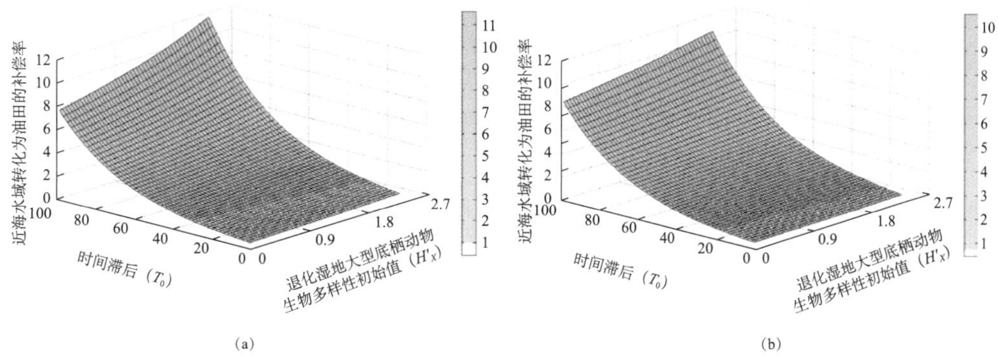

附图 2.30　补偿区域不同初始值下为实现物种组成的无净损失，近海水域转化为油田的补偿率，其中，曲面表示补偿率随补偿区域初始值（H'_X）变化的变化情况，时间滞后为 0～100 年，贴现率为 3%，图（a）为修复目标为基线上界的补偿率变化情况，图（b）为修复目标为基线下界的补偿率变化情况

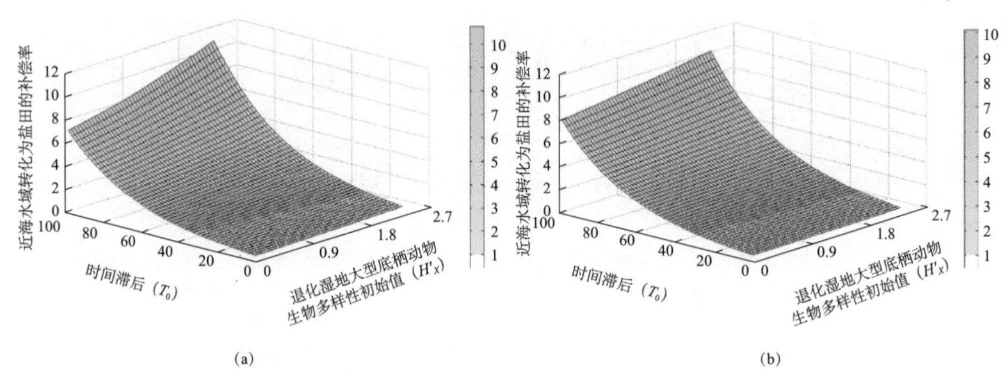

附图 2.31　补偿区域不同初始值下为实现物种组成的无净损失，近海水域转化为盐田的补偿率，其中，曲面表示补偿率随补偿区域初始值（H'_X）变化的变化情况，时间滞后为 0～100 年，贴现率为 3%，图（a）为修复目标为基线上界的补偿率变化情况，图（b）为修复目标为基线下界的补偿率变化情况

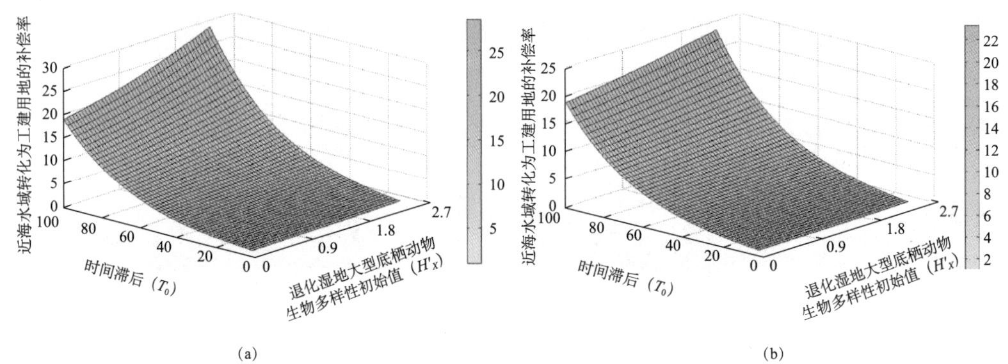

附图 2.32　补偿区域不同初始值下为实现物种组成的无净损失，近海水域转化为工建用地的补偿率，其中，曲面表示补偿率随补偿区域初始值（H'_X）变化的变化情况，时间滞后为 0～100 年，贴现率为 3%，图（a）为修复目标为基线上界的补偿率变化情况，图（b）为修复目标为基线下界的补偿率变化情况